5章 绘画工具的使用
使用颜色替换工具改变衣服颜色
视频位置：光盘/教学视频第5章

10章
图层的高级操作
使用图层样式制作卡通海报
视频位置：
光盘/教学视频第10章

10章
图层的高级操作
使用混合模式制作炫彩效果
视频位置：
光盘/教学视频第10章

本书精彩案例欣赏

5章 绘画工具的使用
有趣的卡通风景画
视频位置：光盘/教学视频第5章

10章 图层的高级操作
使用图层样式制作缤纷文字招贴
视频位置：光盘/教学视频第10章

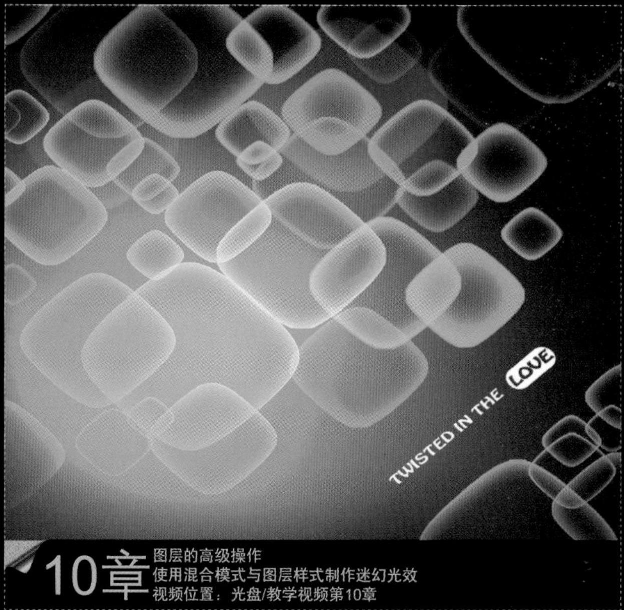

10章 图层的高级操作
使用混合模式与图层样式制作迷幻光效
视频位置：光盘/教学视频第10章

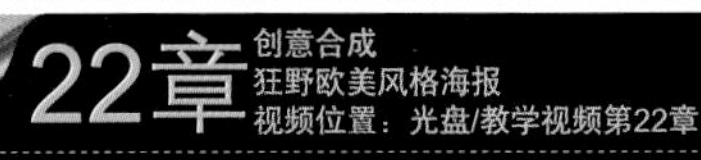

22章 创意合成
狂野欧美风格海报
视频位置：光盘/教学视频第22章

10章 图层的高级操作
视频课堂——使用混合模式打造创意饮品合成
视频位置：光盘/教学视频第10章

13章 调色技术
淡雅色调
视频位置：光盘/教学视频第13章

12章 蒙版与合成
使用快速蒙版调整图像局部颜色
视频位置：光盘/教学视频第12章

20章 数码照片处理
婚纱照处理——梦幻国度
视频位置：光盘/教学视频第20章

5章 绘画工具的使用
使用画笔制作唯美散景效果
视频位置：光盘/教学视频第5章

6章 数码照片修饰
加深减淡制作流淌的橙子
视频位置：光盘/教学视频第6章

20章 数码照片处理
妆面设计——炫彩动感妆容
视频位置：光盘/视频第20章

2章 掌握Photoshop的基本操作
为图像置入矢量素材
视频位置：光盘/教学视频第2章

13章 调色技术
使用替换颜色改变美女衣服颜色
视频位置：光盘/教学视频第13章

14章 使用Camera Raw处理照片
旋转照片方向
视频位置：光盘/教学视频第14章

本书精彩案例欣赏

6章 数码照片修饰
使用修补工具去除文字
视频位置：光盘/教学视频第6章

15章 滤镜与增效工具
使用滤镜库制作插画效果
视频位置：光盘/教学视频第15章

13章 调色技术
使用色彩平衡制作艳丽的强对比效果
视频位置：光盘/教学视频第13章

4章 选区的创建与编辑
使用磁性套索工具换背景
视频位置：光盘/教学视频第4章

本书精彩案例欣赏

15章 滤镜与增效工具
使用浮雕滤镜制作流淌文字
视频位置：光盘/教学视频第15章

10章 图层的高级操作
使用样式面板制作水花飞溅的字母
视频位置：光盘/教学视频第10章

10章 图层的高级操作
创建挖空
视频位置：光盘/教学视频第10章

2章 掌握Photoshop的基本操作
课后练习——时尚插画风格人像
视频位置：光盘/教学视频第2章

2章
掌握Photoshop的基本操作
视频课堂——制作混合插画
视频位置：
光盘/教学视频第2章

3章
图像常用编辑方法
利用自由变换将照片放到相框中
视频位置：
光盘/教学视频第3章

6章 数码照片修饰
使用减淡工具美白人像
视频位置：光盘/教学视频第6章

12章 蒙版与合成
使用蒙版制作菠萝墙
视频位置：光盘/教学视频第12章

4章 选区的创建与编辑
使用魔棒工具换背景
视频位置：光盘/教学视频第4章

5章 绘画工具的使用
形状动态与散布制作跳动的音符
视频位置：光盘/教学视频第5章

15章
滤镜与增效工具
使用液化滤镜为美女瘦身
视频位置：
光盘/教学视频第15章

13章
调色技术
匹配颜色制作复古色调
视频位置：
光盘/教学视频第13章

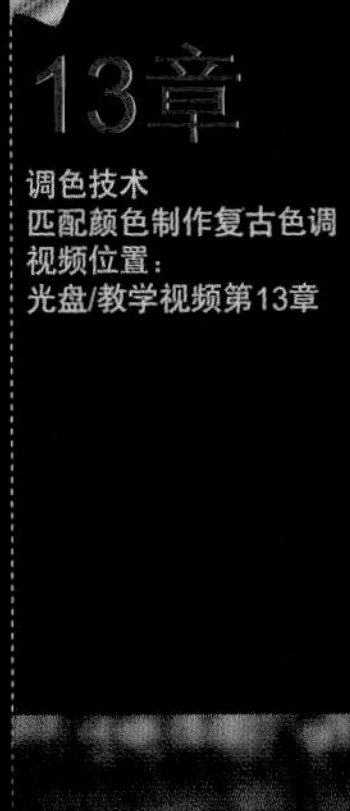

13章 调色技术
高调梦幻特效
视频位置：光盘/教学视频第13章

5章 绘画工具的使用
粉紫色梦幻效果
视频位置：光盘/教学视频第5章

5章 绘画工具的使用
定义图案并制作可爱卡片
视频位置：光盘/教学视频第5章

10章 图层的高级操作
使用混合模式与图层蒙版制作瓶中风景
视频位置：光盘/教学视频第10章

10章 图层的高级操作
课后练习——使用蒙版合成瓶中小世界
视频位置：光盘/教学视频第10章

9章 图层基本操作
使用渐变填充图层制作饮品菜单
视频位置：光盘/教学视频第9章

9章 图层基本操作
使用自动混合命令合成图像
视频位置：光盘/教学视频第9章

3章 图像常用编辑方法
利用通道保护功能保护特定对象
视频位置：光盘/教学视频第3章

本书精彩案例欣赏

4章 选区的创建与编辑
利用边界选区制作梦幻光晕
视频位置：光盘/教学视频第4章

20章 数码照片处理
写真精修——打造金发美人
视频位置：光盘/教学视频第20章

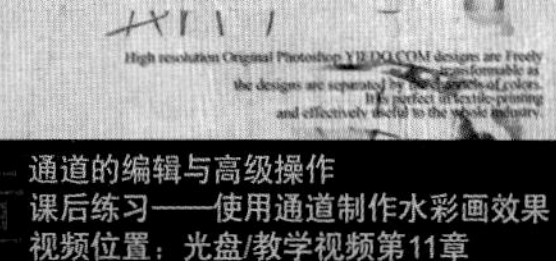

11章 通道的编辑与高级操作
课后练习——使用通道制作水彩画效果
视频位置：光盘/教学视频第11章

13章 调色技术
视频课堂——制作视觉杂志
视频位置：光盘/教学视频第13章

8章 文字的编辑与应用
杂志版式的制作
视频位置：光盘/教学视频第8章

6章 数码照片修饰
视频课堂——利用加深减淡工具进行通道抠图
视频位置：光盘/教学视频第6章

6章 数码照片修饰
视频课堂——使用涂抹工具制作炫彩妆面
视频位置：光盘/教学视频第6章

5章 绘画工具的使用
课后练习——照片添加绚丽光斑
视频位置：光盘/教学视频第5章

4章 选区的创建与编辑
视频课堂——制作简约海报
视频位置：光盘/教学视频第4章

11章 通道的编辑与高级操作
使用通道为透明婚纱换背景
视频位置：光盘/教学视频第11章

3章 图像常用编辑方法
调整画面构图
视频位置：光盘/教学视频第3章

11章 通道的编辑与高级操作
将图像粘贴到通道中
视频位置：光盘/教学视频第11章

本书精彩案例欣赏

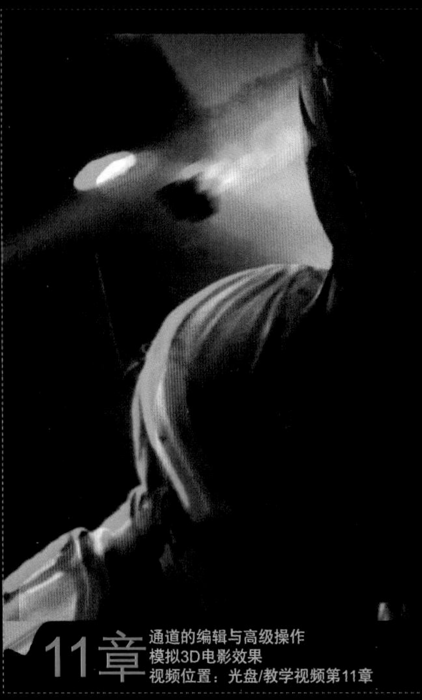

11章 通道的编辑与高级操作
模拟3D电影效果
视频位置：光盘/教学视频第11章

4章 选区的创建与编辑
使用磁性套索换背景制作卡通世界
视频位置：光盘/教学视频第4章

11章

通道编辑与高级操作
通道抠图为长发美女换背景
视频位置：
光盘/教学视频11章

13章 调色技术
使用阴影高光还原暗部细节
视频位置：光盘/教学视频第13章

6章

数码照片编修饰
课后练习——去除皱纹还原年轻态
视频位置：
光盘/教学视频 6章

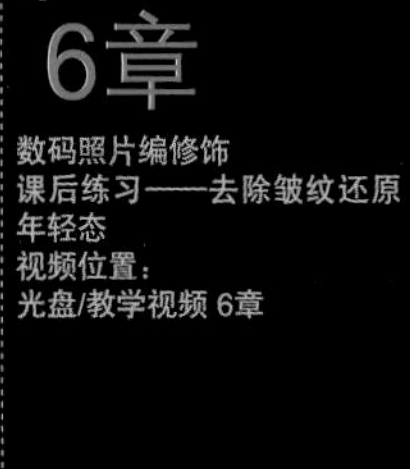

12章 蒙版与合成
视频课堂——炸开的破碎效果
视频位置：光盘/教学视频第12章

15章 滤镜与增效工具
动感模糊滤镜制作动感光效人像
视频位置：光盘/教学视频第15章

6章 数码照片修饰
快速去掉照片中的红眼
视频位置：光盘/教学视频第6章

10章 图层的高级操作
课后练习——制作杂志风格空心字
视频位置：光盘/教学视频第10章

FADING IS TRUE WHILE FLOWERING IS PAST

DESTINY

I WOULD LIKE WEEPING WITH THE SMILE RATHER

8章 文字的编辑与应用
视频课堂——电影海报风格金属质感文字
视频位置：光盘/教学视频第8章

9章 图层基本操作
视频课堂——制作无景深的风景照片
视频位置：光盘/教学视频第9章

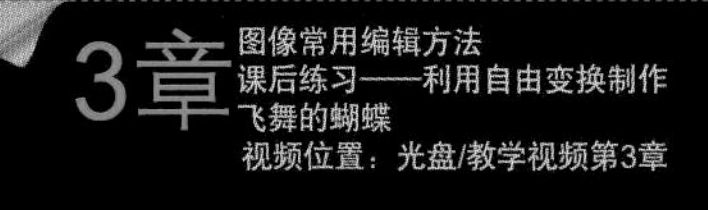

3章 图像常用编辑方法
课后练习——利用自由变换制作飞舞的蝴蝶
视频位置：光盘/教学视频第3章

2章 掌握Photoshop的基本操作
视频课堂——利用历史记录面板还原错误操作
视频位置：光盘/教学视频第2章

13章 调色技术
课后练习——打造高彩外景
视频位置：光盘/教学视频第13章

9章 图层基本操作
自动对齐制作全景图
视频位置：光盘/教学视频第9章

21章 平面设计
书籍装帧设计
视频位置：光盘/教学视频第21章

15章
滤镜与增效工具
视频课堂——使用滤镜制作冰美人
视频位置：
光盘/教学视频第15章

5章 绘画工具的使用
视频课堂——绘制像素图画
视频位置：光盘/教学视频第5章

6章
数码照片修饰
使用模糊与锐化模拟微距摄影效果
视频位置：
光盘/教学视频第6章

10章

图层的高级操作
使用线性加深混合模式制作闪电效果
视频位置：
光盘/教学视频第10章

2章

掌握Photoshop的基本操作
课后练习——DIY电脑壁纸

9章

图层基本操作
课后练习——编辑智能对象

5章

绘画工具的使用
视频课堂——为婚纱照换背景

13章

调色技术
外景光照效果

3章

图像常用编辑方法
视频课堂——利用缩放和扭曲制作书籍包装

5章

绘画工具的使用
使用混合画笔制作油画效果

本书精彩案例欣赏

13章 调色技术
视频课堂——制作绚丽的夕阳火烧云效果
视频位置：光盘/视频第13章

6章
数码照片修饰
使用修复画笔去除面部细纹
视频位置：
光盘/视频第6章

10章
图层的高级操作
课后练习——调整局部效果
视频位置：
光盘/视频第10章

10章
图层的高级操作
课后练习——混合模式制作手掌怪兽
视频位置：
光盘/视频第10章

13章
调色技术
复古棕色调
视频位置：
光盘/视频第13章

6章
数码照片修饰
使用仿制源面板与仿制图章工具
视频位置：
光盘/视频第6章

12章
蒙版与合成
课后练习——使用剪贴蒙版制作撕纸人像
视频位置：
光盘/视频第12章

13章
调色技术
课后练习——制作水彩色调
视频位置：
光盘/教学视频第13章

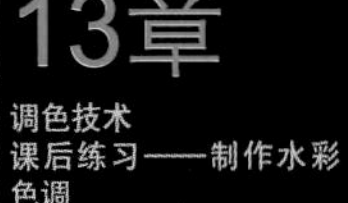

3章
图像常用编辑方法
制作合适尺寸的文档
视频位置：
光盘/教学视频第3章

9章
图层基本操作
使用对齐与分布制作杂志版式
视频位置：
光盘/教学视频第9章

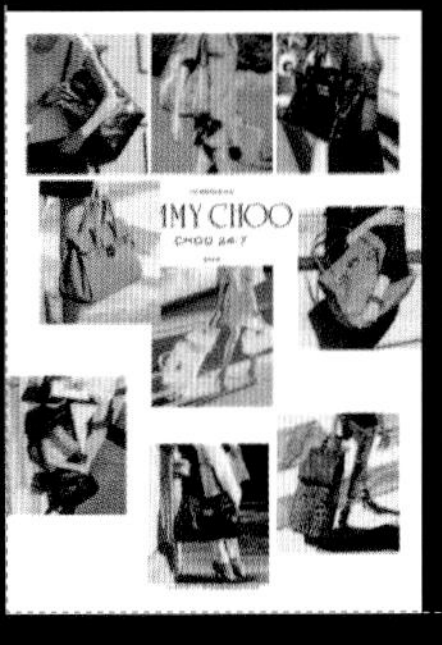

13章
调色技术
使用黑白命令制作层次丰富的黑白照片
视频位置：
光盘/教学视频第13章

16章
创建与编辑3D对象
视频课堂——制作立体文字海岛
视频位置：
光盘/教学视频第16章

13章
调色技术
使用可选颜色命令调整色调
视频位置：
光盘/教学视频第13章

本书精彩案例欣赏

10章

图层的高级操作
使用混合模式打造粉紫色梦幻
视频位置：
光盘/教学视频第10章

11章

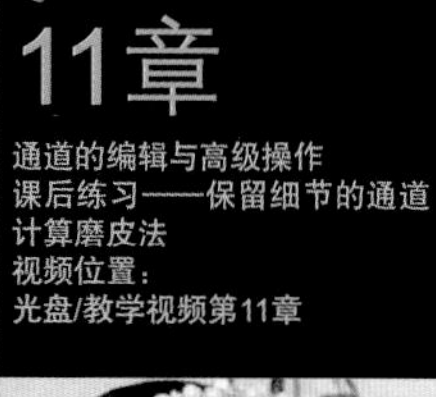

通道的编辑与高级操作
课后练习——保留细节的通道计算磨皮法
视频位置：
光盘/教学视频第11章

15章

滤镜与增效工具
课后练习——利用查找边缘滤镜制作彩色速写
视频位置：
光盘/教学视频第15章

8章

文字的编辑与应用
使用文字工具制作文字海报
视频位置：
光盘/教学视频第8章

20章

数码照片处理
风景照片处理——意境山水
视频位置：
光盘/教学视频第20章

3章

图像常用编辑方法
使用污点修复画笔为美女祛斑
视频位置：
光盘/教学视频第3章

本书精彩案例欣赏

4章

选区的创建与编辑
视频课堂——利用多边形套索工具选择照片
视频位置：光盘/视频第4章

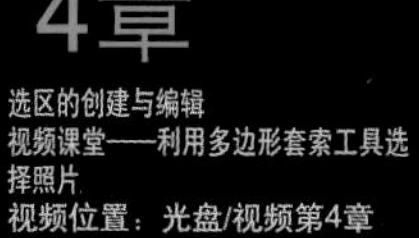

9章

图层基本操作
替换智能对象内容
视频位置：光盘/视频第9章

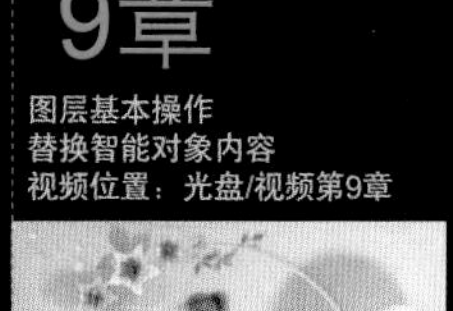

4章

选区的创建与编辑
使用填充与描边制作风景明信片

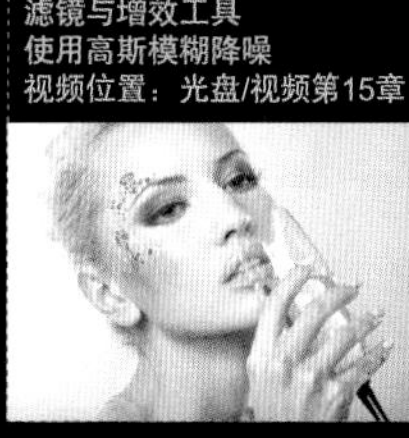

15章

滤镜与增效工具
使用高斯模糊降噪
视频位置：光盘/视频第15章

8章

文字的编辑与应用
创建工作路径制作云朵文字
视频位置：光盘/视频第8章

4章

选区的创建与编辑
利用色彩范围打造薰衣草海洋
视频位置：光盘/视频第4章

8章

文字的编辑与应用
草地上的木质文字
视频位置：光盘/视频第8章

15章

滤镜与增效工具
倾斜偏移滤镜制作移轴摄影
视频位置：光盘/视频第15章

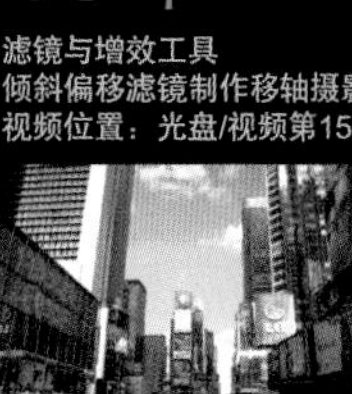

3章

图像常用编辑方法
视频课堂——自由变换制作水果螃蟹

12章

蒙版与合成
使用画笔与图层蒙版制作
视频位置：光盘/视频第12章

本书精彩案例欣赏

17章

视频与动态文件处理
实例练习——制作不透明度动画

4章

选区的创建与编辑
使用多边形套索制作折纸文字
视频位置：光盘/视频第 4章

8章

文字的编辑与应用
将文字转换为形状制作艺术字
视频位置：光盘/视频第8章

13章

调色技术
矫正偏色照片
视频位置：光盘/视频第13章

8章

文字的编辑与应用
使用文字工具制作网站Banner

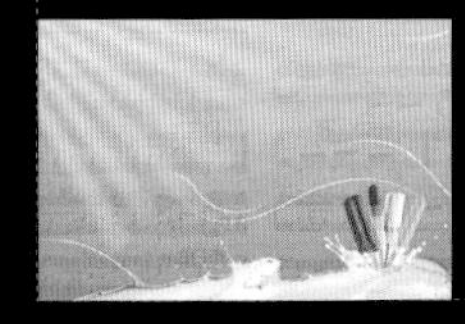

13章

调色技术
梦幻蓝色调
视频位置：光盘/视频第13章

6 章

数码照片修饰
使用海绵工具制作复古效果
视频位置：光盘/视频第6章

10章

图层的高级操作
使用渐变叠加制作多彩质感文字
视频位置：光盘/视频第10章

13章

调色技术
使用变化命令制作四色风景
视频位置：光盘/视频第13章

11章

通道的编辑与高级操作
使用Lab模式制作复古青红调
视频位置：光盘/视频第11章

Photoshop CS6自学视频教程

唯美映像　编著

清华大学出版社
北　京

内容简介

《Photoshop CS6自学视频教程》综合介绍了Photoshop的使用方法和操作技巧。全书共分22章，在内容安排上基本涵盖了日常工作所使用到的全部工具与命令。其中前19章主要从Photoshop的安装和基础使用方法开始，循序渐进地详细讲解Photoshop的基本操作，图像的编辑方法，选区的创建和编辑，绘画和图像编辑工具的使用，路径与矢量工具的应用，文本的编辑与应用，图层、通道和蒙版的应用，调色技术的应用，滤镜与增效工具的使用，3D对象的创建与编辑，视频与动态文件的处理，网页图形处理以及动作与任务自动化操作等核心功能与应用技巧。后3章则从Photoshop的实际应用出发，着重针对数码照片处理、平面设计和创意合成这三个方面进行案例式的有针对性和实用性实战练习，不仅使读者巩固了前面学到的Photoshop中的技术技巧，更是为读者在以后实际学习工作进行提前“练兵”。

本书适合于零基础的Photoshop初学者，同时对具有一定Photoshop使用经验的读者也有很好的参考价值，还可作为学校、培训机构的教学用书，以及各类读者自学Photoshop的参考用书。

本书和光盘有以下显著特点：

1. 214节大型配套视频讲解，让老师手把手教您。（最快的学习方式）
2. 214个中小实例循序渐进，从实例中学、边用边学更有兴趣。（提高学习兴趣）
3. 会用软件远远不够，会做商业作品才是硬道理，本书列举了许多实战案例。（积累实战经验）
4. 专业作者心血之作，经验技巧尽在其中。（实战应用、提高学习效率）
5. 千余项配套资源极为丰富，素材效果一应俱全。（方便深入和拓展学习）

6大不同类型的笔刷、图案、样式等库文件；15类经常用到的设计素材，总计1000多个；《色彩设计搭配手册》和常用颜色色谱表。另外，本光盘还赠送了Photoshop CS6基本操作104讲，方便读者学习基础知识。

本书封面贴有清华大学出版社防伪标签，无标签者不得销售。
版权所有，侵权必究。侵权举报电话：010-62782989 13701121933

图书在版编目（CIP）数据

Photoshop CS6自学视频教程/唯美映像编著．—北京：清华大学出版社，2015
ISBN 978-7-302-35410-9

Ⅰ.①P… Ⅱ.①唯… Ⅲ.①图像处理软件-教材 Ⅳ.①TP391.41

中国版本图书馆CIP数据核字（2014）第022929号

责任编辑：赵洛育
封面设计：刘洪利
版式设计：文森时代
责任校对：马军令
责任印制：沈 露

出版发行：清华大学出版社
网 址：http://www.tup.com.cn，http://www.wqbook.com
地 址：北京清华大学学研大厦A座 邮 编：100084
社 总 机：010-62770175 邮 购：010-62786544
投稿与读者服务：010-62776969，c-service@tup.tsinghua.edu.cn
质 量 反 馈：010-62772015，zhiliang@tup.tsinghua.edu.cn
印 装 者：三河市中晟雅豪印务有限公司
经 销：全国新华书店
开 本：203mm×260mm 印 张：38.75 插 页：16 字 数：1604千字
（附DVD光盘1张）
版 次：2015年6月第1版 印 次：2015年6月第1次印刷
印 数：1～4000
定 价：99.80元

产品编号：049297-01

Photoshop（简称“PS”）软件是Adobe公司研发的世界顶级、最著名、使用最广泛的图像设计与制作软件。她的每一次版本更新都会引起万众瞩目。十年前，Photoshop 8版本改名为Adobe Photoshop CS（Creative Suite，创意性的套件），此后几年里CS版本不断升级，直到CS系列的最后一个版本Photoshop CS6被Photoshop CC所取代。升级后的Photoshop增加了一些新功能，如相机防抖动、Camera RAW功能改进、图像提升采样、Behance集成等功能，以及Creative Cloud，但是升级后的版本对机器硬件的要求也有所提高，为满足不同用户的需求，我们在推出了一套Photoshop CC入门与实战系列后，又推出Photoshop CS6自学视频教程系列。因为无论版本如何更新，软件的核心功能和基本操作都不会改变，都能满足日常的工作和生活需要，所以读者可根据需要进行选择（不需要重复购买）。

Photoshop主要应用在如下领域：

■ 平面设计

平面设计是Photoshop应用最为广泛的领域，无论您是在大街小巷，还是在日常生活中见到的所有招牌、海报、招贴、包装、图书封面等各类平面印刷品，几乎都要用到Photoshop。可以说，没有Photoshop，设计师们简直无从下手。

■ 数码照片处理

无论是广告摄影、婚纱摄影、个人写真等专业数码照片，还是日常生活中的各类数码照片，几乎都要经过Photoshop的修饰才能达到令人满意的效果。

■ 网页设计制作

打开网络，铺天盖地的网页页面，如各类门户网站、新闻网站、购物网站、社交网站、娱乐网站等光彩夺目、绚烂多彩的网页，几乎都是Photoshop处理后的结果。

■ 效果图修饰

各类建筑楼盘、景观规划、室内外效果图、工业设计效果图等，几乎都是在3d Max等软件中设计好基本图形，然后导入到Photoshop中进行后期处理的结果。

■ 影像创意

影像创意是Photoshop的特长，通过Photoshop的处理，可以将不同的对象组合在一起，产生各类绚丽多姿、光怪陆离的效果。

■ 视觉创意

视觉创意与设计是设计艺术的一个分支，通常没有非常明显的商业目的，但由于为设计爱好者提供了广阔的设计空间，因此越来越多的设计爱好者开始学习Photoshop，并进行具有个人特色与风格的视觉创意。

■ 界面设计

界面设计是一个新兴的领域，受到越来越多的软件企业及开发者的重视。在还没有用于做界面设计的专业软件的情况下，绝大多数设计者使用的都是Photoshop。

本书内容编写特点

1. 完全从零开始

本书以零基础读者为主要阅读对象，通过对基础知识细致入微的介绍，辅助以对比图示效果，结合中小实例，对常用工具、命令、参数等做了详细的介绍，同时给出了技巧提示，确保读者零起点、轻松快速入门。

2. 内容极为详细

本书内容涵盖了Photoshop几乎所有工具、命令常用的相关功能，是市场上内容最为全面的图书之一，可以说是入门者的百科全书、有基础者的参考手册。

3. 例子丰富精美

本书的实例极为丰富，致力于边练边学，这也是大家最喜欢的学习方式。另外，例子力求在实用的基础上精美、漂亮，一方面熏陶读者朋友的美感，一方面让读者在学习中享受美的世界。

4. 注重学习规律

本书在讲解过程中采用了“知识点+理论实践+实例练习+综合实例+技术拓展+技巧提示”的模式，符合轻松易学的学习规律。

本书显著特色

1. 大型配套视频讲解，让老师手把手教您

光盘配备与书同步的自学视频，涵盖全书几乎所有实例，如同老师在身边手把手教您，让学习更轻松、更高效！

2. 中小实例循序渐进，边用边学更有兴趣

中小实例极为丰富，通过实例讲解，让学习更有兴趣，而且读者还可以多动手，多练习，只有如此才能深入理解、灵活应用！

3. 配套资源极为丰富，素材效果一应俱全

不同类型的笔刷、图案、样式等库文件；经常用到的设计素材1000多个；另外赠送《色彩设计搭配手册》和常用颜色色谱表。

4. 会用软件远远不够，商业作品才是王道

仅仅学会软件使用远远不能适应社会需要，本书后边给出不同类型的综合商业案例，以便积累实战经验，为工作就业搭桥。

5. 专业作者心血之作，经验技巧尽在其中

作者系艺术学院讲师，设计、教学经验丰富，大量的经验技巧融在书中，可以提高学习效率，少走弯路。

本书服务

1. Photoshop CS6软件获取方式

本书提供的光盘文件包括教学视频和素材等，教学视频可以演示观看。要按照书中实例操作，必须安装Photoshop CS6软件之后，才可以进行。您可以通过如下方式获取Photoshop CS6简体中文版：

（1）登录官方网站http://www.adobe.com/cn/咨询。

（2）到当地电脑城的软件专卖店咨询。

（3）到网上咨询、搜索购买方式。

2. 关于本书光盘的常见问题

（1）本书光盘需在电脑DVD格式光驱中使用。其中的视频文件可以用播放软件进行播放，但不能在家用DVD播放机上播放，也不能在CD格式光驱的电脑上使用（现在CD格式的光驱已经很少）。

（2）如果光盘仍然无法读取，建议多换几台电脑试试看，绝大多数光盘都可以得到解决。

（3）盘面有胶、有脏物建议要先行擦拭干净。

（4）光盘如果仍然无法读取的话，请将光盘邮寄给：北京清华大学（校内）出版社白楼201 编辑部，电话：010-62791977-278。我们查明原因后，予以调换。

（5）如果读者朋友在网上或者书店购买此书时光盘缺失，建议向该网站或书店索取。

3. 交流答疑QQ群

为了方便解答读者提出的问题，我们特意建立了如下QQ群：

Photoshop技术交流QQ群：169432824。（如果群满，我们将会建其他群，请留意加群时的提示）

4. 留言或关注最新动态

为了方便读者，我们会及时发布与本书有关的信息，包括读者答疑、勘误信息，读者朋友可登录本书官方网站（www.eraybook.com）进行查询。

关于作者

本书由唯美映像组织编写，唯美映像是一家由十多名艺术学院讲师组成的平面设计、动漫制作、影视后期合成的专业培训机构。瞿颖健和曹茂鹏讲师参与了本书的主要编写工作。另外，由于本书工作量巨大，以下人员也参与了本书的编写工作，他们是：杨建超、马啸、李路、孙芳、李化、葛妍、丁仁雯、高歌、韩雷、瞿吉业、杨力、张建霞、瞿学严、杨宗香、董辅川、杨春明、马扬、王萍、曹诗雅、朱于振、于燕香、曹子龙、孙雅娜、曹爱德、曹玮、张效晨、孙丹、李进、曹元钢、张玉华、鞠闯、艾飞、瞿学统、李芳、陶恒斌、曹明、张越、瞿云芳、解桐林、张琼丹、解文耀、孙晓军、瞿江业、王爱花、樊清英等，在此一并表示感谢。

衷心感谢

在编写的过程中，得到了吉林艺术学院副院长郭春方教授的悉心指导，得到了吉林艺术学院设计学院院长宋飞教授的大力支持，在此向他们表示衷心的感谢。本书项目负责人及策划编辑刘利民先生对本书出版做了大量工作，谢谢！

寄语读者

亲爱的读者朋友，千里有缘一线牵，感谢您在茫茫书海中找到了本书，希望她架起你我之间学习、友谊的桥梁，希望她带您轻松步入五彩斑斓的设计世界，希望她成为您成长道路上的铺路石。

唯美映像

214节大型高清同步视频讲解

第1章　进入Photoshop CS6的世界......1

第2章　掌握Photoshop的基本操作......19

打造3月小清新
抗拒浮躁!

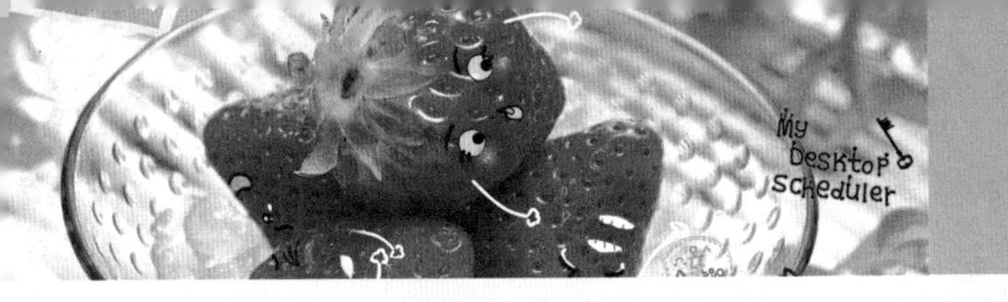
My
Desktop
Scheduler

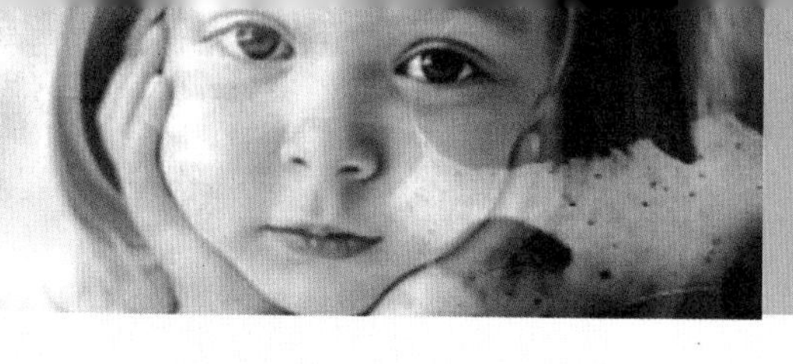

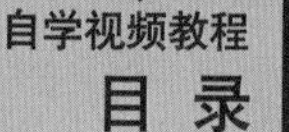

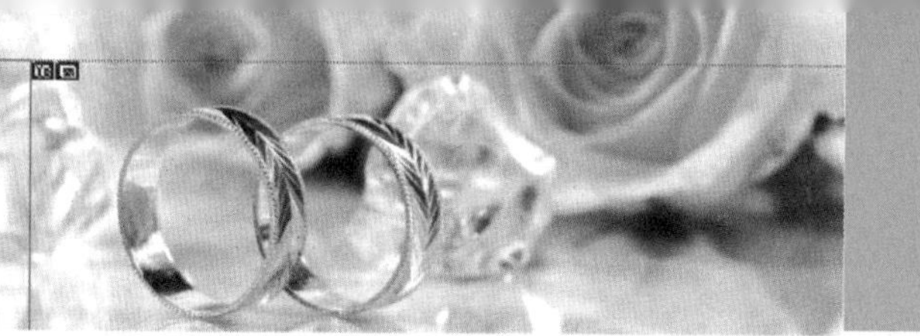

第1章 进入Photoshop CS6的世界

本章内容简介：

首次接触Adobe Photoshop CS6可以从软件的安装与启动开始学习，再逐渐熟悉Photoshop CS6界面的布局以及操作方式，为进一步使用Photoshop的编辑功能作准备。

本章学习要点：

- 初步认识Photoshop CS6
- 熟悉Photoshop CS6的工作界面
- 掌握查看图像窗口的方法
- 了解常用辅助工具的使用方法

1.1 初识Adobe Photoshop CS6

1.1.1 什么是Photoshop

Photoshop是Adobe公司旗下最为出名的图形图像处理软件，集图像扫描、编辑修改、图像制作、广告创意及图像输入与输出于一体，深受广大平面设计人员和计算机美术爱好者的喜爱。Photoshop CS6包含Adobe Photoshop CS6（标准版）和Adobe Photoshop CS6 Extended（扩展版）两个版本，如图1-1所示。

使用Adobe Photoshop CS6可以实现出众的图像选择、图像润饰和逼真绘画的突破性功能，适用于摄影师、印刷设计人员等。而Adobe Photoshop CS6 Extended除了包含Photoshop CS6 中的所有高级编辑和合成功能外，还可以进行3D对象以及视频动画的制作与编辑，适用于视频专业人士、跨媒体设计人员、Web 设计人员、交互式设计人员等。

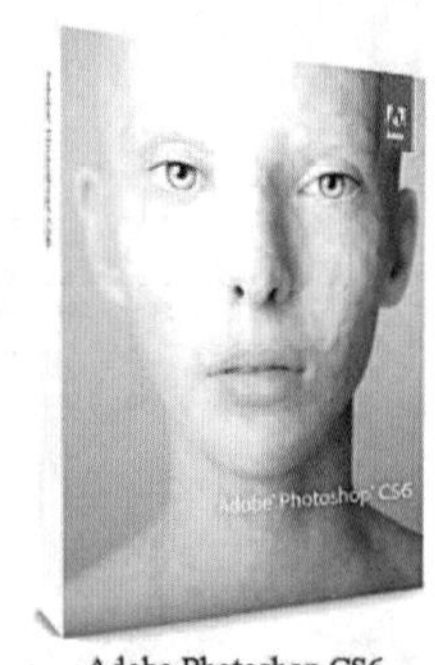

Adobe Photoshop CS6

Adobe Photoshop CS6 Extended

图 1-1

技巧提示

Adobe Photoshop CS6支持主流的Windows以及Mac OS 操作平台。Adobe推荐使用64位硬件及操作系统，尤其是Windows 7 64-bit或Mac OS X 10.6.x、10.7.x。Photoshop CS6将继续支持Windows XP，但不支持非64位Mac。需要注意的是，如果在Windows XP系统下安装Photoshop CS6 Extended，3D功能和光照效果滤镜等某些需要启动GPU的功能将不可用。

1.1.2 Photoshop的应用领域

作为Adobe公司旗下最出名的图像处理软件，Photoshop的应用领域非常广泛，覆盖平面设计、数字出版、网络传媒、视觉媒体、数字绘画、先锋艺术创作等领域。

- 平面设计：平面设计师应用得最多的软件莫过于Photoshop了。在平面设计中，Photoshop的应用领域非常广泛，无论是书籍装帧、招贴海报、杂志封面，或是LOGO设计、VI设计、包装设计，都可以使用Photoshop制作或是辅助处理，如图1-2～图1-4所示。

图 1-2

图 1-3

图 1-4

- 数码照片处理：在数字时代，Photoshop的功能不仅局限于对照片进行简单的图像修复，更多的时候用于商业片的编辑、创意广告的合成、婚纱写真照片的制作等。毫无疑问，Photoshop是数码照片处理必备“利器”，它具有强大的图像修补、润饰、调色、合成等功能，通过这些功能可以快速修复数码照片上的瑕疵或者制作艺术效果，如图1-5～图1-7所示。

图 1-5　　图 1-6　　图 1-7

- 网页设计：在网页设计中，除了著名的“网页三剑客”——Dreamweaver、Flash和Fireworks外，网页中的很多元素也需要在Photoshop中进行制作。因此，Photoshop也是美化网页必不可少的工具，如图1-8～图1-10所示。

图 1-8　　图 1-9　　图 1-10

- 数字绘画：Photoshop不仅可以针对已有图像进行处理，更可以帮助艺术家创造新的图像。Photoshop中也包含众多优秀的绘画工具，使用Photoshop可以绘制各种风格的数字绘画，如图1-11～图1-13所示。

图 1-11

图 1-12

图 1-13

- 界面设计：界面设计也就是通常所说的UI（User Interface，用户界面）设计。界面设计虽然是设计中的新兴领域，但也越来越多地受到重视。使用Photoshop进行界面设计制作是非常好的选择，如图1-14～图1-16所示。

图 1-14

图 1-15

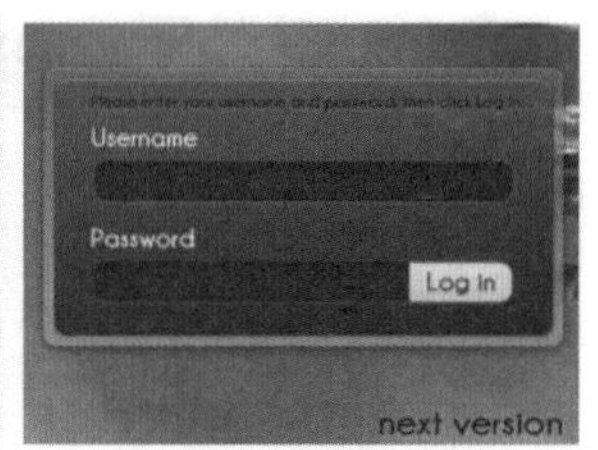

图 1-16

- 三维设计：三维设计比较常见的几种形态有室内/外效果图、三维动画电影、广告包装、游戏制作、CG插画设计等。其中Photoshop主要用来绘制、编辑三维模型表面的贴图，另外还可以对静态的效果图或CG插画进行后期修饰，如图1-17～图1-19所示。

图 1-17

图 1-18

图 1-19

- 新锐视觉艺术：这里所说的视觉艺术是近年来比较流行的一种创意表现形态，可以作为设计，是设计艺术的一个分支，此类设计通常没有非常明显的商业目的，但由于它为广大设计爱好者提供了无限的设计空间，因此越来越多的设计爱好者都开始注重视觉创意，并逐渐形成属于自己的一套创作风格，如图1-20～图1-22所示。

图 1-20

图 1-21

图 1-22

- 文字设计：文字设计也是当今新锐设计师比较青睐的一种表现形态，利用Photoshop中强大的合成功能可以制作出各种质感、特效文字，如图1-23～图1-25所示。

图 1-23

图 1-24

图 1-25

思维点拨：CS是什么意思

在Photoshop 7.0之后的8.0版本命名为Photoshop CS。CS是Adobe Creative Suite软件中后面两个单词的缩写，表示“创作集合”，是一个统一的设计环境。2012年4月Adobe正式发布新一代面向设计、网络和视频领域的终极专业套装Creative Suite 6（简称CS6），包含4大套装和14个独立程序。

1.2 安装与卸载Photoshop CS6

想要学习和使用Photoshop CS6，首选需要学习如何正确安装该软件。Photoshop CS6的安装与卸载过程并不复杂，与其他应用软件的安装方法大致相同。由于Photoshop CS6是制图类设计软件，所以对硬件设备会有相应的配置需求。

1.2.1 安装Photoshop CS6的系统要求

Windows

- Intel® Pentium® 4 或 AMD Athlon® 64 处理器。
- Microsoft® Windows® XP*（装有Service Pack 3）或Windows 7（装有Service Pack 1）。
- 1GB内存。
- 1GB可用硬盘空间用于安装；安装过程中需要额外的可用空间（无法安装在可移动闪存设备上）。
- 1024×768分辨率（建议使用1280×800），16位颜色和512MB的显存。
- 支持OpenGL 2.0系统。
- DVD-ROM驱动器。

Mac OS

- Intel多核处理器（支持64位）。
- Mac OS X 10.6.8或10.7版。
- 1GB内存。
- 2GB可用硬盘空间用于安装；安装过程中需要额外的可用空间（无法安装在使用区分大小写的文件系统的卷或可移动闪存设备上）。
- 1024×768分辨率（建议使用1280×800），16位颜色和512MB的显存。
- 支持OpenGL 2.0系统。
- DVD-ROM驱动器。

1.2.2 安装Photoshop CS6

（1）将安装光盘放入光驱中，然后在光盘根目录Adobe CS6文件夹中双击Setup.exe文件，或从Adobe官方网站下载试用版运行Setup.exe文件。运行安装程序后开始初始化，如图1-26所示。

（2）初始化完成后，在“欢迎”界面中可以选择“安装”或“试用”，如图1-27所示。

图 1-26

图 1-27

（3）如果在“欢迎”界面中单击“安装”，则会弹出“Adobe软件许可协议”界面，阅读许可协议后单击“接受”按钮，如图1-28所示。在弹出的“序列号”界面中输入安装序列号，如图1-29所示。

如果在“欢迎”界面中单击“试用”，在弹出的“登录”界面中输入Adobe ID，并单击“登录”按钮，如图1-30所示。

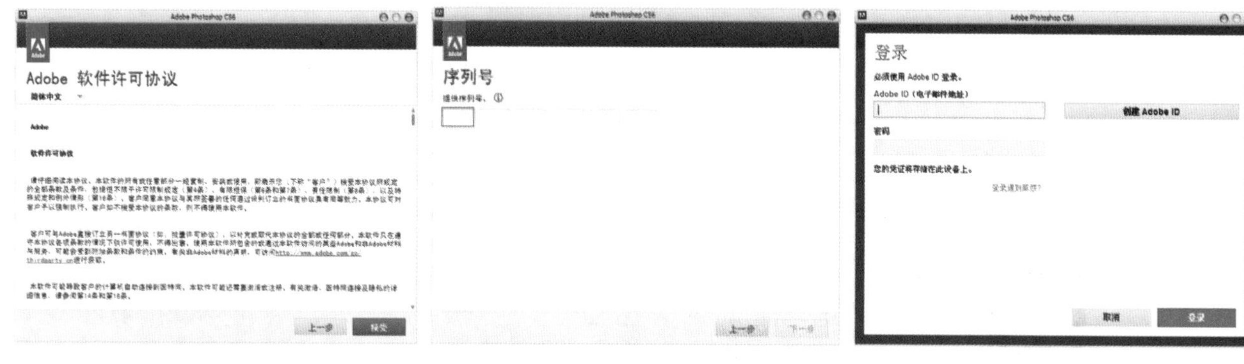

图 1-28　　图 1-29　　图 1-30

（4）在“选项”界面中选择合适的语言，并设置合适的安装路径，然后单击“安装”按钮开始安装，如图1-31所示。

（5）安装完成以后显示“安装完成”界面，如图1-32所示。在桌面上双击Photoshop CS6的快捷图标，即可启动Photoshop CS6，如图1-33所示。

图 1-31　　图 1-32　　图 1-33

1.2.3　卸载Photoshop CS6

与卸载其他软件相同，可以打开“控制面板”窗口，然后双击“添加或删除程序”图标，打开“添加或删除程序”窗口，接着选择Adobe Photoshop CS6，最后单击“删除”按钮即可卸载Photoshop CS6，如图1-34和图1-35所示。

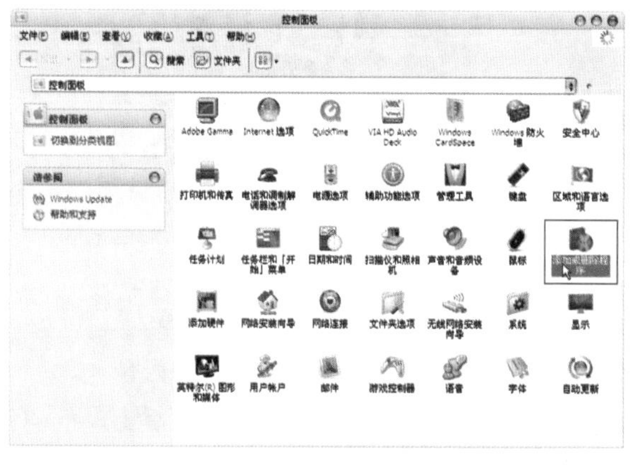

图 1-34

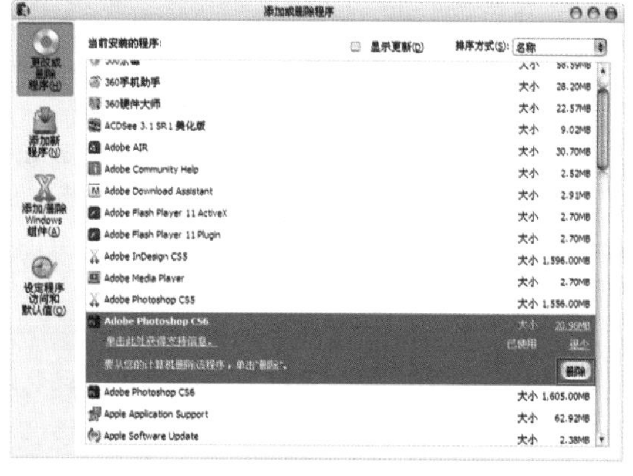

图 1-35

1.3 启动与退出Photoshop CS6

1.3.1 启动Photoshop CS6

成功安装Photoshop CS6之后可以单击桌面左下角的“开始”按钮，打开程序菜单并选择Adobe Photoshop CS6选项即可启动Photoshop CS6。或者双击桌面上的Adobe Photoshop CS6快捷方式图标，如图1-36所示。

图 1—36

1.3.2 退出Photoshop CS6

若要退出Photoshop CS6，可以像退出其他应用程序一样，单击右上角的“关闭”按钮；执行“文件>退出”命令或者按Ctrl+Q组合键同样可以快速退出，如图1-37所示。

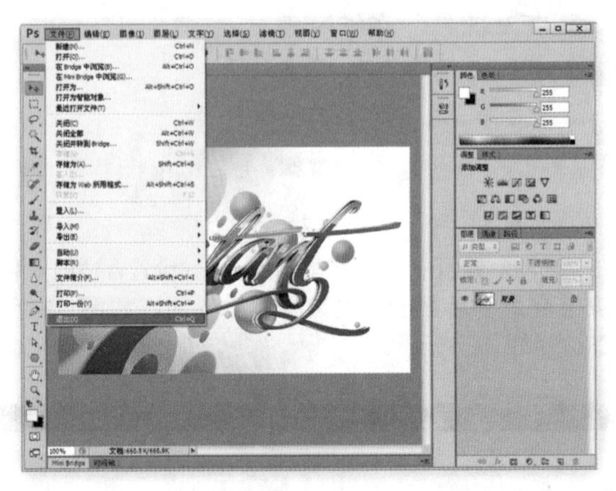

图 1—37

1.4 熟悉Photoshop CS6的工作界面

视频精讲：Photoshop CS6自学视频教程\1.熟悉Photoshop CS6的界面与工具.flv

随着版本的不断升级，Photoshop的工作界面布局也更加合理，更加具有人性化。启动Photoshop CS6，其工作界面由菜单栏、选项栏、标题栏、工具箱、状态栏、文档窗口以及多个面板组成，如图1-38所示。

- 菜单栏：Photoshop CS6 Extended的菜单栏中包含11组主菜单，分别是文件、编辑、图像、图层、文字、选择、滤镜、3D、视图、窗口和帮助。单击相应的主菜单，即可打开子菜单。如果安装的是Photoshop CS6 或在Windows XP系统下安装Photoshop CS6 Extended，3D菜单将不可见。
- 标题栏：打开一个文件以后，Photoshop会自动创建一个标题栏。在标题栏中会显示这个文件的名称、格式、窗口缩放比例以及颜色模式等信息。
- 文档窗口：是显示打开图像的地方。
- 工具箱：其中集合了Photoshop CS6的大部分工具。工具箱可以折叠显示或展开显示。单击工具箱顶部的折叠图标，可以将其折叠为双栏；单击图标即可还原回展开的单栏模式。
- 选项栏：主要用来设置工具的参数选项，不同工具的选项栏也不同。

图 1—38

- 状态栏：位于工作界面的最底部，可以显示当前文档的大小、文档尺寸、当前工具和窗口缩放比例等信息，单击状态栏中的三角形图标，可以设置要显示的内容。
- 面板：主要用来配合图像的编辑、对操作进行控制以及设置参数等。每个面板的右上角都有一个图标，单击该图标可以打开该面板的菜单选项。如果需要打开某一个面板，可以单击菜单栏中的“窗口”菜单按钮，在展开的菜单中单击即可打开相应面板。

设置工作区域

视频精讲：Photoshop CS6自学视频教程\8.设置工作区域.flv

Photoshop CS6提供了适合于不同类型设计任务的预设工作区，并且可以存储适合于个人的工作区布局。Photoshop CS6中工作区包括文档窗口、工具箱、菜单栏和各种面板。执行“窗口>工作区”命令，在子菜单中可以切换工作区类型，也可以在选项栏的右侧下拉列表中进行选择，如图1-39所示。

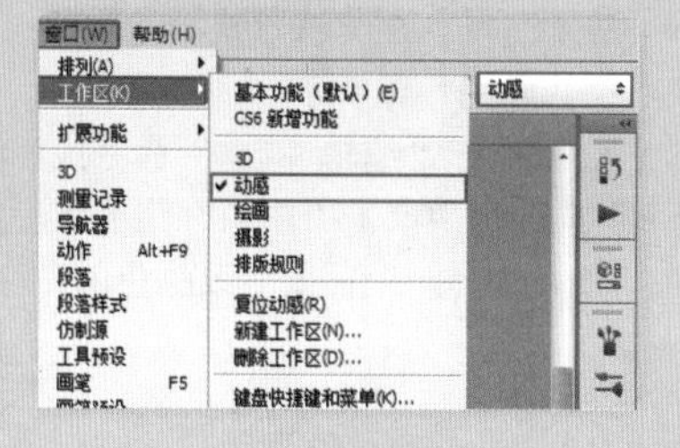

图 1—39

1.5.1 使用预设工作区

技术速查：执行“窗口>工作区”命令，在该菜单中可以选择系统预设的一些工作区。

在“工作区”菜单中提供了基本功能工作区、CS6新增功能工作区、3D工作区、动感工作区、绘画工作区、摄影工作区、排版规则工作区，用户可以选择适合自己的工作区，如图1-40所示。基本功能工作区是Photoshop CS6默认的工作区。在该工作区中，包括了一些常用的面板，如“颜色”面板、“调整”面板、“图层”面板等，如图1-41所示。

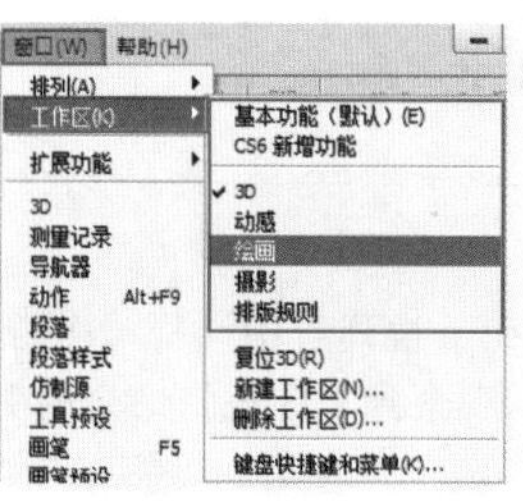

图 1—40

图 1—41

1.5.2 动手学：自定义工作区

技术速查：在进行一些操作时，部分面板几乎是用不到的，而操作界面中存在过多的面板会占用较多的操作空间，从而影响工作效率。所以可以定义一个适合用户自己的工作区，以符合个人的操作习惯。

（1）在“窗口”菜单下关闭不需要的面板，只保留必要的面板，如图1-42所示。

（2）执行“窗口>工作区>新建工作区”命令，然后在弹出的对话框中为工作区设置一个名称，接着单击“存储”按钮，即可存储当前工作区，如图1-43所示。

图 1—42

（3）执行“窗口>工作区”命令，在子菜单下可以选择前面自定义的工作区，如图1-44所示。

（4）想要删除自定义的工作区很简单，只需要执行“窗口>工作区>删除工作区”命令即可。

图 1—43

图 1—44

1.5.3 动手学：自定义菜单命令颜色

技术速查：在“键盘快捷键和菜单”对话框中，用户可以为一些常用的命令自定义一个颜色，这样可以快速找到某项命令，如图1-45所示。

（1）执行“编辑>菜单”命令或按Shift+Ctrl+Alt+M组合键，打开“键盘快捷键和菜单”对话框，然后在“应用程序菜单命令”选项组中单击“图像”菜单组，展开其子命令，如图1-46所示。

（2）选择一个需要更改颜色的命令，这里选择“曲线”命令，如图1-47所示。

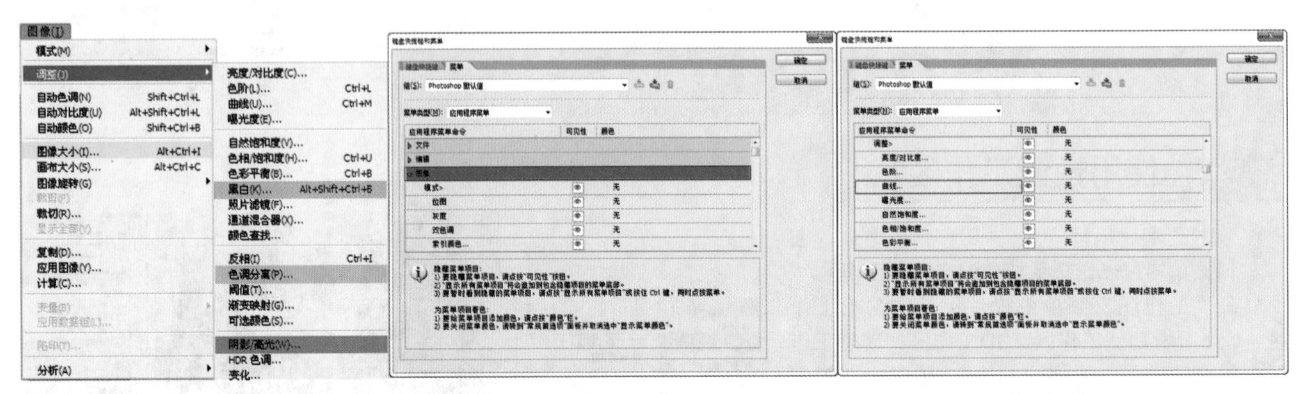

图 1-45　　图 1-46　　图 1-47

（3）单击“曲线”命令后的“无”，然后在下拉列表中选择一个合适的颜色，接着单击“确定”按钮关闭对话框，如图1-48所示。此时在“图像>调整”菜单下就可以观察到“曲线”命令的颜色已经变成了所选择的颜色，如图1-49所示。

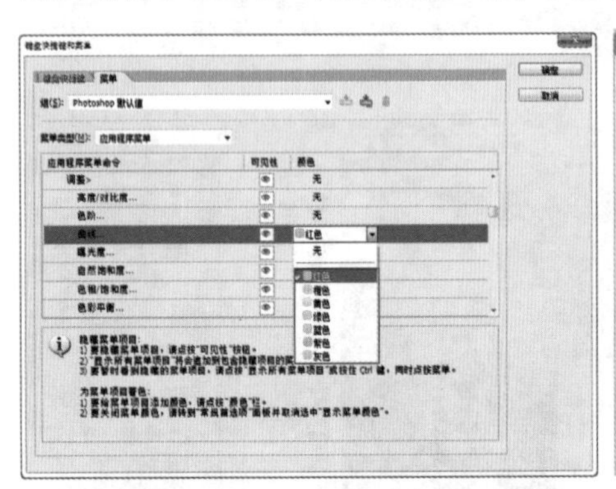

图 1-48

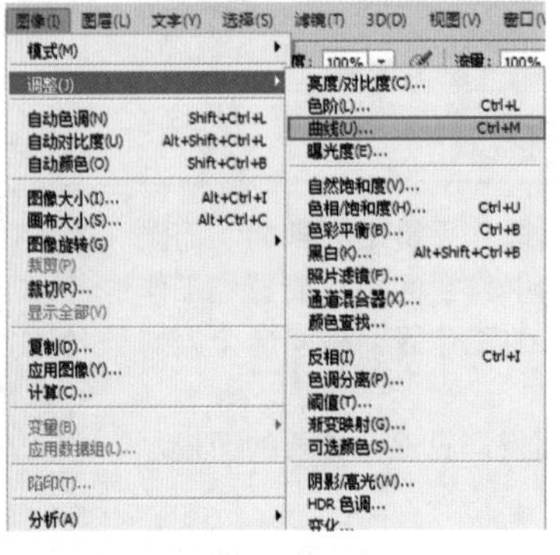

图 1-49

技巧提示

如果要存储对当前菜单组所做的所有更改，需要在“键盘快捷键和菜单”对话框中单击“存储对当前菜单组的所有更改”按钮。如果存储的是对Photoshop默认值组所做的更改，系统会弹出“存储”对话框，提醒用户为新组设置一个名称。

1.5.4 动手学：自定义命令快捷键

技术速查：在Photoshop中，可以对默认的快捷键进行更改，也可以为没有配置快捷键的常用命令和工具设置快捷键，这样可以大大提高工作效率。以非常常用的“亮度/对比度”命令为例，在默认情况下是没有配置快捷键的，因此为其配置一个快捷键是非常必要的。

（1）执行“编辑>键盘快捷键”命令，打开“键盘快捷键和菜单”对话框，然后在“图像>调整”菜单组下选择“亮度/对比度”命令，此时会出现一个用于定义快捷键的文本框，如图1-50所示。

（2）同时按住Ctrl键和/键，此时文本框会出现Ctrl+/组合键，然后单击“确定”按钮完成操作，如图1-51所示。

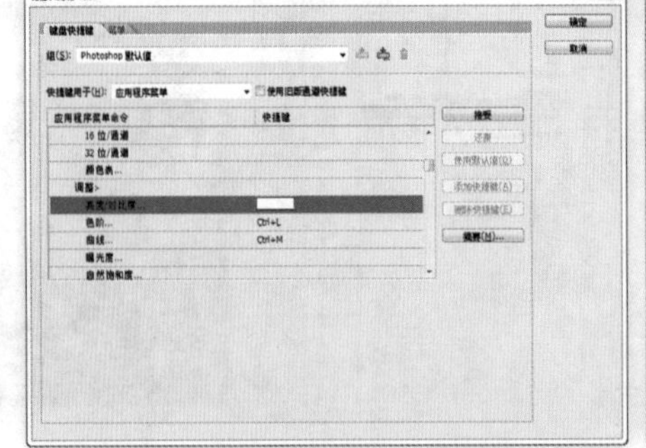

图 1-50

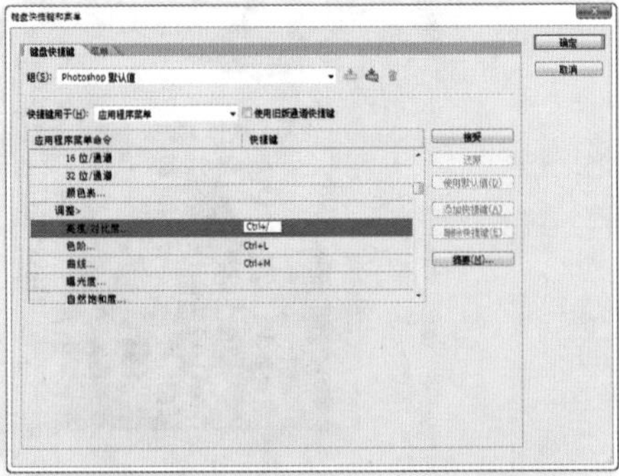

图 1-51

（3）为“亮度/对比度”命令配置Ctrl+/组合键后，在“图像>调整”菜单下就可以观察到“亮度/对比度”命令后面有一个快捷键Ctrl+/，如图1-52所示。

技巧提示

在为命令配置快捷键时，只能在键盘上进行操作，不能手动输入。这是因为Photoshop目前还不支持手动输入功能。

图　1—52

1.6 设置文档窗口的查看方式

视频精讲：Photoshop CS6自学视频教程\10.查看图像窗口.flv

在Photoshop中可以通过调整图像的缩放级别、多种图像的排列形式、多种屏幕模式、使用导航器和“抓手工具”等查看图像。打开多个文件时，选择合理的方式查看图像窗口可以更好地对图像进行编辑，如图1-53和图1-54所示。

图　1—53　　　　图　1—54

1.6.1 更改图像的缩放级别

- 技术速查：使用“缩放工具”可以放大或缩小图像的显示比例。

使用“缩放工具”放大或缩小图像时，图像的真实大小是不会跟着发生改变的。因为使用“缩放工具”放大或缩小图像，只是改变了图像在屏幕上的显示比例，并没有改变图像的大小比例，它们之间有着本质的区别。如图1-55所示为缩小、正常与放大的对比效果。

图　1—55

如图1-56所示为“缩放工具”的选项栏。单击“放大”按钮可以切换到放大模式，在画布中单击可以放大图像；单击“缩小”按钮可以切换到缩小模式，在画布中单击可以缩小图像。按住Alt键可以切换工具的放大或缩小模式。

图　1—56

- 调整窗口大小以满屏显示：选中该复选框，在缩放窗口的同时自动调整窗口的大小。
- 缩放所有窗口：选中该复选框，同时缩放所有打开的文档窗口。

- 细微缩放：选中该复选框，在画面中单击并向左侧或右侧拖曳鼠标，能够以平滑的方式快速放大或缩小窗口。
- 实际像素：单击该按钮，图像将以实际像素的比例进行显示。也可以双击“缩放工具”来实现相同的操作。
- 适合屏幕：单击该按钮，可以在窗口中最大化显示完整的图像。
- 填充屏幕：单击该按钮，可以在整个屏幕范围内最大化显示完整的图像。
- 打印尺寸：单击该按钮，可以按照实际的打印尺寸来显示图像。

技巧提示

放大或缩小画面显示比例可使用快捷方式：按Ctrl++组合键可以放大窗口的显示比例；按Ctrl+−组合键可以缩小窗口的显示比例；按Ctrl+0组合键可以自动调整图像的显示比例，使之能够完整地在窗口中显示出来；按Ctrl+1组合键可以使图像按照实际的像素比例显示出来。

1.6.2 平移画面

- 技术速查：使用“抓手工具”可以平移画面，以查看画面的局部。

当放大一个图像后，可以使用“抓手工具”将图像移动到特定的区域内查看图像。“抓手工具”与“缩放工具”一样，在实际工作中的使用频率相当高。在工具箱中单击“抓手工具”按钮，可以激活“抓手工具”，如图1-57所示是“抓手工具”的选项栏。

滚动所有窗口 实际像素 适合屏幕 填充屏幕 打印尺寸

图 1-57

- 滚动所有窗口：选中该复选框，允许滚动所有窗口。
- 实际像素：单击该按钮，图像以实际像素比例进行显示。
- 适合屏幕：单击该按钮，可以在窗口中最大化显示完整的图像。
- 填充屏幕：单击该按钮，可以在整个屏幕范围内最大化显示完整的图像。
- 打印尺寸：单击该按钮，可以按照实际的打印尺寸来显示图像。

技巧提示

在使用其他工具编辑图像时，来回切换“抓手工具”会非常麻烦。例如在使用“画笔工具”进行绘画时，可以按住Space键（即空格键）切换到抓手状态，当松开Space键时，系统会自动切换回“画笔工具”。

1.6.3 更改图像窗口排列方式

- 技术速查：在Photoshop中打开多个文档时，用户可以选择文档的排列方式。

执行“窗口>排列”命令，在子菜单下可以选择一个合适的排列方式，如图1-58所示。

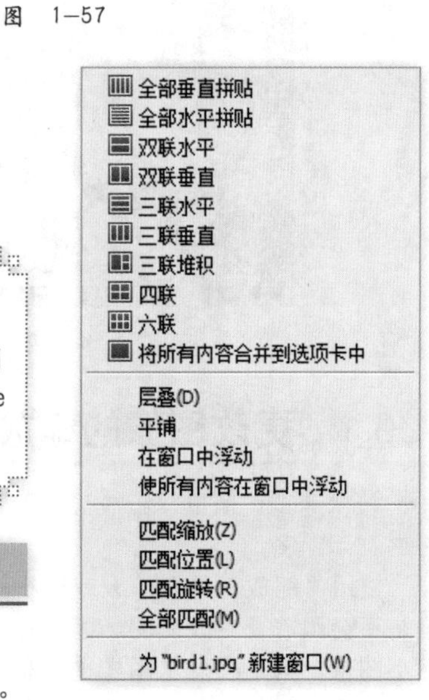

图 1-58

全部垂直拼贴、全部水平拼贴和双联水平显示效果分别如图1-59～图1-61所示。

图 1-59

图 1-60

图 1-61

双联垂直、三联水平和三联垂直显示效果分别如图1-62～图1-64所示。

图 1-62　　图 1-63　　图 1-64

三联堆积、四联、六联和将所有内容合并到选项卡中显示效果分别如图1-65～图1-68所示。

图 1-65　　图 1-66　　图 1-67　　图 1-68

- 层叠：“层叠”方式是从屏幕的左上角到右下角以堆叠和层叠的方式显示未停放的窗口，如图1-69所示。
- 平铺：当选择“平铺”方式时，窗口会自动调整大小，并以平铺的方式填满可用的空间，如图1-70所示。
- 在窗口中浮动：当选择“在窗口中浮动”方式时，图像可以自由浮动，并且可以任意拖曳标题栏来移动窗口，如图1-71所示。

图 1-69　　图 1-70　　图 1-71

- 使所有内容在窗口中浮动：当选择该方式时，所有文档窗口都将变成浮动窗口，如图1-72所示。
- 匹配缩放：“匹配缩放”方式是将所有窗口都匹配到与当前窗口相同的缩放比例。例如，将当前窗口进行缩放，然后执行“匹配缩放”命令，其他窗口的显示比例也会随之缩放，如图1-73所示。
- 匹配位置：“匹配位置”方式是将所有窗口中图像的显示位置都匹配到与当前窗口相同，如图1-74所示。

图 1-72　　图 1-73　　图 1-74

- 匹配旋转："匹配旋转"方式是将所有窗口中画布的旋转角度都匹配到与当前窗口相同，如图1-75所示。
- 全部匹配："全部匹配"方式是将所有窗口的缩放比例、图像显示位置、画布旋转角度与当前窗口进行匹配，如图1-76所示。

图 1-75

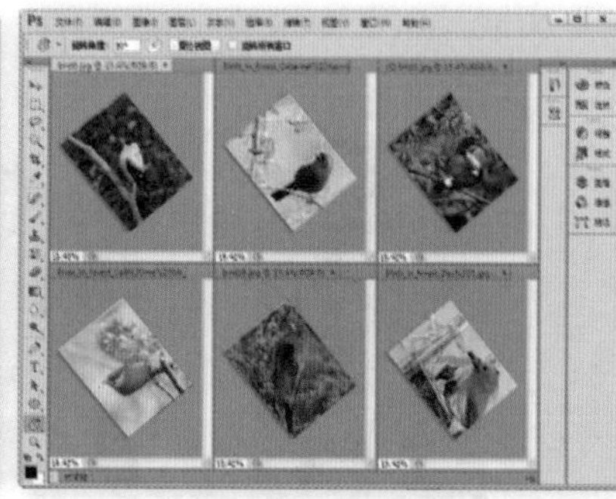

图 1-76

1.6.4 使用不同的屏幕模式

- 技术速查：在工具栏中单击"屏幕模式"按钮，在弹出的菜单中可以选择屏幕模式，其中包括标准屏幕模式、带有菜单栏的全屏模式和全屏模式3种，如图1-77所示。

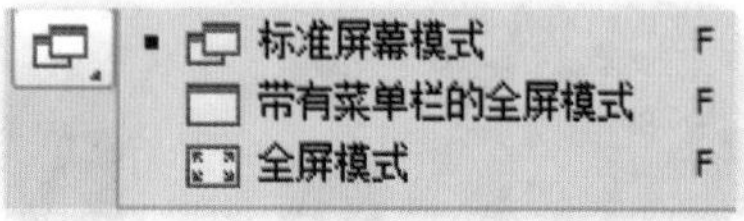

图 1-77

- 标准屏幕模式：标准屏幕模式可以显示菜单栏、标题栏、滚动条和其他屏幕元素，如图1-78所示。
- 带有菜单栏的全屏模式：带有菜单栏的全屏模式可以显示菜单栏、50%的灰色背景、无标题栏和滚动条的全屏窗口，如图1-79所示。
- 全屏模式：全屏模式只显示黑色背景和图像窗口，如图1-80所示。如果要退出全屏模式，可以按Esc键。如果按Tab键，将切换到带有面板的全屏模式。

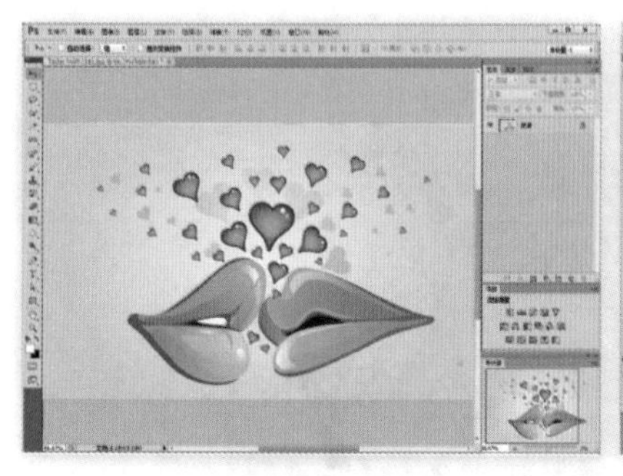

图 1-78

图 1-79

图 1-80

1.6.5 使用导航器查看画面

- 技术速查：在"导航器"面板中，通过滑动鼠标可以查看图像的某个区域。

执行"窗口>导航器"命令，可以调出"导航器"面板，如果要在"导航器"面板中移动画面，可以将光标放置在缩览图上，当光标变成抓手形状时（只有图像的缩放比例大于全屏显示比例时，才会出现抓手图标），拖曳鼠标即可移动图像画面，如图1-81和图1-82所示。

图 1-81　　图 1-82

- 缩放数值输入框 50% ：可以在这里输入缩放数值，然后按Enter键确认操作，如图1-83和图1-84所示。
- “缩小”按钮 /“放大”按钮 ：单击“缩小”按钮 可以缩小图像的显示比例；单击“放大”按钮 可以放大图像的显示比例，如图1-85和图1-86所示。

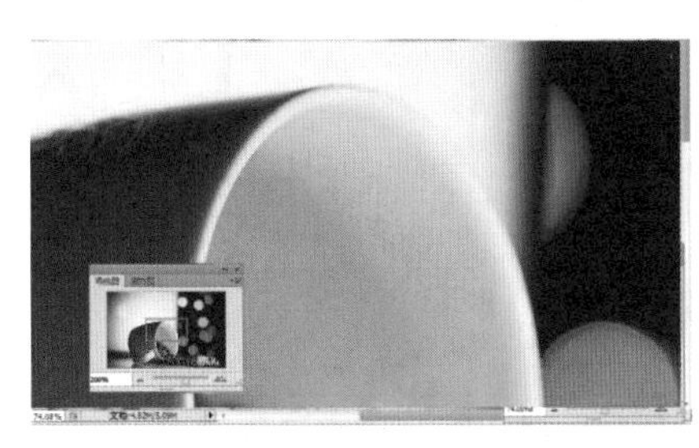

图 1-83

图 1-84

图 1-85

- 缩放滑块 ：拖曳缩放滑块可以放大或缩小窗口，如图1-87和图1-88所示。

图 1-86

图 1-87

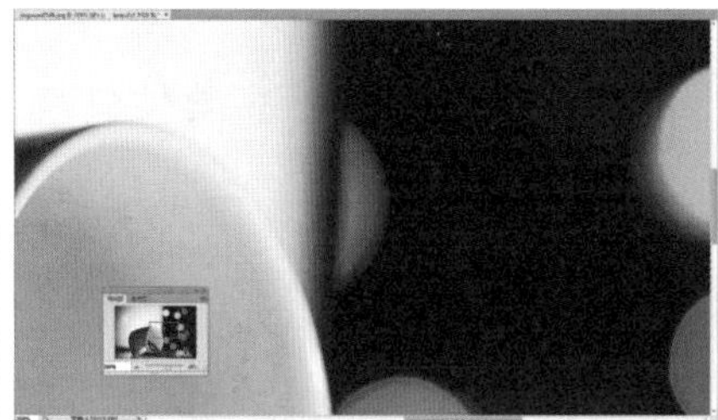

图 1-88

1.7 常用辅助工具

- 视频精讲：Photoshop CS6自学视频教程\9.使用Photoshop辅助对象.flv

Photoshop CS6常用的辅助工具包括标尺、参考线、网格和注释工具等，借助这些辅助工具可以进行参考、对齐等操作。

1.7.1 动手学：使用标尺

- 技术速查：标尺在实际工作中经常用来定位图像或元素位置，从而让用户更精确地处理图像。

（1）执行“文件>打开”命令，打开一张图片。执行“视图>标尺”命令或按Ctrl+R组合键，此时看到窗口顶部和左侧会出现标尺，如图1-89所示。

（2）默认情况下，标尺的原点位于窗口的左上方，用户可以修改原点的位置。将光标放置在原点上，然后使用鼠标左键拖曳原点，画面中会显示出十字线，释放鼠标左键以后，释放处便成为原点的新位置，并且此时的原点数字也会发生变化，如图1-90和图1-91所示。

图 1-89

图 1-90

图 1-91

技术拓展："单位与标尺"设置详解

执行"编辑>首选项>常规"命令或按Ctrl+K组合键，可以打开"首选项"对话框。在左侧选择"单位与标尺"选项，可切换到"单位与标尺"界面，如图1-92所示。

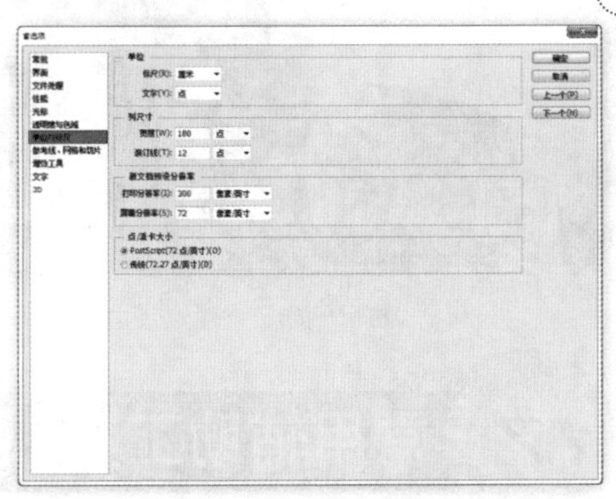

图 1-92

- 单位：设置默认状态下Photoshop所用的所有单位，主要包括标尺的单位和文字的单位。
- 列尺寸：设置默认状态下列尺寸的宽度单位和装订线的单位。
- 新文档预设分辨率：设置新建文档时默认的打印分辨率和屏幕分辨率。
- 点/派卡大小：设置点/派卡的大小。选中"PostScript（72点/英寸）"单选按钮，设置一个兼容的单位大小，以便打印到PostScript设备；选中"传统（72.27点/英寸）"单选按钮，可以使用72.27点/英寸的传统大小。

1.7.2 动手学：使用参考线

- **技术速查：参考线以浮动的状态显示在图像上方，可以帮助用户精确地定位图像或元素。**

在Photoshop中可以轻松地移动、删除以及锁定参考线。在输出和打印图像时，参考线都不会显示出来，如图1-93和图1-94所示。

图 1-93

图 1-94

（1）执行“文件>打开”命令，打开一张图片，如图1-95所示。

（2）将光标放置在水平标尺上，然后使用鼠标左键向下拖曳即可拖出水平参考线，如图1-96所示。

图 1—95

图 1—96

（3）将光标放置在左侧的垂直标尺上，然后使用鼠标左键向右拖曳即可拖出垂直参考线，如图1-97所示。

（4）如果要移动参考线，可以在工具箱中单击“移动工具”按钮，然后将光标放置在参考线上，当光标变成分隔符形状时，使用鼠标左键即可移动参考线，如图1-98和图1-99所示。

图 1—97

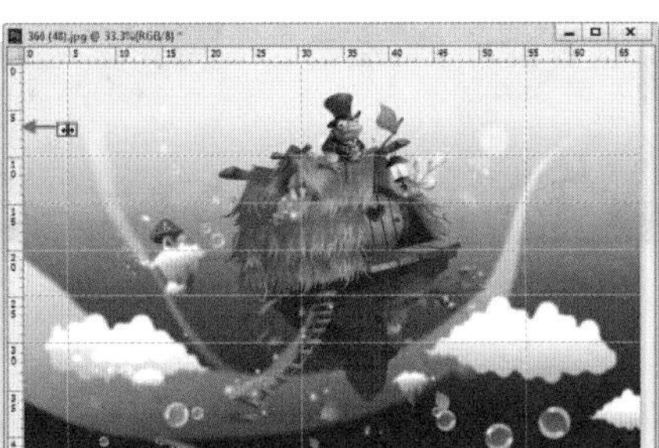

图 1—98

图 1—99

技巧提示

在创建、移动参考线时，按住Shift键可以使参考线与标尺刻度进行对齐；按住Ctrl键可以将参考线放置在画布中的任意位置，并且可以让参考线不与标尺刻度进行对齐。

（5）如果使用“移动工具”将参考线拖曳出画布之外，那么可以删除这条参考线，如图1-100和图1-101所示。

（6）如果要隐藏参考线，可以执行“视图>显示额外内容”命令或按Ctrl+H组合键，如图1-102所示。

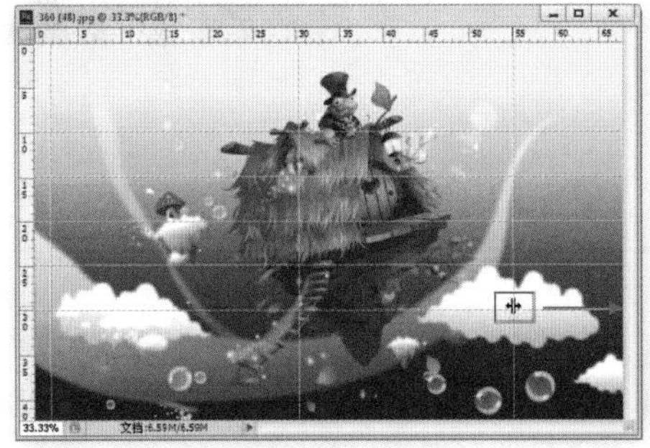

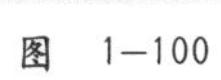

图 1—100

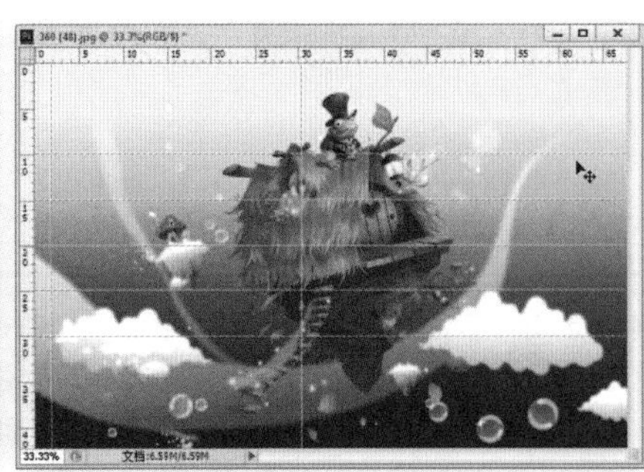

图 1—101

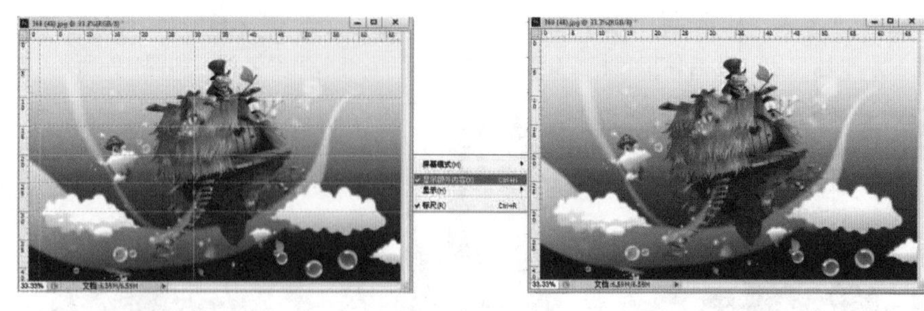

图　1—102

答疑解惑——怎么显示出隐藏的参考线?

在Photoshop中，如果菜单选项前面带有一个勾选符号✔，那么就说明该命令可以顺逆操作。

以隐藏和显示参考线为例，执行一次“视图>显示>参考线”命令可以将参考线隐藏，再次执行该命令即可将参考线显示出来。或按Ctrl+H组合键也可以切换参考线的显示与隐藏。

（7）如果需要删除画布中的所有参考线，可以执行“视图>清除参考线”命令，如图1-103所示。

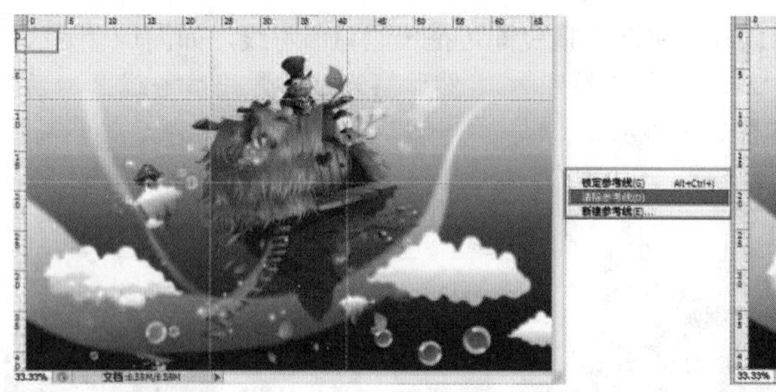

图　1—103

思维点拨：参考线的作用

参考线的使用可以帮助用户规划版面的整体版式。版式设计中的整体概念分3部分：

（1）建立信息等级，以明确的主次关系传递设计主题。

（2）将编排元素抽象化，用以研究黑、白、灰的整体布局。

（3）由简洁的图形构成版式的整体感。如图1—104～图1—106所示为一些比较有代表性的版式作品。

图　1—104

图　1—105

图　1—106

1.7.3　智能参考线

◉ 技术速查：智能参考线可以帮助对齐形状、切片和选区。启用智能参考线后，当绘制形状、创建选区或切片时，智能参考线会自动出现在画布中。

执行“视图>显示>智能参考线”命令，可以启用智能参考线，智能参考线为粉色线条，如图1-107所示为在移动某一图层时智能参考线的状态。

图　1—107

1.7.4 网格

- 技术速查：网格主要用来对齐对象。显示出网格后，可以执行“视图>对齐>网格”命令，启用对齐功能，此后在创建选区或移动图像时，对象将自动对齐到网格上。

网格在默认情况下显示为不打印出来的线条，但也可以显示为点。执行“视图>显示>网格”命令，可以在画布中显示出网格，如图1-108和图1-109所示。

图 1—108

图 1—109

技术拓展：“参考线、网格和切片”设置详解

执行“编辑>首选项>常规”命令或按Ctrl+K组合键，可以打开“首选项”对话框。在左侧选择“参考线、网格和切片”选项，可切换到“参考线、网格和切片”界面，如图1—110所示。

- 参考线：在该选项组中可以设置参考线的颜色和样式。
- 智能参考线：在该选项组中可以设置智能参考线的颜色。
- 网格：在该选项组中可以设置网格的颜色以及样式，同时还可以设置网格线的间距以及子网格的数量。

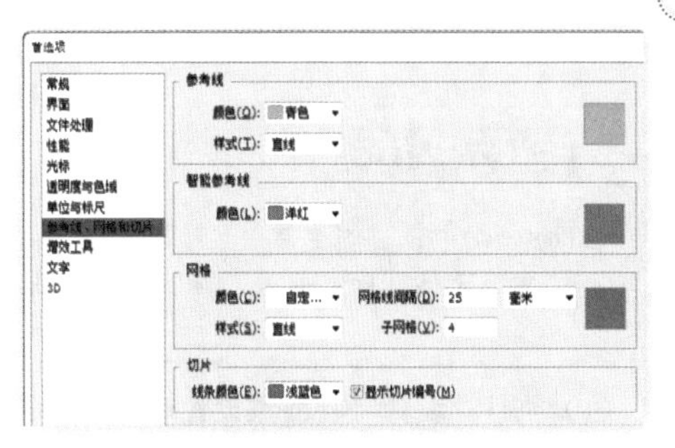

图 1—110

1.7.5 对齐

- 技术速查：“对齐”有助于精确地放置选区、裁剪选框、切片、形状和路径等。

在“视图>对齐到”菜单下可以观察到可对齐的对象包含参考线、网格、图层、切片、文档边界、全部和无，如图1-111所示。

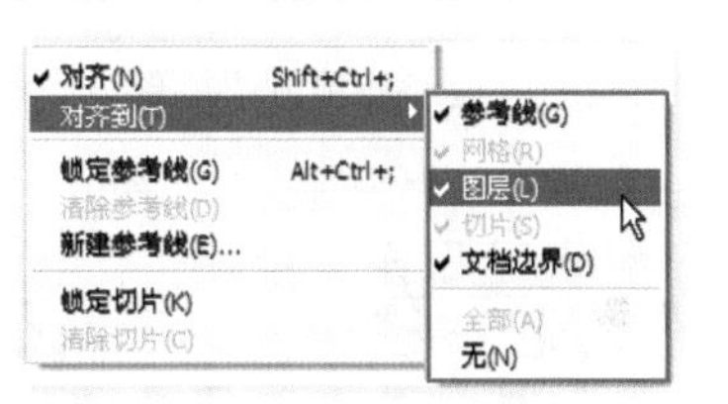

图 1—111

- 参考线：可以使对象与参考线进行对齐。
- 网格：可以使对象与网格进行对齐。网格被隐藏时不能选择该选项。
- 图层：可以使对象与图层中的内容进行对齐。
- 切片：可以使对象与切片边界进行对齐。切片被隐藏时不能选择该选项。
- 文档边界：可以使对象与文档的边缘进行对齐。
- 全部：选择所有“对齐到”选项。
- 无：取消选择所有“对齐到”选项。

技术拓展：设置“额外内容”的显示与隐藏

Photoshop中的辅助工具都可以进行显示与隐藏的控制，执行“视图>显示额外内容”命令（使该选项处于选中状态），然后执行“视图>显示”菜单下的命令，可以在画布中显示出图层边缘、选区边缘、目标路径、网格、参考线、数量、智能参考线、切片等额外内容。

1.8 管理Photoshop预设资源

- 技术速查：在“预设管理器”窗口中可以对Photoshop自带的预设画笔、色板、渐变、样式、图案、等高线、自定形状和预设工具进行管理。

在“预设管理器”窗口中载入了某个外挂资源后，就能够在选项栏、面板或对话框等位置访问该外挂资源的项目。同时，可以使用“预设管理器”来更改当前的预设项目集或创建新库。使用Photoshop进行编辑创作的过程中，经常会用到一些外挂资源，如渐变库、图案库、笔刷库等。用户还可以自定义预设工具。如图1-112～图1-114所示分别为渐变库、图案库和笔刷库。

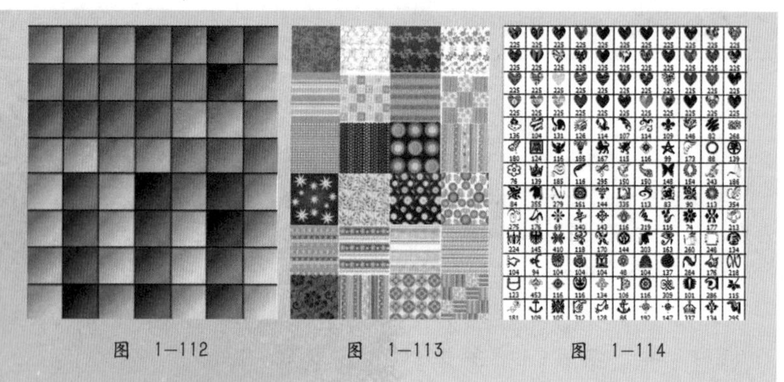

图 1-112　　图 1-113　　图 1-114

技巧提示

在Photoshop中，“渐变库”、“图案库”中的“库”主要是指同类工具或素材批量打包而成的文件，在调用时只需导入某个“库”文件，即可载入“库”中的全部内容，非常方便。

（1）执行“编辑>预设>预设管理器”命令，打开“预设管理器”窗口。在“预设类型”下拉列表框中有8种预设的库可供选择，其中包括画笔、色板、渐变、样式、图案、等高线、自定形状和工具，单击“预设管理器”窗口右上角的⚙按钮，还可以调出更多的预设选项，如图1-115所示。

（2）单击“载入”按钮可以载入外挂画笔、色板、渐变等资源，如图1-116所示。载入外挂资源后，就可以使用它来制作相应的效果（使用方法与预设类型相同）。单击“存储设置”按钮可以将资源存储起来。

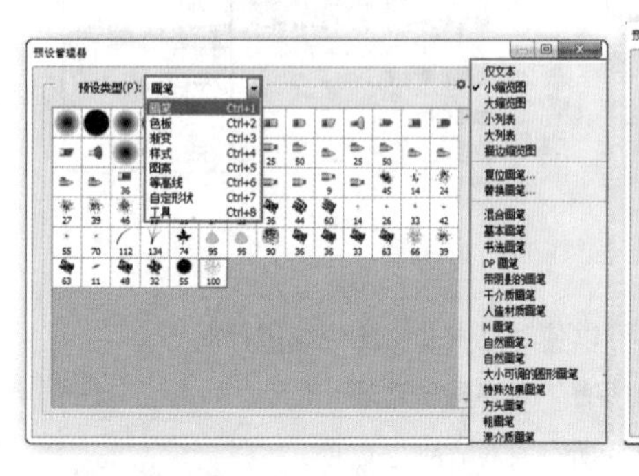

图 1-115

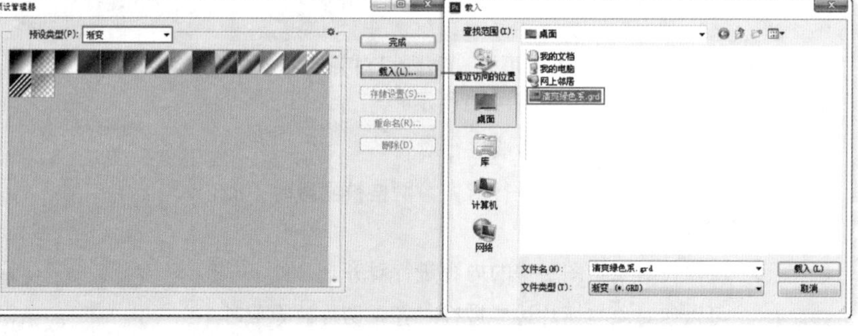

图 1-116

1.9 清理内存

执行“编辑>清理”菜单下的子命令，可以清理在Photoshop制图过程中产生的还原操作、历史记录、剪贴板以及视频高速缓存，从而缓解因编辑图像的操作过多导致的Photoshop运行速度变慢的问题，如图1-117所示。在执行“清理”命令时，系统会弹出一个警告对话框，提醒用户该操作会将缓冲区所存储的记录从内存中永久清除，无法还原，如图1-118所示。

图 1-117　　图 1-118

本 章 小 结

本章内容比较简单，主要介绍Photoshop的基础知识，让读者熟悉Photoshop的界面。熟练掌握文档窗口的查看方式，熟悉常用辅助工具的使用方法在实际操作中非常有必要。

第2章

掌握Photoshop的基本操作

本章内容简介：

掌握了Photoshop的安装、卸载与启动方法后，本章将开始对文件基本操作进行学习。与Microsoft Office等办公软件相似，初次进行操作时必须要创建新文档。而如果需要对已有的文件进行处理，则需要打开文档。这就涉及“新建”与“打开”功能。在文档的编辑过程中可能会出现需要添加外部文件的情况，这时就需要使用到“置入”或“导入”命令。最后，当文档制作完成后，需要进行“存储”与“关闭”操作。

本章学习要点：

- 熟练掌握创建文件的流程
- 熟练掌握文件存储与关闭的方法
- 掌握撤销操作、返回操作的方法
- 熟悉文档的打印设置

2.1 新建文件

技术速查：使用“新建”命令可以创建新的空白文件。

视频精讲：Photoshop CS6自学视频教程\2.使用Photoshop创建新文件.flv

执行“文件>新建”命令或按Ctrl+N组合键，打开“新建”对话框。在“新建”对话框中可以设置文件的名称、尺寸、分辨率、颜色模式等，如图2-1所示。

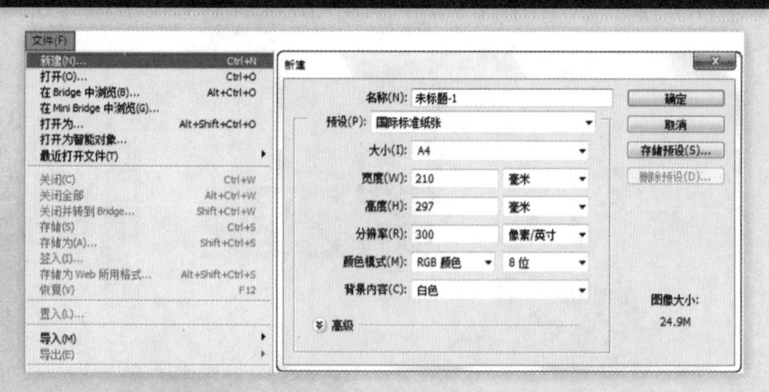

图 2-1

- 名称：设置文件的名称，默认情况下的文件名为“未标题-1”。如果在新建文件时没有对文件进行命名，可以通过执行“文件>存储为”命令对文件进行名称的修改。
- 预设：选择一些内置的常用尺寸，预设列表中包括“剪贴板”、“默认Photoshop大小”、“美国标准纸张”、“国际标准纸张”、“照片”、Web、“移动设备”、“胶片和视频”和“自定”9个选项。
- 大小：用于设置预设类型的大小，在设置“预设”为“美国标准纸张”、“国际标准纸张”、“照片”、Web、“移动设备”或“胶片和视频”时，“大小”选项才可用。
- 宽度/高度：设置文件的宽度和高度，其单位有“像素”、“英寸”、“厘米”、“毫米”、“点”、“派卡”和“列”7种。
- 分辨率：用来设置文件的分辨率大小，其单位有“像素/英寸”和“像素/厘米”两种。

思维点拨：文件的分辨率

创建新文件时，文档的宽度与高度需要与实际印刷的尺寸相同。而在不同情况下分辨率需要进行不同的设置。通常来说，图像的分辨率越高，印刷出来的质量就越好。但也并不是所有场合都需要将分辨率设置为较高的数值。

下面为常见的分辨率设置：一般印刷品分辨率为150～300dpi，高档画册分辨率为350dpi以上，大幅的喷绘广告1米以内分辨率为70～100dpi，巨幅喷绘分辨率为25dpi，多媒体显示图像分辨率为72dpi。一定要切记，分辨率的数值并不是一成不变的，需要根据实际情况进行设置。

- 颜色模式：设置文件的颜色模式以及相应的颜色深度。
- 背景内容：设置文件的背景内容，有“白色”、“背景色”和“透明”3个选项。
- 颜色配置文件：用于设置新建文件的颜色配置。
- 像素长宽比：用于设置单个像素的长宽比例。通常情况下保持默认的“方形像素”即可，如果需要应用于视频文件，则需要进行相应的更改。

技巧提示

完成设置后，可以单击“存储预设(S)...”按钮，将这些设置存储到预设列表中。

2.2 打开文件

视频精讲：Photoshop CS6自学视频教程\3.在Photoshop中打开文件.flv

2.2.1 使用“打开”命令打开文件

技术速查：使用“打开”命令可以打开多种格式的图像文件。

在Photoshop中打开文件的方法有很多种，执行“文件>打开”命令，然后在弹出的对话框中选择需要打开的文件，接着单击“打开”按钮或双击文件即可在Photoshop中打开该文件，如图2-2和图2-3所示。

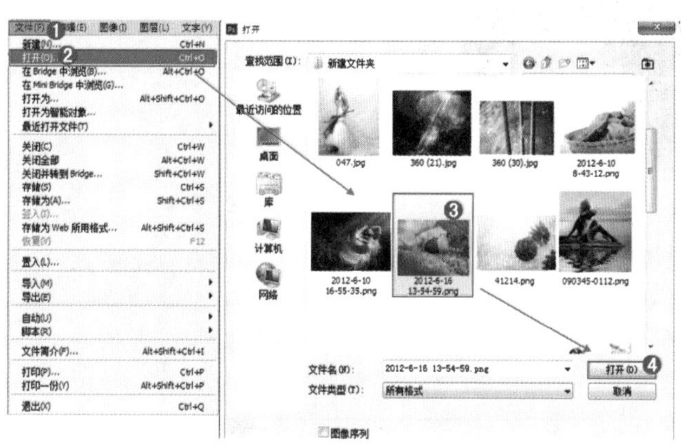

图 2—2

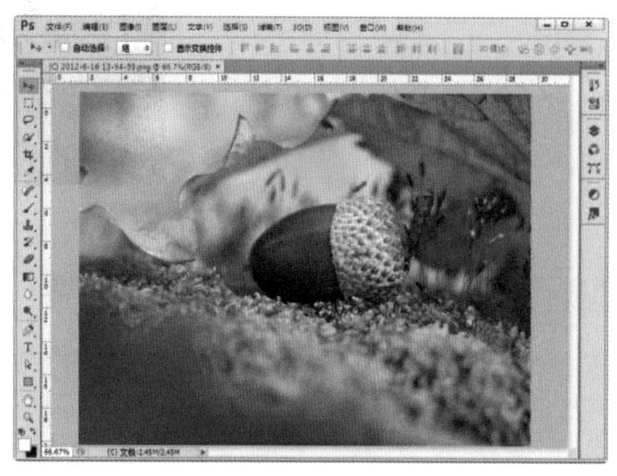

图 2—3

在灰色的Photoshop程序窗口中双击或按Ctrl+O组合键，都可以弹出“打开”对话框。

- 查找范围：可以通过此处设置打开文件的路径。
- 文件名：显示所选文件的文件名。
- 文件类型：显示需要打开文件的类型，默认为“所有格式”。

答疑解惑——为什么在打开文件时不能找到需要的文件？

如果出现这种问题，可能有两个原因：第1个原因是Photoshop不支持该文件格式；第2个原因是“文件类型”没有设置正确，如设置“文件类型”为JPG格式，那么在“打开”对话框中就只能显示这种格式的图像文件，这时可以设置“文件类型”为“所有格式”，就可以查看到相应的文件（前提是计算机中存在该文件）了。

2.2.2 在Bridge中浏览

执行“文件>在Bridge中浏览”命令，可以运行Adobe Bridge，在Bridge中选择一个文件，双击该文件即可在Photoshop中将其打开，如图2-4所示。

图 2—4

思维点拨：Adobe Bridge简介

Adobe Bridge是Adobe Creative Suite的控制中心。使用它可以组织、浏览和查找用于创建供印刷、网站和移动设备使用的内容。而且使用Adobe Bridge可以方便地预览并且访问本地PSD、AI、INDD和Adobe PDF文件以及其他Adobe和非Adobe应用程序文件。

另外，还有很多打开图像文件的快捷方式，选择一个需要打开的文件，然后将其拖曳到Photoshop的应用程序图标上，如图2-5所示。或者选择一个需要打开的文件，然后单击鼠标右键，在弹出的快捷菜单中选择“打开方式>Adobe Photoshop CS6”命令，如图2-6所示。

图 2-5　　图 2-6

2.2.3 打开为扩展名不匹配的文件

● 技术速查：使用“打开为”命令可以打开扩展名与实际格式不匹配的文件，或者没有扩展名的文件。

执行“文件>打开为”命令，如图2-7所示。打开“打开为”对话框，选择文件并在“打开为”下拉列表框中为其指定正确的格式，如图2-8所示。如果文件不能打开，则选取的格式可能与文件的实际格式不匹配，或者文件已经损坏。

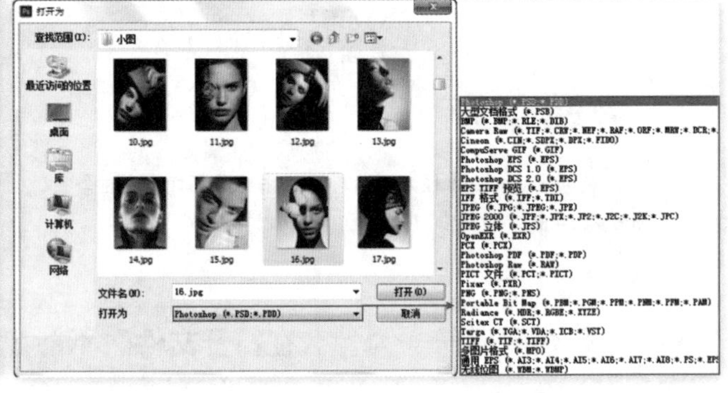

图 2-7　　图 2-8

2.2.4 打开为智能对象

● 技术速查：使用“打开为智能对象”命令可以将对象作为智能对象打开。

智能对象是包含栅格图像或矢量图像数据的图层。智能对象将保留图像的源内容及其所有原始特性，因此无法对该图层进行破坏性编辑。执行“文件>打开为智能对象”命令，然后在弹出的对话框中选择一个文件将其打开，此时该文件将以智能对象的形式被打开，如图2-9所示。

图 2-9

2.2.5 打开最近使用过的文件

● 技术速查：使用“最近打开文件”命令可以打开最近使用过的10个文件。

Photoshop可以记录最近使用过的10个文件，执行“文件>最近打开文件”命令，在其子菜单中选择文件名即可将其在Photoshop中打开，选择底部的“清除最近的文件列表”命令可以删除历史打开记录，如图2-10所示。

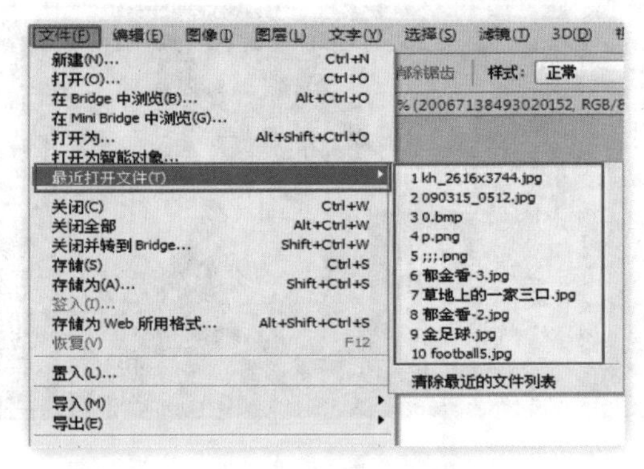

图 2-10

技巧提示

当首次启动Photoshop时，或者在运行Photoshop期间已经执行过“清除最近的文件列表”命令，都会导致“最近打开文件”命令处于灰色不可用状态。

☆ 视频课堂——从Illustrator中复制元素到Photoshop

案例文件\第2章\视频课堂——从Illustrator中复制元素到Photoshop.psd
视频文件\第2章\视频课堂——从Illustrator中复制元素到Photoshop.flv
思路解析：

01 在Photoshop中打开背景素材。
02 在Illustrator中打开矢量素材。选择需要使用的元素，并进行复制。
03 回到Photoshop中进行粘贴。

2.3 置入文件

- 技术速查：置入文件是将照片、图片或任何Photoshop支持的文件作为智能对象添加到当前操作的文档中。
- 视频精讲：Photoshop CS6自学视频教程\4.置入素材文件.flv

执行“文件>置入”命令，然后在弹出的对话框中选择需要置入的文件，即可将其置入到Photoshop中，如图2-11所示。在置入文件时，置入的文件将自动放置在画布的中间，同时文件会保持其原始长宽比。但是如果置入的文件比当前编辑的图像大，那么该文件将被重新调整到与画布相同大小的尺寸。

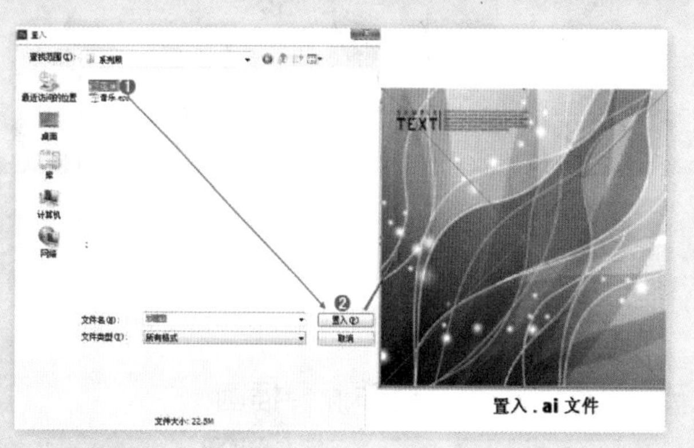

图 2—11

技巧提示

在置入文件后，可以对作为智能对象的图像进行缩放、定位、斜切、旋转或变形操作，并且不会降低图像的质量。操作完成之后可以将智能对象栅格化以减少硬件设备负担。

★ 案例实战——为图像置入矢量素材

案例文件	案例文件\第2章\为图像置入矢量素材.psd
视频教学	视频文件\第2章\为图像置入矢量素材.flv
难易指数	★★★★★
知识掌握	掌握“置入”命令的使用

案例效果

本例的原始素材是一张没有任何装饰元素的图片，如图2-12所示。下面就利用“置入”命令为其置入一张矢量花纹作为装饰，如图2-13所示。

操作步骤

01 执行“文件>打开”命令，然后在弹出的对话框中选择本书配套光盘中的素材文件1.jpg，如图2-14所示。

图 2-12

图 2-13

图 2-14

02 执行“文件>置入”命令，然后在弹出的对话框中选择本书配套光盘中的矢量文件，接着单击“置入”按钮，在弹出的“置入PDF”对话框中单击“确定”按钮，如图2-15所示。

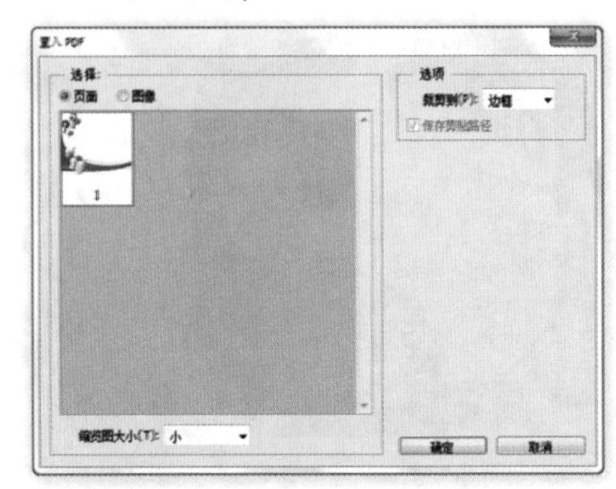

图 2-15

技巧提示

只有置入的是PDF或Illustrator文件（即AI文件），系统才会弹出“置入PDF”对话框。

03 置入的文件放置在画布的中间位置，如图2-16所示，然后进行拖动调整位置，接着双击确定操作，最终效果如图2-17所示。

图 2-16

图 2-17

技巧提示

从Illustrator中复制元素到Photoshop。

在进行图像编辑合成的过程中，经常会使用到矢量文件中的部分素材，这时可以首先在Adobe Illustrator中打开矢量文件，选择需要的矢量元素，并使用Ctrl+C组合键复制。回到Photoshop中，在文档中使用Ctrl+V组合键粘贴，在弹出的“粘贴”对话框中选择粘贴方式，并适当调整矢量对象大小以及摆放位置。最后按Enter键完成部分矢量元素的置入操作。

☆ 视频课堂——制作混合插画

案例文件\第2章\视频课堂——制作混合插画.psd
视频文件\第2章\视频课堂——制作混合插画.flv
思路解析：
01 打开背景素材。
02 置入前景矢量素材。

2.4 复制文件

技术速查：使用“复制”命令可以将当前文件复制一份，复制的文件将作为一个副本文件单独存在。

视频精讲：Photoshop CS6自学视频教程\7.复制文件.flv

在Photoshop中，执行“图像>复制”命令，在弹出的对话框中设置文件名称，即可完成文件的复制，如图2-18和图2-19所示。

图 2—18

图 2—19

2.5 导入与导出文件

2.5.1 导入文件

技术速查：“导入”命令可以将变量数据组、视频帧到图层、注释和WIA支持等内容导入到文件中。

Photoshop可以编辑变量数据组、视频帧到图层、注释和WIA支持等内容，当新建或打开图像文件以后，可以通过执行“文件>导入”菜单中的子命令，将这些内容导入到Photoshop中进行编辑，如图2-20所示。

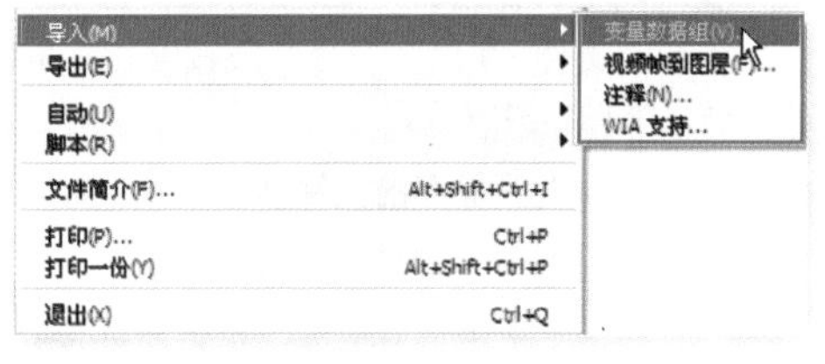

图 2—20

将数码相机与计算机连接，在Photoshop中执行“文件>导入>WIA支持”命令，可以将照片导入到 Photoshop中。如果计算机配置有扫描仪并安装了相关软件，则可以在“导入”子菜单中选择扫描仪的名称，使用扫描仪制造商的软件扫描图像，并将其存储为TIFF、PICT、BMP格式，然后在Photoshop中打开这些图像。

2.5.2 导出文件

技术速查：在Photoshop中创建和编辑好图像以后，可以将其导出到Illustrator或视频设备中。

执行“文件>导出”命令，可以在其子菜单中选择一些导出类型，如图2-21所示。

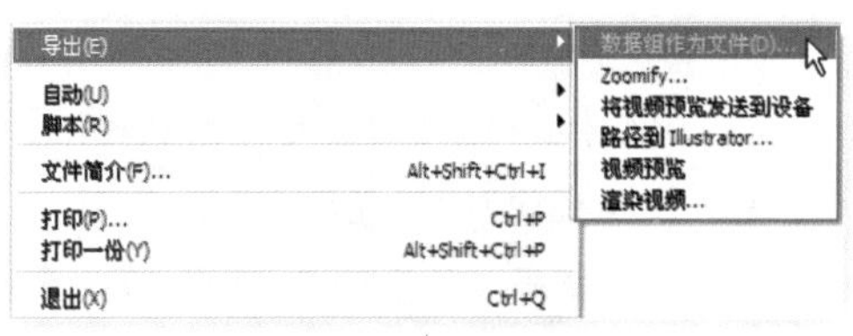

图 2—21

- 数据组作为文件：可以按批处理模式使用数据组值将图像输出为PSD文件。
- Zoomify：可以将高分辨率的图像发布到Web上，利用Viewpoint Media Player，用户可以平移或缩放图像以查看它的不同部分。在导出时，Photoshop会创建JPG和HTML文件，用户可以将这些文件上传到Web服务器。
- 将视频预览发送到设备：可以将视频预览发送到设备上。
- 路径到Illustrator：将路径导出为AI格式，在Illustrator中可以继续对路径进行编辑。

- 视频预览：可以在预览之前设置输出选项，也可以在视频设备上查看文档。
- 渲染视频：可以将视频导出为QuickTime影片。在Photoshop CS6中，还可以将时间轴动画与视频图层一起导出。

2.6 保存文件

- 视频精讲：Photoshop CS6自学视频教程\5.文件的储存.flv

使用Photoshop完成文档的编辑后就需要对文件进行保存并关闭。为了避免在遇到程序错误、意外断电等情况时造成数据丢失，在编辑过程中也需要养成经常保存的习惯。

2.6.1 存储文件

- 技术速查：使用“存储”命令可以将当前更改保存到原始文件中。

执行“文件>存储”命令或按Ctrl+S组合键可以对文件进行保存，存储时将保留所做的更改，并且会替换掉上一次保存的文件，同时按照当前格式和名称进行保存，如图2-22所示。

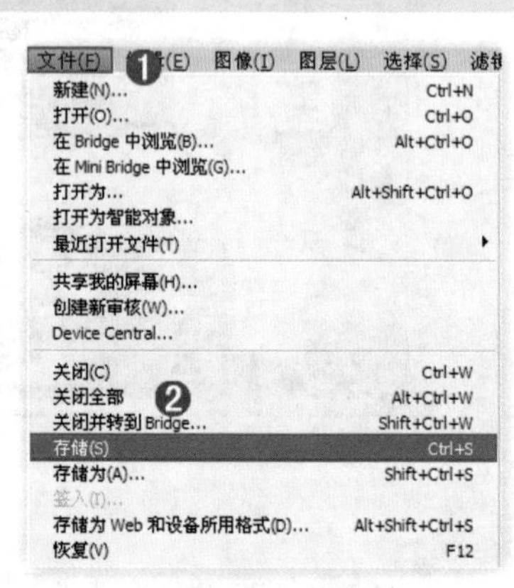

图 2—22

技巧提示

如果在存储一个新建的文件时执行“文件>存储”命令，则会弹出“存储为”对话框。

2.6.2 存储为

- 技术速查：使用“存储为”命令可以将文件保存到另一个位置或使用另一文件名进行保存。

执行“文件>存储为”命令或按Shift+Ctrl+S组合键，可以打开“存储为”对话框，如图2-23所示。

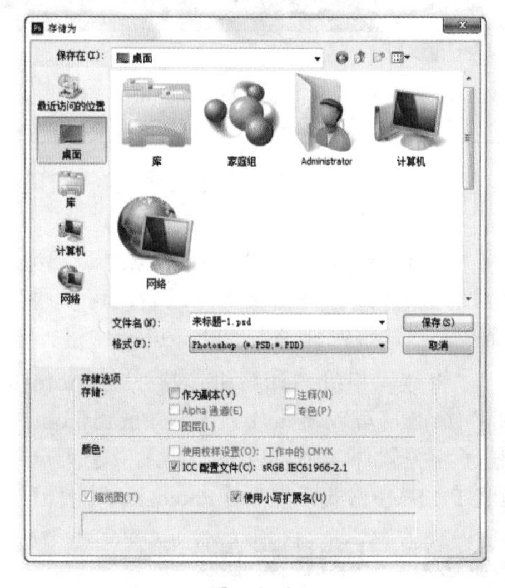

图 2—23

- 文件名：设置保存的文件名。
- 格式：选择文件的保存格式。
- 作为副本：选中该复选框，可以另外保存一个副本文件。
- 注释/Alpha通道/专色/图层：可以选择是否存储注释、Alpha通道、专色和图层。
- 使用校样设置：将文件的保存格式设置为EPS或PDF时，该选项才可用。选中该复选框后，可以保存打印用的校样设置。
- ICC配置文件：可以保存嵌入在文档中的ICC配置文件。
- 缩览图：为图像创建并显示缩览图。
- 使用小写扩展名：将文件的扩展名设置为小写。

技术拓展：利用“签入”命令保存文件

在“存储为”命令下方还有一个并不太常用的“签入”命令，使用“签入”命令可以存储文件的不同版本以及各版本的注释。该命令可以用于Version Cue工作区管理的图像，如果使用的是来自Adobe Version Cue项目的文件，则文档标题栏会显示有关文件状态的其他信息。

2.6.3 认识常见文件保存格式

- 技术速查：图像文件格式就是存储图像数据的方式，它决定了图像的压缩方法、支持何种Photoshop功能以及文件是否与一些文件相兼容等属性。

保存图像时，可以在弹出的对话框中选择图像的保存格式，如图2-24所示。

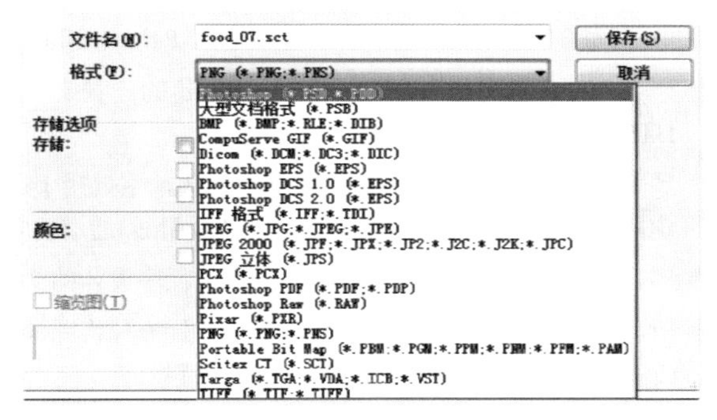

图 2-24

- PSD：PSD格式是Photoshop的默认存储格式，能够保存图层、蒙版、通道、路径、未栅格化的文字、图层样式等。在一般情况下，保存文件都采用这种格式，以便随时进行修改。

技巧提示

PSD格式的应用非常广泛，可以直接将这种格式的文件置入到Illustrator、InDesign和Premiere等Adobe软件中。

- PSB：PSB格式是一种大型文档格式，可以支持最高达到30万像素的超大图像文件。它支持Photoshop的所有功能，可以保存图像的通道、图层样式和滤镜效果不变，但是只能在Photoshop中打开。
- BMP：BMP格式是微软开发的固有格式，这种格式被大多数软件所支持。BMP格式采用了一种称为RLE的无损压缩方式，对图像质量不会产生影响。

技巧提示

BMP格式主要用于保存位图图像，支持RGB、位图、灰度和索引颜色模式，但是不支持Alpha通道。

- GIF：GIF格式是输出图像到网页最常用的格式。GIF格式采用LZW压缩，它支持透明背景和动画，被广泛应用在网络中。
- Dicom：Dicom格式通常用于传输和保存医学图像，如超声波和扫描图像。Dicom格式文件包含图像数据和标头，其中存储了有关医学图像的信息。
- EPS：EPS是为在PostScript打印机上输出图像而开发的文件格式，是处理图像工作中最重要的格式，被广泛应用在Mac和PC环境下的图形设计和版面设计中，几乎所有的图形、图表和页面排版程序都支持这种格式。

技巧提示

如果仅仅是保存图像，建议不要使用EPS格式。如果文件要打印到无PostScript的打印机上，为避免出现打印错误，最好也不要使用EPS格式，可以用TIFF或JPEG格式来代替。

- IFF：IFF格式是由Commodore公司开发的，由于该公司已退出计算机市场，因此IFF格式也逐渐被废弃。
- DCS：DCS格式是Quark开发的EPS格式的变种，主要在支持这种格式的QuarkXPress、PageMaker和其他应用软件上工作。DCS便于分色打印，Photoshop在使用DCS格式时，必须转换成CMYK颜色模式。
- JPEG：JPEG格式是最常用的一种图像格式。它是一种最有效、最基本的有损压缩格式，被绝大多数图形处理软件所支持。

技巧提示

对于要求进行输出打印的图像，最好不要使用JPEG格式，因为该格式是以损坏图像质量而提高压缩质量的。

- PCX：PCX是DOS格式下的古老程序PC PaintBrush固有格式的扩展名，目前并不常用。
- PDF：PDF格式是由Adobe Systems创建的一种文件格式，允许在屏幕上查看电子文档。PDF文件还可被嵌入到Web的HTML文档中。
- RAW：RAW格式是一种灵活的文件格式，主要用于在应用程序与计算机平台之间传输图像。RAW格式支持具有Alpha通道的CMYK、RGB和灰度模式，以及无Alpha通道的多通道、Lab、索引和双色调模式。
- PXR：PXR格式是专门为高端图形应用程序设计的文件格式，支持具有单个Alpha通道的RGB和灰度图像。
- PNG：PNG格式是专门为Web开发的，是一种将图像压缩到Web上的文件格式。PNG格式与GIF格式不同的是，PNG格式支持244位图像并产生无锯齿状的透明背景。

PNG格式由于可以实现无损压缩，并且背景部分是透明的，因此常用来存储背景透明的素材。

- SCT：SCT格式支持灰度图像、RGB图像和CMYK图像，但是不支持Alpha通道，主要用于Scitex计算机上的高端图像处理。
- TGA：TGA格式专用于使用Truevision视频版的系统，它支持一个单独Alpha通道的32位RGB文件，以及无Alpha通道的索引、灰度模式，并且支持16位和24位的RGB文件。
- TIFF：TIFF格式是一种通用的文件格式，所有的绘画、图像编辑和排版程序都支持该格式，而且几乎所有的桌面扫描仪都可以产生TIFF图像。TIFF格式支持具有Alpha通道的CMYK、RGB、Lab、索引颜色和灰度图像，以及没有Alpha通道的位图模式图像。Photoshop可以在TIFF文件中存储图层和通道，但是如果在另外一个应用程序中打开该文件，那么只有拼合图像才是可见的。
- PBM：便携位图格式PBM格式支持单色位图（即1位/像素），可以用于无损数据传输。因为许多应用程序都支持这种格式，所以可以在简单的文本编辑器中编辑或创建这类文件。

2.7 关闭文件

- 视频精讲：Photoshop CS6自学视频教程\6.文件的关闭与退出.flv

当编辑完图像以后，首先需要将该文件进行保存，然后关闭文件。Photoshop中提供了多种关闭文件的方法。

（1）执行“文件>关闭”命令、按Ctrl+W组合键或者单击文档窗口右上角的“关闭”按钮，可以关闭当前处于激活状态的文件。使用这种方法关闭文件时，其他文件将不受任何影响，如图2-25所示。

（2）执行“文件>关闭全部”命令或按Ctrl+Alt+W组合键，可以关闭所有文件。

（3）执行“文件>关闭并转到Bridge”命令，可以关闭当前处于激活状态的文件，然后转到Bridge中。

（4）执行“文件>退出”命令或者单击程序窗口右上角的“关闭”按钮，可以关闭所有文件并退出Photoshop，如图2-26所示。

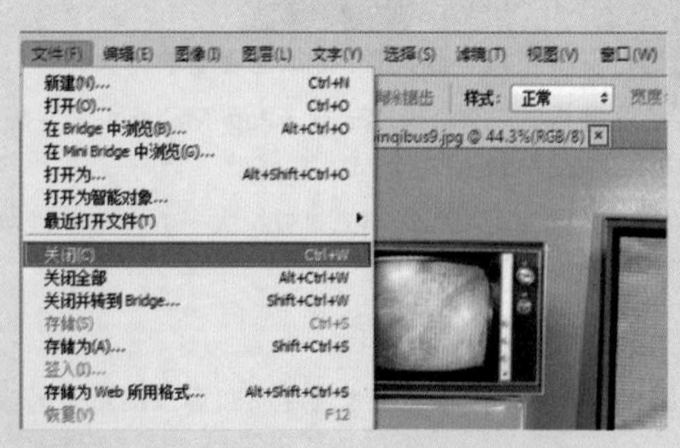

图 2-25

图 2-26

2.8 撤销/返回/恢复文件

视频精讲：Photoshop CS6自学视频教程\14.撤销、返回与恢复文件.flv

在传统的绘画过程中，出现错误操作时只能选择擦除或覆盖。而在Photoshop中进行数字化编辑时，出现错误操作则可以撤销或返回所做的步骤，然后重新编辑图像，这也是数字编辑的优势之一。

2.8.1 还原与重做

执行“编辑>还原”命令或按Ctrl+Z组合键，可以撤销最近的一次操作，将其还原到上一步操作状态，如图2-27所示；如果想要取消还原操作，可以执行“编辑>重做”命令，如图2-28所示。

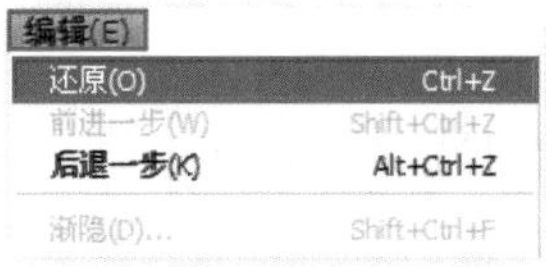

图 2-27

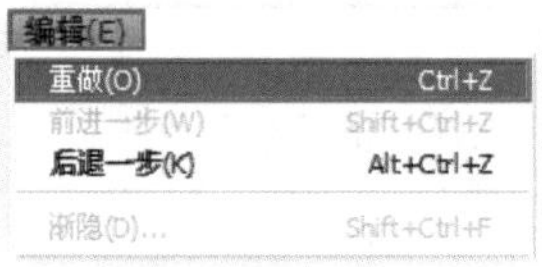

图 2-28

2.8.2 前进一步与后退一步

技术速查：“前进一步”与“后退一步”命令可以用于多次撤销或还原操作。

“还原”命令只可以还原一步操作，而实际操作中经常需要还原多步操作，这就需要使用“编辑>后退一步”命令，或连续按Ctrl+Alt+Z组合键来逐步撤销操作；如果要取消还原的操作，可以连续执行“编辑>前进一步”命令或连续按Shift+Ctrl+Z组合键来逐步恢复被撤销的操作，如图2-29所示。

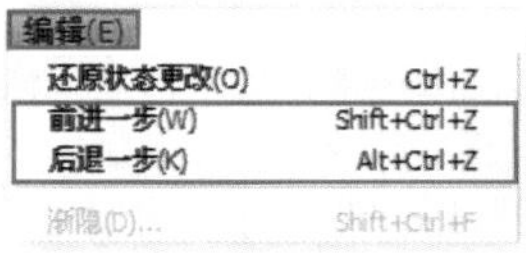

图 2-29

2.8.3 恢复

技术速查：执行“文件>恢复”命令，可以直接将文件恢复到最后一次保存时的状态，或返回到刚打开文件时的状态。

技巧提示

“恢复”命令只能针对已有图像的操作进行恢复。如果是新建的空白文件，“恢复”命令将不可用。

2.9 使用“历史记录”面板还原操作

视频精讲：Photoshop CS6自学视频教程\15.历史记录面板的使用.flv

2.9.1 熟悉“历史记录”面板

技术速查：“历史记录”面板用于记录编辑图像过程中所进行的操作步骤。也就是说，通过“历史记录”面板可以恢复到某一步的状态，同时也可以再次返回到当前的操作状态。

执行“窗口>历史记录”命令，可以打开“历史记录”面板，如图2-30所示。

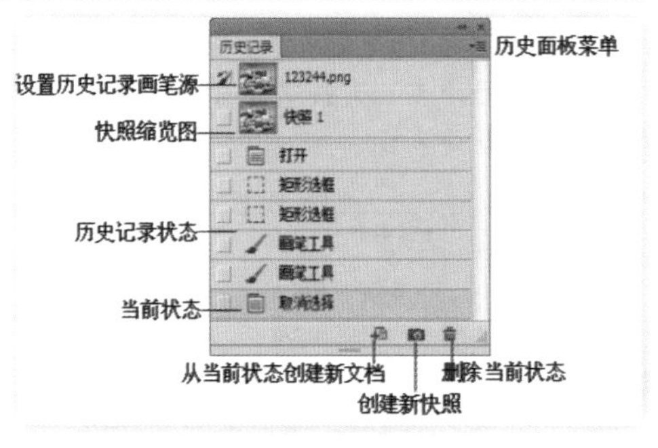

图 2-30

- “设置历史记录画笔源”图标：使用历史记录画笔时，该图标所在的位置代表历史记录画笔的源图像。
- 快照缩览图：被记录为快照的图像状态。
- 历史记录状态：Photoshop记录的每一步操作的状态。
- “从当前状态创建新文档”按钮：以当前操作步骤中图像的状态创建一个新文档。
- “创建新快照”按钮：以当前图像的状态创建一个新快照。

- "删除当前状态"按钮：选择一个历史记录后，单击该按钮可以将该记录以及后面的记录删除。

SPECIAL **技术拓展：增强"历史记录"能力**

默认情况下，"历史记录"面板只能记录20步操作，但是如果使用画笔、涂抹等绘画工具编辑图像时，每单击一次，Photoshop就会自动记录为一个操作步骤，这样势必会出现历史记录不够用的情况。执行"编辑>首选项>性能"命令，然后在弹出的"首选项"对话框中增大"历史记录状态"的数值，即可增加"历史记录"能力，如图2-31所示。但是如果将"历史记录状态"数值设置得过大，会占用很多的系统内存。

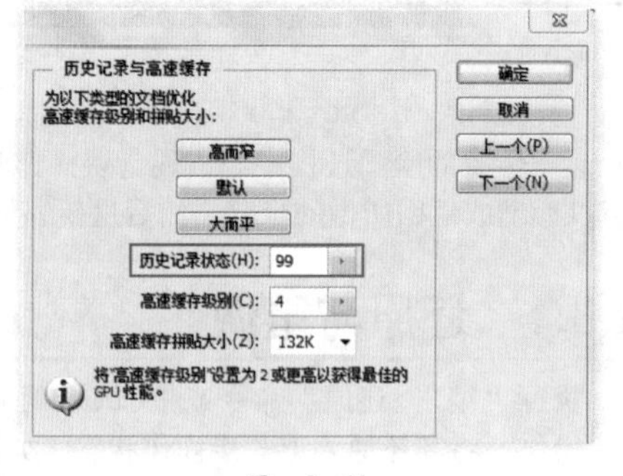

图 2-31

2.9.2 动手学：创建快照

- 技术速查：在"历史记录"面板中，默认状态下可以记录20步操作，超过限定数量的操作将不能够返回。通过创建"快照"可以在图像编辑的任何状态创建副本，也就是说可以随时返回到快照所记录的状态。

为某一状态创建新的快照，可以采用以下两种方法。

（1）在"历史记录"面板中选择需要创建快照的状态，然后单击"创建新快照"按钮，此时Photoshop会自动为其命名，如图2-32所示。

（2）选择需要创建快照的状态，然后单击"历史记录"面板右上角的图标，在弹出的菜单中执行"新建快照"命令，如图2-33所示。

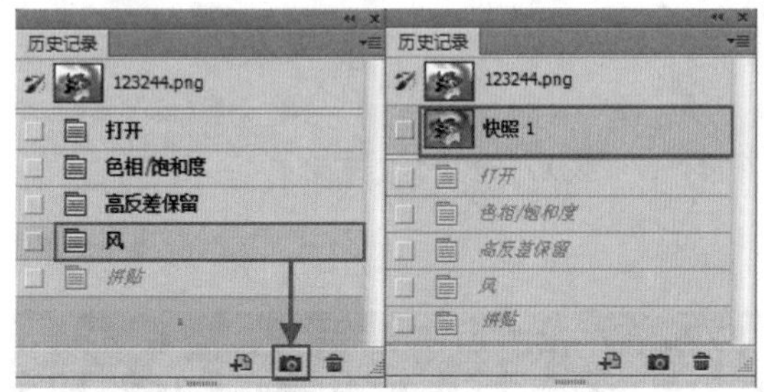

图 2-32

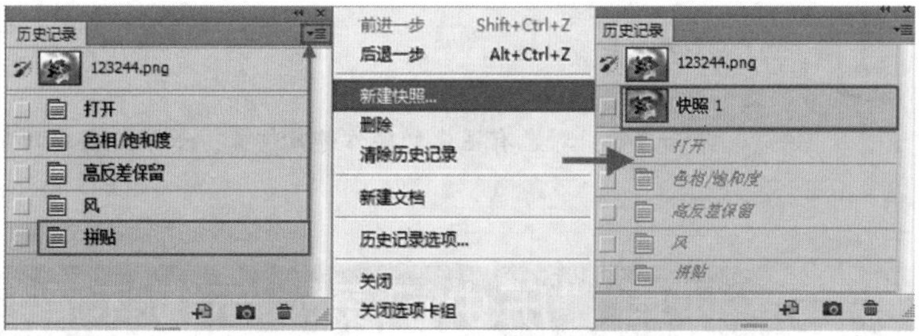

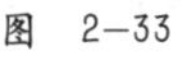

图 2-33

PROMPT **技巧提示**

在使用第2种方法创建快照时，系统会弹出"新建快照"对话框，在该对话框中可以为快照命名，并且可以选择需要创建快照的对象类型，如图2-34所示。

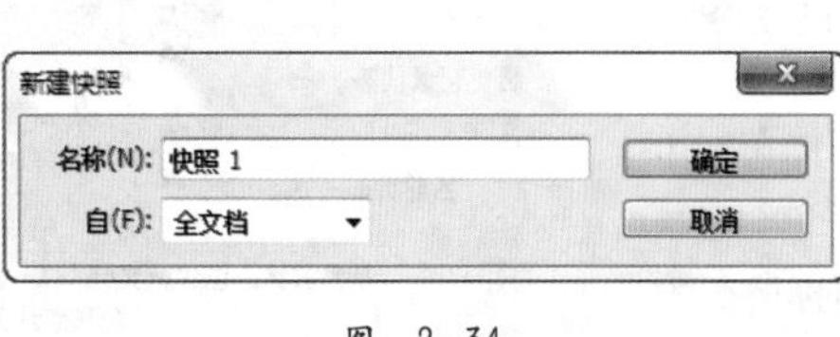

图 2-34

在"历史记录"面板中单击"创建新快照"按钮，将当前画面保存为一个快照，如图2-35所示。这样无论以后绘制了多少步，都可以通过单击该快照将图像恢复到快照记录效果。

图 2-35

2.9.3 动手学：删除快照

删除快照有以下两种方法。

（1）在“历史记录”面板中选择需要删除的快照，然后单击“删除当前状态”按钮或将快照拖曳到该按钮上，接着在弹出的对话框中单击 是(Y) 按钮，如图2-36所示。

（2）选择要删除的快照，然后单击“历史记录”面板右上角的图标，接着在弹出的菜单中选择“删除”命令，最后在弹出的对话框中单击 是(Y) 按钮，如图2-37所示。

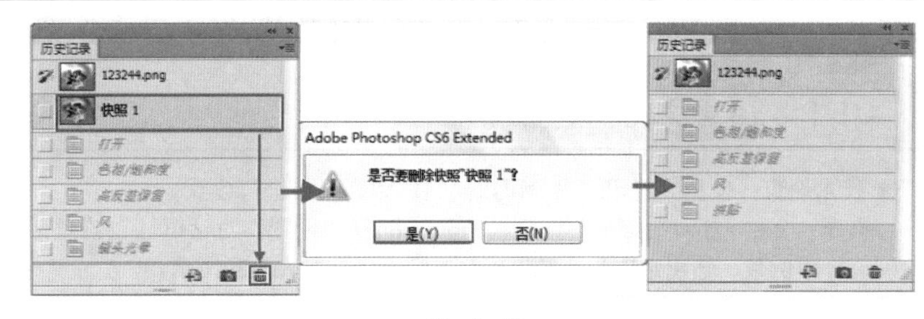

图 2-36

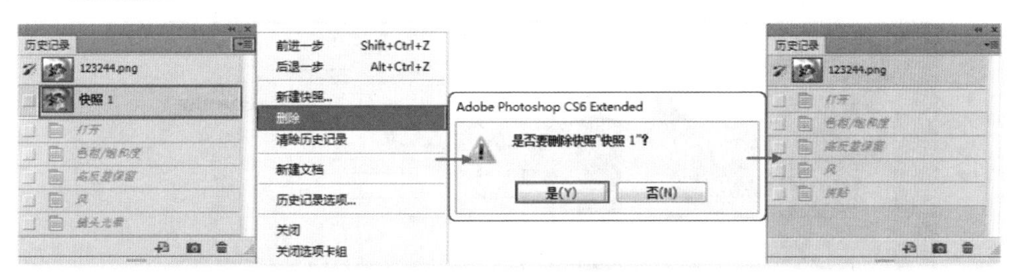

图 2-37

2.9.4 设置历史记录选项

- 技术速查：在“历史记录选项”对话框中可以对快照以及历史记录进行设置。

单击“历史记录”面板右上角的图标，接着在弹出的菜单中选择“历史记录选项”命令，打开“历史记录选项”对话框，如图2-38所示。

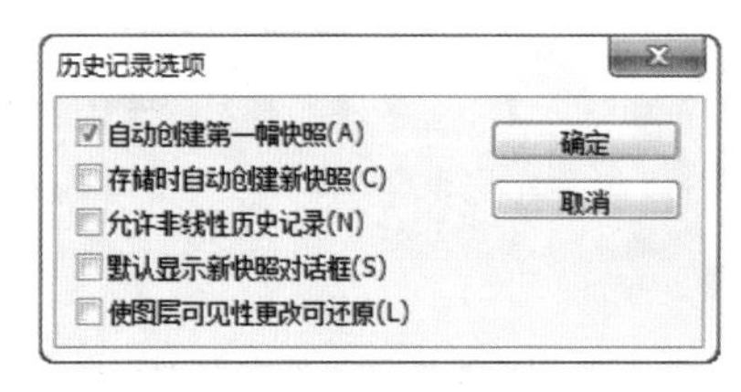

图 2-38

- 自动创建第一幅快照：选中该复选框，打开图像时，图像的初始状态自动创建为快照。
- 存储时自动创建新快照：选中该复选框，在编辑的过程中，每保存一次文件，都会自动创建一个快照。
- 允许非线性历史记录：选中该复选框，然后选择一个快照，当更改图像时将不会删除历史记录的所有状态。
- 默认显示新快照对话框：选中该复选框，强制Photoshop提示用户输入快照名称。
- 使图层可见性更改可还原：选中该复选框，保存对图层可见性的更改。

☆ 视频课堂——利用“历史记录”面板还原错误操作

案例文件\第2章\视频课堂——利用“历史记录”面板还原错误操作.psd
视频文件\第2章\视频课堂——利用“历史记录”面板还原错误操作.flv

思路解析：

01 打开“历史记录”面板。
02 在Photoshop中进行操作。
03 在“历史记录”面板中还原操作。

2.10 打印设置

2.10.1 设置打印基本选项

● 技术速查：使用“打印”命令可以对文件印刷参数进行设置。

执行“文件>打印”命令，打开“Photoshop打印设置”对话框，在该对话框中可以预览打印作业的效果，并且可以对打印机、打印份数、输出选项和色彩管理等进行设置，如图2-39所示。

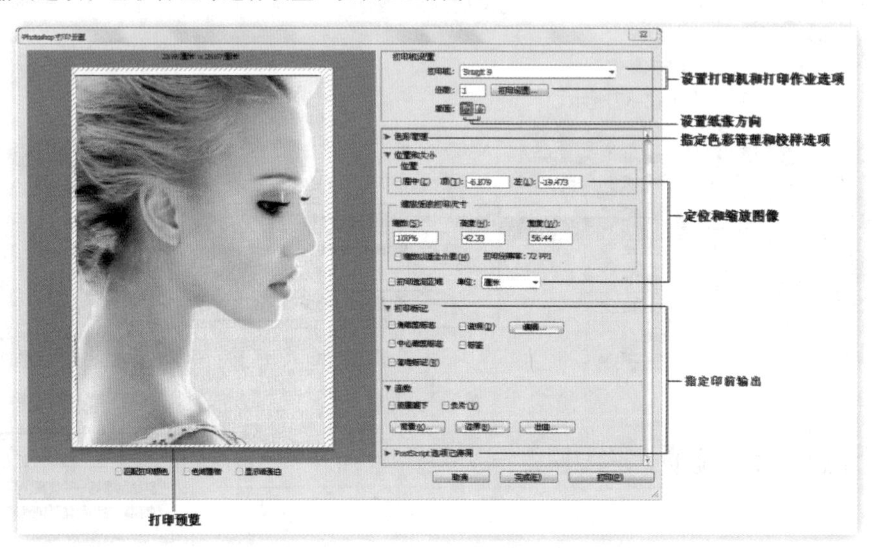

图 2—39

● 打印机：在该下拉列表框中可以选择打印机。

● 份数：设置要打印的份数。

● 打印设置：单击该按钮，可以打开一个属性对话框。在该对话框中可以设置纸张的方向、页面的打印顺序和打印页数。

● 版面：单击“横向打印纸张”按钮或“纵向打印纸张”按钮可将纸张方向设置为横向或纵向。

● 位置：选中“居中”复选框，可以将图像定位于可打印区域的中心；取消选中“居中”复选框，可以在“顶”和“左”文本框中输入数值来定位图像，也可以在预览区域中移动图像进行自由定位，从而打印部分图像。

● 缩放后的打印尺寸：如果选中“缩放以适合介质”复选框，可以自动缩放图像到适合纸张的可打印区域；如果取消选中“缩放以适合介质”复选框，可以在“缩放”文本框中输入图像的缩放比例，或在“高度”和“宽度”文本框中设置图像的尺寸。

● 打印选定区域：选中该复选框，可以启用对话框中的裁剪控制功能，调整定界框移动或缩放图像。

2.10.2 指定色彩管理

在“Photoshop打印设置”对话框中，不仅可以对打印参数进行设置，还可以对打印图像的色彩以及输出的打印标记和函数进行设置。在“色彩管理”面板中可以对打印颜色进行设置。在“Photoshop打印设置”对话框右侧选择“色彩管理”选项，可以展开“色彩管理”面板，如图2-40所示。

图 2—40

- 颜色处理：设置是否使用色彩管理。如果使用色彩管理，则需要确定将其应用子程序中还是打印设备中。
- 打印机配置文件：选择适用于打印机和将要使用的纸张类型的配置文件。
- 渲染方法：指定颜色从图像色彩空间转换到打印机色彩空间的方式，共有“可感知”、“饱和度”、“相对比色”、“绝对比色”4个选项。可感知渲染将尝试保留颜色之间的视觉关系，色域外颜色转变为可重现颜色时，色域内的颜色可能会发生变化。因此，如果图像的色域外颜色较多，可感知渲染是最理想的选择。相对比色渲染可以保留较多的原始颜色，是色域外颜色较少时的最理想选择。

技巧提示

在一般情况下，打印机的色彩空间要小于图像的色彩空间。因此，通常会造成某些颜色无法重现，而所选的渲染方法将尝试补偿这些色域外的颜色。

2.10.3 指定印前输出

在“Photoshop打印设置”对话框的“打印标记”和“函数”面板中可以指定页面标记和其他输出内容，如图2-41所示。

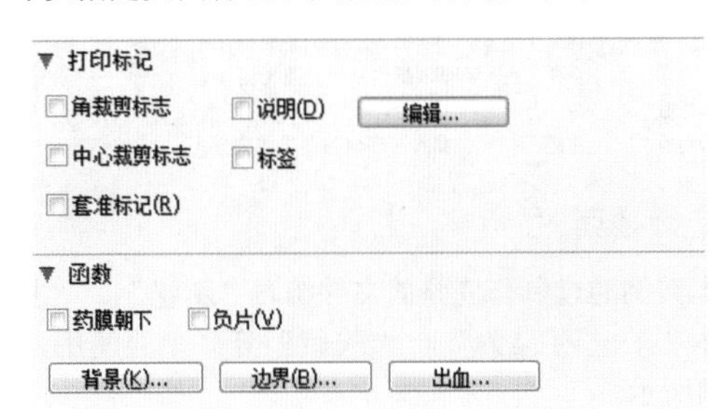

图 2-41

- 角裁剪标志：在要裁剪页面的位置打印裁剪标记。可以在角上打印裁剪标记。在PostScript打印机上，选择该选项也将打印星形靶。
- 说明：打印在“文件简介”对话框中输入的任何说明文本（最多约300个字符）。
- 中心裁剪标志：在要裁剪页面的位置打印裁切标记。可以在每条边的中心打印裁切标记。
- 标签：在图像上方打印文件名。如果打印分色，则将分色名称作为标签的一部分进行打印。
- 套准标记：在图像上打印套准标记（包括靶心和星形靶）。这些标记主要用于对齐PostScript 打印机上的分色。
- 药膜朝下：使文字在药膜朝下（即胶片或相纸上的感光层背对）时可读。在正常情况下，打印在纸上的图像是药膜朝上打印的，感光层正对时文字可读。打印在胶片上的图像通常采用药膜朝下的方式打印。
- 负片：打印整个输出（包括所有蒙版和任何背景色）的反相版本。

技巧提示

“负片”与“图像>调整>反相”命令不同，“负片”是将输出转换为负片。尽管正片胶片在许多国家/地区很普遍，但是如果将分色直接打印到胶片，可能需要负片。

- 背景：选择要在页面上的图像区域外打印的背景色。
- 边界：在图像周围打印一个黑色边框。
- 出血：在图像内而不是在图像外打印裁剪标记。

2.10.4 创建颜色陷印

陷印，又称扩缩或补漏白，主要是为了弥补因印刷不精确而造成的相邻的不同颜色之间留下的无色空隙，如图2-42所示。

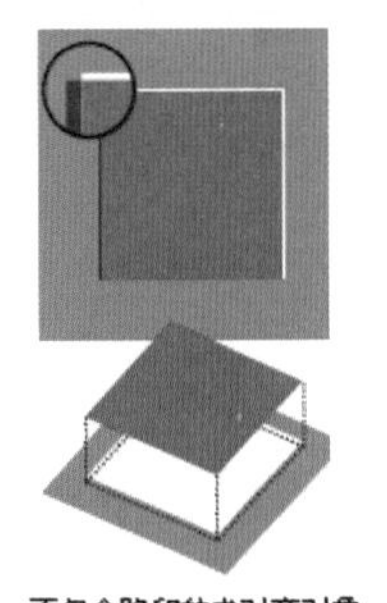

不包含陷印的未对齐对象

包含陷印的未对齐对象

图 2-42

技巧提示

肉眼观察印刷品时，会出现一种深色距离较近，浅色距离较远的错觉。因此，在处理陷印时，需要使深色下的浅色不露出来，而保持上层的深色不变。

执行“图像>陷印”命令，可以打开“陷印”对话框。其中“宽度”文本框用于设置印刷时颜色向外扩张的距离，如图2-43所示。

图 2-43

技巧提示

只有图像的颜色为CMYK颜色模式时，“陷印”命令才可用。另外，图像是否需要陷印一般由印刷商决定，如果需要陷印，印刷商会告诉用户要在“陷印”对话框中输入的数值。

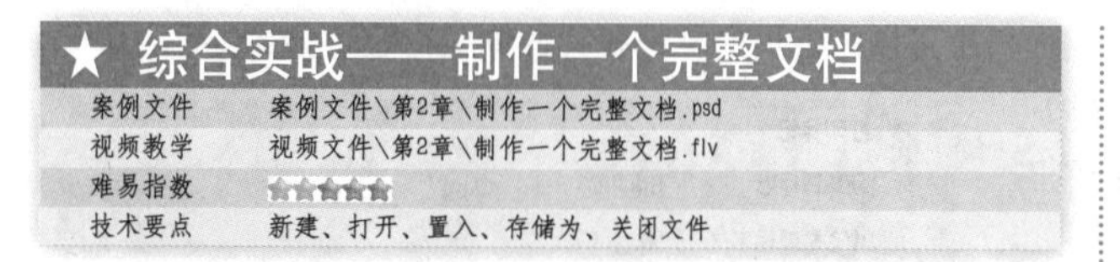

★ 综合实战——制作一个完整文档

案例文件	案例文件\第2章\制作一个完整文档.psd
视频教学	视频文件\第2章\制作一个完整文档.flv
难易指数	★★★★★
技术要点	新建、打开、置入、存储为、关闭文件

案例效果

本案例通过制作完整的文件练习“新建”、“打开”、“置入”、“存储为”、“关闭”等命令的使用，效果如图2-44所示。

图 2-44

操作步骤

01 执行“文件>新建”命令，在弹出的“新建”对话框中设置“名称”为“制作一个完整文档”，设置文件“宽度”为3300像素、“高度”为2336像素，设置“分辨率”为300像素/英寸，“颜色模式”为“RGB颜色”，“背景内容”为“白色”，如图2-45所示。

02 执行“文件>打开”命令，打开背景素材1.jpg，单击工具箱中的“移动工具”按钮，在背景素材上单击并拖动到新建文件中，此时效果如图2-46所示。

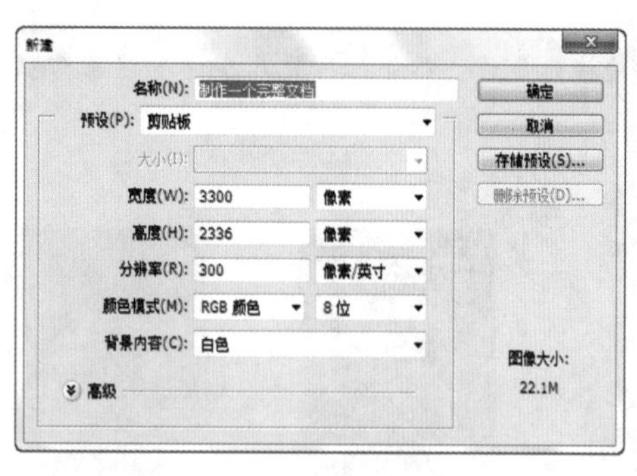

图 2-45

图 2-46

03 执行“文件>置入”命令，在弹出的“置入”对话框中选择素材2.png，单击“置入”按钮，如图2-47所示。将素材放置在画布中间，此时效果如图2-48所示。

04 继续执行“文件>置入”命令，选择素材3.png，如图2-49所示。按住Shift键等比例缩小素材并放置在画面中央，如图2-50所示。

图 2-47

图 2-48

图 2-49

图 2-50

05 按Enter键确定图像的置入，效果如图2-51所示。

06 制作完成后执行“文件>存储为”命令或按Shift+Ctrl+S组合键，打开“存储为”对话框。在其中设置文件存储位置、名称以及格式，首先设置格式为可保存分层文件信息的PSD格式，如图2-52所示。

07 再次执行“文件>存储为”命令或按Shift+Ctrl+S组合键，打开“存储为”对话框。选择格式为方便预览和上传至网络的JPEG格式，如图2-53所示。最后执行“文件>关闭”命令，关闭当前文件，如图2-54所示。

图 2-51

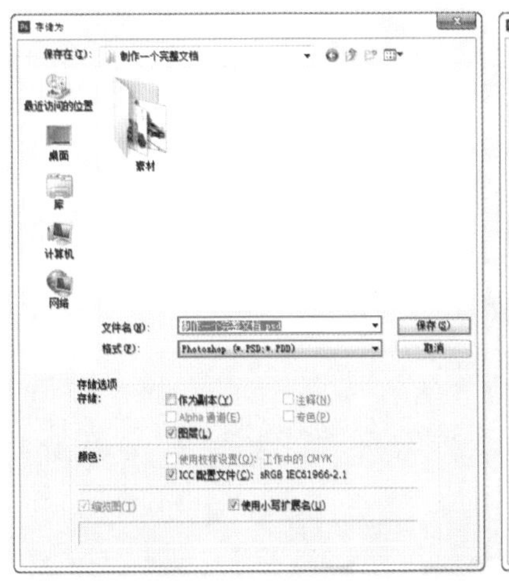

图 2-52

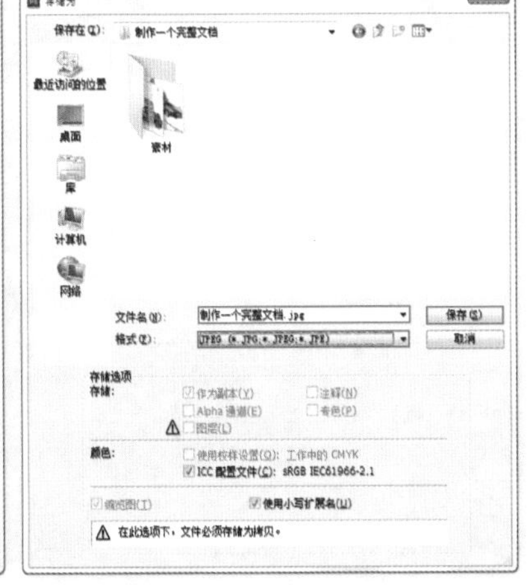

图 2-53

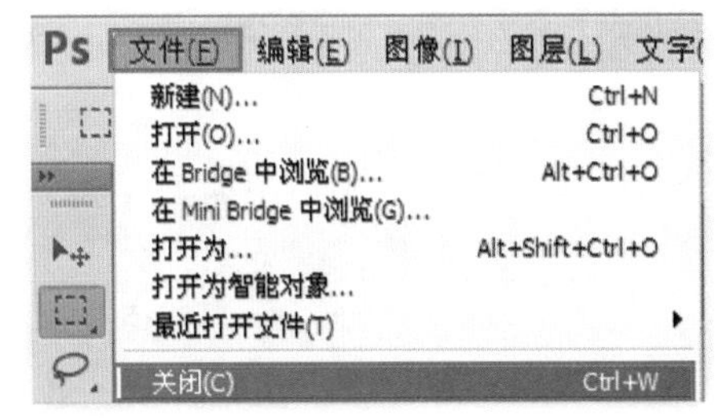

图 2-54

课后练习

【课后练习——DIY电脑壁纸】

思路解析：本例的原始素材是一张1700像素×1000像素的图片，这里需要将这张图片制作成一张1024像素×768像素的桌面壁纸。所以在创建文件时需要创建合适的尺寸，并通过置入文件、存储文件、关闭文件等步骤制作出电脑壁纸。

本章小结

本章主要讲解了文件的“新建”、“打开”、“导入”、“导出”、“存储”、“关闭”等操作。熟练掌握这些常用操作的快捷方式能够大大节省操作时间。

读书笔记

第3章

常用的图像编辑方法

本章内容简介：

在前面的章节中学习了Photoshop的基本操作方法，本章将从调整图像尺寸与方向、图像的剪切、复制与粘贴以及多种变换方式几个方面进行讲解，全面学习常用的图像编辑方法。

本章学习要点：

- 掌握调整图像及画布大小的方法
- 熟练掌握图像的剪切、粘贴、复制方法
- 熟练掌握多种变换方法

3.1 调整图像大小

视频精讲：Photoshop CS6自学视频教程\11.调整图像大小.flv

通常情况下，最关注的图像属性主要是尺寸、大小及分辨率。如图3-1和图3-2所示为像素尺寸分别是600像素×600像素与200像素×200像素的同一图片的对比效果。尺寸大的图像所占计算机空间也要相对较大。

图 3-1　　图 3-2

执行“图像>图像大小”命令或按Ctrl+Alt+I组合键，如图3-3所示，可以打开“图像大小”对话框，在“像素大小”选项组下即可修改图像的像素大小，如图3-4所示。更改图像的像素大小不仅会影响图像在屏幕上的大小，还会影响图像的质量及其打印特性（图像的打印尺寸和分辨率）。

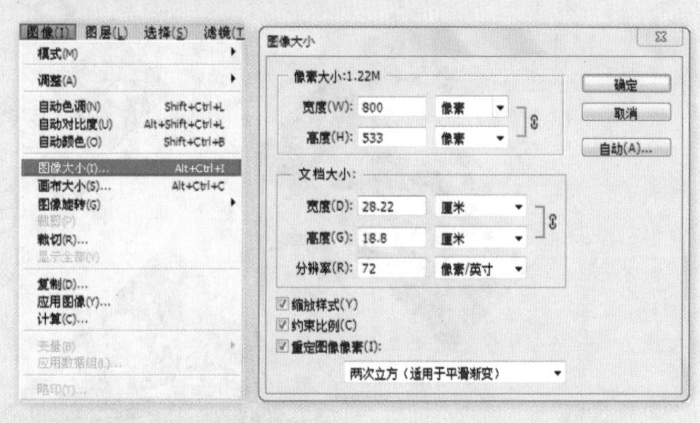

图 3-3　　图 3-4

读书笔记

思维点拨：什么是像素

像素又称为点阵图或光栅图，是构成位图图像的最基本单位。在通常情况下，一张普通的数码相片必然有连续的色相和明暗过渡。如果把数字图像放大数倍，则会发现这些连续色调是由许多色彩相近的小方点所组成，这些小方点就是构成图像的最小单位——像素，如图3-5～图3-7所示。

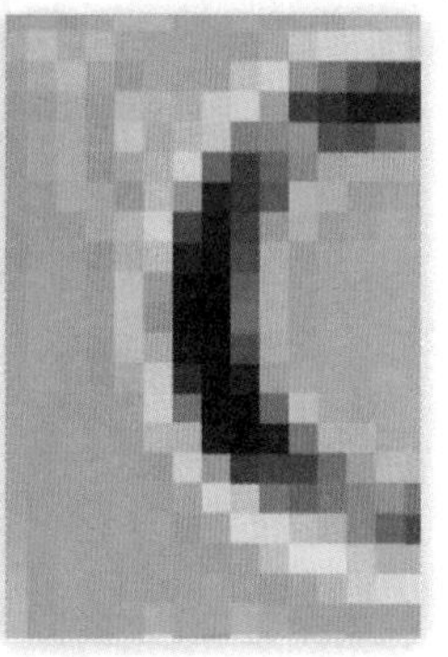

图 3-5　　图 3-6　　图 3-7

3.1.1 动手学：调整“像素大小”

技术速查：“像素大小”选项组下的参数主要用来设置图像的尺寸。修改图像宽度和高度数值，像素大小也会发生变化。

（1）打开一张图片，如图3-8所示。执行“图像>图像大小”命令或按Ctrl+Alt+I组合键，打开“图像大小”对话框，顶部显示了当前图像的大小，括号内显示的是之前文件大小。从该对话框中可以观察到图像的“宽度”为2300像素，“高度”为3450像素，如图3-9所示。

图 3-8

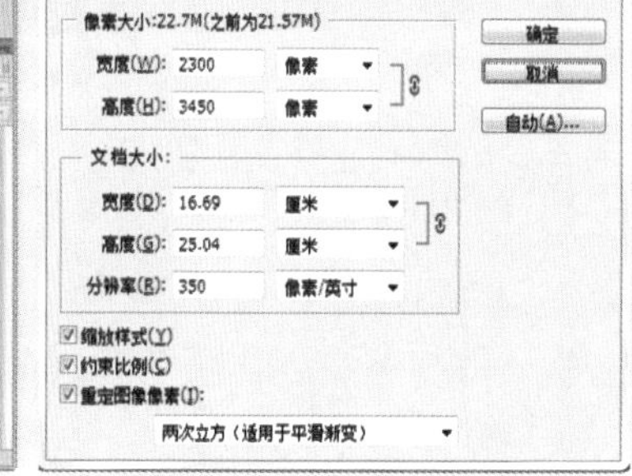

图 3-9

（2）在“图像大小”对话框中设置图像的“宽度”为1500像素，“高度”为2250像素，如图3-10所示，此时在图像窗口中可以明显观察到图像变小了，如图3-11所示。

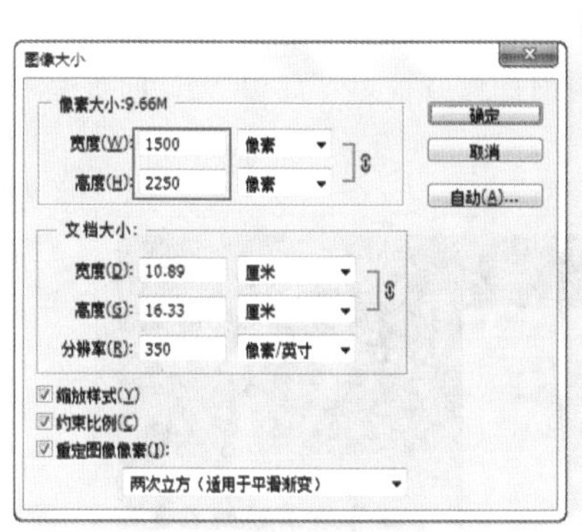

图 3-10

图 3-11

技巧提示

如果在“图像大小”对话框中选中“约束比例”复选框，那么只需要修改“宽度”和“高度”中的一个参数值，另外一个参数值会随之发生相应的变化。

答疑解惑——缩放比例与像素大小有什么区别？

当使用“缩放工具”缩放图像时，改变的是图像在屏幕中的显示比例，也就是说，无论怎么放大或缩小图像的显示比例，图像本身的大小和质量并没有发生任何改变，如图3-12所示。

使用“缩放工具”缩放为6.25%

使用“缩放工具”缩放为12.5%

图 3-12

当调整图像的大小时，改变的是图像的像素大小和分辨率等，因此图像的大小和质量都有可能发生改变，如图3-13所示。

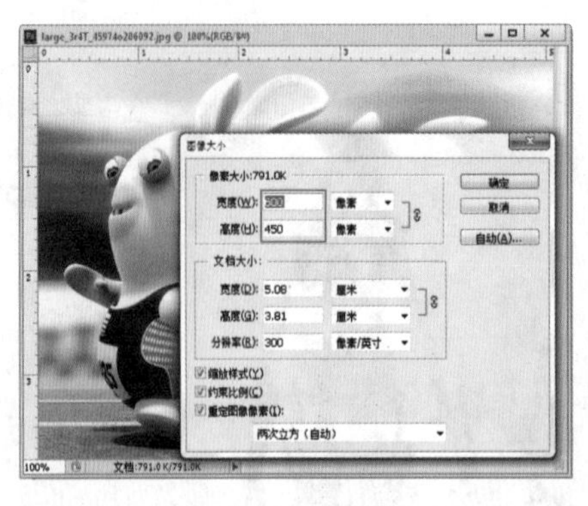

图　3-13

3.1.2　动手学：调整“文档大小”

技术速查：“文档大小”选项组中的参数主要用来设置图像的打印尺寸。

当选中“重定图像像素”复选框时，如果减小图像的大小，就会减少像素数量，此时图像虽然变小了，但是画面质量仍然保持不变，如图3-14和图3-15所示。

图　3-14

图　3-15

如果增大图像大小或提高分辨率，则会增加新的像素，此时图像尺寸虽然变大了，但是画面的质量会下降。如果一张图像的分辨率比较低，并且图像比较模糊，即使提高图像的分辨率也不能使其变得清晰。因为Photoshop只能在原始数据的基础上进行调整，无法生成新的原始数据，如图3-16和图3-17所示。

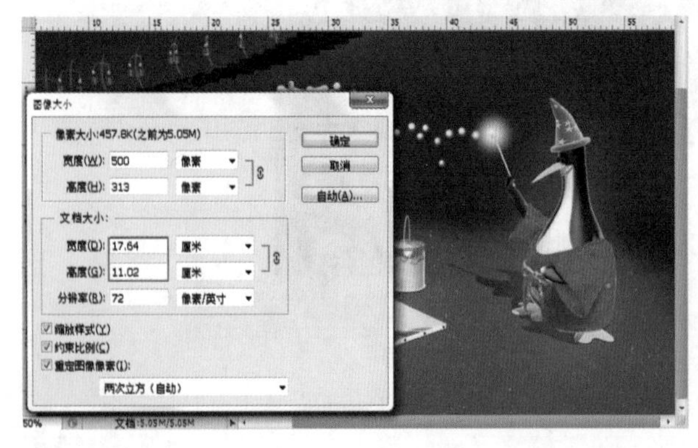

图　3-16

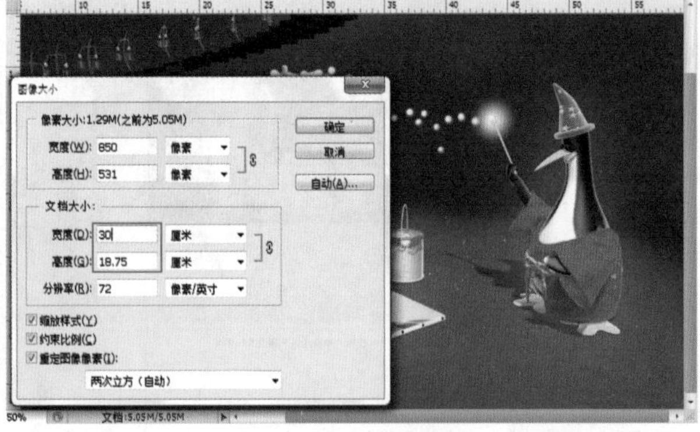

图　3-17

当取消选中“重定图像像素”复选框时，无论是增大或减小宽度和高度值，图像的视觉大小看起来都不会发生任何变化，画面的质量也没有变化。即使修改图像的宽度和高度，图像的像素总量也不会发生变化，也就是说，减少宽度和高度时，会自动提高分辨率；增大宽度和高度时，会自动降低分辨率。

3.1.3 动手学：修改图像分辨率

技术速查：分辨率是指位图图像中的细节精细度，测量单位是像素/英寸（ppi），每英寸的像素越多，分辨率越高。

一般来说，图像的分辨率越高，印刷出来的质量就越好，当然所占设备空间也更大。需要注意的是，凭空增大分辨率数值，图像并不会变得更精细。

（1）打开一张图片素材文件，在“图像大小”对话框中可以观察到图像默认的“分辨率”为300像素/英寸，如图3-18所示。

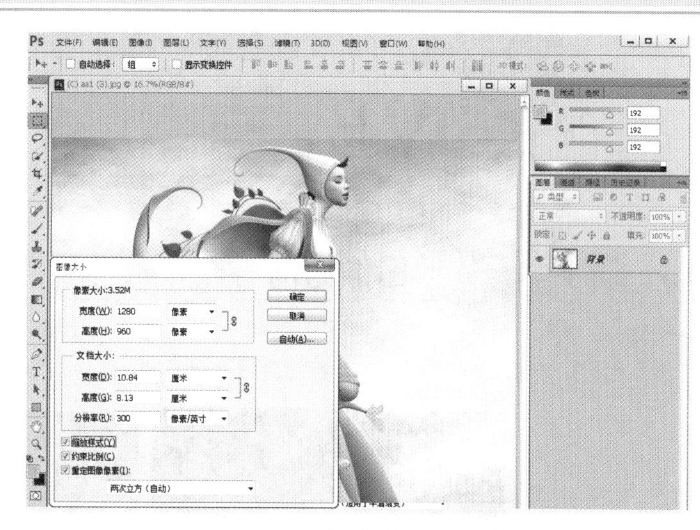

图 3—18

（2）在“图像大小”对话框中将“分辨率”更改为150，此时可以观察到“像素大小”也会随之而减小，如图3-19所示。

（3）按Ctrl+Z或Ctrl+Alt+Z组合键，返回到修改分辨率之前的状态，然后在“图像大小”对话框中将“分辨率”更改为600，此时可以观察到“像素大小”也会随之而增大，如图3-20所示。

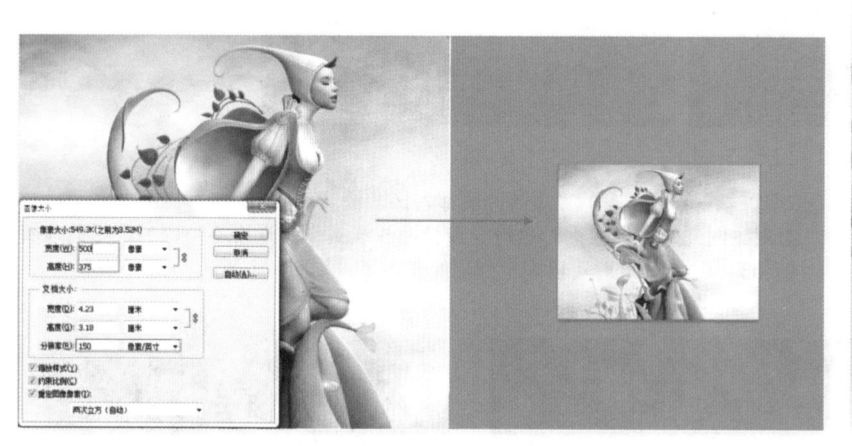
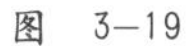

图 3—19

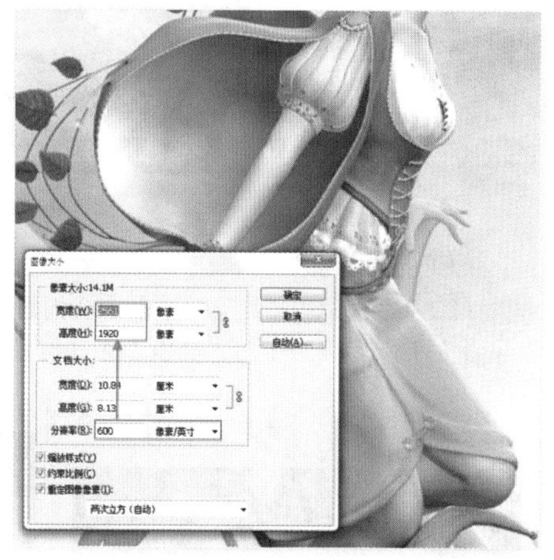

图 3—20

3.1.4 动手学：使用“缩放样式”

技术速查：当文档中的某些图层包含图层样式时，选中“缩放样式”复选框后，可以在调整图像的大小时按相应比例自动缩放样式效果。

只有在选中“约束比例”复选框时，“缩放样式”才可用，如图3-21和图3-22所示。

取消选中“缩放样式”复选框，如图3-23所示，减小像素大小时，图层样式相对于画面效果则显得有些偏大，如图3-24所示。

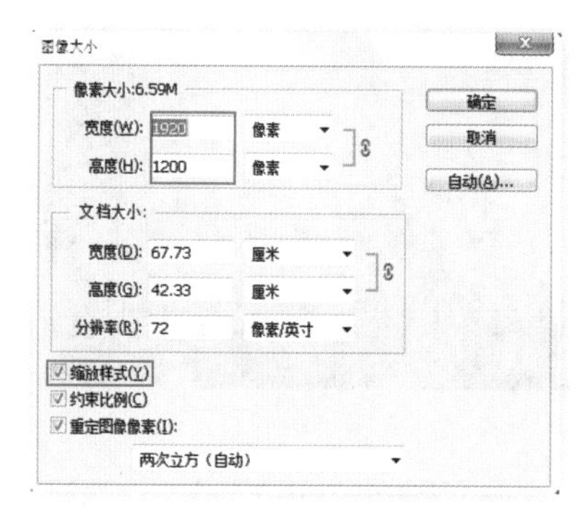

图 3—21

图　3-22

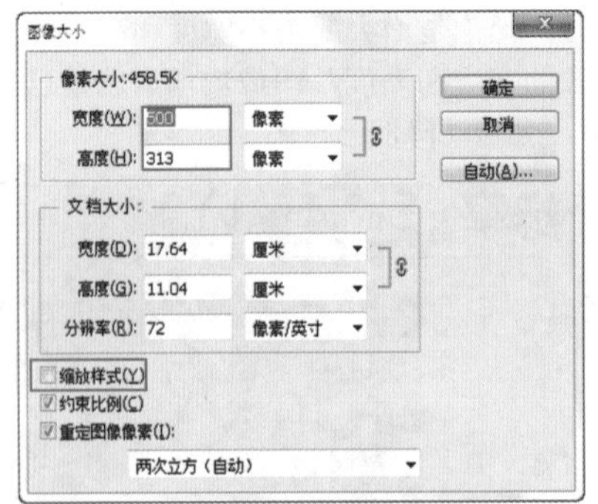

图　3-23

图　3-24

3.1.5　动手学：修改图像比例

技术速查：选中“约束比例”复选框，可以在修改图像的宽度或高度时，保持宽度和高度的比例不变；取消选中“约束比例”复选框，修改图像的宽度或高度时会导致图像发生变形，如图3-25和图3-26所示。

图　3-25　　　　图　3-26

（1）打开一张图片，在“图像大小”对话框中可以观察到图像的宽度和高度都为1600像素，如图3-27和图3-28所示。

（2）在“图像大小”对话框中取消选中“约束比例”复选框（同时也将导致“缩放样式”复选框不可用），然后设置“像素大小”选项组中的“高度”为2000像素，如图3-29所示。此时可以观察到图像变高了，如图3-30所示。

图　3-27

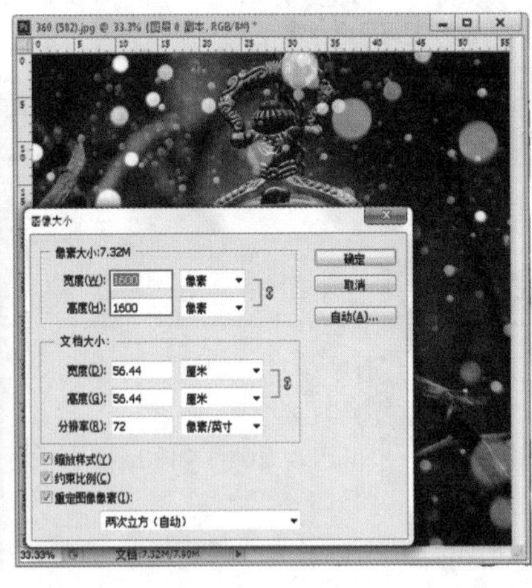

图　3-28

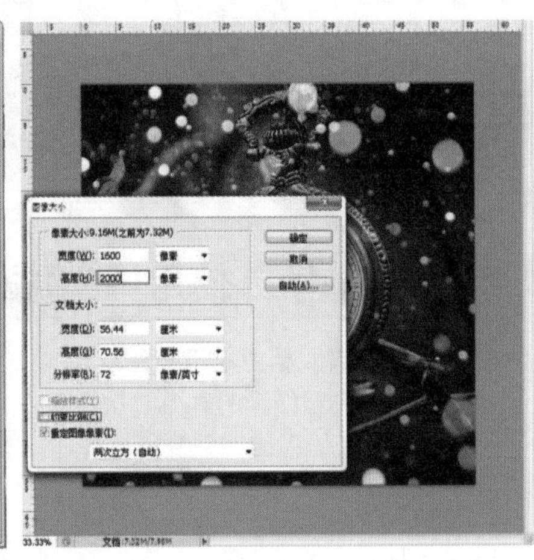

图　3-29

（3）按Ctrl+Alt+Z组合键，返回到修改宽度之前的状态，在“图像大小”对话框中设置“像素大小”选项组中的“宽度”为3000像素，如图3-31所示。此时可以观察到图像变宽了，如图3-32所示。

图 3—30

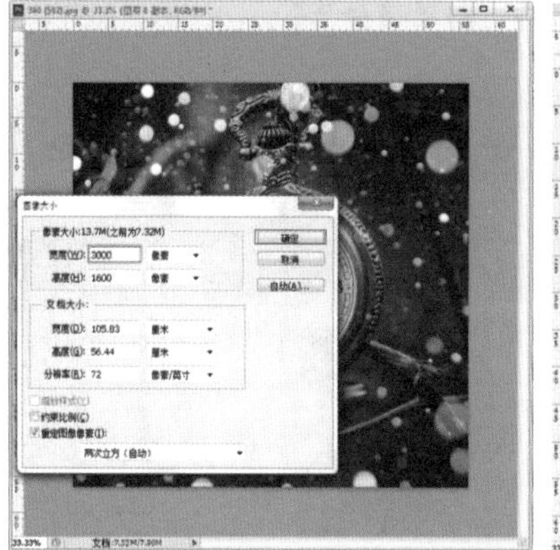

图 3—31

图 3—32

3.1.6 插值方法

技术速查：修改图像的像素大小在Photoshop中称为重新取样。当减少像素的数量时，就会从图像中删除一些信息；当增加像素的数量或增加像素取样时，则会增加一些新的像素。

在“图像大小”对话框最底部的下拉列表中提供了6种插值方法来确定添加或删除像素的方式，分别是“邻近（保留硬边缘）”、“两次线性”、“两次立方（适用于平滑渐变）”、“两次立方较平滑（适用于扩大）”、“两次立方较锐利（适用于缩小）”和“两次立方（自动）”，如图3-33所示。

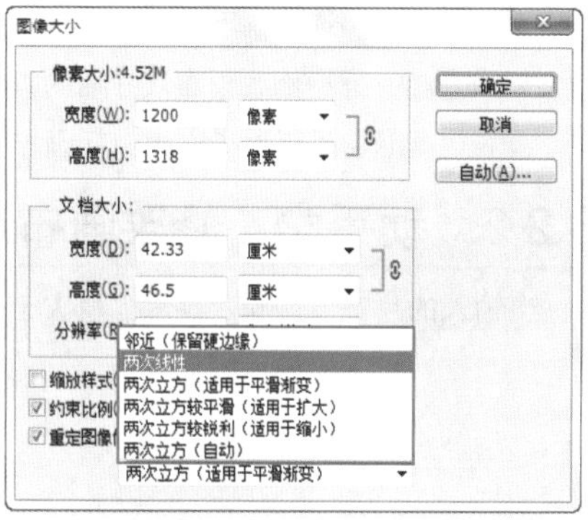

图 3—33

3.1.7 自动

技术速查：“自动”选项可以使Photoshop根据输出设备的网频来确定建议使用的图像分辨率。

单击“图像大小”对话框右侧的“自动”按钮，可以打开“自动分辨率”对话框，如图3-34所示。在该对话框中输入“挂网”的线数后，Photoshop可以根据输出设备的网频来确定建议使用的图像分辨率。

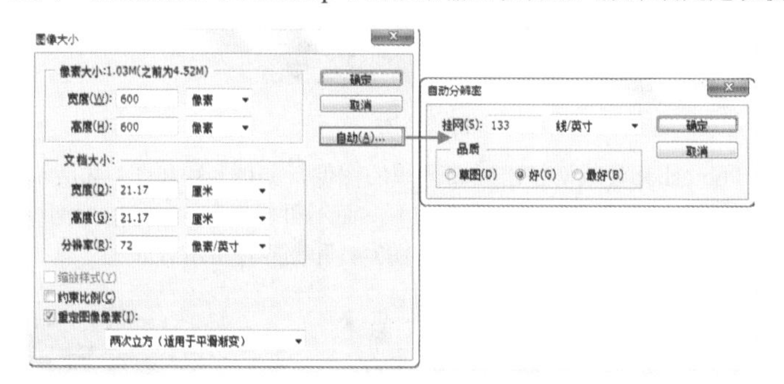

图 3—34

思维点拨：印刷中的“挂网”

挂网是指在输出时采用什么分辨率的网线频率，一般报纸印刷可以用75～85lpi，普通彩色印刷用100～150lpi，高档印刷用150～175lpi，有些高档画册也会用200lpi的分辨率。

3.2 调整画布大小

视频精讲：Photoshop CS6自学视频教程\12.调整画布大小.flv

3.2.1 使用“画布大小”命令

技术速查：使用“画布大小”命令可以修改画布的宽度、高度、定位和扩展背景颜色。

执行“图像>画布大小”命令，打开“画布大小”对话框，如图3-35所示。增大画布大小，原始图像大小不会发生变化，

而增大的部分则使用选定的填充颜色进行填充；减小画布大小，图像则会被裁切掉一部分，如图3-36所示。

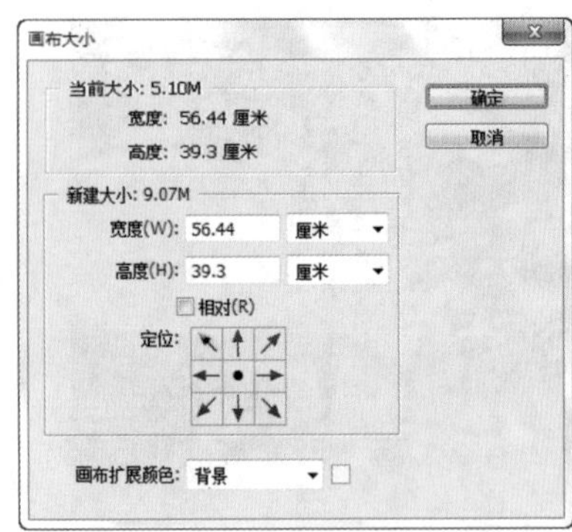

图 3-35

图 3-36

- 当前大小：该选项组下显示的是文档的实际大小，以及图像的宽度和高度的实际尺寸。
- 新建大小：是指修改画布尺寸后的大小。
- 画布扩展颜色：可以指定填充新画布的颜色。

3.2.2 动手学：修改画布尺寸

当输入的“宽度”和“高度”值大于原始画布尺寸时，会增加画布，如图3-37和图3-38所示。

图 3-37

图 3-38

当输入的“宽度”和“高度”值小于原始画布尺寸时，Photoshop会裁切超出画布区域的图像，如图3-39和图3-40所示。

选中“相对”复选框，“宽度”和“高度”数值将代表实际增加或减少的区域的大小，而不再代表整个文档的大小。输入正值表示增加画布，如设置“宽度”为10cm，那么画布就在宽度方向上增加10cm，如图3-41和图3-42所示。

图 3-39

图 3-40

图 3-41

如果输入负值就表示减小画布，如设置“宽度”为-10cm，那么画布就在宽度方向上减小了10cm，如图3-43和图3-44所示。

图　3-42

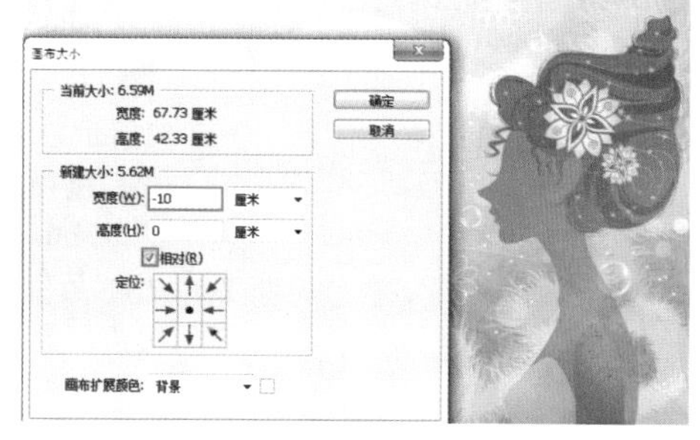

图　3-43

图　3-44

“定位”选项主要用来设置当前图像在新画布上的位置，如图3-45所示（黑色背景为画布的扩展颜色）。

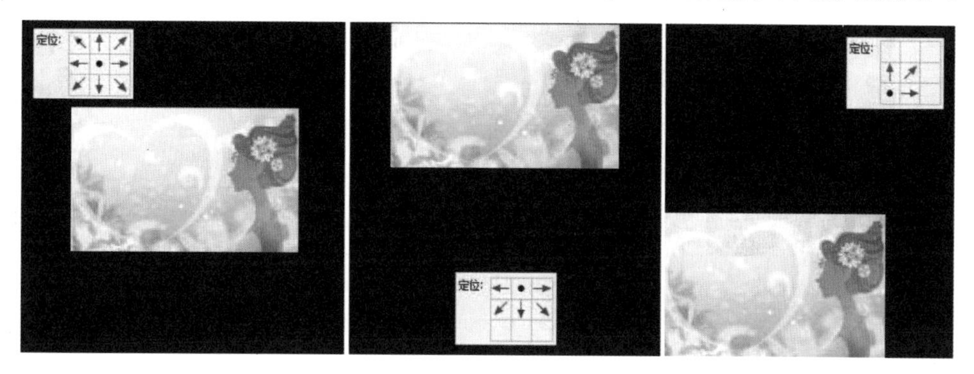

图　3-45

如果图像的背景是透明的，那么“画布扩展颜色”选项将不可用，新增加的画布也是透明的，如图3-46和图3-47所示。

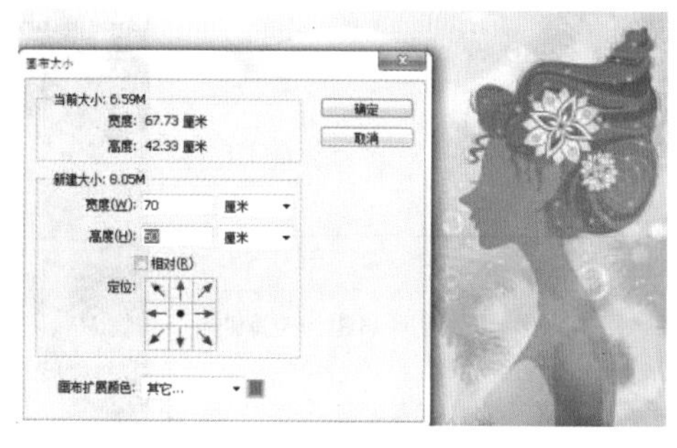

图　3-46

图　3-47

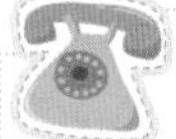

答疑解惑——画布大小和图像大小有区别吗？

画布大小与图像大小有着本质的区别。画布大小是指工作区域的大小，它包含图像和空白区域；图像大小是指图像的“像素大小”，如图3-48所示。

图　3-48

★ 案例实战——制作合适尺寸的文档

案例文件	案例文件\第3章\制作合适尺寸的文档.psd
视频教学	视频文件\第3章\制作合适尺寸的文档.flv
难易指数	★★★★★
技术要点	图像大小、画布大小

案例效果

本例主要是通过使用“图像大小”与“画布大小”命令，将图像调整为适合的尺寸。对比效果如图3-49和图3-50所示。

操作步骤

01 执行“文件>打开”命令，打开素材文件，如图3-51所示。

02 执行“编辑>图像大小”命令，打开“图像大小”对话框，选中“约束比例”复选框，修改“宽度”为1200像素，“高度”自动变为1800像素，如图3-52所示。单击“确定”按钮，效果如图3-53所示。

图 3-49

图 3-50

图 3-51

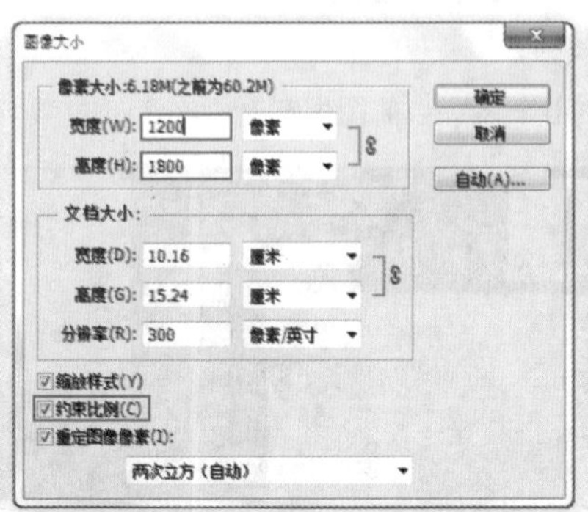

图 3-52

图 3-53

03 执行“编辑>画布大小”命令，打开“画布大小”对话框，设置单位为“像素”，“宽度”为750像素，“高度”为1200像素，设置定位方式为左上角，单击“确定”按钮，如图3-54所示。由于缩小了画布尺寸，所以会弹出提示对话框，单击“继续”按钮即可，如图3-55所示。

04 此时可以看到整个画布被裁掉了一部分，最终效果如图3-56所示。

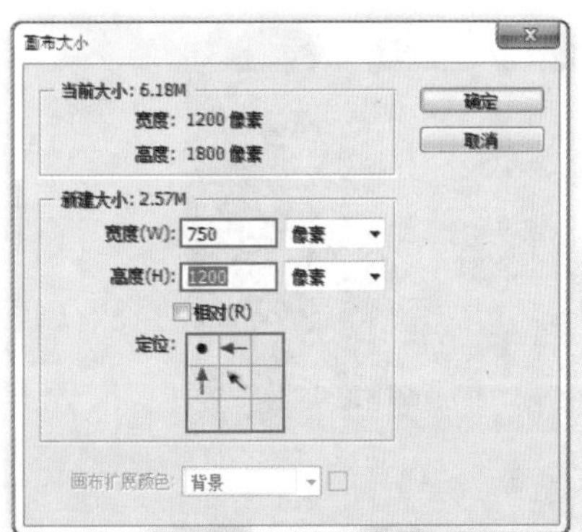

图 3-54

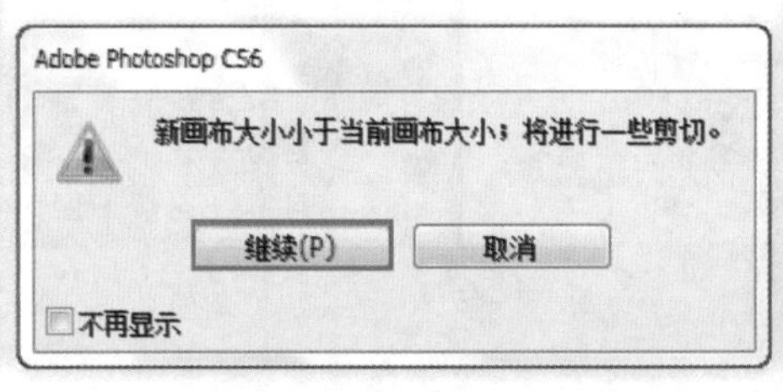

图 3-55

图 3-56

3.3 裁剪与裁切图像

视频精讲：Photoshop CS6自学视频教程\23.裁剪与裁切图像.flv

使用数码相机拍摄照片经常会出现构图上的问题，在Photoshop中使用“裁剪工具”、“裁剪”命令或“裁切”命令可以轻松去掉画面多余的部分。如图3-57和图3-58所示为裁剪前后的效果。

图 3-57

图 3-58

3.3.1 使用“裁剪工具”

技术速查：使用“裁剪工具”可以裁剪掉多余的图像，并重新定义画布的大小。

裁剪是指移去部分图像，以突出或加强构图效果的过程。单击工具箱中的“裁剪工具”按钮，画面四周出现定界框，在画面中调整裁切框，以确定需要保留的部分，如图3-59所示。或在画面中单击并拖曳出一个新的裁切区域，如图3-60所示，然后按Enter键或双击即可完成裁剪。

图 3-59

图 3-60

在“裁剪工具”的选项栏中可以设置裁剪工具的约束方式、约束比例、旋转、拉直、视图显示等多种属性，如图3-61所示。

- 约束方式：在下拉列表中可以选择多种裁剪的约束方式。
- 约束比例：用于输入自定的约束比例数值。
- “旋转”按钮：单击该按钮，将光标定位到裁切框以外的区域，单击并拖动光标即可旋转裁切框。
- 拉直：通过在图像上画一条直线来拉直图像。

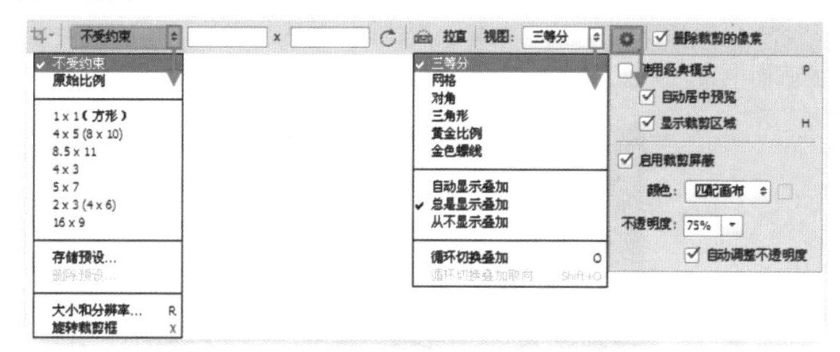

图 3-61

- 视图：在下拉列表中可以选择裁剪的参考线的方式，如“三等分”、“网格”、“对角”、“三角形”、“黄金比例”、“金色螺线”。也可以设置参考线的叠加显示方式。
- 设置其他裁剪选项：在这里可以对裁剪的其他参数进行设置，如可以使用经典模式，或设置裁剪屏蔽的颜色、透明度等参数。
- 删除裁剪的像素：确定是否保留或删除裁剪框外部的像素数据。如果不选中该复选框，多余的区域可以处于隐藏状态，如果想要还原裁剪之前的画面，只需要再次选择“裁剪工具”，然后随意操作即可看到原文档。

★ 案例实战——调整画面构图

案例文件	案例文件\第3章\调整画面构图.psd
视频教学	视频文件\第3章\调整画面构图.flv
难易指数	★★★★★
技术要点	“裁剪工具”

案例效果

使用“裁剪工具”可以快速地对画面的构图进行调整，本例效果如图3-62所示。

图 3-62

操作步骤

01 按Ctrl+O组合键，打开本书配套光盘中的素材文件，如图3-63所示。

02 在工具箱中单击“裁剪工具”按钮或按C键，然后在图像上单击并拖曳出一个矩形定界框，在选项栏中设置裁剪参考线叠加为三等分，调整定界框位置将其置于图像右下角，并使人像头部位于右侧的交点上，如图3-64所示。

03 确定裁剪区域以后，可以按Enter键、双击或在选项栏中单击“提交当前裁剪操作”按钮，完成裁剪操作。最后输入艺术字，效果如图3-65所示。

图 3-63

图 3-64

图 3-65

3.3.2 动手学：使用"透视裁剪工具"

技术速查：使用"透视裁剪工具"可以在需要裁剪的图像上制作出带有透视感的裁剪框，在应用裁剪后可以使图像带有明显的透视感。

（1）打开一张图像，如图3-66所示。单击工具箱中的"透视裁剪工具"按钮，在画面中绘制一个裁剪框，如图3-67所示。

图 3-66

图 3-67

（2）将光标定位到裁剪框的一个控制点上，单击并向内拖动，如图3-68所示。

（3）用同样的方法调整其他控制点，调整完成后单击控制栏中的"提交当前裁剪操作"按钮，即可得到带有透视感的画面效果，如图3-69和图3-70所示。

图 3-68

图 3-69

图 3-70

3.3.3 使用"裁剪"命令

技术速查：当画面中包含选区时，执行"图像>裁剪"命令，可以将选区以外的图像裁剪掉，只保留选区内的图像。对比效果如图3-71和图3-72所示。

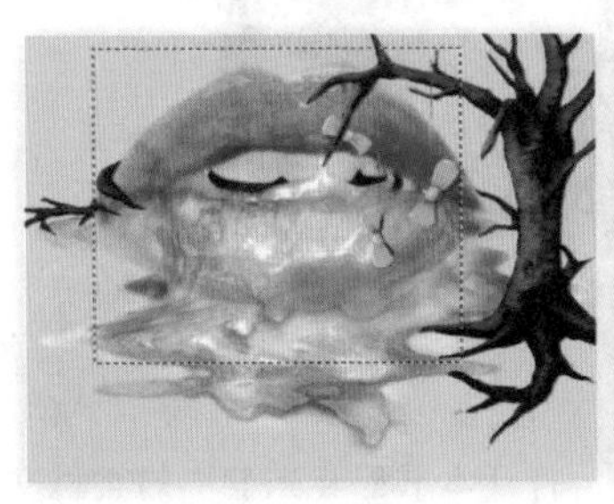

图 3-71

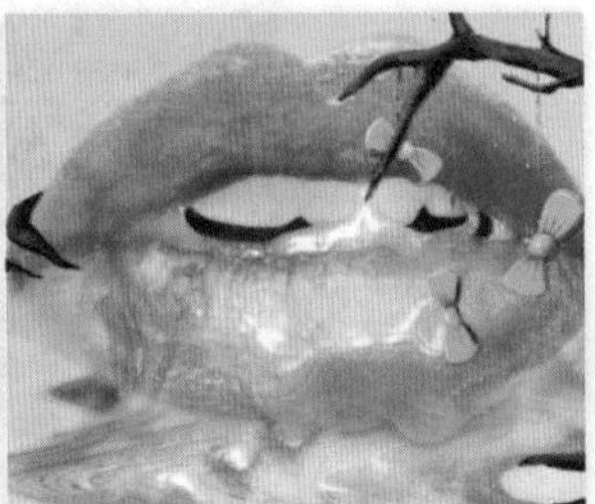

图 3-72

PROMPT 技巧提示

如果在图像上创建的是圆形选区或多边形选区，则裁剪后的图像仍为矩形。

3.3.4 使用"裁切"命令

技术速查：使用"裁切"命令可以基于像素的颜色来裁切图像。

在很多时候，拍摄出来的照片都有一定的留白，如图3-73所示。这样就在一定程度上影响了照片的美观性，因此裁切掉留白区域是非常必要的。执行"图像>裁切"命令，打开"裁切"对话框，如图3-74所示。设置参数后单击"确定"按钮即可完成裁切，效果如图3-75所示。

图 3-73

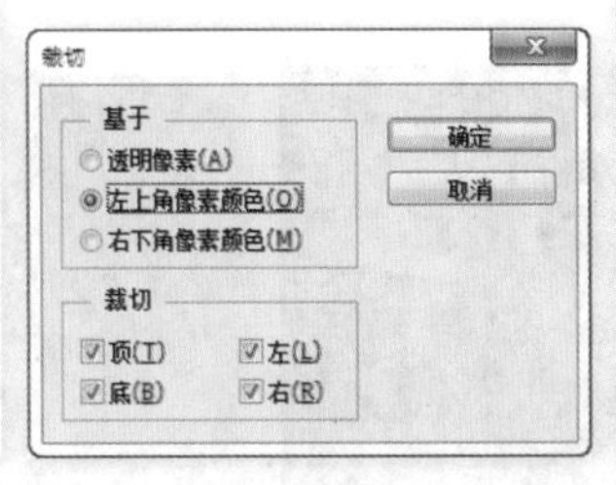

图 3-74

图 3-75

- 透明像素：选中该单选按钮，可以裁剪掉图像边缘的透明区域，只将非透明像素区域的最小图像保留下来。该选项只有图像中存在透明区域时才可用。
- 左上角像素颜色：选中该单选按钮，从图像中删除左上角像素颜色的区域。
- 右下角像素颜色：选中该单选按钮，从图像中删除右下角像素颜色的区域。
- 顶/底/左/右：设置修正图像区域的方式。

3.4 旋转图像

- 视频精讲：Photoshop CS6自学视频教程\13.旋转图像.flv
- 技术速查：使用“图像旋转”命令可以旋转或翻转整个图像，如图3-76和图3-77所示。

执行“图像>图像旋转”命令，在该菜单下提供了6种旋转图像的命令，包括“180度”、“90度（顺时针）”、“90度（逆时针）”、“任意角度”、“水平翻转画布”和“垂直翻转画布”，如图3-78所示。

图 3-76

图 3-77

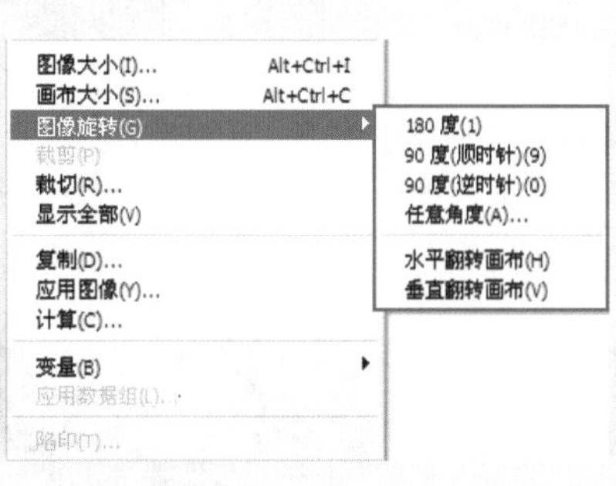

图 3-78

答疑解惑——如何任意角度旋转画布？

在“图像>图像旋转”菜单下提供了一个“任意角度”命令，该命令主要用来以任意角度旋转画布。

执行“任意角度”命令，系统会弹出“旋转画布”对话框，在该对话框中可以设置旋转的角度和方式（顺时针或逆时针）。如图3-79所示是将图像顺时针旋转45°后的效果。

图 3-79

★ 案例实战——矫正数码相片的方向

案例文件	案例文件\第3章\矫正数码相片的方向.psd
视频教学	视频文件\第3章\矫正数码相片的方向.flv
难易指数	★★★★★
知识掌握	掌握“图像旋转”命令的使用方法

案例效果

本案例主要使用“图像旋转”命令完成数码相片的方向矫正，对比效果如图3-80和图3-81所示。

操作步骤

01 执行“文件>打开”命令，打开素材文件，如图3-82所示。

图 3-80

02 执行“图像>图像旋转>90度（逆时针）”命令，此时图像的方向将被矫正过来，效果如图3-83所示。

03 还可以执行“图像>图像旋转>水平翻转画布”命令，将人像的头部方向调整到左边，如图3-84所示。

图　3—81

图　3—82

图　3—83

图　3—84

技巧提示

“图像旋转”命令只适合于旋转或翻转画布中的所有图像，不适用于单个图层或图层的一部分、路径以及选区边界。如果要旋转选区或图层，就需要使用本章后面讲到的“变换”或“自由变换”命令。

3.5 剪切/拷贝/粘贴图像

视频精讲：Photoshop CS6自学视频教程\17.剪切、拷贝、粘贴、清除.flv

与Windows下的剪切、拷贝、粘贴命令相同，Photoshop也可以快捷地完成复制、粘贴任务。并且在Photoshop中，还可以对图像进行原位置粘贴、合并拷贝等特殊操作。

3.5.1 动手学：剪切与粘贴

（1）创建选区后，执行“编辑>剪切”命令或按Ctrl+X组合键，可以将选区中的内容剪切到剪贴板上，如图3-85所示。

读书笔记

图　3—85

答疑解惑——为什么剪切后的区域不是透明的？

当选中的图层为普通图层时，剪切后的区域为透明区域。如果选中的图层为背景图层，那么剪切后的区域会被填充为当前背景色。如果选中的图层为智能图层、3D图层、文字图层等特殊图层，则不能够进行剪切操作。

（2）执行“编辑>粘贴”命令或按Ctrl+V组合键，可以将剪切的图像粘贴到画布中，并生成一个新的图层，如图3-86所示。

图　3—86

☆ 视频课堂——剪切并粘贴图像

案例文件\第3章\视频课堂——剪切并粘贴图像.psd
视频文件\第3章\视频课堂——剪切并粘贴图像.flv
思路解析：

01 制作需要剪切部分的选区。
02 执行“编辑>剪切”命令，剪切这部分区域。
03 执行“编辑>粘贴”命令，将区域中的内容粘贴为独立图层。

3.5.2 动手学：拷贝与合并拷贝

创建选区后，执行“编辑>拷贝”命令或按Ctrl+C组合键，可以将选区中的图像拷贝到剪贴板中，如图3-87所示。然后执行“编辑>粘贴”命令或按Ctrl+V组合键，可以将拷贝的图像粘贴到画布中，并生成一个新的图层，如图3-88所示。

图 3-87　　图 3-88

当文档中包含很多图层时，执行“选择>全选”命令或按Ctrl+A组合键，可以全选当前图像。然后执行“编辑>合并拷贝”命令或按Shift+Ctrl+C组合键，可以将所有可见图层拷贝并合并到剪贴板中。最后按Ctrl+V组合键可以将合并拷贝的图像粘贴到当前文档或其他文档中，如图3-89所示。

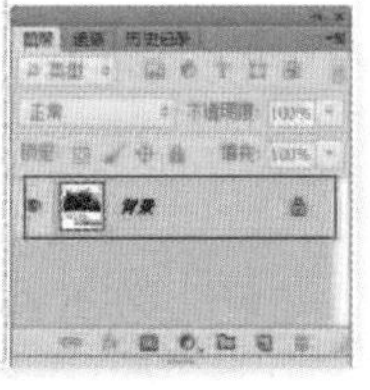

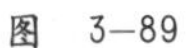

图 3-89

☆ 视频课堂——合并拷贝全部图层

案例文件\第3章\视频课堂——合并拷贝全部图层.psd
视频文件\第3章\视频课堂——合并拷贝全部图层.flv
思路解析：

01 全选画面中的所有内容。
02 执行“合并拷贝”命令。
03 执行“粘贴”命令粘贴复制的内容。

3.5.3 清除图像

技术速查：使用“清除”命令可以删除选区中的图像。

视频精讲：Photoshop CS6自学视频教程\17.剪切、拷贝、粘贴、清除.flv

当选中的图层包含选区状态下的普通图层时，执行“编辑>清除”命令可以清除选区中的图像。选中图层为“背景”图层时，被清除的区域将填充背景色，如图3-90～图3-92所示分别为创建选区、清除“背景”图层上的图像与清除普通图层上的图像对比效果。

图 3—90

图 3—91

图 3—92

3.6 移动图像

技术速查：使用“移动工具”可以在文档中移动图层、选区中的图像，也可以将其他文档中的图像拖曳到当前文档。

“移动工具”位于工具箱的最顶端，是最常用的工具之一，单击该工具按钮，在选项栏中能够看到相关的参数选项，如图3-93所示是“移动工具”的选项栏。

图 3—93

自动选择：如果文档中包含多个图层或图层组，可以在后面的下拉列表中选择要移动的对象。如果选择“图层”选项，使用“移动工具”在画布中单击时，可以自动选择“移动工具”下面包含像素的最顶层的图层；如果选择“组”选项，在画布中单击时，可以自动选择“移动工具”下面包含像素的最顶层的图层所在的图层组。

- 显示变换控件：选中该复选框以后，当选择一个图层时，就会在图层内容的周围显示定界框。用户可以拖曳控制点来对图像进行变换操作，如图3-94所示。
- 对齐图层：当同时选择了两个或两个以上的图层时，单击相应的按钮可以将所选图层进行对齐。对齐方式包括"顶对齐"、"垂直居中对齐"、"底对齐"、"左对齐"、"水平居中对齐"和"右对齐"。
- 分布图层：如果选择了3个或3个以上的图层，单击相应的按钮可以将所选图层按一定规则进行均匀分布排列。分布方式包括"按顶分布"、"垂直居中分布"、"按底分布"、"按左分布"、"水平居中分布"和"按右分布"。

图 3-94

3.6.1 动手学：在同一个文档中移动图像

在"图层"面板中选择要移动的对象所在的图层，然后在工具箱中单击"移动工具"按钮，接着在画布中单击并拖曳鼠标左键即可移动选中的对象，如图3-95和图3-96所示。

图 3-95

图 3-96

如果需要移动选区中的内容，可以在包含选区的状态下将光标放置在选区内，单击并拖曳鼠标左键即可移动选中的图像，如图3-97和图3-98所示。

图 3-97

图 3-98

技巧提示

在使用"移动工具"移动图像时，按住Alt键拖曳图像，可以复制图像，同时会生成一个新的图层。

3.6.2 动手学：在不同的文档间移动图像

若要在不同的文档间移动图像，首先需要选择"移动工具"，然后将光标放置在其中一个画布中，单击并拖曳到另外一个文档的标题栏上，停留片刻后即可切换到目标文档，接着将图像移动到画面中释放鼠标左键即可将图像拖曳到文档中，同时Photoshop会生成一个新的图层，如图3-99和图3-100所示。

图 3-99

图 3-100

3.7 变换与变形

在“编辑”菜单下可以看到“变换”命令、“自由变换”命令、“内容识别比例”命令、“操控变形”命令，如图3-101所示。使用这些命令可以改变图像的形状。

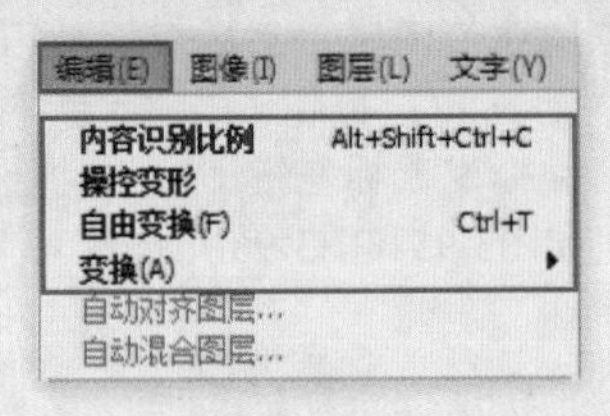

图 3-101

读书笔记

3.7.1 变换

技术速查：使用“变换”命令可以对图层、路径、矢量图形、选区中的图像、矢量蒙版和Alpha通道进行变换操作。

视频精讲：Photoshop CS6自学视频教程\18.变换与自由变换.flv

在“编辑>变换”菜单中提供了多种变换命令，如图3-102所示。在执行“自由变换”或“变换”操作时，当前对象的周围会出现一个用于变换的定界框，定界框的中间有一个中心点，四周还有控制点，如图3-103所示。在默认情况下，中心点位于变换对象的中心，用于定义对象的变换中心，拖曳中心点可以移动对象的位置；控制点主要用来变换图像。

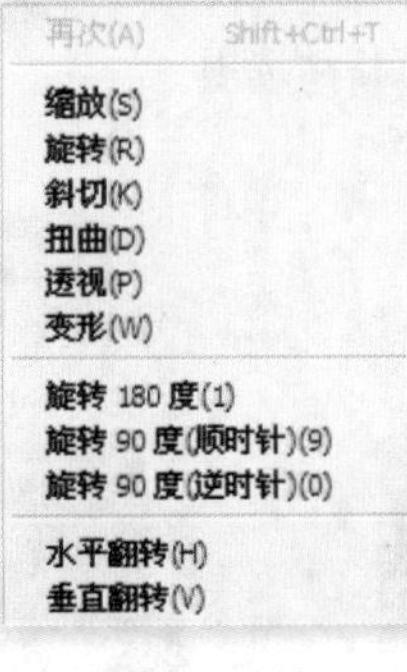

图 3-102

图 3-103

缩放

使用“缩放”命令可以相对于变换对象的中心点对图像进行缩放。如果不按任何快捷键，可以任意缩放图像，如图3-104所示；如果按住Shift键，可以等比例缩放图像，如图3-105所示；如果按住Shift+Alt组合键，可以以中心点为基准等比例缩放图像，如图3-106所示。

图 3-104　　图 3-105　　图 3-106

旋转

使用“旋转”命令可以围绕中心点转动变换对象。如果不按任何快捷键，可以以任意角度旋转图像，如图3-107所示；如果按住Shift键，可以以15°为单位旋转图像，如图3-108所示。

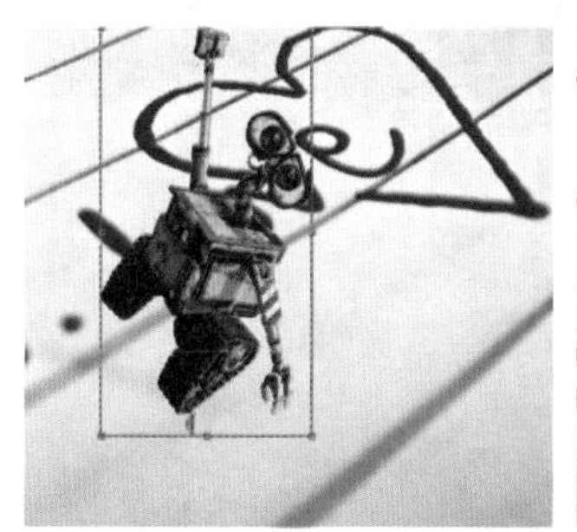

图 3—107

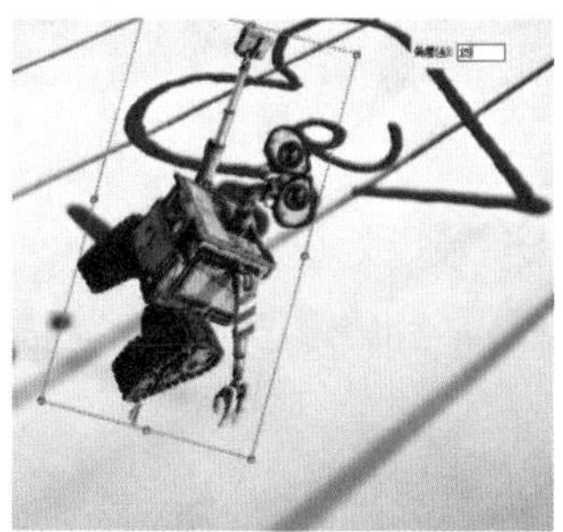

图 3—108

斜切

使用“斜切”命令可以在任意方向、垂直方向或水平方向上倾斜图像。如果不按任何快捷键，可以在任意方向上倾斜图像，如图3-109所示；如果按住Shift键，可以在垂直或水平方向上倾斜图像，如图3-110所示。

图 3—109

图 3—110

扭曲

使用“扭曲”命令可以在各个方向上伸展变换对象。如果不按任何快捷键，可以在任意方向上扭曲图像，如图3-111所示；如果按住Shift键，可以在垂直或水平方向上扭曲图像，如图3-112所示。

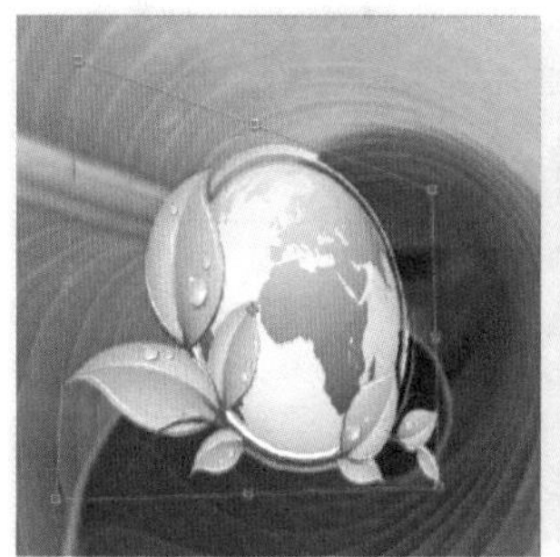

图 3—111

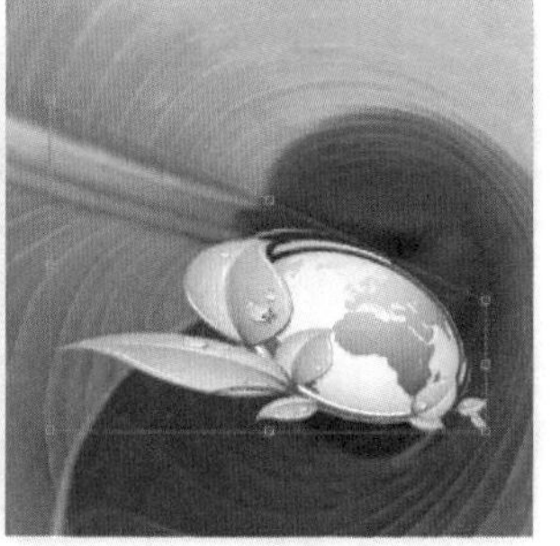

图 3—112

透视

使用“透视”命令可以对变换对象应用单点透视。拖曳定界框4个角上的控制点，可以在水平或垂直方向上对图像应用透视，如图3-113和图3-114所示分别为应用水平透视和垂直透视的对比效果。

图 3—113

图 3—114

思维点拨：透视是什么

透视是一种推理性观察方法，它把眼睛作为一个投射点，依靠光学中眼与物体间的直线——视线传递。在中间设立一个平而透明的截面，于一定范围内切割各条视线，并在平面上留下视线穿透点，穿透点互相连接，就勾画出了三维空间的物体在平面上的投影成像，也就是所谓的透视图。在透视理论上，这个成像表示眼睛通过透明平面对自然空间的观察所得到的视觉空间形象，成像具有立体空间感。同时，透视包含几何学中的点、线、面的关系，体现物体的空间特征，有一定的科学性、推理性，在绘画中有着直接的应用价值。其运用效果如图3—115和图3—116所示。

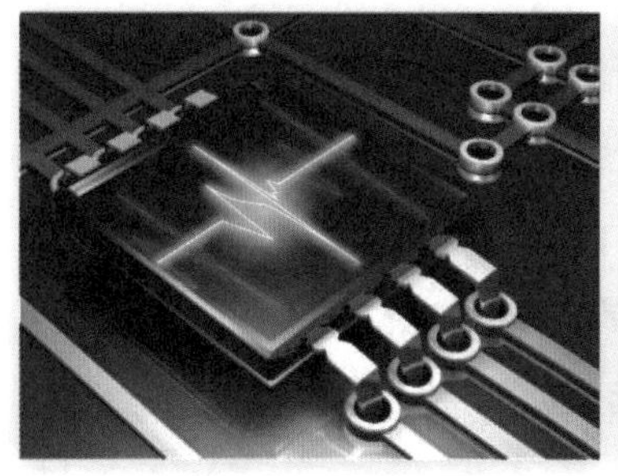

图 3—115

图 3—116

变形

如果要对图像的局部内容进行扭曲，可以使用“变形”命令来操作。执行该命令时，图像上将会出现变形网格和锚点，拖曳锚点或调整锚点的方向线可以对图像进行更加自由和灵活的变形处理，如图3-117和图3-118所示。

图 3-117

图 3-118

旋转180度/旋转90度（顺时针）/旋转90度（逆时针）

这3个命令非常简单，如图3-119所示为原图，执行“旋转180度”命令，可以将图像旋转180°，如图3-120所示；执行“旋转90度（顺时针）”命令可以将图像顺时针旋转90°，如图3-121所示；执行“旋转90度（逆时针）”命令可以将图像逆时针旋转90°，如图3-122所示。

图 3-119

图 3-120

图 3-121

图 3-122

水平翻转/垂直翻转

执行“水平翻转”命令可以将图像在水平方向上进行翻转，如图3-123所示为原图，如图3-124所示为“水平翻转”效果；执行“垂直翻转”命令可以将图像在垂直方向上进行翻转，如图3-125所示为“垂直翻转”效果。

图 3-123

图 3-124

图 3-125

☆ 视频课堂——利用“缩放”和“扭曲”命令制作书籍包装

案例文件\第3章\视频课堂——利用“缩放”和“扭曲”命令制作书籍包装.psd
视频文件\第3章\视频课堂——利用“缩放”和“扭曲”命令制作书籍包装.flv
思路解析：

01 导入封面素材。
02 执行“编辑>变换>缩放”命令调整封面大小。
03 执行“编辑>变换>扭曲”命令调整封面形态。
04 使用同样的方法处理书脊部分。

3.7.2 自由变换

视频精讲：Photoshop CS6自学视频教程\18.变换与自由变换.flv

自由变换其实也是变换的一种，按Ctrl+T组合键可以使所选图层或选区内的图像进入自由变换状态。但是“自由变换”

命令可以在一个连续的操作中应用旋转、缩放、斜切、扭曲、透视和变形。只需单击鼠标右键，即可在弹出的快捷菜单中选择某项操作，如图3-126所示。

图 3-126

技巧提示

如果是变换路径，“自由变换”命令将自动切换为“自由变换路径”命令；如果是变换路径上的锚点，“自由变换”命令将自动切换为“自由变换点”命令。

熟练掌握“自由变换”命令可以大大提高工作效率。在自由变换状态下，Ctrl键、Alt键和Shift键这3个快捷键将经常搭配使用。Ctrl键可以使变换更加自由；Shift键主要用来控制方向、旋转角度和等比例缩放；Alt键主要用来控制中心对称。

在没有按住任何快捷键的情况下

单击拖曳定界框4个角上的控制点，可以形成以对角不变的自由矩形方式变换，也可以反向拖曳形成翻转变换。

单击拖曳定界框边上的控制点，可以形成以对边不变的等高或等宽的自由变形。

在定界框外单击拖曳可以自由旋转图像，可精确至0.1°，也可以直接在选项栏中定义旋转角度。

按住Shift键

按住Shift键单击拖曳定界框4个角上的控制点，可以等比例放大或缩小图像，也可以反向拖曳形成翻转变换，如图3-127和图3-128所示。

按住Shift键在定界框外单击拖曳，可以以15°为单位顺时针或逆时针旋转图像，如图3-129所示。

图 3-127

图 3-128

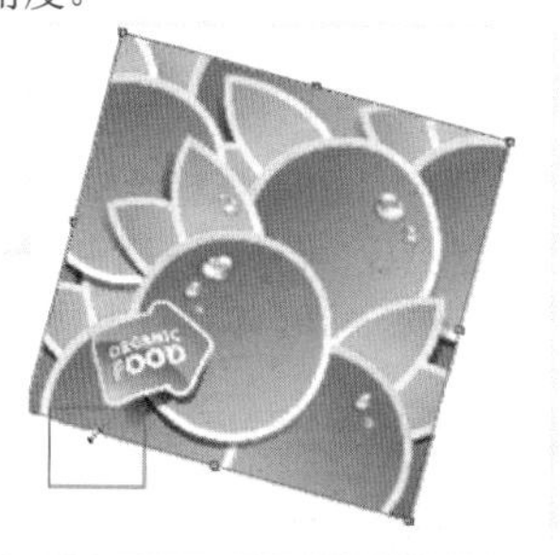

图 3-129

按住Ctrl键

按住Ctrl键单击拖曳定界框4个角上的控制点，可以形成以对角为直角的自由四边形方式变换，如图3-130所示。

按住Ctrl键单击拖曳定界框边上的控制点，可以形成以对边不变的自由平行四边形方式变换，如图3-131所示。

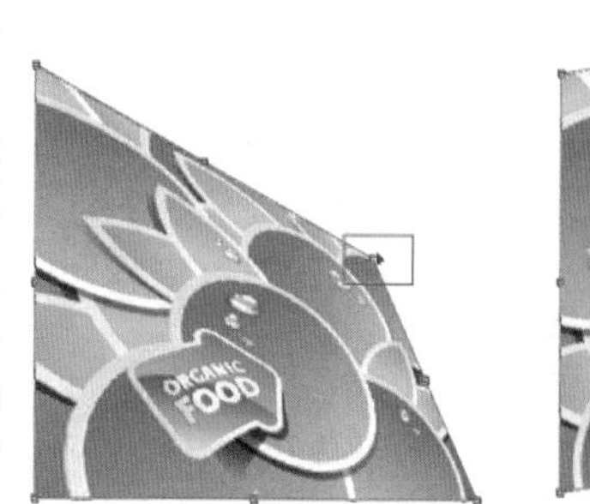

图 3-130

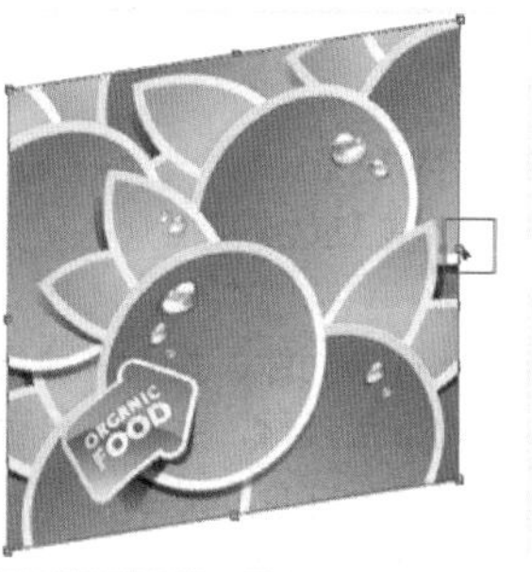

图 3-131

按住Alt键

按住Alt键单击拖曳定界框4个角上的控制点，可以形成以中心对称的自由矩形方式变换，如图3-132所示。

按住Alt键单击拖曳定界框边上的控制点，可以形成以中心对称的等高或等宽的自由矩形方式变换，如图3-133所示。

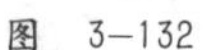

图 3-132

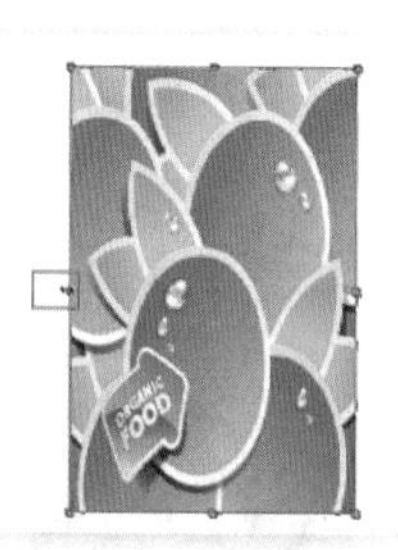

图 3-133

按住Shift+Ctrl组合键

按住Shift+Ctrl组合键单击拖曳定界框4个角上的控制点，可以形成以对角为直角的直角梯形方式变换，如图3-134所示。

按住Shift+Ctrl组合键单击拖曳定界框边上的控制点，可以形成以对边不变的等高或等宽的自由平行四边形方式变换，如图3-135所示。

图 3-134

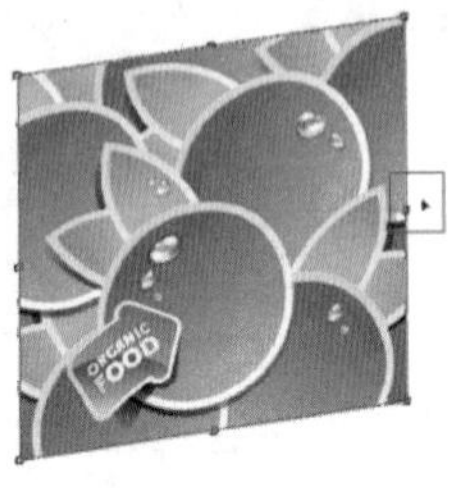

图 3-135

按住Ctrl+Alt组合键

按住Ctrl+Alt组合键单击拖曳定界框4个角上的控制点，可以形成以相邻两角位置不变的中心对称自由平行四边形方式变换，如图3-136所示。

按住Ctrl+Alt组合键单击拖曳定界框边上的控制点，可以形成以相邻两边位置不变的中心对称自由平行四边形方式变换，如图3-137所示。

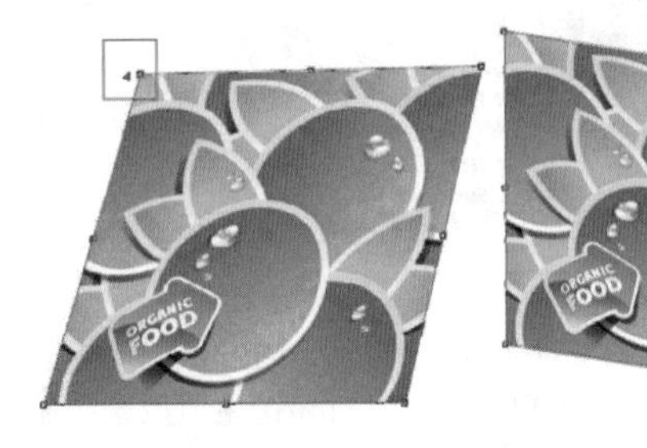

图 3-136　　图 3-137

按住Shift+Alt组合键

按住Shift+Alt组合键单击拖曳定界框4个角上的控制点，可以形成以中心对称的等比例放大或缩小的矩形方式变换，如图3-138和图3-139所示。

按住Shift+Alt组合键单击拖曳定界框边上的控制点，可以形成以中心对称、对边不变的矩形方式变换，如图3-140所示。

图 3-138

图 3-139

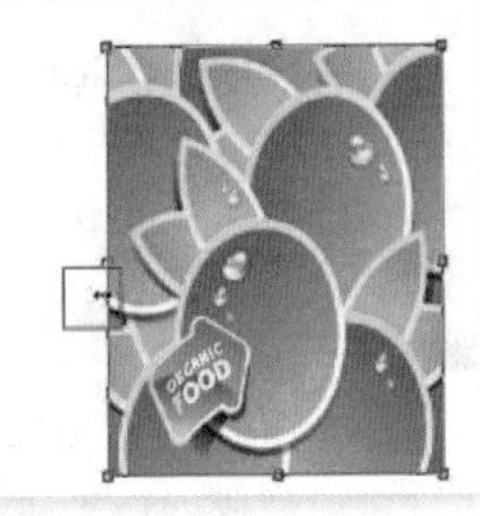

图 3-140

按住Shift+Ctrl+Alt组合键

按住Shift+Ctrl+Alt组合键单击拖曳定界框4个角上的控制点，可以形成以等腰梯形、三角形或相对等腰三角形方式变换，如图3-141所示。

按住Shift+Ctrl+Alt组合键单击拖曳定界框边上的控制点，可以形成以中心对称、等高或等宽的自由平行四边形方式变换，如图3-142所示。

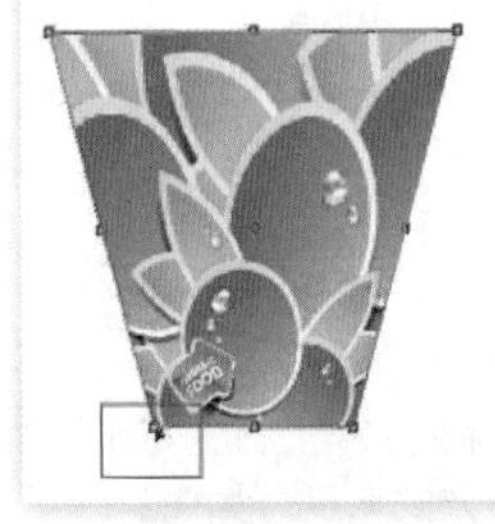

图 3-141

图 3-142

☆ 视频课堂——自由变换制作水果螃蟹

案例文件\第3章\视频课堂——自由变换制作水果螃蟹.psd
视频文件\第3章\视频课堂——自由变换制作水果螃蟹.flv
思路解析：

01 打开背景文件，置入多种果蔬素材。

02 复制果蔬素材，并进行自由变换。

03 复制并合并全部对象，填充黑色，翻转后作为阴影。

3.7.3 动手学：变换并复制图像

在Photoshop中，可以边变换图像，边复制图像，该功能在实际工作中的使用频率非常高。

（1）选中花朵图层，按Ctrl+Alt+T组合键进入自由变换并复制状态，将中心点定位在右上角，如图3-143所示，然后将其缩小并向右移动一段距离，接着按Enter键确认操作，如图3-144所示。通过这一系列的操作，就设定了一个变换规律，同时Photoshop会生成一个新的图层。

（2）设定好变换规律后，就可以按照这个规律继续变换并复制图像。如果要继续变换并复制图像，可以连续按Shift+Ctrl+Alt+T组合键，直到达到要求为止，如图3-145所示。

图 3-143

图 3-144

图 3-145

★ 案例实战——利用"自由变换"命令将照片放到相框中

案例文件	案例文件\第3章\利用"自由变换"命令将照片放到相框中.psd
视频教学	视频文件\第3章\利用"自由变换"命令将照片放到相框中.flv
难易指数	★★★★★
技术要点	"自由变换"命令

案例效果

本案例主要使用"自由变换"命令将照片放到相框中，如图3-146所示。

操作步骤

01 打开本书配套光盘中的背景素材文件，如图3-147所示。导入一张照片素材，调整至合适大小及位置，如图3-148所示。

02 为了方便观察，先降低照片素材的不透明度，执行"编辑>自由变换"命令，将光标放置在一角的控制点上，当光标变为弯曲的箭头时，可以按一定的角度进行旋转，如图3-149所示。

图 3-146

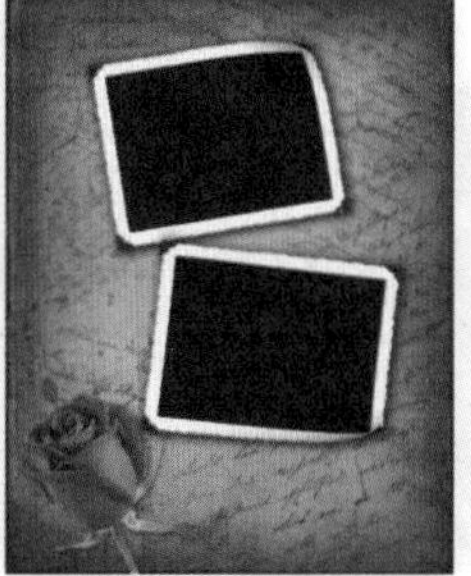

图 3-147

图 3-148

图 3-149

03 将光标放置在一角，当光标变为直线箭头时，按住鼠标左键并拖曳，可以将照片调整到合适大小，如图3-150所示。

04 单击鼠标右键，在弹出的快捷菜单中执行"变形"命令，将光标移至右上角的控制点上，进行一定的调节，使其与背景更加贴合，如图3-151所示。

05 调整完成后将"不透明度"数值调整为100%，如图3-152所示。用同样方法制作出另外一张照片效果，最终效果如图3-153所示。

图 3-150

图 3-151

图 3-152

图 3-153

3.7.4 内容识别比例

- 技术速查："内容识别比例"是Photoshop中一个非常实用的缩放功能，它可以在不更改重要可视内容（如人物、建筑、动物等）的情况下缩放图像大小。
- 视频精讲：Photoshop CS6自学视频教程\19.内容识别比例.flv

常规缩放在调整图像大小时会影响所有像素，而"内容识别比例"命令主要影响没有重要可视内容区域中的像素，如图3-154所示为原图、使用"自由变换"命令进行常规缩放以及使用"内容识别比例"命令缩放的对比效果。

图 3-154

执行"内容识别比例"命令，调出该命令的选项栏，如图3-155所示。

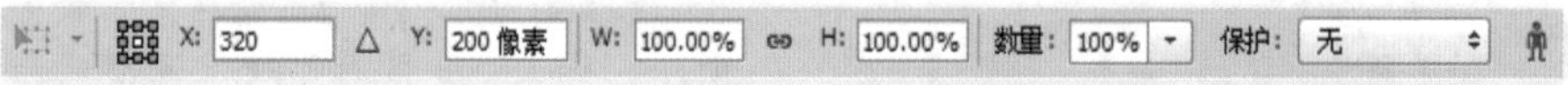

X: 320 Δ Y: 200 像素 W: 100.00% H: 100.00% 数量: 100% 保护: 无

图 3-155

- "参考点位置"图标：单击其他的灰方块，可以指定缩放图像时要围绕的固定点。默认情况下，参考点位于图像的中心。
- "使用参考点相对定位"按钮：单击该按钮，可以指定相对于当前参考点位置的新参考点位置。
- X/Y：设置参考点的水平和垂直位置。
- W/H：设置图像相对于原始大小的缩放百分比。
- 数量：设置内容识别缩放与常规缩放的比例。在一般情况下，应该将该值设置为100%。
- 保护：选择要保护区域的Alpha通道。如果要在缩放图像时保留特定的区域，"内容识别比例"允许在调整大小的过程中使用Alpha通道来保护内容。
- "保护肤色"按钮：激活该按钮后，在缩放图像时，可以保护人物的肤色区域。

技巧提示

"内容识别比例"命令适用于处理图层和选区，图像可以是RGB、CMYK、Lab和灰度颜色模式以及所有位深度。注意，"内容识别比例"命令不适用于处理调整图层、图层蒙版、各个通道、智能对象、3D图层、视频图层、图层组，或者同时处理多个图层。

★ 案例实战——利用通道保护功能保护特定对象

案例文件	案例文件\第3章\利用通道保护功能保护特定对象.psd
视频教学	视频文件\第3章\利用通道保护功能保护特定对象.flv
难易指数	★★★★★
知识掌握	掌握"通道保护"功能的使用方法

案例效果

使用"内容识别比例"的"通道保护"功能可以保护通道区域中的图像不会变形，如图3-156和图3-157所示分别是原始素材与使用"通道保护"功能缩放图像后的对比效果。

操作步骤

01 按Ctrl+O组合键，打开本书配套光盘中的素材文件1.psd，如图3-158所示。

02 切换到"通道"面板，可以观察到该面板下有一个Alpha1通道，如图3-159所示。

图 3-156

图 3-157

图 3-158

图 3-159

答疑解惑——Alpha1通道有什么作用？

Alpha1通道存储的是人像的选区，主要用来保护人像对象在变换时不发生变形。按住Ctrl键的同时单击Alpha1通道可以载入该通道的选区，如图3-160所示。如果要取消选区，可以按Ctrl+D组合键。

图 3-160

03 执行“编辑>内容识别比例”命令，然后在选项栏中设置“保护”为Alpha1通道，接着向右拖动调整左侧定界框边界处的控制点，如图3-161所示。

04 单击选项栏中的“提交变换”按钮✓，最终效果如图3-162所示。

图 3-161

图 3-162

3.7.5 操控变形

技术速查：“操控变形”是借助一种可视网格，随意地扭曲特定图像区域，并保持其他区域不变。

视频精讲：Photoshop CS6自学视频教程\20.操控变形.flv

“操控变形”命令通常用来修改人物的动作、发型等。执行“编辑>操控变形”命令，图像上将会布满网格，如图3-163所示，通过在图像中的关键点上添加“图钉”，可以修改人物的一些动作，如图3-164和图3-165所示是修改头部和上身动作前后的对比效果。

读书笔记

图 3-163

图 3-164

图 3-165

技巧提示

除了图像图层、形状图层和文字图层之外，还可以对图层蒙版和矢量蒙版应用操控变形。如果要以非破坏性的方式变形图像，需要将图像转换为智能对象。

“操作变形”的选项栏如图3-166所示。

模式：正常 浓度：正常 扩展：2像素 ☑显示网格 图钉深度： 旋转：自动 0 度

图 3-166

- 模式：共有“刚性”、“正常”和“扭曲”3种模式。选择“刚性”模式时，变形效果比较精确，但是过渡效果不是很柔和；选择“正常”模式时，变形效果比较准确，过渡也比较柔和；选择“扭曲”模式时，可以在变形的同时创建透视效果。
- 浓度：共有“较少点”、“正常”和“较多点”3个选项。选择“较少点”选项时，网格点数量比较少，如图3-167所示，同时可添加的图钉数量也较少，并且图钉之间需要间隔较大的距离；选择“正常”选项时，网格点数量比较适中，如图3-168所示；选择“较多点”选项时，网格点非常细密，如图3-169所示，当然可添加的图钉数量也更多。

图 3-167　　图 3-168　　图 3-169

- 扩展：用来设置变形效果的衰减范围。设置较大的像素值，变形网格的范围也会相应地向外扩展，变形之后，图像的边缘会变得更加平滑；设置较小的像素值（可以设置为负值），图像的边缘变化效果会变得很生硬。
- 显示网格：控制是否在变形图像上显示出变形网格。
- 图钉深度：选择一个图钉以后，单击“将图钉前移”按钮，可以将该图钉向上层移动一个堆叠顺序；单击“将图钉后移”按钮，可以将该图钉向下层移动一个堆叠顺序。
- 旋转：共有“自动”和“固定”两个选项。选择“自动”选项时，在拖曳图钉变形图像时，系统会自动对图像进行旋转处理（按住Alt键，将光标放置在图钉范围外即可显示出旋转变形框）；如果要设定精确的旋转角度，可以选择“固定”选项，然后在后面的文本框中输入旋转度数即可。

★ 案例实战——使用操控变形改变美女姿势

案例文件	案例文件\第3章\使用操控变形改变美女姿势.psd
视频教学	视频文件\第3章\使用操控变形改变美女姿势.flv
难易指数	★★★★★
知识掌握	掌握“操控变形”命令的使用方法

案例效果

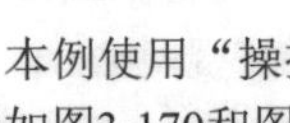

本例使用“操控变形”命令修改美少女动作前后的对比效果如图3-170和图3-171所示。

操作步骤

01 打开本书配套光盘中的素材文件1.png，如图3-172所示。

图 3-170

图 3-171

图 3-172

02 选择图层2，如图3-173所示。执行“编辑>操控变形”命令，光标会变成形状，在图像上单击即可在单击处添加图钉，如图3-174所示。如果要删除图钉，可以选择该图钉，然后按Delete键，或者按住Alt键单击要删除的图钉；如果要删除所有的图钉，可以在网格上单击鼠标右键，然后在弹出的快捷菜单中选择“移去所有图钉”命令。

03 将光标放置在图钉上，然后单击并拖动调节图钉的位置，此时图像也会随之发生变形，如图3-175所示。

图 3-173

图 3-174

图 3-175

如果在调节图钉位置时，发现图钉不够用，可以继续添加图钉来完成变形操作。

04 按Enter键关闭“操控变形”命令，最终效果如图3-176所示。

图 3-176

★ 综合实战——制作网站广告

案例文件	案例文件\第3章\制作网站广告.psd
视频教学	视频文件\第3章\制作网站广告.flv
难易指数	★★★★★
知识掌握	掌握“内容识别比例”命令的使用方法

案例效果

使用“内容识别比例”命令可以很好地保护图像中的重要内容，本例效果如图3-177所示。

操作步骤

01 按Ctrl+O组合键，打开本书配套光盘中的素材，按住Alt键双击背景图层将其转换为普通图层，如图3-178所示。

02 执行“编辑>画布大小”命令，设置“宽度”为25.4厘米，“高度”为10.5厘米，定位到左下角，如图3-179所示。此时画面增大，如图3-180所示。

图 3-177

图 3-178

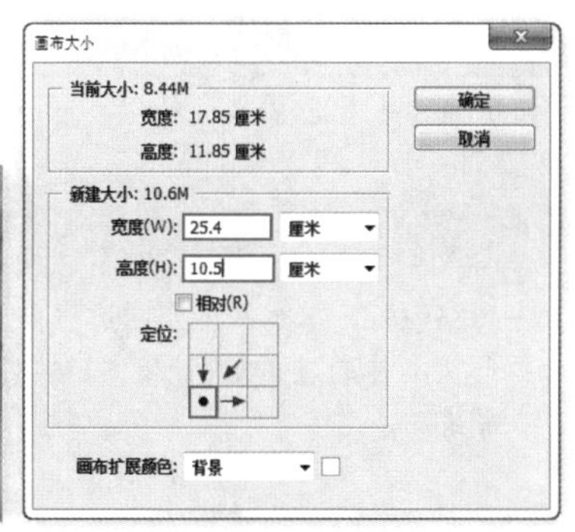

图 3-179

03 执行“编辑>内容识别比例”命令或按Shift+Ctrl+Alt+C组合键，进入内容识别缩放状态，在选项栏中单击“保护肤色”按钮，然后向右拖曳定界框右侧中间的控制点，如图3-181所示。

图 3-180

图 3-181

04 此时可以观察到人物几乎没有发生变形，如图3-182所示。

05 执行“文件>置入”命令，置入前景素材，摆放在合适位置，最终效果如图3-183所示。

图 3-182

图 3-183

思维点拨：网站Banner

本案例所制作效果是当今最为常见的网站横幅广告，也就是通常所说的网站Banner，是网络广告的主要形式，一般使用GIF格式的图像文件，可以是静态图形，也可用多帧图像拼接为动画图像。进行网站Banner设计时，需要着重体现中心意旨，形象鲜明，表达最主要的情感思想或宣传中心。如图3-184～图3-187所示为优秀的网站Banner作品。

图 3-184

图 3-185

图 3-186

图 3-187

课后练习

【课后练习——利用“自由变换”命令制作飞舞的蝴蝶】

思路解析：本案例主要通过“自由变换”命令改变蝴蝶的形状，并通过“复制”、“粘贴”命令制作出多个飞舞的蝴蝶。

本章小结

本章节所涉及的知识点均为实际操作中最常用到的功能。例如从调整“画布大小”、调整“图像大小”以及使用“裁切”的多个方面讲解了调整大小的方法。还介绍了使用快捷键进行方便的剪切/拷贝/粘贴图像的方法。另外，图像的变形也是本章的重点内容，熟练掌握“自由变换”、“内容识别比例”、“操控变形”命令的快捷使用方法，对提高设计效率有非常大的帮助。

第4章

选区的创建与编辑

本章内容简介：

在学习选区的操作之前，首先需要了解选区是做什么的，掌握获取选区的基本方法和思路。本章介绍了多种使用选区工具获取选区的方法，以及得到选区后的编辑、存储、调用、填充、描边等操作。

本章学习要点：

- 掌握选区工具的使用方法
- 掌握常用抠图工具的使用方法与技巧
- 掌握选区的编辑方法
- 掌握填充与描边选区的应用

4.1 认识选区

4.1.1 选区的基本功能

在Photoshop中处理图像时，经常需要针对画面局部效果进行调整。通过选择特定区域，可以对该区域进行编辑并保持未选择区域不会被改动。这时就需要为图像指定一个有效的编辑区域，这个区域就是选区。

以图4-1为例，需要改变中间柠檬的颜色，这时就可以使用“磁性套索工具”或“钢笔工具”绘制出需要调色的区域选区，然后对该区域进行单独调色即可，如图4-2所示。

选区的另外一项重要功能是图像局部的分离，也就是抠图。以图4-3为例，要将图中的前景物体分离出来，这时就可以使用“快速选择工具”或“磁性套索工具”制作主体部分选区，接着将选区中的内容复制、粘贴到其他合适的背景文件中，并添加其他合成元素即可完成一个合成作品，如图4-4所示。

图 4-1

图 4-2

图 4-3

图 4-4

4.1.2 选择的常用方法

Photoshop中包含多种用于制作选区的工具和命令，不同图像需要使用不同的选择工具来制作选区。

选区工具选择法

对于比较规则的圆形或方形对象可以使用选框工具组。选框工具组是Photoshop中最常用的选区工具，适合于形状比较规则的图案（如圆形、椭圆形、正方形、长方形）。如图4-5和图4-6所示为典型的矩形选区和圆形选区。

对于不规则选区，则可以使用套索工具组。对于转折处比较强烈的图案，可以使用“多边形套索工具”来进行选择。对于转折比较柔和的，可以使用“套索工具”。如图4-7和图4-8所示为转折处比较强烈的选区和转折处比较柔和的选区。

图 4-5

图 4-6

图 4-7

图 4-8

路径选择法

Photoshop中的“钢笔工具”属于典型的矢量工具，通过“钢笔工具”可以绘制出平滑或者尖锐的任何形状路径，绘制完成后可以将其转换为相同形状的选区，从而选出对象，如图4-9和图4-10所示。

色调选择法

如果需要选择的对象与背景之间的色调差异比较明显，使用“魔棒工具”、“快速选择工具”、“磁性套索工具”和“色彩范围”命令可以很快速地将对象分离出来。这些工具和命令都可以基于色调之间的差异来创建选区。如图4-11和图4-12

所示是使用“快速选择工具”将前景对象抠选出来并更换背景后的效果。

图 4-9

图 4-10

图 4-11

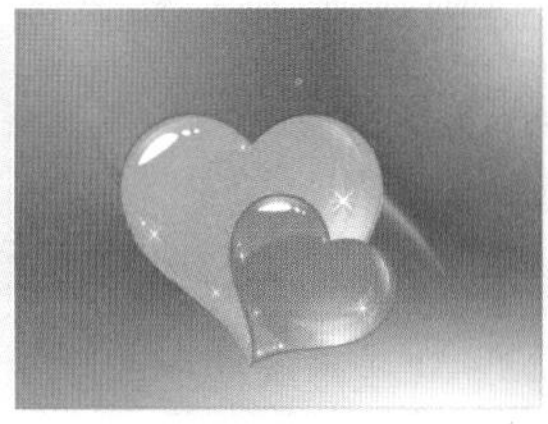
图 4-12

思维点拨：色调是什么

在这里，色调不是指颜色的性质，而是对画面的整体颜色的概括评价。在明度、纯度、色相这3个要素中，某种因素起主导作用，我们就称之为某种色调。一幅绘画作品虽然用了多种颜色，但总体有一种倾向，如是偏蓝或偏红，是偏暖或偏冷等。这种颜色上的倾向就是一幅绘画作品的色调。通常可以从色调、明度、冷暖、纯度4个方面来定义一幅作品的色调，如图4-13所示。

图 4-13

通道选择法

通道抠图主要利用具体图像的色相或者明度差别，用不同的方法建立选区。通道抠图法非常适合于半透明与毛发类对象选区的制作。例如，如果要抠取毛发、婚纱、烟雾、玻璃以及具有运动模糊的物体，使用前面介绍的工具就很难保留精细的半透明选区，这时就需要使用通道来进行抠图，如图4-14和图4-15所示为毛发抠图效果。

图 4-14

图 4-15

思维点拨：何谓“通道”

计算机中的彩色图片大部分都是RGB颜色模式的图片。所谓RGB模式，是指彩色图片中的颜色都是由红、绿、蓝3种色彩调配出来的。除去RGB颜色模式的图像外，常用的还有灰度模式的图像和CMYK颜色模式的图像。CMYK图像是由青、洋红、黄、黑4色调配出来的。在Photoshop中，对于不同色彩模式的图片，会将该图片的单色信息分别放在相应的通道中，对其中一个单色通道操作，就可以控制该通道所对应的颜色。

快速蒙版选择法

在快速蒙版状态下，可以使用各种绘画工具和滤镜对选区进行细致的处理。例如，如果要将图中的前景对象抠选出来，就可以进入快速蒙版状态，然后使用“画笔工具”在快速蒙版中的背景部分进行绘制（绘制出的选区为红色状态），绘制完成后按Q键退出快速蒙版状态，Photoshop会自动创建选区，这时就可以删除背景，也可以为前景对象重新添加背景。如图4-16～图4-19所示分别为原始素材、绘制通道、删除背景、重新添加背景的效果。

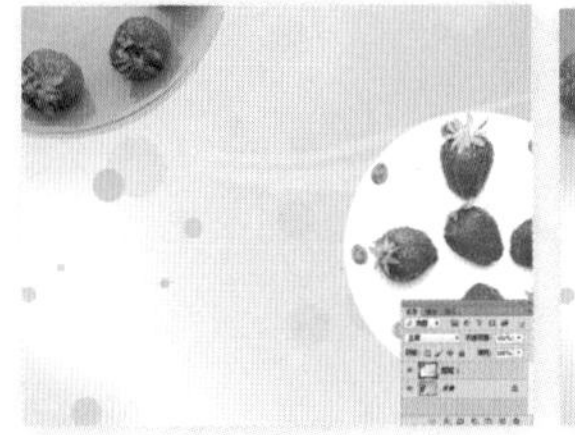
图 4-16

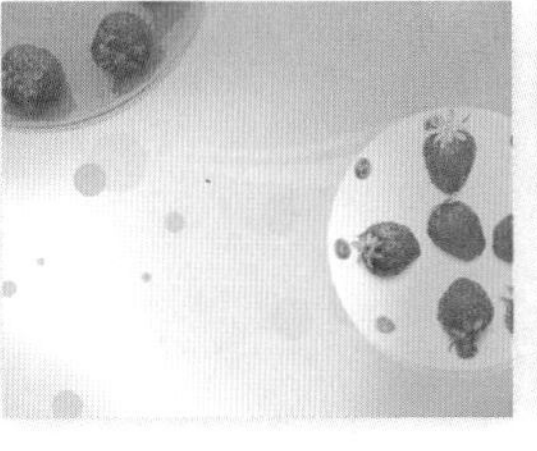
图 4-17

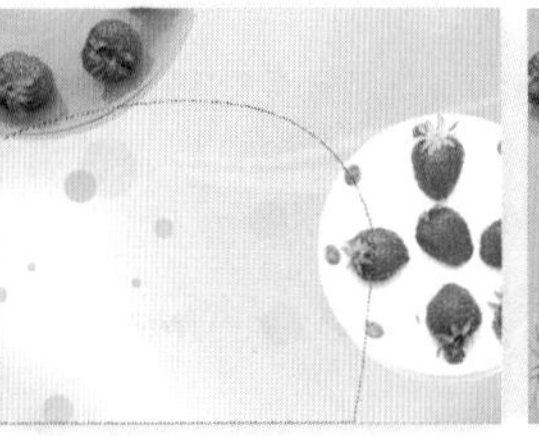
图 4-18

图 4-19

4.2 使用选框工具

视频精讲：Photoshop CS6自学视频教程\25.使用选框工具.flv

4.2.1 矩形选框工具

“矩形选框工具”▭主要用于创建矩形选区与正方形选区，按住Shift键可以创建正方形选区，如图4-20和图4-21所示。

图 4-20

图 4-21

“矩形选框工具”的选项栏如图4-22所示。

羽化: 0像素　消除锯齿　样式: 正常　宽度:　高度:　调整边缘...

图 4-22

- 羽化：主要用来设置选区边缘的虚化程度。羽化值越大，虚化范围越宽；羽化值越小，虚化范围越窄。如图4-23和图4-24所示分别为羽化数值为0像素与20像素时的边界效果。

图 4-23

图 4-24

当设置的“羽化”数值过大，以至于任何像素都不大于50%选择时，Photoshop会弹出一个警告对话框，提醒用户羽化后的选区将不可见（选区仍然存在），如图4-25所示。

图 4-25

- 消除锯齿：“矩形选框工具”的“消除锯齿”复选框是不可用的，因为矩形选框没有不平滑效果，只有在使用“椭圆选框工具”时，“消除锯齿”复选框才可用。
- 样式：用来设置矩形选区的创建方法。当选择“正常”选项时，可以创建任意大小的矩形选区；当选择“固定比例”选项时，可以在右侧的“宽度”和“高度”文本框中输入数值，以创建固定比例的选区。例如，设置“宽度”为1、“高度”为2，那么创建出来的矩形选区的高度就是宽度的2倍；当选择“固定大小”选项时，可以在右侧的“宽度”和“高度”文本框中输入数值，然后单击即可创建一个固定大小的选区（单击“高度和宽度互换”按钮⇄可以切换“宽度”和“高度”的数值）。
- 调整边缘：与执行“选择>调整边缘”命令相同，单击该按钮可以打开“调整边缘”对话框，在该对话框中可以对选区进行平滑、羽化等处理。

4.2.2 椭圆选框工具

“椭圆选框工具”◯主要用来制作椭圆选区和正圆选区，按住Shift键可以创建正圆选区，如图4-26和图4-27所示。

图 4-26　　图 4-27

“椭圆选框工具”的选项栏如图4-28所示。

羽化: 0像素　☑消除锯齿　样式: 正常　宽度:　高度:　调整边缘...

图 4-28

- 消除锯齿：通过柔化边缘像素与背景像素之间的颜色过渡效果，来使选区边缘变得平滑，如图4-29所示是取消选中“消除锯齿”复选框时的图像边缘效果，如图4-30所示是选中“消除锯齿”复选框时的图像边缘效果。由于“消除锯齿”只影响边缘像素，因此不会丢失细节，在剪切、复制和粘贴选区图像时非常有用。

图 4-29

图 4-30

技巧提示

其他选项的用法与“矩形选框工具”相同，因此这里不再讲解。

4.2.3 单行/单列选框工具

“单行选框工具”、“单列选框工具”主要用来创建高度或宽度为1像素的选区，常用来制作网格效果，如图4-31所示。

图 4-31

★ 案例实战——使用椭圆选框工具制作卡通海报

案例文件	案例文件\第4章\使用椭圆选框工具制作卡通海报.psd
视频教学	视频文件\第4章\使用椭圆选框工具制作卡通海报.flv
难易指数	★★★★★
技术要点	椭圆选框工具

案例效果

本例主要是针对“椭圆选框工具”的用法进行练习，效果如图4-32所示。

操作步骤

01 导入背景素材文件，如图4-33所示。单击工具箱中的“椭圆选框工具”按钮，在画面中按住鼠标左键并拖曳，绘制一个椭圆形选区，如图4-34所示。

02 新建图形并填充黄色，按Ctrl+T组合键对椭圆形的大小及角度进行调整，如图4-35所示。然后使用“椭圆选框工具”绘制一个稍大的椭圆，单击工具箱中的“渐变工具”按钮，为其填充黄色系渐变，并调整至合适位置作为头部，如图4-36所示。

图 4-32

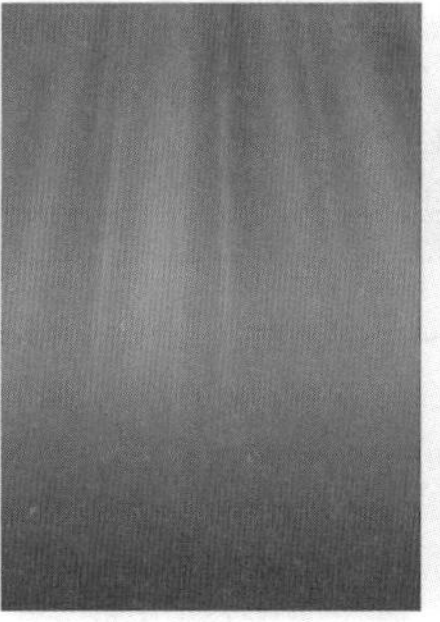

图 4-33

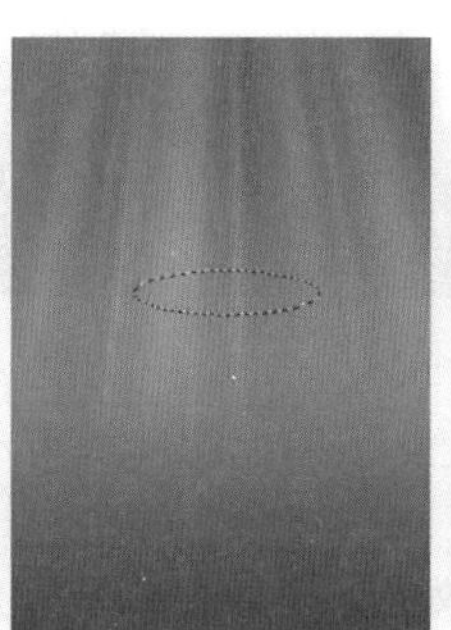

图 4-34

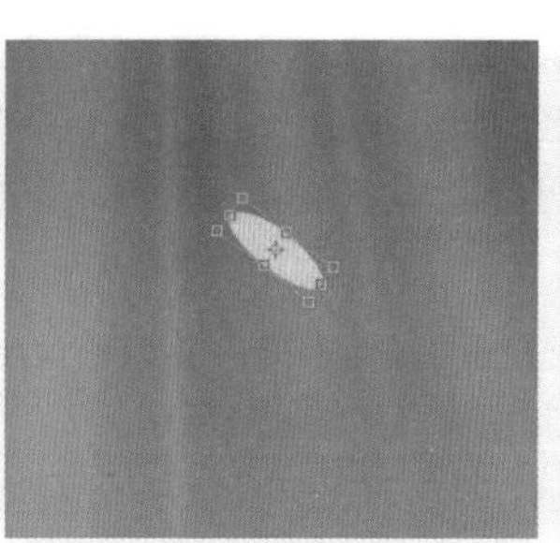

图 4-35

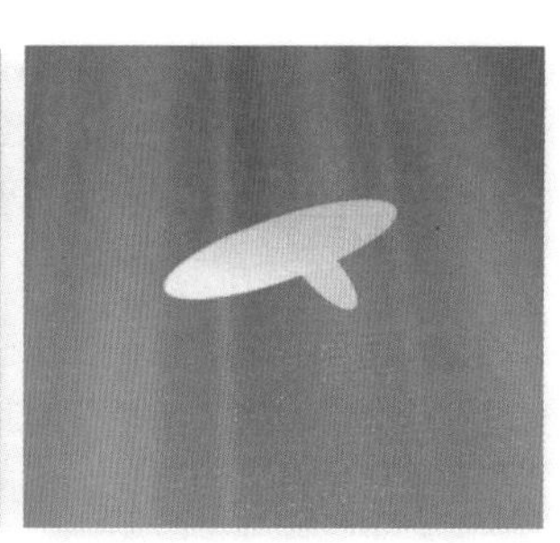

图 4-36

03 用同样方法制作出黄色系渐变的鱼身和鱼鳍，如图4-37所示。继续使用“椭圆选框工具”绘制一个椭圆选区，如图4-38所示。

04 单击工具箱中的“套索工具”按钮，再单击选项栏中的“从选区减去”按钮，减去选区中多余的部分，如图4-39所示。为其填充黄色系渐变，并调整至合适位置及角度，如图4-40所示。

图 4-37

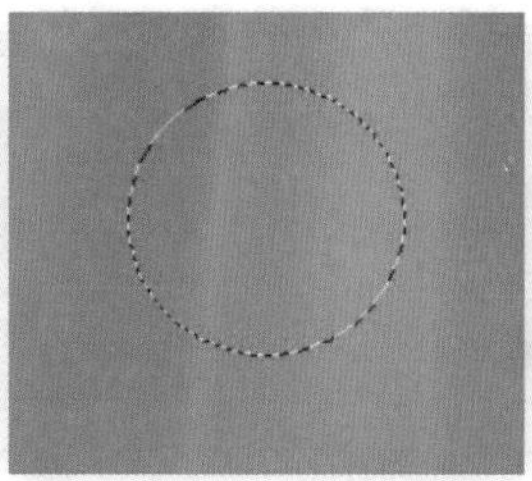

图 4-38

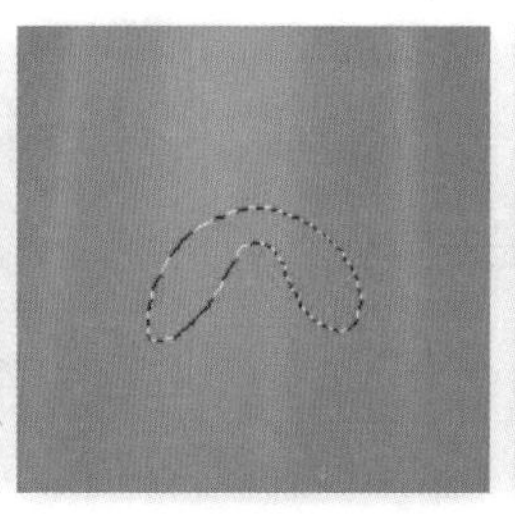

图 4-39

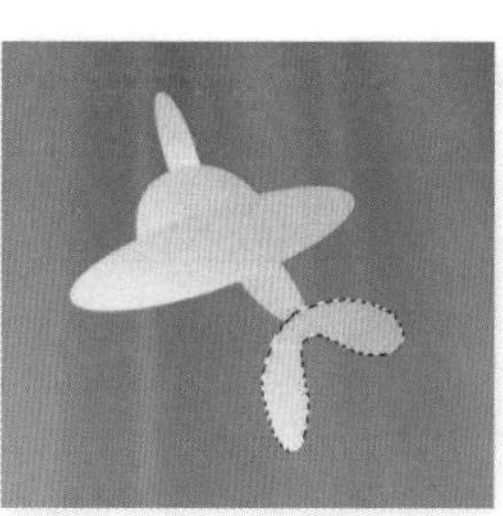

图 4-40

05 使用“椭圆选框工具”，按住Shift键绘制一个合适大小的正圆，并填充黄色系渐变，如图4-41所示。继续绘制一个稍小的正圆，为其填充黑色，如图4-42所示。

06 绘制一个大一点的正圆选区，单击选项栏中的“从选区减去”按钮，绘制一个小一点的正圆，得到一个圆环选区，如图4-43所示。新建图层，为其填充白色，如图4-44所示。

07 使用“椭圆选框工具”，单击选项栏中的“添加选区”按钮，连续绘制几个正圆选区，为其填充白色，如图4-45所示。用同样的方法制作出另一侧的眼睛，如图4-46所示。

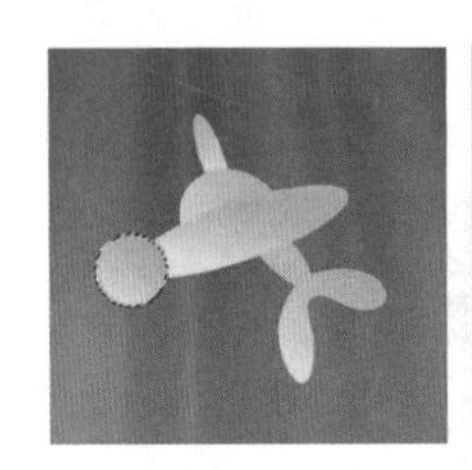

图 4-41

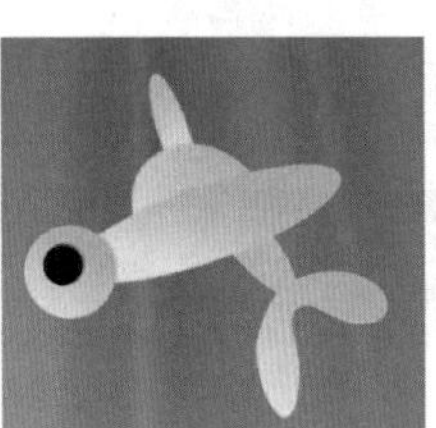

图 4-42

图 4-43

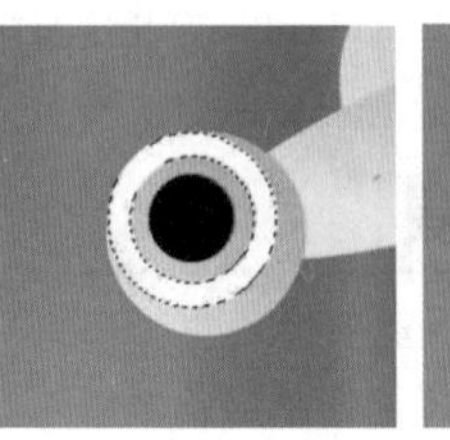

图 4-44

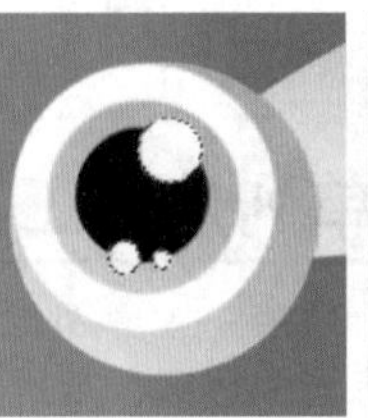

图 4-45

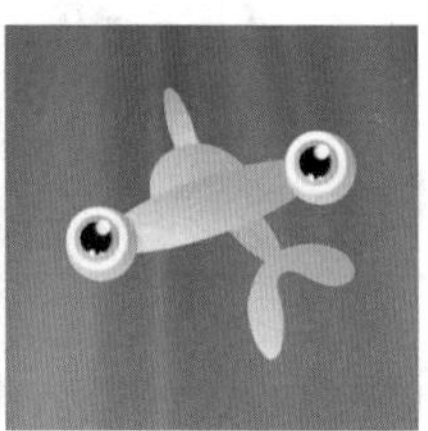

图 4-46

08 复制所有鱼的图层，合并图层。执行“图层>图层样式>阴影”命令，设置“不透明度”为40%，“角度”为120度，“距离”为15像素，“大小”为20像素，如图4-47和图4-48所示。

09 使用“套索工具”绘制一个选区，如图4-49所示。为其填充黄色系渐变，然后调整大小，摆放在左上角，如图4-50所示。

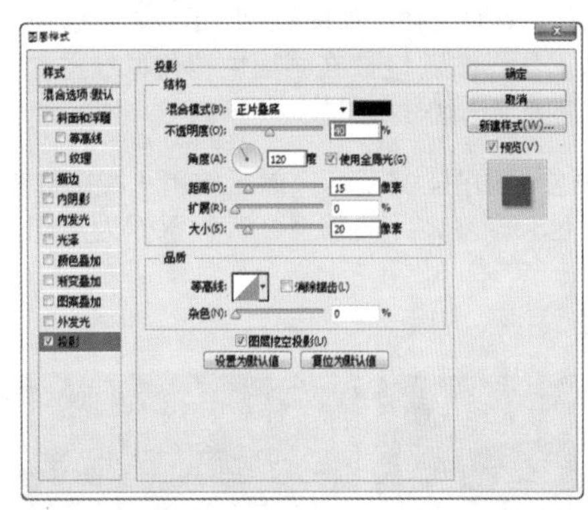

图 4-47

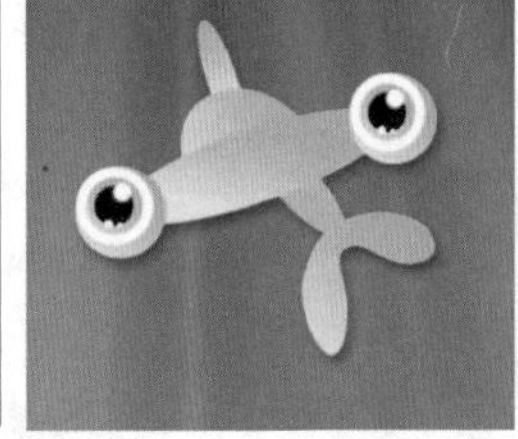

图 4-48

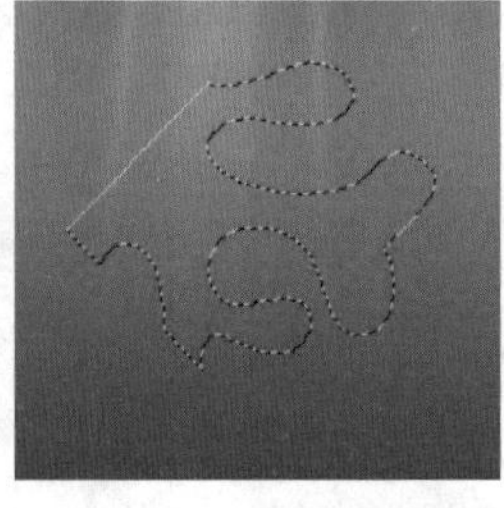

图 4-49

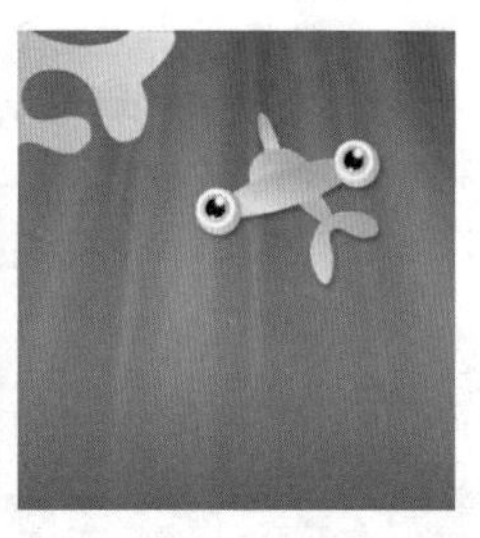

图 4-50

10 用同样的方法制作出画面的其他部分，并调整角度及大小，如图4-51所示。选择最小的鱼，执行“滤镜>模糊>高斯模糊”命令，设置“半径”为30像素，如图4-52所示。

11 模糊效果如图4-53所示。再次对另一只鱼进行模糊处理，调整“半径”为小一点的数值，如图4-54所示。

12 单击工具箱中的“文字工具”按钮，设置合适字体及大小，在画面中输入不同颜色的文字。单击“自定形状工具”按钮，选择合适形状，在文字前绘制一个白色图形，最终效果如图4-55所示。

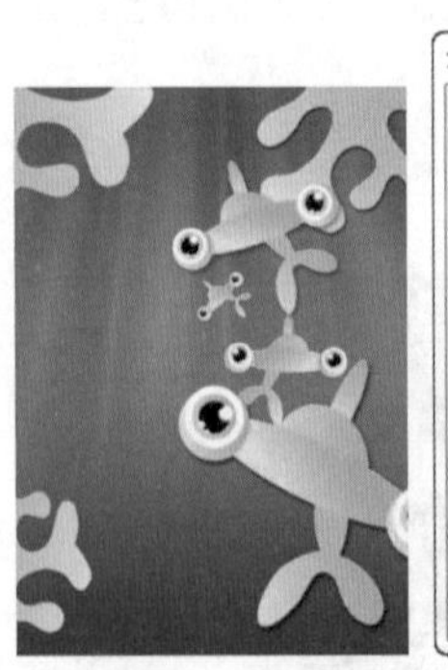

图 4-51

图 4-52

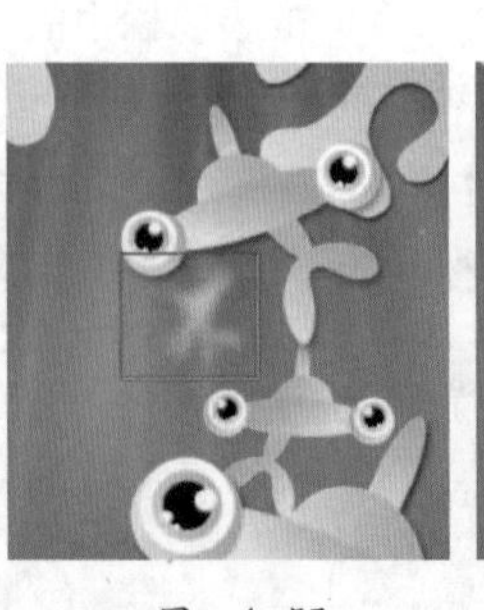

图 4-53

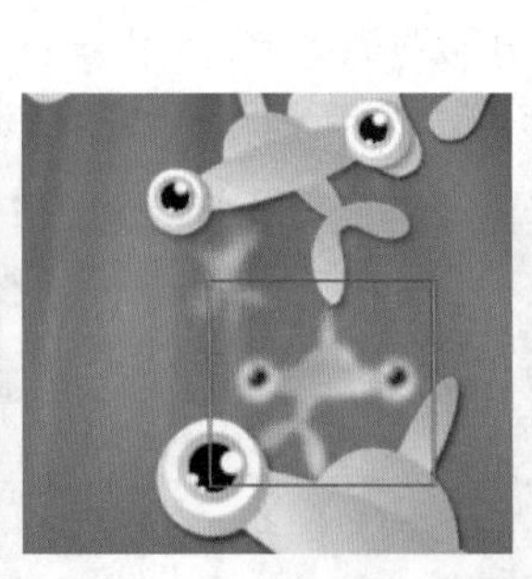

图 4-54

图 4-55

4.3 选区的基本操作

“选区”作为一个非实体对象，也可以对其进行移动、运算、全选、反选、取消选择、重新选择、变换、存储与载入等操作。

4.3.1 移动选区

- 使用选区工具，将光标放置在选区内，当光标变为▷形状时，拖曳光标即可移动选区，如图4-56所示。

技巧提示

如果使用“移动工具”，那么移动的将是选区中的内容，而不是选区本身。

图 4-56

- 使用选框工具创建选区时，在松开鼠标左键之前，按住Space键（即空格键）拖曳光标，可以移动选区。
- 在包含选区的状态下，按→、←、↑、↓键可以以1像素的距离移动选区。

4.3.2 动手学：变换选区

（1）首先使用“矩形选框工具”绘制一个长方形选区，如图4-57所示。对创建好的选区执行“选择>变换选区”命令或按Alt+S+T组合键，可以对选区进行移动，如图4-58所示。

（2）在选区变换状态下，在画布中单击鼠标右键，还可以选择其他变换方式，如图4-59～图4-61所示。

图 4-57

图 4-58

图 4-59

图 4-60

图 4-61

技巧提示

在缩放选区时，按住Shift键可以等比例缩放选区；按住Shift+Alt组合键可以以中心点为基准等比例缩放选区。

（3）变换完成之后，按Enter键即可完成变换，如图4-62所示。

图 4-62

读书笔记

☆ 视频课堂——使用变换选区制作投影

案例文件\第4章\视频课堂——使用变换选区制作投影.psd
视频文件\第4章\视频课堂——使用变换选区制作投影.flv
思路解析：

01 载入主体物选区。
02 对选区进行变换选区操作，得到阴影选区。
03 填充黑色并降低透明度模拟阴影。

4.3.3 全选与反选

技术速查：“全选”命令，顾名思义就是指选择画面的全部范围。

执行“选择>全部”命令或按Ctrl+A组合键，可以选择当前文档边界内的所有图像，“全选”命令常用于复制整个文档中的图像，如图4-63所示。

创建选区以后，执行“选择>反向”命令或按Shift+Ctrl+I组合键，可以选择反相的选区，也就是选择图像中没有被选择的部分，如图4-64和图4-65所示。

图 4-63

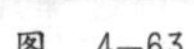
图 4-64

图 4-65

4.3.4 动手学：取消选择与重新选择

执行“选择>取消选择”命令或按Ctrl+D组合键，可以取消选区状态。如果要恢复被取消的选区，可以执行“选择>重新选择”命令。

4.3.5 隐藏与显示选区

技术速查：使用“视图>显示>选区边缘”命令可以切换选区的显示与隐藏。

创建选区以后，执行“视图>显示>选区边缘”命令或按Ctrl+H组合键，可以隐藏选区（注意，隐藏选区后，选区仍然存在）；如果要将隐藏的选区显示出来，可以再次执行“视图>显示>选区边缘”命令或按Ctrl+H组合键。

4.3.6 选区的运算

技术速查：选区的运算指可以将多个选区进行“相加”、“相减”、“交叉”以及“排除”等操作而获得新的选区。

视频精讲：Photoshop CS6自学视频教程\27.选区运算.flv

如果当前图像中包含选区，在使用任何选框工具、套索工具或魔棒工具创建选区时，选项栏中都会出现选区运算的相关按钮，如图4-66所示。

图 4-66

- “新选区”按钮：激活该按钮后，可以创建一个新选区。如果已经存在选区，那么新创建的选区将替代原来的选区。
- “添加到选区”按钮：激活该按钮后，可以将当前创建的选区添加到原来的选区中（按住Shift键也可以实现相同的操作）。
- “从选区减去”按钮：激活该按钮后，可以将当前创建的选区从原来的选区中减去（按住Alt键也可以实现相同的操作）。
- “与选区交叉”按钮：激活该按钮后，新建选区时只保留原有选区与新建选区相交的部分（按住Shift+Alt组合键也可以实现相同的操作）。

★ 案例实战——利用选区运算选择对象

案例文件	案例文件\第4章\利用选区运算选择对象.psd
视频教学	视频文件\第4章\利用选区运算选择对象.flv
难易指数	★★★★★
知识掌握	掌握选区的运算方法

案例效果

本例主要是针对选区的运算方法进行练习，效果如图4-67所示。

操作步骤

01 打开本书配套光盘中的背景素材文件，如图4-68所示。导入食物素材文件，调整至合适大小后将其放置在背景图层右侧，如图4-69所示。

图 4-67　　图 4-68

图 4-69

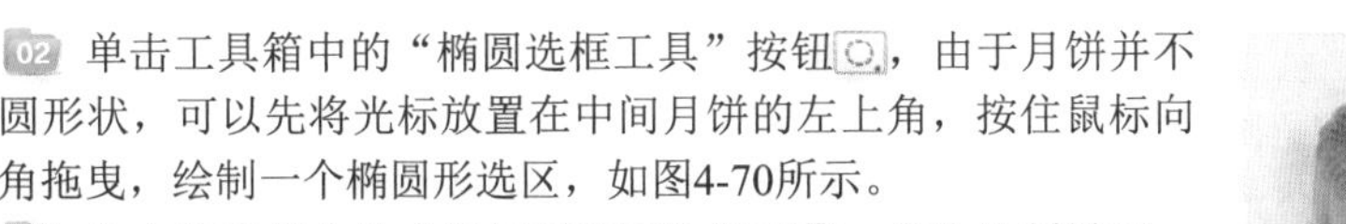

02 单击工具箱中的“椭圆选框工具”按钮，由于月饼并不是正圆形状，可以先将光标放置在中间月饼的左上角，按住鼠标向右下角拖曳，绘制一个椭圆形选区，如图4-70所示。

03 单击选项栏中的“添加到选区”按钮，多次绘制椭圆，绘制另外3个月饼的选区，如图4-71所示。

04 月饼外轮廓有比较圆润的锯齿形状，可以通过多次使用“椭圆选框工具”加选绘制选区实现，也可以单击工具栏中的“从选区减去”按钮，将选择的多余部分去除，如图4-72所示。

图 4-70

图 4-71

05 在画布中单击鼠标右键，在弹出的快捷菜单中选择“选择反向”命令，如图4-73所示。按Delete键删除选区中的图像，然后按Ctrl+D组合键取消选区，效果如图4-74所示。

06 设置前景色为青色，单击工具箱中的“画笔工具”按钮，设置一种圆角画笔，在食物图层下方新建图层并进行适当绘制，制作阴影，最终效果如图4-75所示。

图 4-72

图 4-73

图 4-74

图 4-75

4.3.7 存储选区

- 技术速查：在Photoshop中，选区可以作为通道进行存储。

执行“选择>存储选区”命令，或在“通道”面板中单击“将选区存储为通道”按钮，可以将选区存储为Alpha通道蒙版，如图4-76和图4-77所示。

也可以执行“选择>存储选区”命令，Photoshop会弹出“存储选区”对话框，如图4-78所示。

- 文档：选择保存选区的目标文件。默认情况下将选区保存在当前文档中，也可以将其保存在一个新建的文档中。
- 通道：选择将选区保存到一个新建的通道或其他Alpha通道中。

图 4—76

图 4—77

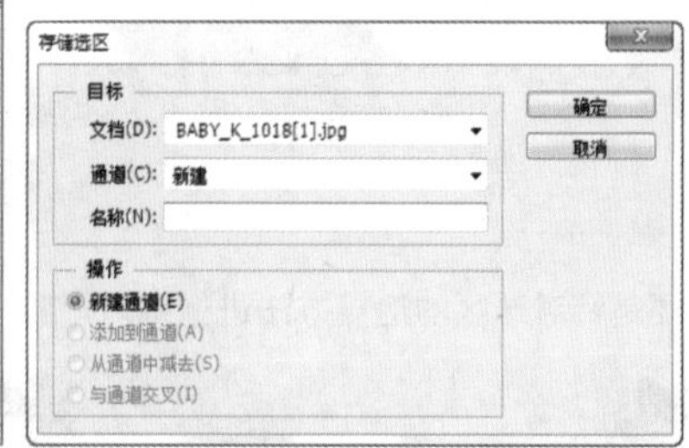

图 4—78

- 名称：设置选区的名称。
- 操作：选择选区运算的操作方式，包括4种方式。“新建通道”是将当前选区存储在新通道中；“添加到通道”是将选区添加到目标通道的现有选区中；“从通道中减去”是从目标通道中的现有选区中减去当前选区；“与通道交叉”是将当前选区与目标通道的选区交叉，并存储交叉区域的选区。

4.3.8 载入选区

在“图层”面板中按住Ctrl键的同时单击图层缩略图，如图4-79所示，即可载入该图层选区，如图4-80所示。

在“通道”面板中按住Ctrl键的同时单击存储选区的通道蒙版缩略图，即可重新载入存储起来的选区，如图4-81所示。

图 4—79

图 4—80

图 4—81

以通道形式进行存储的选区可以通过使用“载入选区”命令进行调用。执行“选择>载入选区”命令，在弹出的“载入选区”对话框中可以选择载入选区的文件以及通道，还可以设置载入的选区与之前选区的运算方式，如图4-82所示。

- 文档：选择包含选区的目标文件。
- 通道：选择包含选区的通道。
- 反相：选中该复选框后，可以反转选区，相当于载入选区后执行“选择>反向”命令。
- 操作：选择选区运算的操作方式，包括4种。“新建选区”是用载入的选区替换当前选区；“添加到选区”是将载入的选区添加到当前选区中；“从选区中减去”是从当前选区中减去载入的选区；“与选区交叉”可以得到载入的选区与当前选区交叉的区域。

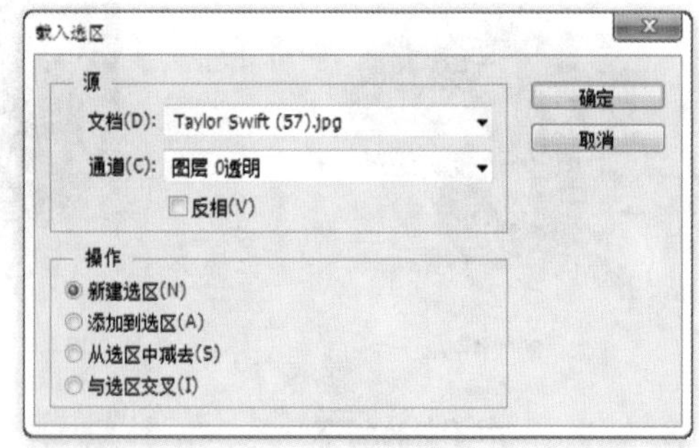

图 4—82

技巧提示

如果要载入单个图层的选区，可以按住Ctrl键的同时单击该图层的缩略图。

★ 案例实战——存储选区与载入选区

案例文件	案例文件\第4章\存储选区与载入选区.psd
视频教学	视频文件\第4章\存储选区与载入选区.flv
难易指数	★★★★★
技术要点	存储选区、载入选区

案例效果

本例主要是针对如何存储选区与载入选区进行练习，效果如图4-83所示。

图 4-83　　图 4-84

操作步骤

01 打开素材文件1.psd，按住Ctrl键的同时单击“图层1”（即人物所在的图层）的缩略图，载入该图层的选区，如图4-84所示。执行“选择>存储选区”命令，然后在弹出的“存储选区”对话框中设置“名称”为“人物选区”，如图4-85所示。

02 按住Ctrl键的同时单击“图层2”（即花纹所在的图层）的缩略图，载入该图层的选区，如图4-86所示。执行“选择>载入选区”命令，然后在弹出的“载入选区”对话框中设置“通道”为“人物选区”，接着设置“操作”为“添加到选区”，如图4-87所示。得到人物和花纹相加的选区，如图4-88所示。

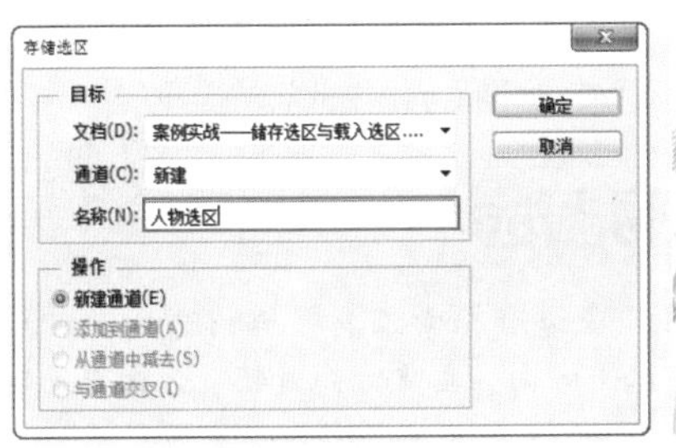

图 4-85

图 4-86

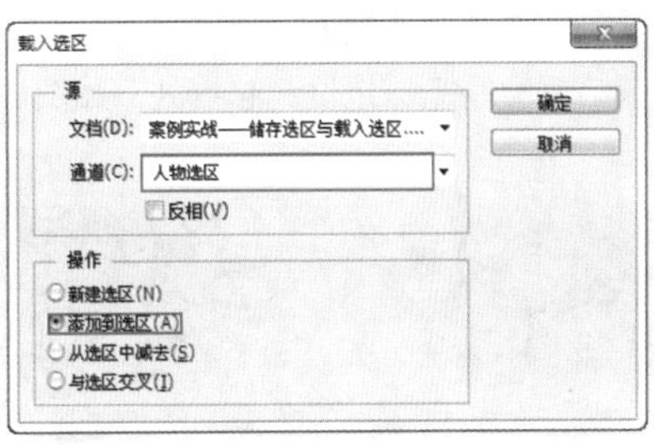

图 4-87

03 在“图层”面板中单击“创建新图层”按钮，新建一个“图层3”，然后执行“编辑>描边”命令，接着在弹出的“描边”对话框中设置“宽度”为“25像素”，“颜色”为红色（R:255，G:0，B:12），“位置”为“居外”，具体参数设置如图4-89所示，效果如图4-90所示。

04 继续新建图层，并使用不同颜色进行描边。最终效果如图4-91所示。

图 4-88

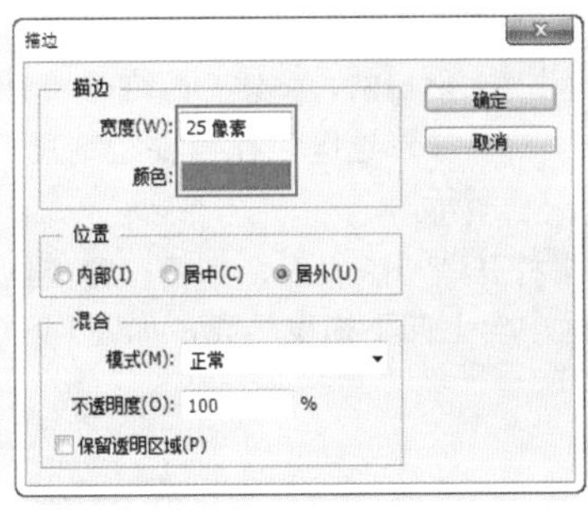

图 4-89

图 4-90

图 4-91

4.4 套索工具组

视频精讲：Photoshop CS6自学视频教程\26.使用套索工具.flv

4.4.1 套索工具

技术速查：使用“套索工具”可以非常自由地绘制出形状不规则的选区。

在工具箱中单击“套索工具”按钮，然后在图像上单击，确定起点位置，接着拖曳光标绘制选区，如图4-92所示，结

束绘制时松开鼠标左键，选区会自动闭合并变为如图4-93所示的效果。如果在绘制中途松开鼠标左键，Photoshop会在该点与起点之间建立一条直线以封闭选区。

图 4—92

图 4—93

技巧提示

当使用“套索工具”绘制选区时，如果在绘制过程中按住Alt键，松开鼠标左键以后（不松开Alt键），Photoshop会自动切换到“多边形套索工具”。

4.4.2 多边形套索工具

技术速查：“多边形套索工具”与“套索工具”的使用方法类似，但是“多边形套索工具”适合于创建一些转角比较强烈的选区。

单击工具箱中的“多边形套索工具”按钮，在画面中单击确定起点，拖动光标向其他位置移动并多次单击确定选区转折的位置，最后需要将光标定位到起点处，如图4-94所示。单击完成路径的绘制，如图4-95所示。

图 4—94

图 4—95

技巧提示

在使用“多边形套索工具”绘制选区时，按住Shift键，可以在水平方向、垂直方向或45°方向上绘制直线。另外，按Delete键可以删除最近绘制的直线。

★ 案例实战——使用多边形套索工具制作折纸文字

案例文件	案例文件\第4章\使用多边形套索工具制作折纸文字.psd
视频教学	视频文件\第4章\使用多边形套索工具制作折纸文字.flv
难易指数	★★★★★
技术要点	渐变工具、多边形套索工具

案例效果

本例主要使用“渐变工具”和“多边形套索工具”制作折纸文字效果，如图4-96所示。

操作步骤

01 打开素材文件，如图4-97所示。新建图层，首先制作字母b，单击工具箱中的“多边形套索工具”按钮绘制一个梯形选区，在需要绘制直角时可以按住Shift键，如图4-98所示。

02 单击工具箱中的“渐变工具”按钮，在选项栏中单击打开渐变编辑器，编辑一种淡红色系的渐变，并在选项栏中设置“渐变类型”为线性渐变，回到画面中，在新建图层的选区中自上向下拖曳填充，如图4-99所示。

图 4—96

图 4—97

图 4—98

图 4—99

03 再次新建图层，单击工具箱中的“矩形选框工具”按钮，绘制一个矩形选区，如图4-100所示。填充红色系渐变，如

图4-101所示。

04 用同样方法制作另一个红色系渐变矩形，如图4-102所示。

05 新建图层，继续使用“多边形套索工具”绘制一个合适选区，然后编辑一种红色系渐变，为其填充，如图4-103和图4-104所示。

06 使用“多边形套索工具”绘制一个合适选区，新建图层，填充浅一点的红色，如图4-105所示。用同样方法制作另外一个红色图形，完成第一个字母的制作，如图4-106所示。

图 4-100

图 4-101

图 4-102

图 4-103

图 4-104

图 4-105

图 4-106

07 用同样方法制作其他不同颜色的折纸文字，如图4-107所示。

08 合并文字图层，执行“图层>图层样式>投影”命令，设置“混合模式”为“正常”，颜色为深紫色，“不透明度”为59%，“距离”为3像素，“大小”为1像素，如图4-108所示。效果如图4-109所示。

图 4-107

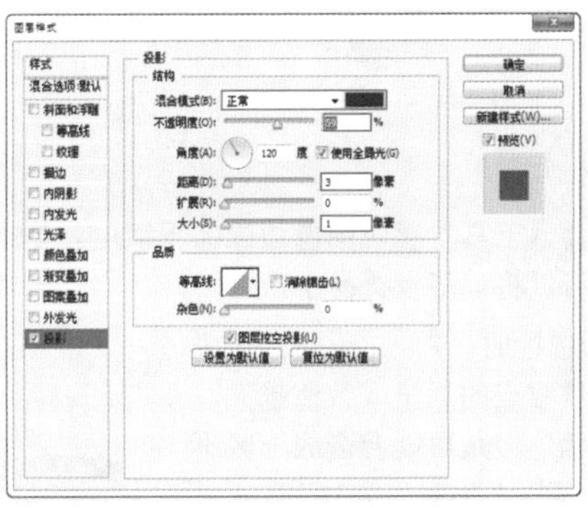

图 4-108

图 4-109

☆ 视频课堂——利用“多边形套索工具”选择照片

案例文件\第4章\视频课堂——利用“多边形套索工具”选择照片.psd

视频文件\第4章\视频课堂——利用“多边形套索工具”选择照片.flv

思路解析：

01 导入照片素材，降低图层不透明度。

02 设置绘制模式为添加到选区，使用“多边形套索工具”绘制照片选区。

03 选择反相，删除多余部分。

4.4.3 磁性套索工具

● 技术速查：“磁性套索工具”能够以颜色上的差异自动识别对象的边界，特别适合于快速选择与背景对比强烈且边缘复杂的对象。

使用“磁性套索工具”时，套索边界会自动对齐图像的边缘，如图4-110所示。当选中完比较复杂的边界时，还可以按住Alt键切换到“多边形套索工具”，以勾选转角比较强烈的边缘，如图4-111所示。

图 4-110

图 4-111

技巧提示

“磁性套索工具”不能用于32位/通道的图像。

“磁性套索工具”的选项栏如图4-112所示。

图 4-112

● 宽度：“宽度”值决定了以光标中心为基准，光标周围有多少个像素能够被“磁性套索工具”检测到，如果对象的边缘比较清晰，可以设置较大的值；如果对象的边缘比较模糊，可以设置较小的值。如图4-113和图4-114所示分别是“宽度”值为20和200时检测到的边缘。

图 4-113

图 4-114

技巧提示

在使用“磁性套索工具”勾画选区时，按住Caps Lock键，光标会变成⊙形状，圆形的大小就是该工具能够检测到的边缘宽度。另外，按↑键和↓键可以调整检测宽度。

● 对比度：该选项主要用来设置“磁性套索工具”感应图像边缘的灵敏度。如果对象的边缘比较清晰，可以将该值设置得大一些；如果对象的边缘比较模糊，可以将该值设置得小一些。

● 频率：在使用“磁性套索工具”勾画选区时，Photoshop会生成很多锚点，“频率”选项就是用来设置锚点的数量。数值越大，生成的锚点越多，捕捉到的边缘越准确，但是可能会造成选区不够平滑。如图4-115和图4-116所示分别是“频率”为10和100时生成的锚点。

● “钢笔压力”按钮：如果计算机配有数位板和压感笔，可以激活该按钮，Photoshop会根据压感笔的压力自动调节“磁性套索工具”的检测范围。

图 4-115

图 4-116

★ 案例实战——使用磁性套索工具换背景

案例文件	案例文件\第4章\使用磁性套索工具换背景.psd
视频教学	视频文件\第4章\使用磁性套索工具换背景.flv
难易指数	★★★★★
知识掌握	掌握“磁性套索工具”的使用方法

案例效果

本例主要是针对“磁性套索工具”的用法进行练习，效果如图4-117所示。

操作步骤

01 打开本书配套光盘中的背景素材文件，如图4-118所示。然后导入人物素材，如图4-119所示。

02 单击工具箱中的“磁性套索工具”按钮，然后在人物脸部的边缘单击，确定起点，接着沿着人像边缘移动光标，如图4-120所示。此时Photoshop会生成很多锚点，如图4-121所示。当勾画到起点处时按Enter键闭合选区，效果如图4-122所示。

图 4-117

图 4-118

图 4-119

图 4-120

图 4-121

图 4-122

技巧提示

如果在勾画过程中生成的锚点位置远离了人像，可以按Delete键删除最近生成的一个锚点，然后继续绘制。

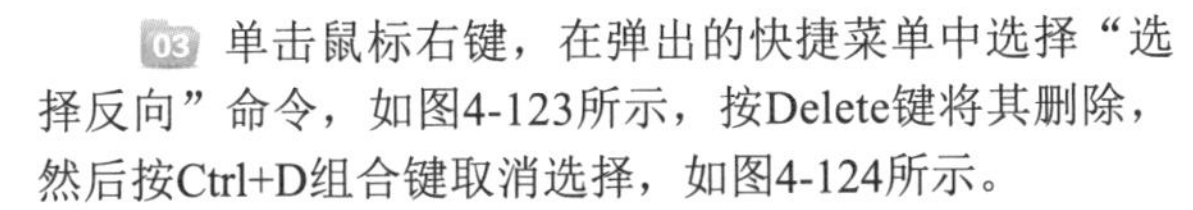

03 单击鼠标右键，在弹出的快捷菜单中选择“选择反向”命令，如图4-123所示，按Delete键将其删除，然后按Ctrl+D组合键取消选择，如图4-124所示。

04 由于人像头部有未选中区域，如图4-125所示。再次使用“磁性套索工具”对头部背景进行绘制，变换为选区并删除背景，如图4-126所示。

05 置入前景素材，放置在最上层，最终效果如图4-127所示。

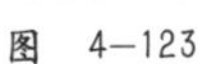

图 4-123

图 4-124

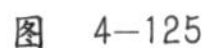

图 4-125

图 4-126

图 4-127

☆ 视频课堂——使用磁性套索工具换背景制作卡通世界

案例文件\第4章\视频课堂——使用磁性套索工具换背景制作卡通世界.psd

视频文件\第4章\视频课堂——使用磁性套索工具换背景制作卡通世界.flv

思路解析：

01 打开人像素材。

02 使用“磁性套索工具”沿人像边缘处绘制背景选区。

03 得到背景选区后进行删除。

04 添加新的前景和背景素材。

4.5 快速选择工具组

视频精讲：Photoshop CS6自学视频教程\28.快速选择工具与魔棒工具.flv

4.5.1 快速选择工具

技术速查：使用“快速选择工具”可以利用颜色的差异迅速地绘制出选区。

单击工具箱中的“快速选择工具”按钮，当拖曳笔尖时，选取范围不但会向外扩张，而且还可以自动寻找并沿着图像的边缘来描绘边界。“快速选择工具”的选项栏如图4-128所示。

图 4-128

- 选区运算按钮：激活“新选区”按钮，可以创建一个新的选区；激活“添加到选区”按钮，可以在原有选区的基础上添加新创建的选区；激活“从选区减去”按钮，可以在原有选区的基础上减去当前绘制的选区。
- “画笔”选择器：单击倒三角按钮，可以在弹出的“画笔”选择器中设置画笔的大小、硬度、间距、角度以及圆度，如图4-129所示。在绘制选区的过程中，可以按]键或[键增大或减小画笔的大小。

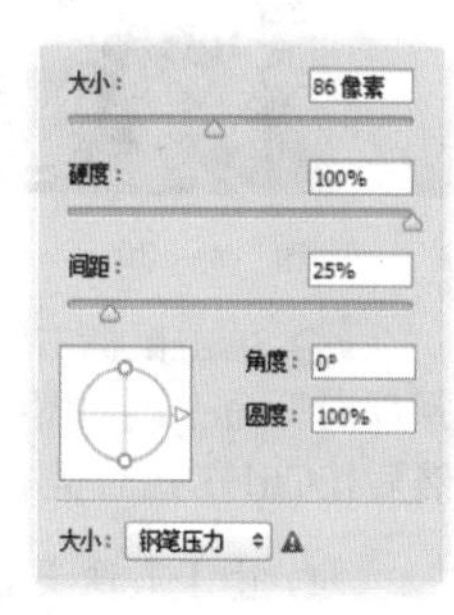

图 4-129

- 对所有图层取样：如果选中该复选框，Photoshop会根据所有的图层建立选取范围，而不仅是针对当前图层。如图4-130和图4-131所示分别是取消选中与选中该复选框时的选区效果。
- 自动增强：选中该复选框，可以降低选取范围边界的粗糙度与区块感。如图4-132和图4-133所示分别是取消选中与选中该复选框时的选区效果。

图 4-130

图 4-131

图 4-132

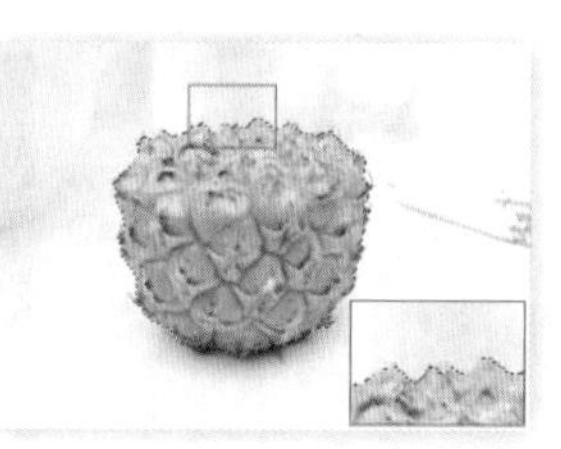

图 4-133

★ 案例实战——使用快速选择工具制作飞跃人像

案例文件	案例文件\第4章\使用快速选择工具制作飞跃人像.psd
视频教学	视频文件\第4章\使用快速选择工具制作飞跃人像.flv
难易指数	★★★★★
技术要点	快速选择工具

案例效果

本例主要使用“快速选择工具”制作飞跃的人像效果，如图4-134所示。

操作步骤

01 打开本书配套光盘中的素材文件，如图4-135所示。

02 导入人像素材文件，如图4-136所示。

03 在工具箱中单击“快速选择工具”按钮，然后单击白色背景并进行拖动，可以将白色背景部分完全选择出来，如图4-137所示。按Delete键删除白色背景，如图4-138所示。

图 4-134

图 4-135

图 4-136

图 4-137

04 执行“图层>图层样式>内发光”命令，设置“混合模式”为“滤色”，“不透明度”为75%，设置一种蓝色到透明的渐变，调整“方法”为“柔和”，“大小”为13像素，如图4-139所示。

05 选择“外发光”选项，设置“混合模式”为“柔光”，“不透明度”为100%，设置一种蓝色到透明的渐变，设置“大小”为21像素，“范围”为100%，“抖动”为88%，如图4-140和图4-141所示。

图 4-138

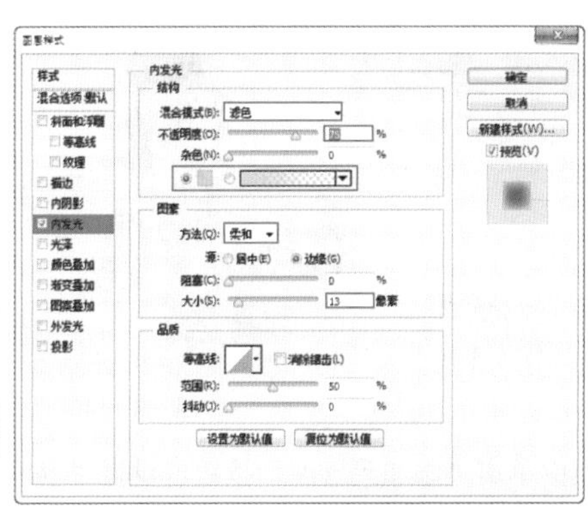

图 4-139

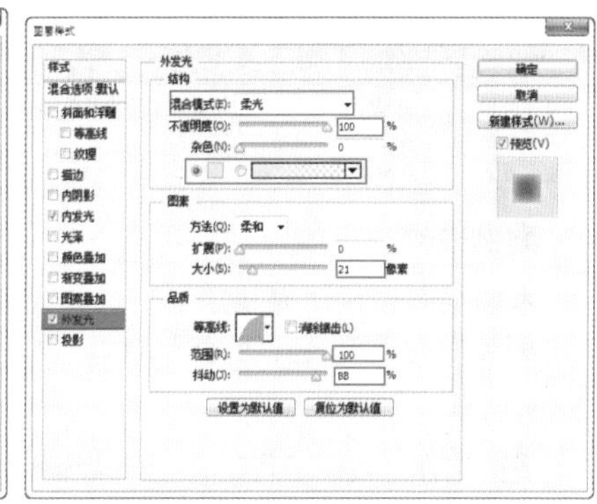

图 4-140

06 导入光效素材，如图4-142所示。设置该图层的混合模式为“滤色”，最终效果如图4-143所示。

图 4-141

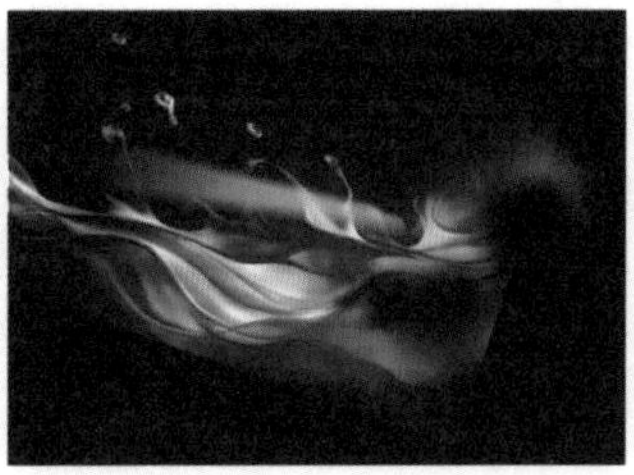

图 4-142

图 4-143

4.5.2 魔棒工具

技术速查：“魔棒工具”在实际工作中的使用频率相当高，使用“魔棒工具”在图像中单击就能选取颜色差别在容差值范围之内的区域。

单击工具箱中的“魔棒工具”按钮，在选项栏中可以设置选区运算方式、取样大小、容差值等参数，其选项栏如图4-144所示。

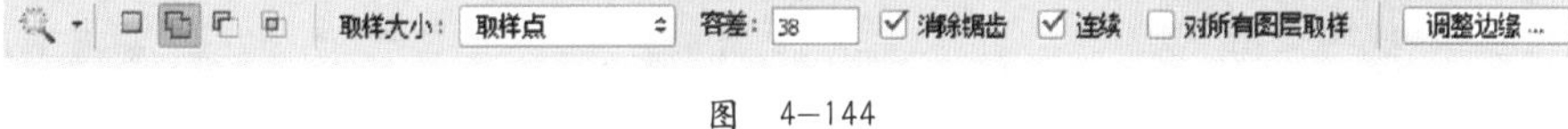

图 4-144

- 取样大小：用来设置“魔棒工具”的取样范围。选择“取样点”选项可以只对光标所在位置的像素进行取样；选择“3×3平均”选项可以对光标所在位置3个像素区域内的平均颜色进行取样；其他选项的意义依此类推。
- 容差：决定所选像素之间的相似性或差异性，其取值范围为0~255。数值越小，对像素相似程度的要求越高，所选的颜色范围就越小；数值越大，对像素相似程度的要求越低，所选的颜色范围就越广。如图4-145和图4-146所示分别为“容差”为30和60时的选区效果。
- 连续：当选中该复选框时，只选择颜色连接的区域；当取消选中该复选框时，可以选择与所选像素颜色接近的所有区域，当然也包含没有连接的区域。如图4-147和图4-148所示分别为选中和取消选中该复选框的效果。

图 4-145

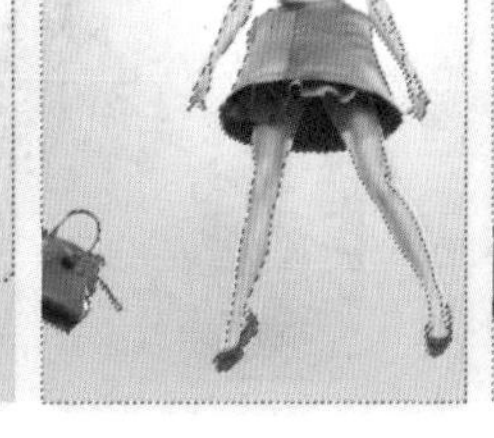

图 4-146

图 4-147

图 4-148

- 对所有图层取样：如果文档中包含多个图层，选中该复选框，可以选择所有可见图层上颜色相近的区域；取消选中该复选框，仅选择当前图层上颜色相近的区域。

★ 案例实战——使用魔棒工具换背景

案例文件	案例文件\第4章\使用魔棒工具换背景.psd
视频教学	视频文件\第4章\使用魔棒工具换背景.flv
难易指数	★★★★★
技术要点	魔棒工具

案例效果

本例主要使用“魔棒工具”选择人像素材的背景，删除后为其更换其他背景素材，效果如图4-149所示。

操作步骤

01 打开本书配套光盘中的素材文件，导入人像素材文件，如图4-150所示。

图 4-149　　图 4-150

02 选择“魔棒工具”，在其选项栏中单击“添加到选区”按钮，设置“容差”为20，选中“消除锯齿”和“连续”复选框，如图4-151所示。单击背景选区，第一次单击背景时可能会有遗漏的部分，可以多次单击没有被添加到选区内的部分，如图4-152所示。按Delete键删除背景，如图4-153所示。

图 4-151

03 单击工具箱中的“橡皮擦工具”按钮，选择一个圆形柔角画笔，并设置合适的大小，如图4-154所示，然后在人像底部进行涂抹，最后导入前景素材2.png，效果如图4-155所示。

图 4-152

图 4-153

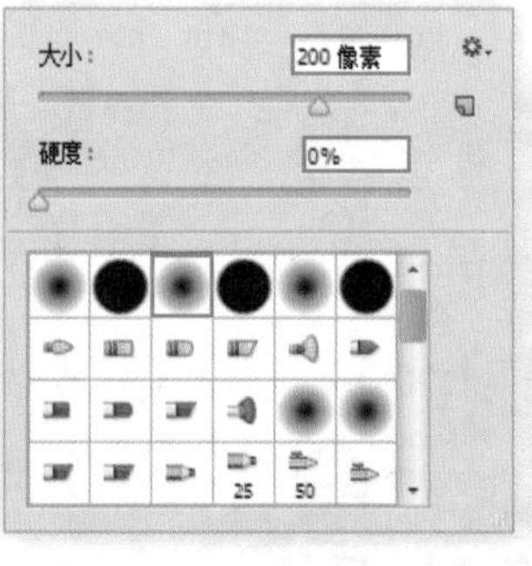

图 4-154

图 4-155

4.6 使用“色彩范围”命令

- 技术速查：“色彩范围”命令与“魔棒工具”作用相似，可根据图像的颜色范围创建选区，但是该命令提供了更多的控制选项，因此该命令的选择精度也要高一些。
- 视频精讲：Photoshop CS6自学视频教程\30.色彩范围.flv

打开一张图像，如图4-156所示。执行“选择>色彩范围”命令，打开“色彩范围”对话框，如图4-157所示。

图 4-156

图 4-157

技巧提示

“色彩范围”命令不可用于 32 位/通道的图像。

- 选择：用来设置选区的创建方式，如图4-158所示。选择“取样颜色”选项时，光标会变成形状，将光标放置在画布中的图像上，或在“色彩范围”对话框中的预览图像上单击，可以对颜色进行取样；选择“红色”、“黄色”、“绿色”、“青色”等选项时，可以选择图像中特定的颜色；选择“高光”、“中间调”和“阴影”选项时，可以选择图像中特定的色调；选择“肤色”选项时，会自动检测皮肤区域；选择“溢色”选项时，可以选择图像中出现的溢色。
- 本地化颜色簇：选中“本地化颜色簇”复选框后，拖曳“范围”滑块可以控制要包含在蒙版中的颜色与取样点的最大和最小距离，如图4-159所示。
- 颜色容差：用来控制颜色的选择范围。数值越大，包含的颜色范围越广；数值越小，包含的颜色范围越窄。如图4-160和图4-161所示分别为较低的颜色容差和较高的颜色容差对比效果。

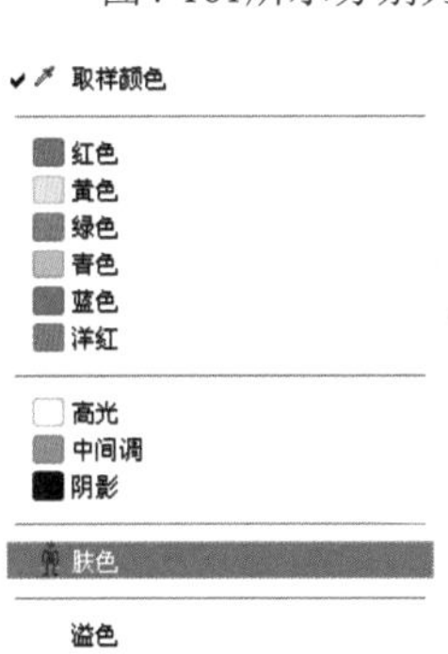

图 4—158

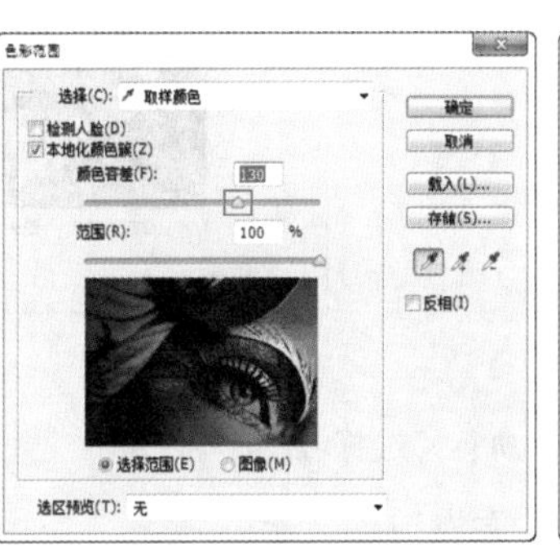

图 4—159

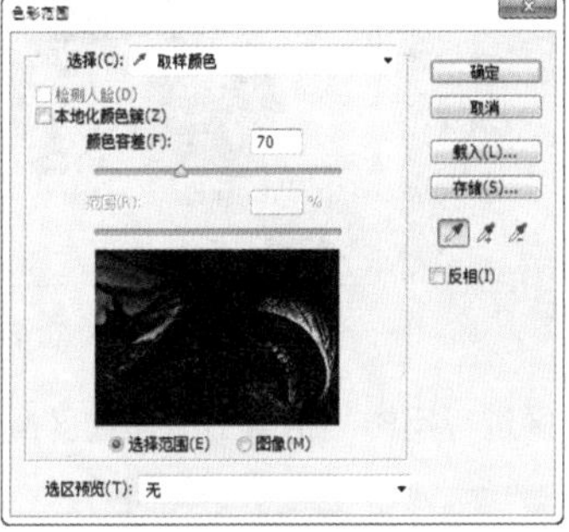

图 4—160

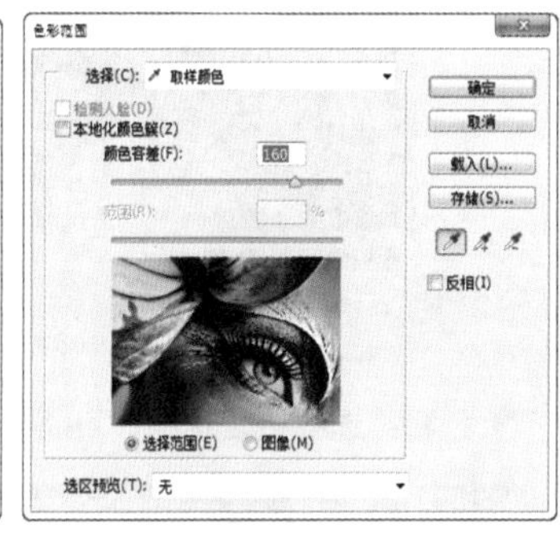

图 4—161

- 选区预览图：选区预览图下面有“选择范围”和“图像”两个单选按钮。当选中“选择范围”单选按钮时，预览区域中的白色代表被选择的区域，黑色代表未选择的区域，灰色代表被部分选择的区域（即有羽化效果的区域）；当选中“图像”单选按钮时，预览区内会显示彩色图像，如图4-162和图4-163所示为其对比效果。

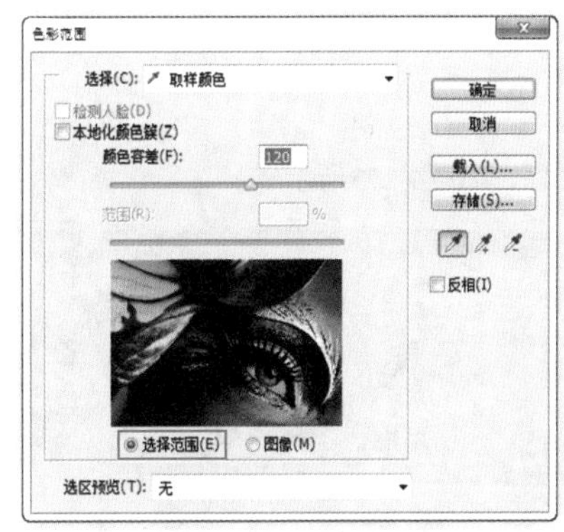

图 4—162

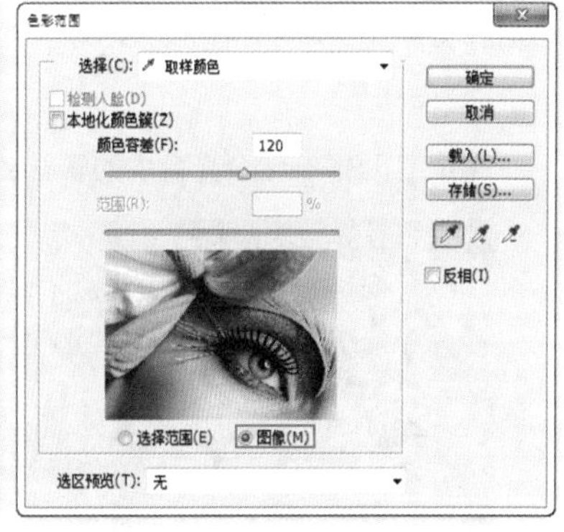

图 4—163

- 选区预览：用来设置文档窗口中选区的预览方式。选择“无”选项时，表示不在窗口中显示选区，如图4-164所示；选择“灰度”选项时，可以按照选区在灰度通道中的外观来显示选区，如图4-165所示；选择“黑色杂边”选项时，可以在未选择的区域上覆盖一层黑色，如图4-166所示；选择“白色杂边”选项时，可以在未选择的区域上覆盖一层白色，如图4-167所示；选择“快速蒙版”选项时，可以显示选区在快速蒙版状态下的效果，如图4-168所示。
- 存储/载入：单击“存储”按钮，可以将当前的设置状态保存为选区预设；单击“载入”按钮，可以载入存储的选区预设文件。
- 添加到取样/从取样中减去：当选择“取样颜色”选项时，可以对取样颜色进行添加或减去操作。如果要添加取样颜色，可以单击“添加到取样”按钮，然后在预览图像上单击，以取样其他颜色，如图4-169所示；如果要减去取样颜色，可以单击“从取样中减去”按钮，然后在预览图像上单击，以减去其他取样颜色，如图4-170所示。

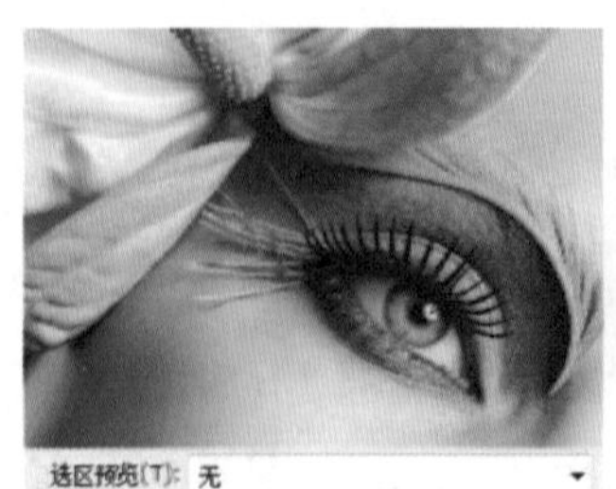

图 4-164

图 4-165

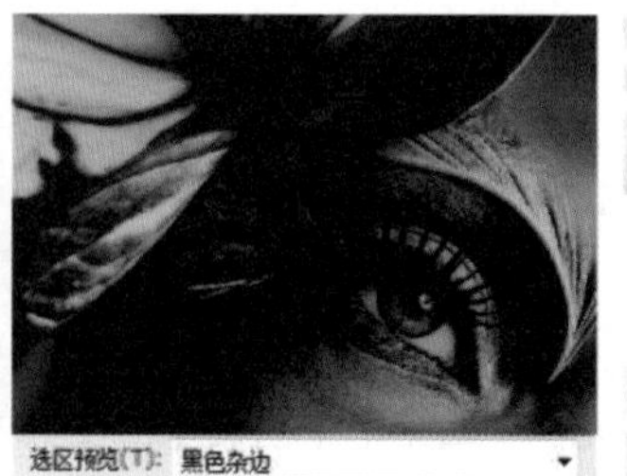

图 4-166

图 4-167

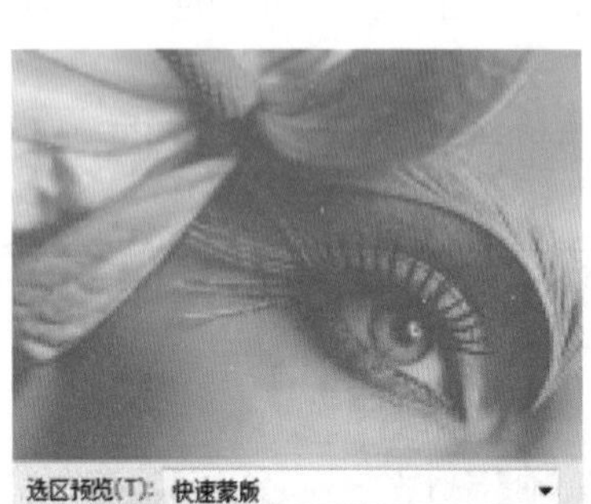

图 4-168

图 4-169

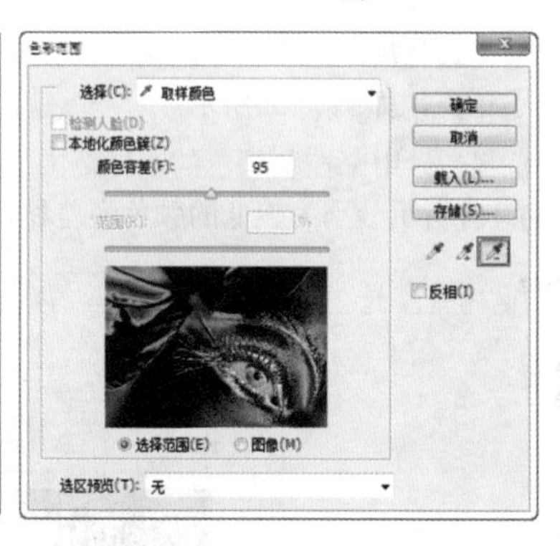

图 4-170

- 反相：选中该复选框，可将选区进行反转，相当于创建选区后，执行“选择>反向”命令。

★ 案例实战——利用色彩范围打造薰衣草海洋

案例文件	案例文件\第4章\利用色彩范围打造薰衣草海洋.psd
视频教学	视频文件\第4章\利用色彩范围打造薰衣草海洋.flv
难易指数	★★★★★
技术要点	“色彩范围”命令

案例效果

本例主要是针对“色彩范围”命令的用法进行练习，对比效果如图4-171和图4-172所示。

操作步骤

01 打开本书配套光盘中的素材文件，如图4-173所示。

图 4-171

图 4-172

图 4-173

02 执行“选择>色彩范围”命令，在弹出的“色彩范围”对话框中设置“选择”为“取样颜色”，接着使用“添加到取样”工具在草地上单击获得取样，并设置“颜色容差”为65，如图4-174所示，选区效果如图4-175所示。

图 4-174

图 4-175

技巧提示

在这里，“颜色容差”数值并不固定，其数值越小，所选择的范围也越小，读者在使用过程中可以根据实际情况一边预览效果一边进行调整。

03 执行“图层>新建调整图层>色相/饱和度”命令，然后设置“色相”为-178，如图4-176所示。此时可以看到草地变为了薰衣草的紫色效果，如图4-177所示。

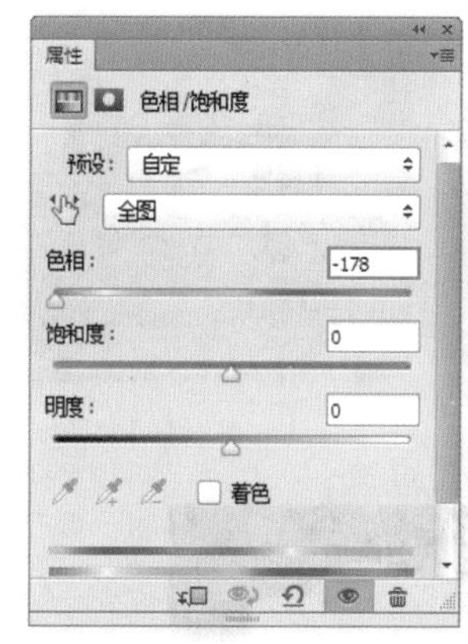

图 4-176

图 4-177

4.7 选区的编辑

选区的编辑包括调整选区边缘、创建边界选区、平滑选区、扩展与收缩选区、羽化选区、扩大选取、选取相似等，熟练掌握这些操作对于快速选择需要的选区非常重要。

4.7.1 调整边缘

- 技术速查：使用“调整边缘”命令可以对选区的半径、平滑度、羽化、对比度、边缘位置等属性进行调整，从而提高选区边缘的品质，并且可以在不同的背景下查看选区。

- 视频精讲：Photoshop CS6自学视频教程\31.调整边缘.flv

创建选区以后，在选项栏中单击“调整边缘”按钮 调整边缘... ，如图4-178所示，或者执行“选择>调整边缘”命令（组合键为Ctrl+Alt+R），可以打开“调整边缘”对话框，如图4-179所示。

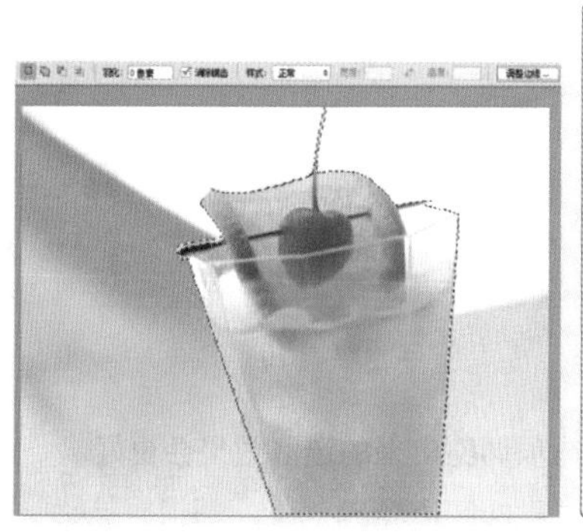

图 4-178

图 4-179

视图模式

- 技术速查：“视图模式”选项组中提供了多种可以选择的显示模式，可以更加方便地查看选区的调整结果，如图4-180和图4-181所示。

图 4-180

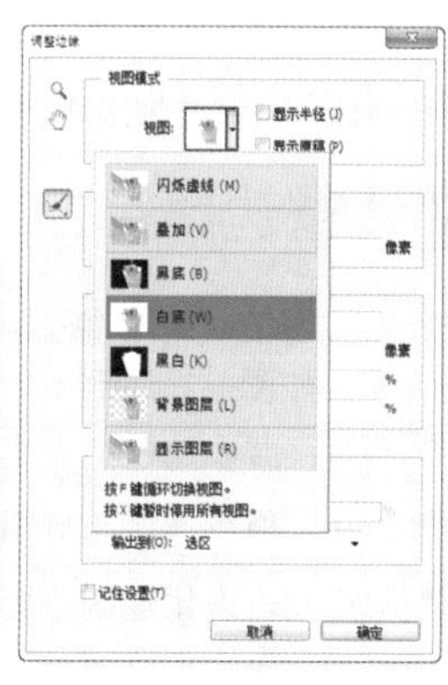

图 4-181

- 视图：在该下拉列表中可以选择不同的显示效果。使用“闪烁虚线”可以查看具有闪烁的虚线边界的标准选区。如果当前选区包含羽化效果，那么闪烁虚线边界将围绕被选中50%以上的像素，如图4-182所示；使用“叠加”可以在快速蒙版模式下查看选区效果，如图4-183所示；使用“黑底”可以在黑色的背景下查看选区，如图4-184所示；使用“白底”可以在白色的背景下查看选区，如图4-185所示；使用“黑白”可以以黑白模式查看选区，如图4-186所示；使用“背景图层”可以查看被选区蒙版的图层，如图4-187所示；使用“显示图层”可以在未使用蒙版的状态下查看整个图层，如图4-188所示。

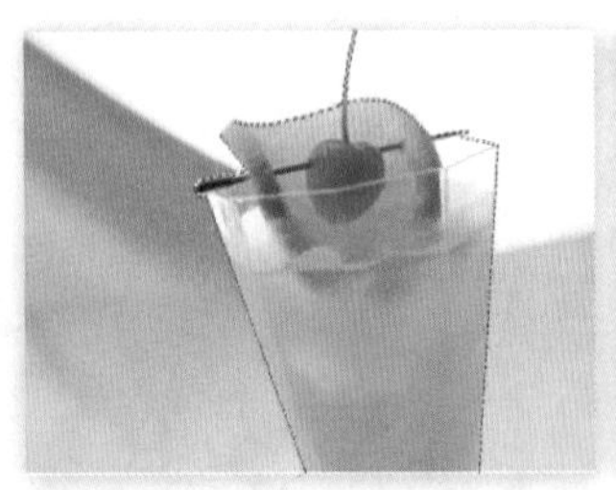
图 4—182

图 4—183

图 4—184

图 4—185

图 4—186

图 4—187

图 4—188

- 显示半径：选中该复选框，显示以半径定义的调整区域。
- 显示原稿：选中该复选框，可以查看原始选区。
- “缩放工具”按钮：使用该工具可以缩放图像，与工具箱中的“缩放工具”的使用方法相同。
- “抓手工具”按钮：使用该工具可以调整图像的显示位置，与工具箱中的“抓手工具”的使用方法相同。

边缘检测

- 技术速查：通过设置“边缘检测”选项组中的选项，可以轻松地抠出细密的毛发，如图4-189所示。

图 4—189

- “调整半径工具”按钮/“抹除调整工具”按钮：使用这两个工具可以精确调整发生边缘调整的边界区域。制作头发或毛皮选区时可以使用“调整半径工具”柔化区域以增加选区内的细节。
- 智能半径：选中该复选框，将自动调整边界区域中发现的硬边缘和柔化边缘的半径。
- 半径：确定发生边缘调整的选区边界的大小。对于锐边，可以使用较小的半径；对于较柔和的边缘，可以使用较大的半径。

调整边缘

- 技术速查：“调整边缘”选项组主要用来对选区进行平滑、羽化和扩展等处理，如图4-190所示。

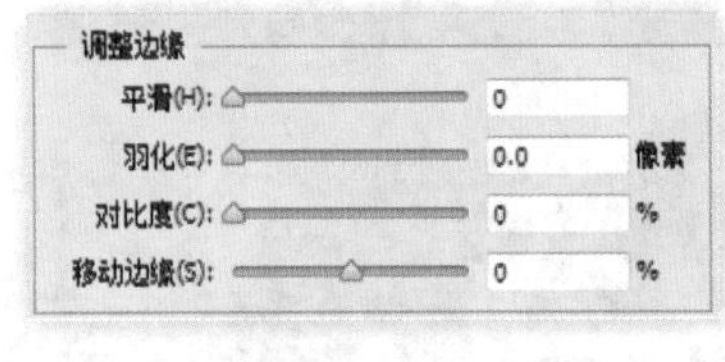

图 4—190

- 平滑：减少选区边界中的不规则区域，以创建较平滑的轮廓。
- 羽化：模糊选区与周围像素之间的过渡效果。
- 对比度：锐化选区边缘并消除模糊的不协调感。在通常情况下，配合“智能半径”选项调整出来的选区效果会更好。
- 移动边缘：当设置为负值时，可以向内收缩选区边界；当设置为正值时，可以向外扩展选区边界。

输出

- 技术速查：“输出”选项组主要用来消除选区边缘的杂色以及设置选区的输出方式，如图4-191所示。

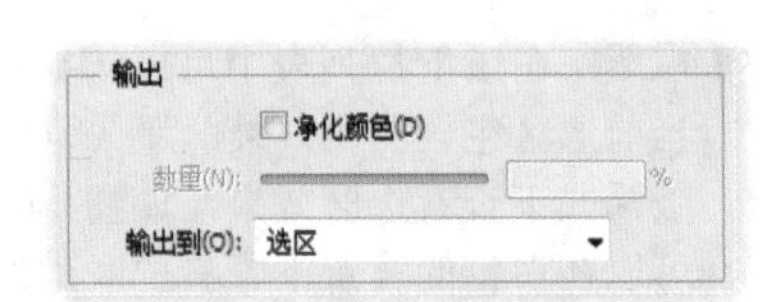

图 4—191

- 净化颜色：选中该复选框，将彩色杂边替换为附近完全选中的像素颜色。颜色替换的强度与选区边缘的羽化程度成正比。

- 数量：用于更改净化彩色杂边的替换程度。
- 输出到：设置选区的输出方式。

★ 案例实战——利用边缘检测抠取美女头发

案例文件	案例文件\第4章\利用边缘检测抠取美女头发.psd
视频教学	视频文件\第4章\利用边缘检测抠取美女头发.flv
难易指数	★★★★★
知识掌握	掌握“边缘检测”功能的使用方法

案例效果

本例主要是针对调整边缘的“边缘检测”功能进行练习，效果如图4-192所示。

操作步骤

01 打开本书配套光盘中的素材文件，如图4-193所示。

02 在工具箱中单击“魔棒工具”按钮，然后在选项栏中设置“容差”为10，并取消选中“连续”复选框，接着在背景上单击，选中背景区域，如图4-194所示。

图 4-192

图 4-193

图 4-194

技巧提示

由于背景的颜色不单一，因此需要进行多次选择才能选择背景区域。

03 执行“选择>调整边缘”命令，打开“调整边缘”对话框，设置“视图”为黑白，此时在画布中可以观察到很多头发都被选中，如图4-195所示。

04 在“调整边缘”对话框中选中“智能半径”复选框，然后设置“半径”为10像素，如图4-196所示，效果如图4-197所示。

图 4-195

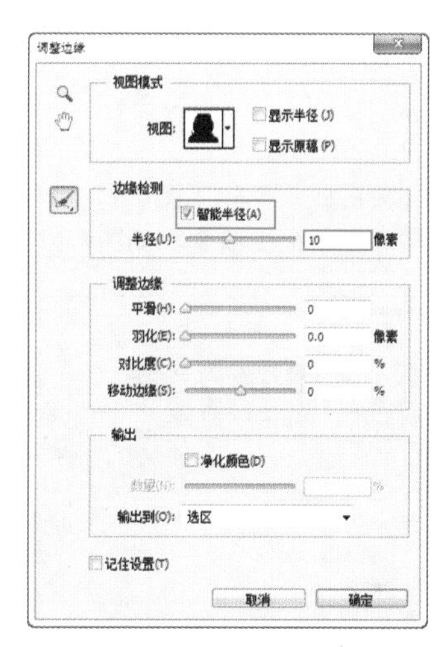

图 4-196

图 4-197

05 在选区内反复细致涂抹边缘，完成后单击“确定”按钮，效果如图4-198所示。

06 此时按Delete键删除背景，再按Ctrl+D组合键取消选择，如图4-199所示。

07 导入背景素材2.jpg以及前景素材3.png，最终效果如图4-200所示。

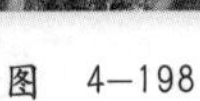
图 4-198

图 4-199

图 4-200

4.7.2 创建边界选区

- 技术速查：使用“边界”命令可以将选区边界向外扩展得到新的边界选区。
- 视频精讲：Photoshop CS6自学视频教程\32.修改选区.flv

对已有的选区执行“选择>修改>边界”命令，可以将选区的边界向内或向外进行扩展，扩展后的选区边界将与原来的选区边界形成新的选区。如图4-201和图4-202所示分别是在“边界选区”对话框中设置“宽度”为20像素和50像素时的选区对比。

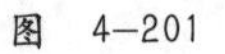
图 4-201

图 4-202

★ 案例实战——利用边界选区制作梦幻光晕

案例文件	案例文件\第4章\利用边界选区制作梦幻光晕.psd
视频教学	视频文件\第4章\利用边界选区制作梦幻光晕.flv
难易指数	★★★★★
知识掌握	掌握选区边界的创建方法

案例效果

本例主要是针对选区边界的创建方法进行练习，对比效果如图4-203和图4-204所示。

图 4-203

图 4-204

操作步骤

01 打开本书配套光盘中的素材文件，如图4-205所示。

02 在“图层”面板中单击“创建新图层”按钮，新建“图层1”，单击工具箱中的“渐变工具”按钮，编辑一种彩色系渐变，如图4-206所示。从画布的左下角向右上角拖曳渐变，如图4-207所示。

图 4-205

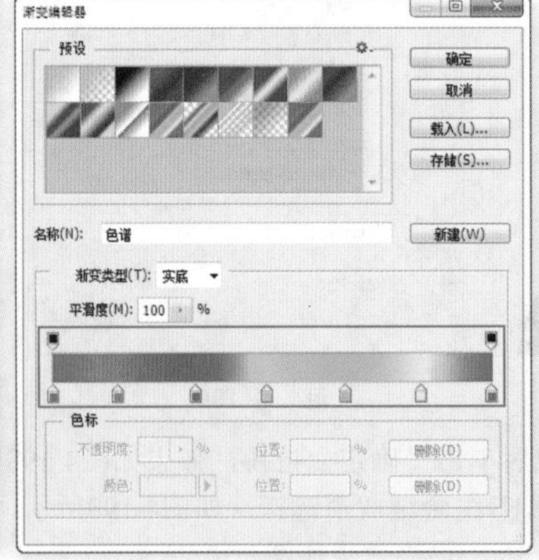

图 4-206

图 4-207

03 选择“背景”图层，然后按Ctrl+J组合键将选区内的图像复制到一个新的图层中，命名为“人像”，并将其放置在彩色渐变图层上方，如图4-208所示。使用“钢笔工具”绘制出人像的外轮廓，将其转换为选区，按Delete键将背景部分删除，如图4-209所示。

04 按住Ctrl键单击“人像”图层，载入人像选区，执行“选择>修改>边界”命令，接着在弹出的“边界选区”对话框中设置“宽度”为50像素，如图4-210所示，效果如图4-211所示。

图 4-208

图 4-209

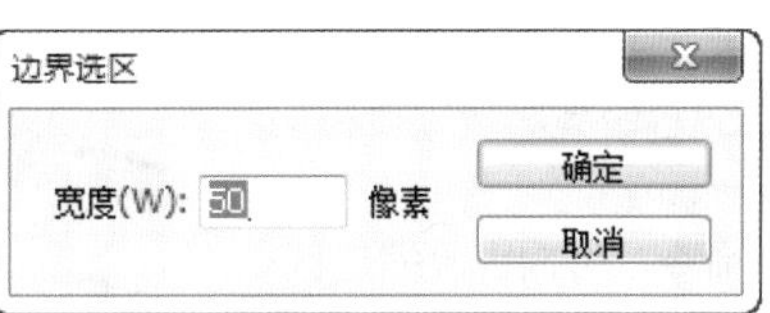

图 4-210

图 4-211

05 选择“图层1”，然后按Ctrl+J组合键将选区内的图像复制到一个新的图层“图层2”，并将其放置在“人像”图层下方，如图4-212所示。隐藏“图层1”，效果如图4-213所示。

06 选择“图层2”，执行“滤镜>模糊>高斯模糊”命令，在“高斯模糊”对话框中设置“半径”为25像素，如图4-214所示。最终效果如图4-215所示。

图 4-212

图 4-213

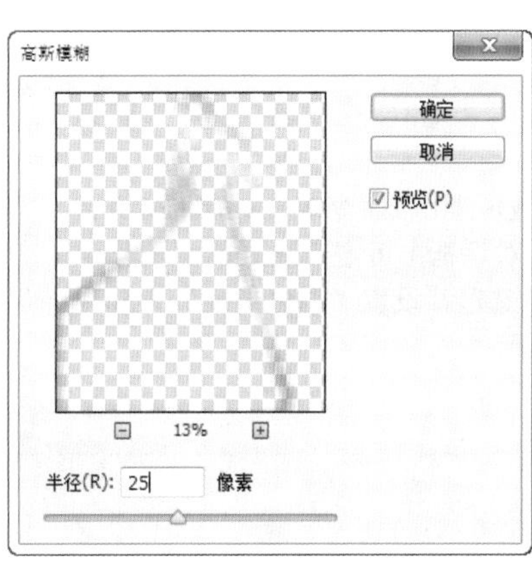

图 4-214

图 4-215

4.7.3 平滑选区

- 技术速查：使用“平滑”命令可以对选区进行平滑处理。
- 视频精讲：Photoshop CS6自学视频教程\32.修改选区.flv

对选区执行“选择>修改>平滑”命令，可弹出“平滑选区”对话框。如图4-216和图4-217所示分别是设置“取样半径”为10像素和100像素时的选区效果。

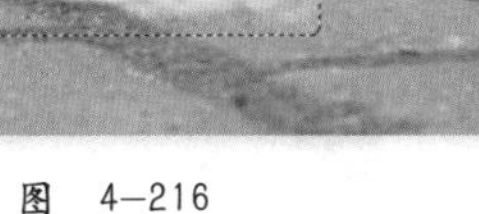

图 4-216

图 4-217

4.7.4　扩展选区

- 技术速查：使用“扩展”命令可以将选区向外进行扩展。
- 视频精讲：Photoshop CS6自学视频教程\32.修改选区.flv

对选区执行“选择>修改>扩展”命令，可将选区向外扩展。如图4-218所示为原始选区，设置“扩展量”为100像素时，效果如图4-219所示。

图　4—218

图　4—219

4.7.5　收缩选区

- 技术速查：使用“收缩”命令可以向内收缩选区。
- 视频精讲：Photoshop CS6自学视频教程\32.修改选区.flv

执行“选择>修改>收缩”命令，可向内收缩选区。如图4-220所示为原始选区，设置“收缩量”为100像素时，效果如图4-221所示。

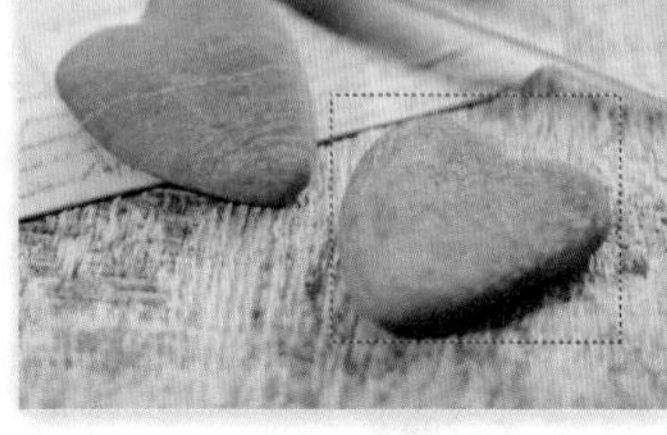

图　4—220

图　4—221

4.7.6　羽化选区

- 技术速查：“羽化”命令是通过建立选区和选区周围像素之间的转换边界来模糊边缘，这种模糊方式将丢失选区边缘的一些细节。
- 视频精讲：Photoshop CS6自学视频教程\32.修改选区.flv

对选区执行“选择>修改>羽化”命令或按Shift+F6组合键，在弹出的“羽化选区”对话框中可定义选区的“羽化半径”。如图4-222所示为原始选区，设置“羽化半径”为50像素后的图像效果如图4-223所示。

图　4—222

图　4—223

技巧提示

如果选区较小，而“羽化半径”又设置得很大，Photoshop会弹出一个警告对话框。单击“确定”按钮，确认当前设置的“羽化半径”，此时选区可能会变得非常模糊，甚至在画面中观察不到，但是选区仍然存在。

4.7.7　扩大选取

- 技术速查：“扩大选取”命令基于“魔棒工具”选项栏中指定的“容差”范围来决定选区的扩展范围。

如图4-224所示，只选择了一部分背景区域，执行“选择>扩大选取”命令后，Photoshop会查找并选择与当前选区中像素色调相近的像素，从而扩大选择区域，如图4-225所示。

图　4—224

图　4—225

4.7.8 选取相似

- 技术速查：“选取相似”命令与“扩大选取”命令相似，都是基于“魔棒工具”选项栏中指定的“容差”范围来决定选区的扩展范围。

如图4-226所示只选择了一部分背景，执行“选择>选取相似”命令后，Photoshop同样会查找并选择与当前选区中像素色调相近的像素，从而扩大选择区域，如图4-227所示。

图 4-226

图 4-227

答疑解惑——“扩大选取”和“选取相似”命令有什么差别？

“扩大选取”和“选取相似”这两个命令的最大共同之处就在于它们都是扩大选区区域。但是“扩大选取”命令只针对当前图像中连续的区域，非连续的区域不会被选择；而“选取相似”命令针对的是整张图像，即该命令可以选择整张图像中处于“容差”范围内的所有像素。

如果执行一次“扩大选取”和“选取相似”命令不能达到预期的效果，可以多执行几次这两个命令来扩大选区范围。

4.8 填充与描边

4.8.1 填充

- 技术速查：使用“填充”命令可以在当前图层或选区内填充颜色或图案，同时也可以设置填充时的不透明度和混合模式。
- 视频精讲：Photoshop CS6自学视频教程\33.填充.flv

执行“编辑>填充”命令或按Shift+F5组合键，打开“填充”对话框，如图4-228所示。可以在其中进行“内容”与“混合”的设置。需要注意的是，文字图层和被隐藏的图层不能使用“填充”命令。

- 内容：用来设置填充的内容，包括“前景色”、“背景色”、“颜色”、“内容识别”、“图案”、“历史记录”、“黑色”、“50%灰色”和“白色”9个选项。如图4-229所示是一个选区，如图4-230所示是使用图案填充选区后的效果。
- 模式：用来设置填充内容的混合模式，如图4-231所示是设置“模式”为“变暗”后的填充效果。
- 不透明度：用来设置填充内容的不透明度，如图4-232所示是设置“不透明度”为50%后的填充效果。
- 保留透明区域：选中该复选框后，只填充图层中包含像素的区域，而透明区域不会被填充。

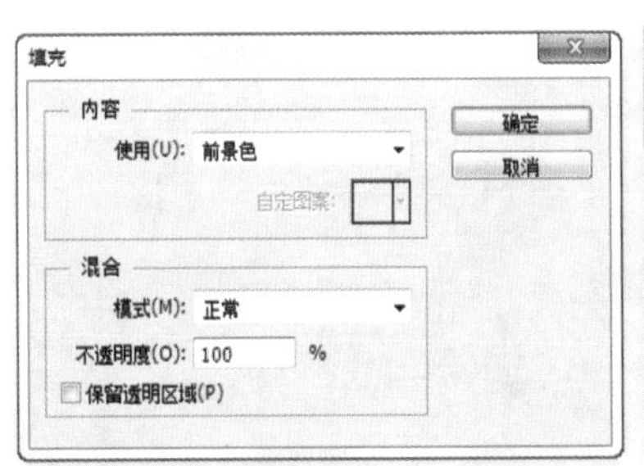

图 4-228

图 4-229

图 4-230

图 4-231

图 4-232

技术拓展：快速填充前/背景色

填充前景色快捷键：Alt+Delete。

填充背景色快捷键：Ctrl+Delete。

☆ 视频课堂——制作简约海报

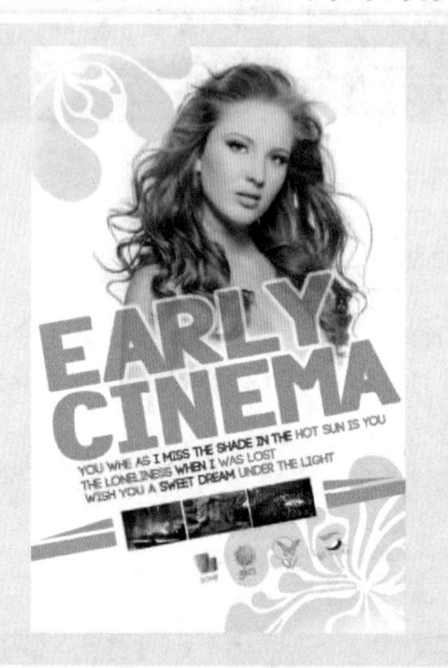

案例文件\第4章\视频课堂——制作简约海报.psd

视频文件\第4章\视频课堂——制作简约海报.flv

思路解析：

01 使用“钢笔工具”绘制花朵形状，并转换为选区。

02 填充花朵选区为蓝色。

03 使用“多边形套索工具”绘制两侧多边形选区，并填充颜色。

04 输入主体文字，栅格化后进行描边操作。

05 导入其他素材。

4.8.2 描边

- 技术速查：使用“描边”命令可以在选区、路径或图层周围创建彩色或者花纹边框效果。
- 视频精讲：Photoshop CS6自学视频教程\34.描边.flv

打开素材，绘制选区，如图4-233所示。执行“编辑>描边”命令或按Alt+E+S组合键，打开“描边”对话框，如图4-234所示。

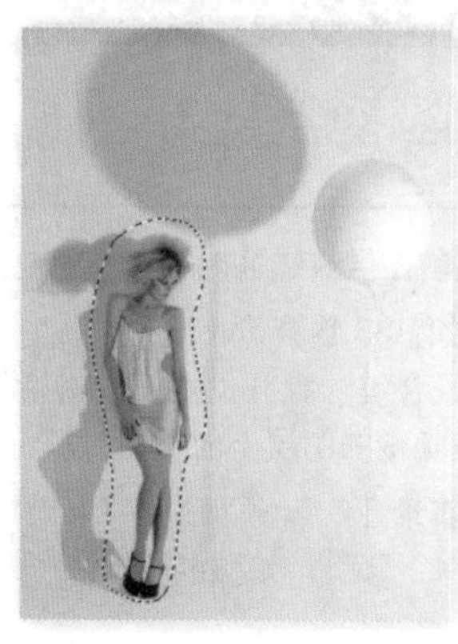

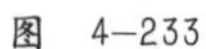

图 4-233

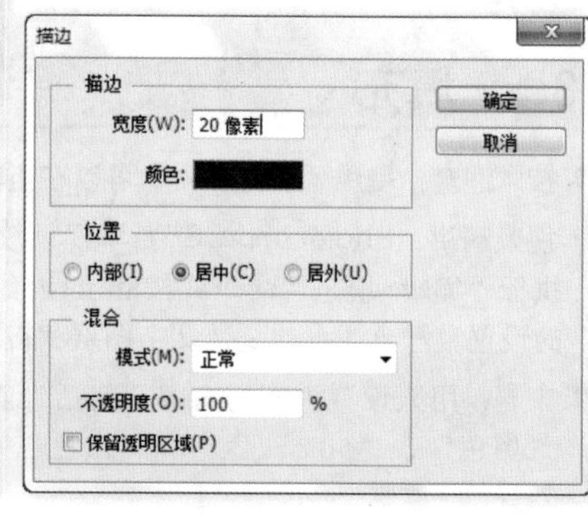

图 4-234

技巧提示

在有选区的状态下使用“描边”命令可以沿选区边缘进行描边；在没有选区的状态下使用“描边”命令可以沿画面边缘进行描边。

- 描边：该选项组主要用来设置描边的宽度和颜色，如图4-235和图4-236所示分别是不同“宽度”和“颜色”的描边效果。
- 位置：设置描边相对于选区的位置，包括“内部”、“居中”和“居外”3个选项，效果如图4-237～图4-239所示。

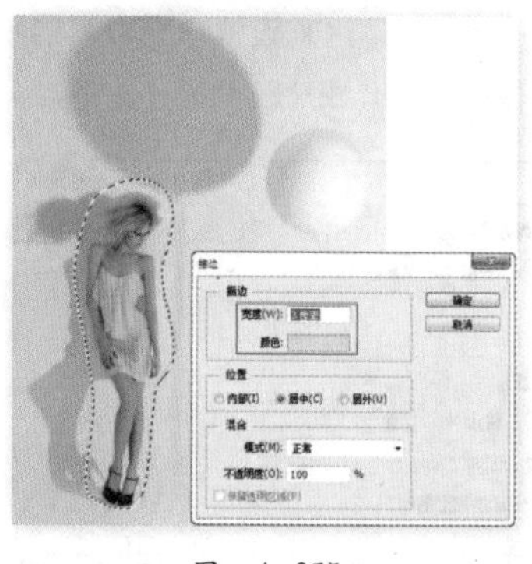

图 4-235

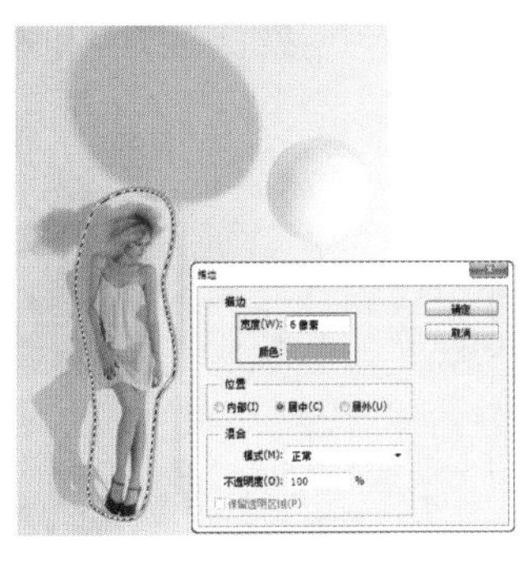
图 4-236

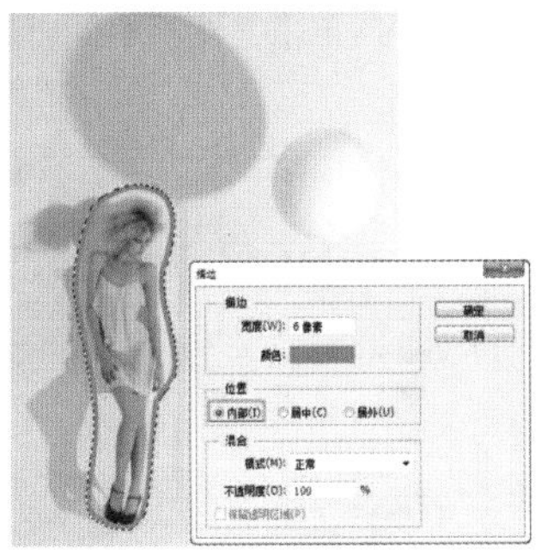
图 4-237

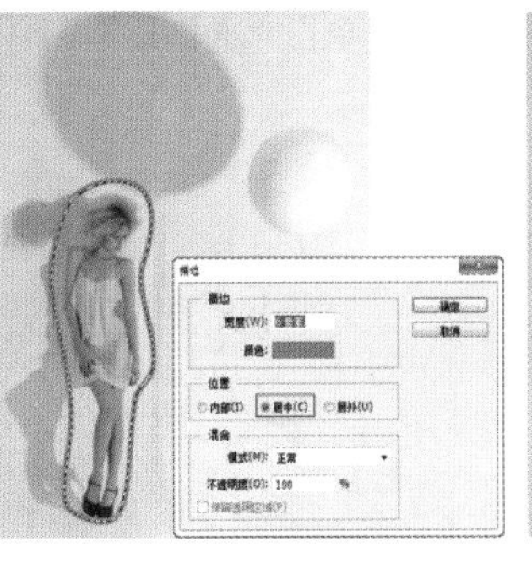
图 4-238

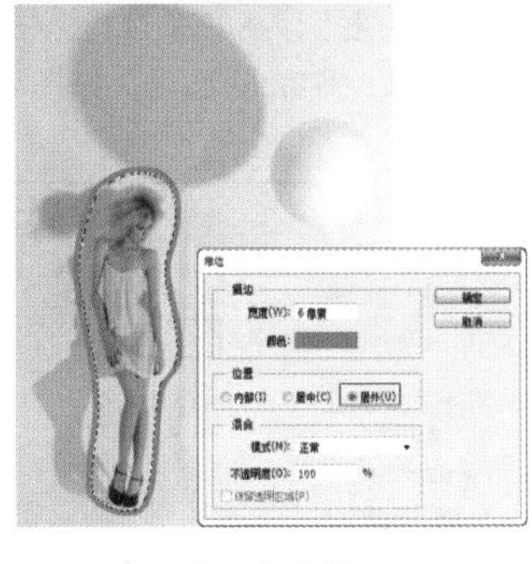
图 4-239

● 混合：用来设置描边颜色的混合模式和不透明度。如果选中“保留透明区域”复选框，则只对包含像素的区域进行描边。

★ 案例实战——使用填充与描边制作风景明信片

案例文件	案例文件\第4章\使用填充与描边制作风景明信片.psd
视频教学	视频文件\第4章\使用填充与描边制作风景明信片.flv
难易指数	★★★★★
技术要点	“矩形选框工具”、“填充”和“描边”的使用

案例效果

本例主要是针对“填充”与“描边”的用法进行练习，效果如图4-240所示。

操作步骤

01 执行“文件>新建”命令，设置“宽度”为3100，“高度”为2000。设置前景色为浅灰色，按Alt+Delete组合键填充，如图4-241所示。导入素材文件，并调整至合适大小及位置，如图4-242所示。

图 4-240

图 4-241

图 4-242

02 按住Ctrl键单击素材文件载入选区，执行“编辑>填充”命令，设置“使用”为“黑色”，“不透明度”为30%，如图4-243所示。然后将黑色图层放置在素材图层下，进行适当移动，制作阴影效果，如图4-244所示。

03 再次载入素材选区，执行“编辑>描边”命令，设置描边“宽度”为“30像素”，“颜色”为白色，选中“内部”单选按钮，如图4-245和图4-246所示。

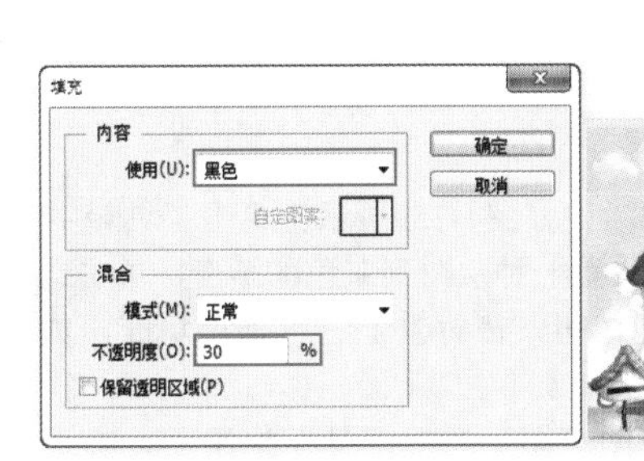

图 4-243

图 4-244

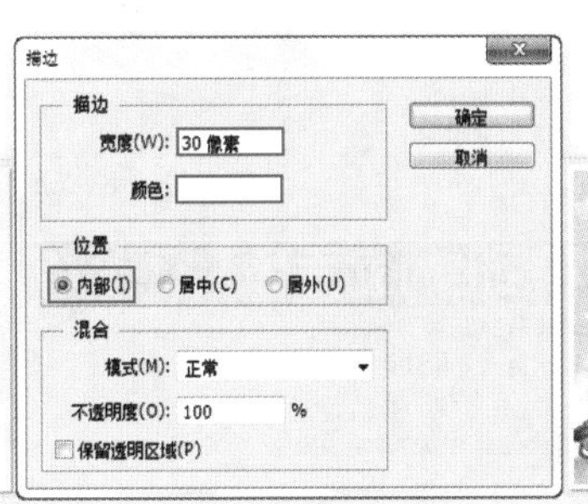

图 4-245

图 4-246

04 单击工具箱中的“矩形选框工具”按钮，单击选项栏中的“添加到选区”按钮，在画面左上角连续绘制合适大小的矩形，执行“编辑>填充”命令，设置“使用”为“白色”，“不透明度”为30%，如图4-247和图4-248所示。

05 新建图层，执行“编辑>描边”命令，设置描边“宽度”为“5像素”，“颜色”为白色，选中“居外”单选按钮，“不透明度”为75%，如图4-249和图4-250所示。

06 使用“矩形选框工具”在画面右上角绘制一个合适大小的矩形，执行“编辑>填充”命令，设置“颜色”为白色，

“不透明度”为80%，如图4-251所示。单击“椭圆选框工具”按钮，单击选项栏中的“添加到选区”按钮，在白色矩形四周连续绘制椭圆选区，如图4-252所示。

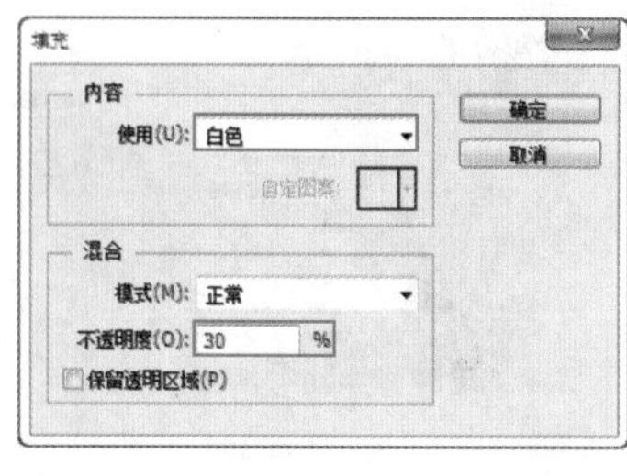

图 4-247

图 4-248

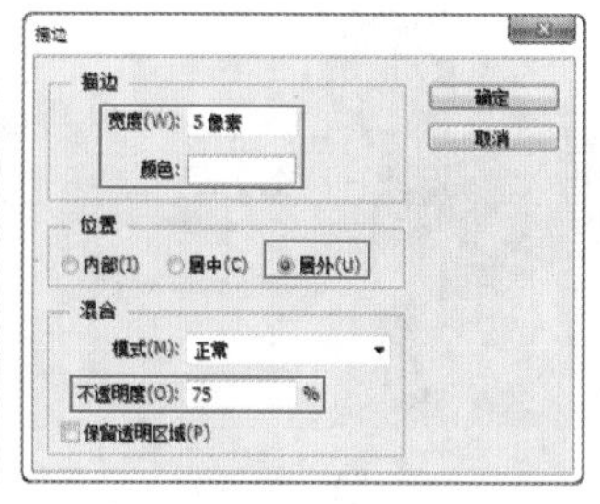

图 4-249

图 4-250

07 选择白色矩形图层，按Delete键，删除多余部分，完成邮票底层的制作，如图4-253所示。选择素材图层，使用“矩形选框工具”框选左侧部分，按Ctrl+J组合键复制选区中的内容，如图4-254所示。

图 4-251

图 4-252

图 4-253

图 4-254

08 选择复制的图层，将其放置在白色邮票图层上，按Ctrl+T组合键进行适当的缩放，将其放置在白色邮票上，如图4-255所示。单击工具箱中的“文字工具”按钮，在邮票左下角输入白色文字，如图4-256所示。

09 继续使用“文字工具”，设置合适字体及大小，输入相应文字。最终效果如图4-257所示。

图 4-255

图 4-256

图 4-257

★ 综合实战——制作融化的立方体

案例文件	案例文件\第4章\制作融化的立方体.psd
视频教学	视频文件\第4章\制作融化的立方体.flv
难易指数	★★★★★
技术要点	“矩形选框工具”、“套索工具”、“填充”命令

案例效果

本例主要是通过使用“矩形选框工具”与“套索工具”制作融化的立方体，效果如图4-258所示。

操作步骤

01 执行“文件>新建”命令，设置“宽度”为2000像素，“高度”为2000像素，如图4-259所示。单击工具箱中的“渐变工具”按钮，设置一种从白到灰色的渐变，单击选项栏中的“径向渐变”按钮，在背景上进行拖曳填充，如图4-260所示。

02 单击工具箱中的“矩形选框工具”按钮，在画面中绘制一个合适大小的矩形选框，执行“编辑>填充”命令，设置“使用”为“白色”，如图4-261和图4-262所示。

03 按Ctrl+T组合键，将白色矩形旋转至合适角度，如图4-263所示。再次单击“矩形选框工具”按钮，绘制一个稍小的矩形，执行“编辑>填充”命令，设置“使用”为“黑色”，如图4-264所示。

图 4-258

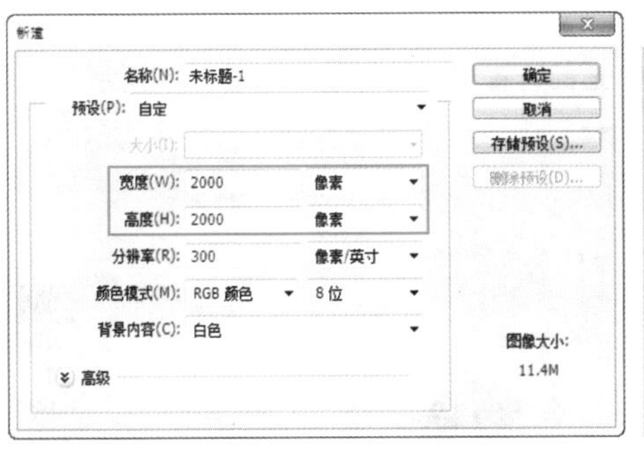

图 4-259

图 4-260

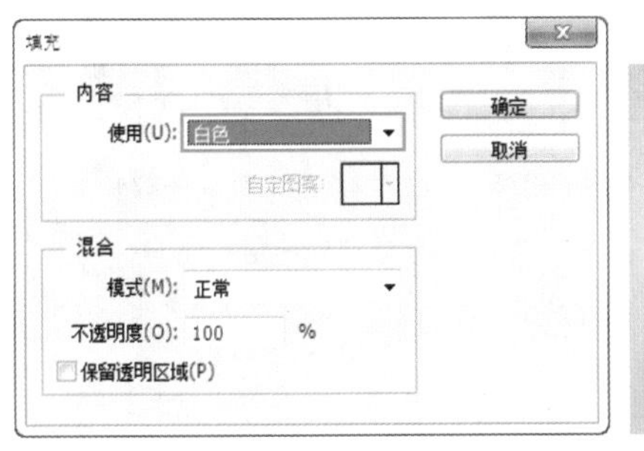

图 4-261

图 4-262

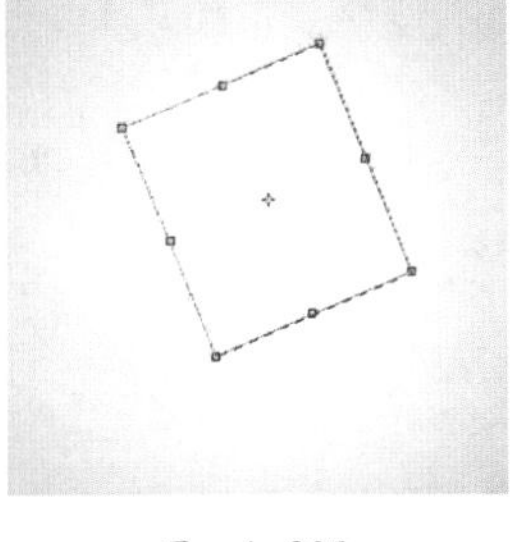

图 4-263

图 4-264

04 继续使用“自由变换”组合键Ctrl+T，单击鼠标右键，选择“扭曲”命令，调整矩形形状，如图4-265所示。

05 使用“矩形选框工具”绘制一个合适大小的矩形选框，单击“渐变工具”按钮，设置一种从灰色到黑色的渐变，如图4-266所示。单击选项栏中的“径向渐变”按钮，在选区中进行拖曳填充，如图4-267所示。

06 按“自由变换”组合键Ctrl+T，单击鼠标右键，在弹出的快捷菜单中选择“扭曲”命令，调整矩形形状，如图4-268所示。

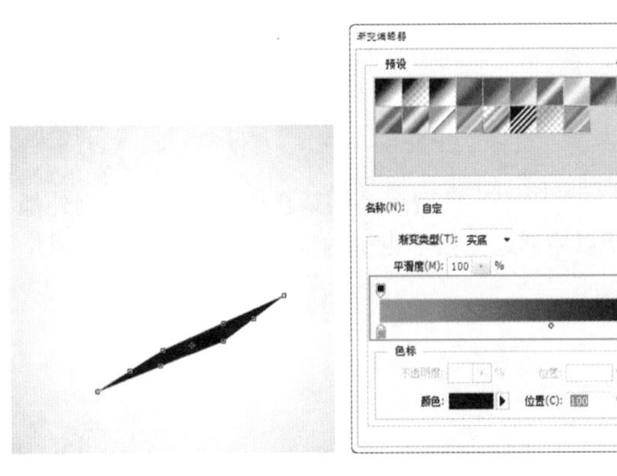

图 4-265

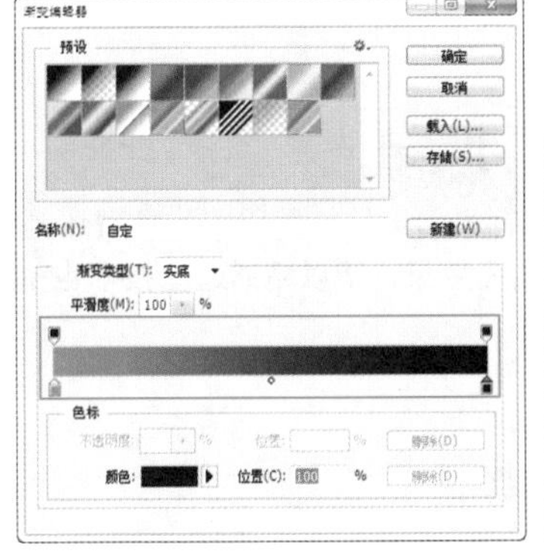

图 4-266

图 4-267

图 4-268

07 单击工具箱中的“套索工具”按钮，在立方体白色侧面上按住鼠标左键并拖曳，绘制一个流淌形状的选区。执行“编辑>填充”命令，设置“使用”为“白色”，如图4-269和图4-270所示。

08 合并组成立方体的3个立面，执行“图层>图层样式>投影”命令，设置“混合模式”为“正片叠底”，颜色为黑色，“不透明度”为38%，“角度”为90度，“距离”为39像素，“大小”为111像素，如图4-271和图4-272所示。

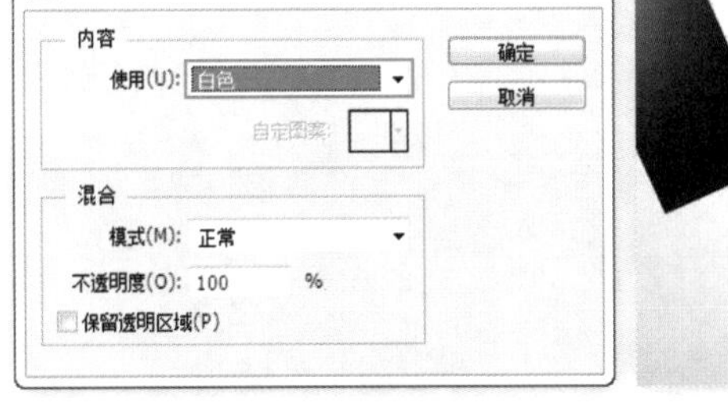

图 4-269

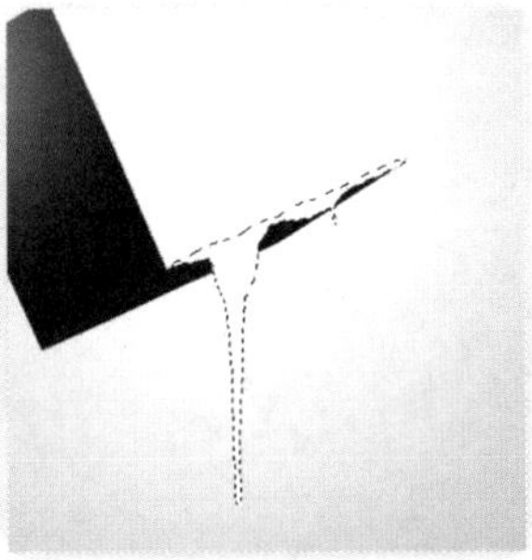

图 4-270

09 用同样方法制作出不同颜色及大小的立方体，如图4-273所示。单击工具箱中的“文字工具”按钮，设置合适的字体及大小，在画面中输入文字，并摆放在合适的位置上。最终效果如图4-274所示。

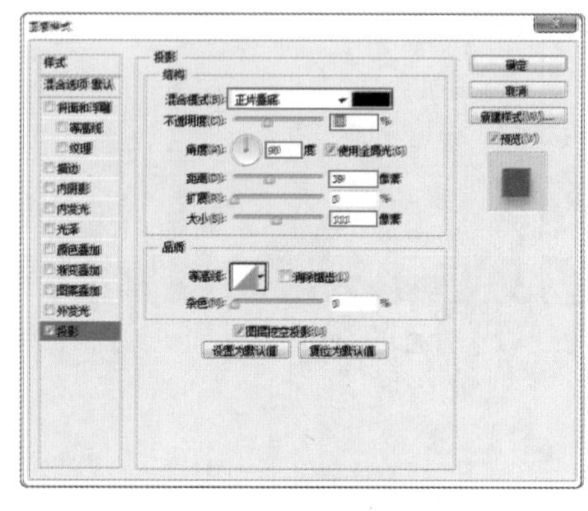

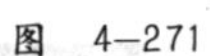

图 4-271

图 4-272

图 4-273

图 4-274

课 后 练 习

【课后练习——时尚插画风格人像】

思路解析：本案例通过使用“魔棒工具”将人像从背景中提取出来，并通过使用“矩形选框工具”、“椭圆选框工具”、“多边形套索工具”绘制选区，再配合选区运算、选区的存储与调用制作复杂选区。得到选区后进行多次填充，制作出丰富的画面效果。

本 章 小 结

选区技术几乎存在于Photoshop的各种应用中。无论是进行平面设计、数码照片处理还是创意合成，选区无一例外都会被多次使用。选区提取效果的好坏，在很大程度上影响着画面效果，所以精通选区技术也是为制作各种复杂合成效果作准备。

读书笔记

第5章

绘画工具的使用

本章内容简介：

本章介绍了颜色的设置以及多种绘画工具的使用方法。颜色的使用贯穿Photoshop制图的整个过程，本章介绍了颜色设置的多种方法，便于在不同情况下快速使用。本章的另一个重点是“画笔”面板的使用，“画笔”面板并不仅仅为画笔工具服务，大部分绘制修饰类工具都可以通过“画笔”面板的设置来调整绘制的效果。绘制、擦除、填充工具的使用较为简单，但是这些是Photoshop中最为常用的工具，应熟练掌握。

本章学习要点：

- 掌握前景色、背景色的设置方法
- 熟练掌握“画笔”面板的使用方法
- 熟练掌握画笔工具与擦除工具的使用方法

5.1 颜色设置

视频精讲：Photoshop CS6自学视频教程\35.颜色的设置.flv

任何图像都离不开颜色，使用Photoshop的画笔、文字、渐变、填充、蒙版、描边等工具修饰图像时，都需要设置相应的颜色。在Photoshop中提供了多种选取颜色的方法。

5.1.1 前景色与背景色

- 技术速查：前景色通常用于绘制图像、填充和描边选区等；背景色常用于生成渐变填充和填充图像中已抹除的区域，如图5-1和图5-2所示。一些特殊滤镜也需要使用前景色和背景色，如“纤维”滤镜和“云彩”滤镜等。

图 5-1

图 5-2

在Photoshop工具箱的底部有一组前景色和背景色设置按钮。在默认情况下，前景色为黑色，背景色为白色，如图5-3所示。

- 前景色：单击前景色图标，可以在弹出的“拾色器”对话框中选取一种颜色作为前景色。
- 背景色：单击背景色图标，可以在弹出的“拾色器”对话框中选取一种颜色作为背景色。
- 切换前景色和背景色：单击图标可以切换所设置的前景色和背景色（快捷键为X键），如图5-4所示。
- 默认前景色和背景色：单击图标可以恢复默认的前景色和背景色（快捷键为D键），如图5-5所示。

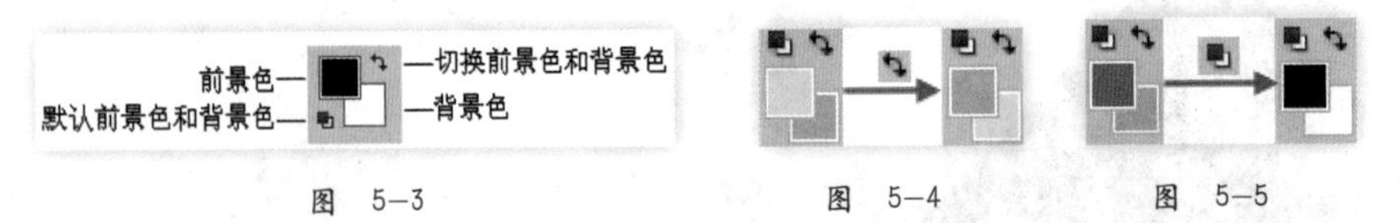

图 5-3　　图 5-4　　图 5-5

5.1.2 使用拾色器选取颜色

- 技术速查：拾色器是最常用的颜色设置工具。

在拾色器中，可以选择用HSB、RGB、Lab和CMYK 4种颜色模式来指定颜色，如图5-6所示。

- 色域/所选颜色：在色域中移动光标可以改变当前拾取的颜色。
- 新的/当前：“新的”颜色块中显示的是当前所设置的颜色；“当前”颜色块中显示的是上一次使用过的颜色。
- “溢色警告”图标：由于HSB、RGB以及Lab颜色模式中的一些颜色在CMYK印刷模式中没有等同的颜色，所以无法准确印刷出来，这些颜色就是常说的“溢色”。出现警告以后，可以单击警告图标下面的小颜色块，将颜色替换为与其最接近的CMYK颜色。
- “非Web安全色警告”图标：该警告图标表示当前所设置的颜色不能在网络上准确显示出来。单击警告图标下面的小颜色块，可以将颜色替换为与其最接近的Web安全颜色。
- 颜色滑块：拖曳颜色滑块可以更改当前可选的颜色范围。在使用色域和颜色滑块调整颜色时，对应的颜色数值会发生相应的变化。
- 颜色值：显示当前所设置颜色的数值。可以通过输入数值来设置精确的颜色。
- 只有Web颜色：选中该复选框后，只在色域中显示Web安全色，如图5-7所示。
- 添加到色板：单击该按钮，可以将当前所设置的颜色添加到“色板”面板中。
- 颜色库：单击该按钮，可以打开“颜色库”对话框。

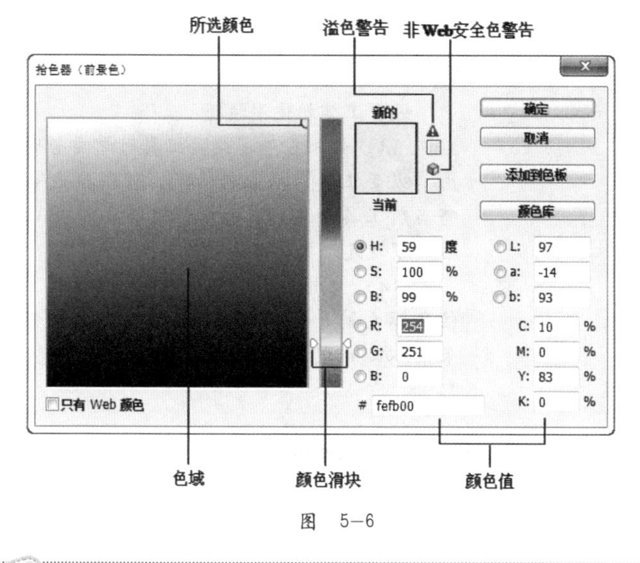

图 5-6

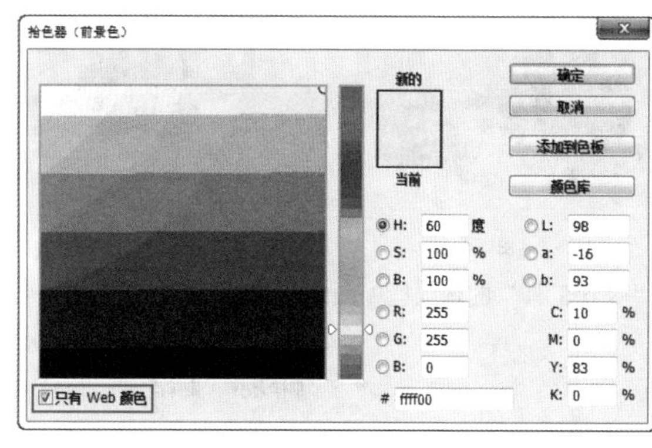

图 5-7

思维点拨：认识颜色库

“颜色库”对话框中提供了多种内置的色库供用户进行选择，如图5-8所示。下面简单介绍一下这些内置色库。

- ANPA颜色：通常应用于报纸。
- DIC颜色参考：在日本通常用于印刷项目。
- FOCOLTONE：由763种CMYK颜色组成，通过显示补偿颜色的压印。FOCOLTONE颜色有助于避免印前陷印和对齐问题。
- HKS色系：主要应用在欧洲，通常用于印刷项目。每种颜色都有指定的CMYK颜色。可以从HKS E（适用于连续静物）、HKS K（适用于光面艺术纸）、HKS N（适用于天然纸）和 HKS Z（适用于新闻纸）中选择。
- PANTONE色系：用于专色重现，可以渲染1114种颜色。PANTONE颜色参考和样本簿会印在涂层、无涂层和哑面纸样上，以确保精确显示印刷结果并更好地进行印刷控制。可在CMYK下印刷PANTONE纯色。
- TOYO COLOR FINDER：由基于日本最常用的印刷油墨的1000多种颜色组成。
- TRUMATCH：提供了可预测的CMYK颜色。这种颜色可以与2000多种可实现的、计算机生成的颜色相匹配。

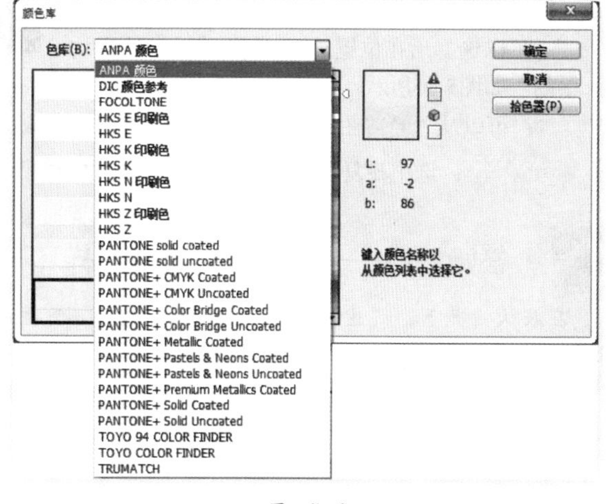

图 5-8

5.1.3 使用“吸管工具”选取颜色

- 技术速查：“吸管工具”可以在打开图像的任何位置采集色样来作为前景色或背景色。

单击工具箱中的“吸管工具”按钮，然后在选项栏中设置“取样大小”为“取样点”，“样本”为“所有图层”，并选中“显示取样环”复选框，如图5-9所示。接着使用“吸管工具”在人像服装区域单击，此时拾取的颜色将作为前景色，如图5-10所示。按住Alt键单击图像中的绿色叶子区域，此时拾取的绿色将作为背景色，如图5-11所示。

图 5-9

图 5-10

图 5-11

“吸管工具”的选项栏如图5-12所示。

技巧提示

吸管工具的使用技巧：

(1) 如果在使用绘画工具时需要暂时使用“吸管工具”拾取前景色，可以按住Alt键将当前工具切换到“吸管工具”，松开Alt键后即可恢复到之前使用的工具。

(2) 使用“吸管工具”采集颜色时，按住鼠标左键并将光标拖曳出画布之外，可以采集Photoshop的界面和界面以外的颜色信息。

取样大小：取样点　样本：所有图层　☑ 显示取样环

图 5-12

- 取样大小：设置吸管取样范围的大小。选择“取样点”选项时，可以选择像素的精确颜色，如图5-13所示；选择“3×3 平均”选项时，可以选择所在位置3个像素区域以内的平均颜色，如图5-14所示；选择“5×5平均”选项时，可以选择所在位置5个像素区域以内的平均颜色，如图5-15所示。其他选项依此类推。

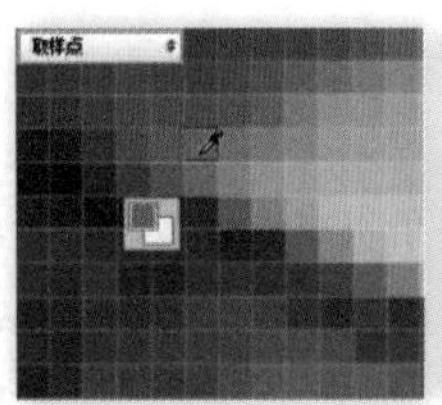

图 5-13

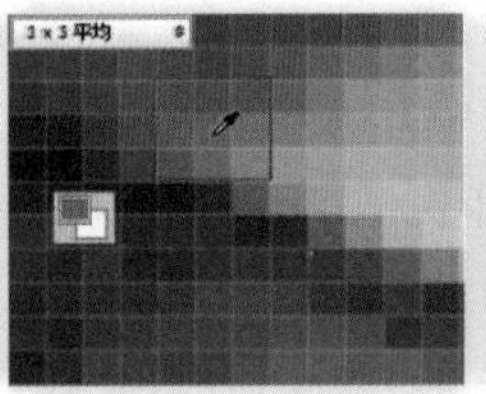

图 5-14

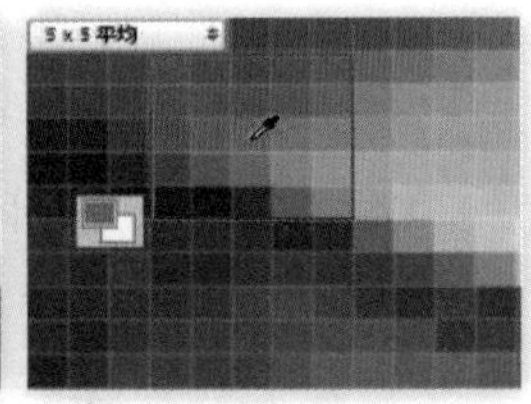

图 5-15

- 样本：可以从“当前图层”或“所有图层”中采集颜色。
- 显示取样环：选中该复选框后，可以在拾取颜色时显示取样环。

答疑解惑——为什么“显示取样环”复选框处于不可用状态？

在默认情况下，“显示取样环”复选框处于不可用状态，需要启用OpenGL功能才能使用。执行“编辑>首选项>性能”命令，打开“首选项”对话框，然后在“图形处理器设置”选项组下选中“使用图形处理器”复选框，如图5-16所示。下一次打开文档时就可以使用“显示取样环”复选框了。

图 5-16

5.1.4 认识“颜色”面板

- 技术速查：“颜色”面板中显示了当前设置的前景色和背景色，可以在该面板中设置前景色和背景色。

执行“窗口>颜色”命令，打开“颜色”面板，如图5-17所示。可以单击前/背景色图标，然后在弹出的“拾色器”对话框中进行颜色设置，也可以拖动颜色滑块或输入精确数值进行颜色控制。如果要在四色曲线图上拾取颜色，可以将光标放置在四色曲线图上，当光标变成吸管形状时，单击即可拾取颜色，此时拾取的颜色将作为前景色。如果按住Alt键拾取颜色，则拾取的颜色将作为背景色。

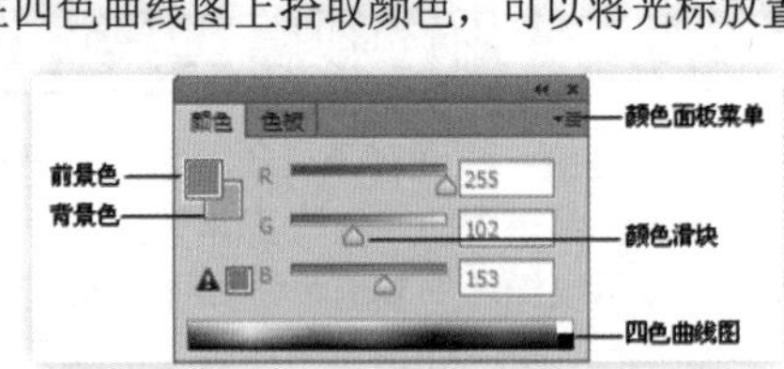

图 5-17

- 前景色：显示当前所设置的前景色。
- 背景色：显示当前所设置的背景色。
- 颜色滑块：通过拖曳滑块，可以改变当前所设置的颜色。
- 四色曲线图：将光标放置在四色曲线图上，光标会变成吸管状，单击即可将拾取的颜色作为前景色。若按住Alt键进行拾取，那么拾取的颜色将作为背景色。
- 颜色面板菜单：单击图标，可以打开“颜色”面板的菜单。通过这些菜单命令可以切换不同模式滑块和色谱。

思维点拨：色彩混合原理

我们看到印刷的颜色，实际上都是看到的纸张反射的光线，例如在画画的时候需要使用颜料，颜料是吸收光线，因此颜料的三原色就是能够吸收RGB的颜色，为青、品红、黄（CMY），它们就是RGB的补色。

把黄色颜料和青色颜料混合起来，因为黄色颜料吸收蓝光，青色颜料吸收红光，因此只有绿色光反射出来，这就是黄色颜料加上青色颜料形成绿色的道理，其他的颜色混合原理也是相同的，如图5—18所示。

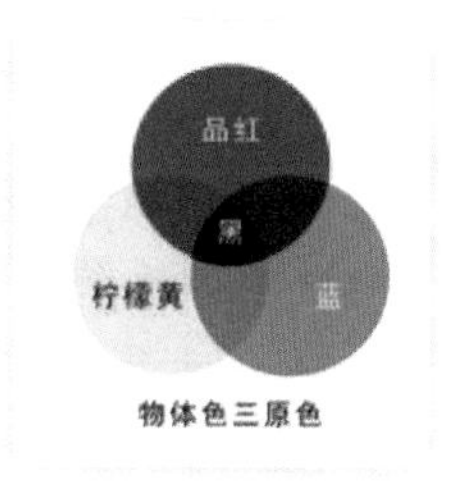

图 5—18

5.1.5 认识“色板”面板

- 技术速查：默认情况下，“色板”面板中包含一些系统预设的颜色，单击相应的颜色即可将其设置为前景色。

执行“窗口>色板”命令，可以打开“色板”面板，如图5-19所示。

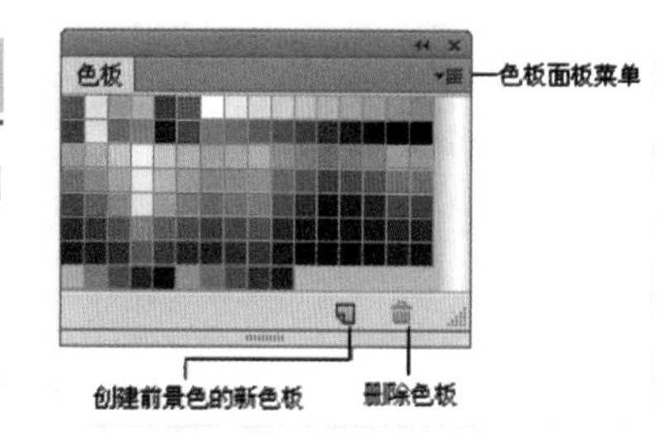

图 5—19

- 创建前景色的新色板：单击“创建前景色的新色板”按钮，可以将前景色添加到“色板”面板中。

如果要修改新色板的名称，可以双击添加的色板，然后在弹出的“色板名称”对话框中进行设置，如图5-20所示。

- 删除色板：如果要删除一个色板，按住鼠标左键的同时将其拖曳到“删除色板”按钮上即可，如图5-21所示。或者按住Alt键的同时将光标放置在要删除的色板上，当光标变成剪刀形状时，单击该色板即可将其删除，如图5-22所示。

图 5—20

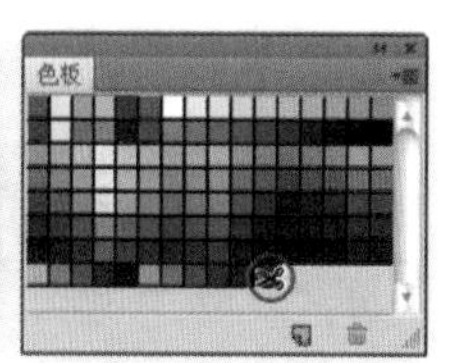

图 5—21　　图 5—22

- 色板面板菜单：单击图标，可以打开“色板”面板的菜单。

技术拓展：“色板”面板菜单详解

“色板”面板的菜单命令非常多，但是可以将其分为6大类，如图5—23所示。

- 新建色板：执行该命令可以用当前选择的前景色来新建一个色板。
- 缩略图设置：设置色板在“色板”面板中的显示方式，如图5—24和图5—25所示分别为“大缩览图”和“小列表”显示方式。

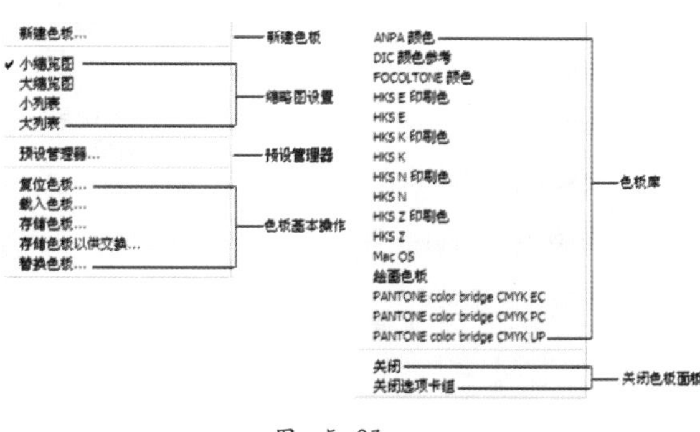

图 5—23

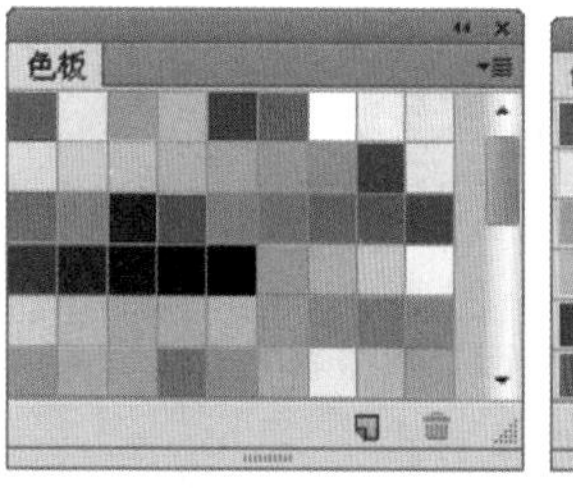

图 5—24

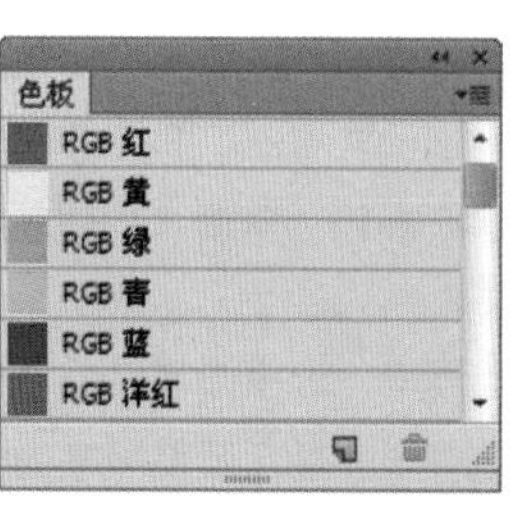

图 5—25

- 预设管理器：执行该命令可以打开“预设管理器”窗口，在该窗口中可以对色板进行存储、重命名和删除操作，同时也可以载入外部色板资源，如图5-26所示。
- 色板基本操作：这一组命令主要是对色板进行基本操作，其中“复位色板”命令可以将色板复位到默认状态；“存储色板以供交换”命令可将当前色板存储为.ase的可共享格式，并且可以在Photoshop、Illustrator和InDesign中调用。
- 色板库：这一组命令是系统预设的色板。执行这些命令时，Photoshop会弹出一个提示对话框，如图5-27所示。如果单击“确定”按钮，载入的色板将替换当前的色板；如果单击“追加”按钮，载入的色板将追加到当前色板的后面。

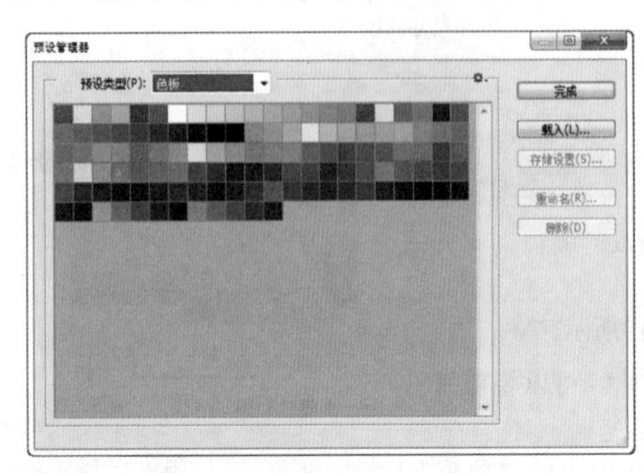

图 5-26

图 5-27

- 关闭“色板”面板：如果执行“关闭”命令，只关闭“色板”面板；如果执行“关闭选项卡组”命令，将关闭“色板”面板以及同组内的其他面板。

5.2 管理画笔

“画笔预设”面板和“画笔”面板并不是只针对“画笔工具”属性的设置，而是针对大部分以画笔模式进行工作的工具。这两个面板主要控制各种笔尖属性的设置，如“画笔工具”、“铅笔工具”、“仿制图章工具”、“历史记录画笔工具”、“橡皮擦工具”、“加深工具”、“模糊工具”等。

5.2.1 认识“画笔预设”面板

- **技术速查：用户在使用绘画工具、修饰工具时，可以从“画笔预设”面板中选择画笔的形状。**

“画笔预设”面板中提供了各种系统预设的画笔，这些预设的画笔带有大小、形状和硬度等属性。执行“窗口>画笔预设”命令，可以打开“画笔预设”面板，如图5-28所示。

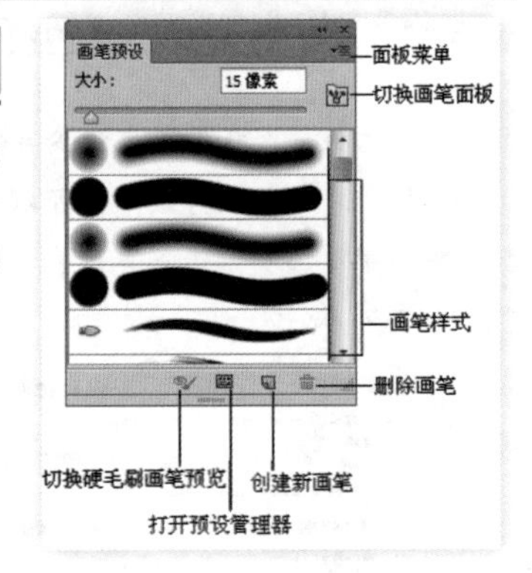

图 5-28

- 大小：通过输入数值或拖曳下面的滑块来调整画笔的大小。
- 切换画笔面板：单击“切换画笔面板”按钮，可以打开“画笔”面板。
- 切换硬毛刷画笔预览：使用毛刷笔尖时，在画布中实时显示笔尖的样式。
- 打开预设管理器：单击“打开预设管理器”按钮，可打开“预设管理器”对话框。
- 创建新画笔：单击“创建新画笔”按钮，可将当前设置的画笔保存为一个新的预设画笔。
- 删除画笔：选中画笔以后，单击“删除画笔”按钮，可以将该画笔删除。将画笔拖曳到该按钮上，也可以删除画笔。
- 画笔样式：显示预设画笔的笔刷样式。
- 面板菜单：单击图标，可以打开“画笔预设”面板的菜单。

5.2.2 管理画笔预设

“画笔预设”面板的菜单分为7大部分，如图5-29所示。

- 新建画笔预设：执行该命令，可以将当前设置的画笔保存为一个新的预设画笔。
- 重命名/删除画笔：选择一个画笔以后，执行相应的命令可以对其进行重命名或删除操作。
- 缩略图设置：设置画笔在“画笔预设”面板中的显示方式，默认显示方式为“描边缩览图”。
- 预设管理器：执行该命令可以打开“预设管理器”窗口，在该窗口中可以对画笔进行存储、重命名和删除操作，同时也可以载入外部画笔资源。
- 画笔基本操作：用来执行画笔的载入、复位、存储和替换等操作。
- 预设画笔：一组系统预设的画笔库。
- 关闭“画笔预设”面板：如果执行“关闭”命令，只关闭“画笔预设”面板；如果执行“关闭选项卡组”命令，将关闭“画笔预设”面板以及同组内的其他面板。

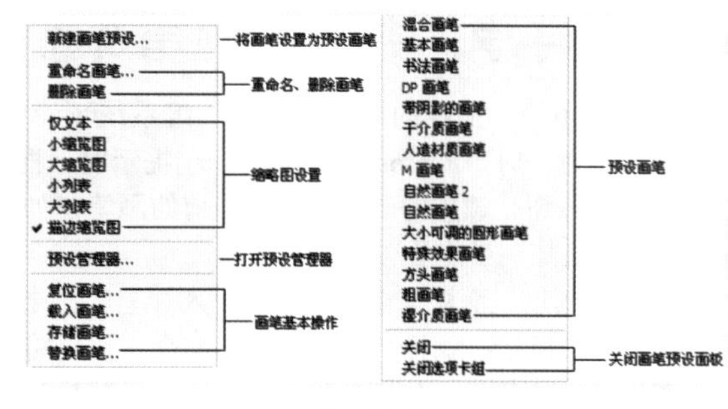

图 5-29

技巧提示

执行“编辑>预设>预设管理器”命令，打开“预设管理器”窗口，在“预设类型”下拉列表框中选择“画笔”选项，也可进行画笔的管理，如图5-30所示。

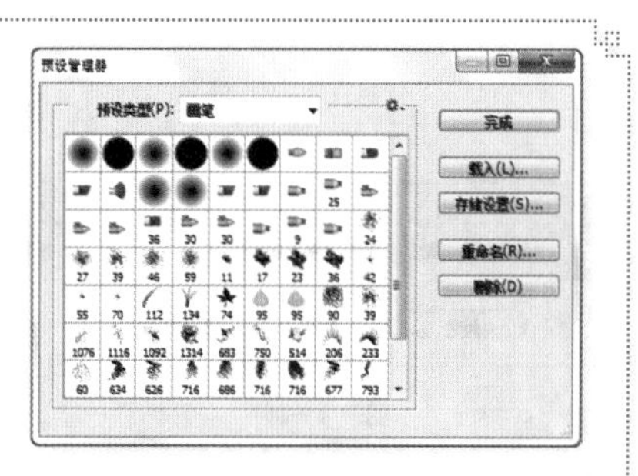

图 5-30

5.2.3 动手学：定义画笔预设

默认情况下，在Photoshop中显示的均为预设画笔。预设画笔是一种存储的画笔笔刷，带有大小、形状和硬度等特性。在Photoshop中也可以进行画笔的自定义。

如果要自己定义一个笔刷样式，可以先选择要定义成笔刷的图像，如图5-31所示。然后执行“编辑>定义画笔预设”命令，接着在弹出的“画笔名称”对话框中为笔刷样式命名，如图5-32所示。

定义好笔刷样式后，在工具箱中单击“画笔工具”按钮，然后在选项栏中单击下拉按钮，在弹出的“画笔预设”管理器中即可选择自定义的画笔笔刷，如图5-33所示。选择自定义的笔刷后，可以像使用系统预设的笔刷一样进行绘制，如图5-34所示。

图 5-31

图 5-32

图 5-33

图 5-34

技巧提示

选择“画笔工具”后，在画布中单击鼠标右键，也可以打开“画笔预设”管理器。

5.2.4 动手学：使用其他画笔资源

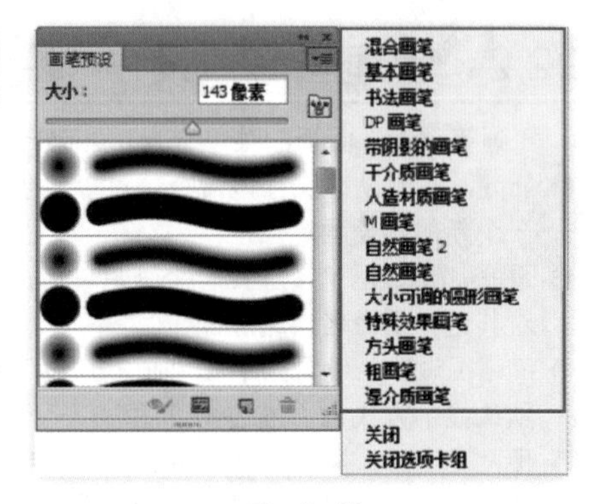

图 5-35

在“画笔预设”面板的菜单中包含一组系统预设的画笔库，如图5-35所示。执行这些命令时，Photoshop会弹出一个提示对话框，如图5-36所示。如果单击“确定”按钮，载入的画笔将替换当前的画笔；如果单击“追加”按钮，载入的画笔将追加到当前画笔的后面。

在“画笔预设”面板菜单中执行“载入画笔”命令，可以载入外部的画笔资源，如图5-37所示；执行“存储画笔”命令，可以将“画笔预设”面板中的画笔保存为一个画笔库，如图5-38所示；执行“替换画笔”命令，可以从弹出的“载入”对话框中选择一个外部画笔库来替换掉面板中的画笔；进行了添加或删除画笔操作后，在“画笔预设”面板菜单中执行“复位画笔”命令，可以将面板恢复到默认状态。

Adobe Photoshop CS6

是否用 书法画笔 中的画笔替换当前的画笔？

确定 取消 追加(A)

图 5-36

图 5-37

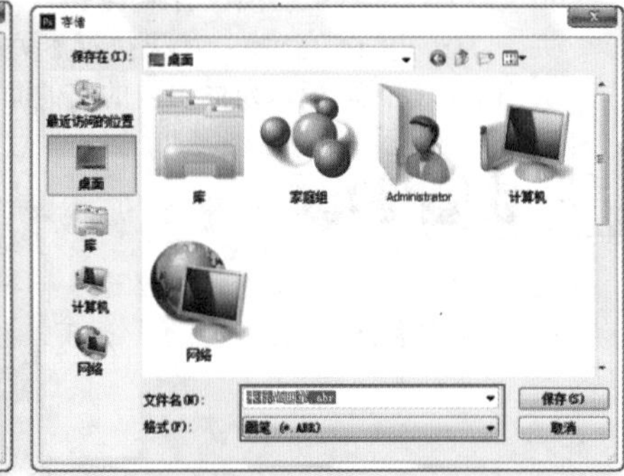

图 5-38

★ 案例实战——使用外挂笔刷制作飘逸长发

案例文件	案例文件\第5章\使用外挂笔刷制作飘逸长发.psd
视频教学	视频文件\第5章\使用外挂笔刷制作飘逸长发.flv
难易指数	★★★★★
技术要点	载入外挂画笔、画笔的使用

案例效果

本例主要是通过使用头发外挂笔刷制作飘逸长发，效果如图5-39所示。

操作步骤

01 导入人像背景素材，如图5-40所示。

02 单击工具箱中的“画笔工具”按钮，在选项栏中单击下拉菜单按钮，在“画笔”面板中单击面板菜单图标，执行“载入画笔”命令，如图5-41所示。在“载入”对话框中选择外挂笔刷素材2.abr，单击“载入”按钮完成载入，如图5-42所示。

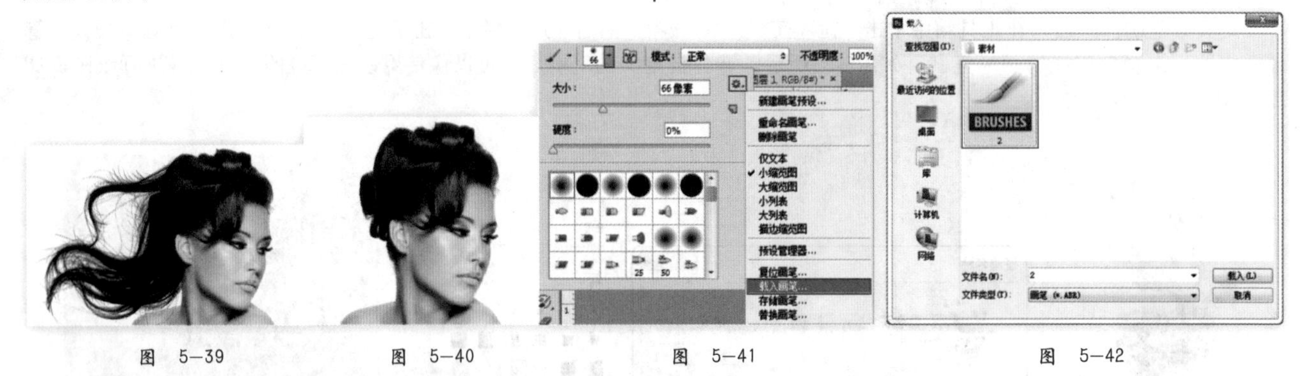

图 5-39　图 5-40　图 5-41　图 5-42

03 返回到“画笔”面板，选择载入的头发笔刷，如图5-43所示。设置前景色为黑色，新建图层，在人像左侧单击绘制，如图5-44所示。

04 执行“编辑>自由变换”命令，将头发调整为合适大小并旋转至一定角度，如图5-45所示。按Enter键结束变换操作，单击工具箱中的“橡皮擦工具”按钮，设置一种柔角边画笔，擦除多余部分，使头发与人像更加融合。最终效果如图5-46所示。

图 5-43

图 5-44

图 5-45

图 5-46

5.3 使用“画笔”面板

5.3.1 认识“画笔”面板

- **技术速查：在“画笔”面板中可以设置绘画工具、修饰工具的笔刷种类、画笔大小和硬度等属性。**

在认识其他绘制及修饰工具之前，首先需要掌握“画笔”面板。“画笔”面板如图5-47所示。

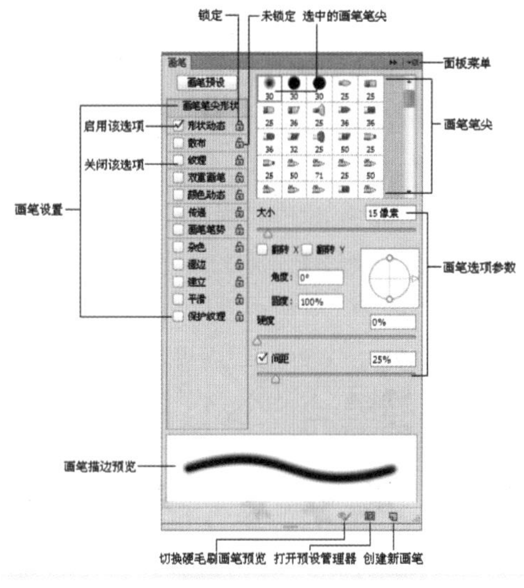

图 5-47

- 画笔预设：单击该按钮，可以打开“画笔预设”面板。
- 画笔设置：选择画笔设置选项，可以切换到与该选项相对应的内容。
- 启用/关闭选项：处于选中状态的选项代表启用状态；处于未选中状态的选项代表关闭状态。
- 锁定/未锁定：图标代表该选项处于锁定状态；图标代表该选项处于未锁定状态。锁定与解锁操作可以相互切换。
- 选中的画笔笔尖：当前处于选择状态的画笔笔尖。
- 画笔笔尖形状：显示Photoshop提供的预设画笔笔尖。
- 面板菜单：单击图标，可以打开“画笔”面板的菜单。
- 画笔选项参数：用来设置画笔的相关参数。
- 画笔描边预览：选择一个画笔以后，可以在预览框中预览该画笔的外观形状。
- 切换硬毛刷画笔预览：使用毛刷笔尖时，在画布中实时显示笔尖的样式。
- 打开预设管理器：单击该按钮，打开“预设管理器”对话框。
- 创建新画笔：单击该按钮，将当前设置的画笔保存为一个新的预设画笔。

技巧提示

打开“画笔”面板有以下4种方法：

(1) 在工具箱中单击“画笔工具”按钮，然后在选项栏中单击“切换画笔面板”按钮。

(2) 执行“窗口>画笔”命令。

(3) 按F5键。

(4) 在“画笔预设”面板中单击“切换画笔面板”按钮。

5.3.2 笔尖形状设置

- 视频精讲：Photoshop CS6自学视频教程\36.画笔笔尖形状设置.flv
- **技术速查：在“画笔笔尖形状”面板中可以设置画笔的形状、大小、硬度和间距等属性。**
  笔尖形状设置面板如图5-48所示。
- 大小：控制画笔的大小，可以直接输入像素值，也可以通过拖曳滑块来设置画笔大小，如图5-49所示。
- 翻转X/Y：将画笔笔尖在其x轴或y轴上进行翻转，如图5-50和图5-51所示。

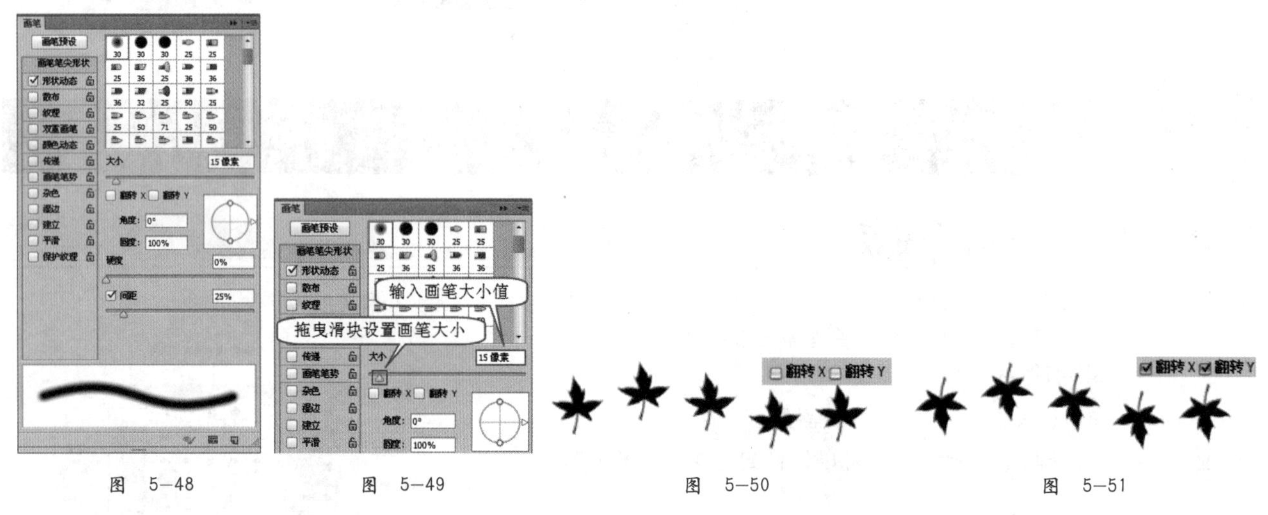

图 5-48　　图 5-49　　图 5-50　　图 5-51

- 角度：指定椭圆画笔或样本画笔的长轴在水平方向旋转的角度，如图5-52所示。
- 圆度：设置画笔短轴和长轴之间的比率。当“圆度”值为100%时，表示圆形画笔；当“圆度”值为0%时，表示线性画笔；介于0%～100%之间的“圆度”值，表示椭圆画笔（呈“压扁”状态），如图5-53～图5-55所示。

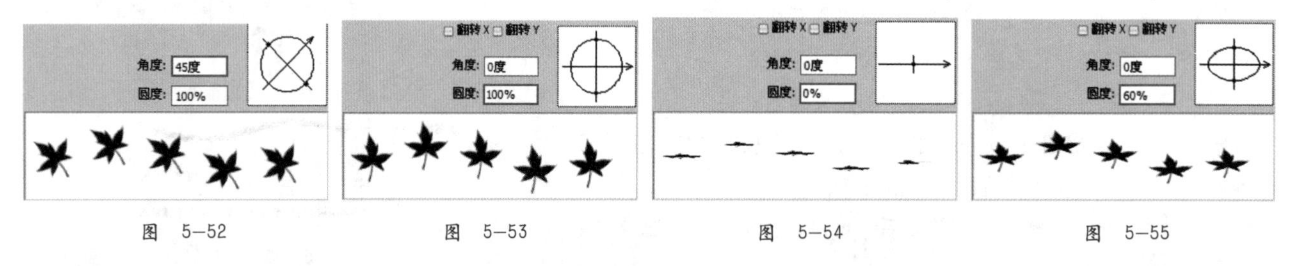

图 5-52　　图 5-53　　图 5-54　　图 5-55

- 硬度：控制画笔硬度中心的大小。数值越小，画笔的柔和度越高，如图5-56和图5-57所示。
- 间距：控制描边中两个画笔笔迹之间的距离。数值越大，笔迹之间的间距越大，如图5-58和图5-59所示。

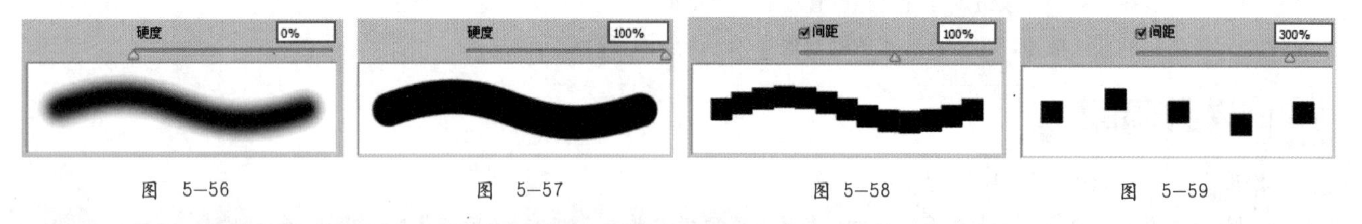

图 5-56　　图 5-57　　图 5-58　　图 5-59

5.3.3 形状动态

- 视频精讲：Photoshop CS6自学视频教程\37.画笔形状动态的设置.flv
- **技术速查：“形状动态”可以决定描边中画笔笔迹的变化，它可以使画笔的大小、圆度等产生随机变化的效果。**
  “形状动态”面板如图5-60所示。调整形状动态数值的效果如图5-61和图5-62所示。

- 大小抖动：指定描边中画笔笔迹大小的改变方式。数值越大，图像轮廓越不规则，如图5-63和图5-64所示。

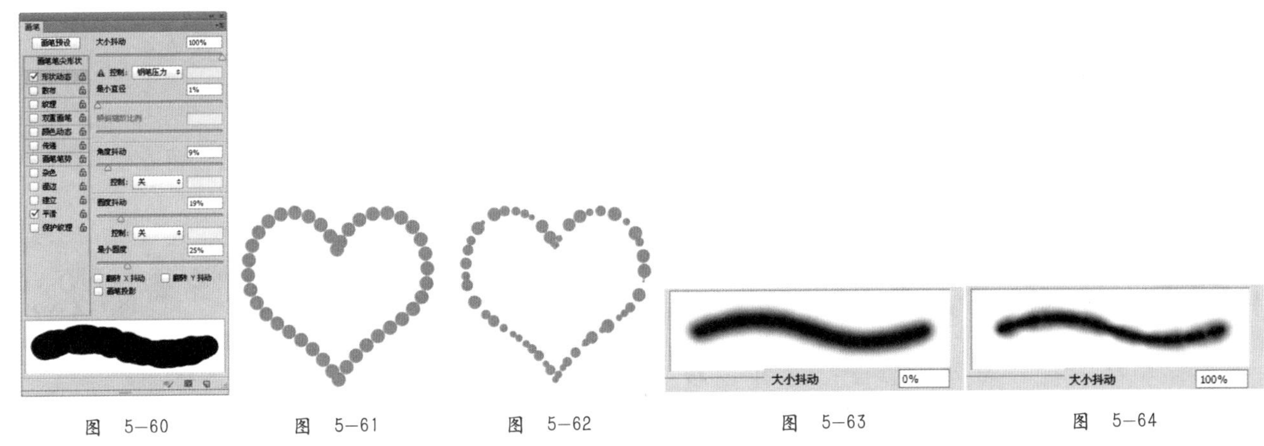

图 5-60　　图 5-61　　图 5-62　　图 5-63　　图 5-64

- 控制：在该下拉列表中可以设置“大小抖动”的方式，其中“关”选项表示不控制画笔笔迹的大小变换，如图5-65所示；“渐隐”选项表示按照指定数量的步长在初始直径和最小直径之间渐隐画笔笔迹的大小，使笔迹产生逐渐淡出的效果，如图5-66所示；如果计算机配置有绘图板，可以选择“钢笔压力”、“钢笔斜度”、“光笔轮”或“旋转”选项，然后根据钢笔的压力、斜度、位置或旋转角度来改变初始直径和最小直径之间的画笔笔迹大小。
- 最小直径：当启用“大小抖动”选项以后，通过该选项可以设置画笔笔迹的最小缩放百分比。数值越大，笔尖的直径变化越小，如图5-67和图5-68所示。

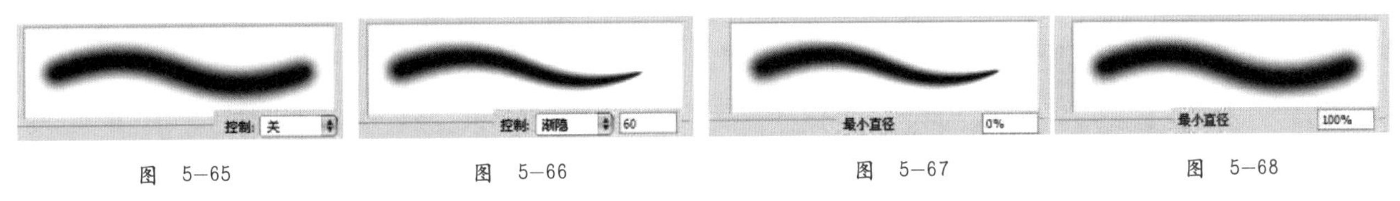

图 5-65　　图 5-66　　图 5-67　　图 5-68

- 倾斜缩放比例：当“控制”设置为“钢笔斜度”时，该选项用来设置在旋转前应用于画笔高度的比例因子。
- 角度抖动/控制：用来设置画笔笔迹的角度，如图5-69和图5-70所示。如果要设置“角度抖动”的方式，可以在下面的“控制”下拉列表中进行选择。
- 圆度抖动/控制/最小圆度：用来设置画笔笔迹的圆度在描边中的变化方式，如图5-71和图5-72所示。如果要设置“圆度抖动”的方式，可以在下面的“控制”下拉列表中进行选择。另外，“最小圆度”选项可以用来设置画笔笔迹的最小圆度。

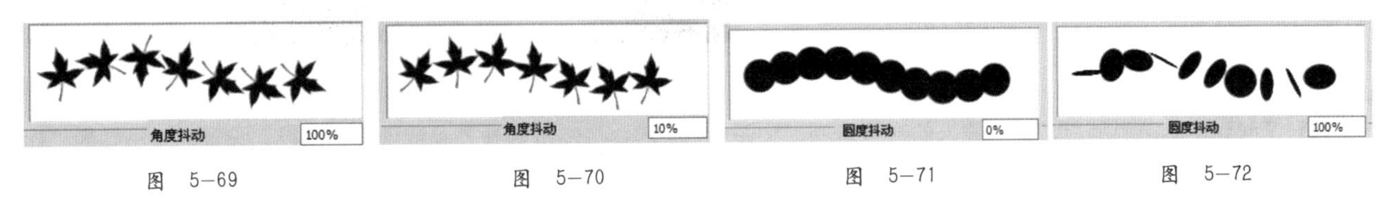

图 5-69　　图 5-70　　图 5-71　　图 5-72

- 翻转X/Y抖动：将画笔笔尖在其x轴或y轴上进行翻转。

5.3.4 散布

- 视频精讲：Photoshop CS6自学视频教程\38.画笔散布选项的设置.flv
- **技术速查：在“散布”面板中可以设置描边中笔迹的数目和位置，使画笔笔迹沿着绘制的线条扩散。**

“散布”面板如图5-73所示。调整散布数值的效果如图5-74和图5-75所示。

- 散布/两轴/控制：指定画笔笔迹在描边中的分散程度，该值越大，分散的范围越广。当选中“两轴”复选框时，画笔笔迹将以中心点为基准，向两侧分散，如图5-76和图5-77所示。如果要设置画笔笔迹的分散方式，可以在下面的“控制”下拉列表中进行选择。

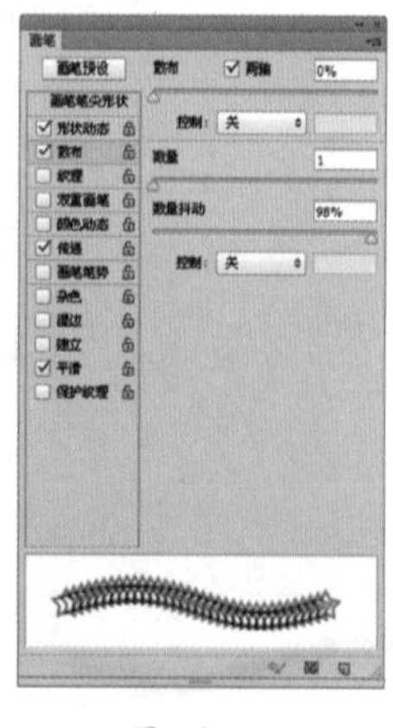

图 5-73

图 5-74 图 5-75

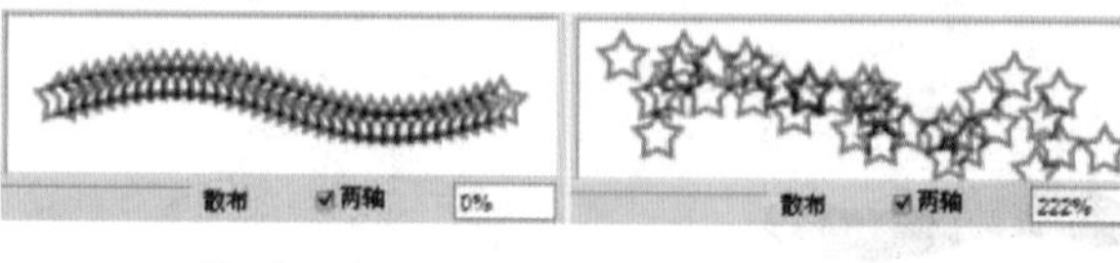

图 5-76 图 5-77

- 数量：指定在每个间距间隔应用的画笔笔迹数量。数值越大，笔迹重复的数量越多，如图5-78和图5-79所示。
- 数量抖动/控制：指定画笔笔迹的数量如何针对各种间距间隔产生变化，如图5-80和图5-81所示。如果要设置“数量抖动”的方式，可以在下面的“控制”下拉列表中进行选择。

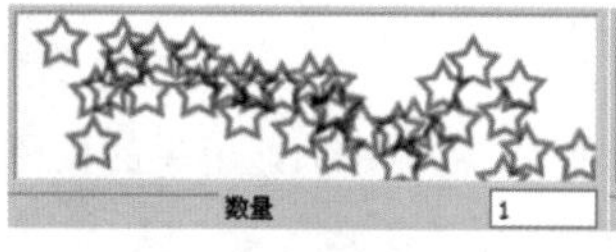

图 5-78

图 5-79

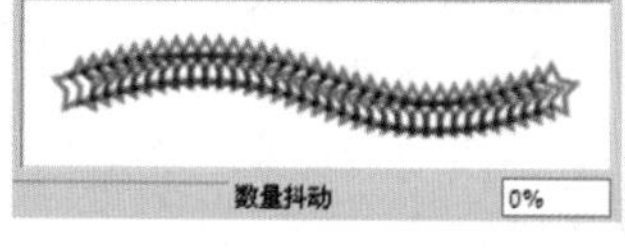

图 5-80

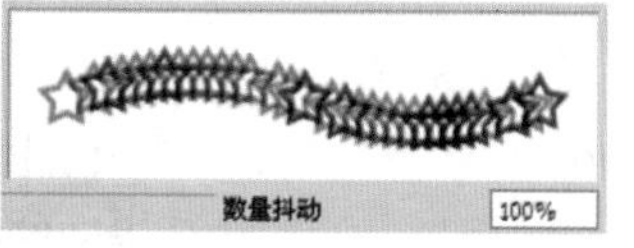

图 5-81

★ 案例实战——使用形状动态与散布制作跳动的音符

案例文件	案例文件\第5章\使用形状动态与散布制作跳动的音符.psd
视频教学	视频文件\第5章\使用形状动态与散布制作跳动的音符.flv
难易指数	★★★★★
知识掌握	掌握“形状动态”和“散布”的设置

案例效果

本例主要使用“形状动态”和“散布”的设置制作跳动的音符，如图5-82所示。

图 5-82 图 5-83

操作步骤

01 打开本书配套光盘中的背景素材文件，如图5-83所示。

02 单击工具箱中的“画笔工具”按钮，在选项栏中单击下拉按钮，在“画笔”面板中单击菜单图标，执行“载入画笔”命令，如图5-84所示。在“载入”对话框中选择外挂笔刷，单击“载入”按钮完成载入，如图5-85所示。

03 返回到“画笔”面板，选择载入的音符笔刷，如图5-86所示。按F5键打开“画笔预设”面板，设置“大小”为“100像素”，“间距”为160%，如图5-87所示。

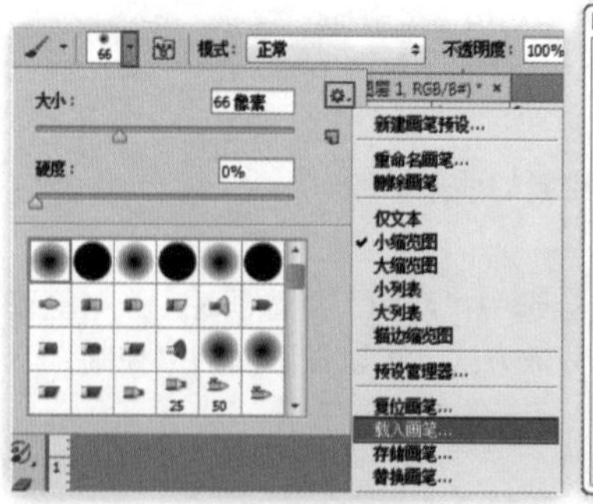

图 5-84

图 5-85

图 5-86

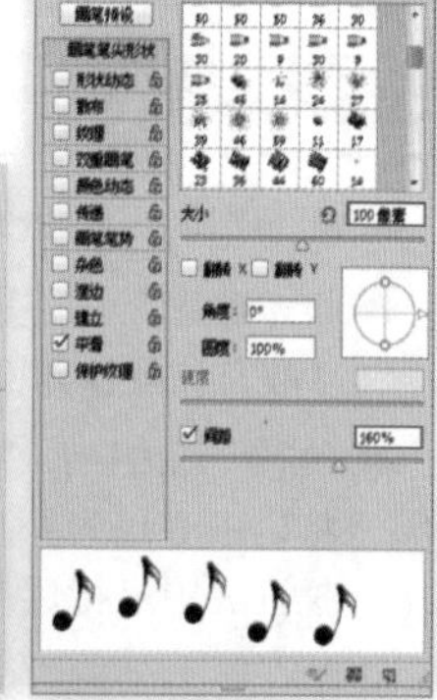

图 5-87

04 选择“形状动态”选项，设置“大小抖动”为50%，“角度抖动”为60%，如图5-88所示。选择“散布”选项，设置“散布”为160%，“数量抖动”为10%，如图5-89所示。

05 设置前景色为白色，新建图层，在画面中左侧进行绘制，如图5-90所示。在绘制的过程中可以随时调整画笔大小，使绘制的音符具有延伸的效果，最终效果如图5-91所示。

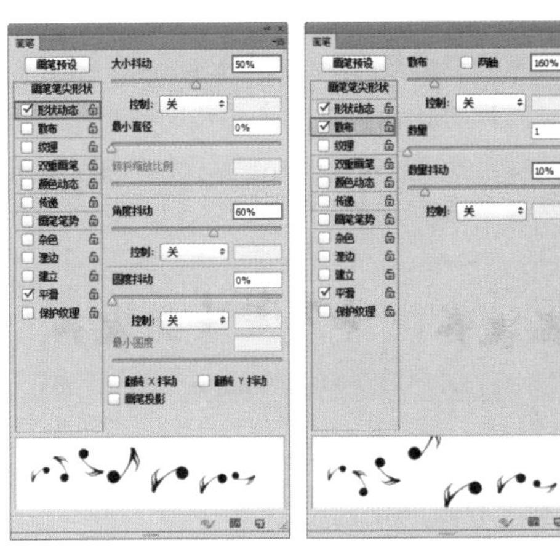

图 5—88　　图 5—89

图 5—90

图 5—91

5.3.5 纹理

- 视频精讲：Photoshop CS6自学视频教程\39.画笔纹理设置.flv
- 技术速查：使用“纹理”选项可以绘制出带有纹理质感的笔触，如在带纹理的画布上绘制效果等。“纹理”面板如图5-92所示。调整纹理数值的效果如图5-93和图5-94所示。
- 设置纹理/反相：单击图案缩览图右侧的下拉按钮，可以在弹出的“图案”拾色器中选择一个图案，并将其设置为纹理。如果选中“反相”复选框，可以基于图案中的色调来反转纹理中的亮点和暗点，如图5-95所示。

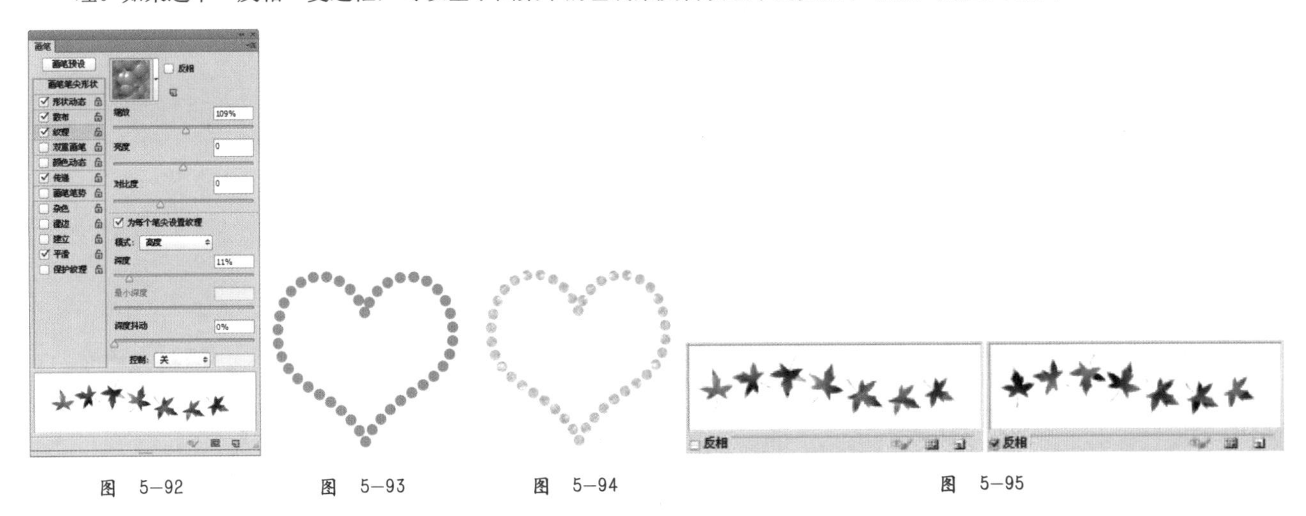

图 5—92　　图 5—93　　图 5—94　　图 5—95

- 缩放：设置图案的缩放比例。数值越小，纹理越多，如图5-96所示。
- 为每个笔尖设置纹理：选中该复选框，则将选定的纹理单独应用于画笔描边中的每个画笔笔迹，而不是作为整体应用于画笔描边。如果取消选中该复选框，下面的“深度抖动”选项将不可用。
- 模式：设置用于组合画笔和图案的混合模式，如图5-97所示分别是“正片叠底”和“线性高度”模式。
- 深度：设置油彩渗入纹理的深度。数值越大，渗入的深度越大，如图5-98所示。

图 5—96

图 5—97

- 最小深度：当“深度抖动”下面的“控制”选项设置为“渐隐”、“钢笔压力”、“钢笔斜度”或“光笔轮”，并且选中“为每个笔尖设置纹理”复选框时，“最小深度”选项用来设置油彩可渗入纹理的最小深度。
- 深度抖动/控制：当选中“为每个笔尖设置纹理”复选框时，“深度抖动”选项用来设置深度的改变方式，如图5-99所示。如果要指定如何控制画笔笔迹的深度变化，可以从下面的“控制”下拉列表中进行选择。

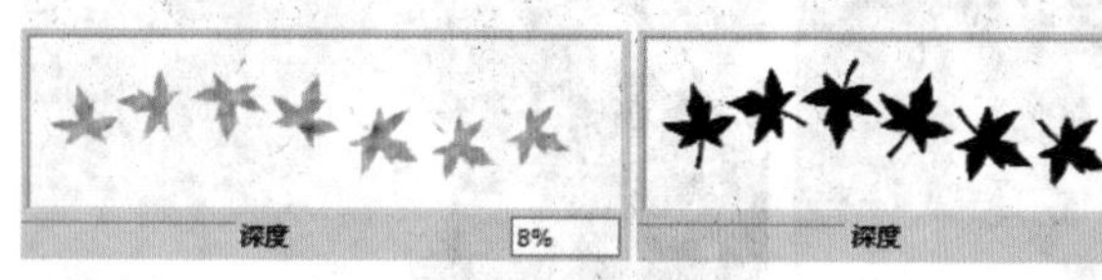

图 5—98

图 5—99

5.3.6 双重画笔

- 视频精讲：Photoshop CS6自学视频教程\40.使用双重画笔.flv
- **技术速查：“双重画笔”选项可以使绘制的线条呈现出两种画笔的效果。**

首先设置“画笔笔尖形状”主画笔参数属性，然后选择“双重画笔”选项，并从其面板中选择另外一个笔尖（即双重画笔）。“双重画笔”面板的参数非常简单，大多与其他选项面板中的参数相同，如图5-100所示。最顶部的“模式”是指选择从主画笔和双重画笔组合画笔笔迹时要使用的混合模式。使用双重画笔的效果如图5-101和图5-102所示。

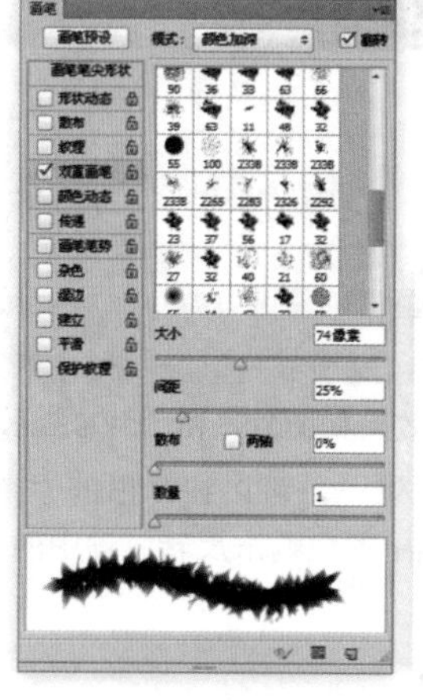

图 5—100

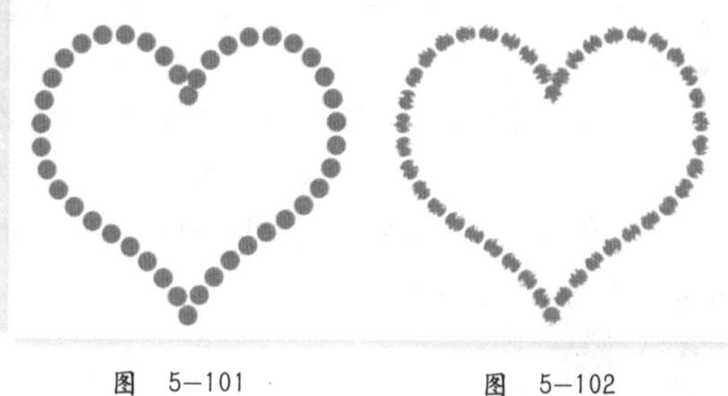

图 5—101　　图 5—102

5.3.7 颜色动态

- 视频精讲：Photoshop CS6自学视频教程/41.画笔颜色动态设置.flv
- **技术速查：选择“颜色动态”选项，可以通过设置选项绘制出颜色变化的效果。**

“颜色动态”面板如图5-103所示。调整颜色动态数值的效果如图5-104和图5-105所示。

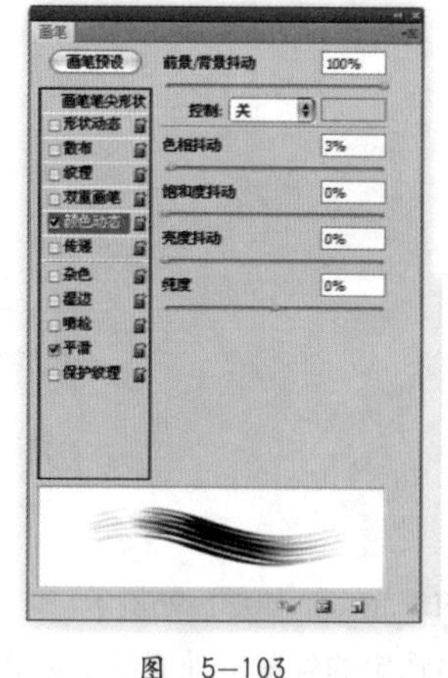

图 5—103

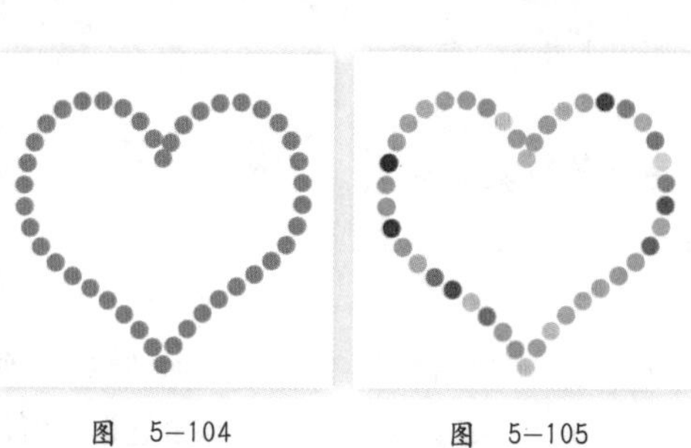

图 5—104　　图 5—105

- 前景/背景抖动/控制：用来指定前景色和背景色之间的油彩变化方式。数值越小，变化后的颜色越接近前景色；数值越大，变化后的颜色越接近背景色。如果要指定如何控制画笔笔迹的颜色变化，可以在下面的“控制”下拉列表中进行选择，如图5-106和图5-107所示。
- 色相抖动：设置颜色变化范围。数值越小，颜色越接近前景色；数值越大，色相变化越丰富，如图5-108所示。

图 5-106

图 5-107

图 5-108

- 饱和度抖动：设置颜色的饱和度变化范围。数值越小，饱和度越接近前景色；数值越大，色彩的饱和度越高，如图5-109所示。
- 亮度抖动：设置颜色的亮度变化范围。数值越小，亮度越接近前景色；数值越大，颜色的亮度值越大，如图5-110所示。
- 纯度：用来设置颜色的纯度。数值越小，笔迹的颜色越接近于黑白色；数值越大，颜色饱和度越高，如图5-111和图5-112所示。

图 5-109

图 5-110

图 5-111

图 5-112

★ 案例实战——绘制纷飞的花朵

案例文件	案例文件\第5章\绘制纷飞的花朵.psd
视频教学	视频文件\第5章\绘制纷飞的花朵.flv
难易指数	★★★★★
知识掌握	掌握“颜色动态”选项的使用

案例效果

本例主要使用“颜色动态”选项制作纷飞的花朵效果，如图5-113所示。

操作步骤

01 打开本书配套光盘中的素材文件，如图5-114所示。单击工具箱中的“画笔工具”按钮，设置前景色为紫色，背景色为粉色，如图5-115所示。按F5键快速打开“画笔预设”面板，单击“画笔笔尖形状”按钮，选择一种合适的花纹，设置“大小”为“60像素”，“间距”为110%，如图5-116所示。

02 选择“形状动态”选项，设置“大小抖动”为100%，如图5-117所示。选择“散布”选项，设置“散布”为145%，如图5-118所示。

图 5-113

图 5-114

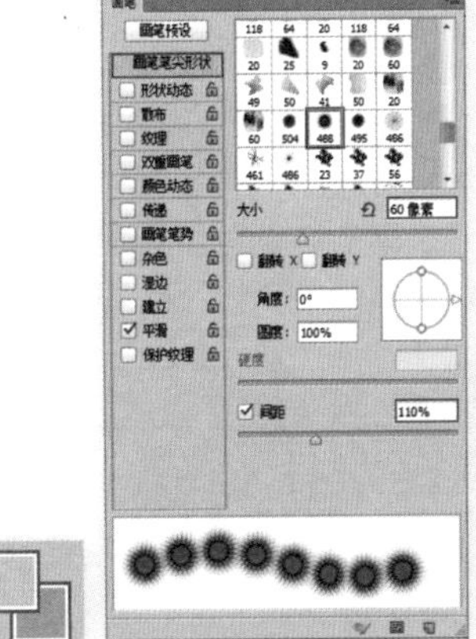

图 5-115　图 5-116

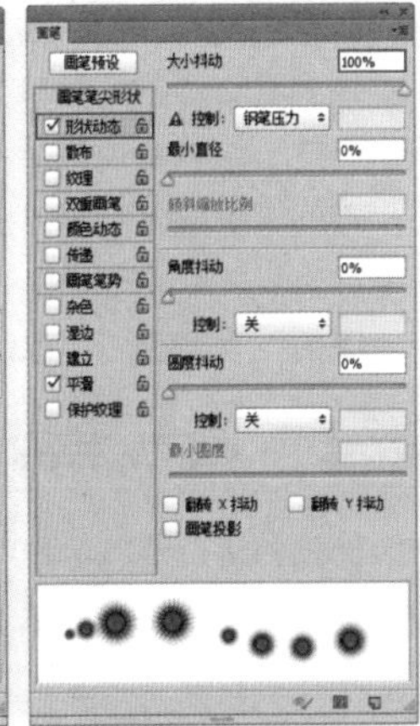

图 5-117

03 选择“颜色动态”选项，设置“前景/背景抖动”为75%，“纯度”为40%，如图5-119所示。新建图层，在人物脚下单击制作花纹，如图5-120所示。

04 多次单击制作右侧花纹，如图5-121所示。为花纹图层添加蒙版，使用黑色画笔在人物脚上和衣袖上进行涂抹，隐藏多余部分，最终效果如图5-122所示。

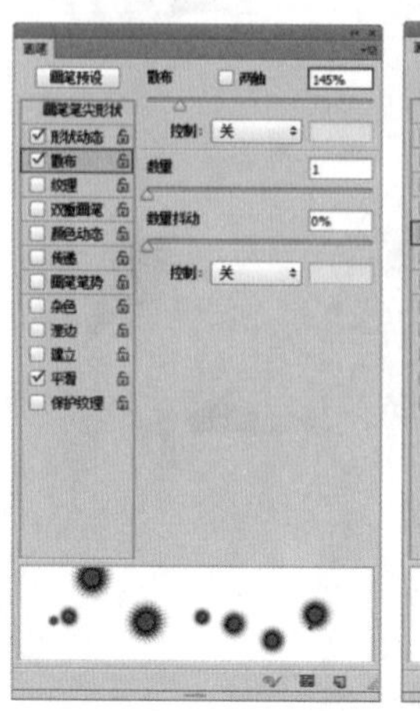
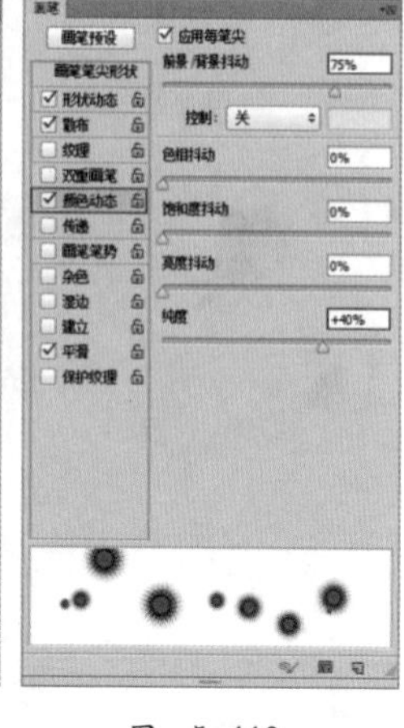
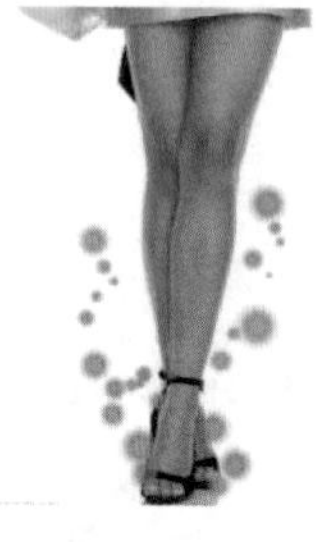

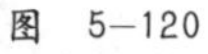

图 5-118　图 5-119　图 5-120　图 5-121　图 5-122

5.3.8 传递

- 视频精讲：Photoshop CS6自学视频教程\42.画笔传递的设置.flv
- 技术速查：在“传递”面板中，可以通过调整不透明度、流量、湿度、混合等数值控制油彩在描边路线中的改变方式。

“传递”面板如图5-123所示。调整传递数值的效果如图5-124和图5-125所示。

- 不透明度抖动/控制：指定画笔描边中油彩不透明度的变化方式，最大值是选项栏中指定的不透明度值。如果要指定如何控制画笔笔迹的不透明度变化，可以从下面的“控制”下拉列表中进行选择。

图 5-123　图 5-124　图 5-125

- 流量抖动/控制：用来设置画笔笔迹中油彩流量的变化程度。如果要指定如何控制画笔笔迹的流量变化，可以从下面的“控制”下拉列表中进行选择。
- 湿度抖动/控制：用来控制画笔笔迹中油彩湿度的变化程度。如果要指定如何控制画笔笔迹的湿度变化，可以从下面的“控制”下拉列表中进行选择。
- 混合抖动/控制：用来控制画笔笔迹中油彩混合的变化程度。如果要指定如何控制画笔笔迹的混合变化，可以从下面的“控制”下拉列表中进行选择。

5.3.9 画笔笔势

- 视频精讲：Photoshop CS6自学视频教程\43.画笔笔势的设置.flv
- 技术速查：“画笔笔势”面板用于调整毛刷画笔笔尖、侵蚀画笔笔尖的角度。

“画笔笔势”面板如图5-126所示。

- 倾斜X/倾斜Y：使笔尖沿x轴或y轴倾斜。

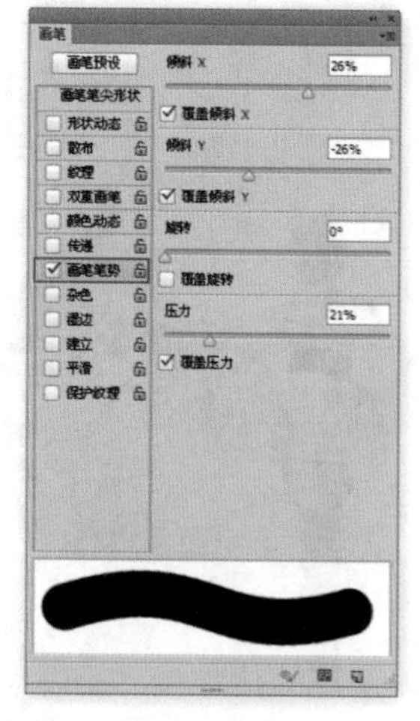

图 5-126

- 旋转：设置笔尖旋转效果。
- 压力：数值越大，绘制速度越快，线条效果越粗犷。

5.3.10 其他选项

- 视频精讲：Photoshop CS6自学视频教程\44.画笔其他选项的设置.flv

“画笔”面板中还有“杂色”、“湿边”、“建立”、“平滑”和“保护纹理”5个选项，如图5-127所示。这些选项不能调整参数，如果要启用其中某个选项，将其选中即可。

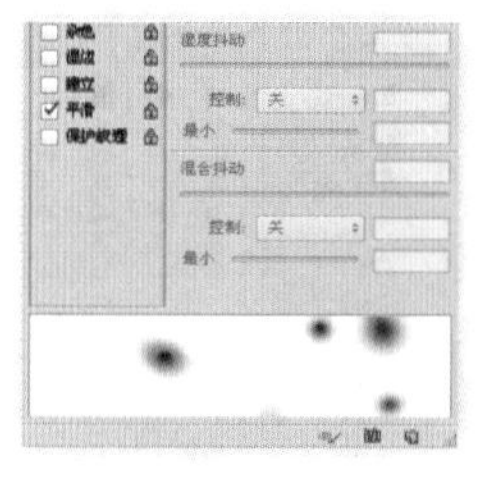

图 5-127

- 杂色：为个别画笔笔尖增加额外的随机性，如图5-128和图5-129所示分别是取消选择与选择“杂色”选项时的笔迹效果。当使用柔边画笔时，该选项效果最明显。
- 湿边：沿画笔描边的边缘增大油彩量，从而创建出水彩效果，如图5-130和图5-131所示分别是取消选择与选择“湿边”选项时的笔迹效果。

图 5-128

图 5-129

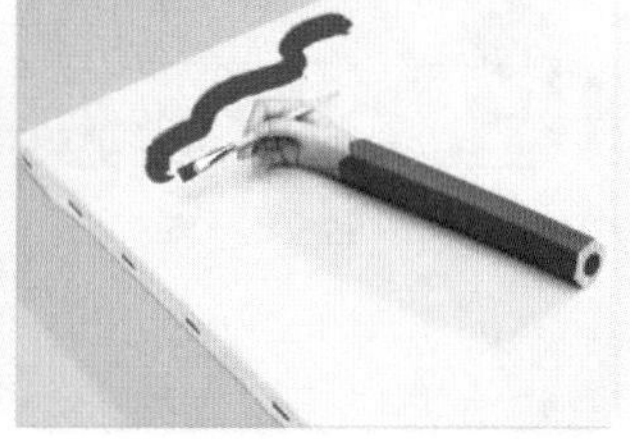

图 5-130

图 5-131

- 建立：模拟传统的喷枪技术，根据鼠标按键的单击程度确定画笔线条的填充数量。
- 平滑：在画笔描边中生成更加平滑的曲线。当使用压感笔进行快速绘画时，该选项最有效。
- 保护纹理：将相同图案和缩放比例应用于具有纹理的所有画笔预设。选择该选项后，在使用多个纹理画笔绘画时，可以模拟出一致的画布纹理。

★ 案例实战——使用画笔制作唯美散景效果

案例文件	案例文件\第5章\使用画笔制作唯美散景效果.psd
视频教学	视频文件\第5章\使用画笔制作唯美散景效果.flv
难易指数	★★★★★
知识掌握	“形状动态”、“散布”、“颜色动态”、“传递”、“湿边”选项的使用

案例效果

本例主要通过“形状动态”、“散布”、“颜色动态”、“传递”、“湿边”选项制作唯美的散景效果，如图5-132所示。

操作步骤

01 打开素材文件，如图5-133所示。首先执行“窗口>画笔”命令，打开“画笔”面板。在画笔笔尖形状中选择一个圆形画笔，设置“大小”为“380像素”，“硬度”为100%，“间距”为330%，如图5-134所示。

02 选择“形状动态”选项，设置“大小抖动”为100%，“最小直径”为44%，如图5-135所示。

03 选择“散布”选项，选中“两轴”复选框并设置其数值为1000%，设置“数量”为3，“数量抖动”为98%，如图5-136所示。

04 选择“颜色动态”选项，设置“前景/背景抖动”为100%，如图5-137所示。

05 选择“传递”选项，设置“不透明度抖动”与“流量抖动”均为100%。再分别选择“湿边”和“平滑”选项，如图5-138所示。

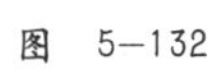

图 5-132

图 5-133

06 新建图层1，设置前景色为洋红，背景色为蓝色。单击工具箱中的“画笔工具”按钮，在选项栏中设置“不透明度”与“流量”均为50%，在人像周围绘制，如图5-139所示。

07 新建图层2，增大画笔的大小，降低画笔的硬度，并设置“不透明度”与“流量”均为30%，在画面中绘制较大的柔和光斑，如图5-140所示。

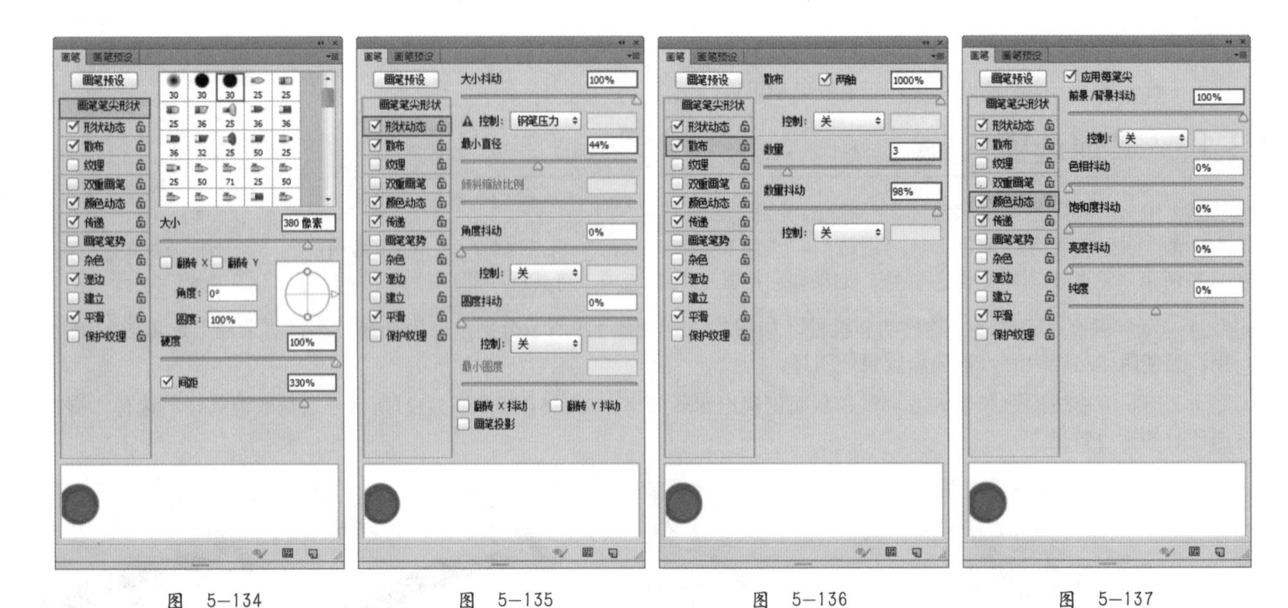

图 5-134　　图 5-135　　图 5-136　　图 5-137

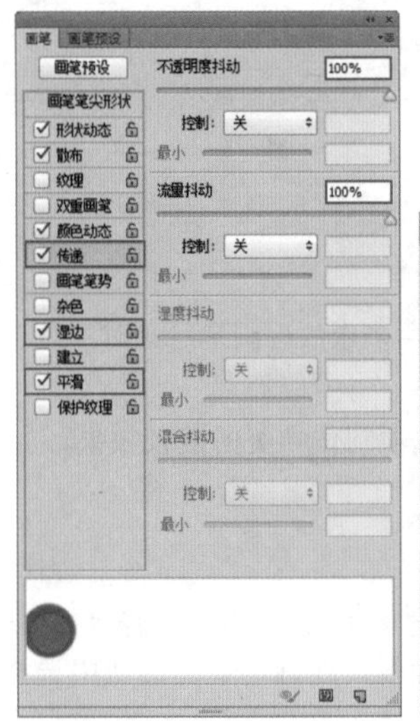

图 5-138

图 5-139

图 5-140

08 新建图层3，减小画笔大小，绘制稍小一些的光斑，丰富画面效果，如图5-141所示。

09 导入光效素材。在“图层”面板中设置图层1、2、3和“光效素材”的混合模式均为“滤色”，如图5-142所示。最终效果如图5-143所示。

图 5-141

图 5-142

图 5-143

☆ 视频课堂——制作飘逸头饰

案例文件\第5章\视频课堂——制作飘逸头饰.psd
视频文件\第5章\视频课堂——制作飘逸头饰.flv
思路解析：

01 绘制一条曲线，定义为笔刷。
02 使用“钢笔工具”绘制路径。
03 选择之前定义的笔刷，在“画笔”面板调整其属性。
04 设置合适的前景色，对路径使用“画笔工具”进行描边。
05 多次重复以上操作，并导入前景素材。

5.4 绘制工具

Photoshop中的绘制工具有很多种，包括“画笔工具”、“铅笔工具”、“颜色替换工具”和“混合器画笔工具”。使用这些工具不仅能够绘制出传统意义上的插画，还能够对数码相片进行美化处理及制作各种特效，如图5-144和图5-145所示。

图 5-144

图 5-145

5.4.1 画笔工具

- 视频精讲：Photoshop CS6自学视频教程\45.画笔工具的使用方法.flv
- 技术速查：“画笔工具”可以使用前景色绘制出各种线条，同时也可以用来修改通道和蒙版。“画笔工具”是使用频率最高的工具之一，其选项栏如图5-146所示。

模式：正常　不透明度：40%　流量：40%

图 5-146

- “画笔预设”选取器：单击下拉按钮，可以打开“画笔预设”选取器，在其中可以选择笔尖、设置画笔的大小和硬度。

技巧提示

在英文输入法状态下，可以按[键和]键来减小或增大画笔笔尖的大小。

- 模式：设置绘画颜色与现有像素的混合方法，如图5-147和图5-148所示分别是使用“正片叠底”模式和“强光”模式绘制的笔迹效果。可用模式将根据当前选定工具的不同而变化。

- 不透明度：设置画笔绘制出来的颜色的不透明度。数值越大，笔迹的不透明度越高，如图5-149所示；数值越小，笔迹的不透明度越低，如图5-150所示。

图 5-147

图 5-148

图 5-149

图 5-150

技巧提示

在使用“画笔工具”绘画时，可以按数字键0～9来快速调整画笔的“不透明度”，0代表100%，1代表10%，9则代表90%。

- 流量：设置当将光标移到某个区域上方时应用颜色的速率。在某个区域上方进行绘画时，如果一直按住鼠标左键，颜色量将根据流动速率增大，直至达到“不透明度”设置。

技巧提示

“流量”也有快捷键，按住Shift+0～9数字键即可快速设置“流量”值。

- “启用喷枪模式”按钮：激活该按钮后，可以启用喷枪功能，Photoshop会根据鼠标左键的单击程度来确定画笔笔迹的填充数量。例如，关闭喷枪功能时，每单击一次会绘制一个笔迹，如图5-151所示；而启用喷枪功能以后，按住鼠标左键不放，即可持续绘制笔迹，如图5-152所示。

图 5-151

图 5-152

- “绘图板压力控制大小”按钮：使用压感笔时，压力可以覆盖“画笔”面板中的“不透明度”和“大小”设置。

技巧提示

如果使用绘图板绘画，则可以在“画笔”面板和选项栏中通过设置钢笔压力、角度、旋转或光笔轮来控制应用颜色的方式。

★ 案例实战——制作有趣的卡通风景画

案例文件	案例文件\第5章\制作有趣的卡通风景画.psd
视频教学	视频文件\第5章\制作有趣的卡通风景画.flv
难易指数	★★★★★
技术要点	“画笔工具”、“画笔”面板、前景色设置

案例效果

本例主要是通过使用“画笔工具”并配合“画笔”面板的设置绘制出有趣的卡通风景画，效果如图5-153所示。

图 5-153

操作步骤

01 打开本书配套光盘中的1.jpg文件，如图5-154所示。

02 创建图层组“组1”，在其下新建“图层1”，设置前景色为白色。单击工具箱中的“画笔工具”按钮，在画面中单击鼠标右键，并在“画笔预设”拾取器中选择一个圆形画笔，设置“大小”为“50像素”，“硬度”为100%，如图5-155所示。在草莓上单击绘制出一个圆形白点，如图5-156所示。

03 新建图层，单击鼠标右键，在弹出的快捷菜单中选择“描边”命令，设置“宽度”为“2像素”，“颜色”为黑色，如图5-157所示。设置其图层的“不透明度”为85%，如图5-158所示。效果如图5-159所示。

图 5-154

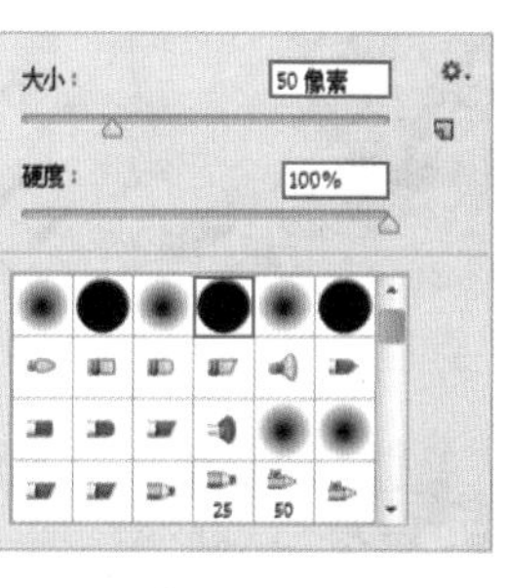

图 5-155

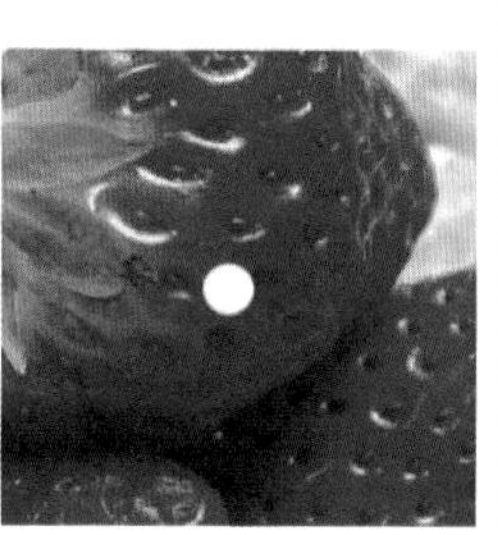

图 5-156

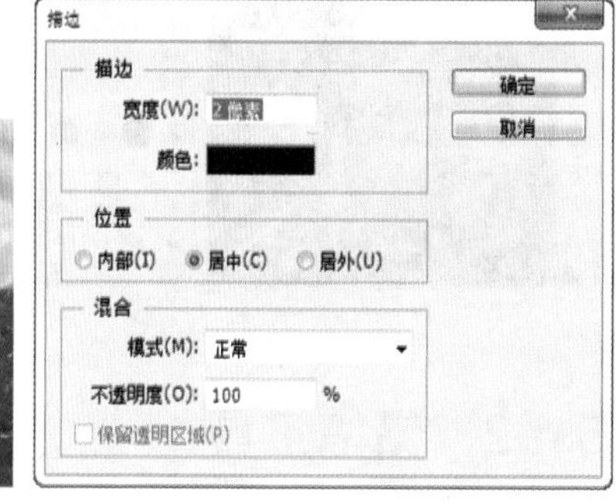

图 5-157

04 按Ctrl+J组合键复制出一个图层1副本，适当移动，将其作为右侧眼睛，如图5-160所示。

05 新建“图层2”，使用“画笔工具”，设置前景色为黑色。在选项栏中单击“画笔预设”拾取器，选择一个圆形画笔，设置“大小”为“25像素”，“硬度”为100%，如图5-161所示。在眼睛中绘制一个圆点，作为眼珠，如图5-162所示。

图 5-158

图 5-159

图 5-160

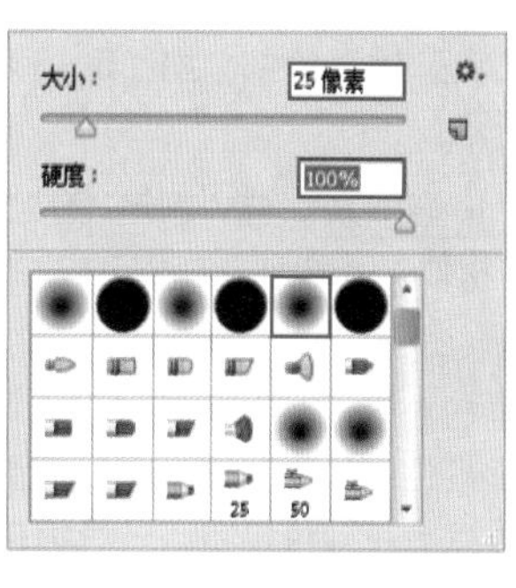

图 5-161

06 接着减小画笔大小，如图5-163所示，绘制睫毛与眉毛部分，如图5-164所示。

07 更改前景色为白色，继续使用“画笔工具”在草莓两侧绘制手臂，如图5-165所示。

图 5-162

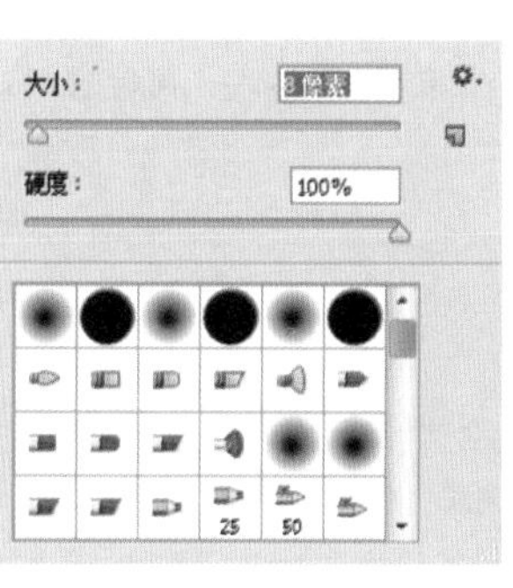

图 5-163

图 5-164

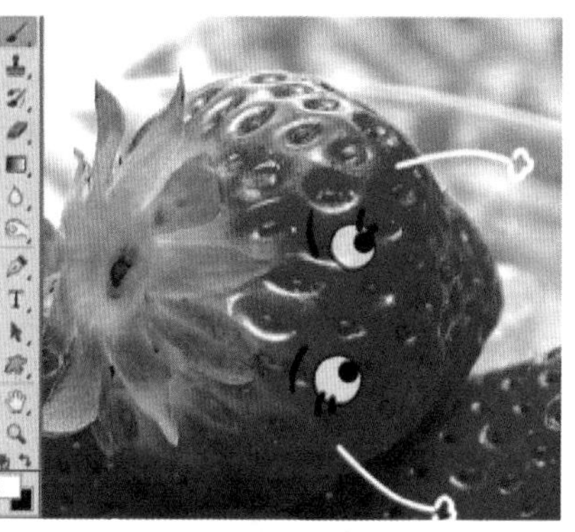

图 5-165

08 设置前景色为粉色，单击鼠标右键，设置画笔“硬度”为0，增大画笔大小。在选项栏中设置画笔“不透明度”为60%，在眼睛下方绘制腮红，如图5-166所示。

09 用同样的方法为其他草莓绘制出表情，如图5-167所示。导入前景装饰素材。最终效果如图5-168所示。

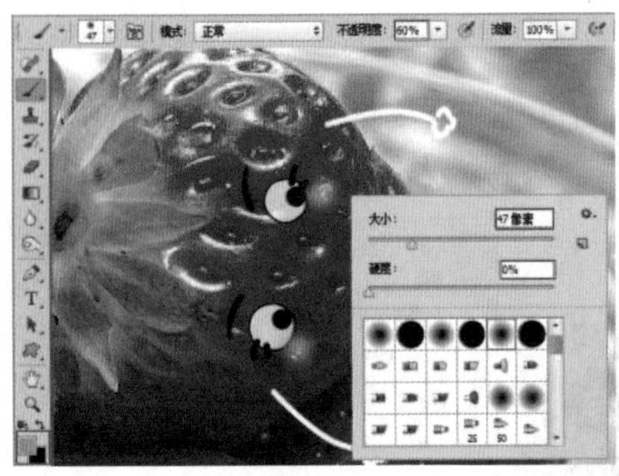

图 5-166

图 5-167

图 5-168

5.4.2 铅笔工具

- 视频精讲：Photoshop CS6自学视频教程\46.铅笔工具的使用方法.flv
- 技术速查：使用“铅笔工具”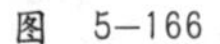可以绘制出硬边线条，例如近年来比较流行的像素画以及像素游戏都可以使用“铅笔工具”进行绘制，如图5-169～图5-171所示。

图 5-169 图 5-170 图 5-171

“铅笔工具”与“画笔工具”的使用方法非常相似，其选项栏如图5-172所示。

图 5-172

- 自动抹除：选中该复选框后，如果将光标中心放置在包含前景色的区域上，可以将该区域涂抹成背景色；如果将光标中心放置在不包含前景色的区域上，则可以将该区域涂抹成前景色。注意，“自动抹除”选项只适用于原始图像，也就是只能在原始图像上才能绘制出设置的前景色和背景色。如果是在新建的图层中进行涂抹，则“自动抹除”选项不起作用。

思维点拨：什么是像素画

像素画的应用范围相当广泛，从多年前家用红白机到今天的GBA手掌机，从黑白的手机图片到今天全彩的掌上电脑图像，当前电脑中也无处不充斥着各类软件的像素图标。像素画属于点阵式图像，但它是一种图标风格的图像，更强调清晰的轮廓、明快的色彩，几乎不用混叠方法来绘制光滑的线条，所以常常采用.gif格式，同时它的造型比较卡通，而当今像素画更是成为了一门艺术而存在，得到很多朋友的喜爱。

☆ 视频课堂——绘制像素图画

案例文件\第5章\视频课堂——绘制像素图画.psd
视频文件\第5章\视频课堂——绘制像素图画.flv
思路解析：

01 新建一个尺寸较小的文档。
02 设置合适的前景色和铅笔大小。
03 在画面中绘制边缘轮廓。
04 更改颜色，继续绘制内部颜色。需要注意颜色的设置要遵循明暗关系。
05 继续更改颜色，绘制其他部分。

5.4.3 颜色替换工具

- 视频精讲：Photoshop CS6自学视频教程\47.颜色替换画笔的使用方法.flv
- 技术速查：“颜色替换工具”可以将选定的颜色替换为其他颜色。

单击工具箱中的“颜色替换工具”按钮，“颜色替换工具”的选项栏如图5-173所示。

图 5-173

- 模式：选择替换颜色的模式，包括“色相”、“饱和度”、“颜色”和“明度”4个选项。当选择“颜色”选项时，可以同时替换色相、饱和度和明度。
- 取样按钮：用来设置颜色的取样方式。激活“取样：连续”按钮后，在拖曳光标时，可以对颜色进行取样；激活“取样：一次”按钮后，只替换包含第1次单击的颜色区域中的目标颜色；激活“取样：背景色板”按钮后，只替换包含当前背景色的区域。
- 限制：当选择“不连续”选项时，可以替换出现在光标下任何位置的样本颜色；当选择“连续”选项时，只替换与光标下的颜色接近的颜色；当选择“查找边缘”选项时，可以替换包含样本颜色的连接区域，同时保留形状边缘的锐化程度。
- 容差：用来设置“颜色替换工具”的容差，如图5-174所示分别是“容差”为20%和100%时的颜色替换效果。

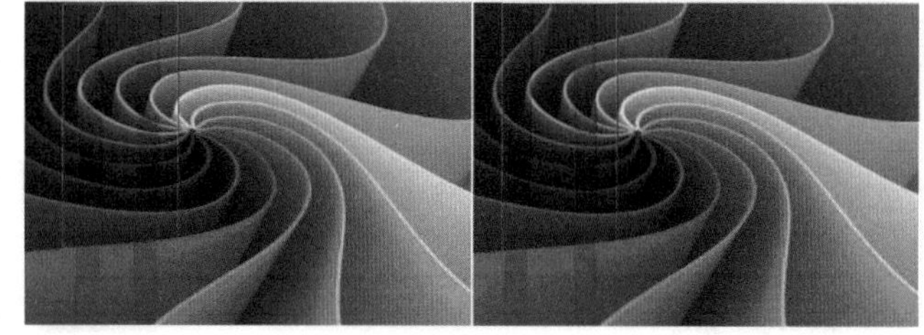

图 5-174

- 消除锯齿：选中该复选框后，可以消除颜色替换区域的锯齿效果，从而使图像变得平滑。

★ 案例实战——使用颜色替换工具改变衣服颜色

案例文件	案例文件\第5章\使用颜色替换工具改变衣服颜色.psd
视频教学	视频文件\第5章\使用颜色替换工具改变衣服颜色.flv
难易指数	★★★★★
知识掌握	掌握“颜色替换工具”的使用方法

案例效果

本例主要是针对“颜色替换工具”的使用方法进行练习。原图与效果图分别如图5-175和图5-176所示。

操作步骤

01 打开本书配套光盘中的素材文件，如图5-177所示。

02 按Ctrl+J组合键复制一个“背景副本”图层，然后在“颜色替换工具”的选项栏中设置画笔的“大小”为“60像素”，“硬度”为60%，“模式”为“颜色”，“限制”为“连续”，“容差”为50%，如图5-178所示。

图 5-175

图 5-176

图 5-177

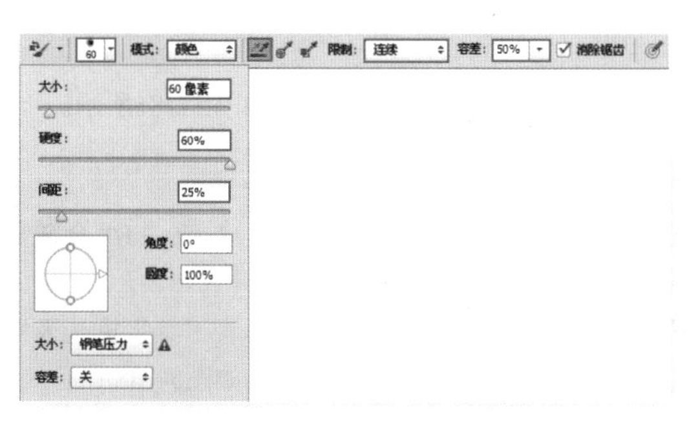

图 5-178

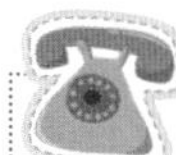

答疑解惑——为什么要复制背景图层？

由于使用“颜色替换工具”必须在原图上进行操作，而在操作中可能会造成不可返回的错误。为了避免在操作错误时破坏源图像，以备后面进行修改，所以制作出原图的副本是一项非常好的习惯。

图 5—179

03 设置前景色为（R:26，G:197，B:175）。使用“颜色替换工具”在图像中的衣服部分进行涂抹，注意不要涂抹到花朵上，这样衣服就变为蓝色，如图5-179所示。

技巧提示

在替换颜色时可适当减小画笔大小以及画笔间距，这样在小范围绘制时比较准确。

5.4.4 混合器画笔工具

- 视频精讲：Photoshop CS6自学视频教程\48.混合器画笔的使用方法.flv
- 技术速查：使用“混合器画笔工具”可以像传统绘画过程中混合颜料一样混合像素，如图5-180和图5-181所示。

图 5—180

图 5—181

使用“混合器画笔工具”可以轻松模拟真实的绘画效果，并且可以混合画布颜色和使用不同的绘画湿度，其选项栏如图5-182所示。

图 5—182

- 潮湿：控制画笔从画布拾取的油彩量。较高的设置会产生较长的绘画条痕，如图5-183和和图5-184所示分别是“潮湿”为100%和0%时的条痕效果。
- 载入：指定储槽中载入的油彩量。载入速率较低时，绘画描边干燥的速度会更快。
- 混合：控制画布油彩量与储槽油彩量的比例。当混合比例为100%时，所有油彩将从画布中拾取；当混合比例为0%时，所有油彩都来自储槽。
- 流量：控制混合画笔的流量大小。
- 对所有图层取样：选中该复选框，将拾取所有可见图层中的画布颜色。

图 5—183　　图 5—184

★ 案例实战——使用混合器画笔制作油画效果

案例文件	案例文件\第5章\使用混合器画笔制作油画效果.psd
视频教学	视频文件\第5章\使用混合器画笔制作油画效果.flv
难易指数	★★★★★
知识掌握	掌握“混合器画笔工具”的使用方法

案例效果

本例主要使用“混合器画笔工具”将数码照片转换为手绘效果。原图与效果图分别如图5-185和图5-186所示。

操作步骤

01 打开本书配套光盘中的素材，按Ctrl+J组合键复制一个副本图层，如图5-187所示。

02 隐藏“背景”图层，使用“套索工具”框选天空部分的选区，并复制、粘贴为独立图层，如图5-188所示。

图 5-185

图 5-186

图 5-187

图 5-188

03 在工具箱中单击“混合器画笔工具”按钮，然后在选项栏中选择一种毛刷画笔，并设置“大小”为40像素，选择“潮湿，深混合”模式，如图5-189所示。

图 5-189

04 设置前景色为（R:152，G:222，B:255），然后使用“混合器画笔工具”涂抹天空的大体轮廓和走向，如图5-190所示。

05 在选项栏中更改画笔的类型和大小，然后细致绘制云朵的走向，如图5-191和图5-192所示。

06 设置小一点的画笔，细致涂抹颜色的过渡部分，使颜色的过渡更加柔和，效果如图5-193所示。

图 5-190

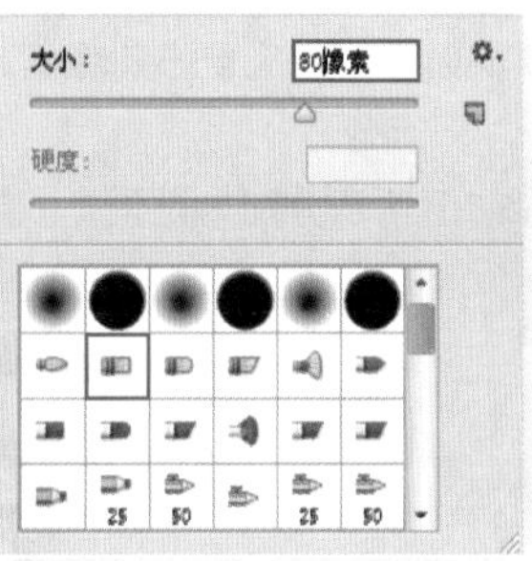

图 5-191

图 5-192

图 5-193

07 隐藏“天空”图层，然后选择“背景”图层，使用“套索工具”框选草地部分的选区，使用“复制”和“粘贴”快捷键（Ctrl+C，Ctrl+V）复制出一个单独的草地图层，接着隐藏“背景”图层，如图5-194所示。

08 在“混合器画笔工具”的选项栏中选择一种合适大小的毛刷画笔，设置前景色为白色，绘制出风吹草地的色块效果，如图5-195所示。在选项栏中更改画笔的类型和大小，然后细致涂抹过渡区域，如图5-196所示。

图 5-194

图 5-195

09 将“草地”图层放置在“背景天空”图层的下面，显示出“背景天空”图层，如图5-197所示。

10 用同样的方法提取出人像部分，并在“混合器画笔工具”的选项栏中选择一种合适大小的毛刷画笔，绘制人像区域的油画效果，如图5-198所示。显示出“草地”、“天空”和“人像”3个图层，最终效果如图5-199所示。

图 5-196

图 5-197

图 5-198

图 5-199

图像擦除工具

视频精讲：Photoshop CS6自学视频教程\56.擦除工具的使用方法.flv

Photoshop提供了3种擦除工具，分别是“橡皮擦工具”、“背景橡皮擦工具”和“魔术橡皮擦工具”。

5.5.1 橡皮擦工具

技术速查：使用“橡皮擦工具”可以根据用户需要对画面进行一定的擦除。

“橡皮擦工具”可以将像素更改为背景色或透明，其选项栏如图5-200所示。在普通图层中进行擦除，则擦除的像素将变成透明，如图5-201所示；使用该工具在“背景”图层或锁定了透明像素的图层中进行擦除，则擦除的像素将变成背景色，如图5-202所示。

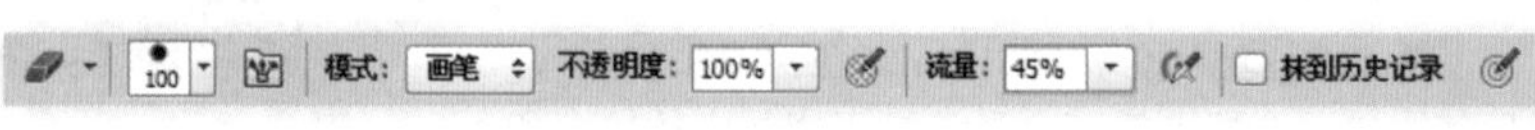

图 5-200

- 模式：选择橡皮擦的种类。选择“画笔”选项时，可以创建柔边擦除效果；选择“铅笔”选项时，可以创建硬边擦除效果；选择“块”选项时，擦除的效果为块状。
- 不透明度：用来设置“橡皮擦工具”的擦除强度。设置为100%时，可以完全擦除像素。当设置“模式”为“块”时，该选项将不可用。
- 流量：用来设置“橡皮擦工具”的涂抹速度，如图5-203和图5-204所示分别为设置“流量”为35%和100%时的擦除效果。

图 5-201

图 5-202

图 5-203

图 5-204

- 抹到历史记录：选中该复选框后，“橡皮擦工具”的作用相当于“历史记录画笔工具”。

5.5.2 背景橡皮擦工具

技术速查：“背景橡皮擦工具”是一种基于色彩差异的智能化擦除工具，使用对比效果如图5-205和图5-206所示。

“背景橡皮擦工具”的功能非常强大，除了可以用来擦除图像外，最重要的功能是运用在抠图中。设置好背景色以后，使用该工具可以在抹除背景的同时保留前景对象的边缘，如图5-207所示为该工具的选项栏。

- 取样按钮：用来设置取样的方式。激活“取样：连续”按钮，在拖曳鼠标时可以连续对颜色进行取样，凡是出现在光标中心十字线以内的图像都将被擦除，如图5-208所示；激活“取样：一次”按钮，只擦除包含第1次单击处颜色的图像，如图5-209所示；激活“取样:背景色板”按钮，只擦除包含背景色的图像，如图5-210所示。

图 5-205

图 5-206

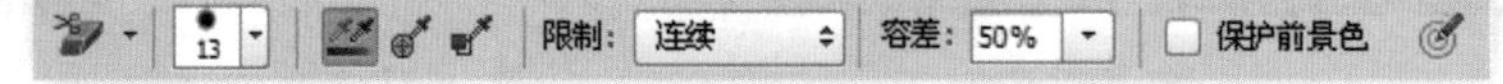

图 5-207

- 限制：设置擦除图像时的限制模式。选择“不连续”选项时，可以擦除出现在光标下任何位置的样本颜色；选择“连续”选项时，只擦除包含样本颜色并且相互连接的区域；选择“查找边缘”选项时，可以擦除包含样本颜色的连接区域，同时更好地保留形状边缘的锐化程度。

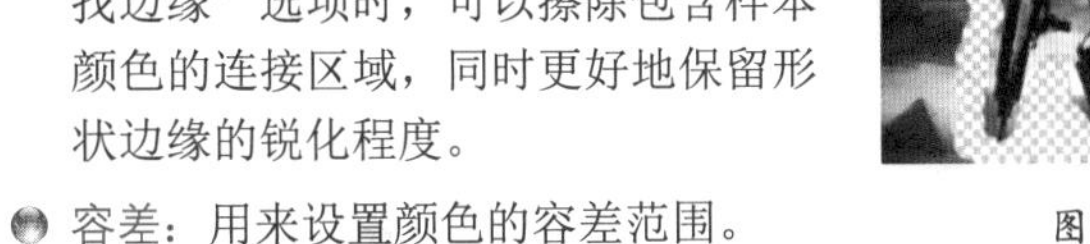

图 5-208

图 5-209

图 5-210

- 容差：用来设置颜色的容差范围。
- 保护前景色：选中该复选框后，可以防止擦除与前景色匹配的区域。

5.5.3 魔术橡皮擦工具

- **技术速查：使用“魔术橡皮擦工具”在图像中单击时，可以将所有相似的像素更改为透明。对比效果如图5-211和图5-212所示。如果在已锁定了透明像素的图层中工作，这些像素将更改为背景色。**

  “魔术橡皮擦工具”的选项栏如图5-213所示。

图 5-211

图 5-212

图 5-213

- 容差：用来设置可擦除的颜色范围。
- 消除锯齿：选中该复选框，可以使擦除区域的边缘变得平滑。
- 连续：选中该复选框，只擦除与单击点像素邻近的像素；取消选中该复选框，可以擦除图像中所有相似的像素。
- 不透明度：用来设置擦除的强度。值为100%时，将完全擦除像素；较小的值可以擦除部分像素。

☆ 视频课堂——为婚纱照换背景

案例文件\第5章\视频课堂——为婚纱照换背景.psd
视频文件\第5章\视频课堂——为婚纱照换背景.flv
思路解析：

01 打开照片素材。
02 使用“魔术橡皮擦工具”在天空区域单击并擦除。
03 添加新的背景素材。

★ 案例实战——使用多种擦除工具去除背景

案例文件	案例文件\第5章\使用多种擦除工具去除背景.psd
视频教学	视频文件\第5章\使用多种擦除工具去除背景.flv
难易指数	★★★★★
技术要点	橡皮擦工具、背景橡皮擦工具、魔术橡皮擦工具

案例效果

本例主要使用橡皮擦、背景橡皮擦、魔术橡皮擦等工具擦除画面背景，如图5-214和图5-215所示。

操作步骤

01 单击工具箱中的“背景橡皮擦工具”按钮，首先使用“滴管工具”吸取前景色为毛刷颜色，吸取背景色为背景中的粉色。在选项栏中设置取样方式为连续取样，“限制”为“连续”，“容差”为30%，选中“保护前景色”复选框，然后在毛刷周围进行涂抹，随着涂抹可以看到背景被擦除，而前景毛刷部分被保留了下来，如图5-216所示。

图　5-214

图　5-215

图　5-216

02 继续擦除其他部分，按住Alt键可以将工具快速切换为“滴管工具”，吸取需要保留部分的颜色为前景色，并进一步涂抹其他区域，如图5-217所示。

03 用同样的方法继续涂抹其他毛刷以及头发边缘处，如图5-218所示。

04 单击工具箱中的“魔术橡皮擦工具”按钮，在选项栏中设置“容差”为20，选中“连续”复选框，如图5-219所示。

图　5-217

图　5-218

图　5-219

05 将光标定位到粉色背景部分，如图5-220所示。单击即可擦除附近区域的粉色背景，如图5-221所示。

06 用同样的方法在背景其他处单击，去除全部背景，如图5-222所示。

07 为了便于观察，将背景填充为黑色，此时可以观察到前景仍然有一些多余的像素杂点，如图5-223所示。

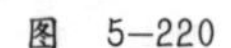

图　5-220

图　5-221

图　5-222

图　5-223

08 单击工具箱中的“橡皮擦工具”按钮，在选项栏中设置合适的笔尖大小及硬度，如图5-224所示。然后在背景中多余的区域进行涂抹擦除，如图5-225所示。

09 擦除完成后删除黑色背景，导入背景素材。最终效果如图5-226所示。

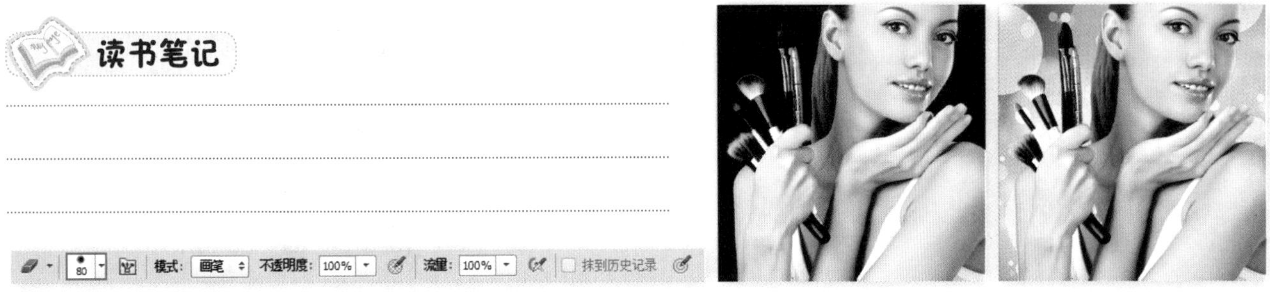

图 5-224

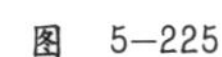

图 5-225

图 5-226

5.6 图像填充工具

视频精讲：Photoshop CS6自学视频教程\58.渐变工具与油漆桶工具.flv

Photoshop的工具箱中提供了两种图像填充工具，分别是“渐变工具”和“油漆桶工具”。通过这两种填充工具可在指定区域或整个图像中填充纯色、渐变或图案等。

5.6.1 渐变工具

技术速查：“渐变工具”可以在整个文档或选区内填充渐变色，并且可以创建多种颜色间的混合效果。

“渐变工具”的使用对比效果如图5-227～图5-229所示。

图 5-227

图 5-228

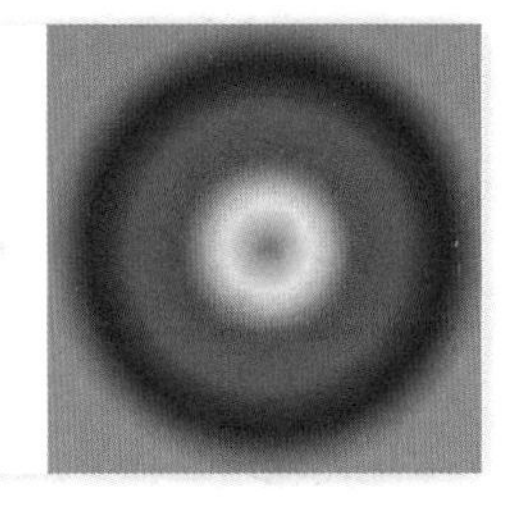

图 5-229

“渐变工具”的应用非常广泛，不仅可以用来填充图像，还可以用来填充图层蒙版、快速蒙版和通道等，其选项栏如图5-230所示。

图 5-230

渐变颜色条：显示了当前的渐变颜色，单击右侧的下拉按钮，可以打开“渐变”拾色器，如图5-231所示。如果直接单击渐变颜色条，则会弹出“渐变编辑器”窗口，如图5-232所示。在该窗口中可以编辑渐变颜色或保存渐变等。

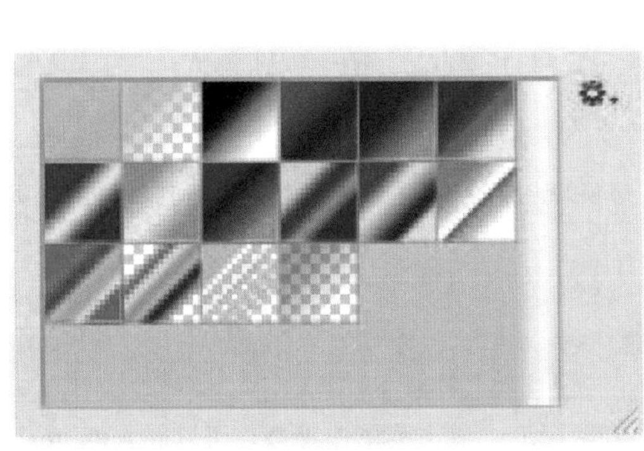

图 5-231

图 5-232

思维点拨：什么是渐变色

渐变色是柔和晕染开来的色彩，或从明到暗，或由深转浅，或从一个色彩过渡到另一个色彩，充满变换无穷的神秘浪漫气息。渐变色的配色也是基于纯色配色的几个要点之上的，一般而言，渐变的选择是以应用在背景为主，且不超过两个。渐变本身是多色的一种组合，只不过其基本色一样，体现在明暗上有所不同，效果如图5-233和图5-234所示。

图 5-233

图 5-234

- 渐变类型按钮：激活“线性渐变”按钮，可以以直线方式创建从起点到终点的渐变，如图5-235所示；激活“径向渐变”按钮，可以以圆形方式创建从起点到终点的渐变，如图5-236所示；激活“角度渐变”按钮，可以创建围绕起点以逆时针扫描方式的渐变，如图5-237所示；激活“对称渐变”按钮，可以使用均衡的线性渐变在起点的任意一侧创建渐变，如图5-238所示；激活“菱形渐变”按钮，可以以菱形方式从起点向外产生渐变，终点定义菱形的一个角，如图5-239所示。

图 5-235

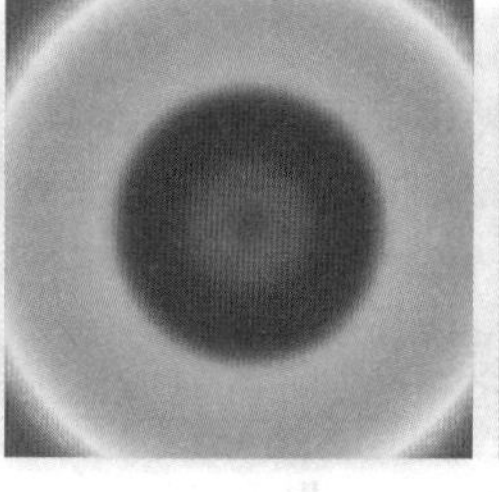

图 5-236

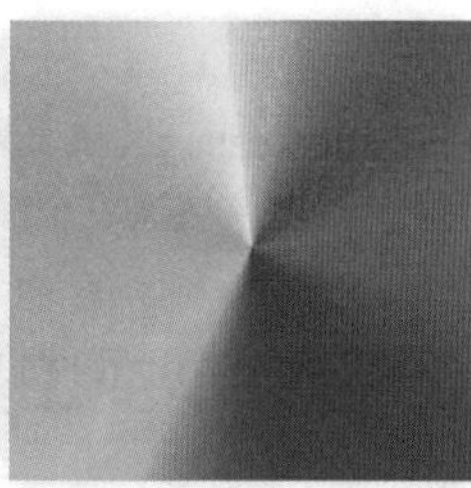

图 5-237

- 模式：用来设置应用渐变时的混合模式。
- 不透明度：用来设置渐变色的不透明度。
- 反向：转换渐变中的颜色顺序，得到反方向的渐变结果，如图5-240和图5-241所示分别是正常渐变和反向渐变效果。
- 仿色：选中该复选框，可以使渐变效果更加平滑，主要用于防止打印时出现条带化现象，但在计算机屏幕上并不能明显地体现出来。
- 透明区域：选中该复选框，可以创建包含透明像素的渐变，如图5-242所示。

图 5-238

图 5-239

图 5-240

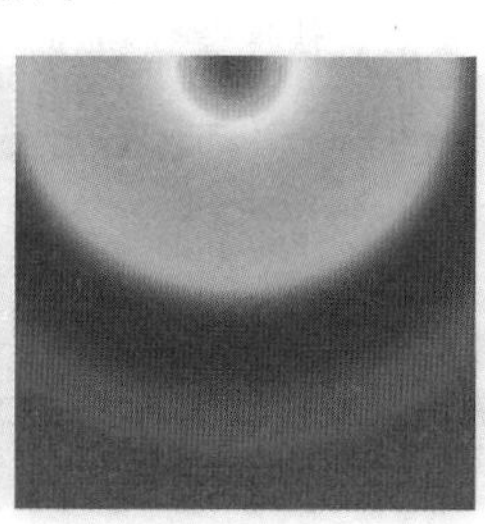

图 5-241

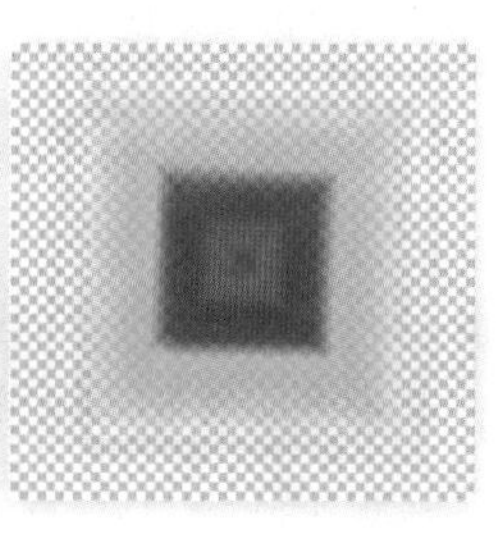

图 5-242

技巧提示

“渐变工具”不能用于位图或索引颜色图像。在切换颜色模式时，有些方式观察不到任何渐变效果，此时需要将图像切换到可用模式下进行操作。

5.6.2 渐变编辑器详解

“渐变编辑器”窗口主要用来创建、编辑、管理、删除渐变。单击菜单按钮，可以载入Photoshop预设的一些渐变效果；单击 载入(L)... 按钮，可以载入外部的渐变资源；单击 存储(S)... 按钮，可以将当前选择的渐变存储起来，以备以后调用，如图5-243所示。

- 名称：显示当前渐变色名称。
- 渐变类型：包含“实底”和“杂色”两种。

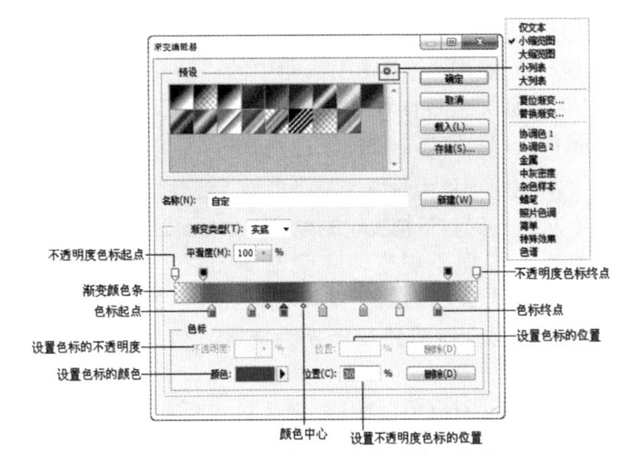

图 5-243

实底渐变

设置“渐变类型”为“实底”时，“实底”渐变是默认的渐变类型，如图5-244所示。

- 平滑度：设置渐变色的平滑程度。
- 不透明度色标：拖曳不透明度色标可以移动它的位置。在“色标”选项组下可以精确设置色标的不透明度和位置，如图5-245所示。
- 不透明度中点：用来设置当前不透明度色标的中心点位置。也可以在“色标”选项组下进行设置，如图5-246所示。

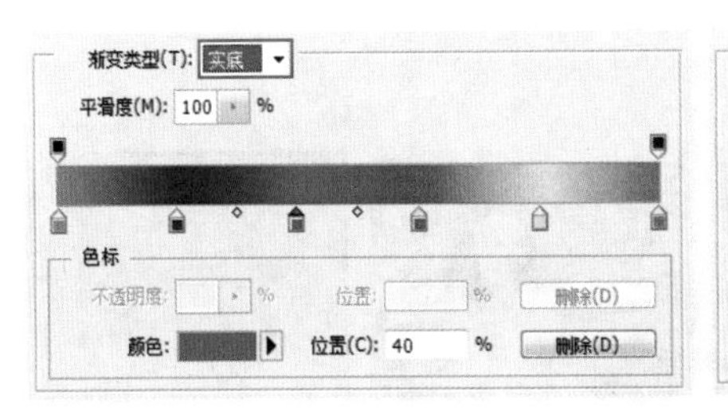

图 5-244

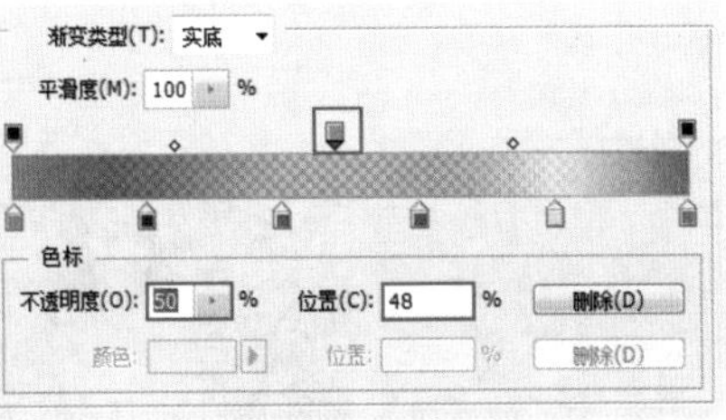

图 5-245

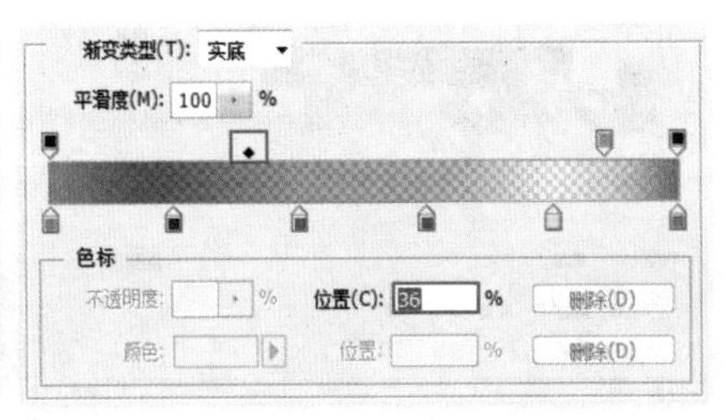

图 5-246

- 色标：拖曳色标可以移动它的位置。在“色标”选项组下可以精确设置色标的颜色和位置，如图5-247所示。
- 删除：删除不透明度色标或者色标。

杂色渐变

“杂色”渐变包含了在指定范围内随机分布的颜色，其颜色变化效果更加丰富，如图5-248所示。

- 粗糙度：控制渐变中两个色带之间逐渐过渡的方式。
- 颜色模型：选择一种颜色模型来设置渐变色，包括RGB、HSB和LAB 3个选项。
- 限制颜色：选中该复选框，可将颜色限制在可以打印的范围以内，以防止颜色过于饱和。
- 增加透明度：选中该复选框，可以增加随机颜色的透明度，如图5-249所示。

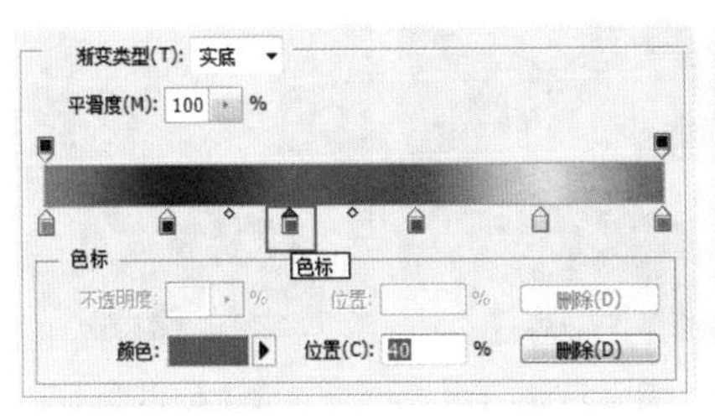

图 5-247

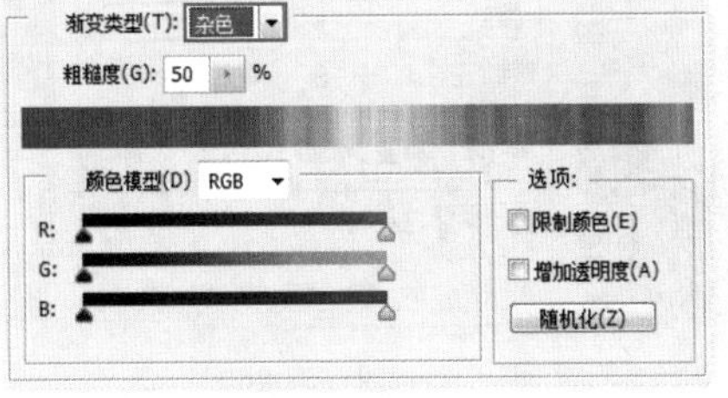

图 5-248

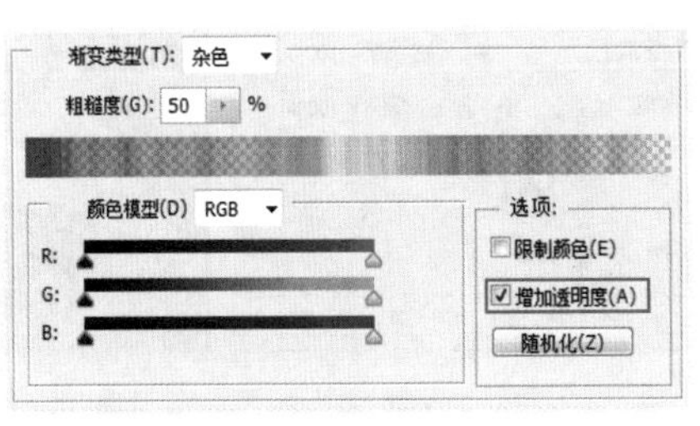

图 5-249

- 随机化：每单击一次该按钮，Photoshop就会随机生成一个新的渐变色。

★ 案例实战——粉紫色梦幻效果

案例文件	案例文件\第5章\粉紫色梦幻效果.psd
视频教学	视频文件\第5章\粉紫色梦幻效果.flv
难度级别	★★★★★
技术要点	“渐变工具”、混合模式

案例效果

本例主要是通过使用“钢笔工具”、“渐变工具”、混合模式制作粉紫色梦幻效果。对比效果如图5-250和图5-251所示。

01 打开素材文件1.jpg，如图5-252所示。

02 新建图层，单击工具箱中的“渐变工具”按钮，单击选项栏中的渐变颜色条，在“渐变编辑器”窗口中编辑一种粉紫色系的渐变，如图5-253所示。

03 在选项栏中设置渐变类型为“线性渐变”，在画面中从左上到右下拖曳绘制渐变，如图5-254所示。

04 为了便于观察，隐藏渐变图层。使用“钢笔工具”沿着人像的边缘绘制路径，如图5-255所示。按Ctrl+Enter组合键将路径转换为选区，效果如图5-256所示。

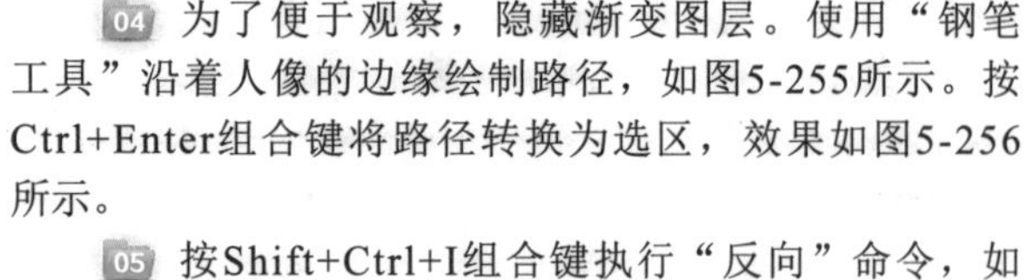

05 按Shift+Ctrl+I组合键执行“反向”命令，如图5-257所示。选中渐变图层，单击“图层”面板底部的“添加图层蒙版”按钮，如图5-258所示，为其添加图层蒙版，效果如图5-259所示。

图 5-250

图 5-251

图 5-252

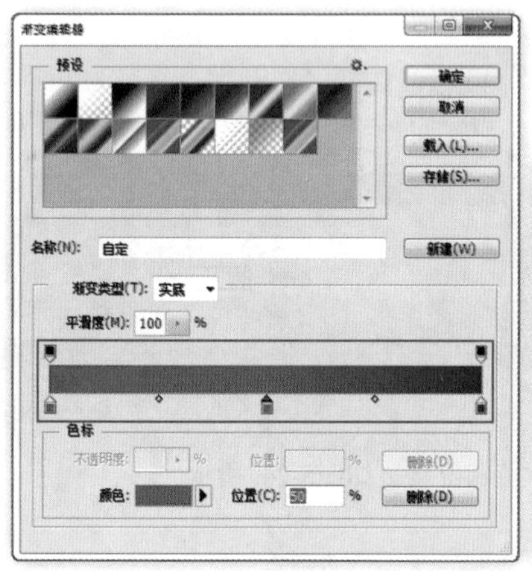

图 5-253

图 5-254

图 5-255

图 5-256

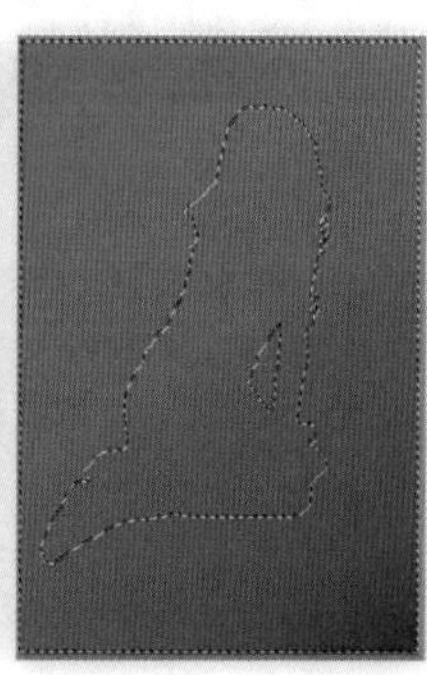

图 5-257

06 设置渐变图层的混合模式为“颜色”，“不透明度”为80%，如图5-260所示。效果如图5-261所示。

07 最后导入光效素材2.png，置于画面中合适位置。最终效果如图5-262所示。

图 5-258

图 5-259

图 5-260

图 5-261

图 5-262

5.6.3 油漆桶工具

技术速查：“油漆桶工具”可以在图像中填充前景色或图案。

如果创建了选区，填充的区域为当前选区；如果没有创建选区，填充的是与单击处颜色相近的区域，如图5-263和图5-264所示。

"油漆桶工具"的选项栏如图5-265所示。

图 5-263

图 5-264

图 5-265

- 填充模式：选择填充的模式，包括"前景"和"图案"两种模式。
- 模式：用来设置填充内容的混合模式。
- 不透明度：用来设置填充内容的不透明度。
- 容差：用来定义必须填充的像素颜色的相似程度。设置较小的"容差"值会填充颜色范围内与单击处像素非常相似的像素；设置较大的"容差"值会填充更大范围的像素。
- 消除锯齿：选中该复选框，可平滑填充选区的边缘。
- 连续的：选中该复选框，只填充图像中处于连续范围内的区域；取消选中该复选框，可以填充图像中的所有相似像素。
- 所有图层：选中该复选框，可以对所有可见图层中的合并颜色数据填充像素；取消选中该复选框，仅填充当前选择的图层。

5.6.4 定义图案预设

在Photoshop中可以将打开的图像文件定义为图案，也可以将选区中的图像定义为图案。选择一个图案或选区中的图像以后，执行"编辑>定义图案"命令，就可以将其定义为预设图案，如图5-266所示。

执行"编辑>填充"命令可以用定义的图案填充画布。首先在弹出的"填充"对话框中设置"使用"为"图案"，然后单击"自定图案"选项后面的下拉按钮，最后在弹出的"图案"拾色器中选择自定义的图案，如图5-267所示。单击"确定"按钮后即可用自定义的图案填充整个画布，如图5-268所示。

图 5-266

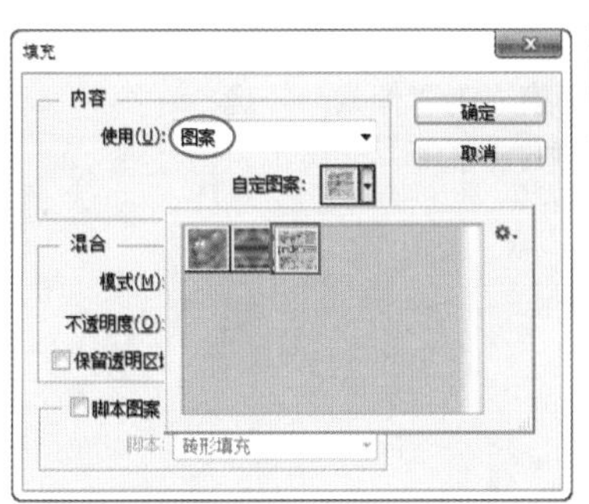

图 5-267

图 5-268

★ 案例实战——定义图案并制作可爱卡片

案例文件	案例文件\第5章\定义图案并制作可爱卡片.psd
视频教学	视频文件\第5章\定义图案并制作可爱卡片.flv
难易指数	★★★★★
技术要点	"定义图案"命令、"钢笔工具"、"自定形状工具"以及"图层样式"命令

案例效果

本例主要是利用"定义图案"命令、"钢笔工具"、"自定形状工具"以及"图层样式"命令制作卡通卡片，效果如图5-269所示。

操作步骤

01 新建文件，为其填充粉色。新建图层，使用“矩形选框工具”在画面中绘制合适的矩形，为其填充较深的粉色，效果如图5-270所示。

02 设置图层1的“不透明度”为60%，如图5-271所示。效果如图5-272所示。

图 5-269

图 5-270

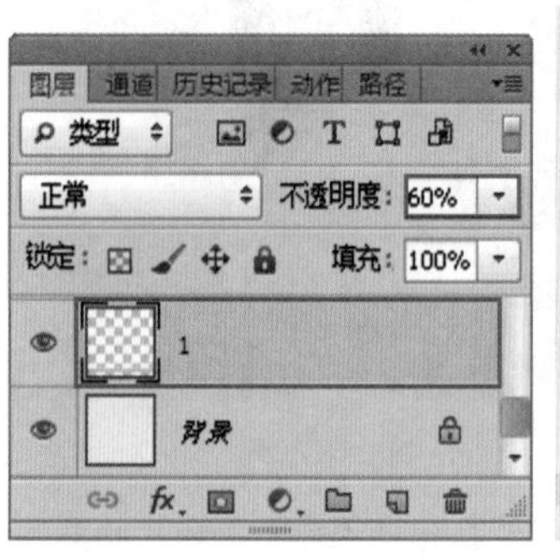

图 5-271

图 5-272

03 复制矩形图层，按Ctrl+T组合键对其执行“自由变换”命令。单击鼠标右键，在弹出的快捷菜单中选择“旋转90度（顺时针）”命令，如图5-273所示。变换完毕后按Enter键确定，如图5-274所示。

04 使用“矩形选框工具”框选合适的部分，如图5-275所示。执行“编辑>定义图案”命令，如图5-276所示。

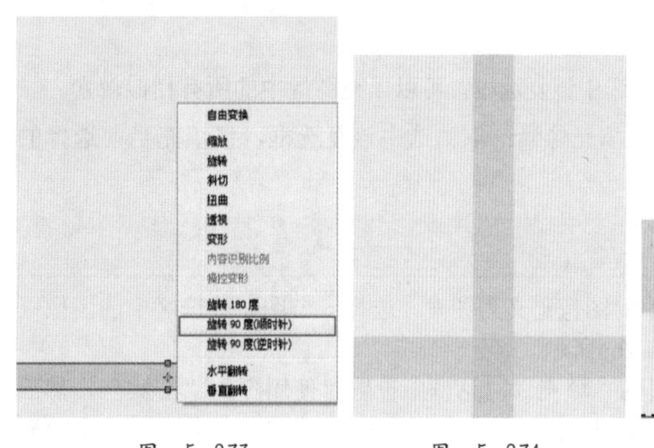

图 5-273　图 5-274　图 5-275

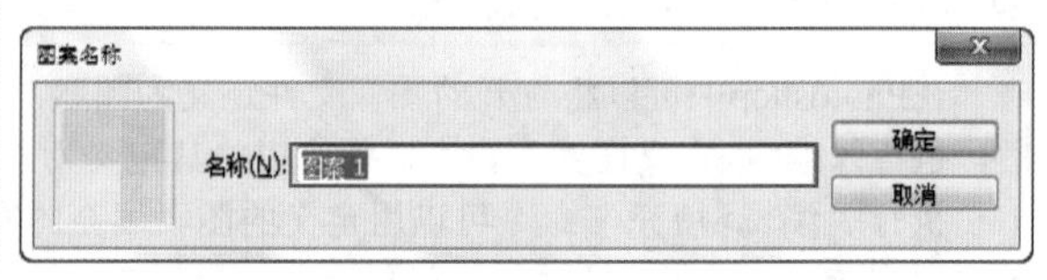

图 5-276

05 新建图层，单击工具箱中的“油漆桶工具”按钮，在选项栏中设置填充为“图案”，设置图案为图案1，如图5-277所示。在画面中单击进行填充，效果如图5-278所示。

图 5-277

06 再次新建图层，隐藏所有图层，设置前景色为白色，使用“自定形状工具”，在选项栏中设置绘制模式为“像素”，选择心形图案，如图5-279所示。在画面中绘制，如图5-280所示。使用同样方法定义图案2，如图5-281所示。

图 5-278　图 5-279

07 新建图层，使用“矩形选框工具”绘制合适的矩形选区，为其填充粉色，如图5-282所示。再次新建图层，框选合适的矩形选区，使用“油漆桶工具”为其填充心形图案，如图5-283所示。

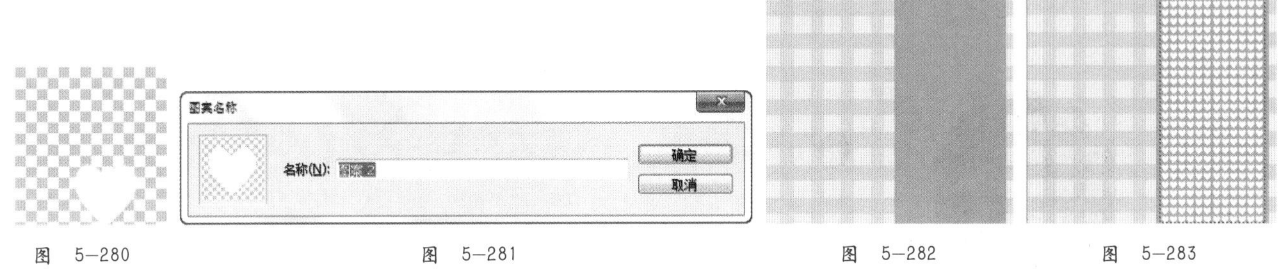

图 5-280　　图 5-281　　图 5-282　　图 5-283

08 使用“钢笔工具”，在选项栏中设置绘制模式为“形状”，“填充”为无，设置描边颜色为白色，描边类型为虚线，如图5-284所示。在画面中绘制虚线，效果如图5-285所示。

09 导入小熊素材1.png，置于画面中合适位置，如图5-286所示。

10 继续导入文字素材2.png，置于画面中合适的位置。载入文字选区，在“文字”图层下方新建图层，如图5-287所示，为其填充黑色，并将其向下进行移动，设置“不透明度”为35%，如图5-288和图5-289所示。

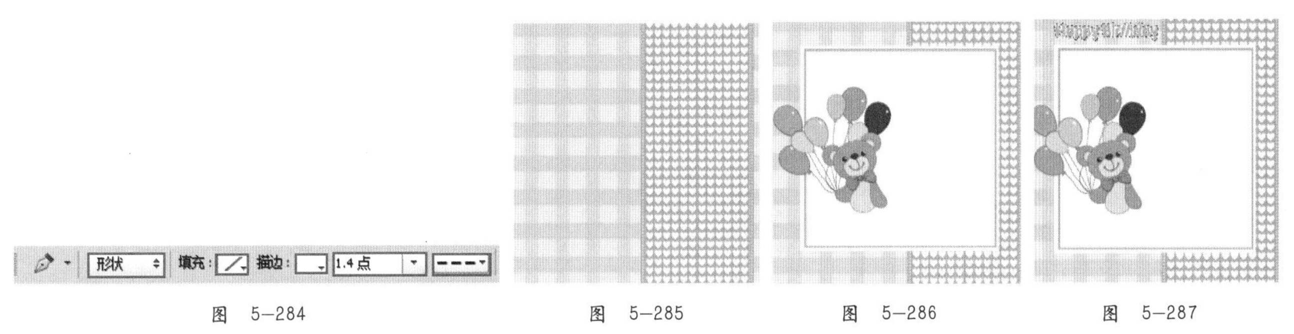

图 5-284　　图 5-285　　图 5-286　　图 5-287

11 新建图层，设置前景色为粉色，继续使用“钢笔工具”，设置绘制模式为“路径”，在画面中合适位置绘制数字1的形状，将其转换为选区，并为其填充前景色。按Ctrl+D组合键取消选区，如图5-290所示。使用同样方法制作不同颜色的数字形状，效果如图5-291所示。

12 新建图层，使用同样方法制作圆形填充图案。单击鼠标右键，在弹出的快捷菜单中选择“创建剪贴蒙版”命令，效果如图5-292所示。

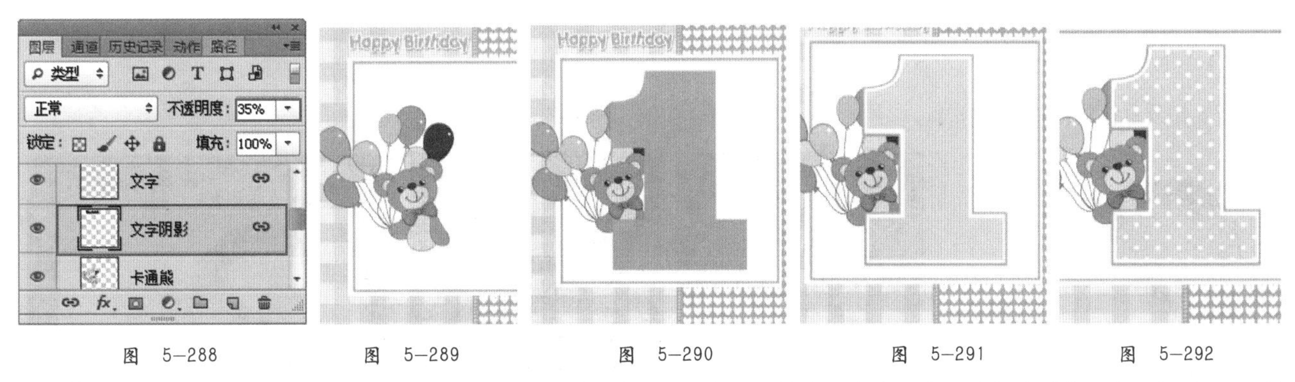

图 5-288　　图 5-289　　图 5-290　　图 5-291　　图 5-292

13 使用“自定形状工具”，在选项栏中设置绘制模式为“形状”，填充颜色为黑色，选择合适的形状，如图5-293所示。在画面中合适位置单击进行绘制，如图5-294所示。设置其“不透明度”为35%，如图5-295所示。效果如图5-296所示。

图 5-293

14 用同样方法制作紫色花朵形状，如图5-297所示。

15 对花朵执行“图层>图层样式>描边”命令，设置“大小”为8像素，“位置”为“外部”，“填充类型”为“颜色”，“颜色”为白色，如图5-298所示。效果如图5-299所示。

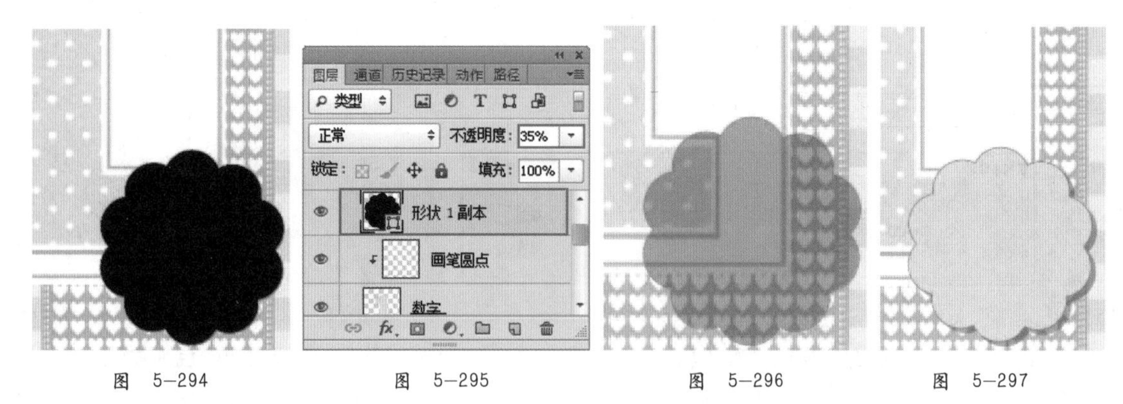

图 5-294　　图 5-295　　图 5-296　　图 5-297

16 使用同样方法制作其他的形状，并导入鸭子素材文件3.png，如图5-300所示。

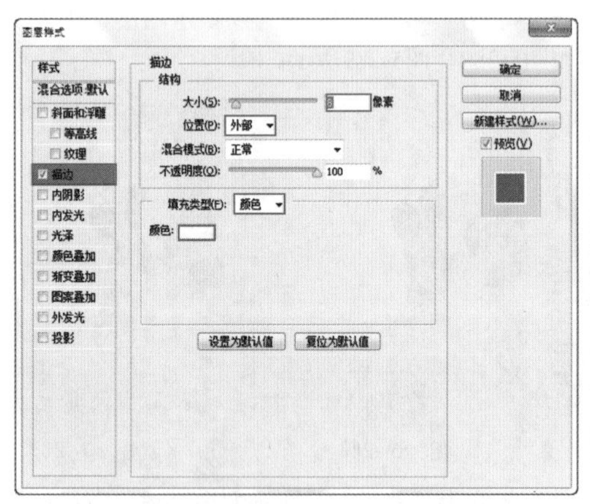

图 5-298

图 5-299

图 5-300

★ 案例实战——使用外挂画笔制作火凤凰

案例文件	案例文件\第5章\使用外挂画笔制作火凤凰.psd
视频教学	视频文件\第5章\使用外挂画笔制作火凤凰.flv
难易指数	
技术要点	外挂笔刷的使用、混合模式、自由变换

案例效果

本例主要通过外挂笔刷，制作羽毛头饰效果。原图与效果图对比效果如图5-301和图5-302所示。

操作步骤

01 打开背景素材文件，如图5-303所示。导入人像素材，放在底部，如图5-304所示。

图 5-301

图 5-302

图 5-303

图 5-304

02 使用“钢笔工具”勾勒出人像轮廓，然后按Ctrl+Enter组合键载入路径的选区，单击“图层”面板的“添加图层蒙版”按钮，使背景部分隐藏，如图5-305所示。

03 新建一个“花朵”图层组。导入花朵素材，放在人像头部右侧作为装饰，如图5-306所示。在使用“移动工具”状态下按下Alt键，选择并移动复制出多个花朵。对花朵使用“自由变换”组合键Ctrl+T，调整大小和位置，然后使用合并组合键Ctrl+E合并当前花朵为一个图层，如图5-307所示。

图 5-305

图 5-306

图 5-307

为了使花朵间的结合更加真实，需要在处于后方的花朵上模拟阴影效果。

04 下面开始制作3朵花的投影。按Ctrl+J组合键复制出一个“花朵副本”图层。按住Ctrl键单击“花朵副本”图层缩略图载入选区，并填充黑色，然后执行“滤镜>模糊>高斯模糊”命令，在弹出的“高斯模糊”对话框中设置“半径”为30像素，如图5-308所示。接着设置图层的“不透明度”为58%，并将其放置在“花朵”图层的下一层，如图5-309所示。效果如图5-310所示。

05 继续为人像其他位置添加花朵装饰，如图5-311所示。然后导入纷飞的花瓣素材文件，放置在顶部位置，如图5-312所示。接着导入珍珠素材，复制出另外两个，调整大小并分别放置在颈部的花朵上，如图5-313所示。

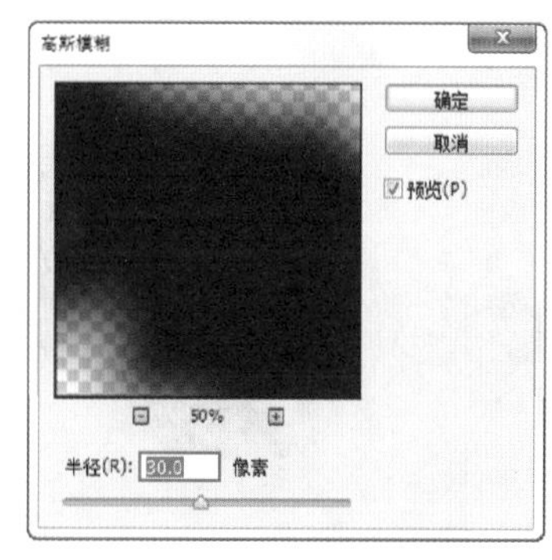

图 5-308

图 5-309

图 5-310

图 5-311

图 5-312

图 5-313

06 新建一个“眼妆”图层组。导入眼影素材文件，并调整好眼影大小和位置，如图5-314所示。然后将该图层的混合模式设置为“强光”，如图5-315所示。效果如图5-316所示。

07 复制眼影部分，水平翻转并摆放到另一只眼睛处，擦去多余的部分，如图5-317所示。

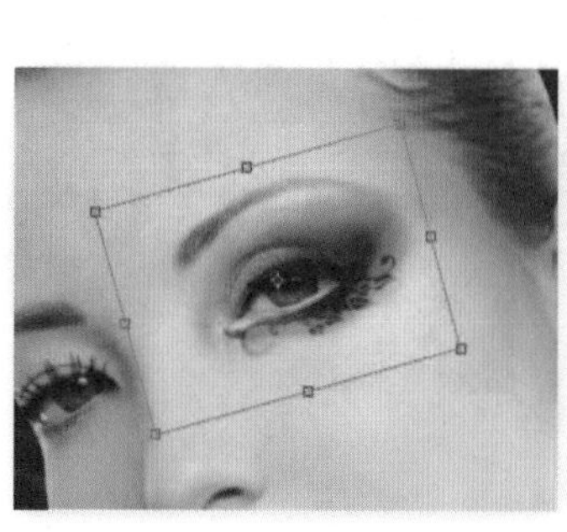

图 5-314

图 5-315

图 5-316

图 5-317

技巧提示

在Photoshop中模拟夸张的彩妆是比较复杂的，但是通过这种方法可以快速地为人像添加绚丽的眼妆。本案例的眼妆素材提取自一张彩妆非常夸张的人像照片。在素材照片的选择上，除了需要注意拍摄角度、人像姿势外，还需要注意光感、肤色、彩妆结构等多种因素。

提取出素材后，通常需要使用“自由变换”或者“液化”滤镜对其进行适当变形，外形调整完成后使用混合模式即可得到融合的效果。这种操作也可以应用到为人像制作双眼皮的案例中。

08 接着创建新的图层，使用“画笔工具”，设置前景色为黑色。在选项栏中单击“画笔预设”拾取器，选择载入的羽毛睫毛图案，设置“大小”为“850像素”，如图5-318所示。为人像右侧眼睛绘制羽毛睫毛，并添加一个图层蒙版，然后使用黑色画笔在蒙版中涂抹睫毛多余部分，如图5-319所示。

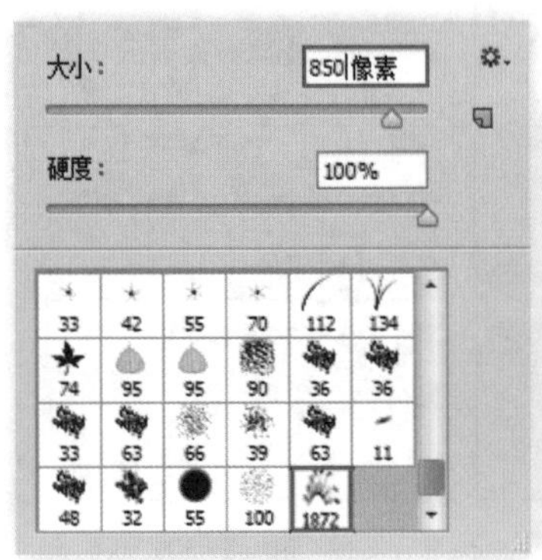

图 5-318

图 5-319

技巧提示

执行“编辑>预设管理器”命令，打开“预设管理器”窗口，选择“预设类型”为“画笔”，载入相应的画笔素材即可，如图5-320所示。

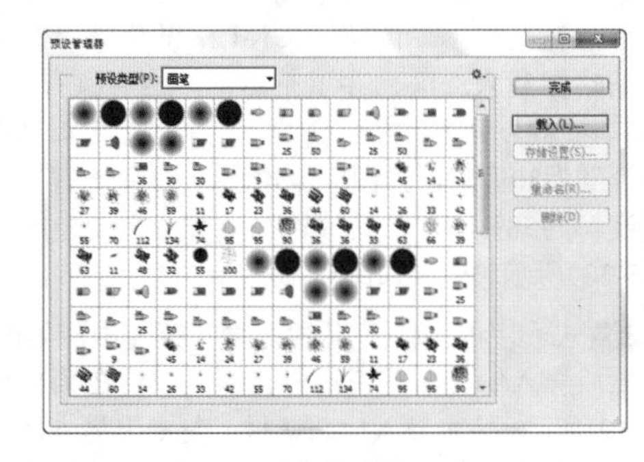

图 5-320

09 载入睫毛选区，单击工具箱中的“渐变工具”按钮，在选项栏中设置渐变类型为线性渐变，并单击渐变颜色条弹出“渐变编辑器”窗口，拖曳滑块调整渐变颜色为从红色到褐色的渐变，如图5-321所示，然后在选区部分自上而下填充渐变颜色，如图5-322所示。

图 5-321

10 选择绘制完成的羽毛睫毛图层，复制并使用“自由变换”组合键“Ctrl+T”，水平翻转后调整羽毛睫毛大小，放置在左侧位置，并在图层蒙版中使用黑色画笔涂抹多余部分，如图5-323所示。导入钻石素材，多次复制并调整角度和大小，沿眉毛排布，如图5-324所示。

11 在“花朵”图层组下方创建“羽毛”图层组，在其中新建图层，设置前景色为红色。使用“画笔工具”，在选项栏中单击“画笔预设”拾取器，选择一个合适的羽毛笔刷，在额头的位置单击绘制出一个羽毛，如图5-325所示。按Ctrl+J组合键复制出一个“羽毛副本”图层，然后使用“自由变换”组合键Ctrl+T，调整大小和位置，如图5-326所示。

图 5-322

图 5-323

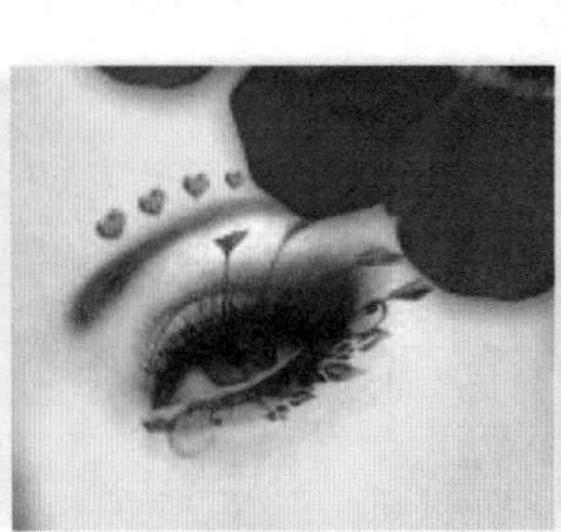

图 5-324

图 5-325

12 采用上述方法为人像绘制出多组羽毛装饰，如图5-327所示。继续在下方创建一个“羽毛头饰”图层组，在其中新建图层，使用“画笔工具”，选择合适的羽毛笔刷绘制一个较小的羽毛，如图5-328所示。

13 对头顶的羽毛使用“自由变换”组合键Ctrl+T，对羽毛进行纵向的拉伸以及变形，如图5-329所示。效果如图5-330所示。

图 5-326

图 5-327

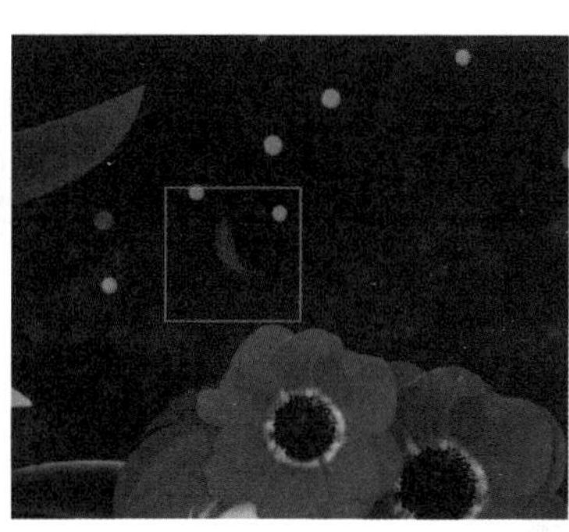

图 5-328

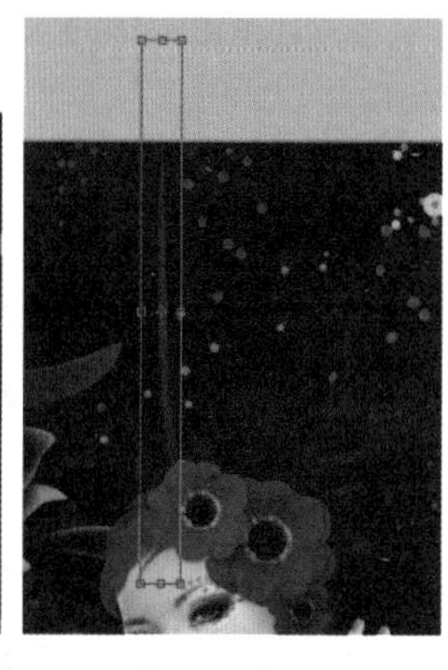

图 5-329

14 用同样的方法在头部绘制更多的羽毛，并注意羽毛形状和排列的形态，如图5-331所示。

15 为了增加羽毛头饰的丰富性，可以更改颜色绘制多彩的羽毛效果。在顶部新建“彩色”图层组，在其中新建图层并绘制，最后可以为该图层组添加图层蒙版，使用黑色画笔涂抹，去掉多余部分，如图5-332所示。效果如图5-333所示。

图 5-330

图 5-331

图 5-332

图 5-333

技巧提示

为了突出层次感，在羽毛头饰的颜色选择上需要注意，靠后的羽毛颜色的饱和度及明度稍低，而前景的羽毛则可以选择饱和度较高或亮度稍高的颜色。

16 最后导入红光素材，放在“人像”图层的下方，设置该图层的混合模式为“滤色”，如图5-334所示。最终效果如图5-335所示。

读书笔记

图 5-334

图 5-335

☆ 视频课堂——海底创意葡萄酒广告

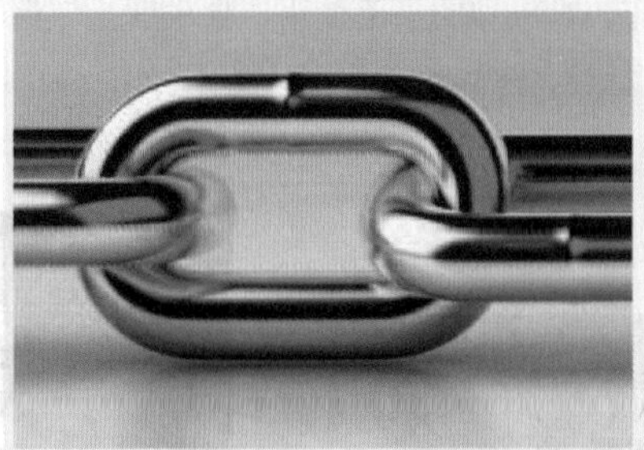

案例文件\第5章\视频课堂——海底创意葡萄酒广告.psd
视频文件\第5章\视频课堂——海底创意葡萄酒广告.flv
思路解析：

01 打开背景，导入素材。
02 使用画笔绘制光束，并进行变换操作。
03 定义锁链形状的画笔。
04 调用锁链笔刷，使用“画笔”面板调整笔刷属性。
05 在酒瓶底部绘制锁链效果。
06 适当调整颜色，完成操作。

课后练习

【课后练习——为照片添加绚丽光斑】

- 思路解析：本案例通过在“画笔”面板中对画笔样式进行设置，调整出大小不同的笔尖形态，并在画面中绘制出绚丽的光斑。

本章小结

通过本章对绘画工具的学习，掌握多种绘制、填充以及颜色设置的方法。在制图过程中，需要将“画笔”面板与多种绘制工具相结合，才能够轻松绘制出丰富的效果。

读书笔记

第6章 数码照片修饰

本章内容简介：

在传统摄影中，很多元素都需要“一次成型”，对操作人员以及设备提出很高的要求，但诸多问题和瑕疵却是在所难免的。图像的数字化处理则解决了这个问题，Photoshop的修复工具组包括“污点修复画笔工具”、“修复画笔工具”、“修补工具”和“红眼工具”。使用这些工具能够方便快捷地去除数码照片中的瑕疵，如人像面部的斑点、皱纹、红眼，环境中多余的人以及不合理的杂物等。

本章学习要点：

- 掌握多种修复工具的特性与使用方法
- 掌握图像润饰工具的使用方法

6.1 图章工具组

视频精讲：Photoshop CS6自学视频教程\49.仿制图章工具与图案图章工具.flv

6.1.1 “仿制源”面板

技术速查：使用图章工具或图像修复工具时，可以通过“仿制源”面板来设置不同的样本源。

“仿制源”面板最多可以设置5个样本源，并且可以查看样木源的叠加，以便在特定位置进行仿制。另外，通过“仿制源”面板还可以缩放或旋转样本源，以更好地匹配仿制目标的大小和方向。执行“窗口>仿制源”命令，可以打开“仿制源”面板，如图6-1所示。

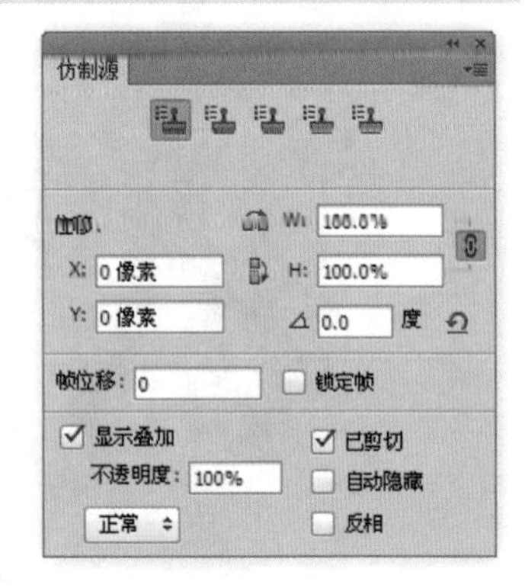

图 6—1

技巧提示

对于基于时间轴的动画，“仿制源”面板还可以用于设置样本源视频/动画帧与目标视频/动画帧之间的帧关系。

- “仿制源”按钮：激活“仿制源”按钮以后，按住Alt键的同时使用图章工具或图像修复工具在图像中单击，可以设置取样点，如图6-2所示。单击下一个“仿制源”按钮，可以继续取样。
- 位移：指定x轴和y轴的像素位移，可以在相对于取样点的精确位置进行仿制。
- W/H：输入 W（宽度）或 H（高度）值，可以缩放所仿制的源，如图6-3所示。
- 旋转：在文本框中输入旋转角度，可以旋转仿制的源，如图6-4所示。

图 6—2

图 6—3

图 6—4

- 翻转按钮：单击“水平翻转”按钮，可以水平翻转仿制源，如图6-5所示；单击“垂直翻转”按钮，可以垂直翻转仿制源，如图6-6所示。
- “复位变换”按钮：将W、H、角度值和翻转方向恢复到默认的状态。
- 帧位移/锁定帧：在“帧位移”文本框中输入帧数，可以使用与初始取样的帧相关的特定帧进行仿制，输入正值时，要使用的帧在初始取样的帧之后；输入负值时，要使用的帧在初始取样的帧之前。如果选中“锁定帧”复选框，则总是使用初始取样的相同帧进行仿制。
- 显示叠加：选中“显示叠加”复选框，并设置了叠加方式以后，可以在使用图章工具或修复工具时，更好地查看叠加以及下面的图像。
- 不透明度：用来设置叠加图像的不透明度。
- 自动隐藏：选中该复选框，可以在应用绘画描边时隐藏叠加。
- 已剪切：选中该复选框，可将叠加剪切到画笔大小。
- 叠加下拉列表框：如果要设置叠加的外观，可以从该下拉列表框中进行选择。
- 反相：选中该复选框，可反相叠加中的颜色，如图6-7所示。

图 6-5

图 6-6

图 6-7

6.1.2 仿制图章工具

- 技术速查："仿制图章工具"可以将图像的一部分绘制到同一图像的另一个位置上。

"仿制图章工具"对于复制对象或修复图像中的缺陷非常有用，如图6-8所示。它可以将图像绘制到具有相同颜色模式的任何打开文档的另一部分，也可以将一个图层的一部分绘制到另一个图层上。

图 6-8

单击工具箱中的"仿制图章工具"按钮，其选项栏如图6-9所示。

图 6-9

- "切换画笔面板"按钮：打开或关闭"画笔"面板。
- "切换仿制源面板"按钮：打开或关闭"仿制源"面板。
- 对齐：选中该复选框，可以连续对像素进行取样，即使是释放鼠标以后，也不会丢失当前的取样点。
- 样本：从指定的图层中进行数据取样。

操作步骤

01 打开素材文件，如图6-12所示。单击工具箱中的"仿制图章工具"按钮，按住Alt键在人物脚部单击进行取样，如图6-12所示。执行"窗口>仿制源"命令，打开"仿制源"面板，单击"仿制源"按钮，然后单击"水平翻转"按钮，设置其数值为150%，如图6-13所示。

★ 案例实战——使用仿制源面板与仿制图章工具

案例文件	案例文件\第6章\使用仿制源面板与仿制图章工具.psd
视频教学	视频文件\第6章\使用仿制源面板与仿制图章工具.flv
难易指数	★★★★★
技术要点	仿制图章工具

案例效果

本例主要使用"仿制图章工具"制作双胞胎儿童效果，对比效果如图6-10和图6-11所示。

图 6-10

图 6-11

图 6-12

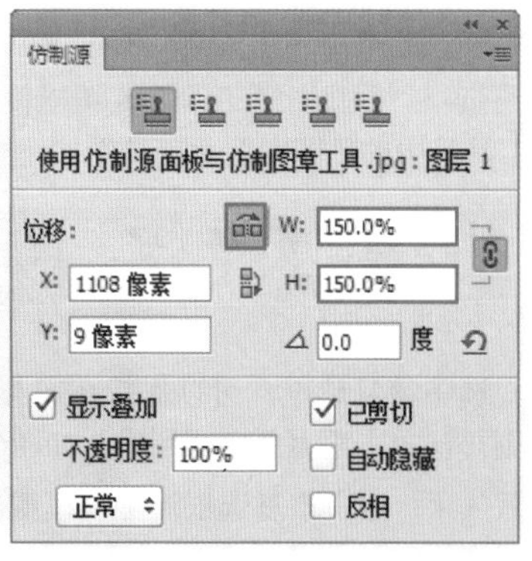

图 6-13

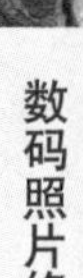

02 在选项栏中设置合适的画笔大小，如图6-14所示。在画面右侧地面处进行单击并涂抹，如图6-15所示，绘制出右边的人物。最终效果如图6-16所示。

图 6-14

图 6-15

图 6-16

☆ 视频课堂——使用仿制图章工具修补天空

案例文件\第6章\视频课堂——使用仿制图章工具修补天空.psd
视频文件\第6章\视频课堂——使用仿制图章工具修补天空.flv
思路解析：

01 单击工具箱中的“仿制图章工具”按钮，设置合适的画笔属性。
02 在天空空白处按住Alt键单击进行取样。
03 在需要去除的地方进行涂抹。

6.1.3 图案图章工具

- 技术速查：“图案图章工具”可以使用预设图案或载入的图案进行绘画。

单击工具箱中的“图案图章工具”按钮，其选项栏如图6-17所示。

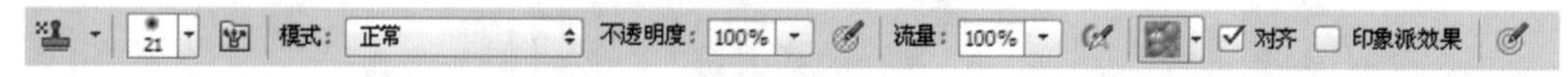

图 6-17

- 对齐：选中该复选框，可以保持图案与原始起点的连续性，即使多次单击也不例外，如图6-18所示；取消选中该复选框，则每次单击都重新应用图案，如图6-19所示。
- 印象派效果：选中该复选框，可以模拟出印象派效果的图案，如图6-20和图6-21所示分别是取消选中和选中“印象派效果”复选框时的效果。

图 6-18

图 6-19

图 6-20

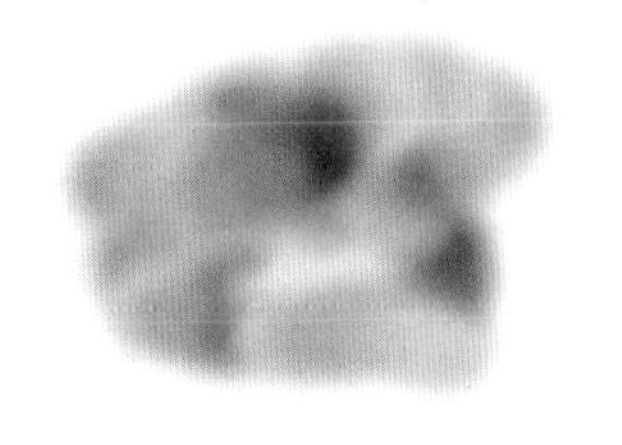

图 6-21

6.2 修复工具组

6.2.1 污点修复画笔工具

- 视频精讲：Photoshop CS6自学视频教程\50.使用污点修复画笔.flv
- 技术速查：使用“污点修复画笔工具”可以消除图像中的污点或某个对象。

“污点修复画笔工具”不需要设置取样点，因为它可以自动从所修饰区域的周围进行取样，其使用效果如图6-22和图6-23所示。

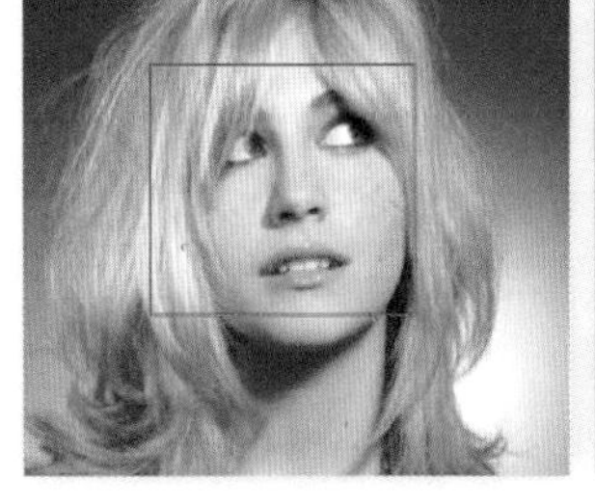

图 6-22

图 6-23

“污点修复画笔工具”的选项栏如图6-24所示。

图 6-24

- 模式：用来设置修复图像时使用的混合模式。除“正常”、“正片叠底”等常用模式以外，还有“替换”模式，该模式可以保留画笔描边边缘处的杂色、胶片颗粒和纹理。
- 类型：用来设置修复的方法。选中“近似匹配”单选按钮，可以使用选区边缘周围的像素来查找用作选定区域修补的图像区域；选中“创建纹理”单选按钮，可以使用选区中的所有像素创建一个用于修复该区域的纹理；选中“内容识别”单选按钮，可以使用选区周围的像素进行修复。

★ 案例实战——污点修复画笔去除美女面部斑点

案例文件	案例文件\第6章\污点修复画笔去除美女面部斑点.psd
视频教学	视频文件\第6章\污点修复画笔去除美女面部斑点.flv
难易指数	★★★★★
技术要点	污点修复画笔工具

案例效果

本例主要使用“污点修复画笔工具”去除美女面部斑点，效果如图6-25所示。

操作步骤

01 打开素材文件，单击工具箱中的“污点修复画笔工具”按钮，在人像鼻子部分有斑点的地方单击，进行修复，如图6-26所示。

02 同样，在人像面部有斑点的地方单击，进行修复。最终效果如图6-27所示。

图 6-25

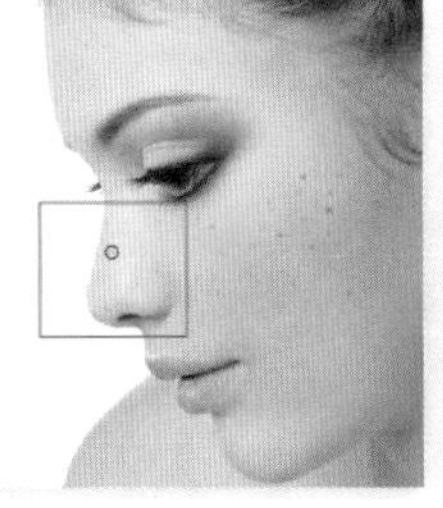

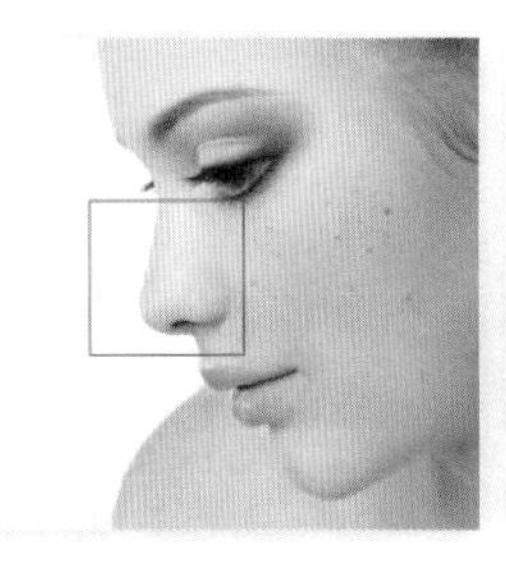

图 6-26

图 6-27

6.2.2 修复画笔工具

- 视频精讲：Photoshop CS6自学视频教程\51.修复画笔工具的使用.flv
- 技术速查：“修复画笔工具”可以修复图像的瑕疵，也可以用图像中的像素作为样本进行绘制。

与“仿制图章工具”不同的是，“修复画笔工具”还可将样本像素的纹理、光照、透明度和阴影与所修复的像素进行匹配，从而使修复后的像素不留痕迹地融入图像的其他部分，如图6-28所示。其选项栏如图6-29所示。

图 6-28

图 6-29

- 源：设置用于修复像素的源。选中“取样”单选按钮，可以使用当前图像的像素来修复图像；选中“图案”单选按钮，可以使用某个图案作为取样点。
- 对齐：选中该复选框，可以连续对像素进行取样，即使释放鼠标也不会丢失当前的取样点；取消选中该复选框，则会在每次停止并重新开始绘制时使用初始取样点中的样本像素。

★ 案例实战——使用修复画笔去除面部细纹

案例文件	案例文件\第6章\使用修复画笔去除面部细纹.psd
视频教学	视频文件\第6章\使用修复画笔去除面部细纹.flv
难易指数	★★★★★
技术要点	修复画笔工具

案例效果

本例主要使用“修复画笔工具”去除人像面部的细纹以及脖子部分的皱纹，效果如图6-30和图6-31所示。

操作步骤

01 打开素材文件，可以看到人像眼睛和嘴附近有很多细纹，如图6-32所示。

02 单击工具箱中的“修复画笔工具”按钮，执行“窗口>仿制源”命令。单击“仿制源”按钮，设置“源”的X为“1901像素”，Y为“1595像素”，如图6-33所示。

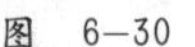

图 6-30

图 6-31

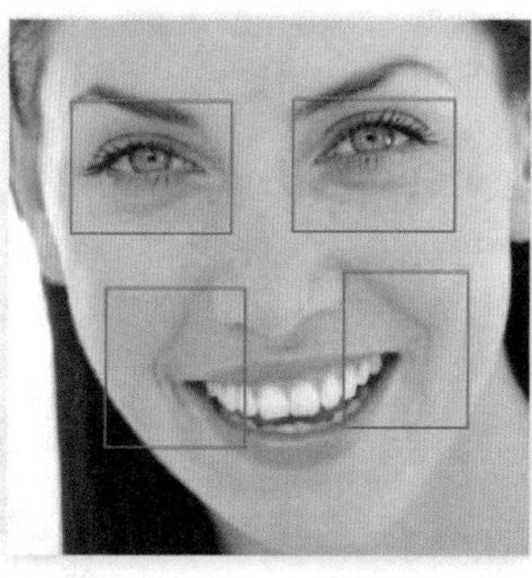

图 6-32

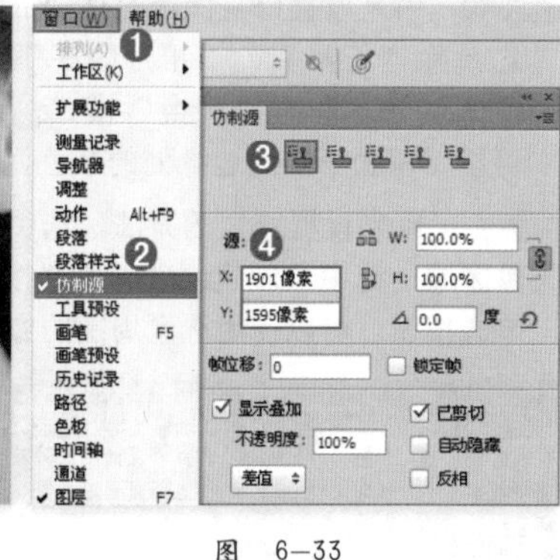

图 6-33

03 在选项栏中设置适当画笔大小，按住Alt键，单击吸取眼部周围的皮肤，在眼部皱纹处涂抹，遮盖细纹，如图6-34所示。

04 同样按住Alt键，单击吸取另一只眼睛周围的皮肤，在眼部皱纹处涂抹，遮盖细纹，如图6-35所示。

05 用同样方法去除嘴附近的细纹，最终效果如图6-36所示。

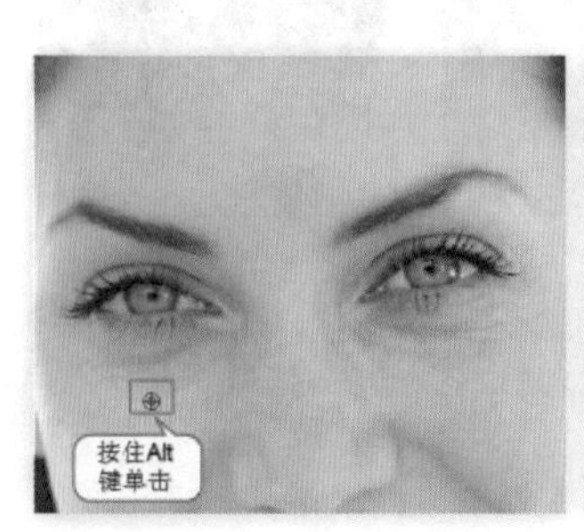

图 6-34

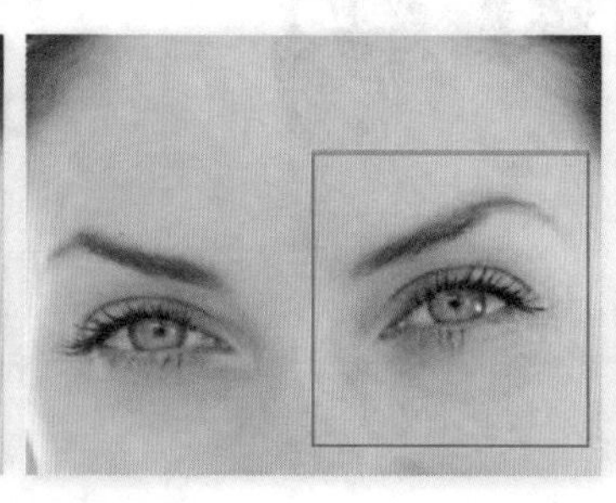

图 6-35

图 6-36

6.2.3 修补工具

- 视频精讲：Photoshop CS6自学视频教程\52.修补工具的使用.flv
- 技术速查："修补工具"可以利用样本或图案来修复所选图像区域中不理想的部分。

修补对象前后的对比效果如图6-37和图6-38所示。"修补工具"的选项栏如图6-39所示。

图 6-37

图 6-38

图 6-39

- 选区创建方式：激活"新选区"按钮，可以创建一个新选区（如果图像中存在选区，则原始选区将被新选区替代）；激活"添加到选区"按钮，可以在当前选区的基础上添加新的选区；激活"从选区减去"按钮，可以在原始选区中减去当前绘制的选区；激活"与选区交叉"按钮，可以得到原始选区与当前创建的选区相交的部分。

技巧提示

"添加到选区"的快捷键为Shift键；"从选区减去"的快捷键为Alt键；"与选区交叉"的快捷键为Shift+Alt。

- 修补：创建选区，如图6-40所示，选中"源"单选按钮，将选区拖曳到要修补的区域后，释放鼠标就会用当前选区中的图像修补原来选中的内容，如图6-41所示；选中"目标"单选按钮，则会将选中的图像复制到目标区域，如图6-42所示。
- 透明：选中该复选框，可以使修补的图像与原始图像产生透明的叠加效果，该选项适用于修补清晰分明的纯色背景或渐变背景。
- 使用图案：使用"修补工具"创建选区以后，如图6-43所示，单击 使用图案 按钮，可以使用图案修补选区内的图像，如图6-44所示。

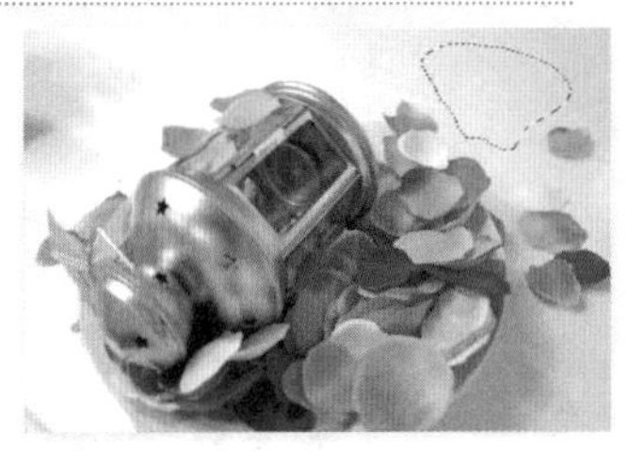

图 6-40

图 6-41

图 6-42

图 6-43

图 6-44

★ 案例实战——使用修补工具去除文字

案例文件	案例文件\第6章\使用修补工具去除文字.psd
视频教学	视频文件\第6章\使用修补工具去除文字.flv
难易指数	★★★★★
技术要点	修补工具

案例效果

本例主要使用"修补工具"去除画面中的文字，对比效果如图6-45和图6-46所示。

图 6-45

图 6-46

操作步骤

01 打开素材文件，如图6-47所示。

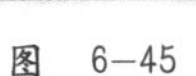

02 单击工具箱中的"修补工具"按钮，在选项栏中单击"新选区"按钮，选中"源"单选按钮，拖曳鼠标绘制文字的选区，按住鼠标左键向下拖曳，如图6-48所示。

03 释放鼠标能够看到麦子部分与底图进行了混合，最终效果如图6-49所示。

图 6-47

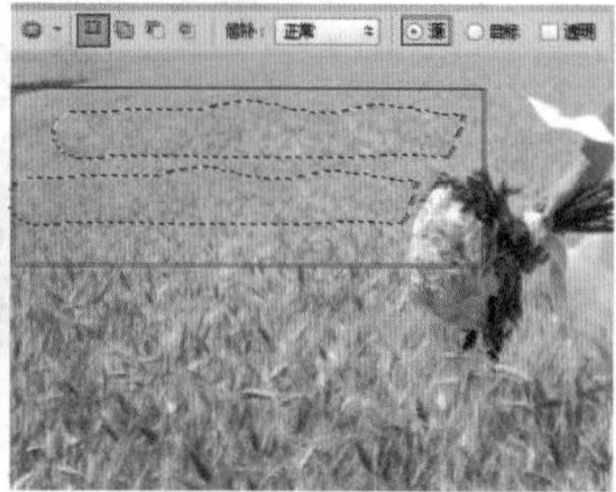

图 6-48

图 6-49

6.2.4 内容感知移动工具

- 视频精讲：Photoshop CS6自学视频教程\53.内容感知移动工具的使用.flv
- 技术速查：使用“内容感知移动工具”可以在没有复杂图层或慢速、精确地选择选区的情况下快速地重构图像。

“内容感知移动工具”的选项栏与“修补工具”的选项栏相似，如图6-50所示。首先单击工具箱中的“内容感知移动工具”按钮，在图像上绘制区域，并将影像任意地移动到指定的区块中，这时Photoshop CS6就会自动将影像与四周的影物融合在一起，而原始的区域则会进行智能填充，如图6-51～图6-53所示。

图 6-50

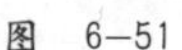

图 6-51

图 6-52

图 6-53

6.2.5 红眼工具

- 视频精讲：Photoshop CS6自学视频教程\54.红眼工具的使用.flv
- 技术速查：“红眼工具”可以去除由闪光灯导致的红色反光。

在光线较暗的环境中照相时，由于眼睛的虹膜张开得很宽，经常会出现“红眼”现象。使用“红眼工具”可以去除红眼，如图6-54和图6-55所示。其选项栏如图6-56所示。

- 瞳孔大小：用来设置瞳孔的大小，即眼睛暗色中心的大小。
- 变暗量：用来设置瞳孔的暗度。

图 6-54　　图 6-55

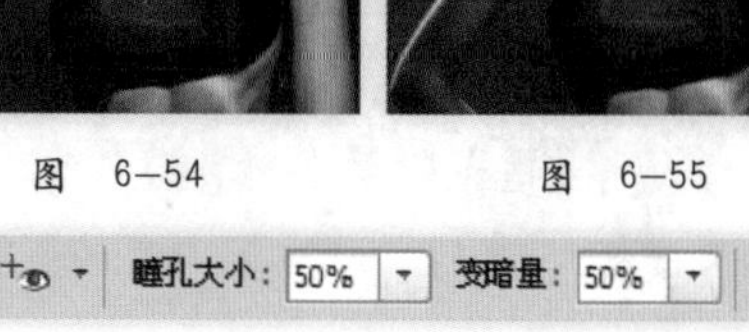

图 6-56

答疑解惑——如何避免“红眼”的产生？

“红眼”是由于相机闪光灯在主体视网膜上反光引起的。为了避免出现红眼，除了可以在Photoshop中进行矫正以外，还可以使用相机的红眼消除功能来消除红眼。

思维点拨：红眼产生的原因

红眼是由于眼睛在暗处瞳孔放大，闪光灯照射后，瞳孔后面的血管反射红色的光线造成的。同时眼睛没有正视相机也容易产生红眼。采用可以进行角度调整的高级闪光灯，在拍摄时闪光灯不要平行于镜头方向，而是与镜头成30°的角，这样闪光的时候实际是产生环境光源，能够有效避免瞳孔受到刺激放大。另外，最好不要在特别昏暗的地方采用闪光灯拍摄，开启红眼消除系统后要尽量保证拍摄对象都面对镜头。

★ 案例实战——快速去掉照片中的红眼

案例文件	案例文件\第6章\快速去掉照片中的红眼.psd
视频教学	视频文件\第6章\快速去掉照片中的红眼.flv
难易指数	★★★★★
技术要点	红眼工具

案例效果

本例主要使用“红眼工具”去掉照片中的红眼，效果如图6-57所示。

操作步骤

01 打开素材文件，如图6-58所示。

图 6-57

图 6-58

02 单击工具箱中的“红眼工具”按钮，在选项栏中设置“瞳孔大小”为50%，“变暗量”为50%，单击人像右眼，可以看到右眼红色的瞳孔变为黑色，如图6-59所示。

03 用同样方法对人像左眼进行处理。最终效果如图6-60所示。

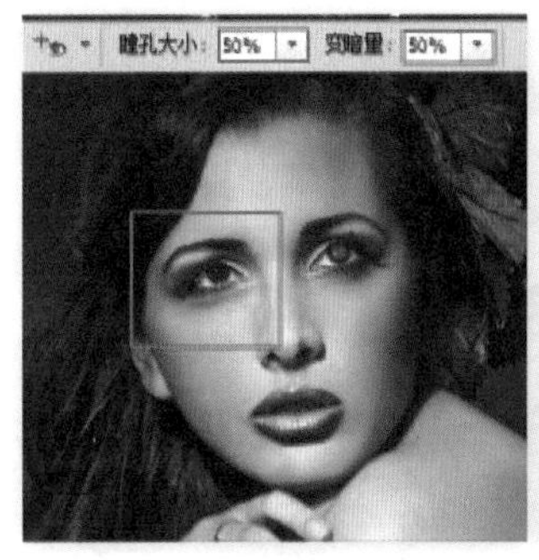

图 6-59

图 6-60

6.3 历史记录工具组

视频精讲：Photoshop CS6自学视频教程\57.历史记录画笔工具组的使用.flv

6.3.1 历史记录画笔工具

技术速查：“历史记录画笔工具”可以真实地还原某一区域的某一步操作。

“历史记录画笔工具”可以将标记的历史记录状态或快照用作源数据对图像进行修改。“历史记录画笔工具”的选项栏与“画笔工具”基本相同，因此这里不再进行讲解。如图6-61和图6-62所示为原始图像以及使用“历史记录画笔工具”还原“拼贴”的效果图像。

图 6-61

图 6-62

技巧提示

“历史记录画笔工具”通常与“历史记录”面板一起使用，关于“历史记录”面板的内容请参考2.9节。

★ 案例实战——使用历史记录画笔还原局部效果

案例文件	案例文件\第6章\使用历史记录画笔还原局部效果.psd
视频教学	视频文件\第6章\使用历史记录画笔还原局部效果.flv
难易指数	★★★★★
技术要点	历史记录画笔工具

案例效果

本例主要使用“历史记录画笔工具”还原局部效果，如图6-63和图6-64所示。

操作步骤

01 打开素材文件，如图6-65所示。

02 执行“滤镜>风格化>凸出”命令，在弹出的对话框中设置适当的数值，如图6-66和图6-67所示。

图 6-63

图 6-64

图 6-65

03 进入“历史记录”面板，此时可以看到历史记录被标记在最初状态上，如图6-68所示。单击工具箱中的“历史记录画笔工具”按钮，适当调整画笔大小，对人像部分进行适当涂抹，即可将涂抹的区域还原为最初效果。最终效果如图6-69所示。

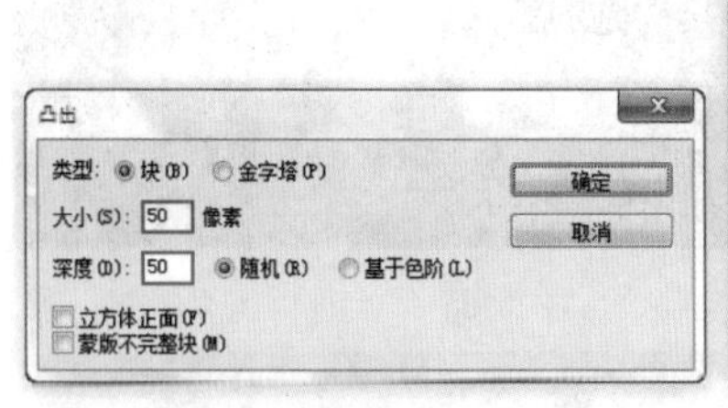

图 6-66

图 6-67

图 6-68

图 6-69

6.3.2 历史记录艺术画笔工具

技术速查：使用“历史记录艺术画笔工具”可以将标记的历史记录状态或快照用作源数据对图像进行修改。

与“历史记录画笔工具”不同的是，“历史记录艺术画笔工具”在使用原始数据的同时，还可以为图像创建不同的颜色和艺术风格，其选项栏如图6-70所示。

图 6-70

技巧提示

“历史记录艺术画笔工具”在实际工作中的使用频率并不高，因为它属于任意涂抹工具，很难有规整的绘画效果。不过它提供了一种全新的创作思维方式，可以创作出一些独特的效果。

- 样式：选择一个选项来控制绘画描边的形状，包括“绷紧短”、“绷紧中”和“绷紧长”等，如图6-71和图6-72所示分别是“绷紧短”和“绷紧卷曲”的效果。
- 区域：用来设置绘画描边所覆盖的区域。数值越大，覆盖的区域越大，描边的数量也越多。
- 容差：限定可应用绘画描边的区域。低容差可以用于在图像中的任何地方绘制无数条描边；高容差会将绘画描边限定在与源状态或快照中的颜色明显不同的区域。

图 6-71

图 6-72

6.4 模糊锐化工具组

- 视频精讲：Photoshop CS6自学视频教程\55.模糊、锐化、涂抹、加深、减淡、海绵.flv

图像润饰工具组包括两组6个工具：“模糊工具”、“锐化工具”和“涂抹工具”可以对图像进行模糊、锐化和涂抹处理；“减淡工具”、“加深工具”和“海绵工具”可以对图像局部的明暗、饱和度等进行处理。

6.4.1 模糊工具

- 技术速查：“模糊工具”可柔化硬边缘或减少图像中的细节。

使用“模糊工具”在某个区域上方绘制的次数越多，该区域就越模糊，如图6-73和图 6-74所示。

“模糊工具”的选项栏如图6-75所示。

- 模式：用来设置混合模式，包括“正常”、“变暗”、“变亮”、“色相”、“饱和度”、“颜色”和“明度”。
- 强度：用来设置模糊强度。

图 6-73

图 6-74

图 6-75

6.4.2 锐化工具

- 技术速查：“锐化工具”可以增强图像中相邻像素之间的对比，以提高图像的清晰度。

使用“锐化工具”前后的对比效果如图6-76和图6-77所示。

“锐化工具”与“模糊工具”的大部分参数都相同，其选项栏如图6-78所示。选中“保护细节”复选框，在进行锐化处理时，将对图像的细节进行保护。

图 6-76

图 6-77

图 6-78

★ 案例实战——使用模糊与锐化模拟微距摄影效果

案例文件	案例文件\第6章\使用模糊与锐化模拟微距摄影效果.psd
视频教学	视频文件\第6章\使用模糊与锐化模拟微距摄影效果.flv
难易指数	★★★★★
技术要点	模糊工具、锐化工具

案例效果

本案例主要使用“模糊工具”和“锐化工具”模拟出微距摄影的效果，如图6-79所示。

图 6-79　　图 6-80

操作步骤

01 打开本书配套光盘中的素材文件，如图6-80所示。

02 单击工具箱中的“模糊工具”按钮，在选项栏中选择比较大的圆形柔角笔刷，设置“强度”为100%，如图6-81所示。在右侧的海星上单击并拖动，使其变模糊，如图6-82所示。

图 6-81

03 继续涂抹中景及远景区域，如图6-83所示。

04 下面增大画笔大小，在最远处进行进一步涂抹，使之模糊程度增强，如图6-84和图6-85所示。

图 6-82

图 6-83

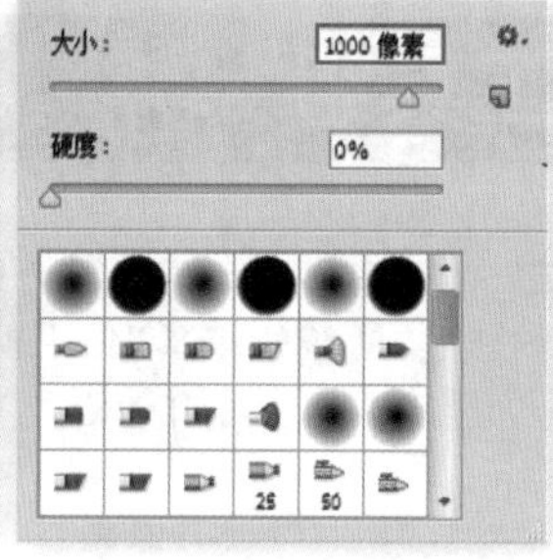

图 6-84

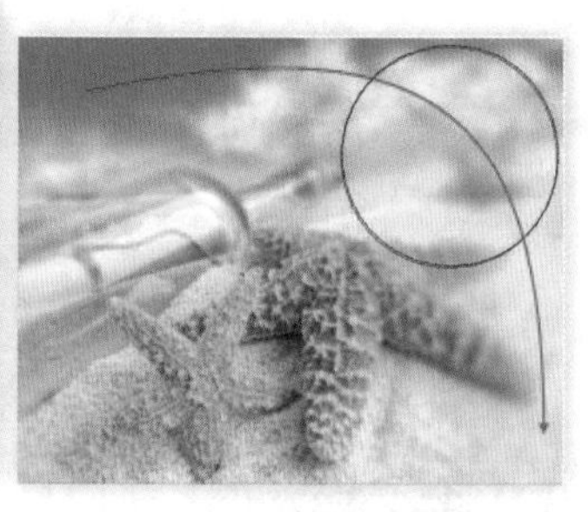

图 6-85

05 单击工具箱中的“锐化工具”按钮，在选项栏中设置合适的画笔大小及硬度，设置“强度”为50%，选中“保护细节”复选框，如图6-86所示。在最近处的海星上进行涂抹，使之变清晰，如图6-87所示。

图 6-86

06 进一步锐化近处海星，然后导入前景素材。最终效果如图6-88所示。

图 6-87

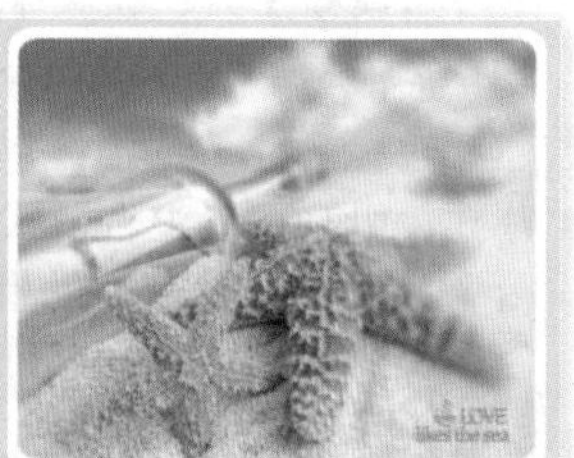

图 6-88

读书笔记

技术拓展：景深的作用与形成原理

景深就是指拍摄主题前后所能在一张照片上成像的空间层次的深度。简单地说，景深就是聚焦清晰的焦点前后“可接受的清晰区域”。景深在实际工作中的使用频率非常高，常用于突出画面重点。以图6-89为例，其背景非常模糊，则显得前景花朵非常突出。

景深可以很好地突出画面的主题，不同的景深效果也是不相同的，如图6-90和图6-91所示。

图 6-89

图 6-90

图 6-91

6.4.3 涂抹工具

- 技术速查："涂抹工具"可以模拟手指划过湿油漆时所产生的效果。

"涂抹工具"可以拾取鼠标单击处的颜色，并沿着拖曳的方向展开这种颜色，如图6-92和图6-93所示。

"涂抹工具"的选项栏如图6-94所示。

- 模式：用来设置混合模式，包括"正常"、"变暗"、"变亮"、"色相"、"饱和度"、"颜色"和"明度"。
- 强度：用来设置涂抹强度。
- 手指绘画：选中该复选框，可以使用前景颜色进行涂抹绘制。

图 6-92　　图 6-93

图 6-94

☆ 视频课堂——使用涂抹工具制作炫彩妆面

案例文件\第6章\视频课堂——使用涂抹工具制作炫彩妆面.psd
视频文件\第6章\视频课堂——使用涂抹工具制作炫彩妆面.flv
思路解析：

01 使用"渐变工具"在新建图层中填充色谱渐变。
02 使用"涂抹工具"进行涂抹。
03 调整图层的混合模式。

6.5 减淡加深工具组

- 视频精讲：Photoshop CS6自学视频教程\55.模糊、锐化、涂抹、加深、减淡、海绵.flv

6.5.1 减淡工具

- 技术速查："减淡工具"可以对图像亮部、中间调和暗部分别进行减淡处理，对比效果如图6-95和图6-96所示。

使用"减淡工具"在某个区域上方绘制的次数越多，该区域就会变得越亮，其选项栏如图6-97所示。

- 范围：选择要修改的色调。选择"中间调"选项时，可以更改灰色的中间范围，如图6-98所示；选择"阴影"选项时，可以更改暗部区域，如图6-99所示；选择"高光"选项时，可以更改亮部区域，如图6-100所示。
- 曝光度：用于设置减淡的强度。
- 保护色调：可以保护图像的色调不受影响。

图 6-95　　图 6-96

图 6-97

图 6-98

图 6-99

图 6-100

★ 案例实战——使用减淡工具美白人像

案例文件	案例文件\第6章\使用减淡工具美白人像.psd
视频教学	视频文件\第6章\使用减淡工具美白人像.flv
难易指数	★★★★★
技术要点	减淡工具

案例效果

本例主要使用“减淡工具”美白人像，效果如图6-101和图6-102所示。

图 6-101

图 6-102

操作步骤

01 单击工具箱中的“减淡工具”按钮，在选项栏中选择一个圆形柔角画笔，设置合适的大小，设置“曝光度”为20%，取消选中“保护色调”复选框，如图6-103所示。打开素材文件，如图6-104所示。在人像面部皮肤处进行涂抹，可以看到这部分肤色明显变亮，如图6-105所示。

02 继续涂抹皮肤的其他部分，美白整个面部，如图6-106所示。

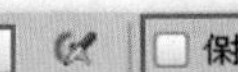

图 6-103

03 此时，由于五官也被减淡了很多，所以人像呈现出比较模糊的状态。单击工具箱中的“加深工具”按钮，在选项栏中设置合适的画笔大小，设置“范围”为“阴影”，“曝光度”为40%，取消选中“保护色调”复选框，然后在眉眼以及嘴部区域进行涂抹，如图6-107所示。

04 强化五官后，人像面部显得非常白皙。最终效果如图6-108所示。

图 6-104

图 6-105

图 6-106

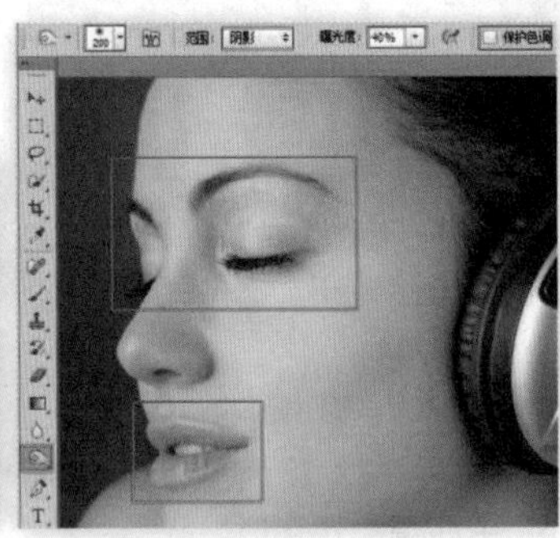

图 6-107

图 6-108

6.5.2 加深工具

技术速查：“加深工具”可以对图像进行加深处理。

使用“加深工具”在某个区域上方绘制的次数越多，该区域就会变得越暗，如图6-109和图6-110所示。

图 6-109

图 6-110

技巧提示

“加深工具”的选项栏（见图6-111）与“减淡工具”的选项栏完全相同，因此这里不再讲解。

图 6-111

思维点拨：物体的明暗关系

物体的明暗变化是由于位置、方向及受光程度不同所产生的，所以可概括为亮面、灰面、暗面。理解不同物体的明暗变化关系，可以更好地去描绘对象，力求表现出物体的质感。明暗是表现物体立体感、空间感的有力手段，对真实地表现对象具有重要作用。

★ 案例实战——加深减淡制作流淌的橙子

案例文件	案例文件\第6章\加深减淡制作流淌的橙子.psd
视频教学	视频文件\第6章\加深减淡制作流淌的橙子.flv
难易指数	★★★★★
技术要点	加深工具、减淡工具

案例效果

本例使用“加深工具”与“减淡工具”在流淌的形状上进行涂抹，模拟出液体的立体感，案例效果如图6-112所示。

操作步骤

01 打开背景素材文件，如图6-113所示。导入橙子素材，并调整至合适大小及位置，如图6-114所示。

图 6-112　　图 6-113　　图 6-114

02 单击工具箱中的“磁性套索工具”按钮，沿着橙子边缘单击并绘制一个路径，如图6-115所示。闭合路径，可以得到橙子部分的选区，如图6-116所示。

03 单击“图层”面板中的“添加图层蒙版”按钮，隐藏背景部分，如图6-117所示。使用“套索工具”在橙子左侧绘制一个流淌形状的选区，新建图层，填充橙黄色，如图6-118所示。

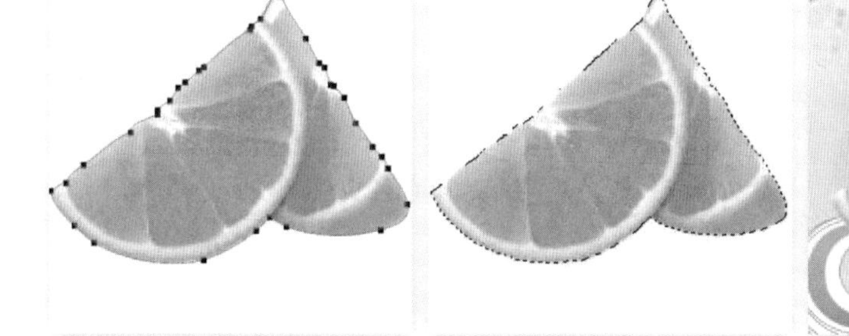

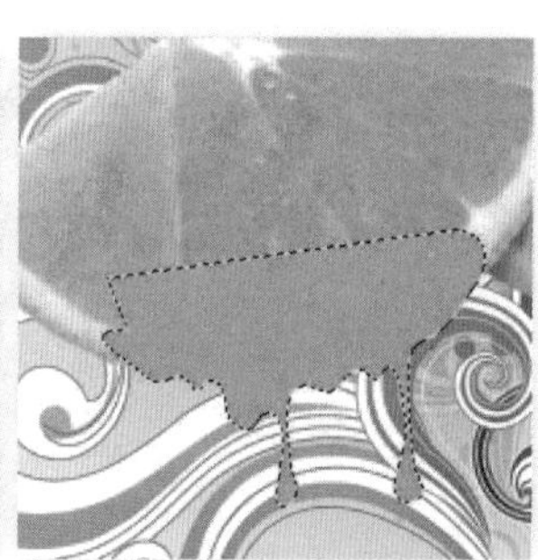

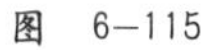

图 6-115　　图 6-116　　图 6-117　　图 6-118

04 单击工具箱中的“加深工具”按钮，设置大小为40像素的柔角边画笔，取消选中“保护色调”复选框，如图6-119所示。在流淌形状下边按住鼠标左键并涂抹，加深边缘效果，如图6-120所示。

图 6-119

图 6-120

05 单击工具箱中的“减淡工具”按钮，设置大小为30像素的柔角边画笔，取消选中“保护色调”复选框，如图6-121所示。在流淌形状上进行涂抹，减淡高光部分。在绘制时，要适当调整画笔大小和曝光度的数值，以制作出层次感，如图6-122所示。

图 6-121

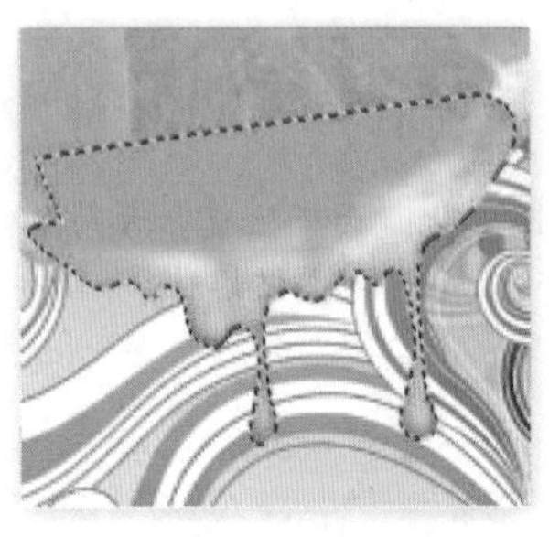

图 6-122

06 添加图层蒙版，使用黑色柔角画笔工具涂抹流淌形状与橙子部分的交界处，使其更加融合，如图6-123所示。用同样方法制作橙子右侧的流淌形状，如图6-124所示。

07 在流淌图层下新建图层，使用柔角画笔在流淌形状下绘制阴影区域，如图6-125所示。设置阴影图层的“不透明度”为55%，最终效果如图6-126所示。

图 6-123　　图 6-124　　图 6-125　　图 6-126

☆ 视频课堂——利用加深工具和减淡工具进行通道抠图

案例文件\第6章\视频课堂——利用加深工具和减淡工具进行通道抠图.psd
视频文件\第6章\视频课堂——利用加深工具和减淡工具进行通道抠图.flv
思路解析：

01 打开人像素材，进入“通道”面板。
02 复制一个黑白差异较大的通道。
03 使用“加深工具”和“减淡工具”强化通道的黑白对比。
04 载入该通道副本的选区，回到画面中删除背景。
05 导入前景、背景素材即可。

6.5.3 海绵工具

- 技术速查：“海绵工具”可以增加或降低图像中某个区域的饱和度。如果是灰度图像，该工具将通过灰阶远离或靠近中间灰色来增加或降低对比度。

“海绵工具”的选项栏如图6-127所示。

图 6-127

- 模式：选择“饱和”选项时，可以增加色彩的饱和度，如图6-128所示；选择“降低饱和度”选项时，可以降低色彩的饱和度，如图6-129所示。
- 流量：为“海绵工具”指定流量。数值越大，“海绵工具”的强度越大，效果越明显，如图6-130和图6-131所示分别是“流量”为30%和80%时的涂抹效果。

图 6-128

图 6-129

图 6-130

图 6-131

- 自然饱和度：选中该复选框，可以在增加饱和度的同时防止颜色过度饱和而产生溢色现象。

★ 案例实战——使用海绵工具制作复古效果

案例文件	案例文件\第6章\使用海绵工具制作复古效果.psd
视频教学	视频文件\第6章\使用海绵工具制作复古效果.flv
难易指数	★★★★★
技术要点	海绵工具、镜头校正滤镜

案例效果

本例主要使用“海绵工具”、镜头校正滤镜制作复古效果，如图6-132和图6-133所示。

操作步骤

01 打开素材文件，如图6-134所示。单击工具箱中的“海绵工具”按钮，在选项栏中选择柔角圆形画笔，设置合适的笔刷大小，并设置“模式”为“降低饱和度”，“流量”为100%，取消选中“自然饱和度”复选框，如图6-135所示。

图 6-132

图 6-133

图 6-134

图 6-135

02 调整完毕后，对图像左侧人像及背景区域进行多次涂抹，降低饱和度，如图6-136所示。

03 下面可以适当调整画笔大小，对其他部分的细节进行精细涂抹，如图6-137所示。

04 执行“图层>新建调整图层>曲线”命令，创建一个曲线调整图层，增强画面对比度，如图6-138所示。效果如图6-139所示。

图 6-136

图 6-137

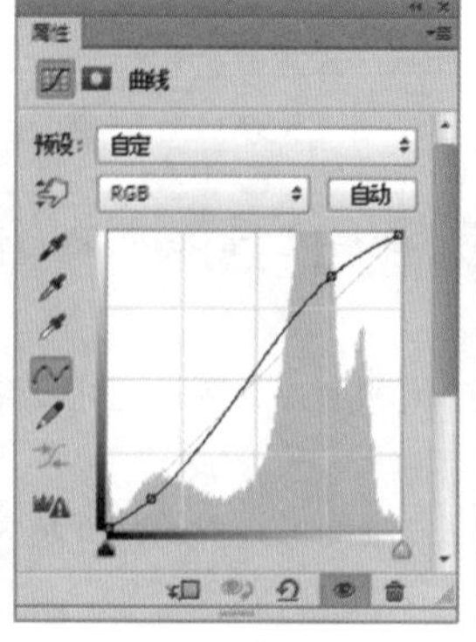

图 6-138

图 6-139

05 按Shift+Ctrl+Alt+E组合键，盖印当前画面效果。执行“滤镜>镜头校正”命令，在弹出的窗口中选择“自定”选项卡，设置“晕影”的“数量”为-100，“中点”为20，如图6-140所示。

06 单击“确定”按钮完成滤镜操作。最终效果如图6-141所示。

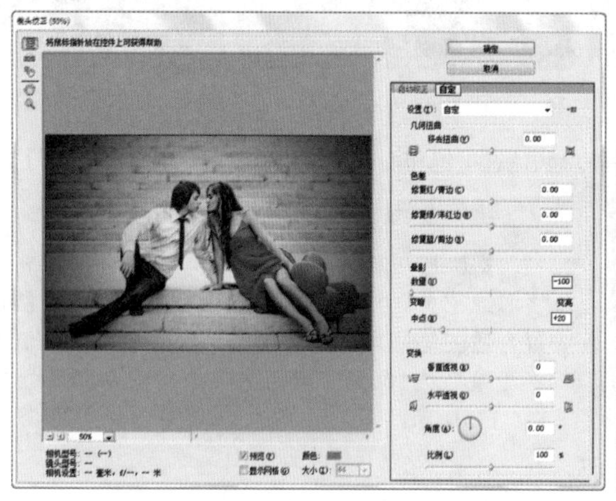

图 6-140

图 6-141

课后练习

【课后练习——去除皱纹还原年轻态】

思路解析：拍摄数码照片时，画面中经常会出现瑕疵，如环境中的杂物、多余的人影或者人像面部的瑕疵等，在Photoshop中可以使用多种修复工具对画面中的瑕疵进行去除。

本章小结

本章学习了多种修饰修复工具，通过使用这些工具，可以去除数码照片中大部分的常见瑕疵。需要注意的是，在修饰数码照片时不要局限于只用某一个工具处理，不同的工具适用的情况各不相同，所以配合使用多种工具更有利于解决问题。

第7章

矢量工具与路径

本章内容简介：

在使用Photoshop中的钢笔工具和形状工具绘图前，首先要了解使用这些工具可以绘制出什么图形，也就是通常所说的绘图模式。而在了解了绘图模式之后，就需要了解路径与锚点之间的关系，因为在使用钢笔工具等矢量工具绘图时，基本上都会涉及它们。

本章学习要点：

- 熟练掌握“钢笔工具”的使用方法
- 掌握路径的操作与编辑方法
- 掌握形状工具的使用方法
- 掌握“路径”面板的使用方法

了解绘图模式

Photoshop的矢量绘图工具包括钢笔工具和形状工具。钢笔工具主要用于绘制不规则的图形，而形状工具则是通过选取内置的图形样式绘制较为规则的图形。在绘图前首先要在工具选项栏中选择绘图模式，包括“形状”、“路径”和“像素”3种类型，如图7-1所示。其效果分别如图7-2～图7-4所示。

图 7-1　图 7-2　图 7-3　图 7-4

7.1.1 “形状”模式

在工具箱中单击“自定形状工具”按钮，然后设置绘制模式为“形状”，即可在选项栏中设置填充类型，如图7-5所示。单击填充按钮，在弹出的“填充”窗口中可以从“无颜色”、“纯色”、“渐变”、“图案”4个类型中选择一种。

图 7-5

单击“无颜色”按钮，即可取消填充，如图7-6所示；单击“纯色”按钮，可以从颜色列表中选择预设颜色，或单击“拾色器”按钮，在弹出的拾色器中选择所需颜色，如图7-7所示；单击“渐变”按钮，可以设置渐变效果的填充，如图7-8所示；单击“图案”按钮，可以选择某种图案，并设置合适的缩放数值，如图7-9所示。

描边也可以进行“无颜色”、“纯色”、“渐变”、“图案”4种类型的设置。在颜色设置的右侧可以进行描边粗细的设置，如图7-10所示。

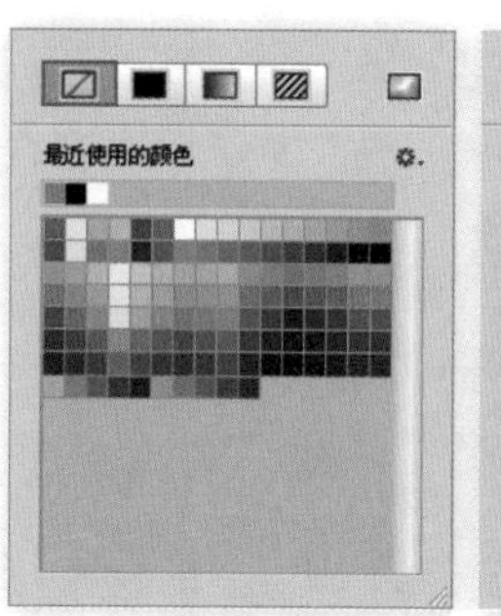

图 7-6

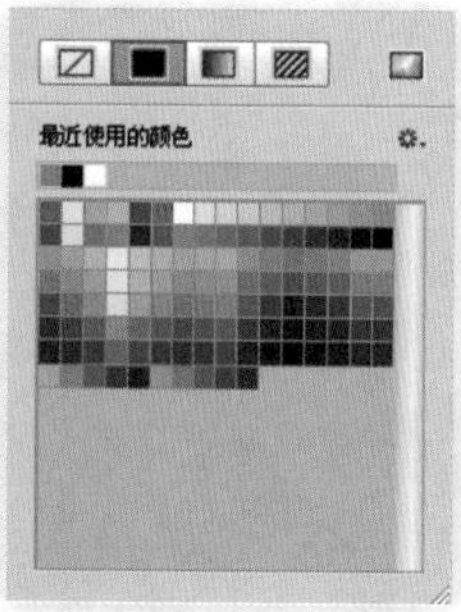

图 7-7

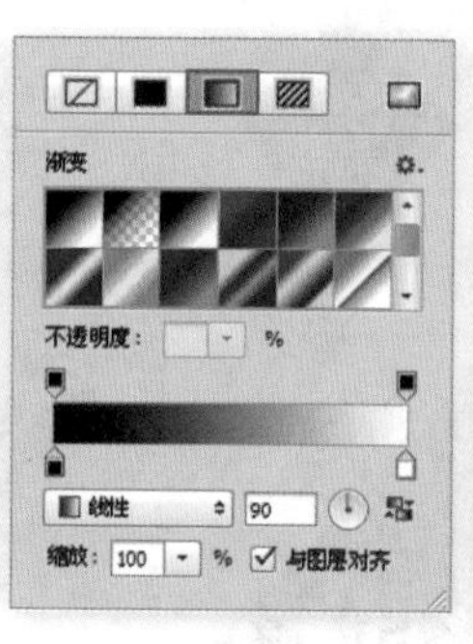

图 7-8

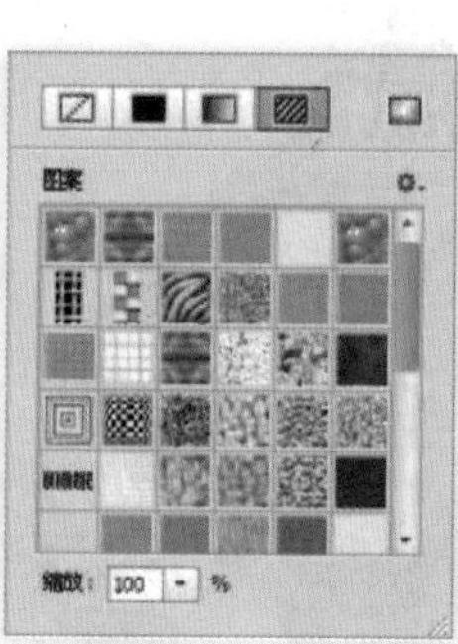

图 7-9

图 7-10

还可以对形状描边类型进行设置，单击类型下拉列表右侧的按钮，在弹出的面板中可以选择预设的描边类型，还可以对描边的对齐方式、端点类型以及角点类型进行设置，如图7-11所示。单击“更多选项”按钮，可以在弹出的“描边”对话框中创建新的描边类型，如图7-12所示。

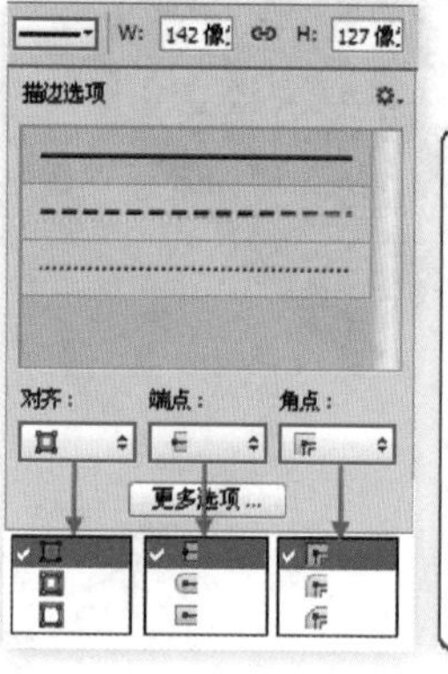

图 7-11

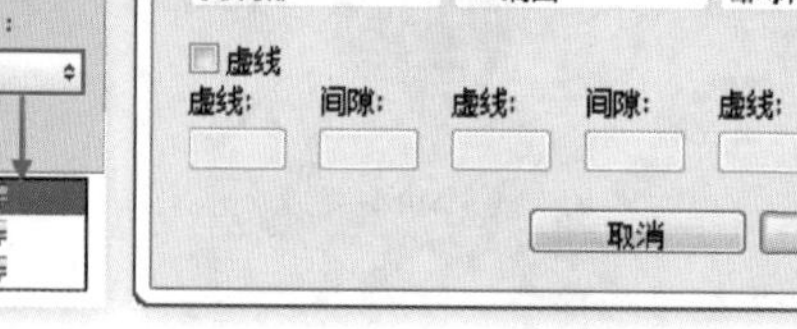

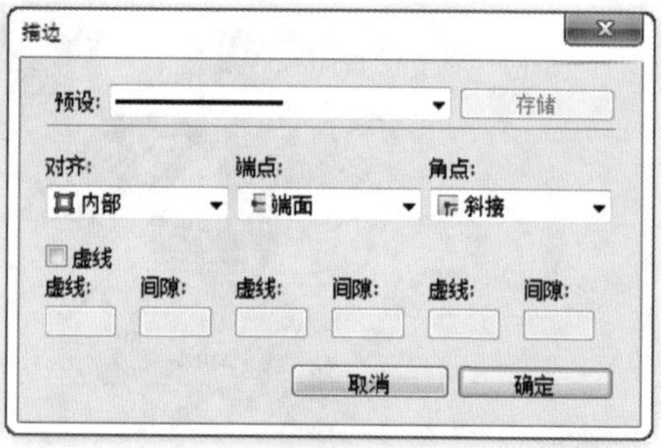

图 7-12

设置了合适的选项后，如图7-13所示，在画布中拖曳光标即可绘制形状。绘制形状可以在单独的一个图层中创建形状，如图7-14所示。在“路径”面板中显示了这一形状的路径，如图7-15所示。

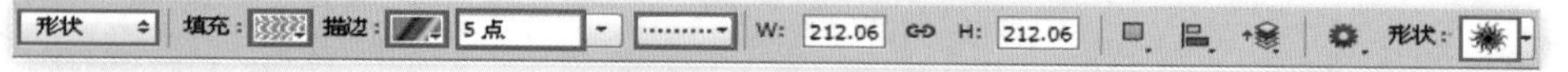

图 7-13

图 7-14

图 7-15

7.1.2 “路径”模式

技术速查：路径是一种轮廓，虽然路径不包含像素，但是可以使用颜色填充或描边路径。

单击工具箱中的形状工具，然后在选项栏中选择“路径”选项，可以创建工作路径，其选项栏如图7-16所示。

图 7-16

- 选区...：单击该按钮可以将当前路径转换为选区。
- 蒙版：单击该按钮可以以当前路径为所选图层创建矢量蒙版。
- 形状：单击该按钮可以将当前路径转换为形状。
- “路径操作”按钮：设置路径的运算方式。
- “路径对齐方式”按钮：使用“路径选择工具”选择两个以上路径后，在“路径对齐方式”列表中选择相应模式可以对路径进行对齐与分布的设置。
- “路径排列方式”按钮：调整路径堆叠顺序。

路径可以使用钢笔工具和形状工具来绘制，绘制的路径可以是开放式（见图7-17）、闭合式（见图7-18）以及组合式（见图7-19）。路径可以作为矢量蒙版来控制图层的显示区域，并且路径可以转换为选区。工作路径不会出现在“图层”面板中，只出现在“路径”面板中。为了方便随时使用，可以将路径保存在“路径”面板中。

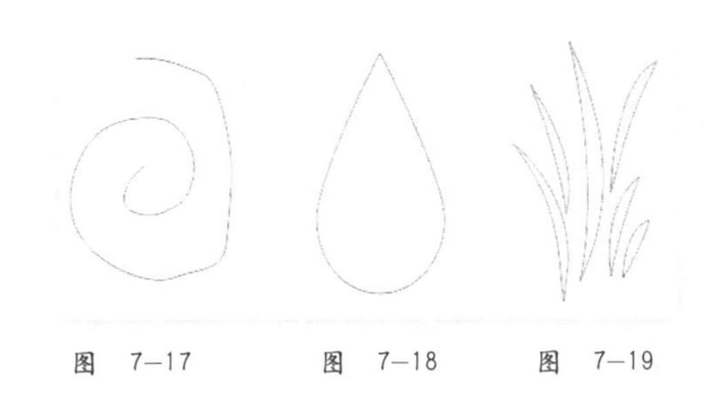

图 7-17　　图 7-18　　图 7-19

路径由一个或多个直线段或曲线段组成，锚点标记路径段的端点。在曲线段上，每个选中的锚点显示一条或两条方向线，方向线以方向点结束，方向线和方向点的位置共同决定了曲线段的大小和形状，如图7-20所示（A：曲线段，B：方向点，C：方向线，D：选中的锚点，E：未选中的锚点）。

锚点分为平滑点和角点两种类型。由平滑点连接的路径段可以形成平滑的曲线，如图7-21所示。由角点连接起来的路径段可以形成直线或转折曲线，如图7-22所示。

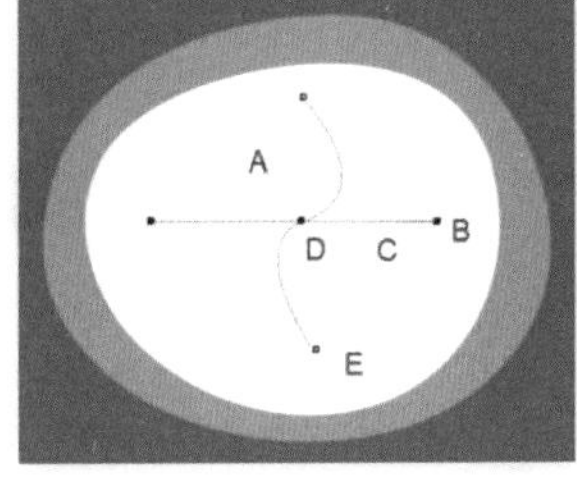

图 7-20

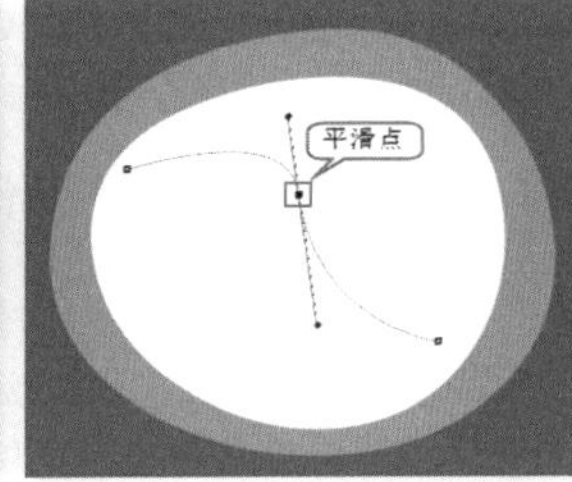

图 7-21

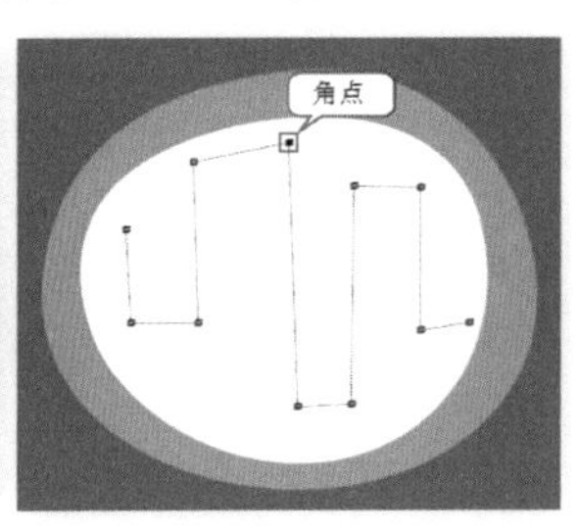

图 7-22

7.1.3 “像素”模式

在使用形状工具状态下可以选择“像素”方式，在选项栏中设置绘制模式为“像素”，如图7-23所示，设置合适的混合模式与不透明度。这种绘图模式会以当前前景色在所选图层中进行绘制，如图7-24和图7-25所示。

像素　模式：正常　不透明度：100%　消除锯齿

图 7-23

图 7-24

图 7-25

7.2 钢笔工具组

7.2.1 钢笔工具

视频精讲：Photoshop CS6自学视频教程\60.使用钢笔工具.flv

技术速查：“钢笔工具”是最基本、最常用的路径绘制工具，使用该工具可以绘制任意形状的直线或曲线路径。

动手学：使用“钢笔工具”绘制直线

（1）单击工具箱中的“钢笔工具”按钮，然后在选项栏中选择“路径”选项，将光标移至画面中，单击可创建一个锚点，如图7-26所示。

（2）释放鼠标，将光标移至下一位置单击，创建第二个锚点，两个锚点会连接成一条由角点定义的直线路径，如图7-27和图7-28所示。

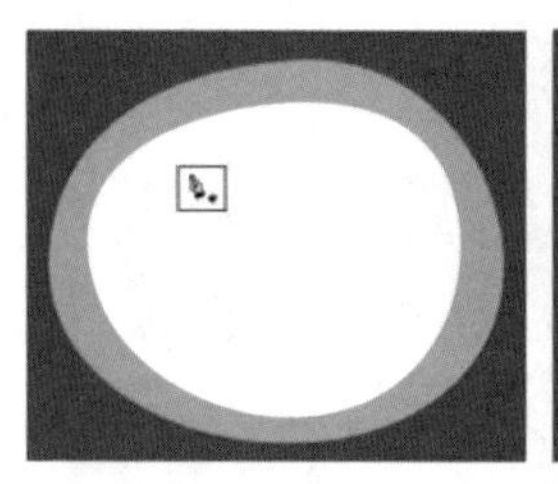

图 7-26

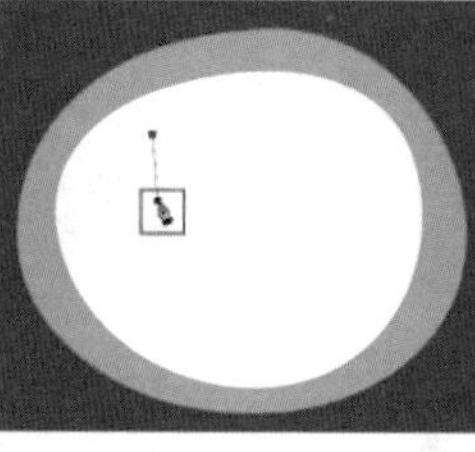

图 7-27

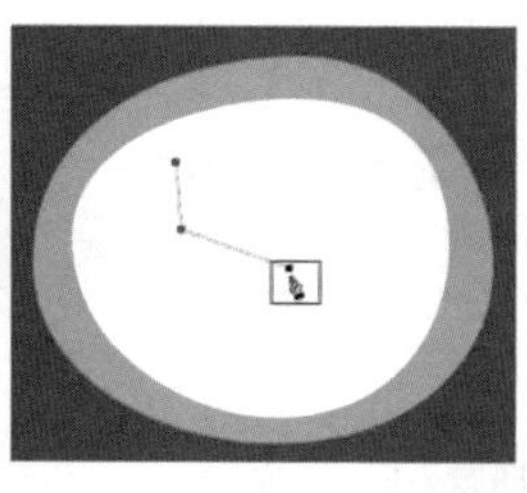

图 7-28

按住Shift键可以绘制水平、垂直或以45°角为增量的直线。

（3）将光标放在路径的起点，当光标变为形状时，单击即可闭合路径，如图7-29所示。

（4）如果要结束一段开放式路径的绘制，可以按住Ctrl键并在画面的空白处单击，或者按Esc键结束路径的绘制，如图7-30所示。

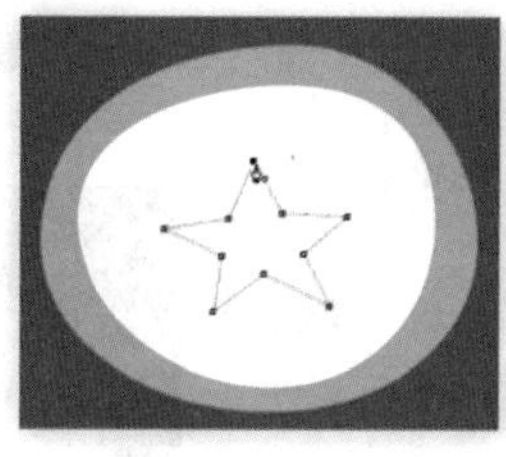

图 7-29

图 7-30

动手学：使用“钢笔工具”绘制曲线路径

（1）按Ctrl+N组合键新建一个大小为500像素×500像素的文档，选择“钢笔工具”，然后在选项栏中选择“路径”选项，接着在画布中单击并拖曳光标创建一个平滑点，如图7-31所示。

（2）将光标放置在下一个位置，然后单击并拖曳光标创建第2个平滑点，注意要控制好曲线的走向，如图7-32所示。

（3）继续绘制出其他的平滑点，如图7-33所示。

（4）选择“直接选择工具”，选择各个平滑点并调节好其方向线，使其生成平滑的曲线，如图7-34所示。

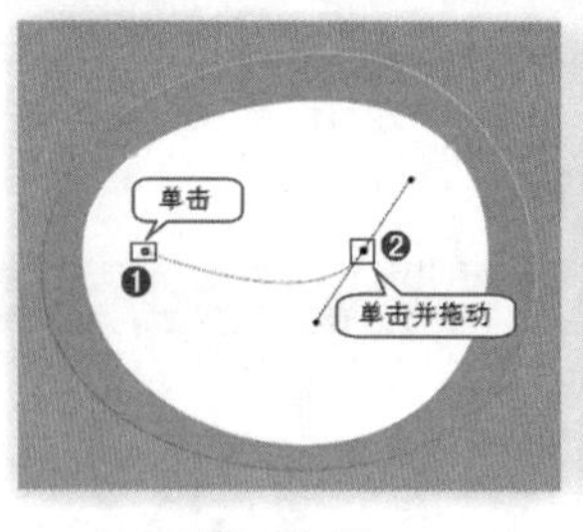

图 7-31

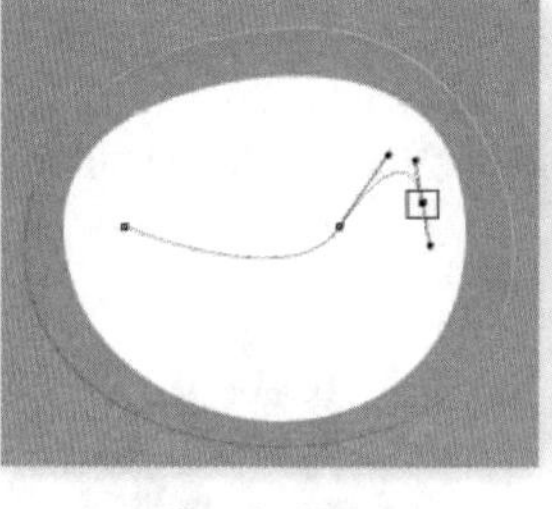

图 7-32

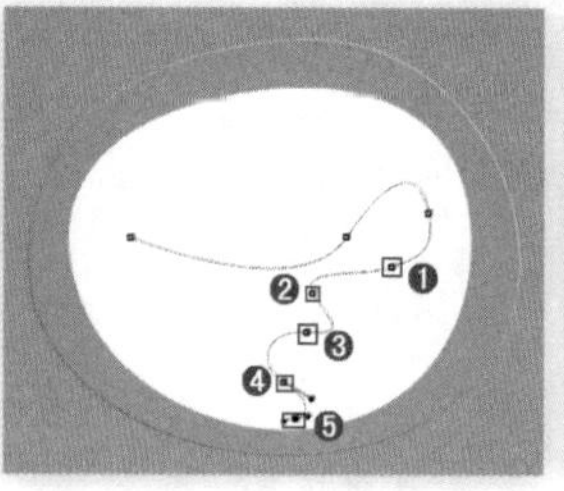

图 7-33

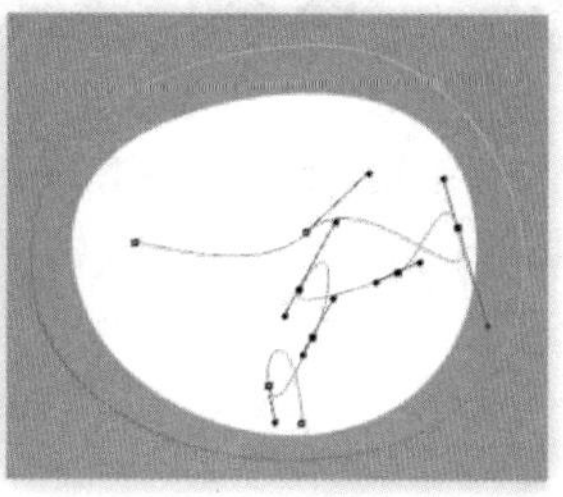

图 7-34

动手学：使用“钢笔工具”绘制多边形

（1）选择“钢笔工具”，然后在选项栏中选择“路径”选项，接着将光标放置在画面中，当光标变成形状时单击，确定路径的起点，如图7-35所示。

（2）按住Shift键将光标移动到下一个位置，单击创建一个锚点，两个锚点会连成一条水平的直线路径，如图7-36所示。

（3）继续按住Shift键向右下移动，绘制出45°角倍数的斜线，如图7-37所示。用同样的方法继续绘制，如图7-38所示。

（4）将光标放置在起点上，当光标变成形状时，单击闭合路径，效果如图7-39所示。

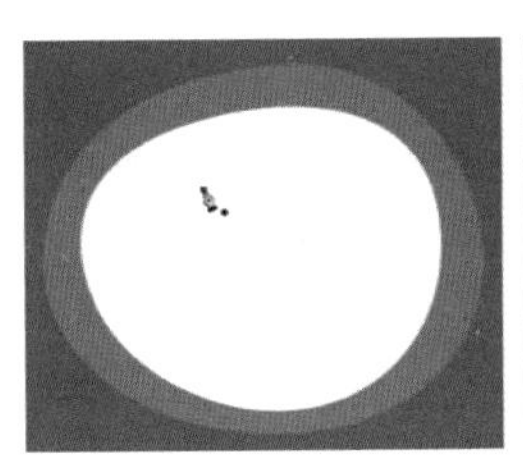

图 7-35

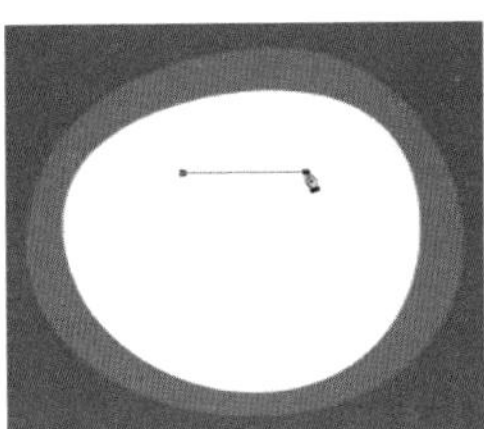

图 7-36

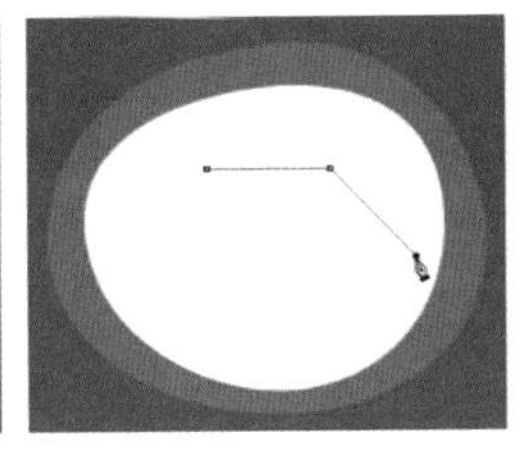

图 7-37

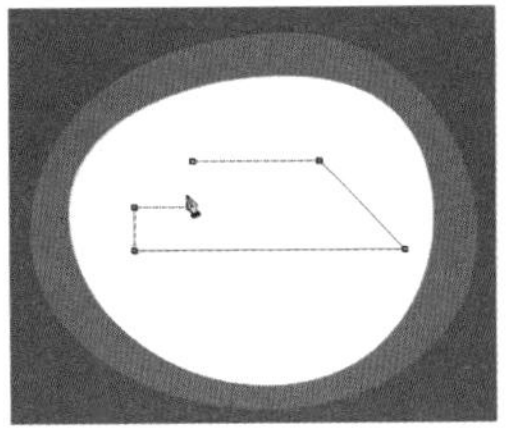

图 7-38

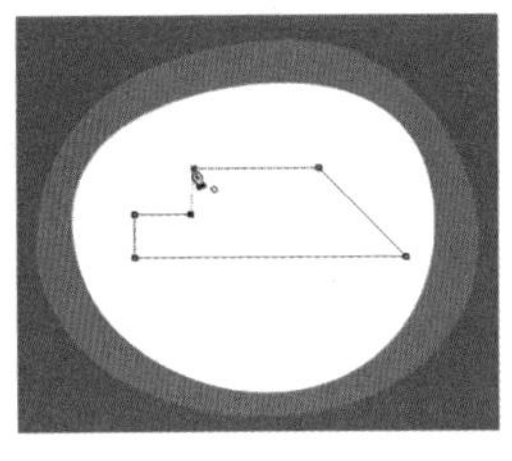

图 7-39

☆ 视频课堂——使用钢笔工具抠图合成

案例文件\第7章\视频课堂——使用钢笔工具抠图合成.psd

视频文件\第7章\视频课堂——使用钢笔工具抠图合成.flv

思路解析：

01 打开人像素材，使用“钢笔工具”绘制需要保留的人像部分的路径。

02 将路径转换为选区。

03 以人像选区为人像图层添加图层蒙版，使背景隐藏。

04 导入新的前景、背景素材。

7.2.2 自由钢笔工具

视频精讲：Photoshop CS6自学视频教程\61.自由钢笔工具的使用.flv

技术速查：使用“自由钢笔工具”可以轻松绘制出比较随意的路径。

单击工具箱中的“自由钢笔工具”按钮，在选项栏中单击图标，在下拉菜单中可以对磁性钢笔的“曲线拟合”数值进行设置，如图7-40所示。该数值用于控制绘制路径的精度。数值越大，路径越精确；数值越小，路径越平滑。使用“自由钢笔工具”绘图非常简单，在画面中单击并拖动光标即可自动添加锚点，无须确定锚点的位置，就像用铅笔在纸上绘图一样，完成路径后可进一步对其进行调整，如图7-41所示。

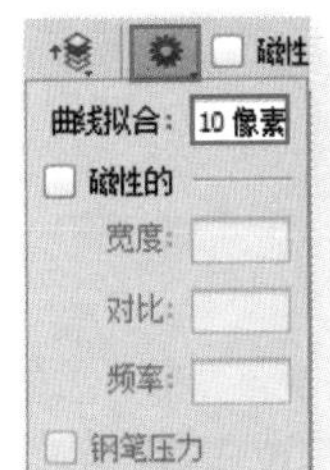

图 7-40

图 7-41

7.2.3 磁性钢笔工具

技术速查：使用“磁性钢笔工具”能够自动捕捉颜色差异的边缘以快速绘制路径，常用于抠图操作。

单击工具箱中的“自由钢笔工具”按钮，在选项栏中选中“磁性的”复选框，此时“自由钢笔工具”将切换为“磁性钢笔工具”。单击图标，在下拉菜单中可以对“磁性钢笔工具”的参数进行设置。设置完毕后在画面中主体物边缘单击并沿轮廓拖动光标，可以看到“磁性钢笔工具”会自动捕捉颜色差异较大的区域创建路径，如图7-42所示。

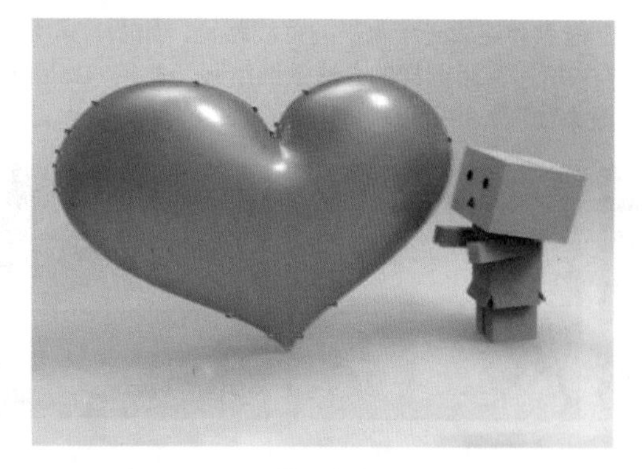

图 7-42

“磁性钢笔工具”选项栏中的主要参数介绍如下。

- 宽度：用于设置“磁性钢笔工具”所能捕捉的距离。
- 对比：用于控制图像边缘的对比度。
- 频率：决定添加锚点的密度。

7.2.4 添加锚点

技术速查：使用“添加锚点工具”可以直接在路径上添加锚点。

单击“添加锚点工具”按钮，在路径上单击即可添加新的锚点。或者在使用“钢笔工具”的状态下，将光标放在路径上，当光标变成形状时，在路径上单击也可添加一个锚点，如图7-43所示。

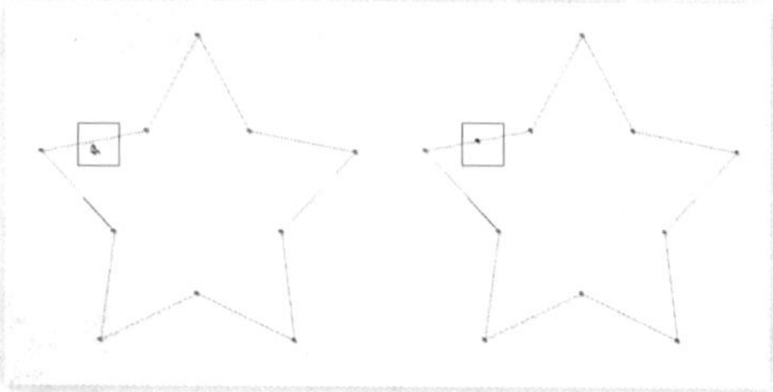

图 7-43

7.2.5 删除锚点

技术速查：使用“删除锚点工具”可以删除路径上的锚点。

单击工具箱中的“删除锚点工具”按钮，将光标放在锚点上，单击即可删除该锚点，如图7-44和图7-45所示。或者在使用“钢笔工具”的状态下直接将光标移动到锚点上，光标也会变为形状，单击即可删除锚点。

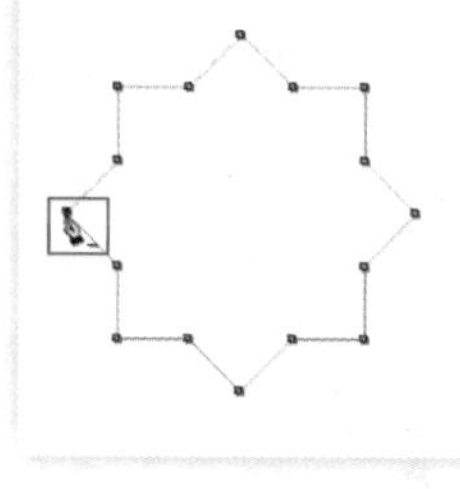

图 7-44

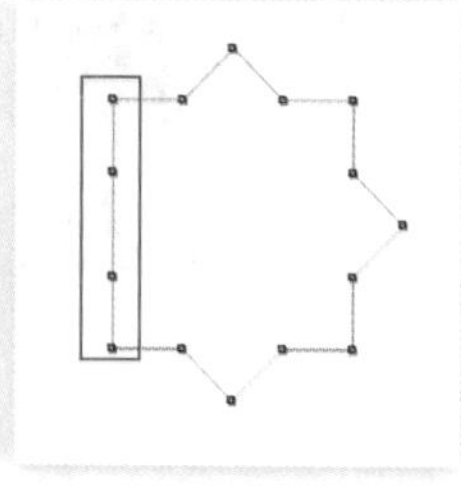

图 7-45

7.2.6 转换锚点类型

技术速查：“转换为点工具”主要用来转换锚点的类型。

使用“转换为点工具”在角点上单击，可以将角点转换为平滑点，如图7-46所示；在角点上单击并拖动即可调整平滑点的形状，如图7-47所示。

使用“转换为点工具”在平滑点上单击，可以将平滑点转换为角点，如图7-48和图7-49所示。

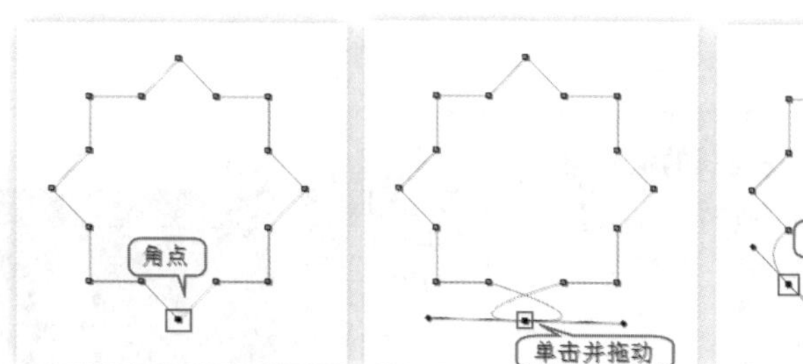

图 7-46　　图 7-47

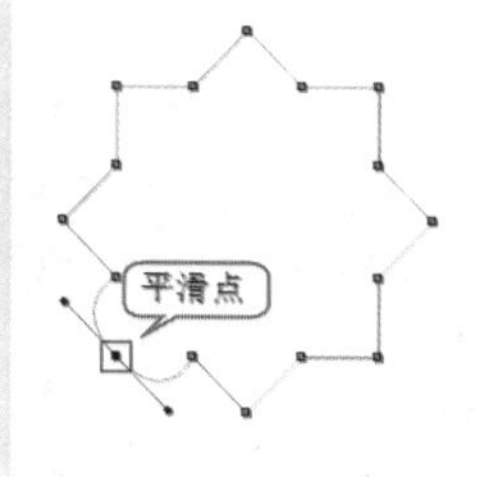

图 7-48

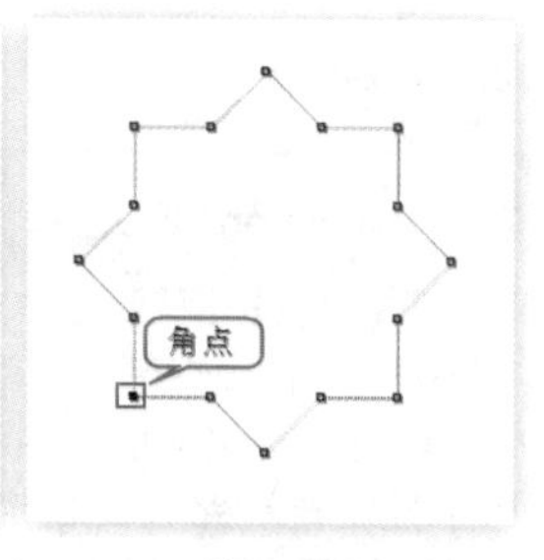

图 7-49

★ 案例实战——使用钢笔工具制作按钮

案例文件	案例文件\第7章\使用钢笔工具制作按钮.psd
视频教学	视频文件\第7章\使用钢笔工具制作按钮.flv
难易指数	★★★★★
技术要点	钢笔工具、图层样式

案例效果

本例主要是利用“钢笔工具”以及图层样式制作按钮，如图7-50所示。

图 7-50

操作步骤

01 新建文件，使用“渐变工具”，在选项栏中设置蓝色系的渐变，选择渐变类型为径向，如图7-51所示。在画面中拖曳填充，效果如图7-52所示。

02 使用“钢笔工具”，在选项栏中设置绘制模式为“形状”，“填充”颜色为绿色，“描边”为无，如图7-53所示。在画面中绘制合适的形状，效果如图7-54所示。

图 7-51　　图 7-52　　图 7-53

03 选择绿色形状图层，执行“图层>图层样式>渐变叠加”命令，设置“混合模式”为“柔光”，编辑渐变颜色为从黑色到白色，设置“样式”为“线性”，如图7-55所示。效果如图7-56所示。

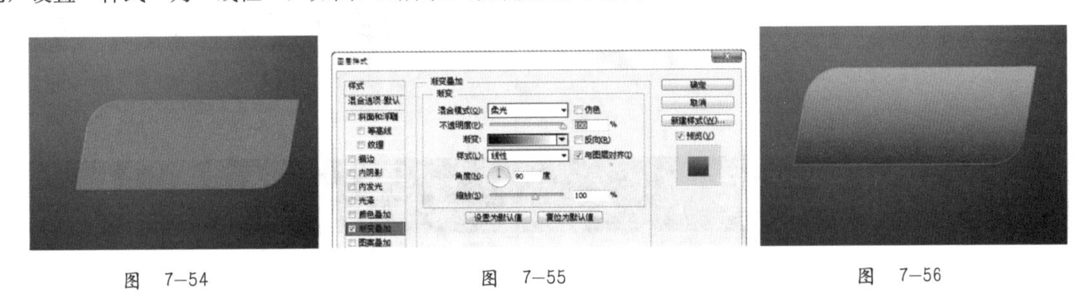

图 7-54　　图 7-55　　图 7-56

04 新建图层，使用“钢笔工具”绘制合适的形状，如图7-57所示。在白色形状图层上右击，在弹出的快捷菜单中执行“栅格化图层”命令，为白色图层添加图层蒙版。使用“渐变工具”，设置从黑色到白色的渐变，在蒙版中拖曳进行绘制，如图7-58所示。效果如图7-59所示。

05 设置前景色为白色，使用“横排文字工具”，设置合适的字号及字体，在画面中单击输入文字。新建图层，使用“矩形选框工具”在按钮顶部绘制合适的矩形，为其填充白色，如图7-60所示。

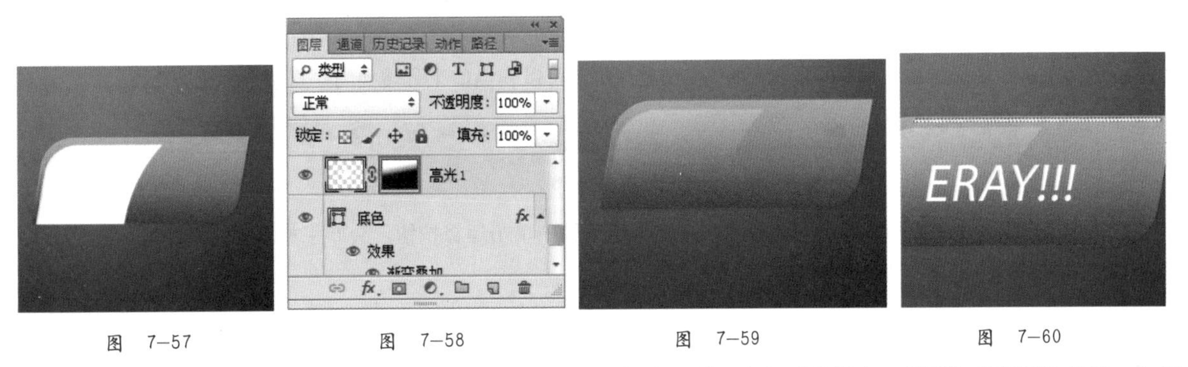

图 7-57　　图 7-58　　图 7-59　　图 7-60

06 为白色矩形添加图层蒙版，使用“渐变工具”，在选项栏中设置黑白色系的渐变，设置渐变类型为线性，如图7-61所示。选中图层蒙版，在蒙版中拖曳填充，如图7-62所示。效果如图7-63所示。

图 7-61

07 用同样方法制作同样的底部发光，如图7-64所示。导入柠檬素材，摆放在合适位置上。最终效果如图7-65所示。

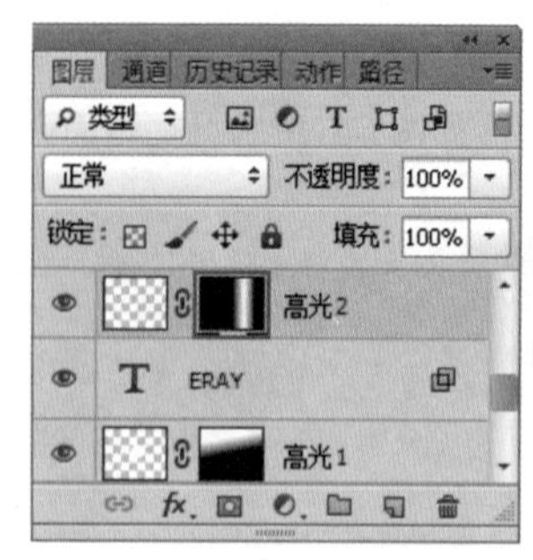

图 7-62

图 7-63

图 7-64

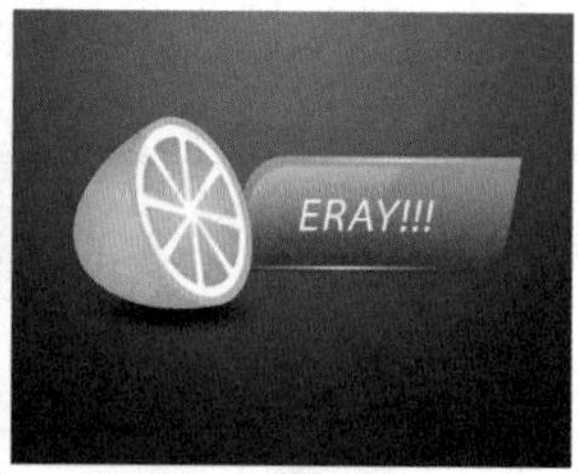

图 7-65

思维点拨：颜色搭配“少而精”原则

虽然丰富的颜色看起来吸引人，但是一定要坚持“少而精”的原则，即颜色搭配尽量要少，这样画面会显得较为整体、不杂乱，如图7-66所示。当然特殊情况除外，如要体现绚丽、缤纷、丰富等主题时，色彩需要多一些。一般来说，一张图像中色彩不宜超过四五种，否则会使画面很杂乱、跳跃、无重心，如图7-67所示。

图 7-66　　图 7-67

7.3 路径的基本操作

视频精讲：Photoshop CS6自学视频教程\63.路径的编辑操作.flv

路径可以像其他对象一样进行选择、移动、变换等常规操作，也可以进行定义为形状、建立选区、描边等特殊操作，还可以像选区运算一样进行“运算”。

7.3.1 选择并移动路径

技术速查：使用“路径选择工具”单击路径上的任意位置，可以选择单个的路径；按住Shift键单击可以选择多个路径。同时，它还可以用来移动、组合、对齐和分布路径。

“路径选择工具”的选项栏如图7-68所示。按住Ctrl键并单击可以将当前工具转换为“直接选择工具”。

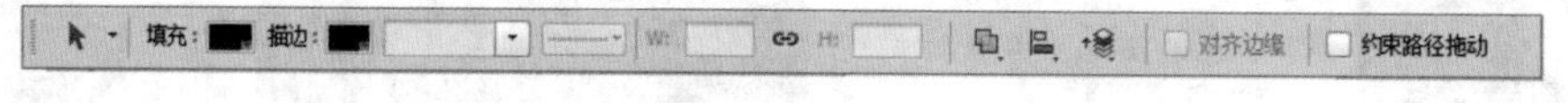

图 7-68

- “路径运算”按钮：选择两个或多个路径时，在工具选项栏中单击运算按钮，会产生相应的交叉结果。
- “路径对齐方式”按钮：设置路径对齐与分布的选项。
- “路径排列方法”按钮：设置路径的层级排列关系。

7.3.2 选择并调整锚点

技术速查：“直接选择工具”主要用来选择路径上的单个或多个锚点，可以移动锚点、调整方向线。

使用“直接选择工具”单击可以选中某一个锚点，如图7-69所示；框选或按住Shift键单击可以选择多个锚点，如图7-70所示；按住Ctrl键并单击可以将当前工具转换为“路径选择工具”。

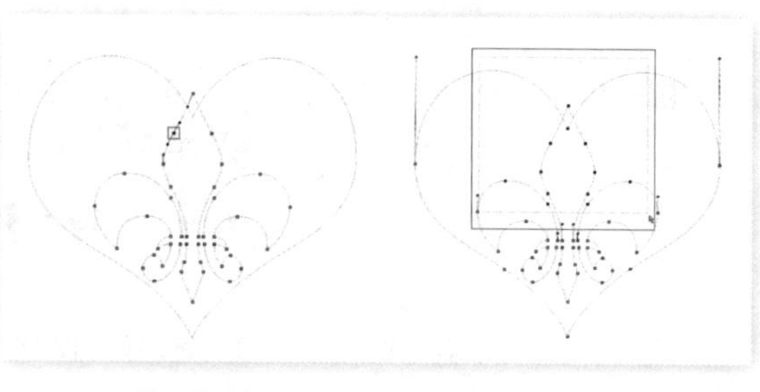

图 7-69　　图 7-70

7.3.3 路径的运算

创建多个路径或形状时，可以在工具选项栏中单击相应的运算按钮，设置子路径的重叠区域会产生什么样的交叉结果，如图7-71所示。下面通过实例来讲解路径的运算方法。如图7-72和图7-73所示为即将进行运算的两个图形。

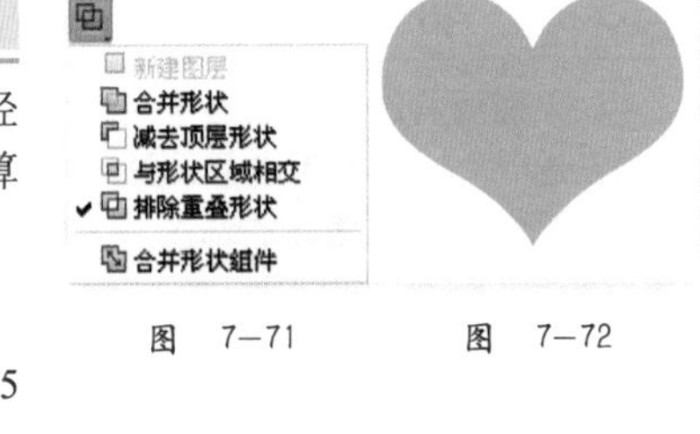

图 7-71　　图 7-72

- 合并形状：单击该按钮，新绘制的图形将添加到原有的图形中，如图7-74所示。
- 减去顶层形状：单击该按钮，可以从原有的图形中减去新绘制的图形，如图7-75所示。
- 与形状区域相交：单击该按钮，可以得到新图形与原有图形的交叉区域，如图7-76所示。
- 排除重叠形状：单击该按钮，可以得到新图形与原有图形重叠部分以外的区域，如图7-77所示。

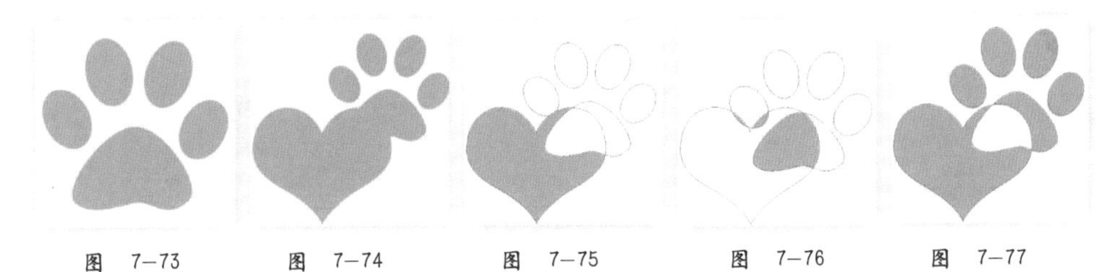

图 7-73　　图 7-74　　图 7-75　　图 7-76　　图 7-77

7.3.4 变换路径

选择路径，然后执行“编辑>变换路径”菜单下的命令，即可对其进行相应的变换，如图7-78所示。也可以使用组合键Ctrl+T进行变换。变换路径与变换图像的方法完全相同，这里不再重复讲解。

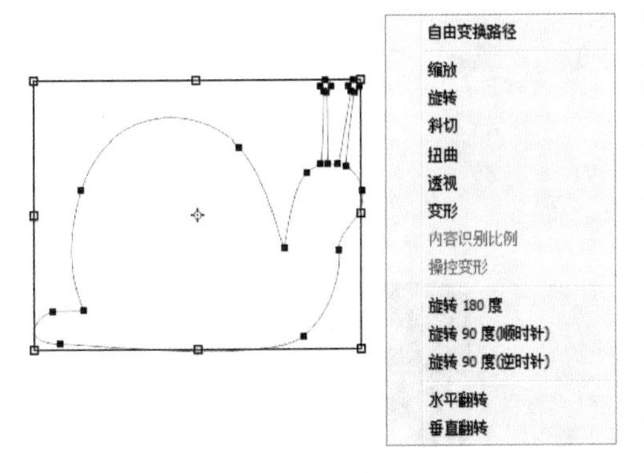

图 7-78

7.3.5 对齐、分布与排列路径

使用“路径选择工具”选择多个路径，在选项栏中单击“路径对齐方式”按钮，在弹出的菜单中可以对所选路径进行对齐、分布方式的设置，如图7-79所示。

当文件中包含多个路径时，选择路径，单击选项栏中的“路径排列方法”按钮，在下拉列表中选择相关选项，可以将选中路径的层级关系进行相应的排列，如图7-80所示。

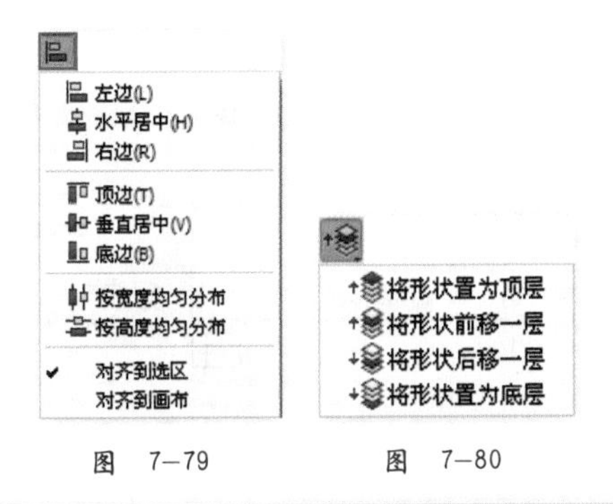

图 7-79　　图 7-80

7.3.6 定义为自定形状

绘制路径以后，执行“编辑>定义自定形状”命令可以将其定义为形状，如图7-81和图7-82所示。

定义完成后，单击工具箱中的“自定形状工具”按钮，在选项栏中单击形状下拉列表按钮，在形状预设中可以看到新自定的形状，如图7-83所示。

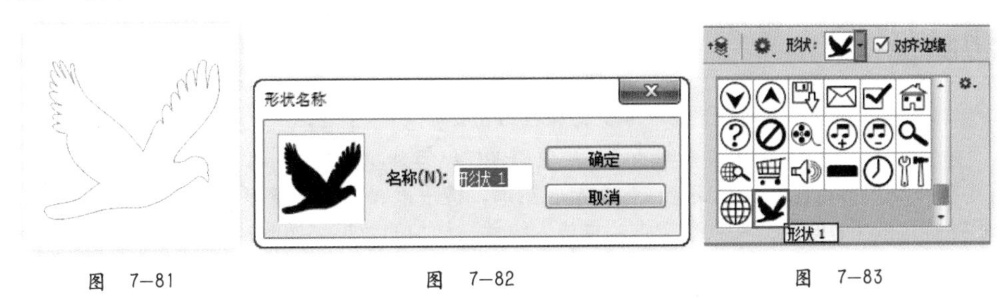

图 7-81　　图 7-82　　图 7-83

7.3.7 动手学：将路径转换为选区

如果需要将路径转换为选区，可以在路径上单击鼠标右键，然后在弹出的快捷菜单中选择“建立选区”命令，在打开的“建立选区”对话框中进行设置，如图7-84和图7-85所示。也可以使用组合键Ctrl+Enter，将路径转换为选区。

如果需要载入路径的选区，可以按住Ctrl键在“路径”面板中单击路径的缩略图，或单击“将路径作为选区载入”按钮，如图7-86和图7-87所示。

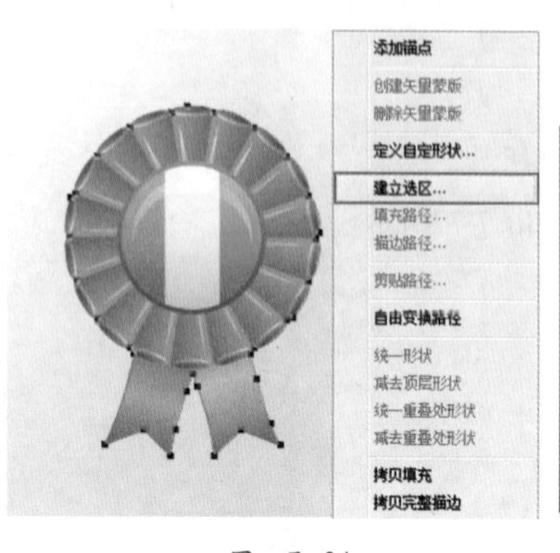

图 7-84

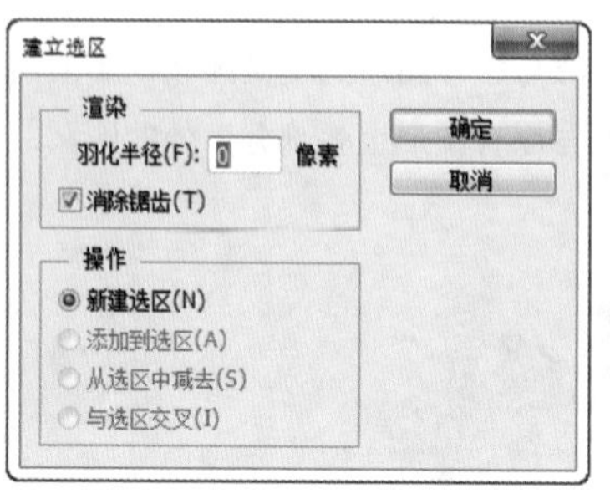

图 7-85

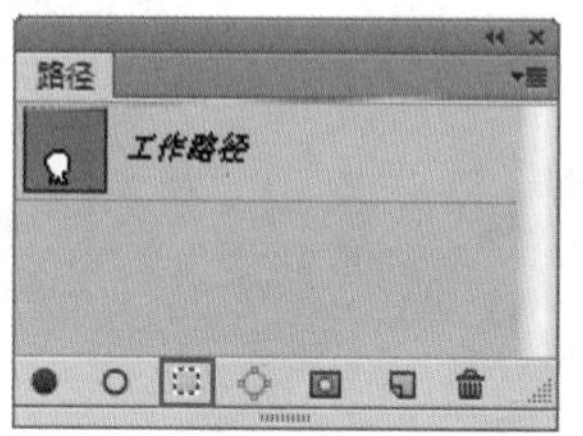

图 7-86

图 7-87

7.3.8 动手学：填充路径

视频精讲：Photoshop CS6自学视频教程\64.填充路径与描边路径.flv

（1）使用“钢笔工具”或形状工具（“自定形状工具”除外）状态下，在绘制完成的路径上单击鼠标右键，在弹出的快捷菜单中选择“填充路径”命令，如图7-88所示。

（2）在打开的“填充子路径”对话框中可以对填充内容进行设置，其中包含多种类型的填充内容，并且可以设置当前填充内容的混合模式以及不透明度等属性，如图7-89所示。

（3）可以尝试使用“颜色”与“图案”填充路径，效果如图7-90和图7-91所示。

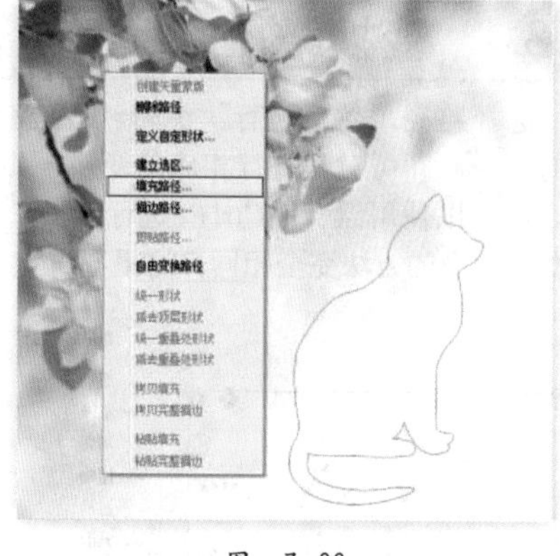

图 7-88

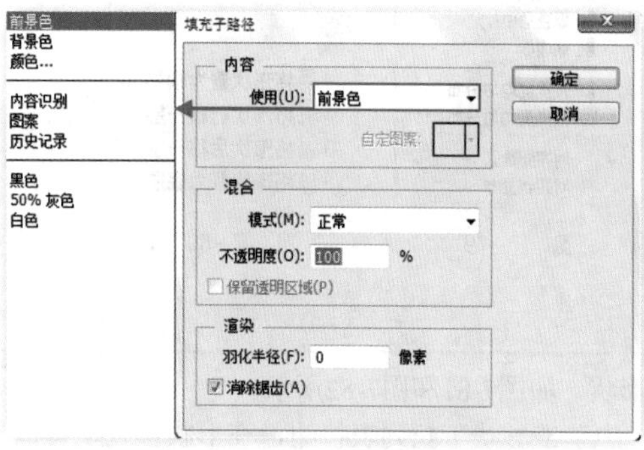

图 7-89

图 7-90

图 7-91

7.3.9 描边路径

视频精讲：Photoshop CS6自学视频教程\64.填充路径与描边路径.flv

技术速查：“描边路径”命令能够以设置好的绘画工具沿任何路径创建描边。

在Photoshop中可以使用多种工具描边路径，如画笔、铅笔、橡皮擦、仿制图章等，如图7-92所示。选中“模拟压力”复选框可以模拟手绘描边效果；取消选中此复选框，描边为线性、均匀的效果。如图7-93和图7-94所示分别为未选中和选中

“模拟压力”复选框的效果。

在描边之前，需要先设置好描边所使用的工具的参数。例如，要使用画笔进行描边，那么就需要在“画笔”面板中设置合适的类型、大小及前景色，再使用“钢笔工具”或形状工具绘制出路径，如图7-95所示。

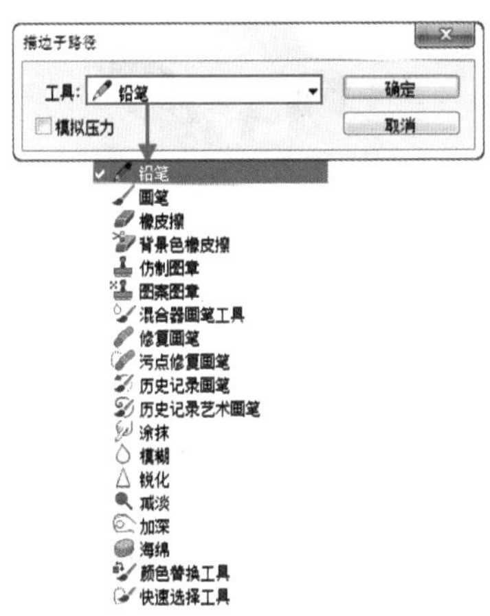

图 7-92

图 7-93

图 7-94

图 7-95

在路径上单击鼠标右键，在弹出的快捷菜单中选择“描边路径”命令，打开“描边子路径”对话框，在该对话框中可以选择描边的工具，如图7-96所示。使用画笔描边路径的效果如图7-97所示。

图 7-96　　图 7-97

技巧提示

设置好画笔的参数后，在使用画笔状态下按Enter键可以直接为路径描边。

★ 案例实战——使用钢笔工具合成自然招贴

案例文件	案例文件\第7章\使用钢笔工具合成自然招贴.psd
视频教学	视频文件\第7章\使用钢笔工具合成自然招贴.flv
难易指数	★★★★★
技术要点	自由钢笔工具、钢笔工具、转换为选区、形状设置

案例效果

本例主要使用“自由钢笔工具”、“钢笔工具”、“转换为选区”、形状设置等合成自然招贴，如图7-98所示。

操作步骤

01 打开背景素材1.jpg，如图7-99所示。

02 导入鹦鹉素材2.jpg，置于画面中合适的位置。单击工具箱中的“自由钢笔工具”按钮，在选项栏中设置绘制模式为“路径”，选中“磁性的”复选框，如图7-100所示。沿鹦鹉边缘绘制路径，效果如图7-101所示。

图 7-98

图 7-99

图 7-100

图 7-101

03 得到完整路径后按Ctrl+Enter组合键将路径转换为选区，并为其添加图层蒙版，使背景隐藏，如图7-102所示。复制鹦鹉，水平翻转并缩放，摆放在画面中合适位置，如图7-103所示。

04 导入人像素材3.jpg，置于画面中合适的位置，使用“钢笔工具”沿人像外轮廓绘制路径，如图7-104所示。按Ctrl+Enter组合键将路径转换为选区，并为其添加图层蒙版，使背景隐藏，如图7-105所示。

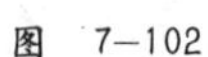

图 7-102

图 7-103

图 7-104

图 7-105

05 在人像图层下方新建图层，使用黑色柔角画笔工具在人物脚下绘制阴影效果，如图7-106所示。

06 在“图层”面板顶部新建图层，设置前景色为橙色，使用柔角画笔工具在画面中合适位置进行绘制，如图7-107所示。设置其混合模式为“变亮”，如图7-108所示。效果如图7-109所示。

07 导入喷溅素材4.png，置于画面中合适位置，设置图层的“不透明度”为10%，如图7-110所示。

图 7-106

图 7-107

图 7-108

图 7-109

图 7-110

08 使用“钢笔工具”，在选项栏中设置绘制模式为“形状”，“填充”为无，“描边”颜色为蓝色，大小为“1点”，并选择直线，如图7-111所示。在画面中绘制曲线，为其添加图层蒙版，隐藏合适的部分，如图7-112所示。效果如图7-113所示。

形状 填充: 描边: 1点

图 7-111

09 再次使用“钢笔工具”，设置颜色为橙色，在画面中绘制橙色的曲线。最终效果如图7-114所示。

图 7-112

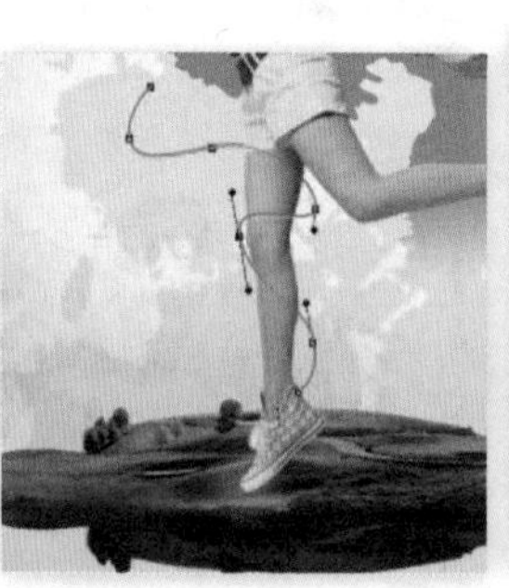

图 7-113

图 7-114

☆ 视频课堂——制作演唱会海报

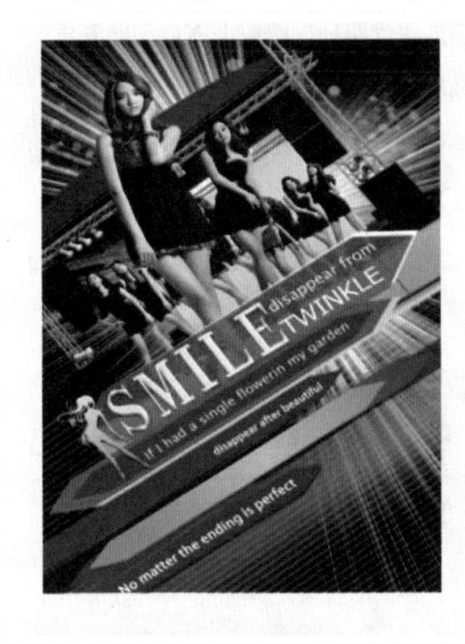

案例文件\第7章\视频课堂——制作演唱会海报.psd

视频文件\第7章\视频课堂——制作演唱会海报.flv

思路解析：

01 打开背景素材，导入人像素材。

02 使用“钢笔工具”为人像素材去除背景。

03 使用“钢笔工具”、“多边形工具”绘制出底部形状，并填充合适颜色。

04 输入文字并添加图层样式。

7.4 使用“路径”面板管理路径

7.4.1 认识“路径”面板

技术速查：“路径”面板主要用来存储、管理以及调用路径，在面板中显示了存储的所有路径、工作路径以及矢量蒙版的名称和缩览图。

执行“窗口>路径”命令，可以打开“路径”面板，“路径”面板及其面板菜单如图7-115所示。

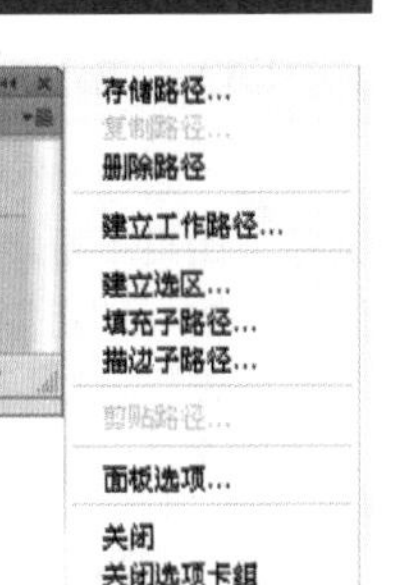

图 7-115

- “用前景色填充路径”按钮：单击该按钮，可以用前景色填充路径区域。
- “用画笔描边路径”按钮：单击该按钮，可以用设置好的“画笔工具”对路径进行描边。
- “将路径作为选区载入”按钮：单击该按钮，可以将路径转换为选区。
- “从选区生成工作路径”按钮：如果当前文档中存在选区，单击该按钮，可以将选区转换为工作路径。
- “添加图层蒙版”按钮：单击该按钮，即可以当前选区为图层添加图层蒙版。
- “创建新路径”按钮：单击该按钮，可以创建一个新的路径。按住Alt键的同时单击该按钮，可以弹出“新建路径”对话框，并进行名称的设置。拖曳需要复制的路径到按钮上，可以复制出路径的副本。
- “删除当前路径”按钮：将路径拖曳到该按钮上，可以将其删除。

7.4.2 动手学：存储工作路径

工作路径是临时路径，是在没有新建路径的情况下使用钢笔等工具绘制的路径，一旦重新绘制了路径，原有的路径将被当前路径所替代，如图7-116所示。

如果不想工作路径被替换掉，可以双击其缩略图，打开“存储路径”对话框，将其保存起来，如图7-117和图7-118所示。

图 7-116

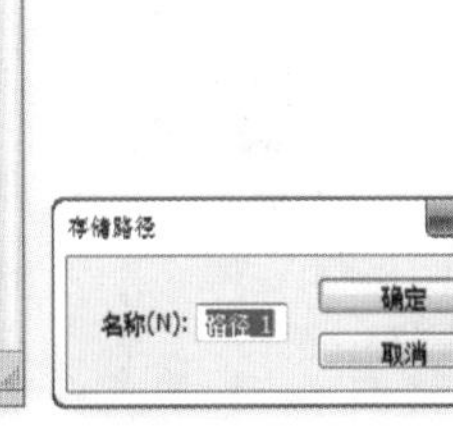

图 7-117

图层 通道 路径

路径 1

图 7-118

7.4.3 动手学：新建路径

单击“路径”面板下的“创建新路径”按钮，可以创建一个新路径层，此后使用钢笔等工具绘制的路径都将包含在该路径层中，如图7-119所示。

按住Alt键的同时单击“创建新路径”按钮，可以弹出“新建路径”对话框，并进行名称的设置，如图7-120所示。

图 7-119

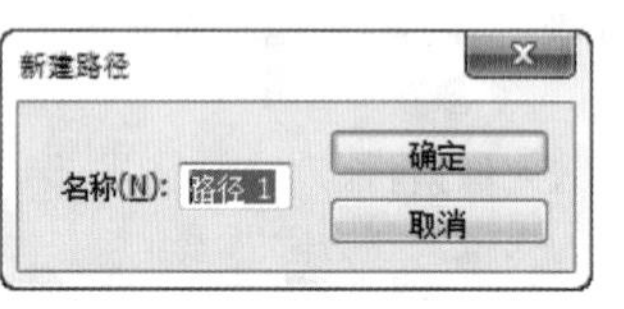

图 7-120

7.4.4 复制/粘贴路径

如果要复制路径，在“路径”面板中拖曳需要复制的路径到下面的“创建新路径”按钮上，即可复制出路径的副本，如图7-121所示。如果要将当前文档中的路径复制到其他文档中，可以执行“编辑>拷贝”命令，然后切换到其他文档，接着执行“编辑>粘贴”命令即可，如图7-122所示。

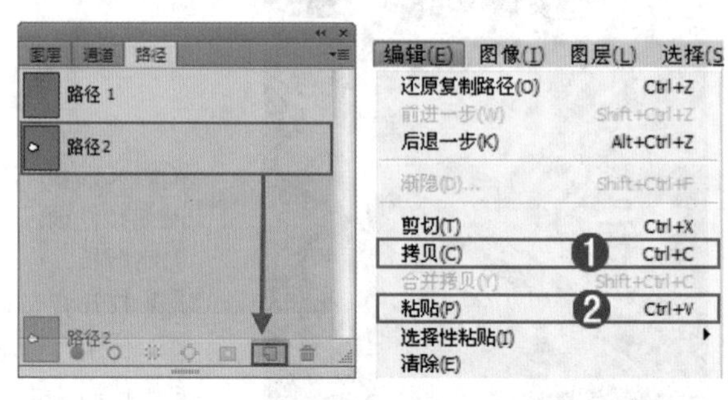

图 7-121　　图 7-122

7.4.5 删除路径

如果要删除某个不需要的路径，可以将其拖曳到“路径”面板下面的“删除当前路径”按钮上，或者直接按Delete键将其删除。

7.4.6 隐藏/显示路径

在“路径”面板中选择某路径后，文档窗口中就会始终显示该路径，如果不希望它妨碍我们的操作，可以在“路径”面板的空白区域单击，即可取消对路径的选择，将其隐藏起来，如图7-123所示。如果要将路径在文档窗口中显示出来，可以在“路径”面板中单击该路径，如图7-124所示。

技巧提示

按Ctrl+H组合键也可以切换路径的显示与隐藏状态。

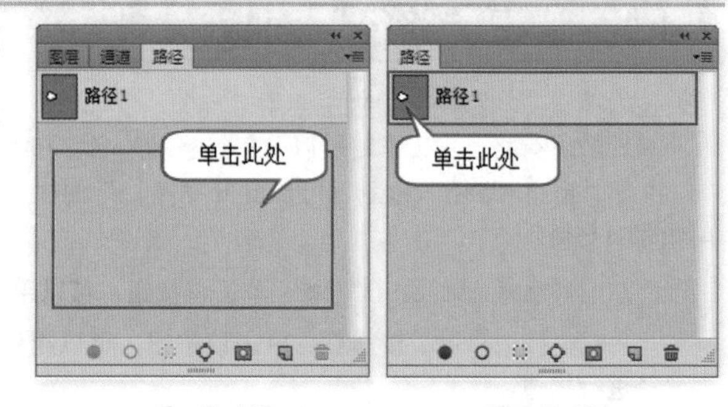

图 7-123　　图 7-124

☆ 视频课堂——制作儿童主题网站

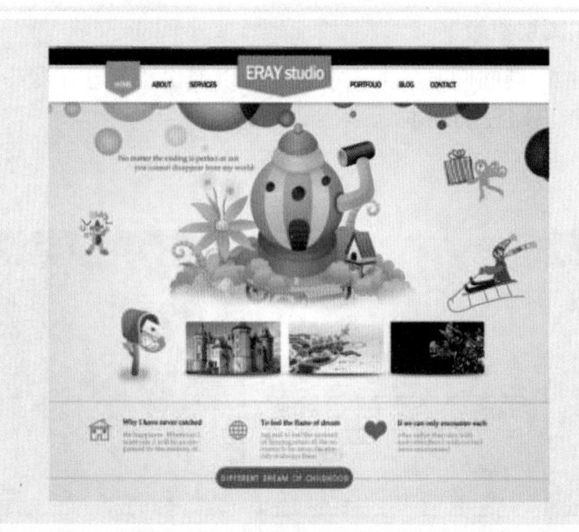

案例文件\第7章\视频课堂——制作儿童主题网站.psd
视频文件\第7章\视频课堂——制作儿童主题网站.flv
思路解析：

01 首先使用“矩形工具”制作背景以及顶部导航栏。
02 使用“钢笔工具”绘制导航栏上的五边形。
03 使用“椭圆工具”绘制页面上的多彩圆形。
04 使用“自定形状工具”绘制底部的图标。
05 使用“圆角矩形工具”制作底部的粉色按钮。
06 导入素材并输入文字。

形状工具组

视频精讲：Photoshop CS6自学视频教程\62.使用形状工具.flv

Photoshop中的形状工具组包含多种形状工具，单击工具箱中的“矩形工具”按钮，在弹出的工具组中可以看到6种形状工具，如图7-125所示。使用这些形状工具可以绘制出各种各样的形状，如图7-126所示。

图 7-125

图 7-126

7.5.1 矩形工具

技术速查：使用“矩形工具”可以绘制出正方形和矩形。

“矩形工具”的使用方法与“矩形选框工具”类似，绘制时按住Shift键可以绘制出正方形；按住Alt键可以以鼠标单击点为中心绘制矩形；按住Shift+Alt组合键可以以鼠标单击点为中心绘制正方形，如图7-127所示。在选项栏中单击图标，可以打开“矩形工具”的设置选项，如图7-128所示。

- 不受约束：选中该单选按钮，可以绘制出任意大小的矩形。
- 方形：选中该单选按钮，可以绘制出任意大小的正方形。
- 固定大小：选中该单选按钮，可以在其后面的文本框中输入宽度（W）和高度（H），然后在图像上单击即可创建出矩形，如图7-129所示。
- 比例：选中该单选按钮，可以在其后面的文本框中输入宽度（W）和高度（H）比例，此后创建的矩形始终保持该比例，如图7-130所示。

图 7-127

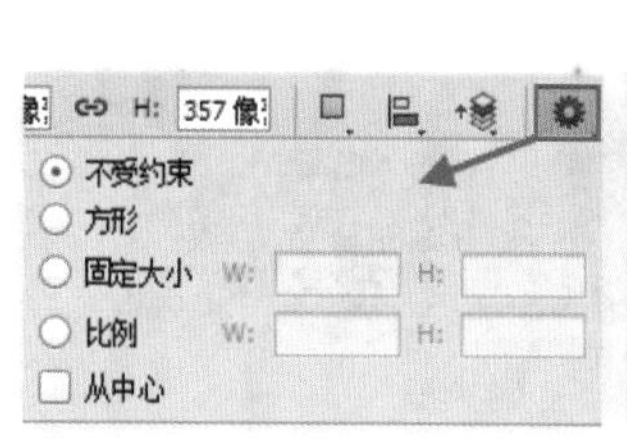

图 7-128

图 7-129

图 7-130

- 从中心：以任何方式创建矩形时，选中该复选框，鼠标单击点即为矩形的中心。
- 对齐边缘：选中该复选框，可以使矩形的边缘与像素的边缘相重合，这样图形的边缘就不会出现锯齿。

7.5.2 圆角矩形工具

技术速查：使用“圆角矩形工具”可以创建出具有圆角效果的矩形。

“圆角矩形工具”的使用方法及选项与“矩形工具”完全相同。单击“圆角矩形工具”按钮，在选项栏中可以对“半径”数值进行设置，如图7-131所示。“半径”选项用来设置圆角的半径，数值越大，圆角越大，如图7-132所示。

图 7-131

图 7-132

★ 案例实战——使用圆角矩形工具制作播放器

案例文件	案例文件\第7章\使用圆角矩形工具制作播放器.psd
视频教学	视频文件\第7章\使用圆角矩形工具制作播放器.flv
难易指数	★★★★★
技术要点	圆角矩形工具

案例效果

本例主要使用“圆角矩形工具”制作播放器，效果如图7-133所示。

操作步骤

01 打开素材文件，如图7-134所示。单击工具箱中的“圆角矩形工具”按钮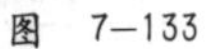，并在选项栏中选择路径模式，设置“半径”为“50像素”，如图7-135所示。

图 7-133

图 7-134

图 7-135

02 导入人像素材，从左上角单击确定圆角矩形的起点，并向右下角拖动绘制出圆角矩形，然后右击，在弹出的快捷菜单中执行“建立选区”命令，如图7-136所示。

03 在弹出的“建立选区”对话框中设置“羽化半径”为0像素，如图7-137所示。得到选区后为照片图层添加图层蒙版，使多余部分隐藏，如图7-138所示。

图 7-136

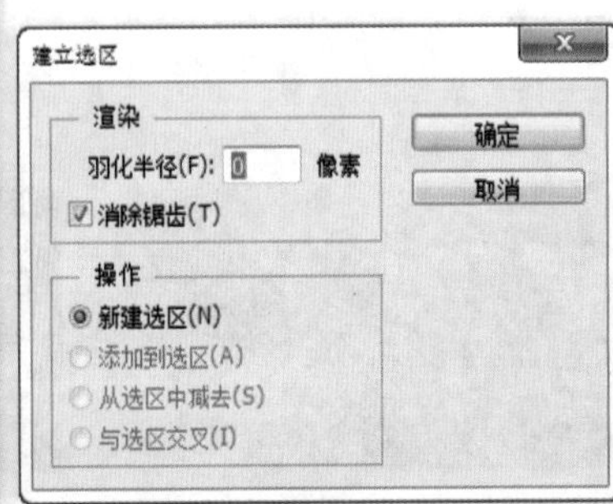

图 7-137

图 7-138

04 为该图层添加图层样式，执行“图层>图层样式>描边”命令，设置描边“大小”为13像素，“位置”为“内部”，“不透明度”为16%，“颜色”为灰色，如图7-139所示。

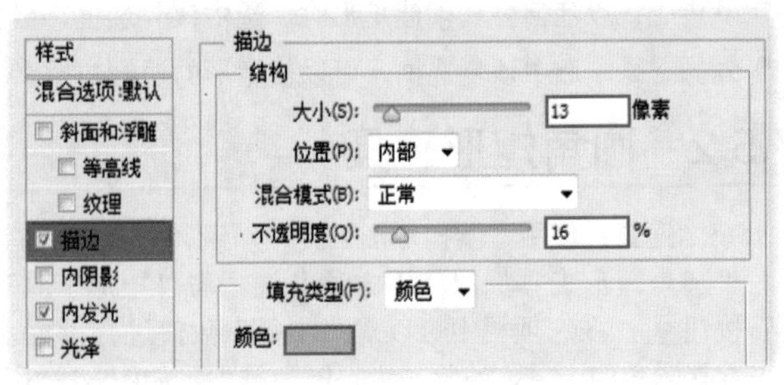

图 7-139

05 选择“内发光”选项，设置“混合模式”为“正常”，“不透明度”为75%，颜色为黑色，“阻塞”为60%，“大小”为20像素，如图7-140所示。效果如图7-141所示。

06 载入蒙版选区，单击工具箱中的“椭圆选框工具”按钮，在选项栏中设置绘制模式为“从选区中减去”，在圆角矩形选区的右下半部分进行绘制，如图7-142所示。得到剩余的左上半部分选区，如图7-143所示。

07 新建图层，填充从白色到透明的渐变作为光泽效果，如图7-144所示。

08 用同样的方法制作另外一部分光泽，最终效果如图7-145所示。

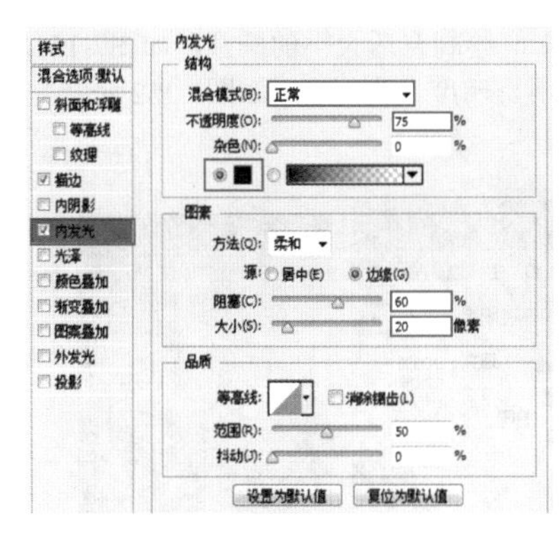

图 7-140

图 7-141

图 7-142

图 7-143

图 7-144

图 7-145

7.5.3 椭圆工具

技术速查：使用“椭圆工具”可以创建出椭圆和正圆形状，如图7-146所示。

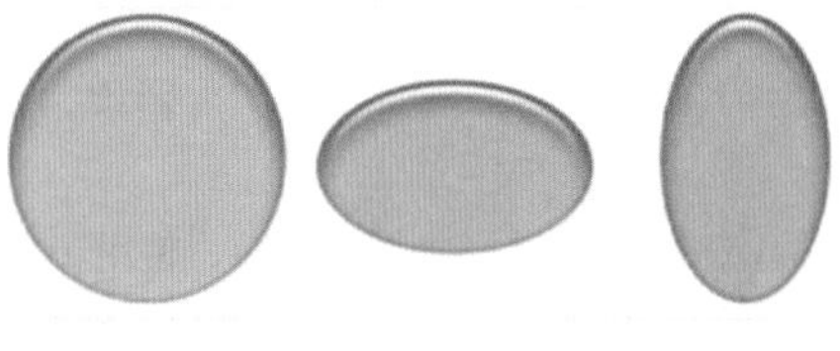

图 7-146

“椭圆工具”的设置选项与“矩形工具”相似。如果要创建椭圆，拖曳鼠标进行创建即可；如果要创建圆形，可以按住Shift键或Shift+Alt组合键（以鼠标单击点为中心）进行创建。

★ 案例实战——使用椭圆工具制作质感气泡

案例文件	案例文件\第7章\使用椭圆工具制作质感气泡.psd
视频教学	视频文件\第7章\使用椭圆工具制作质感气泡.flv
难易指数	★★★★★
技术要点	形状工具、钢笔工具

案例效果

本例主要使用形状工具、钢笔工具制作质感气泡，效果如图7-147所示。

操作步骤

01 新建文件，单击工具箱中的“椭圆工具”按钮，在选项栏中设置绘制模式为“形状”，“填充”类型为渐变，编辑一种蓝色系渐变，渐变类型为“径向”，如图7-148所示。

02 在画面中按住Shift键绘制正圆，效果如图7-149所示。

03 再次单击工具箱中的“钢笔工具”按钮，在选项栏中设置绘制模式为“形状”，填充设置与之前绘制的圆形相同，设置运算方式为“合并形状”，在左下角绘制三角形，如图7-150所示。

图 7-147

图 7-148

图 7-149

04 新建图层，设置前景色为白色，使用“椭圆工具”，设置绘制模式为“像素”，绘制合适大小的椭圆，如图7-151所示。为其添加图层蒙版，使用黑色画笔在蒙版中涂抹擦除多余的部分，设置图层的“不透明度”为35%，如图7-152所示。效果如图7-153所示。

图 7-150

图 7-151

图 7-152

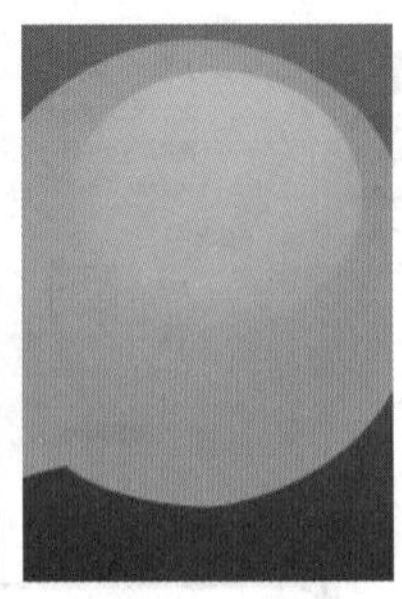
图 7-153

05 继续新建图层，用同样方法制作另外一部分光泽，并设置图层的“不透明度”为90%，如图7-154所示。效果如图7-155所示。

06 再次新建图层，使用“钢笔工具”，在选项栏中设置绘制模式为路径，在右侧绘制月牙路径形状，如图7-156所示。按Ctrl+Enter组合键将路径转换为选区，为其填充白色，效果如图7-157所示。

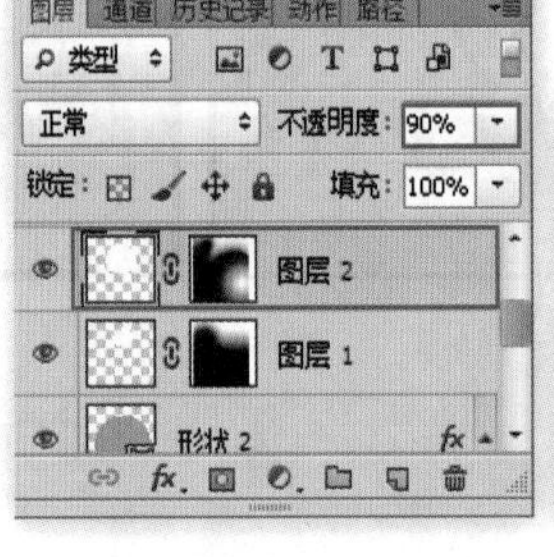

图 7-154

图 7-155

图 7-156

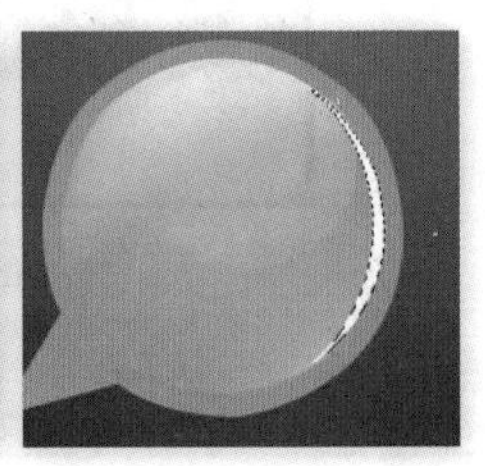
图 7-157

07 同样为其添加图层蒙版，使用黑色画笔在蒙版中涂抹擦除多余部分，如图7-158所示。效果如图7-159所示。

08 使用“横排文字工具”，在按钮上方输入字母t。执行“图层>图层样式>斜面和浮雕”命令，设置“样式”为“内斜面”，“方法”为“平滑”，“深度”为100%，“大小”为20像素，“角度”为-58度，“高度”为21度，“阴影”不透明度为30%，如图7-160所示。导入背景素材文件，调整图层顺序，最终效果如图7-161所示。

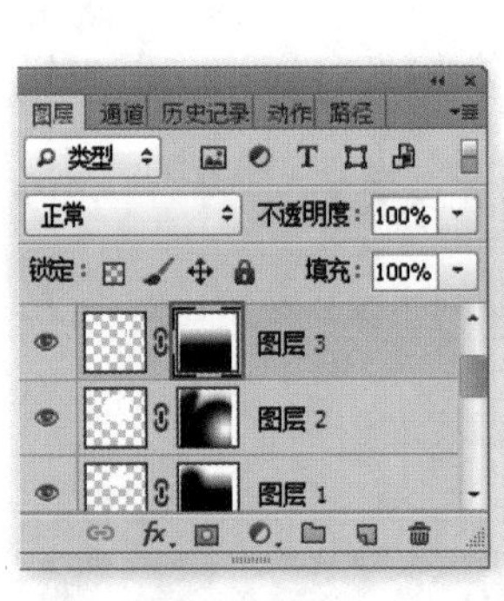

图 7-158

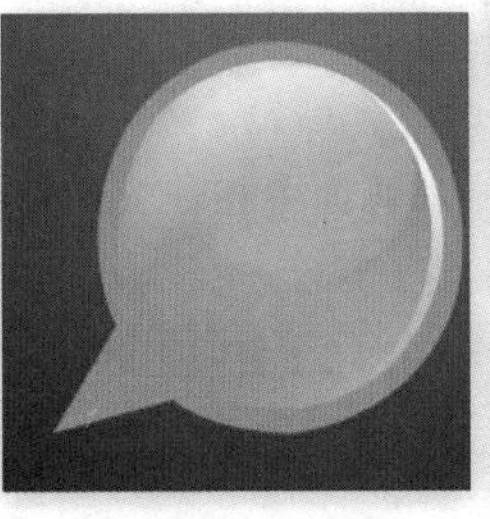
图 7-159

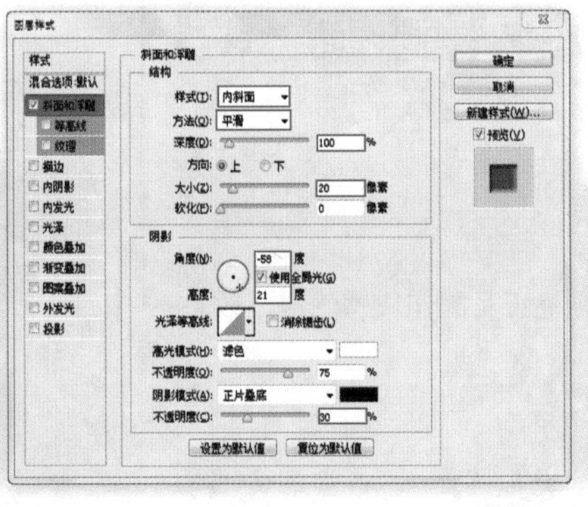
图 7-160

图 7-161

7.5.4 多边形工具

技术速查：使用“多边形工具”可以创建出多边形（最少为3条边）和星形，如图7-162所示。

单击工具箱中的“多边形工具”按钮，在选项栏中可以设置“边”、“半径”、“平滑拐点”、“星形”等参数，如图7-163所示。

- 边：设置多边形的边数，设置为3时，可以创建出正三角形；设置为4时，可以绘制出正方形；设置为5时，可以绘制出正五边形，如图7-164所示。

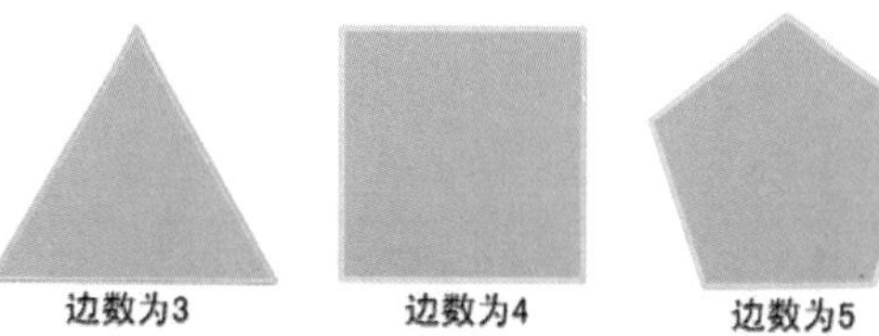

图 7-162　　图 7-163　　图 7-164

- 半径：用于设置多边形或星形的半径长度（单位为cm），设置好半径以后，在画面中拖曳鼠标即可创建出相应半径的多边形或星形。
- 平滑拐角：选中该复选框，可以创建出具有平滑拐角效果的多边形或星形，如图7-165所示。
- 星形：选中该复选框，可以创建星形，下面的“缩进边依据”文本框主要用来设置星形边缘向中心缩进的百分比，数值越大，缩进量越大，如图7-166所示分别是20%、50%和80%的缩进效果。
- 平滑缩进：选中该复选框，可以使星形的每条边向中心平滑缩进，如图7-167所示。

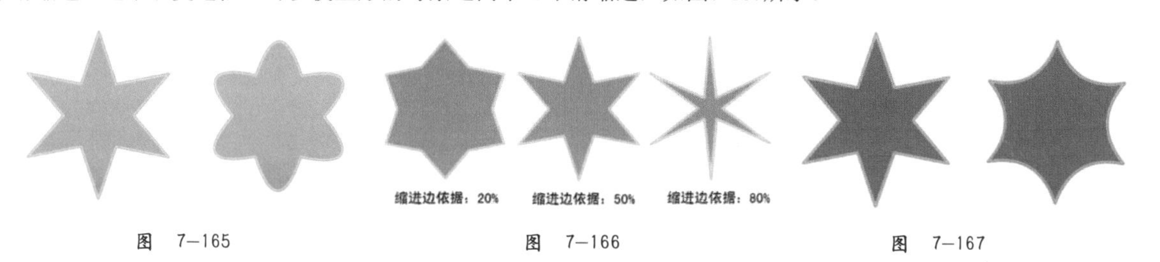

图 7-165　　图 7-166　　图 7-167

7.5.5 直线工具

- 技术速查：使用“直线工具”可以创建出直线和带有箭头的形状，如图7-168所示。

单击工具箱中的“直线工具”按钮，在选项栏中可以设置“直线工具”的选项，如图7-169所示。

- 粗细：设置直线或箭头线的粗细，单位为像素，如图7-170所示。
- 起点/终点：选中“起点”复选框，可以在直线的起点处添加箭头；选中“终点”复选框，可以在直线的终点处添加箭头；选中“起点”和“终点”复选框，则可以在两头都添加箭头，如图7-171所示。

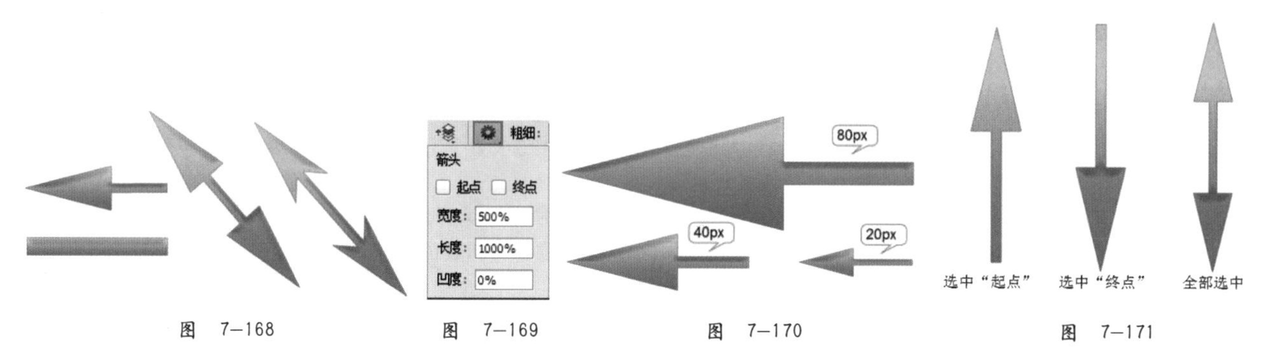

图 7-168　　图 7-169　　图 7-170　　图 7-171

- 宽度：用来设置箭头宽度与直线宽度的百分比，范围为10%～1000%，如图7-172所示分别为使用200%、800%和1000%创建的箭头。
- 长度：用来设置箭头长度与直线宽度的百分比，范围为10%～5000%，如图7-173所示分别为使用100%、500%和1000%创建的箭头。
- 凹度：用来设置箭头的凹陷程度，范围为-50%～50%。值为0%时，箭头尾部平齐；值大于0%时，箭头尾部向内凹陷；值小于0%时，箭头尾部向外凸出，如图7-174所示。

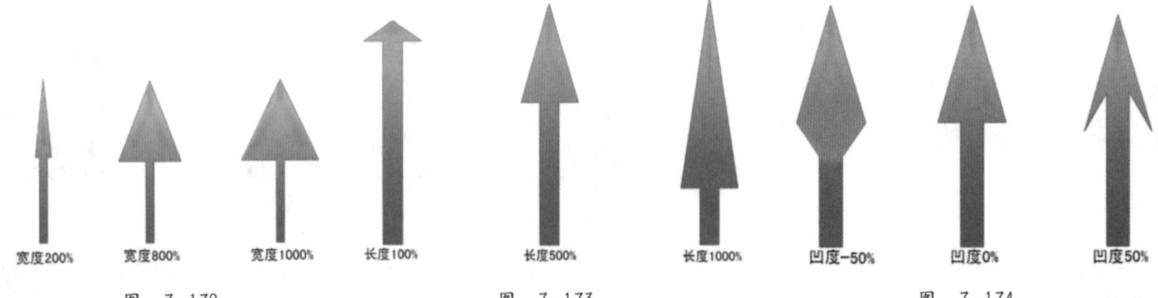

图 7-172　　图 7-173　　图 7-174

7.5.6 自定形状工具

使用“自定形状工具”可以创建出非常多的形状。这些形状既可以是Photoshop的预设，也可以是用户自定义或加载的外部形状。单击工具箱中的“自定形状工具”按钮，在选项栏的“形状”下拉列表中可以选择合适形状，如图7-175所示。

图 7-175

★ 案例实战——使用自定形状工具制作徽章

案例文件	案例文件\第7章\使用自定形状工具制作徽章.psd
视频教学	视频文件\第7章\使用自定形状工具制作徽章.flv
难易指数	★★★★★
技术要点	自定形状工具

案例效果

本例主要使用“自定形状工具”制作徽章，如图7-176所示。

操作步骤

01 新建一个合适大小的文件，单击工具箱中的“自定形状工具”按钮，在选项栏中设置工具模式为“形状”，“填充”颜色为深蓝色，“描边”为无，设置一种合适的形状，如图7-177所示。

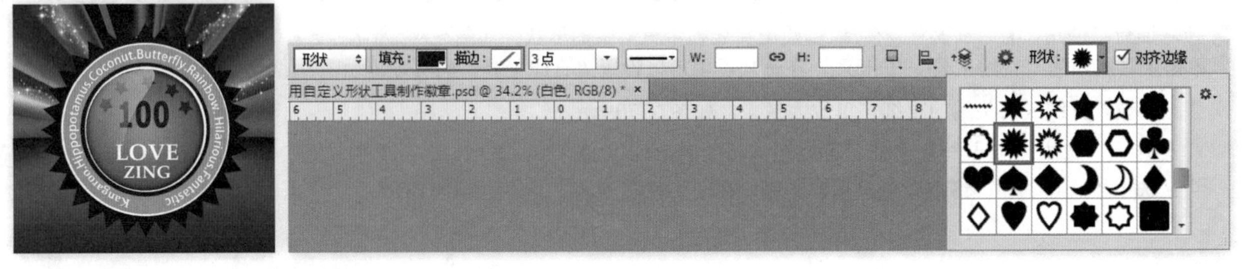

图 7-176　　图 7-177

02 在画面中按住Shift键进行绘制，制作一个正多角星形，如图7-178所示。

03 继续使用“自定形状工具”，设置填充颜色为白色，在选项栏中选择圆形形状，如图7-179所示。按住Shift键绘制一个小一点的正圆，如图7-180所示。

04 用同样方法多次制作不同颜色的正圆，并依次缩小，如图7-181所示。选择最上面一层正圆，执行“图层>图层样式>内发光”命令，设置“混合模式”为“正常”，“不透明度”为100%，颜色为深蓝色，“大小”为50像素，如图7-182所示。

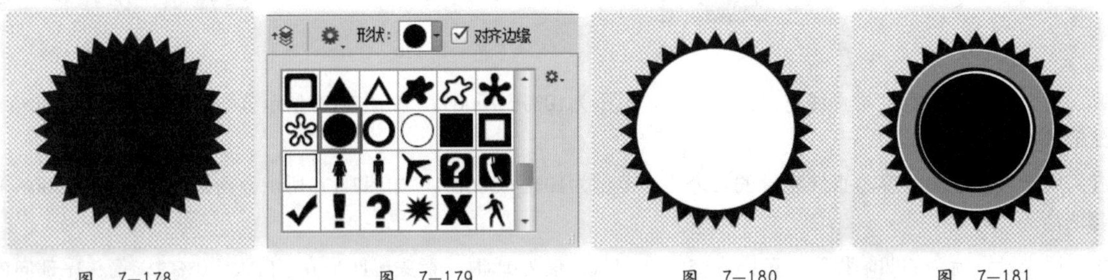

图 7-178　　图 7-179　　图 7-180　　图 7-181

05 选择“渐变叠加”选项，设置“混合模式”为“正常”，“不透明度”为100%，设置一种蓝色系渐变，如图7-183所示。此时最上层的圆出现了立体感，如图7-184所示。

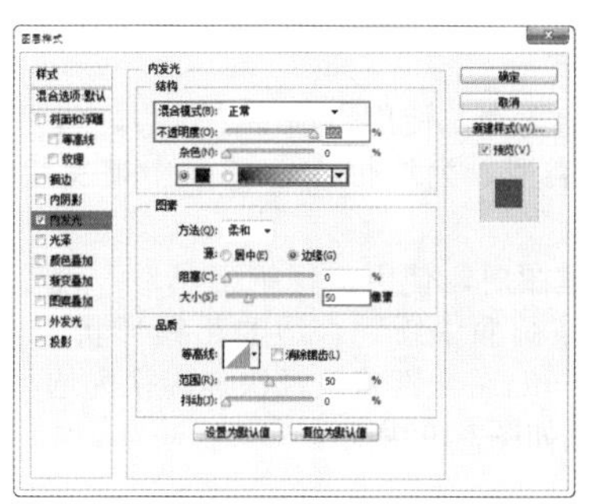
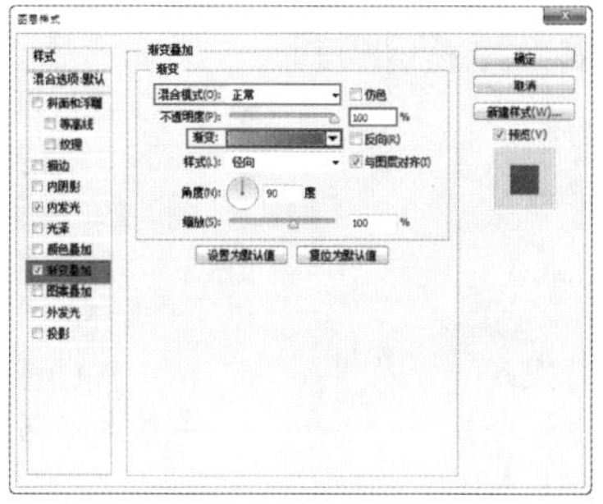

图 7-182　　图 7-183　　图 7-184

06 使用“自定形状工具”，设置颜色为深蓝色，在选项栏中选择五角星的形状，如图7-185所示。按住Shift键绘制一个正五角星，将其放置在合适位置，如图7-186所示。

07 多次绘制正五角星并放置在合适位置，如图7-187所示。单击工具箱中的“文字工具”按钮，设置合适的字体及大小，在画面中输入数字，如图7-188所示。

08 用同样的方法输入另外两组文字，如图7-189所示。单击工具箱中的“钢笔工具”按钮，在浅蓝色的圆上绘制一条圆形路径，如图7-190所示。

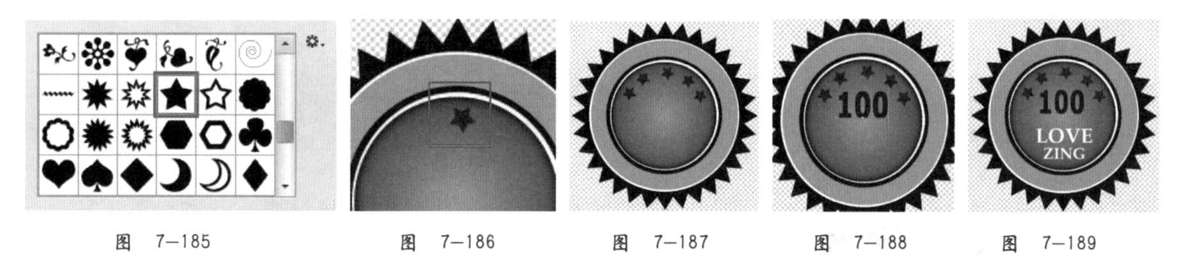

图 7-185　　图 7-186　　图 7-187　　图 7-188　　图 7-189

09 单击“文字工具”按钮，将光标移至路径上，单击输入文字，制作路径文字，如图7-191所示。单击“套索工具”按钮，在中间的圆上绘制高光形状，并填充为白色，如图7-192所示。

10 单击“图层”面板中的“添加图层蒙版”按钮，使用“渐变填充工具”，设置由白到黑的渐变，在蒙版中进行拖曳填充，完成高光效果的制作，如图7-193所示。

11 设置图层的“不透明度”为96%，导入背景素材文件。最终效果如图7-194所示。

图 7-190　　图 7-191　　图 7-192　　图 7-193　　图 7-194

☆ 视频课堂——使用矢量工具进行交互界面设计

案例文件\第7章\视频课堂——使用矢量工具进行交互界面设计.psd
视频文件\第7章\视频课堂——使用矢量工具进行交互界面设计.flv
思路解析：

01 使用“圆角矩形工具”制作右侧屏幕主体。
02 使用“圆角矩形工具”制作底部按钮。
03 使用“钢笔工具”绘制左上角不规则形态。

★ 综合实战——使用矢量工具制作儿童产品广告

案例文件	案例文件\第7章\使用矢量工具制作儿童产品广告.psd
视频教学	视频文件\第7章\使用矢量工具制作儿童产品广告.flv
难易指数	★★★★★
技术要点	钢笔工具、混合模式以及图层蒙版

案例效果

本例主要是使用“钢笔工具”、“混合模式”以及“图层蒙版”制作儿童产品广告，如图7-195所示。

操作步骤

01 新建文件，使用“渐变工具”，设置蓝白色的渐变，“渐变类型”为线性，在画面中拖曳绘制，效果如图7-196所示。

02 新建图层，使用“钢笔工具”，设置绘制模式为“路径”，在画面中绘制合适的路径形状，如图7-197所示。按Ctrl+Enter组合键将路径快速转换为选区，并为其填充黑色，效果如图7-198所示。

图 7-195

图 7-196

图 7-197

03 设置图层的“不透明度”为10%，如图7-199所示。效果如图7-200所示。

图 7-198

图 7-199

图 7-200

04 复制黑色图层，置于“图层”面板顶部，设置其“不透明度”为100%，按Ctrl+U组合键执行“色相/饱和度”命令，设置“明度”为100，如图7-201所示。效果如图7-202所示。

05 新建图层，使用“钢笔工具”，在画面中绘制心形形状，如图7-203所示。按Ctrl+Enter组合键将路径转换为选区，为其填充白色，效果如图7-204所示。

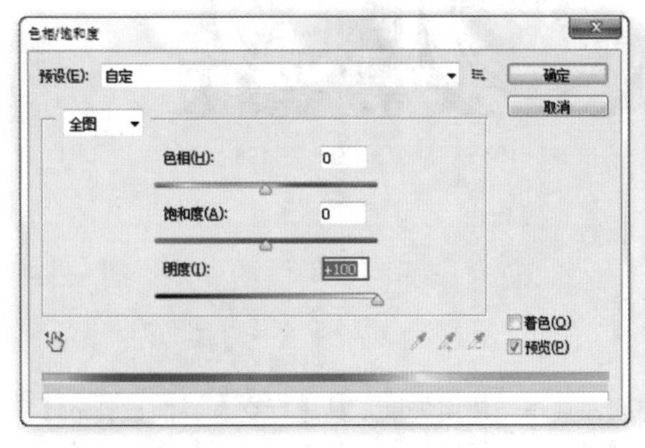

图 7-201

图 7-202

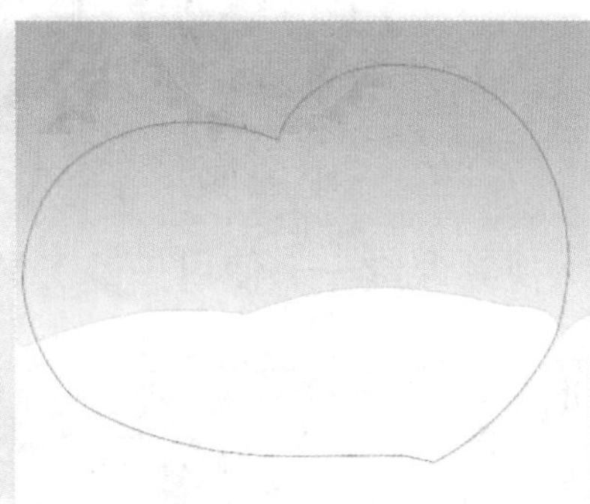

图 7-203

06 对心形图层执行“图层>图层样式>内发光”命令，设置“不透明度”为75%，颜色为青蓝色，“方法”为“柔和”，“源”为“边缘”，“阻塞”为20%，“大小”为200像素，如图7-205所示。选择“外发光”选项，设置“不透明度”为80%，颜色为蓝色，“方法”为“柔和”，“大小”为46像素，如图7-206所示。

图 7-204

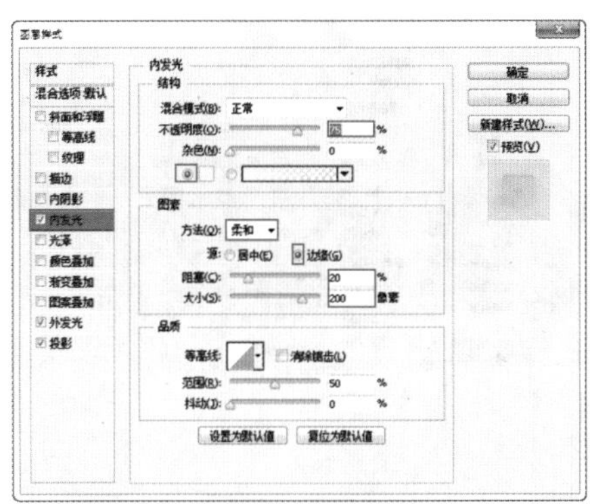

图 7-205

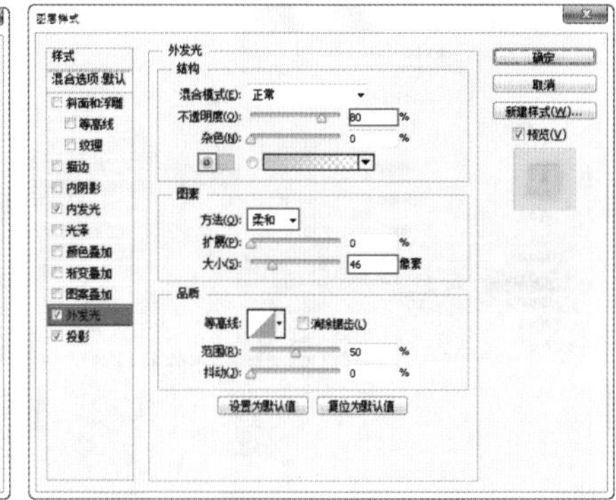

图 7-206

07 选择“投影”选项，设置其“不透明度”为40%，“角度”为-93度，“距离”为5像素，“扩展”为0%，“大小”为5像素，如图7-207所示。效果如图7-208所示。

08 导入卡通素材1.jpg，置于画面中合适的位置，效果如图7-209所示。

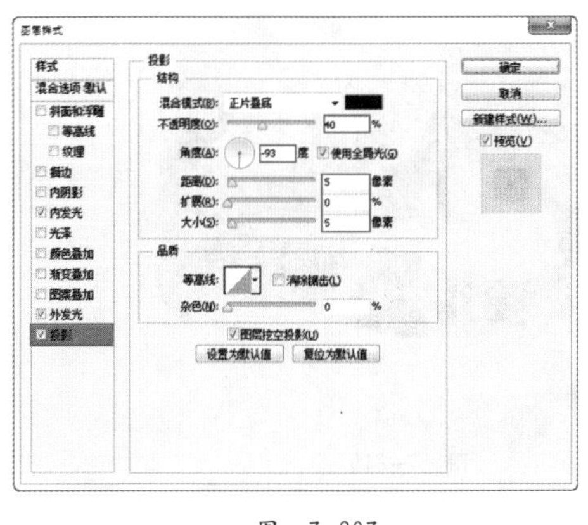

图 7-207

图 7-208

图 7-209

09 导入婴儿素材2.jpg，置于画面中合适的位置，为其添加图层蒙版，隐藏合适的部分，效果如图7-210所示。在婴儿图层底部新建图层，设置合适的前景色，使用柔角画笔在婴儿底部绘制婴儿的阴影效果，如图7-211所示。

10 在“图层”面板顶部新建图层，使用“钢笔工具”，设置绘制模式为“路径”，在画面中绘制彩带的部分形状，如图7-212所示。按Ctrl+Enter组合键将其转换为选区，为其填充红色，效果如图7-213所示。

图 7-210

图 7-211

图 7-212

图 7-213

11 对其执行“图层>图层样式>渐变叠加”命令，设置红色系的渐变，设置“样式”为“线性”，“角度”为0度，如图7-214所示。选择“投影”选项，设置“不透明度”为40%，“角度”为-93度，“距离”为10像素，“扩展”为0%，“大小”为15像素，如图7-215所示。效果如图7-216所示。

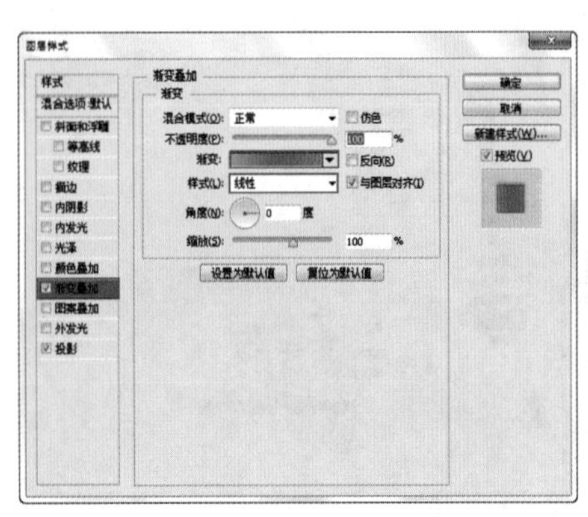

图 7–214

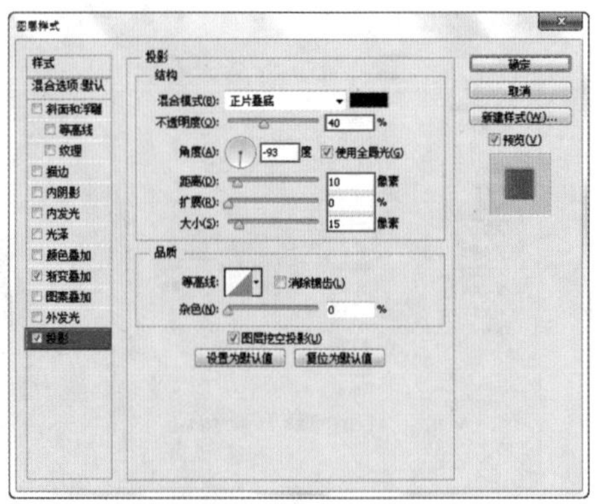

图 7–215

图 7–216

12 用同样方法制作出丝带两侧的效果，如图7-217所示。

13 使用“钢笔工具”，设置绘制模式为“路径”，在画面中绘制合适的路径。使用“横排文字工具”，设置合适的颜色、字体以及字号，将光标置于路径上单击输入路径文字，如图7-218所示。再次使用“横排文字工具”，设置合适的前景色、字号以及字体，在画面中输入合适的文字，如图7-219所示。

图 7–217

图 7–218

图 7–219

14 选中并复制“品”字，将其置于原图层上方，适当将其向上移动，对其执行“图层>图层样式>渐变叠加”命令，编辑合适的渐变颜色，设置“样式”为“线性”，如图7-220所示。效果如图7-221所示。

15 用同样方法为其他文字添加同样的图层样式。最终效果如图7-222所示。

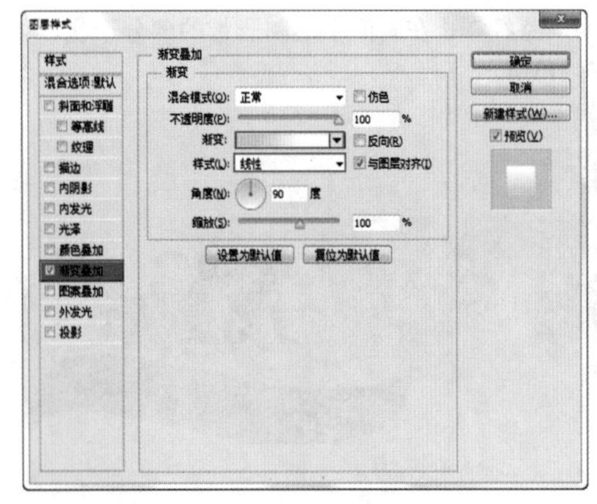

图 7–220

图 7–221

图 7–222

★ 案例实战——使用钢笔工具制作混合插画

案例文件	案例文件\第7章\使用钢笔工具制作混合插画.psd
视频教学	视频文件\第7章\使用钢笔工具制作混合插画.flv
难易指数	★★★★★
技术要点	钢笔工具、混合模式以及图层蒙版

案例效果

本例主要使用“钢笔工具”、“混合模式”以及“图层蒙版”制作混合插画，效果如图7-223所示。

操作步骤

01 打开背景素材1.jpg，如图7-224所示。导入人像素材，并调整大小及位置，如图7-225所示。

图 7-223

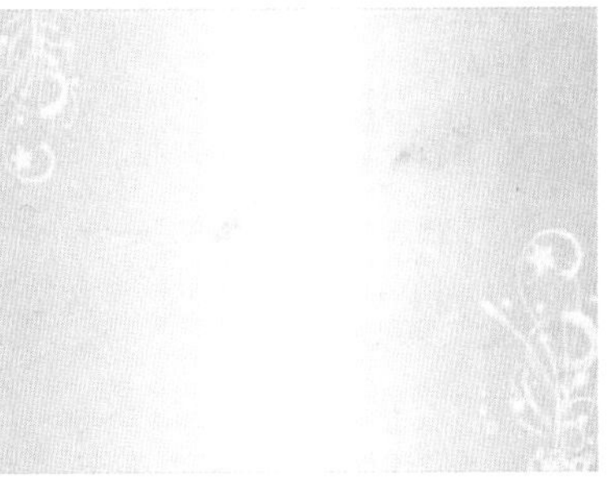

图 7-224

图 7-225

02 单击“图层”面板中的“添加图层蒙版”按钮，使用黑色柔角画笔工具在人像左侧的头发上进行涂抹，隐藏多余的部分，如图7-226所示。

03 单击“图层”面板中的“添加调整图层”按钮，执行“亮度/对比度”命令，设置“亮度”为62，“对比度”为-50，如图7-227所示。选择该调整图层，单击鼠标右键，在弹出的快捷菜单中执行“创建剪贴蒙版”命令，使其只对人像产生影响，如图7-228所示。

图 7-226

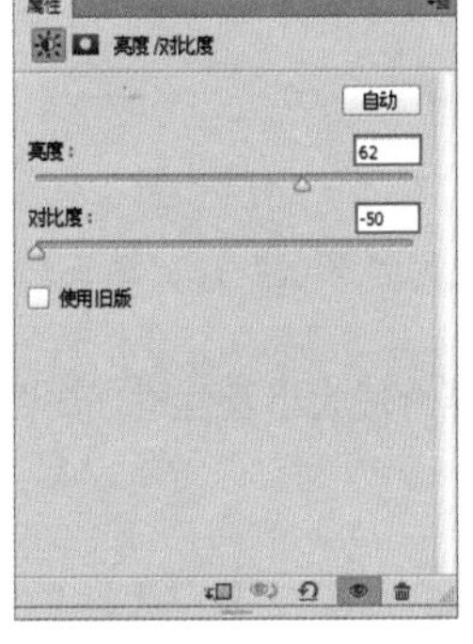

图 7-227

图 7-228

04 使用黑色画笔在调整图层蒙版上进行涂抹，去除调整图层对人像皮肤以外的影响，如图7-229所示。创建“曲线”调整图层，调整RGB曲线形状，如图7-230所示。

05 右击，在弹出的快捷菜单中执行“创建剪贴蒙版”命令，使用黑色画笔在调整图层蒙版上进行涂抹，去除调整图层对人像皮肤以外的影响，如图7-231所示。

图 7-229

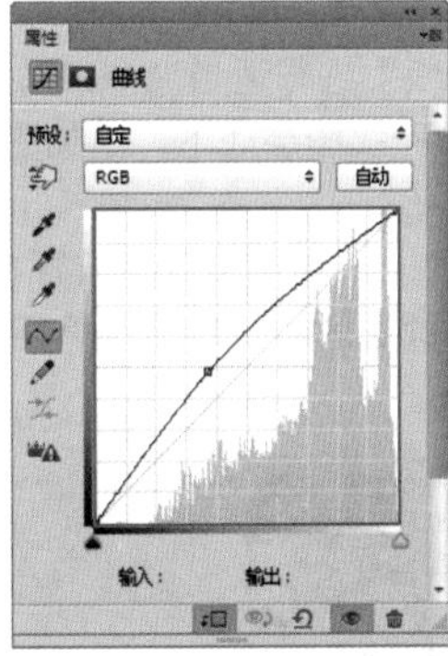

图 7-230

图 7-231

06 单击“画笔工具”按钮，选择一种柔角边画笔，设置合适颜色，在人像眼睛上进行涂抹，绘制眼影效果，如图7-232所示。设置眼影图层的混合模式为“颜色”，如图7-233所示。使用睫毛笔刷，在人像上绘制睫毛，如图7-234所示。

07 单击工具箱中的“钢笔工具”按钮，在选项栏中设置工具模式为“形状”，“填充”颜色为白色，“描边”颜色为粉色，宽度为0.8点，如图7-235所示。在画面中单击并绘制花纹底层形状，如图7-236所示。

图 7-232

图 7-233

图 7-234

图 7-235

08 在“钢笔工具”选项栏中设置工具模式为“形状”，“填充”为无，“描边”颜色为粉色，宽度为0.5点，如图7-237所示。绘制底层上的线条形状，如图7-238所示。用同样方法绘制另一条线条，如图7-239所示。

图 7-236

图 7-237

图 7-238

图 7-239

09 继续在“钢笔工具”选项栏中设置工具模式为“形状”，“填充”为粉色到黄色系的渐变，“描边”为无，如图7-240所示。绘制顶层上的花纹形状，如图7-241所示。

10 用同样方法制作出其他花纹效果，并调整至合适大小及位置，如图7-242所示。

图 7-240

图 7-241

图 7-242

11 为花纹添加图层蒙版，使用黑色画笔在蒙版上进行适当涂抹，隐藏头发上多余的花纹，如图7-243所示。导入花纹素材3.png，放置在人像左侧，将该图层放置在绘制的花纹图层底下，添加图层蒙版，使用黑色画笔在蒙版上进行适当涂抹，隐藏手指上的花纹，如图7-244所示。

12 导入花纹素材4.png，放置在人像左侧头发上，并将该图层放置在顶层，如图7-245所示。单击工具箱中的“椭圆选框工具”按钮，按住Shift键在画面中绘制一个正圆选区，新建图层填充绿色，如图7-246所示。

图 7-243

图 7-244

图 7-245

图 7-246

13 设置正圆图层的"不透明度"为33%，如图7-247所示。用同样方法制作多个圆形，设置不同颜色与透明度，摆放在合适位置，如图7-248所示。

14 新建图层，使用"钢笔工具"在图层上绘制花纹路径，如图7-249所示。右击，在弹出的快捷菜单中执行"建立选区"命令，然后在弹出的"建立选区"对话框中单击"确定"按钮结束操作，如图7-250所示。

图 7-247　　图 7-248　　图 7-249　　图 7-250

15 单击"渐变工具"按钮，编辑为土红色系渐变，在选项栏中设置渐变类型为线性渐变，如图7-251所示。在画面中从左上角到右下角拖曳填充，如图7-252所示。

图 7-251

16 继续使用"钢笔工具"在图层上绘制条纹路径，如图7-253所示。右击，在弹出的快捷菜单中执行"建立选区"命令，并为其填充橙色系渐变，如图7-254所示。

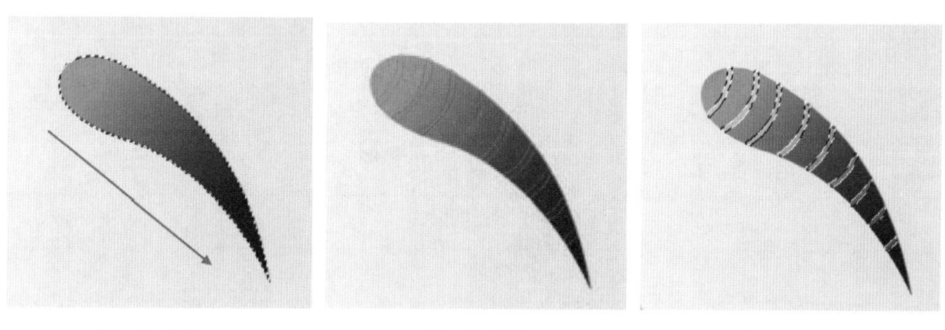

图 7-252　　图 7-253　　图 7-254

17 同样使用"画笔工具"制作高光部分，在选项栏中设置画笔"大小"为70的柔角圆型画笔，"不透明度"为50%，在花纹上按住鼠标左键绘制高光部分，如图7-255所示。

18 调整花纹大小及位置，用同样方法制作出其他不同图样填充及不同形状的花纹，如图7-256所示。

19 导入光效素材，调整至合适大小，设置图层的混合模式为"滤色"。最终效果如图7-257所示。

图 7-255　　图 7-256　　图 7-257

课后练习

【课后练习——使用形状工具制作矢量招贴】

思路解析：本案例通过使用多种形状工具制作出卡通风格的画面，并配合使用渐变，丰富画面效果。

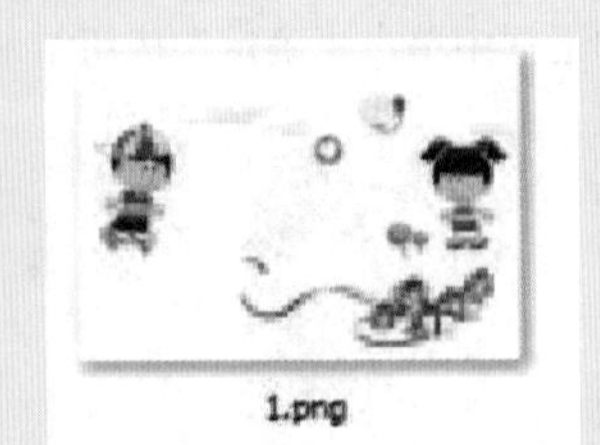

本章小结

“钢笔工具”是Photoshop中最具代表性的矢量工具，也是Photoshop中最为常用的工具之一。“钢笔工具”不仅仅用于形状的绘制，更多的是用于复制精确选区的制作，从而实现抠图的目的。所以，为了更快、更好地使用“钢笔工具”，熟记路径编辑工具的快捷键切换方式是非常有必要的。

读书笔记

第8章

文字的编辑与应用

本章内容简介：

文字工具不只应用于排版方面，在平面设计与图像编辑中也占有非常重要的地位。Photoshop中的文字工具由基于矢量的文字轮廓组成，所以文字也具有部分矢量图形所特有的属性，如对已有的文字对象进行编辑时，可以任意缩放文字或调整文字大小而不会产生锯齿现象。

本章学习要点：

- 掌握文字工具的使用方法
- 掌握路径文字与变形文字的制作方法
- 掌握段落版式的设置方法
- 掌握文字属性的编辑方法

8.1 使用文字工具

视频精讲：Photoshop CS6自学视频教程\59.文字的创建、编辑与使用.flv

Photoshop提供了4种创建文字的工具。“横排文字工具”T和“直排文字工具”IT主要用来创建点文字、段落文字和路径文字，如图8-1所示；“横排文字蒙版工具”T和“直排文字蒙版工具”IT主要用来创建文字选区，如图8-2所示。

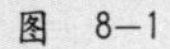
图 8-1

图 8-2

8.1.1 文字工具

技术速查：Photoshop中包括两种文字工具，分别是“横排文字工具”T和“直排文字工具”IT。

“横排文字工具”可以用来输入横向排列的文字；“直排文字工具”可以用来输入竖向排列的文字，如图8-3和图8-4所示。

图 8-3

图 8-4

“横排文字工具”与“直排文字工具”的选项栏参数基本相同，在文字工具选项栏中可以设置字体的系列、样式、大小、颜色和对齐方式等，如图8-5所示。

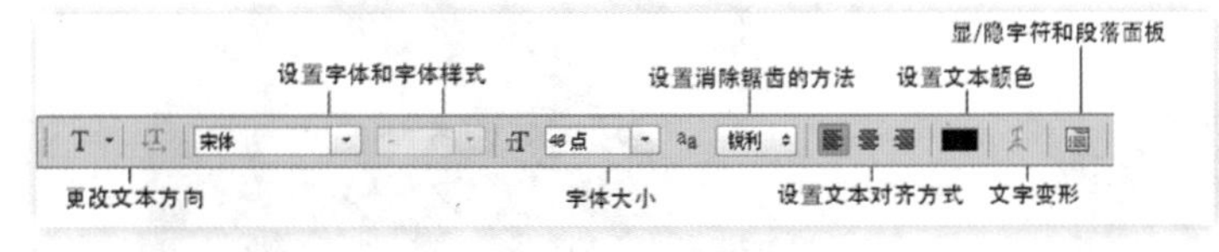

图 8-5

技术拓展：“文字”首选项设置详解

执行“编辑>首选项>文字”命令或按Ctrl+K组合键，可以打开“首选项”对话框的“文字”面板，如图8-6所示。

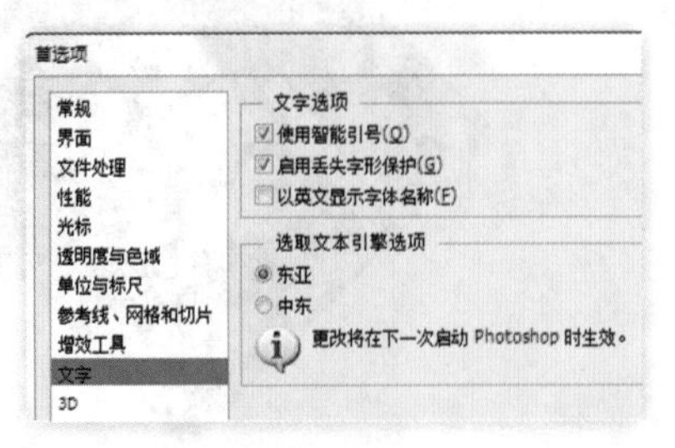

图 8-6

- 使用智能引号：设置在Photoshop中是否显示智能引号。
- 启用丢失字形保护：设置是否启用丢失字形保护。选中该复选框，如果文件中丢失了某种字体，Photoshop会弹出一个警告提示。
- 以英文显示字体名称：选中该复选框，在字体列表中只能以英文的方式来显示字体的名称。
- 选取文本引擎选项：在“东亚”和“中东”两个选项中选择文本引擎。

8.1.2 文字蒙版工具

技术速查：使用文字蒙版工具可以创建文字选区，其中包含“横排文字蒙版工具”和“直排文字蒙版工具”两种。

使用文字蒙版工具输入文字，如图8-7所示。在选项栏中单击“提交当前编辑”按钮后，文字将以选区的形式出现，如图8-8所示。在文字选区中，可以填充前景色、背景色以及渐变色等，如图8-9所示。

图 8-7

图 8-8

图 8-9

技巧提示

在使用文字蒙版工具输入文字时，将光标移动到文字以外区域，光标会变为移动状态，这时单击并拖曳可以移动文字蒙版的位置，如图8-10所示。

按住Ctrl键，文字蒙版四周会出现类似自由变换的定界框，如图8-11所示。可以对该文字蒙版进行移动、旋转、缩放、斜切等操作，如图8-12～图8-14所示分别为旋转、缩放和斜切效果。

图 8-10

图 8-11

图 8-12

图 8-13

图 8-14

8.1.3 动手学：更改文本方向

（1）单击工具箱中的“横排文字工具”按钮，在选项栏中设置合适的字体，设置字号为150点，字体颜色为绿色，并在视图中单击输入字母。输入完毕后，单击工具箱中的“提交当前编辑”按钮或按Ctrl+Enter组合键完成当前操作，如图8-15所示。

（2）在选项栏中单击“切换文本取向”按钮，可以将横向排列的文字更改为直向排列的文字，如图8-16所示。执行“文字>垂直/水平”命令，可以切换当前文字是以横排或是直排的方式显示。

（3）单击工具箱中的“移动工具”按钮，选中文字图层即可调整直排文字的位置，如图8-17所示。

图 8-15

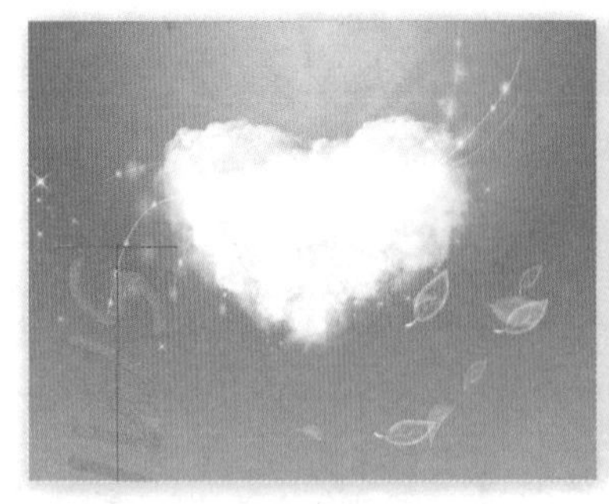

图 8-16

图 8-17

8.1.4 动手学：设置字体系列

在文档中输入文字以后，如果要更改整个文字图层的字体，可以在“图层”面板中选中该文字图层，在选项栏中单击“设置字体系列”下拉按钮，并在下拉列表中选择合适的字体，如图8-18和图8-19所示。

或者执行“窗口>字符”命令，打开“字符”面板，并在“字符”面板中选择合适字体，如图8-20和图8-21所示。

若要改变一个文字图层中的部分字符，可以使用文字工具在需要更改的字符后方单击并向前拖动选择需要更改的字符，如图8-22所示。然后按照上面的操作进行字体的更改即可，如图8-23所示。

图 8-18

图 8-19

图 8-20

图 8-21

图 8-22

图 8-23

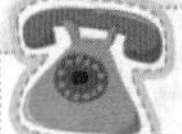

答疑解惑——如何为Photoshop添加其他字体？

在实际工作中，为了达到特殊效果，经常需要使用各种各样的字体，这时就需要用户自己安装额外的字体。Photoshop中所使用的字体其实是调用操作系统中的系统字体，所以用户只需要把字体文件安装在操作系统的字体文件夹下即可。目前比较常用的字体安装方法基本上有以下几种。

- 光盘安装：打开光驱，放入字体光盘，光盘会自动运行安装字体程序，选中所需要安装的字体，按照提示即可安装到指定目录下。
- 自动安装：很多字体文件是EXE格式的可执行文件，这种字库文件的安装比较简单，双击运行并按照提示进行操作即可。
- 手动安装：当遇到没有自动安装程序的字体文件时，需要执行“开始>设置>控制面板”命令，打开“控制面板”，然后双击“字体”选项，接着将外部的字体复制到打开的“字体”文件夹中。

安装好字体以后，重新启动Photoshop就可以在选项栏中的字体系列中查找到安装的字体。

8.1.5 动手学：设置字体样式

字体样式只针对部分英文字体有效。输入字符后，可以在选项栏中设置字体的样式，如图8-24所示，包括Airstream、Alba、Alba Matter和Alba Super，这几种样式的效果如图8-25～图8-28所示。

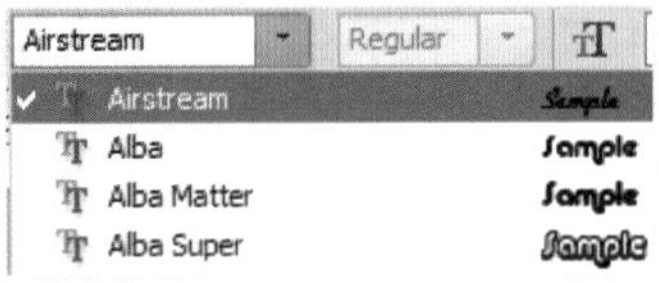

图 8-24

图 8-25

图 8-26

图 8-27

图 8-28

思维点拨：关于字体

字体是文字的表现形式，不同的字体给人的视觉感受和心理感受不同，这就说明字体具有强烈的感情性格，设计者要充分利用字体的这一特性。选择准确的字体，有助于主题内容的表达；美的字体，可以使读者感到愉悦，有助于阅读和理解，如图8–29～图8–31所示。

图 8–29

图 8–30

图 8–31

8.1.6 动手学：设置字体大小

输入文字以后，如果要更改字体的大小，可以直接选中文本图层，在选项栏中输入数值，也可以在下拉列表中选择预设的字体大小，如图8-32所示。

若要改变部分字符的大小，则需要选中需要更改的字符，如图8-33所示，然后在选项栏中进行设置，如图8-34所示。

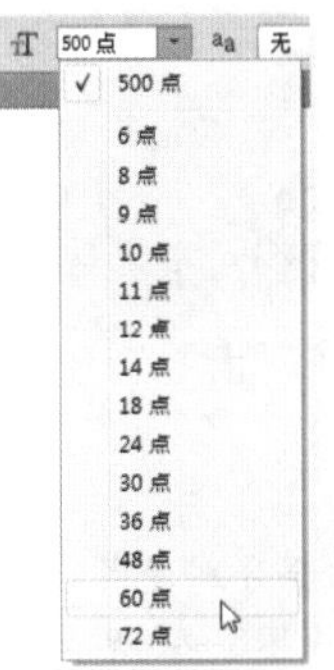

图 8–32

图 8–33

图 8–34

思维点拨：文字大小和类型

文字大小在版式设计中起到非常重要的作用，如大的文字或大的首字母文字有非常大的吸引力，常用在广告、杂志、包装等设计中。文字类型比较多，如印刷字体、装饰字体、书法字体、英文字体等，如图8–35～图8–37所示。

图 8–35

图 8–36

图 8–37

8.1.7 动手学：消除锯齿

输入文字以后，可以在选项栏中为文字指定一种消除锯齿的方式，如图8-38所示。

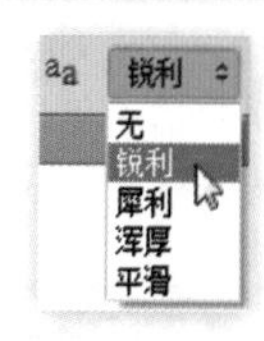

图 8-38

- 选择“无”方式时，Photoshop不会应用消除锯齿，如图8-39所示。
- 选择“锐利”方式时，文字的边缘最为锐利，如图8-40所示。
- 选择“犀利”方式时，文字的边缘比较锐利，如图8-41所示。
- 选择“浑厚”方式时，文字会变粗一些，如图8-42所示。
- 选择“平滑”方式时，文字的边缘会非常平滑，如图8-43所示。

图 8-39

图 8-40

图 8-41

图 8-42

图 8-43

8.1.8 动手学：设置文本对齐

文本对齐方式是根据输入字符时光标的位置来设置文本的对齐方式。在文字工具的选项栏中提供了3个设置文本段落对齐方式的按钮，分别为“左对齐文本”、“居中对齐文本”和“右对齐文本”。选择文本以后，单击所需要的对齐按钮，就可以使文本按指定的方式对齐，如图8-44～图8-46所示为3种对齐方式的效果。

图 8-44

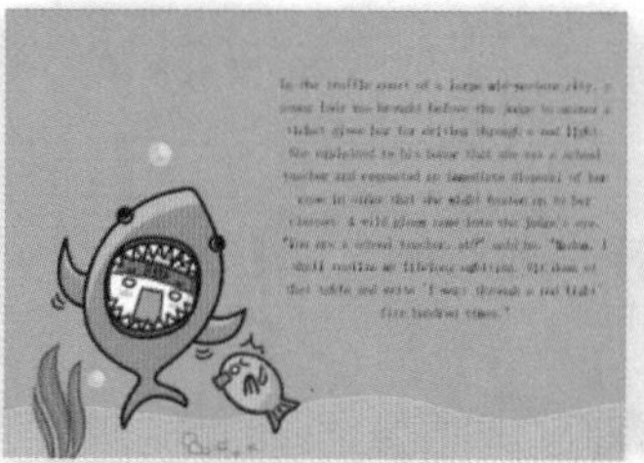

图 8-45

图 8-46

技巧提示

如果当前使用的是“直排文字工具”，那么对齐按钮会分别变成“顶对齐文本”按钮、“居中对齐文本”按钮和“底对齐文本”按钮。这3种对齐方式的效果如图8-47～图8-49所示。

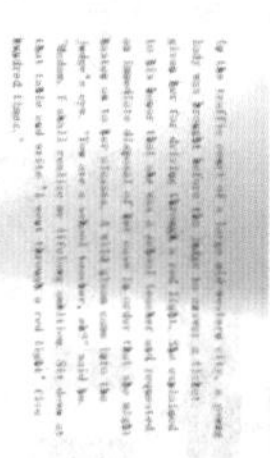

图 8-47

图 8-48

图 8-49

8.1.9 动手学：设置文本颜色

输入文本时，文本颜色默认为前景色。如果要修改文字颜色，可以先在文档中选择文本，然后在选项栏中单击颜色块，

接着在弹出的“选择文本颜色”对话框中设置所需要的颜色，如图8-50所示。如图8-51和图8-52所示为更改文本颜色前后的效果。

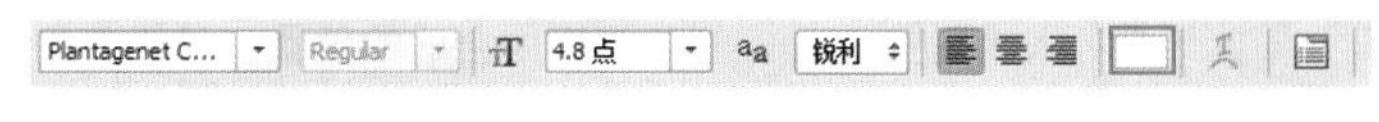

图　8—50

图　8—51　　　图　8—52

★ 案例实战——使用文字工具制作网站Banner

案例文件	案例文件\第8章\使用文字工具制作网站Banner.psd
视频教学	视频文件\第8章\使用文字工具制作网站Banner.flv
难易指数	★★★★★
技术要点	文字工具、图层样式

案例效果

本例主要使用文字工具和图层样式等制作网站Banner，效果如图8-53所示。

图　8—53

操作步骤

01 打开本书配套光盘中的素材文件1.jpg，如图8-54所示。

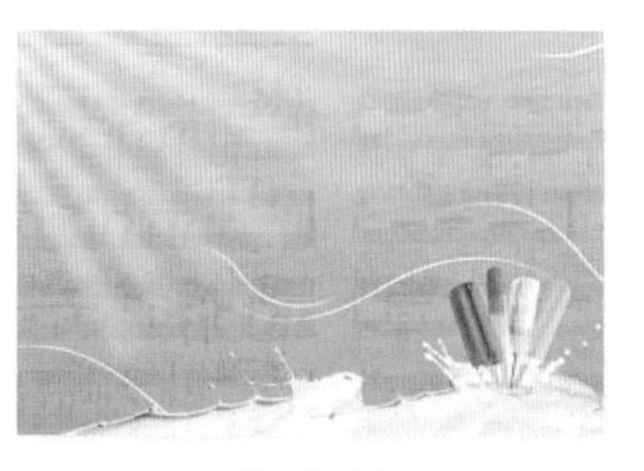

图　8—54

02 使用“横排文字工具”，在选项栏中设置合适的字号以及字体，设置颜色为白色，在画面中单击并输入两组文字，然后使用光标选中其中某几个字符，并将所选字符设置为不同颜色，如图8-55所示。

图　8—55

03 选中文字图层，按Ctrl+T组合键对其执行“自由变换”操作，将其旋转到合适的角度，如图8-56所示。按Ctrl+Enter组合键完成自由变换，如图8-57所示。

04 选中大标题文字，对其执行“图层>图层样式>投影”命令，设置“不透明度”为45%，“角度”为79度，“距离”为12像素，“扩展”为0%，“大小”为0像素，如图8-58所示。效果如图8-59所示。用同样方法制作底部的文字，如图8-60所示。

图　8—56

图　8—57

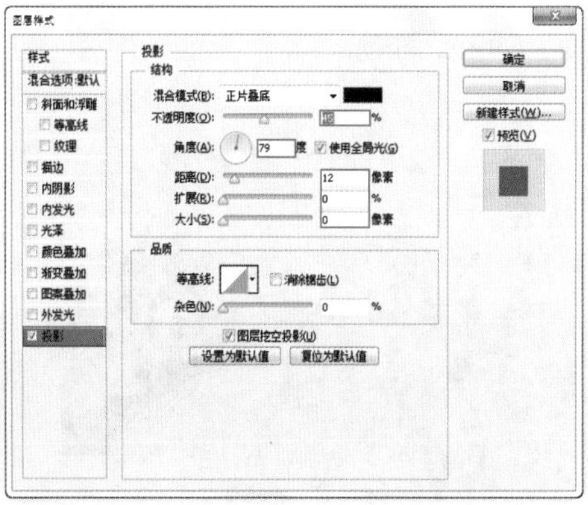

图　8—58

05 最后导入素材文件2.png置于画面中合适的位置。最终效果如图8-61所示。

图 8-59

图 8-60

图 8-61

8.2 创建不同类型的文字

在设计中经常需要使用多种版式类型的文字，在Photoshop中将文字分为几个类型，包括点文字、段落文字、路径文字和变形文字等。如图8-62～图8-65所示为一些包含多种文字类型的作品。

图 8-62

图 8-63

图 8-64

图 8-65

8.2.1 点文字

技术速查：点文字是一个水平或垂直的文本行，每行文字都是独立的。行的长度随着文字的输入而不断增加，不会进行自动换行，需要手动使用Enter键进行换行。

（1）单击工具箱中的“横排文字工具”按钮T，在画面中单击，然后输入字符，如图8-66所示。

（2）如果要修改文本内容，可以在“图层”面板中双击文字图层，此时该文字图层的文本处于全部选中的状态，如图8-67和图8-68所示。

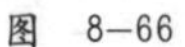

图 8-66

图 8-67

图 8-68

（3）在要修改的内容前面单击并向后拖曳选中需要更改的字符，如将Moment修改为Zing，需要将光标放置在Moment前单击并向后拖曳选中Moment，接着输入Zing即可，如图8-69～图8-71所示。

图 8-69

图 8-70

图 8-71

技巧提示

在文本输入状态下，单击3次可以选择一行文字；单击4次可以选择整个段落的文字；按Ctrl+A组合键可以选择所有的文字。

（4）如果要修改字符的属性，可以选择要修改属性的字符，如图8-72所示，然后在“字符”面板中修改其字号以及颜色，如图8-73所示，可以看到只有选中的文字发生了变化，如图8-74所示。

图 8-72

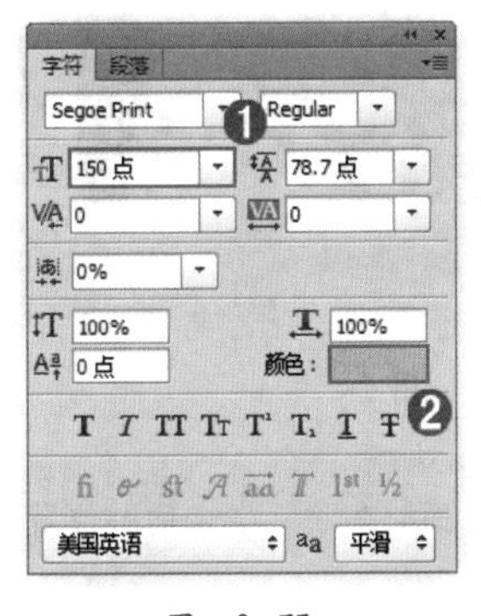

图 8-73

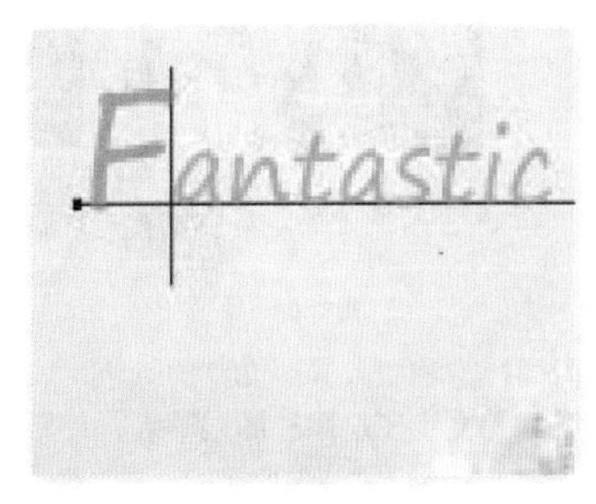

图 8-74

（5）用同样的方法修改其他文字的属性，效果如图8-75所示。

图 8-75

★ 案例实战——使用文字工具制作粉笔字

案例文件	案例文件\第8章\使用文字工具制作粉笔字.psd
视频教学	视频文件\第8章\使用文字工具制作粉笔字.flv
难易指数	★★★★★
技术要点	文字工具

案例效果

本例主要使用文字工具制作粉笔字，效果如图8-76所示。

图 8-76

操作步骤

01 打开本书配套光盘中的素材文件1.jpg，如图8-77所示。

02 单击工具箱中的“横排文字工具”按钮，在选项栏中设置合适的字号以及字体，在画面中单击并输入文字，如图8-78所示。

03 为文字图层添加图层蒙版，选择“画笔工具”，选择合适的画笔形状，设置画笔“大小”为“100像素”，如图8-79所示。设置画笔颜色为黑色，在蒙版中合适的位置单击进行绘制，如图8-80所示。效果如图8-81所示。

图 8-77

图 8-78

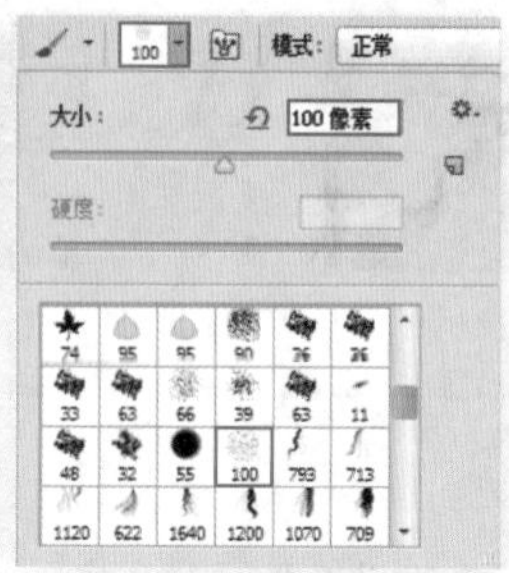

图 8-79

图 8-80

04 设置前景色为白色，再次使用“横排文字工具”，在画面中单击输入合适的文字，如图8-82所示。

05 在文字上单击并拖动选中其中一个单词，在选项栏中设置合适的文字颜色，如图8-83所示。效果如图8-84所示。

图 8-81

图 8-82

图 8-83

06 用同样方法更改其他文字的颜色，如图8-85所示。

07 继续为文字图层添加图层蒙版，使用黑色画笔在蒙版中合适的位置绘制，隐藏多余部分。最终效果如图8-86所示。

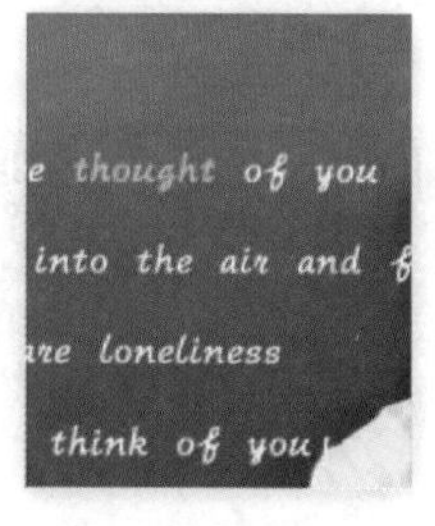

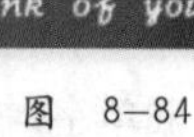

图 8-84

图 8-85

图 8-86

☆ 视频课堂——制作电影海报风格金属质感文字

案例文件\第8章\视频课堂——制作电影海报风格金属质感文字.psd
视频文件\第8章\视频课堂——制作电影海报风格金属质感文字.flv
思路解析：

01 使用“横排文字工具”在画面中单击并输入标题文字。
02 在标题文字下方输入4行文字，并在“字符”面板中设置其对齐方式。
03 为标题文字设置图层样式。
04 复制标题文字的图层样式并粘贴到底部文字图层上。

8.2.2 段落文字

技术速查：段落文字由于具有可自动换行、可调整文字区域大小等优势，常用于大量的文本排版中，如海报、画册等，如图8-87和图8-88所示。

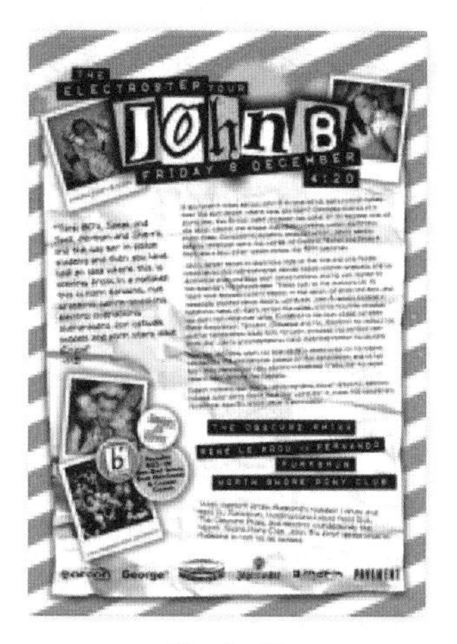

图 8-87

Hi-Fi y High End

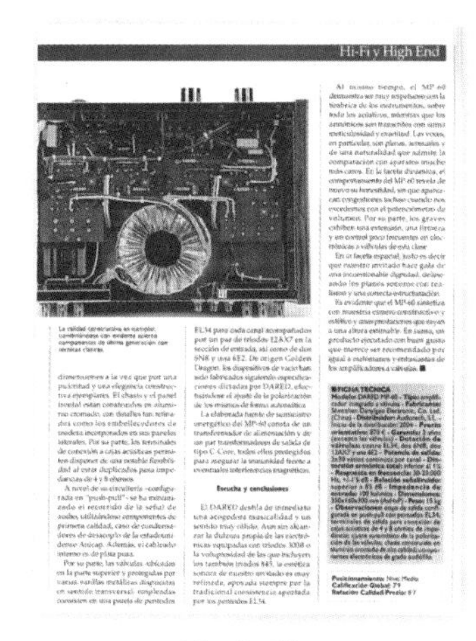

图 8-88

（1）单击工具箱中的“横排文字工具”按钮T，设置前景色为黑色，设置合适的字体及大小，在操作界面单击并拖曳创建文本框，如图8-89所示，然后在其中输入文字，如图8-90所示。

❶
❷

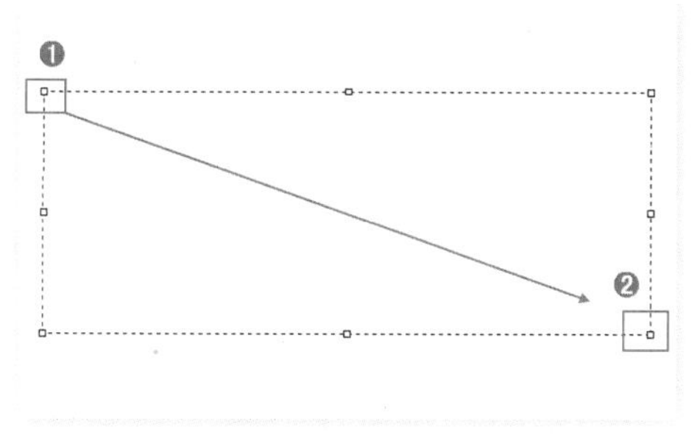

图 8-89

TO FEEL THE FLAME OF DREAM-
ING AND TO FEEL THE MOMENT
OF DANCING,WHEN ALL THE RO-
MANCE IS FAR AWAY,THE ETER-
NITY IS ALWAYS THERE

图 8-90

（2）使用“横排文字工具”在段落文字中单击显示出文字的定界框。拖动控制点调整定界框的大小，文字会在调整后的定界框内重新排列，如图8-91所示。当定界框较小而不能显示全部文字时，其右下角的控制点会变为 状，如图8-92所示。

（3）将光标移至定界框外，当指针变为弯曲的双向箭头时，拖动鼠标可以旋转文字，如图8-93所示。在旋转过程中如果按住Shift 键，能够以15° 角为增量进行旋转。

TO FEEL THE FLAME
OF DREAMING AND
TO FEEL THE
MOMENT OF
DANCING,WHEN ALL
THE ROMANCE IS
FAR AWAY,THE
ETERNITY IS
ALWAYS THERE
单击并拖曳鼠标

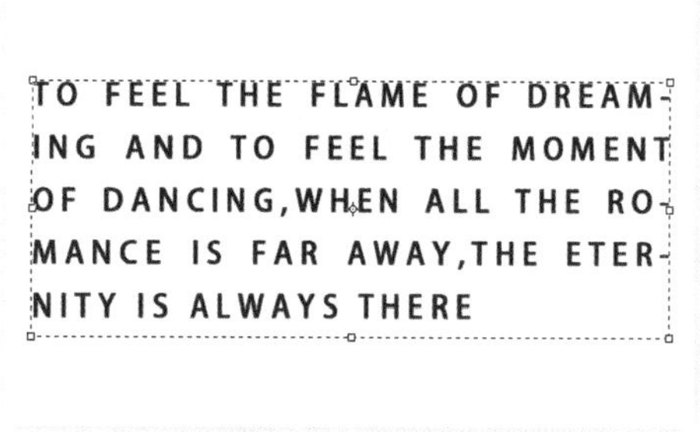

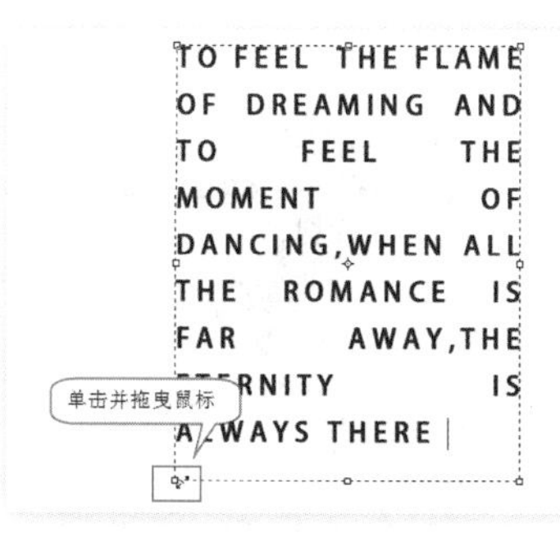

图 8-91

TO FEEL THE FLAME OF
DREAMING AND TO FEEL
THE MOMENT OF
DANCING,WHEN ALL THE
ROMANCE IS FAR

图 8-92

TO FEEL THE FLAME OF
DREAMING AND TO FEEL
THE MOMENT OF
DANCING,WHEN ALL THE
ROMANCE IS FAR AWAY,THE
ETERNITY IS ALWAYS THERE

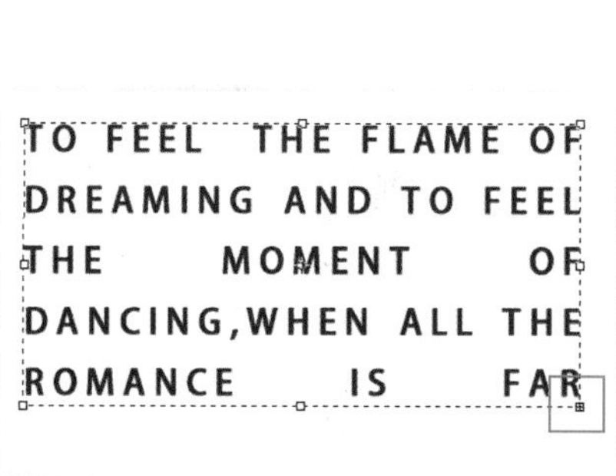

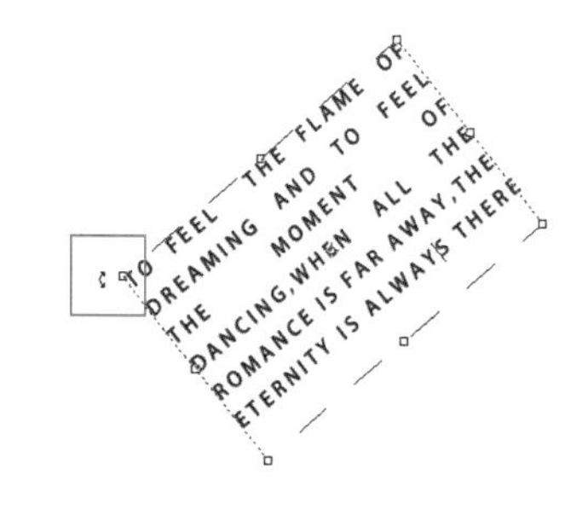

图 8-93

（4）如果想要完成对文本的编辑操作，可以单击工具选项栏中的✓按钮或者按Ctrl+Enter组合键；如果要放弃对文字的修改，可以单击工具选项栏中的⊘按钮或者按Esc键。

★ 案例实战——杂志版式的制作

案例文件	案例文件\第8章\杂志版式的制作.psd
视频教学	视频文件\第8章\杂志版式的制作.flv
难易指数	★★★★★
技术要点	点文字的创建、段落文字的创建

案例效果

本例主要使用点文字和段落文字完成杂志版式的制作，效果如图8-94所示。

操作步骤

01 打开背景素材1.jpg，单击工具箱中的“横排文字工具”按钮T，在选项栏中设置合适字体、大小，设置对齐模式为居中对齐，颜色为黑色，然后在画面左上角单击并输入文字，如图8-95所示。

02 再次使用“横排文字工具”，在选项栏中更改字体、字号及颜色，输入粉色文字，然后在粉色文字前输入黑色数字，如图8-96所示。

图 8-94

图 8-95

图 8-96

03 继续使用“横排文字工具”，在选项栏中设置合适字体、字号，设置对齐方式为左对齐，颜色为黑色，如图8-97所示。在粉色文字下方按住鼠标左键并进行拖曳，绘制文本框，如图8-98所示。在文本框内输入黑色段落文本，如图8-99所示。

T FangSong_G... 9点 浑厚

图 8-97

04 用同样的方法输入另外几组文字，设置“不透明度”为20%，如图8-100所示。使用“横排文字工具”在右上角黑色矩形上单击并输入文字，设置不同字体及颜色，如图8-101所示。

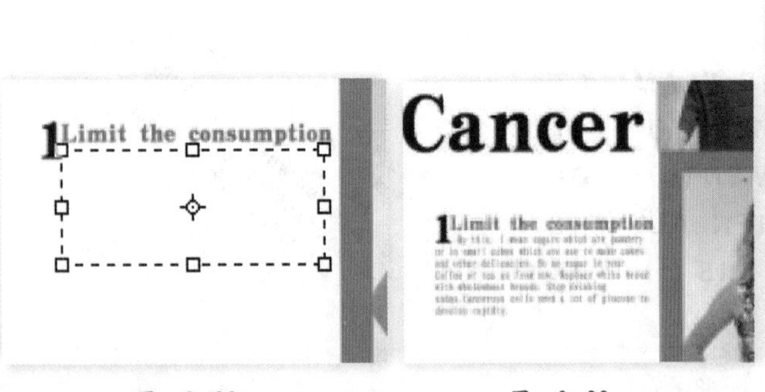

图 8-98

图 8-99

图 8-100

图 8-101

05 再次使用“横排文字工具”，分别在合适位置绘制文本框，输入黑色文字，如图8-102和图8-103所示。

06 用同样的方法在右下角的人像旁边输入白色文字。最终效果如图8-104所示。

图 8—102

图 8—103

图 8—104

8.2.3 路径文字

技术速查：路径文字是一种依附于路径并且可以按路径走向排列的文字行，如图8-105和图8-106所示。

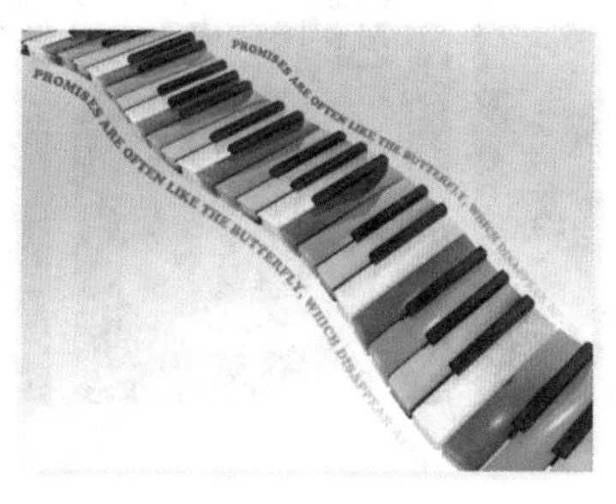

图 8—105

图 8—106

在Photoshop中，为了制作路径文字需要先绘制路径，如图8-107所示。然后将文字工具移动到路径上并单击，如图8-108所示。创建的文字会沿着路径排列，改变路径形状时，文字的排列方式也会随之发生改变，如图8-109所示。

图 8—107

图 8—108

图 8—109

★ 案例实战——制作路径文字

案例文件	案例文件\第8章\制作路径文字.psd
视频教学	视频文件\第8章\制作路径文字.flv
难易指数	★★★★★
技术要点	钢笔工具、文字工具

案例效果

本例主要使用“钢笔工具”、文字工具等工具制作路径文字，如图8-110所示。

操作步骤

01 打开本书配套光盘中的素材文件1.jpg，如图8-111所示。

02 使用“横排文字工具”，设置合适的字号以及字体，在画面中输入文字，如图8-112所示。

03 对文字执行“图层>图层样式>渐变叠加”命令，设置“不透明度”为100%，编辑一种合适的渐变颜色，设置“样式”为“线性”，“角度”为117度，如图8-113所示。效果如图8-114所示。

图 8-110

图 8-111

图 8-112

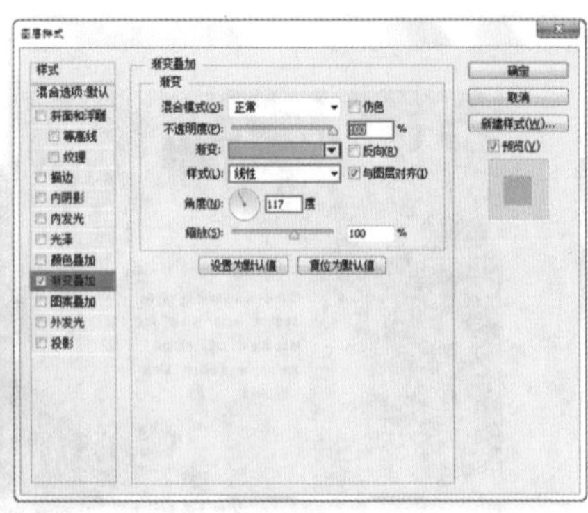

图 8-113

04 使用“钢笔工具”，设置绘制模式为“路径”，在画面中绘制路径，如图8-115所示。

05 使用“横排文字工具”，设置合适的字体以及字号，将光标置于路径上，即可输入路径文字，如图8-116所示。继续使用“横排文字工具”输入合适的文字，如图8-117所示。

06 使用“横排文字工具”，设置前景色为白色，设置合适的字号以及字体，在画面中输入文字，并将其旋转合适的角度。将所有白色文字置于同一图层组中，将其命名为“文字-合并”，如图8-118所示。

图 8-114

图 8-115

图 8-116

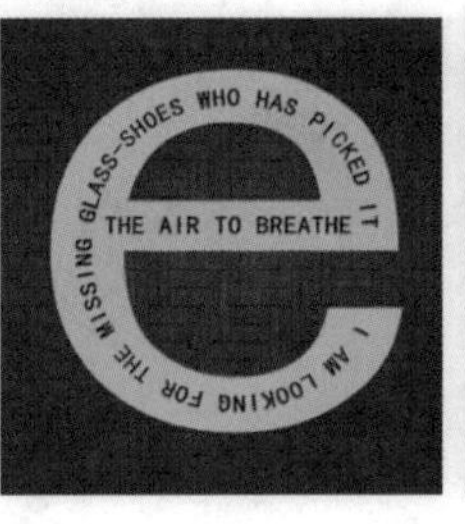

图 8-117

图 8-118

07 新建图层，使用“渐变工具”，在选项栏中编辑合适的渐变颜色，设置渐变类型为线性，如图8-119所示，在画面中拖曳绘制渐变，如图8-120所示。

08 选中“图层1”，单击鼠标右键，在弹出的快捷菜单中执行“创建剪贴蒙版”命令，如图8-121所示。效果如图8-122所示。

图 8-119

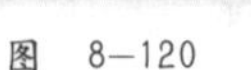

图 8-120

图 8-121

图 8-122

8.2.4 变形文字

技术速查：在Photoshop中，可以对文字对象进行一系列内置的变形操作，通过这些变形操作可以在不栅格化文字图层的状态下制作多种变形文字，如图8-123和图8-124所示。

输入文字以后，在文字工具的选项栏中单击“创建文字变形”按钮，打开“变形文字”对话框，在该对话框中可以选择变形文字的方式，如图8-125所示，这些变形文字的效果如图8-126所示。

图 8-123

图 8-124

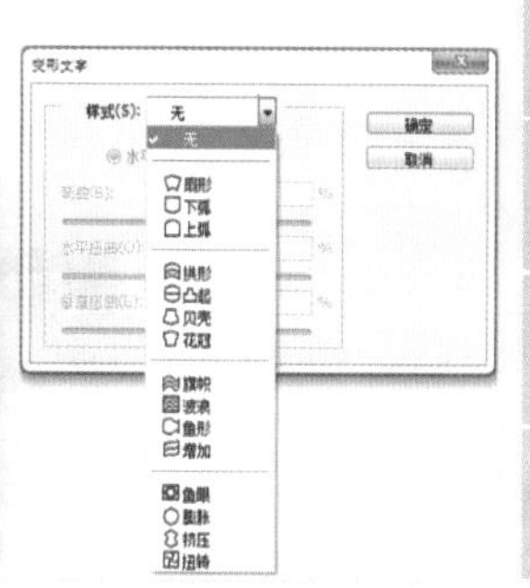

图 8-125

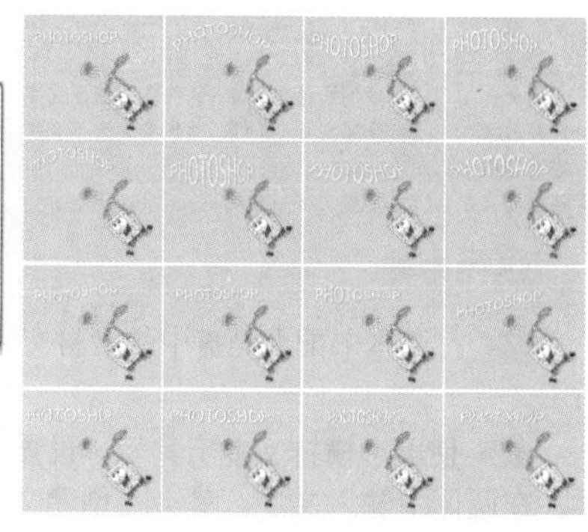

图 8-126

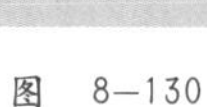

技巧提示

对带有“仿粗体”样式的文字进行变形会弹出如图8-127所示的对话框，单击“确定”按钮将去除文字的“仿粗体”样式，并且经过变形操作的文字不能够添加“仿粗体”样式。

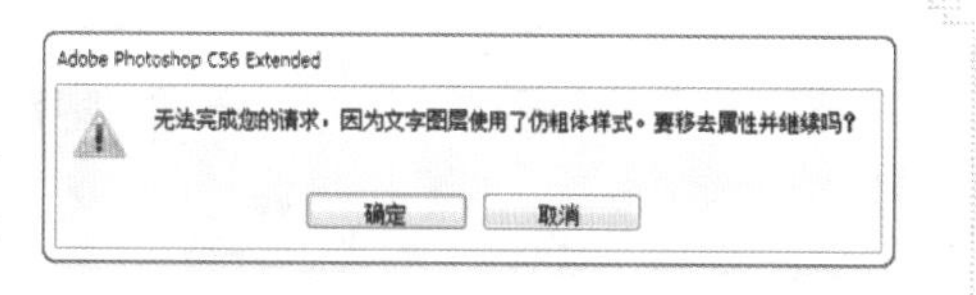

图 8-127

创建变形文字后，可以通过调整其他参数选项来调整变形效果。每种样式都包含相同的参数选项，下面以“鱼形”样式为例来介绍变形文字的各项功能，如图8-128和图8-129所示。

- 水平/垂直：选中“水平”单选按钮，文本扭曲的方向为水平方向，如图8-130所示；选中“垂直”单选按钮，文本扭曲的方向为垂直方向，如图8-131所示。
- 弯曲：用来设置文本的弯曲程度，如图8-132和图8-133所示分别是“弯曲”为-50%和100%时的效果。
- 水平扭曲：设置水平方向透视扭曲变形的程度，如图8-134和图8-135所示分别是“水平扭曲”为-66%和86%时的扭曲效果。

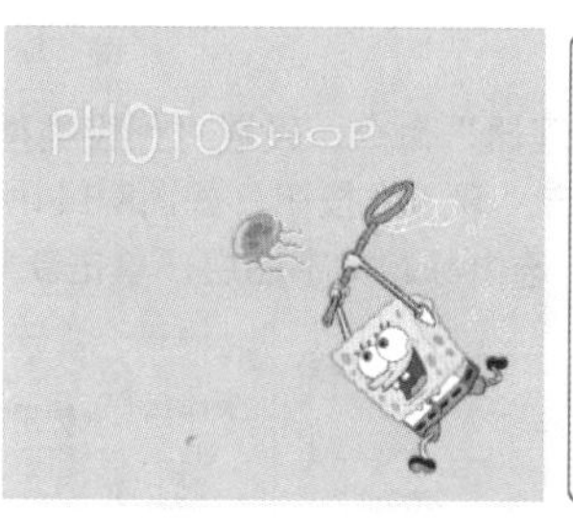

图 8-128

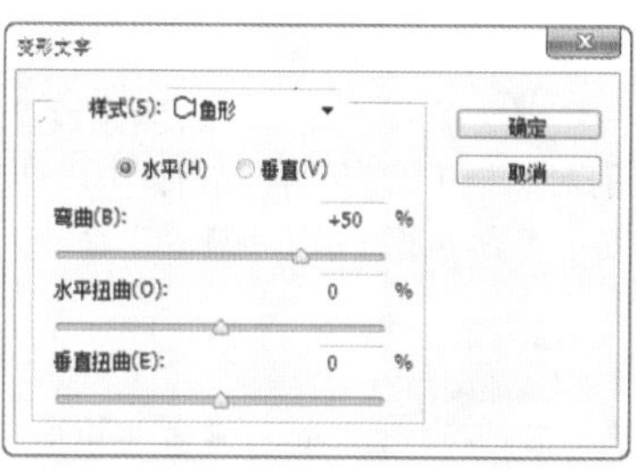

图 8-129

图 8-130

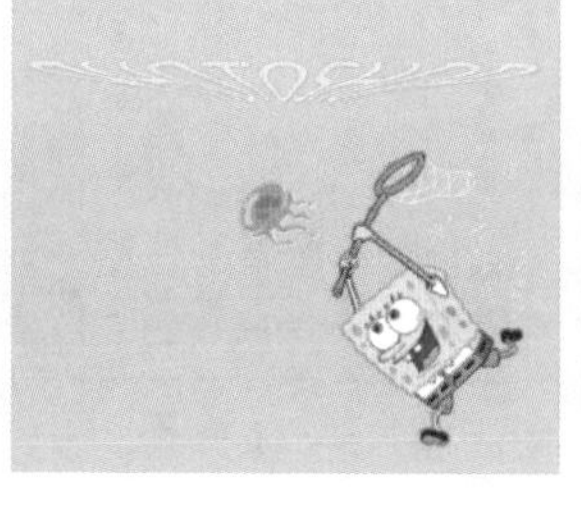

图 8-131

图 8-132

图 8-133

- 垂直扭曲：设置垂直方向透视扭曲变形的程度，如图8-136和图8-137所示分别是“垂直扭曲”为-60%和60%时的扭曲效果。

图 8-134

图 8-135

图 8-136

图 8-137

★ 案例实战——制作多彩变形文字

案例文件	案例文件\第8章\制作多彩变形文字.psd
视频教学	视频文件\第8章\制作多彩变形文字.flv
难易指数	★★★★★
技术要点	变形文字、样式

案例效果

本例主要是利用文字变形和载入样式制作多彩质感文字，案例效果如图8-138所示。

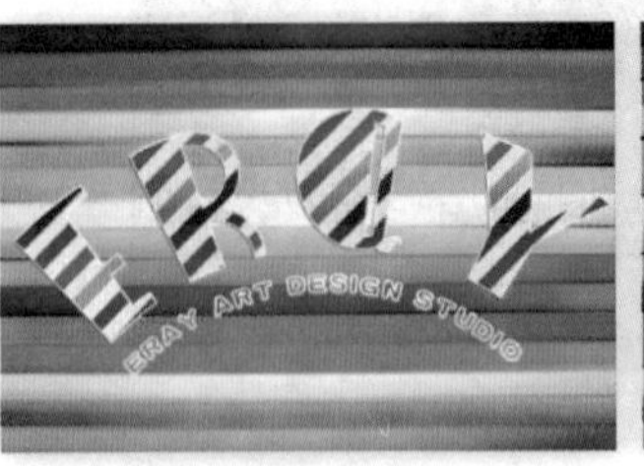

图 8-138

图 8-139

操作步骤

01 打开本书配套光盘中的素材文件1.jpg，如图8-139所示。

02 使用“横排文字工具”，设置合适的字号以及字体，在画面中输入文字。单击“创建文字变形”按钮，设置“样式”为“扇形”，“弯曲”为50%，如图8-140所示。效果如图8-141所示。

03 用同样方法制作底部的文字，如图8-142所示。

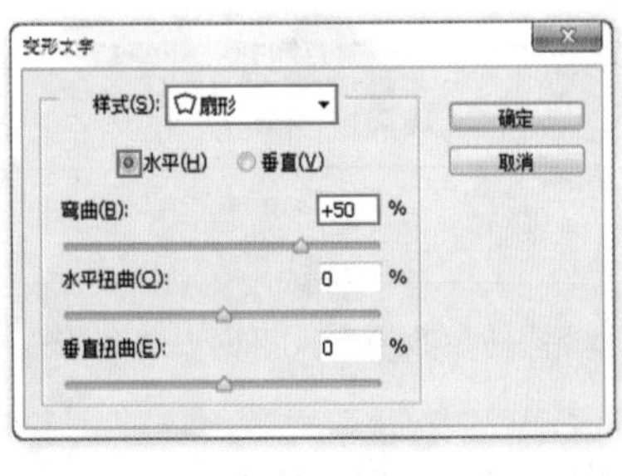

图 8-140

图 8-141

图 8-142

04 执行“编辑>预设>预设管理器”命令，设置“预设类型”为“样式”，单击“载入”按钮，如图8-143所示。在弹出的对话框中选择“样式1.asl”，单击“载入”按钮，如图8-144所示。单击“完成”按钮。用同样方法载入“样式2.asl”。

05 执行“窗口>样式”命令，选中标题文字图层，单击新载入的样式，如图8-145所示。效果如图8-146所示。

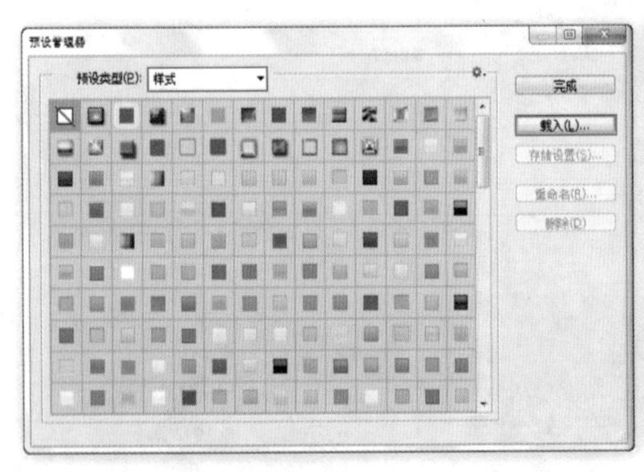

图 8-143

图 8-144

图 8-145

06 选中底部的文字图层，为其添加“样式2”，如图8-147所示。最终效果如图8-148所示。

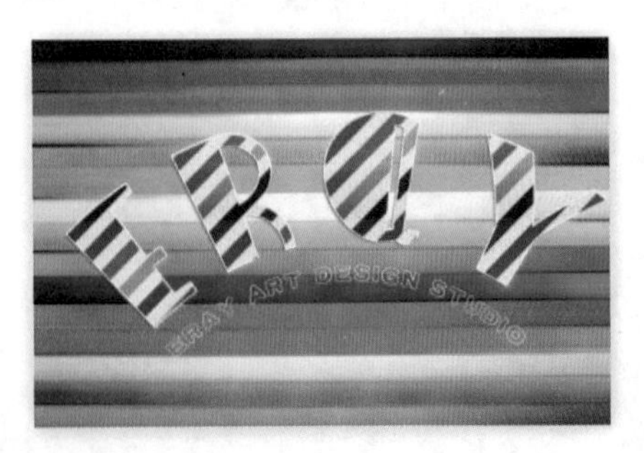

图 8-146

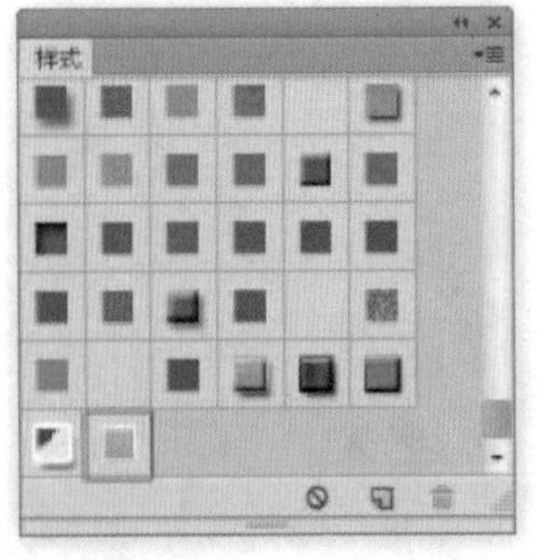

图 8-147

图 8-148

☆ 视频课堂——使用文字工具制作时尚杂志

案例文件\第8章\视频课堂——使用文字工具制作时尚杂志.psd
视频文件\第8章\视频课堂——使用文字工具制作时尚杂志.flv
思路解析：

01 导入素材，使用形状工具绘制画面中的彩色形状。
02 使用文字工具在画面中单击输入标题文字。
03 使用文字工具在画面中拖动绘制出段落文本框，然后在其中输入段落文字。

8.3 编辑文字

8.3.1 动手学：点文本和段落文本的转换

如果当前选择的是点文本，执行“文字>转换为段落文本”命令，可以将点文本转换为段落文本；如果当前选择的是段落文本，执行“文字>转换为点文本”命令，可以将段落文本转换为点文本。

8.3.2 将文字图层转换为普通图层

技术速查：对文字图层执行“栅格化”命令即可将其转换为普通图层。

Photoshop中的文字图层不能直接应用滤镜或进行涂抹绘制等变换操作，若要对文本应用滤镜或变换时，就需要将其转换为普通图层，使矢量文字对象变成像素对象。在“图层”面板中选择文字图层，然后在图层名称上单击鼠标右键，接着在弹出的快捷菜单中选择“栅格化文字”命令，就可以将文字图层转换为普通图层，如图8-149所示。

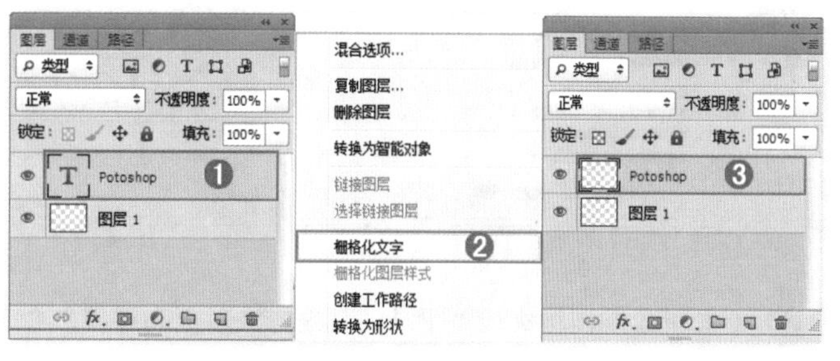

图 8-149

★ 案例实战——栅格化文字制作多层饼干

案例文件	案例文件\第8章\栅格化文字制作多层饼干.psd
视频教学	视频文件\第8章\栅格化文字制作多层饼干.flv
难易指数	★★★★★
技术要点	文字工具、栅格化文字、图层样式

案例效果

本例主要使用文字工具、栅格化文字、图层样式制作多层饼干，如图8-150所示。

图 8-150

图 8-151

操作步骤

01 打开本书配套光盘中的素材文件1.jpg，如图8-151所示。

02 使用“横排文字工具”，设置合适的字号以及字体，在画面中输入文字，如图8-152所示。

03 在文字图层上单击鼠标右键，在弹出的快捷菜单中执行“栅格化文字”命令，栅格化后的文字图层转换为普通图层。对文字执行“滤镜>液化”命令，使用“向前变形工具”对文字进行涂抹绘制，如图8-153所示。效果如图8-154所示。

04 执行“图层>图层样式>斜面和浮雕”命令，设置“样式”为“内斜面”，“方法”为“平滑”，“深度”为572%，“方向”为“上”，“大小”为18像素，“软化”为16像素，“角度”为109度，“高度”为30度，设置合适的阴影颜色，如图8-155所示。选择“颜色叠加”选项，设置颜色为黄色，如图8-156所示。效果如图8-157所示。

05 新建图层，使用画笔工具在画面中单击绘制合适的点状，如图8-158所示。

图 8—152

图 8—153

图 8—154

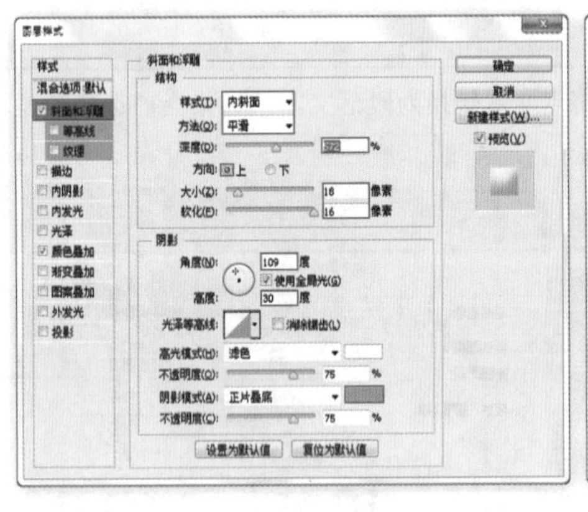

图 8—155

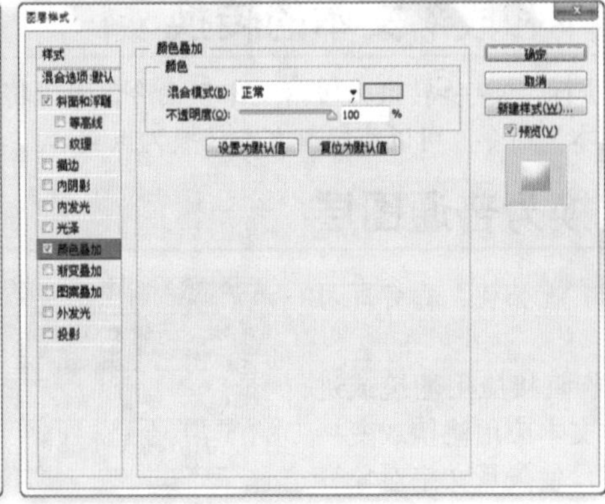

图 8—156

图 8—157

06 对画笔绘制图层执行“图层>图层样式>斜面和浮雕”命令，设置“样式”为“内斜面”，“方法”为“平滑”，“深度”为572%，“方向”为“上”，“大小”为18像素，“软化”为16像素，“角度”为109度，“高度”为30度，设置合适的阴影颜色，如图8-159所示。选择“颜色叠加”选项，设置合适的颜色，设置“不透明度”为100%，如图8-160所示。效果如图8-161所示。

图 8—158

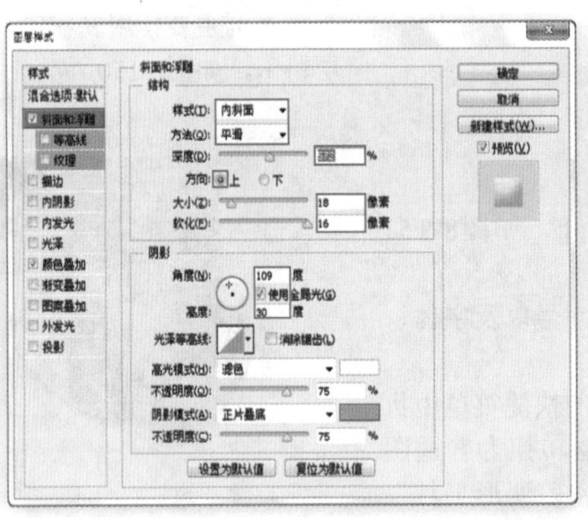

图 8—159

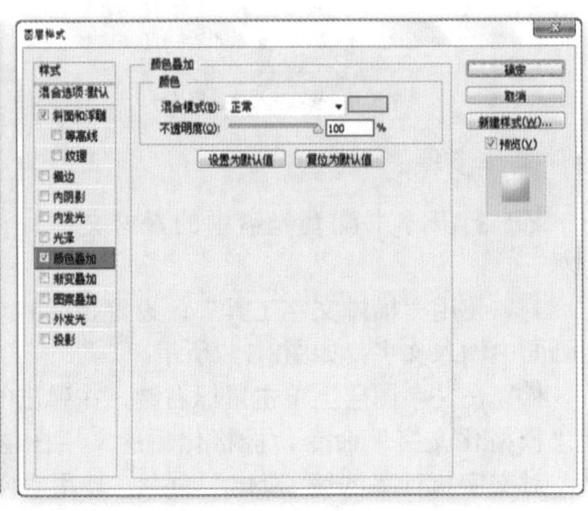

图 8—160

07 载入液化文字图层选区，新建图层，为其填充合适的颜色，如图8-162所示。对其执行“滤镜>杂色>添加杂色”命令，设置“数量”为12.5%，选中“平均分布”单选按钮，如图8-163所示。效果如图8-164所示。

08 设置“图层2”的混合模式为“柔光”，如图8-165所示。效果如图8-166所示。

09 再次新建图层，使用黑色画笔在画面中绘制合适的文字形状，如图8-167所示。

图　8—161

图　8—162

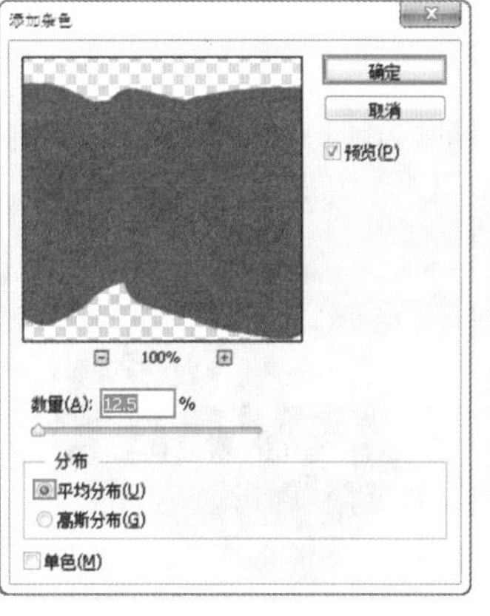

图　8—163

图　8—164

10 对文字形状执行“图层>图层样式>斜面和浮雕”命令，参数设置如图8-168所示。选择“颜色叠加”选项，设置渐变颜色为红色，“不透明度”为100%，如图8-169所示。效果如图8-170所示。

图　8—165

图　8—166

图　8—167

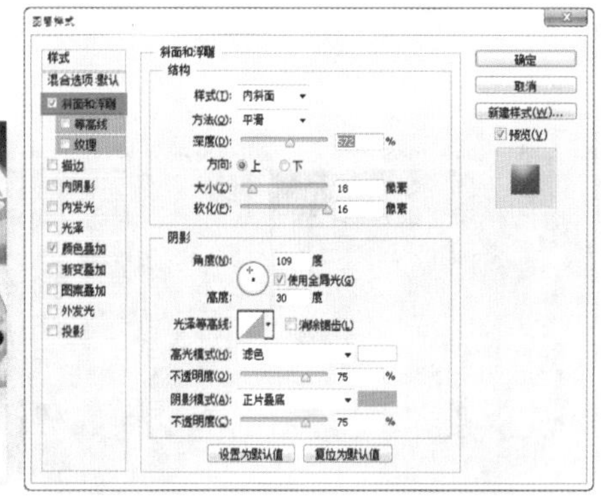

图　8—168

11 用同样方法制作出粉色文字效果，如图8-171所示。

12 继续新建图层，使用黑色画笔在画面中绘制合适的形状，如图8-172所示。

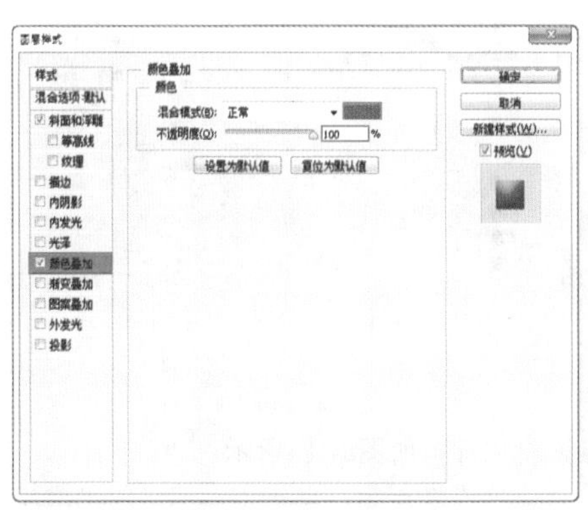

图　8—169

图　8—170

图　8—171

图　8—172

13 执行“滤镜>杂色>添加杂色”命令，设置“数量”为50%，选中“平均分布”单选按钮和“单色”复选框，如图8-173所示。效果如图8-174所示。

14 设置“杂点”图层的混合模式为“滤色”，如图8-175所示。效果如图8-176所示。

15 使用同样方法制作顶部的巧克力斑点效果，完成后将多个文字图层合并为一个图层，如图8-177所示。

16 按Ctrl+T组合键将文字旋转到合适的角度，调整其大小并摆放在合适的位置后，按Enter键完成自由变换，如图8-178

所示。

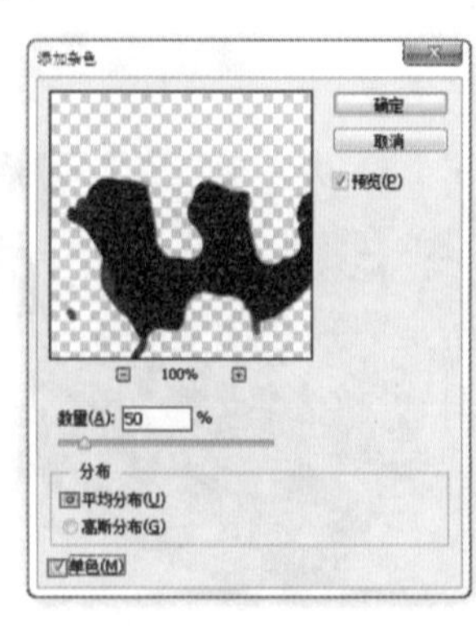

图 8-173

图 8-174

图 8-175

图 8-176

17 对其执行“图层>图层样式>投影”命令，设置“角度”为109度，“距离”为5像素，“扩展”为0%，“大小”为5像素，如图8-179所示。最终效果如图8-180所示。

图 8-177

图 8-178

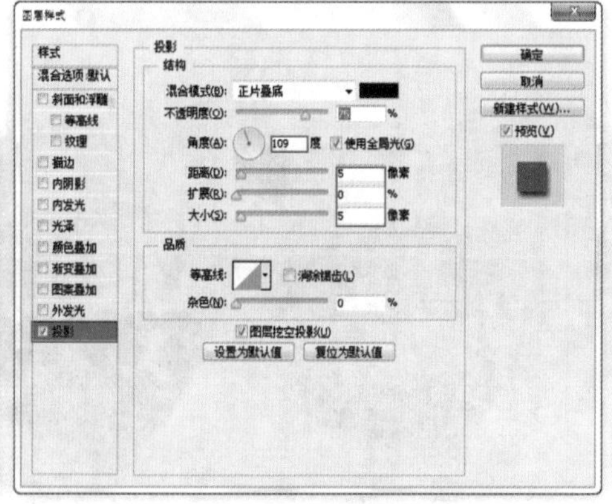

图 8-179

图 8-180

8.3.3 将文字图层转换为形状图层

技术速查：“转换为形状”命令可以将文字转换为带有矢量蒙版的形状图层。

选择文字图层，然后在图层名称上单击鼠标右键，接着在弹出的快捷菜单中选择“转换为形状”命令，执行成“转换为形状”命令以后不会保留原始文字属性，如图8-181所示。

图 8-181

★ 案例实战——将文字转换为形状制作艺术字

案例文件	案例文件\第8章\将文字转换为形状制作艺术字.psd
视频教学	视频教学\第8章\将文字转换为形状制作艺术字.flv
难易指数	★★★★★
技术要点	椭圆选框工具、文字工具、钢笔工具、直接选择工具

案例效果

本例主要使用“椭圆选框工具”、“横排文字工具”、“钢笔工具”、“直接选择工具”等制作艺术文字，如图8-182所示。

操作步骤

01 打开背景素材文件，如图8-183所示。

02 创建一个“文字”图层组。单击工具箱中的“横排文字工具”按钮T，在选项栏中选择合适的字体，分别输入“纯”、“真”、“咖”、“啡”4个字，并调整好4个文字图层的位置。选择“纯”字图层，在“图层”面板中单击鼠标右键，在弹出的快捷菜单中执行“转换为形状”命令，如图8-184所示。此时文字图层转换为形状图层，隐藏“背景”组，如图8-185所示。

图 8-182

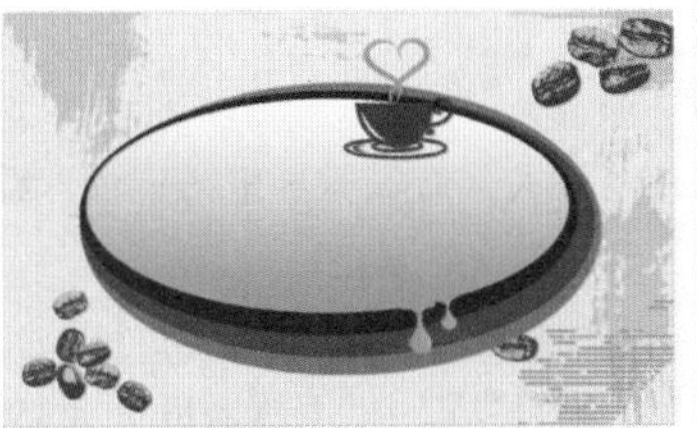

图 8-183

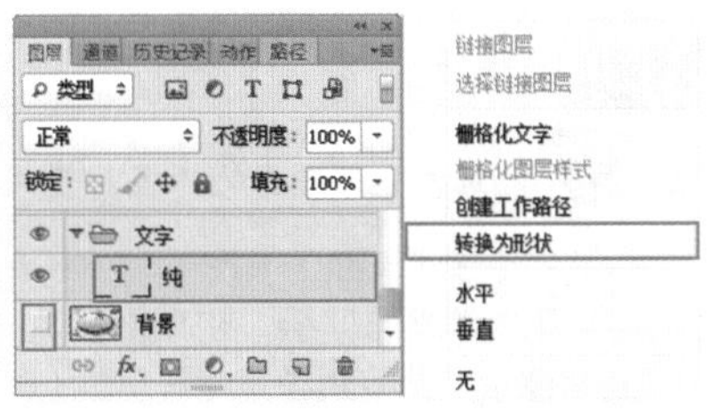

图 8-184

03 单击工具箱中的“直接选择工具”按钮，单击“纯”字左侧偏旁的锚点，并向左拖曳变形，如图8-186所示。

04 调整描点，绘制出花纹形状，如图8-187所示。

图 8-185

图 8-186

图 8-187

05 选择“真”字，将其转换为形状，对文字进行调整，使用“直接选择工具”，选择左侧的锚点向外拖曳拉长，如图8-188所示。

06 下面需要对其进行进一步的变形，但是可进行调整的控制点明显不足，所以需要使用“钢笔工具”，在路径上单击添加控制点，然后使用“直接选择工具”调整点的位置，并配合“转换点工具”调整路径弧度，如图8-189所示。

07 用同样方法制作出文字右上角的花纹效果，如图8-190所示。

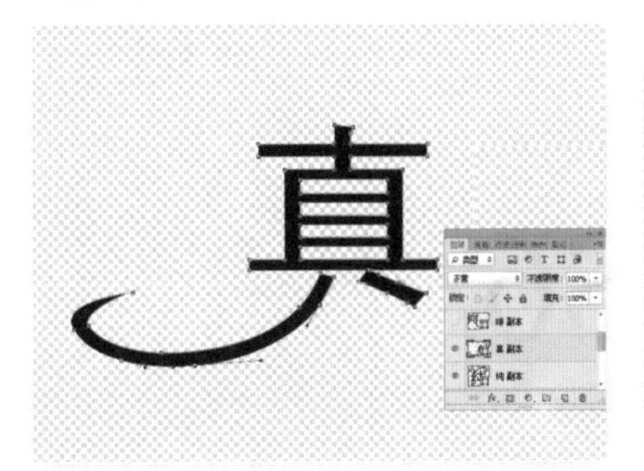

图 8-188

图 8-189

图 8-190

08 用同样方法对“咖”、“啡”二字进行变形制作，如图8-191所示。

09 将“文字”组使用合并快捷键Ctrl+E合并为一个图层，然后执行“窗口>样式”命令，打开“样式”面板，如图8-192所示。在“样式”面板选择一种样式，文字效果如图8-193所示。

图 8-191

图 8-192

图 8-193

技巧提示

如果“样式”面板没有需要的样式，可执行“样式”面板菜单中的“载入样式”命令，然后载入所需要的样式。

10 显示隐藏的“背景”组，在顶部创建一个新图层，使用“钢笔工具”勾勒出一个轮廓路径，然后建立选区，设置“羽化半径”为4像素，接着将选区填充为白色，并调整图层的“不透明度”为35%，如图8-194所示。

11 最终效果如图8-195所示。

图 8-194

图 8-195

思维点拨：文字变形设计

文字变形设计在标志设计中常以夸张的手法进行再现，运用各种对文字的变形赋予标志不同的含义及内容，使标志更加具有内涵，引起人们对其的兴趣与关注，赢得人们的喜爱与欣赏，起到对产品及品牌的推广作用，达到对品牌的宣传目的，给人以深刻印象，如图8—196和图8—197所示。

图 8—196

图 8—197

8.3.4 创建文字的工作路径

技术速查：“建立工作路径”命令可以将文字的轮廓转换为工作路径。

选中文字图层，然后执行“文字>建立工作路径”命令，或在文字图层上单击鼠标右键，在弹出的快捷菜单中执行“建立工作路径”命令，即可得到文字的路径，如图8-198和图8-199所示。

图 8—198

图 8—199

★ 案例实战——创建工作路径制作云朵文字

案例文件	案例文件\第8章\创建工作路径制作云朵文字.psd
视频教学	视频文件\第8章\创建工作路径制作云朵文字.flv
难易指数	★★★★★
技术要点	描边路径、文字工具

案例效果

本例主要使用描边路径、文字工具等制作云朵效果文字，如图8-200所示。

操作步骤

01 打开本书配套光盘中的素材文件1.jpg，如图8-201所示。

02 使用“横排文字工具”，设置合适的字号和字体，在画面中输入文字。载入文字图层选区，单击鼠标右键，在弹出的快捷菜单中执行“建立工作路径”命令，在弹出的对话框中单击“确定”按钮，如图8-202所示。隐藏文字图层，效果如图8-203所示。

03 设置前景色为白色，按F5键打开“画笔”面板，设置画笔笔尖形状为圆形柔角，设置“大小”为“30像素”，“间距”为25%，如图8-204所示。选择“形状动态”选项，设置“大小抖动”为0%，“控制”为“钢笔压力”，“最小直径”为20%，如图8-205所示。选择“双重画笔”选项，设置“模式”为“颜色加深”，“大小”为“75像素”，“间距”为5%，“数量”为1，如图8-206所示。选择“传递”选项，设置“不透明度抖动”为26%，“流量抖动”为21%，

如图8-207所示。

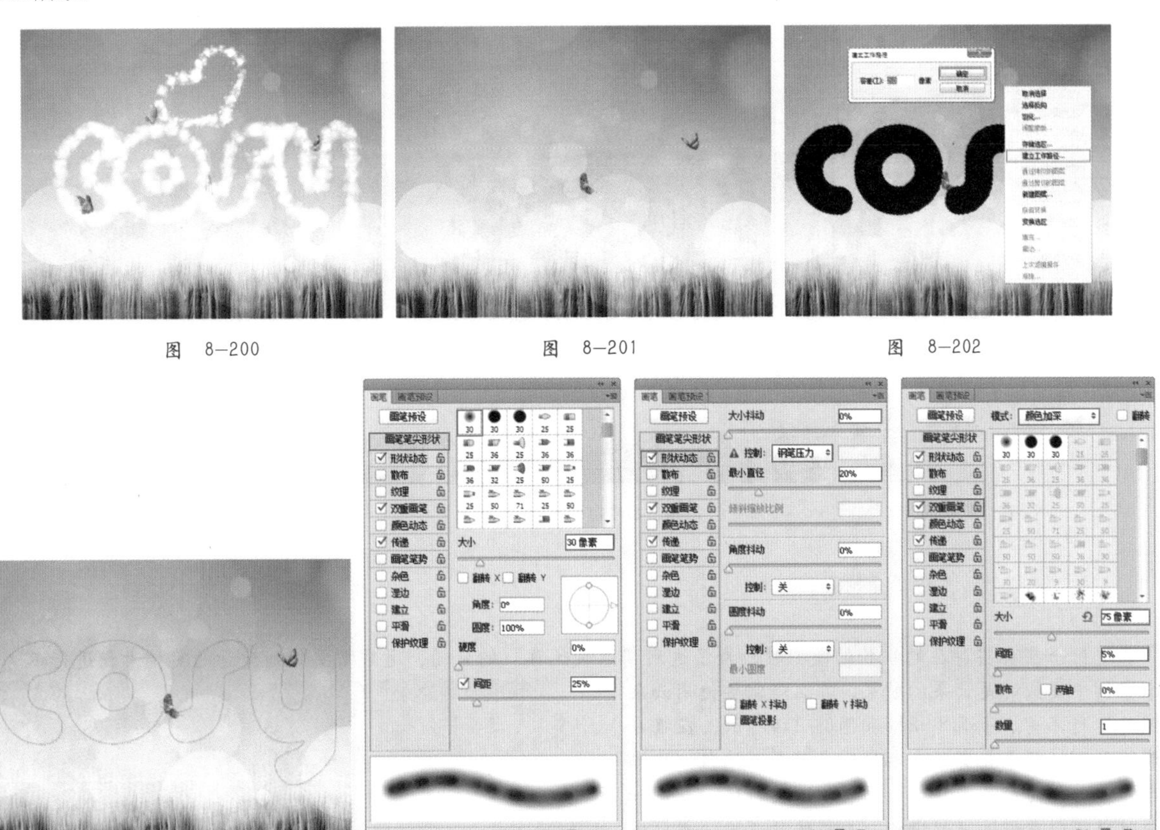

图 8-200　　图 8-201　　图 8-202

图 8-203　　图 8-204　　图 8-205　　图 8-206

04 新建图层，在画面中单击鼠标右键，在弹出的快捷菜单中执行“描边路径”命令，然后在弹出的对话框中设置“工具”为“画笔”，如图8-208所示。单击“确定”按钮，效果如图8-209所示。

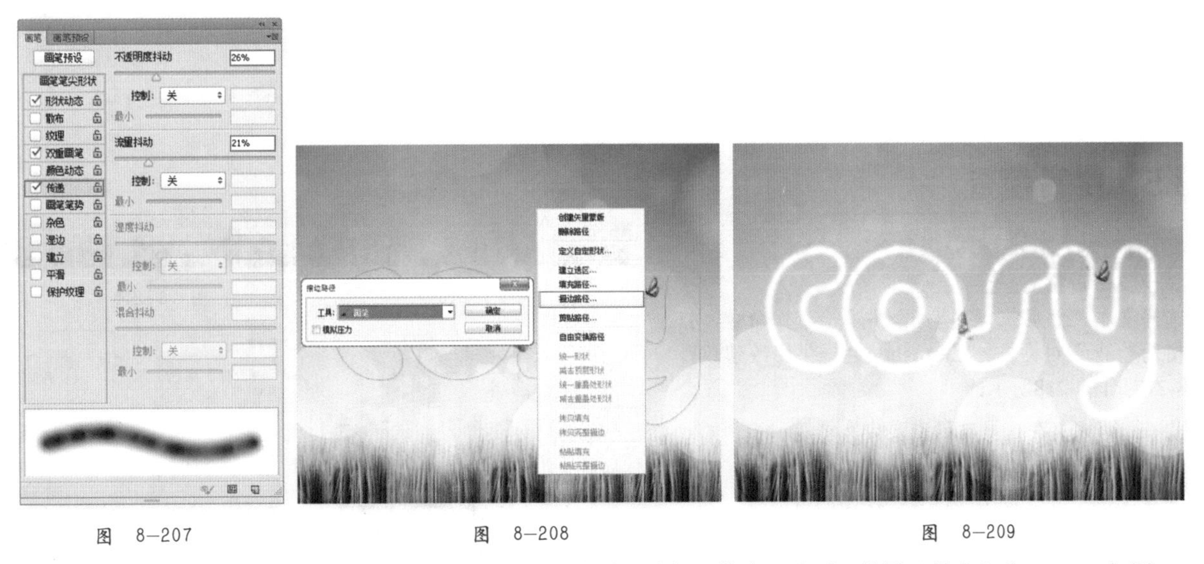

图 8-207　　图 8-208　　图 8-209

05 再次打开“画笔”面板，取消选中“双重画笔”选项，选择“散布”选项，设置“散布”为130%，如图8-210所示。使用同样方法为路径描边，效果如图8-211所示。

06 适当调整画笔大小及流量，继续执行“描边路径”命令，如图8-212所示。

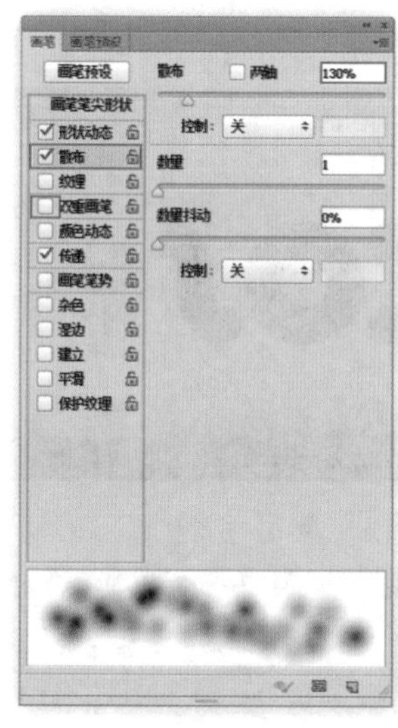

图 8-210

图 8-211

图 8-212

思维点拨：模拟真实素材

在进行一些真实存在的事物的模拟时，为了达到“以假乱真”的目的，通常需要找到大量的实拍素材进行参考。例如本案例中模拟的是云朵的效果，那么就需要使用云朵的照片进行参考，如图8-213和图8-214所示。在照片中能够看到，云朵具有形态不规则、薄厚不均匀、边缘较柔和、颜色为白色等特征。掌握了这些特征，在进行制图时就可以更好地进行模拟。当然依此类推，想要模拟雪天的效果，就需要参考真实的雪景；想要模拟沙漠效果，就需要参考真实的沙漠图片。

图 8-213

图 8-214

07 用同样方法制作顶部的心形形状，如图8-215所示。

08 导入前景蝴蝶素材2.png。最终效果如图8-216所示。

图 8-215

图 8-216

8.3.5 拼写检查

- 技术速查：“拼写检查”命令可以检查当前文本中的英文单词拼写是否有错误。

选择文本，然后执行“编辑>拼写检查”命令，打开“拼写检查”对话框，Photoshop会提供修改建议，如图8-217和图8-218所示。

图 8-217

图 8-218

- 不在词典中：在这里显示错误的单词。
- 更改为/建议：在“建议”列表中选择单词以后，“更改为”文本框中就会显示选中的单词。
- 忽略：单击该按钮，继续拼写检查而不更改文本。
- 全部忽略：单击该按钮，在剩余的拼写检查过程中忽略有疑问的字符。

- 更改：单击该按钮，可以校正拼写错误的字符。
- 更改全部：单击该按钮，校正文档中出现的所有拼写错误。
- 添加：单击该按钮，可以将无法识别的正确单词存储到词典中。这样后面再次出现该单词时，就不会被检查为拼写错误。
- 检查所有图层：选中该复选框，可以对所有文字图层进行拼写检查。

8.3.6 动手学：查找和替换文本

- 技术速查：使用“查找和替换文本”命令能够快速地查找和替换指定的文字。

执行“编辑>查找和替换文本”命令，可以打开“查找和替换文本”对话框，如图8-219所示。

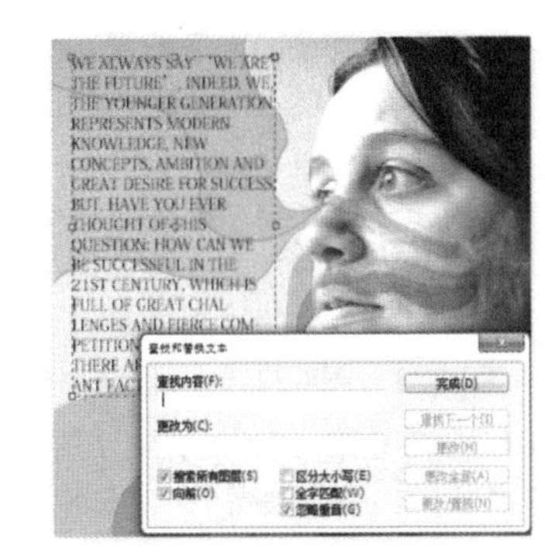

图 8—219

- 查找内容：在这里输入要查找的内容。
- 更改为：在这里输入要更改的内容。
- 查找下一个：单击该按钮，即可查找到需要更改的内容。
- 更改：单击该按钮，即可将查找到的内容更改为指定的文字内容。
- 更改全部：若要替换所有要查找的文本内容，可以单击该按钮。
- 完成：单击该按钮，可以关闭“查找和替换文本”对话框，完成查找和替换文本的操作。
- 搜索所有图层：选中该复选框，可以搜索当前文档中的所有图层。
- 向前：从文本中的插入点向前搜索。如果取消选中该复选框，不管文本中的插入点在什么位置，都可以搜索图层中的所有文本。
- 区分大小写：选中该复选框，可以搜索与“查找内容”文本框中的文本大小写完全匹配的文字。
- 全字匹配：选中该复选框，可以忽略嵌入在更长字中的搜索文本。

☆ 视频课堂——使用文字工具制作清新自然风艺术字

案例文件\第8章\视频课堂——使用文字工具制作清新自然风艺术字.psd
视频文件\第8章\视频课堂——使用文字工具制作清新自然风艺术字.flv
思路解析：

01 使用“横排文字工具”分别输入4个文字。
02 转换为形状后，调整文字形态。
03 将所有文字合并为一个图层，并添加描边和外发光样式。
04 导入风景素材，对文字合并图层创建剪贴蒙版。
05 导入前景素材。

8.4 使用“字符”/“段落”面板

在文字工具的选项栏中，可以快捷地对文本的部分属性进行修改。如果要对文本进行更多设置，就需要使用到“字符”面板和“段落”面板。

8.4.1 “字符”面板

- 技术速查：“字符”面板中提供了比文字工具选项栏更多的调整选项。

文字在画面中占有重要的位置，文字本身的变化及文字的编排、组合等对画面来说极为重要。文字不仅是信息的传达，也是视觉传达最直接的方式，在画面中运用好文字，首先要掌握字体、字号、字距、行距。

在“字符”面板中，除了包括常见的字体系列、字体样式、字体大小、文字颜色和消除锯齿等设置外，还包括行距、字距等常见设置，如图8-220所示。

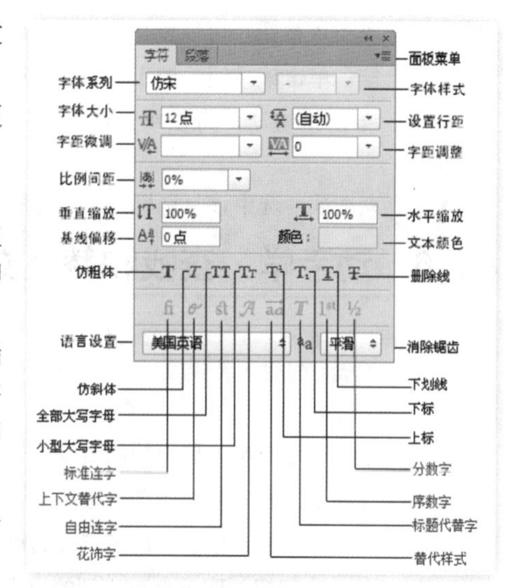

图 8-220

- 设置字体大小：在下拉列表中选择预设数值或者输入自定义数值即可更改字符大小。
- 设置行距：行距是指上一行文字基线与下一行文字基线之间的距离。选择需要调整的文字图层，然后在“设置行距”文本框中输入行距数值或在其下拉列表中选择预设的行距值，接着按Enter键即可。如图8-221和图8-222所示分别是行距值为30点和60点时的文字效果。
- 字距微调：用于微调两个字符之间的字距。在设置时，先要将光标插入到需要进行字距微调的两个字符之间，然后在文本框中输入所需的字距微调数量。输入正值时，字距会扩大；输入负值时，字距会缩小。如图8-223～图8-225所示分别为插入光标以及字距为200与-100的对比效果。
- 字距调整：用于设置文字的字符间距。输入正值时，字距会扩大；输入负值时，字距会缩小。如图8-226和图8-227所示为正字距与负字距效果。

图 8-221

图 8-222

图 8-223

图 8-224

图 8-225

图 8-226

图 8-227

- 比例间距：比例间距是按指定的百分比来减少字符周围的空间。因此，字符本身并不会被伸展或挤压，而是字符之间的间距被伸展或挤压了。如图8-228和图8-229所示分别为比例间距为0%和100%时的字符效果。
- 垂直缩放/水平缩放：用于设置文字的垂直或水平缩放比例，以调整文字的高度或宽度。如图8-230～图8-232所示分别为100%垂直和水平缩放，300%垂直、120%水平缩放以及80%垂直、150%水平缩放比例的文字效果。

图 8-228

图 8-229

图 8-230

图 8-231

- 基线偏移：用来设置文字与文字基线之间的距离。输入正值时，文字会上移；输入负值时，文字会下移。如图8-233和图8-234所示分别为基线偏移50点与-50点的对比效果。
- 颜色：单击色块，即可在弹出的拾色器中选取字符的颜色。
- 文字样式 T T TT Tr T¹ T₁ T T：设置文字的效果，共有仿粗体、仿斜体、全部大写字母、小型大写字母、上标、下标、下划线和删除线8种，如图8-235所示。

图 8-232

图 8-233

图 8-234

图 8-235

- Open Type功能：分别为“标准连字”、“上下文替代字”、“自由连字”、“花饰字”、“文体替代字”、“标题替代字”、“序数字”、“分数字”。
- 语言设置：用于设置文本连字符和拼写的语言类型。
- 消除锯齿方式：输入文字以后，可以在选项栏中为文字指定一种消除锯齿的方式。

☆ 视频课堂——使用文字工具制作多彩花纹立体字

案例文件\第8章\视频课堂——使用文字工具制作多彩花纹立体字.psd
视频文件\第8章\视频课堂——使用文字工具制作多彩花纹立体字.flv
思路解析：

01 使用文字工具依次输入单个文字。
02 将文字栅格化后进行变形操作。
03 复制每个字符，放置在后面并更改颜色，模拟出立体效果。
04 导入花纹素材，并赋予文字表面。

8.4.2 “段落”面板

- 技术速查：“段落”面板提供了用于设置段落编排格式的所有选项。

在文字排版中经常会用到“段落”面板，通过“段落”面板可以设置段落文本的对齐方式和缩进量等参数，如图8-236所示。

- 左对齐文本：文字左对齐，段落右端参差不齐，如图8-237所示。
- 居中对齐文本：文字居中对齐，段落两端参差不齐，如图8-238所示。
- 右对齐文本：文字右对齐，段落左端参差不齐，如图8-239所示。
- 最后一行左对齐：最后一行左对齐，其他行左右两端强制对齐，如图8-240所示。

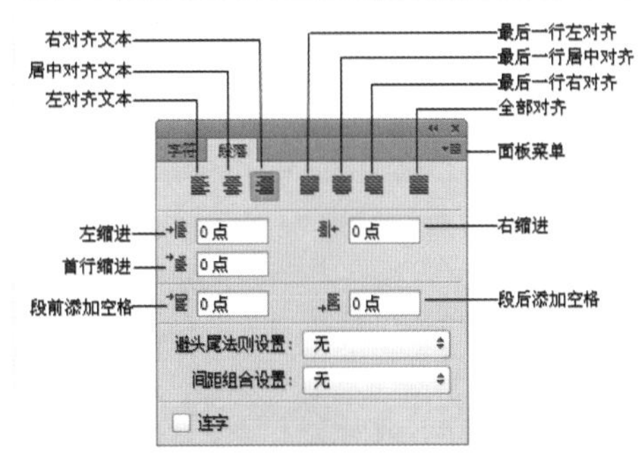

图 8-236

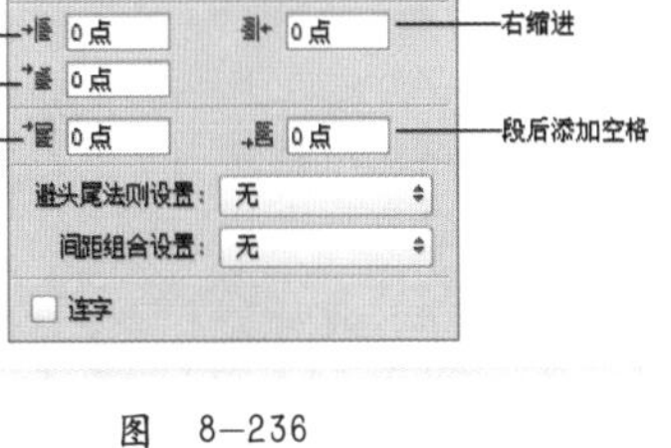

图 8-237

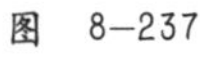

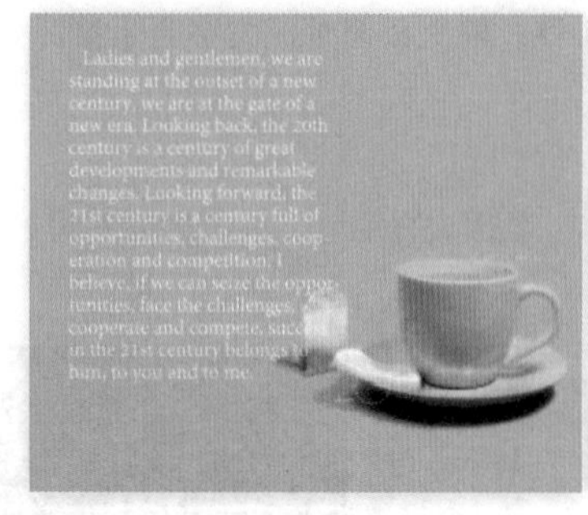

图 8—238

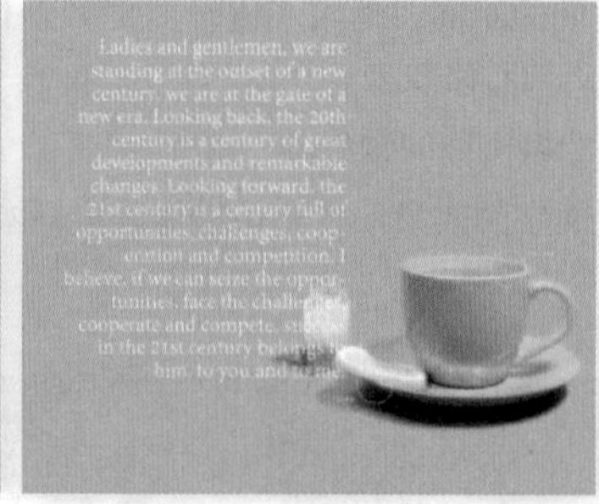

图 8—239

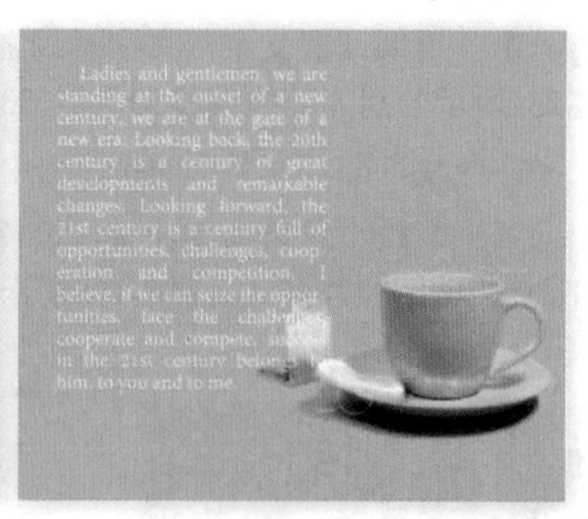

图 8—240

- 最后一行居中对齐：最后一行居中对齐，其他行左右两端强制对齐，如图8-241所示。
- 最后一行右对齐：最后一行右对齐，其他行左右两端强制对齐，如图8-242所示。
- 全部对齐：在字符间添加额外的间距，使文本左右两端强制对齐，如图8-243所示。

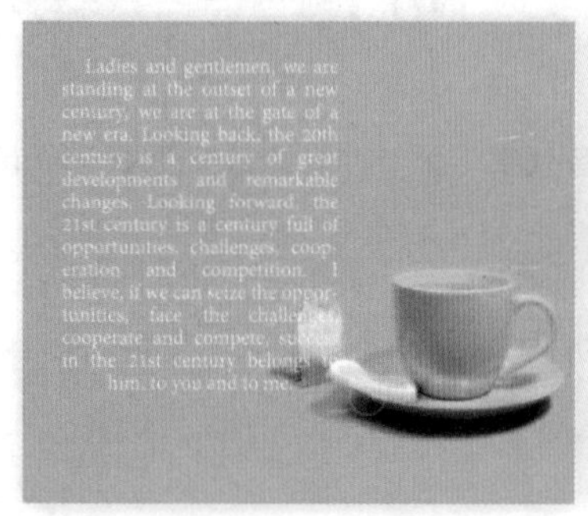

图 8—241

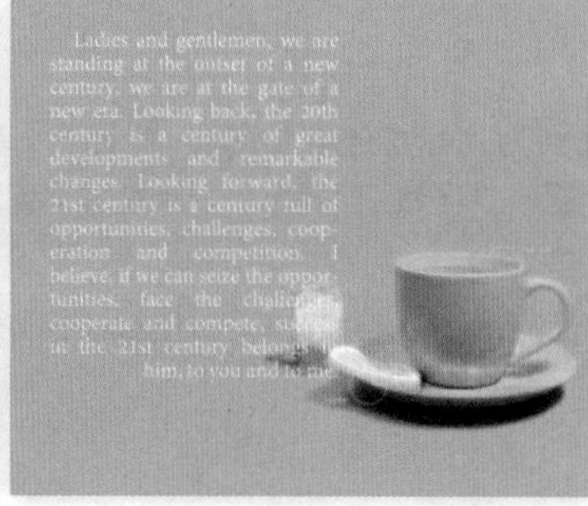

图 8—242

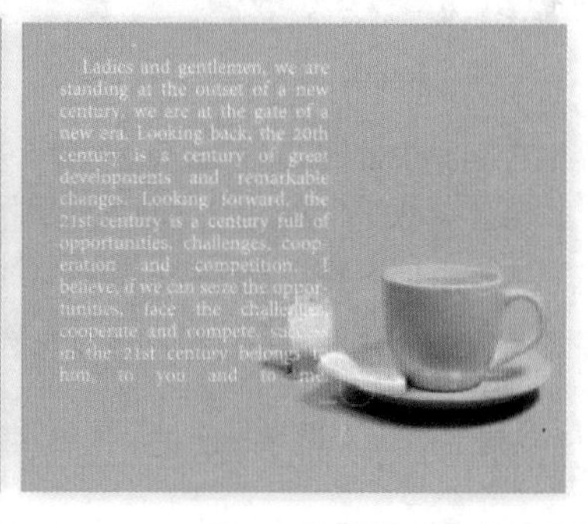

图 8—243

当文字为直排列方式时，对齐按钮会发生一些变化，如图8—244所示。

图 8—244

- 左缩进：用于设置段落文本向右（横排文字）或向下（直排文字）的缩进量。如图8-245所示是设置左缩进为6点时的段落效果。
- 右缩进：用于设置段落文本向左（横排文字）或向上（直排文字）的缩进量。如图8-246所示是设置右缩进为6点时的段落效果。
- 首行缩进：用于设置段落文本中每个段落的第1行向右（横排文字）或第1列文字向下（直排文字）的缩进量。如图8-247所示是设置首行缩进为10点时的段落效果。
- 段前添加空格：设置光标所在段落与前一个段落之间的间隔距离。如图8-248所示是设置段前添加空格为10点时的段落效果。
- 段后添加空格：设置当前段落与另外一个段落之间的间隔距离。如图8-249所示是设置段后添加空格为10点时的段落效果。
- 避头尾法则设置：不能出现在一行的开头或结尾的字符称为避头尾字符，Photoshop提供了基于标准JIS的宽松和严格的避头尾集，宽松的避头尾设置忽略长元音字符和小平假名字符。选择“JIS宽松”或“JIS严格”选项时，可以防止在一行的开头或结尾出现不能使用的字母。
- 间距组合设置：用于设置日语字符、罗马字符、标点和特殊字符在行开头、行结尾和数字的间距文本编排方式。选择“间距组合1”选项，可以对标点使用半角间距；选择“间距组合2”选项，可以对行中除最后一个字符外的大多数字符使用全角间距；选择“间距组合3”选项，可以对行中的大多数字符和最后一个字符使用全角间距；选择“间距组合4”选项，可以对所有字符使用全角间距。

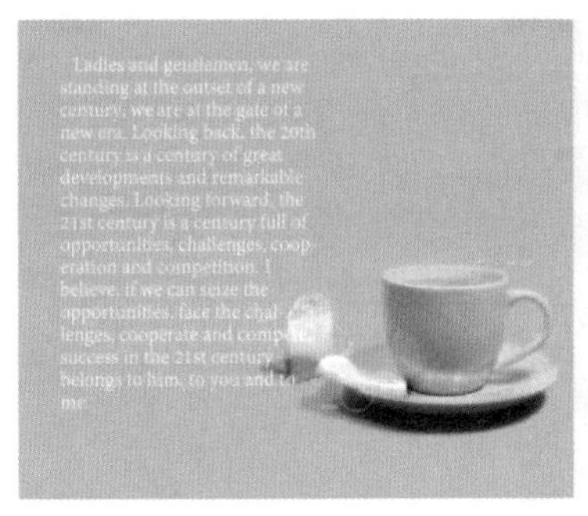
图 8-245

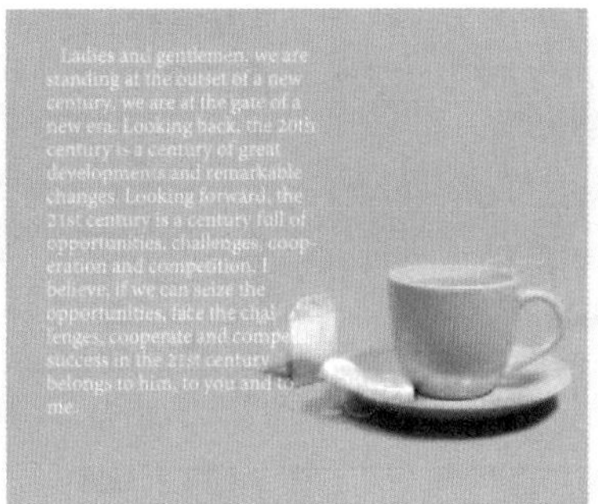
图 8-246

图 8-247

- 连字：选中该复选框以后，在输入英文单词时，如果段落文本框的宽度不够，英文单词将自动换行，并在单词之间用连字符连接起来，如图8-250所示。

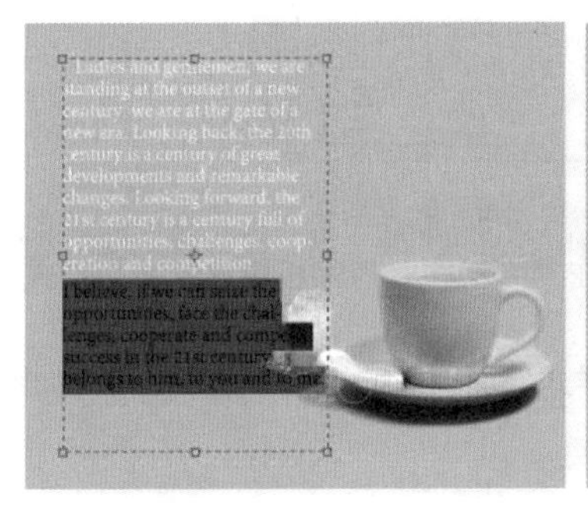
图 8-248

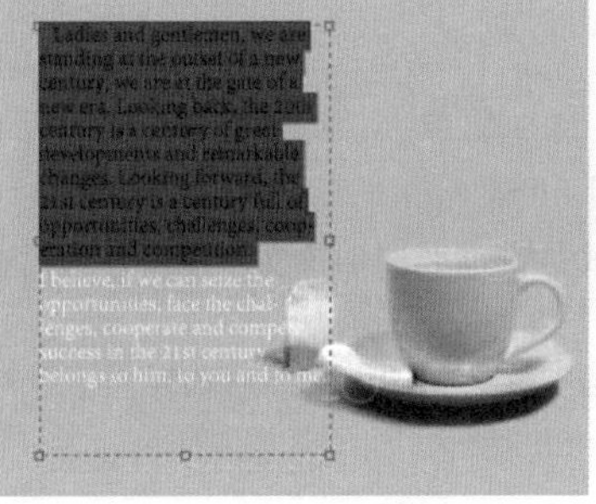
图 8-249

图 8-250

8.4.3 “字符样式”面板

- **技术速查：在“字符样式”面板中可以创建字符样式、更改与存储字符属性。**

在进行书籍、报刊杂志等包含大量文字的排版任务时，经常需要为多个文字图层赋予相同的样式，在Photoshop CS6中提供的“字符样式”面板为此类操作提供了便利的操作方式。在需要使用时，只需要选中文字图层，并选择相应字符样式即可，如图8-251所示。

- “清除覆盖”按钮：单击该按钮，即可清除当前字体样式。
- “通过合并覆盖重新定义字符样式”按钮：单击该按钮，即可以所选文字合并覆盖当前字符样式。
- “创建新样式”按钮：单击该按钮，可以创建新的样式。
- “删除选项样式/组”按钮：单击该按钮，可以将当前选中的新样式或新样式组删除。

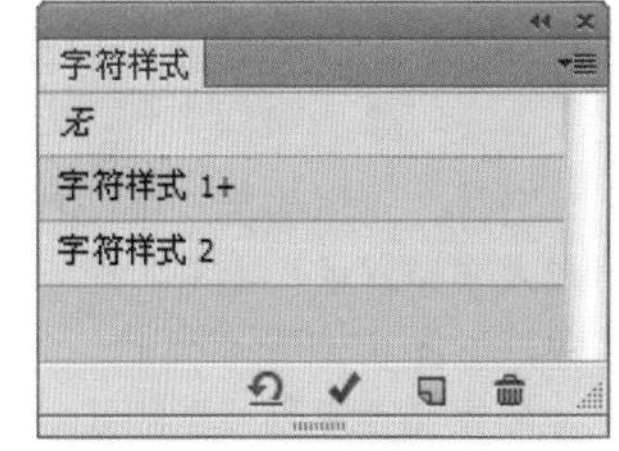

图 8-251

8.4.4 动手学：创建与使用字符样式

在“字符样式”面板中单击“创建新样式”按钮，然后双击新创建出的字符样式，即可弹出“字符样式选项”对话框，在这里包含3组设置页面：基本字符格式、高级字符格式与OpenType功能，可以对字符样式进行详细的编辑，如图8-252～图8-254所示。“字符样式选项”对话框中的选项与“字符”面板中的设置选项基本相同，这里不做重复讲解。

如果需要将当前文字样式定义为可以调用的字符样式，那么可以在“字符样式”面板中单击“创建新样式”按钮，创建一个新的样式，如图8-255所示。选中所需文字图层，并在“字符样式”面板中选中新建的样式，在该样式名称的后方会出现“+”，单击“通过合并覆盖重新定义字符样式”按钮即可，如图8-256所示。

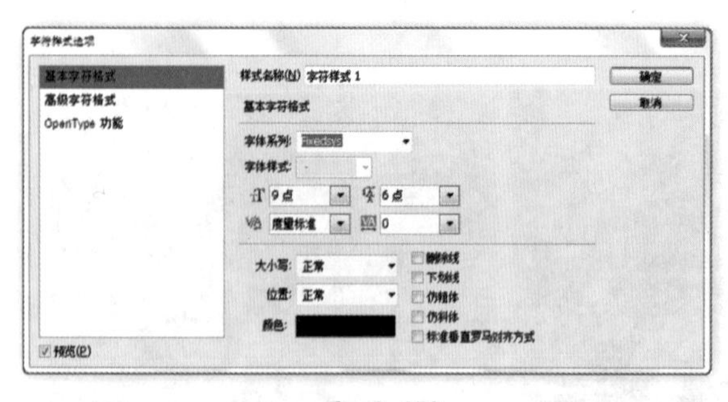

图　8-252

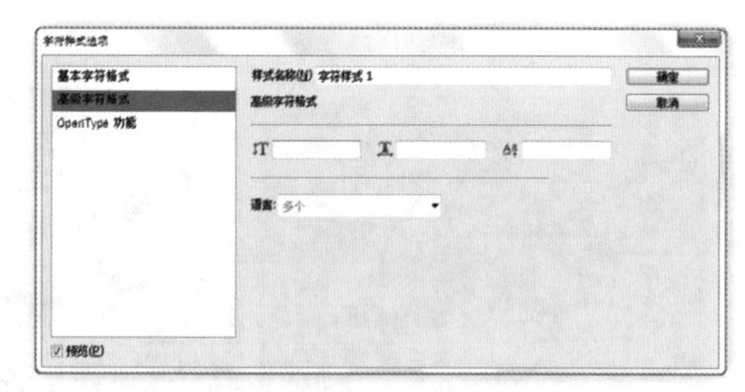

图　8-253

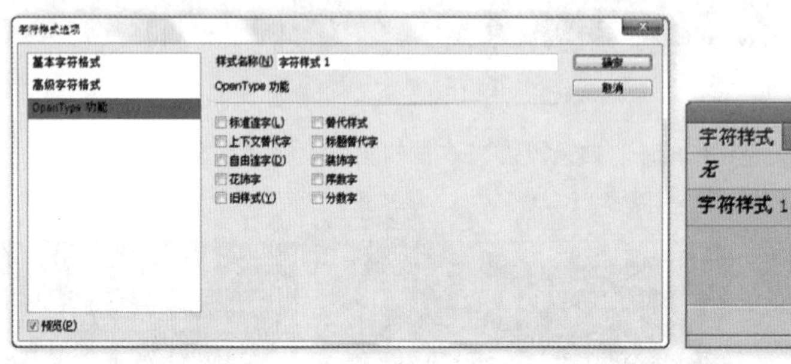

图　8-254　　图　8-255

如果需要为某个文字使用新定义的字符样式，则需要选中该文字图层，然后在“字符样式”面板中选择所需样式即可，如图8-257和图8-258所示。

如果需要去除当前文字图层的样式，可以选中该文字图层，然后选择“字符样式”面板中的“无”选项即可，如图8-259所示。

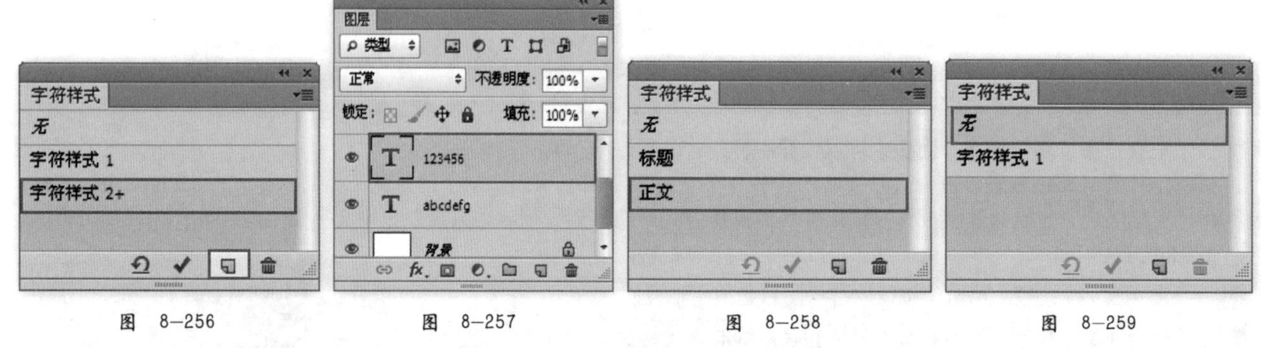

图　8-256　　图　8-257　　图　8-258　　图　8-259

另外，可以将另一个PSD文档的字符样式导入到当前文档中。打开“字符样式”面板，在“字符样式”面板菜单中执行“载入字符样式”命令，然后在弹出的“载入”对话框中找到需要导入的素材，双击即可将该文件包含的样式导入到当前文档中，如图8-260所示。

如果需要复制或删除某一字符样式，只需在“字符样式”面板中选中某一选项，然后在面板菜单中执行“复制样式”或“删除样式”命令即可，如图8-261所示。

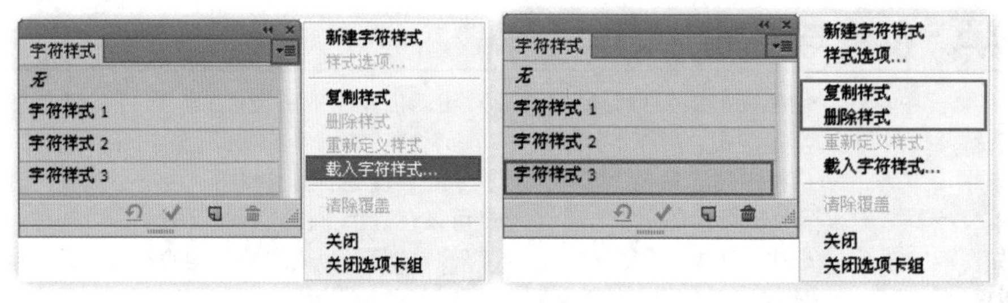

图　8-260　　图　8-261

8.4.5 “段落样式”面板

技术速查：“段落样式”面板与“字符样式”面板的使用方法相同，都可以进行样式的定义、编辑与调用。

字符样式主要用于类似标题文字的较少文字的排版，而段落样式多应用于类似正文的大段文字的排版，如图8-262所示。

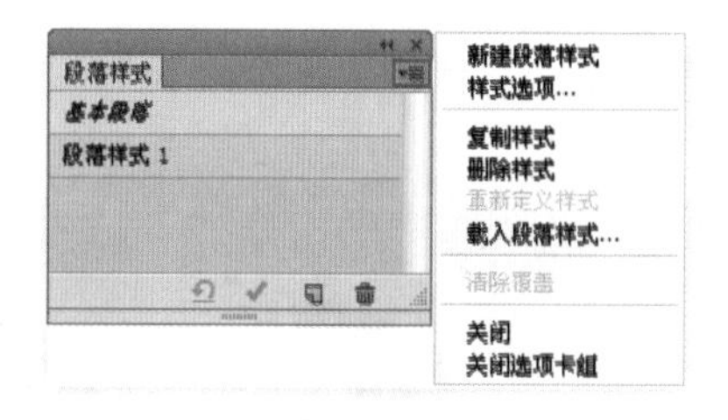

图 8-262

★ 综合实战——草地上的木质文字

案例文件	案例文件\第8章\草地上的木质文字.psd
视频教学	视频教学\第8章\草地上的木质文字.flv
难易指数	★★★★★
技术要点	文字工具、自由变换、图层样式

案例效果

本例主要是使用“文字工具”、“自由变换”、“图层样式”制作草地上的木质文字，如图8-263所示。

操作步骤

01 打开背景素材文件，如图8-264所示。

02 使用“横排文字工具”，设置前景色为白色，设置合适的字号以及字体，在画面中输入字母E，然后使用“自由变换”快捷键Ctrl+T，将其旋转到合适的角度，如图8-265所示。

03 对文字图层执行“图层>图层样式>渐变叠加”命令，编辑一种咖啡色系的渐变颜色，设置“样式”为“线性”，如图8-266所示。选择“图案叠加”选项，选择合适的图案，如图8-267所示。选择“外发光”选项，设置“不透明度”为100%，编辑一种合适的外发光渐变，设置“方法”为“精确”，“大小”为20像素，如图8-268所示。选择“投影”选项，设置“颜色”为黑色，“距离”为0像素，“扩展”为100%，“大小”为20像素，如图8-269所示。效果如图8-270所示。

图 8-263

图 8-264

图 8-265

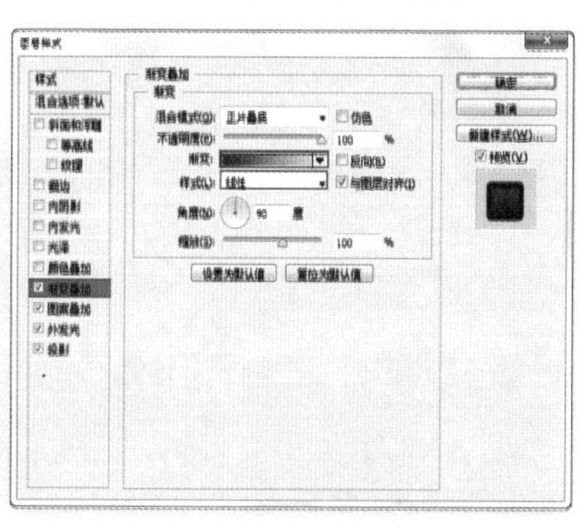

图 8-266

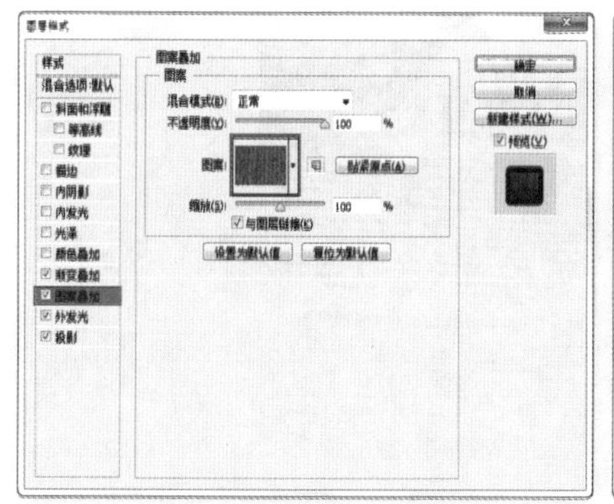

图 8-267

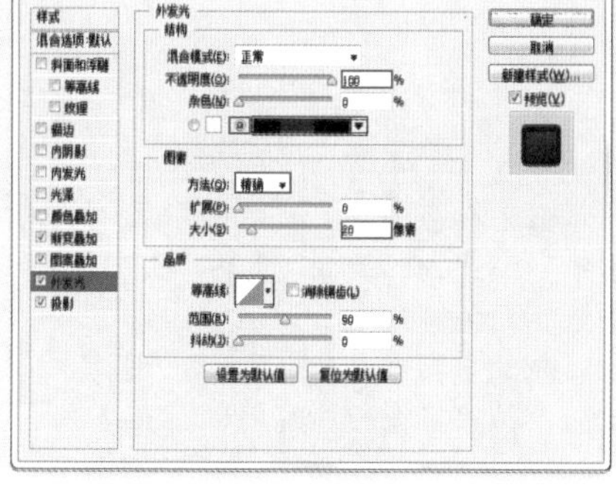

图 8-268

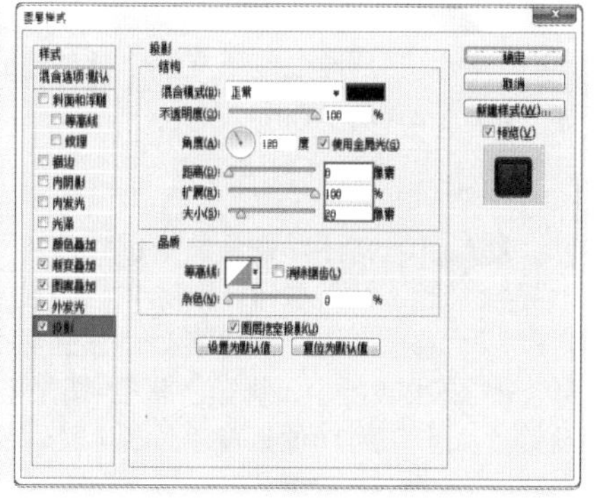

图 8-269

04 用同样的方法制作其他文字，选中3个文字图层并进行合并，如图8-271所示。

05 对其执行“图层>图层样式>渐变叠加”命令，设置“混合模式”为“柔光”，“不透明度”为60%，编辑一种黑白色系的渐变，设置“样式”为“线性”，如图8-272所示。选择“投影”选项，设置“混合模式”为“正片叠底”，“距离”为5像素，“扩展”为0%，“大小”为29像素，如图8-273所示。效果如图8-274所示。

图 8-270

图 8-171

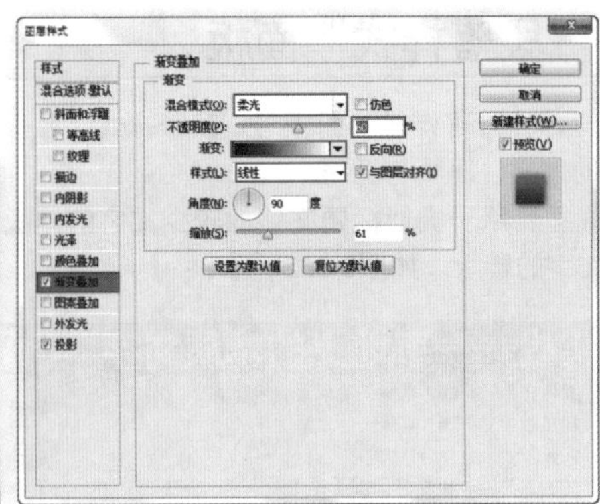

图 8-272

06 最后导入前景装饰素材2.png，置于画面中合适位置装饰画面效果，如图8-275所示。

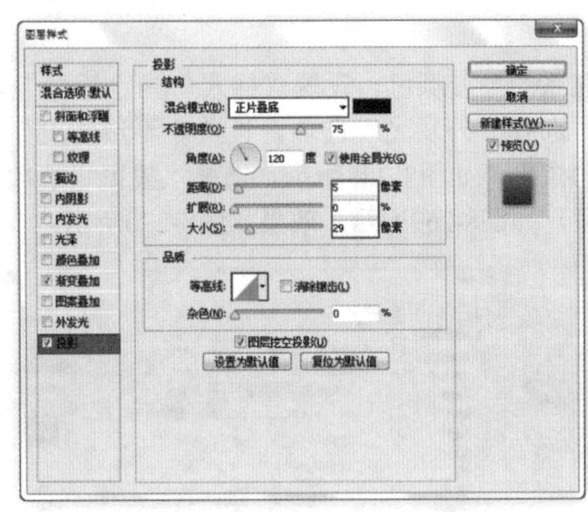

图 8-273

图 8-274

图 8-275

★ 综合实战——使用文字工具制作文字海报

案例文件	案例文件\第8章\使用文字工具制作文字海报.psd
视频教学	视频文件\第8章\使用文字工具制作文字海报.flv
难易指数	★★★★★
技术要点	文字工具

案例效果

本例主要是通过使用文字工具创建点文字以及段落文字，如图8-276所示。

图 8-276

操作步骤

01 新建文件，设置前景色为白色。单击工具箱中的“圆角矩形工具”按钮，在选项栏中设置绘制模式为“像素”，“半径”为“10像素”，在画面中绘制白色圆角矩形，如图8-277所示。执行“图层>图层样式>描边”命令，设置“大小”为10像素，“位置”为“外部”，“混合模式”为“正常”，设置颜色为绿色，如图8-278所示。效果如图8-279所示。

图 8-277

02 导入素材文件1.jpg，载入圆角矩形图层选区，为素材图层添加图层蒙版，效果如图8-280所示。

03 新建图层，使用“钢笔工具”沿着素材的底部边缘绘制适当的闭合路径，并将其转换为选区，填充白色，如图8-281所示。

04 新建图层组，命名为“文字”。单击工具箱中的“横排文字工具”按钮T，在选项栏中设置合适的字体、字号以及颜色，如图8-282所示。在画面中单击并输入标题文字，如图8-283所示。

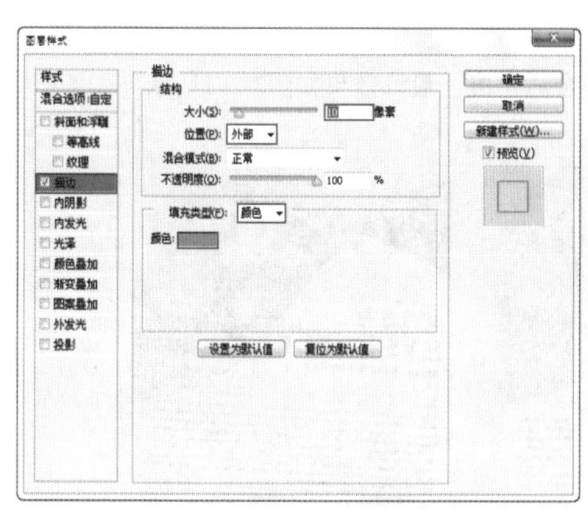

图 8-278

图 8-279

图 8-280

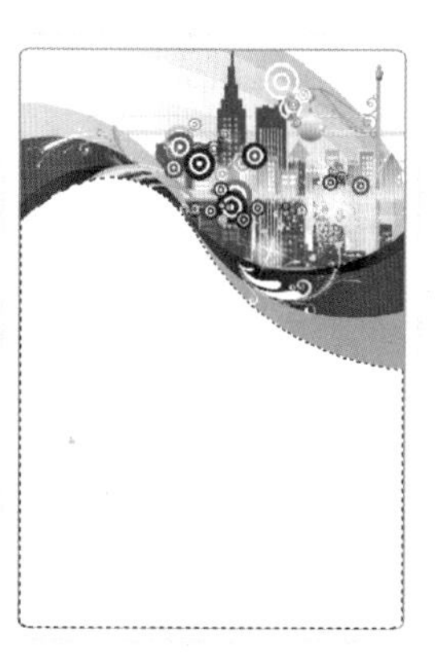

图 8-281

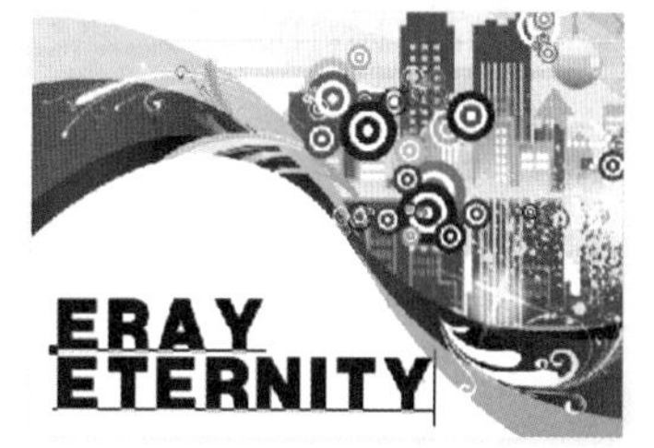

图 8-282

图 8-283

05 选中该文字图层，按Ctrl+J组合键，复制该图层，并适当移动，在选项栏中更改文字的颜色为绿色，如图8-284所示。效果如图8-285所示。

图 8-284

图 8-285

06 用同样的方法输入其他标题文字，如图8-286所示。

07 下面开始段落文字的制作。单击工具箱中的“横排文字工具”按钮T，在画面中单击并拖动光标绘制出文本框，如图8-287所示。

08 在其中输入文字，在选项栏中设置合适的字体属性。执行“窗口>段落”命令，打开“段落”面板，在其中设置对齐方式为“最后一行左对齐”，如图8-288所示。效果如图8-289所示。

图 8-286

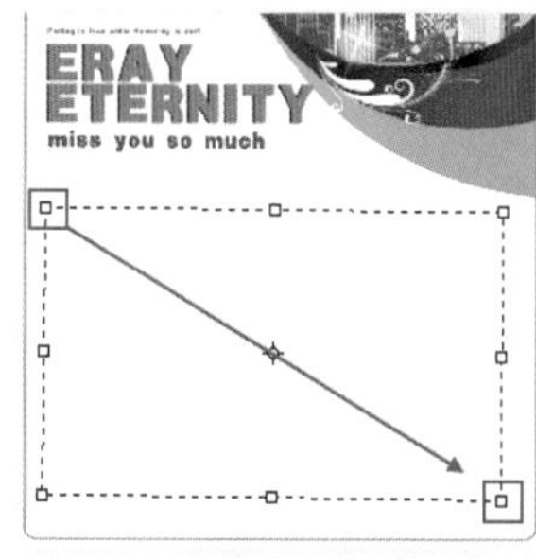

图 8-287

图 8-288

09 用同样的方法制作其他段落文字以及点文字，效果如图8-290所示。

10 选中“文字”图层组，执行“编辑>自由变换”命令，将文字组旋转到合适角度，最终效果如图8-291所示。

图 8-289　　图 8-290　　图 8-291

课后练习

【课后练习——使用文字工具制作欧美风海报】

思路解析：本案例主要使用文字工具，通过对创建的文字进行属性与样式的更改，制作出丰富的文字海报效果。

本章小结

本章主要讲解了文字工具的使用方法，通过“字符”/“段落”面板更改文字属性，以及使用“文字”菜单中的命令对文字进行编辑。但是文字的应用不仅仅局限在对图像的说明上，更多的时候是为了丰富和增强画面效果，所以这就需要我们将文字工具与其他功能相结合使用，例如文字与图层样式结合可以制作出多种多样的特效文字，文字与矢量工具结合可以制作出变化万千的艺术字，文字与图像结合则能够制作出丰富多彩的海报。

读书笔记

第9章

图层的基本操作

本章内容简介：

相对于传统绘画的“单一平面操作”模式而言，以Photoshop为代表的“多图层”模式数字制图则大大扩展了图像编辑的空间。在使用Photoshop制图时，有了“图层”这一功能，不仅能够更加快捷地达到目的，更能够制作出意想不到的效果。在Photoshop中，图层是图像处理时必备的承载元素。通过图层的堆叠与混合可以制作出多种多样的效果，用图层来实现效果是一种直观而简便的方法。

本章学习要点：

- 掌握“图层”面板的使用方法
- 掌握图层的常用操作

9.1 图层基础知识

9.1.1 图层的原理

图层的原理其实非常简单，就像分别在多个透明的玻璃上绘画一样，在“玻璃1”上进行绘画不会影响到其他玻璃上的图像；移动“玻璃2”的位置时，那么“玻璃2”上的对象也会跟着移动；将“玻璃4”放在“玻璃3”上，那么“玻璃3”上的对象将被“玻璃4”覆盖，如图9-1所示。将所有玻璃叠放在一起，则显现出图像的最终效果，如图9-2所示。

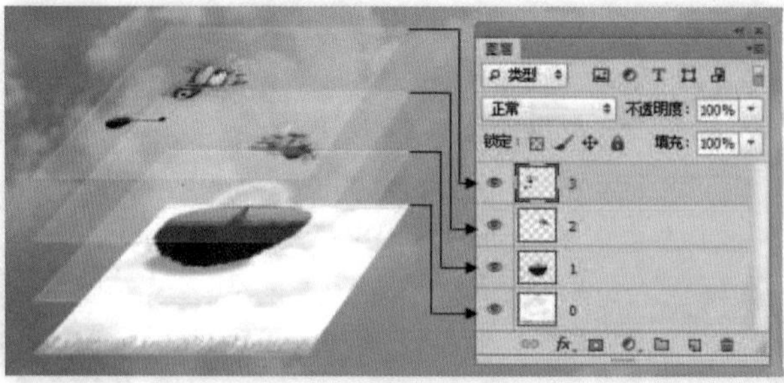

图 9—1

图 9—2

9.1.2 图层的优势

图层的优势在于每一个图层中的对象都可以单独进行处理，既可以移动图层，也可以调整图层堆叠的顺序，而不会影响其他图层中的内容，还可以通过调整图层之间的堆叠方式调整最终效果，如图9-3和图9-4所示。

图 9—3

图 9—4

技巧提示

在编辑图层之前，首先需要在“图层”面板中单击该图层，将其选中，所选图层将成为当前图层。绘画以及色调调整只能在一个图层中进行，而移动、对齐、变换或应用“样式”面板中的样式等可以一次性处理所选的多个图层。

9.1.3 认识“图层”面板

- 视频精讲：Photoshop CS6自学视频教程\65.图层基础知识与图层面板.flv
- 技术速查：“图层”面板是用于创建、编辑和管理图层以及图层样式的一种直观的“控制器”。

在“图层”面板中，图层名称的左侧是图层的缩览图，它显示了图层中包含的图像内容，而缩览图中的棋盘格代表图像的透明区域，如图9-5所示。

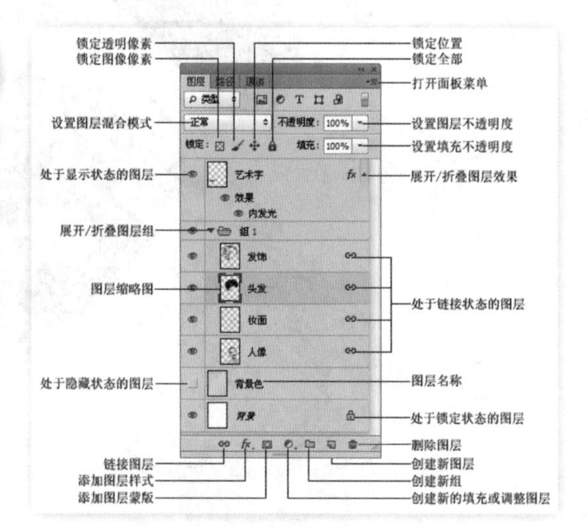

图 9—5

- 锁定透明像素：将编辑范围限制为只针对图层的不透明部分。
- 锁定图像像素：防止使用绘画工具修改图层的像素。
- 锁定位置：防止图层的像素被移动。
- 锁定全部：锁定透明像素、图像像素和位置，处于这种状态下的图层将不能进行任何操作。
- 设置图层混合模式：用来设置当前图层的混合模式，使之与下面的图像产生混合。
- 设置图层不透明度：用来设置当前图层的不透明度。
- 设置填充不透明度：用来设置当前图层的填充不透明度。该选项与“不透明度”选项类似，但是不会影响图层样式效果。

- 处于显示/隐藏状态的图层：当该图标显示为眼睛形状时，表示当前图层处于可见状态；而处于空白状态时，则处于不可见状态。单击该图标可以在显示与隐藏之间进行切换。
- 展开/折叠图层组：单击该图标可以展开或折叠图层组。
- 展开/折叠图层效果：单击该图标可以展开或折叠图层效果，以显示出当前图层添加的所有效果的名称。
- 图层缩览图：显示图层中所包含的图像内容。其中棋盘格区域表示图像的透明区域，非棋盘格区域表示像素区域（即具有图像的区域）。

答疑解惑——如何更改图层缩览图大小？

在默认状态下，缩览图的显示方式为小缩览图，在图层缩览图上单击鼠标右键，然后在弹出的快捷菜单中选择相应的显示方式，即可更改缩览图大小，如图9-6所示。

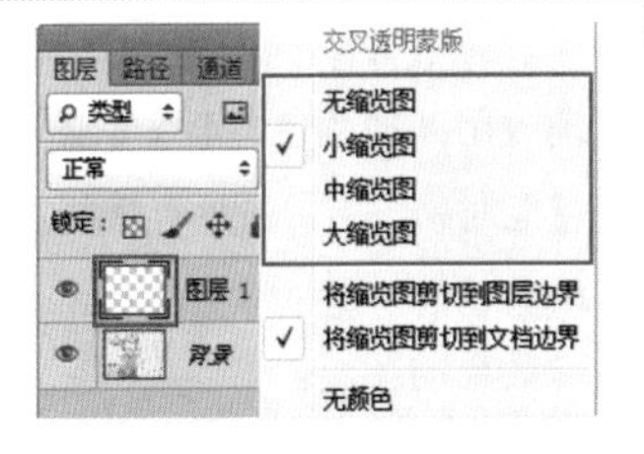

图9-6

- 链接图层：用来链接当前选择的多个图层。
- 处于链接状态的图层：当链接好两个或两个以上的图层以后，图层名称的右侧就会显示出链接标志。

技巧提示

被链接的图层可以在选中其中某一图层的情况下进行共同移动或变换等操作。

- 添加图层样式：单击该按钮，在弹出的菜单中选择一种样式，可以为当前图层添加一个图层样式。
- 添加图层蒙版：单击该按钮，可以为当前图层添加一个蒙版。
- 创建新的填充或调整图层：单击该按钮，在弹出的菜单中选择相应的命令即可创建填充图层或调整图层。
- 创建新组：单击该按钮，可以新建一个图层组，也可以使用快捷键Ctrl+G。
- 创建新图层：单击该按钮，可以新建一个图层，也可以使用快捷键Shift+Ctrl+N。将选中的图层拖曳到该按钮上，可以为当前所选图层创建出相应的副本图层。
- 删除图层：单击该按钮，可以删除当前选择的图层或图层组。也可以直接在选中图层或图层组的状态下按Delete键进行删除。
- 处于锁定状态的图层：当图层缩览图右侧显示有该图标时，表示该图层处于锁定状态。
- 打开面板菜单：单击该图标，可以打开“图层”面板的面板菜单。

9.1.4 了解图层的类型

Photoshop中有很多种类型的图层，如视频图层、智能图层、3D图层等，而每种图层都有不同的功能和用途；也有处于不同状态的图层，如选中状态、锁定状态、链接状态等，当然它们在“图层”面板中的显示状态也不相同，如图9-7所示。

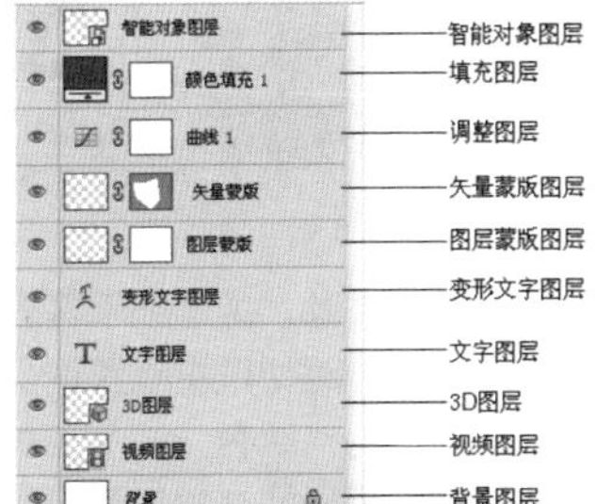

图 9-7

- 当前图层：当前所选择的图层。
- 全部锁定图层：锁定了“透明像素”、“图像像素”、“位置”全部属性。
- 部分锁定图层：锁定了“透明像素”、“图像像素”、“位置”属性中的一种或两种。
- 链接图层：保持链接状态的多个图层。
- 图层组：用于管理图层，以便于随时查找和编辑图层。

- 中性色图层：填充了中性色的特殊图层，结合特定的混合模式可以用来承载滤镜或在上面绘画。
- 剪贴蒙版图层：蒙版中的一种，可以使用一个图层中的图像来控制它上面多个图层内容的显示范围。
- 图层样式图层：添加了图层样式的图层，双击图层样式可以进行样式参数的编辑。
- 形状图层：使用形状工具或钢笔工具可以创建形状图层。形状中会自动填充当前的前景色，也可以很方便地改用其他颜色、渐变或图案来进行填充。
- 智能对象图层：包含有智能对象的图层。
- 填充图层：通过填充纯色、渐变或图案来创建的具有特殊效果的图层。
- 调整图层：可以调整图像的色调，并且可以重复调整。
- 矢量蒙版图层：带有矢量形状的蒙版图层。
- 图层蒙版图层：添加了图层蒙版的图层，蒙版可以控制图层中图像的显示范围。
- 图层样式图层：添加了图层样式的图层，通过图层样式可以快速创建出各种特效。
- 变形文字图层：进行了变形处理的文字图层。
- 文字图层：使用文字工具输入文字时所创建的图层。
- 3D图层：包含有置入的3D文件的图层。
- 视频图层：包含有视频文件帧的图层。
- 背景图层：新建文档时创建的图层。“背景”图层始终位于位置面板的最底部，名称为“背景”，且为斜体。

9.2 新建图层

新建图层的方法有很多种，可以通过执行“图层”菜单中的命令、使用“图层”面板中的按钮或者使用快捷键创建新的图层。当然也可以通过复制已有的图层来创建新的图层，还可以将图像中的局部创建为新的图层，或通过相应的命令来创建不同类型的图层。

9.2.1 动手学：创建普通图层

在“图层”面板底部单击“创建新图层”按钮，即可在当前图层的上一层新建一个图层，如图9-8所示。如果要在当前图层的下一层新建一个图层，可以按住Ctrl键单击“创建新图层”按钮。

如果要在创建图层的同时设置图层的属性，可以执行“图层>新建>图层”命令，在弹出的“新建图层”对话框中设置图层的名称、颜色、混合模式和不透明度等，如图9-9所示。按住Alt键单击“创建新图层”按钮或直接按Shift+Ctrl+N组合键也可以打开“新建图层”对话框。

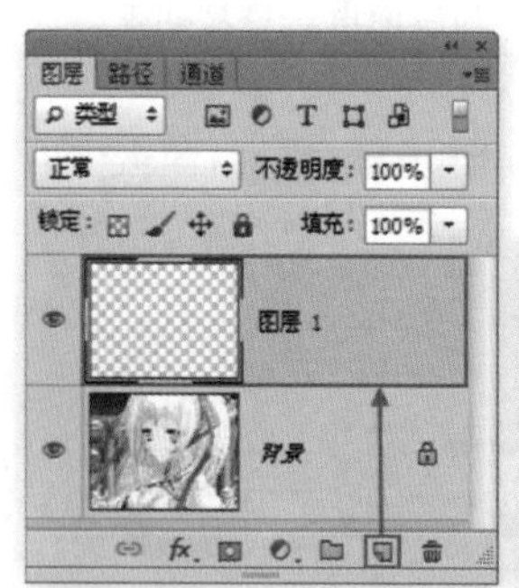

图 9-8

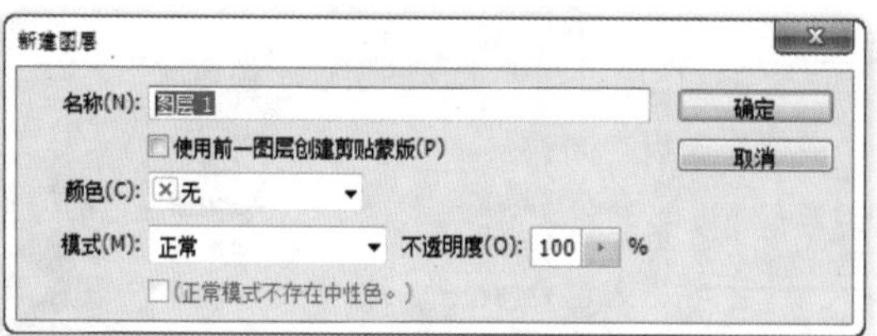

图 9-9

技巧提示

“背景”图层永远处于“图层”面板的最下方，即使按住Ctrl键也不能在其下方新建图层。

在图层过多时，为了便于区分查找，可以在“新建图层”对话框中设置图层的颜色，如设置“颜色”为“绿色”，如图9-10所示，那么新建出来的图层就会被标记为绿色，这样有助于区分不同用途的图层，如图9-11所示。

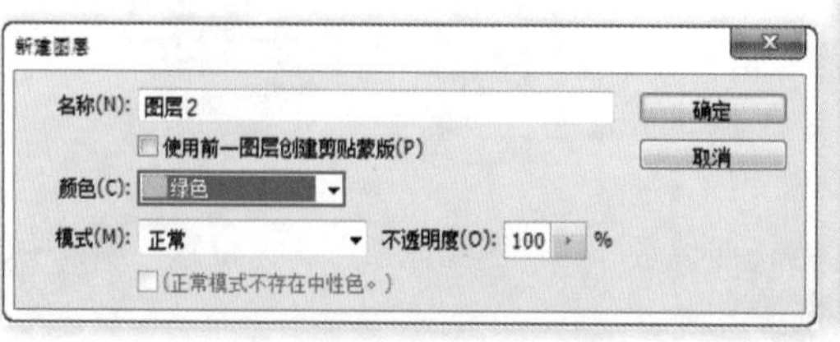

图 9-10

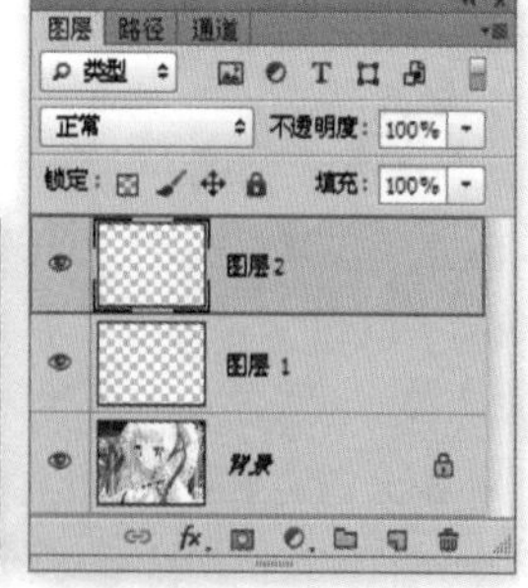

图 9-11

9.2.2 通过拷贝/剪切创建图层

在对图像进行编辑的过程中，经常需要将图像中的某一部分进行去除、复制或作为一个新的图层进行编辑。这种情况下就可以对选区内部的图像执行“通过拷贝/剪切的图层”命令，之后选区中的内容将作为一个新的图层出现。如图9-12所示为包含选区的图像，选择该图层，进行复制、粘贴即可将选区中的内容复制为多个独立的图层，如图9-13所示。

图 9—12

图 9—13

★ 案例实战——使用拷贝/剪切法创建图层

案例文件	案例文件\第9章\使用拷贝/剪切法创建图层.psd
视频教学	视频文件\第9章\使用拷贝/剪切法创建图层.flv
难易指数	★★★★★
技术要点	“通过拷贝的图层”命令、“通过剪切的图层”命令

案例效果

本例主要使用“通过拷贝的图层”和“通过剪切的图层”命令等创建图层，对比效果如图9-14和图9-15所示。

操作步骤

01 打开人像素材1.png，选择背景图层，使用“快速选择工具”选中人像选区，执行“图层>新建>通过拷贝的图层”命令或按Ctrl+J组合键，将当前图层复制一份，如图9-16所示。

图 9—14

图 9—15

图 9—16

02 使用“复制”、“粘贴”命令或者执行“通过拷贝的图层”命令都可以将选区中的图像复制到一个新的图层中，隐藏原始背景图层，如图9-17所示。

03 如果在图像中创建了选区，执行“图层>新建>通过剪切的图层”命令或按Shift+Ctrl+J组合键，可以将选区内的图像剪切到一个新的图层中，如图9-18和图9-19所示。

04 最后导入背景素材与前景素材，并调整图层顺序。最终效果如图9-20所示。

图 9—17

图 9—18

图 9—19

图 9—20

9.2.3 动手学：背景和图层的转换

“背景”图层相信大家并不陌生，在Photoshop中打开一张数码照片时，“图层”面板中通常只有一个“背景”图层，并且“背景”图层都处于锁定无法移动的状态。因此，如果要对“背景”图层进行操作，就需要将其转换为普通图层，同时也可以将普通图层转换为“背景”图层，如图9-21所示。

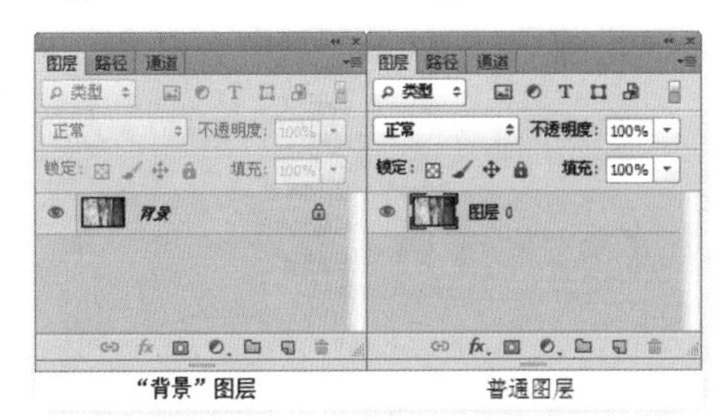

图 9—21

（1）选中“背景”图层，执行“图层>新建>背景图层”命令，或在“背景”图层上单击鼠标右键，在弹出的快捷菜单中选择“背景图层”命令，此时将打开“新建图层”对话框，单击“确定”按钮即可将其转换为普通图层，如图9-22所示。

（2）如果想要将普通图层转换为背景图层，那么需要选择图层，并执行“图层>新建>图层背景”命令，如图9-23所示。

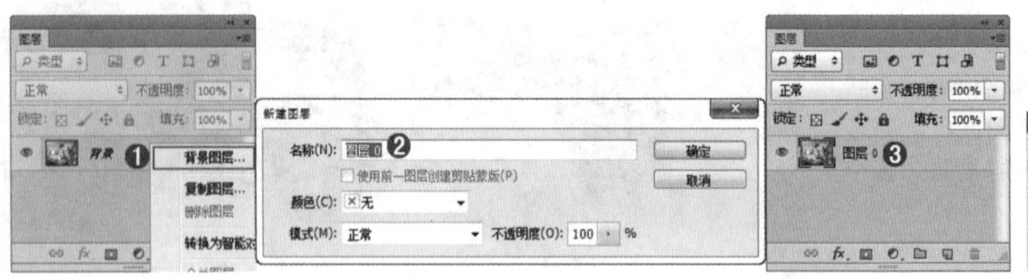

图 9-22　　图 9-23

技巧提示

在将图层转换为背景时，图层中的任何透明像素都会被转换为背景色，并且该图层将放置到图层堆栈的最底部。

9.2.4 创建填充图层

- **视频精讲：Photoshop CS6自学视频教程\79.创建与使用填充图层.flv**
- **技术速查：填充图层是一种比较特殊的图层，它可以使用纯色、渐变或图案填充图层。与普通图层相同，填充图层也可以设置混合模式、不透明度、图层样式以及编辑蒙版等。**

（1）以纯色填充图层为例，执行“图层>新建填充图层>纯色”命令，可以打开“新建图层”对话框，在该对话框中可以设置填充图层的名称、颜色、混合模式和不透明度，并且可以为下一图层创建剪贴蒙版，如图9-24和图9-25所示。

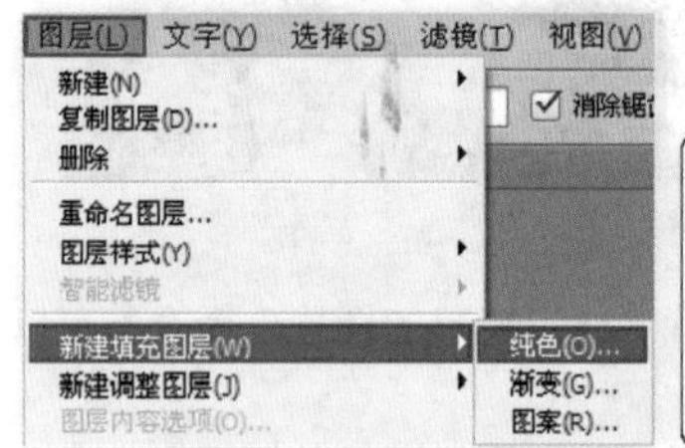

图 9-24

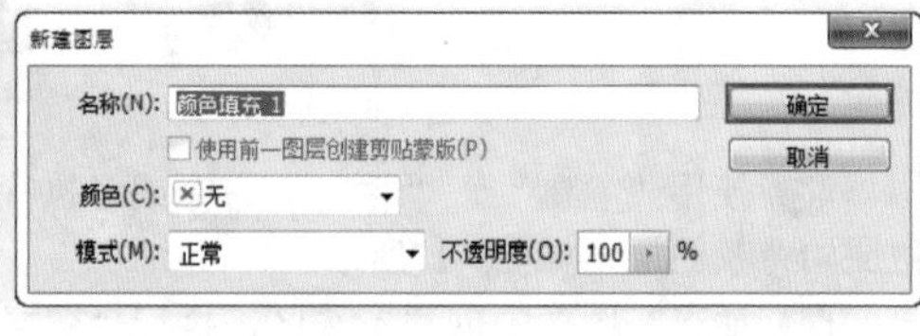

图 9-25

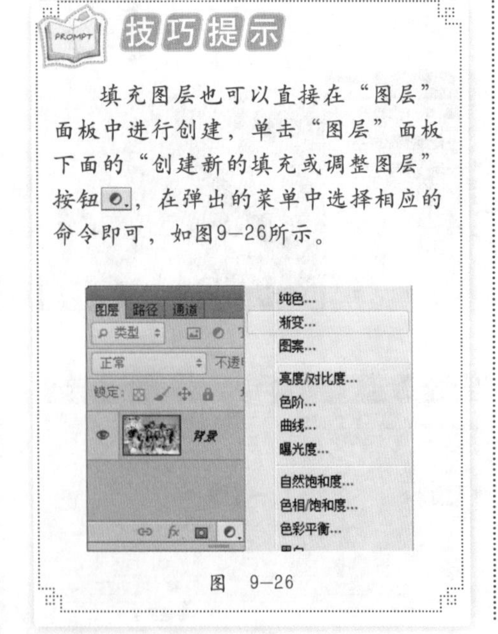

技巧提示

填充图层也可以直接在“图层”面板中进行创建，单击“图层”面板下面的“创建新的填充或调整图层”按钮，在弹出的菜单中选择相应的命令即可，如图9-26所示。

图 9-26

（2）在“新建图层”对话框中设置好相关选项以后，单击“确定”按钮，打开“拾色器”对话框，然后拾取一种颜色，单击“确定”按钮后即可创建一个纯色填充图层，如图9-27和图9-28所示。

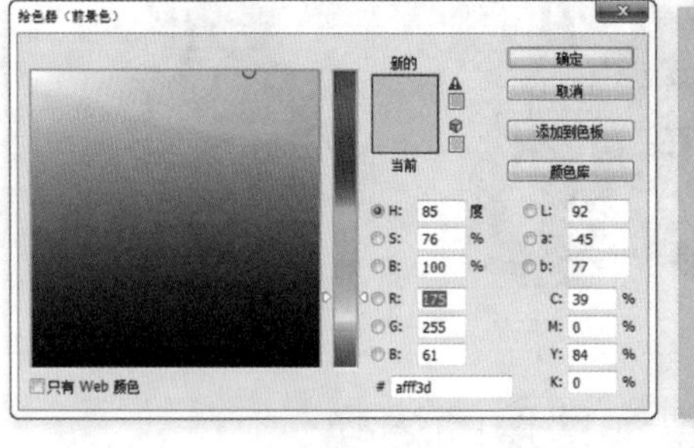

图 9-27

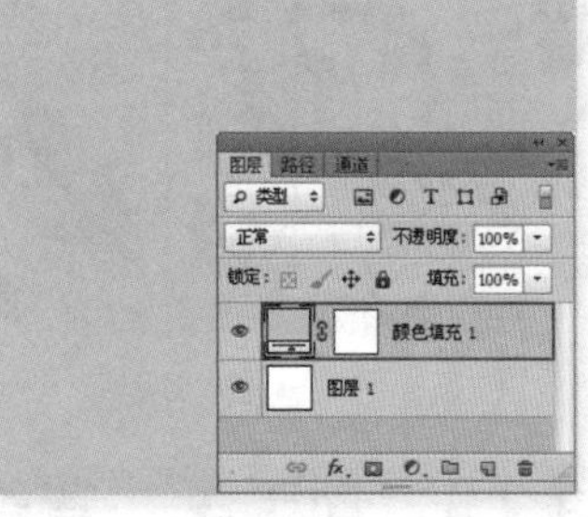

图 9-28

（3）如果创建的是渐变填充图层，则会弹出“渐变填充”对话框，如图9-29所示；如果创建的是图案填充图层，则会弹出“图案填充”对话框，如图9-30所示。

（4）创建好填充图层以后，可以对该填充图层进行混合模式、不透明度的调整或编辑其蒙版，当然也可以为其添加图层样式，如图9-31所示。

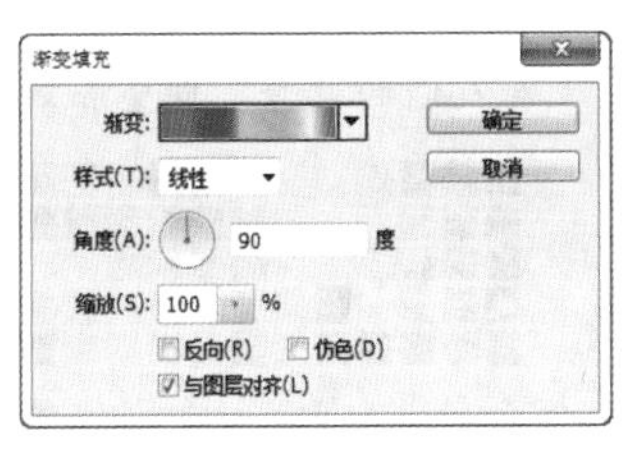

图 9-29

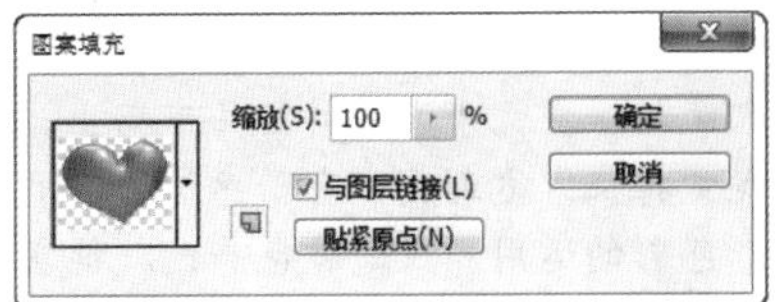

图 9-30

图 9-31

★ 案例实战——使用纯色填充图层制作手纹

案例文件	案例文件\第9章\使用纯色填充图层制作手纹.psd
视频教学	视频文件\第9章\使用纯色填充图层制作手纹.flv
难易指数	★★★★★
技术要点	创建纯色填充图层

案例效果

本例主要使用创建纯色填充图层命令制作手纹LOGO，效果如图9-32所示。

操作步骤

01 新建文件，设置“宽度”为2480像素，“高度”为2110像素，如图9-33所示。

02 单击工具箱中的“渐变工具”按钮，在选项栏中设置一种由白色到灰色的渐变，单击“径向渐变”按钮，在画面中由中心向外侧拖曳，如图9-34所示。

图 9-32

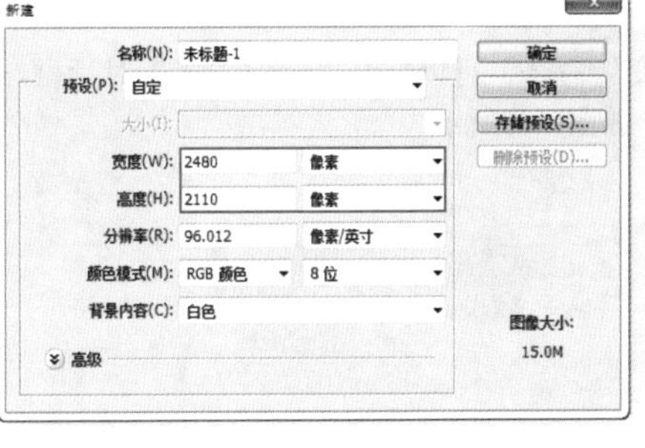

图 9-33

图 9-34

03 执行“图层>新建填充图层>纯色”命令，在打开的“新建图层”对话框中单击“确定”按钮，如图9-35所示。在拾色器中设置一种橘色，如图9-36所示。

04 单击工具箱中的“钢笔工具”按钮，在画面中绘制一个螺旋图形的闭合路径，如图9-37所示。单击鼠标右键，在弹出的快捷菜单中执行“建立选区”命令，按Shift+Ctrl+I组合键反向选择，如图9-38所示。

05 单击纯色图层的图层蒙版，填充黑色，如图9-39所示。

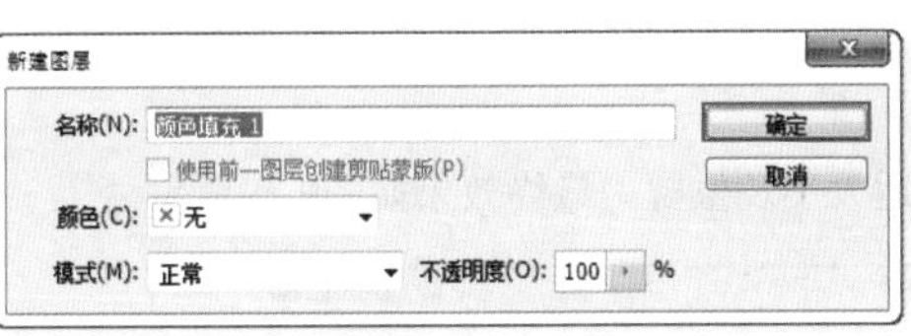

图 9-35

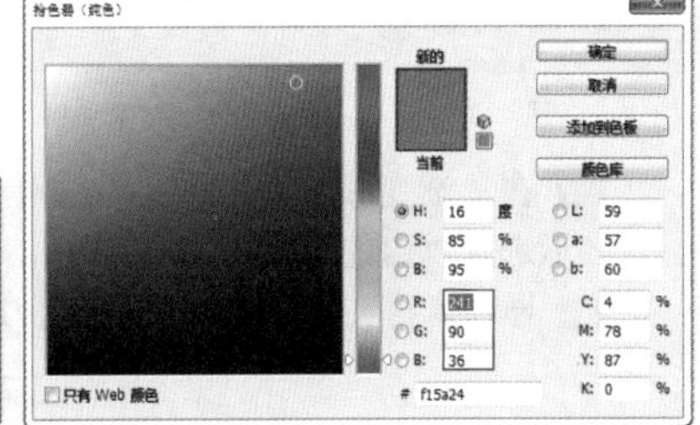

图 9-36

06 用同样的方法可以制作出不同颜色的手指部分，导入背景素材1.jpg，最终效果如图9-40所示。

图 9-37

图 9-38

图 9-39

图 9-40

思维点拨：色彩

色彩作为商品最显著的外貌特征，能够首先引起消费者的关注。色彩表达着人们的信念、期望和对未来生活的预测。“色彩就是个性”、“色彩就是思想”，色彩在包装设计中作为一种设计语言，在某种意义上可以说是包装的“包装”。在竞争激烈的商品市场上，要使某一商品具有明显区别于其他商品的视觉特征，达到更富有诱惑消费者的魅力，刺激和引导消费的目的，就都离不开色彩的运用。仅通过色彩，就能实现欣喜的视觉享受，如图9-41所示。

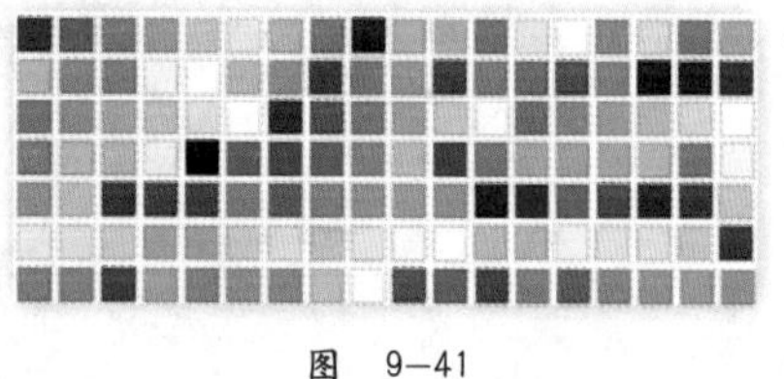

图 9-41

★ 案例实战——使用渐变填充图层制作饮品菜单

案例文件	案例文件\第9章\使用渐变填充图层制作饮品菜单.psd
视频教学	视频文件\第9章\使用渐变填充图层制作饮品菜单.flv
难易指数	★★★★★
知识掌握	创建渐变填充图层

案例效果

本例主要使用创建渐变填充图层命令制作饮品菜单，效果如图9-42所示。

操作步骤

01 打开本书配套光盘中的1.jpg文件，如图9-43所示。

02 单击工具箱中的“圆角矩形工具”按钮，在选项栏中设置绘制模式为“路径”，在画面中绘制一个合适的圆角矩形，按Ctrl+Enter组合键将路径转换为选区，如图9-44所示。

03 执行“图层>新建填充图层>渐变”命令，可以打开“新建图层”对话框，单击“确定”按钮，如图9-45所示。在弹出的“渐变填充”对话框中双击渐变条，如图9-46所示。

图 9-42　　图 9-43　　图 9-44　　图 9-45

04 在“渐变编辑器”窗口中编辑合适的颜色渐变，如图9-47所示。此时可以看到以圆角矩形选区创建出的渐变填充图层只显示选区以内的部分，如图9-48所示。

05 导入素材文件2.png，调整至合适大小及位置。最终效果如图9-49所示。

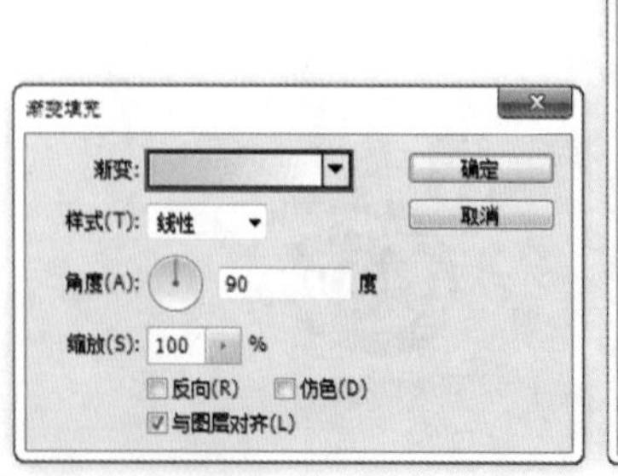

图 9-46

图 9-47

图 9-48

图 9-49

9.3 图层的基本操作

◎ 视频精讲：Photoshop CS6自学视频教程\66.图层的基本操作.flv

图层是Photoshop的核心之一，因为它具有很强的可编辑性。例如选择某一图层、复制图层、删除图层、显示与隐藏图层以及栅格化图层内容等，本节将对图层的编辑进行详细讲解。

9.3.1 动手学：选择/取消选择图层

如果要对文档中的某个图层进行操作，就必须先选中该图层。在Photoshop中，可以选择单个图层，也可以选择连续或非连续的多个图层，如图9-50和图9-51所示。

技巧提示

在选中多个图层时，可以对多个图层进行删除、复制、移动、变换等操作，但是很多操作，如绘画以及调色等是不能够进行的。

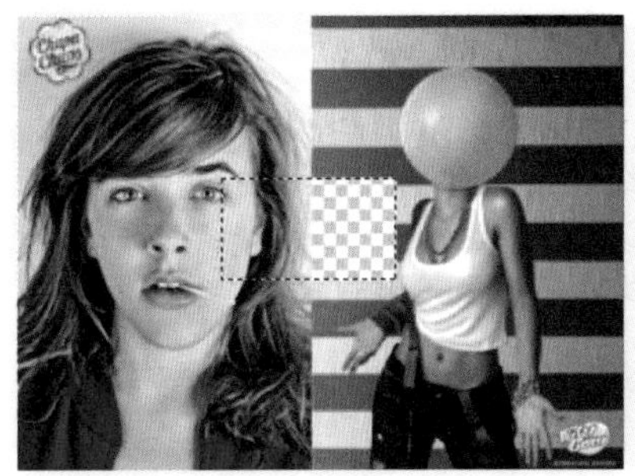

图 9-50

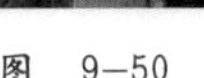

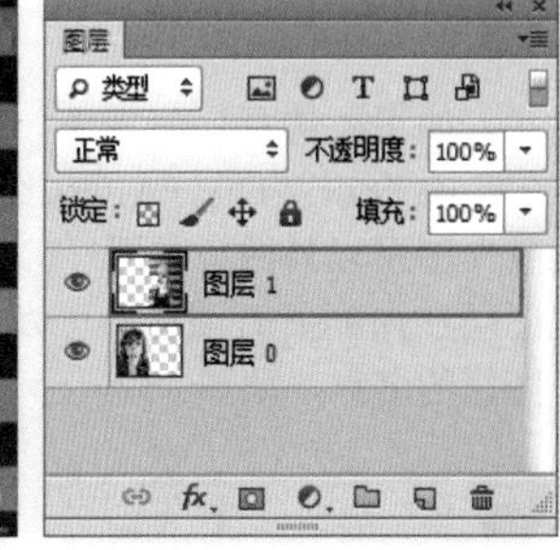

图 9-51

在"图层"面板中选择一个图层

在"图层"面板中单击某图层，即可将其选中，如图9-52所示。

技巧提示

选择一个图层后，按Alt+]组合键可以将当前图层切换为与之相邻的上一个图层，按Alt+[组合键可以将当前图层切换为与之相邻的下一个图层。

图 9-52

在"图层"面板中选择多个连续图层

如果要选择多个连续的图层，可以先选择位于连续图层顶端的图层，如图9-53所示，然后按住Shift键单击位于连续图层底端的图层，即可选择中间连续的图层，如图9-54所示。当然也可以先选择位于底端的图层，然后按住Shift键单击位于顶端的图层，同样可以选择连续图层。

图 9-53

图 9-54

在"图层"面板中选择多个非连续图层

如果要选择多个非连续的图层，可以先选择其中一个图层，如图9-55所示，然后按住Ctrl键单击其他图层的名称，如图9-56所示。

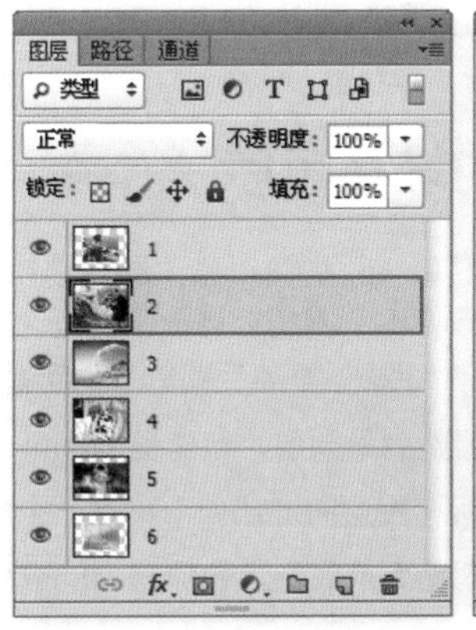

图 9-55

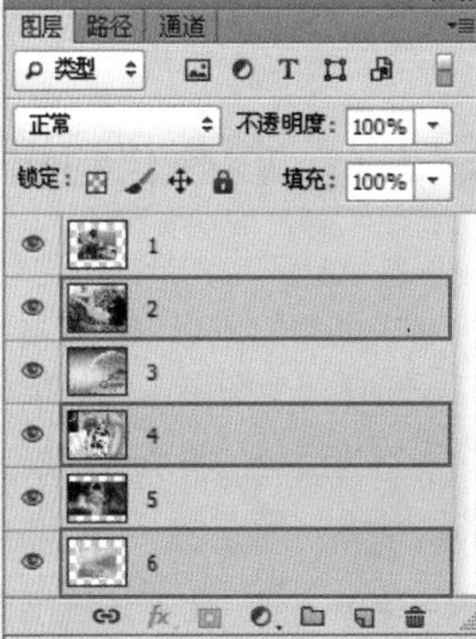

图 9-56

技巧提示

如果使用Ctrl键连续选择多个图层，只能单击其他图层的名称，绝对不能单击图层缩览图，否则会载入图层的选区。

选择所有图层

如果要选择所有图层，可以执行“选择>所有图层”命令或按Ctrl+Alt+A组合键，即可选择除“背景”图层以外的所有图层。如果要选择包含“背景”图层在内的所有图层，可以按住Ctrl键单击“背景”图层的名称，如图9-57所示。

在画布中快速选择某一图层

当画布中包含很多相互重叠的图层，难以在“图层”面板中进行辨别时，可以在使用“移动工具”的状态下右击目标图像的位置，在显示出的当前重叠图层列表中选择需要的图层，如图9-58所示。

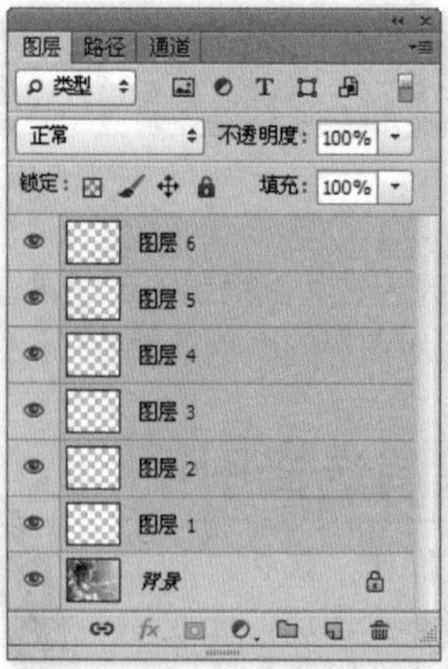

图 9-57

图 9-58

技巧提示

在使用其他工具的状态下，可以按住Ctrl键暂时切换到“移动工具”状态，然后单击鼠标右键，同样可以显示当前位置重叠的图层列表。

快速选择链接的图层

如果要选择链接的图层，可以先选择一个链接图层。然后执行“图层>选择链接图层”命令即可，如图9-59和图9-60所示。

取消选择图层

如果不想选择任何图层，可以执行“选择>取消选择图层”命令。另外，也可以在“图层”面板中最下面的空白处单击，即可取消选择所有图层，如图9-61和图9-62所示。

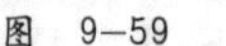

图 9-59

图 9-60

图 9-61

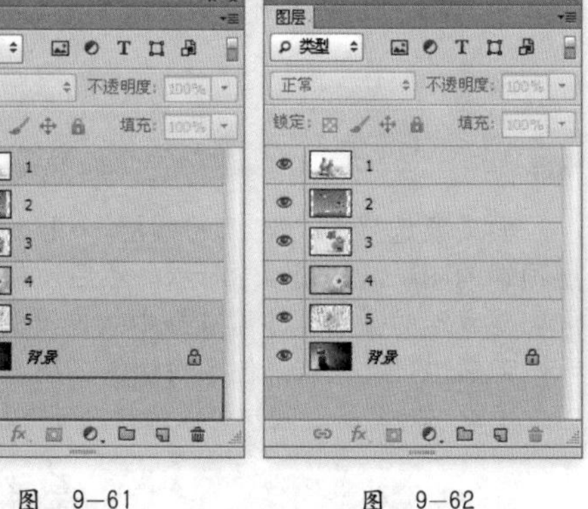

图 9-62

9.3.2 调整图层的堆叠顺序

- 技术速查：在“图层”面板中排列着很多图层，排列位置靠上的图层优先显示，而排列在后面的图层则可能被遮盖住。在操作的过程中经常需要调整“图层”面板中图层的顺序以配合操作需要，如图9-63和图9-64所示。

选择一个图层，然后执行“图层>排列”菜单下的子命令，可以调整图层的排列顺序，如图9-65所示。

- 置为顶层：将所选图层调整到最顶层，快捷键为Shift+Ctrl+]。
- 前移一层/后移一层：将所选图层向上或向下移动一个堆叠顺序，快捷键分别为Ctrl+]和Ctrl+[。
- 置为底层：将所选图层调整到最底层，快捷键为Shift+Ctrl+[。
- 反向：在“图层”面板中选择多个图层，执行该命令可以反转所选图层的排列顺序。

图 9-63

图 9-64

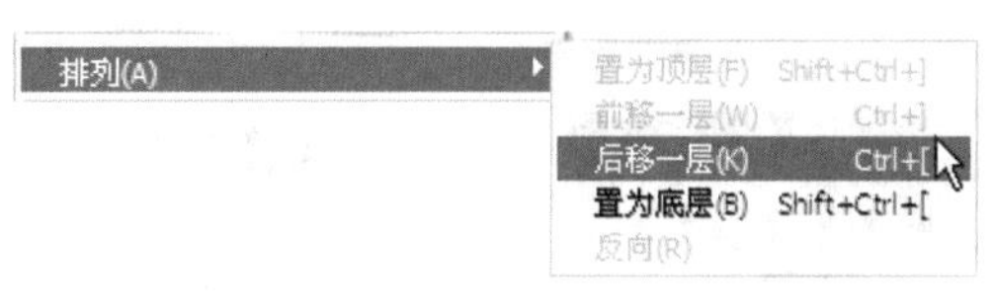

图 9-65

答疑解惑——如果图层位于图层组中，排列顺序会是怎样？

如果所选图层位于图层组中，执行“前移一层”、“后移一层”和“反向”命令时，与图层不在图层组中没有区别，但是执行“置为顶层”和“置为底层”命令时，所选图层将被调整到当前图层组的最顶层或最底层。

也可以在“图层”面板中将一个图层拖曳到另外一个图层的上面或下面，即可调整图层的排列顺序，如图9-66和图9-67所示。

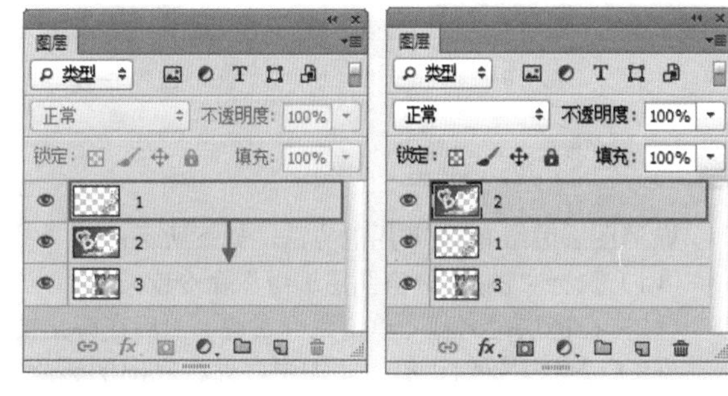

图 9-66　　图 9-67

9.3.3 使用图层组管理图层

技术速查：图层组可以将图层进行“分门别类”，使文档操作更加有条理，寻找起来也更加方便快捷。

在进行一些比较复杂的合成时，图层的数量往往会越来越多，要在众多图层中找到需要的图层，将会是一件非常麻烦的事情。所以，可以使用图层组来方便地管理图层。

创建图层组

单击“图层”面板底部的“创建新组”按钮，即可在“图层”面板中出现新的图层组，如图9-68所示。或者执行“图层>新建>组”命令，在弹出的“新建组”对话框中可以对组的名称、颜色、模式和不透明度进行设置，设置结束之后单击“确定”按钮即可创建新组，如图9-69所示。

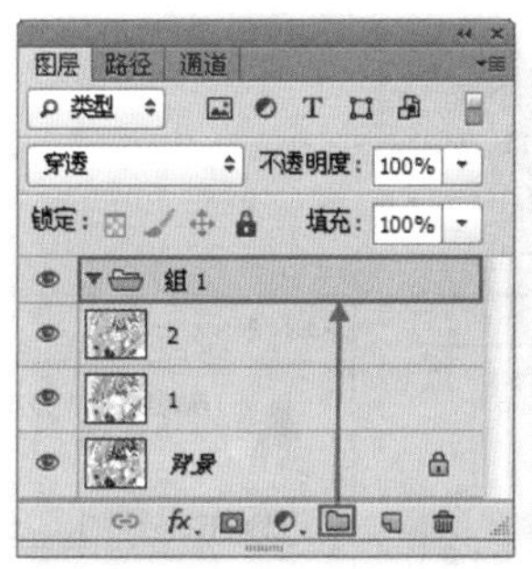

图 9-68

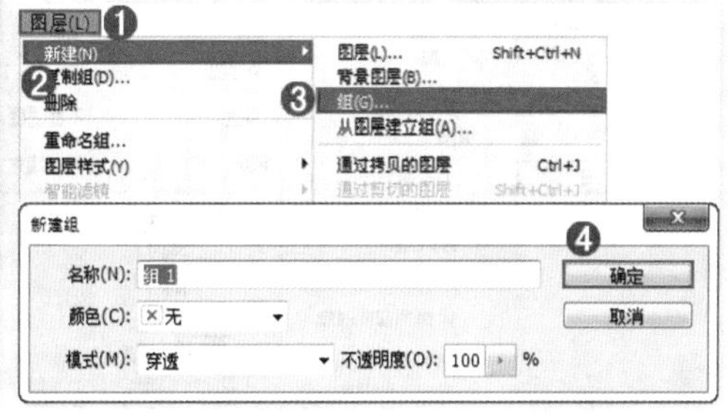

图 9-69

在“图层”面板中按住Alt键选择需要的图层，然后将其拖曳至“新建组”按钮上，如图9-70所示，即可以将所选图层创建为图层组，如图9-71所示。

也可以创建嵌套结构的图层组，即该组内还包含其他图层组，也就是“组中组”。创建方法是将当前图层组拖曳到“创建新组”按钮上，这样原始图层组将成为新组的下级组。或者创建新组，将原有的图层组拖曳放置在新创建的图层组中，如图9-72和图9-73所示。

图 9-70

图 9-71

图 9-72

图 9-73

将图层移入或移出图层组

选择一个或多个图层，然后将其拖曳到图层组内，如图9-74所示，就可以将其移入到该组中，如图9-75所示。

将图层组中的图层拖曳到组外，如图9-76所示，就可以将其从图层组中移出，如图9-77所示。

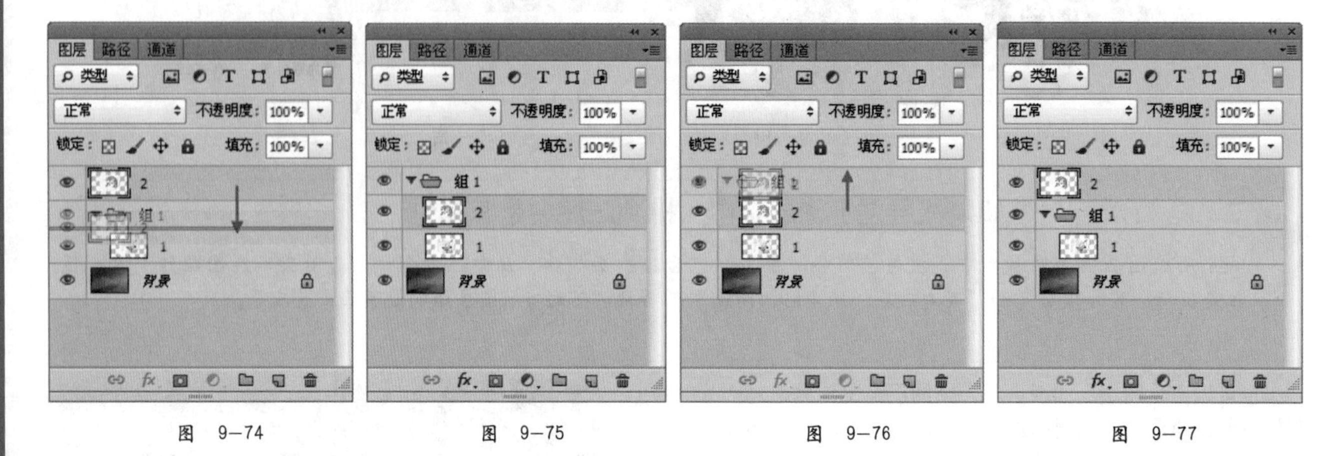

图 9-74　　图 9-75　　图 9-76　　图 9-77

取消图层编组

取消图层编组有3种常用的方法，如下所示：

（1）执行“图层>取消图层编组”命令或按Shift+Ctrl+G组合键。

（2）在图层组名称上单击鼠标右键，然后在弹出的快捷菜单中选择“取消图层编组”命令，如图9-78所示。

（3）选中图层组，单击“图层”面板底部的删除按钮，如图9-79所示。然后在弹出的对话框中单击“仅组”按钮，如图9-80所示。图层组被删除，而图层组中的图层被保留了下来，如图9-81所示。

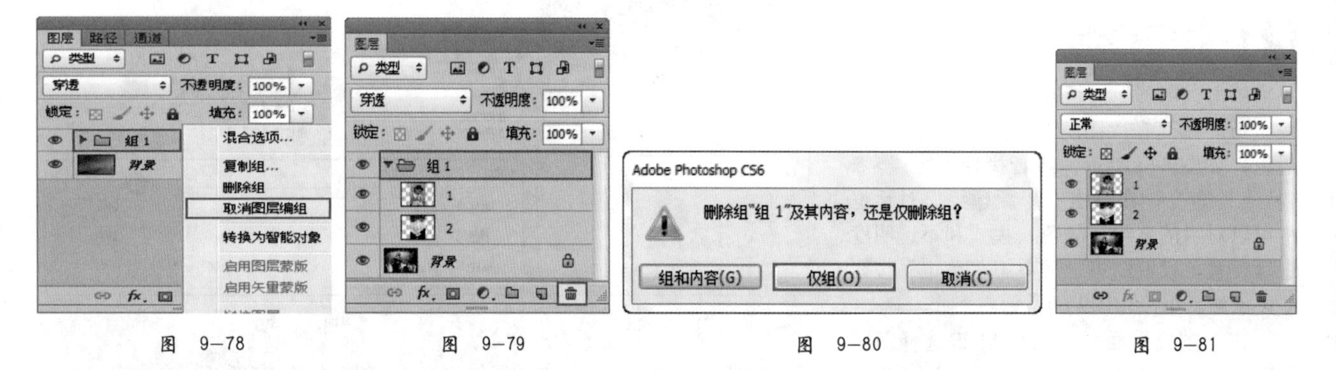

图 9-78　　图 9-79　　图 9-80　　图 9-81

9.3.4　动手学：复制图层

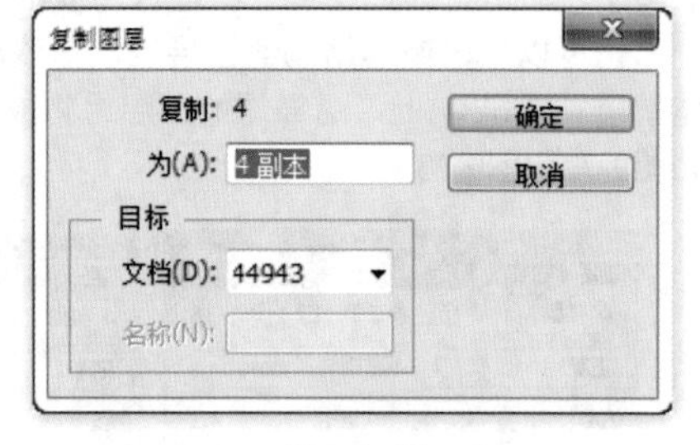

图 9-82

复制图层有以下多种办法：

（1）选择一个图层，然后执行“图层>复制图层”命令，打开“复制图层”对话框，设置合适的名称，选择复制目标，接着单击“确定”按钮即可，如图9-82所示。

（2）直接在要复制的图层上单击鼠标右键，在弹出的快捷菜单中选择“复制图层”命令，如图9-83所示。

（3）将需要复制的图层拖曳到“创建新图层”按钮上，即可复制出该图层的副本，如图9-84所示。

（4）在“图层”面板中选中某一图层，并按住Alt键向其他连续图层交接处移动，当光标变为双箭头形状时松开鼠标，即可快捷地复制所选图层，如图9-85所示。

（5）选择需要进行复制的图层，然后直接按Ctrl+J组合键即可复制出所选图层，如图9-86所示。

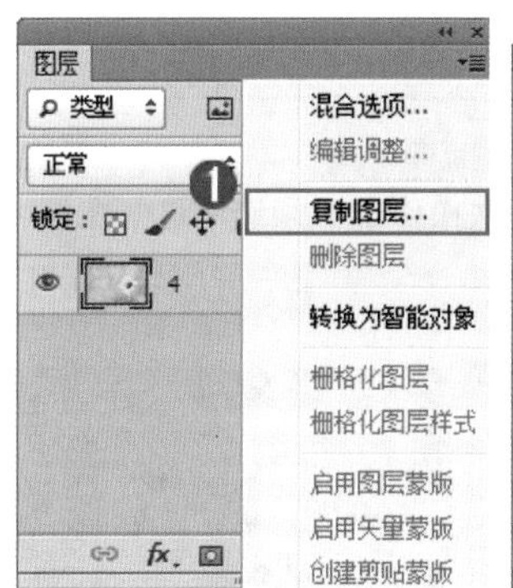

图 9-83

图 9-84

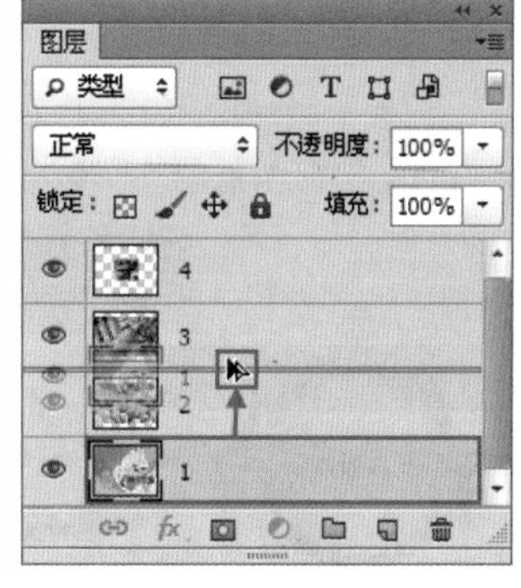

图 9-85

图 9-86

9.3.5 动手学：删除图层

如果要删除一个或多个图层，可以选择相应图层，然后执行“图层>删除>图层”命令，即可将其删除，如图9-87所示。

也可以将其拖曳到“删除图层”按钮上，如图9-88所示。或者直接按Delete键。

执行“图层>删除>隐藏图层”命令，可以删除所有隐藏的图层。

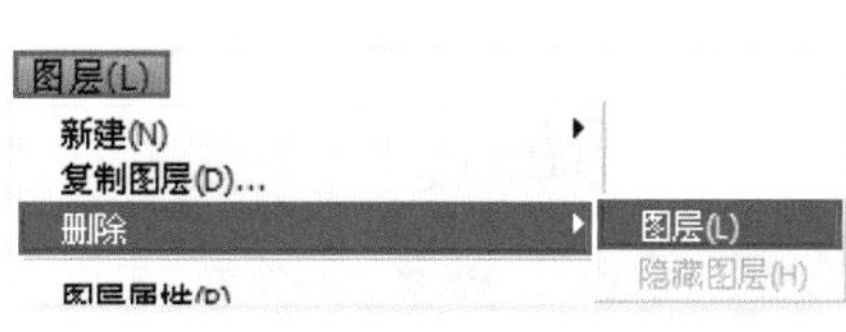

图 9-87

图 9-88

9.3.6 显示与隐藏图层/图层组

技术速查：图层缩略图左侧的图标 / 用来控制图层的可见性。单击图标可以在图层的显示与隐藏之间进行切换。

图标出现时，表示该图层可见，如图9-89和图9-90所示；图标出现时，表示该图层隐藏，如图9-91和图9-92所示。执行“图层>隐藏图层”命令，可以将选中的图层隐藏起来。

图 9-89

图 9-90

图 9-91

图 9-92

答疑解惑——如何快速隐藏多个连续图层？

将光标放在一个图层前的图标上，然后按住鼠标左键垂直向上或向下拖曳光标，可以快速隐藏多个相邻的图层，这种方法也可以快速显示隐藏的图层，如图9-93所示。

如果文档中存在两个或两个以上的图层，按住Alt键单击图标，可以快速隐藏该图层以外的所有图层，按住Alt键再次单击图标，可以显示被隐藏的图层。

图 9-93

9.3.7 链接图层与取消链接

技术速查：链接图层可以快速地对多个图层进行统一操作，如进行移动、变换、创建剪贴蒙版等操作。

在制作过程中，对于例如LOGO的文字和图形部分、包装盒的正面和侧面部分等，如果每次操作都必须选中这些图层将会很麻烦，取而代之的是可以将这些图层链接在一起，如图9-94和图9-95所示。

选择需要进行链接的两个或两个以上图层，然后执行“图层>链接图层”命令或单击“图层”面板底部的“链接图层”按钮，可以将这些图层链接起来，如图9-96和图9-97所示。

图 9-94　　图 9-95　　图 9-96　　图 9-97

如果要取消某一图层的链接，可以选择其中一个链接图层，然后单击“链接图层”按钮；若要取消全部链接图层，需要选中全部链接图层并单击“链接图层”按钮。

9.3.8 修改图层的名称与颜色

技术速查：在图层较多的文档中，修改图层名称及其颜色有助于快速找到相应的图层。

执行“图层>重命名图层”命令，或在图层名称上双击，激活名称输入框，即可以修改图层名称，如图9-98所示。

更改图层颜色也是一种便于快速找到图层的方法，在图层上单击鼠标右键，在弹出的快捷菜单的下半部分可以看到多种颜色名称，选择其中一种即可更改当前图层前方的色块效果，选择“无颜色”选项即可去除颜色效果，如图9-99所示。

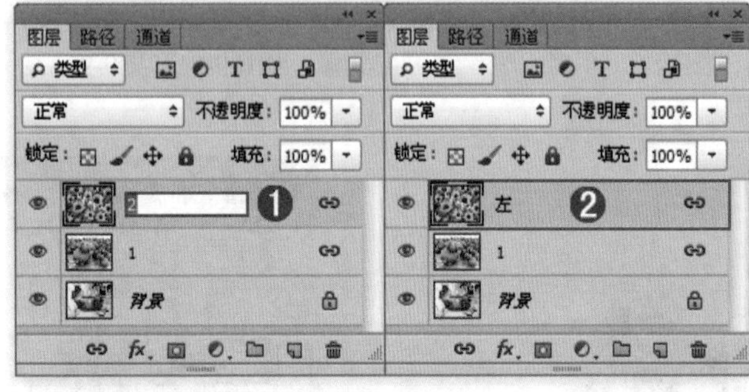

图 9-98

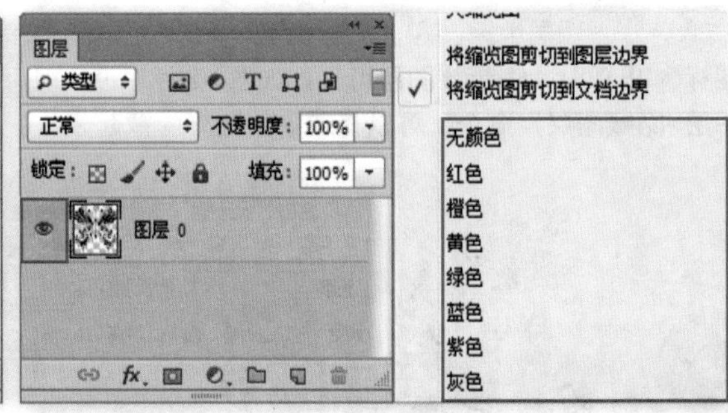

图 9-99

9.3.9 锁定图层

技术速查：锁定图层可以用来保护图层透明区域、图像像素和位置，使用这些按钮可以根据需要完全锁定或部分锁定图层，以免因操作失误而对图层的内容造成破坏。

在“图层”面板的上半部分有多个锁定按钮，如图9-100所示。

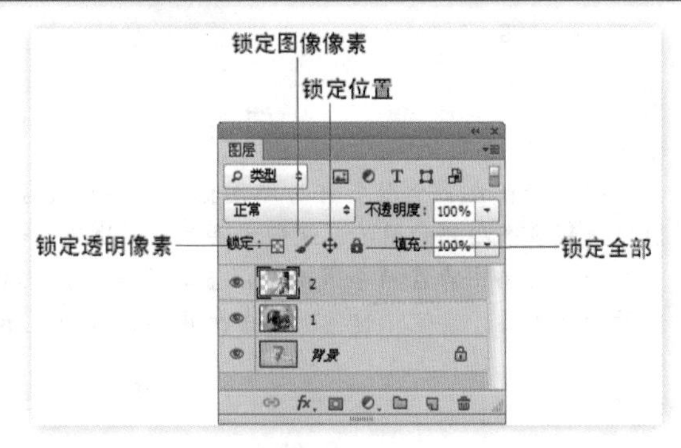

图 9-100

“锁定透明像素”按钮：打开素材图像，如图9-101所示。激活该按钮以后，可以将编辑范围限定在图层的不透明区域，图层的透明区域会受到保护，如图9-102所示。锁定了图层的透明像素，使用“画笔工具”在图像上进行涂抹，只能在含有图像的区域进行绘画，如图9-103所示。

图 9-101

图 9-102

图 9-103

答疑解惑——为什么锁定状态图标有空心的和实心的?

当图层被完全锁定之后，图层名称的右侧会出现一个实心的锁图标，如图9-104所示；当图层只有部分属性被锁定时，图层名称的右侧会出现一个空心的锁图标，如图9-105所示。

图 9-104

图 9-105

- “锁定图像像素”按钮：激活该按钮后，只能对图层进行移动或变换操作，不能在图层上绘画、擦除或应用滤镜。
- “锁定位置”按钮：激活该按钮后，图层将不能移动。该功能对于设置了精确位置的图像非常有用。
- “锁定全部”按钮：激活该按钮后，图层将不能进行任何操作。

技术拓展：锁定图层组内的图层

在“图层”面板中选择图层组，如图9-106所示，然后执行“图层>锁定组内的所有图层”命令，打开“锁定图层”对话框，在该对话框中可以选择需要锁定的属性，如图9-107所示。

图 9-106

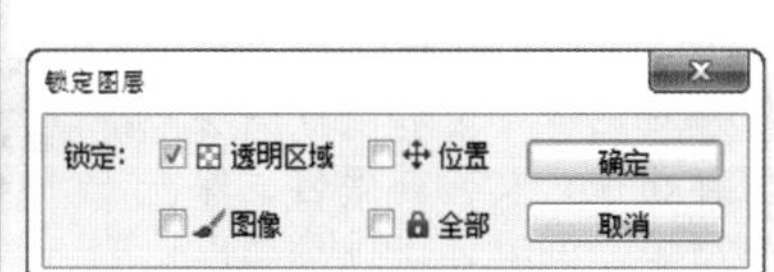

图 9-107

9.3.10 栅格化图层内容

- **技术速查：栅格化图层内容是指将矢量对象或不可直接进行编辑的图层转换为可以直接进行编辑的像素图层的过程。**

文字图层、形状图层、矢量蒙版图层或智能对象等包含矢量数据的图层是不能够直接进行编辑的，需要先将其栅格化以后才能进行相应的编辑。选择需要栅格化的图层，然后执行“图层>栅格化”菜单下的子命令，可以将相应的图层栅格化，如图9-108所示。或者在“图层”面板中选中该图层并单击鼠标右键，执行栅格化操作，如图9-109所示。也可直接在图像上单击鼠标右键，执行栅格化命令，如图9-110所示。

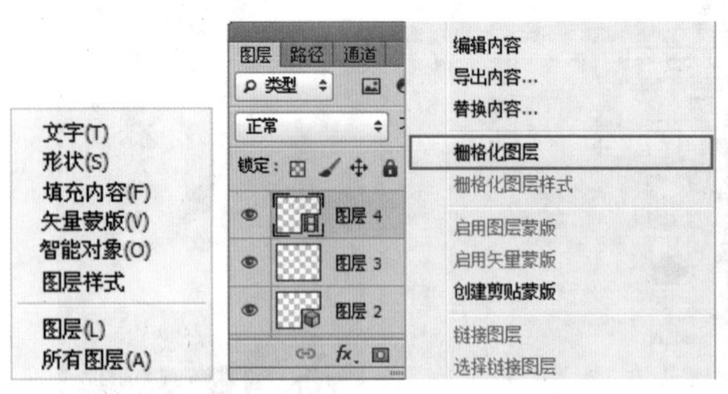

图 9-108　　图 9-109

图 9-110

9.3.11 清除图像的杂边

- 技术速查：使用“修边”命令可以去除抠图过程中边缘处残留的多余像素。

对于人像头发部分的抠图等，经常会残留一些多余的、与前景颜色差异较大的像素，如图9-111所示，执行“图层>修边”菜单下的子命令，如图9-112所示，效果如图9-113所示。

图 9-111

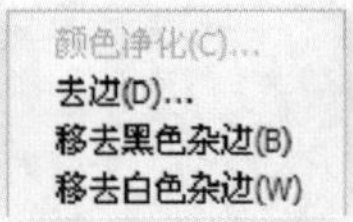

颜色净化(C)...
去边(D)...
移去黑色杂边(B)
移去白色杂边(W)

图 9-112

图 9-113

- 颜色净化：去除一些彩色杂边。
- 去边：用包含纯色（不包含背景色的颜色）的邻近像素的颜色替换任何边缘像素的颜色。
- 移去黑色杂边：如果将黑色背景上创建的消除锯齿的选区图像粘贴到其他颜色的背景上，可执行该命令来消除黑色杂边。
- 移去白色杂边：如果将白色背景上创建的消除锯齿的选区图像粘贴到其他颜色的背景上，可执行该命令来消除白色杂边。

9.3.12 导出图层

- 技术速查：执行“文件>脚本>将图层导出到文件”命令可以将图层作为单个文件进行导出。

在弹出的“将图层导出到文件”对话框中可以设置图层的保存路径、文件前缀名、保存类型等，同时还可以只导出可见图层，如图9-114所示。效果如图9-115所示。

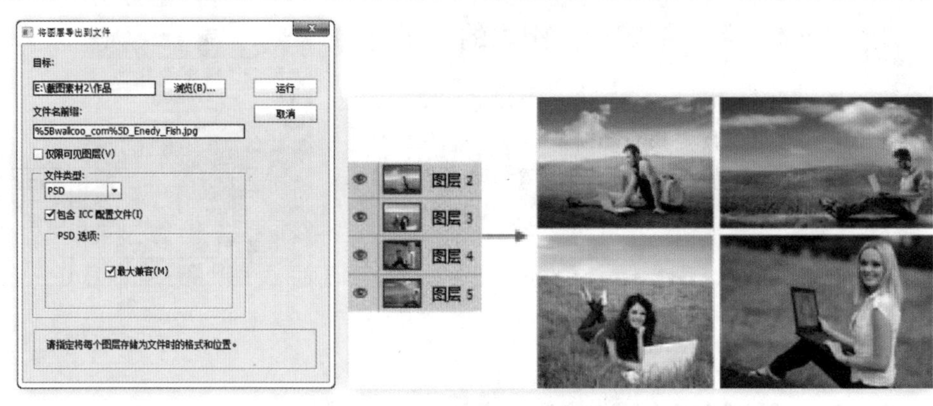

图 9-114　　图 9-115

技巧提示

如果要在导出的文件中嵌入工作区配置文件，可以选中“包含ICC配置文件”复选框，对于有色彩管理的工作流程，这一点很重要。

9.4 对齐与分布图层

9.4.1 对齐图层

- 视频精讲：Photoshop CS6自学视频教程\67.图层的对齐与分布.flv
- 技术速查：使用“对齐”命令可以对多个图层所处位置进行调整，以制作出秩序井然的画面效果，如图9-116～图9-118所示。

图 9-116

图 9-117

图 9-118

当文档中包含多个图层时，如果想要将图层按照一定方式进行排列或对齐，可以在“图层”面板中选择这些图层，然后执行“图层>对齐”菜单下的子命令，可以将多个图层进行对齐，如图9-119所示。另外，在使用“移动工具”状态下，选项栏中有一排对齐按钮分别与“图层>对齐”菜单下的子命令相对应，如图9-120所示。

例如执行“图层>对齐>顶边”命令，可以将选定图层上的顶端像素与所有选定图层上最顶端的像素进行对齐，如图9-121所示；执行“图层>对齐>左边”命令，可以将选定图层上的左端像素与最左端图层的左端像素进行对齐，如图9-122所示。

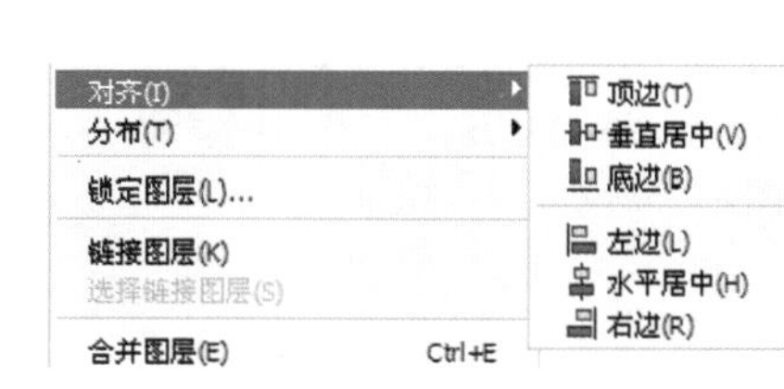

图 9-119

图 9-120

图 9-121

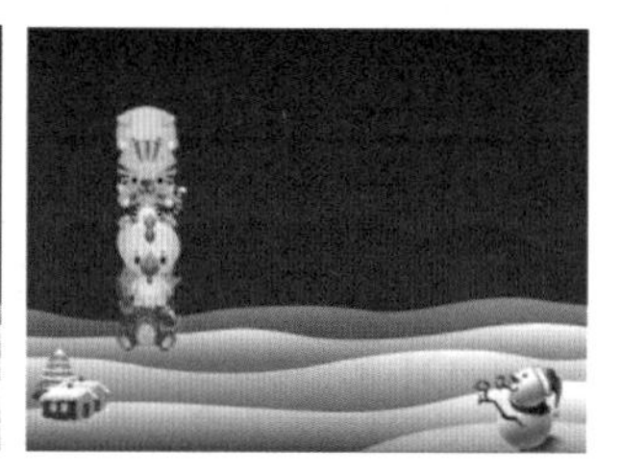

图 9-122

9.4.2 以某个图层为基准来对齐图层

- 视频精讲：Photoshop CS6自学视频教程\67.图层的对齐与分布.flv

如果要以某个图层为基准来对齐图层，首选要链接好需要对齐的图层，如图9-123所示，然后选择需要作为基准的图层，接着执行“图层>对齐”菜单下的子命令，如图9-124所示是执行“底边”命令后的对齐效果。

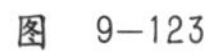

图 9-123

图 9-124

9.4.3 将图层与选区对齐

- 视频精讲：Photoshop CS6自学视频教程\68.将图层与选区对齐.flv

当画面中存在选区时，选择一个图层，执行“图层>将图层与选区对齐”命令，在子菜单中即可选择一种对齐方法，所选图层即可以选择的方法进行对齐，如图9-125～图9-128所示。

图 9-125

图 9-126

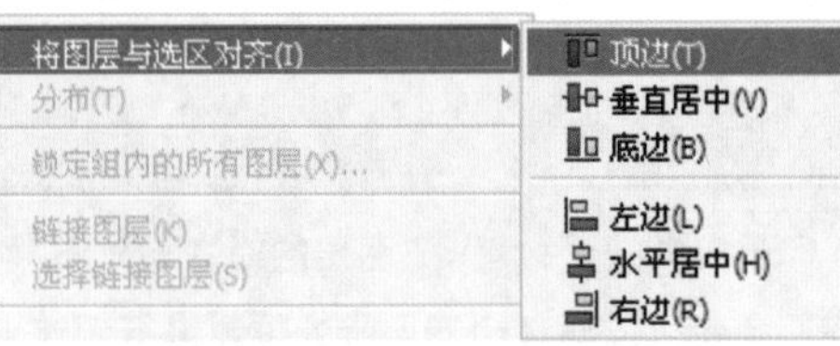
图 9-127

图 9-128

9.4.4 分布图层

- 视频精讲：Photoshop CS6自学视频教程\67.图层的对齐与分布.flv
- 技术速查：在Photoshop中可以使用“分布”命令对多个图层的分布方式进行调整，以制作出整齐的画面效果。

当一个文档中包含多个图层（至少为3个图层，且“背景”图层除外）时，执行“图层>分布”菜单下的子命令，可将这些图层按照一定的规律均匀分布，如图9-129所示。

在使用“移动工具”状态下，选项栏中有一排分布按钮分别与“图层>分布”菜单下的子命令相对应，如图9-130所示。

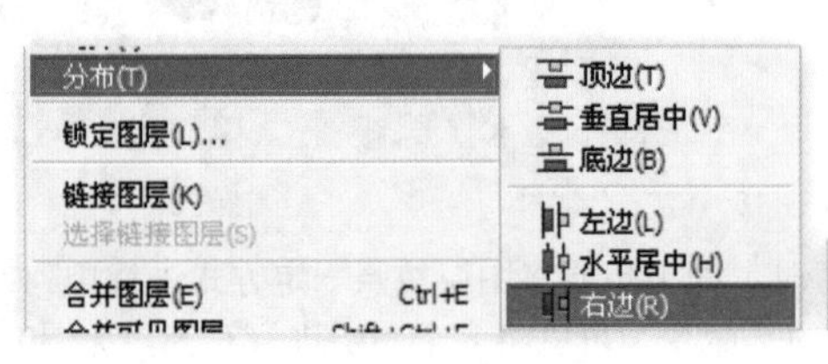
图 9-129

图 9-130

★ 案例实战——使用对齐与分布制作杂志版式

案例文件	案例文件\第9章\使用对齐与分布制作杂志版式.psd
视频教学	视频文件\第9章\使用对齐与分布制作杂志版式.flv
难易指数	★★★★★
技术要点	“对齐”、“分布”命令

案例效果

本例主要使用“对齐”和“分布”命令制作杂志版式，如图9-131所示。

操作步骤

01 打开PSD格式的分层素材文件1.psd，如图9-132和图9-133所示。

02 按住Shift键，在“图层”面板中选择“图层1”、“图层2”和“图层3”，如图9-134所示。执行“图层>对齐>垂直居中”命令，如图9-135所示。

图 9-131

图 9-132

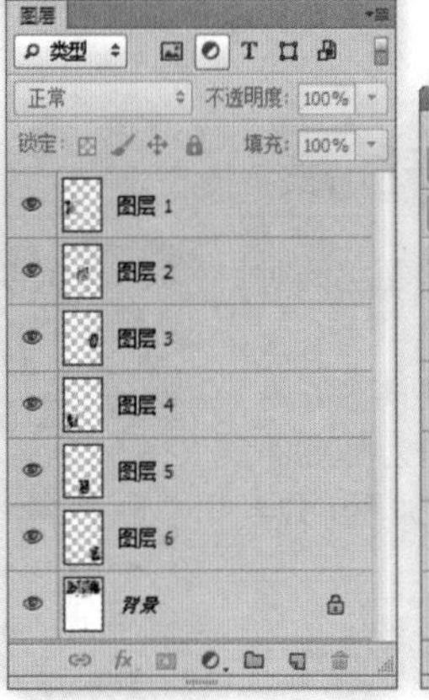
图 9-133

图 9-134

图 9-135

03 执行“图层>分布>左边”命令，调整图片的间距，如图9-136所示。适当调整图片位置，如图9-137所示。

04 用同样的方法处理另外3个图层，摆放在合适位置。最终效果如图9-138所示。

图 9-136　　图 9-137

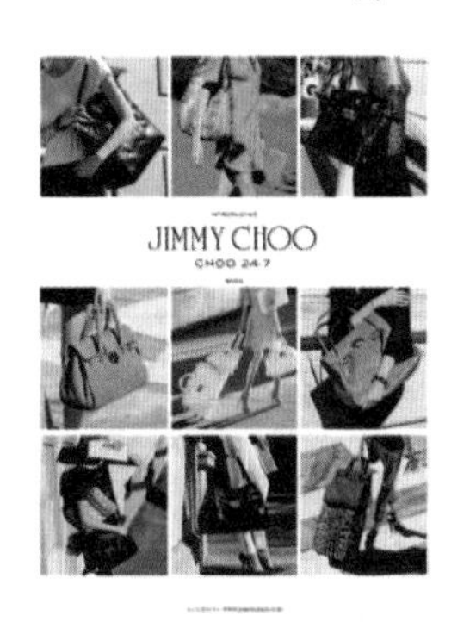

图 9-138

思维点拨：排版中的图片数量

在排版设计中，以图片为主的排版样式占有很大的比重，其视觉冲击力比文字强85%。图片的数量多少，可影响读者的阅读兴趣。如果版面只采用一张图片，那么其质量就决定着人们对它的印象，往往是显示格调是否高雅的视觉效果的根本保证。增加一张图片，则可活跃版面，同时也就出现了对比的格局。

图片增加到3张以上，就能营造出很"热闹"的版面氛围了，非常适合于普及的、热闹的和新闻性强的读物。有了多张图片，读者就有了浏览的余地。但图片数量的多少并不是设计者随心所欲决定的，而是要根据版面的内容来精心安排，如图9-139和图9-140所示。

图 9-139　　图 9-140

9.5 自动对齐与自动混合图层

9.5.1 自动对齐图层

- 视频精讲：Photoshop CS6自学视频教程\21.自动对齐图层.flv
- 技术速查：使用"自动对齐图层"命令可以根据不同图层中的相似内容（如角和边）自动对齐图层。

很多时候为了节约成本，拍摄全景图像时经常需要拍摄多张后在后期软件中进行拼接。"自动对齐图层"命令可以指定一个图层作为参考图层，也可以让Photoshop自动选择参考图层，其他图层将与参考图层对齐，以便使匹配的内容能够自动进行叠加。

将拍摄的多张图像导入到同一文件中，并摆放在合适位置，在"图层"面板中选择两个或两个以上的图层，如图9-141所示，然后执行"编辑>自动对齐图层"命令，打开"自动对齐图层"对话框，如图9-142所示，设置后单击"确定"按钮，对比效果如图9-143所示。

图 9-141

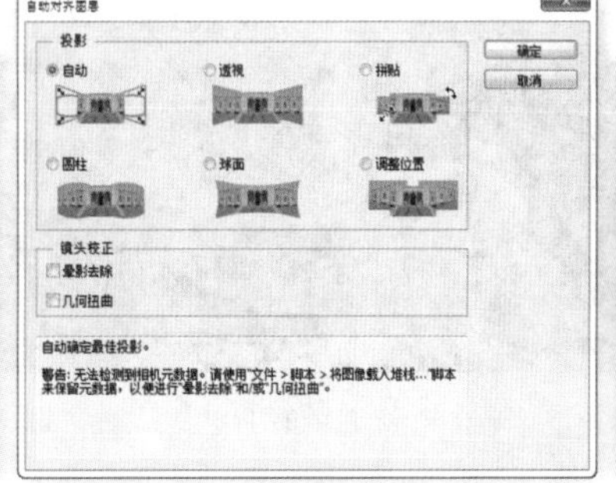

图 9-142

图 9-143

- 自动：通过分析源图像应用"透视"或"圆柱"版面。
- 透视：通过将源图像中的一张图像指定为参考图像来创建一致的复合图像，然后变换其他图像，以匹配图层的重叠内容。

- 圆柱：通过在展开的圆柱上显示各个图像来减少在“透视”版面中会出现的“领结”扭曲，同时图层的重叠内容仍然相互匹配。
- 球面：将图像与宽视角对齐（垂直和水平）。指定某个源图像（默认情况下是中间图像）作为参考图像以后，对其他图像执行球面变换，以匹配重叠的内容。
- 拼贴：对齐图层并匹配重叠内容，并且不更改图像中对象的形状（如圆形将仍然保持为圆形）。
- 调整位置：对齐图层并匹配重叠内容，但不会变换（伸展或斜切）任何源图层。
- 晕影去除：对导致图像边缘（尤其是角落）比图像中心暗的镜头缺陷进行补偿。
- 几何扭曲：补偿桶形、枕形或鱼眼失真。

★ 案例实战——自动对齐制作全景图

案例文件	案例文件\第9章\自动对齐制作全景图.psd
视频教学	视频文件\第9章\自动对齐制作全景图.flv
难易指数	★★★★★
技术要点	自动对齐

案例效果

本例使用“自动对齐图层”命令将多张图片对齐，效果如图9-144所示。

操作步骤

01 按Ctrl+N组合键，打开“新建”对话框，设置“宽度”为2560像素，“高度”为1024像素，“分辨率”为72像素/英寸，具体参数设置如图9-145所示。

图 9-144

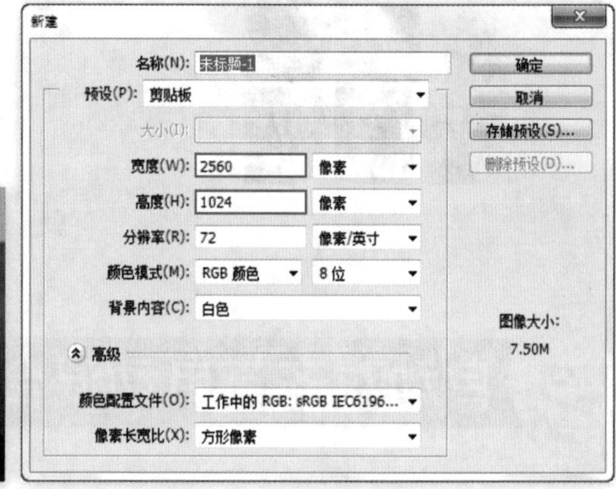

图 9-145

02 按Ctrl+O组合键，打开本书配套光盘中的3张素材文件，然后按照顺序将素材分别拖曳到操作界面中，如图9-146所示。

03 在“图层”面板中选择其中一个图层，然后按住Ctrl键的同时分别单击另外几个图层的名称（注意，不能单击图层的缩略图，因为这样会载入图层的选区），同时选中这些图层，如图9-147所示。

图 9-146

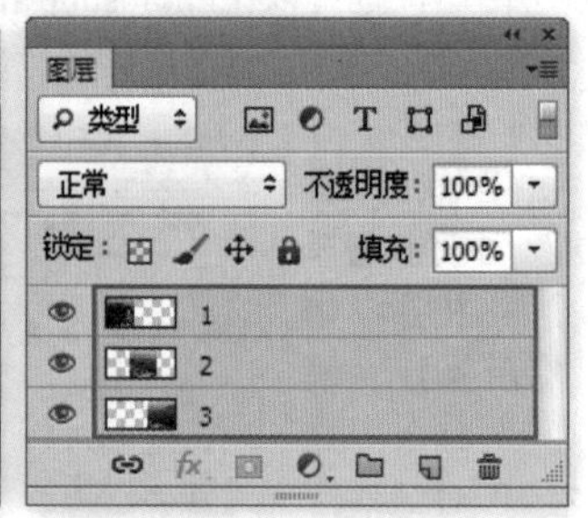

图 9-147

在这里也可以先选择“图层1”，然后按住Shift键的同时单击“图层4”的名称或缩略图，这样也可以同时选中这4个图层。使用Shift键选择图层时，可以选择多个连续的图层，而使用Alt键选择图层时，可以选择多个连续或间隔开的图层。

04 执行“编辑>自动对齐图层”命令，在弹出的“自动对齐图层”对话框中选中“自动”单选按钮，如图9-148和图9-149所示。

05 使用“剪切工具”把图剪切整齐。此时可以观察到这3张图像已经对齐，并且图像之间没有间隙，如图9-150所示。

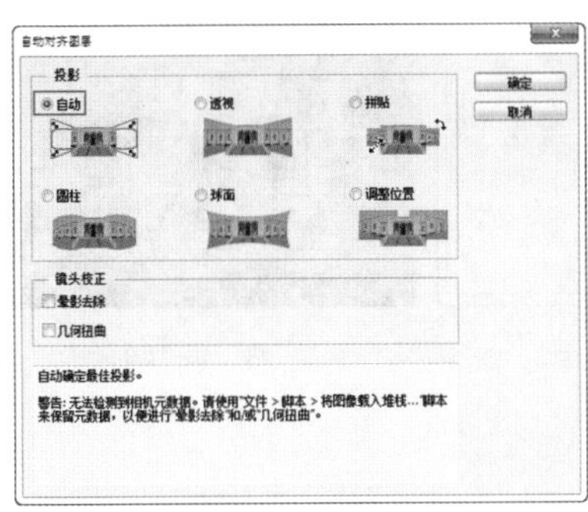

图 9-148

图 9-149

图 9-150

9.5.2 自动混合图层

- 视频精讲：Photoshop CS6自学视频教程\22.自动混合图层.flv
- 技术速查：“自动混合图层”功能是根据需要对每个图层应用图层蒙版，以遮盖过渡曝光或曝光不足的区域或内容差异。使用“自动混合图层”命令可以缝合或者组合图像，从而在最终图像中获得平滑的过渡效果。

“自动混合图层”命令仅适用于RGB或灰度图像，不适用于智能对象、视频图层、3D图层或“背景”图层。选择两个或两个以上的图层，然后执行“编辑>自动混合图层”命令，打开“自动混合图层”对话框，设置合适的混合方式，即可将多个图层进行混合，如图9-151～图9-153所示。

- 全景图：将重叠的图层混合成全景图。
- 堆叠图像：混合每个相应区域中的最佳细节。该选项最适合用于已对齐的图层。

图 9-151

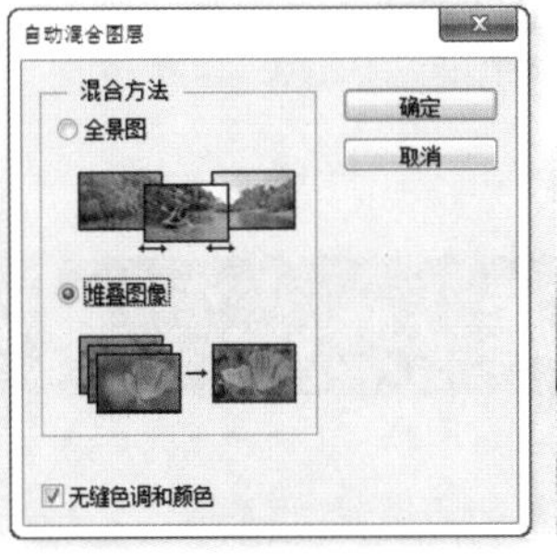

图 9-152

图 9-153

★ 案例实战——使用自动混合命令合成图像

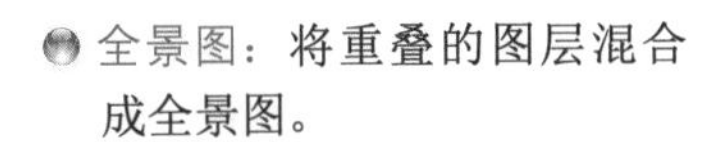

案例文件	案例文件\第9章\使用自动混合命令合成图像.psd
视频教学	视频文件\第9章\使用自动混合命令合成图像.flv
难易指数	★★★★★
技术要点	“自动混合图层”命令

案例效果

本例使用“自动混合图层”的“堆叠图像”混合方法将两张风景图像进行合成，如图9-154所示。

操作步骤

01 按Ctrl+O组合键，打开本书配套光盘中的两张素材文件，如图9-155和图9-156所示。

图 9-154

图 9-155

图 9-156

02 将花朵素材放置在天空的位置，如图9-157所示。

03 在“图层”面板中同时选择图层1和2，然后执行“编辑>自动混合图层”命令，接着在弹出的“自动混合图层”对话框中设置“混合方法”为“堆叠图像”，如图9-158所示。最终效果如图9-159所示。

图 9-157

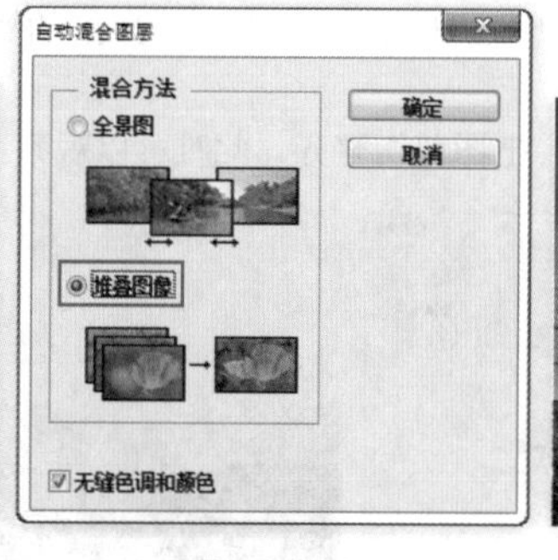

图 9-158

图 9-159

☆ 视频课堂——制作无景深的风景照片

案例文件\第9章\视频课堂——制作无景深的风景照片.psd
视频文件\第9章\视频课堂——制作无景深的风景照片.flv
思路解析：

01 导入两幅焦点不同的照片，摆列整齐。

02 选中两张照片，使用“自动混合图层”命令。

9.6 图层过滤

技术速查：图层过滤主要是通过对图层进行多种方法的分类、过滤与检索，帮助用户迅速找到复杂文件中的某个图层。

在“图层”面板的顶部可以看到图层的过滤选项，包括“类型”、“名称”、“效果”、“模式”、“属性”、“颜色”6种过滤方式，如图9-160所示。在使用某种图层过滤时，单击右侧的“打开或关闭图层过滤”按钮即可显示出所有图层，如图9-161所示。

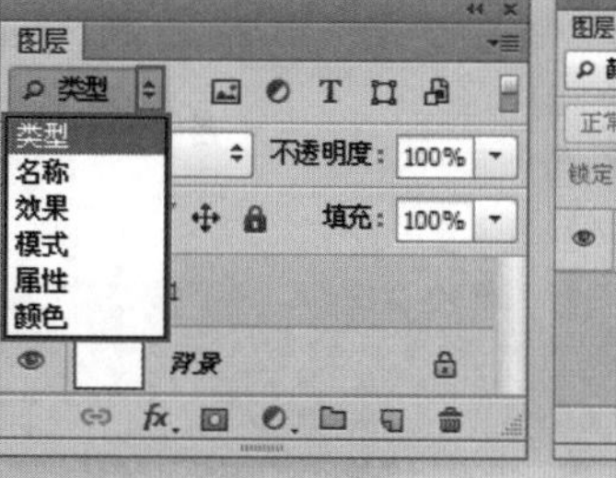

图 9-160

图 9-161

9.6.1 按“类型”查找图层

设置过滤方式为“类型”时，可以从“像素图层滤镜”、“调整图层滤镜”、“文字图层滤镜”、“形状图层滤镜”、“智能对象滤镜”中选择一种或多种图层滤镜，可以看到“图层”面板中所选图层滤镜类型以外的图层全部被隐藏，如图9-162所示。如果没有该类型的图层，则不显示任何图层，如图9-163所示。

图 9-162

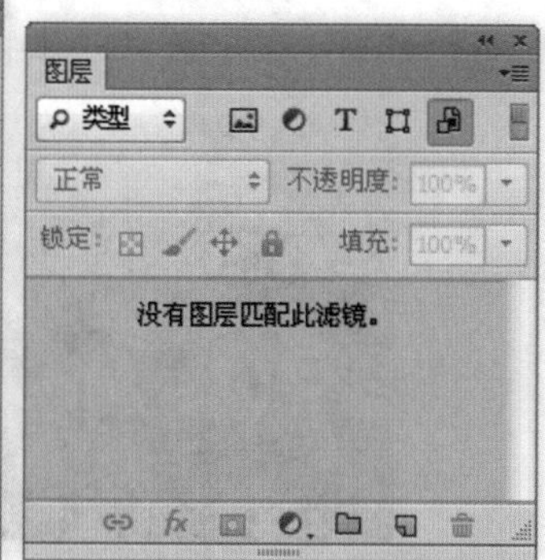

图 9-163

9.6.2 按“名称”查找图层

设置过滤方式为“名称”时，可以在右侧的文本框中输入关键字，所有包含该关键字的图层都会被显示出来，如图9-164所示。

图 9-164

9.6.3 按“效果”查找图层

设置过滤方式为“效果”时，在右侧的效果下拉列表中选择某种效果，包含该效果的图层被显示在“图层”面板中，如图9-165所示。

图 9-165

9.6.4 按“模式”查找图层

设置过滤方式为“模式”时，在右侧的效果下拉列表中选择某种模式，使用该模式的图层被显示在“图层”面板中，如图9-166所示。

图 9-166

9.6.5 按“属性”查找图层

设置过滤方式为“属性”时，在右侧的效果下拉列表中选择某种属性，含有该属性的图层被显示在“图层”面板中，如图9-167和图9-168所示。

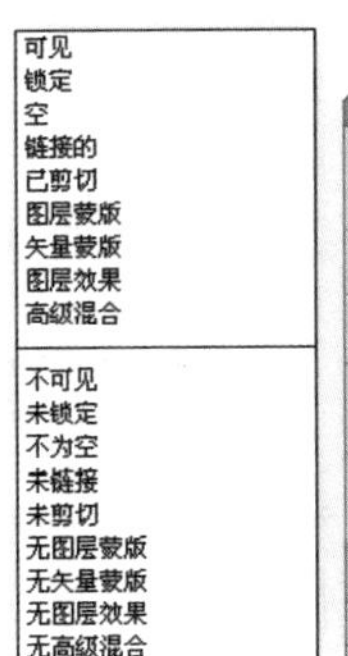

图 9-167

图 9-168

9.6.6 按“颜色”查找图层

设置过滤方式为“颜色”时，在右侧的效果下拉列表中选择某种颜色，该颜色的图层被显示在“图层”面板中，如图9-169所示。

图 9-169

9.7 合并与盖印图层

视频精讲：Photoshop CS6自学视频教程\69.合并图层与盖印图层.flv

在编辑过程中经常需要将几个图层进行合并编辑或将文件进行整合以减少占用的内存，这时就需要使用合并与盖印图层命令。

9.7.1 合并图层

技术速查：使用“合并图层”命令可以将多个图层合并为一个图层。

在“图层”面板中选择要合并的图层，然后执行“图层>合并图层”命令或按Ctrl+E组合键，可将图层合并，合并以后的图层使用上面图层的名称，如图9-170和图9-171所示。

图 9-170

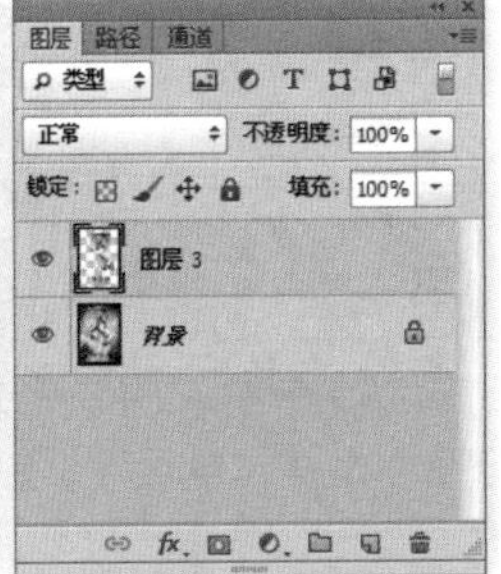

图 9-171

9.7.2 向下合并图层

执行“图层>向下合并”命令或按Ctrl+E组合键，可将一个图层与它下面的图层合并，如图9-172所示。合并以后的图层使用下面图层的名称，如图9-173所示。

图 9-172

图 9-173

9.7.3 合并可见图层

执行“图层>合并可见图层”命令或按Shift+Ctrl+E组合键，可以合并“图层”面板中的所有可见图层，如图9-174和图9-175所示。

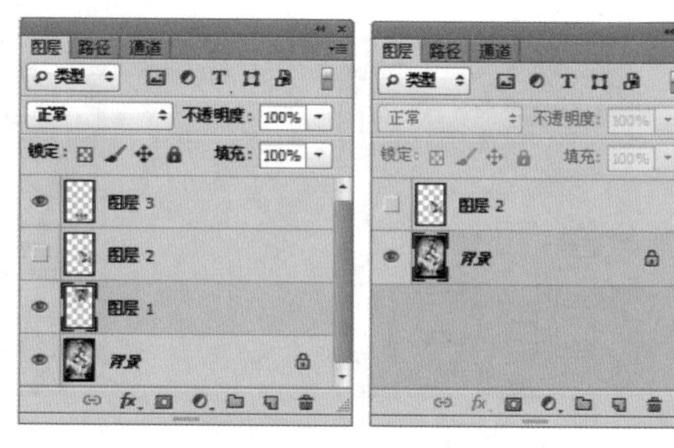

图 9-174 图 9-175

9.7.4 拼合图像

● 技术速查：执行“图层>拼合图像”命令可以将所有图层都拼合到“背景”图层中。

拼合图层时，如果有隐藏的图层，则会弹出一个提示对话框，提醒用户是否要扔掉隐藏的图层，如图9-176所示。

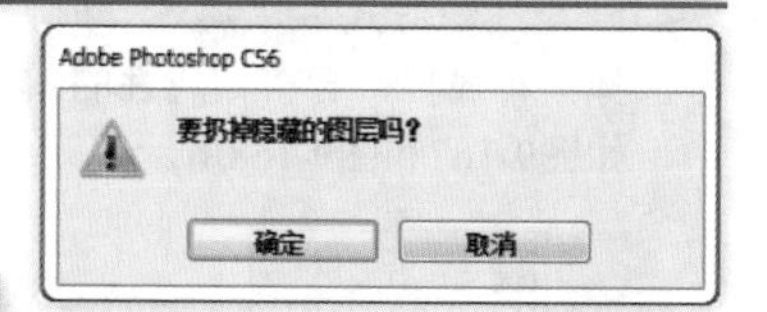

图 9-176

9.7.5 动手学：盖印图层

● 技术速查：“盖印”是一种合并图层的特殊方法，可以将多个图层的内容合并到一个新的图层中，同时保持其他图层不变。

盖印图层在实际工作中经常用到，是一种很实用的图层合并方法。选择一个图层，然后按Ctrl+Alt+E组合键，可以将该图层中的图像盖印到下面的图层中，原始图层的内容保持不变，如图9-177和图9-178所示。

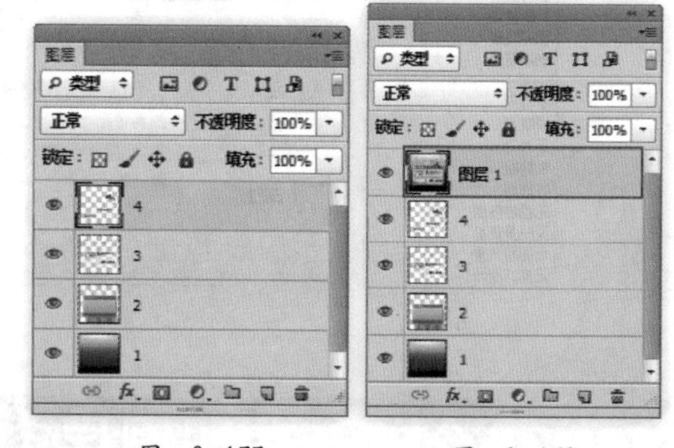

图 9-177 图 9-178

选择多个图层并使用“盖印图层”快捷键Ctrl+Alt+E，可以将这些图层中的图像盖印到一个新的图层中，原始图层的内容保持不变，如图9-179和图9-180所示。

按Shift+Ctrl+Alt+E组合键，可以将所有可见图层盖印到一个新的图层中，如图9-181所示。

选择图层组，然后按Ctrl+Alt+E组合键，可以将组中所有图层内容盖印到一个新的图层中，原始图层组中的内容保持不变，如图9-182和图9-183所示。

图 9-179

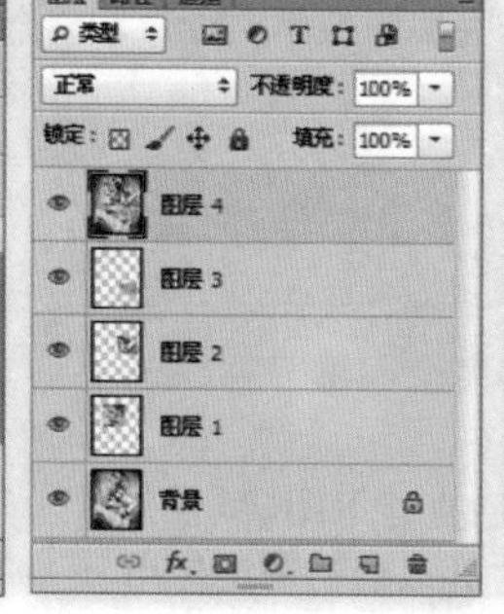

图 9-180

图 9-181

图 9-182

图 9-183

9.8 图层复合

● 技术速查：图层复合是“图层”面板状态的快照，它记录了当前文件中图层的可视性、位置和外观（如图层的不透明度、混合模式及图层样式）。通过图层复合可以快速地在文档中切换不同版面的显示状态。

在实际工作中，需要展示方案的不同效果时，通过“图层复合”面板便可以在单个文件中创建、管理和查看方案的不同效果，如图9-184和图9-185所示。

图 9—184　　图 9—185

9.8.1 “图层复合”面板

● 技术速查：在“图层复合”面板中，可以创建、编辑、切换和删除图层复合。

执行“窗口>图层复合”命令，可以打开“图层复合”面板，如图9-186所示。

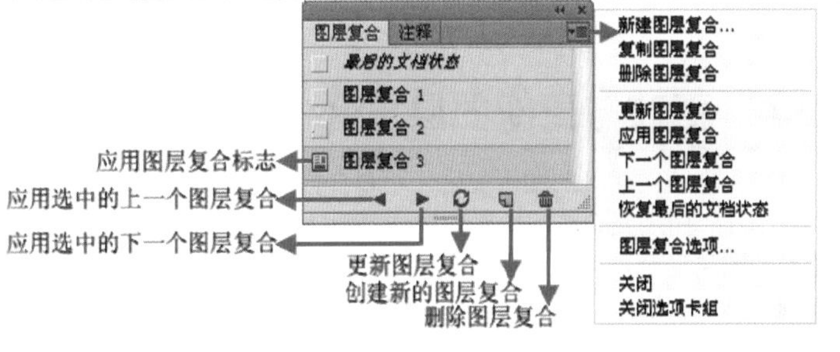

图 9—186

● 应用图层复合标志：如果一个图层复合前面有该标志，表示该图层复合为当前使用的图层复合。

● “应用选中的上一个图层复合”按钮：单击该按钮，可切换到上一个图层复合。

● “应用选中的下一个图层复合”按钮：单击该按钮，可切换到下一个图层复合。

● “更新图层复合”按钮：如果对图层复合进行重新编辑，单击该按钮可以更新编辑后的图层复合。

● “创建新的图层复合”按钮：单击该按钮，可以新建一个图层复合。

● “删除图层复合”按钮：将图层复合拖曳到该按钮上，可以将其删除。

答疑解惑——为什么图层复合后面有一个感叹号图标？

如果在图层复合的后面出现了标志，说明该图层复合不能完全恢复，如图9—187所示。不能完全恢复的操作包括合并图层、删除图层、转换图层色彩模式等。

如果要清除感叹号警告标志，可以单击该标志，然后在弹出的对话框中单击“清除”按钮，如图9—188所示。也可以在标志上单击鼠标右键，在弹出的快捷菜单中执行“清除图层复合警告”或“清除所有图层复合警告”命令，如图9—189所示。

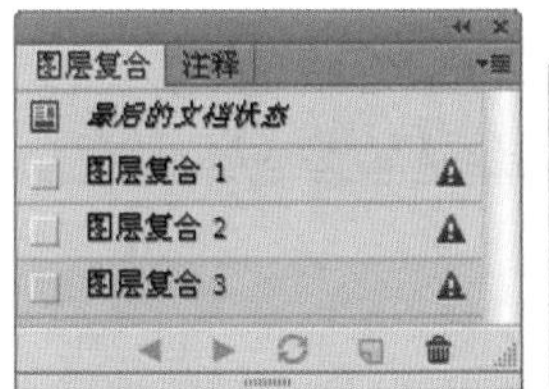

图 9—187

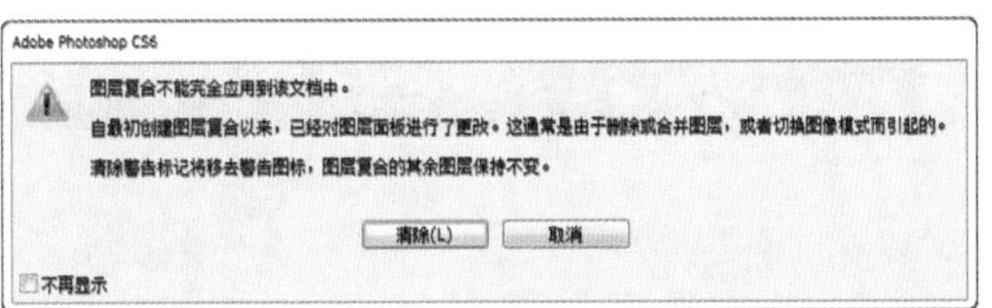

图 9—188

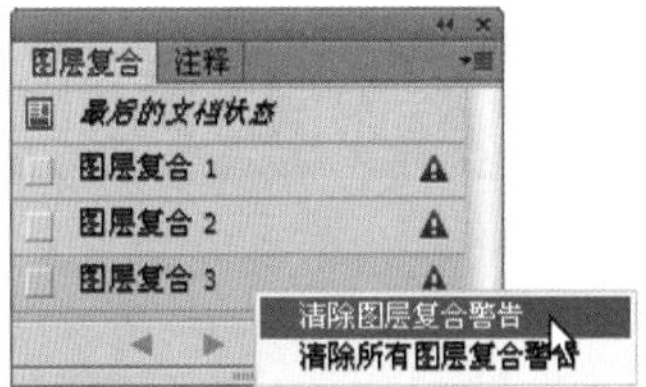

图 9—189

9.8.2 创建图层复合

技术速查：当创建好一个图像时，单击“图层复合”面板底部的“创建新的图层复合”按钮，可以创建一个图层复合，新的复合将记录“图层”面板中图层的当前状态。

在创建图层复合时，Photoshop会弹出“新建图层复合”对话框，如图9-190所示。在该对话框中可以选择应用于图层的选项，包括“可见性”、“位置”和“外观”，同时也可以为图层复合添加文本注释，如图9-191所示。

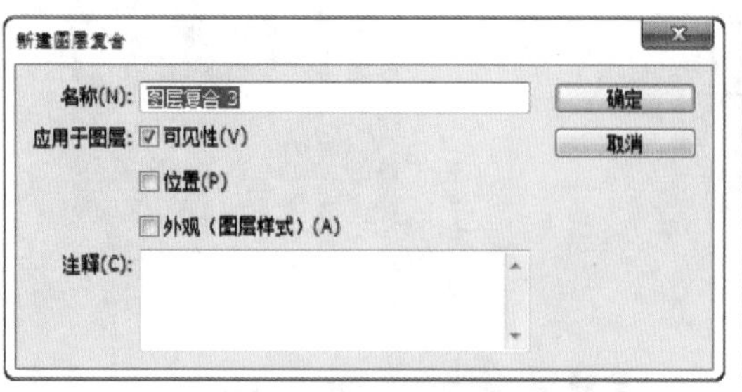

图 9-190

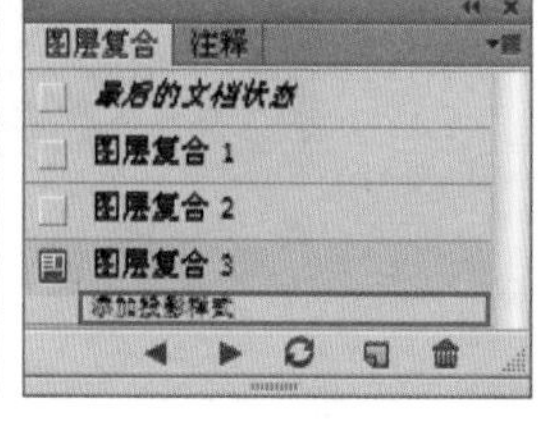

图 9-191

9.8.3 应用并查看图层复合

技术速查：在某一图层复合的前面单击，显示出图标以后，即可将当前文档应用该图层复合。

如果需要查看多个图层复合的图像效果，可以在“图层复合”面板底部单击“应用选中的上一个图层复合”按钮或“应用选中的下一个图层复合”按钮进行查看，如图9-192所示。

图 9-192

9.8.4 更改与更新图层复合

如果要更改创建好的图层复合，可以在面板菜单中执行“图层复合选项”命令，打开“图层复合选项”对话框进行设置，如图9-193所示。如果要更新重新设置的图层复合，可以在“图层复合”面板底部单击“更新图层复合”按钮，如图9-194所示。

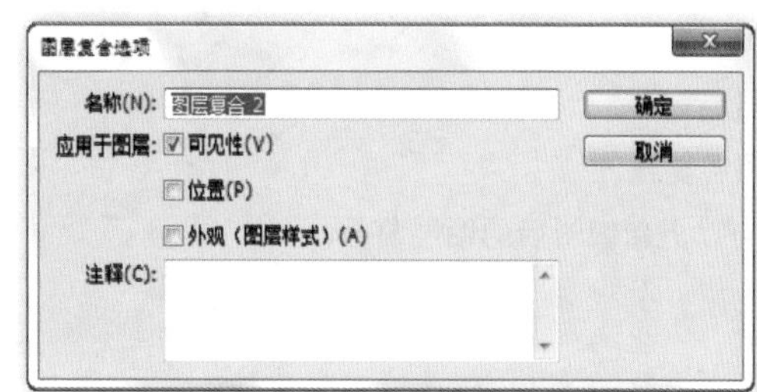

图 9-193

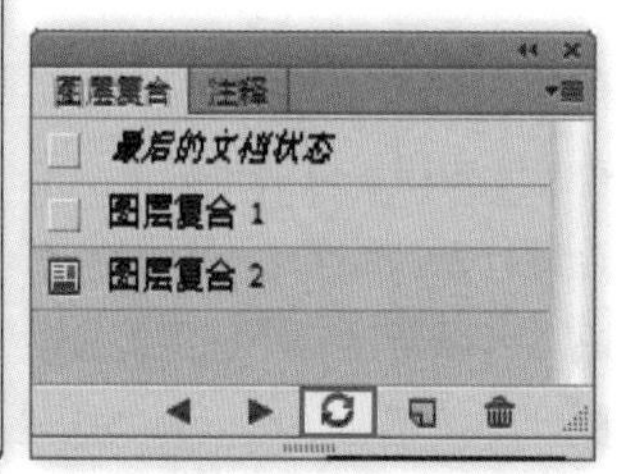

图 9-194

9.8.5 删除图层复合

如果要删除创建的图层复合，可以将其拖曳到“图层复合”面板底部的“删除图层复合”按钮上，如图9-195所示。

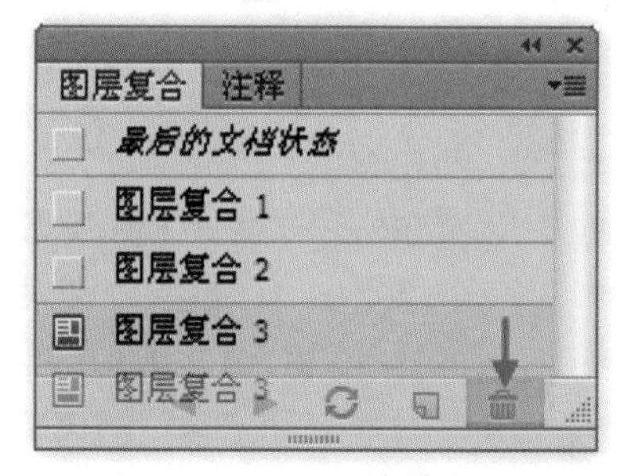

图 9-195

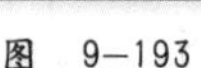

删除图层复合不可使用Delete键，按Delete键删除的将是被选中的图层本身。

9.9 智能对象图层

技术速查：在Photoshop CS6中，智能对象可以看作嵌入当前文件的一个独立文件，它可以包含位图，也可以包含Illustrator中创建的矢量图形。而且在编辑过程中不会破坏智能对象的原始数据，因此对智能对象图层所执行的操作都是非破坏性操作。

9.9.1 创建智能对象

创建智能对象的方法主要有以下4种：

（1）执行“文件>打开为智能对象”命令，可以选择一个图像作为智能对象打开。打开以后，在“图层”面板中的智能对象图层的缩览图右下角会出现一个智能对象图标，如图9-196所示。

（2）如果已经打开一个图像，执行“文件>置入”命令，可以选择一个图像作为智能对象置入到当前文档中，如图9-197和图9-198所示。

（3）在“图层”面板中选择一个图层，然后执行“图层>智能对象>转换为智能对象”命令，如图9-199所示；或者单击鼠标右键，在弹出的快捷菜单中执行“转换为智能对象”命令，如图9-200所示。

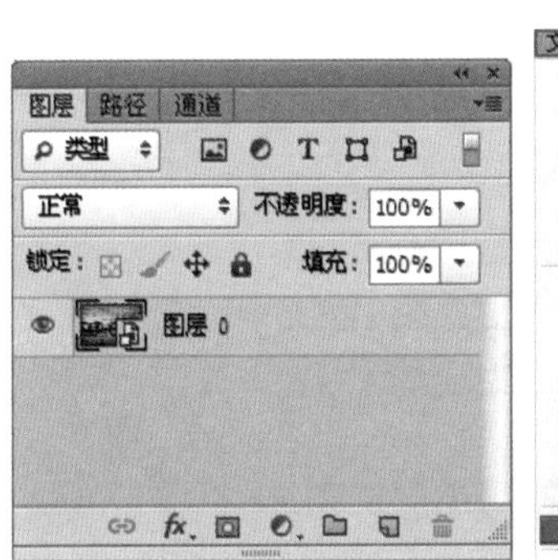

图 9—196

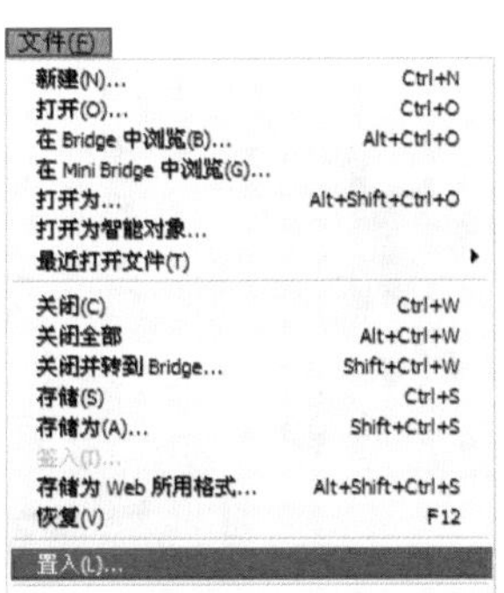

图 9—197

图 9—198

图 9—199

（4）还可以将Adobe Illustrator中的矢量图形作为智能对象导入到Photoshop中，或是将PDF文件创建为智能对象，如图9-201和图9-202所示。

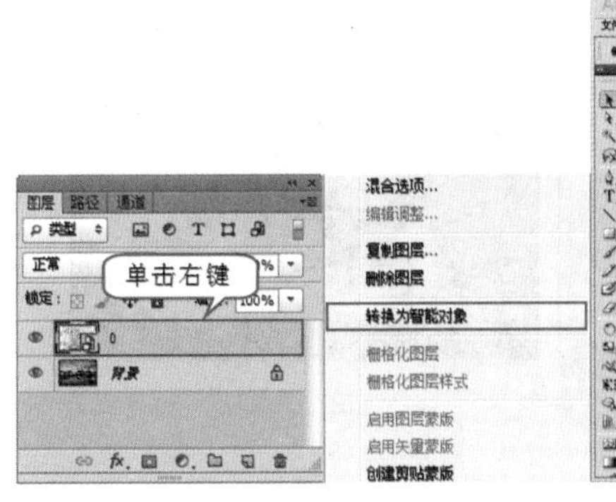

图 9—200

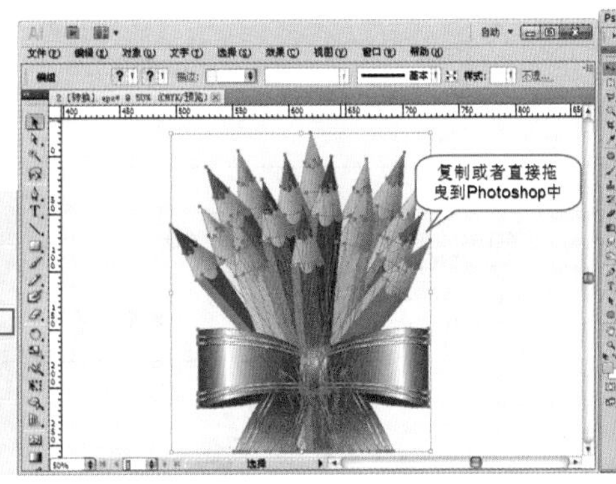

图 9—201

图 9—202

★ 案例实战——编辑智能对象

案例文件	案例文件\第9章\编辑智能对象.psd
视频教学	视频文件\第9章\编辑智能对象.flv
难易指数	★★★★★
知识掌握	掌握如何编辑智能对象

案例效果

创建智能对象以后，可以根据实际情况对其进行编辑。编辑智能对象不同于编辑普通图层，它需要在一个单独的文档中进行操作。本例主要是针对智能对象的编辑方法进行练习，效果如图9-203所示。

操作步骤

01 打开本书配套光盘中的1.jpg文件，如图9-204所示。

02 执行“文件>置入”命令，然后在弹出的“置入”对话框中选择文件2.png，此时该素材会作为智能对象置入到当前文档中，如图9-205和图9-206所示。

03 执行“图层>智能对象>编辑内容”命令或双击智能对象图层的缩览图，Photoshop会弹出一个对话框，单击“确定”按钮，如图9-207所示，可以将智能对象在一个单独的文档中打开，如图9-208所示。

图 9-203

图 9-204

图 9-205

图 9-206

04 按Ctrl+U组合键打开“色相/饱和度”对话框，设置“色相”为60，如图9-209所示。效果如图9-210所示。

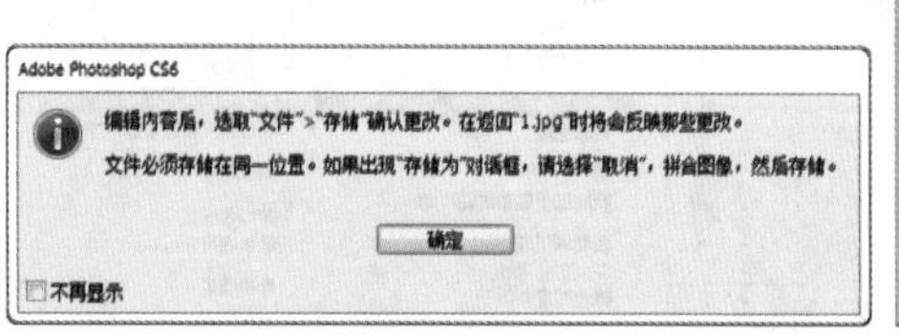

图 9-207

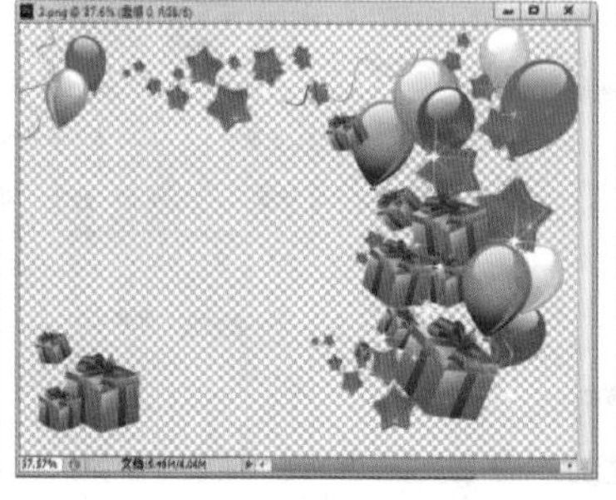

图 9-208

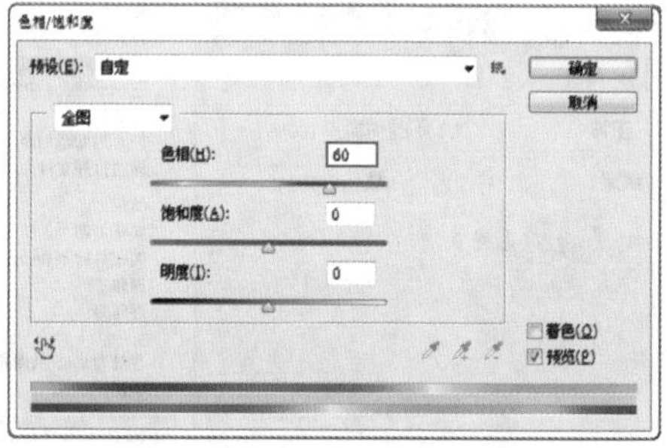

图 9-209

05 单击文档右上角的“关闭”按钮 关闭文件，然后在弹出的提示对话框中单击“是”按钮保存对智能对象所进行的修改，如图9-211所示。最终效果如图9-212所示。

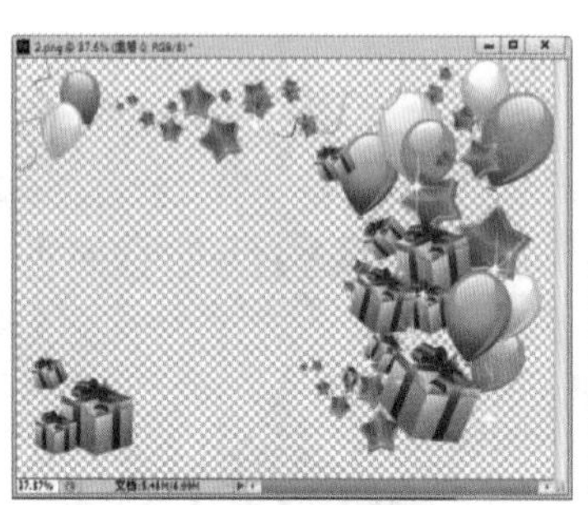

图 9-210

图 9-211

图 9-212

9.9.2 复制智能对象

在“图层”面板中选择智能对象图层，然后执行“图层>智能对象>通过拷贝新建智能对象”命令，可以复制一个智能对象，如图9-213所示。

当然也可以将智能对象拖曳到“图层”面板下面的“创建新图层”按钮 上，或者直接按Ctrl+J组合键，如图9-214所示。

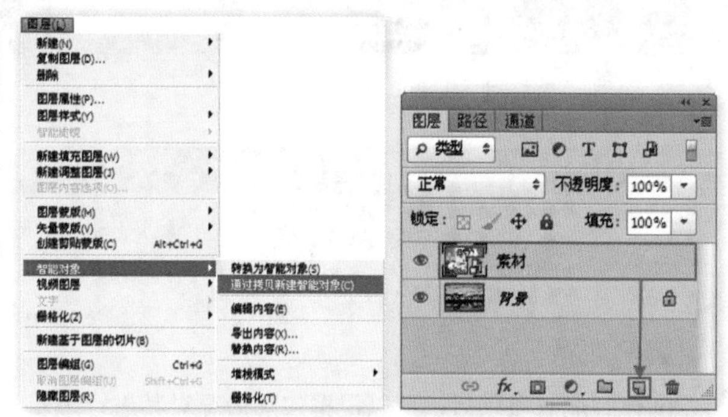

图 9-213　　图 9-214

★ 案例实战——替换智能对象内容

案例文件	案例文件\第9章\替换智能对象内容.psd
视频教学	视频文件\第9章\替换智能对象内容.flv
难易指数	★★★★★
知识掌握	掌握如何替换智能对象内容

案例效果

创建智能对象以后，如果对其不满意，可以将其替换成其他的智能对象，如图9-215和图9-216所示。

操作步骤

01 打开一个包含智能对象的文件1.psd，如图9-217所示。

图 9-215

图 9-216

图 9-217

02 选择“矢量智能对象”图层，如图9-218所示。执行“图层>智能对象>替换内容”命令，打开“置入”对话框，选择2.png文件，此时智能对象将被替换为2.png。适当调整其大小及位置，最终效果如图9-219所示。

技巧提示

替换智能对象时，图像虽然发生变化，但是图层名称不会改变。

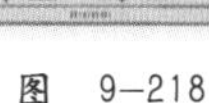

图 9-218　　图 9-219

9.9.3 导出智能对象

技术速查：使用“导出内容”命令可以将智能对象以原始置入格式导出。如果智能对象是利用图层来创建的，那么应以PSB格式导出。

在“图层”面板中选择智能对象，然后执行“图层>智能对象>导出内容”命令，即可导出智能对象，如图9-220所示。

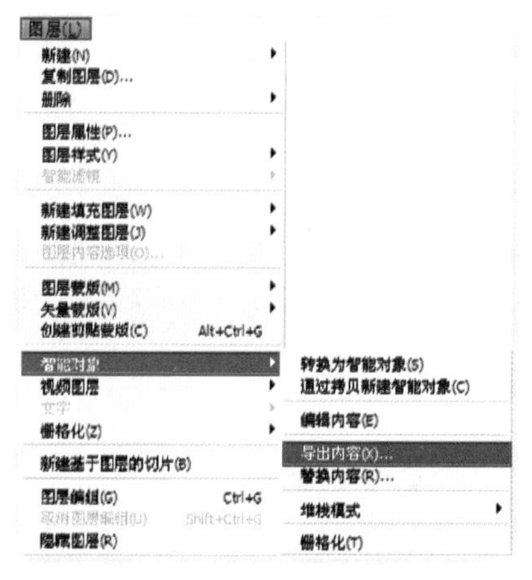

图 9-220

9.9.4 将智能对象转换为普通图层

技术速查：执行“图层>智能对象>栅格化”命令可以将智能对象转换为普通图层。

在智能对象图层上单击鼠标右键，在弹出的快捷菜单中执行“栅格化智能对象”命令，可将智能对象转换为普通图层。转换为普通图层以后，原始图层缩览图上的智能对象标志也会消失，如图9-221和图9-222所示。

图 9-221

图 9-222

课后练习

【课后练习——使用对齐与分布命令制作标准照】

- 思路解析：标准照是日常生活中非常常见的排版，制作起来也非常简单。首先需要根据印刷的尺寸创建合适的文件大小，然后通过多次复制图层，进行合理的对齐和分布即可。

【课后练习——编辑智能对象】

- 思路解析：当文档中包含智能对象时不能像对普通图层一样直接对智能对象进行绘制、颜色调整等编辑操作，如需编辑智能对象内容需要执行特殊操作。

本章小结

本章主要讲解了图层的基础知识，使读者能够对图层及“图层”面板进行了解，熟练掌握选择、新建、复制、删除、对齐、分布、查找、合并等基础操作方法，并讲解了填充图层与智能对象图层的编辑与使用方法，为下面的学习与实践作准备。

读书笔记

第10章 图层的高级操作

本章内容简介：

图层是Photoshop的核心内容之一，而本章讲解的图层的混合与样式更是图层的精华功能，这两项功能应用于大部分案例的制作中。图层混合包括图层不透明度、混合模式以及高级混合的设置，而图层样式以其全面的参数设置可供用户单一或搭配使用制作出丰富的质感特效。

本章学习要点：

- 不透明度与填充不透明度的使用
- 图层混合模式的使用技巧
- 不同图层样式配合使用的方法

10.1 图层的不透明度

视频精讲：Photoshop CS6自学视频教程\70.图层的不透明度与混合模式的设置.flv

"图层"面板中有专门针对于图层的不透明度与填充进行调整的选项，两者在一定程度上来讲都是针对透明度进行调整。不透明度数值越大，图层越不透明；不透明度数值越小，图层越透明。数值为100%时为完全不透明，如图10-1所示；数值为50%时为半透明，如图10-2所示；数值为0%时为完全透明，如图10-3所示。

图 10-1

图 10-2

图 10-3

10.1.1 动手学：调整图层不透明度

技术速查："不透明度"选项控制着整个图层的透明属性，包括图层中的形状、像素以及图层样式。

如图10-4所示，该图像包含一个"背景"图层与一个"图层0"图层，"图层0"包含多种图层样式，如图10-5所示。如果将"不透明度"调整为50%，可以观察到整个主体以及图层样式都变为半透明的效果，如图10-6和图10-7所示。

图 10-4

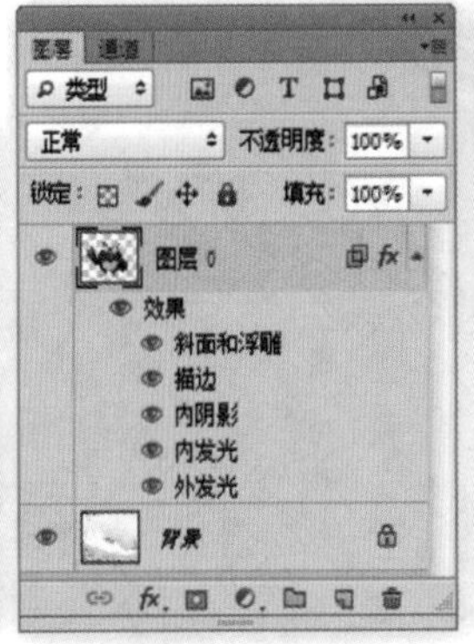

图 10-5

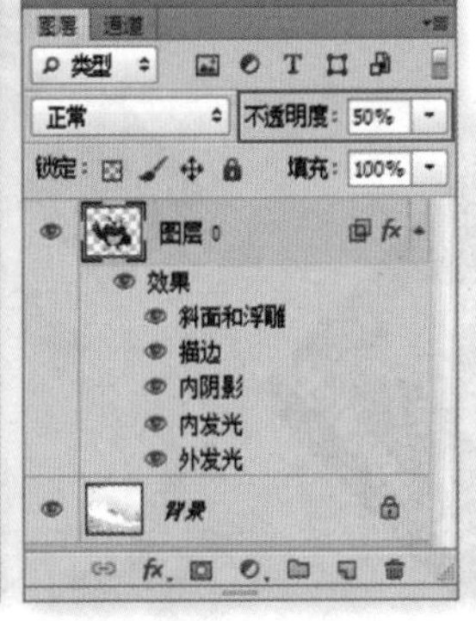

图 10-6

图 10-7

技巧提示

按键盘上的数字键即可快速修改图层的"不透明度"，例如按一下5键，"不透明度"会变为50%；如果按两次5键，"不透明度"会变为55%。

10.1.2 动手学：调整图层填充不透明度

技术速查：与"不透明度"选项不同，"填充"不透明度只影响图层中绘制的像素和形状的不透明度，对附加的图层样式效果部分没有影响。

将"填充"数值调整为50%，可以观察到主体部分变为半透明效果，而样式效果则没有发生任何变化，如图10-8和图10-9所示。

将"填充"数值调整为0%，可以观察到主体部分变为透明，而样式效果仍没有发生任何变化，如图10-10和图10-11所示。

图 10—8

图 10—9

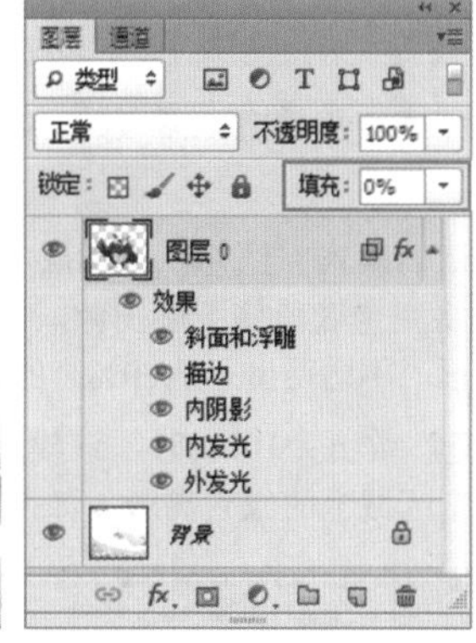

图 10—10

图 10—11

10.2 图层的混合模式

视频精讲：Photoshop CS6自学视频教程\70.图层的不透明度与混合模式的设置.flv

10.2.1 认识图层的混合模式

技术速查：图层的混合模式是指一个图层与其下一图层的色彩叠加方式。

图层的混合模式是Photoshop的一项非常重要的功能，它不仅存在于“图层”面板中，在使用绘画工具时也可以通过更改混合模式来调整绘制对象与下面图像的像素的混合方式，可以用来创建各种特效，并且不会损坏原始图像的任何内容。在绘画工具和修饰工具的选项栏，以及“渐隐”、“填充”、“描边”命令和“图层样式”对话框中都包含有混合模式。

通常情况下，新建图层的混合模式为“正常”，除了“正常”以外，还有很多种混合模式，它们都可以产生迥异的合成效果。如图10-12～图10-14所示为一些使用到混合模式制作的作品。

图 10—12

图 10—13

图 10—14

在“图层”面板中选择一个除“背景”以外的图层，单击面板顶部的 ≑ 按钮，在弹出的下拉列表中可以选择一种混合模式。图层的混合模式分为6组，共27种，如图10-15所示。

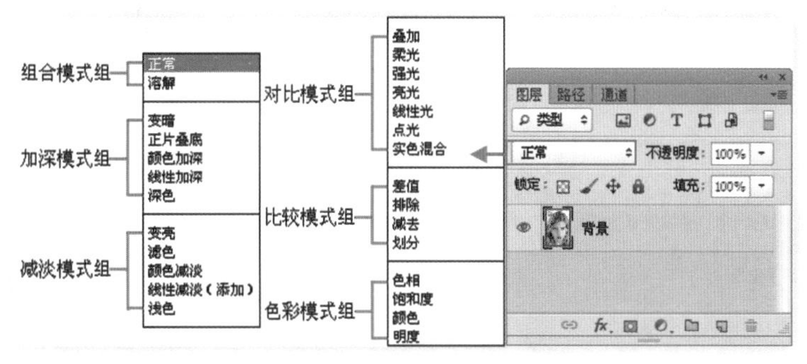

图 10—15

10.2.2 组合模式组

- 技术速查：组合模式组中的混合模式需要减小图层的“不透明度”或“填充”数值才能起作用，这两个参数的数值越小，就越能看到下面的图像。
- 正常：这种模式是Photoshop默认的模式。例如，“图层”面板中包含两个图层，如图10-16所示。在正常情况下（“不透明度”为100%），上层图像将完全遮盖住下层图像，如图10-17所示。只有降低“不透明度”数值以后才能与下层图像相混合，如图10-18所示是设置“不透明度”为70%时的混合效果。
- 溶解：在“不透明度”和“填充”数值为100%时，该模式不会与下层图像相混合，只有这两个数值中的任何一个低于100%时才能产生效果，使透明度区域上的像素离散，如图10-19所示。

图 10-16

图 10-17

图 10-18

图 10-19

10.2.3 加深模式组

- 技术速查：加深模式组中的混合模式可以使图像变暗。在混合过程中，当前图层的白色像素会被下层较暗的像素替代。
- 变暗：比较每个通道中的颜色信息，并选择基色或混合色中较暗的颜色作为结果色，同时替换比混合色亮的像素，而比混合色暗的像素保持不变，如图10-20所示。
- 正片叠底：任何颜色与黑色混合产生黑色，任何颜色与白色混合保持不变，如图10-21所示。
- 颜色加深：通过增加上下层图像之间的对比度来使像素变暗，与白色混合后不产生变化，如图10-22所示。
- 线性加深：通过减小亮度使像素变暗，与白色混合不产生变化，如图10-23所示。
- 深色：比较两个图像所有通道的数值的总和，然后显示数值较小的颜色，如图10-24所示。

图 10-20

图 10-21

图 10-22

图 10-23

图 10-24

★ 案例实战——使用线性加深混合模式制作闪电效果

案例文件	案例文件\第10章\使用线性加深混合模式制作闪电效果.psd
视频教学	视频文件\第10章\使用线性加深混合模式制作闪电效果.flv
难易指数	★★★★★
技术要点	线性加深混合模式、图层蒙版

案例效果

本例主要通过使用“线性加深”混合模式使风景素材与白色背景完美融合，效果如图10-25所示。

操作步骤

01 打开人像素材文件1.jpg，使用“钢笔工具”，沿着撕纸的边缘绘制路径，如图10-26所示。

02 导入风景素材2.jpg，设置其混合模式为“线性加深”，如图10-27所示。此时可以看到风景素材与底部素材产生了混合效果，如图10-28所示。

图 10-25

图 10-26

图 10-27

图 10-28

03 按Ctrl+Enter组合键将路径转换为选区，使用选择反向快捷键Shift+Ctrl+I选择反向选区，然后选择风景图层，单击“图层”面板底部的“添加图层蒙版”按钮，为其添加图层蒙版，如图10-29所示。效果如图10-30所示。

图 10-29

图 10-30

10.2.4 减淡模式组

- 技术速查：减淡模式组与加深模式组产生的混合效果完全相反，它可以使图像变亮。在混合过程中，图像中的黑色像素会被较亮的像素替换，而任何比黑色亮的像素都可能提亮下层图像。
- 变亮：比较每个通道中的颜色信息，并选择基色或混合色中较亮的颜色作为结果色，同时替换比混合色暗的像素，而比混合色亮的像素保持不变，如图10-31所示。
- 滤色：与黑色混合时颜色保持不变，与白色混合时产生白色，如图10-32所示。
- 颜色减淡：通过减小上下层图像之间的对比度来提亮底层图像的像素，如图10-33所示。
- 线性减淡（添加）：与“线性加深”模式产生的效果相反，可以通过提高亮度来减淡颜色，如图10-34所示。
- 浅色：比较两个图像所有通道的数值的总和，然后显示数值较大的颜色，如图10-35所示。

图 10-31

图 10-32

图 10-33

图 10-34

图 10-35

★ 案例实战——使用混合模式制作炫彩效果

案例文件	案例文件\第10章\使用混合模式制作炫彩效果.psd
视频教学	视频文件\第10章\使用混合模式制作炫彩效果.flv
难易指数	★★★★★
技术要点	“变亮”、“滤色”混合模式

案例效果

本例主要是通过使用画笔工具绘制彩色区域，并配合图层混合模式的使用使彩色区域融入到画面中制作炫彩效果，如图10-36和图10-37所示。

操作步骤

01 打开人像素材文件1.jpg，新建图层，设置前景色为绿色，使用柔角画笔工具在右上角位置进行涂抹，如图10-38所示。设置图层的混合模式为“变亮”，如图10-39所示。此时可以看到绿色与人像素材产生了混合效果，如图10-40所示。

图 10-36

图 10-37

图 10-38

图 10-39

图 10-40

02 再次新建图层，设置前景色为洋红，使用柔角画笔工具在画面左下角绘制涂抹，如图10-41所示。设置图层的混合模式为“滤色”，效果如图10-42所示。

03 再次新建图层，设置合适的前景色，使用柔角画笔工具在画面左上角绘制涂抹，设置图层的混合模式为“变亮”，如图10-43所示。效果如图10-44所示。

04 新建图层，用同样的方法在右下角绘制黄色，并设置图层的混合模式为“浅色”，如图10-45所示。导入前景素材2.png，置于画面中合适位置。最终效果如图10-46所示。

图 10-41

图 10-42

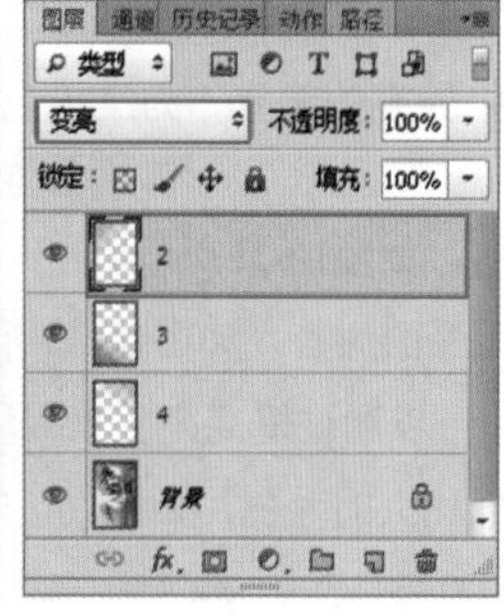

图 10-43

图 10-44

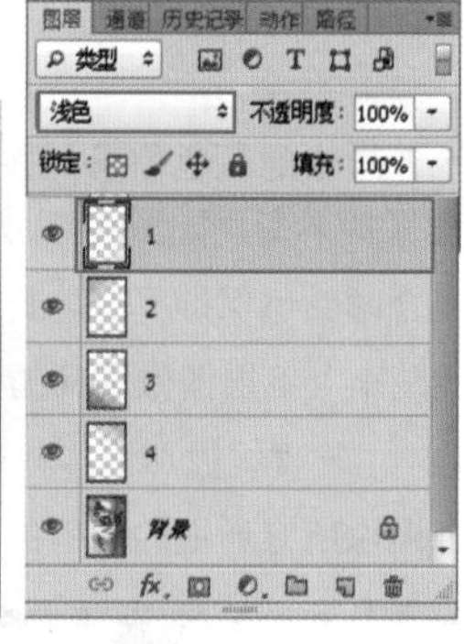

图 10-45

图 10-46

10.2.5 对比模式组

- 技术速查：对比模式组中的混合模式可以加强图像的差异。在混合时，50%的灰色会完全消失，任何亮度值高于50%灰色的像素都可能提亮下层图像，亮度值低于50%灰色的像素则可能使下层图像变暗。
- 叠加：对颜色进行过滤并提亮上层图像，具体取决于底层颜色，同时保留底层图像的明暗对比，如图10-47所示。
- 柔光：使颜色变暗或变亮，具体取决于当前图像的颜色。如果上层图像比50%灰色亮，则图像变亮；如果上层图像比50%灰色暗，则图像变暗，如图10-48所示。
- 强光：对颜色进行过滤，具体取决于当前图像的颜色。如果上层图像比50%灰色亮，则图像变亮；如果上层图像比50%灰色暗，则图像变暗，如图10-49所示。

图 10-47

图 10-48

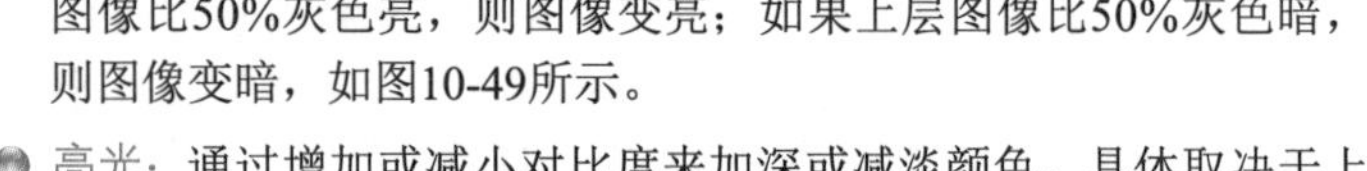

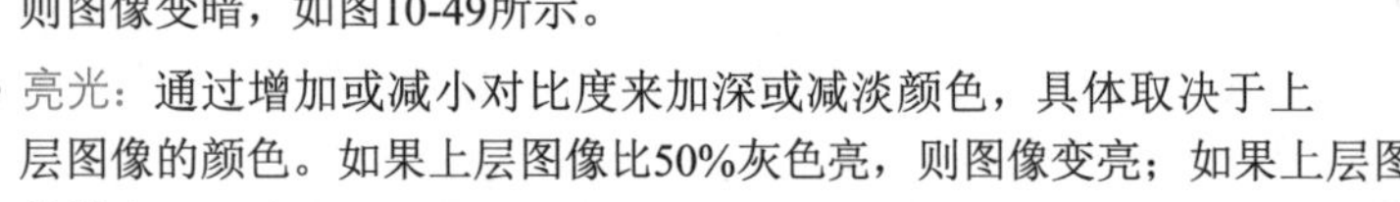

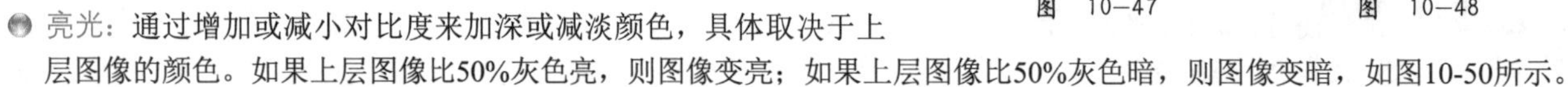

- 亮光：通过增加或减小对比度来加深或减淡颜色，具体取决于上层图像的颜色。如果上层图像比50%灰色亮，则图像变亮；如果上层图像比50%灰色暗，则图像变暗，如图10-50所示。
- 线性光：通过减小或增加亮度来加深或减淡颜色，具体取决于上层图像的颜色。如果上层图像比50%灰色亮，则图像变亮；如果上层图像比50%灰色暗，则图像变暗，如图10-51所示。

- 点光：根据上层图像的颜色来替换颜色。如果上层图像比50%灰色亮，则替换比较暗的像素；如果上层图像比50%灰色暗，则替换较亮的像素，如图10-52所示。
- 实色混合：将上层图像的RGB通道值添加到底层图像的RGB值。如果上层图像比50%灰色亮，则使底层图像变亮；如果上层图像比50%灰色暗，则使底层图像变暗，如图10-53所示。

图 10-49

图 10-50

图 10-51

图 10-52

图 10-53

★ 案例实战——使用混合模式与图层蒙版制作瓶中风景

案例文件	案例文件\第10章\使用混合模式与图层蒙版制作瓶中风景.psd
视频教学	视频文件\第10章\使用混合模式与图层蒙版制作瓶中风景.flv
难易指数	★★★★★
技术要点	"叠加"、"正片叠底"混合模式

案例效果

本例主要是通过使用图层的混合模式和图层蒙版将风景素材融入到瓶子的液体中，如图10-54所示。

操作步骤

01 打开素材文件1.jpg，如图10-55所示。

02 导入素材文件2.jpg，单击“图层”面板底部的“添加图层蒙版”按钮，为其添加图层蒙版，使用黑色柔角画笔在蒙版中合适位置涂抹绘制，使瓶子以外的部分隐藏，并设置图层的混合模式为“叠加”，如图10-56所示。效果如图10-57所示。

图 10-54

图 10-55

图 10-56

图 10-57

03 导入素材文件3.jpg，同样为其添加图层蒙版，使用黑色柔角画笔在蒙版中涂抹左侧黄色瓶子以外的区域，设置图层的混合模式为“正片叠底”，如图10-58所示。效果如图10-59所示。

04 选中图层1，右击，在弹出的快捷菜单中执行“复制图层”命令，如图10-60所示。在弹出的对话框中单击“确定”按钮，如图10-61所示。复制图层1，置于“图层”面板的顶部，并设置图层的“不透明度”为50%，如图10-62所示。按Ctrl+T组合键，单击鼠标右键，在弹出的快捷菜单中执行“垂直翻转”命令，将其移动到合适位置，按Enter键结束，如图10-63所示。效果如图10-64所示。

图 10-58

图 10-59

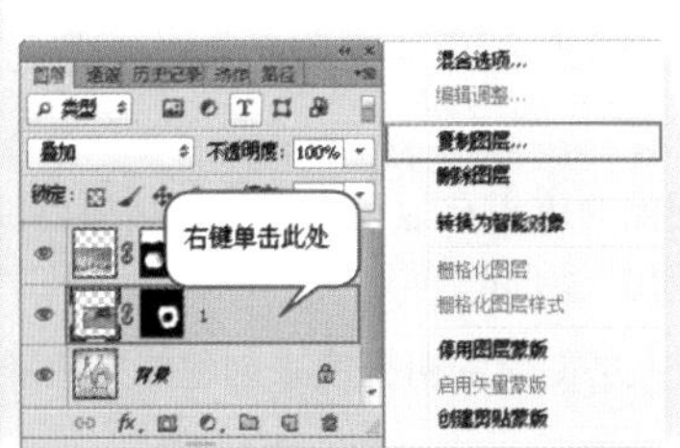

图 10-60

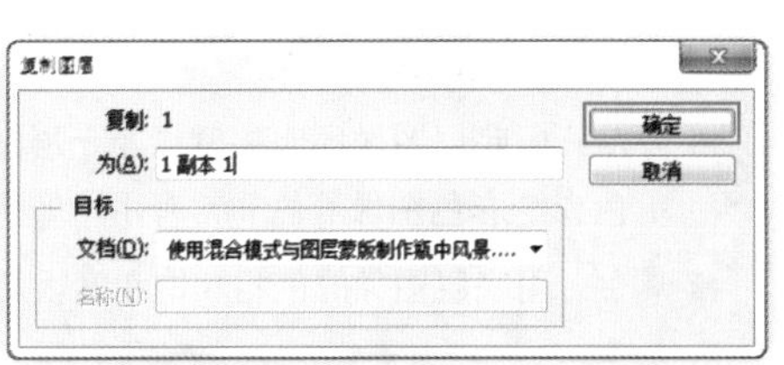

图 10-61

05 用同样的方法制作另一个倒影，如图10-65所示。最终效果如图10-66所示。

图 10-62

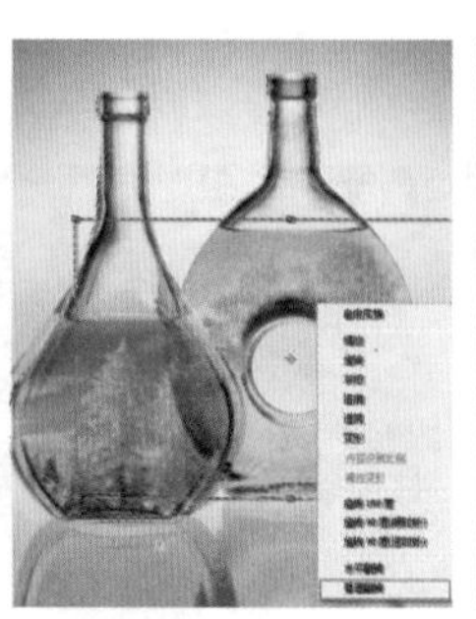

图 10-63

图 10-64

图 10-65

图 10-66

10.2.6 比较模式组

- 技术速查：比较模式组中的混合模式可以比较当前图像与下层图像，将相同的区域显示为黑色，不同的区域显示为灰色或彩色。如果当前图层中包含白色，那么白色区域会使下层图像反相，而黑色不会对下层图像产生影响。
- 差值：上层图像与白色混合将反转底层图像的颜色，与黑色混合则不产生变化，如图10-67所示。
- 排除：创建一种与“差值”模式相似，但对比度更低的混合效果，如图10-68所示。
- 减去：从目标通道中相应的像素上减去源通道中的像素值，如图10-69所示。
- 划分：比较每个通道中的颜色信息，然后从底层图像中划分上层图像，如图10-70所示。

图 10-67

图 10-68

图 10-69

图 10-70

10.2.7 色彩模式组

- 技术速查：使用色彩模式组中的混合模式时，Photoshop会将色彩分为色相、饱和度和亮度3种成分，然后再将其中的一种或两种应用在混合后的图像中。
- 色相：用底层图像的明亮度和饱和度以及上层图像的色相来创建结果色，如图10-71所示。
- 饱和度：用底层图像的明亮度和色相以及上层图像的饱和度来创建结果色，在饱和度为0的灰度区域应用该模式不会产生任何变化，如图10-72所示。
- 颜色：用底层图像的明亮度以及上层图像的色相和饱和度来创建结果色，这样可以保留图像中的灰阶，对于为单色图像上色或给彩色图像着色非常有用，如图10-73所示。
- 明度：用底层图像的色相和饱和度以及上层图像的明亮度来创建结果色，如图10-74所示。

图 10-71

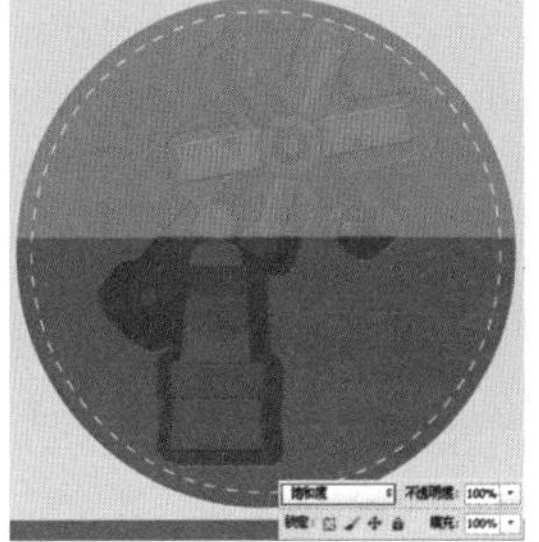

图 10-72

图 10-73

图 10-74

思维点拨：色彩混合

色彩的混合有加色混合、减色混合和中性混合3种形式。其中中性混合是指混合色彩既没有提高，也没有降低的色彩混合，主要有色盘旋转混合与空间视觉混合。把红、橙、黄、绿、蓝、紫等色料等量地涂在圆盘上，旋转圆盘即呈浅灰色。把品红、黄、青涂上，或者把品红与绿、黄与蓝紫、橙与青等互补上色，只要比例适当，都能呈浅灰色。

在圆形转盘上贴上两种或多种色纸，并使此圆盘快速旋转，即可产生色彩混合的现象，我们称之为旋转混合，如图10-75所示。

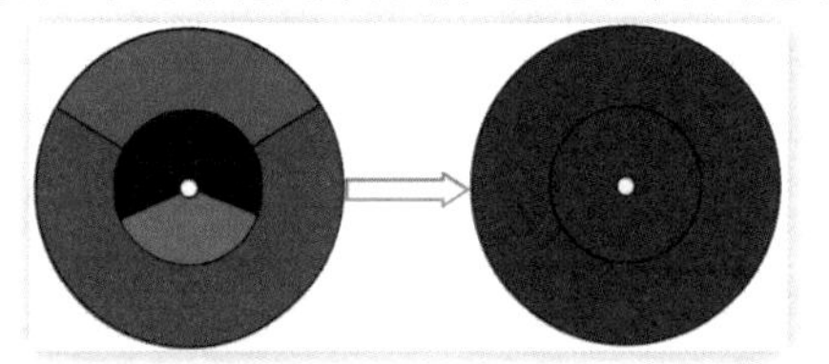

图 10-75

☆ 视频课堂——使用混合模式打造创意饮品合成

案例文件\第10章\视频课堂——使用混合模式打造创意饮品合成.psd
视频文件\第10章\视频课堂——使用混合模式打造创意饮品合成.flv
思路解析：

01 使用渐变填充、纯色填充、画笔工具制作背景。

02 导入饮料素材，通过调整图层调整颜色，并使用图层蒙版将背景隐藏。

03 导入光效素材、水花素材、气泡素材等，通过调整混合模式将其融入到画面中。

04 最后导入其他装饰素材并通过创建曲线调整图层增强画面对比度。

10.3 高级混合与混合颜色带

执行“图层>图层样式>混合选项”命令，可以打开“图层样式”对话框。在“混合选项”页面中包括“常规混合”、“高级混合”与“混合颜色带”3个选项组。其中“高级混合”与“混合颜色带”是本节讲解的重点，如图10-76所示。

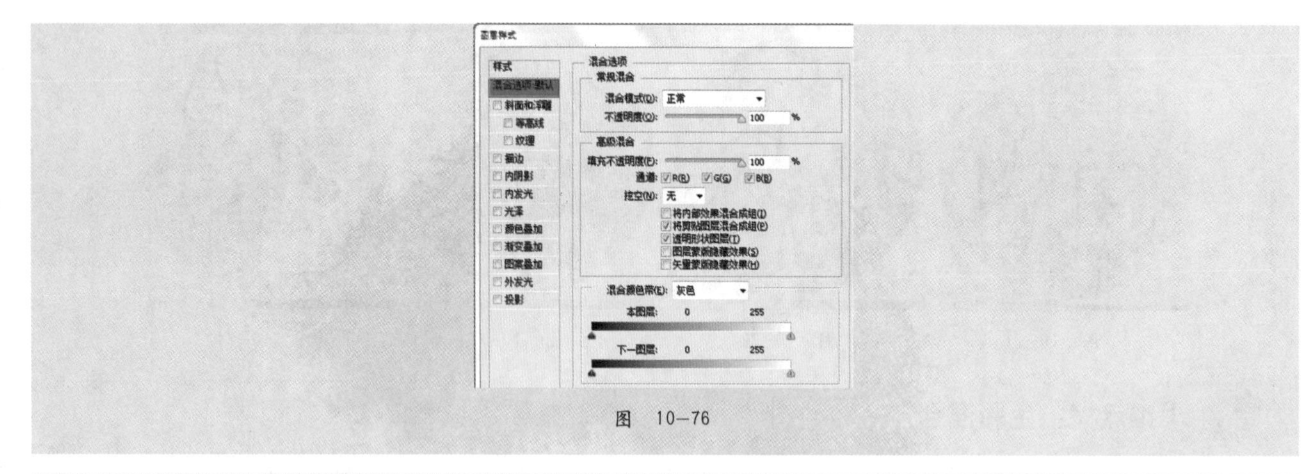

图 10—76

10.3.1 通道混合设置

- 技术速查：在通道混合设置中可以排除某个颜色通道。在这里，取消选中某个通道，并不是将某一通道隐藏，而是从复合通道中排除此通道，在“通道”面板中体现为该通道为黑色。

“通道”选项中的R、G、B分别代表红（R）、绿（G）和蓝（B）3个颜色通道，与“通道”面板中的通道相对应，如图10-77所示。如果当前图像模式为CMYK，那么则显示C、M、Y、K 4个通道。RGB图像包含R、G、B通道混合生成RGB复合通道，复合通道中的图像也就是在屏幕上看到的彩色图像，如图10-78所示。

如果在通道混合设置中取消选中R通道（红通道），那么在“通道”面板中红通道将被填充为黑色，如图10-79所示。此时看到的图像则是另外两个通道——绿通道与蓝通道混合生成的效果，如图10-80所示。

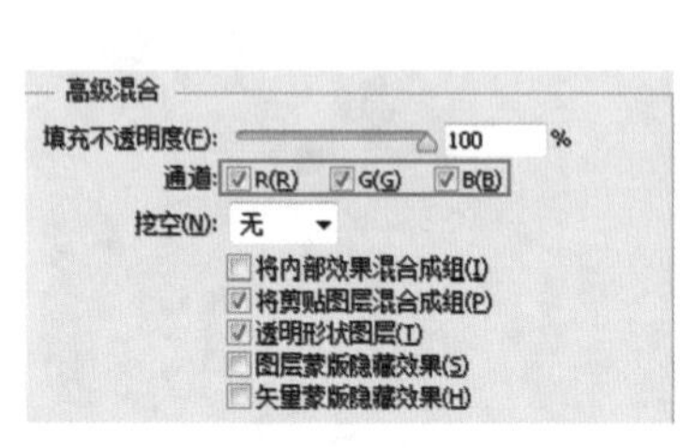

图 10—77

图 10—78

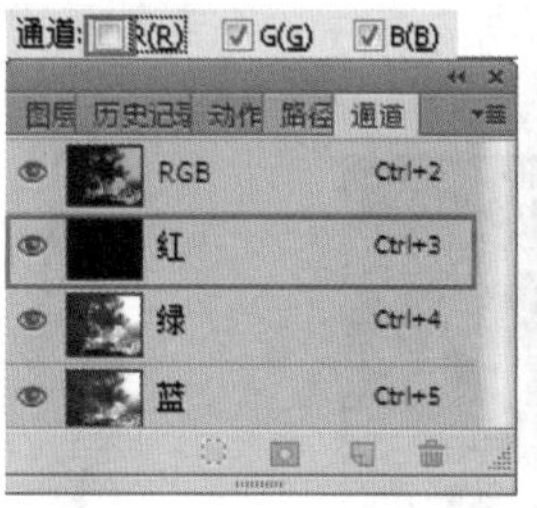

图 10—79

图 10—80

10.3.2 认识“挖空”

- 技术速查：使用“挖空”选项可以指定下面的图像全部或部分穿透上面的图层显示出来。

创建挖空通常需要3部分图层，分别是要挖空的图层、被穿透的图层和要显示的图层，如图10-81所示。选中要挖空的图层，执行“图层>图层样式>混合选项”命令，在打开的“图层样式-混合选项”对话框中可以对挖空的类型以及选项进行设置，如图10-82所示。

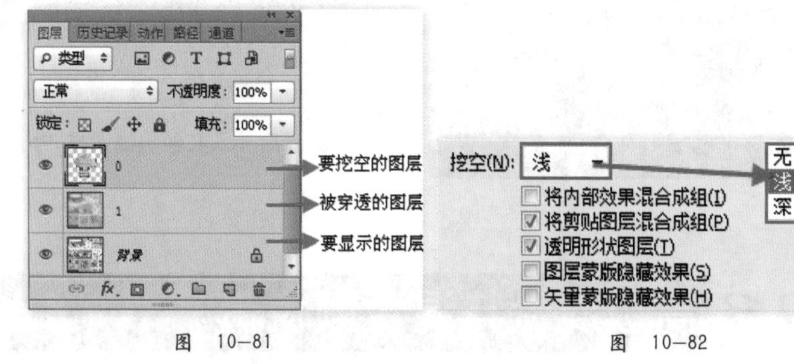

图 10—81　　图 10—82

- 挖空：包括3个选项，选择“无”表示不挖空；选择“浅”表示将挖空到第一个可能的停止点，如图层组之后的第一个图层或剪贴蒙版的基底图层；选择“深”表示将挖空到背景，如果没有背景，则会挖空到透明。
- 将内部效果混合成组：当为添加了“内发光”、“颜色叠加”、“渐变叠加”和“图案叠加”效果的图层设置挖空时，如果选中该复选框，则添加的效果不会显示；取消选中该复选框，则显示该图层样式。

- 将剪贴图层混合成组：用来控制剪贴蒙版组中基底图层的混合属性。默认情况下，基底图层的混合模式影响整个剪贴蒙版组。取消选中该复选框，则基层图层的混合模式仅影响自身，不会对内容图层产生作用。
- 透明形状图层：可以限制图层样式和挖空范围。默认情况下，该选项为选中状态，此时图层样式或挖空被限定在图层的不透明区域；取消选中该复选框，则可在整个图层范围内应用这些效果。
- 图层蒙版隐藏效果：为添加了图层蒙版的图层应用图层样式，选中该复选框，蒙版中的效果不会显示；取消选中该复选框，则效果也会在蒙版区域内显示。
- 矢量蒙版隐藏效果：如果为添加了矢量蒙版的图层应用图层样式，选中该复选框，矢量蒙版中的效果不会显示；取消选中该复选框，则效果也会在矢量蒙版区域内显示。

★ 案例实战——创建“挖空”

案例文件	案例文件\第10章\创建“挖空”.psd
视频教学	视频文件\第10章\创建“挖空”.flv
难易指数	★★★★★
技术要点	挖空

案例效果

本例通过“挖空”的设置，创建图层挖空效果，如图10-83和图10-84所示。

图 10-83

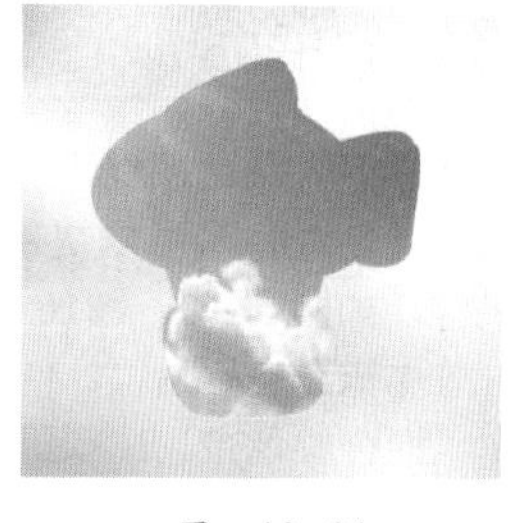

图 10-84

操作步骤

01 打开素材文件1.psd，首先将要被挖空的图层放到要被穿透的图层上方，如图10-85所示，然后将需要显示出来的图层设置为“背景”图层，如图10-86所示。

图 10-85

图 10-86

02 双击要挖空的图层，打开“图层样式”对话框，设置“填充不透明度”为0%，在“挖空”下拉列表框中选择“浅”，单击“确定”按钮完成操作，如图10-87所示。

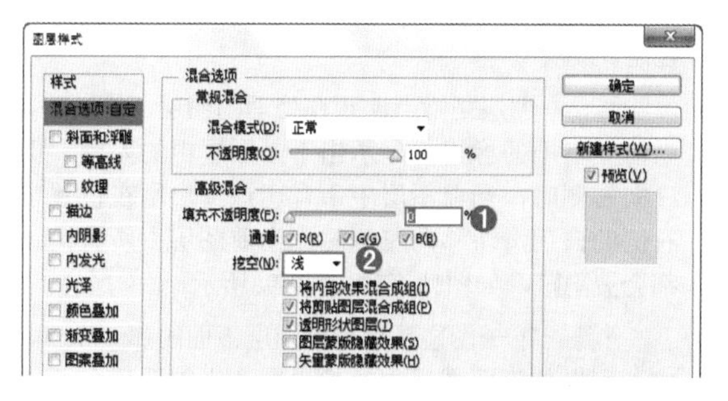

图 10-87

这里的“填充不透明度”控制的是要挖空图层的不透明度，当数值为100%时没有挖空效果，如图10－88所示；当数值为50%时是半透明的挖空效果，如图10－89所示；当数值为0%时则是完全挖空效果，如图10－90所示。

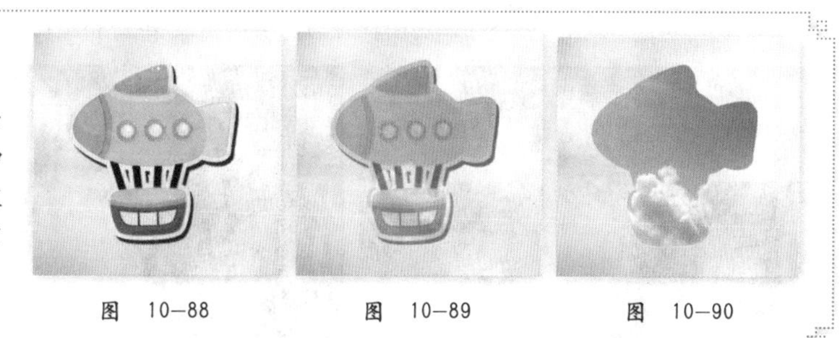

图 10-88　　图 10-89　　图 10-90

03 由于当前文件包含“背景”图层，所以最终显示的是背景图层，如图10-91所示。如果文档中没有“背景”图层，则无论选择“浅”还是“深”，都会挖空到透明区域，如图10-92所示。

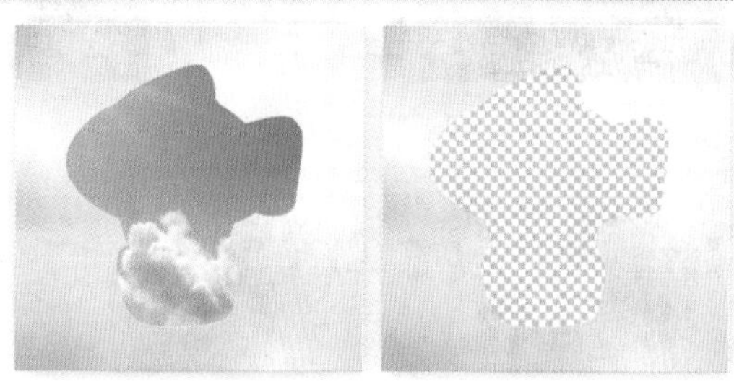

图 10-91　　10-92

读书笔记

10.3.3 混合颜色带

● 技术速查：混合颜色带是一种高级蒙版，可用图像本身的灰度映射图像的透明度，用来混合上、下两个图层的内容。

使用混合颜色带可以快速隐藏像素，创建图像混合效果。混合颜色带常用来混合云彩、光效、火焰、烟花、闪电等半透明素材，如图10-93～图10-95所示。在混合颜色带中进行设置是隐藏像素而不是删除像素。重新打开“图层样式”对话框后，将滑块拖回起始位置，便可以将隐藏的像素显示出来。

在“混合颜色带”选项组中可以切换通道，如图10-96所示。

图 10—93

图 10—94

图 10—95

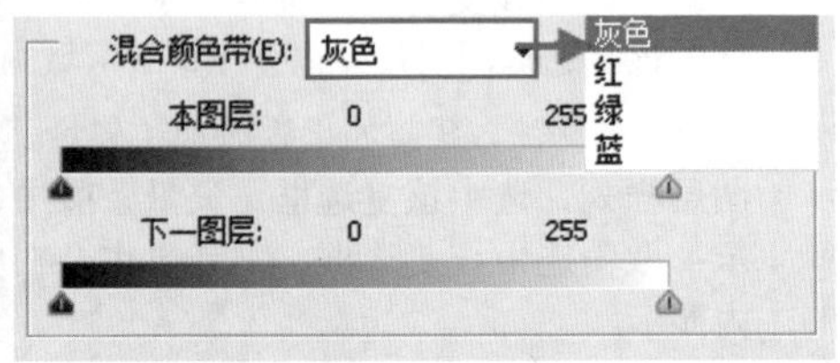

图 10—96

● 混合颜色带：在该下拉列表中可以选择控制混合效果的颜色通道。选择“灰色”，表示使用全部颜色通道控制混合效果，也可以选择一个颜色通道来控制。

● 本图层：本图层是指当前正在处理的图层，拖动“本图层”滑块，可以隐藏当前图层中的像素，显示出下面图层中的内容。例如，将左侧的黑色滑块移向右侧时，当前图层中所有比该滑块所在位置暗的像素都会被隐藏；将右侧的白色滑块移向左侧时，当前图层中所有比该滑块所在位置亮的像素都会被隐藏，如图10-97和图10-98所示。

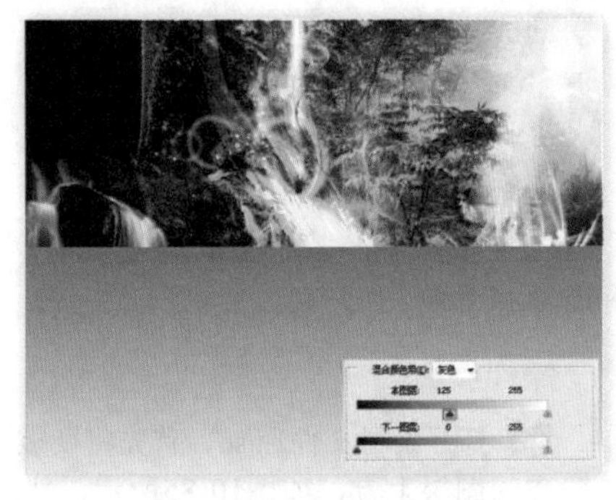

图 10—97

● 下一图层：下一图层是指当前图层下面的那一个图层，拖动“下一图层”滑块，可以使下面图层中的像素穿透当前图层显示出来。例如，将左侧的黑色滑块移向右侧时，可以显示下面图层中较暗的像素；将右侧的白色滑块移向左侧时，可以显示下面图层中较亮的像素，如图10-99和图10-100所示。

图 10—98

图 10—99

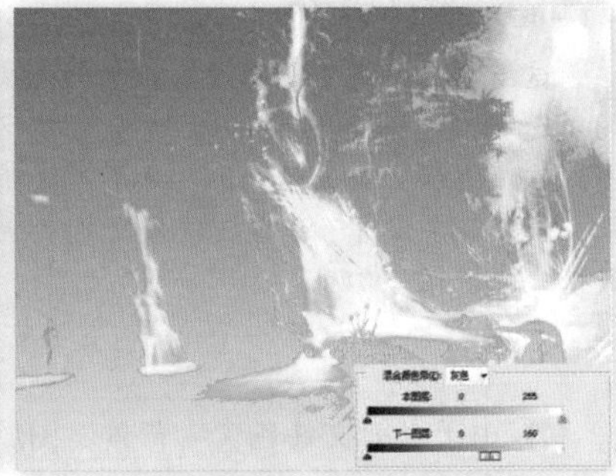

图 10—100

★ 案例实战——使用混合颜色带制作发光的星球

案例文件	案例文件\第10章\使用混合颜色带制作发光的星球.psd
视频教学	视频文件\第10章\使用混合颜色带制作发光的星球.flv
难易指数	★★★★★
技术要点	混合颜色带

案例效果

本例主要使用“混合颜色带”制作发光的星球，如图10-101所示。

操作步骤

01 打开背景素材，如图10-102所示。导入光效素材，放在“图层”面板的顶端，如图10-103所示。

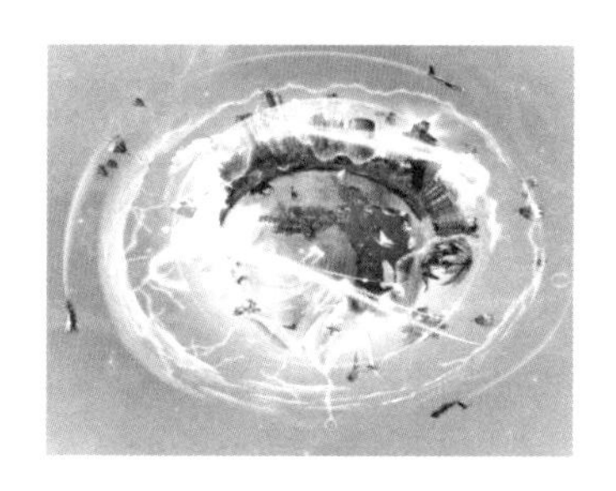

图　10—101

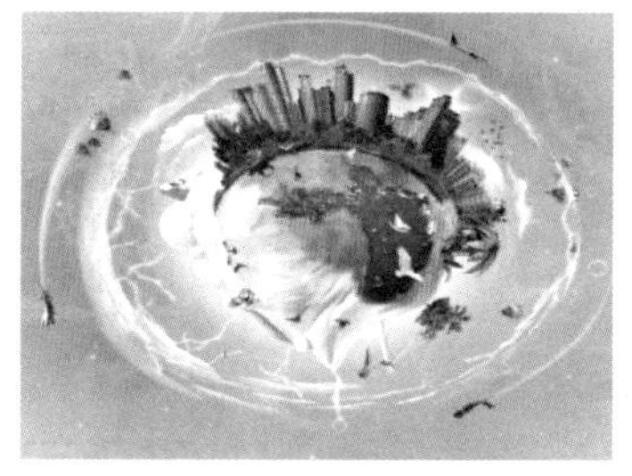

图　10—102

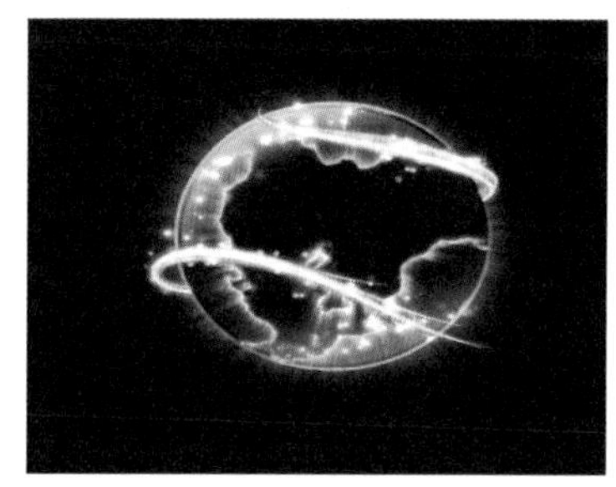

图　10—103

02 双击光效图层，在弹出的“图层样式”对话框中设置“混合模式”为“滤色”，如图10-104所示。此时光效图层的黑色部分被隐藏，如图10-105 所示。

图　10—104

03 在“混合颜色带”中按住Alt键单击“本图层”的黑色滑块，如图10-106所示。使其由▲变为◢◣，然后向右拖动右侧的黑色滑块，如图10-107所示，可以看到光效图像显示范围变小，最终效果如图10-108所示。

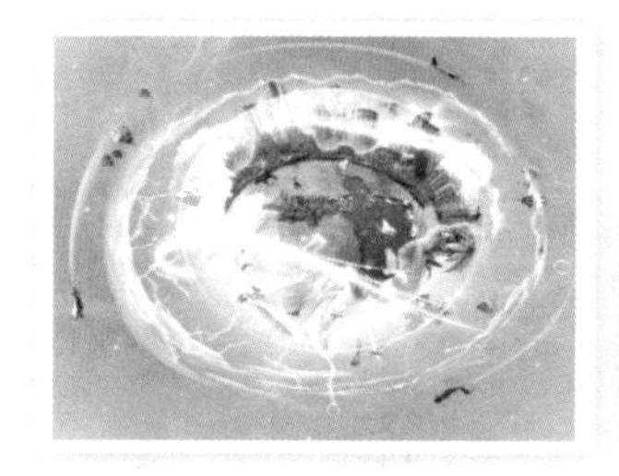

图　10—105

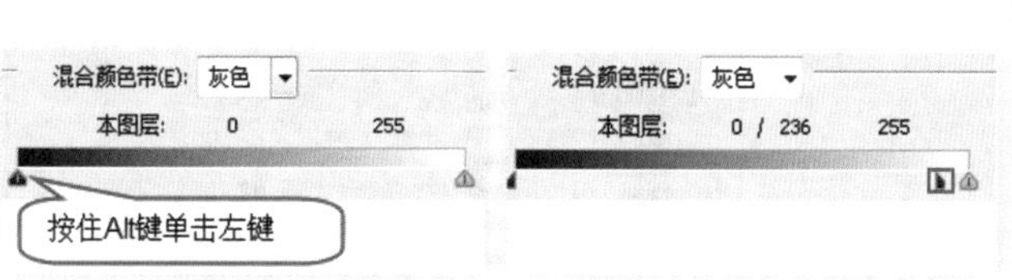

图　10—106

图　10—107

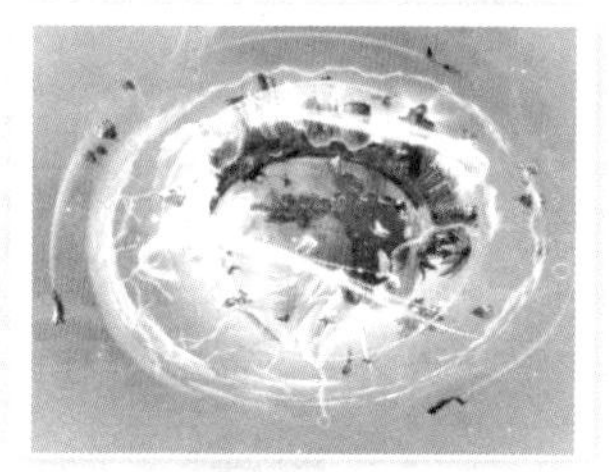

图　10—108

10.4 添加与编辑图层样式

视频精讲：Photoshop CS6自学视频教程\71.图层样式的基本操作.flv

10.4.1 动手学：添加图层样式

技术速查：“图层样式”对话框集合了全部的图层样式以及图层混合选项，在这里可以添加、删除或编辑图层样式。

执行“图层>图层样式”菜单下的子命令，将弹出“图层样式”对话框，在某一样式前单击，选中样式名称前面的复选框☑，表示在图层中添加了该样式。调整好相应的设置后，单击“确定”按钮即可为当前图层添加该样式，如图10-109和图10-110所示。

单击“图层”面板下面的“添加图层样式”按钮fx，在弹出的菜单中选择一种样式，即可打开“图层样式”对话框，如图10-111所示。或在“图层”面板中双击需要添加样式的图层缩览图，打开“图层样式”对话框，然后在对话框左侧选择要添加的效果即可，如图10-112所示。

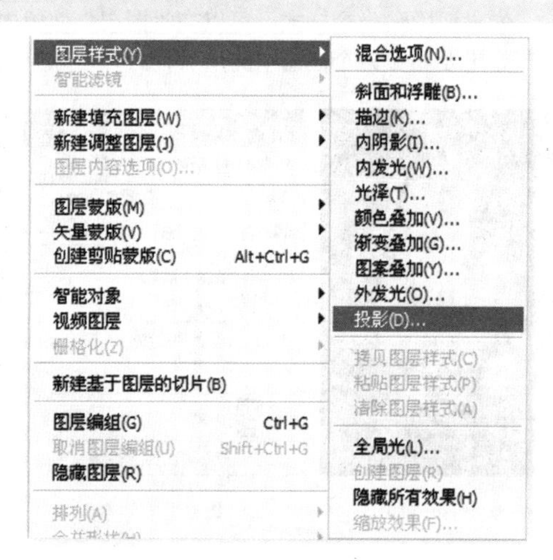

图　10—109

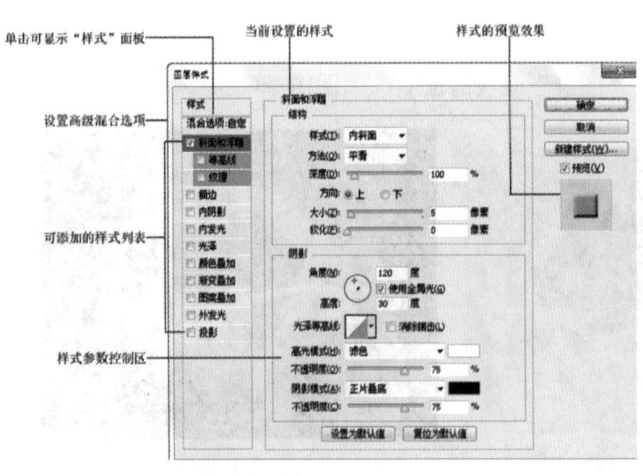

图10-110

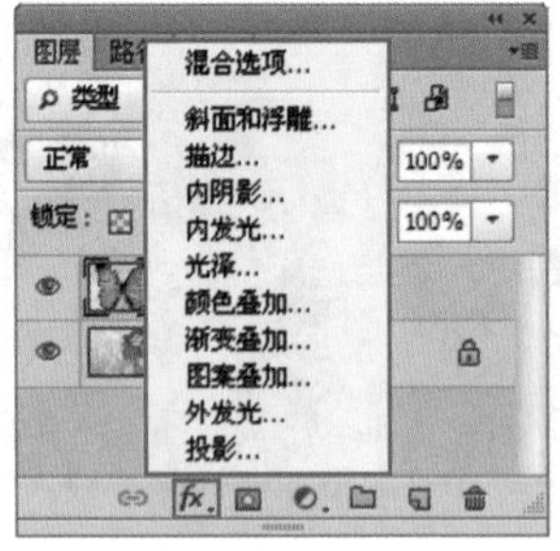

图 10-111

图 10-112

“图层样式”对话框的左侧列出了10种样式。单击一个样式的名称，可以选中该样式，同时切换到该样式的设置面板，如图10-113和图10-114所示。如果选中样式名称前面的复选框，则可以应用该样式，但不会显示样式设置面板。

在“图层样式”对话框中设置好样式参数以后，单击“确定”按钮即可为图层添加样式，添加了样式的图层的右侧会出现一个fx图标，单击其右侧的下拉按钮即可展开图层样式堆栈，如图10-115所示。

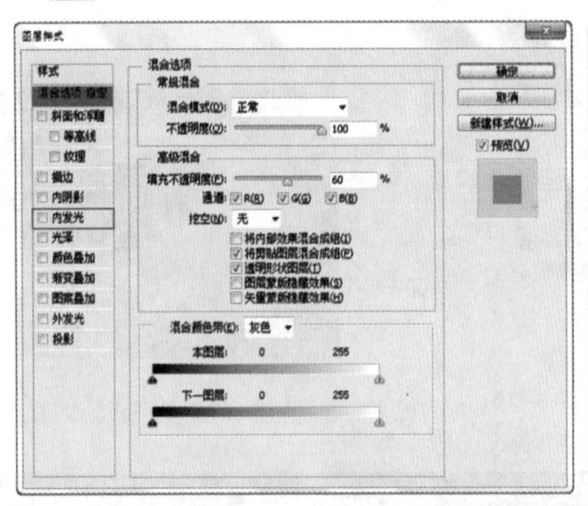

图 10-113

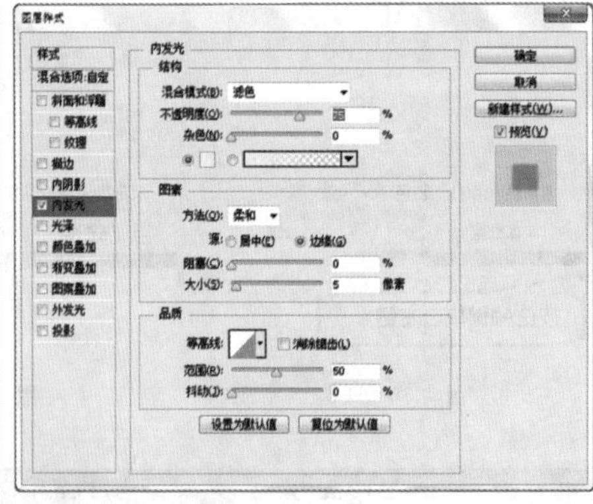

图 10-114

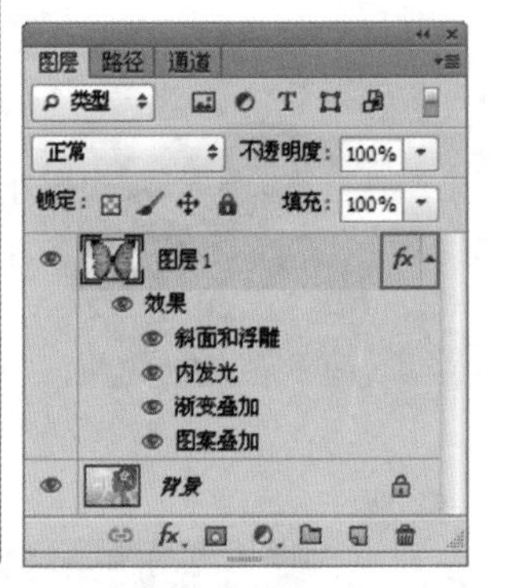

图 10-115

10.4.2 动手学：显示与隐藏图层样式

如果要隐藏一个样式，可以在“图层”面板中单击该样式前面的👁图标，如图10-116～图10-119所示。

如果要隐藏某个图层中的所有样式，可以单击“效果”前面的👁图标，如图10-120所示。

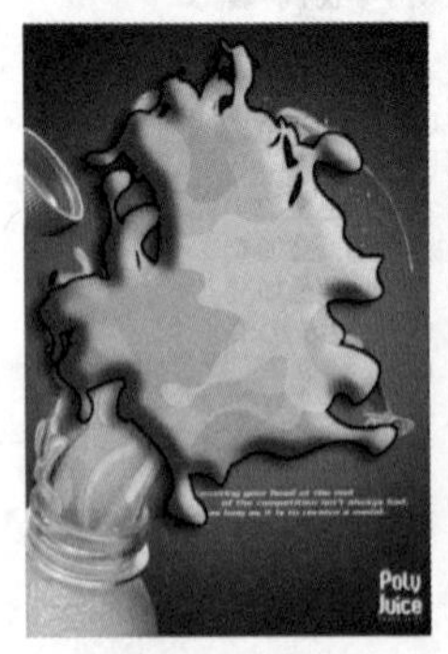

图 10-116

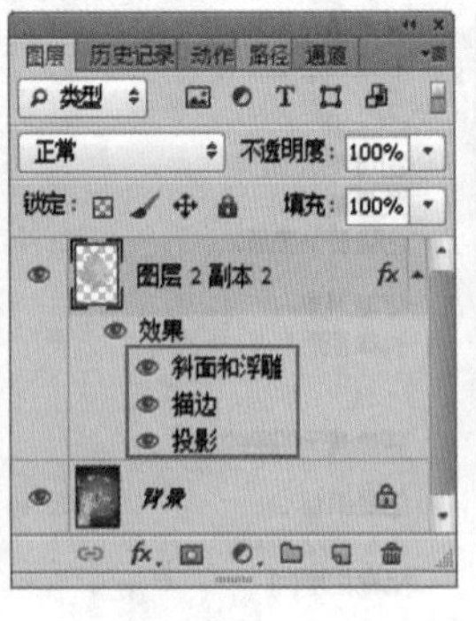

图 10-117

图 10-118

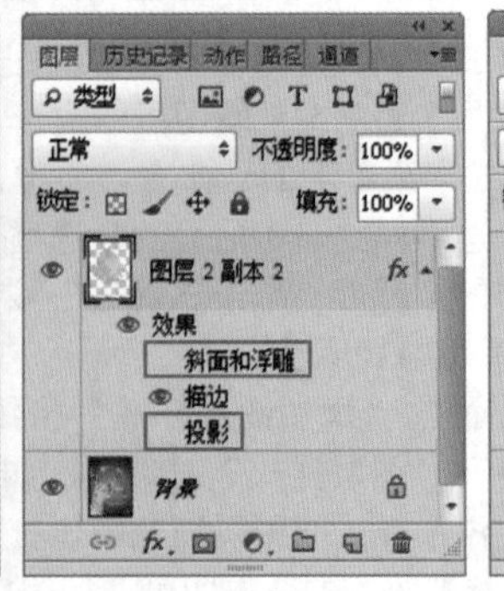

图 10-119

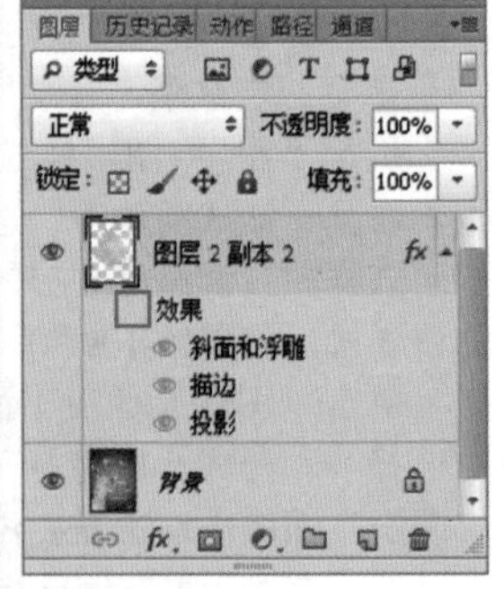

图 10-120

如果要隐藏整个文档中所有图层的图层样式，可以执行“图层>图层样式>隐藏所有效果”命令，如图10-121所示。

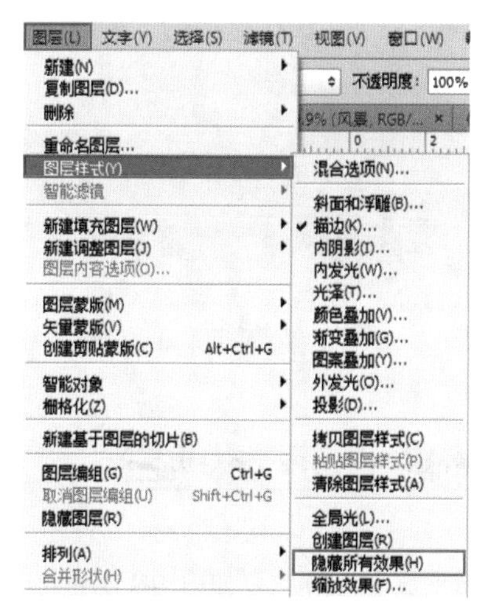

图　10—121

10.4.3　动手学：修改图层样式

要修改图层样式，再次对图层执行“图层>图层样式”命令或在“图层”面板中双击该样式的名称，弹出“图层样式”对话框，进行参数的修改即可，如图10-122和图10-123所示。

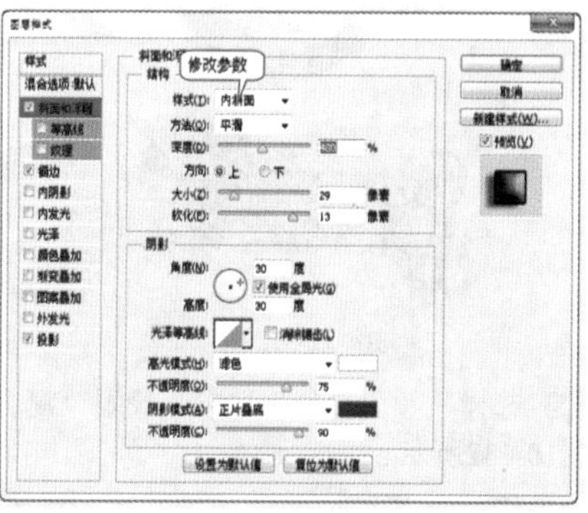

图　10—122　　　　图　10—123

10.4.4　动手学：复制/粘贴图层样式

技术速查：当文档中有多个需要使用同样样式的图层时，可以进行图层样式的复制与粘贴。

选择需要复制图层样式的图层，执行“图层>图层样式>拷贝图层样式”命令，或者在图层名称上单击鼠标右键，在弹出的快捷菜单中执行“拷贝图层样式”命令，接着选择目标图层，再执行“图层>图层样式>粘贴图层样式”命令，或者在目标图层的名称上单击鼠标右键，在弹出的快捷菜单中执行“粘贴图层样式”命令，如图10-124和图10-125所示。

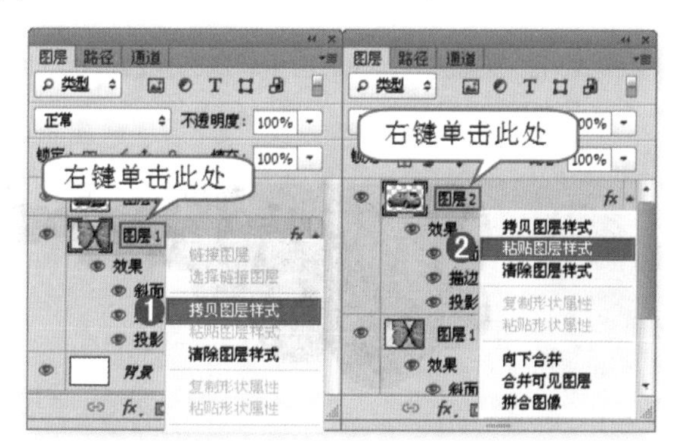

图　10—124　　　　图　10—125

★ 案例实战——使用图层样式制作卡通海报

案例文件	案例文件\第10章\使用图层样式制作卡通海报.psd
视频教学	视频文件\第10章\使用图层样式制作卡通海报.flv
难易指数	★★★★★
技术要点	“拷贝图层样式”、“粘贴图层样式”命令

案例效果

本例主要使用“拷贝图层样式”、“粘贴图层样式”等命令制作卡通海报，如图10-127所示。

技术拓展：复制样式的快捷方法

按住Alt键的同时将“效果”拖曳到目标图层上，可以复制/粘贴所有样式，如图10-126所示；按住Alt键的同时将单个样式拖曳到目标图层上，可以复制/粘贴该样式。需要注意的是，如果没有按住Alt键，则是将样式移动到目标图层中，原始图层不再有样式。

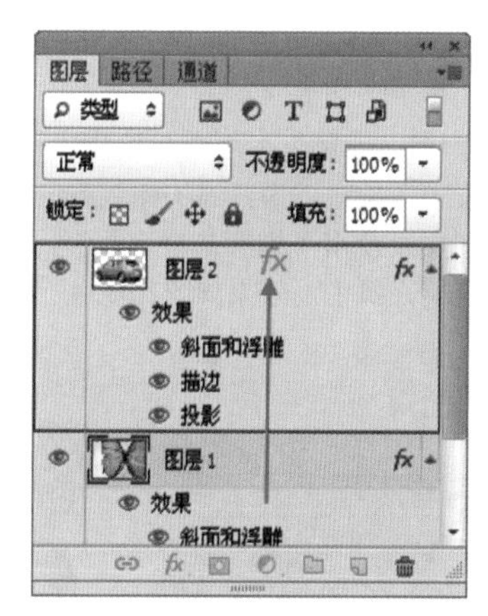

图　10—126

操作步骤

01 新建文件，单击工具箱中的“自定形状工具”按钮，在选项栏中设置绘制模式为“像素”，选择合适的形状，如图10-128所示。在画面中绘制形状，如图10-129所示。执行“图层>图层样式>内阴影”命令，设置“混合模式”为“正片叠底”，颜色为黑色，“不透明度”为83%，“角度”为148度，“距离”为8像素，“阻塞”为0%，“大小”为18像素，如图10-130所示。

图 10-127

图 10-128

02 选择“颜色叠加”选项，设置“混合模式”为“正常”，颜色为粉色，“不透明度”为100%，如图10-131所示。效果如图10-132所示。

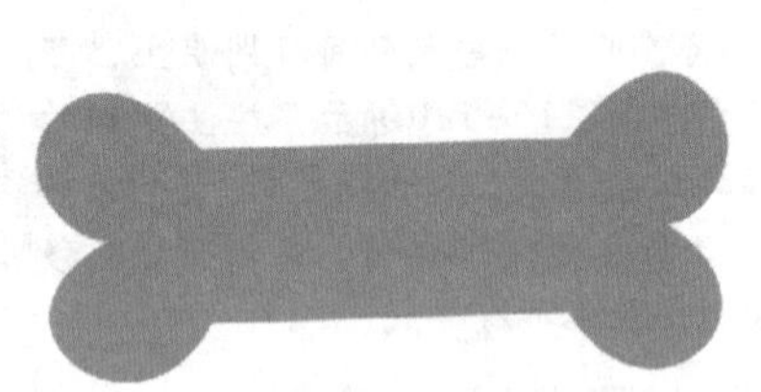

图 10-129

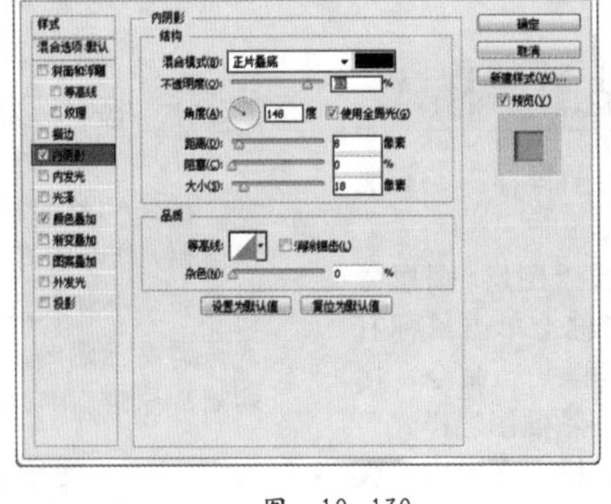

图 10-130

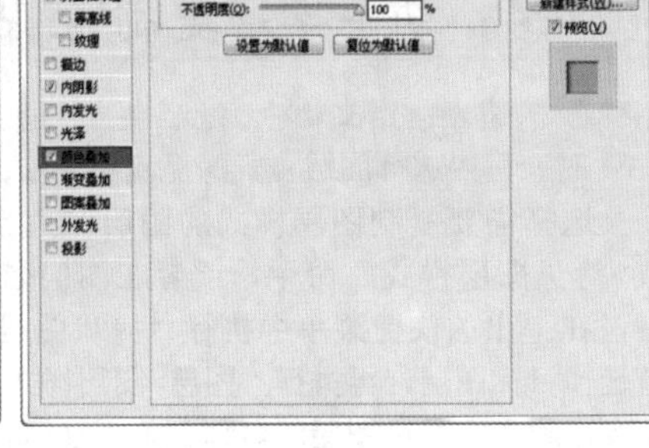

图 10-131

03 导入素材1.png置于画面中，按住Ctrl键单击“骨头”图层缩览图载入选区。选中素材图层，单击“图层”面板底部的“添加图层蒙版”按钮，为其添加图层蒙版。效果如图10-133所示。

04 新建图层，使用“椭圆选框工具”，在选项栏中设置选区运算模式为添加到选区，在画面中绘制云朵的形状选区。新建图层并为其填充颜色，效果如图10-134所示。

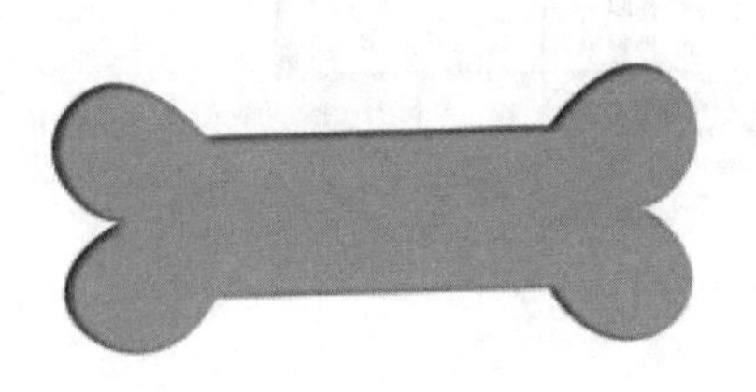

图 10-132

图 10-133

图 10-134

05 在“骨头”图层样式上单击鼠标右键，在弹出的快捷菜单中执行“拷贝图层样式”命令，并在新绘制的“云朵”图层上单击鼠标右键，在弹出的快捷菜单中执行“粘贴图层样式”命令，此时“云朵”图层也具有了相同的样式，如图10-135所示。用同样的方法为云朵添加图案，如图10-136所示。

图 10-135

图 10-136

06 导入素材文件2.png，置于画面中合适位置，执行“图层>图层样式>描边”命令，设置“大小”为13像素，“位置”为“外部”，“填充类型”为“颜色”，“颜色”为黄色，如图10-137所示。选择“投影”选项，设置“混合模式”为“正片叠底”，颜色为黑色，“角度”为148度，“距离”为25像素，“扩展”为0%，“大小”为29像素，如图10-138所示。效果如图10-139所示。

07 导入前景装饰素材文件3.png，最终效果如图10-140所示。

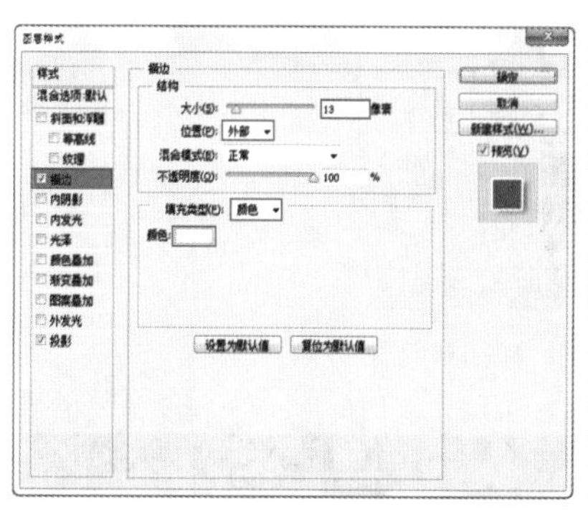

图 10-137

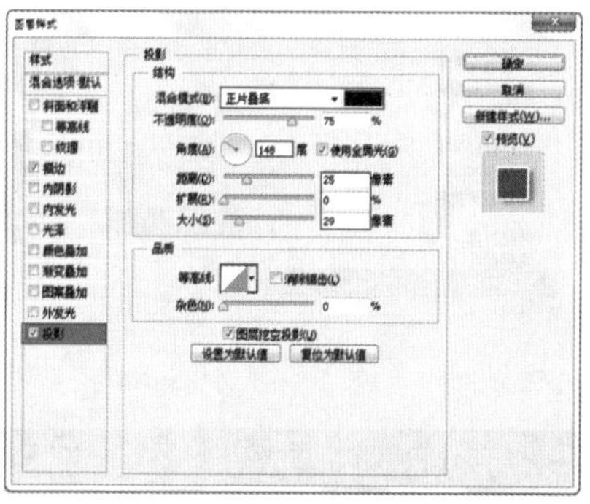

图 10-138

图 10-139　图 10-140

思维点拨：可爱风格颜色搭配

本案例应用到可爱风格颜色搭配，可爱色通常运用在电影海报、儿童书籍和食品包装中，展现纯真的效果。明亮柔和的色彩形成了温暖舒适的氛围，可爱的造型唤起人们儿时纯真的记忆，给人留下深刻印象，如图10-141所示。

图 10-141

10.4.5 动手学：清除图层样式

技术速查：使用“清除图层样式”命令可以去除图层样式、混合模式以及不透明度属性。

将某一样式拖曳到“删除图层”按钮上，就可以删除某个图层样式，如图10-142所示。

如果要删除某个图层中的所有样式，可以选择该图层，然后执行“图层>图层样式>清除图层样式”命令，或在图层名称上单击鼠标右键，在弹出的快捷菜单中执行“清除图层样式”命令，如图10-143所示。

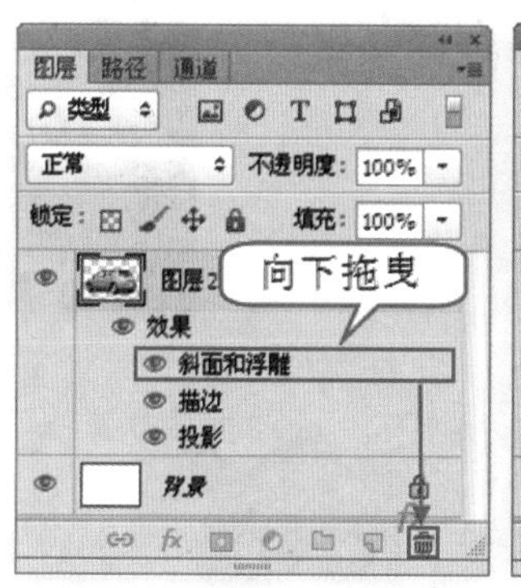

图 10-142

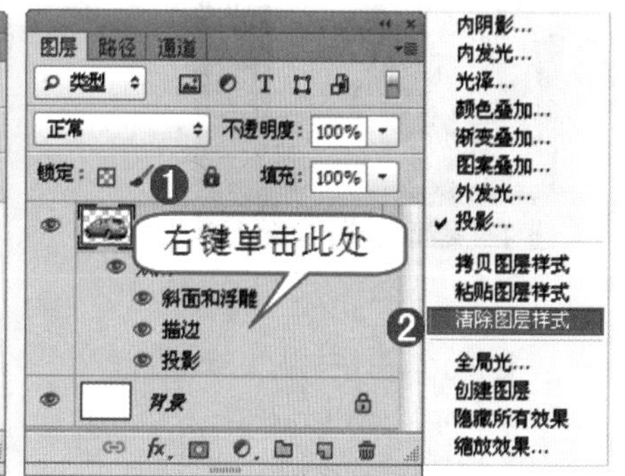

图 10-143

10.4.6 动手学：栅格化图层样式

技术速查：“栅格化图层样式”命令可以将图层样式部分转换为与普通图层的其他部分一样进行编辑处理，但是不再具有可以调整图层参数的功能。

选中具有图层样式的图层，执行“图层>栅格化>图层样式”命令，即可将当前图层的图层样式栅格化到当前图层中，如

图10-144～图10-146所示。

图　10-144

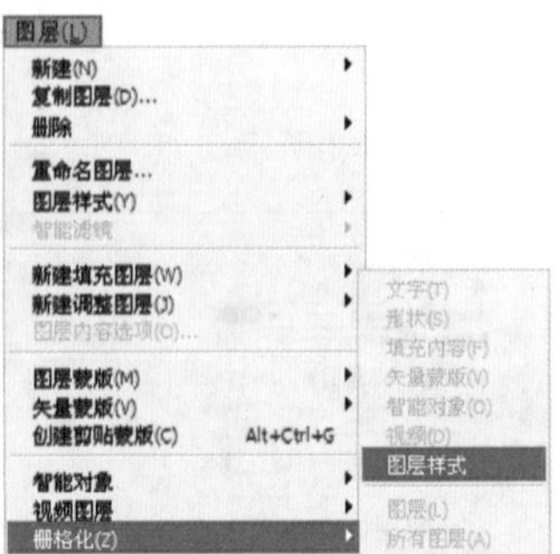

图　10-145

图　10-146

10.5 图层样式

技术速查：使用图层样式可以快速为图层中的内容添加多种效果，如浮雕、描边、发光、投影等效果。

图层样式以其使用简单、效果多变、修改方便的特性广受用户的青睐，是制作质感效果的“绝对利器”，尤其是涉及创意文字或LOGO设计时，图层样式更是必不可少的工具。如图10-147～图10-149所示为一些使用多种图层样式制作的作品。

执行“图层>图层样式”菜单下的子命令，如图10-150所示，可弹出“图层样式”对话框，其中包括10种图层样式：斜面和浮雕、描边、内阴影、内发光、光泽、颜色叠加、渐变叠加、图案叠加、外发光与投影。这些图层样式包括“阴影”、“发光”、“凸起”、“光泽”、“叠加”、“描边”等属性。

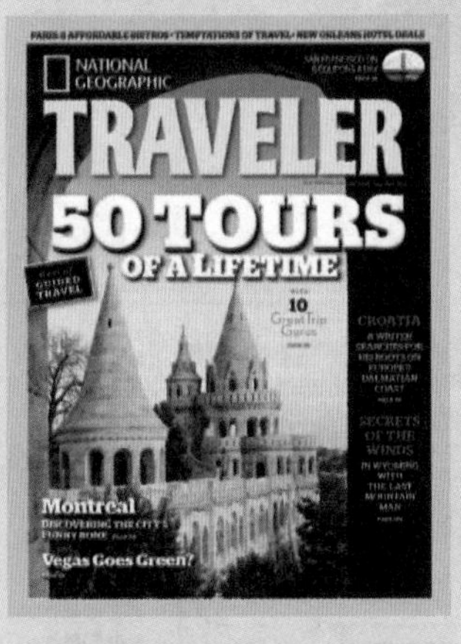

图　10-147

图　10-148

图　10-149

图　10-150

如图10-151所示为未添加图层样式的效果，如图10-152所示为分别使用10种图层样式的效果。当然，多种图层样式共同使用还可以制作出更加丰富的奇特效果。

图　10-151

图　10-152

10.5.1 斜面和浮雕

- 视频精讲：Photoshop CS6自学视频教程\72.斜面和浮雕样式.flv
- 技术速查：“斜面和浮雕”样式可以为图层添加高光与阴影，使图像产生立体的浮雕效果，常用于立体文字的模拟。

在“斜面和浮雕”参数面板中可以对斜面和浮雕的结构以及阴影属性进行设置，如图10-153所示。如图10-154和图10-155所示为原始图像与添加了“斜面和浮雕”样式以后的图像效果。

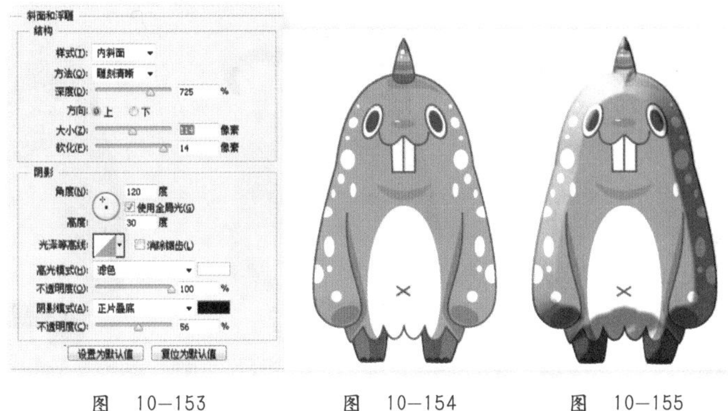

图 10—153　　图 10—154　　图 10—155

设置斜面和浮雕

- 样式：选择斜面和浮雕的样式。如图10-156所示为未添加任何效果的原图片。选择“外斜面”，可以在图层内容的外侧边缘创建斜面，如图10-157所示；选择“内斜面”，可以在图层内容的内侧边缘创建斜面，如图10-158所示；选择“浮雕效果”，可以使图层内容相对于下层图层产生浮雕状的效果，如图10-159所示；选择“枕状浮雕”，可以模拟图层内容的边缘嵌入到下层图层中产生的效果，如图10-160所示；选择“描边浮雕”，可以将浮雕应用于图层的“描边”样式的边界，如果图层没有“描边”样式，则不会产生效果，如图10-161所示。

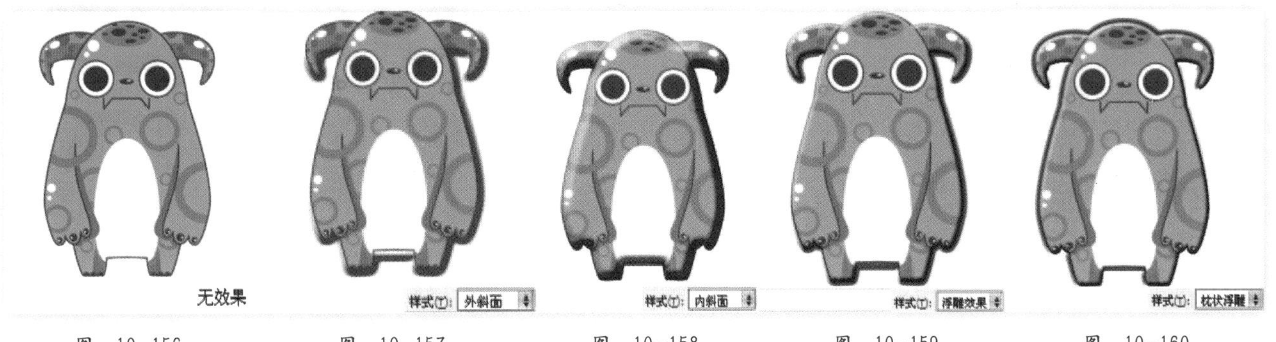

图 10—156　　图 10—157　　图 10—158　　图 10—159　　图 10—160

- 方法：用来选择创建浮雕的方法。选择“平滑”，可以得到比较柔和的边缘，如图10-162所示；选择“雕刻清晰”，可以得到最精确的浮雕边缘，如图10-163所示；选择“雕刻柔和”，可以得到中等水平的浮雕效果，如图10-164所示。
- 深度：用来设置浮雕斜面的应用深度，该值越大，浮雕的立体感越强，如图10-165和图10-166所示。

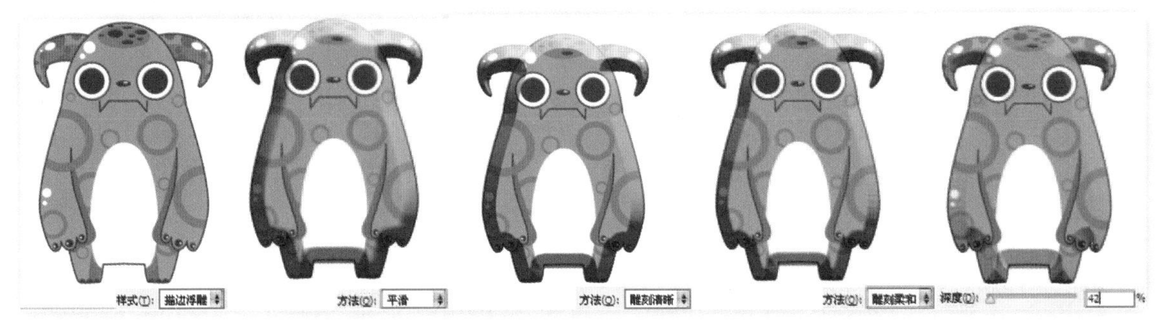

图 10—161　　图 10—162　　图 10—163　　图 10—164　　图 10—165

- 方向：用来设置高光和阴影的位置，该选项与光源的角度有关。
- 大小：该选项表示斜面和浮雕的阴影面积的大小。
- 软化：用来设置斜面和浮雕的平滑程度，如图10-167和图10-168所示。
- 角度/高度：“角度”选项用来设置光源的发光角度，如图10-169所示；“高度”选项用来设置光源的高度，如图10-170所示。

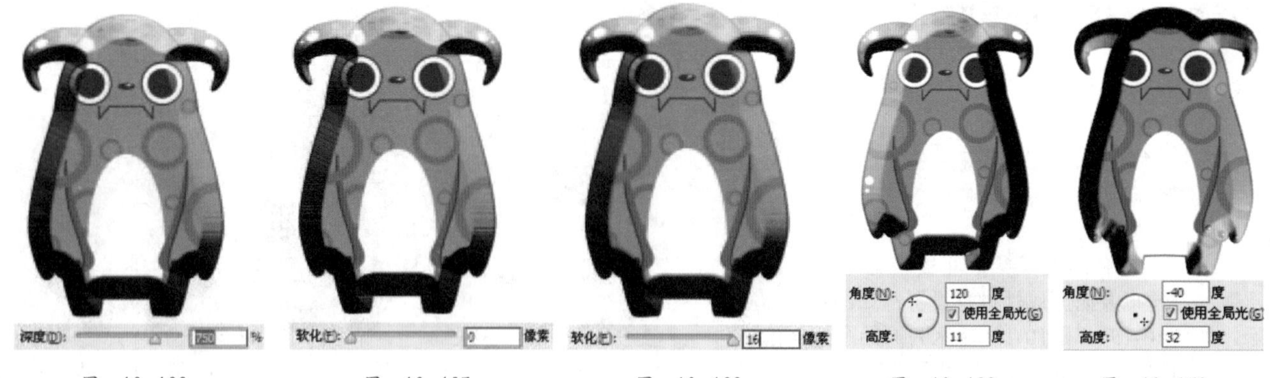

图 10-166　　图 10-167　　图 10-168　　图 10-169　　图 10-170

- 使用全局光：选中该复选框，则所有浮雕样式的光照角度都将保持在同一个方向。
- 光泽等高线：选择不同的等高线样式，可以为斜面和浮雕的表面添加不同的光泽质感，也可以自己编辑等高线样式，如图10-171和图10-172所示。
- 消除锯齿：当设置了光泽等高线时，斜面边缘可能会产生锯齿，选中该复选框可以消除锯齿。
- 高光模式/不透明度：用来设置高光的混合模式和不透明度，后面的色块用于设置高光的颜色。
- 阴影模式/不透明度：用来设置阴影的混合模式和不透明度，后面的色块用于设置阴影的颜色。

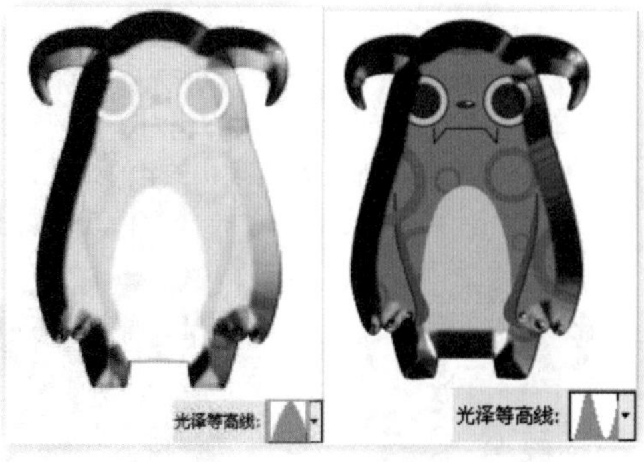

图 10-171　　图 10-172

设置等高线

选择“斜面和浮雕”样式下面的“等高线”选项，可切换到“等高线”设置面板，如图10-173所示。使用“等高线”可以在浮雕中创建凹凸起伏的效果，如图10-174～图10-177所示。

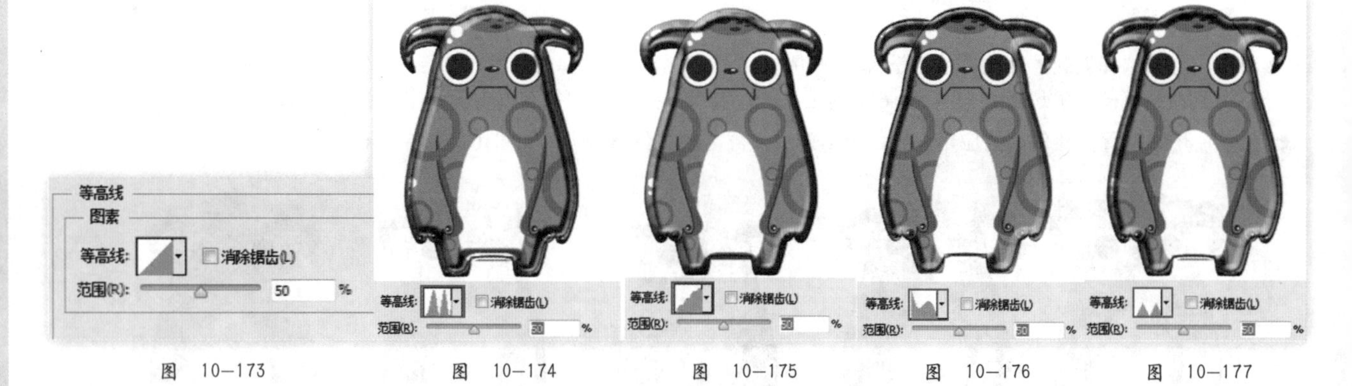

图 10-173　　图 10-174　　图 10-175　　图 10-176　　图 10-177

设置纹理

选择“等高线”选项下面的“纹理”选项，可切换到“纹理”设置面板，如图10-178和图10-179所示。

图 10-178　　图 10-179

- 图案：单击“图案”选项右侧的按钮，可以在弹出的“图案”拾色器中选择一个图案，并将其应用到斜面和浮雕上。
- “从当前图案创建新的预设”按钮：单击该按钮，可以将当前设置的图案创建为一个新的预设图案，同时新图案会保存在“图案”拾色器中。
- 贴紧原点：将原点对齐图层或文档的左上角。
- 缩放：用来设置图案的大小。
- 深度：用来设置图案纹理的使用程度。
- 反相：选中该复选框，可以反转图案纹理的凹凸方向。
- 与图层链接：选中该复选框，可以将图案和图层链接在一起，这样在对图层进行变换等操作时，图案也会跟着一同变换。

思维点拨：如何模拟金属质感

为文字添加“斜面和浮雕”样式是模拟金属效果常用的方法，要想做的更加真实，可以在表面设置纹理，如图10-180所示。

图 10-180

★ 案例实战——使用图层样式制作缤纷文字招贴

案例文件	案例文件\第10章\使用图层样式制作缤纷文字招贴.psd
视频教学	视频文件\第10章\使用图层样式制作缤纷文字招贴.flv
难易指数	★★★★★
技术要点	斜面和浮雕、等高线与纹理的设置

案例效果

本例主要是利用图层样式制作缤纷文字招贴，如图10-181所示。

操作步骤

01 打开本书配套光盘中的素材文件1.jpg，如图10-182所示。使用“横排文字工具”在画面中输入文字，单击选项栏中的“创建文字变形”按钮，设置“样式”为“扇形”，选中“水平”单选按钮，设置“弯曲”为11%，如图10-183所示。效果如图10-184所示。

图 10-181

图 10-182

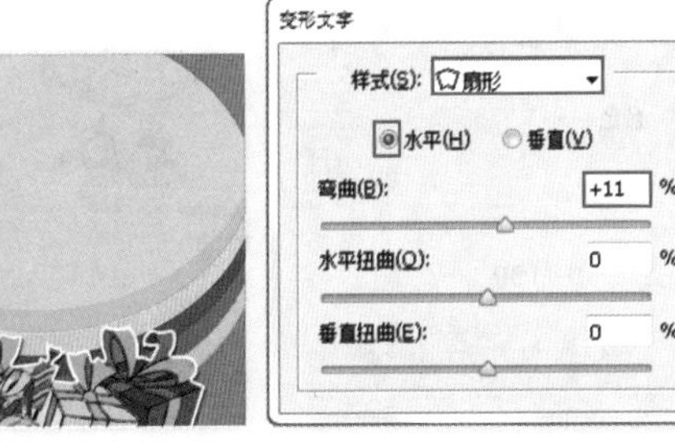

图 10-183

图 10-184

02 对文字执行“图层>图层样式>斜面和浮雕”命令，设置“样式”为“内斜面”，“方法”为“平滑”，“深度”为52%，“方向”为“上”，“大小”为6像素，“软化”为3像素，“角度”为90度，“高度”为80度；设置“高光模式”、“阴影模式”均为“线性减淡（添加）”，设置阴影、高光“不透明度”均为100%，如图10-185所示。选择“等高线”选项，在“等高线”面板中选择合适的等高线形态，设置“范围”为50%，如图10-186所示。

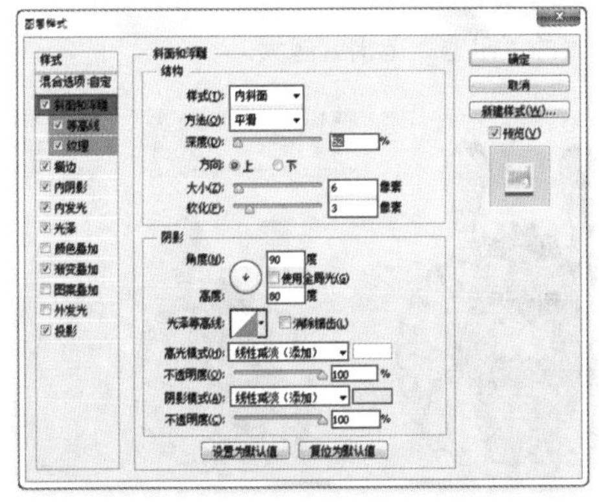

图 10-185

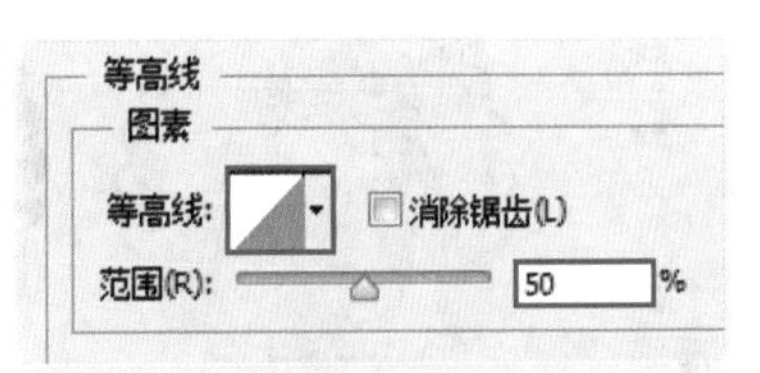

图 10-186

03 选择“纹理”选项，设置合适的纹理图案，设置“缩放”为146%，“深度”为100%，如图10-187所示。效果如图10-188所示。

04 最后导入前景装饰素材。最终效果如图10-189所示。

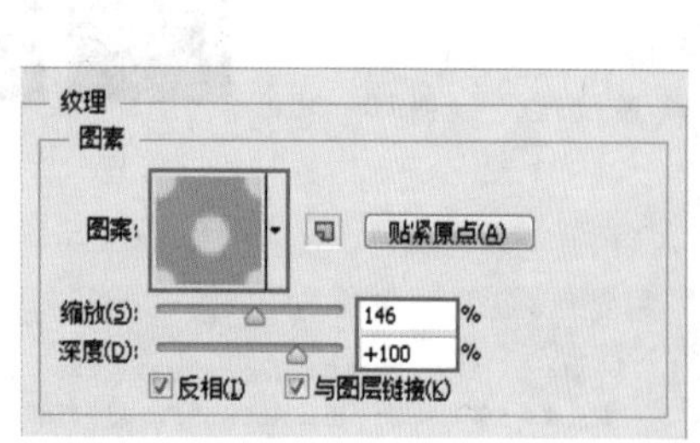

图 10—187

图 10—188

图 10—189

10.5.2 描边

视频精讲：Photoshop CS6自学视频教程\73.描边样式.flv

技术速查：“描边”样式可以使用颜色、渐变以及图案来描绘图像的轮廓边缘。

在“描边”参数面板中可以对描边大小、位置、混合模式、不透明度、填充类型以及填充内容进行设置，如图10-190所示。如图10-191所示为“渐变描边”、“颜色描边”和“图案”描边效果。

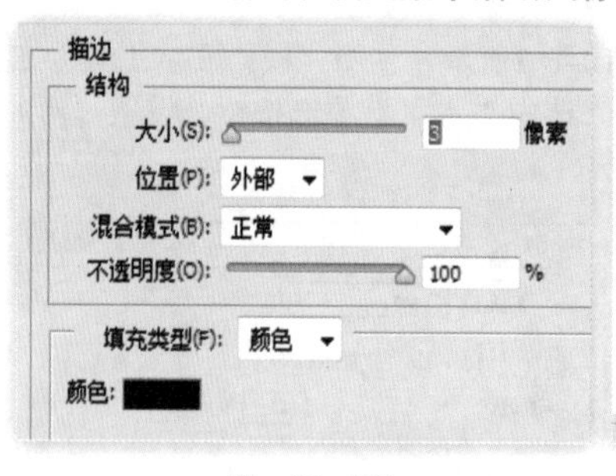

图 10—190

图 10—191

10.5.3 内阴影

视频精讲：Photoshop CS6自学视频教程\74.内阴影样式与投影样式.flv

技术速查：“内阴影”样式可以在紧靠图层内容的边缘内添加阴影，使图层内容产生凹陷效果。

在“内阴影”参数面板中可以对“内阴影”的结构以及品质进行设置，如图10-192所示。如图10-193和图10-194所示分别为原始图像及添加了“内阴影”样式后的效果。

“内阴影”与“投影”的参数设置基本相同，只不过“投影”是用“扩展”选项来控制投影边缘的柔化程度，而“内阴影”是通过“阻塞”选项来控制的。“阻塞”选项可以在模糊之前收缩内阴影的边界，如图10-195所示。另外，“大小”选项与“阻塞”选项是相互关联的，“大小”数值越大，可设置的“阻塞”范围就越大。

图 10—192　　图 10—193　　图 10—194　　图 10—195

☆ 视频课堂——制作者质感晶莹文字

案例文件\第10章\视频课堂——制作质感晶莹文字.psd
视频文件\第10章\视频课堂——制作质感晶莹文字.flv
思路解析：

01 使用“横排文字工具”在画面中输入文字。
02 为其添加“斜面与浮雕”图层样式。
03 为其添加“内阴影”图层样式。
04 为其添加“内发光”图层样式。
05 为其添加“外发光”图层样式。

10.5.4 内发光

- 视频精讲：Photoshop CS6自学视频教程\75.内发光与外发光效果.flv
- 技术速查：“内发光”样式可以沿图层内容的边缘向内创建发光效果，也会使对象出现些许的凸起感。

在“内发光”参数面板中可以对“内发光”的结构、图素以及品质进行设置，如图10-196所示。如图10-197和图10-198所示分别为原始图像以及添加了“内发光”样式以后的图像效果。

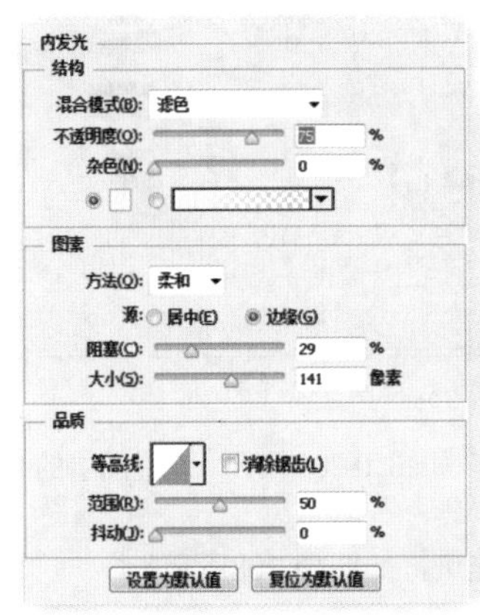

图 10—196

图 10—197

图 10—198

- 混合模式：设置发光效果与下面图层的混合方式。
- 不透明度：设置发光效果的不透明度。
- 杂色：在发光效果中添加随机的杂色效果，使光晕产生颗粒感。
- 发光颜色：单击“杂色”选项下面的颜色块，可以设置发光颜色；单击颜色块后面的渐变条，可以在“渐变编辑器”对话框中选择或编辑渐变色。
- 方法：用来设置发光的方式。选择“柔和”选项，发光效果比较柔和；选择“精确”选项，可以得到精确的发光边缘。
- 源：控制光源的位置。
- 阻塞：用来在模糊之前收缩发光的杂边边界。
- 大小：设置光晕范围的大小。
- 等高线：使用等高线可以控制发光的形状。
- 范围：控制发光中作为等高线目标的部分或范围。
- 抖动：改变渐变的颜色和不透明度的应用。

★ 案例实战——使用混合模式与图层样式制作迷幻光效

案例文件	案例文件\第10章\使用混合模式与图层样式制作迷幻光效.psd
视频教学	视频文件\第10章\使用混合模式与图层样式制作迷幻光效.flv
难易指数	★★★★★
技术要点	图层不透明度、圆角矩形工具

案例效果

本例主要是通过使用混合模式与图层样式制作迷幻光效，如图10-199所示。

操作步骤

01 新建文件，使用画笔工具在背景中进行涂抹绘制，制作出绿色系的背景效果，如图10-200所示。

02 新建图层，使用“圆角矩形工具”，设置前景色为黑色，设置绘制模式为“像素”，“半径”为“10像素”，

如图10-201所示。在画面中绘制圆角矩形，并旋转45°，如图10-202所示。

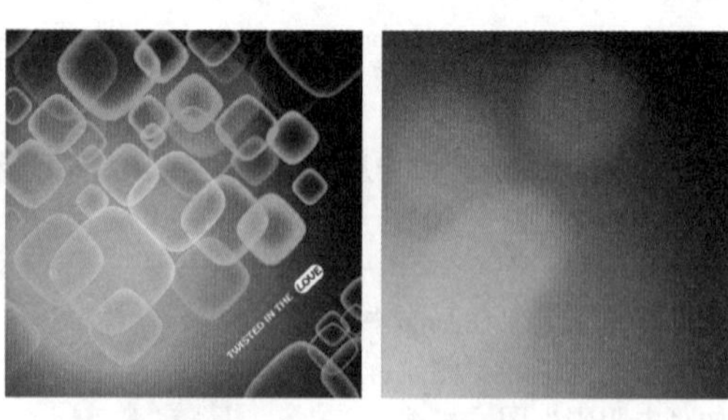

图 10-199　　图 10-200　　图 10-201

03 对矩形执行“图层>图层样式>描边”命令，设置“大小”为3像素，“位置”为“外部”，“混合模式”为“正常”，“不透明度”为100%，“填充类型”为“颜色”，“颜色”为白色，如图10-203所示。选择“内发光”选项，设置“混合模式”为“滤色”，“颜色”为黄色，“方法”为“柔和”，“阻塞”为0%，“大小”为98像素，单击“确定”按钮，如图10-204所示。效果如图10-205所示。

图 10-202

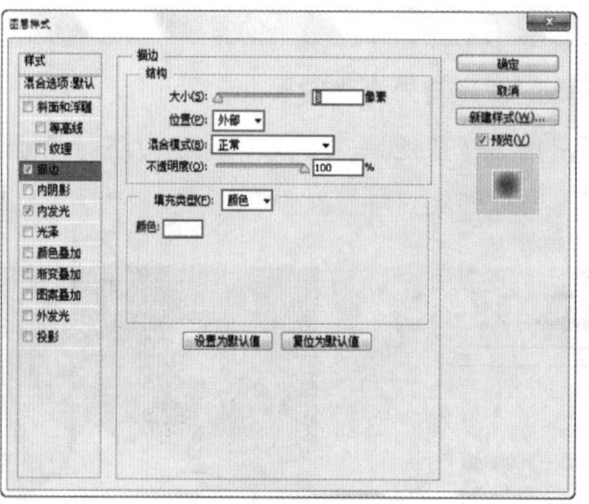

图 10-203

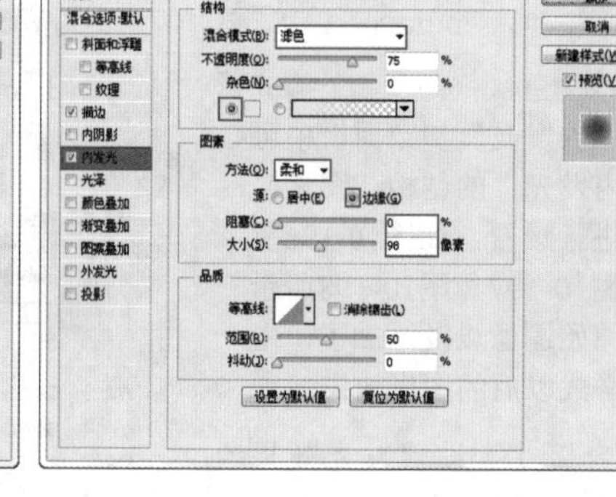

图 10-204

04 设置图层的混合模式为“滤色”，黑色部分被隐藏，如图10-206所示。设置图层的“不透明度”为20%，效果如图10-207所示。

05 多次复制并更改大小和内发光颜色制作圆角矩形光斑，如图10-208所示。

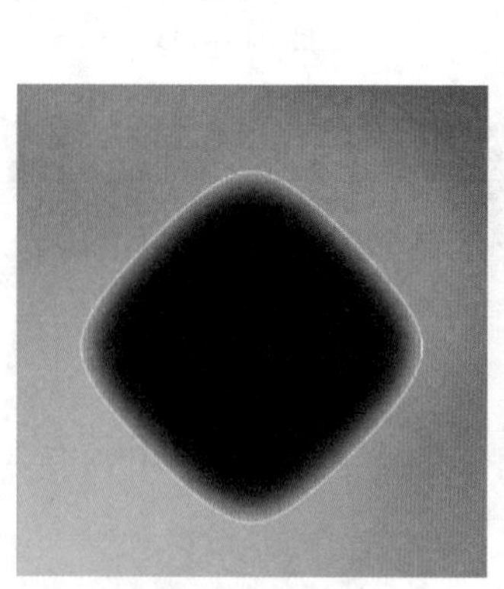

图 10-205　　图 10-206

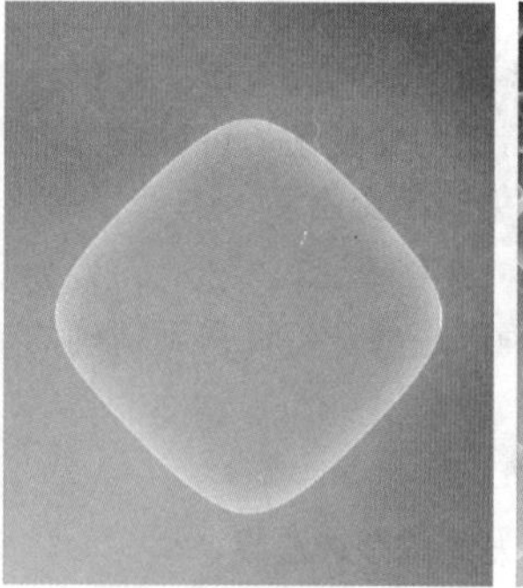

图 10-207

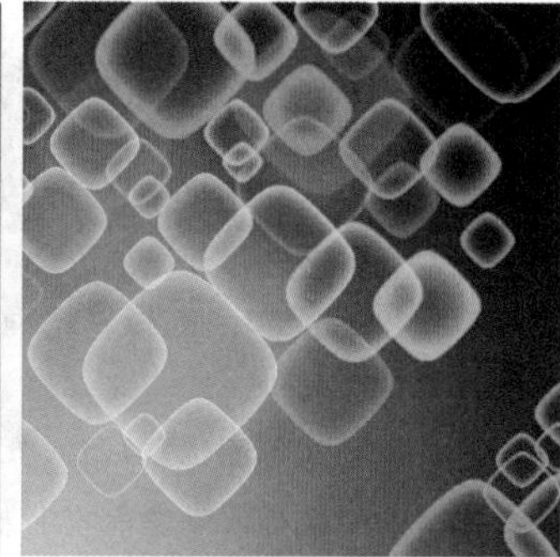

图 10-208

06 新建图层，使用“渐变工具”，设置渐变类型为径向，设置合适的渐变颜色，如图10-209所示。在画面中单击进行拖曳绘制，如图10-210所示。

07 设置图层的混合模式为“强光”，“不透明度”为50%，如图10-211所示。效果如图10-212所示。

图 10-209

08 使用“横排文字工具”在画面中合适位置输入文字，并将其旋转到合适的角度。最终效果如图10-213所示。

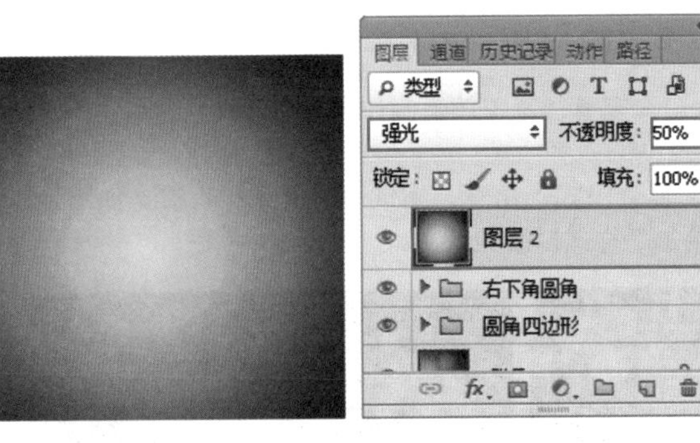

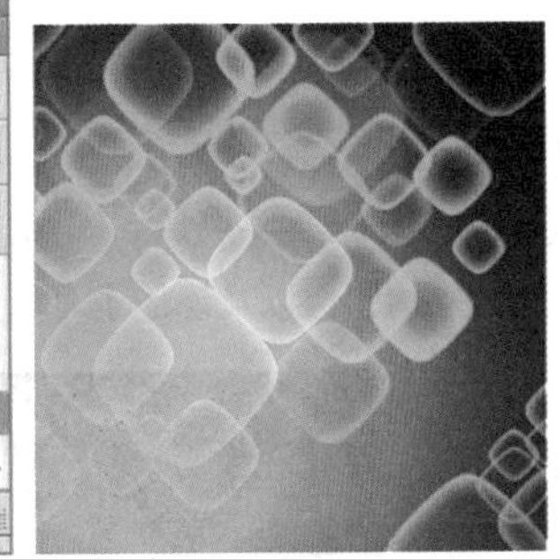

图 10-210　　图 10-211　　图 10-212　　图 10-213

10.5.5 光泽

视频精讲：Photoshop CS6自学视频教程\76.光泽效果.flv

技术速查：“光泽”样式可以为图像添加光滑的、具有光泽的内部阴影，通常用来制作具有光泽质感的按钮或金属。

在“光泽”参数面板中可以对“光泽”的颜色、混合模式、不透明度、角度、距离、大小、等高线等进行设置，如图10-214所示。“光泽”样式的参数与其他样式几乎相同，这里不再重复讲解。如图10-215和图10-216所示分别为原始图像与添加了“光泽”样式以后的图像效果。

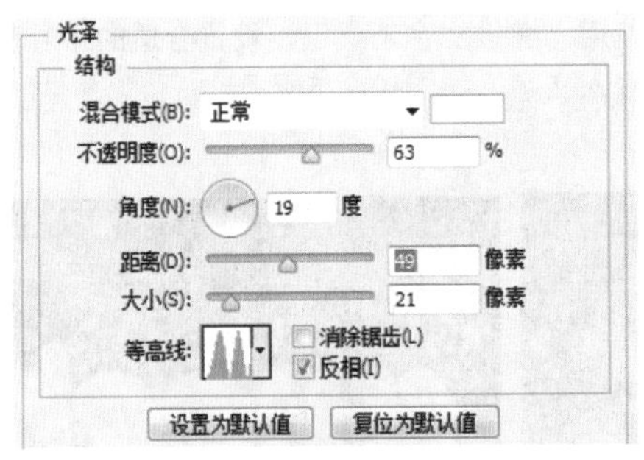

图 10-214　　图 10-215　　图 10-216

10.5.6 颜色叠加

视频精讲：Photoshop CS6自学视频教程\77.颜色叠加、渐变叠加、图案叠加.flv

技术速查：“颜色叠加”样式可以在图像上叠加设置的颜色，并且可以通过模式的修改调整图像与颜色的混合效果。

在“颜色叠加”参数面板中可以对“颜色叠加”的颜色、混合模式以及不透明度进行设置，如图10-217所示。如图10-218和图10-219所示分别为原始图像与添加了“颜色叠加”样式以后的图像效果。

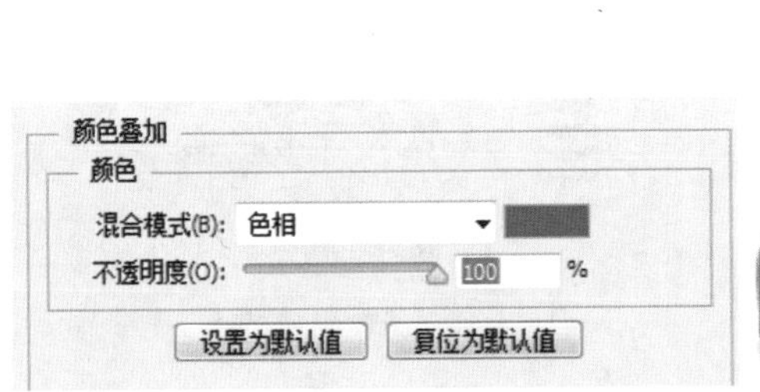

图 10-217　　图 10-218　　图 10-219

10.5.7 渐变叠加

- 视频精讲：Photoshop CS6自学视频教程\77.颜色叠加、渐变叠加、图案叠加.flv
- 技术速查："渐变叠加"样式可以在图层上叠加指定的渐变色，渐变叠加不仅能够制作带有多种颜色的对象，更能够通过巧妙的渐变颜色设置制作出凸起、凹陷等三维效果以及带有反光的质感效果。

在"渐变叠加"参数面板中可以对"渐变叠加"的渐变颜色、混合模式、角度、缩放等参数进行设置，如图10-220所示。如图10-221和图10-222所示分别为原始图像以及添加了"渐变叠加"样式以后的效果。

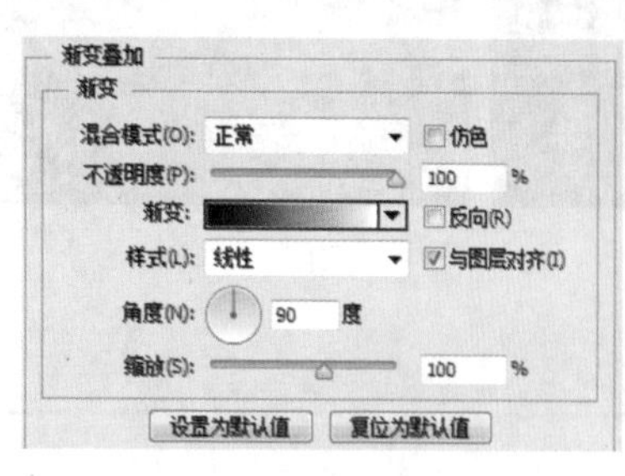

图 10—220

图 10—221

图 10—222

★ 案例实战——使用图层样式制作多彩质感文字

案例文件	案例文件\第10章\使用图层样式制作多彩质感文字.psd
视频教学	视频文件\第10章\使用图层样式制作多彩质感文字.flv
难易指数	★★★★★
技术要点	斜面和浮雕、内发光、渐变叠加

案例效果

本例主要是利用多种图层样式制作多彩质感文字，如图10-223所示。

操作步骤

01 打开本书配套光盘中的背景素材1.jpg，如图10-224所示。使用"横排文字工具"，设置合适的字号和字体，在画面中输入文字，如图10-225所示。

图 10—223

图 10—224

图 10—225

02 对文字执行"图层>图层样式>斜面和浮雕"命令，设置"样式"为"内斜面"，"方法"为"平滑"，"深度"为72%，"方向"为"上"，"大小"为29像素，"软化"为1像素，"角度"为0度，"高度"为80度，"高光模式"为"线性减淡（添加）"，"不透明度"为100%，"阴影模式"为"颜色减淡"，颜色为玫粉色，"不透明度"为100%，如图10-226所示。

03 选择"内发光"选项，设置"混合模式"为"颜色减淡"，"不透明度"为15%，颜色为黄色，"方法"为"柔和"，"源"为"边缘"，"大小"为35像素，如图10-227所示。

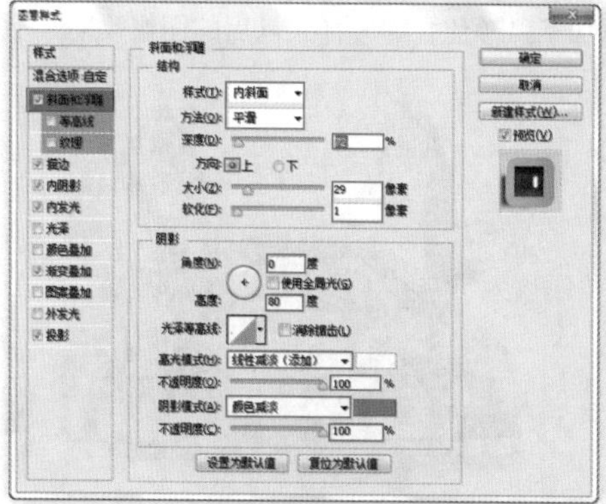

图 10—226

图 10—227

04 选择“渐变叠加”选项，设置“混合模式”为“正片叠底”，编辑一种七彩渐变颜色，设置“样式”为“线性”，如图10-228所示。添加样式后的文字效果如图10-229所示。

05 最后导入前景素材2.png，置于画面中合适的位置。最终效果如图10-230所示。

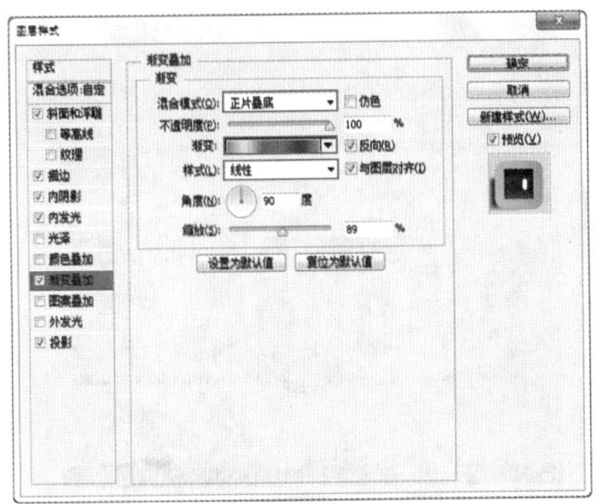
图 10-228

图 10-229

图 10-230

10.5.8 图案叠加

视频精讲：Photoshop CS6自学视频教程\77.颜色叠加、渐变叠加、图案叠加.flv

技术速查：“图案叠加”样式可以在图像上叠加图案，与“颜色叠加”、“渐变叠加”样式相同，也可以通过混合模式的设置使叠加的图案与原图像进行混合。

在“图案叠加”参数面板中可以对“图案叠加”的图案、混合模式、不透明度等参数进行设置，如图10-231所示。如图10-232和图10-233所示分别为原始图像与添加了“图案叠加”样式以后的图像效果。

图 10-231

图 10-232

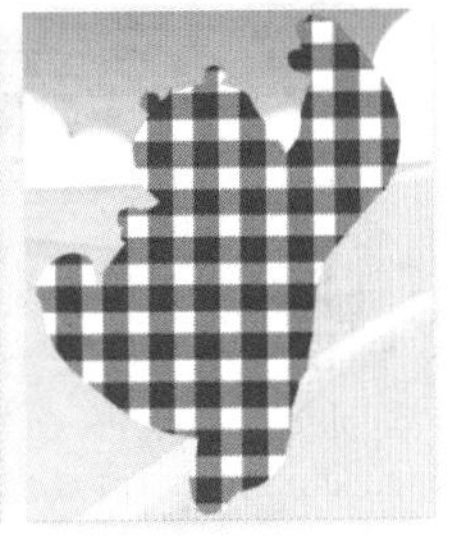
图 10-233

★ 案例实战——使用图案叠加制作奶牛文字

案例文件	案例文件\第10章\使用图案叠加制作奶牛文字.psd
视频教学	视频文件\第10章\使用图案叠加制作奶牛文字.flv
难易指数	★★★★★
技术要点	图案叠加、描边、光泽

案例效果

本例主要是使用“图层样式”制作奶牛文字，如图10-234所示。

图 10-234

操作步骤

01 打开本书配套光盘中的素材1.jpg，并使用“横排文字工具”在画面中合适的位置输入文字，如图10-235所示。

02 导入图像素材2.jpg，执行“编辑>定义图案预设”命令，输入合适的图案名称，如图10-236所示。

图 10-235

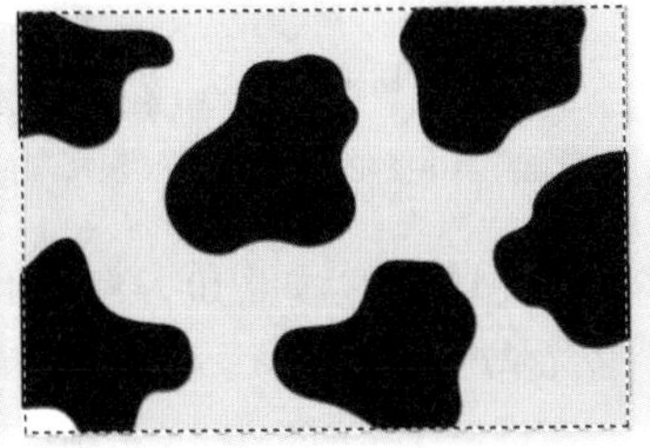

图 10-236

03 执行“图层>图层样式>描边”命令，设置“大小”为9像素，“位置”为“外部”，“填充类型”为“渐变”，编辑黑白色系的渐变，“样式”为“线性”，如图10-237所示。选择“光泽”选项，设置“混合模式”为“变亮”，设置合适的光泽颜色，设置“不透明度”为47%，“角度”为19度，“距离”为18像素，“大小”为18像素，如图10-238所示。效果如图10-239所示。

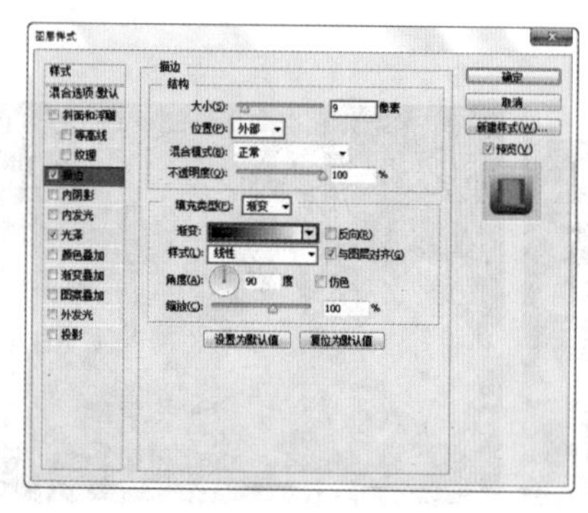

图 10-237

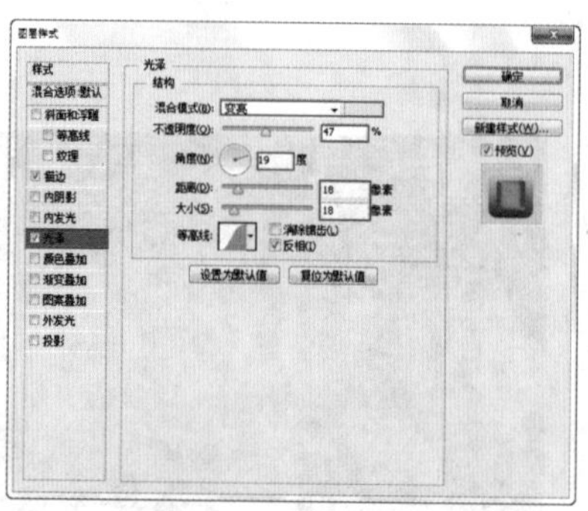

图 10-238

图 10-239

04 选择“图案叠加”选项，在“图案”下拉列表框中选择新定义的图案，此时文字表面呈现出奶牛的花纹，如图10-240所示。

05 最后再次导入奶牛素材3.png摆放在合适位置上。最终效果如图10-241所示。

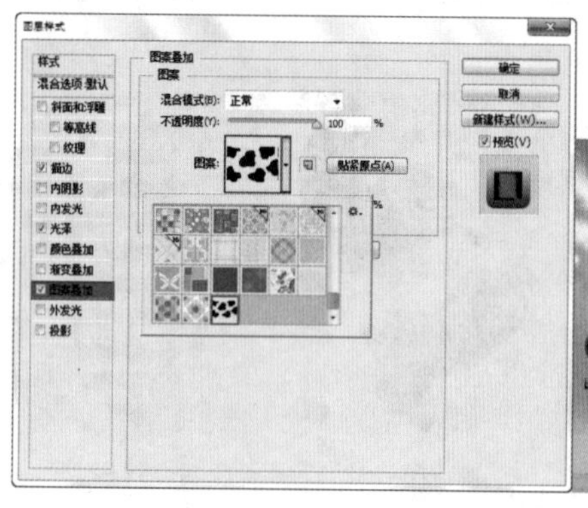

图 10-240

图 10-241

10.5.9 外发光

- 视频精讲：Photoshop CS6自学视频教程\75.内发光与外发光效果.flv
- 技术速查：“外发光”样式可以沿图层内容的边缘向外创建发光效果，可用于制作自发光效果以及人像或者其他对象的梦幻般的光晕效果。

在“外发光”参数面板中可以对“外发光”的结构、图素以及品质进行设置，如图10-242所示。如图10-243和图10-244所示分别为原始图像与添加了“外发光”样式以后的图像效果。

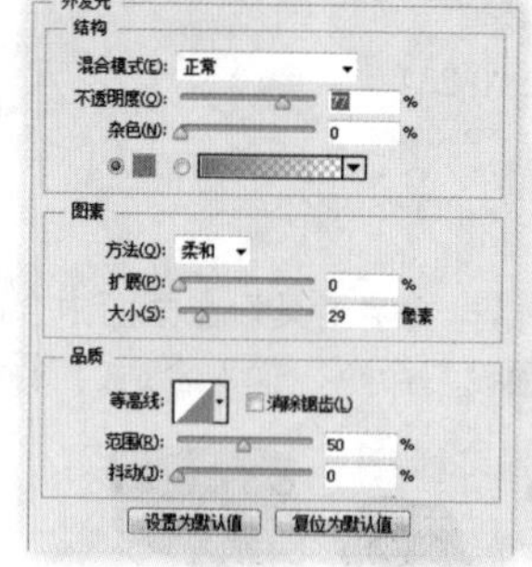

图 10-242

图 10-243

图 10-244

- 混合模式/不透明度：“混合模式”选项用来设置发光效果与下面图层的混合方式；“不透明度”选项用来设置发光效果的不透明度，如图10-245和图10-246所示。
- 杂色：在发光效果中添加随机的杂色效果，使光晕产生颗粒感，如图10-247和图10-248所示。
- 发光颜色：单击“杂色”选项下面的颜色块，可以设置发光颜色；单击颜色块后面的渐变条，可以在“渐变编辑器”对话框中选择或编辑渐变色，如图10-249和图10-250所示。

图 10-245

图 10-246

图 10-247

图 10-248

- 方法：用来设置发光的方式。选择“柔和”选项，发光效果比较柔和，如图10-251所示；选择“精确”选项，可以得到精确的发光边缘，如图10-252所示。

图 10-249

图 10-250

图 10-251

图 10-252

- 扩展/大小：“扩展”选项用来设置发光范围的大小；“大小”选项用来设置光晕范围的大小。

☆ 视频课堂——制作杂志风格空心字

案例文件\第10章\视频课堂——制作杂志风格空心字.psd
视频文件\第10章\视频课堂——制作杂志风格空心字.flv
思路解析：

01 打开素材，使用文字工具在画面中输入文字。
02 将文字摆放在合适位置上。
03 为主体文字添加“外发光”与“渐变叠加”样式。
04 复制并移动主体文字。

10.5.10 投影

- 视频精讲：Photoshop CS6自学视频教程\74.内阴影样式与投影样式.flv
- 技术速查：“投影”样式可以为图层模拟出向后的投影效果，可增强某部分层次感以及立体感，在平面设计中常用于需要突显的文字中。

在“投影”参数面板中可以对“投影”的结构、品质进行设置，如图10-253所示。如图10-254和图10-255所示为添加“投影”样式前后的对比效果。

- 混合模式：用来设置投影与下面图层的混合方式，默认设置为“正片叠底”，如图10-256和图10-257所示。

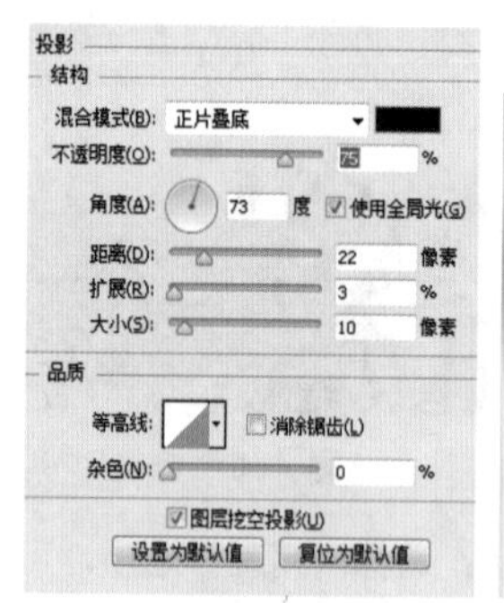

图 10-253

图 10-254

图 10-255

图 10-256

- 阴影颜色：单击“混合模式”选项右侧的颜色块，可以设置阴影的颜色。
- 不透明度：设置投影的不透明度。数值越小，投影越淡。
- 角度：用来设置投影应用于图层时的光照角度，指针方向为光源方向，相反方向为投影方向。如图10-258和图10-259所示分别是设置“角度”为47°和144°时的投影效果。
- 使用全局光：选中该复选框，可以保持所有光照的角度一致；取消选中该复选框，可以为不同的图层分别设置光照角度。
- 距离：用来设置投影偏移图层内容的距离。
- 大小：用来设置投影的模糊范围，该值越大，模糊范围越广；反之，投影越清晰。
- 扩展：用来设置投影的扩展范围。注意，该值会受到“大小”选项的影响。
- 等高线：以调整曲线的形状来控制投影的形状，可以手动调整曲线形状，也可以选择内置的等高线预设，如图10-260～图10-262所示。

图 10-257

图 10-258

图 10-259

图 10-260

- 消除锯齿：混合等高线边缘的像素，使投影更加平滑。该选项对于尺寸较小且具有复杂等高线的投影比较实用。
- 杂色：用来在投影中添加杂色的颗粒感效果，数值越大，颗粒感越强，如图10-263和图10-264所示。

图 10-261

图 10-262

图 10-263

图 10-264

- 图层挖空投影：用来控制半透明图层中投影的可见性。选中该复选框，如果当前图层的“填充”数值小于100%，则半透明图层中的投影不可见。

☆ 视频课堂——使用图层技术制作月色荷塘

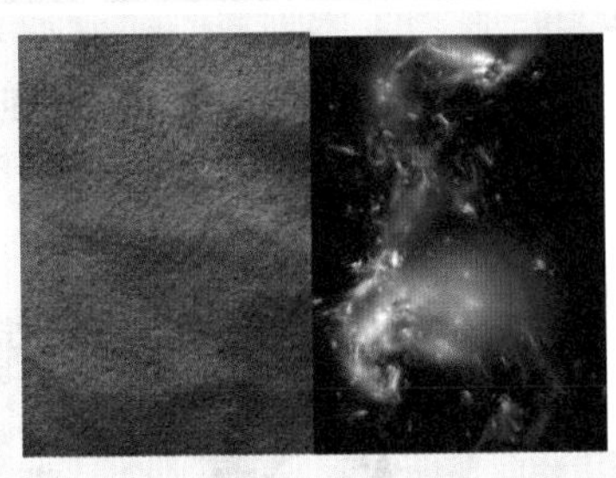

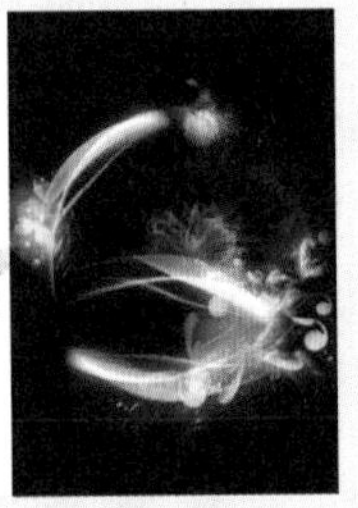

案例文件\第10章\视频课堂——使用图层技术制作月色荷塘.psd
视频文件\第10章\视频课堂——使用图层技术制作月色荷塘.flv
思路解析：

01 使用“泥沙”、“光效”、“彩色”、“水花”等图层混合制作出背景。
02 使用“钢笔工具”绘制出主体形状，并为其添加图层样式。
03 导入鱼、水、花、人像等素材。
04 添加光效并适当调整颜色。

10.6 使用“样式”面板

- 视频精讲：Photoshop CS6自学视频教程\78.使用样式面板.flv

为了便于样式的调用，可以将创建好的图层样式进行存储。同样，图层样式也可以进行载入、删除、重命名等操作。如图10-265所示为“样式”面板中包含的样式，如图10-266所示为使用这几种样式的效果。

图 10—265

图 10—266

10.6.1 认识“样式”面板

- 技术速查：在“样式”面板中可以快速地为图层添加样式，也可以创建新的样式或删除已有的样式。

执行“窗口>样式”命令，可以打开“样式”面板。在“样式”面板的底部包含3个按钮，分别用于快速地清除、创建与删除样式。在面板菜单中可以更改显示方式，还可以复位、载入、存储、替换图层样式，如图10-267所示。

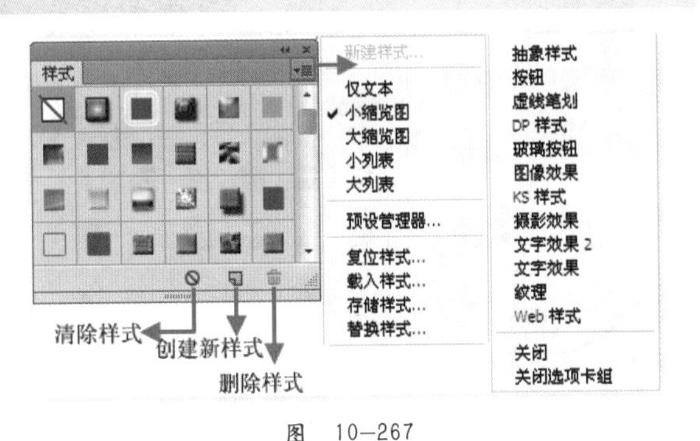

图 10—267

- 清除样式：单击该按钮，即可清除所选图层的样式。
- 创建新样式：如果要将效果创建为样式，可以在“图层”面板中选择添加了效果的图层，然后单击“样式”面板中的“创建新样式”按钮，打开“新建样式”对话框，设置选项并单击“确定”按钮即可创建样式。
- 删除样式：将“样式”面板中的一个样式拖动到该按钮上，即可将其删除。按住Alt键单击一个样式，则可直接将其删除。

★ 案例实战——使用样式面板制作水花飞溅的字母

案例文件	案例文件\第10章\使用样式面板制作水花飞溅的字母.psd
视频教学	视频文件\第10章\使用样式面板制作水花飞溅的字母.flv
难易指数	★★★★★
技术要点	"样式"面板

案例效果

本例主要是利用"样式"面板制作水花飞溅的字母，如图10-268所示。

操作步骤

01 打开本书配套光盘中的素材文件1.jpg，如图10-269所示。使用"横排文字工具"，设置合适的字号和字体，在画面中输入文字，如图10-270所示。

02 执行"窗口>样式"命令，打开"样式"面板，在面板菜单中执行"载入样式"命令，如图10-271所示，并在弹出的对话框中选择4.asl样式素材。

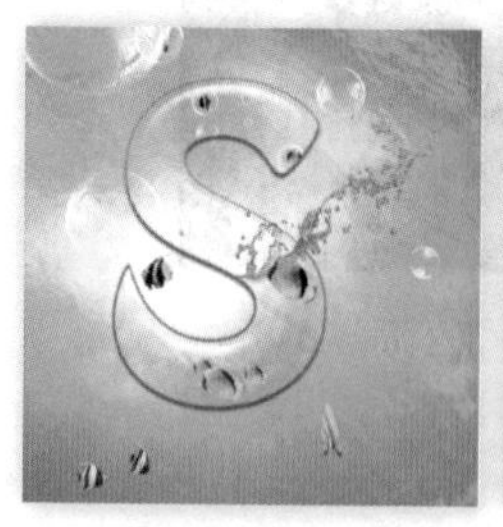

图 10-268

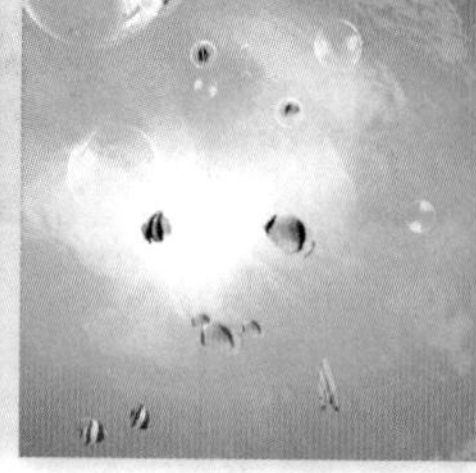

图 10-269

图 10-270

图 10-271

03 选中字母S图层，单击"样式"面板中新载入的样式，如图10-272所示。此时字母出现透明的玻璃效果，如图10-273所示。

04 导入素材2.png，置于画面中合适的位置，如图10-274所示。载入素材的选区，隐藏素材，如图10-275所示。

05 复制文字副本，并以当前选区为文字副本图层添加图层蒙版，如图10-276所示。效果如图10-277所示。

图 10-272

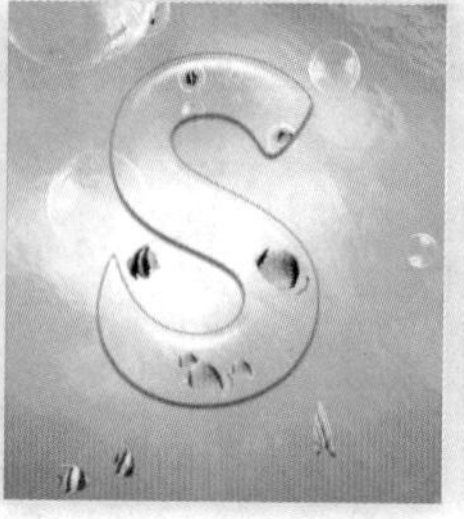

图 10-273

图 10-274

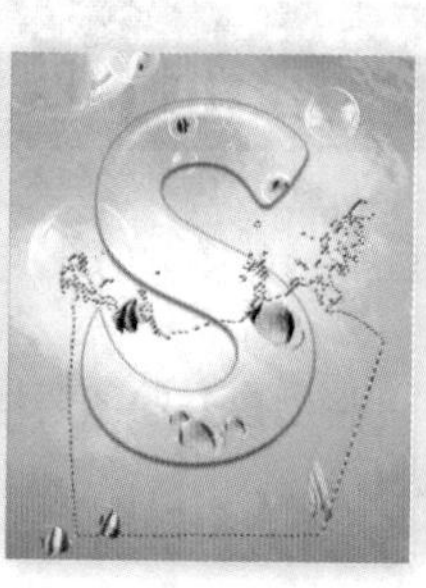

图 10-275

图 10-276

06 选择"S副本"图层，单击"样式"面板中的最后一个样式，如图10-278所示，效果如图10-279所示。

07 导入水素材3.png，置于画面中合适的位置，并为其添加图层蒙版，隐藏合适的部分，效果如图10-280所示。

08 同样单击"样式"面板中最后一个样式。最终效果如图10-281所示。

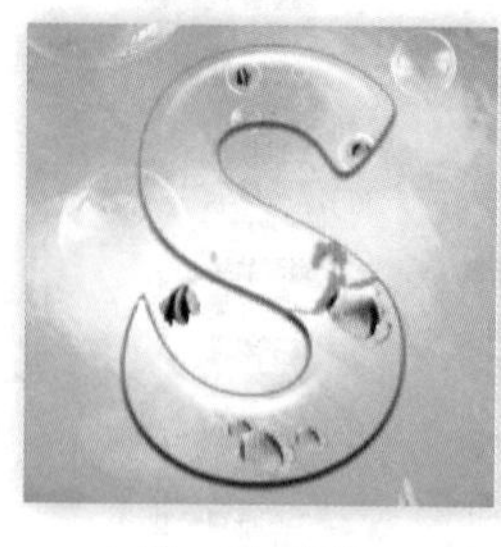

图 10-277

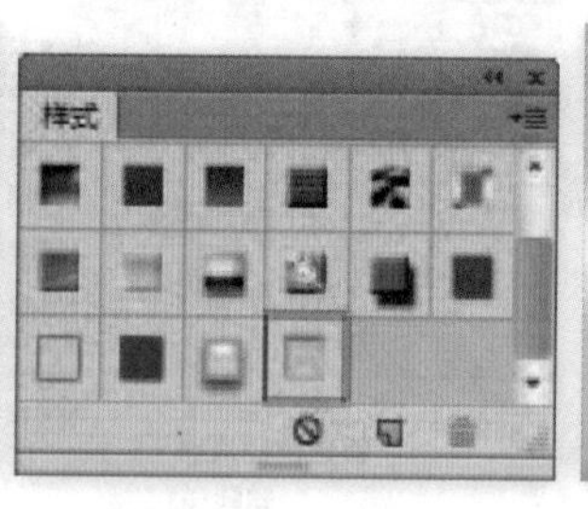

图 10-278

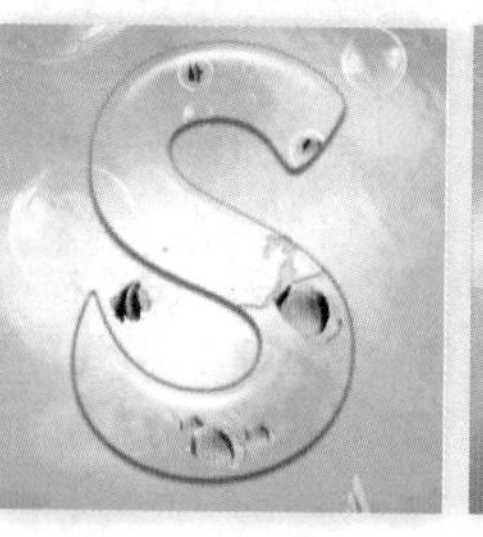

图 10-279

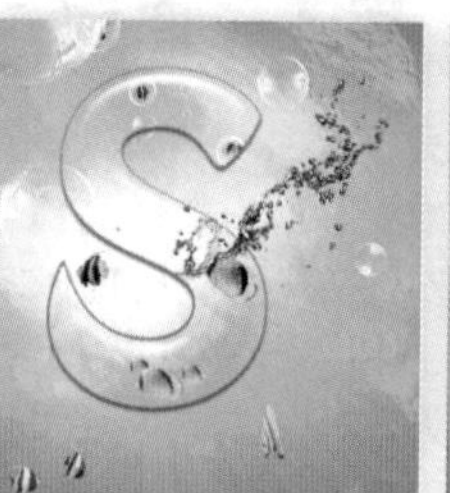

图 10-280

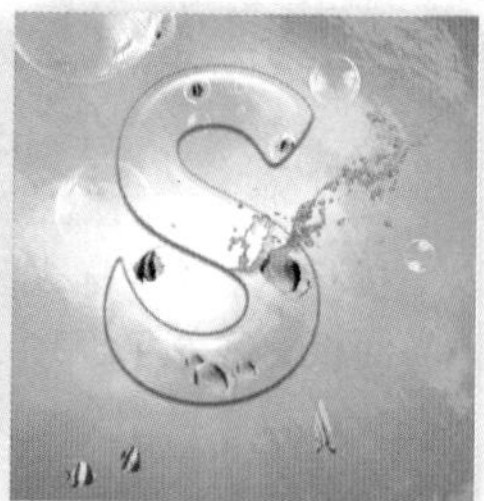

图 10-281

技巧提示

很多时候，使用外挂样式时会出现与预期效果相差甚远的情况，这时可以检查是否是当前样式参数对于当前图像并不适合，可以在图层样式上单击鼠标右键，在弹出的快捷菜单中执行"缩放样式"命令进行调整。

10.6.2 动手学：创建新样式

在Photoshop中可以将当前编辑的图层定义为新样式。在“图层”面板中选择该图层，如图10-282所示，然后在“样式”面板中单击“创建新样式”按钮，如图10-283所示。

在弹出的“新建样式”对话框中为样式设置一个名称，单击“确定”按钮后，新建的样式会保存在“样式”面板的末尾。在“新建样式”对话框中选中“包含图层混合选项”复选框，创建的样式将具有图层中的混合模式，如图10-284所示。

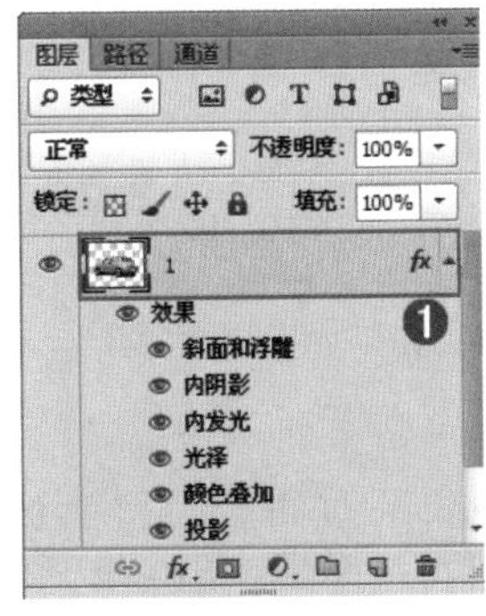

图 10-282

图 10-283

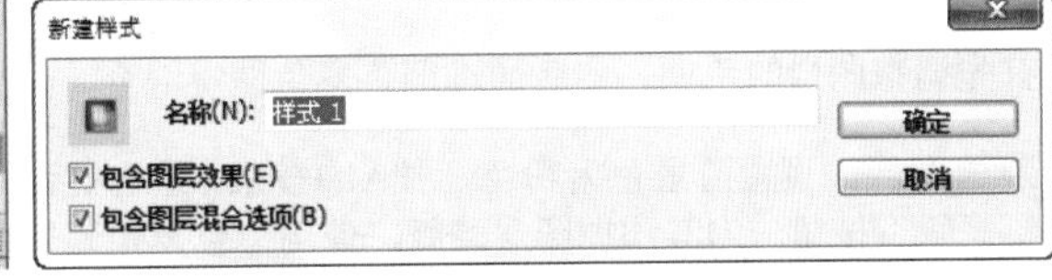

图 10-284

10.6.3 动手学：删除样式

将样式拖曳到“样式”面板下面的“删除样式”按钮上即可删除该样式，如图10-285所示。也可以在“样式”面板中按住Alt键，当光标变为剪刀形状时，单击需要删除的样式即可将其删除。

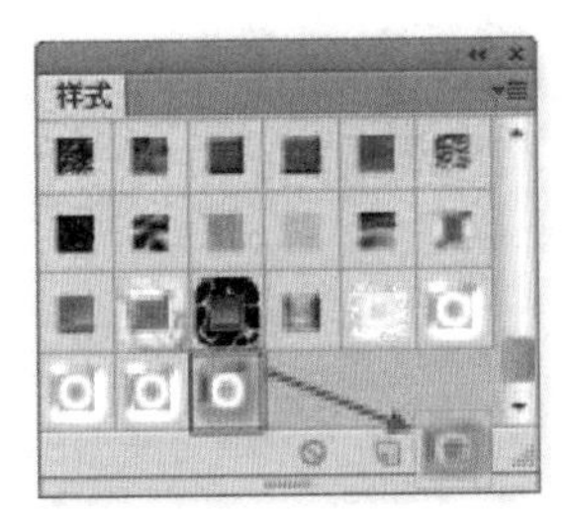

图 10-285

10.6.4 动手学：存储样式库

在Photoshop中可以将“样式”面板中的样式存储为一个独立的文件，以便于传输或调用。将设置好的样式保存到“样式”面板中，在面板菜单中执行“存储样式”命令，如图10-286所示，打开“存储”对话框，然后为其设置一个名称，即可将其保存为一个单独的样式库。

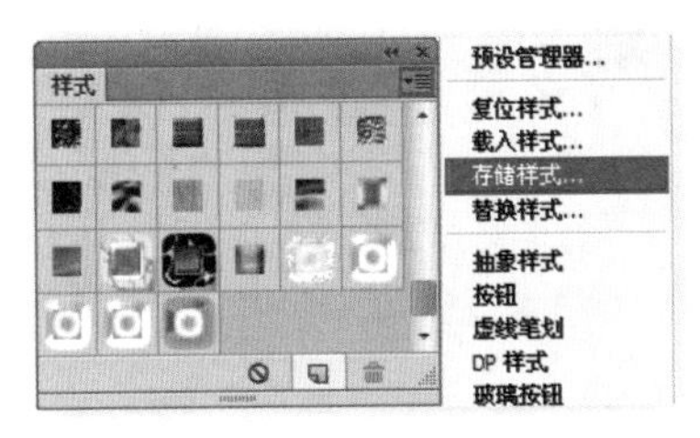

图 10-286

10.6.5 动手学：载入样式库

“样式”面板菜单的下半部分是Photoshop提供的预设样式库，选择一种样式库，如图10-287所示，系统会弹出一个提示对话框，如图10-288所示。如果单击“确定”按钮，可以载入样式库并替换掉“样式”面板中的所有样式；如果单击“追加”按钮，则该样式库会添加到原有样式的后面。

如果想要载入外部样式库素材文件，可以在“样式”面板菜单中执行“载入样式”命令，如图10-289所示，然后选择.asl格式的样式文件即可，如图10-290所示。

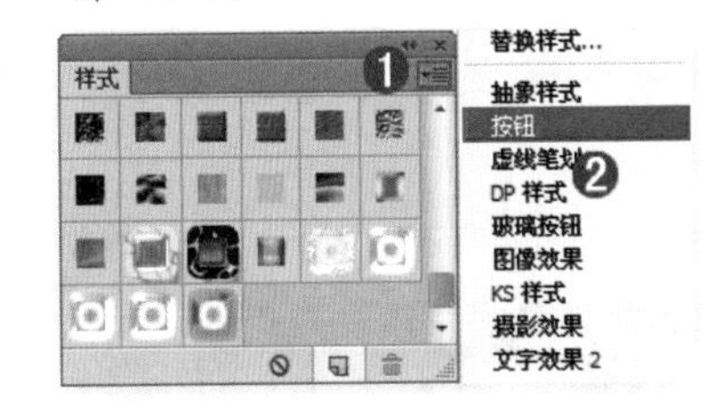

图 10-287

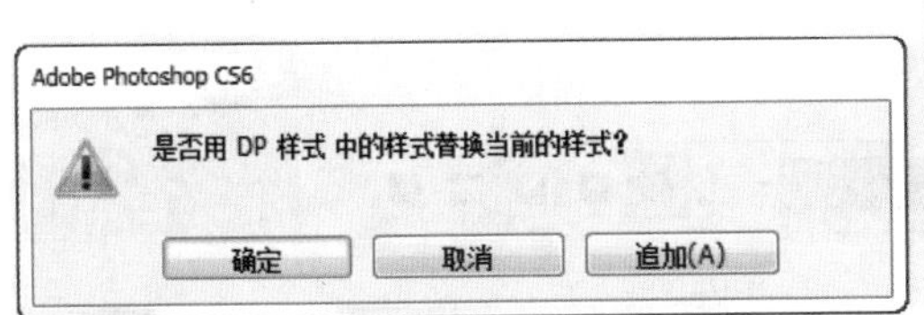

图 10-288

图 10-289

图 10-290

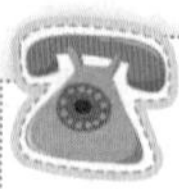

答疑解惑——如何将“样式”面板中的样式恢复到默认状态？

如果要将样式恢复到默认状态，可以在“样式”面板菜单中执行“复位样式”命令，然后在弹出的对话框中单击“确定”按钮即可。

★ 综合实战——使用混合模式打造粉紫色梦幻

案例文件	案例文件\第10章\使用混合模式打造粉紫色梦幻.psd
视频教学	视频文件\第10章\使用混合模式打造粉紫色梦幻.flv
难易指数	★★★★★
技术要点	“滤色”混合模式、“柔光”混合模式、图层不透明度

案例效果

本例首先调整图层的色调，然后通过调整彩色图层混合模式打造粉紫色梦幻效果，如图10-291所示。

操作步骤

01 打开人像素材1.jpg，如图10-292所示。执行“图层>图层样式>色彩平衡”命令，设置“色调”为“中间调”，调整数值为33、19、40，如图10-293所示。效果如图10-294所示。

02 新建图层，设置前景色为粉色，按Alt+Delete组合键为其填充前景色，如图10-295所示。单击“图层”面板底部的“添加图层蒙版”按钮，为其添加图层蒙版，使用黑色柔角画笔在蒙版中绘制，如图10-296所示。效果如图10-297所示。

图 10-291

图 10-292

图 10-293

图 10-294

图 10-295

03 新建图层，使用“渐变工具”，设置合适的渐变色，选择渐变类型为线性，如图10-298所示。在画面中拖曳绘制，如图10-299所示。

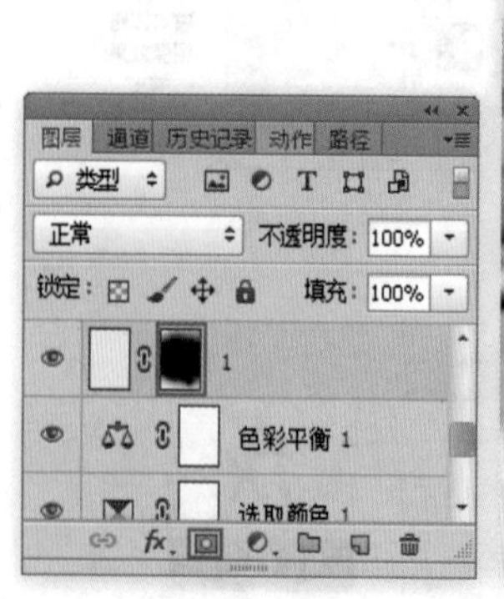

图 10-296

图 10-297

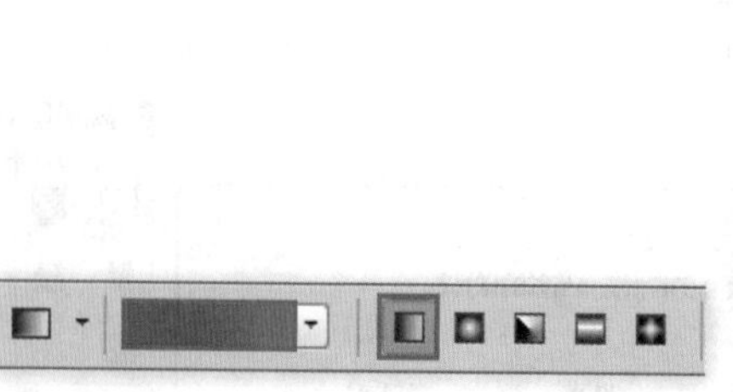

图 10-298

图 10-299

04 设置图层的混合模式为“滤色”，“不透明度”为48%，如图10-300所示。效果如图10-301所示。

05 新建图层，使用画笔工具在画面中合适位置绘制粉色与紫色，设置图层的混合模式为“滤色”，如图10-302所示。效果如图10-303所示。

06 再次新建图层，使用画笔绘制蓝紫色区域，设置图层的混合模式为“柔光”，如图10-304所示。最后导入艺术字素材，效果如图10-305所示。

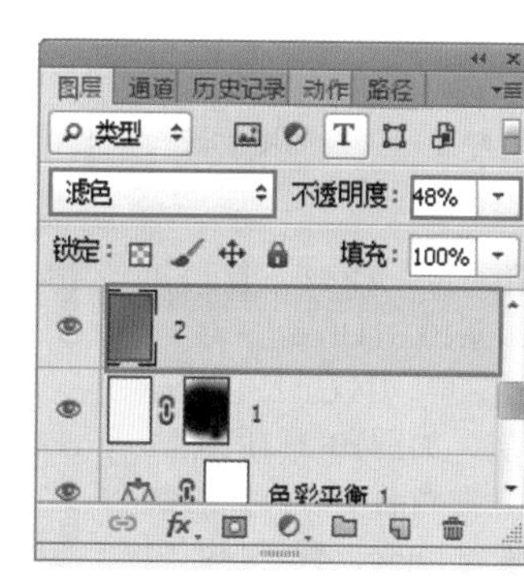

图 10-300

图 10-301

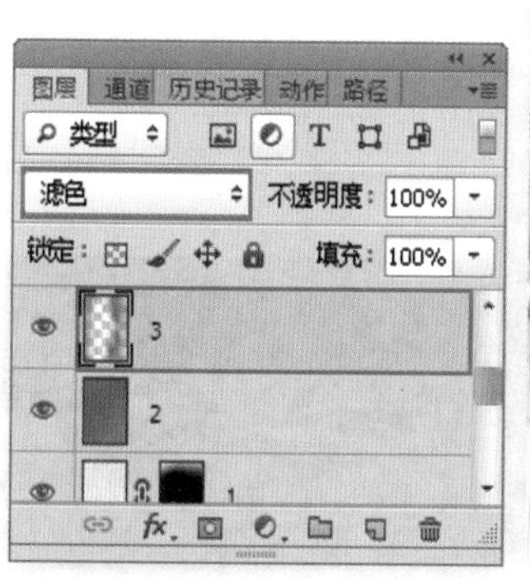

图 10-302

图 10-303

图 10-304

图 10-305

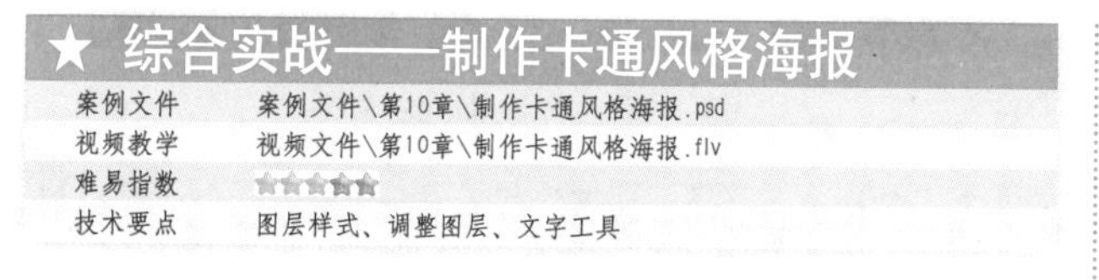

★ 综合实战——制作卡通风格海报

案例文件	案例文件\第10章\制作卡通风格海报.psd
视频教学	视频文件\第10章\制作卡通风格海报.flv
难易指数	★★★★★
技术要点	图层样式、调整图层、文字工具

案例效果

本例主要是通过使用图层样式、调整图层、文字工具等制作绿色卡通海报，如图10-306所示。

操作步骤

01 新建文件，设置前景色为青色。按Alt+Delete组合键为背景填充前景色，如图10-307所示。

图 10-306

图 10-307

02 新建图层，设置前景色为浅一些的青色，如图10-308所示。使用“多边形套索工具”在画面中绘制多边形选区，并为其填充前景色，如图10-309所示。

03 复制多边形图层，按Ctrl+T组合键，将中心点移动到如图10-310所示的位置，将其旋转到合适角度。

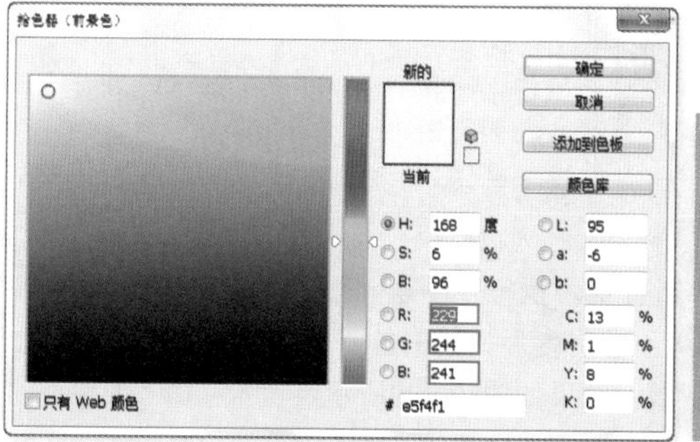

图 10-308

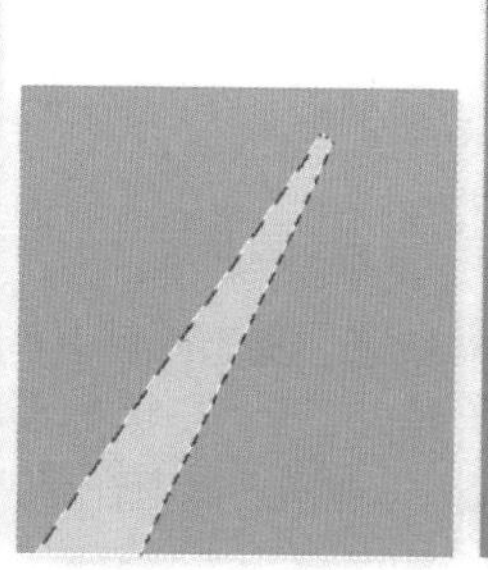

图 10-309

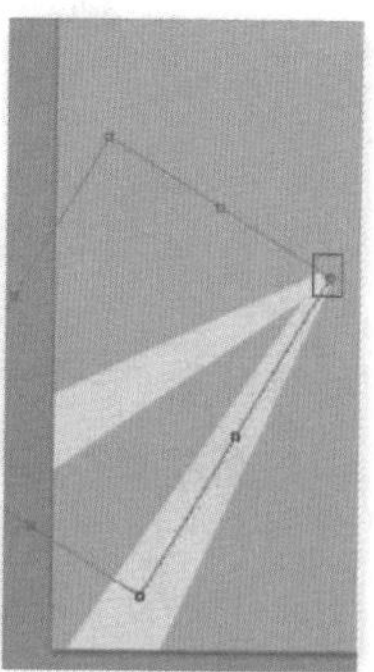

图 10-310

技巧提示

在旋转过程中按住Shift键即可以15°的增量进行旋转。

04 多次按下快捷键Shift+Ctrl+Alt+T，复制并重复上一次变换操作，效果如图10-311所示。

05 选中所有的多边形图层，按Ctrl+E组合键，单击鼠标右键，合并图层，如图10-312所示。新建图层，使用白色柔角画笔在画面中心位置绘制出光感效果，同时导入图案素材1.png，置于画面中合适位置，效果如图10-313所示。

图 10-311　　图 10-312　　图 10-313

思维点拨：青色系效果

青是一种底色，清脆而不张扬，伶俐而不圆滑，清爽而不单调。本案例背景色所选择的青绿色系效果，能够使人们平复心情，远离烦热，给人冷静感。其他采用青色系的图像的效果如图10-314和图10-315所示。

图 10-314　　图 10-315

06 导入草地素材2.png，如图10-316所示。对其执行“图层>图层样式>颜色叠加”命令，设置“混合模式”为“正常”，颜色为深绿色，“不透明度”为100%，单击“确定”按钮，如图10-317所示。效果如图10-318所示。

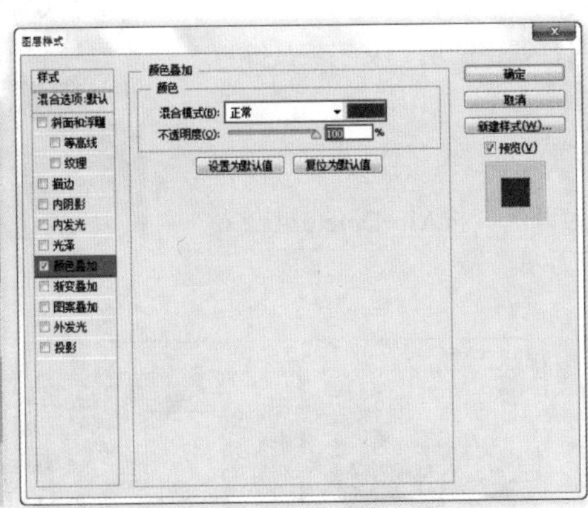

图 10-316　　图 10-317　　图 10-318

07 导入素材3.png，置于画面中合适位置。执行“图层>图层样式>描边”命令，设置“大小”为3像素，“位置”为“外部”，“混合模式”为“正常”，“不透明度”为100%，“填充类型”为“颜色”，“颜色”为黑色，如图10-319所示。复制此素材图层，摆放在画面合适位置，效果如图10-320所示。

08 使用“横排文字工具”在画面中输入文字，如图10-321所示。

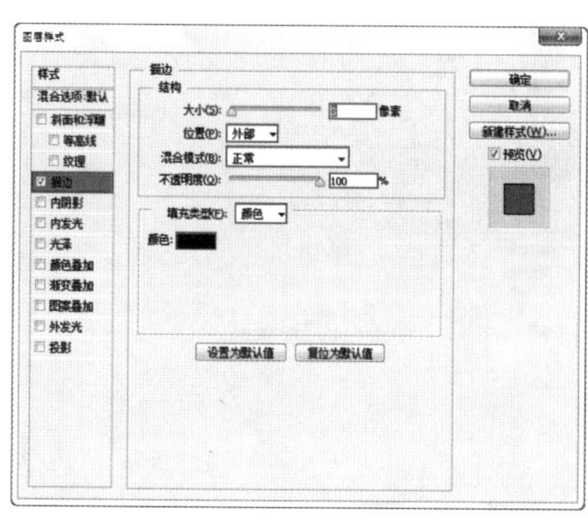

图　10—319

图　10—320

图　10—321

09 选中文字图层，设置合适的字体和字号，单击“创建文字变形”按钮，如图10-322所示。在弹出的“变形文字”对话框中设置“样式”为“拱形”，选中“水平”单选按钮，设置“弯曲”为6%，如图10-323所示。效果如图10-324所示。

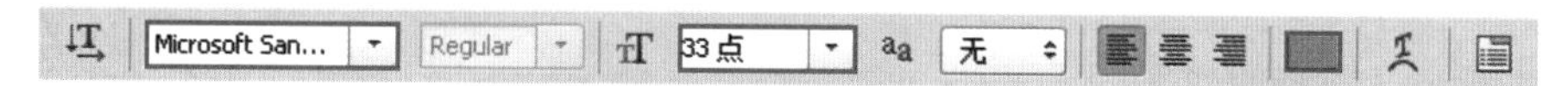

图　10—322

10 对文字执行“图层>图层样式>描边”命令，设置“大小”为90像素，“位置”为“居中”，“混合模式”为“正常”，“不透明度”为100%，“填充类型”为“颜色”，“颜色”为深绿色，单击“确定”按钮，如图10-325所示。效果如图10-326所示。

11 复制文字图层，将其向上移动，如图10-327所示。

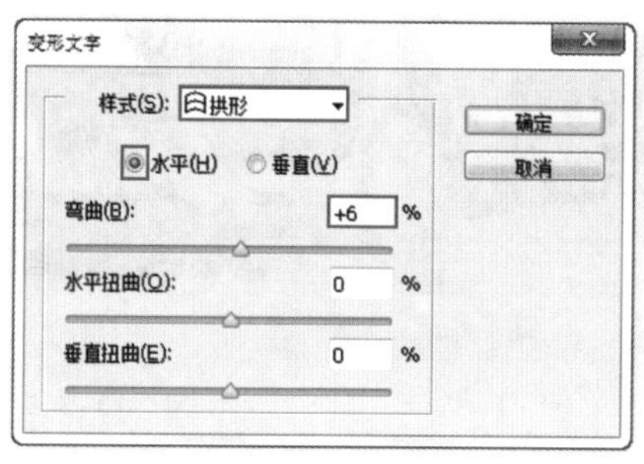

图　10—323

图　10—324

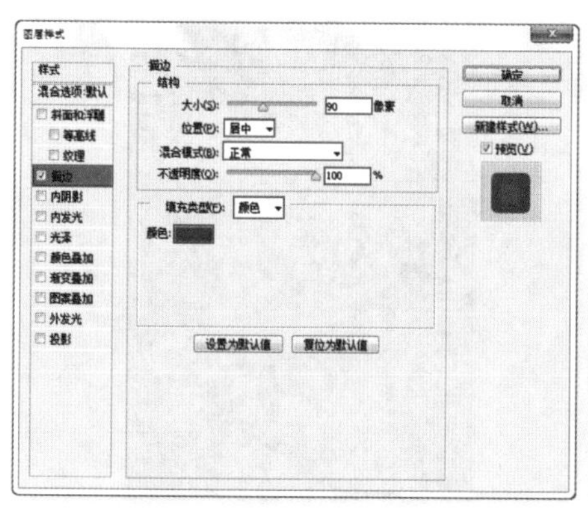

图　10—325

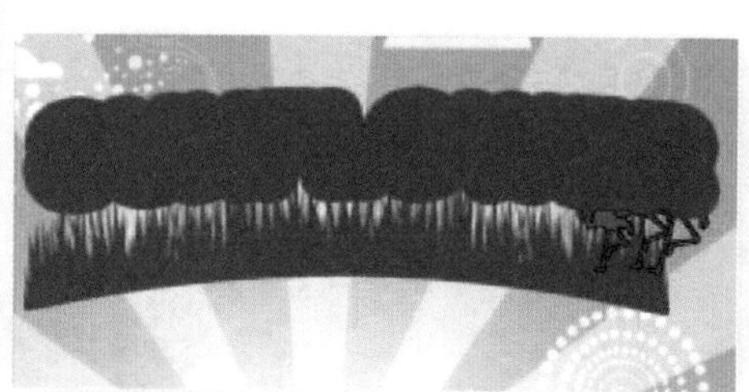

图　10—326

图　10—327

12 复制文字图层，再次执行“图层>图层样式>描边”命令，设置“大小”为90像素，“位置”为“居中”，“混合模式”为“正常”，“不透明度”为100%，“填充类型”为“颜色”，“颜色”为浅绿色，单击“确定”按钮，如图10-328所示。效果如图10-329所示。

13 再次复制文字图层，设置文字的颜色为黄色，同样为其添加“描边”图层样式，设置“大小”为13像素，“位置”为“外部”，“混合模式”为“正常”，“不透明度”为100%，“填充类型”为“颜色”，“颜色”为黄色，如图10-330所示。效果如图10-331所示。

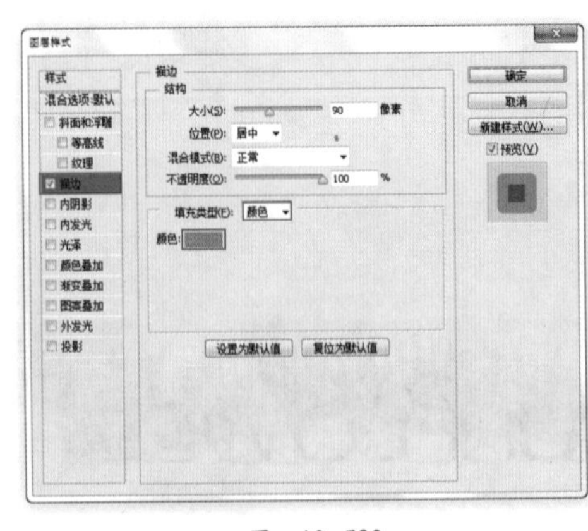

图 10-328

图 10-329

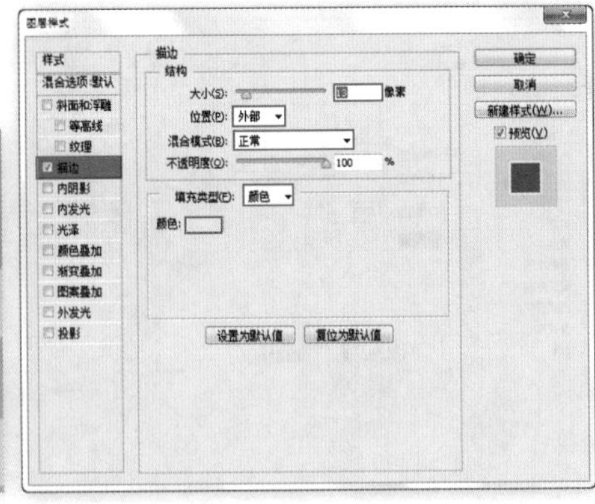

图 10-330

14 用同样的方法制作其他文字，如图10-332所示。导入前景装饰素材4.png，置于画面中合适位置，如图10-333所示。

图 10-331

图 10-332

图 10-333

课后练习

【课后练习——混合模式制作手掌怪兽】

思路解析：本案例通过不透明度的调整制作出木质背景效果，并通过多种混合模式的应用改变手掌的颜色，模拟怪兽的纹理。

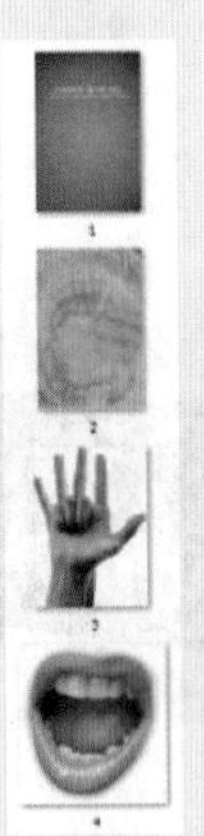

本章小结

本章主要讲解了图层混合与图层样式两大内容。图层之间混合模式的更改经常用于图像合成以及特殊效果的制作，而且不会对原图层造成破坏。除此之外，混合模式也经常出现在绘制、填充、计算等功能中，熟悉每种混合模式非常必要。图层样式则多用于文字样式、图层特效的制作，可以快速模拟出多种质感、发光以及立体效果。而“样式”面板则是调用预设样式的快捷方式，可以将经常使用的样式存储在“样式”面板中，以便实际操作中的快速使用。

第11章

通道的编辑与高级操作

本章内容简介：

本章主要讲解通道的操作方法。通道技术在调色、抠像、合成等方面都有应用，理解通道的本质，掌握通道的操作方法，才能够更好地利用通道技术进行更多的操作。

本章学习要点：

- 掌握通道的基本操作方法
- 掌握通道调色的思路与技巧
- 熟练掌握通道抠图法

11.1 认识通道

11.1.1 什么是通道

技术速查：通道是用于存储图像颜色信息和选区信息等不同类型信息的灰度图像。

一个图像最多可有56个通道。所有的新通道都具有与原始图像相同的尺寸和像素数目。在Photoshop中包含3种类型的通道，分别是颜色通道、Alpha通道和专色通道，如图11-1和图11-2所示。只要是支持图像颜色模式的格式，都可以保留颜色通道；如果要保存Alpha通道，可以将文件存储为PDF、TIFF、PSB或Raw格式；如果要保存专色通道，可以将文件存储为DCS 2.0格式。

图 11-1

图 11-2

思维点拨：通道的特点

通道将不同色彩模式图像的原色数据保存在不同的颜色通道中，可以通过对各颜色通道的编辑来修补、改善图像的颜色色调（例如，RGB模式的图像由红、绿、蓝三原色组成，那么它就有3个颜色通道，除此以外还有一个复合通道）。也可将图像中局部区域的选区存储在Alpha通道中，随时对该区域进行编辑。

11.1.2 认识颜色通道

技术速查：颜色通道是将构成整体图像的颜色信息整理并表现为单色图像的工具。

不同颜色模式的图像，颜色通道的数量也不同。例如，RGB模式的图像有RGB、红、绿、蓝4个通道，如图11-3所示；CMYK颜色模式的图像有CMYK、青色、洋红、黄色、黑色5个通道，如图11-4所示；Lab颜色模式的图像有Lab、明度、a、b 4个通道，如图11-5所示；而位图和索引颜色模式的图像只有一个位图通道和一个索引通道，如图11-6和图11-7所示。

图 11-3

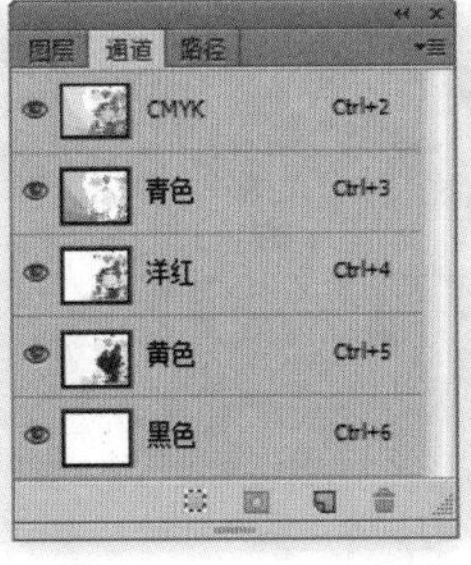

图 11-4

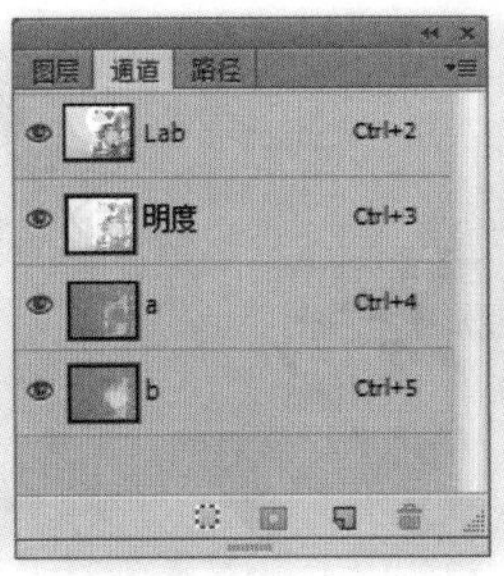

图 11-5

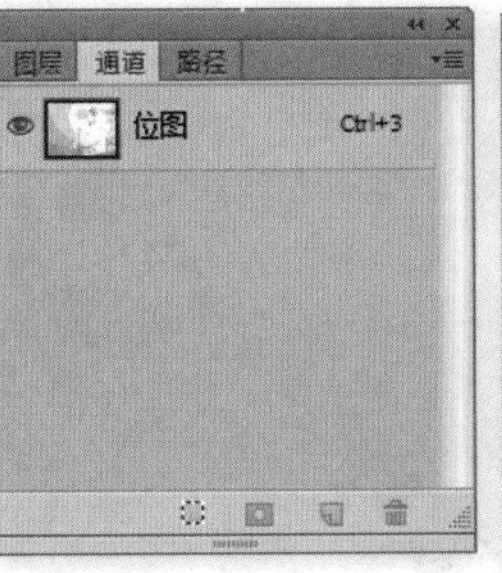

图 11-6

图 11-7

技术拓展：使用彩色显示通道

在默认情况下，“通道”面板中所显示的单通道都为灰色。如果要以彩色来显示单色通道，可以执行“编辑>首选项>界面”命令，打开“首选项”对话框，然后在“选项”组下选中“用彩色显示通道”复选框，如图11-8和图11-9所示。

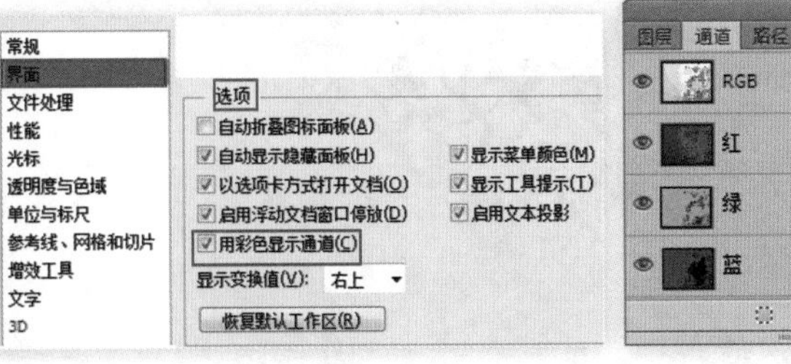

图 11-8　　图 11-9

11.1.3 认识Alpha通道

技术速查：Alpha通道主要用于选区的存储、编辑与调用。

Alpha通道是一个8位的灰度通道，该通道用256级灰度来记录图像中的透明度信息，定义透明、不透明和半透明区域，如图11-10所示。其中黑色处于未选中的状态，白色处于完全选择状态，灰色则表示部分被选择状态（即羽化区域），如图11-11所示。使用白色涂抹Alpha通道可以扩大选区范围；使用黑色涂抹则收缩选区；使用灰色涂抹可以增加羽化范围。

图 11-10

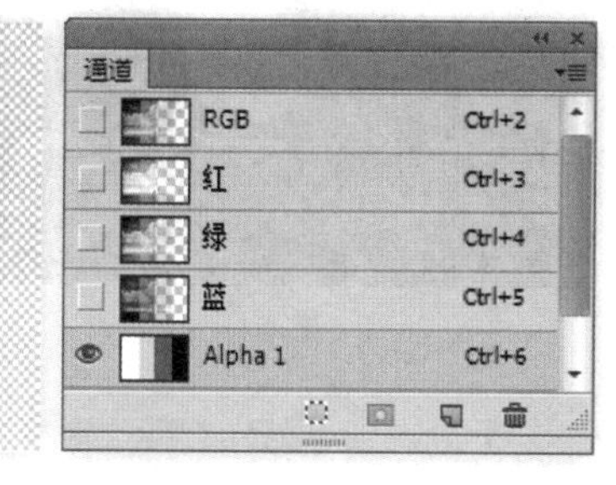

图 11-11

新建Alpha通道

如果要新建Alpha通道，可以单击“通道”面板底部的“创建新通道”按钮，如图11-12和图11-13所示。

Alpha通道可以使用大多数绘制、修饰工具进行创建，也可以使用命令、滤镜等进行编辑，如图11-14和图11-15所示。

图 11-12

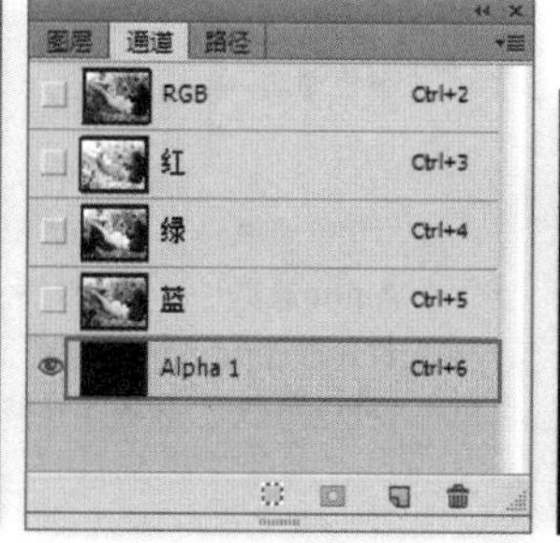

图 11-13

图 11-14

图 11-15

技巧提示

默认情况下，编辑Alpha通道时文档窗口中只显示通道中的图像，如图11-16所示。为了能够更精确地编辑Alpha通道，可以将复合通道显示出来。在复合通道前单击，使图标显示出来，此时蒙版的白色区域将变为透明，黑色区域为半透明的红色，类似于快速蒙版的状态，如图11-17所示。

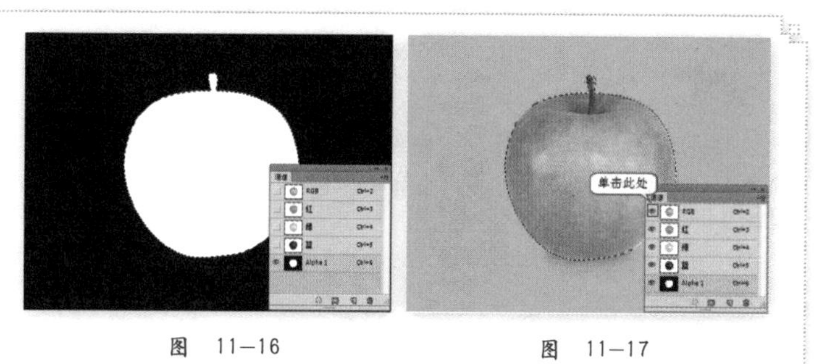

图 11-16　　图 11-17

Alpha通道与选区的相互转换

在包含选区的情况下，如图11-18所示，单击“通道”面板底部的“将选区存储为通道”按钮，可以创建一个Alpha1通道，同时选区会存储到通道中，如图11-19所示。这就是Alpha通道的第1个功能，即存储选区。

将选区转换为Alpha通道后，单独显示Alpha通道可以看到一个黑白图像，如图11-20所示，这时可以对该黑白图像进行编辑从而达到编辑选区的目的，如图11-21所示。

图 11-18

图 11-19

单击“通道”面板底部的“将通道作为选区载入”按钮，或者按住Ctrl键单击Alpha通道缩览图，即可载入之前存储的Alpha1通道的选区，如图11-22所示。

图 11-20

图 11-21

图 11-22

11.1.4 认识“通道”面板

技术速查：“通道”面板主要用于创建、存储、编辑和管理通道。

执行“窗口>通道”命令可以打开“通道”面板，打开任意一张图像，在“通道”面板中能够看到Photoshop自动为这张图像创建颜色信息通道，如图11-23所示。

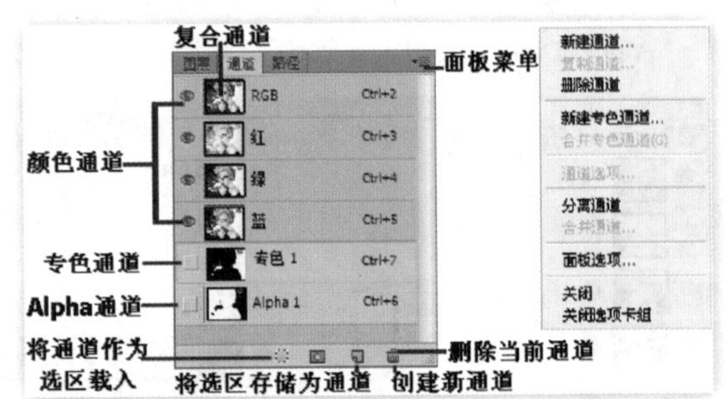

图 11-23

- 颜色通道：用来记录图像的颜色信息。
- 复合通道：用来记录图像的所有颜色信息。
- Alpha通道：用来保存选区和灰度图像的通道。
- “将通道作为选区载入”按钮：单击该按钮，可以载入所选通道图像的选区。
- “将选区存储为通道”按钮：如果图像中有选区，单击该按钮，可以将选区中的内容存储到通道中。
- “创建新通道”按钮：单击该按钮，可以新建一个Alpha通道。
- “删除当前通道”按钮：将通道拖曳到该按钮上，可以删除选择的通道。

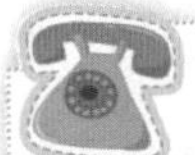

答疑解惑——如何更改通道的缩览图大小？

在“通道”面板下面的空白处单击鼠标右键，然后在弹出的快捷菜单中执行相应的命令，如图11-24所示，即可改变通道缩览图的大小，如图11-25所示。

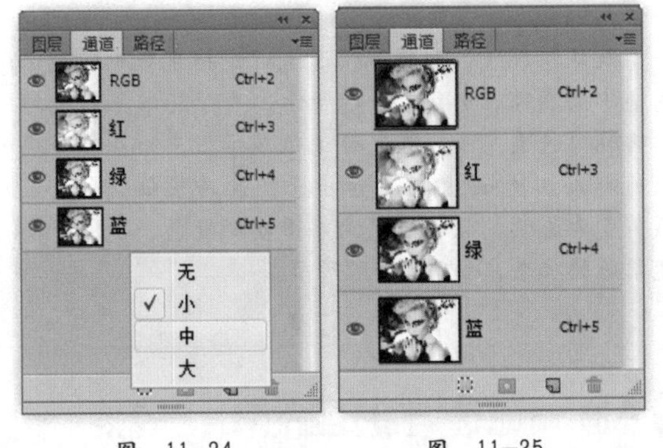

图 11-24　图 11-25

11.2 通道的基本操作

视频精讲：Photoshop CS6自学视频教程\83.通道的基础操作.flv

在“通道”面板中可以选择某个通道进行单独操作，也可切换某个通道的隐藏和显示，或对其进行复制、删除、分离、合并等操作。

11.2.1 选择通道

在“通道”面板中单击即可选中某一通道，在每个通道后面有对应的“Ctrl+数字”格式快捷键，如在图11-26中“红”通道后面有Ctrl+3组合键，表示按Ctrl+3组合键可以单独选择“红”通道。

在“通道”面板中按住Shift键单击，可以一次性选择多个颜色通道，或者多个Alpha通道和专色通道，如图11-27所示。但是颜色通道不能够与另外两种通道共同处于被选状态，如图11-28所示。

图 11-26

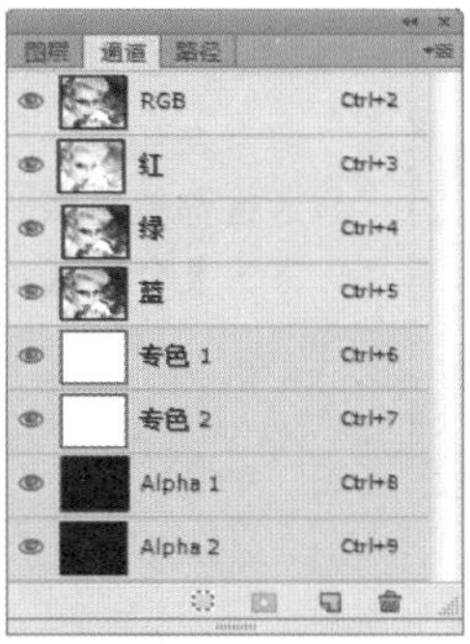

选中多个专色、Alpha通道

图 11-27

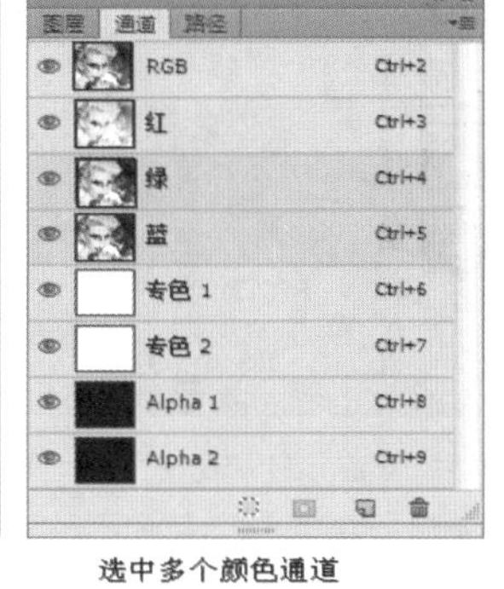

选中多个颜色通道

图 11-28

技巧提示

选中Alpha通道或专色通道后可以直接使用移动工具进行移动，而想要移动整个颜色通道，则需要进行全选后移动。

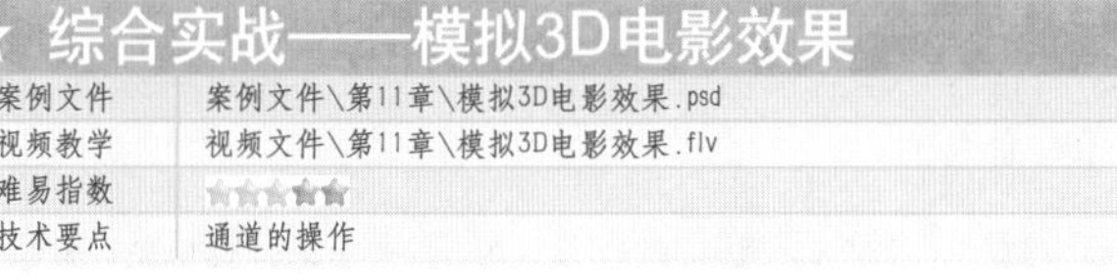

★ 综合实战——模拟3D电影效果	
案例文件	案例文件\第11章\模拟3D电影效果.psd
视频教学	视频文件\第11章\模拟3D电影效果.flv
难易指数	★★★★★
技术要点	通道的操作

案例效果

本例主要是通过使用通道模拟3D电影效果，如图11-29所示。

操作步骤

01 打开素材文件1.jpg，如图11-30所示。单击进入“通道”面板，选择“红”通道，如图11-31所示。

图 11-29

图 11-30

图 11-31

02 按Ctrl+A组合键，选择全部画面，使用移动工具将选区中的内容向右侧适当移动，单击RGB复合通道，此时可以看到画面已经呈现出3D电影的效果，如图11-32所示。

03 使用“矩形选框工具”在画面中按住Shift键进行加选，绘制合适的选区，为其填充黑色，如图11-33所示。

04 使用“横排文字工具”，设置合适的字号和字体，在画面中输入合适的文字并添加阴影。最终效果如图11-34所示。

图 11-32

图 11-33

图 11-34

11.2.2 显示/隐藏通道

通道的显示/隐藏与图层相同，每个通道的左侧都有一个眼睛图标，如图11-35所示。单击该图标，可以使该通道隐藏，单击隐藏状态的通道左侧的图标，可以恢复该通道的显示，如图11-36所示。

图 11-35

图 11-36

在任何一个颜色通道隐藏的情况下，复合通道都被隐藏，而在所有颜色通道显示的情况下，复合通道不能被单独隐藏。

11.2.3 排列通道

如果“通道”面板中包含多个通道，除去默认的颜色通道的顺序不能进行调整以外，其他通道可以像调整图层位置一样调整其排列位置，如图11-37和图11-38所示。

图 11-37　　图 11-38

11.2.4 重命名通道

要重命名Alpha通道或专色通道，可以在“通道”面板中双击该通道的名称，激活输入框，然后输入新名称即可，如图11-39和图11-40所示。默认的颜色通道的名称是不能进行重命名的。

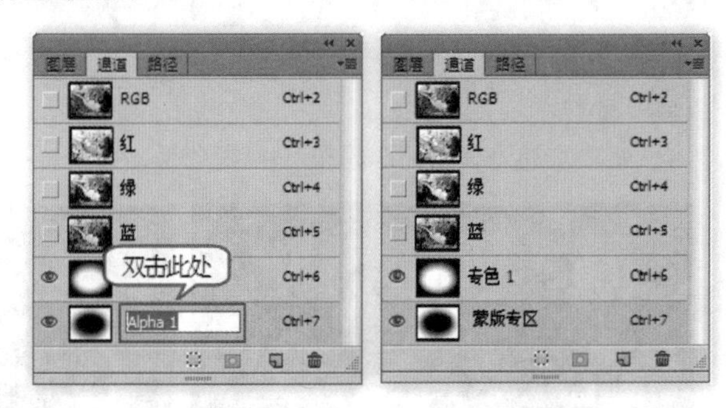

图 11-39　　图 11-40

11.2.5 复制通道

想要复制通道，可以在面板菜单中执行“复制通道”命令，即可将当前通道复制出一个副本，如图11-41和图11-42所示；或在通道上单击鼠标右键，然后在弹出的快捷菜单中执行“复制通道”命令，如图11-43所示；还可以直接将通道拖曳到“创建新通道”按钮上，如图11-44所示。

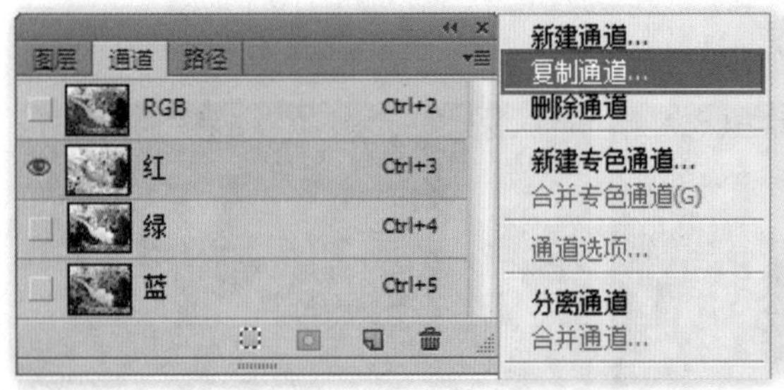

图 11-41　　图 11-42

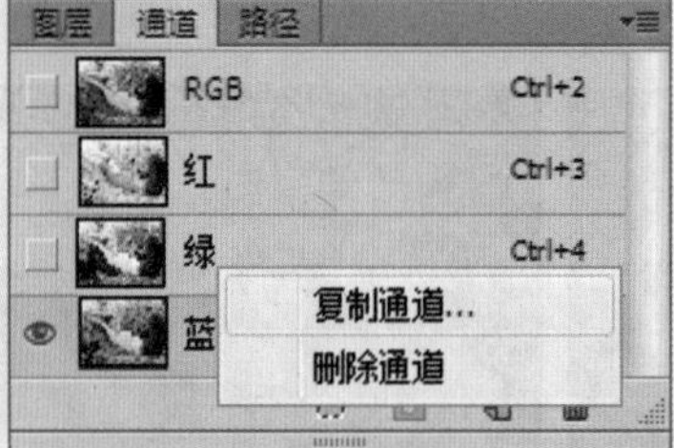

图 11-43

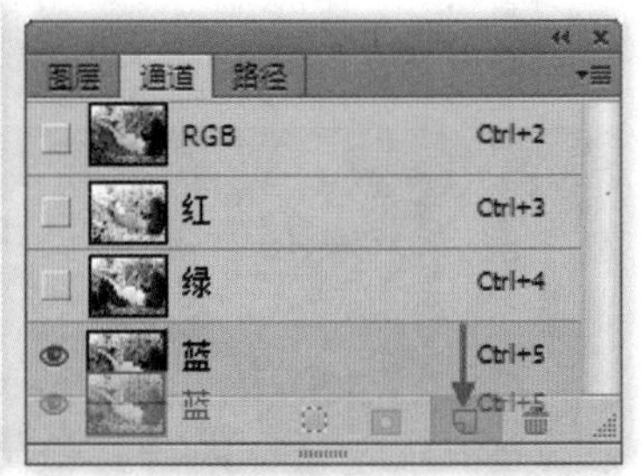

图 11-44

11.2.6 动手学：将通道中的内容粘贴到图像中

（1）打开素材文件，如图11-45所示。在“通道”面板中选择蓝色通道，画面中会显示该通道的灰度图像，如图11-46所示。

（2）按Ctrl+A组合键全选，按Ctrl+C组合键复制，如图11-47所示。

（3）单击RGB复合通道显示彩色的图像，并回到“图层”面板，按Ctrl+V组合键可以将复制的通道粘贴到一个新的图层中，如图11-48所示。

图 11-45

图 11-46

图 11-47

图 11-48

11.2.7 动手学：将图像中的内容粘贴到通道中

（1）打开两个图像文件，在其中一个图片的文档窗口中按Ctrl+A组合键全选图像，然后按Ctrl+C组合键复制图像，如图11-49所示。

（2）切换到另外一个图片的文档窗口，进入“通道”面板，单击“创建新通道”按钮，新建一个Alpha1通道，接着按Ctrl+V组合键将复制的图像粘贴到通道中，如图11-50所示。

（3）显示出RGB复合通道与Alpha通道，如图11-51和图11-52所示。

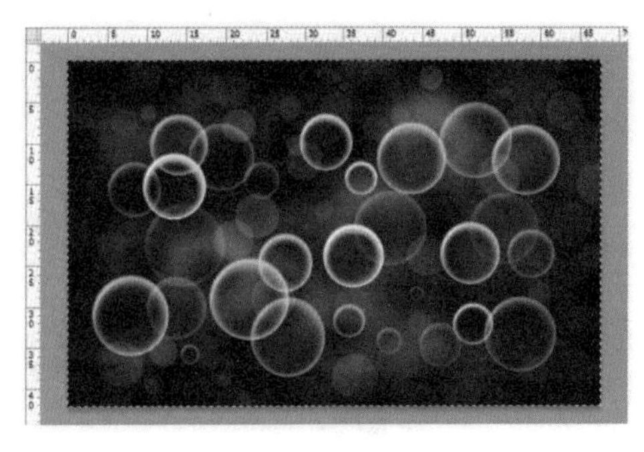

图 11-49

图 11-50

图 11-51

图 11-52

★ 案例实战——将图像粘贴到通道中制作奇幻图像效果

案例文件	案例文件\第11章\将图像粘贴到通道中制作奇幻图像效果.psd
视频教学	视频文件\第11章\将图像粘贴到通道中制作奇幻图像效果.flv
难易指数	★★★★★
技术要点	通道

案例效果

本例主要是通过将图像粘贴到通道中制作奇幻图像效果，如图11-53所示。

操作步骤

01 打开素材文件1.jpg，如图11-54所示。继续导入闪电素材2.jpg，如图11-55所示。

02 选中闪电图层，隐藏其他图层，进入“通道”面板，选择“蓝”通道，按Ctrl+A组合键进行全选，按Ctrl+C组合键进行复制，回到素材1中按Ctrl+V组合键粘贴“蓝”通道，如图11-56和图11-57所示。

图 11-53

图 11-54

图 11-55

图 11-56

03 继续导入素材3.jpg，隐藏其他图层，单击进入“通道”面板，选择“红”通道，用同样的方法复制“红”通道内容，将“红”通道粘贴到素材1中，如图11-58和图11-59所示。最终效果如图11-60所示。

图 11-57

图 11-58

图 11-59

图 11-60

11.2.8 动手学：删除通道

复杂的Alpha通道会占用很大的磁盘空间，因此在保存图像之前，可以删除无用的Alpha通道和专色通道。如果要删除通道，可以采用以下两种方法来完成。

（1）将通道拖曳到“通道”面板下面的“删除当前通道”按钮上，如图11-61和图11-62所示。

（2）在通道上单击鼠标右键，然后在弹出的快捷菜单中执行“删除通道”命令，如图11-63所示。

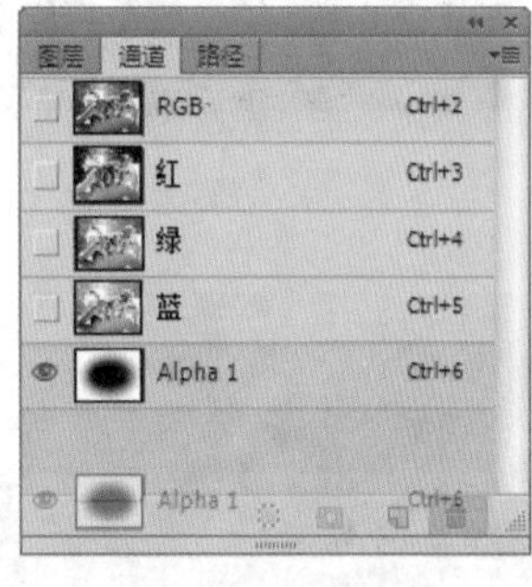
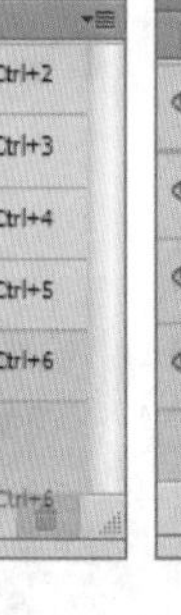

图 11-61

图 11-62

图 11-63

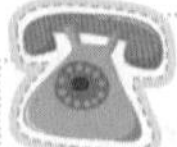

答疑解惑——可以删除颜色通道吗？

可以。但是在删除颜色通道时要特别注意，如果删除的是红、绿、蓝通道中的一个，那么RGB通道也会被删除，如图11-64和图11-65所示；如果删除的是RGB通道，那么将删除Alpha通道和专色通道以外的所有通道，如图11-66所示。

图 11-64

图 11-65

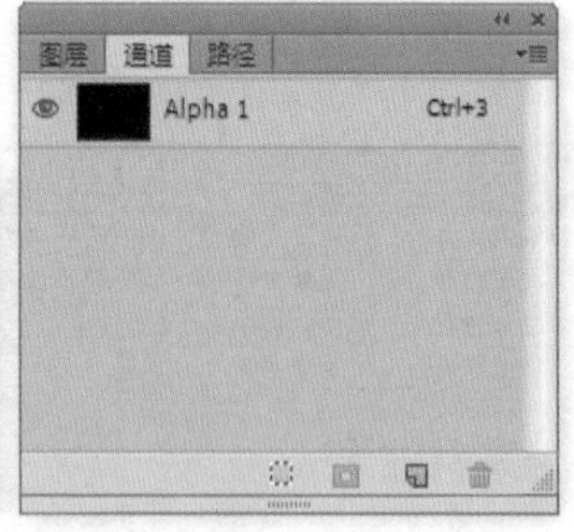

图 11-66

11.2.9　动手学：合并通道

可以将多个灰度图像合并为一个图像的通道。要合并的图像必须为打开的已拼合的灰度模式图像，并且像素尺寸相同。不满足以上条件的情况下，“合并通道”命令将不可用。

（1）打开3张颜色模式、大小相同的图片文件，如图11-67～图11-69所示。

图　11-67

图　11-68

图　11-69

技巧提示

已打开的灰度图像的数量决定了合并通道时可用的颜色模式。例如，4张图像可以合并为一个RGB图像、CMYK图像、Lab图像或多通道图像。而打开3张图像则不能够合并出CMYK模式图像。

（2）对3张图像分别执行“图像>模式>灰度”命令，如图11-70所示。在弹出的对话框中单击“扔掉”按钮，将图片全部转换为灰度图像，如图11-71所示。

（3）在第1张图像的“通道”面板菜单中执行“合并通道”命令，如图11-72所示。 打开“合并通道”对话框，设置“模式”为“RGB颜色”，“通道”为3，然后单击“确定”按钮，如图11-73所示。

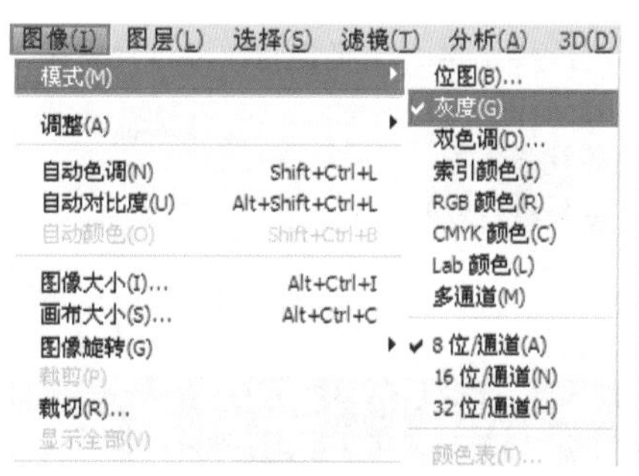

图　11-70

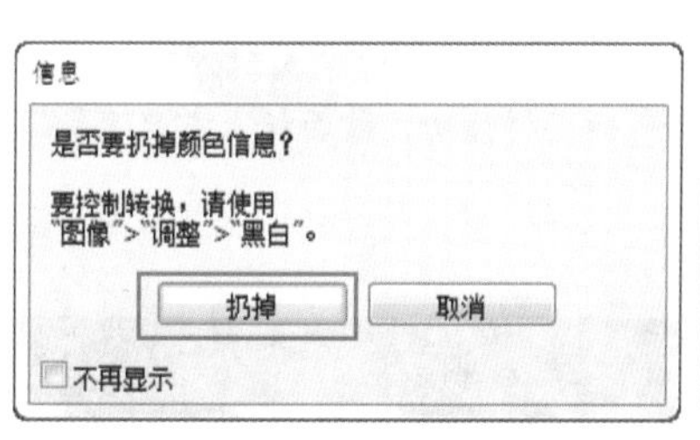

图　11-71

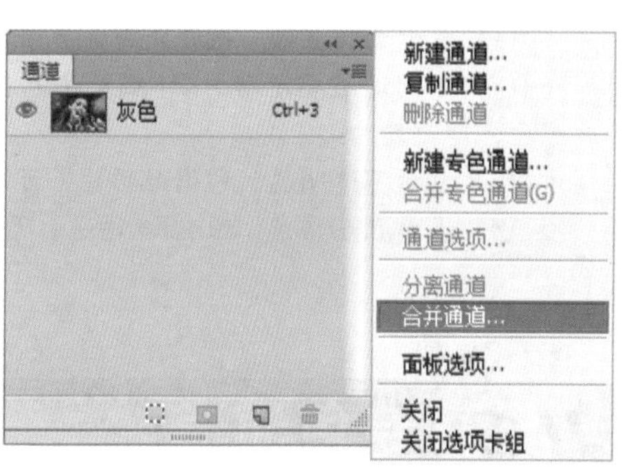

图　11-72

（4）弹出“合并RGB通道”对话框，在该对话框中可以选择以哪个图像来作为红色、绿色、蓝色通道，如图11-74所示。选择好通道图像以后单击“确定”按钮，此时在“通道”面板中会出现一个RGB颜色模式的图像，如图11-75所示。

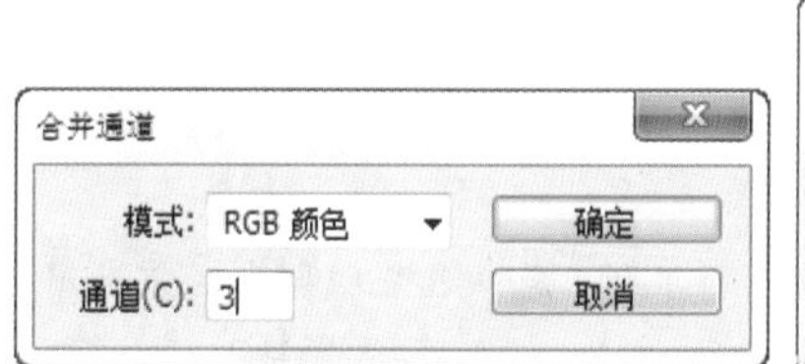

图　11-73

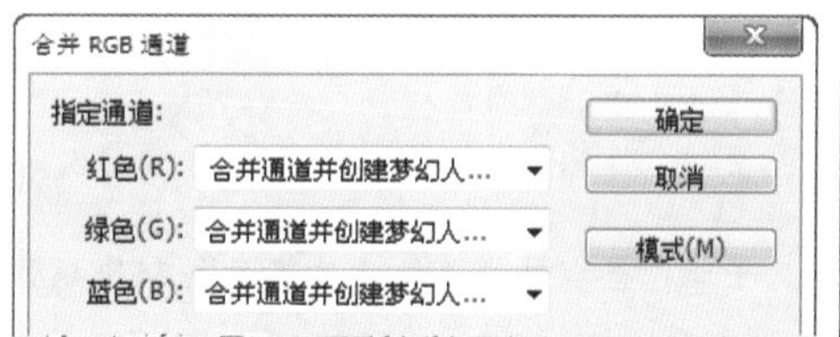

图　11-74

图　11-75

11.2.10 动手学：分离通道

图 11-76

打开一张RGB颜色模式的图像，如图11-76所示。在“通道”面板菜单中执行“分离通道”命令，如图11-77所示。可以将红、绿、蓝3个通道单独分离成3张灰度图像并关闭彩色图像，同时每个图像的灰度都与之前的通道灰度相同，如图11-78所示。

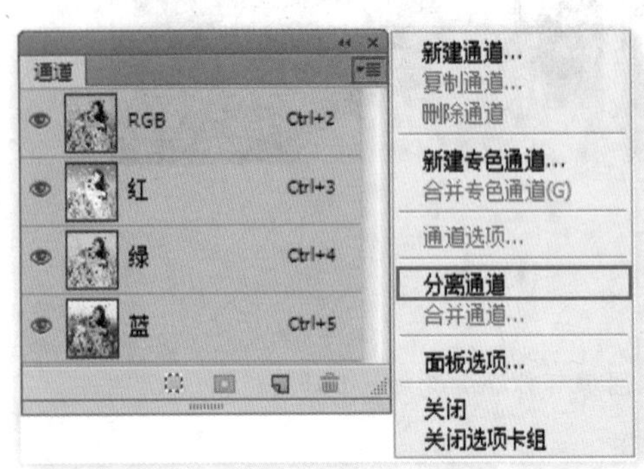

图 11-77

图 11-78

思维点拨：通道的作用

通道记录了图像的大部分信息，其主要作用有：

（1）表示选择区域，也就是白色代表的部分。利用通道，可以建立毛发类的精确选区。

（2）不同通道都可以用256级灰度来表示不同的亮度，在Red通道里的一个纯红色的点，在黑色的通道上显示的就是纯黑色，即亮度为0。

（3）表示不透明度。利用此功能，可以创建一个图像渐隐融入到另一个图像中的效果。

（4）表示颜色信息。预览Red通道，无论光标怎样移动，该面板上都只有R值，其余的都为0。

11.3 专色通道

11.3.1 什么是专色通道

技术速查：专色通道主要用来指定用于专色油墨印刷的附加印版。

专色通道可以保存专色信息，同时也具有Alpha通道的特点。每个专色通道只能存储一种专色信息，而且是以灰度形式来存储的。除了位图模式以外，其余所有的色彩模式图像都可以建立专色通道。

思维点拨：专色印刷

专色印刷是指采用黄、品红、青和黑墨四色墨以外的其他色油墨来复制原稿颜色的印刷工艺。包装印刷中经常采用专色印刷工艺印刷大面积底色。

11.3.2　新建和编辑专色通道

（1）打开素材文件，如图11-79所示。下面需要将图像中大面积的黑色背景部分采用专色印刷，所以首先需要进入“通道”面板，选择“红”通道载入选区，如图11-80所示。单击鼠标右键，在弹出的快捷菜单中执行“选择反向”命令，得到黑色部分的选区，如图11-81所示。

图　11—79

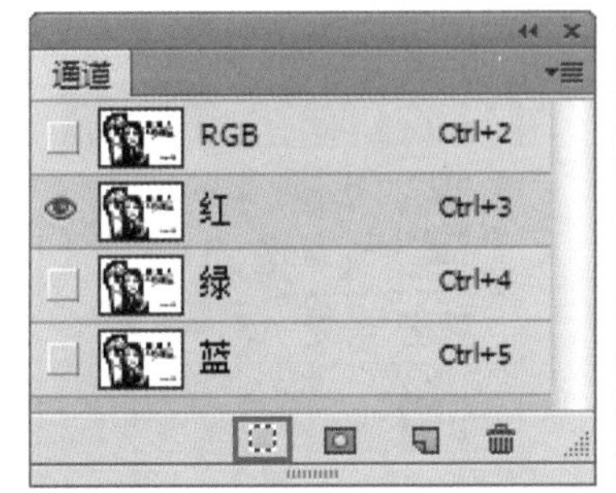

图　11—80

图　11—81

（2）在“通道”面板菜单中执行“新建专色通道”命令，如图11-82所示。在弹出的“新建专色通道”对话框中首先设置“密度”为100%，如图11-83所示。单击颜色块，在弹出的选择颜色对话框中单击“颜色库”按钮，如图11-84所示。在弹出的“颜色库”对话框中选择一个专色，并单击“确定”按钮，如图11-85所示。回到“新建专色通道”对话框中，单击“确定”按钮完成操作，如图11-86所示。

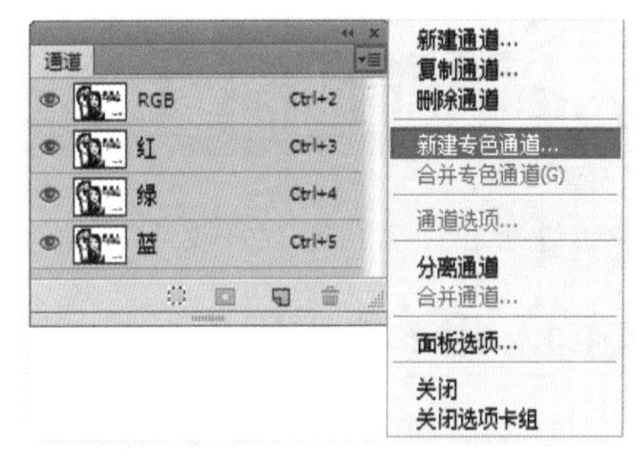

图　11—82

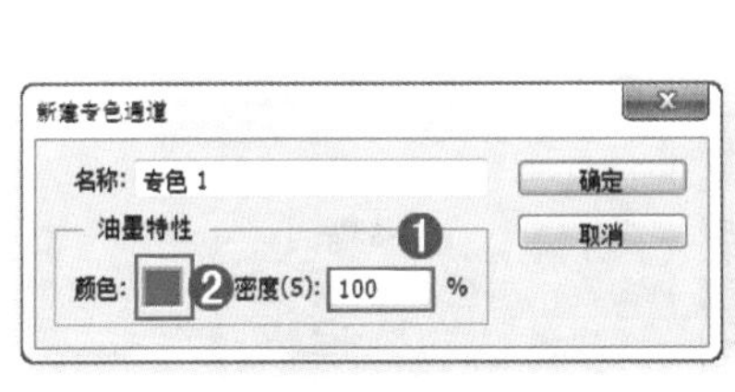

图　11—83

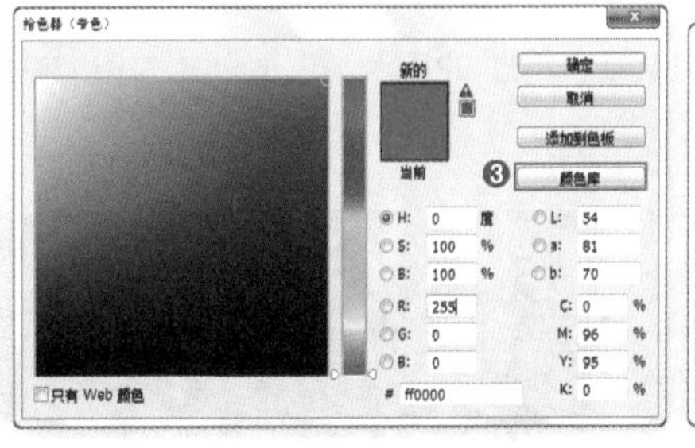

图　11—84

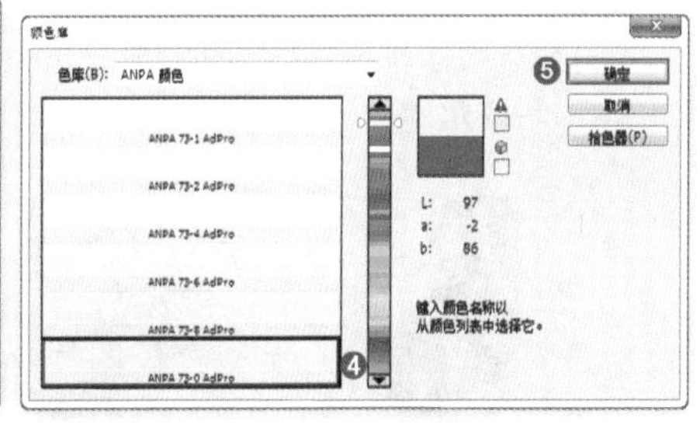

图　11—85

（3）此时在“通道”面板最底部出现新建的专色通道，如图11-87所示。并且当前图像中的黑色部分被刚才所选的黄色专色填充，如图11-88所示。

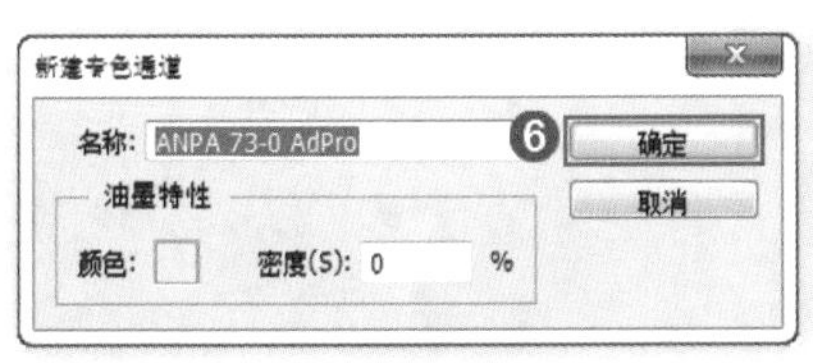

图　11—86

图　11—87

图　11—88

技巧提示

创建专色通道以后，也可以通过使用绘画或编辑工具在图像中以绘画的方式编辑专色。使用黑色绘制的为有专色的区域；用白色涂抹的区域无专色；用灰色绘画可添加不透明度较低的专色。绘制时该工具的“不透明度”决定了用于打印输出的实际油墨浓度。

（4）如果要修改专色设置，可以双击专色通道的缩览图，如图11-89所示，即可重新打开“新建专色通道”对话框进行设置，如图11-90所示。

图 11-89

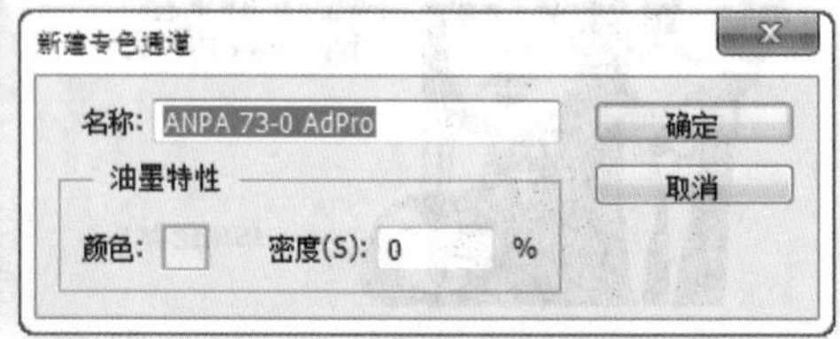

图 11-90

11.4 通道的高级操作

通道的功能非常强大，它不仅可以用来存储选区，还可以用来混合图像、制作选区、调色等。

11.4.1 用“应用图像”命令混合通道

- 视频精讲：Photoshop CS6自学视频教程\84.应用图像的使用.flv
- 技术速查：使用“应用图像”命令可以将作为“源”的图像的图层或通道与作为“目标”的图像的图层或通道进行混合。

打开包含人像和光斑图层的文档，如图11-91和图11-92所示。下面以此为例来讲解如何使用“应用图像”命令来混合通道，如图11-93所示。

图 11-91

图 11-92

图 11-93

选择“光斑”图层，然后执行“图像>应用图像”命令，打开“应用图像”对话框，如图11-94所示。

- 源：该选项组主要用来设置参与混合的源对象。“源”下拉列表框用来选择混合通道的文件（必须是打开的文档）；“图层”下拉列表框用来选择参与混合的图层；“通道”下拉列表框用来选择参与混合的通道；选中“反相”复选框，则可以使通道先反相，然后进行混合，如图11-95所示。

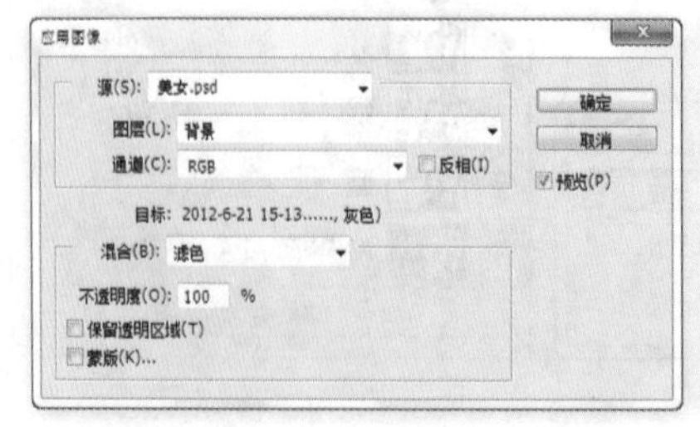

图 11-94

图 11-95

- 目标：显示被混合的对象。
- 混合：该选项组用于控制“源”对象与“目标”对象的混合方式。“混合”下拉列表框用于设置混合模式；“不透明度”文本框用来控制混合的程度；选中“保留透明区域”复选框，可以将混合效果限定在图层的不透明区域范围内；选中“蒙版”复选框，可以显示出“蒙版”的相关选项，可以选择任何颜色通道和Alpha通道来作为蒙版。

SPECIAL 技术拓展：什么是“相加”模式与“减去”模式

在“混合”下拉列表框中有两种“图层”面板中不具备的混合模式，即“相加”与“减去”模式，这两种模式是通道独特的混合模式。

- 相加：这种混合模式可以增加两个通道中的像素值，如图11-96所示。“相加”模式是在两个通道中组合非重叠图像的好方法，因为较高的像素值代表较亮的颜色，所以向通道添加重叠像素使图像变亮。
- 减去：这种混合模式可以从目标通道中相应的像素上减去源通道中的像素值，如图11-97所示。

图 11-96

图 11-97

11.4.2 用“计算”命令混合通道

- 视频精讲：Photoshop CS6自学视频教程\85.计算命令的使用.flv
- 技术速查：“计算”命令可以混合两个来自一个源图像或多个源图像的单个通道，得到的混合结果可以是新的灰度图像或选区、通道。

执行“图像>计算”命令，可以打开“计算”对话框，如图11-98和图11-99所示。

- 源1：用于选择参与计算的第1个源图像、图层或通道。
- 源2：用于选择参与计算的第2个源图像、图层或通道。
- 图层：如果源图像具有多个图层可以在这里进行图层的选择。

图 11-98

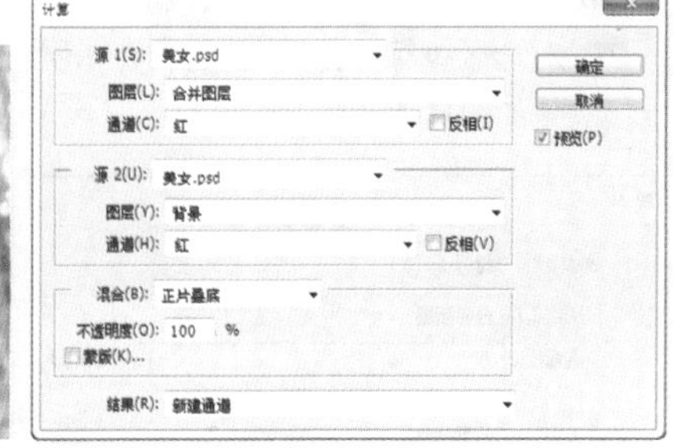

图 11-99

- 混合：与“应用图像”命令的“混合”选项相同。
- 结果：选择计算完成后生成的结果。选择“新建文档”选项，可以得到一个灰度图像，如图11-100所示；选择“新建通道”选项，可以将计算结果保存到一个新的通道中，如图11-101所示；选择“选区”选项，可以生成一个新的选区，如图11-102所示。

图 11-100

通道
RGB Ctrl+2
红 Ctrl+3
绿 Ctrl+4
蓝 Ctrl+5
Alpha 1 Ctrl+6

图 11-101

图 11-102

★ 案例实战——使用计算命令制作油亮肌肤

案例文件	案例文件\第11章\使用计算命令制作油亮肌肤.psd
视频教学	视频文件\第11章\使用计算命令制作油亮肌肤.flv
难易指数	★★★★★
技术要点	通道、调整图层

案例效果

本例主要是通过使用“计算”命令制作油亮肌肤，如图11-103所示。

操作步骤

01 打开素材文件1.jpg，如图11-104所示。对其执行“滤镜>锐化>智能锐化”命令，设置“数量”为40%，“半径”为10像素，如图11-105所示。

图 11-103

图 11-104

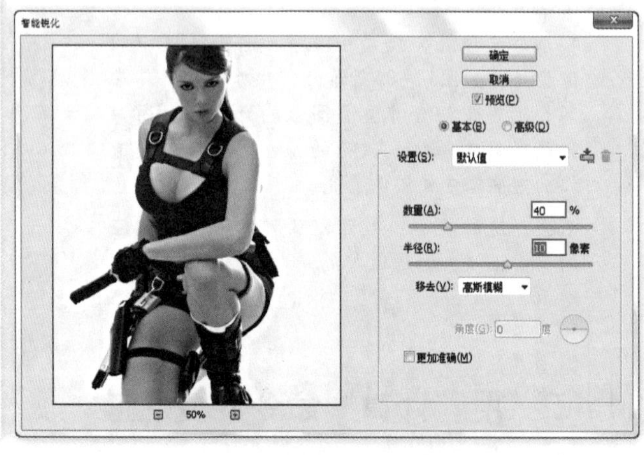

图 11-105

02 执行“图像>计算”命令，设置“通道”均为“蓝”，“混合”为“颜色加深”，如图11-106所示。得到Alpha1通道，单击“将通道载入选区”按钮，如图11-107所示。

03 对选区执行“图层>新建调整图层>曲线”命令，创建曲线调整图层，如图11-108所示。调整曲线的形状，如图11-109所示。效果如图11-110所示。

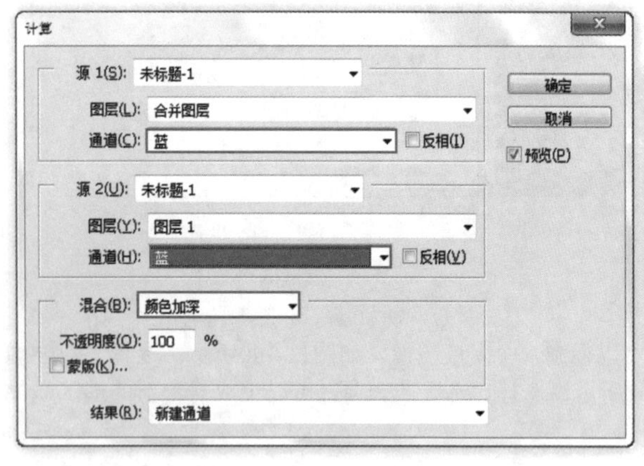

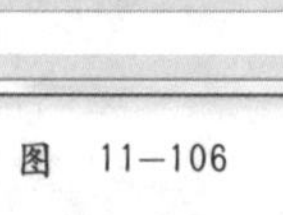

图 11-106

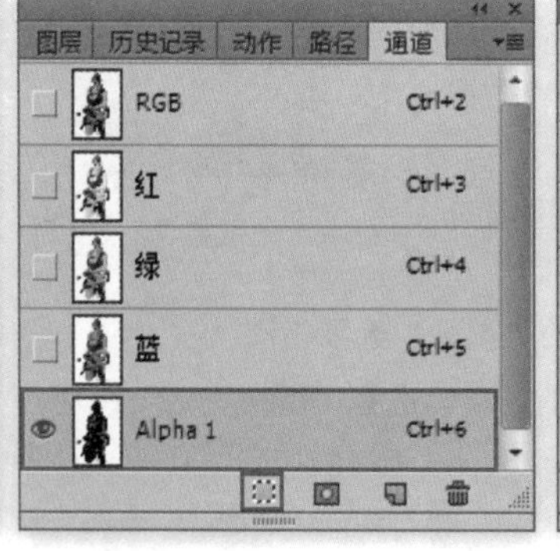

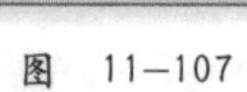

图 11-107

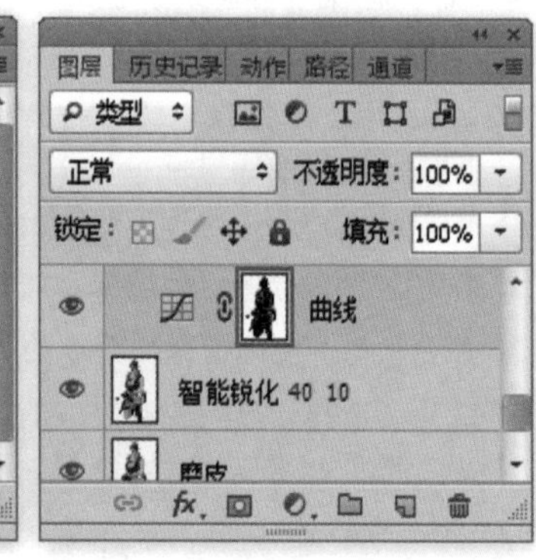

图 11-108

04 通过观察发现，曲线提亮的边缘较为生硬。选中曲线调整图层蒙版，对其执行“滤镜>模糊>高斯模糊”命令，设置“半径”为3像素，如图11-111所示。效果如图11-112所示。

05 进入“通道”面板，复制Alpha1通道，如图11-113所示。按Ctrl+M组合键，调整曲线的形状，如图11-114所示。效果如图11-115所示。

06 单击“图层”面板底部的“将通道载入选区”按钮，如图11-116所示。效果如图11-117所示。

07 执行“图层>新建调整图层>曲线”命令，以当前选区创建曲线调整图层，如图11-118所示。调整曲线的形状，如图11-119所示。效果如图11-120所示。

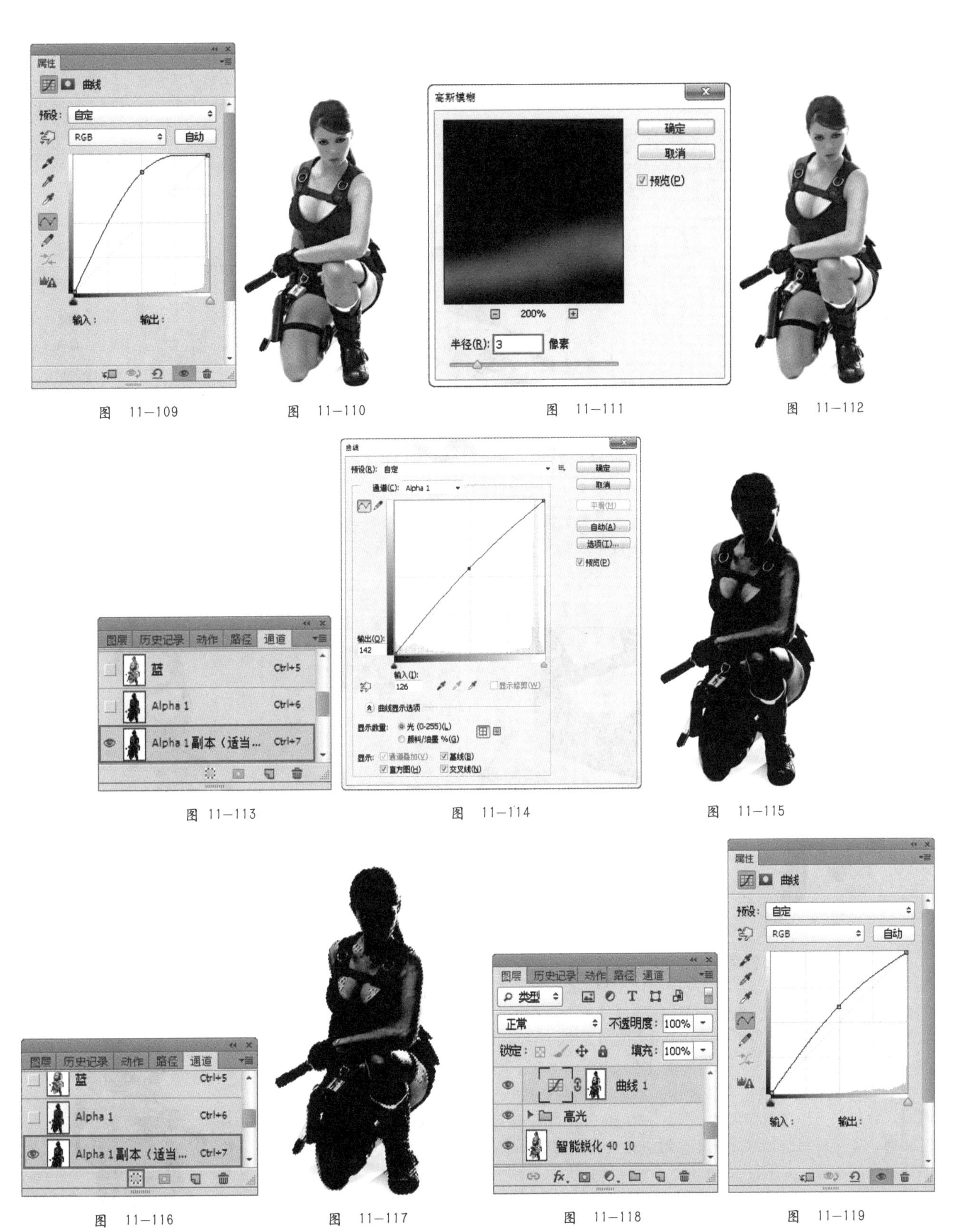

图 11-109　图 11-110　图 11-111　图 11-112

图 11-113　图 11-114　图 11-115

图 11-116　图 11-117　图 11-118　图 11-119

08 执行“图层>新建调整图层>曲线”命令，调整曲线形状，如图11-121所示。按Shift+Ctrl+Alt+E组合键盖印所有图层，如图11-122所示。

09 执行“图像>调整>阴影高光”命令，设置“阴影”数量为20%，“高光”数量为0%，如图11-123所示。效果如图11-124所示。

图 11-120

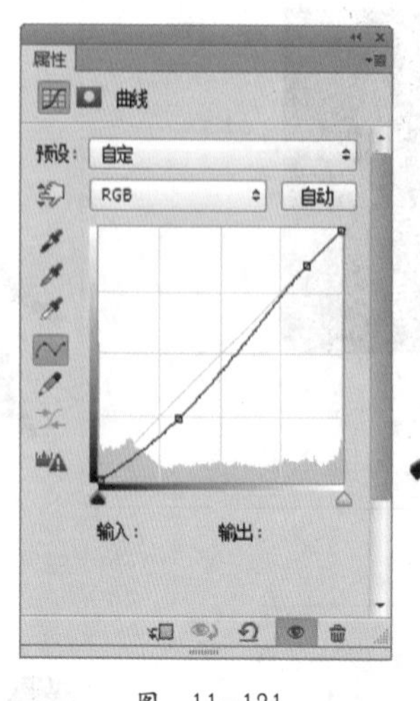

图 11-121

图 11-122

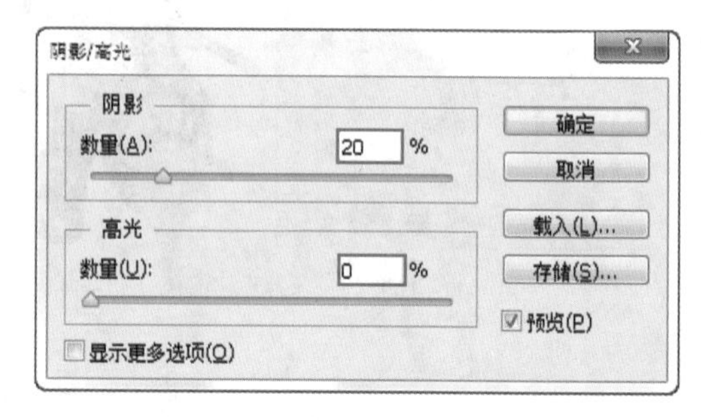

图 11-123

10 复制盖印图层，按Shift+Ctrl+U组合键对其执行“去色”命令，接着对其执行“滤镜>锐化>智能锐化”命令，设置“数量”为40%，“半径”为10像素，如图11-125所示。效果如图11-126所示。

图 11-124

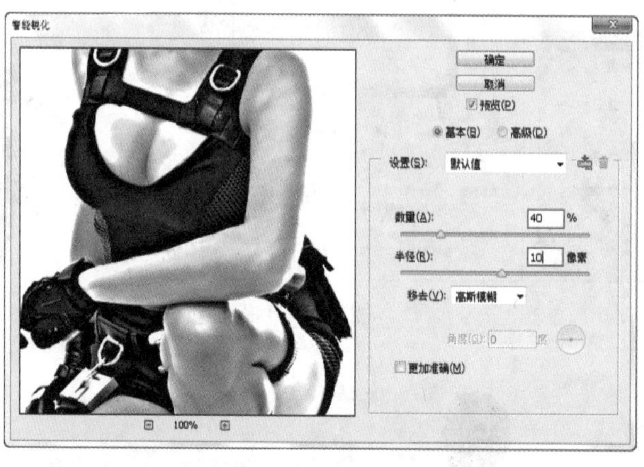

图 11-125

图 11-126

11 设置去色图层的混合模式为“正片叠底”，“不透明度”为50%，如图11-127所示。效果如图11-128所示。

12 接着执行“图层>新建调整图层>曲线”命令，调整曲线的形状，如图11-129所示。使用黑色画笔在蒙版中合适的部分绘制，如图11-130所示。效果如图11-131所示。

13 使用“钢笔工具”在画面中绘制人像的选区形状，如图11-132所示。继续盖印所有图层，按Ctrl+Enter组合键将路径转换为选区，按Shift+Ctrl+I组合键进行反选，按Delete键删除选区内的部分，如图11-133所示。

14 导入背景光效素材2.jpg，置于人像下方，如图11-134所示。接着导入艺术字素材3.png，如图11-135所示。

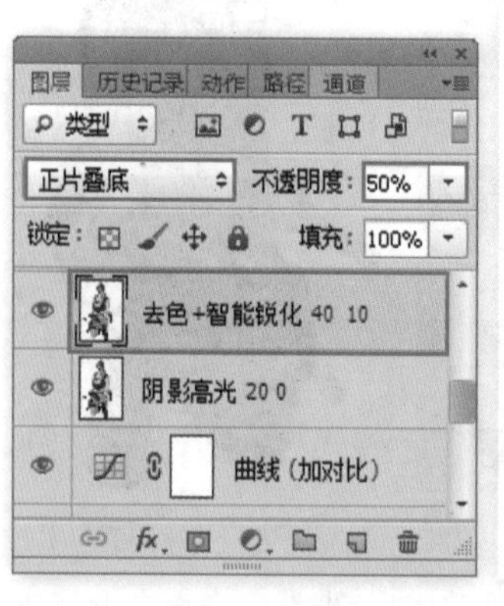

图 11-127

图 11-128

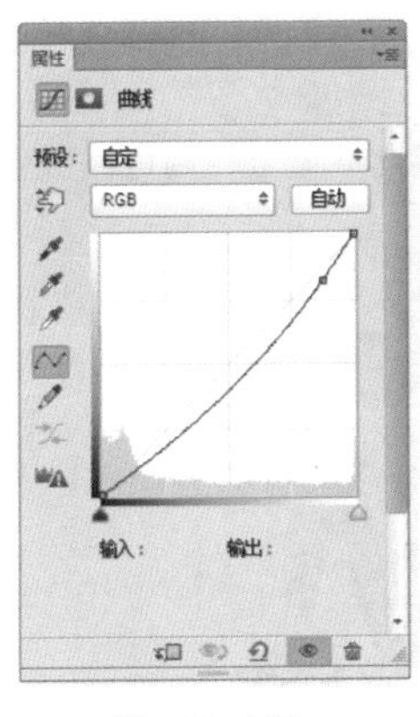

图 11-129

图 11-130

图 11-131

图 11-132

图 11-133

15 再次导入光效素材4.jpg，置于画面顶部，设置其混合模式为“滤色”，如图11-136所示。效果如图11-137所示。

图 11-134

图 11-135

图 11-136

图 11-137

11.4.3 使用通道调整颜色

通道调色是一种高级调色技术，可以对一张图像的单个通道应用各种调色命令，从而达到调整图像中单种色调的目的。下面以图11-138为例来介绍如何用通道调色，其“通道”面板如图11-139所示。

单独选择“红”通道，按Ctrl+M组合键打开“曲线”对话框，将曲线向上调节，可以增加图像中的红色，如图11-140所示；将曲线向下调节，则可以减少图像中的红色，如图11-141所示。

图 11-138

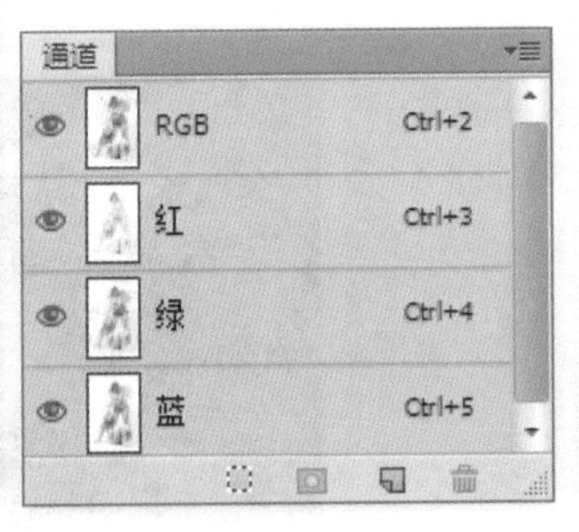

图 11-139

图 11-140

图 11-141

单独选择“绿”通道，将曲线向上调节，可以增加图像中的绿色数量，如图11-142所示；将曲线向下调节，则可以减少图像中的绿色，如图11-143所示。

单独选择“蓝”通道，将曲线向上调节，可以增加图像中的蓝色数量，如图11-144所示；将曲线向下调节，则可以减少图像中的蓝色，如图11-145所示。

图 11-142

图 11-143

图 11-144

图 11-145

★ 案例实战——使用Lab模式制作复古青红调

案例文件	案例文件\第11章\使用Lab模式制作复古青红调.psd
视频教学	视频文件\第11章\使用Lab模式制作复古青红调.flv
难易指数	★★★★★
技术要点	通道、调整图层

案例效果

本例主要是通过使用Lab模式制作复古青红调，如图11-146所示。

操作步骤

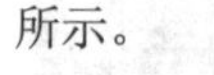

01 打开素材文件1.jpg，如图11-147所示。由于图像是RGB模式，对其执行“图像>模式>Lab颜色”命令，进入“通道”面板可以看到当前图像的通道发生了变化，如图11-148所示。

图 11-146

图 11-147

图 11-148

02 执行“图层>新建调整图层>曲线”命令，设置通道为“明度”，调整曲线的形状，如图11-149所示；设置通道为a，调整曲线形状，如图11-150所示；设置“通道”为b，调整曲线形状，如图11-151所示。

03 此时画面颜色发生了明显变化，导入前景艺术字素材2.png，置于画面中合适的位置，如图11-152所示。

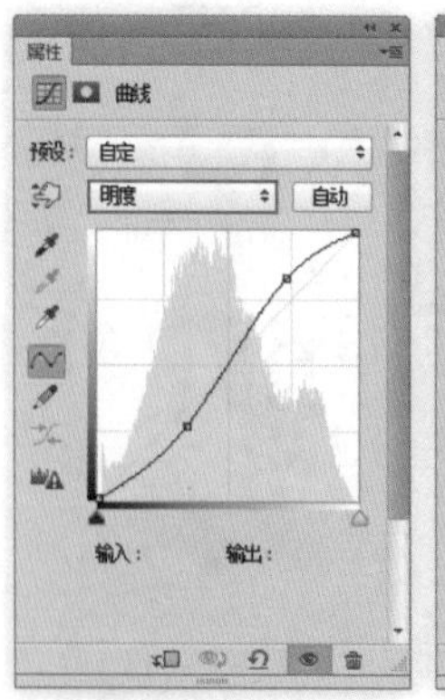

图 11-149

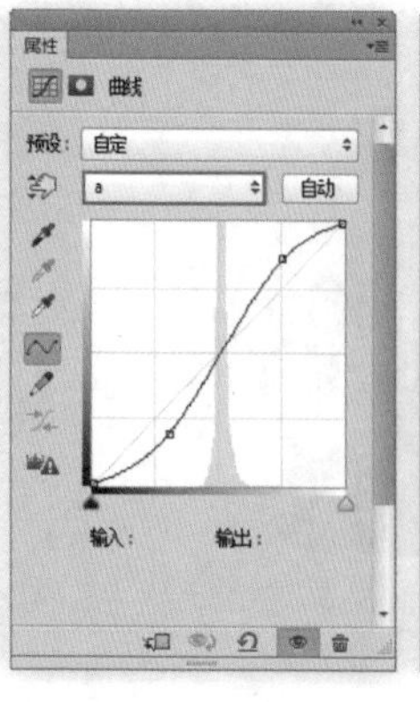

图 11-150

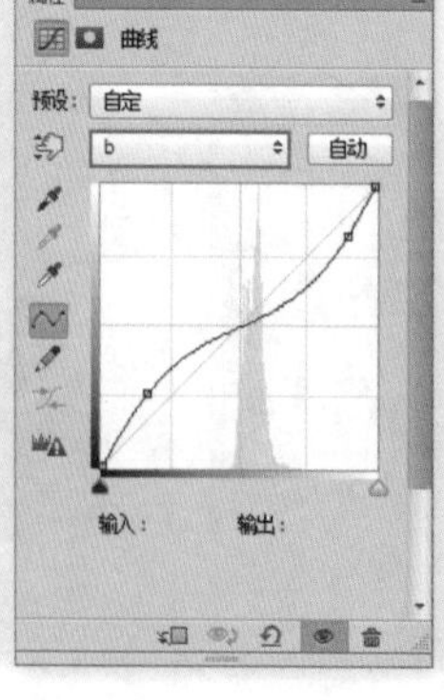

图 11-151

图 11-152

11.4.4 通道抠图

通道抠图是非常常用的抠图技法，主要是利用通道为黑白的这一特性，通过使用“亮度/对比度”、“曲线”、“色阶”等调整命令，以及画笔、加深、减淡等工具对通道的黑白关系进行调整，然后从通道中得到选区。通道抠图法常用于抠选毛发、云朵、烟雾以及半透明的婚纱等对象，如图11-153和图11-154所示。

图 11—153

图 11—154

通道抠图的流程如下：

（1）隐藏其他图层，进入“通道”面板，逐一观察并选择主体物与背景黑白对比最强烈的通道。

（2）复制该通道。

（3）增强复制出的通道的黑白对比。

（4）调整完毕后载入复制出的通道选区。

★ 案例实战——通道抠图为长发美女换背景

案例文件	案例文件\第11章\通道抠图为长发美女换背景.psd
视频教学	视频文件\第11章\通道抠图为长发美女换背景.flv
难易指数	★★★★★
技术要点	通道抠图

案例效果

本例主要是通过使用通道抠图为长发美女换背景，如图11-155所示。

操作步骤

01 打开素材文件1.jpg，如图11-156所示。导入人像素材2.jpg，如图11-157所示。这里需要将长发美女从背景中分离出来。

图 11—155

图 11—156

图 11—157

02 打开“通道”面板，通过观察发现“蓝”通道的黑白对比最强烈，如图11-158所示。因此选择并复制“蓝”通道，得到“蓝 副本”通道，如图11-159所示。

读书笔记

图 11—158

图 11—159

技巧提示

使用通道抠图法进行抠图时必须要复制通道，如果直接在原通道上进行操作，则会更改画面整体效果。

03 选择“蓝 副本”通道，按Ctrl+M组合键，单击“在画面中取样已设置黑场”按钮，如图11-160所示。在人像身体部分进行单击，效果如图11-161所示。

04 使用“减淡工具”，在选项栏中设置画笔“大小”为65，“范围”为“中间调”，“曝光度”为50%，如图11-162所示。在画面中灰白色背景部分进行绘制，效果如图11-163所示。

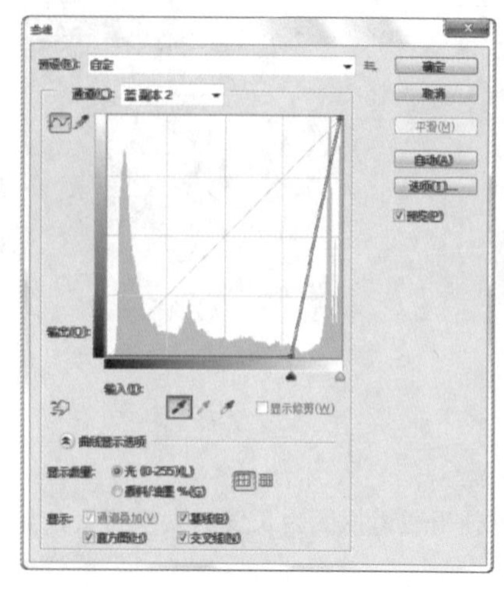

图 11-160

图 11-161

图 11-162

05 选择“蓝 副本”通道，单击“通道”面板底部的“将通道作为选区载入”按钮，如图11-164所示。回到“图层”面板，选中人像图层，单击“图层”面板底部的“添加图层蒙版”按钮，为其添加图层蒙版，如图11-165所示。效果如图11-166所示。

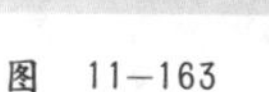

图 11-163

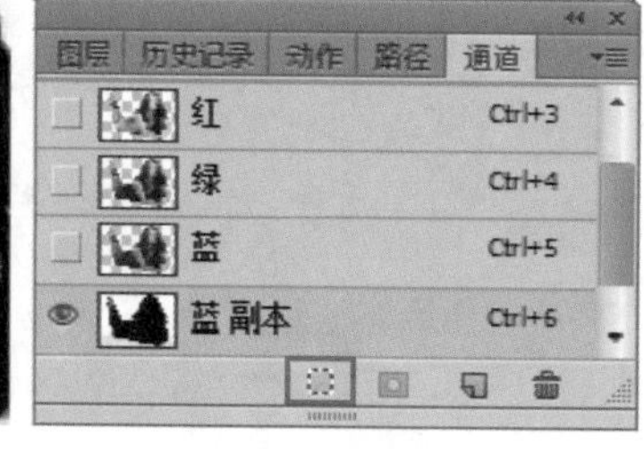

图 11-164

图 11-165

06 执行“图层>新建调整图层>曲线”命令，设置通道为“蓝”，调整曲线的形状，如图11-167所示。设置通道为RGB，调整曲线形状，如图11-168所示。效果如图11-169所示。

图 11-166

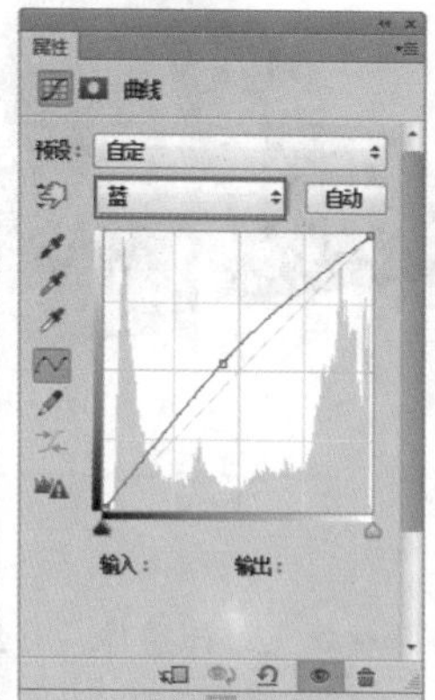

图 11-167

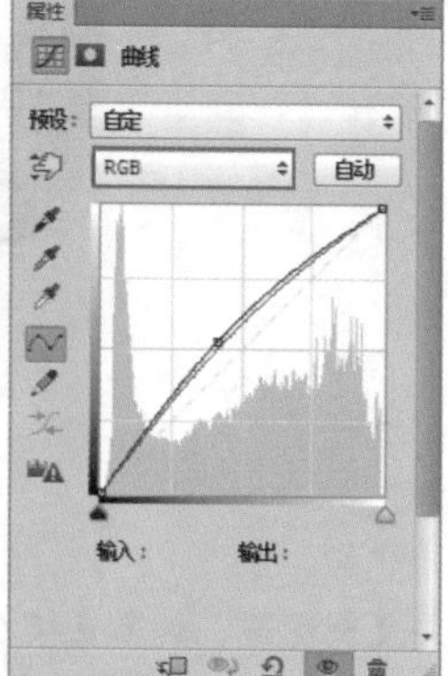

图 11-168

图 11-169

07 导入光效素材3.jpg，设置其混合模式为“滤色”，如图11-170所示。效果如图11-171所示。

08 导入素材文字4.png，置于画面中合适的位置。最终效果如图11-172所示。

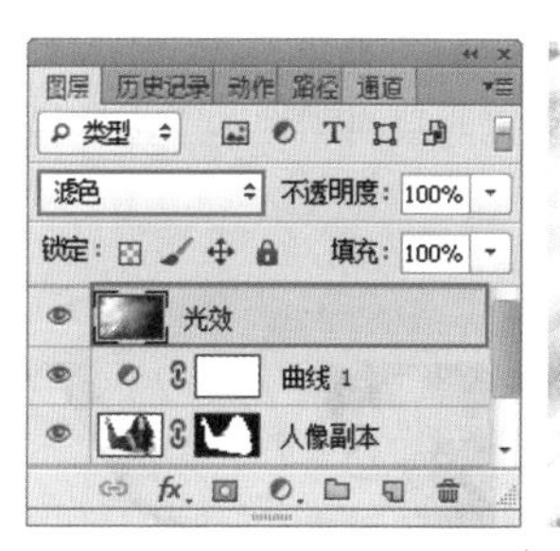

图 11—170

图 11—171

图 11—172

☆ 视频课堂——使用通道为透明婚纱换背景

案例文件\第11章\视频课堂——使用通道为透明婚纱换背景.psd

视频文件\第11章\视频课堂——使用通道为透明婚纱换背景.flv

思路解析:

01 打开人像素材，使用“钢笔工具”将人像部分和白纱部分从素材中分离为两个独立图层。

02 只显示出白纱图层，并进入“通道”面板，选择黑白对比大的通道进行复制。

03 调整通道黑白关系。

04 载入通道选区，回到“图层”面板中，为白纱图层添加蒙版，使之成为透明效果。

05 显示出人像部分，并导入前景素材和背景素材。

★ 综合实战——使用通道制作欧美风杂志广告

案例文件	案例文件\第11章\使用通道制作欧美风杂志广告.psd
视频教学	视频文件\第11章\使用通道制作欧美风杂志广告.flv
难易指数	★★★★★
技术要点	通道的操作

案例效果

本例主要是通过对通道的调整制作欧美风杂志广告，如图11-173所示。

操作步骤

01 打开素材文件1.jpg，如图11-174所示。由于图像为RGB模式，对图像执行“图像>模式>CMYK颜色”命令，将其转换为CMYK模式，在弹出的对话框中单击“确定”按钮，如图11-175所示。

图 11—173

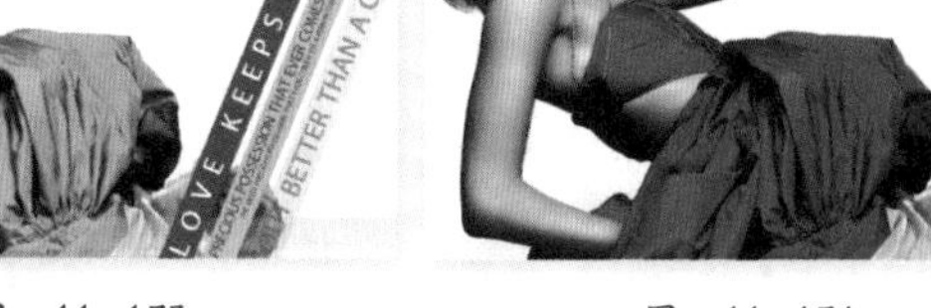

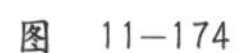

图 11—174

图 11—175

02 进入“通道”面板，此时可以看到通道中显示CMYK、“青色”、“洋红”、“黄色”、“黑色”5个通道。选中“青色”通道，按Ctrl+A组合键全选，按Ctrl+C组合键复制，如图11-176所示。选中“洋红”通道，按Ctrl+V组合键将青色通道粘贴到“洋红”通道中，如图11-177所示，然后单击复合通道CMYK，可以看到当前画面颜色发生了变化，效果如图11-178所示。

03 最后导入素材文件2.png，置于画面中合适的位置。最终效果如图11-179所示。

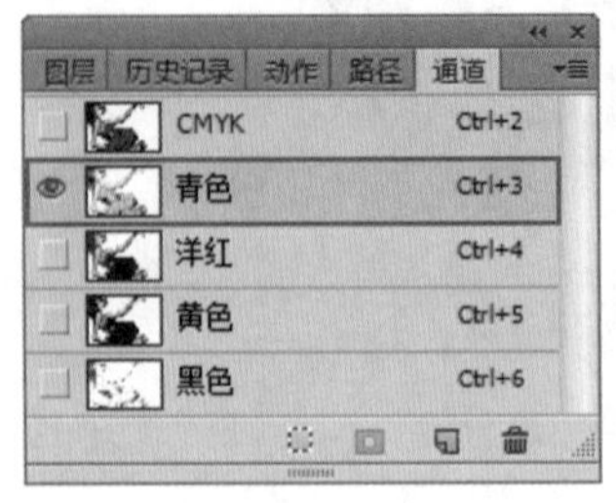

图 11-176

图 11-177

图 11-178

图 11-179

课后练习

【课后练习——保留细节的通道计算磨皮法】

思路解析：本例主要讲解时下比较流行的通道计算磨皮法。通道计算磨皮法具有不破坏原图像并且保留细节的优势。这种磨皮方法主要利用通道单一颜色的便利条件，并通过高反差保留滤镜与多次计算得到皮肤瑕疵部分的选区，然后针对选区进行亮度颜色的调整，减小瑕疵与正常皮肤颜色的差异，从而达到磨皮的效果。

【课后练习——使用通道制作水彩画效果】

思路解析：本例通过复制人像通道并进行编辑而得到新的Alpha通道，载入选区后为水彩素材添加图层蒙版，制作出水彩画效果。

本章小结

通道虽然是存储图像颜色信息和选区信息等不同类型信息的灰度图像，但是通过通道可以进行很多高级操作，如调色、抠图、磨皮以及制作特效图像等。

第12章

蒙版与合成

本章内容简介：

本章主要针对Photoshop中的4种蒙版进行讲解，蒙版在合成中起着至关重要的作用。使用蒙版编辑图像，可以避免因为使用橡皮擦或剪切、删除等操作造成的失误。另外，还可以对蒙版应用一些滤镜，以得到一些意想不到的特效。

本章学习要点：

- 掌握快速蒙版的使用方法
- 掌握剪贴蒙版的使用方法
- 掌握图层蒙版的使用方法
- 掌握矢量蒙版的使用方法

12.1 认识蒙版

蒙版原本是摄影术语，是指用于控制照片不同区域曝光的传统暗房技术。在Photoshop中，蒙版则是用于合成图像的必备利器，因为蒙版可以遮盖住部分图像，使其避免受到操作的影响。这种隐藏而非删除的编辑方式是一种非常方便的非破坏性编辑方式。在Photoshop中，蒙版分为快速蒙版、剪贴蒙版、图层蒙版和矢量蒙版。

12.2 快速蒙版

视频精讲：Photoshop CS6自学视频教程\29.快速蒙版.flv

技术速查：快速蒙版是一种用于创建和编辑选区的功能。

在快速蒙版模式下，可以将选区作为蒙版进行编辑，并且可以使用几乎全部的绘画工具或滤镜对蒙版进行编辑。当在快速蒙版模式中工作时，“通道”面板中出现一个临时的“快速蒙版”通道，如图12-1所示。但是，所有的蒙版编辑都是在图像窗口中完成的，如图12-2所示。

图 12-1

图 12-2

思维点拨：蒙版定义

图层蒙版是一个8位灰度图像，黑色表示图层的透明部分，白色表示图层的不透明部分，灰色表示图层中的半透明部分。编辑图层蒙版，实际上就是对蒙版中的黑、白、灰3个色彩区进行编辑。使用图层蒙版，可以控制图层中的不同区域被隐藏或显示。通过更改图层蒙版，可以将大量特殊效果应用到图层，而不会影响该图层上的像素。

蒙版虽然是种选区，但它跟常规的选区颇为不同。常规的选区表现了一种操作趋向，即将对所选区域进行处理；而蒙版却相反，它是对所选区域进行保护，让其免于操作，而对非掩盖的区域应用操作。

12.2.1 动手学：创建快速蒙版

在工具箱中单击“以快速蒙版模式编辑”按钮或按Q键，可以进入快速蒙版编辑模式，此时在“通道”面板中可以观察到一个“快速蒙版”通道，如图12-3和图12-4所示。

图 12-3

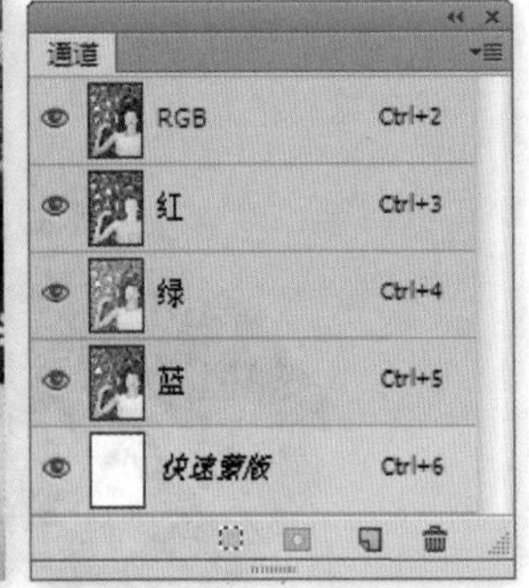

图 12-4

12.2.2 动手学：编辑快速蒙版

进入快速蒙版编辑模式以后，可以使用绘画工具（如“画笔工具”）在图像上进行绘制，绘制区域将以红色显示，如图12-5所示。红色的区域表示未选中的区域，非红色区域表示选中的区域。

在工具箱中单击“以快速蒙版模式编辑”按钮或按Q键退出快速蒙版编辑模式，可以得到想要的选区，如图12-6所示。

在快速蒙版模式下，还可以使用滤镜来编辑蒙版，如图12-7所示是对快速蒙版应用“拼贴”滤镜以后的效果。

按Q键退出快速蒙版编辑模式以后，可以得到具有拼贴效果的选区，如图12-8所示。

图 12-5

图 12-6

图 12-7

图 12-8

技巧提示

使用快速蒙版制作选区的内容已在第4章中进行了详细的讲解。

★ 案例实战——使用快速蒙版调整图像局部颜色

案例文件	案例文件\第12章\使用快速蒙版调整图像局部颜色.psd
视频教学	视频文件\第12章\使用快速蒙版调整图像局部颜色.flv
难易指数	★★★★★
技术要点	快速蒙版、调整图层

案例效果

本例主要是针对快速蒙版的使用方法进行练习，对比效果如图12-9和图12-10所示。

操作步骤

01 打开本书配套光盘中的素材文件1.jpg，如图12-11所示。

02 按Q键进入快速蒙版编辑模式，设置前景色为黑色，接着使用“画笔工具”绘制人像和地面，如图12-12所示。绘制完成后按Q键退出快速蒙版编辑模式，得到如图12-13所示的选区。

图 12-9

图 12-10

图 12-11

图 12-12

图 12-13

03 按Ctrl+U组合键打开“色相/饱和度”对话框，接着设置通道为“全图”，“色相”为-30，“饱和度”为50，如图12-14所示。效果如图12-15所示。

04 最后导入前景光效素材2.png，最终效果如图12-16所示。

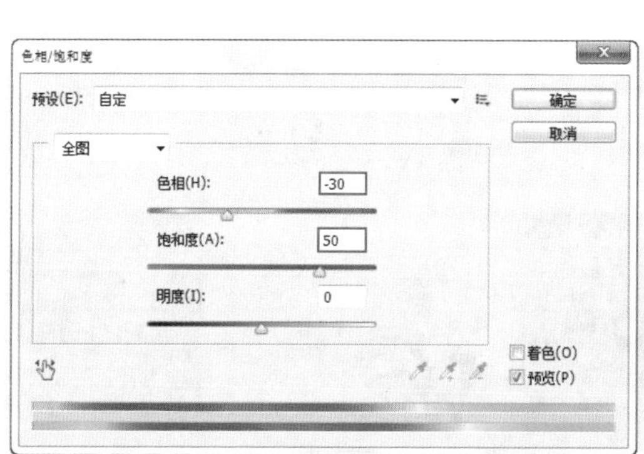

图 12-14

图 12-15

图 12-16

12.3 剪贴蒙版

- 视频精讲：Photoshop CS6自学视频教程\80.使用剪贴蒙版.flv
- 技术速查：剪贴蒙版是通过使用处于下方图层的形状来限制上方图层的显示状态，也就是说基底图层用于限定最终图像的形状，而顶部图层则用于限定最终图像显示的颜色或图案。

剪贴蒙版由两部分组成：基底图层和内容图层。基底图层是位于剪贴蒙版最底端的一个图层，内容图层则可以有多个。如图12-17和图12-18所示为剪贴蒙版的原理图。效果如图12-19所示。

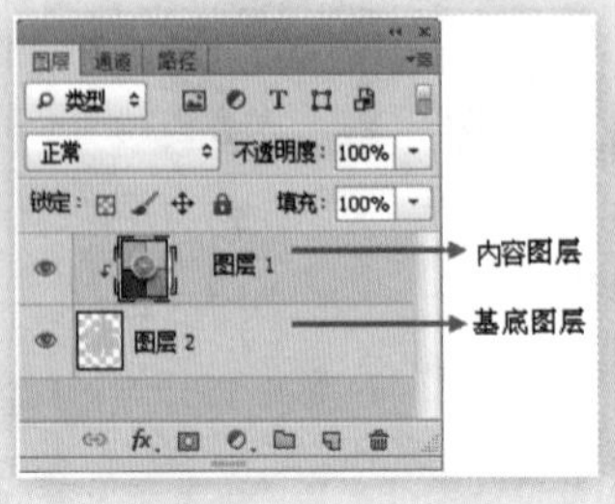

图 12-17

图 12-18

图 12-19

- 基底图层：基底图层只有一个，它决定了位于其上面的图像的显示范围。如果对基底图层进行移动、变换等操作，那么上面的图像也会随之受到影响，如图12-20所示。
- 内容图层：内容图层可以是一个或多个。对内容图层的操作不会影响基底图层，但是对其进行移动、变换等操作时，显示范围也会随之而改变，如图12-21所示。需要注意的是，剪贴蒙版虽然可以应用在多个图层中，但是这些图层不能是隔开的，必须是相邻的图层。

图 12-20

图 12-21

技巧提示

剪贴蒙版的内容图层不仅可以是普通的像素图层，还可以是调整图层、形状图层、填充图层等类型图层，如图12–22所示。

使用调整图层作为剪贴蒙版中的内容图层是非常常见的，主要可以用作对某一图层的调整而不影响其他图层，如图12–23和图12–24所示。

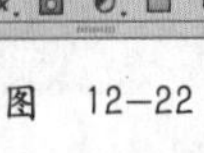

图 12–22

图 12–23

图 12–24

技术拓展：剪贴蒙版与图层蒙版的差别

（1）从形式上看，普通的图层蒙版只作用于一个图层，给人的感觉好像是在图层上面进行遮挡一样。但剪贴蒙版却是对一组图层进行影响，而且是位于被影响图层的最下面。

（2）普通的图层蒙版本身不是被作用的对象，而剪贴蒙版本身也是被作用的对象。

（3）普通的图层蒙版仅仅是影响作用对象的不透明度，而剪贴蒙版除了影响所有内容图层的不透明度外，其自身的混合模式及图层样式都将对内容图层产生直接影响。

12.3.1 动手学：创建剪贴蒙版

打开一个包含3个图层的文档，如图12-25和图12-26所示。下面以该文档来讲解如何创建剪贴蒙版。

方法1：首先把“图形”图层放在“人像”图层下面，然后选择“人像”图层，并执行“图层>创建剪贴蒙版”命令或按Ctrl+Alt+G组合键，可以将“人像”图层和“图形”图层创建为一个剪贴蒙版，创建剪贴蒙版以后，“人像”图层就只显示“图形”图层的区域，如图12-27所示。

图 12-25

图 12-26

图 12-27

方法2：在“人像”图层的名称上单击鼠标右键，然后在弹出的快捷菜单中执行“创建剪贴蒙版”命令，如图12-28所示，即可将“人像”图层和“图形”图层创建为一个剪贴蒙版。

方法3：先按住Alt键，然后将光标放置在“人像”图层和“图形”图层之间的分隔线上，待光标变成形状时单击，如图12-29所示，即可将“人像”图层和“图形”图层创建为一个剪贴蒙版。

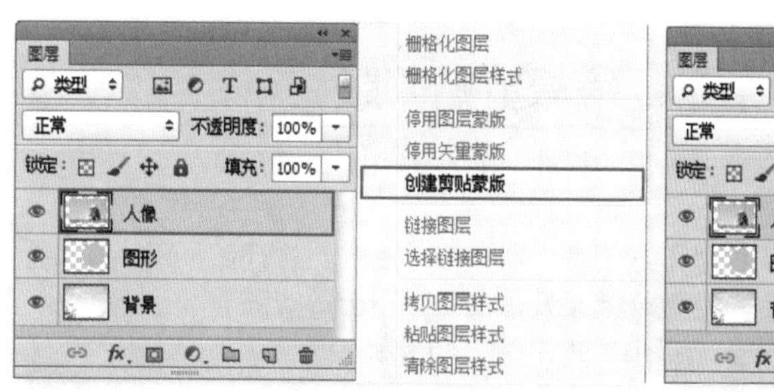

图 12-28

图 12-29

12.3.2 动手学：释放剪贴蒙版

释放剪贴蒙版与创建剪贴蒙版相似，也有多种方法。

方法1：选择“人像”图层，然后执行“图层>释放剪贴蒙版”命令或按Ctrl+Alt+G组合键，即可释放剪贴蒙版，释放剪贴蒙版以后，“人像”图层就不再受“图形”图层的控制，如图12-30所示。

方法2：在“人像”图层的名称上单击鼠标右键，在弹出的快捷菜单中执行“释放剪贴蒙版”命令，如图12-31所示。

方法3：先按住Alt键，然后将光标放置在“人像”图层和“图形”图层之间的分隔线上，待光标变成形状时单击，如图12-32所示。

图 12-30

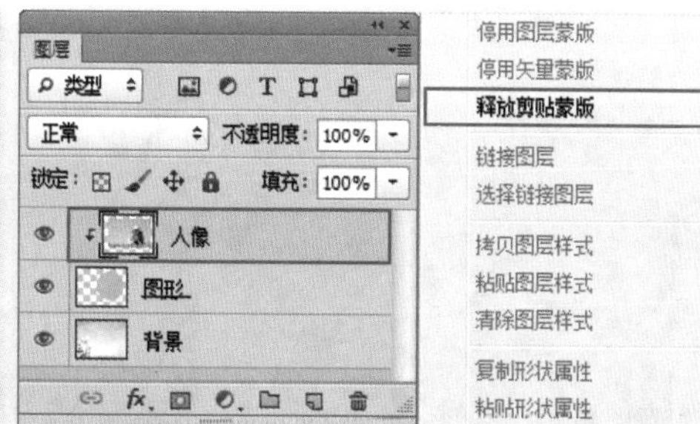

图 12-31

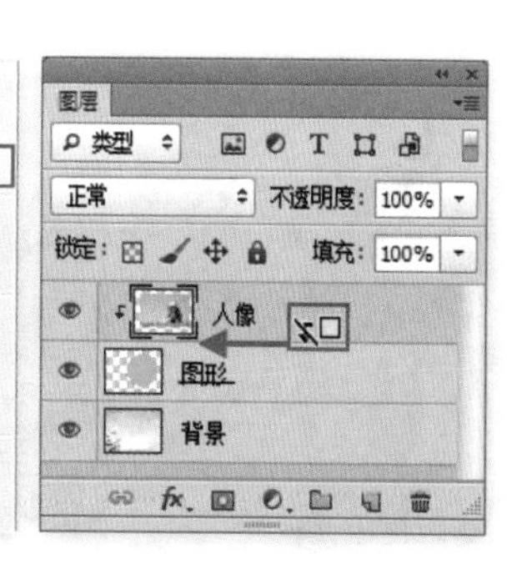

图 12-32

12.3.3 动手学：调整图层顺序

与调整普通图层顺序相同，单击并拖动即可调整剪贴蒙版图层顺序，如图12-33和图12-34所示。需要注意的是，一旦将图层移动到基底图层的下方，就相当于释放剪贴蒙版。

在已有剪贴蒙版的情况下，将一个图层拖动到基底图层上方，如图12-35所示，即可将其加入到剪贴蒙版组中，如图12-36所示。

将内容图层移到基底图层的下方就相当于将其移出剪贴蒙版组，如图12-37所示。即释放该图层，如图12-38所示。

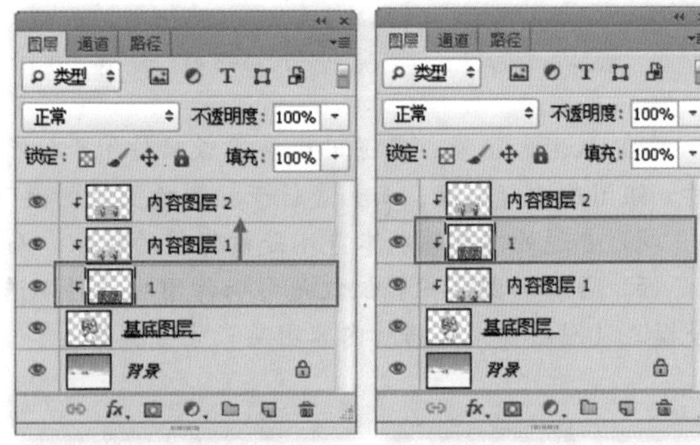

图 12-33　　图 12-34

图 12-35

图 12-36

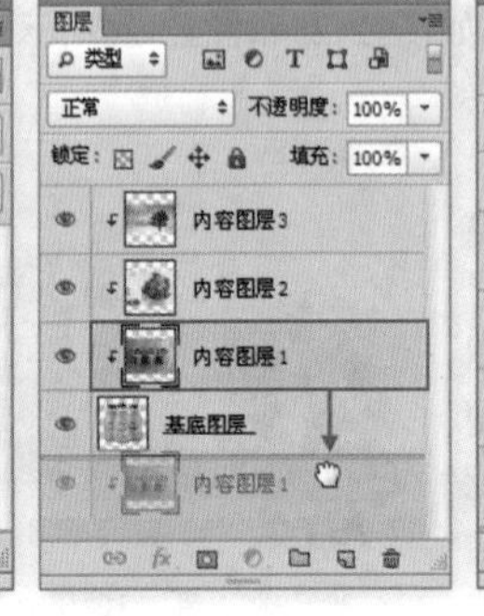

图 12-37

图 12-38

12.3.4 动手学：编辑剪贴蒙版

剪贴蒙版具有普通图层的属性，如不透明度、混合模式、图层样式等。

当对内容图层的“不透明度”和“混合模式”进行调整时，只有与基底图层混合效果发生变化，不会影响到剪贴蒙版中的其他图层，如图12-39和图12-40所示。

剪贴蒙版虽然可以存在多个内容图层，但是这些图层不能是隔开的，必须是相邻的图层。

图 12-39　　图 12-40

当对基底图层的“不透明度”和“混合模式”调整时，整个剪贴蒙版中的所有图层都会以设置的“不透明度”以及“混合模式”进行混合，如图12-41和图12-42所示。

若要为剪贴蒙版添加图层样式，需要在基底图层上添加，如图12-43所示。如果错将图层样式添加在内容图层上，那么样式是不会出现在剪贴蒙版形状上的，如图12-44所示。

图 12-41

图 12-42

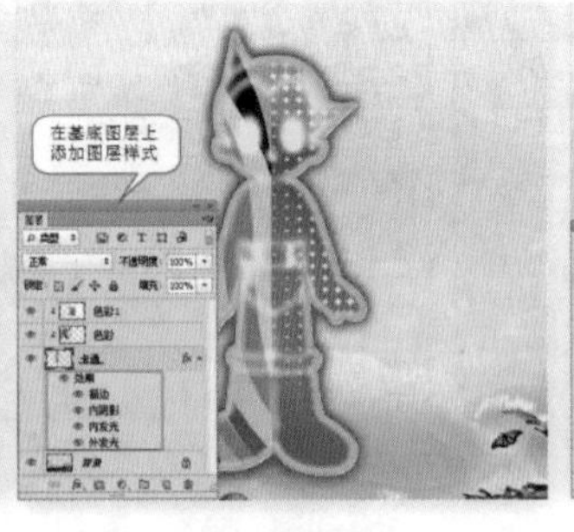

图 12-43

图 12-44

★ 案例实战——使用剪贴蒙版制作复古英文

案例文件	案例文件\第12章\使用剪贴蒙版制作复古英文.psd
视频教学	视频文件\第12章\使用剪贴蒙版制作复古英文.flv
难易指数	★★★★★
技术要点	剪贴蒙版、图层不透明度、图层样式

案例效果

本例主要是通过使用剪贴蒙版等制作复古英文，效果如图12-45所示。

操作步骤

01 打开背景素材文件1.jpg，如图12-46所示。使用“横排文字工具”，设置前景色为白色，设置合适的字号和字体，在画面中合适位置单击输入文字，如图12-47所示。

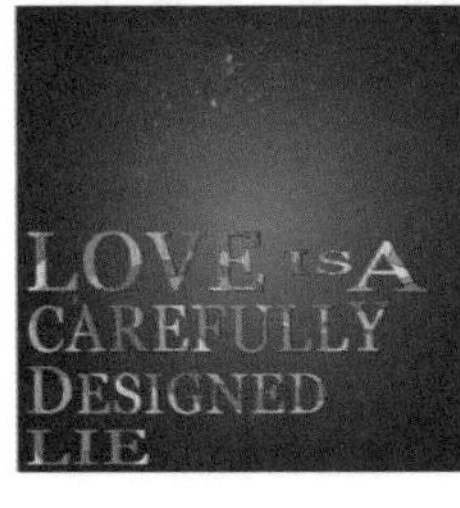

图 12-45

图 12-46

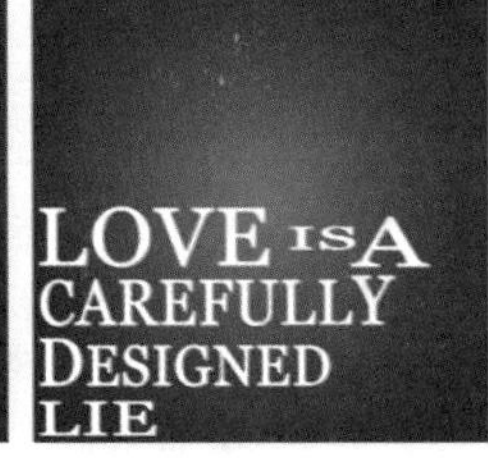

图 12-47

02 选中所有文字图层，按Ctrl+E组合键合并文字所有图层，执行“图层>图层样式>斜面和浮雕”命令，在弹出的对话框中设置“样式”为“内斜面”，“方法”为“平滑”，“方向”为“上”，高光模式“不透明度”为50%，阴影模式“不透明度”为50%，如图12-48所示。选择“描边”选项，设置“大小”为1像素，“位置”为“居中”，“填充类型”为“颜色”，“颜色”为黑色，如图12-49所示。此时效果如图12-50所示。

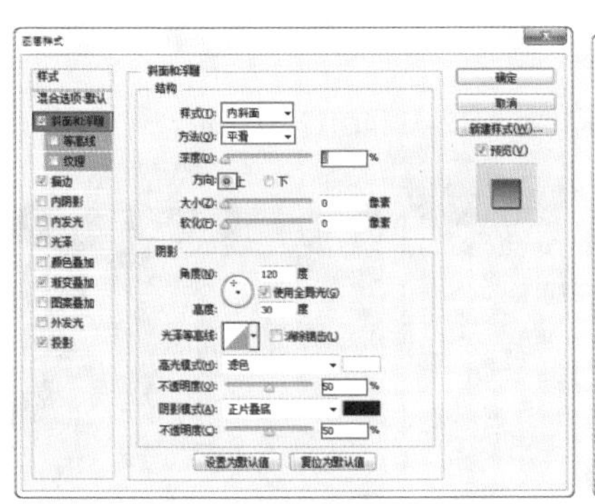

图 12-48

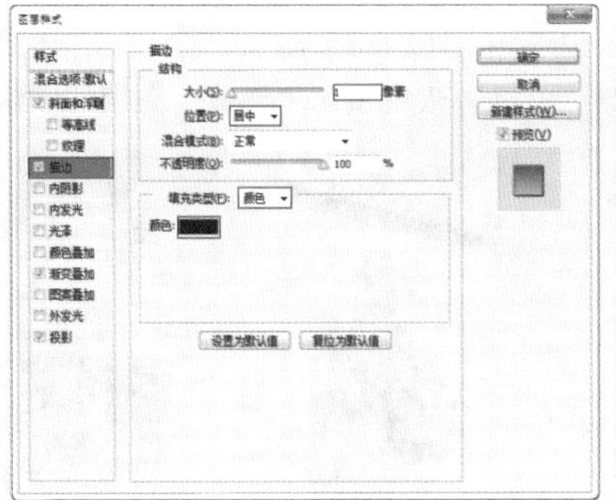

图 12-49

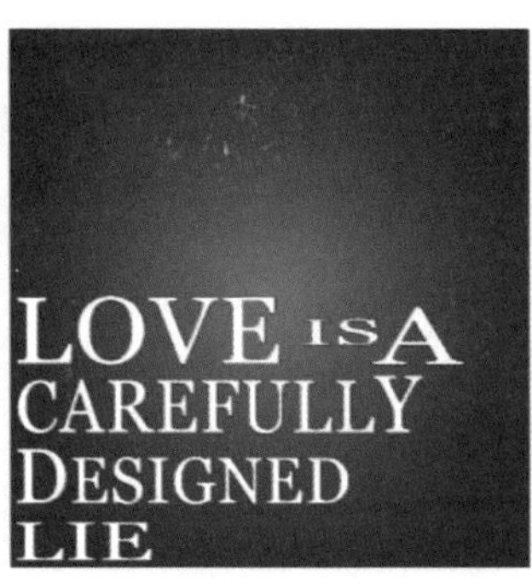

图 12-50

03 设置合适的前景色，新建图层，按Alt+Delete组合键为其填充前景色，如图12-51所示。执行“滤镜>杂色>添加杂色”命令，在弹出的对话框中设置“数量”为120%，选中“单色”复选框，如图12-52所示。效果如图12-53所示。

04 导入花纹素材2.jpg，置于画面中合适位置。将“杂色”图层置于“图层”面板顶部，并设置图层的“不透明度”为40%，如图12-54所示。选中“花纹”和“杂色”图层，单击鼠标右键，在弹出的快捷菜单中执行“创建剪贴蒙版”命令，如图12-55所示。最终效果如图12-56所示。

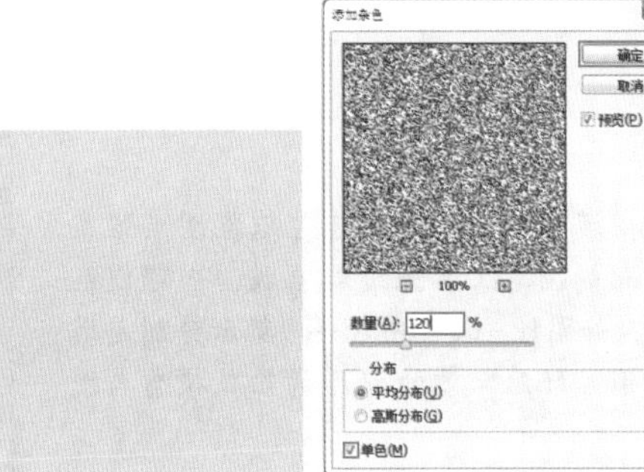

图 12-51 图 12-52 图 12-53

图 12-54

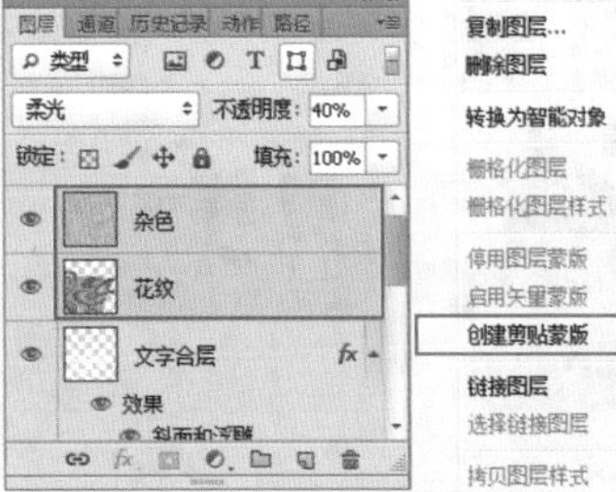

图 12-55

图 12-56

12.4 图层蒙版

视频精讲：Photoshop CS6自学视频教程\82.使用图层蒙版.flv

12.4.1 图层蒙版的工作原理

技术速查：图层蒙版通过蒙版中的灰度信息来控制图像的显示区域。

图层蒙版与矢量蒙版相似，都属于非破坏性编辑工具。但是图层蒙版是位图工具，通过使用画笔工具、填充命令等处理蒙版的黑白关系，从而控制图像的显示与隐藏。

打开一个文档，该文档中包含两个图层，其中“光效”图层有一个图层蒙版，并且图层蒙版为白色，如图12-57所示。按照图层蒙版“黑透、白不透”的工作原理，此时文档窗口中将完全显示“光效”图层的内容，如图12-58所示。

图 12-57

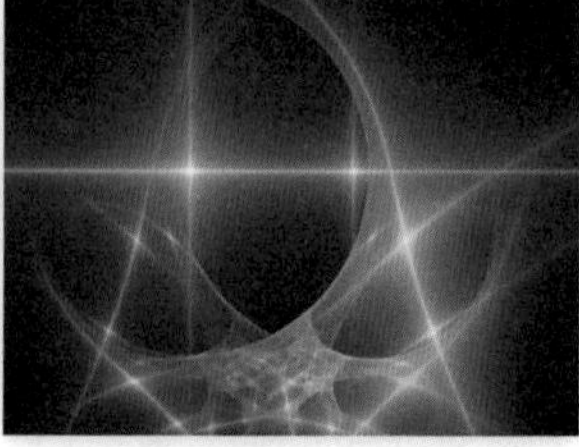

图 12-58

如果要全部显示“背景”图层的内容，可以选择“光效”图层的蒙版，然后用黑色填充蒙版，如图12-59和图12-60所示。

如果以半透明方式来显示当前图像，可以用灰色填充“光效”图层的蒙版，如图12-61和图12-62所示。

图 12-59

图 12-60

图 12-61

图 12-62

技巧提示

除了可以在图层蒙版中填充颜色以外，还可以在图层蒙版中填充渐变，可以使用不同的画笔工具来编辑蒙版，还可以在图层蒙版中应用各种滤镜。如图12-63～图12-68所示分别是填充渐变、使用画笔以及应用“纤维”滤镜以后的蒙版状态与图像效果。

图 12-63

图 12-64

图 12-65

图 12-66

图 12-67

图 12-68

12.4.2 动手学：创建图层蒙版

创建图层蒙版的方法有很多种，既可以直接在“图层”或“属性”面板中进行创建，也可以从选区或图像中生成图层蒙版。

在“图层”面板中创建图层蒙版

选择要添加图层蒙版的图层，然后单击“图层”面板底部的“添加图层蒙版”按钮，如图12-69所示，可以为当前图层添加一个图层蒙版，如图12-70所示。

从选区生成图层蒙版

如果当前图像中存在选区，如图12-71所示，单击“图层”面板下的“添加图层蒙版”按钮，可以基于当前选区为图层添加图层蒙版，选区以外的图像将被蒙版隐藏，如图12-72和图12-73所示。

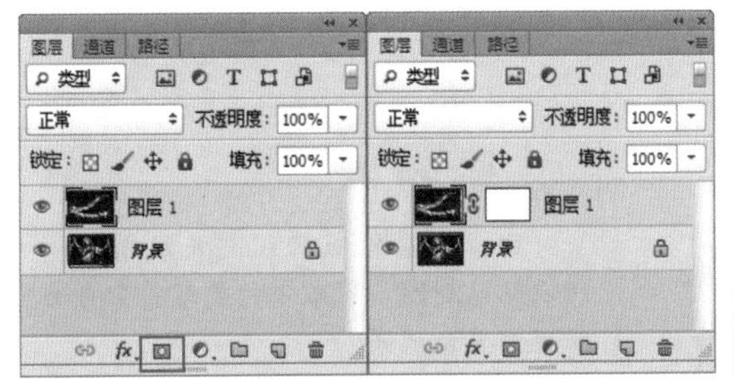

图 12-69　图 12-70

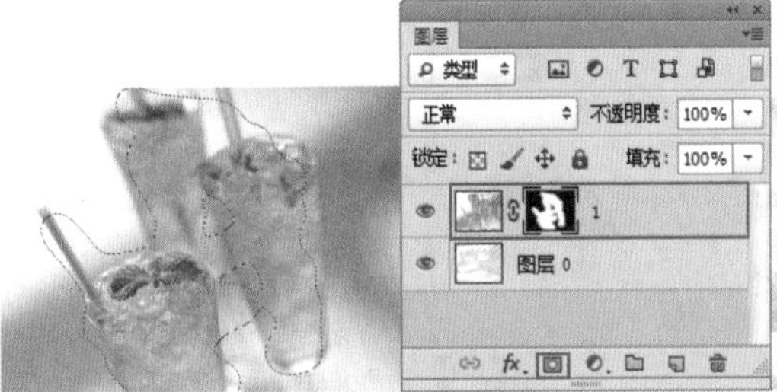

图 12-71　图 12-72　图 12-73

从图像生成图层蒙版

还可以将一张图像作为某个图层的图层蒙版。下面就来讲解如何将第2张图像创建为第1张图像的图层蒙版，如图12-74和图12-75所示。

图 12-74

图 12-75

（1）打开素材文件，选中图层2，使用全选快捷键Ctrl+A全选当前图像，继续使用复制快捷键Ctrl+C，如图12-76和图12-77所示。

（2）复制完毕后将图层2隐藏，选择图层1，并单击“图层”面板底部的“添加图层蒙版”按钮，为其添加一个图层蒙版，如图12-78所示。

（3）按住Alt键单击蒙版缩览图，如图12-79所示。将图层蒙版在文档窗口中显示出来，此时图层蒙版为空白状态，如图12-80所示。

图 12-76

图 12-77

图 12-78

图 12-79

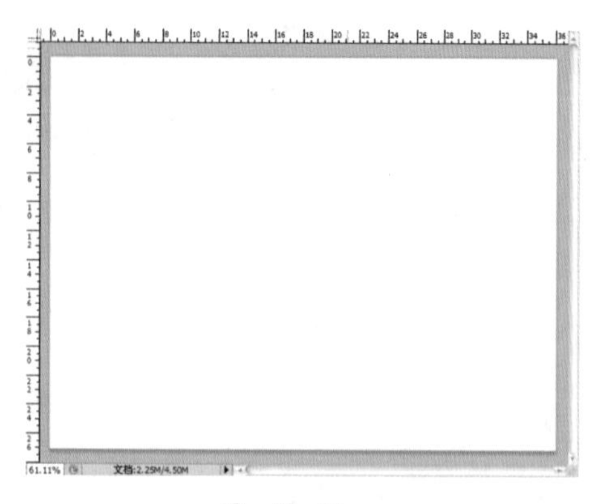

图 12-80

技巧提示

这一步骤操作主要是为了更加便捷地显示出图层蒙版，也可以打开“通道”面板，显示出最底部的“1蒙版”通道并进行粘贴，如图12-81所示。

图 12-81

（4）按Ctrl+V组合键将刚才复制的图层2的内容粘贴到蒙版中，如图12-82和图12-83所示。

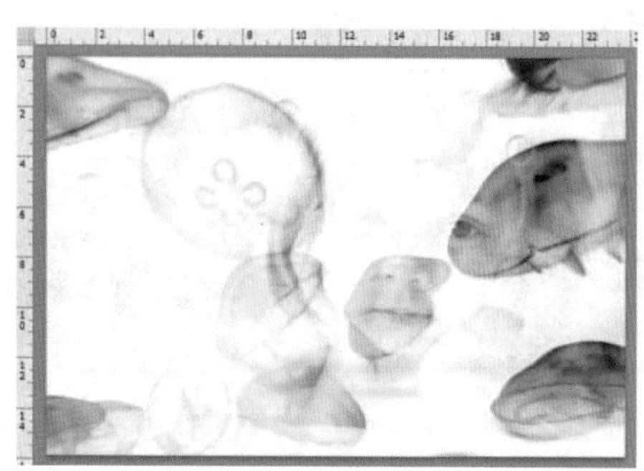

图 12-82

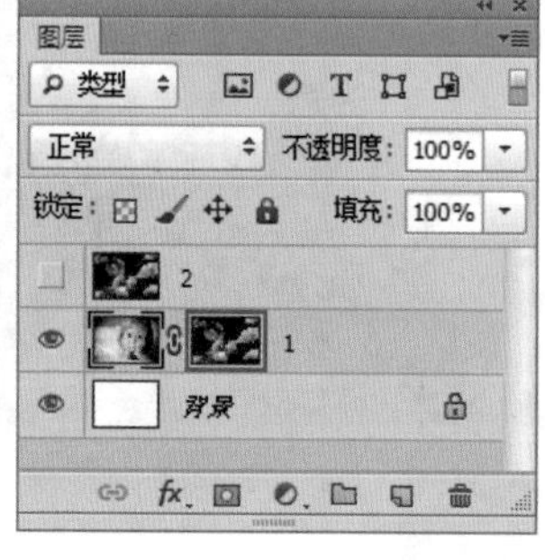

图 12-83

由于图层蒙版只识别灰度图像，所以粘贴到图层蒙版中的内容将会自动转换为黑白效果。

（5）单击图层1缩览图即可显示图像效果，如图12-84和图12-85所示。

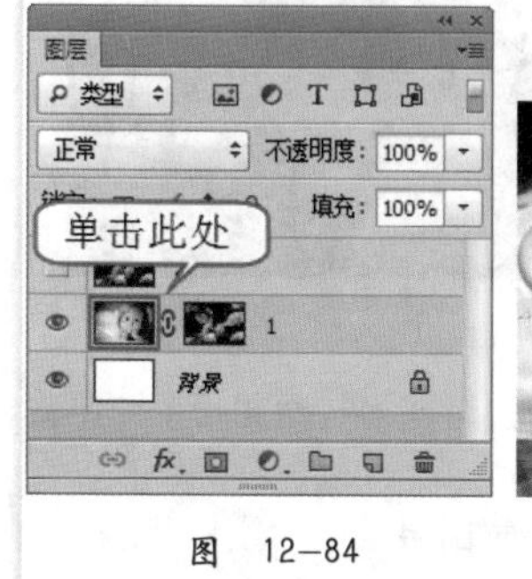

图 12-84

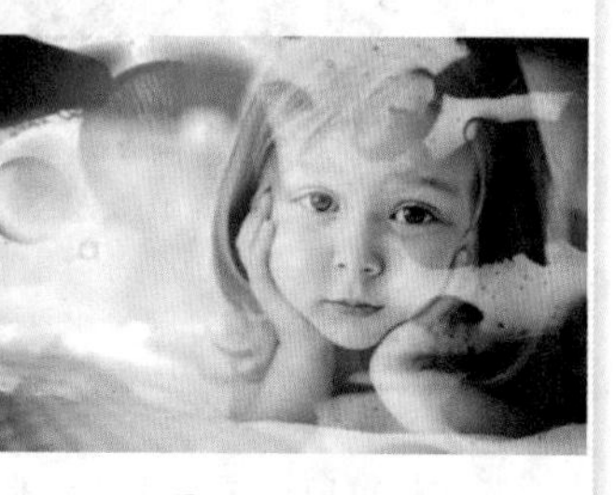

图 12-85

★ 案例实战——使用画笔工具与图层蒙版制作梦幻人像

案例文件	案例文件\第12章\使用画笔工具与图层蒙版制作梦幻人像.psd
视频教学	视频文件\第12章\使用画笔工具与图层蒙版制作梦幻人像.flv
难易指数	★★★★★
技术要点	图层蒙版、画笔工具

案例效果

本例主要是通过使用画笔工具、图层蒙版等制作梦幻人像，如图12-86所示。

操作步骤

01 新建文件，选择“画笔工具”，设置合适的前景色，使用柔角画笔在画面合适位置进行绘制，如图12-87所示。

02 导入人像素材1.jpg，选中“人像”图层，单击“图层”面板底部的“添加图层蒙版”按钮，为其添加图层蒙版，如图12-88所示。为蒙版填充黑色，如图12-89所示。

图 12-86

图 12-87

图 12-88

图 12-89

03 选中图层蒙版，设置前景色为白色，打开"画笔"面板，设置一个杂乱枫叶效果画笔，如图12-90所示。

04 单击工具箱中的"画笔工具"，使用"画笔工具"在蒙版中绘制，绘制到的区域被显示出来，效果如图12-91所示。

05 适当降低画笔的不透明度，再次在蒙版中进行绘制，使用"矩形选框工具"绘制合适的矩形，按Shift+Ctrl+I组合键进行反选，设置前景色为白色，为其填充前景色，如图12-92所示。接着导入艺术字素材置于画面中合适位置，最终效果如图12-93所示。

图 12—90

图 12—91

图 12—92

图 12—93

12.4.3 应用图层蒙版

技术速查：应用图层蒙版是指将图像中对应蒙版中的黑色区域删除，白色区域保留下来，而灰色区域将呈透明效果，并且删除图层蒙版。

在图层蒙版缩览图上单击鼠标右键，在弹出的快捷菜单中执行"应用图层蒙版"命令，如图12-94所示，可以将蒙版应用在当前图层中。应用图层蒙版以后，蒙版效果将会应用到图像上，如图12-95所示。

图 12—94　图 12—95

12.4.4 动手学：停用/启用/删除图层蒙版

停用图层蒙版

如果要停用图层蒙版，可以采用以下两种方法来完成。

（1）执行"图层>图层蒙版>停用"命令，或在图层蒙版缩览图上单击鼠标右键，在弹出的快捷菜单中执行"停用图层蒙版"命令，如图12-96和图12-97所示。停用蒙版后，在"属性"面板的缩览图和"图层"面板中的蒙版缩略图中都会出现一个红色的交叉线×。

（2）选择图层蒙版，然后单击"属性"面板底部的"停用/启用蒙版"按钮，如图12-98和图12-99所示。

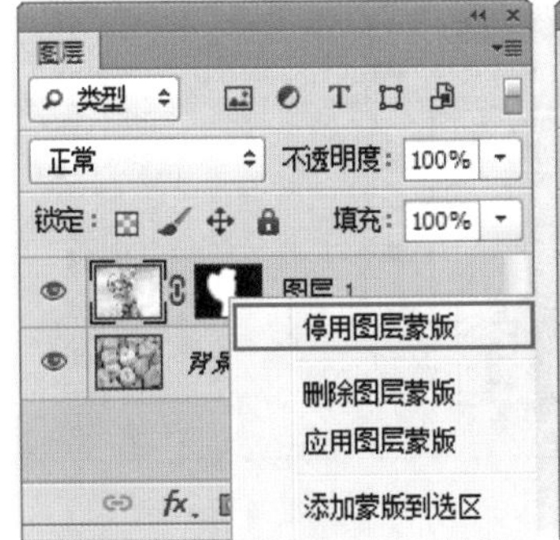

图 12—96

图 12—97

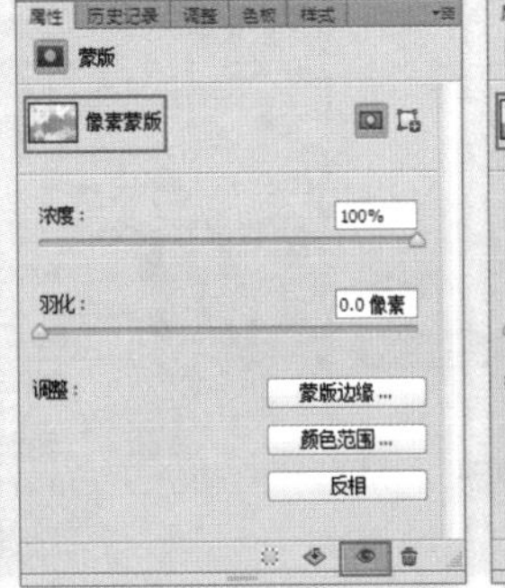

图 12—98

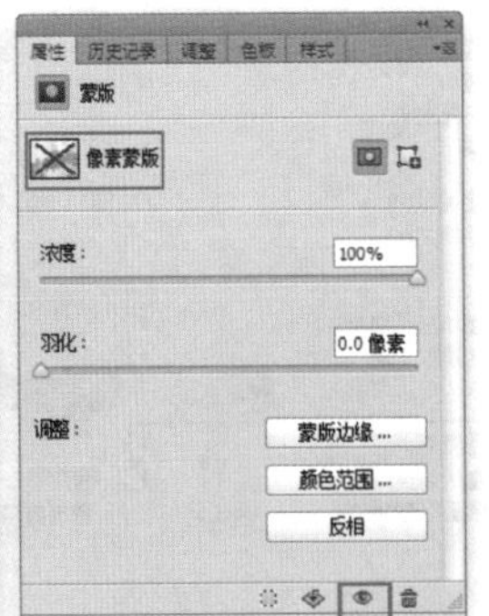

图 12—99

技巧提示

在对带有图层蒙版的图层进行编辑时，初学者经常会忽略当前操作的对象是图层还是蒙版。例如使用第2种方法停用图层蒙版时，如果选择的是“图层1”，那么“属性”面板中的“停用/启用蒙版”按钮将变成不可单击的灰色状态，如图12-100所示，只有选择了“图层1”的蒙版后，才能使用该按钮，如图12-101所示。

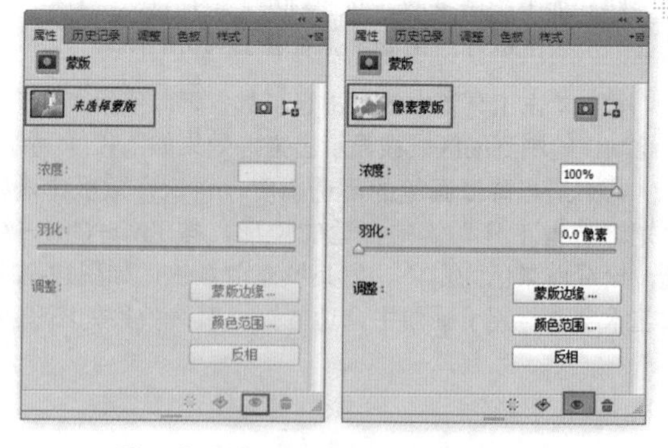

图 12-100　　图 12-101

启用图层蒙版

在停用图层蒙版以后，如果要重新启用图层蒙版，可以采用以下3种方法来完成。

（1）执行“图层>图层蒙版>启用”命令，或在蒙版缩览图上单击鼠标右键，然后在弹出的快捷菜单中执行“启用图层蒙版”命令，如图12-102和图12-103所示。

（2）在蒙版缩览图上单击，即可重新启用图层蒙版，如图12-104所示。

图 12-102

图 12-103　　图 12-104

（3）选择蒙版，然后单击“属性”面板底部的“停用/启用蒙版”按钮。

删除图层蒙版

如果要删除图层蒙版，可以采用以下4种方法来完成。

（1）选中图层，执行“图层>图层蒙版>删除”命令，如图12-105所示。

（2）在蒙版缩览图上单击鼠标右键，然后在弹出的快捷菜单中执行“删除图层蒙版”命令，如图12-106所示。

（3）将蒙版缩览图拖曳到“图层”面板下面的“删除图层”按钮上，如图12-107所示，然后在弹出的对话框中单击“删除”按钮。

（4）选择蒙版，然后直接在“属性”面板中单击“删除蒙版”按钮，如图12-108所示。

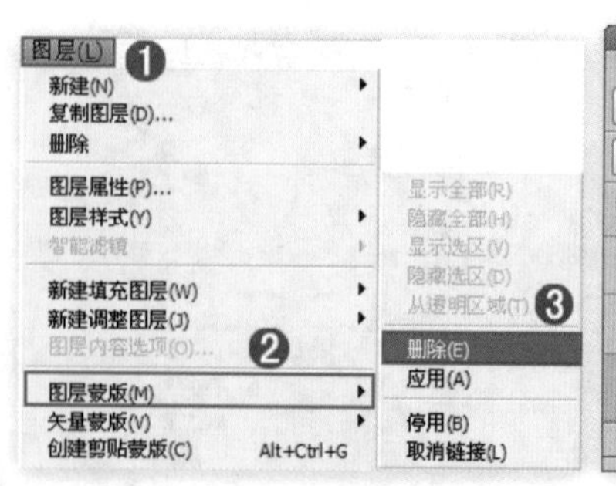

图 12-105

图 12-106

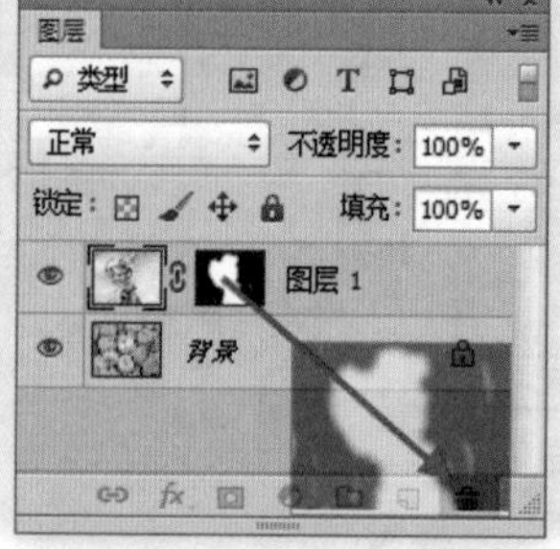

图 12-107

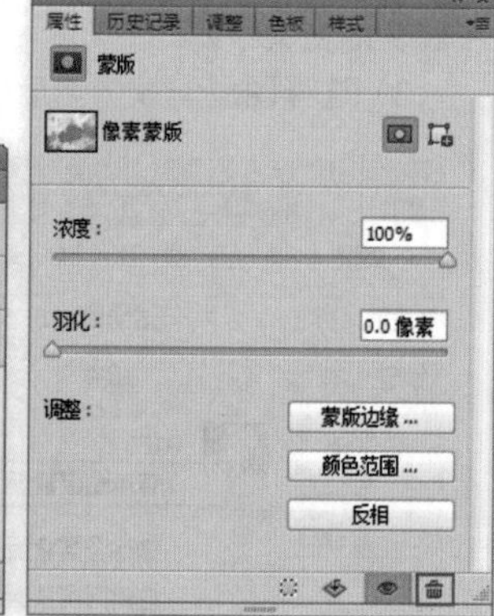

图 12-108

☆ 视频课堂——炸开的破碎效果

案例文件\第12章\视频课堂——炸开的破碎效果.psd
视频文件\第12章\视频课堂——炸开的破碎效果.flv
思路解析：

01 打开背景素材，导入人像素材。
02 使用快速选择工具将人像素材的背景部分选中并去除。
03 为人像图层添加图层蒙版，在蒙版中绘制大量飞鸟，制作出破碎效果。
04 使用飞鸟画笔在裙子周围绘制出大量飞鸟，作为碎片。
05 最后进行画面整体的调色处理。

12.4.5 动手学：转移/替换/复制图层蒙版

转移图层蒙版

选中要转移的图层蒙版缩览图并将蒙版拖曳到其他图层上，如图12-109所示，即可将该图层的蒙版转移到其他图层上，如图12-110所示。

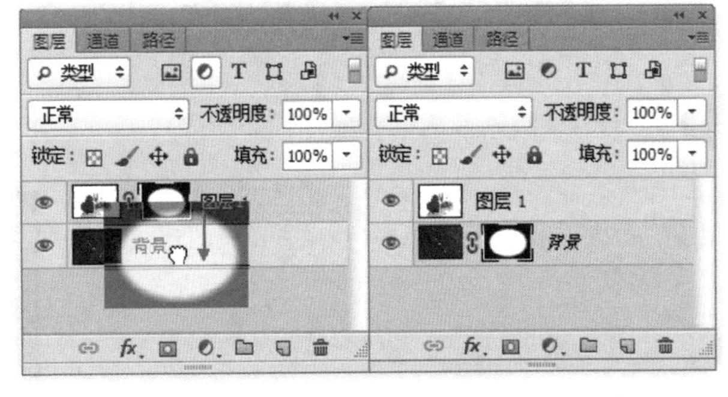

图 12-109　　图 12-110

替换图层蒙版

如果要用一个图层的蒙版替换另外一个图层的蒙版，可以将该图层的蒙版缩览图拖曳到另外一个图层的蒙版缩览图上，如图12-111所示。然后在弹出的对话框中单击“是”按钮。替换图层蒙版以后，“图层1”的蒙版将被删除，同时“背景”图层的蒙版会被换成“图层1”的蒙版，如图12-112所示。

复制图层蒙版

如果要将一个图层的蒙版复制到另外一个图层上，可以按住Alt键将蒙版缩览图拖曳到另外一个图层上，如图12-113和图12-114所示。

图 12-111

图 12-112

图 12-113

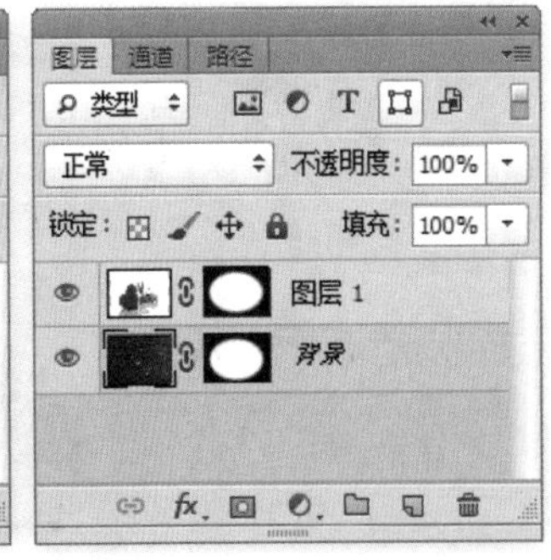

图 12-114

12.4.6 动手学：蒙版与选区的运算

在图层蒙版缩览图上单击鼠标右键，如图12-115所示，在弹出的快捷菜单中可以看到3个关于蒙版与选区运算的命令，如图12-116所示。

技巧提示

按住Ctrl键单击蒙版的缩览图，可以载入蒙版的选区。

图 12-115

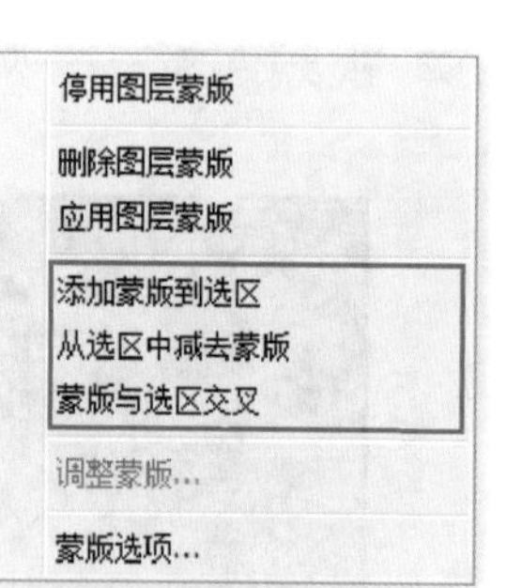

图 12-116

添加蒙版到选区

如果当前图像中没有选区，执行“添加蒙版到选区”命令，可以载入图层蒙版的选区，如图12-117所示。

如果当前图像中存在选区，如图12-118所示，执行该命令，可以将蒙版的选区添加到当前选区中，如图12-119所示。

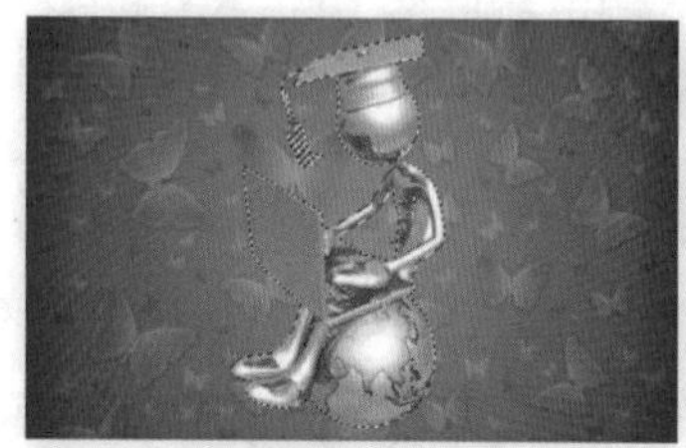

图 12-117

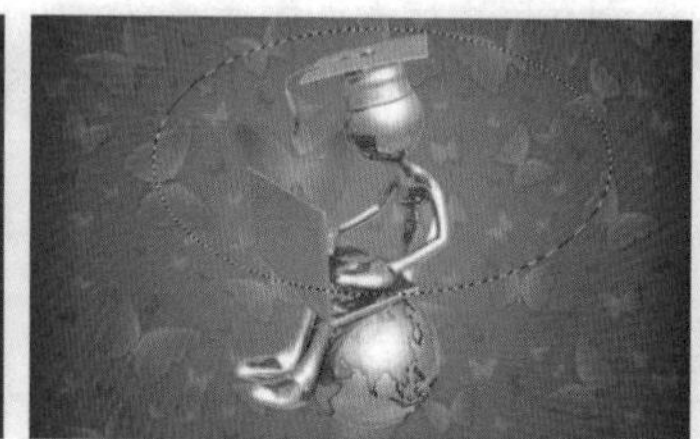

图 12-118

图 12-119

从选区中减去蒙版

如果当前图像中存在选区，执行“从选区中减去蒙版”命令，可以从当前选区中减去蒙版的选区，如图12-120所示。

蒙版与选区交叉

如果当前图像中存在选区，执行“蒙版与选区交叉”命令，可以得到当前选区与蒙版选区的交叉区域，如图12-121所示。

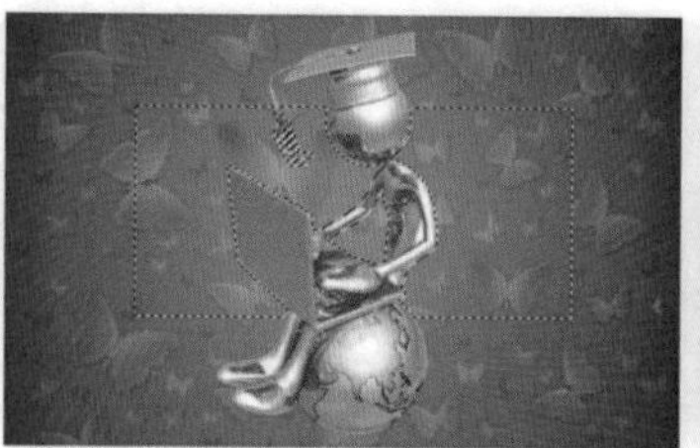

图 12-120

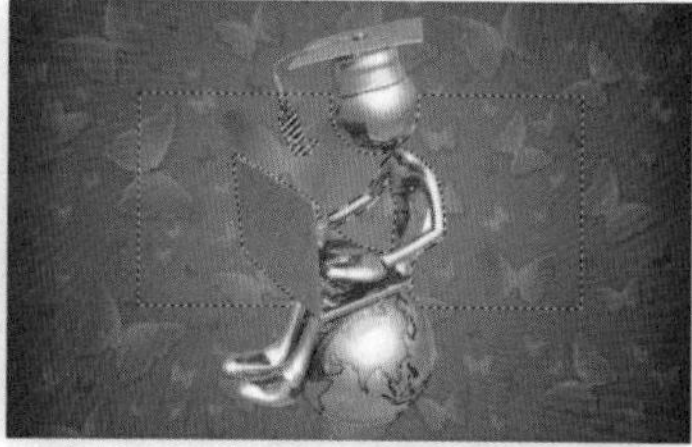

图 12-121

☆ 视频课堂——制作婚纱摄影版式

案例文件\第12章\视频课堂——制作婚纱摄影版式.psd
视频文件\第12章\视频课堂——制作婚纱摄影版式.flv
思路解析：

01 打开背景素材，导入左侧主体人像素材。

02 为人像素材添加图层蒙版，在蒙版中进行涂抹，使背景部分隐藏。

03 继续导入右侧人像素材，绘制合适的选区，以选区为人像素材添加图层蒙版，使多余区域隐藏。

04 导入其他素材，设置合适的混合模式。

12.5 矢量蒙版

- 视频精讲：Photoshop CS6自学视频教程\81.使用矢量蒙版.flv
- 技术速查：矢量蒙版是通过路径和矢量形状控制图像的显示区域。

矢量蒙版是矢量工具，以钢笔或形状工具在蒙版上绘制路径、形状来控制图像的显示与隐藏，并且矢量蒙版可以调整路径节点，从而制作出精确的蒙版区域。

12.5.1 动手学：创建矢量蒙版

如图12-122所示为一个包含两个图层的文档。下面就以该文档为例来讲解如何创建矢量蒙版。其“图层”面板如图12-123所示。

方法1：使用“钢笔工具”绘制一个路径，如图12-124所示。然后执行“图层>矢量蒙版>当前路径”命令，如图12-125所示。可以基于当前路径为图层创建一个矢量蒙版，如图12-126所示。

方法2：绘制出路径以后，按住Ctrl键在“图层”面板下单击“添加图层蒙版”按钮，也可以为图层添加矢量蒙版，如图12-127所示。

图 12—122

图 12—123

图 12—124

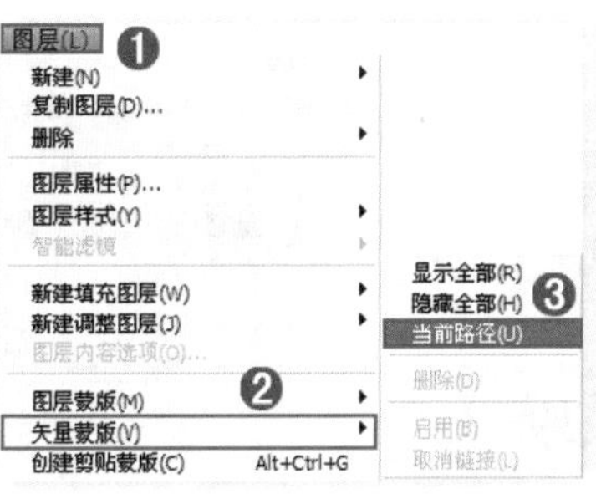

图 12—125

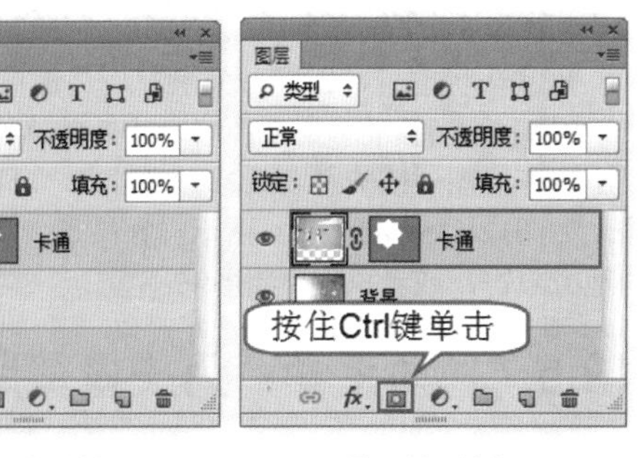

图 12—126　　图 12—127

12.5.2 动手学：在矢量蒙版中绘制形状

创建矢量蒙版以后，可以继续使用“钢笔工具”或形状工具在矢量蒙版中绘制形状，如图12-128和图12-129所示。

读书笔记

图 12—128

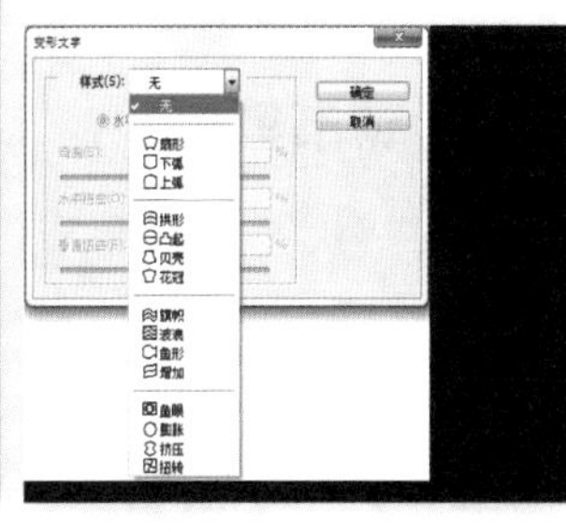

图 12—129

12.5.3 将矢量蒙版转换为图层蒙版

- 技术速查：栅格化矢量蒙版以后，蒙版就会转换为图层蒙版，不再有矢量形状存在。

在蒙版缩览图上单击鼠标右键，然后在弹出的快捷菜单中执行“栅格化矢量蒙版”命令，如图12-130所示。效果如图12-131所示。

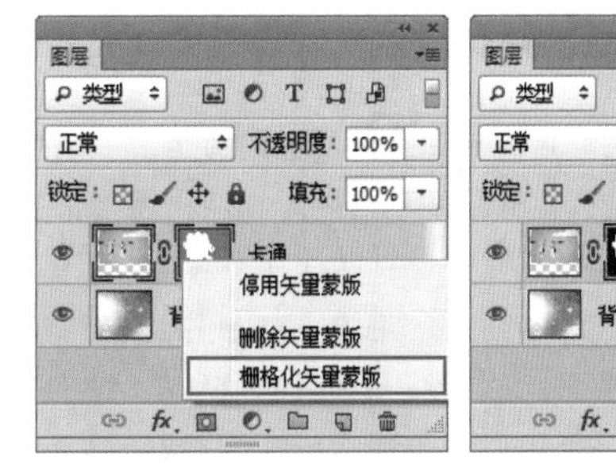

图 12—130　　图 12—131

技巧提示

先选择图层，然后执行“图层>栅格化>矢量蒙版”命令，也可以将矢量蒙版转换为图层蒙版。

图　12-132

12.5.4　动手学：删除矢量蒙版

在蒙版缩览图上单击鼠标右键，然后在弹出的快捷菜单中执行“删除矢量蒙版”命令，即可删除矢量蒙版，如图12-132所示。

12.5.5　编辑矢量蒙版

针对矢量蒙版的编辑主要是对矢量蒙版中路径的编辑，除了可以使用钢笔、形状工具在矢量蒙版中绘制形状以外，还可以通过调整路径锚点的位置改变矢量蒙版的外形，或者通过变换路径调整其角度大小等，如图12-133和图12-134所示。具体路径编辑方法可以参考第7章。

图　12-133　　图　12-134

12.5.6　动手学：链接/取消链接矢量蒙版

在默认状态下，图层与矢量蒙版是链接在一起的（链接处有一个图标），当移动、变换图层时，矢量蒙版也会跟着发生变化。如果不想变换图层或矢量蒙版时影响对方，可以单击链接图标取消链接，如图12-135和图12-136所示。如果要恢复链接，可以在取消链接的地方单击，或者执行“图层>矢量蒙版>链接”命令。

图　12-135

图　12-136

12.5.7　动手学：为矢量蒙版添加效果

可以像普通图层一样，为矢量蒙版添加图层样式，只不过图层样式只对矢量蒙版中的内容起作用，对隐藏的部分不会有影响，如图12-137和图12-138所示。

图　12-137

图　12-138

读书笔记

12.6 使用“属性”面板调整蒙版

- 技术速查：当所选图层包含图层蒙版或矢量蒙版时，“属性”面板将显示蒙版的参数设置。在这里可以对所选图层的图层蒙版以及矢量蒙版的不透明度和羽化等参数进行调整。

执行“窗口>属性”命令，可以打开“属性”面板，如图12-139所示。

- 选择的蒙版：显示当前在“图层”面板中选择的蒙版。

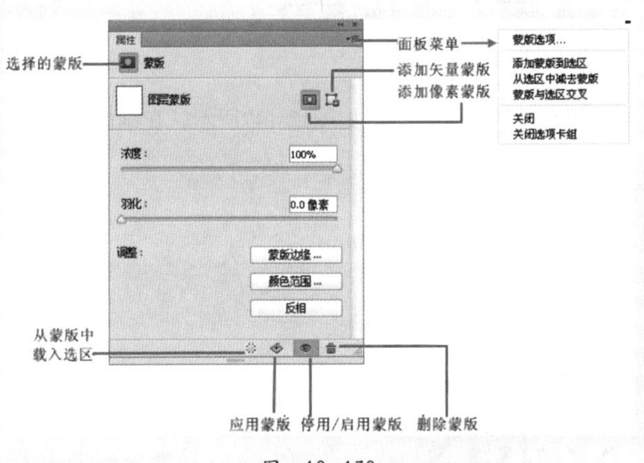

图 12-139

- 添加像素蒙版/添加矢量蒙版：单击"添加像素蒙版"按钮，可以为当前图层添加一个像素蒙版；单击"添加矢量蒙版"按钮，可以为当前图层添加一个矢量蒙版。
- 浓度：该选项类似于图层的"不透明度"，用来控制蒙版的不透明度，也就是蒙版遮盖图像的强度。
- 羽化：用来控制蒙版边缘的柔化程度。数值越大，蒙版边缘越柔和；数值越小，蒙版边缘越生硬。
- 蒙版边缘：单击该按钮，可以打开"调整蒙版"对话框。在该对话框中，可以修改蒙版边缘，也可以使用不同的背景来查看蒙版，其使用方法与"调整边缘"对话框相同。
- 颜色范围：单击该按钮，可以打开"色彩范围"对话框。在该对话框中可以通过修改"颜色容差"来修改蒙版的边缘范围。
- 反相：单击该按钮，可以反转蒙版的遮盖区域，即蒙版中黑色部分会变成白色，而白色部分会变成黑色，未遮盖的图像将被调整为负片。
- 从蒙版中载入选区：单击该按钮，可以从蒙版中生成选区。另外，按住Ctrl键单击蒙版的缩览图，也可以载入蒙版的选区。
- 应用蒙版：单击该按钮，可将蒙版应用到图像中，同时删除蒙版以及被蒙版遮盖的区域。
- 停用/启用蒙版：单击该按钮，可以停用或重新启用蒙版。停用蒙版后，在"属性"面板的缩览图和"图层"面板中的蒙版缩略图中都会出现一个红色的交叉线×。
- 删除蒙版：单击该按钮，可以删除当前选择的蒙版。

★ 综合实战——使用图层蒙版制作环保海报

案例文件	案例文件\第12章\使用图层蒙版制作环保海报.psd
视频教学	视频文件\第12章\使用图层蒙版制作环保海报.flv
难易指数	★★★★★
技术要点	图层蒙版、图层不透明度、画笔工具、文字工具

案例效果

本例主要是通过使用图层蒙版、图层不透明度、画笔工具、文字工具等制作环保海报，如图12-140所示。

图 12-140

操作步骤

01 打开素材文件1.jpg，导入素材2.png，置于画面中合适位置，设置图层的"不透明度"为79%，如图12-141所示。效果如图12-142所示。

02 单击"图层"面板底部的"添加图层蒙版"按钮，为其添加图层蒙版，如图12-143所示。

图 12-141

图 12-142

图 12-143

03 使用"画笔工具"，设置合适的画笔大小，设置"不透明度"为50%，"流量"为60%，如图12-144所示。单击蒙版，在画面中合适位置单击进行绘制，如图12-145所示。效果如图12-146所示。

图 12-144

04 设置前景色为黑色，设置画笔的“大小”为“137像素”，选择合适的笔尖形状，如图12-147所示。在画面中合适位置单击进行绘制，并适当变换笔尖形状，效果如图12-148所示。

图 12-145

图 12-146

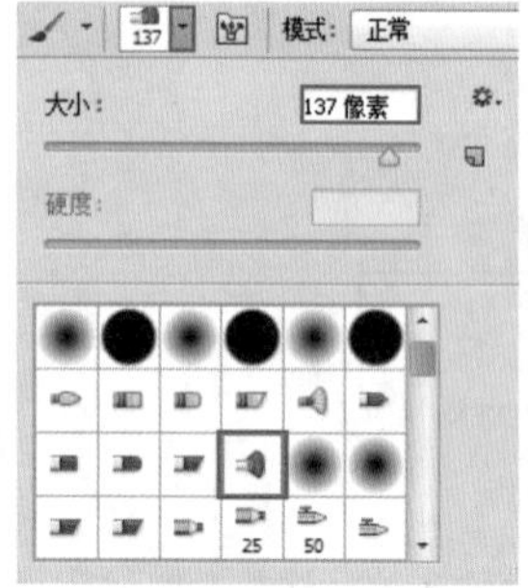

图 12-147

图 12-148

05 导入素材3.jpg，置于画面中合适位置，同样为其添加图层蒙版。使用黑色柔角画笔，设置合适的画笔大小以及硬度，适当降低画笔的流量以及不透明度，如图12-149所示。在蒙版中绘制底部阴影区域，如图12-150所示。

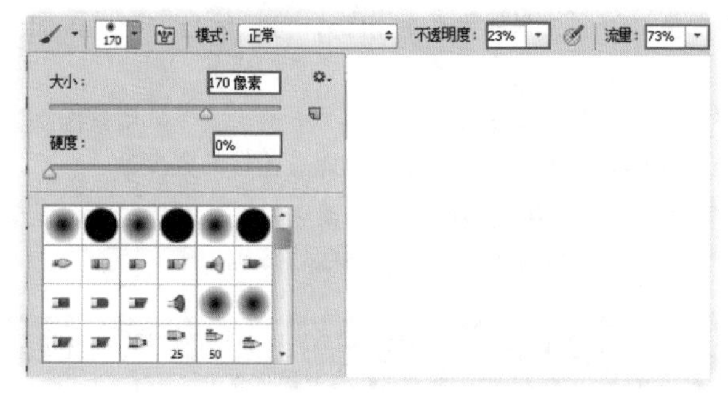

图 12-149

06 使用同样的方法制作画面右上角的地球，设置图层的“不透明度”为50%，如图12-151所示。效果如图12-152所示。

07 导入素材5.png，置于画面中合适位置。使用“横排文字工具”，设置合适的字号和字体，在画面中合适位置单击输入文字。最终效果如图12-153所示。

图 12-150

图 12-151

图 12-152

图 12-153

★ 综合实战——使用蒙版制作菠萝墙

案例文件	案例文件\第12章\使用蒙版制作菠萝墙.psd
视频教学	视频文件\第12章\使用蒙版制作菠萝墙.flv
难易指数	★★★★★
技术要点	调整图层、图层蒙版、自由变换

案例效果

本例主要使用调整图层、图层蒙版和自由变换等工具制作菠萝墙，效果如图12-154所示。

操作步骤

01 新建文件，设置背景色为白色，导入素材1.png，如图12-155所示。

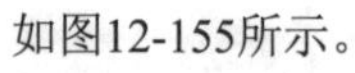

图 12-154

图 12-155

02 导入前景素材2.png，如图12-156所示。导入素材3.png，置于画面中合适位置，如图12-157所示。

03 复制墙壁素材，按Ctrl+T组合键，单击鼠标右键，在弹出的快捷菜单中执行“变形”命令，如图12-158所示。调整墙壁形态，如图12-159所示。

图 12−156

图 12−157

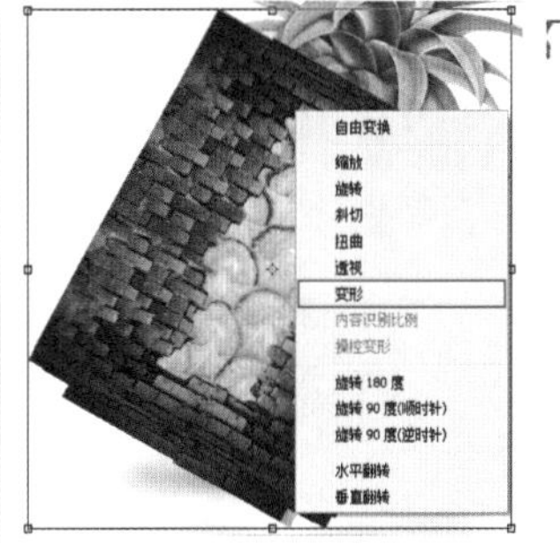

图 12−158

图 12−159

04 选中墙壁图层，按Ctrl+T组合键进行自由变换，为其添加图层蒙版，使用黑色柔角画笔在蒙版中绘制出菠萝的形状，如图12-160和图12-161所示。

05 在蒙版图层下方新建图层，使用黑色柔角画笔绘制黑色的阴影，效果如图12-162所示。

06 再次复制一些砖块，旋转到合适角度，使用“橡皮擦工具”适当擦除，如图12-163所示。

图 12−160

图 12−161

图 12−162

图 12−163

07 新建图层，使用黑色柔角画笔绘制菠萝的阴影效果，增加菠萝的立体感，如图12-164所示。

08 复制并合并所有菠萝图层，按自由变换快捷键“Ctrl+T”，将其进行垂直翻转，置于画面中合适位置，并设置图层的“不透明度”为44%。选中“倒影”图层，单击“图层”面板底部的“添加图层蒙版”按钮为其添加图层蒙版，使用黑色柔角画笔在蒙版中擦除底部多余区域，如图12-165所示。效果如图12-166所示。

09 导入前景素材4.png，最终效果如图12-167所示。

图 12−164

图 12−165

图 12−166

图 12−167

课后练习

【课后练习——使用剪贴蒙版制作撕纸人像】

思路解析：本案例通过剪贴蒙版与图层蒙版的使用，将人像面部制作出局部的黑白效果，并将纸卷素材合成到画面中。

【课后练习——使用蒙版合成瓶中小世界】

思路解析：本案例主要通过使用图层蒙版，将海星素材合成到瓶中。

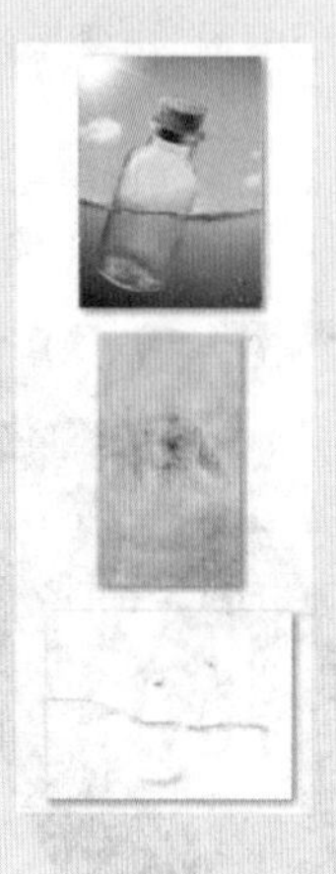

本章小结

蒙版作为一种非破坏性工具，在合成作品的制作中经常会被使用。通过本章的学习，应熟练掌握4种蒙版的使用方法，并了解每种蒙版适合使用的情况，以便在设计作品时快速地合成画面元素。

读书笔记

第13章

调色技术

本章内容简介：

在Photoshop中，调色技术是核心技术之一，优秀的作品离不开色彩，所以掌握Photoshop中调色命令的使用方法是非常必要的。想要制作出优秀的调色作品，需要了解一些常用的色彩构成理论、颜色模式转换理论、通道理论，冷暖对比、近实远虚等。

本章学习要点：

- 熟悉色彩的相关知识
- 掌握矫正问题图像的方法
- 熟练掌握常用调整命令
- 掌握多种风格化调色技巧

13.1 调色前的准备工作

Photoshop中的调色技术是指将特定的色调加以改变，形成不同感觉的另一色调图片。调色技术在实际应用中主要分为两大方面：校正错误色彩和创造风格化色彩。所谓错误色彩在数码相片中主要体现为曝光过度、亮度不足、画面偏灰、色调偏色等，通过使用调色技术可以很轻松地调整为正常效果。而创造风格化色彩则相对复杂些，不仅可以使用调色技术，还可以与图层混合、绘制工具等共同使用来实现。

菜单栏中的“图像”菜单中包含3个快速调色命令，在“调整”子命令下也包括多个调色命令，如图13-1所示。

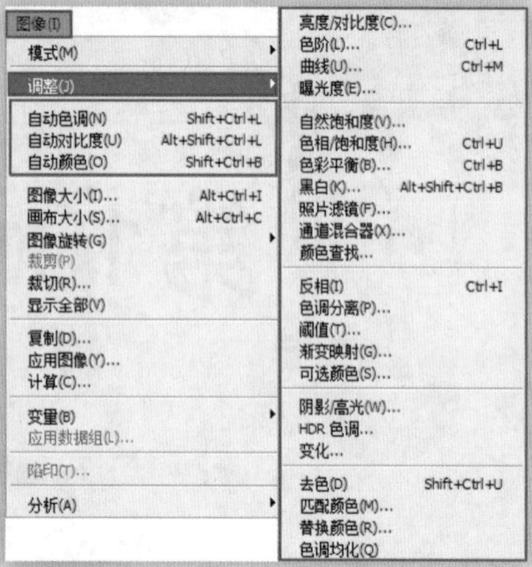

图　13-1

13.1.1　调色技术与颜色模式

图像可以有多种颜色模式，但并不是所有的颜色模式都适合在调色中使用。在计算机中，则是用红、绿、蓝3种基色的相互混合来表现所有彩色，也就是处理数码照片时常用的RGB颜色模式，如图13-2所示。涉及需要印刷的产品时，需要使用CMYK颜色模式，如图13-3所示。而Lab颜色模式是色域最宽的色彩模式，也是最接近真实世界颜色的一种色彩模式，如图13-4所示。

如果想要更改图像的颜色模式，需要执行“图像>模式”命令，在子菜单中即可选择图像的颜色模式，如图13-5所示。

图　13-2

图　13-3

图　13-4

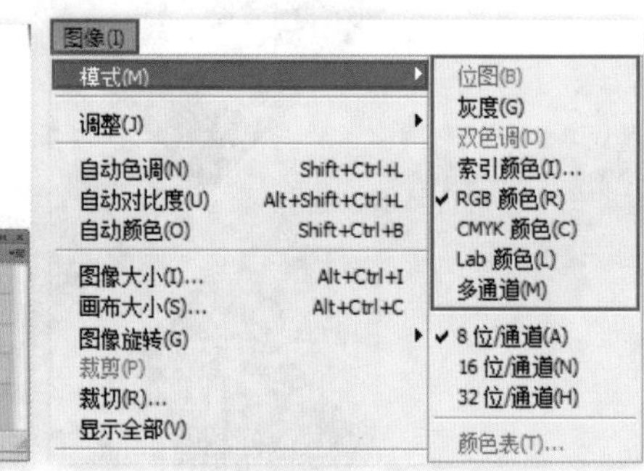

图　13-5

思维点拨：了解色彩

色彩主要分为两类：无彩色和有彩色。无彩色包括白、灰、黑；有彩色则是灰、白、黑以外的颜色。通常所说的“色彩三要素”是指色彩的色相、明度、纯度3个方面的性质。当色彩间发生作用时，除了色相、明度、纯度这3个基本条件以外，各种色彩彼此间会形成色调，并显现出自己的特性。因此，色相、明度、纯度、色性及色调5项就构成了色彩的要素。

- 色相：色彩的相貌，是区别色彩种类的名称，如图13-6所示。
- 明度：色彩的明暗程度，即色彩的深浅差别。明度差别既可指同色的深浅变化，又可指不同色相之间存在的明度差别，如图13-7所示。
- 纯度：色彩的纯净程度，又称彩度或饱和度。某一纯净色加上白色或黑色，可以降低其纯度，或趋于柔和，或趋于沉重，如图13-8所示。
- 色性：指色彩的冷暖倾向，如图13-9所示。
- 色调：画面中总是由具有某种内在联系的各种色彩组成一个完整统一的整体，画面色彩总的趋向就称为色调，如图13-10所示。

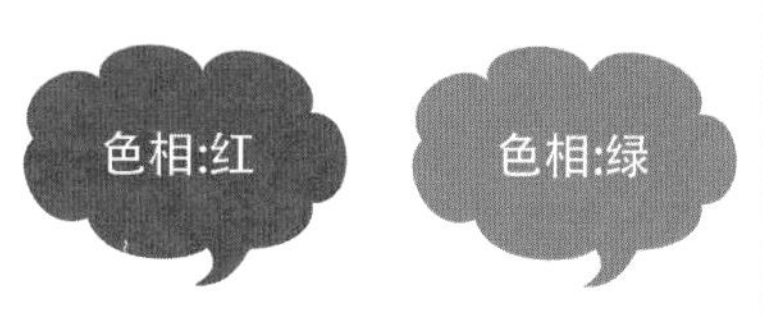

图　13-6

图　13-7

图　13-8　　图　13-9　　图　13-10

13.1.2　认识“信息”面板

- **技术速查**：在“信息”面板中可以快速准确地查看光标所处的坐标、颜色信息、选区大小、定界框的大小和文档大小等信息。

执行“窗口>信息”命令，打开“信息”面板。在“信息”面板的菜单中选择“面板选项”命令，可以打开“信息面板选项”对话框。在该对话框中可以设置更多的颜色信息和状态信息。在调色过程中经常需要配合“颜色取样器”工具，在画面中设置取样点，并在“信息”面板中查看取样点的颜色数值，以判断画面是否存在偏色问题，如图13-11和图13-12所示。

图　13-11

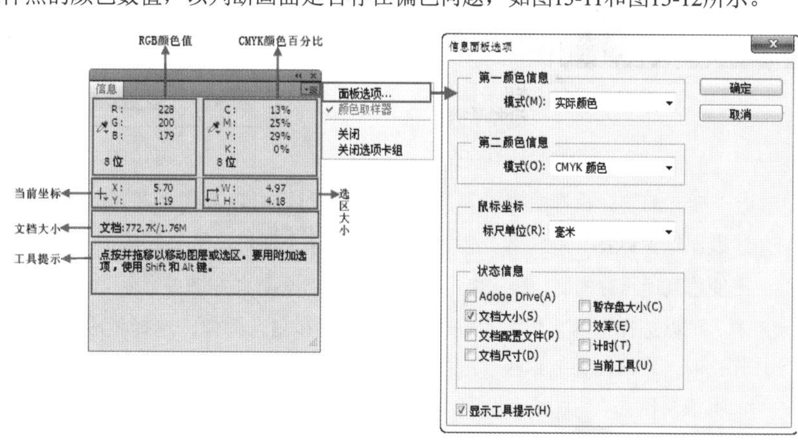

图　13-12

- 第一颜色信息/第二颜色信息：设置第1个/第2个吸管显示的颜色信息。选择“实际颜色”，将显示图像当前颜色模式下的颜色值；选择“校样颜色”，将显示图像的输出颜色空间的颜色值；选择“灰度”、“RGB颜色”、“Web颜色”、“HSB颜色”、“CMYK颜色”和“Lab颜色”选项，可以显示与之对应的颜色值；选择“油墨总量”，可以显示当前颜色所有CMYK油墨的总百分比；选择“不透明度”，可以显示当前图层的不透明度。

- 鼠标坐标：设置当前鼠标所处位置的度量单位。
- 状态信息：选中相应的选项，可以在“信息”面板中显示出相应的状态信息。
- 显示工具提示：选中该选项以后，可以显示出当前工具的相关使用方法。

13.1.3 认识“直方图”面板

- **技术速查：直方图是用图形来表示图像的每个亮度级别的像素数量，展示像素在图像中的分布情况。**

通过直方图可以快速浏览图像色调范围或图像基本色调类型。而色调范围有助于确定相应的色调校正。如图13-13～图13-15所示分别是曝光过度、曝光正常以及曝光不足的图像，在直方图中可以清晰地看出差别。

图 13-13

图 13-14

图 13-15

低色调图像的细节集中在阴影处，高色调图像的细节集中在高光处，而平均色调图像的细节集中在中间调处，全色调范围的图像在所有区域中都有大量的像素。执行“窗口>直方图”命令，可以打开“直方图”面板，如图13-16所示。

在“直方图”面板菜单中有3种视图模式可以进行选择：“紧凑视图”是默认的显示模式，显示不带控件或统计数据的直方图，该直方图代表整个图像，如图13-17所示；“扩展视图”显示有统计数据的直方图，如图13-18所示；“全部通道视图”则除了显示“扩展视图”的所有选项外，还显示各个通道的单个直方图，如图13-19所示。

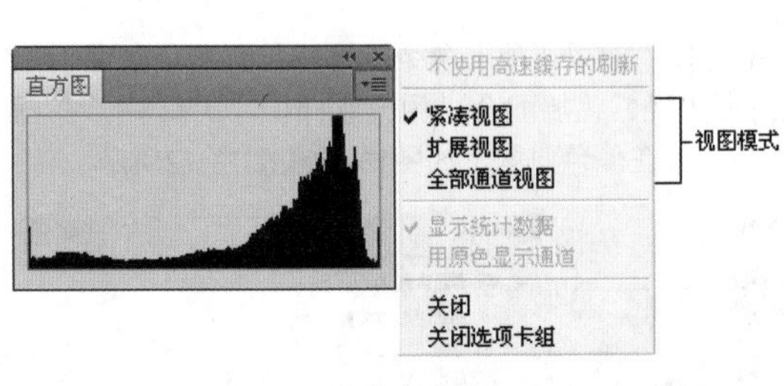

图 13-16

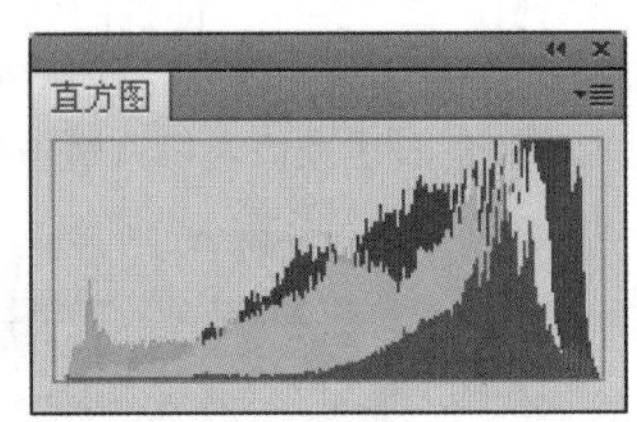

图 13-17

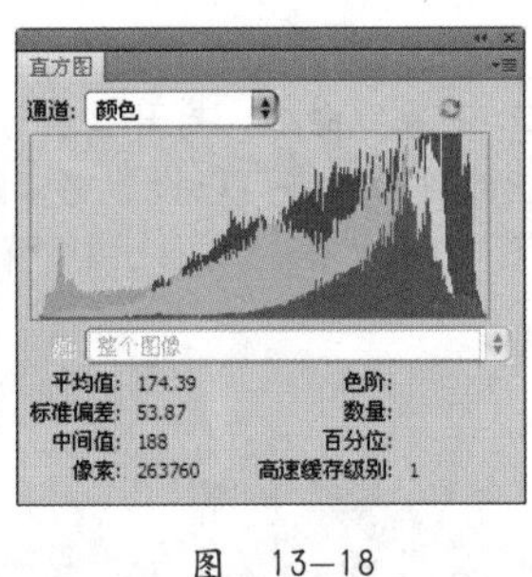

图 13-18

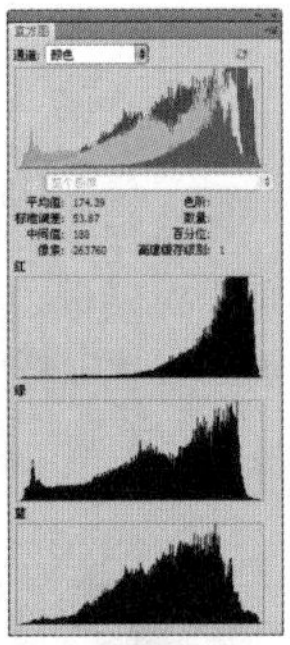

图 13-19

当“直方图”面板视图模式为“扩展视图”时，可以看到“直方图”面板上显示的多种选项。

- 通道：包含RGB、红、绿、蓝、明度和颜色6个通道。选择相应的通道以后，在面板中就会显示该通道的直方图。
- 不使用高速缓存的刷新：单击该按钮，可以刷新直方图并显示当前状态下的最新统计数据。
- 源：可以选择当前文档中的整个图像、图层和复合图像，选择相应的图像或图层后，在面板中就会显示出其直方图。
- 平均值：显示像素的平均亮度值（0～255之间的平均亮度）。直方图的波峰偏左，表示该图偏暗；直方图的波峰偏右，表示该图偏亮。
- 标准偏差：显示亮度值的变化范围。数值越小，表示图像的亮度变化越不明显；数值越大，表示图像的亮度变化越强烈。
- 中间值：显示图像亮度值范围以内的中间值，图像的色调越亮，其中间值就越高。
- 像素：显示用于计算直方图的像素总量。
- 色阶：显示当前光标下波峰区域的亮度级别。
- 数量：显示当前光标下亮度级别的像素总数。

- 百分位：显示当前光标所处的级别或该级别以下的像素累计数。
- 高速缓存级别：显示当前用于创建直方图的图像高速缓存的级别。

13.1.4 认识“调整”面板

- **技术速查：“调整”面板中包含用于调整颜色和色调的工具。**

执行“窗口>调整”命令，打开“调整”面板，单击某一项即可创建相应的调整图层，如图13-20所示。新创建的调整图层会出现在“图层”面板上，如图13-21所示。

图 13-20

图 13-21

13.1.5 认识“属性”面板

执行“窗口>属性”命令，打开“属性”面板，选中“图层”面板中的调整图层，可以在“属性”面板中进行参数的设置。单击“自动”按钮，即可实现对图像的自动调整。在“属性”面板中包含一些对调整图层可用的按钮，如图13-22所示。

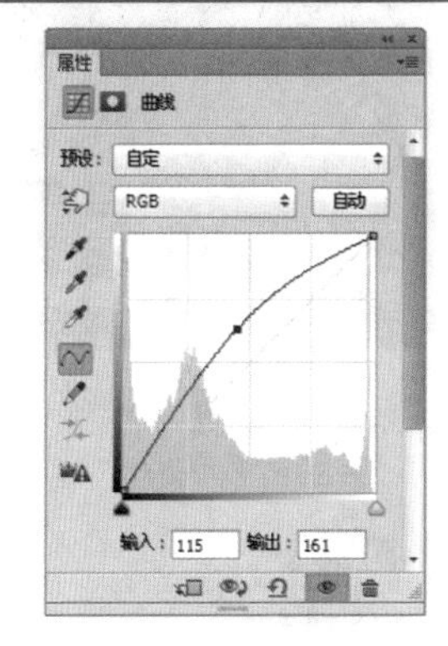

图 13-22

- 蒙版：单击即可进入该调整图层蒙版的设置状态。
- 此调整影响下面的所有图层：单击可剪切到图层。
- 切换图层可见性：单击该按钮，可以隐藏或显示调整图层。
- 查看上一状态：单击该按钮，可以在文档窗口中查看图像的上一个调整效果，以比较两种不同的调整效果。
- 复位到调整默认值：单击该按钮，可以将调整参数恢复到默认值。
- 删除此调整图层：单击该按钮，可以删除当前调整图层。

技巧提示

“属性”面板用于显示当前所选对象的属性参数，在Photoshop中应用很广泛，不仅仅用于对调整图层的参数设置。例如选中3D对象时，“属性”面板即可显示与3D对象相关的参数，在选中图层蒙版时，即可显示与蒙版相关的参数。

13.1.6 调整图层的使用

- **视频精讲：Photoshop CS6自学视频教程\86.使用调整图层.flv**
- **技术速查：“调整图层”是一种以图层形式出现的颜色调整命令。**

在Photoshop中，图像色彩的调整共有两种方式。一种是直接执行“图像>调整”菜单下的调色命令进行调节，这种方式属于不可修改方式，也就是说一旦调整了图像的色调，就不可以再重新修改调色命令的参数；另外一种方式就是使用调整图层，调整图层与调整命令相似，都可以对图像进行颜色的调整。不同的是调整命令每次只能对一个图层进行操作，而调整图层则会影响该图层下方所有图层的效果，可以重复修改参数并且不会破坏原图层。

调整图层作为图层还具备图层的一些属性，如可以像普通图层一样进行删除、切换显示/隐藏、调整不透明度和混合模式、创建图层蒙版、剪切蒙版等操作。这种方式属于可修改方式，也就是说如果对调色效果不满意，还可以重新对调整图层的参数进行修改，直到满意为止，如图13-23～图13-26所示。

动手学：新建调整图层

新建调整图层的方法共有以下3种。

（1）执行“图层>新建调整图层”菜单下的调整命令，如图13-27所示。

（2）单击“图层”面板底部的“创建新的填充或调整图层”按钮，然后在弹出的菜单中选择相应的调整命令，如图13-28所示。

图 13-23

图 13-24

图 13-25

图 13-26

（3）在“调整”面板中单击调整图层图标，如图13-29所示。

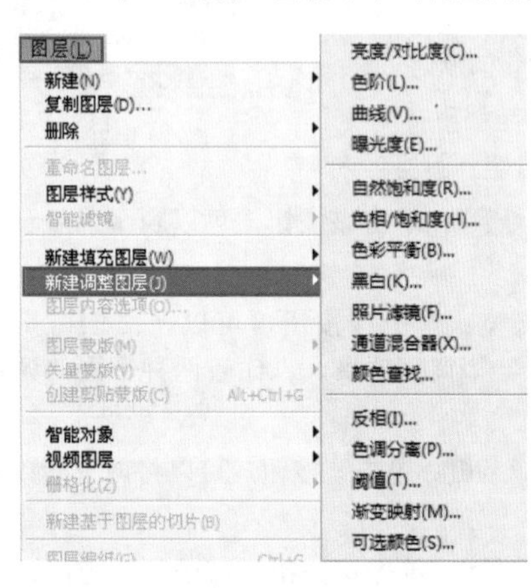

图 13-27

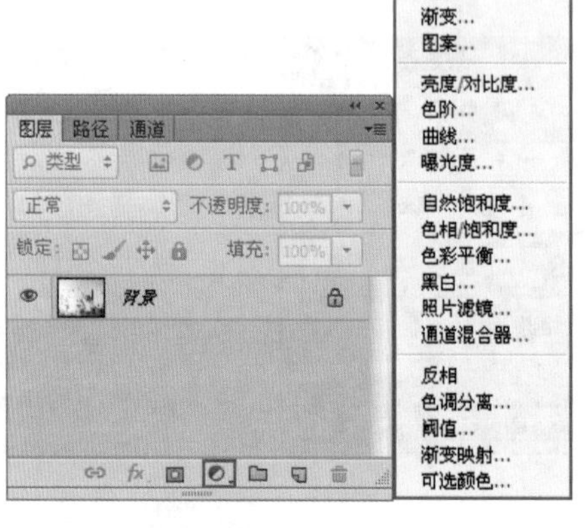

图 13-28

图 13-29

因为调整图层包含的是调整数据而不是像素，所以它们增加的文件大小远小于标准像素图层。如果要处理的文件非常大，可以将调整图层合并到像素图层中来减小文件。

动手学：修改调整图层

创建好调整图层以后，在“图层”面板中单击调整图层的缩览图，如图13-30所示，在“属性”面板中可以显示其相关参数。如果要修改调整参数，重新输入相应的数值即可，如图13-31所示。

在“属性”面板没有打开的情况下，双击“图层”面板中的调整图层也可打开“属性”面板进行参数修改，如图13-32所示。

另外，调整图层也可以像普通图层一样，进行调整不透明度、混合模式，创建图层蒙版、剪切蒙版等操作，如图13-33所示。

图 13-30

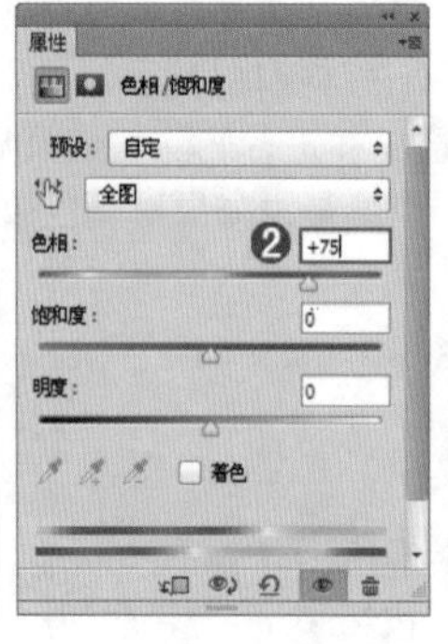

图 13-31

图 13-32

图 13-33

动手学：删除调整图层

如果要删除调整图层，可以直接按Delete键，也可以将其拖曳到“图层”面板下的“删除图层”按钮上，如图13-34所示。

或者可以在“属性”面板底部单击“删除此调整图层”按钮，如图13-35所示。

图 13-34

图 13-35

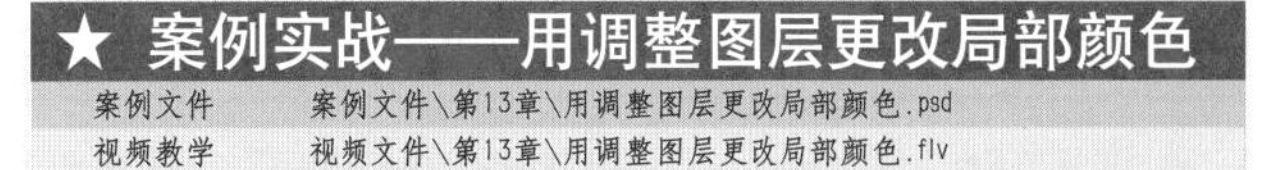

★ 案例实战——用调整图层更改局部颜色

案例文件	案例文件\第13章\用调整图层更改局部颜色.psd
视频教学	视频文件\第13章\用调整图层更改局部颜色.flv
难易指数	★★★★★
知识掌握	掌握调整图层的使用

案例效果

本例主要是针对如何使用调整图层调整图像局部的色调进行练习，如图13-36所示。

操作步骤

01 打开素材文件，如图13-37所示。

02 执行“图层>新建调整图层>色相/饱和度”命令，设置“色相”为100，“饱和度”为20，如图13-38所示。效果如图13-39所示。

图 13-36

图 13-37

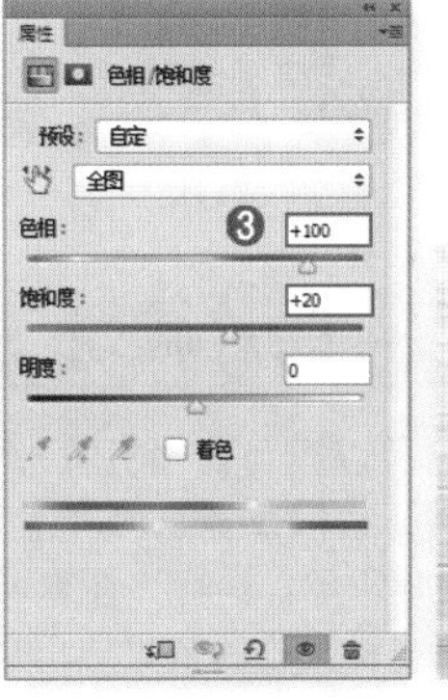

图 13-38

图 13-39

03 选择“色相/饱和度”调整图层的蒙版，填充黑色，然后使用白色柔角画笔工具分别在不同花朵上进行适当的涂抹，如图13-40所示，使调整图层只对部分花朵起作用，如图13-41所示。

图 13-40

图 13-41

13.2 快速调整图像

“图像”菜单中包含大量与调色相关的命令，其中有多个命令可以对图形进行快速调整，如“自动色调”、“自动对比度”、“自动颜色”、“照片滤镜”、“变化”、“去色”、“色彩均化”命令等，如图13-42所示。

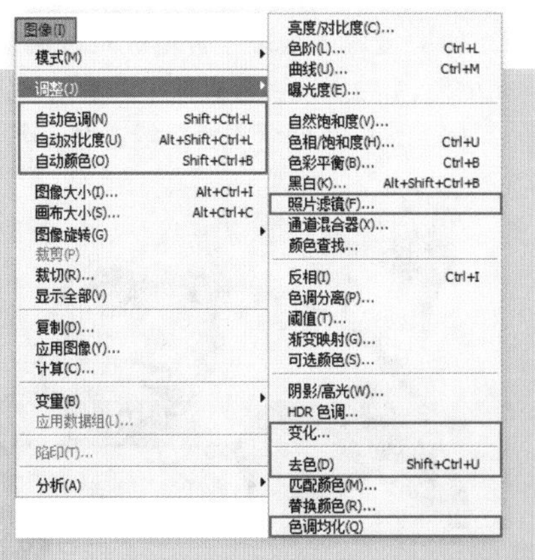

图 13-42

13.2.1 自动调整色调/对比度/颜色

- 视频精讲：Photoshop CS6自学视频教程\87.自动调整图像.flv
- 技术速查："自动色调"、"自动对比度"和"自动颜色"命令不需要进行参数设置，主要用于校正数码相片出现的明显的偏色、对比过低、颜色暗淡等常见问题，如图13-43所示。

执行"图像>自动对比度"命令，对比效果如图13-44和图13-45所示。执行"图像>自动色调"和"图像>自动颜色"命令，对比效果如图13-46和图13-47所示。

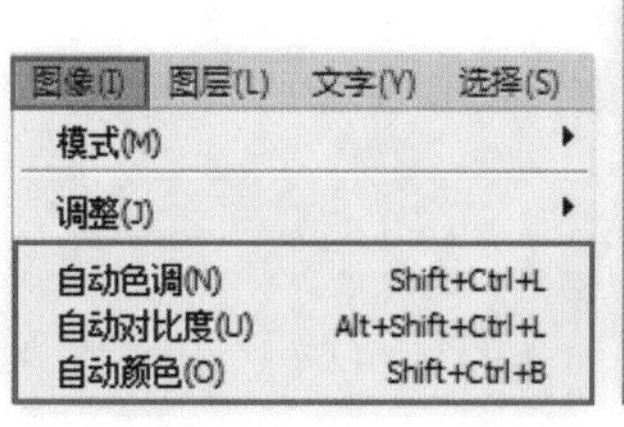

图 13-43

图 13-44

图 13-45

图 13-46

图 13-47

13.2.2 动手学：使用"照片滤镜"命令

- 技术速查："照片滤镜"命令可以模仿在相机镜头前面添加彩色滤镜的效果，使用该命令可以快速调整通过镜头传输的光的色彩平衡、色温和胶片曝光，以改变照片颜色倾向。

（1）打开一张图像，如图13-48所示，执行"图像>调整>照片滤镜"命令，打开"照片滤镜"对话框，如图13-49所示。在"滤镜"下拉列表框中可以选择一种预设的效果应用到图像中，如图13-50所示。

图 13-48

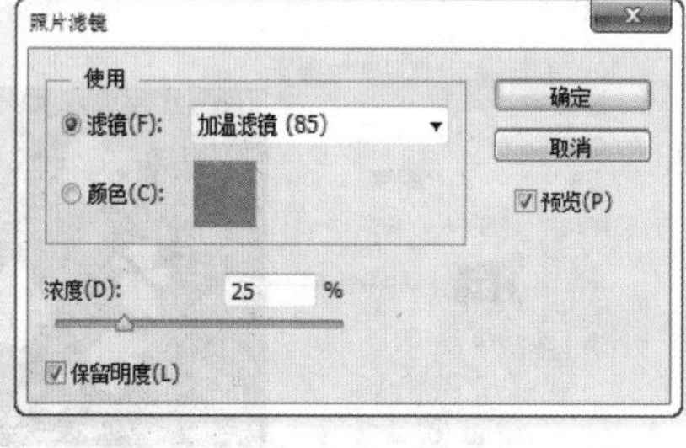

图 13-49

图 13-50

（2）选中"颜色"单选按钮，可以自行设置颜色，如图13-51所示。

（3）设置"浓度"数值，可以调整滤镜颜色应用到图像中的颜色百分比。数值越大，应用到图像中的颜色浓度就越大，如图13-52所示；数值越小，应用到图像中的颜色浓度就越低，如图13-53所示。

（4）选中"保留明度"复选框，可以保留图像的明度不变。

图 13-51

图 13-52

图 13-53

技巧提示

在“照片滤镜”对话框中，如果对参数的设置不满意，可以按住Alt键，此时“取消”按钮将变成“复位”按钮，单击该按钮可以将参数设置恢复到默认值，如图13—54所示。

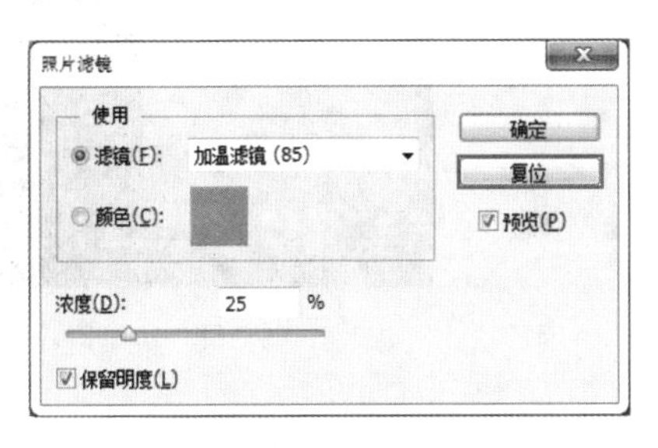

图 13—54

13.2.3 变化

- **技术速查：“变化”对话框中提供了多种效果，通过简单的单击即可调整图像的色彩、饱和度和明度。**

“变化”命令是一个非常简单直观的调色命令。在使用“变化”命令时，单击调整缩览图产生的效果是累积性的。执行“图像>调整>变化”命令，可以打开“变化”对话框，如图13-55和图13-56所示。

- 原稿/当前挑选：“原稿”缩览图显示的是原始图像；“当前挑选”缩览图显示的是图像调整后的结果。
- 阴影/中间调/高光：可以分别对图像的阴影、中间调和高光进行调节。

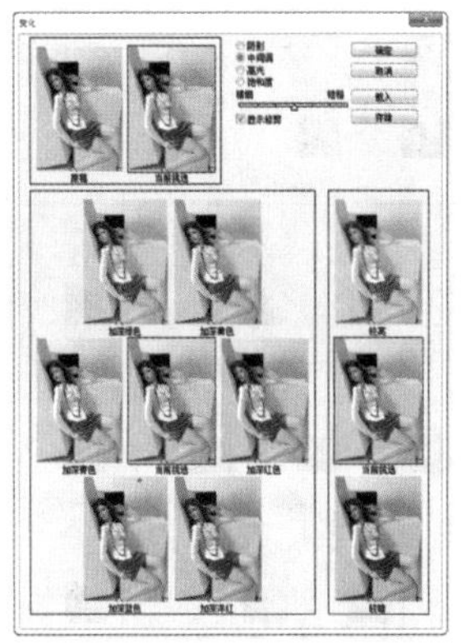

图 13—55　　图 13—56

- 饱和度/显示修剪：专门用于调节图像的饱和度。选中“饱和度”单选按钮，在对话框的下面会显示出“减少饱和度”、“当前挑选”和“增加饱和度”3个缩览图，单击“减少饱和度”缩览图可以减少图像的饱和度；单击“增加饱和度”缩览图可以增加图像的饱和度。另外，选中“显示修剪”复选框，可以警告超出了饱和度范围的最高限度。
- 精细-粗糙：该选项用来控制每次进行调整的量。特别注意，滑块每移动一格，调整数量会双倍增加。
- 各种调整缩览图：单击相应的缩览图，可以进行相应的调整，如单击加深颜色缩览图，可以应用一次加深颜色效果。

★ 案例实战——使用变化命令制作四色风景

案例文件	案例文件\第13章\使用变化命令制作四色风景.psd
视频教学	视频文件\第13章\使用变化命令制作四色风景.flv
难易指数	★★★★★
技术要点	“变化”命令

案例效果

本例主要是通过使用“变化”命令制作出多彩的四色风景照片效果，如图13-57所示。

操作步骤

01 执行“文件>打开”命令，打开素材文件1.psd，如图13-58所示。此时在“图层”面板中有4个图层。

图 13—57　　图 13—58

02 选择图层1，执行“图像>调整>变化”命令，弹出“变化”对话框，选中“中间调”单选按钮，多次单击“加深蓝色”缩览图，如图13-59所示。单击“确定”按钮，效果如图13-60所示。

03 继续选择图层2，执行“图像>调整>变化”命令，弹出“变化”对话框，选中“中间调”单选按钮，多次单击“加深黄色”缩览图，如图13-61所示。单击“确定”按钮，效果如图13-62所示。

04 用同样方法，继续选择图层3，多次单击“加深青色”缩览图，如图13-63所示。单击“确定”按钮，效果如图13-64所示。

05 选择最后一个图层，多次单击“加深红色”缩览图，如图13-65所示。最终效果如图13-66所示。

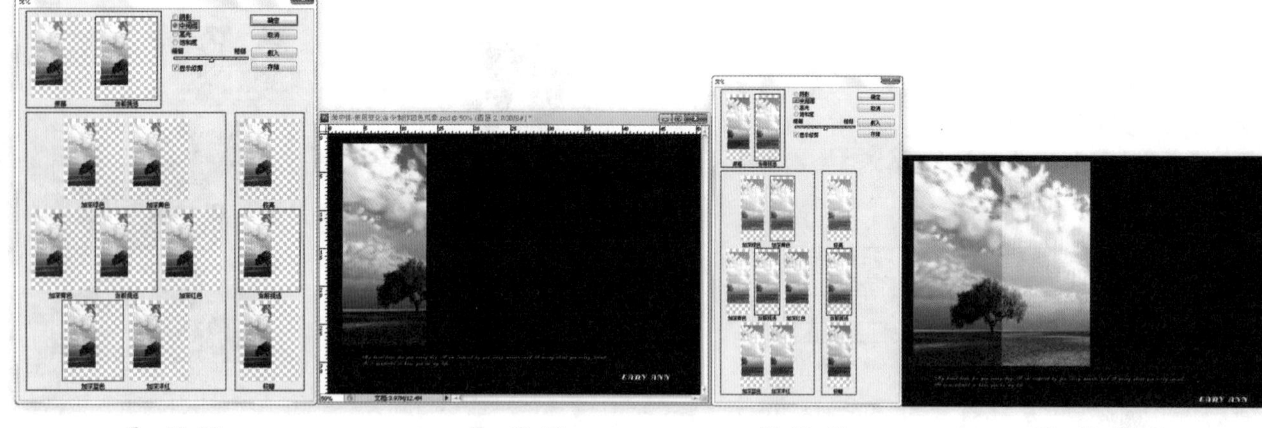

图 13-59　　图 13-60　　图 13-61　　图 13-62

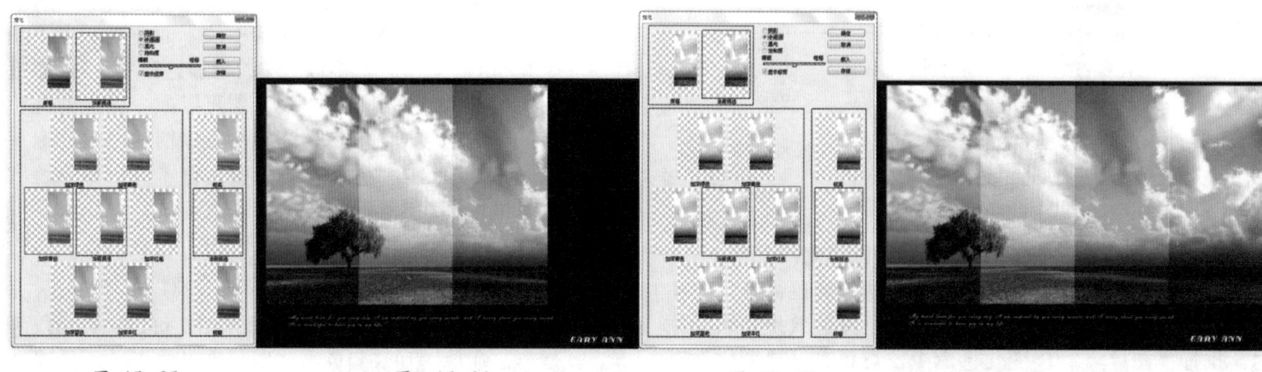

图 13-63　　图 13-64　　图 13-65　　图 13-66

13.2.4 去色

技术速查：使用“去色”命令可以将图像中的颜色去掉，使其成为灰度图像。

打开一张图像，如图13-67所示，然后执行“图像>调整>去色”命令或按Shift+Ctrl+U组合键，可以将其调整为灰度效果，如图13-68所示。

图 13-67　　图 13-68

13.2.5 动手学：使用“色调均化”命令

技术速查：“色调均化”命令是将图像中像素的亮度值进行重新分布，图像中最亮的值将变成白色，最暗的值将变成黑色，中间的值将分布在整个灰度范围内，使其更均匀地呈现所有范围的亮度级。

“色调均化”命令的使用方法非常简单，打开一张图像，如图13-69所示。执行“图像>调整>色调均化”命令，效果如图13-70所示。

图 13-69　　图 13-70

如果图像中存在选区，如图13-71所示，则执行“色调均化”命令时会弹出“色调均化”对话框，如图13-72所示。

选中“仅色调均化所选区域”单选按钮，则仅均化选区内的像素，如图13-73所示；选中“基于所选区域色调均化整个图像”单选按钮，则可以按照选区内的像素均化整个图像的像素，如图13-74所示。

图 13—71

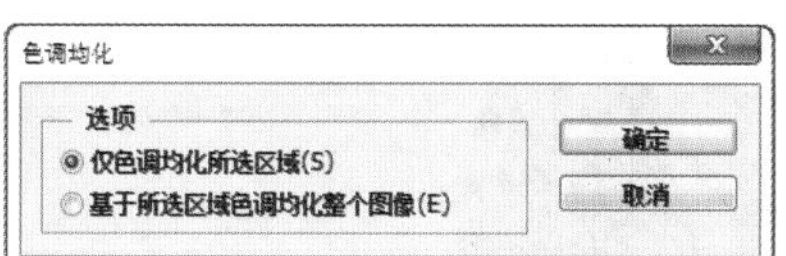

图 13—72

图 13—73

图 13—74

☆ 视频课堂——制作视觉杂志

案例文件\第13章\视频课堂——制作视觉杂志.psd
视频文件\第13章\视频课堂——制作视觉杂志.flv
思路解析：

01 打开素材文件。
02 对3组照片依次使用“变化”命令进行颜色调整。

13.3 调整图像的影调

- 视频精讲：Photoshop CS6自学视频教程\88.影调调整命令.flv

影调指画面的明暗层次、虚实对比和色彩的色相明暗等之间的关系。通过这些关系，使欣赏者感到光的流动与变化。而图像影调的调整主要是针对图像的明暗、曝光度、对比度等属性的调整。通过“图像”菜单下的“色阶、“曲线”、“曝光度”等命令，都可以对图像的影调进行调整，如图13-75和图13-76所示。

图 13—75

图 13—76

13.3.1 亮度/对比度

- 技术速查：使用“亮度/对比度”命令能够快速地校正图像发灰的问题，如图13-77和图13-78所示。

“亮度/对比度”命令是非常常用的影调调整命令，执行“图像>调整>亮度/对比度”命令，打开“亮度/对比度”对话框，可以对图像的色调范围进行简单的调整，如图13-79所示。

- 亮度：用来设置图像的整体亮度。数值为负值时，表示降低图像的亮度，如图13-80所示；数值为正值时，表示提高图像的亮度，如图13-81所示。
- 对比度：用于设置图像亮度对比的强烈程度，如图13-82和图13-83所示。

图 13-77

图 13-78

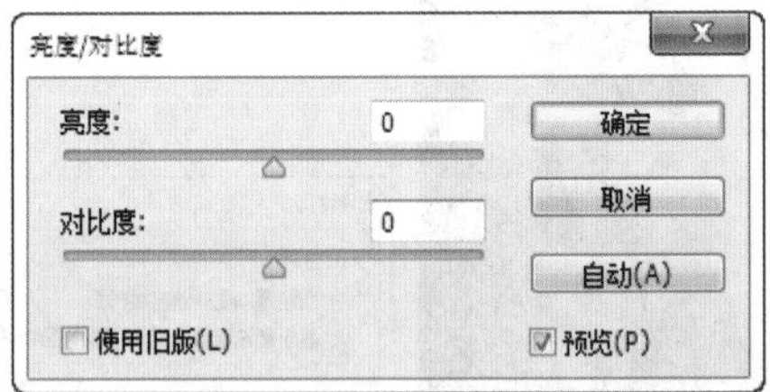

图 13-79

图 13-80

图 13-81

图 13-82

图 13-83

- 预览：选中该复选框，在“亮度/对比度”对话框中调节参数时，可以在文档窗口中观察到图像的亮度变化。
- 使用旧版：选中该复选框，可以得到与Photoshop CS3以前的版本相同的调整结果。
- 自动：单击该按钮，Photoshop会自动根据画面进行调整。

在修改参数之后，如果需要还原成原始参数，可以按住Alt键，对话框中的“取消”按钮会变为“复位”按钮，单击“复位”按钮即可还原原始参数，如图13-84所示。

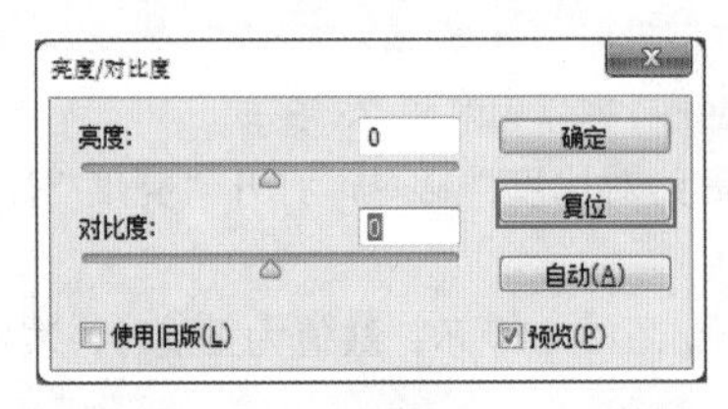

图 13-84

★ 案例实战——模拟外景光照效果

案例文件	案例文件\第13章\模拟外景光照效果.psd
视频教学	视频文件\第13章\模拟外景光照效果.flv
难易指数	
技术要点	亮度/对比度

案例效果

本例主要使用亮度/对比度调整图层制作外景光照效果，如图13-85和图13-86所示。

图 13-85

图 13-86

操作步骤

01 打开素材1.jpg，如图13-87所示。

图 13-87

02 执行“图层>新建调整图层>亮度/对比度”命令，设置“亮度”为53，如图13-88所示。此时画面整体变亮，效果如图13-89所示。

03 导入光效素材文件2.jpg，在“图层”面板中设置“光效”图层的混合模式为“滤色”，如图13-90所示。最终效果如图13-91所示。

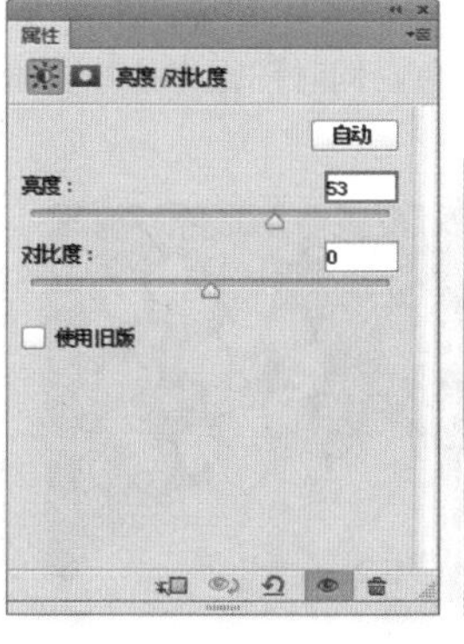

图 13-88

图 13-89

图 13-90

图 13-91

13.3.2 色阶

- 技术速查：“色阶”命令不仅可以针对图像进行明暗对比的调整，还可以对图像的阴影、中间调和高光强度级别进行调整，以及分别对各个通道进行调整，以调整图像的明暗对比或者色彩倾向。

执行“图像>调整>色阶”命令或按Ctrl+L组合键，打开“色阶”对话框，如图13-92所示。

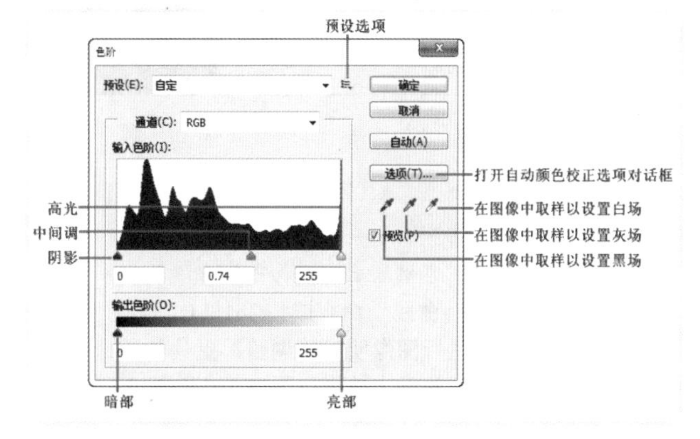

图 13-92

- 预设/预设选项：在“预设”下拉列表中，可以选择一种预设的色阶调整选项来对图像进行调整；单击“预设选项”按钮，可以对当前设置的参数进行保存，或载入一个外部的预设调整文件。
- 通道：在“通道”下拉列表中可以选择一个通道来对图像进行调整，以校正图像的颜色，如图13-93所示。
- 输入色阶：可以通过拖曳滑块来调整图像的阴影、中间调和高光，同时也可以直接在对应的文本框中输入数值。将滑块向左拖曳，可以使图像变暗，如图13-94所示；将滑块向右拖曳，可以使图像变亮，如图13-95所示。
- 输出色阶：可以设置图像的亮度范围，从而降低对比度，如图13-96所示。

图 13-93

图 13-94

图 13-95

图 13-96

- 自动：单击该按钮，Photoshop会自动调整图像的色阶，使图像的亮度分布更加均匀，从而达到校正图像颜色的目的。
- 选项：单击该按钮，可以打开“自动颜色校正选项”对话框，如图13-97所示。在该对话框中可以设置单色、每通道、深色和浅色的算法等。
- 在图像中取样以设置黑场：使用该吸管在图像中单击取样，可以将单击点处的像素调整为黑色，同时图像中比该单击点暗的像素也会变成黑色，如图13-98所示。
- 在图像中取样以设置灰场：使用该吸管在图像中单击取样，可以根据单击点处像素的亮度来调整其他中间调的平均亮度，如图13-99所示。
- 在图像中取样以设置白场：使用该吸管在图像中单击取样，可以将单击点处的像素调整为白色，同时图像中比该单击点亮的像素也会变成白色，如图13-100所示。

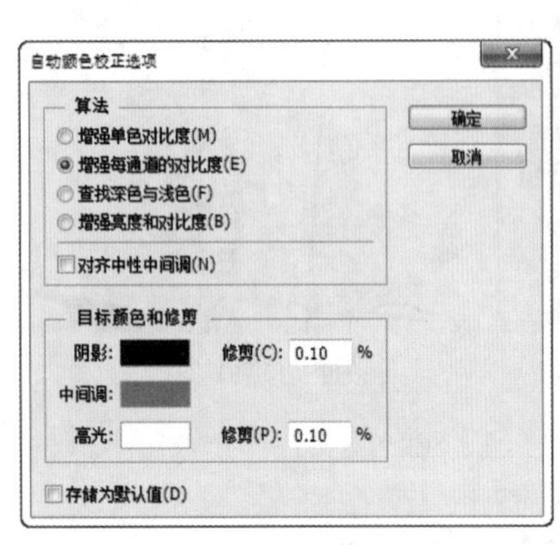

图 13−97

图 13−98

图 13−99

图 13−100

13.3.3 曲线

- 技术速查：使用“曲线”命令可以对图像的亮度、对比度和色调进行非常便捷的调整。

执行“曲线>调整>曲线”命令或按Ctrl+M组合键，可以打开“曲线”对话框，如图13-101所示。“曲线”对话框的功能非常强大，不仅可以进行图像明暗的调整，更具备了“亮度/对比度”、“色彩平衡”、“阈值”和“色阶”等命令的功能。使用“曲线”命令前后的对比效果如图13-102和图13-103所示。

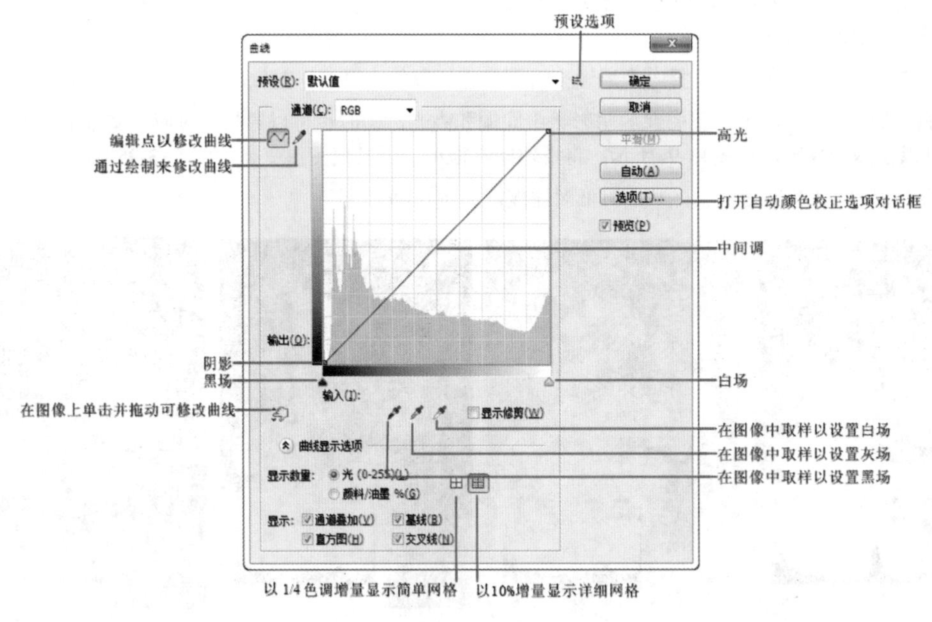

图 13−101

图　13—102

图　13—103

曲线基本选项

- 预设/预设选项：在“预设”下拉列表中共有9种曲线预设效果；单击“预设选项”按钮，可以对当前设置的参数进行保存，或载入一个外部的预设调整文件。如图13-104和图13-105所示分别为原图与预设效果。
- 通道：在“通道”下拉列表中可以选择一个通道来对图像进行调整，以校正图像的颜色。
- 编辑点以修改曲线：使用该工具在曲线上单击，可以添加新的控制点，通过拖曳控制点可以改变曲线的形状，从而达到调整图像的目的，如图13-106所示。

图　13—104

图　13—105

图　13—106

- 通过绘制来修改曲线：使用该工具可以以手绘的方式自由绘制出曲线，绘制好曲线以后单击“编辑点以修改曲线”按钮，可以显示出曲线上的控制点，如图13-107所示。
- 平滑：使用“通过绘制来修改曲线”绘制出曲线以后，单击“平滑”按钮，可以对曲线进行平滑处理，如图13-108所示。
- 在曲线上单击并拖动可修改曲线：选择该工具以后，将光标放置在图像上，曲线上会出现一个圆圈，表示光标处的色调在曲线上的位置，如图13-109所示，在图像上单击并拖曳鼠标可以添加控制点以调整图像的色调，如图13-110所示。

图　13—107

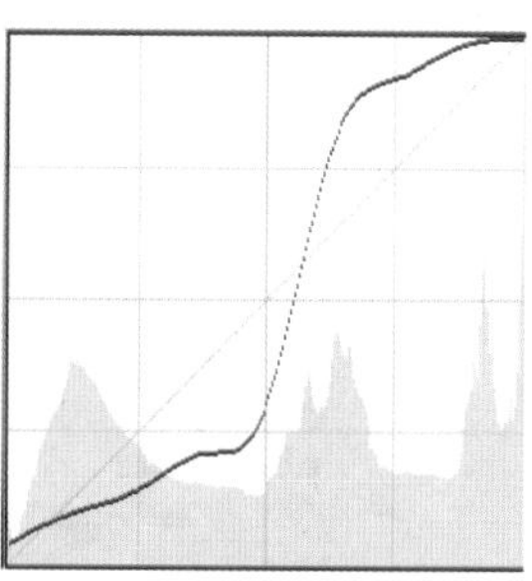

图　13—108

图　13—109

图　13—110

- 输入/输出："输入"即"输入色阶"，显示的是调整前的像素值；"输出"即"输出色阶"，显示的是调整以后的像素值。
- 自动：单击该按钮，可以对图像应用"自动色调"、"自动对比度"或"自动颜色"校正。
- 选项：单击该按钮，可以打开"自动颜色校正选项"对话框。在该对话框中可以设置单色、每通道、深色和浅色的算法等。

曲线显示选项

- 显示数量：包括"光（0-255）"和"颜料/油墨%"两种显示方式。
- 以1/4色调增量显示简单网格田/以10%增量显示详细网格田：单击"以1/4色调增量显示简单网格"按钮田，可以以1/4（即25%）的增量来显示网格，这种网格比较简单；单击"以10%增量显示详细网格"按钮田，可以以 10% 的增量来显示网格，这种网格更加精细。
- 通道叠加：选中该复选框，可以在复合曲线上显示颜色通道。
- 基线：选中该复选框，可以显示基线曲线值的对角线。
- 直方图：选中该复选框，可在曲线上显示直方图以作为参考。
- 交叉线：选中该复选框，可以显示用于确定点的精确位置的交叉线。

★ 案例实战——复古棕色调

案例文件	案例文件\第13章\复古棕色调.psd
视频教学	视频文件\第13章\复古棕色调.flv
难易指数	★★★★★
技术要点	曲线调整图层、混合模式

案例效果

本例主要是通过使用曲线调整图层、混合模式打造复古棕色调，如图13-111和图13-112所示。

图 13-111

图 13-112

操作步骤

01 打开素材1.jpg，如图13-113所示。

02 新建图层，为其填充咖啡色，如图13-114所示。设置"图层1"的混合模式为"色相"，如图13-115所示。效果如图13-116所示。

图 13-113

图 13-114

图 13-115

图 13-116

03 执行"图像>新建调整图层>曲线"命令，调整RGB和"蓝"通道的曲线的形状，如图13-117所示。效果如图13-118所示。

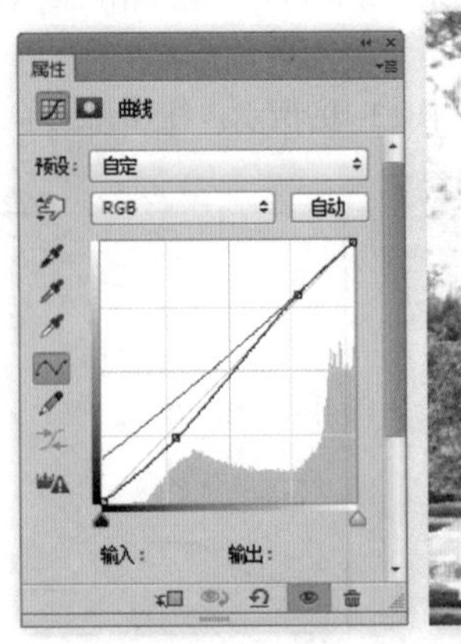

图 13-117

图 13-118

04 再次执行“图像>新建调整图层>曲线”命令，调整曲线形状，如图13-119所示。使用黑色画笔在曲线蒙版中绘制皮肤以外的部分，最后导入艺术字边框素材2.png，置于画面中合适位置。最终效果如图13-120所示。

图 13-119　　图 13-120

13.3.4 曝光度

- **技术速查：“曝光度”命令是通过在线性颜色空间执行计算而得出曝光效果。**

使用“曝光度”命令可以通过调整曝光度、位移、灰度系数3个参数调整照片的对比反差，修复数码照片中常见的曝光过度与曝光不足等问题，如图13-121～图13-123所示。执行“图像>调整>曝光度”命令，可以打开“曝光度”对话框，如图13-124所示。

图 13-121

图 13-122

图 13-123

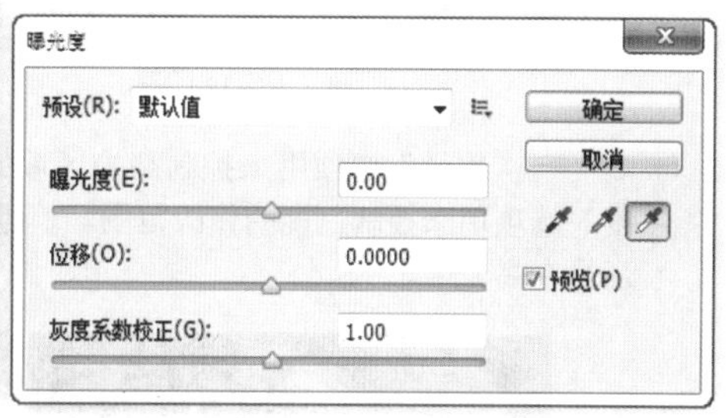

图 13-124

- 预设/预设选项：Photoshop预设了4种曝光效果，分别是“减1.0”、“减2.0”、“加1.0”和“加2.0”。在“预设”下拉列表中还有“默认值”和“自定”两个选项供选择；单击“预设选项”按钮，可以对当前设置的参数进行保存，或载入一个外部的预设调整文件。
- 曝光度：向左拖曳滑块，可以降低曝光效果，如图13-125所示；向右拖曳滑块，可以增强曝光效果，如图13-126所示。
- 位移：该选项主要对阴影和中间调起作用，可以使其变暗，但对高光基本不会产生影响。
- 灰度系数校正：使用一种乘方函数来调整图像灰度系数。

图 13-125

图 13-126

13.3.5 阴影/高光

- **技术速查：“阴影/高光”命令可以基于阴影/高光中的局部相邻像素来校正每个像素，常用于还原图像阴影区域过暗或高光区域过亮造成的细节损失。**

打开一张图像，从图像中可以直观地看出高光区域与阴影区域的分布情况，如图13-127所示。执行“图像>调整>阴影/高光”命令，打开“阴影/高光”对话框，选中“显示更多选项”复选框以后，如图13-128所示，可以显示“阴影/高光”的完整选项，如图13-129所示。

图 13-127

- 阴影："数量"选项用来控制阴影区域的亮度，值越大，阴影区域就越亮，如图13-130和图13-131所示；"色调宽度"选项用来控制色调的修改范围，值越小，修改的范围就只针对较暗的区域；"半径"选项用来控制像素是在阴影中还是在高光中。

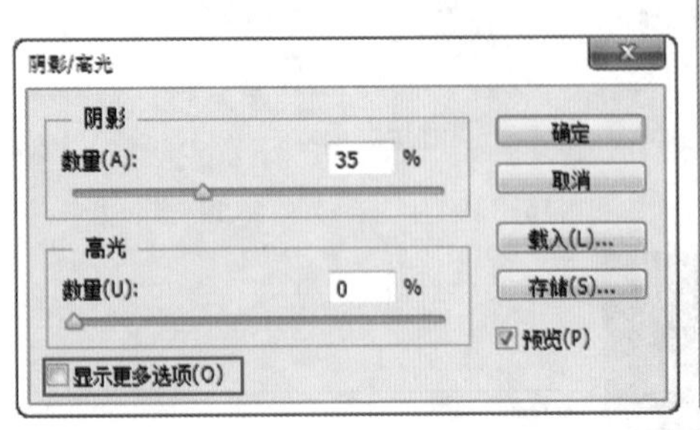

图 13-128

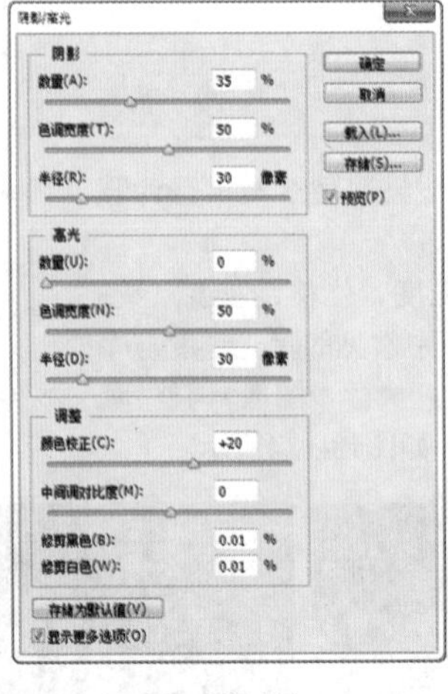

图 13-129

图 13-130

- 高光："数量"选项用来控制高光区域的黑暗程度，值越大，高光区域越暗，如图13-132和图13-133所示；"色调宽度"选项用来控制色调的修改范围，值越小，修改的范围就只针对较亮的区域；"半径"选项用来控制像素是在阴影中还是在高光中。

图 13-131

图 13-132

图 13-133

- 调整："颜色校正"选项用来调整已修改区域的颜色；"中间调对比度"选项用来调整中间调的对比度；"修剪黑色"和"修剪白色"选项决定了在图像中将多少阴影和高光剪到新的阴影中。
- 存储为默认值：如果要将对话框中的参数设置存储为默认值，可以单击该按钮。存储为默认值以后，再次打开"阴影/高光"对话框时，就会显示该参数。

技巧提示

如果要将存储的默认值恢复为Photoshop的默认值，可以在"阴影/高光"对话框中按住Shift键，此时"存储为默认值"按钮会变成"复位默认值"按钮，单击即可复位为Photoshop的默认值。

★ 案例实战——使用阴影/高光还原暗部细节

案例文件	案例文件\第13章\使用阴影/高光还原暗部细节.psd
视频教学	视频文件\第13章\使用阴影/高光还原暗部细节.flv
难易指数	★★★★★
技术要点	阴影/高光、可选颜色、亮度/对比度

案例效果

本例主要是通过使用"阴影/高光"命令还原暗部细节，如图13-134和图13-135所示。

操作步骤

01 打开素材1.jpg。从画面中可以看到，由于暗部区域过暗而导致细节丧失，如图13-136所示。

图 13-134

图 13-135

图 13-136

02 执行“图像>调整>阴影高光”命令，在弹出的对话框中设置“阴影”数量为35%，“高光”数量为0%，单击“确定”按钮，如图13-137所示。此时可以看到暗部区域亮度有所提升，效果如图13-138所示。

03 执行“图层>新建调整图层>可选颜色”命令，设置“颜色”为“白色”，“黄色”为100%，如图13-139所示；设置“颜色”为“中性色”，“黄色”为-17%，如图13-140所示；设置“颜色”为“黑色”，“黄色”为-36%，如图13-141所示。效果如图13-142所示。

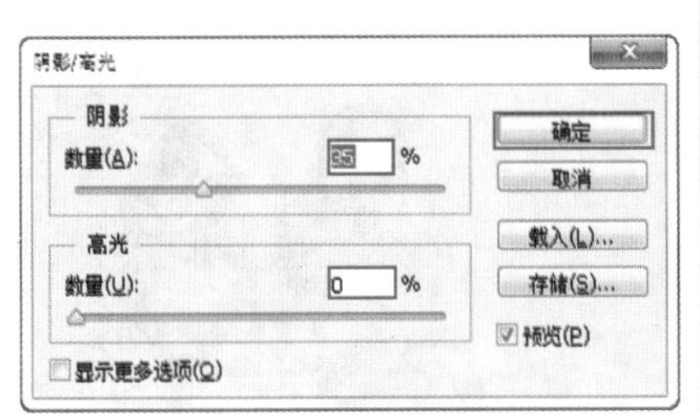

图 13-137

图 13-138

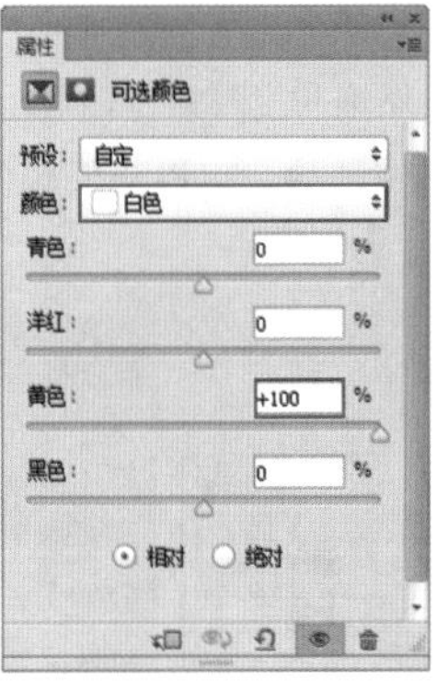

图 13-139

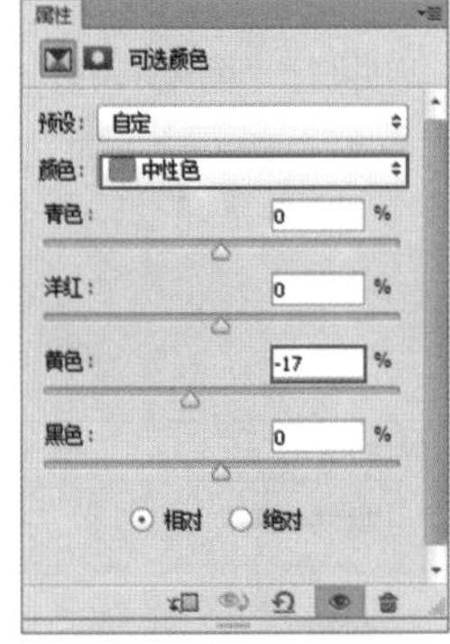

图 13-140

04 执行“图层>新建调整图层>曲线”命令，调整曲线的形状，如图13-143所示。最终效果如图13-144所示。

图 13-141

图 13-142

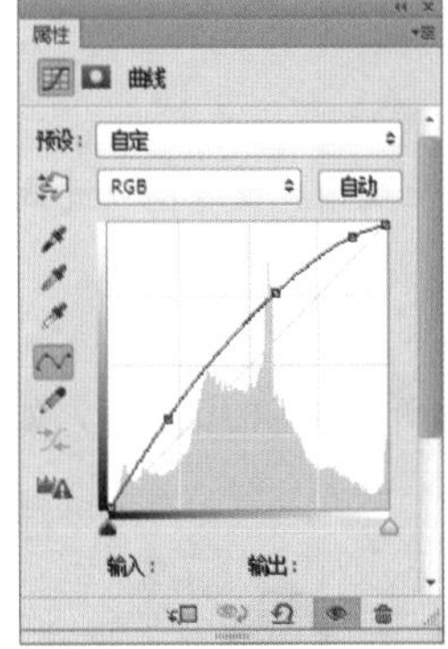

图 13-143

图 13-144

13.4 调整图像的色调

视频精讲：Photoshop CS6自学视频教程\89.常用色调调整命令.flv

画面中总是由具有某种内在联系的各种色彩组成一个完整统一的整体，画面色彩总的趋向就称为色调。对于画面色调的调整可以使用的命令非常多，本节将对其进行介绍。

13.4.1 自然饱和度

● 技术速查："自然饱和度"命令可以针对图像饱和度进行调整。

与"色相/饱和度"命令相比，使用"自然饱和度"命令可以在增加图像饱和度的同时，有效地控制由于颜色过于饱和而出现溢色现象，如图13-145～图13-147所示。

图 13-145

图 13-146

图 13-147

执行"图像>调整>自然饱和度"命令，可以打开"自然饱和度"对话框，如图13-148所示。

● 自然饱和度：向左拖曳滑块，可以降低颜色的饱和度，如图13-149所示；向右拖曳滑块，可以增加颜色的饱和度，如图13-150所示。

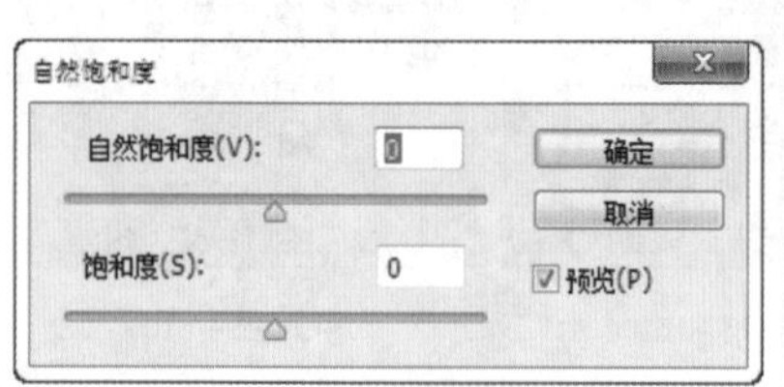

图 13-148

图 13-149

图 13-150

技巧提示

调节"自然饱和度"选项，不会生成饱和度过高或过低的颜色，画面始终保持一个比较平衡的色调，对于调节人像非常有用。

● 饱和度：向左拖曳滑块，可以增加所有颜色的饱和度，如图13-151所示；向右拖曳滑块，可以降低所有颜色的饱和度，如图13-152所示。

图 13-151

图 13-152

13.4.2 色相/饱和度

- 技术速查：使用“色相/饱和度”命令可以对色彩的三大属性：色相、饱和度（纯度）、明度进行修改，并且既可调整整个画面的色相、饱和度和明度，也可以单独调整单一颜色的色相、饱和度和明度数值，如图13-153所示。

执行“图像>调整>色相/饱和度”命令或按Ctrl+U组合键，可以打开“色相/饱和度”对话框，如图13-154所示。

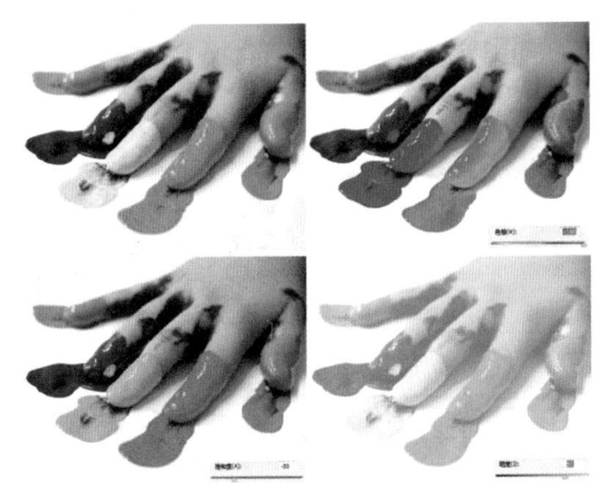

图 13—153

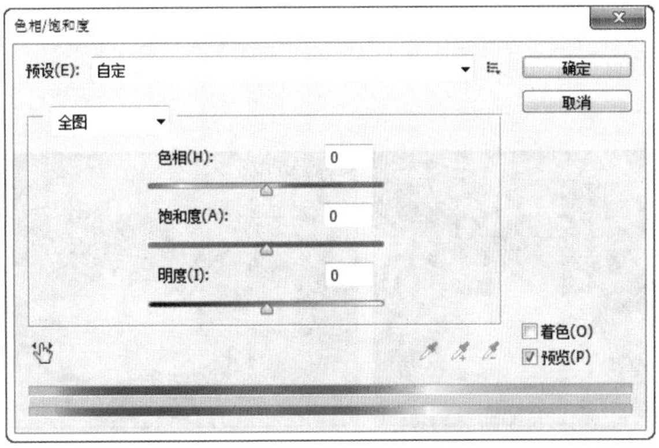

图 13—154

- 预设/预设选项：在“预设”下拉列表中提供了8种色相/饱和度预设效果，如图13-155所示；单击“预设选项”按钮，可以对当前设置的参数进行保存，或载入一个外部的预设调整文件。
- 通道下拉列表 全图：在通道下拉列表中可以选择“全图”、“红色”、“黄色”、“绿色”、“青色”、“蓝色”和“洋红”通道进行调整。选择好通道以后，拖曳下面的“色相”、“饱和度”和“明度”滑块，可以对该通道的色相、饱和度和明度进行调整。
- 在图像上单击并拖动可修改饱和度：使用该工具在图像上单击设置取样点以后，向右拖曳鼠标可以增加图像的饱和度，向左拖曳鼠标可以降低图像的饱和度，如图13-156～图13-158所示。

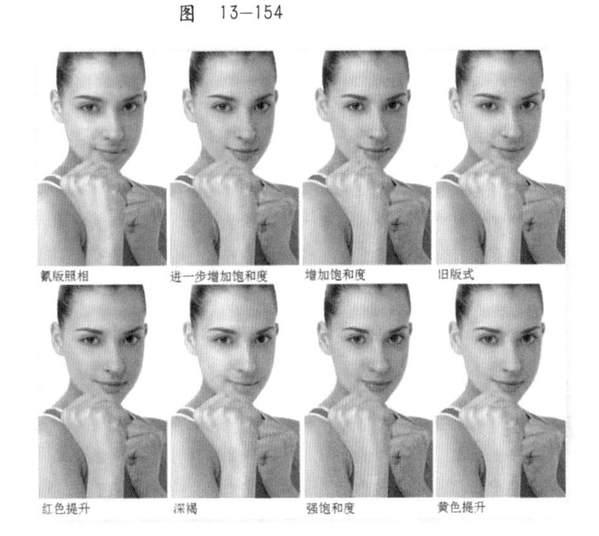

图 13—155

- 着色：选中该复选框，图像会整体偏向于单一的红色调，还可以通过拖曳3个滑块来调节图像的色调，如图13-159所示。

图 13—156

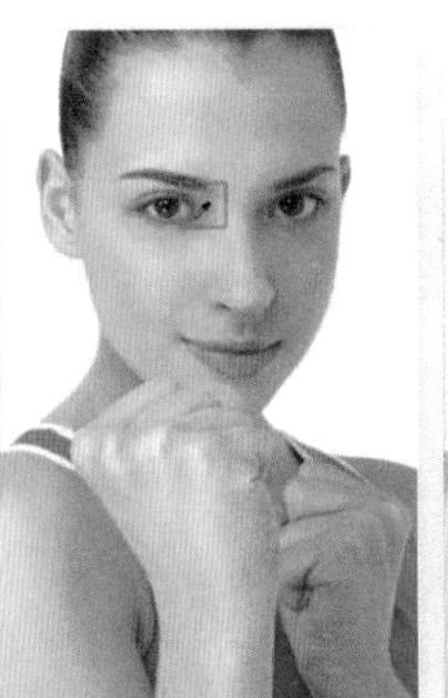

图 13—157

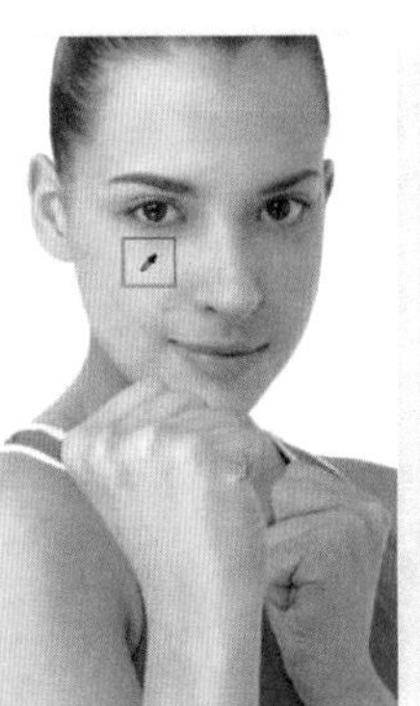

图 13—158

图 13—159

★ 案例实战——梦幻蓝色调

案例文件	案例文件\第13章\梦幻蓝色调.psd
视频教学	视频文件\第13章\梦幻蓝色调.flv
难易指数	★★★★★
技术要点	色相/饱和度、可选颜色、曲线、混合模式

案例效果

本例主要是通过使用调整图层打造梦幻蓝色调，如图13-160所示。

操作步骤

01 打开素材文件1.jpg，如图13-161所示。

02 执行“图层>新建调整图层>色相/饱和度”命令，创建新的“色相/饱和度”调整图层，设置“饱和度”为−23，如图13-162所示。效果如图13-163所示。

图 13-160

图 13-161

图 13-162

图 13-163

03 创建新的“可选颜色”调整图层，分别选择“红色”、“白色”、“中性色”、“黑色”颜色设置参数，具体参数如图13-164～图13-167所示。效果如图13-168所示。

图 13-164

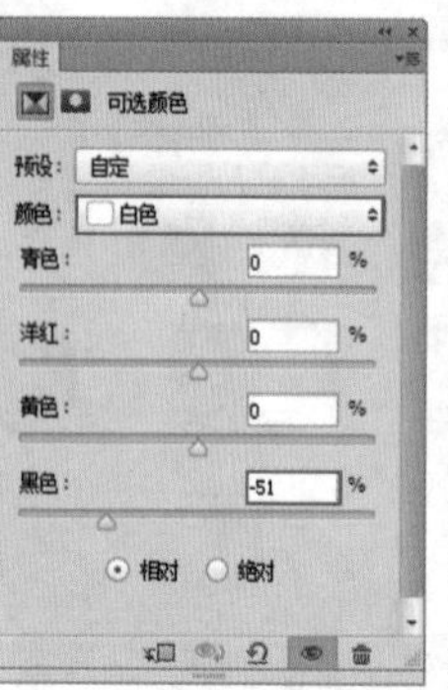

图 13-165

图 13-166

图 13-167

图 13-168

04 创建新的“曲线”调整图层，选择“红”通道，调整曲线形状，如图13-169所示。再选择RGB通道，调整曲线形状，如图13-170所示。接着在图层蒙版中填充黑色，使用白色画笔在荷花位置绘制，使荷花位置更亮，如图13-171和图13-172所示。

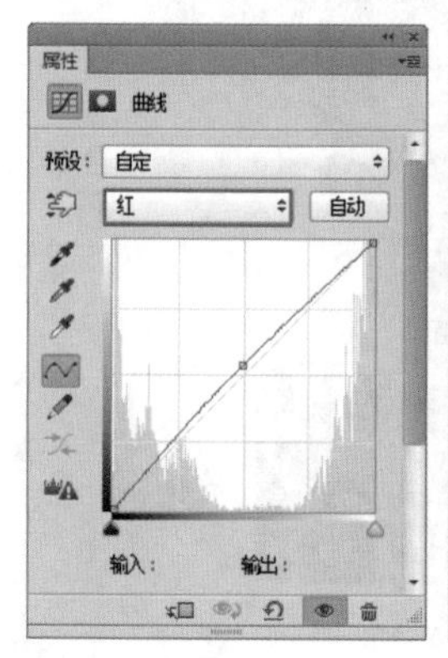

图 13-169

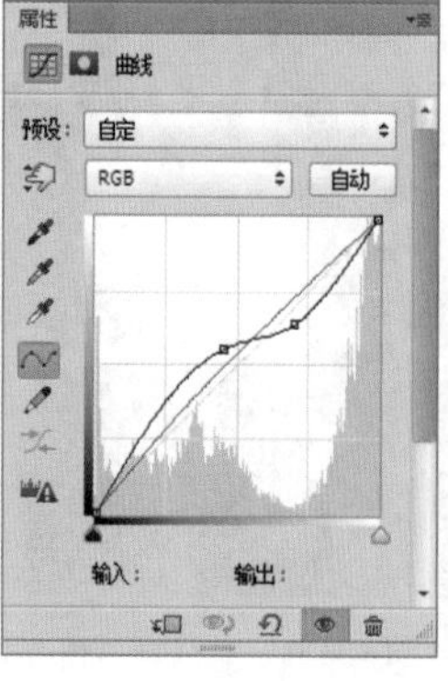

图 13-170

图 13-171

图 13-172

05 创建新的“可选颜色”调整图层，选择“青色”，设置“青色”为42，“洋红”为-18，“黄色”为25，如图13-173所示。效果如图13-174所示。

06 再次创建新的“曲线”调整图层，调整曲线形状，如图13-175所示。在图层蒙版中使用黑色画笔涂抹荷花部分，增大画面的对比度，如图13-176和图13-177所示。

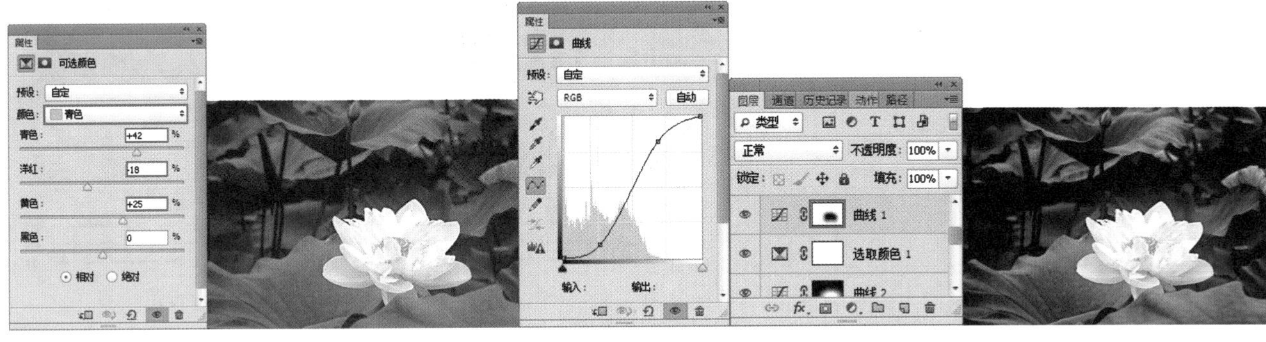

图 13-173　　图 13-174　　图 13-175　　图 13-176　　图 13-177

07 创建新图层，使用“画笔工具”，设置前景色为黑色。在选项栏中单击“画笔预设”拾取器，选择柔角画笔，设置“大小”为600像素，并调整“不透明度”为50%，“流量”为50%，如图13-178所示。然后在画面的四角进行绘制涂抹，效果如图13-179所示。

图 13-178

08 下面导入素材文件2.jpg，将该图层的混合模式设置为“滤色”，调整“不透明度”为75%，并为图层添加图层蒙版，使用黑色画笔绘制涂抹多余部分，如图13-180所示。效果如图13-181所示。

09 最后嵌入艺术字效果，最终效果如图13-182所示。

图 13-179

图 13-180

图 13-181

图 13-182

思维点拨：关于色彩

色彩作为事物最显著的外貌特征，能够首先引起人们的关注。色彩也是平面作品的灵魂，是设计师进行设计时最活跃的元素。它不仅为设计增添了变化和情趣，还增加了设计的空间感。如同字体能向我们传达出信息一样，色彩给我们的信息更多。记住色彩具有的象征意义是非常重要的，例如蓝色，往往让人产生静谧、冷静的感觉。颜色的选择会影响作品的情趣和人们的回应程度。

13.4.3 色彩平衡

技术速查：“色彩平衡”命令可以控制图像的颜色分布，使图像整体达到色彩平衡，如图13-183和图13-184所示。

“色彩平衡”命令是根据颜色的补色原理调整图像的颜色，要减少某个颜色就增加这种颜色的补色。执行“图像>调整>色彩平衡”命令或按Ctrl+B组合键，可以打开“色彩平衡”对话框，如图13-185所示。

图 13-183

图 13-184

- 色彩平衡：用于调整“青色-红色”、“洋红-绿色”以及“黄色-蓝色”在图像中所占的比例，可以手动输入数值，也可以拖曳滑块来进行调整。例如，向左拖曳“青色-红色”滑块，可以在图像中增加青色，同时减少其补色红色；向右拖曳“青色-红色”滑块，可以在图像中增加红色，同时减少其补色青色，如图13-186和图13-187所示。

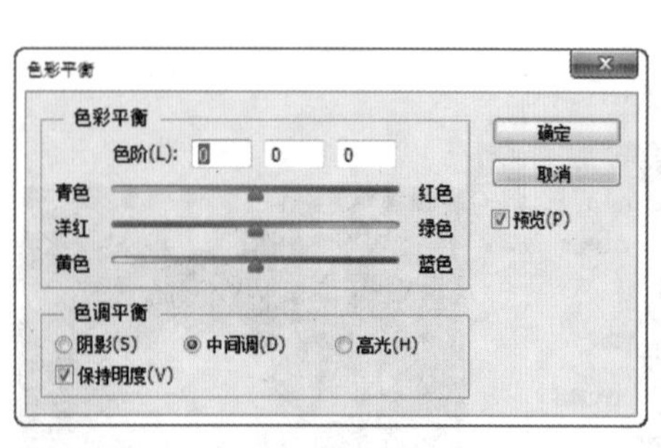

图 13-185

图 13-186

图 13-187

- 色调平衡：选择调整色彩平衡的方式，包括“阴影”、“中间调”和“高光”3个选项。如图13-188～图13-190所示分别是向“阴影”、“中间调”和“高光”添加蓝色以后的效果。如果选中“保持明度”复选框，还可以保持图像的色调不变，以防止亮度值随着颜色的改变而改变。

图 13-188

图 13-189

图 13-190

★ 案例实战——使用色彩平衡制作艳丽的强对比效果

案例文件	案例文件\第13章\使用色彩平衡制作艳丽的强对比效果.psd
视频教学	视频文件\第13章\使用色彩平衡制作艳丽的强对比效果.flv
难易指数	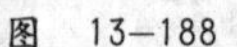
技术要点	色彩平衡

案例效果

本例使用“色彩平衡”命令制作艳丽的强对比效果，如图13-191和图13-192所示。

操作步骤

01 打开素材图像1.jpg，如图13-193所示。

图 13-191

图 13-192

图 13-193

02 执行“图层>新建调整图层>色彩平衡”命令，创建“色彩平衡”调整图层，设置“色调”为“中间调”，色阶数值分别为0，43，0，如图13-194所示。

03 设置“色调”为“阴影”，色阶数值分别为0，-40，51，如图13-195所示。设置“色调”为“高光”，色阶数值分别为0，10，-57，如图13-196所示。

04 最终效果如图13-197所示。

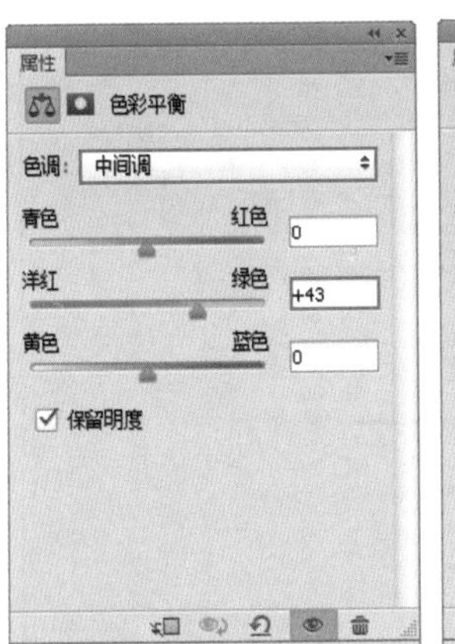

图 13—194

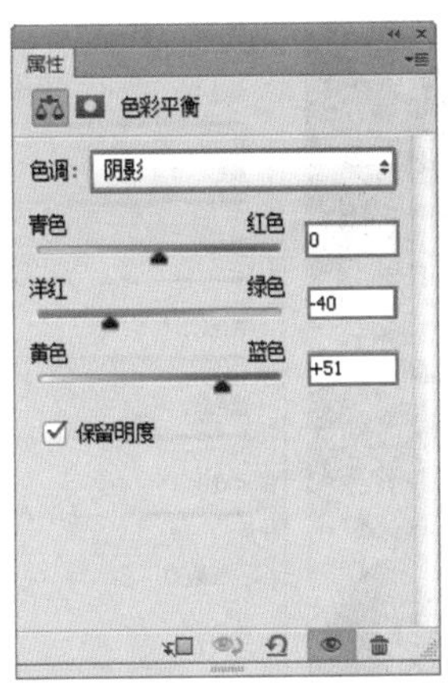

图 13—195

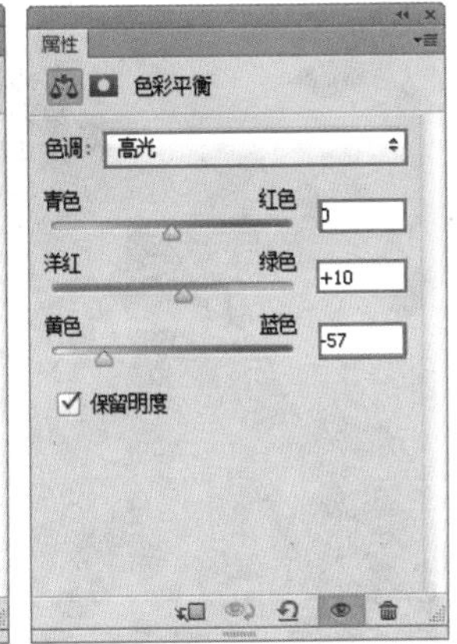

图 13—196

图 13—197

★ 案例实战——矫正偏色照片

案例文件	案例文件\第13章\矫正偏色照片.psd
视频教学	视频文件\第13章\矫正偏色照片.flv
难易指数	★★★★★
技术要点	色彩平衡

案例效果

本例主要使用“色彩平衡”命令矫正偏色照片，如图13-198和图13-199所示。

操作步骤

01 打开照片素材1.jpg，如图13-200所示。可以看到图片有明显的偏色问题，亮部倾向于洋红。

图 13—198

图 13—199

图 13—200

02 执行“图层>新建调整图层>色彩平衡”命令，设置“色调”为“中间调”，调整“洋红-绿色”为37，如图13-201所示。效果如图13-202所示。

读书笔记

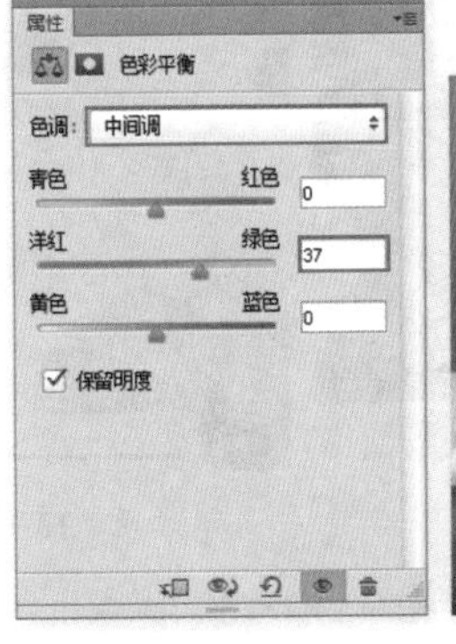

图 13—201

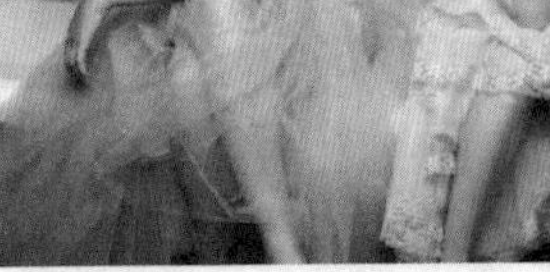

图 13—202

13.4.4 黑白

- 技术速查："黑白"命令在把彩色图像转换为黑色图像的同时，还可以控制每一种色调的量。另外，"黑白"命令还可以将黑白图像转换为带有颜色的单色图像。

打开一张图像，如图13-203所示。执行"图像>调整>黑白"命令或按Shift+Ctrl+Alt+B组合键，打开"黑白"对话框，如图13-204所示。

图 13-203

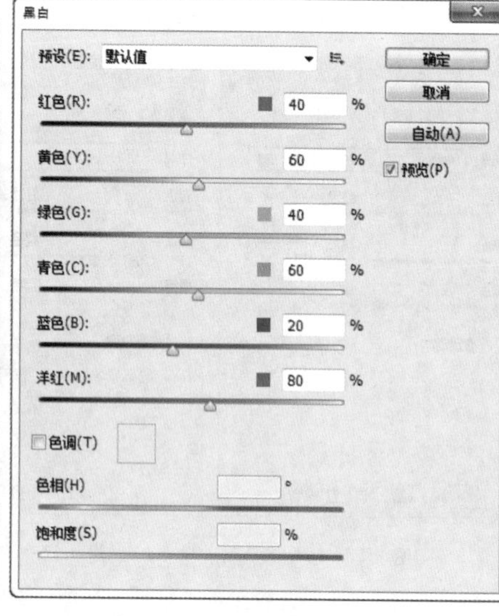

图 13-204

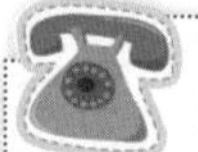

答疑解惑——"去色"命令与"黑白"命令有什么不同？

"去色"命令只能简单地去掉所有颜色，只保留原图像中单纯的黑、白、灰关系，并且将丢失很多细节。而"黑白"命令则可以通过参数的设置调整各个颜色在黑白图像中的亮度，这是"去色"命令所不能够达到的。所以如果想要制作高质量的黑白照片，需要使用"黑白"命令。

- 预设：在"预设"下拉列表中提供了12种黑色效果，可以直接选择相应的预设效果来创建黑白图像。
- 颜色：这6个颜色选项用来调整图像中特定颜色的灰色调。例如，向左拖曳"红色"滑块，可以使由红色转换而来的灰度色变暗，如图13-205所示；向右拖曳，则可以使灰度色变亮，如图13-206所示。
- 色调/色相/饱和度：选中"色调"复选框，可以为黑色图像着色，以创建单色图像。另外，还可以调整单色图像的色相和饱和度，如图13-207所示。

图 13-205

图 13-206

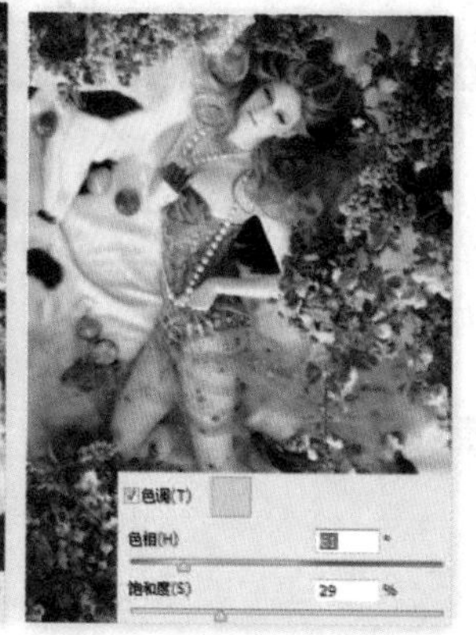

图 13-207

★ 案例实战——使用黑白命令制作层次丰富的黑白照片

案例文件	案例文件\第13章\使用黑白命令制作层次丰富的黑白照片.psd
视频教学	视频文件\第13章\使用黑白命令制作层次丰富的黑白照片.flv
难易指数	★★★★★
技术要点	"黑白"命令

案例效果

本例主要是使用"黑白"命令制作层次丰富的黑白照片，如图13-208和图13-209所示。

操作步骤

01 打开本书配套光盘中的素材文件1.jpg，如图13-210所示。

02 执行“图层>新建调整图层>黑白”命令，此时照片变为黑白效果。为了增强画面层次感，可设置“红色”为40，“黄色”为106，“绿色”为40，“青色”为60，“蓝色”为20，“洋红”为80，如图13-211所示。最终效果如图13-212所示。

图 13-208

图 13-209

图 13-210

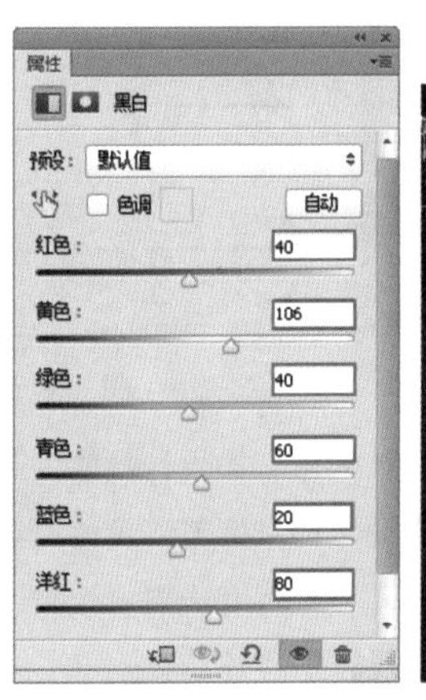

图 13-211

图 13-212

☆ 视频课堂——制作古典水墨画

案例文件\第13章\视频课堂——制作古典水墨画.psd

视频文件\第13章\视频课堂——制作古典水墨画.flv

思路解析：

01 打开水墨背景素材，导入人像素材，将人像素材从背景中分离出来。

02 创建“黑白”调整图层，在蒙版中设置影响范围为人像服装部分。

03 创建“色相/饱和度”调整图层，降低皮肤部分饱和度。

04 导入水墨前景素材。

13.4.5 通道混合器

- 技术速查：使用“通道混合器”命令可以对图像的某一个通道的颜色进行调整，以创建出各种不同色调的图像。同时也可以用来创建高品质的灰度图像。

打开一张图像，如图13-213所示。执行“图像>调整>通道混合器”命令，打开“通道混合器”对话框，如图13-214所示。

- 预设/预设选项：Photoshop提供了6种制作黑白图像的预设效果；单击“预设选项”按钮，可以对当前设置的参数进行保存，或载入一个外部的预设调整文件。
- 输出通道：在下拉列表中可以选择一种通道来对图像的色调进行调整。
- 源通道：用来设置源通道在输出通道中所占的百分比。将一个源通道的滑块向左拖曳，可以减小该通道在输出通道中所占的百分比，如图13-215所示；向右拖曳，则可以增加百分比，如图13-216所示。

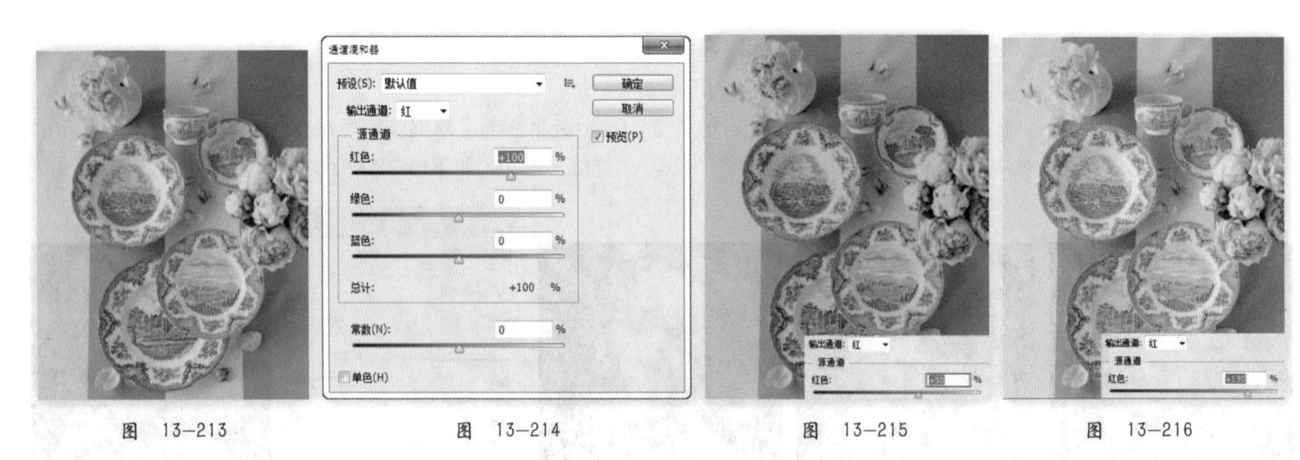

图 13-213　　图 13-214　　图 13-215　　图 13-216

- 总计：显示源通道的计数值。如果计数值大于100%，则有可能会丢失一些阴影和高光细节。
- 常数：用来设置输出通道的灰度值，负值可以在通道中增加黑色，正值可以在通道中增加白色。
- 单色：选中该复选框，图像将变成黑白效果。

13.4.6 颜色查找

- 技术速查：数字图像输入或输出设备都有自己特定的色彩空间，这就导致了色彩在不同的设备之间传输时出现不匹配的现象。“颜色查找”命令可以使画面颜色在不同的设备之间精确传递和再现，如图13-217所示。

图 13-217

执行“颜色查找”命令，在弹出的对话框中可以从以下方式中选择用于颜色查找的方式：3DLUT文件、摘要和设备链接。在每种方式的下拉列表中选择合适的类型，选择完成后可以看到图像整体颜色发生了风格化的效果，如图13-218所示。

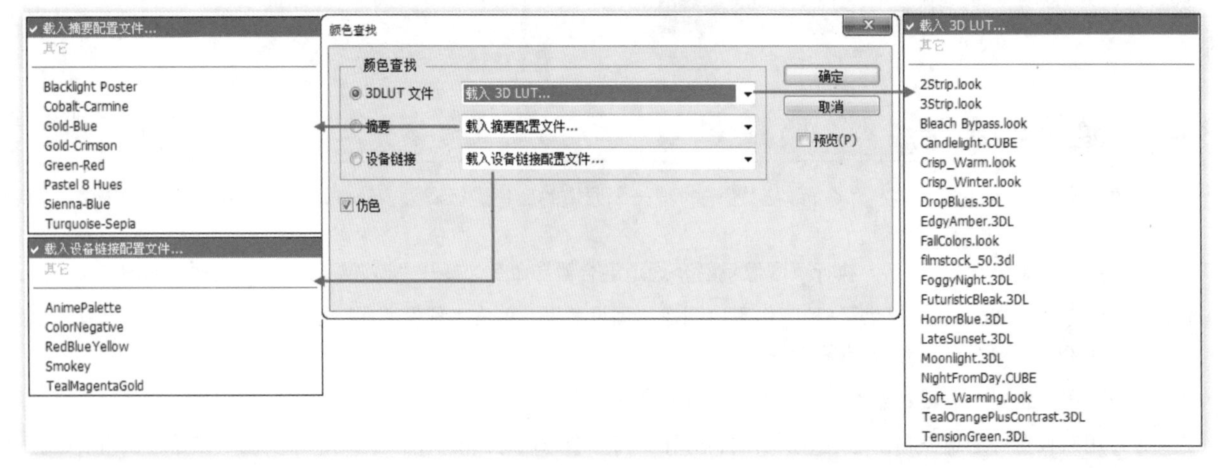

图 13-218

13.4.7 可选颜色

图 13-219

图 13-220

- 技术速查：“可选颜色”命令可以在图像中的每个主要原色成分中更改印刷色的数量，也可以在不影响其他主要颜色的情况下有选择地修改任何主要颜色中的印刷色数量。对比效果如图13-219和图13-220所示。

执行“图像>调整>可选颜色”命令，打开“可选颜色”对话框，如图13-221所示。

- 颜色：在下拉列表中选择要修改的颜色，然后对下面的颜色进行调整，可以调整该颜色中青色、洋红、黄色和黑色所占的百分比，如图13-222和图13-223所示。

图 13-221

图 13-222

图 13-223

- 方法：选择“相对”方式，可以根据颜色总量的百分比来修改青色、洋红、黄色和黑色的数量；选择“绝对”方式，可以采用绝对值来调整颜色。

★ 案例实战——使用可选颜色命令调整色调

案例文件	案例文件\第13章\使用可选颜色命令调整色调.psd
视频教学	视频文件\第13章\使用可选颜色命令调整色调.flv
难易指数	★★★★★
技术要点	调整图层

案例效果

本例主要是通过使用调整图层打造广告片的浓郁色调，如图13-224和图13-225所示。

操作步骤

01 打开素材文件1.jpg，如图13-226所示。

02 执行“图层>新建调整图层>可选颜色”命令，设置“颜色”为“黑色”，“黄色”为-9，如图13-227所示。设置“颜色”为“中性色”，“青色”为38，“洋红”为18，“黄色”为11，“黑色”为-12，如图13-228所示。此时背景部分倾向于青蓝色，效果如图13-229所示。

图 13-224

图 13-225

图 13-226

图 13-227

03 执行“图层>新建调整图层>自然饱和度”命令，设置“自然饱和度”为80，如图13-230所示。效果如图13-231所示。

图 13-228

图 13-229

图 13-230

图 13-231

★ 案例实战——使用可选颜色为黑白照片上色

案例文件	案例文件\第13章\使用可选颜色为黑白照片上色.psd
视频教学	视频文件\第13章\使用可选颜色为黑白照片上色.flv
难易指数	★★★★★
技术要点	“可选颜色”调整图层、图层蒙版

案例效果

本例主要是通过使用“可选颜色”调整图层、图层蒙版为黑白照片上色，如图13-232和图13-233所示。

操作步骤

01 打开本书配套光盘中的素材文件1.jpg，如图13-234所示。

图 13-232

图 13-233

图 13-234

02 执行“图层>新建调整图层>可选颜色”命令，创建调整图层，设置“颜色”为“中性色”，“青色”为-50%，“洋红”为-15%，“黄色”为27%，如图13-235所示。使用黑色画笔在蒙版中绘制人物皮肤以外的部分，如图13-236所示。效果如图13-237所示。

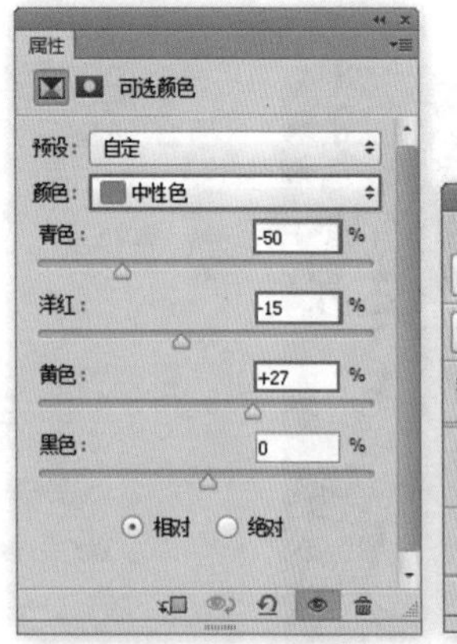

图 13-235

图 13-236

图 13-237

03 执行“图层>新建调整图层>可选颜色”命令，创建调整图层，设置“颜色”为“中性色”，“青色”为-100%，“洋红”为100%，“黄色”为100%，如图13-238所示。使用黑色画笔在蒙版中绘制人物嘴唇以外的部分，设置调整图层的“不透明度”为70%，如图13-239所示。效果如图13-240所示。

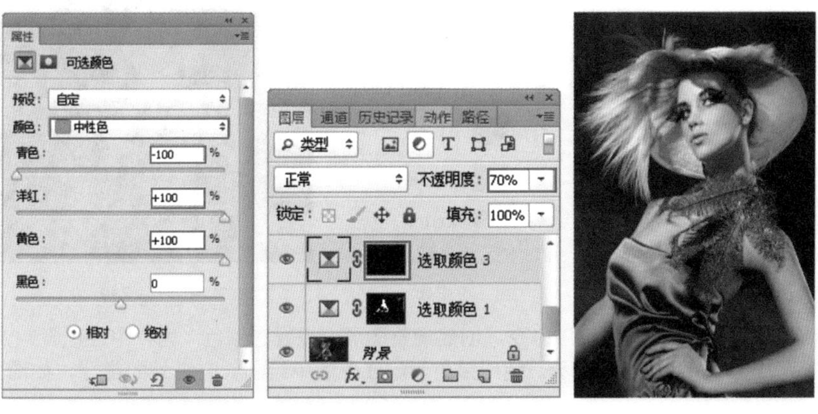

图 13-238　　图 13-239　　图 13-240

04 执行“图层>新建调整图层>可选颜色”命令，创建调整图层，设置“颜色”为“中性色”，“青色”为-70%，“洋红”为-82%，“黄色”为57%，如图13-241所示。使用黑色画笔在蒙版中绘制人物服饰以外的部分，如图13-242所示。效果如图13-243所示。

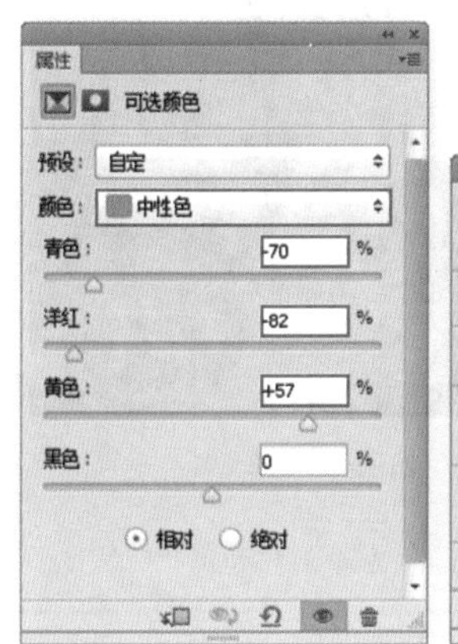

图 13-241　　图 13-242　　图 13-243

05 执行“图层>新建调整图层>可选颜色”命令，创建调整图层，设置“颜色”为“中性色”，“青色”为-68%，“洋红”为-39%，“黄色”为25%，“黑色”为-9%，如图13-244所示。使用黑色画笔在蒙版中绘制人物帽子以及手镯以外的部分，如图13-245所示。效果如图13-246所示。

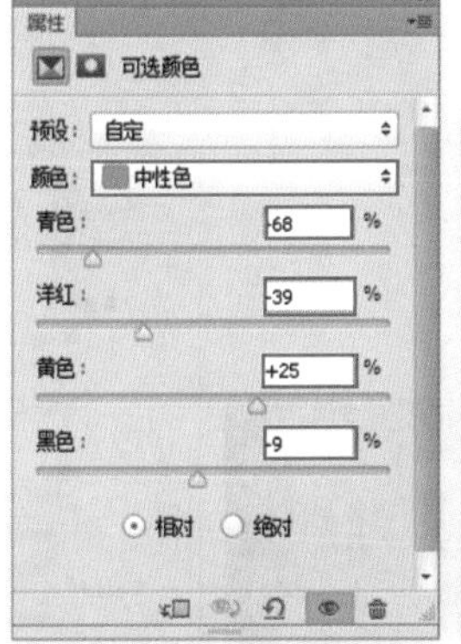

图 13-244　　图 13-245　　图 13-246

06 执行“图层>新建调整图层>可选颜色”命令，创建调整图层，设置“颜色”为“中性色”，“青色”为-73%，“洋红”为-43%，“黄色”为42%，如图13-247所示。使用黑色画笔在蒙版中绘制远处土地以外的部分，如图13-248所示。效果如图13-249所示。

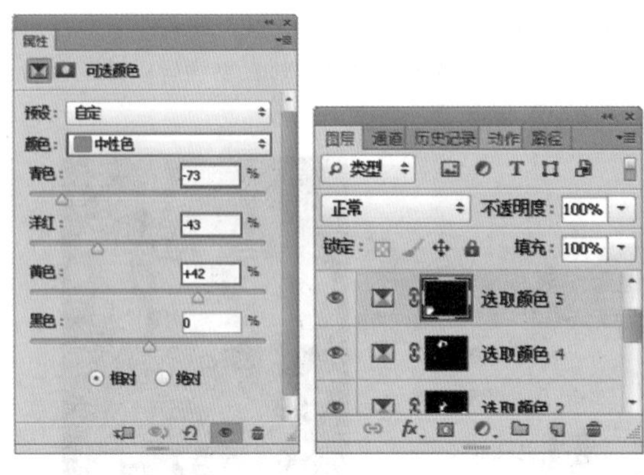

图 13-247 图 13-248

图 13-249

07 执行“图层>新建调整图层>可选颜色”命令，创建调整图层，设置“颜色”为“中性色”，“青色”为-35%，“洋红”为-23%，“黄色”为27%，如图13-250所示。使用黑色画笔在蒙版中绘制天空以外的部分，如图13-251所示。最终效果如图13-252所示。

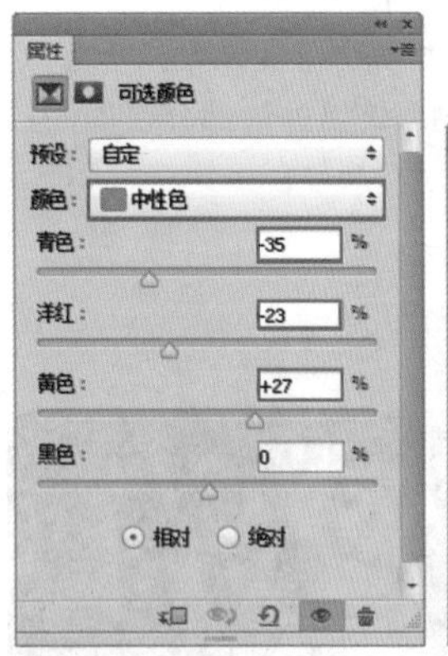

图 13-250

图 13-251

图 13-252

13.4.8 匹配颜色

技术速查：“匹配颜色”命令的原理是将一个图像作为源图像，另一个图像作为目标图像。然后以源图像的颜色与目标图像的颜色进行匹配。源图像和目标图像可以是两个独立的文件，也可以匹配同一个图像中不同图层之间的颜色。

打开两张图像，如图13-253和图13-254所示。选中其中一个文档，执行“图像>调整>匹配颜色”命令，打开“匹配颜色”对话框，如图13-255所示。

图 13-253

图 13-254

图 13-255

- 目标：显示要修改的图像的名称以及颜色模式。
- 应用调整时忽略选区：如果目标图像（即被修改的图像）中存在选区，选中该复选框，Photoshop将忽视选区的存在，会将调整应用到整个图像，如图13-256所示；如果取消选中该复选框，那么调整只针对选区内的图像，如图13-257所示。
- 明亮度：用来调整图像匹配的明亮程度。
- 颜色强度：相当于图像的饱和度，用来调整图像的饱和度。如图13-258和图13-259所示分别是设置该值为1和200时的颜色匹配效果。

图 13-256

图 13-257

图 13-258

- 渐隐：类似于图层蒙版，它决定了有多少源图像的颜色匹配到目标图像的颜色中。如图13-260和图13-261所示分别是设置该值为50和100（不应用调整）时的匹配效果。
- 中和：主要用来去除图像中的偏色现象，如图13-262所示。

图 13-259

图 13-260

图 13-261

图 13-262

- 使用源选区计算颜色：可以使用源图像中选区图像的颜色来计算匹配颜色，如图13-263和图13-264所示。
- 使用目标选区计算调整：可以使用目标图像中选区图像的颜色来计算匹配颜色（注意，这种情况必须选择源图像为目标图像），如图13-265和图13-266所示。

图 13-263

图 13-264

图 13-265

图 13-266

- 源：用来选择源图像，即将颜色匹配到目标图像的图像。
- 图层：选择需要用来匹配颜色的图层。
- “载入统计数据”和“存储统计数据”按钮：主要用来载入已存储的设置与存储当前的设置。

★ 案例实战——匹配颜色制作复古色调

案例文件	案例文件\第13章\匹配颜色制作复古色调.psd
视频教学	视频文件\第13章\匹配颜色制作复古色调.flv
难易指数	★★★★★
技术要点	匹配颜色

案例效果

本例主要是通过使用“匹配颜色”命令制作复古色调，效果如图13-267所示。

操作步骤

01 打开本书配套光盘中的素材文件1.jpg，如图13-268所示。

02 继续导入素材2.jpg，并将其命名为“匹配图像”，如图13-269所示。

03 复制“背景”图层，将其置于“图层”面板顶部，并命名为“匹配结果”，如图13-270所示。

图 13-267

图 13-268

图 13-269

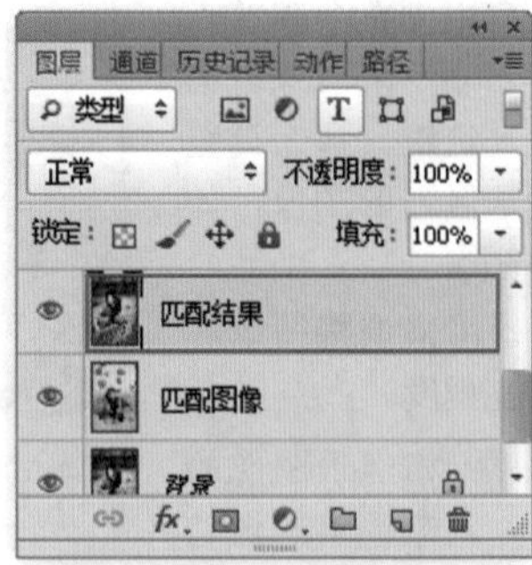

图 13-270

04 选中“匹配结果”图层，对其执行“图像>调整>匹配颜色”命令，设置“明亮度”为129，“颜色强度”为77，“渐隐”为43，“源”为“匹配颜色制作唯美色调.psd”，“图层”为“匹配图像”，如图13-271所示。单击“确定”按钮，效果如图13-272所示。

05 隐藏“匹配图像”图层，设置“匹配结果”图层的“不透明度”为60%，并为其添加图层蒙版，在蒙版中擦除皮肤曝光过度的区域，如图13-273所示。效果如图13-274所示。

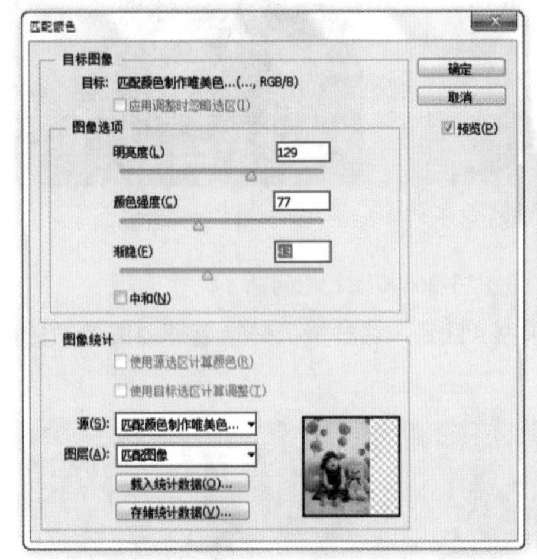

图 13-271

图 13-272

图 13-273

图 13-274

06 执行“图层>新建调整图层>曲线”命令，调整曲线的形状，如图13-275所示。在调整图层蒙版中使用黑色画笔在画面中心区域进行绘制，如图13-276所示。最终效果如图13-277所示。

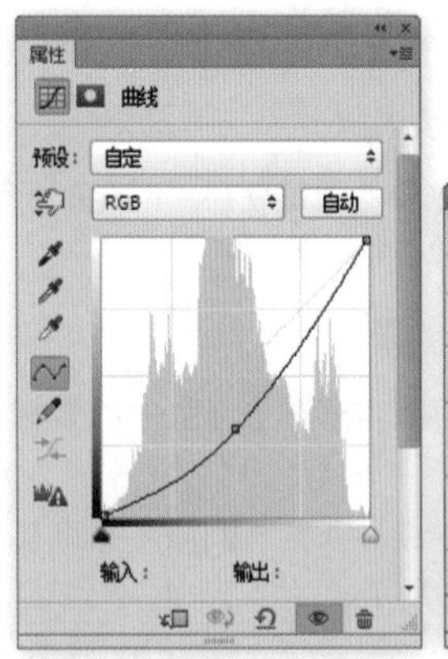

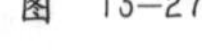

图 13-275

图 13-276

图 13-277

思维点拨：复古颜色的搭配原则

色彩在一幅作品中占主导地位，它可以引导人们心里产生一定的情感、变化。在本案例中制作了复古颜色，以褐色、咖啡色为主基调色，给人一种怀旧、复古的感觉，同时褐色、咖啡色也会体现出稳定、厚重的感觉。这些色彩的共同特点是明度较低，搭配色彩时尽量避开鲜艳的颜色，达到统一、和谐，如图13—278所示。

图 13—278

13.4.9 替换颜色

- **技术速查：“替换颜色”命令可以修改图像中选定颜色的色相、饱和度和明度，从而将选定的颜色替换为其他颜色。**

打开一张图像，如图13-279所示。对其执行“图像>调整>替换颜色”命令，打开“替换颜色”对话框，如图13-280所示。

- 吸管：使用“吸管工具”在图像上单击，可以选中单击处的颜色，同时在“选区”缩览图中也会显示出选中的颜色区域（白色代表选中的颜色，黑色代表未选中的颜色），如图13-281和图13-282所示；使用“添加到取样”在图像上单击，可以将单击处的颜色添加到选中的颜色中；使用“从取样中减去”在图像上单击，可以将单击处的颜色从选定的颜色中减去。

图 13—279

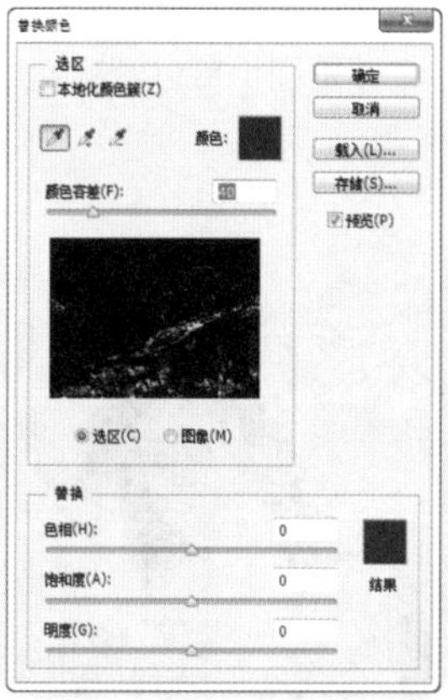

图 13—280

图 13—281

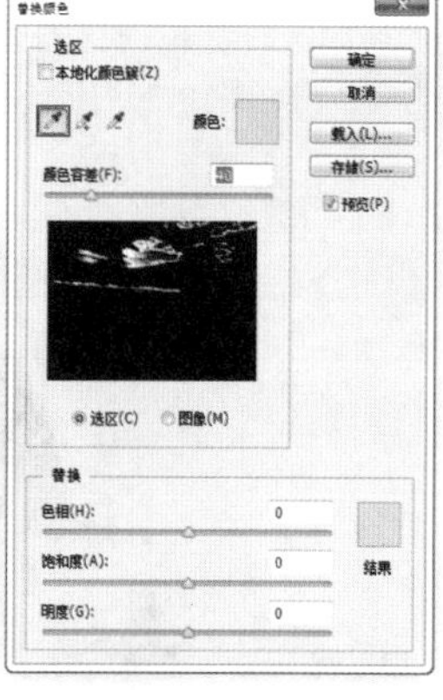

图 13—282

- 本地化颜色簇：主要用来在图像上选择多种颜色。例如，如果要选中图像中的红色和黄色，可以先选中该复选框，然后使用“吸管工具”在红色上单击，再使用“添加到取样”在黄色上单击，同时选中这两种颜色（如果继续单击其他颜色，还可以选中多种颜色），如图13-283和图13-284所示，这样就可以同时调整多种颜色的色相、饱和度和明度，如图13-285和图13-286所示。

图 13—283

图 13—284

图 13—285

图 13—286

- 颜色：显示选中的颜色。
- 颜色容差：用来控制选中颜色的范围。数值越大，选中的颜色范围越广。
- 选区/图像：选中“选区”单选按钮，可以以蒙版方式进行显示，其中白色表示选中的颜色，黑色表示未选中的颜色，灰色表示只选中了部分颜色，如图13-287所示；选中“图像”单选按钮，则只显示图像，如图13-288所示。

图 13-287

图 13-288

- 色相/饱和度/明度：这3个选项与“色相/饱和度”命令的3个选项相同，可以调整选定颜色的色相、饱和度和明度。

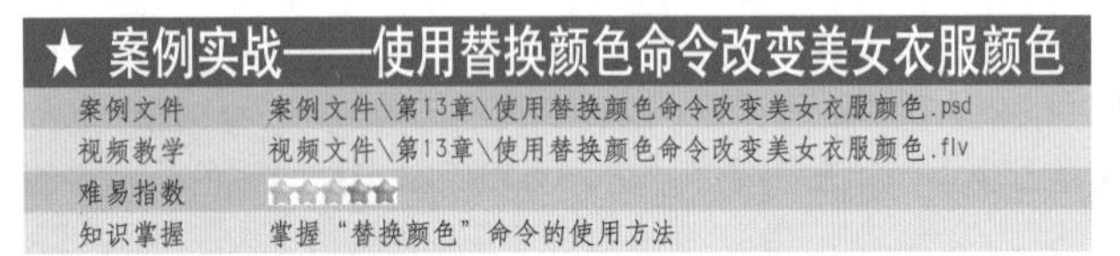

★ 案例实战——使用替换颜色命令改变美女衣服颜色

案例文件	案例文件\第13章\使用替换颜色命令改变美女衣服颜色.psd
视频教学	视频文件\第13章\使用替换颜色命令改变美女衣服颜色.flv
难易指数	★★★★★
知识掌握	掌握“替换颜色”命令的使用方法

案例效果

本例主要使用“替换颜色”命令改变美女的衣服颜色，对比效果如图13-289和图13-290所示。

操作步骤

01 按Ctrl+O组合键，打开本书配套光盘中的素材文件，如图13-291所示。

02 执行“图像>调整>替换颜色”命令，在弹出的对话框中使用“吸管工具”吸取服装的颜色，并使用“添加到取样”工具加选没有被选择的区域，将“颜色容差”数值调整为95，在预览图中可以看到衣服的大部分区域为白色。设置“色相”为-70，如图13-292所示。

图 13-289　　图 13-290　　图 13-291　　图 13-292

03 此时衣服部分颜色调整完成，但是人像身体部分的颜色并不是这里所需要的效果，所以需要在“历史记录”面板中选中最初的图像效果，并使用“历史记录画笔”涂抹人像身体的部分，使之还原，如图13-293和图13-294所示。

04 最终效果如图13-295所示。

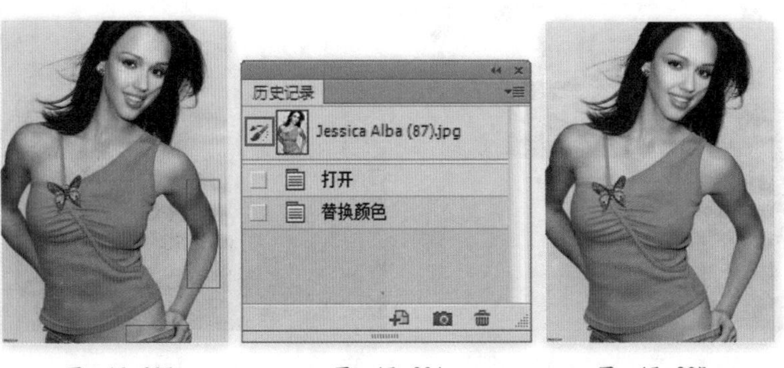

图 13-293　　图 13-294　　图 13-295

☆ 视频课堂——制作绚丽的夕阳火烧云效果

案例文件\第13章\视频课堂——制作绚丽的夕阳火烧云效果.psd
视频文件\第13章\视频课堂——制作绚丽的夕阳火烧云效果.flv
思路解析：

01 打开风景素材，并导入天空素材。
02 将天空素材与原始风景素材进行融合。
03 使用多种调色命令调整画面颜色倾向。

13.5 特殊色调调整的命令

视频精讲：Photoshop CS6自学视频教程\90.特殊色调调整命令.flv

13.5.1 反相

技术速查："反相"命令可以将图像中的某种颜色转换为其补色，即将原来的黑色变成白色，将原来的白色变成黑色，从而创建出负片效果。

执行"图层>调整>反相"命令或按Ctrl+I组合键，即可得到反相效果。"反相"命令是一个可以逆向操作的命令，如对一张图像执行"反相"命令，创建出负片效果，再次对负片图像执行"反相"命令，又会得到原来的图像，如图13-296和图13-297所示。

图 13-296

图 13-297

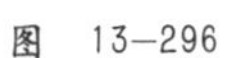

13.5.2 色调分离

技术速查："色调分离"命令可以指定图像中每个通道的色调级数目或亮度值，然后将像素映射到最接近的匹配级别。

在"色调分离"对话框中可以进行"色阶"数量的设置，设置的"色阶"值越小，分离的色调越多；"色阶"值越大，保留的图像细节就越多，如图13-298～图13-301所示。

图 13-298

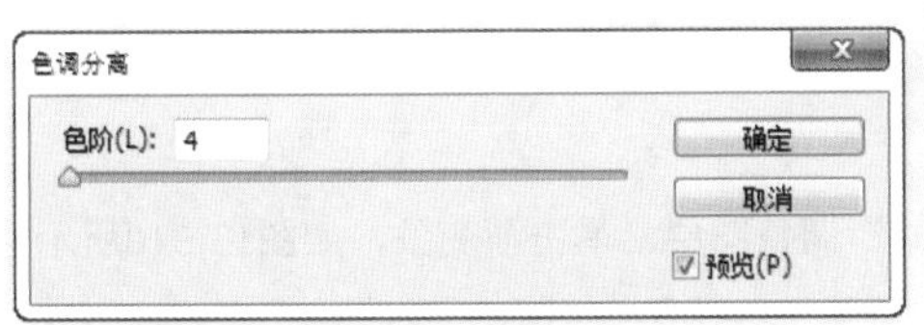

图 13-299

图 13-300

图 13-301

13.5.3 阈值

● 技术速查：阈值是基于图片亮度的一个黑白分界值。在Photoshop中使用“阈值”命令可删除图像中的色彩信息，将其转换为只有黑和白两种颜色的图像，并且比阈值亮的像素将转换为白色，比阈值暗的像素将转换为黑色。

在“阈值”对话框中拖曳直方图下面的滑块或输入“阈值色阶”数值可以指定一个色阶作为阈值，如图13-302所示。如图13-303和图13-304所示为对比效果。

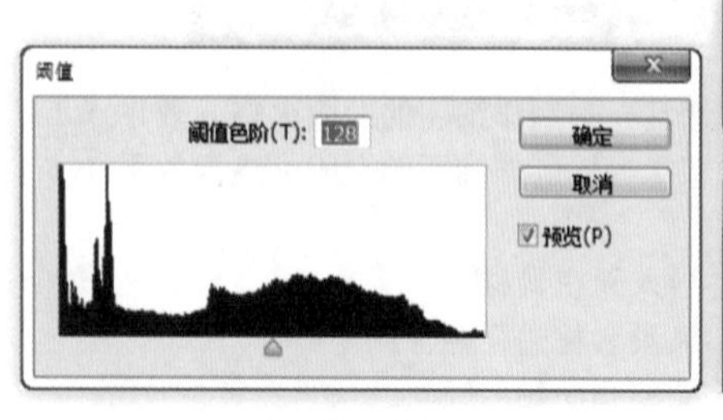

图 13-302

图 13-303

图 13-304

13.5.4 渐变映射

● 技术速查：“渐变映射”命令的工作原理其实很简单，它先将图像转换为灰度图像，然后将相等的图像灰度范围映射到指定的渐变填充色，就是将渐变色映射到图像上，如图13-305和图13-306所示。

执行“图像>调整>渐变映射”命令，打开“渐变映射”对话框，如图13-307所示。

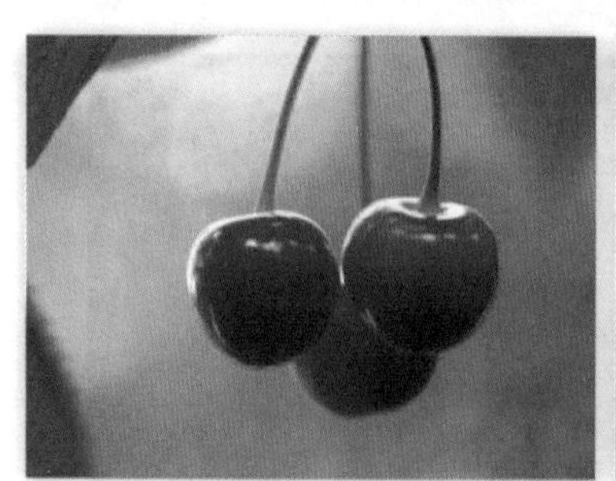
图 13-305

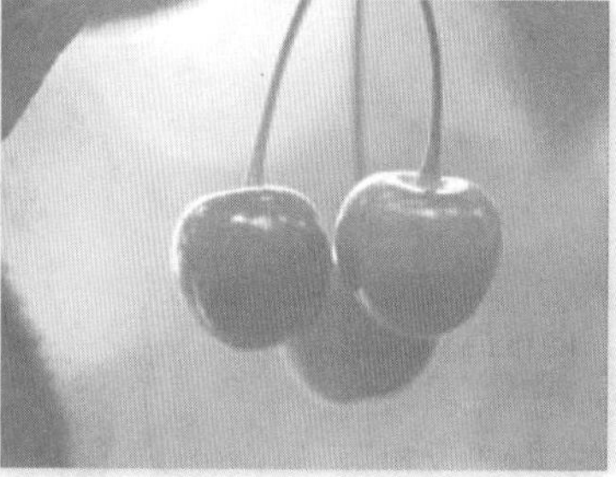
图 13-306

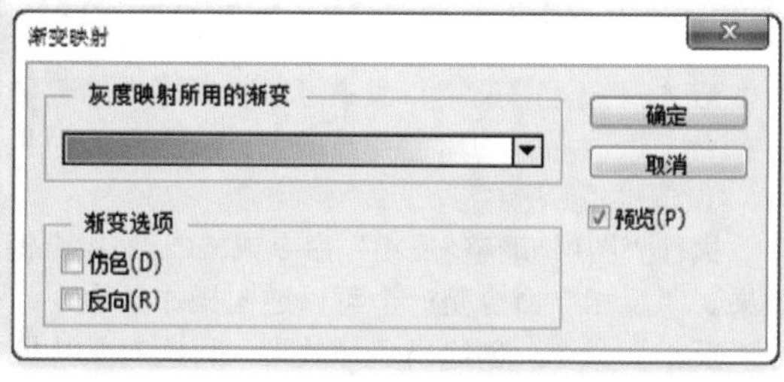

图 13-307

● 灰度映射所用的渐变：单击下面的渐变条，打开“渐变编辑器”对话框，在该对话框中可以选择或重新编辑一种渐变应用到图像上。

● 仿色：选中该复选框，Photoshop会添加一些随机的杂色来平滑渐变效果。

● 反向：选中该选复选框，可以反转渐变的填充方向，映射出的渐变效果也会发生变化。

★ 案例实战——使用渐变映射制作迷幻色感

案例文件	案例文件\第13章\使用渐变映射制作迷幻色感.psd
视频教学	视频文件\第13章\使用渐变映射制作迷幻色感.flv
难易指数	★★★★★
技术要点	渐变映射、曲线

案例效果

本例主要是通过使用“渐变映射”和“曲线”命令制作迷幻色感，效果如图13-308所示。

图 13-308

操作步骤

01 打开素材文件1.jpg，如图13-309所示。

02 执行“图层>新建调整图层>渐变映射”命令，创建一个“渐变映射”调整图层。单击渐变条，如图13-310所示，在弹出的对话框中编辑紫金色系的渐变，如图13-311所示。效果如图13-312所示。

图 13-309

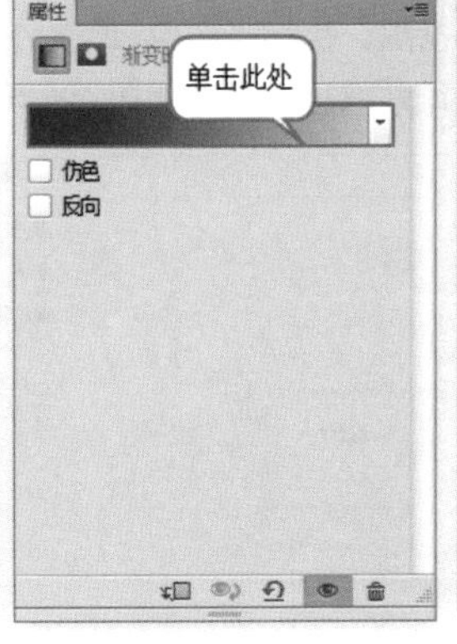

图 13-310

图 13-311

03 在“图层”面板中选中该调整图层，设置混合模式为“滤色”，“不透明度”为60%，如图13-313所示。效果如图13-314所示。

04 执行“图层>新建调整图层>曲线”命令，设置通道为“绿”，调整曲线的形状，如图13-315所示。设置通道为“蓝”，调整曲线的形状，如图13-316所示。设置通道为RGB，调整曲线的形状，如图13-317所示。效果如图13-318所示。

图 13-312

图 13-313

图 13-314

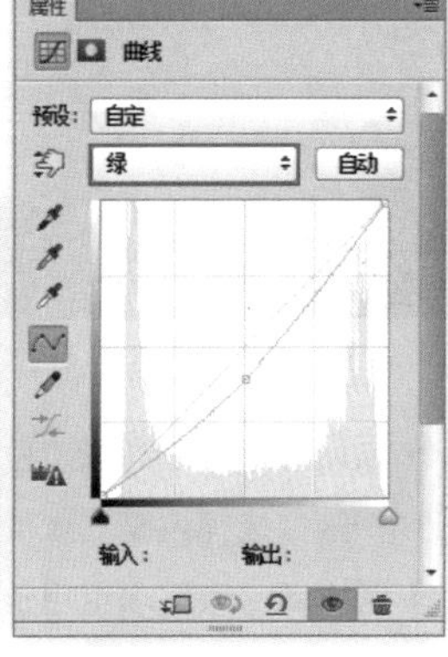

图 13-315

05 最后导入文字装饰素材2.png，置于画面中合适位置。最终效果如图13-319所示。

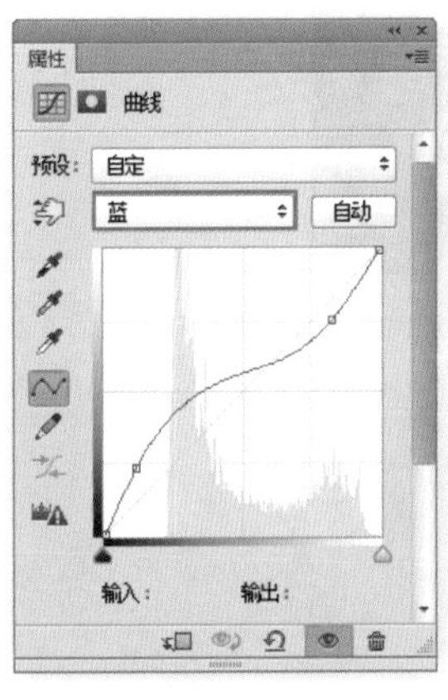

图 13-316

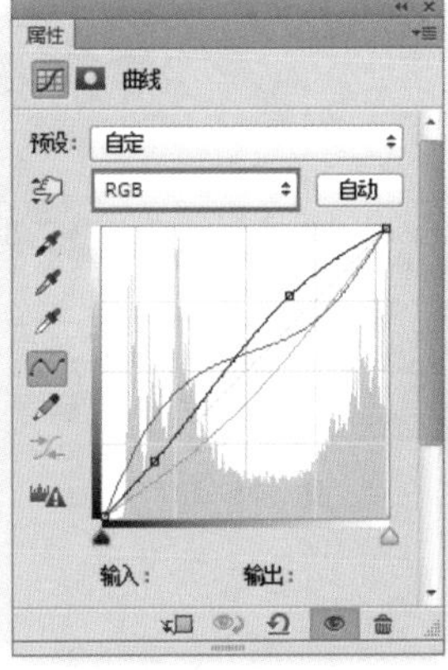

图 13-317

图 13-318

图 13-319

13.5.5 HDR色调

- 技术速查："HDR色调"命令可以用来修补太亮或太暗的图像，制作出高动态范围的图像效果，对于处理风景图像非常有用。

HDR的全称是High Dynamic Range，即高动态范围。执行"图像>调整>HDR色调"命令，打开"HDR色调"对话框，在"HDR色调"对话框中可以使用预设选项，也可以自行设定参数，如图13-320和图13-321所示。

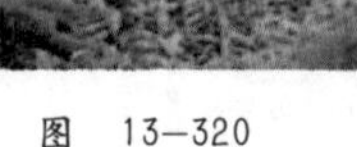

图 13-320

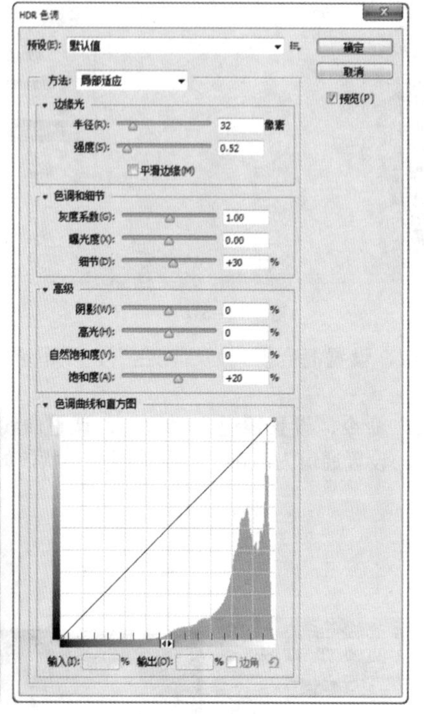
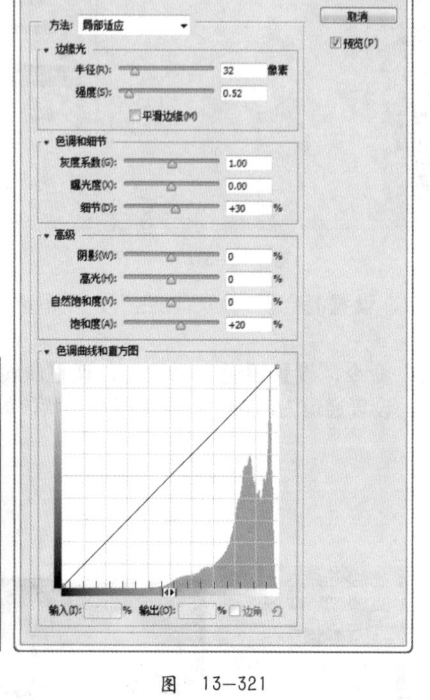

图 13-321

> **技巧提示**
>
> HDR图像具有几个明显的特征：亮的地方可以非常亮，暗的地方可以非常暗，并且亮暗部的细节都很明显。

- 预设：在下拉列表中可以选择预设的HDR效果，既有黑白效果，也有彩色效果。
- 方法：选择调整图像采用何种HDR方法。
- 边缘光：该选项组用于调整图像边缘光的强度，如图13-322所示。
- 色调和细节：调节该选项组中的选项可以使图像的色调和细节更加丰富细腻，如图13-323所示。

图 13-322

图 13-323

- 高级：在该选项组中可以控制画面整体阴影、高光以及饱和度。
- 色调曲线和直方图：使用方法与"曲线"命令的使用方法相同。

★ 案例实战——制作HDR效果照片

案例文件	案例文件\第13章\制作HDR效果照片.psd
视频教学	视频文件\第13章\制作HDR效果照片.flv
难易指数	★★★★★
知识掌握	掌握“HDR色调”命令的使用方法

案例效果

本例使用“HDR色调”命令制作奇幻风景图像，对比效果如图13-324和图13-325所示。

操作步骤

01 打开素材文件，原图画面偏灰，暗部细节损失较多，如图13-326所示。

图 13-324

图 13-325

图 13-326

02 执行“图像>调整>HDR色调”命令，打开“HDR色调”对话框，设置“方法”为“局部适应”，“边缘光”的“半径”为142像素，“强度”为3，“色调和细节”的“灰度系数”为1.00，“曝光度”为0，“细节”为90%，“阴影”为100，“高光”为-40，“自然饱和度”为100，“饱和度”为20。展开色调曲线和直方图，调整曲线形状，如图13-327所示。最终效果如图13-328所示。

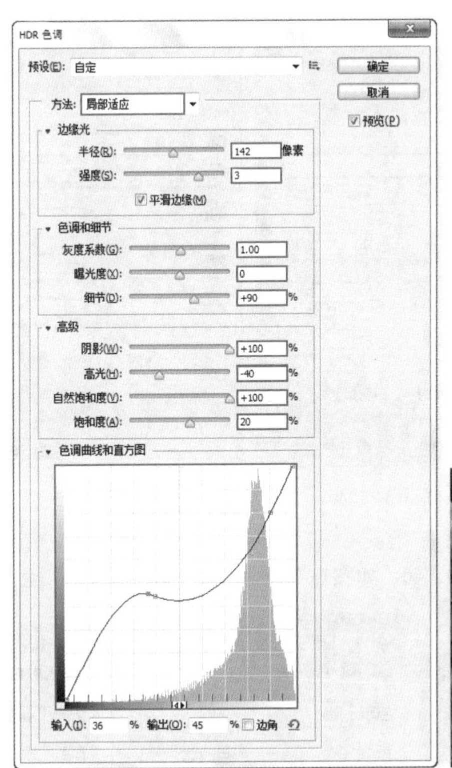

图 13-327

图 13-328

★ 综合实战——高调梦幻特效

案例文件	案例文件\第13章\高调梦幻特效.psd
视频教学	视频文件\第13章\高调梦幻特效.flv
难易指数	★★★★★
技术要点	曲线、可选颜色、色彩平衡、混合模式

案例效果

本例主要是通过使用多种调整图层以及混合模式制作梦幻效果，如图13-329和图13-330所示。

操作步骤

01 打开素材文件1.jpg，如图13-331所示。

02 执行“图层>新建调整图层>曲线”命令，调整曲线的形状，如图13-332所示。效果如图13-333所示。

图 13-329

图 13-330

图 13-331

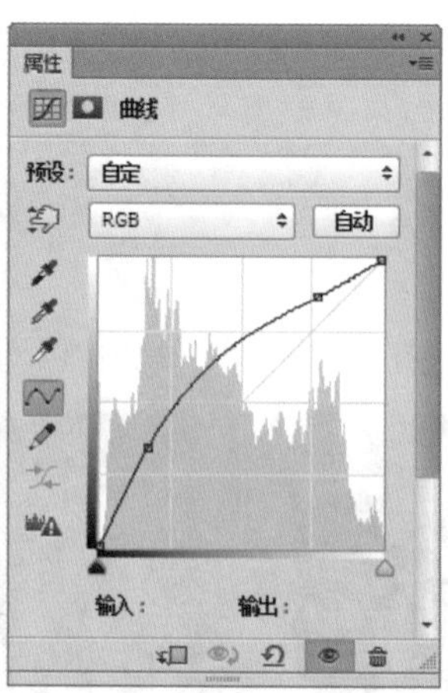

图 13-332

03 执行“图层>新建调整图层>可选颜色”命令，设置“颜色”为“红色”，“青色”为69%，“黄色”为-37%，“黑色”为-28%，如图13-334所示。设置“颜色”为“黄色”，“青色”为50%，“洋红”为-20%，“黄色”为-65%，“黑色”为-18%，如图13-335所示。设置“颜色”为“黑色”，“黑色”为53%，如图13-336所示。效果如图13-337所示。

图 13-333

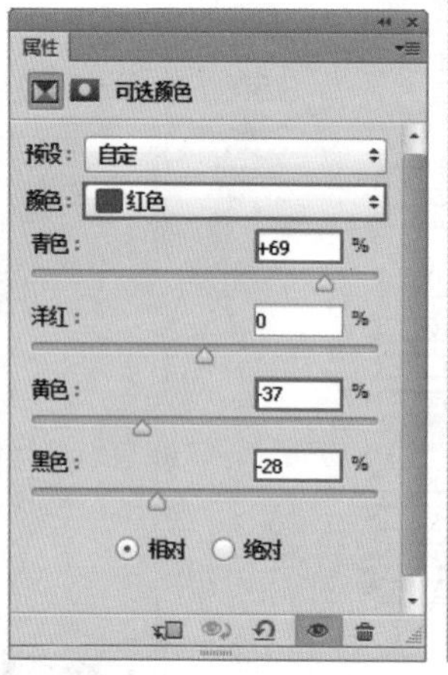

图 13-334

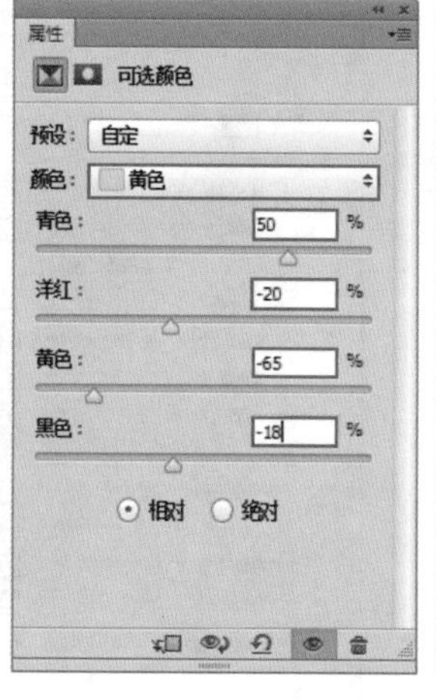

图 13-335

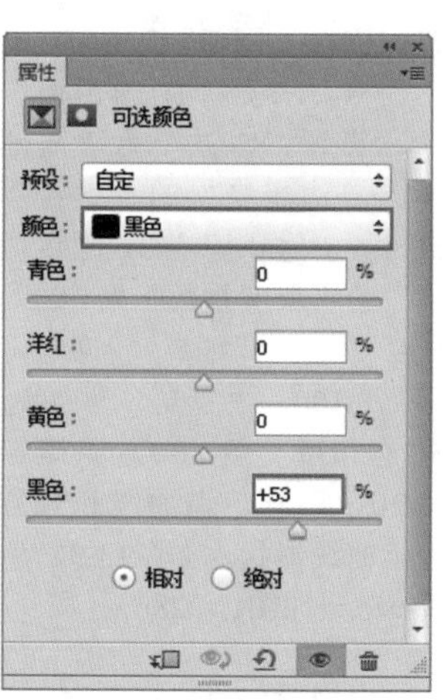

图 13-336

04 执行“图层>新建调整图层>色彩平衡”命令，设置“色调”为“阴影”，颜色数值分别为-34、9、57，如图13-338所示。设置“中间调”颜色数值分别为33、19、40，如图13-339所示。设置“高光”颜色分别为0、0、-24，如图13-340所示。

图 13-337

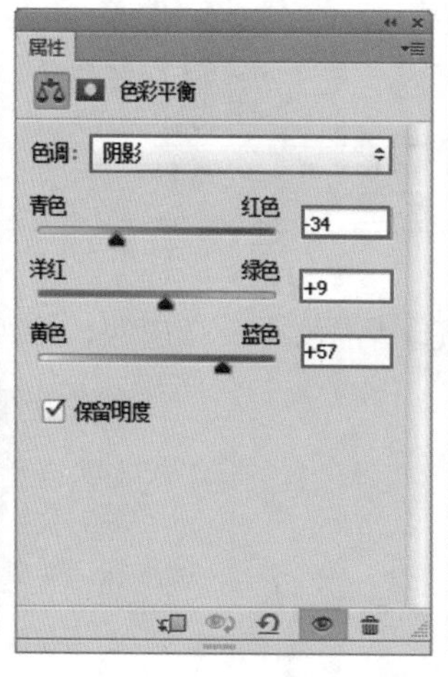

图 13-338

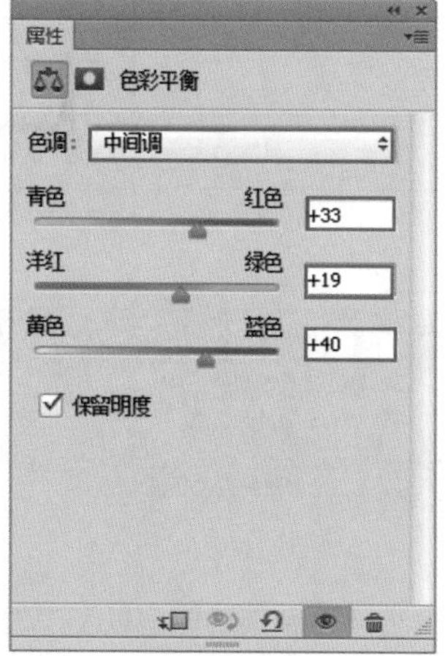

图 13-339

05 新建图层，使用“渐变工具”，设置渐变类型为线性，在渐变编辑器中编辑一种粉紫色系的渐变，如图13-341所示。在画面中拖曳光标绘制渐变，如图13-342所示。

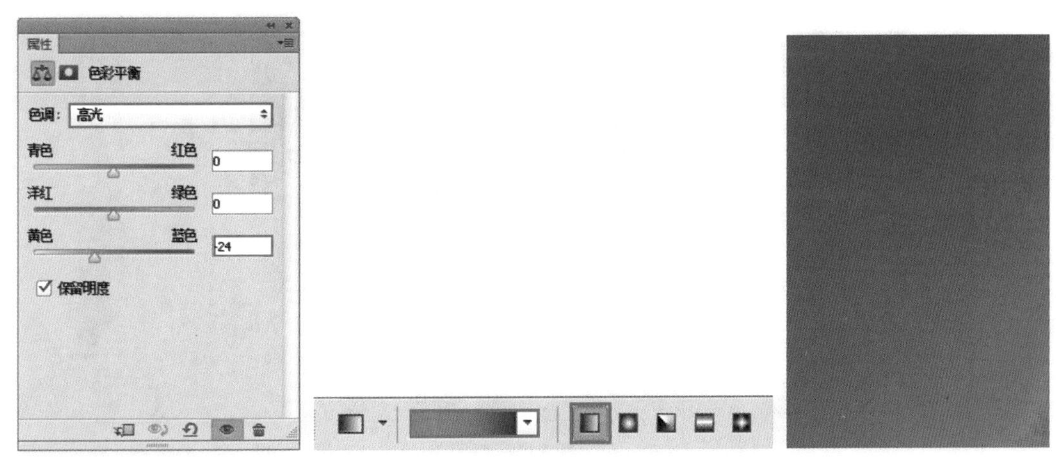

图 13-340 图 13-341 图 13-342

06 设置渐变图层的混合模式为“滤色”，“不透明度”为68%，如图13-343所示。效果如图13-344所示。

07 新建图层，选择“画笔工具”，设置画笔“大小”为“80像素”，“硬度”为0%，“不透明度”为40%，“流量”为50%，如图13-345所示。在画面中适当绘制，如图13-346所示。

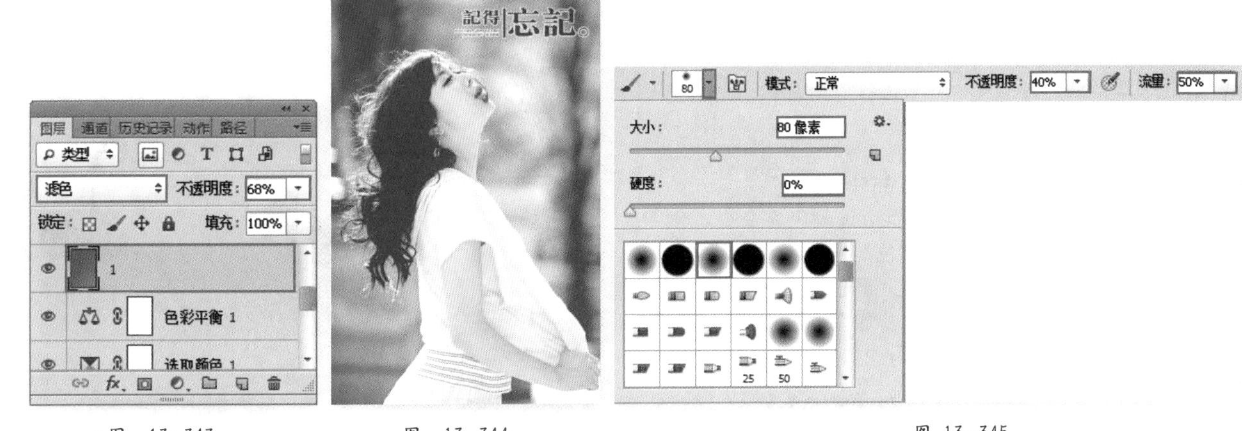

图 13-343 图 13-344 图 13-345

08 设置画笔绘制图层的混合模式为“滤色”，如图13-347所示。效果如图13-348所示。

09 新建图层，设置合适的前景色，如图13-349所示。在画面中合适位置单击并进行绘制，效果如图13-350所示。

图 13-346

图 13-347

图 13-348

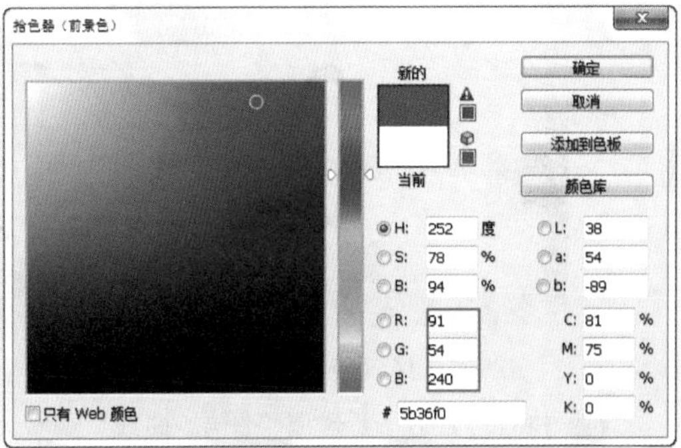

图 13-349

10 设置图层3的混合模式为“柔光”，如图13-351所示。最终效果如图13-352所示。

图 13-350

图 13-351

图 13-352

★ 综合实战——淡雅色调

案例文件	案例文件\第13章\淡雅色调.psd
视频教学	视频文件\第13章\淡雅色调.flv
难易指数	★★★★★
技术要点	可选颜色、曲线、色相/饱和度

案例效果

本例主要是通过使用多种调整图层制作淡雅色调，如图13-353和图13-354所示。

操作步骤

01 打开背景素材1.jpg，如图13-355所示。

02 执行“图层>新建调整图层>可选颜色”命令，创建“可选颜色”调整图层，设置“颜色”为“红色”，“黑色”为-55%，如图13-356所示。设置“颜色”为“黄色”，“黄色”为-33%，“黑色”为-51%，如图13-357所示。设置“颜色”为“白色”，“黑色”为-22%，如图13-358所示。在调整图层蒙版上，使用黑色画笔绘制皮肤以外的部分，如图13-359所示。效果如图13-360所示。

图 13-353

图 13-354

图 13-355

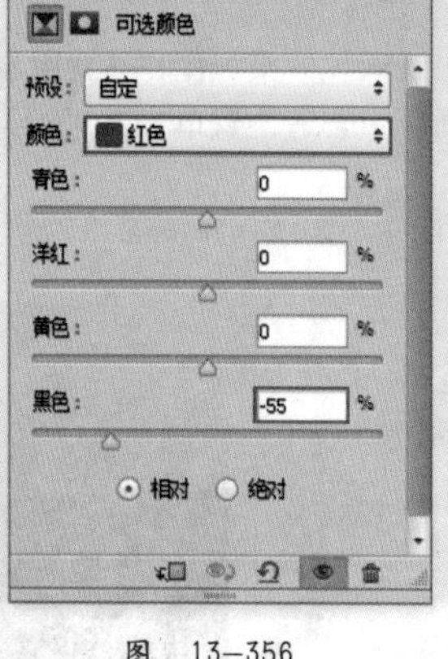

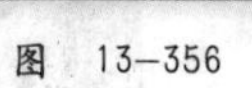

图 13-356

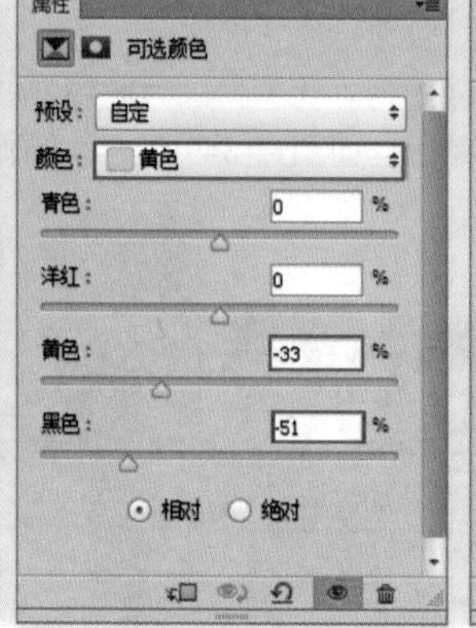

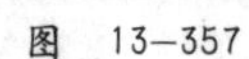

图 13-357

图 13-358

03 执行“图层>新建调整图层>曲线”命令，调整RGB曲线的形状，设置通道为“蓝”，调整蓝通道曲线的形状，如图13-361和图13-362所示。在调整图层蒙版上，使用黑色画笔绘制人像肌肤以外的部分，如图13-363所示。效果如图13-364所示。

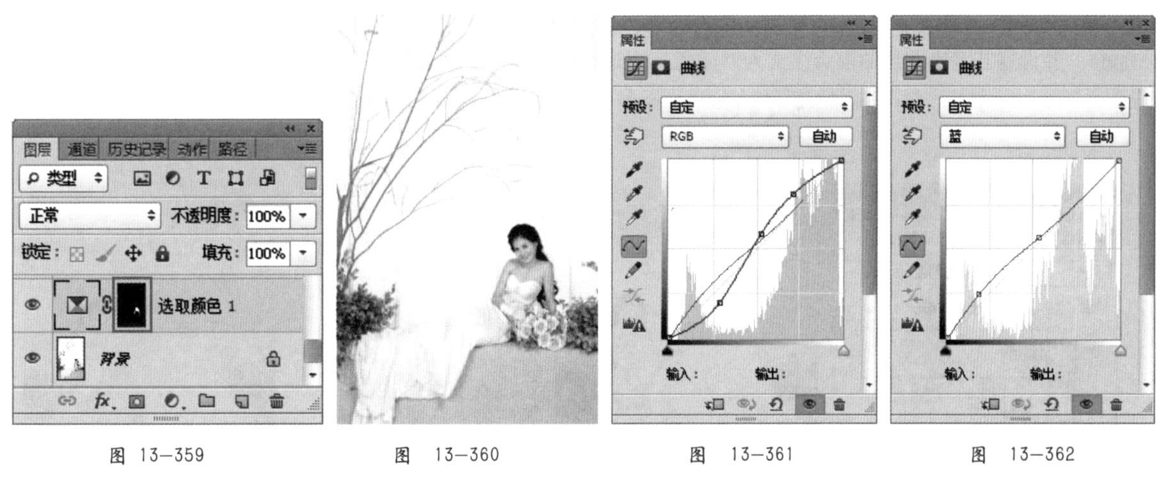

图 13-359　　图 13-360　　图 13-361　　图 13-362

04 执行“图层>新建调整图层>色相/饱和度”命令，创建“色相/饱和度”调整图层，设置通道为“青色”，“明度”为95，如图13-365所示。设置通道为“蓝色”，“饱和度”为-97，“明度”为100，如图13-366所示。效果如图13-367所示。

图 13-363　　图 13-364　　图 13-365　　图 13-366

05 导入天空素材2.jpg，置于画面中合适位置，为其添加图层蒙版，使用黑色画笔在蒙版中绘制人像以及画面底部的部分，并设置图层的混合模式为“正片叠底”，如图13-368所示。效果如图13-369所示。

06 新建图层，设置前景色为绿色，使用画笔在画面树木部分进行绘制，如图13-370所示。设置图层的混合模式为“柔光”，“不透明度”为53%，如图13-371所示。效果如图13-372所示。

图 13-367　　图 13-368　　图 13-369　　图 13-370

07 执行“图层>新建调整图层>自然饱和度”命令，设置“自然饱和度”为100，如图13-373所示。然后导入艺术字装饰素材3.png，并设置艺术字图层的混合模式为“滤色”，进行装饰。最终效果如图13-374所示。

图 13-371

图 13-372

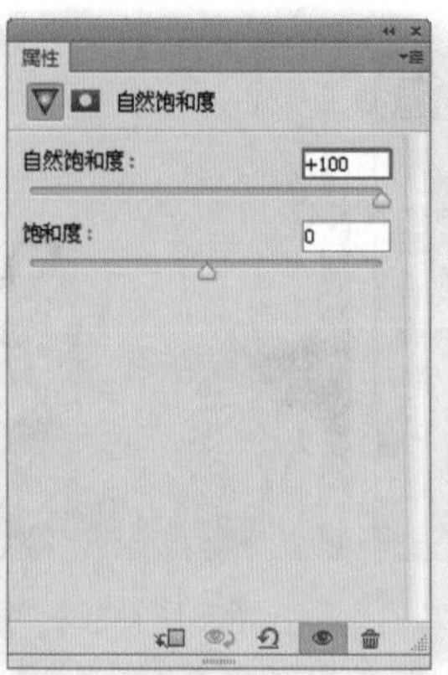

图 13-373

图 13-374

★ 综合实战——奇幻色宫殿

案例文件	案例文件\第13章\奇幻色宫殿.psd
视频教学	视频文件\第13章\奇幻色宫殿.flv
难易指数	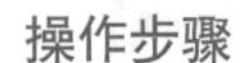
技术要点	曲线、自然/饱和度、可选颜色、色阶、混合模式

案例效果

本例主要是利用“曲线”、“自然/饱和度”、“可选颜色”、“色阶”以及“混合模式”命令制作奇幻色宫殿，如图13-375和图13-376所示。

操作步骤

01 打开本书配套光盘中的素材文件1.jpg，如图13-377所示。

图 13-375

图 13-376

图 13-377

02 执行“图层>新建调整图层>色阶”命令，创建新的“色阶”调整图层，设置色阶数值为36、1.11、255，如图13-378所示。效果如图13-379所示。

03 执行“图层>新建调整图层>自然饱和度”命令，创建新的“自然饱和度”调整图层，设置“自然饱和度”为100，“饱和度”为30，如图13-380所示。效果如图13-381所示。

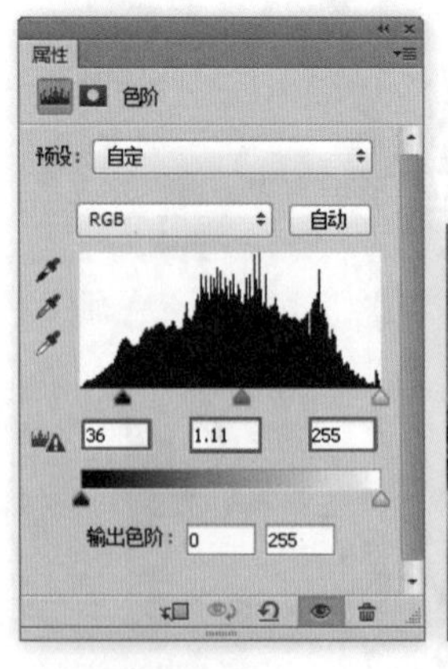

图 13-378

图 13-379

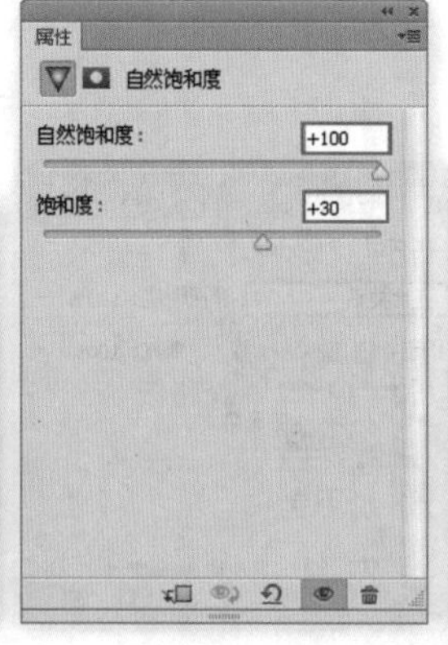

图 13-380

图 13-381

04 创建新图层，使用“渐变工具”，设置由绿色到透明的渐变，由右上角向左下角拖曳，并设置混合模式为“柔光”，如图13-382所示。效果如图13-383 所示。

图 13-382

图 13-383

05 执行“图层>新建调整图层>可选颜色”命令，创建新的“可选颜色”调整图层，设置“颜色”为青色，“青色”为100%，“黄色”为100%，“黑色”为20%，如图13-384所示。设置“颜色”为“蓝色”，“青色”为100%，“洋红”为-52%，“黄色”为100%，如图13-385所示。设置“颜色”为“白色”，“黄色”为100%，如图13-386所示。效果如图13-387所示。

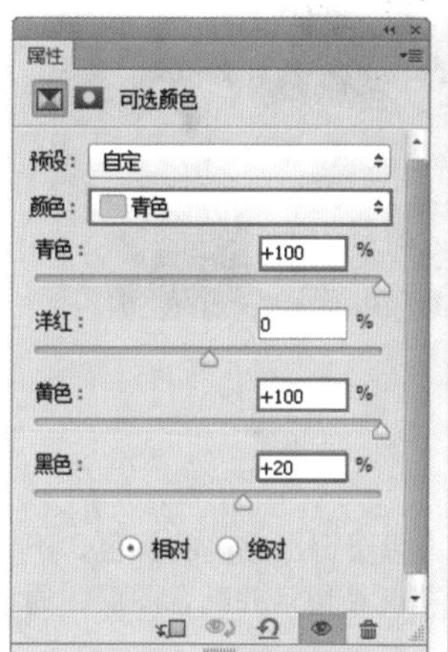

图 13-384

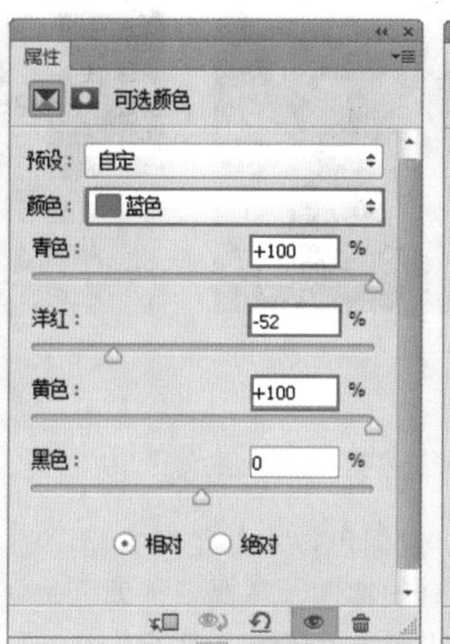

图 13-385

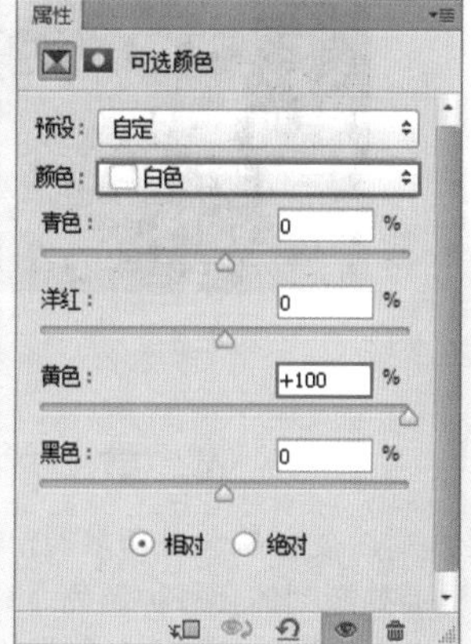

图 13-386

图 13-387

06 下面制作暗角。执行“图层>新建调整图层>曲线”命令，调整曲线的形状，如图13-388所示。使用黑色柔角画笔在调整图层蒙版中心位置涂抹，如图13-389所示。

07 接着提亮中间区域。执行“图层>新建调整图层>曲线”命令，调整曲线的形状，如图13-390所示。单击“曲线”图层蒙版，使用黑色柔角画笔在画面四周进行涂抹，提亮中间部分。最终效果如图13-391所示。

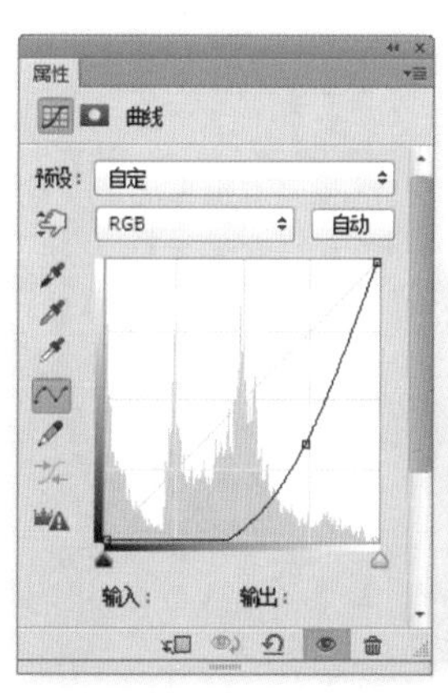

图 13-388

图 13-389

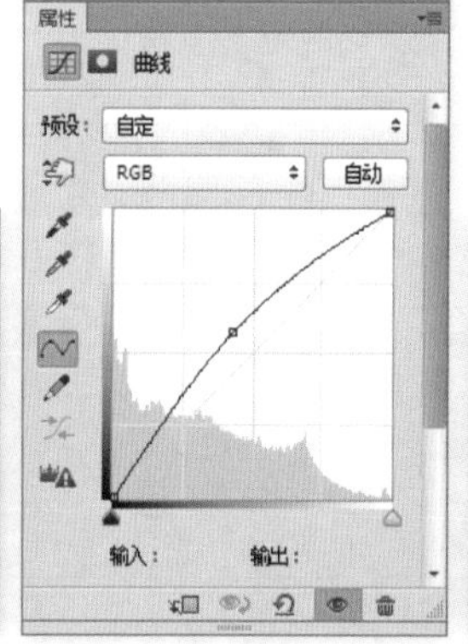

图 13-390

图 13-391

课后练习

【课后练习——制作水彩色调】

- 思路解析：本案例通过使用“可选颜色”以及其他多种颜色调整命令调整画面颜色，模拟水彩画轻柔的色调效果。

【课后练习——打造高彩外景】

- 思路解析：本案例通过调整画面饱和度增强色彩感，并通过使用前景可爱素材打造具有童趣的高彩外景效果。

本章小结

调色命令使用方法简单而且效果直观，很容易学习和掌握，但调色技术却是博大精深的。想要调出完美的颜色，不仅仅需要掌握调色命令的使用方法，更需要深刻体会每种调色命令的特性，掌握多种调色命令搭配使用，并配合图层、通道、蒙版、滤镜等其他工具和命令共同操作。当然也需要在色彩的构成及搭配上多多考虑。

读书笔记

第14章

使用Camera Raw处理照片

本章内容简介：

Camera Raw是Adobe Photoshop的一项增效工具，但是就其功能来说，实际上已经是一款独立的图像处理软件了。由于Camera Raw采用无损化处理，所以用它来处理JPEG图像文件的优势是很明显的。Camera Raw不但提供了导入和处理相机原始数据文件的功能，并且也可以用来处理JPEG和TIFF文件。

本章学习要点：

- 掌握Camera Raw的使用方法
- 熟练使用Camera Raw调整照片颜色
- 熟练掌握Camera Raw去除瑕疵的方法

14.1 认识Camera Raw

14.1.1 什么是RAW格式

- 技术速查：RAW文件不是图像文件，而是一个数据包，一般的图像浏览软件是不能预览RAW文件的，需要使用特定的图像处理软件将其转换为图像文件。

与JPEG文件不同，RAW文件是从数码相机的光电传感器直接获取的原始数据，所以相对来说，其包含颜色和亮度的内容也是极其丰富的。RAW文件拥有12位和16位数据的层次和颜色的细节，通过转换软件，可以从所摄图像中获得8位的JPEG或TIFF格式文件所不能保留的更多细节。

14.1.2 熟悉Camera Raw的操作界面

启动Adobe Bridge，选择需要在Camera Raw中打开的图像，执行“文件>在Camera Raw中打开”命令或按Ctrl+R组合键，即可启动Camera Raw，如图14-1所示。

Camera Raw界面相对于Photoshop的操作界面要简洁得多，主要由工具栏、直方图、图像调整选项栏与图像窗口等构成。可以对图像的白平衡、色调、饱和度进行调整，也可以对图像进行修饰、锐化、降噪、镜头矫正等操作。如图14-2所示为Camera Raw 7.0的操作界面。

图 14—1

图 14—2

- 工具栏：显示Camera Raw中的工具按钮，后面的章节将进行详细讲解。
- 切换全屏模式：单击该按钮，可以将对话框切换为全屏模式。
- 图像窗口：可在窗口中实时显示对照片所做的调整。
- 缩放级别：可以从下拉列表中选取一个放大设置，或单击按钮缩放窗口的视图比例。
- 直方图：显示了图像的直方图。
- 图像调整选项栏：选择需要使用的调整命令。
- Camera Raw设置菜单：单击该按钮，可以打开“Camera Raw 设置”菜单，访问菜单中的命令。
- 调整窗口：调整命令的参数窗口，可以通过修改调整窗口的参数或移动滑块调整图像。
- 工作流程选项：单击可以打开“工作流程选项”对话框。可以为从 Camera Raw 输出的所有文件指定设置，包括颜色深度、色彩空间和像素尺寸等。

SPECIAL 技术拓展：Camera Raw工具详解

- 缩放工具：单击可以放大窗口中图像的显示比例，按住Alt键单击则缩小图像的显示比例。如果要恢复到100%显示，可以双击该工具。
- 抓手工具：放大窗口以后，可使用该工具在预览窗口中移动图像。此外，按住空格键可以将工具切换为该工具。
- 白平衡工具：使用该工具在白色或灰色的图像内容上单击，可以校正照片的白平衡。

- 颜色取样器工具：使用该工具在图像中单击，可以建立颜色取样点，对话框顶部会显示取样像素的颜色值，以便于调整时观察颜色的变化情况。一个图像最多可以放置9个取样点，如图14-3所示。
- 目标调整工具：单击该工具，在打开的下拉列表中选择一个选项，包括“参数曲线”、“色相”、“饱和度”、“明亮度”，然后在图像中单击并拖动鼠标即可应用调整。
- 裁剪工具：可用于裁剪图像。
- 拉直工具：可用于校正倾斜的照片。
- 污点去除：可以使用另一区域中的样本修复图像中选中的区域。
- 红眼去除：与Photoshop中的“红眼工具”相同，可以去除红眼。
- 调整画笔：处理局部图像的曝光度、亮度、对比度、饱和度、清晰度等。

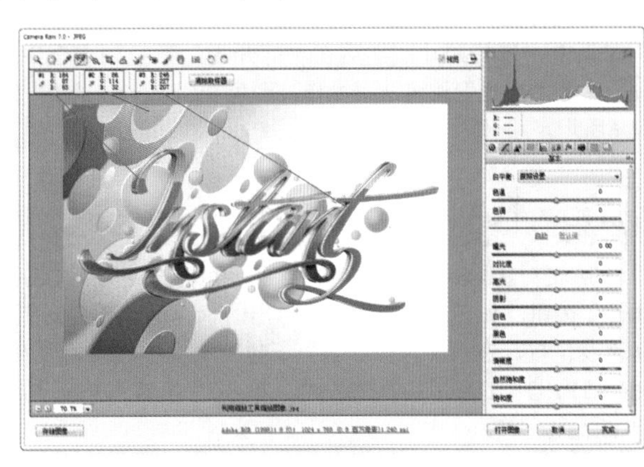

图 14-3

- 渐变滤镜：用于对图像进行局部处理。
- 打开首选项对话框：单击该按钮，可打开“Camera Raw首选项”对话框。
- 旋转工具：可以逆时针或顺时针旋转照片。

14.1.3 打开RAW格式照片

在Photoshop中执行“文件>打开”命令或按Ctrl+O组合键，弹出“打开”对话框，选择RAW图片所在位置，单击“打开”按钮或按Enter键可打开RAW格式照片，如图14-4和图14-5所示。

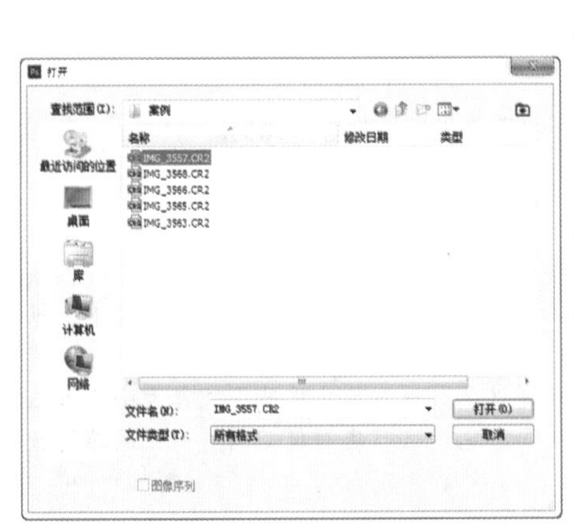

图 14-4

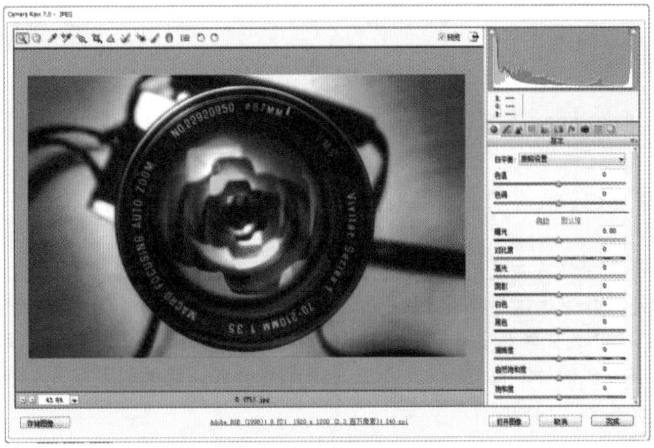

图 14-5

技巧提示

不同相机的RAW文件的扩展名也不同，.cr2为佳能相机RAW文件的扩展名。常见相机厂商的RAW文件扩展名为：富士——*.raf，佳能——*.crw、*.cr2，柯达——*.kdc，美能达——*.mrw，尼康——*.nef，奥林巴斯——*.orf，Adobe——*.dng，宾得——*.ptx、*.pef，索尼——*.arw，适马——*.x3f，松下——*.rw2。

14.1.4　在Camera Raw中打开其他格式文件

要在Camera Raw中处理JPEG和TIFF格式的图像，可在Photoshop中执行“文件>打开为”命令或按Shift+Ctrl+Alt+O组合键，弹出“打开为”对话框，选择照片，然后在“打开为”下拉列表框中选择Camera Raw，单击“打开”按钮结束操作，即可在Camera Raw中打开图片，如图14-6所示。

图　14—6

14.1.5　RAW照片格式转换

当完成对RAW照片的编辑以后，可单击对话框底部左下角的 存储图像... 按钮，如图14-7所示。在弹出的“存储选项”对话框中设置文件名称及位置，在“文件扩展名”下拉列表框中选择所要存储的PSD、TIFF、JPEG和DNG等文件格式，单击“存储”按钮结束操作，如图14-8所示。

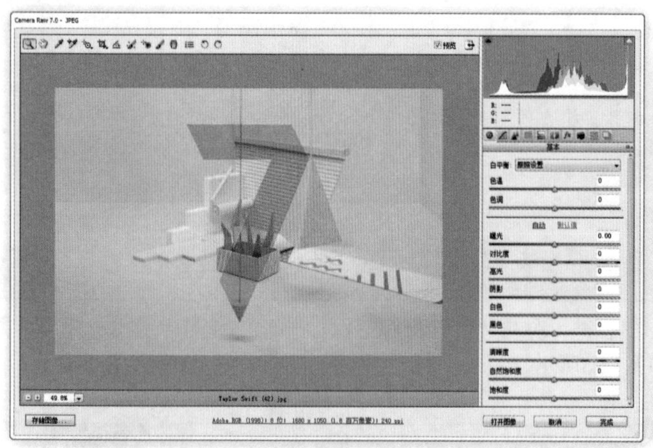

图　14—7

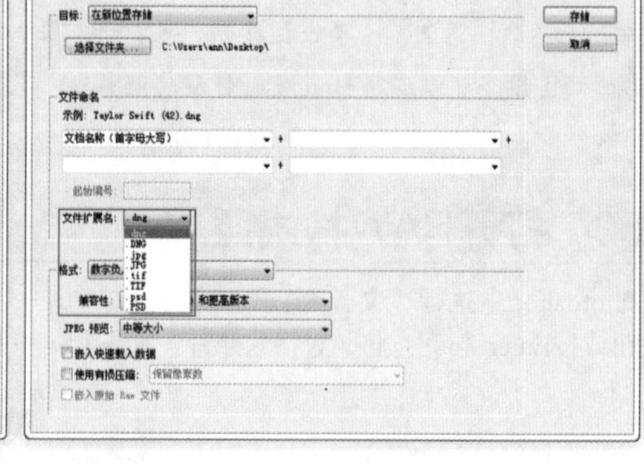

图　14—8

与在Photoshop中相似，在Camera Raw中打开图像也可以使用缩放、平移工具调整图像缩放比例。

思维点拨：RAW格式的优势

每个像素只负责获得一种颜色，每个像素承载的数据通常有10或12位，而这些数据都能存储到RAW文件中。照相机内置图像处理器通过这些RAW数据进行插值运算，计算出3个颜色通道的值，输出一个24位的JPEG或TIFF图像。

虽然TIFF文件保持了每颜色通道8位的信息，但其文件比RAW大。JPEG通过压缩照片原文件减小文件大小，但压缩是以牺牲画质为代价的。因此，RAW是上述两者的平衡：既保证了照片的画质和颜色，又节省存储空间。一些高端的数码相机更能输出几乎无损的RAW压缩文件。

14.2　Camera Raw的基本操作

14.2.1　缩放工具

使用“缩放工具”单击即可将预览缩放设置为下一较高预设值，也就是放大图像，如图14-9所示。反之，按住Alt键即可缩小图像，如图14-10所示。双击此工具可使图像恢复到100%显示。

图 14-9

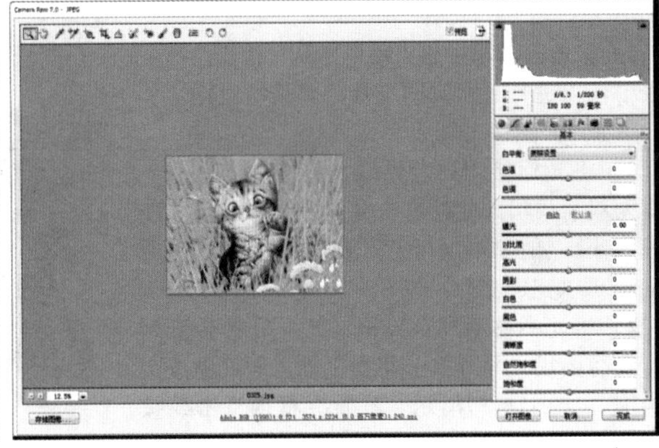

图 14-10

使用快捷键Z能够快速切换到“缩放工具”；按住Ctrl+Alt组合键时滚动鼠标中轮可以快速切换图像缩放级别；按住Alt键滚动鼠标中轮可以以1.7%的增量调整图像缩放级别；也可以在左下角缩放级别列表中进行选择，如图14-11所示。

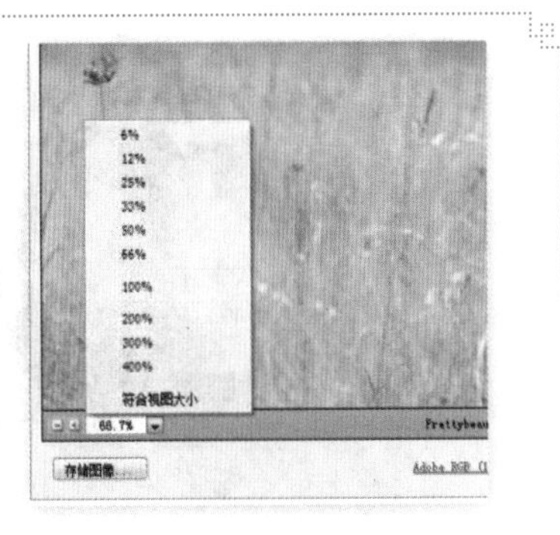

图 14-11

14.2.2 动手学：使用“抓手工具”

“抓手工具”用于在预览窗口中调整图像的显示区域，如图14-12所示。在使用其他工具时，按住空格键可以切换为该工具。双击“抓手工具”可以将预览图像设置为适合窗口的大小。在使用“抓手工具”时，按住Ctrl键可暂时切换为“放大工具”，按住Alt键可暂时切换为“缩小工具”，如图14-13所示。

图 14-12

图 14-13

14.2.3 动手学：使用“裁切工具”

“裁切工具”用于对图像进行裁剪，以达到调整图像大小和构图的目的。

（1）在工具箱中单击“裁切工具”按钮，在图像中单击并向另一方向拖曳，定界框以内的部分为保留区域，如

图14-14所示。

（2）单击工具箱中的“裁切工具”按钮，在下拉列表中可以进行长宽比的选择，并裁切出特定长宽比的图像，如图14-15所示。

（3）将光标移动到定界框上的控制点上，光标会变为双箭头状，此时单击并拖曳鼠标即可更改定界框大小，如图14-16所示。在定界框内双击或按Enter键可以完成裁剪。

（4）将光标移动到定界框以外，光标会变为弯曲的双箭头状，此时单击并拖曳鼠标即可更改定界框角度，如图14-17所示。在定界框内双击或按Enter键可以完成裁剪。

图 14—14　图 14—15

图 14—16　图 14—17

技巧提示

Camera Raw中的“裁切工具”并不像Photoshop中的“裁切工具”一样，使用Camera Raw的“裁切工具”裁切图片后，再次单击“裁切工具”，图像会自动还原裁切掉的部分和上次裁切的定界框，以便于再次调整图像大小。

14.2.4 动手学：使用“拉直工具”

使用“拉直工具”可以快速绘制出任意角度的裁切定界框，常用于校正倾斜的照片和旋转并裁切图像。

（1）使用“拉直工具”在画面上以任意角度画出直线，如图14-18所示。画面会以此直线对照片进行最大矩形裁剪，并自动跳转到“裁切工具”状态下，如图14-19所示。

（2）定界框出现后操作方法与使用“裁切工具”完全相同，可以对定界框进行旋转、调整大小等操作，按Enter键可结束操作，如图14-20所示。

图 14—18　图 14—19　图 14—20

14.2.5 动手学：旋转图像

Camera Raw中有两个旋转工具："逆时针旋转90°工具"和"顺时针旋转90°工具"。单击相应按钮即可快速、便捷地旋转图像，如图14-21和图14-22所示。

图 14—21

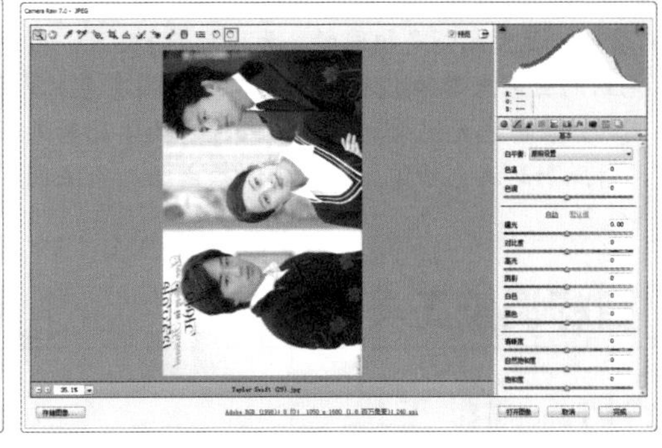

图 14—22

14.2.6 调整照片大小和分辨率

单击Camera Raw对话框底部的工作流程选项，在弹出的"工作流程选项"对话框中可以对其"色彩空间"、"色彩深度"、"大小"、"分辨率"、"锐化"等参数进行设置。在"大小"下拉列表框中可以选择合适的尺寸，在"分辨率"文本框中可以直接修改分辨率数值，单击"确定"按钮可以结束操作，如图14-23所示。

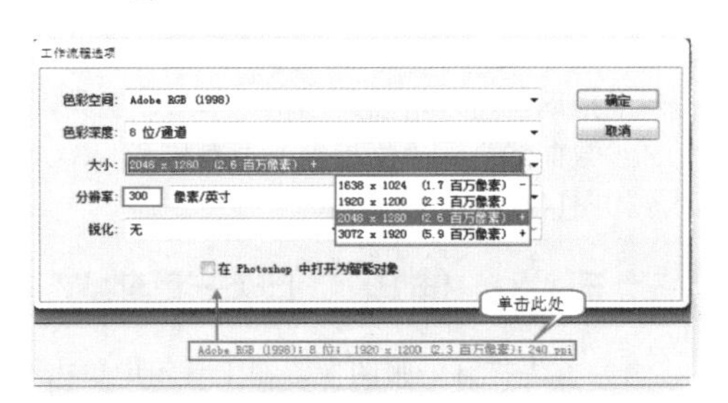

图 14—23

14.3 在Camera Raw中进行局部调整

在Camera Raw中包含多种可以快速校正拍摄中出现的常见问题的工具，例如校正镜头缺陷，调整照片的颜色、白平衡，污点去除及红眼去除等操作。

14.3.1 白平衡工具

"白平衡工具"主要用于校正白平衡设置不当引起的偏色问题，使用该工具在图像中本应是白色或灰色的区域上单击，可以重新设定白平衡；双击该工具，可以将白平衡恢复到照片最初状态。

打开一张照片，本应是纯白色的服装部分倾向于黄色，所以这里可以以服装为样本像素。使用"白平衡工具"在画面中单击并取样，如图14-24所示。此时可以看到服装部分不再偏黄，如图14-25所示。

使用"白平衡工具"时，在画面单击鼠标右键可以分别将照片设置为其他不同预设效果，如图14-26所示。

图 14—24

图 14—25

原照设置
自动
日光
阴天
阴影
白炽灯
荧光灯
闪光灯

图 14—26

思维点拨：白平衡原理

白平衡从字面上理解是白色的平衡，也可以简单地理解为在任意色温条件下，相机镜头所拍摄的标准白色经过电路的调整，在成像后仍然为白色。相机内部有3个电子耦合元件，它们分别感受蓝色、绿色、红色的光线。在预置情况下，这3个感光电路电子放大比例是相同的，为1:1:1的关系，白平衡的调整就是根据被调校的景物改变这种比例关系。

人眼所见到的白色或其他颜色同物体本身的固有色、光源的色温、物体的反射或透射特征、人眼的视觉感应等诸多因素有关。例如，当有色光照射到消色物体时，物体反射光颜色与入射光颜色相同，即红光照射下白色物体呈红色；两种以上有色光同时照射到消色物体上时，物体颜色呈加色法效应，如红光和绿光同时照射白色物体，该物体就呈黄色。

14.3.2 目标调整工具

详解“目标调整工具”

“目标调整工具”可以直观地通过在照片上拖动来校正色调和颜色，而无须使用图像调整选项卡中的滑块。例如，使用“目标调整工具”在画面上向下拖动，可以降低其饱和度；向上拖动，可以增强其色相。单击该工具，在下拉列表中选择进行调整的方式，如改变“参数曲线”、“色相”、“饱和度”、“明亮度”的值，从而改变图像局部的颜色与色调，如图14-27所示。

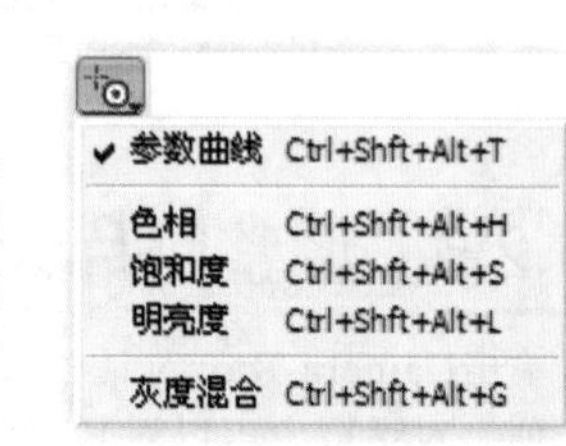

图 14-27

动手学：使用“目标调整工具”

（1）首先打开一张图像，在工具箱中单击“目标调整工具”按钮，并在下拉列表中选择“饱和度”选项，此时调整面板会同时显示对应的调整设定页“饱和度”页面，如图14-28所示。

（2）使用该工具在图像上单击并向左拖曳，如图14-29所示。此时可以看到图像中偏黄色的部分基本变为偏红色的效果，如图14-30所示。

图 14-28

图 14-29

（3）也可以在参数调整面板中修改参数以改变图像，将红色数值调整为-100%，此时图像中红色的部分也变为灰色，如图14-31所示。

图 14-30

图 14-31

14.3.3 污点去除工具

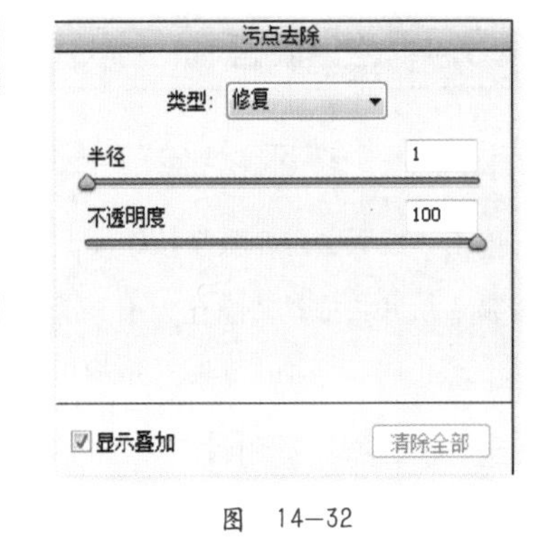

图 14—32

详解“污点去除工具”

单击“污点去除工具”按钮，右侧将出现其相应的参数，如图14-32所示。

- 类型：选择“修复”选项，可以使样本区域的纹理、光照和阴影与所选区域相匹配；选择“仿制”选项，则将图像的样本区域应用于所选区域。
- 半径：用来指定工具影响的区域范围。
- 不透明度：可以调整取样的图像的不透明度。
- 显示叠加：用来显示或隐藏选框。
- 清除全部：单击该按钮，可以撤销所有的修复。

动手学：使用“污点去除工具”去除面部斑点

（1）打开图片，使用“污点去除工具”在污点处单击，如图14-33所示。单击并拖曳出一个圆形的区域，如图14-34所示。

图 14—33

图 14—34

（2）释放鼠标后出现另一个圆形区域，也就是用于修复的样本，移动该区域到合适的位置，如图14-35所示。释放鼠标即可修复当前污点，如图14-36所示。

图 14—35

图 14—36

14.3.4 红眼去除工具

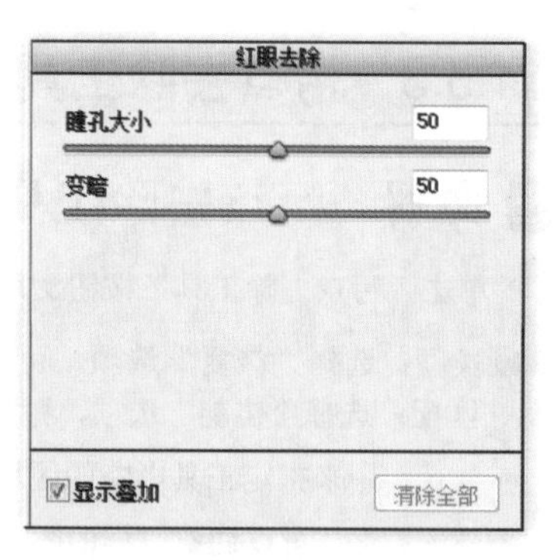

图 14-37

详解“红眼去除工具”

单击“红眼去除工具”按钮，右侧出现其参数设置面板，如图14-37所示。

- 瞳孔大小：拖动“瞳孔大小”滑块可以增加或减少校正区域的大小。
- 变暗：向右拖动“变暗”滑块可以使选区中的瞳孔区域和选区外的光圈区域变暗。

动手学：使用“红眼去除工具”去除红眼

（1）单击“红眼去除工具”按钮，在图像中拖曳绘制出红眼的选区，如图14-38所示。释放鼠标后红眼部分饱和度降低，变为正常颜色，如图14-39所示。

图 14-38

图 14-39

（2）去除红眼后，将图像放大可以看到瞳孔的附近有一个选区，选区内的饱和度为0，如图14-40所示。选区外的眼球部分饱和度稍高一些，调整该选区大小可以控制饱和度为0的区域大小，如图14-41所示。

（3）用同样的方法修复另一只眼睛的红眼问题，如图14-42所示。

图 14-40

图 14-41

图 14-42

14.3.5 调整画笔

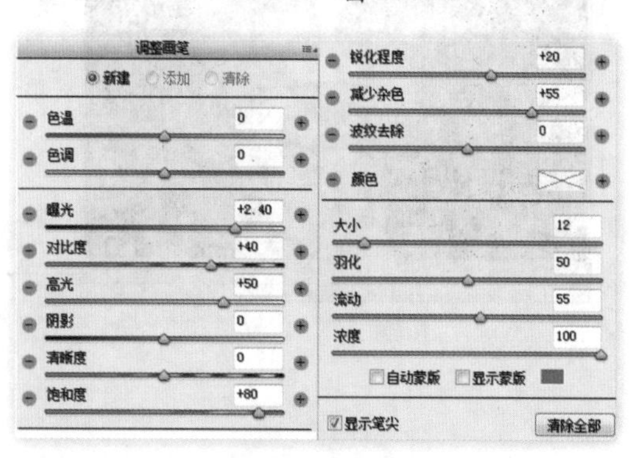

图 14-43

详解“调整画笔”

使用“调整画笔”在需要进行调整的区域进行绘制，具体调整参数可以通过其右侧的面板进行控制，如图14-43所示。

- 新建：选择“调整画笔”以后，默认选中该单选按钮，此时在图像中涂抹可以绘制蒙版。

- 添加：绘制一个蒙版区域后，选中该单选按钮，可在其他区域添加新的蒙版。
- 清除：要删除部分蒙版或者撤销部分调整，可以选中该单选按钮，并在原蒙版区域上涂抹。创建多个调整区域以后，如果要删除其中的一个调整区域，则可单击该区域的图钉图标，然后按Delete键。
- 色温：色温是人眼对发光体或白色反光体的感觉。在实际拍摄照片时，如果光线色温较低或偏高，则可通过调整该选项来校正照片。提高“色温”值，图像颜色会变得更暖（黄）；降低“色温”值，图像颜色会变得更冷（蓝）。
- 色调：可通过设置白平衡来补偿绿色或洋红色色调。减少“色调”值，可在图像中添加绿色；增加“色调”值，则在图像中添加洋红色。
- 曝光：调整图像整体亮度。
- 对比度：调整图像对比度，对中间调的影响更大。向右拖动滑块可增加对比度，向左拖动滑块可减少对比度。
- 高光：调整高光区域亮度。
- 阴影：调整阴影区域亮度。
- 清晰度：通过增加局部对比度来增加图像深度。向右拖动滑块可增加对比度，向左拖动滑块可减少对比度。
- 饱和度：调整颜色鲜明度或纯度。向右拖动滑块可增加饱和度，向左拖动滑块可减少饱和度。
- 锐化程度：可增强边缘清晰度以显示细节。向右拖动滑块可锐化细节，向左拖动滑块可模糊细节。
- 减少杂色：设置减少画面杂色的程度，数值越大，杂色去除程度越大。
- 波纹去除：去除颜色波纹，波纹一般出现在图像密集区域。
- 颜色：可以在选中的区域中叠加颜色。单击右侧的颜色块，可以修改颜色。
- 大小：用来指定画笔笔尖的直径，也可以在视图中单击鼠标右键，拖动鼠标以调整画笔大小。
- 羽化：用来控制画笔描边的硬度。羽化值越大，画笔的边缘越柔和。
- 流动：用来控制应用调整的速率。
- 浓度：用来控制描边中的透明度程度。
- 自动蒙版：选中该复选框，将画笔描边限制到颜色相似的区域。
- 显示蒙版：选中该复选框，可以显示蒙版。如果要修改蒙版颜色，可单击选项右侧的颜色块，在打开的拾色器中进行调整。
- 显示笔尖：选中该复选框，显示图钉图标。
- 清除全部：单击该按钮，可删除所有调整和蒙版。

动手学：使用“调整画笔”调整图像

（1）用Camera Raw打开素材照片，如图14-44所示。下面需要对其进行调整。单击工具栏中的“调整画笔”按钮，在右侧“调整画笔”面板中设置画笔“大小”为15，“羽化”为50，“流动”为55，“浓度”为100，选中“显示蒙版”复选框，为了便于观察蒙版区域，设置蒙版颜色为红色，如图14-45所示。

图 14—44

图 14—45

（2）使用“调整画笔”在画面中涂抹，如图14-46所示。

（3）若在绘制过程中出现失误，可以在右侧“调整画笔”面板中设置画笔类型为“清除”，并设置画笔“大小”为15，“羽化”为50，“流动”为50，然后在建筑边缘处进行涂抹，擦去多余绘制的部分，如图14-47所示。

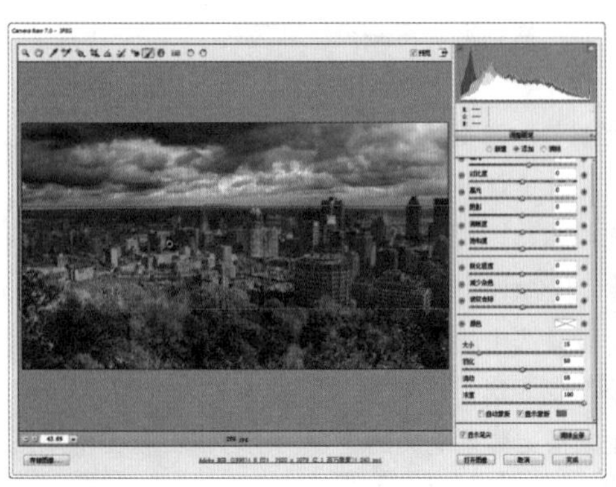

图　14-46

图　14-47

当画笔类型为“添加”时，也可以按住Alt键将画笔快速切换为“清除”类型。

（4）蒙版区域绘制完毕后，可以取消选中“显示蒙版”复选框或按Y键，隐藏蒙版。设置“曝光”为1.00，“对比度”为40，“饱和度”为80，该区域呈现出明亮艳丽的效果，如图14-48所示。单击左下角“存储图像”按钮，在弹出的“存储选项”对话框中单击“选择文件夹”按钮，选择合适的存储位置，并在“文件命名”组中输入文件名和文件扩展名，如图14-49所示。

图　14-48

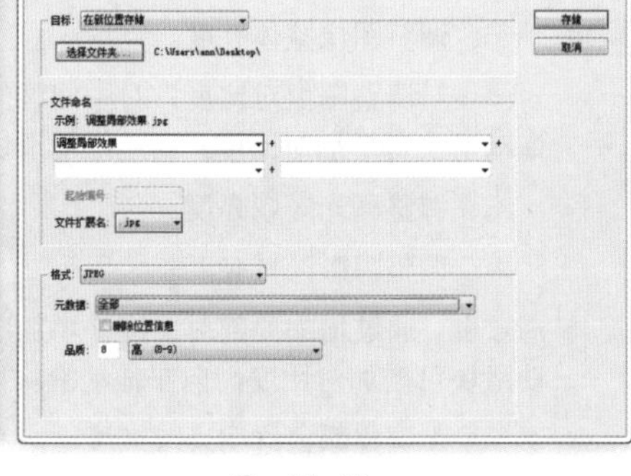

图　14-49

将“调整画笔”类型设置为“新建”，即可添加其他调整区域，如图14-50所示。

图　14-50

（5）对比效果如图14-51和图14-52所示。

图　14-51

图　14-52

14.3.6 渐变滤镜工具

“渐变滤镜”▣也是用于对图像进行局部调整的工具。该工具以渐变的方式将图像分为“两极”，分别是调整后的效果和未调整的效果，两极中间则是过渡带。选择该工具，在图像中单击出现绿色圆点（调整后的效果），拖曳即可出现红色圆点（未调整的效果），中间的区域为过渡区。在界面右侧可以调整相应的参数设置，如图14-53所示。

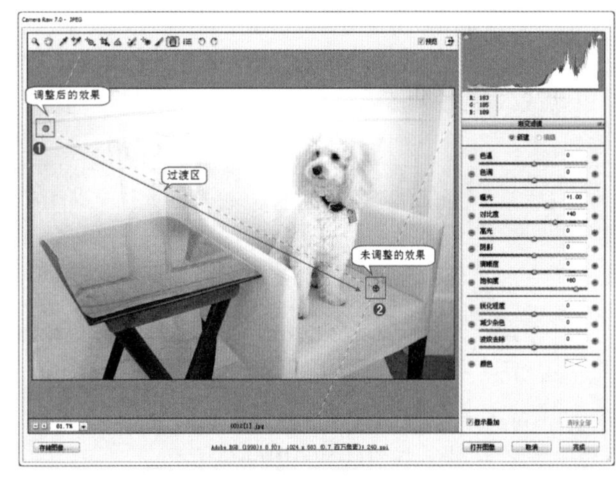

图 14—53

读书笔记

14.4 在Camera Raw中调整颜色和色调

在使用Camera Raw调整RAW照片的颜色和色调时，将保留原图像的相机数据，调整内容存储在Camera Raw数据库中，作为数据嵌入在图像文件中。

14.4.1 认识Camera Raw中的直方图

技术速查：直方图是用于了解图像曝光情况及观察图像调整处理结果的工具。

Camera Raw中的直方图由红、绿、蓝3个颜色组成，当3个通道重叠时，将显示为白色。其中两个通道重叠时，分别显示为青色、黄色或洋红色。根据直方图的形态可以方便地判断图像存在的问题，以便有目的地对图像进行调整，如图14-54所示。

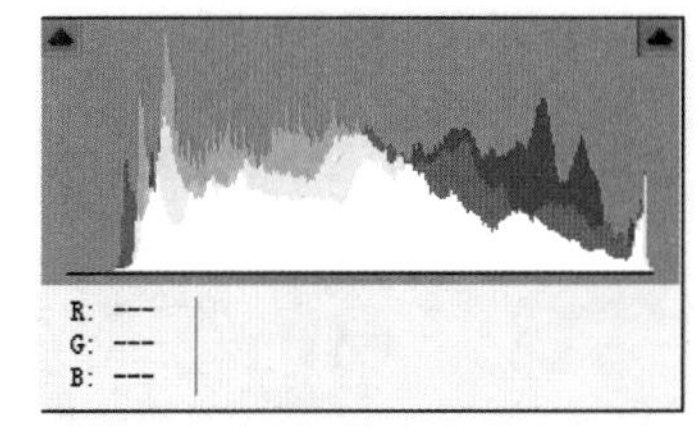

图 14—54

技巧提示

红色+绿色通道为黄色；红色+蓝色通道为洋红色；绿色+蓝色通道为青色。

14.4.2 调整白平衡

技术速查：白平衡不仅可以使用“白平衡工具”进行快速调整，也可以在“基本”面板中进行详细调整。

详解“白平衡”

调整白平衡首先需要确定图像中应具有中性色（白色或灰色）的对象，然后调整图像中的颜色，使这些对象变为中性色。“基本”面板如图14-55所示。

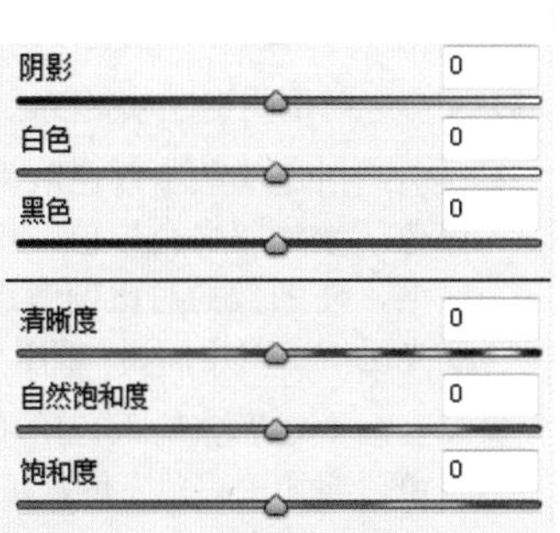

图 14—55

白平衡：默认情况下显示设置为相机拍摄此照片时所使用的原始白平衡设置；还可以选择使用相机的白平衡设置，或基于图像数据来计算白平衡的“自动”选项。

- 色温：色温是人眼对发光体或白色反光体的感觉。在实际拍摄照片时，如果光线色温较低或偏高，则可通过调整“色温”来校正照片。提高“色温”值，图像颜色会变得更暖（黄）；降低“色温”值，图像颜色会变得更冷（蓝），如图14-56～图14-58所示。

图 14—56　　图 14—57　　图 14—58

- 色调：可通过设置白平衡来补偿绿色或洋红色色调。减少“色调”值，可在图像中添加绿色；增加“色调”值，则在图像中添加洋红色，如图14-59～图14-61所示。

图 14—59　　图 14—60　　图 14—61

- 曝光：调整整体图像的亮度，对高光部分的影响较大。减少“曝光”值，会使图像变暗；增加“曝光”值，则使图像变亮。该值的每个增量等同于一个光圈大小，如图14-62～图14-64所示

图 14—62　　图 14—63　　图 14—64

- 对比度：可以增加或减少图像对比度，主要影响中间色调。增加对比度时，中到暗图像区域会变得更暗，中到亮图像区域会变得更亮，如图14-65和图14-66所示。
- 高光：调整高光区域亮度。
- 阴影：调整阴影区域亮度。
- 白色：指定哪些输入色阶将在最终图像中映射为白色。增加“白色”值，可以扩展映射为白色的区域，使图像的对比度看起来更高。它主要影响高光区域，对中间调和阴影影响较小。

图 14—65　　图 14—66

- 黑色：指定哪些输入色阶将在最终图像中映射为黑色。增加“黑色”值，可以扩展映射为黑色的区域，使图像的对比度看起来更高。它主要影响阴影区域，对中间调和高光影响较小。
- 清晰度：通过增加局部对比度来增加图像深度。向右拖动滑块可增加对比度，向左拖动滑块可减少对比度。
- 自然饱和度：控制图像的自然饱和度。
- 饱和度：调整颜色鲜明度或纯度。向右拖动滑块可增加饱和度，向左拖动滑块可减少饱和度。

动手学：调整白平衡

（1）按Ctrl+O组合键，打开本书配套光盘中的素材文件，如图14-67所示。

（2）素材照片的色调偏冷色，在Camera Raw面板中单击“白平衡工具”按钮，在图像中性色（白色或灰色）区域单击，Camera Raw可以确定场景的光线颜色进行自动调整，如图14-68所示。

图 14-67

图 14-68

技巧提示

当照片主体是人像，并且环境中没有明显的中性色时，可以以眼白作为中性色区域。

（3）此时人物肤色变得更加红润，如图14-69所示。

（4）为了使图像整体更暖一些，可以在Camera Raw“基本”面板中增大“色温”数值。最终效果如图14-70所示。

图 14-69

图 14-70

14.4.3 清晰度、饱和度控件

技术速查：更改图像的清晰度和颜色纯度，可以使图像色调更加鲜亮、明快。

在Camera Raw中，可在“基本”面板中调整“清晰度”、“自然饱和度”和“饱和度”的数值，如图14-71所示。

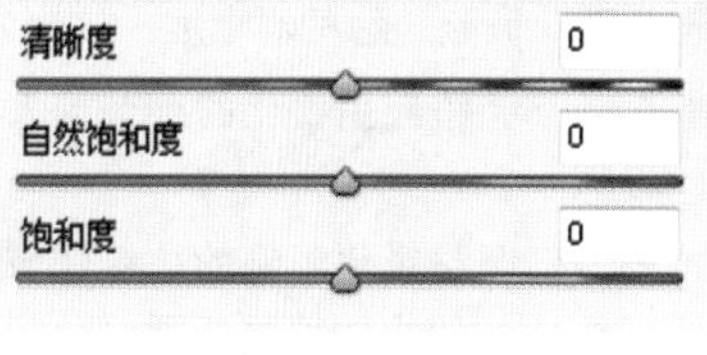

图 14-71

- 清晰度：调整图像的清晰度。
- 自然饱和度：调整饱和度，并在颜色接近最大饱和度时减少溢色。该设置更改所有低饱和度颜色的饱和度，对高饱和度颜色的影响较小，类似于Photoshop中的“自然饱和度”命令。
- 饱和度：可以均匀地调整所有颜色的饱和度，调整范围为-100（单色）～+100（饱和度加倍）。该命令类似于Photoshop中“色相/饱和度”命令中的饱和度功能。

14.4.4 调整色调曲线

色调曲线表示对图像色调范围所做的更改，包含两种不同的调整方式：参数曲线和点曲线。参数曲线是通过调整曲线的数值调整图像的亮度及对比度；点曲线的使用方法与传统的曲线相同，通过调整曲线形状调整图像，如图14-72所示。

图 14-72

技巧提示

水平轴表示图像的原始色调值（输入值），左侧为黑色，向右逐渐变亮。垂直轴表示更改的色调值（输出值），底部为黑色，向上逐渐变为白色。如果曲线中的点上移，则输出为更亮的色调；如果下移，则输出为更暗的色调。45°斜线表示没有对色调响应曲线进行更改，即原始输入值与输出值完全匹配。

参数曲线

参数曲线是通过调整曲线坐标数值来调整图像的，可以使用“参数”选项卡中的色调曲线来调整图像中特定色调范围的值。沿图形水平轴拖移区域分隔控件，扩展或收缩滑块所影响的曲线区域，然后拖移“参数”选项卡中的“高光”、“亮区”、“暗区”或“阴影”滑块调整参数，即可调整曲线形状。中间区域属性（“暗区”和“亮区”）主要影响曲线的中间区域，“高光”和“阴影”属性主要影响色调范围的两端，如图14-73所示。

图 14-73

点曲线

点曲线相对参数曲线更加直观，只需在曲线上单击并拖移曲线上的点即可调整曲线形状，色调曲线下面将显示“输入”和“输出”色调值。也可以使用“曲线”预设选项来改变曲线形状，包括“线性”、“中对比度”、“强对比度”和“自定”，如图14-74所示。

图 14-74

14.4.5 调整细节锐化

- 技术速查：Camera Raw的锐化只应用于图像的亮度，并不影响色彩。

单击Camera Raw面板中的“细节”按钮，进入“细节”面板，移动滑块或修改数值可对图像进行锐化调节，如图14-75所示。

- 数量：调整边缘的清晰度。该值为0时关闭锐化。
- 半径：调整应用锐化的细节的大小。该值过大会导致图像内容不自然。
- 细节：调整锐化影响的边缘区域的范围，它决定了图像细节的显示程度。较小的值将主要锐化边缘，以便消除模糊；较大的值则可以使图像中的纹理更清楚。
- 蒙版：Camera Raw是通过强调图像边缘的细节来实现锐化效果的。将“蒙版”设置为0时，图像中的所有部分均接受等量的锐化；设置为100时，可将锐化限制在饱和度最高的边缘附近，避免非边缘区域锐化。

图 14-75

技巧提示

锐化和降噪是相对的两个调整，锐化的同时也会产生噪点，锐化作用越强，所产生的噪点也就越多。所以在调整“锐化”面板参数的同时，也要适当调整“减少杂色”面板参数，使图像呈现最佳状态，如图14—76所示。

图 14—76

14.4.6 使用HSL/灰度调整图像色彩

单击Camera Raw对话框中的“HSL/灰度”按钮，可通过调整“色相”、“饱和度”和“明亮度”来控制各个颜色的范围，如图14-77所示。

选中“转换为灰度”复选框，可以进入灰度模式，将彩色图像转换为黑白效果，通过调整颜色的滑块，使图像呈现出不同的饱和度。进行HSL调整时，除了观察画面的变化外，也要注意观察直方图的变化，当其中一种颜色对直方图不起任何作用时，不必滑动该滑块。HSL用于对红、橙、黄、绿、浅绿、蓝、紫和洋红8种在图像中常见的颜色进行一定的调整，如图14-78所示。

图 14—77

图 14—78

14.4.7 分离色调

技术速查：“分离色调”可以通过调整“高光”和“阴影”的“色相”及“饱和度”为黑白照片或灰度图像着色，形成单色调或双色调图像，也可以为彩色图像应用特殊处理，如反冲处理。

单击Camera Raw对话框中的“分离色调”按钮，可对图像进行调整，对比效果如图14-79和图14-80所示。

图 14—79

图 14—80

14.4.8 镜头校正

- 技术速查："镜头校正"主要用于消除由于镜头原因造成的图像缺陷。

单击Camera Raw对话框中的"镜头校正"按钮，在"镜头校正"面板中可以对镜头配置文件进行设置，如图14-81所示。选择"手动"选项卡，可以对镜头校正的具体参数进行设置，如图14-82所示。

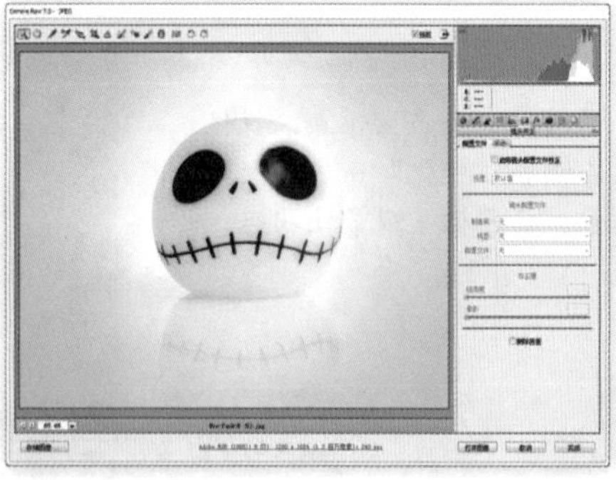

图 14-81

图 14-82

- 扭曲度：设置画面扭曲畸变度，数值为正时向内凹陷；数值为负值时向外膨胀。
- 垂直：设置垂直透视效果。
- 水平：设置水平透视效果。
- 旋转：调整画面旋转程度。
- 缩放：设置画面的缩放数值。
- 去边：包含3个选项，可去除镜面高光周围出现的色彩散射现象的颜色。选择"所有边缘"选项，可以校正所有边缘的色彩散射现象，如果导致边缘附近出现细灰线或者其他不想要的效果，则可以选择"高光边缘"选项，仅校正高光边缘。选择"关"选项，可关闭去边效果。
- 数量：正值使角落变亮；负值使角落变暗。
- 中点：调整晕影的校正范围，向左拖动滑块可以使变亮区域向画面中心扩展；向右拖动滑块则收缩变亮区域。

14.4.9 添加特效

- 技术速查：在"效果"面板中可以通过移动滑块调整数值，为图像添加"颗粒"和"裁剪后晕影"两大类画面特效。

单击Camera Raw对话框中的"效果"按钮，进入"效果"面板。打开素材图片，如图14-83所示，添加颗粒特效后如图14-84所示，添加晕影特效后如图14-85所示。

图 14-83

图 14-84

图 14-85

14.4.10 调整相机的颜色显示

- 技术速查："相机校准"主要用于校正某些相机普遍性的色偏问题。

"相机校准"可以通过对"阴影"、"红原色"、"绿原色"和"蓝原色"的"色相"及"饱和度"的调整，来校正偏色问题，也可以用来模拟不同类型的胶卷。在Camera Raw对话框中进行调整，并将其定义为这款相机的默认设置。以后打开该相机拍摄照片时，就会自动对颜色进行补偿，如图14-86所示。

图 14-86

14.4.11 预设

技术速查：Camera Raw中的“预设”是一个非调整项，其目的是将已调整好的图像设置应用到其他图像。

单击“预设”按钮，在“预设”面板右下角单击“新建预设”按钮，在弹出的对话框中设置名称及所要保留的项目，单击“确定”按钮结束操作，如图14-87所示。

图 14—87

14.5 使用Camera Raw自动处理照片

与Photoshop中的批处理相似，在Camera Raw中也可以进行类似的操作。当需要对多张照片进行相同的处理时，可以在Camera Raw中对其中一张照片进行处理，然后将操作快速地应用到其他照片中，从而进行批处理，这样可以大大提高处理效率。

（1）首先打开Adobe Bridge，浏览需要操作的文件夹，如图14-88所示。

图 14—88

（2）选择其中一张图像并单击鼠标右键，在弹出的快捷菜单中执行“在Camera Raw打开”命令，如图14-89所示。在弹出的Camera Raw对话框中，设置“基本”面板中“饱和度”数值为-100，此时图像变为黑白效果，单击“完成”按钮结束操作，如图14-90所示。

（3）回到Adobe Bridge中，可以看到经处理的图片右上角有标志。按Ctrl键单击加选所要处理的其他图像，单击鼠标右键，在弹出的快捷菜单中执行“开发设置>上一次转换”命令，如图14-91所示。可以看到所选图像被应用了上一次的操作，如图14-92所示。

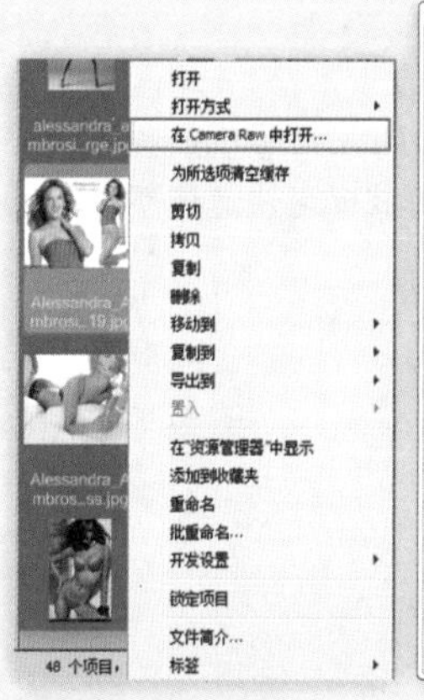

图 14—89

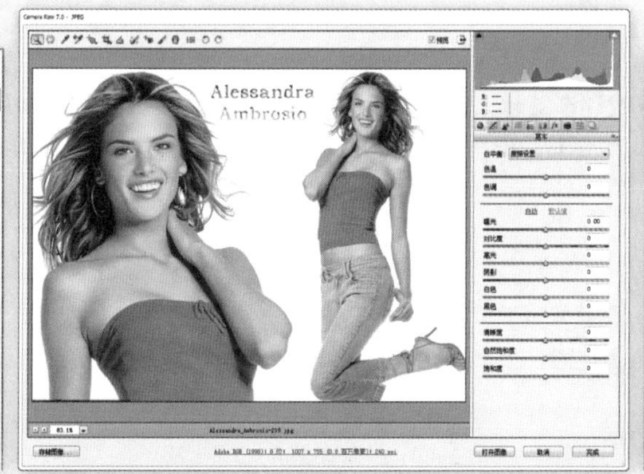

图 14—90

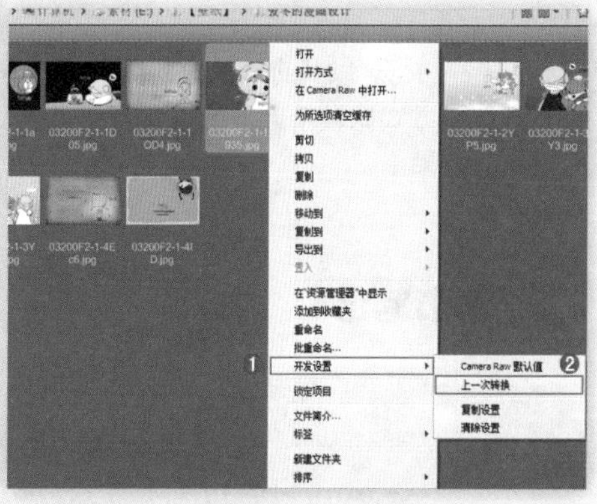

图 14—91

（4）如果要将照片恢复为原状，可以选中照片，然后单击鼠标右键，在弹出的快捷菜单中执行“开发设置>清除设置”命令，如图14-93所示。

图 14-92

图 14-93

课后练习

【课后练习——调整局部效果】

思路解析：本案例通过“调整画笔”调整画面局部效果，使画面中背光区域呈现受光效果。

本章小结

Camera Raw 以其简单快捷的图像处理方式逐渐被越来越多的摄影爱好者所接受。其调整图像的方式与Photoshop默认的颜色调整方式比较接近，所以学习起来也非常容易。熟练掌握工具的使用方法以及参数的设置方式即可快速调整数码照片的画面效果。

读书笔记

第15章

滤镜与增效工具

本章内容简介：

滤镜本身是一种摄影器材，安装在相机上用于改变光源的色温，使其符合摄影的目的及制作特殊效果的需要。在Photoshop中，滤镜的功能非常强大，不仅可以制作一些常见的如素描、印象派绘画等特殊艺术效果，还可以创作出绚丽无比的创意图像。

本章学习要点：

- 掌握智能滤镜的使用方法
- 了解常用滤镜的适用范围
- 熟练掌握“液化”滤镜的使用方法
- 了解各个滤镜组的功能与特点
- 了解常用的外挂滤镜的安装与使用方法

15.1 滤镜的使用方法

视频精讲：Photoshop CS6自学视频教程\91.滤镜与智能滤镜.flv

在“滤镜”菜单中包括三大类滤镜：特殊滤镜、滤镜组以及外挂滤镜。“滤镜库”、“自适应广角”、“镜头校正”、“液化”、“油画”和“消失点”滤镜属于特殊滤镜；“风格化”、“模糊”、“扭曲”、“锐化”、“视频”、“像素化”、“渲染”、“杂色”和“其他”属于滤镜组；如果安装了外挂滤镜，在“滤镜”菜单的底部会显示出来，如图15-1所示。

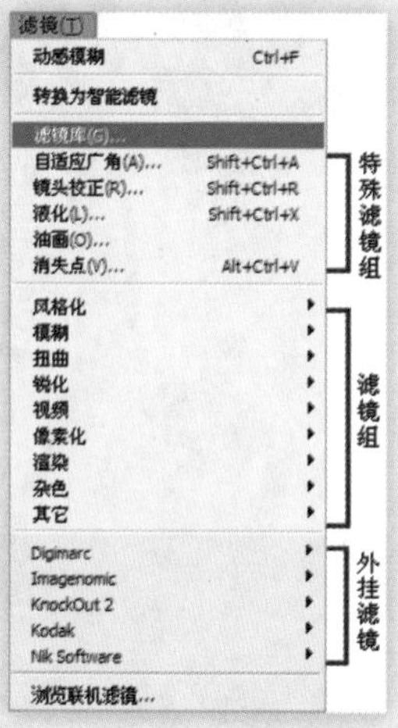

图 15—1

15.1.1 动手学：为图像添加滤镜效果

滤镜可以用来处理图层蒙版、快速蒙版和通道。使用滤镜处理图层中的图像时，该图层必须是可见图层。选择需要进行滤镜操作的图层，如图15-2所示。执行“滤镜”菜单下的命令，选择某个滤镜，如图15-3所示。在弹出的对话框中设置合适的参数，如图15-4所示。滤镜效果以像素为单位进行计算，因此，相同参数处理不同分辨率的图像，其效果也不一样。最终单击“确定”按钮完成滤镜操作，效果如图15-5所示。

图 15—2

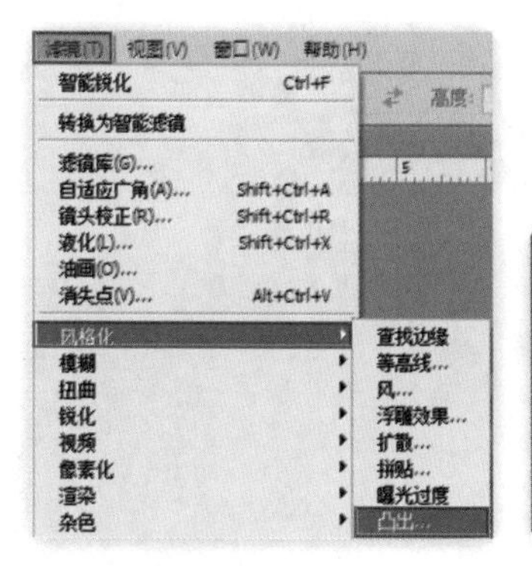

图 15—3

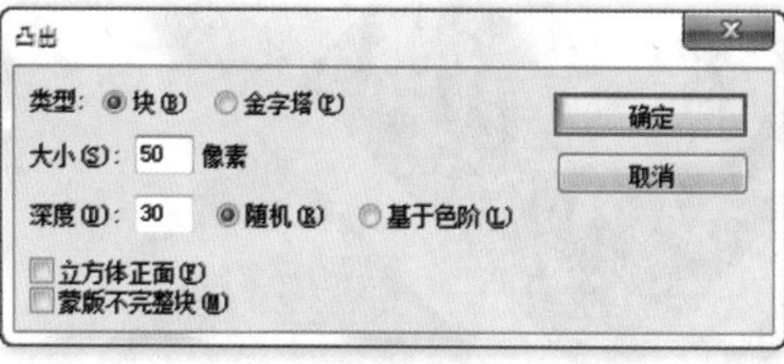

图 15—4

图 15—5

技巧提示

在应用滤镜的过程中，如果要终止处理，可以按Esc键。

如果图像中存在选区，则滤镜效果只应用在选区之内，如图15-6所示；如果没有选区，则滤镜效果将应用于整个图像，如图15-7所示。

图 15-6

图 15-7

技巧提示

只有“云彩”滤镜可以应用在没有像素的区域，其余滤镜都必须应用在包含像素的区域（某些外挂滤镜除外）。

在应用滤镜时，通常会弹出该滤镜的对话框或滤镜库，在预览窗口中可以预览滤镜效果，同时可以拖曳图像，以观察其他区域的效果，如图15-8所示。单击-按钮和+按钮可以缩放图像的显示比例。另外，在图像的某个点上单击，预览窗口中就会显示出该区域的效果，如图15-9所示。

在任何一个滤镜对话框中按住Alt键，按钮都将变成 复位 按钮，如图15-10所示。单击 复位 按钮，可以将滤镜参数恢复到默认设置。

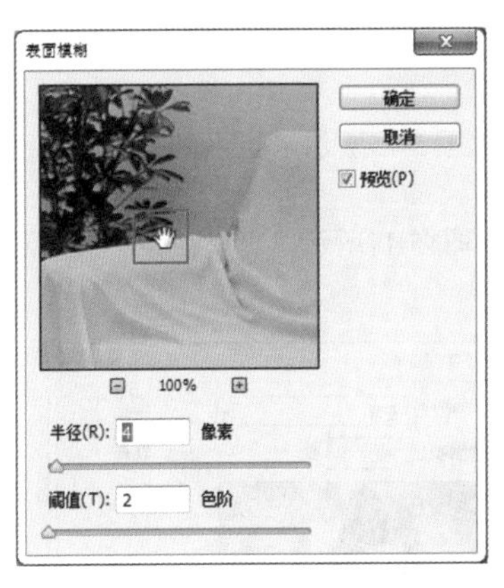

图 15-8

图 15-9

图 15-10

当应用完一个滤镜以后，“滤镜”菜单下的第1行会出现该滤镜的名称，如图15-11所示。执行该命令或按Ctrl+F组合键，可以按照上一次应用该滤镜的参数配置再次对图像应用该滤镜。另外，按Ctrl+Alt+F组合键可以打开滤镜的对话框，对滤镜参数进行重新设置。

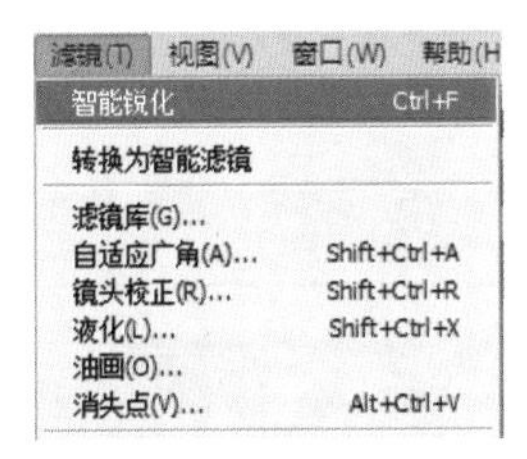

图 15-11

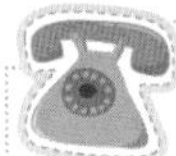

答疑解惑——为什么有时候滤镜不可用？

在CMYK颜色模式下，某些滤镜将不可用；在索引和位图颜色模式下，所有的滤镜都不可用。如果要对CMYK图像、索引图像和位图图像应用滤镜，可以执行“图像>模式>RGB颜色”命令，将图像模式转换为RGB颜色模式后，再应用滤镜。

15.1.2 动手学：使用智能滤镜

技术速查：应用于智能对象的任何滤镜都是智能滤镜，智能滤镜属于非破坏性滤镜。由于智能滤镜的参数是可以调整的，因此可以调整智能滤镜的作用范围，或将其进行移除、隐藏等操作。

（1）要使用智能滤镜，首先需要将普通图层转换为智能对象。在普通图层的缩览图上单击鼠标右键，在弹出的快捷菜

单中选择“转换为智能对象”命令，即可将普通图层转换为智能对象，如图15-12所示。

（2）之后为智能对象添加滤镜效果，如图15-13所示。在“图层”面板中可以看到该图层下方出现智能滤镜，如图15-14所示。

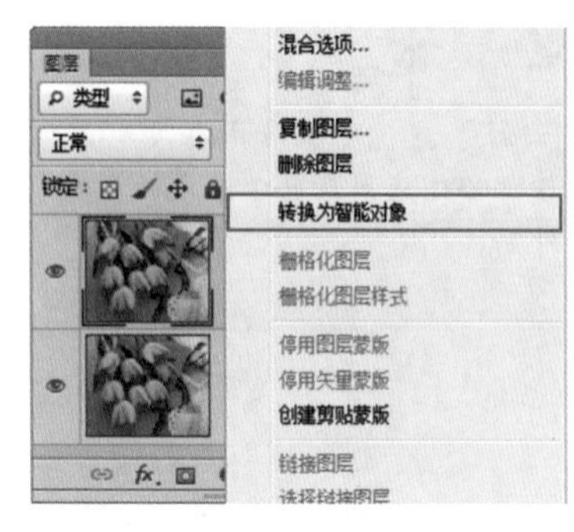

图 15-12

图 15-13

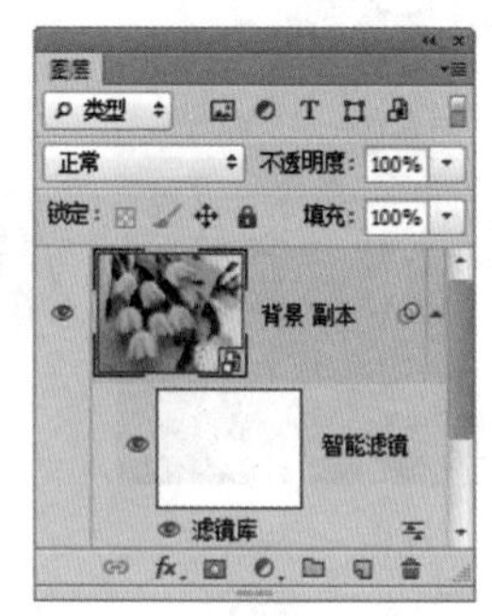

图 15-14

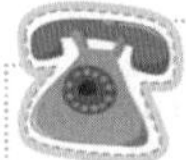

答疑解惑——哪些滤镜可以作为智能滤镜使用？

除了“抽出”、“液化”和“镜头模糊”滤镜以外，其他滤镜都可以作为智能滤镜应用，当然也包含支持智能滤镜的外挂滤镜。另外，“图像>调整>”菜单下的“应用/高光”和“变化”命令也可以作为智能滤镜来使用。

（3）智能滤镜包含一个类似于图层样式的列表，因此可以隐藏、停用和删除滤镜，如图15-15所示。也可以在智能滤镜的蒙版中涂抹绘制，以隐藏部分区域的滤镜效果，如图15-16所示。

（4）另外，还可以设置智能滤镜与图像的混合模式，双击滤镜名称右侧的图标，如图15-17所示，可以在弹出的“混合选项”对话框中调节滤镜的“模式”和“不透明度”，如图15-18所示。

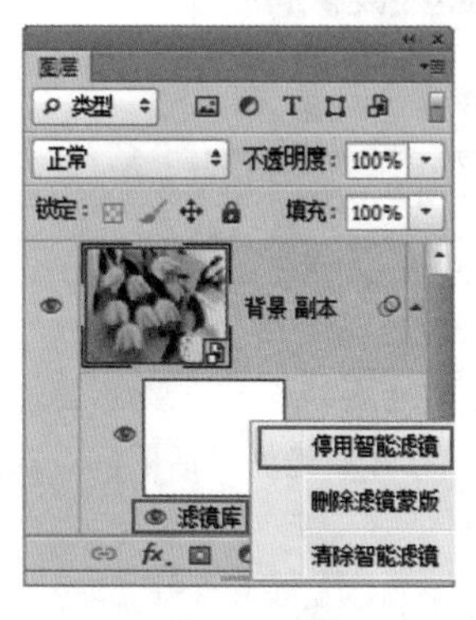

图 15-15

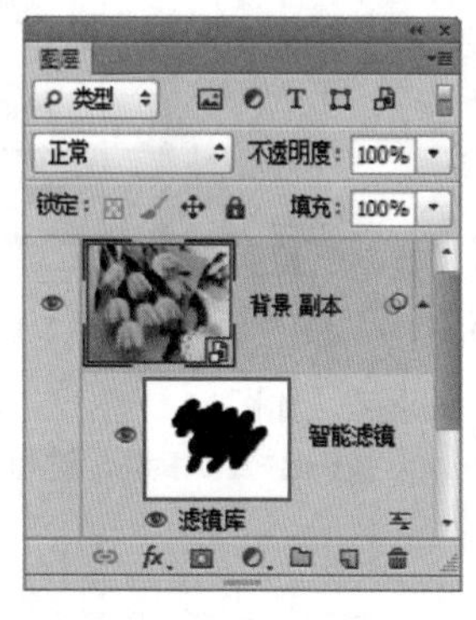

图 15-16

图 15-17

图 15-18

15.1.3 动手学：渐隐滤镜效果

视频精讲：Photoshop CS6自学视频教程\16.使用渐隐命令.flv

技术速查：“渐隐”命令可以用于更改滤镜效果的不透明度和混合模式，相当于将滤镜效果图层放在原图层的上方，并调整滤镜图层的混合模式以及透明度得到的效果。

（1）执行“文件>打开”命令打开素材文件，如图15-19所示。执行“滤镜>滤镜库”命令。

图 15-19

（2）在“滤镜库”中选择“素描”滤镜组，单击“影印”滤镜缩略图，设置“细节”为4，“暗度”为20，如图15-20所示。效果如图15-21所示。

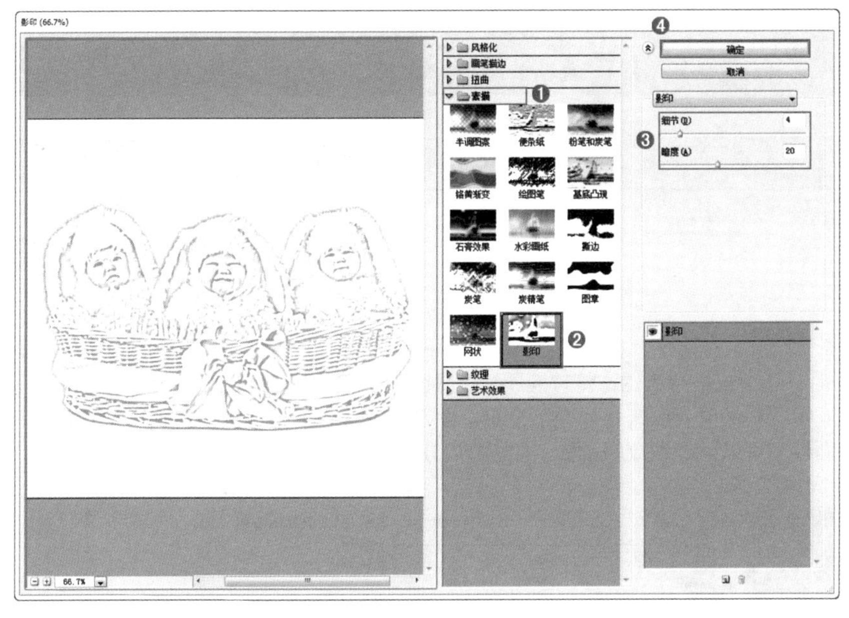

图 15-20

图 15-21

技巧提示

“渐隐”命令必须在进行了编辑操作之后立即执行，如果中间又进行了其他操作，则该命令会发生相应的变化。

（3）执行“编辑>渐隐滤镜库”命令，如图15-22所示。在弹出的“渐隐”对话框中设置“模式”为“正片叠底”，如图15-23所示。最终效果如图15-24所示。

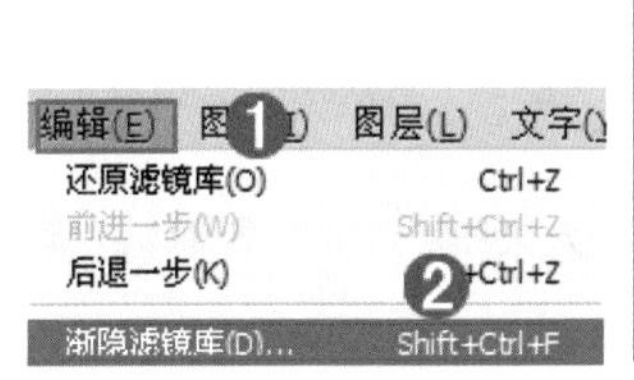

图 15-22

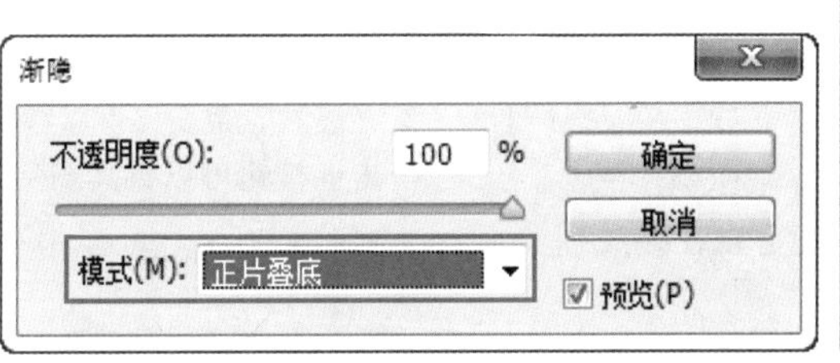

图 15-23

图 15-24

技术拓展：提高滤镜性能

在应用某些滤镜时，如“铬黄渐变”滤镜、“光照效果”滤镜等，会占用大量的内存，特别是处理高分辨率的图像，Photoshop的处理速度会更慢。遇到这种情况，可以尝试使用以下3种方法来提高处理速度。

第1种：关闭多余的应用程序。

第2种：在应用滤镜之前先执行“编辑>清理”菜单下的命令，释放部分内存。

第3种：将计算机内存多分配给Photoshop一些。执行“编辑>首选项>性能”命令，打开“首选项”对话框，然后在“内存使用情况”选项组下将Photoshop的内容使用量设置得高一些。

15.2 特殊滤镜

15.2.1 滤镜库

视频精讲：Photoshop CS6自学视频教程\92.滤镜库的使用方法.flv

详解“滤镜库”

技术速查：“滤镜库”是一个集合了多个滤镜的对话框。在“滤镜库”对话框中，可以对一张图像应用一个或多个滤镜，或对同一图像多次应用同一滤镜，另外还可以使用其他滤镜替换原有的滤镜。

执行“滤镜>滤镜库”命令，打开“滤镜库”对话框，在其中选择某个组，并在组中单击某个滤镜缩略图，在预览窗口中即可观察到滤镜效果，在右侧的参数设置面板中可以进行参数的设置，如图15-25所示。

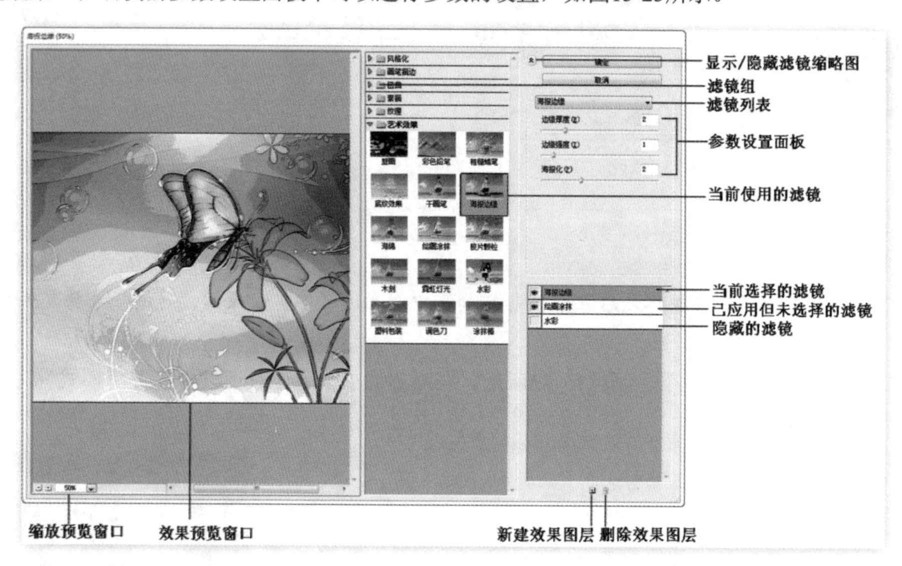

图 15-25

- 效果预览窗口：用来预览滤镜的效果。
- 缩放预览窗口：单击⊟按钮，可以缩小显示比例；单击⊞按钮，可以放大显示比例。另外，还可以在缩放列表中选择预设的缩放比例。
- 显示/隐藏滤镜缩略图⌃：单击该按钮，可以隐藏滤镜缩略图，以增大预览窗口。
- 滤镜列表：在该列表中可以选择一个滤镜。这些滤镜是按名称汉语拼音的先后顺序排列的。
- 参数设置面板：选择滤镜组中的一个滤镜，可以将该滤镜应用于图像，同时在参数设置面板中会显示该滤镜的参数选项。
- 当前使用的滤镜：显示当前使用的滤镜。
- 滤镜组：滤镜库中共包含6组滤镜，单击滤镜组前面的▶图标，可以展开该滤镜组。
- “新建效果图层”按钮：单击该按钮，可以新建一个效果图层，在该图层中可以应用一个滤镜。
- “删除效果图层”按钮：选择一个效果图层以后，单击该按钮可以将其删除。
- 当前选择的滤镜：单击一个效果图层，可以选择该滤镜。

技巧提示

选择一个滤镜效果图层以后，可以使用鼠标左键向上或向下调整该图层的位置，如图15-26所示。调整效果图层的顺序将影响图像效果。

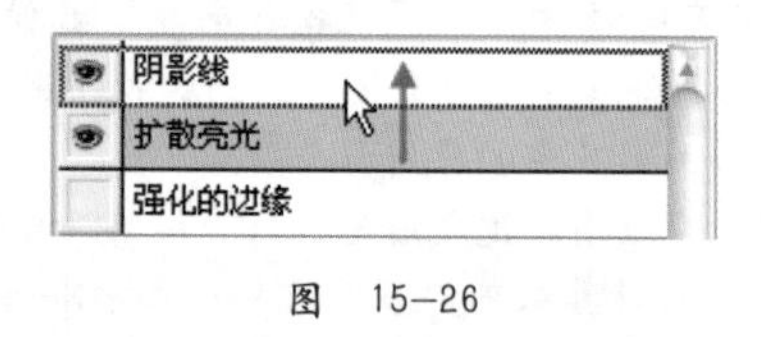

图 15-26

- 隐藏的滤镜：单击效果图层前面的👁图标，可以隐藏滤镜效果。

技巧提示

滤镜库中只包含一部分滤镜，例如“模糊”和“锐化”滤镜组就不在滤镜库中。

动手学：使用“滤镜库”

（1）使用滤镜库的方法很简单，打开一张图片，如图15-27所示。执行“滤镜>滤镜库”命令，如图15-28所示。

（2）打开“滤镜库”对话框，在右侧的滤镜组列表中选择一个滤镜组，单击即可展开。然后在该滤镜组中选择一个滤镜，单击即可为当前画面应用滤镜效果。然后在右侧适当调节参数，调整完成后单击“确定”按钮结束操作，如图15-29所示。

图 15—27

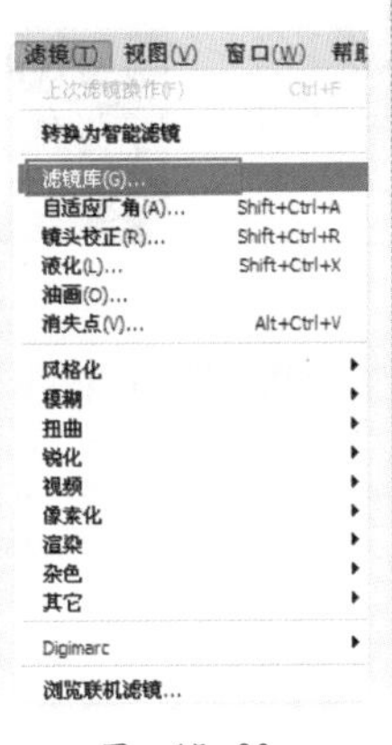

图 15—28

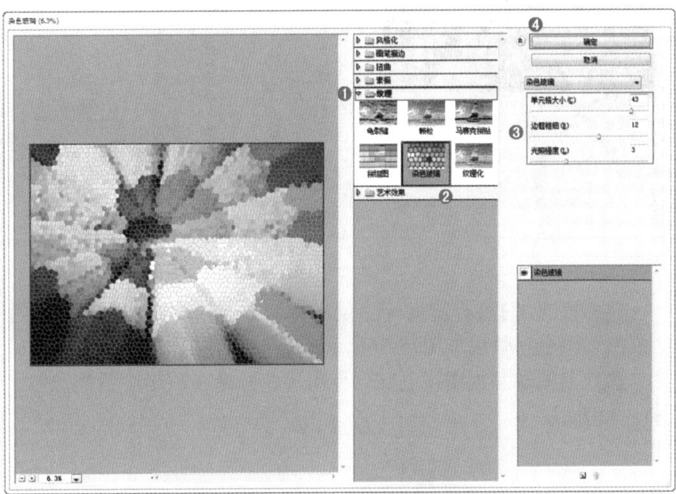

图 15—29

技巧提示

滤镜在Photoshop中具有非常神奇的作用。使用时只需要从滤镜菜单中选择需要的滤镜，然后适当调节参数即可。通常情况下，滤镜需要配合通道、图层等一起使用，才能获得最佳艺术效果。

★ 案例实战——使用照亮边缘制作素描效果

案例文件	案例文件\第15章\使用照亮边缘制作素描效果.psd
视频教学	视频文件\第15章\使用照亮边缘制作素描效果.flv
难易指数	
技术要点	照亮边缘

案例效果

本例主要使用“照亮边缘”滤镜制作素描效果，如图15-30所示。

操作步骤

01 打开素材文件1.jpg，如图15-31所示。然后导入照片素材2.jpg，如图15-32所示。

图 15—30

图 15—31

图 15—32

02 复制人像照片素材置于图层蒙版顶部，为其命名为“滤镜库”，执行“滤镜>滤镜库”命令，选择“风格化”滤镜组中的“照亮边缘”滤镜，设置“边缘宽度”为1，“边缘亮度”为20，“平滑度”为7，如图15-33所示。效果如图15-34所示。

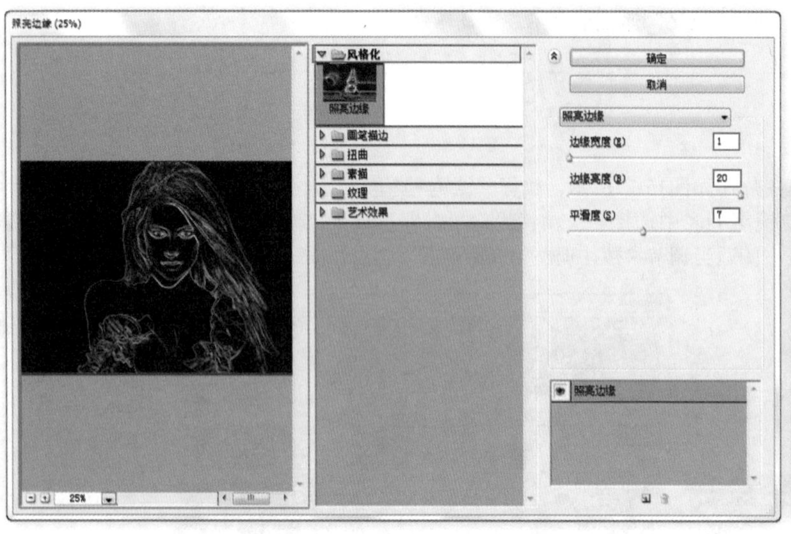

图 15-33

图 15-34

03 按Ctrl+I组合键执行“反相”命令，此时画面的颜色发生了反相，如图15-35所示。再次按Shift+Ctrl+U组合键执行“去色”命令，效果如图15-36所示。

04 为图像添加图层蒙版，使用黑色画笔在蒙版中适当涂抹，设置其混合模式为“正片叠底”，如图15-37所示，效果如图15-38所示。

图 15-35　　图 15-36　　图 15-37

05 执行“图层>新建调整图层>色阶”命令，设置数值分别为75、1.21、222，如图15-39所示。为图层创建剪贴蒙版，使用黑色画笔在蒙版中绘制合适的部分，如图15-40所示。最终效果如图15-41所示。

图 15-38

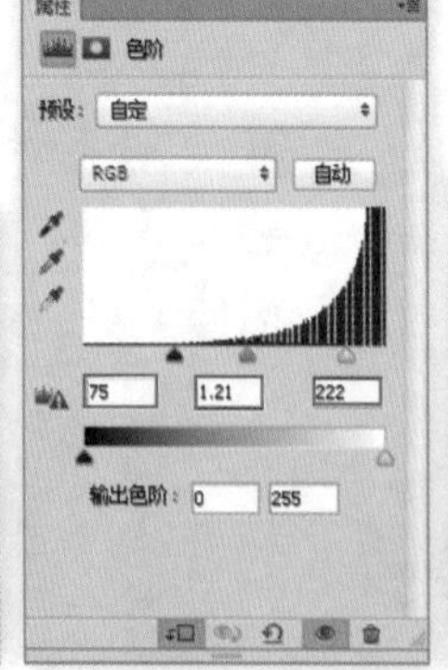

图 15-39

图 15-40

图 15-41

15.2.2 详解“自适应广角”滤镜

视频精讲：Photoshop CS6自学视频教程\93.自适应广角滤镜.flv

技术速查：“自适应广角”滤镜可以对广角、超广角及鱼眼效果进行变形校正。

执行“滤镜>自适应广角”命令，打开滤镜对话框。在“校正”下拉列表框中可以选择校正的类型，包括“鱼眼”、“透视”、“自动”和“完整球面”，如图15-42所示。

图 15-42

- “约束工具”：单击图像或拖动端点可添加或编辑约束。按住Shift键单击可添加水平/垂直约束。按住Alt键单击可删除约束。
- “多边形约束工具”：单击图像或拖动端点可添加或编辑约束。按住Shift键单击可添加水平/垂直约束。按住Alt键单击可删除约束。
- “移动工具”：拖动以在画布中移动内容。
- “抓手工具”：放大窗口的显示比例后，可以使用该工具移动画面。
- “缩放工具”：单击即可放大窗口的显示比例，按住Alt键单击即可缩小显示比例。

15.2.3 详解“镜头校正”滤镜

视频精讲：Photoshop CS6自学视频教程\94.镜头校正滤镜.flv

技术速查：“镜头校正”滤镜可以快速修复常见的镜头瑕疵，也可以用来旋转图像，或修复由于相机在垂直/水平方向上倾斜而导致的图像透视错误现象。

执行“滤镜>镜头校正”命令，打开“镜头校正”对话框，该滤镜只能处理8位/通道和16位/通道的图像，如图15-43所示。

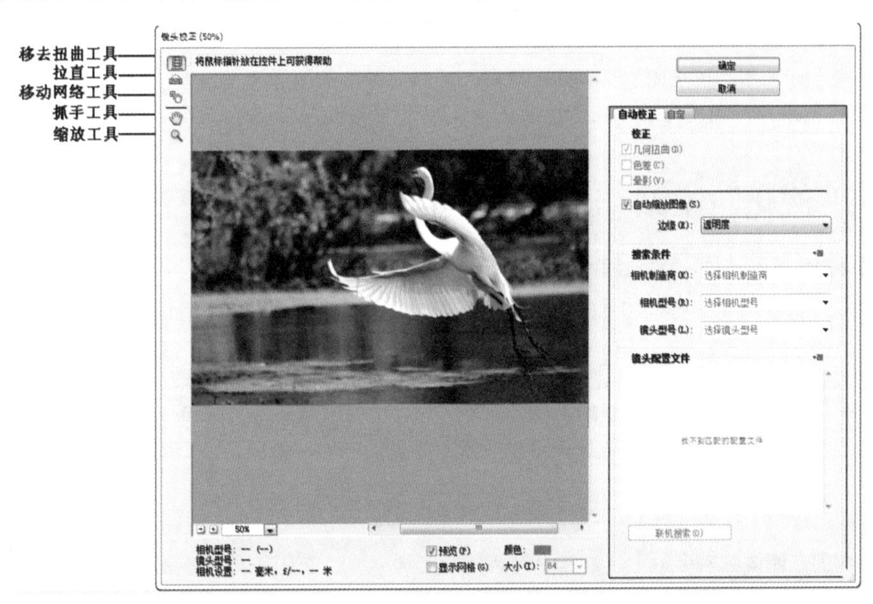

图 15-43

- “移去扭曲工具”：使用该工具可以校正镜头桶形失真或枕形失真。
- “拉直工具”：绘制一条直线，以将图像拉直到新的横轴或纵轴。

- “移动网格工具”：使用该工具可以移动网格，以将其与图像对齐。
- “抓手工具”/“缩放工具”：这两个工具的使用方法与工具箱中的相应工具完全相同。

下面讲解“自定”面板中的参数选项，如图15-44所示。

- 几何扭曲：“移去扭曲”选项主要用来校正镜头桶形失真或枕形失真。数值为正时，图像将向外扭曲；数值为负时，图像将向中心扭曲，如图15-45和图15-46所示。

图 15-44

图 15-45

图 15-46

- 色差：用于校正色边。在进行校正时，放大预览窗口的图像，可以清楚地查看色边校正情况。
- 晕影：校正由于镜头缺陷或镜头遮光处理不当而导致的图像边缘较暗。“数量”选项用于设置沿图像边缘变亮或变暗的程度，如图15-47和图15-48所示；“中点”选项用来指定受“数量”数值影响的区域的宽度。

图 15-47

图 15-48

- 变换：“垂直透视”选项用于校正由于相机向上或向下倾斜而导致的图像透视错误；“水平透视”选项用于校正图像在水平方向上的透视效果；“角度”选项用于旋转图像，以针对相机歪斜加以校正；“比例”选项用来控制镜头校正的比例。

15.2.4 详解“液化”滤镜

- 视频精讲：Photoshop CS6自学视频教程\95.液化滤镜的使用.flv
- 技术速查：“液化”滤镜是修饰图像和创建艺术效果的强大工具，常用于数码照片的修饰，如人像身型调整、面部结构调整等。

“液化”滤镜的使用方法比较简单，但其功能相当强大，可以创建推、拉、旋转、扭曲和收缩等变形效果。执行“滤镜>液化”命令，打开“液化”对话框，默认情况下，“液化”对话框以简洁的基础模式显示，很多功能处于隐藏状态，如图15-49所示。选中面板右侧的“高级模式”复选框可以显示出完整的功能，如图15-50所示。

工具

在“液化”对话框的左侧排列着多种工具，其中包括变形工具、蒙版工具和视图平移缩放工具。

- “向前变形工具”：可以向前推动像素，如图15-51所示。
- “重建工具”：用于恢复变形的图像。在变形区域单击或拖曳鼠标进行涂抹时，可以使变形区域的图像恢复到原来的效果，如图15-52所示。

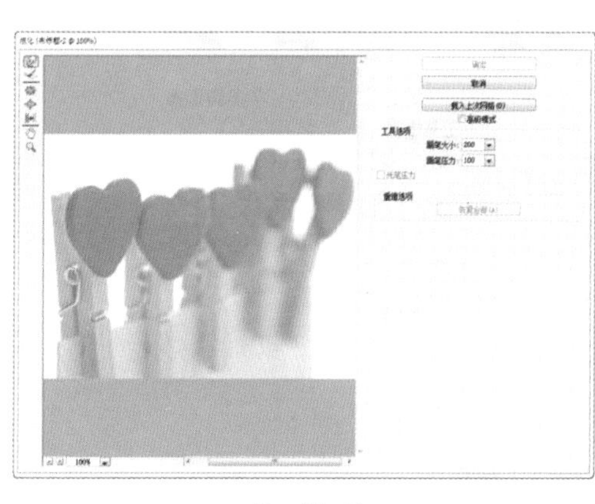

图 15-49

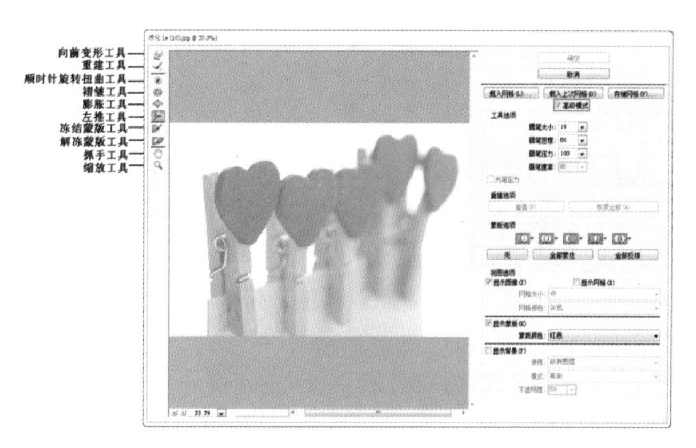

图 15-50

- “顺时针旋转扭曲工具”：拖曳鼠标可以顺时针旋转像素，如图15-53所示。如果按住Alt键进行操作，则可以逆时针旋转像素，如图15-54所示。

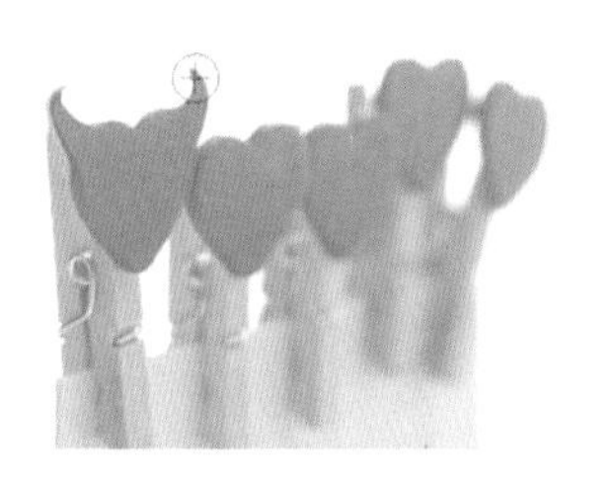

图 15-51

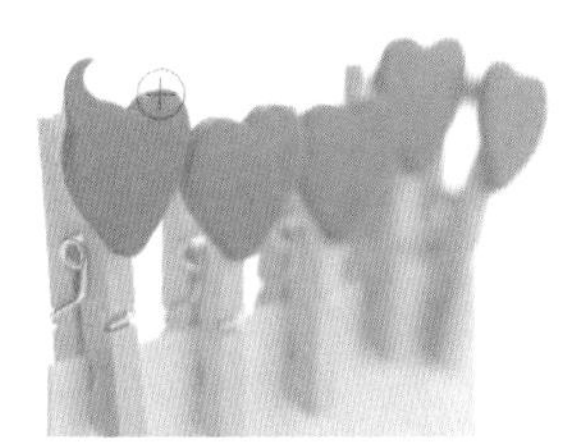

图 15-52

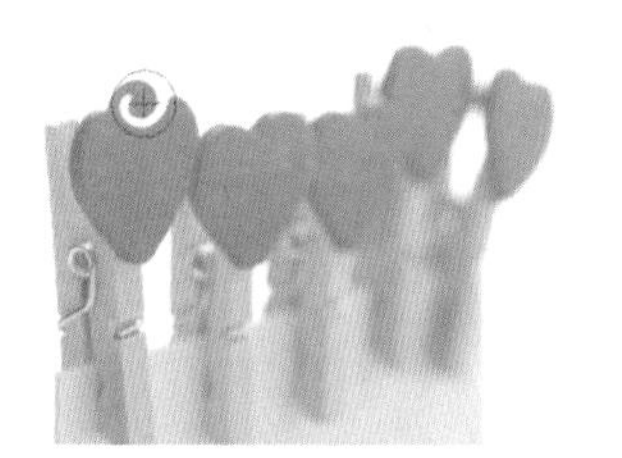

图 15-53

图 15-54

- “褶皱工具”：可以使像素向画笔区域的中心移动，使图像产生内缩效果，如图15-55所示。
- “膨胀工具”：可以使像素向画笔区域中心以外的方向移动，使图像产生向外膨胀的效果，如图15-56所示。
- “左推工具”：当向上拖曳鼠标时，像素会向左移动，如图15-57所示；当向下拖曳鼠标时，像素会向右移动，如图15-58所示；按住Alt键向上拖曳鼠标时，像素会向右移动；按住Alt键向下拖曳鼠标时，像素会向左移动。

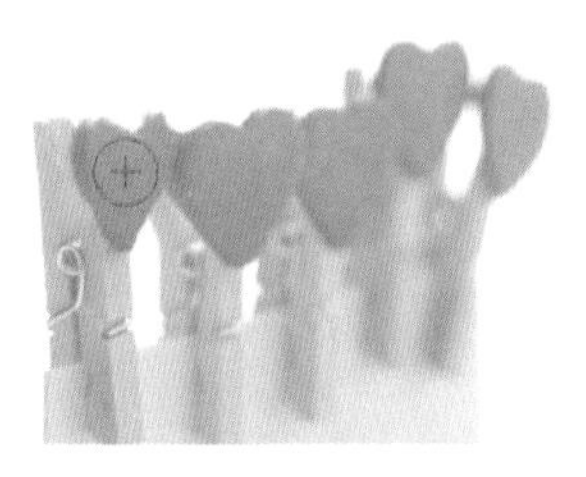

图 15-55

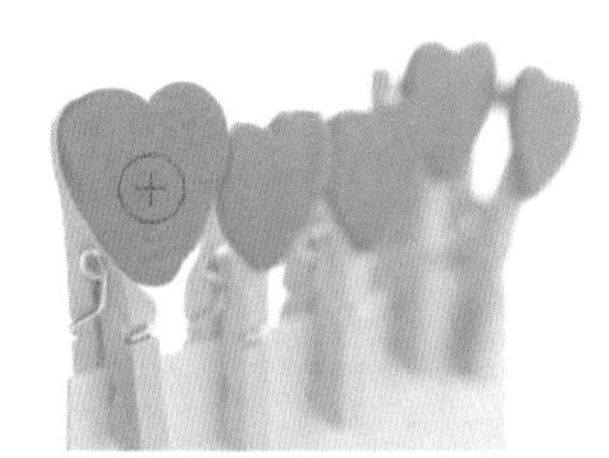

图 15-56

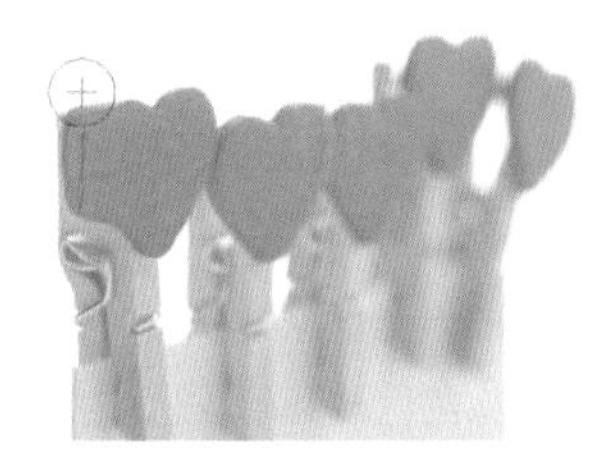

图 15-57

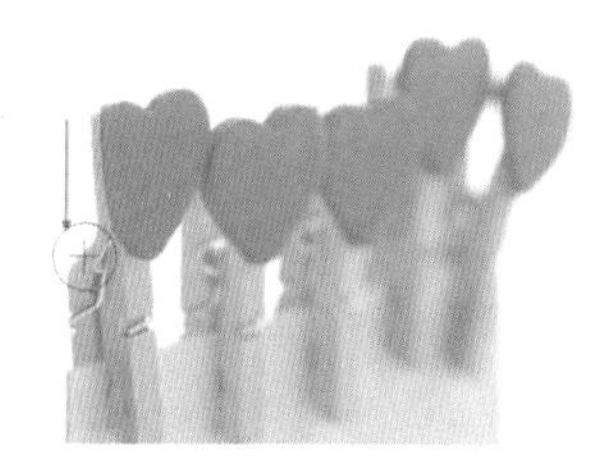

图 15-58

- “冻结蒙版工具”：如果需要对某个区域进行处理，并且不希望操作影响到其他区域，可以使用该工具绘制出冻结区域（该区域将受到保护而不会发生变形）。例如，在图像上绘制出冻结区域，然后使用“向前变形工具”处理图像，被冻结起来的像素就不会发生变形，如图15-59和图15-60所示。
- “解冻蒙版工具”：使用该工具在冻结区域涂抹，可以将其解冻，如图15-61所示。

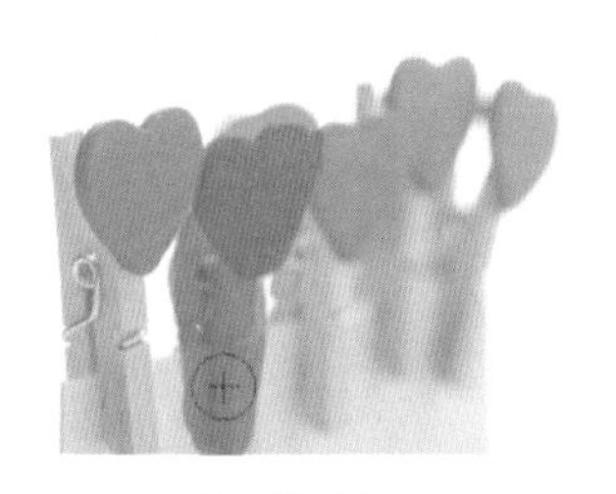

图 15-59

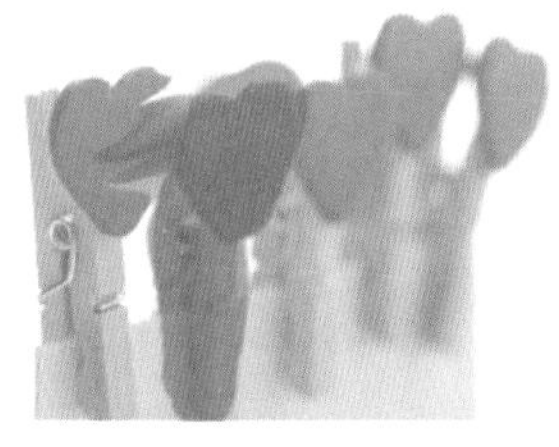

图 15-60

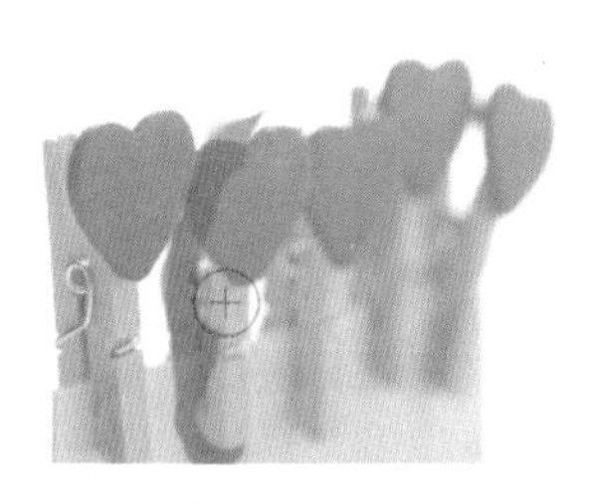

图 15-61

- “抓手工具”/“缩放工具”：这两个工具的使用方法与工具箱中的相应工具完全相同。

工具选项

在“工具选项”选项组下，可以设置当前使用的工具的各种属性，如图15-62所示。

图 15—62

- 画笔大小：用来设置画笔的大小。
- 画笔密度：控制画笔边缘的羽化范围。画笔中心产生的效果最强，边缘处最弱。
- 画笔压力：控制画笔在图像上产生扭曲的速度。
- 画笔速率：设置工具（如旋转扭曲工具）在预览图像中保持静止时扭曲所应用的速度。
- 光笔压力：当计算机配有压感笔或数位板时，选中该复选框可以通过压感笔的压力来控制工具。

重建选项

“重建选项”选项组下的参数主要用来设置重建方式以及如何撤销所执行的操作，如图15-63所示。

图 15—63

- 重建：单击该按钮，可以应用重建效果。
- 恢复全部：单击该按钮，可以取消所有的扭曲效果。

蒙版选项

如果图像中包含选区或蒙版，可以通过“蒙版选项”选项组来设置蒙版的保留方式，如图15-64所示。

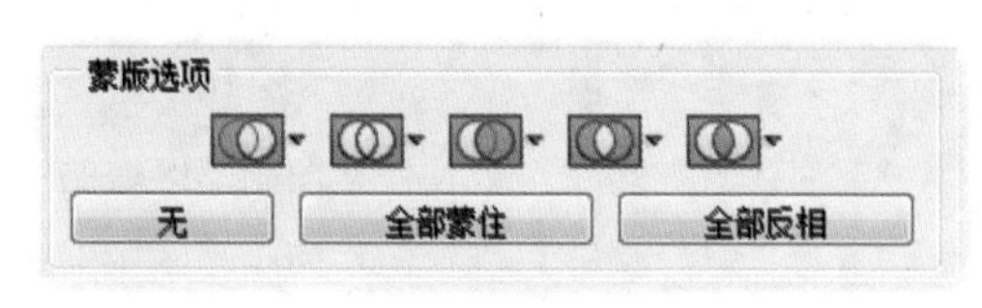

图 15—64

- “替换选区”：显示原始图像中的选区、蒙版或透明度。
- “添加到选区”：显示原始图像中的蒙版，以便可以使用“冻结蒙版工具”添加到选区。
- “从选区中减去”：从当前的冻结区域中减去通道中的像素。
- “与选区交叉”：只使用当前处于冻结状态的选定像素。
- “反相选区”：使用选定像素使当前的冻结区域反相。
- 无：单击该按钮，可以使图像全部解冻。
- 全部蒙住：单击该按钮，可以使图像全部冻结。
- 全部反相：单击该按钮，可以使冻结区域和解冻区域反相。

视图选项

“视图选项”选项组主要用来显示或隐藏图像、网格和背景。另外，还可以设置网格大小和颜色、蒙版颜色、背景模式和不透明度，如图15-65所示。

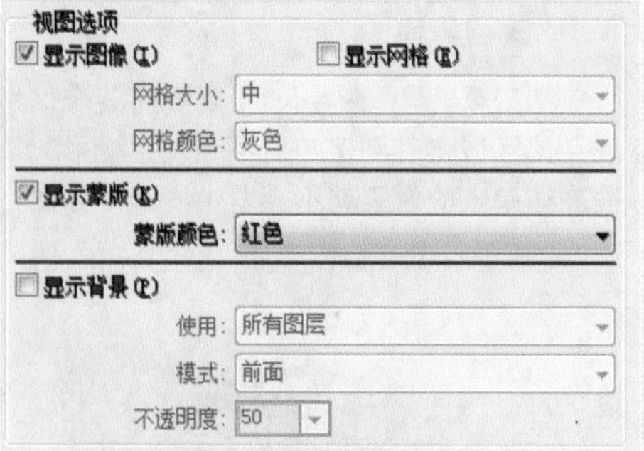

图 15—65

- 显示图像：控制是否在预览窗口中显示图像。
- 显示网格：选中该复选框，可以在预览窗口中显示网格，通过网格可以更好地查看扭曲。启用“显示网格”后，下面的“网格大小”和“网格颜色”选项才可用，这两个选项主要用来设置网格的密度和颜色。
- 显示蒙版：控制是否显示蒙版。可以在下面的“蒙版颜色”下拉列表框中修改蒙版的颜色。

显示背景：如果当前文档中包含多个图层，可以在“使用”下拉列表框中选择其他图层来作为查看背景；“模式”选项主要用来设置背景的查看方式；“不透明度”选项主要用来设置背景的不透明度。

★ 案例实战——使用液化滤镜为美女瘦身

案例文件	案例文件\第15章\使用液化滤镜为美女瘦身.psd
视频教学	视频文件\第15章\使用液化滤镜为美女瘦身.flv
难易指数	★★★★★
技术要点	“液化”滤镜

案例效果

本例使用“液化”滤镜中的工具对画面进行变形，从而达到为人像瘦身的目的，原图与效果图如图15-66和图15-67所示。

操作步骤

01 打开本书配套光盘中的素材文件1.jpg，如图15-68所示。

图 15-66

图 15-67

图 15-68

02 复制背景图层，并对其执行“滤镜>液化”命令，选中“高级模式”复选框，使用“向前变形工具”，设置“画笔大小”为450，由外向内涂抹，为人物瘦身，如图15-69所示。

03 更改“画笔大小”为150，调整人像肩颈处、手臂与上身之间的区域，如图15-70所示。

图 15-69

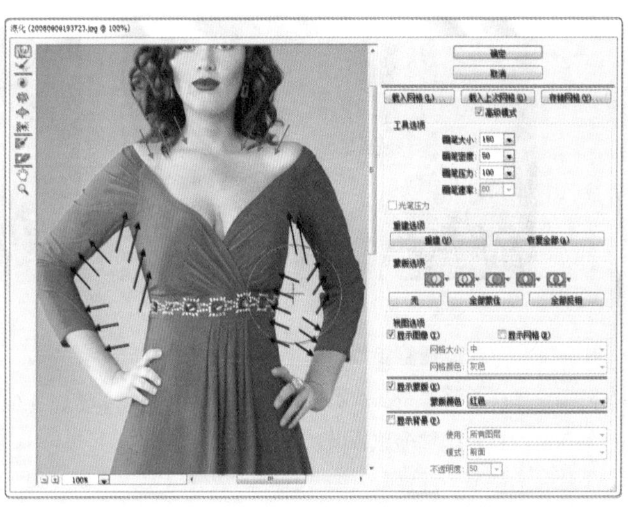

图 15-70

04 开始对人像面部进行调整。设置“画笔大小”为80，在人像下颌处向上进行调整，达到瘦脸的目的。单击“确定”按钮完成液化操作，如图15-71所示。

05 回到图层中，对液化完成的效果执行“自由变换”操作，单击鼠标右键，在弹出的快捷菜单中执行“透视”命令，调整照片透视角度，使人像显得更加高挑，如图15-72所示。

06 最终效果如图15-73所示。

图 15—71

图 15—72

图 15—73

15.2.5 详解“油画”滤镜

视频精讲：Photoshop CS6自学视频教程\96.油画滤镜的使用.flv

技术速查：使用“油画”滤镜可以为普通照片添加油画效果。“油画”滤镜最大的特点就是笔触鲜明，整体感觉厚重，有质感。

执行“滤镜>油画”命令，打开“油画”对话框，在这里可以对参数进行调整，如图15-74和图15-75所示。

图 15—74

图 15—75

- 样式化：通过调整参数调整笔触样式。
- 清洁度：通过调整参数设置纹理的柔化程度。
- 缩放：设置纹理缩放程度。
- 硬毛刷细节：设置画笔细节程度，数值越大，毛刷纹理越清晰。
- 角方向：设置光线的照射方向。
- 闪亮：控制纹理的清晰度，产生锐化效果。

★ 案例实战——使用油画滤镜制作淡彩油画

案例文件	案例文件\第15章\使用油画滤镜制作淡彩油画.psd
视频教学	视频文件\第15章\使用油画滤镜制作淡彩油画.flv
难易指数	★★★★★
技术要点	“油画”滤镜、调整图层

案例效果

本例主要是通过使用“油画”滤镜和调整图层制作淡彩油画效果，如图15-76所示。

图 15—76

操作步骤

01 打开素材文件1.jpg，如图15-77所示。执行“滤镜>油画”命令，设置“样式化”为3，“清洁度”为10，“缩放”为1，“硬毛刷细节”为5，“角方向”为0，“闪亮”为1，如图15-78所示。

图 15-77

图 15-78

02 执行“图层>新建调整图层>色相/饱和度”命令，设置“饱和度”为29，提高画面的饱和度，如图15-79所示。使用黑色画笔在调整图层蒙版中绘制人像部分，如图15-80所示。效果如图15-81所示。

图 15-79

图 15-80

图 15-81

03 执行“图层>新建调整图层>曲线”命令，调整RGB曲线的形状，如图15-82所示。为曲线调整图层蒙版填充黑色，使用白色画笔在蒙版中绘制人物的部分，如图15-83所示。效果如图15-84所示。

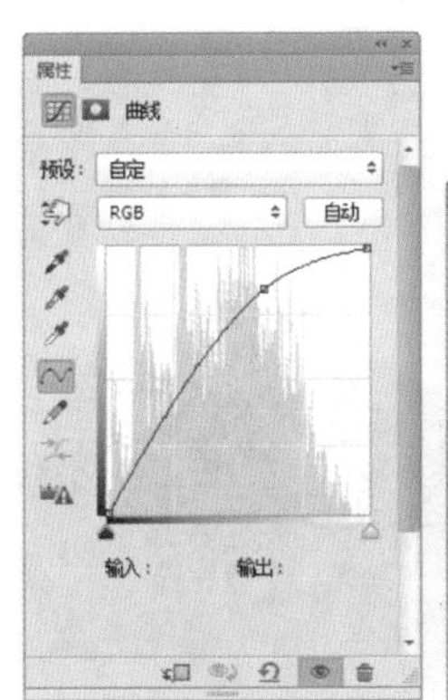

图 15-82

图 15-83

图 15-84

04 导入边框素材2.png，如图15-85所示。

05 继续创建曲线调整图层，设置通道为“红”，调整红通道曲线的形状，如图15-86所示。设置通道为RGB，调整曲线的形状，如图15-87所示。效果如图15-88所示。

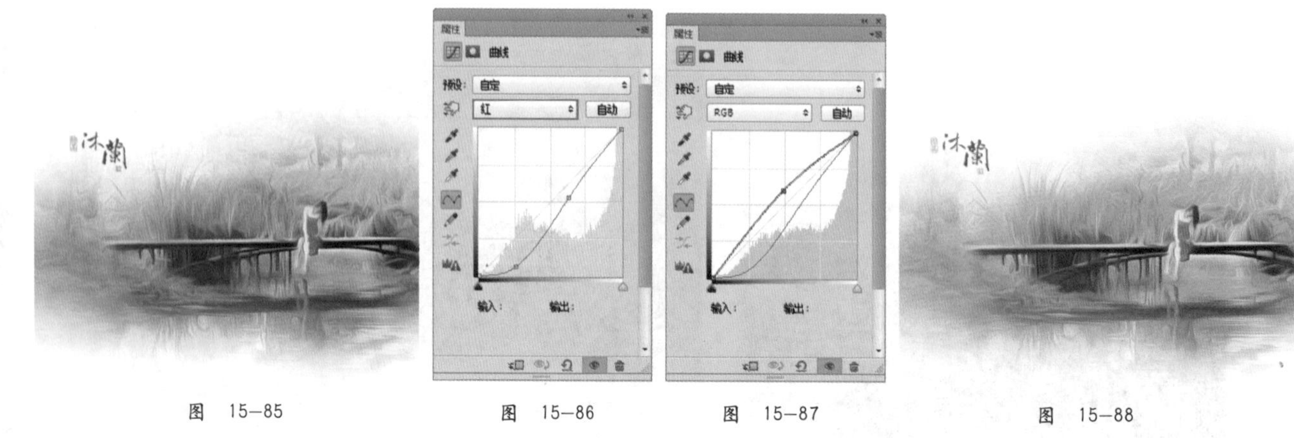

图 15-85 图 15-86 图 15-87 图 15-88

06 执行“图层>新建调整图层>色相/饱和度”命令，设置“色相”为7，“饱和度”为24，如图15-89所示。使用黑色画笔在调整图层蒙版中适当涂抹，如图15-90所示。最终效果如图15-91所示。

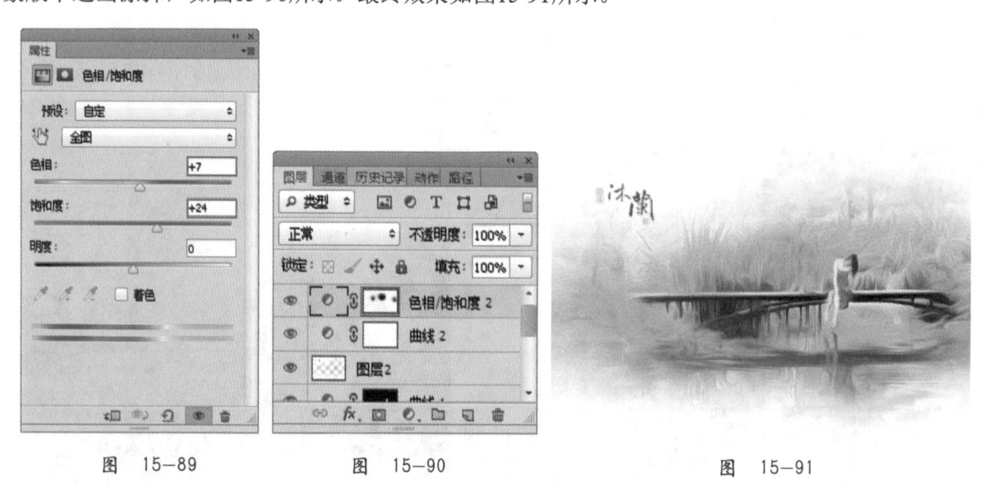

图 15-89 图 15-90 图 15-91

15.2.6 详解“消失点”滤镜

- 视频精讲：Photoshop CS6自学视频教程\97.消失点滤镜.flv
- 技术速查：使用“消失点”滤镜可以在包含透视平面（如建筑物的侧面、墙壁、地面或任何矩形对象）的图像中进行透视校正操作。

执行“滤镜>消失点”命令，打开“消失点”对话框，如图15-92所示。在修饰、仿制、复制、粘贴或移去图像内容时，Photoshop可以准确确定这些操作的方向。

- “编辑平面工具”：用于选择、编辑、移动平面的节点以及调整平面的大小，如图15-93所示是一个创建的透视平面，如图15-94所示是使用该工具修改过后的透视平面。

图 15-92

图 15-93

图 15-94

◎ “创建平面工具”：用于定义透视平面的4个角节点。创建好4个角节点以后，可以使用该工具对节点进行移动、缩放等操作。如果按住Ctrl键拖曳边节点，可以拉出一个垂直平面。另外，如果节点的位置不正确，可以按Backspace键删除该节点。

技巧提示

如果要结束对角节点的创建，不能按Esc键，否则会直接关闭“消失点”对话框，这样所做的一切操作都将丢失。另外，删除节点也不能按Delete键（不起任何作用），只能按Backspace键。

◎ “选框工具”：使用该工具可以在创建好的透视平面上绘制选区，以选中平面上的某个区域，如图15-95所示。建立选区以后，将光标放置在选区内，按住Alt键拖曳选区，可以复制图像，如图15-96所示。如果按住Ctrl键拖曳选区，则可以用源图像填充该区域。

◎ “图章工具”：使用该工具时，按住Alt键在透视平面内单击，可以设置取样点，如图15-97所示，然后在其他区域拖曳鼠标即可进行仿制操作，如图15-98所示。

图 15-95

图 15-96

图 15-97

图 15-98

技巧提示

选择“图章工具”后，在对话框的顶部可以设置该工具修复图像的“模式”。如果要绘画的区域不需要与周围的颜色、光照和阴影混合，可以选择“关”选项；如果要绘画的区域需要与周围的光照混合，同时又需要保留样本像素的颜色，可以选择“明亮度”选项；如果要绘画的区域需要保留样本像素的纹理，同时又要与周围像素的颜色、光照和阴影混合，可以选择“开”选项。

◎ “画笔工具”：该工具主要用来在透视平面上绘制选定的颜色。

◎ “变换工具”：该工具主要用来变换选区，其作用相当于执行“编辑>自由变换”命令。如图15-99所示是利用“选框工具”复制的图像，如图15-100所示是利用“变换工具”对选区进行变换以后的效果。

◎ “吸管工具”：可以使用该工具在图像上拾取颜色，以用作“画笔工具”的绘画颜色。

◎ “测量工具”：使用该工具可以在透视平面中测量项目的距离和角度。

图　15—99

图　15—100

- “抓手工具”：在预览窗口中移动图像。
- “缩放工具”：在预览窗口中放大或缩小图像的视图。

15.3 “风格化”滤镜组

- 视频精讲：Photoshop CS6自学视频教程\99.风格化滤镜组.flv

15.3.1　查找边缘

- 技术速查：使用“查找边缘”滤镜可以自动查找图像像素对比度变换强烈的边界。

对图像使用“查找边缘”滤镜，可以将高反差区变亮，将低反差区变暗，而其他区域则介于两者之间，同时硬边会变成线条，柔边会变粗，从而形成一个清晰的轮廓。如图15-101和图15-102所示为原始图像与使用“查找边缘”滤镜后的效果。

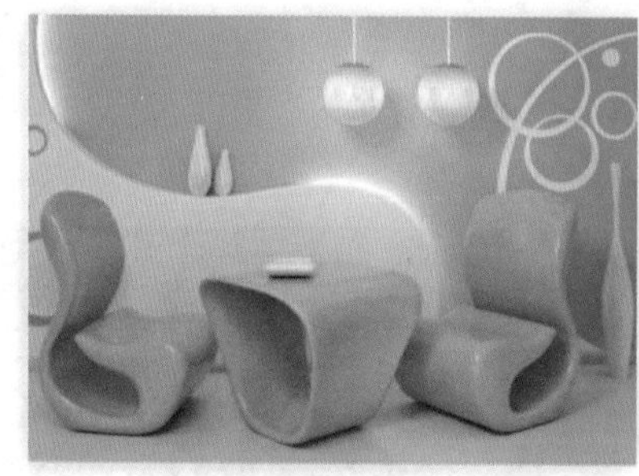

图　15—101

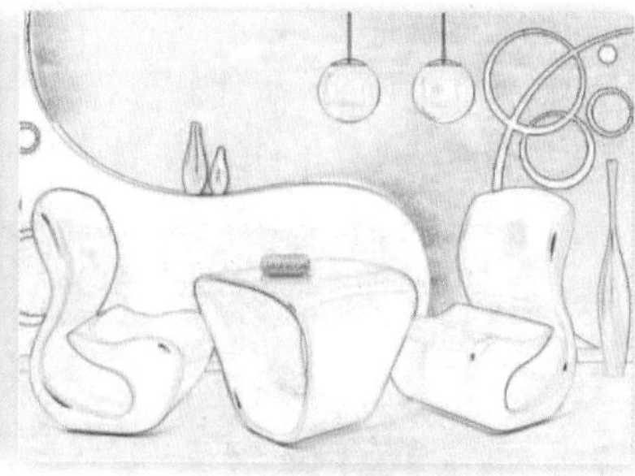

图　15—102

15.3.2　等高线

- 技术速查：“等高线”滤镜用于查找主要亮度区域，并为每个颜色通道勾勒主要亮度区域，以获得与等高线图中的线条类似的效果。

如图15-103和图15-104所示是原始图像以及“等高线”对话框。

- 色阶：用来设置区分图像边缘亮度的级别。
- 边缘：用来设置处理图像边缘的位置，以及便捷的产生方法。选中“较低”单选按钮时，可以在基准亮度等级以下的轮廓上生成等高线；选中“较高”单选按钮时，可以在基准亮度等级以上生成等高线。

图　15—103

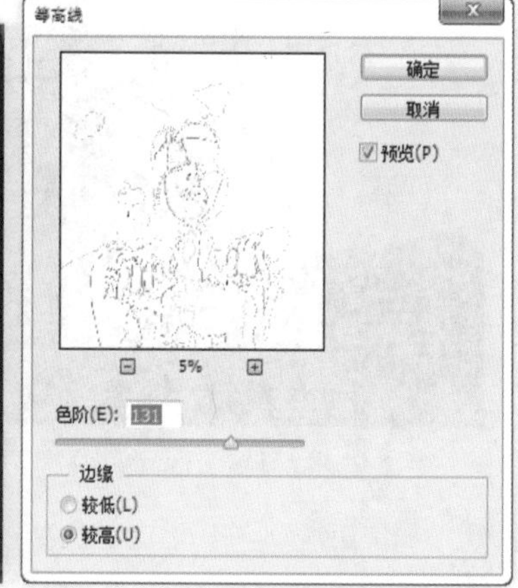

图　15—104

15.3.3　风

- 技术速查：“风”滤镜在图像中放置一些细小的水平线条来模拟风吹效果。

如图15-105和图15-106所示为原始图像与“风”对话框。

- 方法：包括“风”、“大风”和“飓风”3种等级，如图15-107～图15-109所示分别是这3种等级的效果。

图 15—105

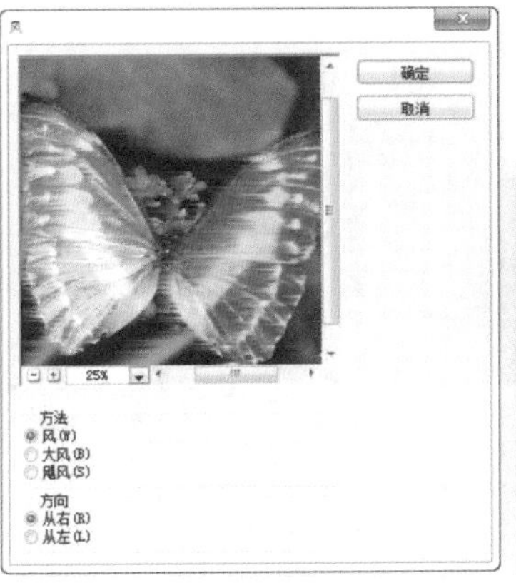

图 15—106

图 15—107

- 方向：用来设置风源的方向，包括“从右”和“从左”两种。

图 15—108

图 15—109

答疑解惑——如何制作垂直效果的“风”？

使用“风”滤镜只能制作风向右吹或向左吹的效果。如果要在垂直方向上制作风吹效果，就需要先旋转画布，然后再应用“风”滤镜，最后将画布旋转到原始位置即可。

15.3.4 浮雕效果

- 技术速查：“浮雕效果”滤镜可以通过勾勒图像或选区的轮廓和降低周围颜色值来生成凹陷或凸起的浮雕效果。

如图15-110和图15-111所示为原始图像以及“浮雕效果”对话框。

- 角度：用于设置浮雕效果的光线方向。光线方向会影响浮雕的凸起位置。
- 高度：用于设置浮雕效果的凸起高度。
- 数量：用于设置“浮雕”滤镜的作用范围。数值越大，边界越清晰（小于40%时，图像会变灰）。

图 15—110

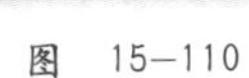

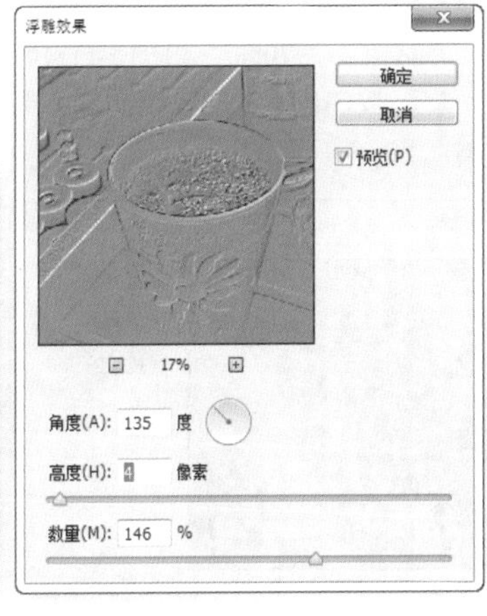

图 15—111

★ 案例实战——使用浮雕滤镜制作流淌文字

案例文件	案例文件\第15章\使用浮雕滤镜制作流淌文字.psd
视频教学	视频教学\第15章\使用浮雕滤镜制作流淌文字.flv
难度级别	★★★★★
技术要点	“浮雕效果”滤镜

案例效果

本例主要使用“浮雕效果”滤镜制作流淌质感的文字，效果如图15-112所示。

制作步骤

01 打开本书配套光盘中的素材文件1.jpg，如图15-113所示。使用文字工具在画面中输入文字，使用黑色画笔工具在文字周围绘制一些不规则的水滴图案。选中文字图层与水底图层，并按Ctrl+E组合键合并图层，如图15-114所示。

图 15-112

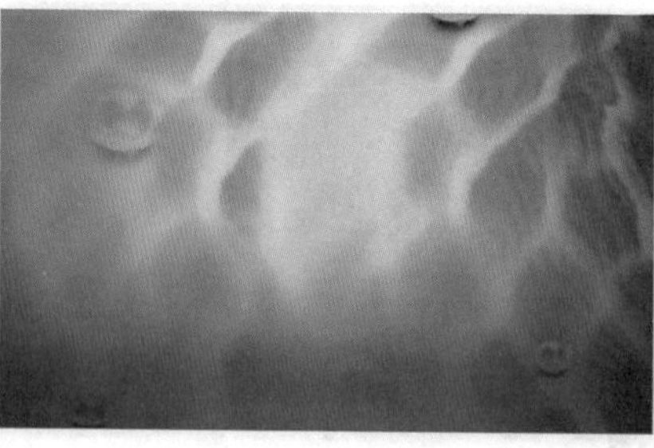

图 15-113

图 15-114

02 在合并图层下方新建图层，为其填充白色，选中文字图层以及白色背景图层，合并所有图层，如图15-115所示。

03 执行菜单栏中的“滤镜>模糊>高斯模糊”命令，在弹出的“高斯模糊”对话框中设置“半径”为6像素，如图15-116所示，效果如图15-117所示。

图 15-115

图 15-116

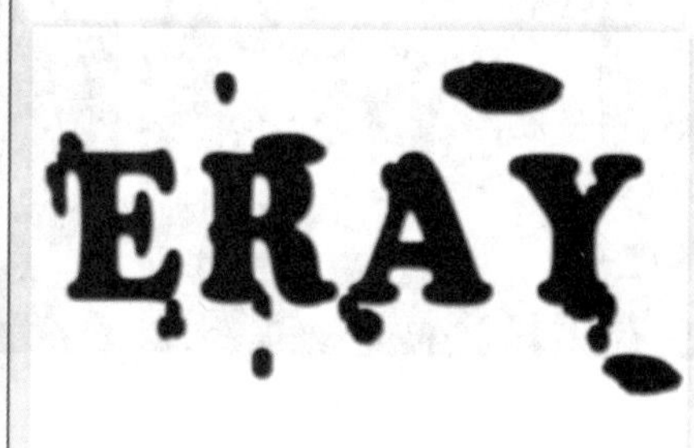

图 15-117

04 再次复制合并的文字图层，对其执行“滤镜>风格化>浮雕效果”命令，设置“角度”为100度，“高度”为14像素，“数量”为70%，如图15-118所示。效果如图15-119所示。

05 按Ctrl键单击文字图层，载入黑色流淌文字图层选区，如图15-120所示。为浮雕效果添加图层蒙版，如图15-121所示。

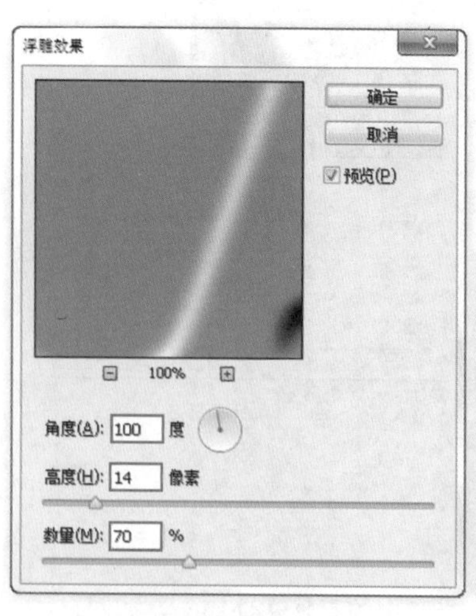

图 15-118

图 15-119

图 15-120

06 设置浮雕图层的混合模式为“强光”，如图15-122所示。导入光效素材2.png，效果如图15-123所示。

图 15-121

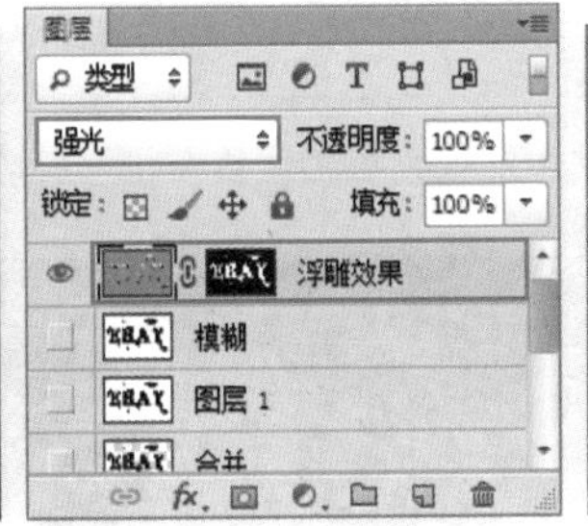
图 15-122

图 15-123

15.3.5 扩散

技术速查："扩散"滤镜可以通过使图像中相邻的像素按指定的方式移动，让图像形成一种类似于透过磨砂玻璃观察物体时的分离模糊效果。

如图15-124和图15-125所示为原始图像以及"扩散"对话框。

- 正常：使图像的所有区域都进行扩散处理，与图像的颜色值没有任何关系。
- 变暗优先：用较暗的像素替换亮部区域的像素，并且只有暗部像素产生扩散。
- 变亮优先：用较亮的像素替换暗部区域的像素，并且只有亮部像素产生扩散。
- 各向异性：使用图像中较暗和较亮的像素产生扩散效果，即在颜色变化最小的方向上搅乱像素。

图 15-124

图 15-125

15.3.6 拼贴

技术速查："拼贴"滤镜可以将图像分解为一系列块状，并使其偏离原来的位置，以产生不规则拼砖的图像效果。

如图15-126～图15-128所示为原始图像、应用"拼贴"滤镜以后的效果以及"拼贴"对话框。

- 拼贴数：用来设置在图像每行和每列中要显示的贴块数。
- 最大位移：用来设置拼贴偏移原始位置的最大距离。
- 填充空白区域用：用来设置填充空白区域使用的方法。

图 15-126 图 15-127 图 15-128

15.3.7 曝光过度

技术速查："曝光过度"滤镜可以混合负片和正片图像，产生类似于显影过程中将摄影照片短暂曝光的效果。

如图15-129和图15-130所示为原始图像及应用"曝光过度"滤镜以后的效果。

图 15-129

图 15-130

15.3.8 凸出

技术速查："凸出"滤镜可以将图像分解成一系列大小相同且有机重叠放置的立方体或锥体，以生成特殊的3D效果。

如图15-131～图15-133所示为原始图像、应用"凸出"滤镜以后的效果以及"凸出"对话框。

图 15-131

图 15-132

- 类型：用来设置三维方块的形状，包括"块"和"金字塔"两种，效果如图15-134和图15-135所示。
- 大小：用来设置立方体或金字塔底面的大小。
- 深度：用来设置凸出对象的深度。"随机"选项表示为每个块或金字塔设置一个随机的任意深度；"基于色阶"选项表示使每个对象的深度与其亮度相对应，亮度越高，图像越凸出。
- 立方体正面：选中该复选框，将失去图像的整体轮廓，生成的立方体上只显示单一的颜色，如图15-136所示。

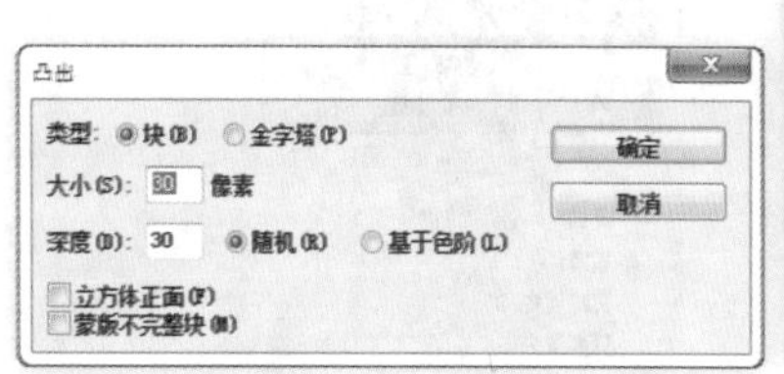

图 15-133

图 15-134

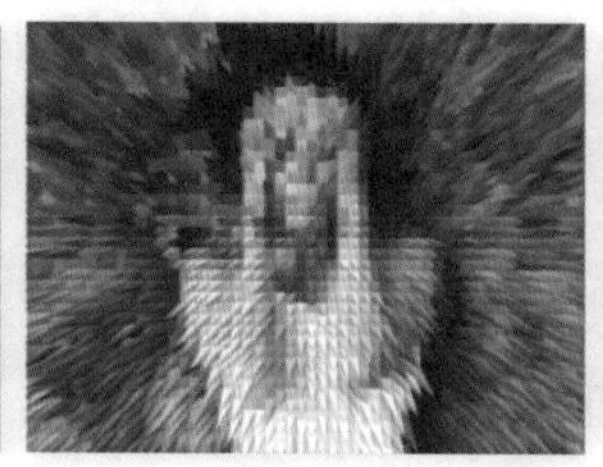

图 15-135

图 15-136

- 蒙版不完整块：选中该复选框，可使所有图像都包含在凸出的范围之内。

☆ 视频课堂——使用滤镜制作冰美人

案例文件\第15章\视频课堂——使用滤镜制作冰美人.psd
视频文件\第15章\视频课堂——使用滤镜制作冰美人.flv
思路解析：

01 使用"钢笔工具"将人像从背景中分离出来。同样将人像皮肤部分复制为单独的图层。
02 复制皮肤部分，使用"水彩"滤镜，并进行混合颜色带的调整。
03 复制皮肤部分，使用"照亮边缘"滤镜，设置混合模式，制作出发光效果。
04 复制皮肤部分，使用"铬黄渐变"滤镜，制作出银灰色质感效果，并设置混合模式。
05 进行一系列的颜色调整，并添加裂痕效果。

15.4 “模糊”滤镜组

视频精讲：Photoshop CS6自学视频教程\98.模糊滤镜与锐化滤镜.flv

15.4.1 场景模糊

技术速查：使用“场景模糊”滤镜可以使画面呈现出不同区域模糊程度不同的效果。

执行“滤镜>模糊>场景模糊”命令，在画面中单击放置多个“图钉”，选中每个图钉并通过调整模糊数值即可使画面产生渐变的模糊效果。调整完成后，在“模糊效果”面板中还可以针对模糊区域的“光源散景”、“散景颜色”、“光照范围”进行调整，如图15-137所示。

- 光源散景：用于控制光照亮度，数值越大，高光区域的亮度就越高。
- 散景颜色：通过调整数值控制散景区域颜色的程度。
- 光照范围：通过调整滑块，用色阶来控制散景的范围。

图　15—137

15.4.2 光圈模糊

技术速查：使用“光圈模糊”滤镜可将一个或多个焦点添加到图像中。

使用“光圈模糊”滤镜，可以根据不同的要求而对焦点的大小与形状、图像其余部分的模糊数量以及清晰区域与模糊区域之间的过渡效果进行相应的设置。执行“滤镜>模糊>光圈模糊”命令，在“模糊工具”面板中可以对“光圈模糊”的数值进行设置，数值越大，模糊程度也越大。在“模糊效果”面板中还可以针对模糊区域的“光源散景”、“散景颜色”、“光照范围”进行调整，如图15-138所示。也可以将光标定位到控制框上，调整控制框的大小以及圆度，调整完成后单击选项栏中的“确定”按钮即可，如图15-139所示。

图　15—138

图　15—139

15.4.3 倾斜偏移

技术速查：使用“倾斜偏移”滤镜可以轻松地模拟“移轴摄影”效果。

移轴摄影，即移轴镜摄影，泛指利用移轴镜头创作的作品，所拍摄的照片效果就像是缩微模型一样，非常特别，如图15-140和图15-141所示。

图 15—140

图 15—141

执行“滤镜>模糊>倾斜偏移”命令，通过调整中心点的位置可以调整清晰区域的位置，调整控制框可以调整清晰区域的大小，如图15-142所示。

图 15—142

★ 案例实战——倾斜偏移滤镜制作移轴摄影

案例文件	案例文件\第15章\倾斜偏移滤镜制作移轴摄影.psd
视频教学	视频文件\第15章\倾斜偏移滤镜制作移轴摄影.flv
难易指数	★★★★★
技术要点	“倾斜偏移”滤镜

案例效果

本例主要是通过使用“倾斜偏移”滤镜制作移轴摄影效果，如图15-143所示。

操作步骤

01 打开素材文件1.jpg，如图15-144所示。

图 15—143

图 15—144

读书笔记

02 对其执行“滤镜>模糊>倾斜偏移”命令，设置“模糊”为“50像素”，调整好光圈位置，使清晰的区域位于画面的下半部分，如图15-145所示。调整完成后单击顶部的“确定”按钮，最终效果如图15-146所示。

图 15—145

图 15—146

15.4.4 表面模糊

- 技术速查：“表面模糊”滤镜可以在保留边缘的同时模糊图像，可以用该滤镜创建特殊效果并消除杂色或粒度。

如图15-147和图15-148所示为原始图像以及“表面模糊”对话框。

- 半径：用于设置模糊取样区域的大小。
- 阈值：控制相邻像素色调值与中心像素值相差多大时才能成为模糊的一部分。色调值差小于阈值的像素将被排除在模糊之外。

图 15—147

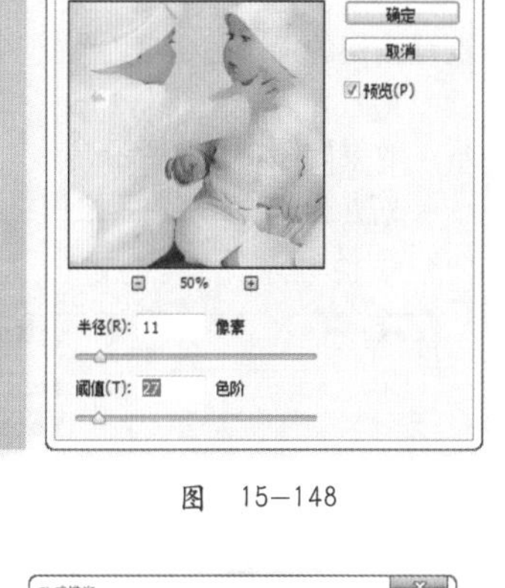

图 15—148

15.4.5 动感模糊

- 技术速查：“动感模糊”滤镜可以沿指定的方向（-360°～360°），以指定的距离（1～999）进行模糊，所产生的效果类似于在固定的曝光时间拍摄一个高速运动的对象。

如图15-149和图15-150所示为原始图像以及“动感模糊”对话框。

- 角度：用来设置模糊的方向。
- 距离：用来设置像素模糊的程度。

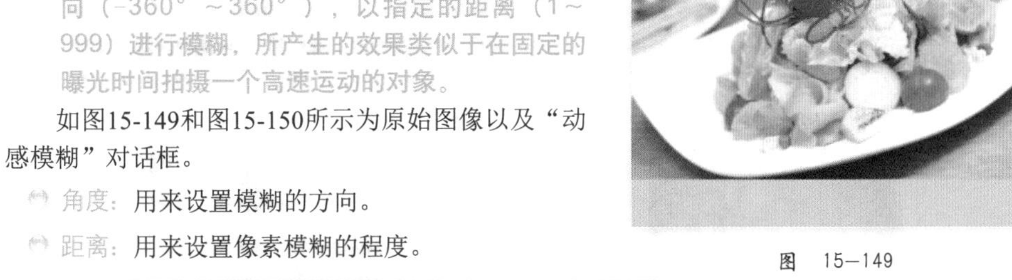

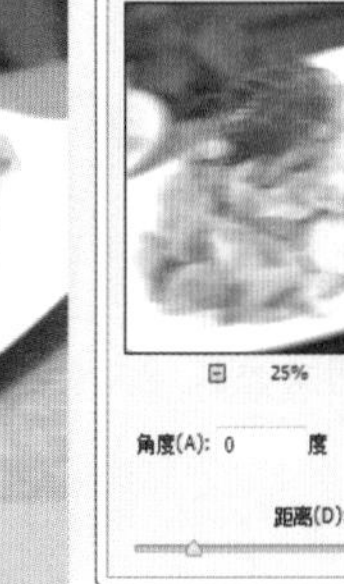

图 15—149

图 15—150

★ 案例实战——动感模糊滤镜制作动感光效人像

案例文件	案例文件\第15章\动感模糊滤镜制作动感光效人像.psd
视频教学	视频文件\第15章\动感模糊滤镜制作动感光效人像.flv
难易指数	★★★★★
技术要点	“动感模糊”滤镜、调整图层

案例效果

本例主要是通过使用“动感模糊”滤镜以及调整图层制作动感光效人像，如图15-151所示。

操作步骤

01 打开素材文件1.jpg，如图15-152所示。使用“快速选择工具”绘制人像选区，并将人像部分复制出“人像1”图层与“人像2”图层，如图15-153所示。

02 选中“人像1”图层，对其执行“滤镜>模糊>动感模糊”命令，设置“角度”为0度，“距离”为800像素，如图15-154所示。效果如图15-155所示。

图 15-151

图 15-152

图 15-153

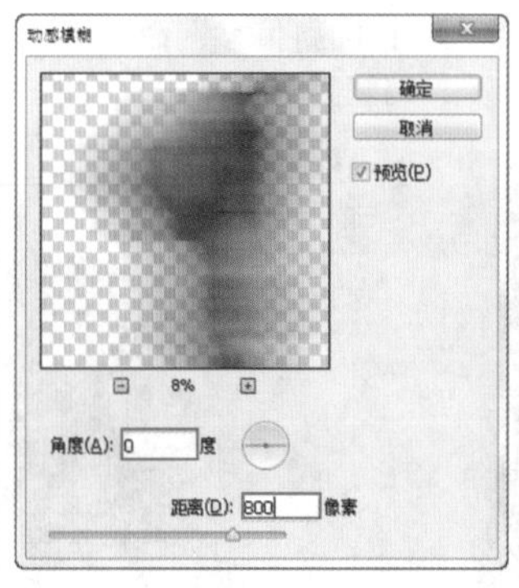

图 15-154

图 15-155

03 为该图层添加图层蒙版。使用黑色画笔在蒙版中绘制人像部分，设置“人像1”图层的“不透明度”为80%，如图15-156所示。效果如图15-157所示。

04 选择“人像2”图层，执行“滤镜>模糊>动感模糊”命令，设置“角度”为55度，“距离”为600像素，如图15-158所示。效果如图15-159所示。

05 同样为其添加图层蒙版，使用黑色画笔在蒙版中绘制人像部分，设置图层的“不透明度”为35%，如图15-160所示。效果如图15-161所示。

06 导入光效素材2.jpg，设置其混合模式为“滤色”，如图15-162所示。效果如图15-163所示。

07 执行“图层>新建调整图层>曲线”命令，调整曲线形状，增强画面对比度，如图15-164所示。最终效果如图15-165所示。

图 15-156

图 15-157

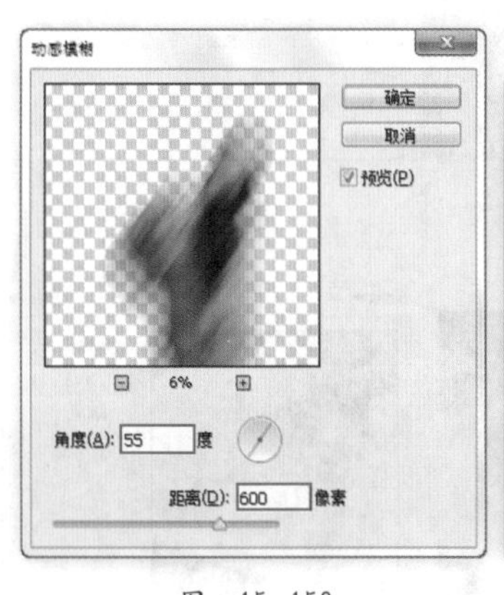

图 15-158

图 15-159

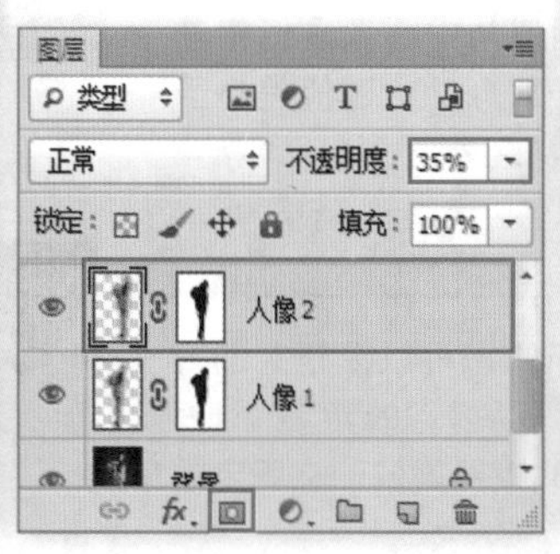

图 15-160

图 15-161

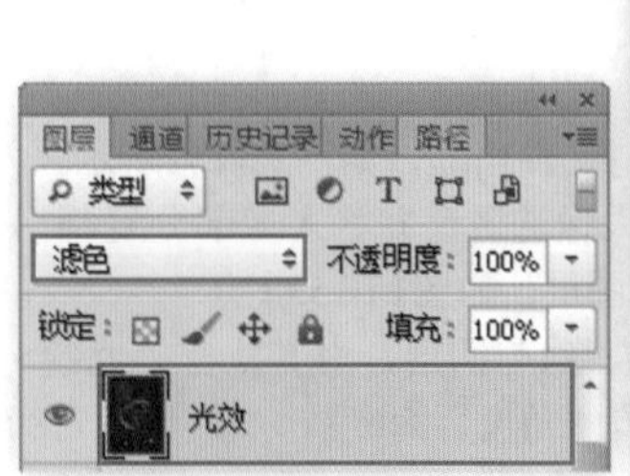

图 15-162

图 15-163

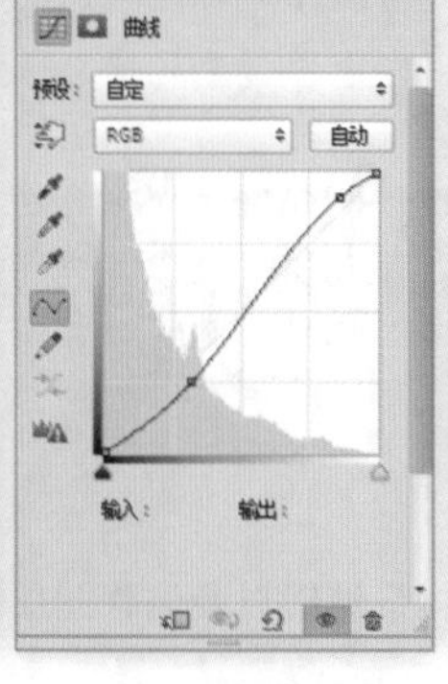

图 15-164

图 15-165

15.4.6 方框模糊

技术速查："方框模糊"滤镜可以基于相邻像素的平均颜色值来模糊图像，生成的模糊效果类似于方块模糊。

如图15-166和图15-167所示为原始图像以及"方框模糊"对话框。

半径：调整用于计算指定像素平均值的区域大小。数值越大，产生的模糊效果越好。

图 15—166　　图 15—167

15.4.7 高斯模糊

技术速查："高斯模糊"滤镜可以向图像中添加低频细节，使图像产生一种朦胧的模糊效果。

如图15-168和图15-169所示为原始图像以及"高斯模糊"对话框。

图 15—168　　图 15—169

半径：调整用于计算指定像素平均值的区域大小。数值越大，产生的模糊效果越好。

★ 案例实战——使用高斯模糊降噪

案例文件	案例文件\第15章\使用高斯模糊降噪.psd
视频教学	视频文件\第15章\使用高斯模糊降噪.flv
难易指数	★★★★★
技术要点	"高斯模糊"滤镜、历史记录画笔工具

案例效果

本例主要使用"高斯模糊"滤镜和"历史记录画笔工具"制作画面降噪效果，如图15-170所示。

图 15—170

操作步骤

01 打开本书配套光盘中的素材文件1.jpg，如图15-171所示。通过观察发现人物皮肤过于粗糙，如图15-172所示，下面将对其进行磨皮处理。

图 15—171

02 执行"滤镜>模糊>高斯模糊"命令，在弹出的"高斯模糊"对话框中设置"半径"为8像素，单击"确定"按钮结束操作，如图15-173所示。效果如图15-174所示。

03 进入"历史记录"面板，标记最后一项"高斯模糊"，并回到上一步骤状态下，如图15-175所示。单击工具箱中的"历史记录画笔工具"按钮，适当调整画笔大小，对裸露皮肤进行适当涂抹，如图15-176所示。

图 15—172

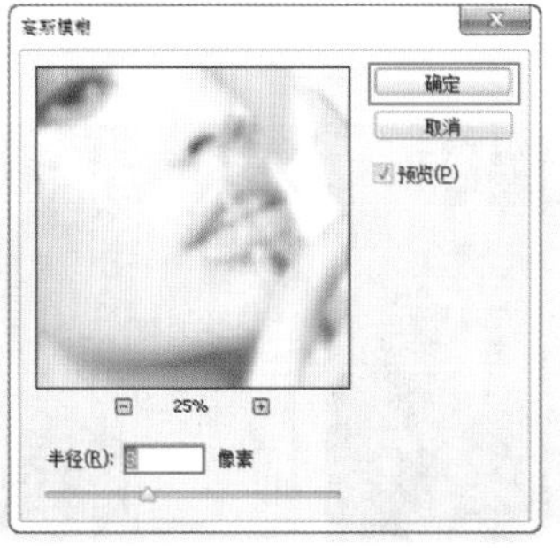

图 15—173

图 15—174

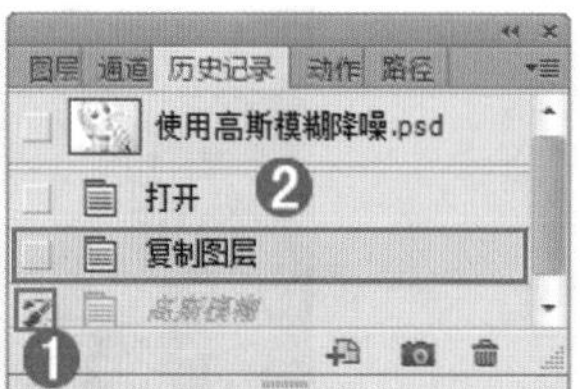

图 15—175

04 再次执行“滤镜>模糊>高斯模糊”命令，设置“半径”为4像素，如图15-177所示。同样进入“历史记录”面板，使用“历史记录画笔工具”，在人像颈部进行涂抹，如图15-178所示。

05 单击工具箱中的“横排文字工具”按钮T，设置合适的字体及大小，在右上角输入英文。最终效果如图15-179所示。

图 15-176

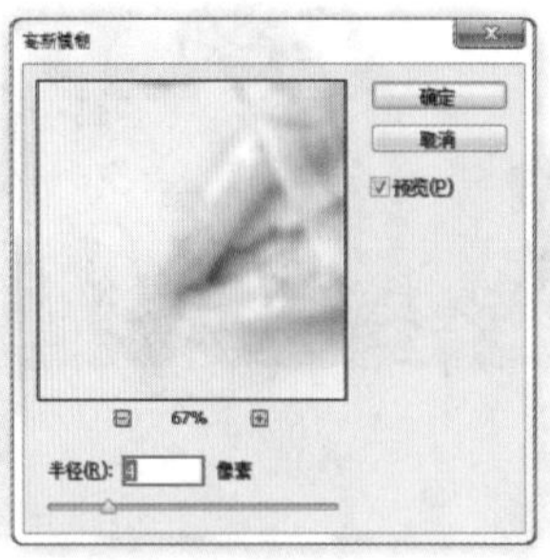

图 15-177

图 15-178

图 15-179

15.4.8 进一步模糊

技术速查：“进一步模糊”滤镜可以平衡已定义的线条和遮蔽区域清晰边缘旁边的像素，使变化显得柔和（该滤镜属于轻微模糊滤镜，并且没有参数设置对话框）。

如图15-180所示为原始图像，应用“进一步模糊”滤镜以后的效果如图15-181所示。

图 15-180

图 15-181

15.4.9 径向模糊

技术速查：“径向模糊”滤镜用于模拟缩放或旋转相机时所产生的模糊，产生的是一种柔化的模糊效果。

如图15-182～图15-184所示为原始图像、应用“径向模糊”滤镜以后的效果以及“径向模糊”对话框。

数量：用于设置模糊的强度。数值越大，模糊效果越明显。

模糊方法：选中“旋转”单选按钮时，图像可以沿同心圆环线产生旋转的模糊效果，如图15-185所示；选中“缩放”单选按钮时，可以从中心向外产生反射模糊效果，如图15-186所示。

图 15-182

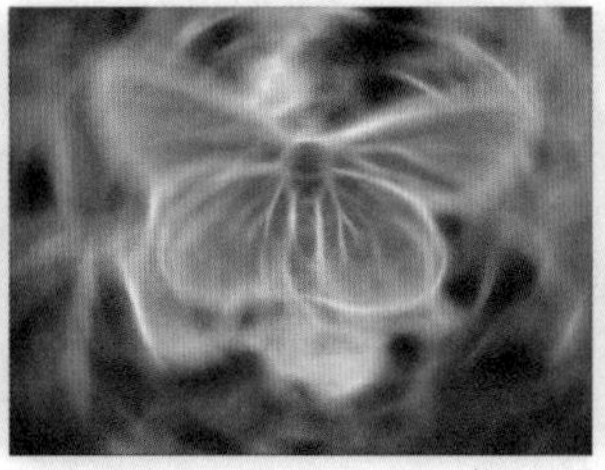

图 15-183

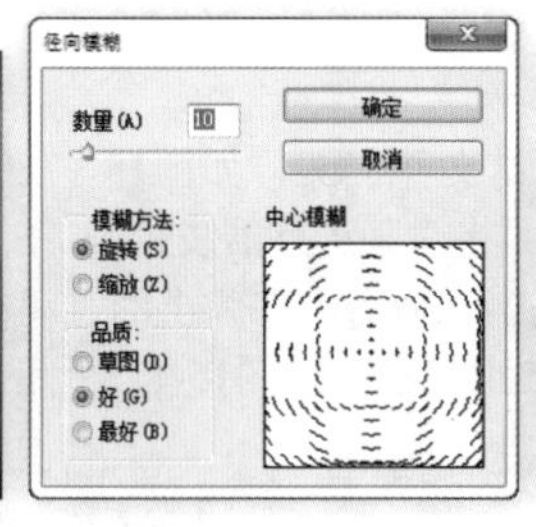

图 15-184

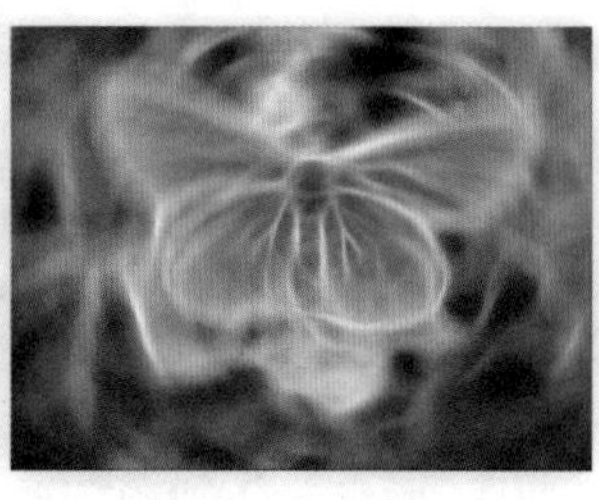

图 15-185

中心模糊：将光标放置在设置框中，使用鼠标左键拖曳可以定位模糊的原点，原点位置不同，模糊中心也不同，如图15-187和图15-188所示。

图 15-186

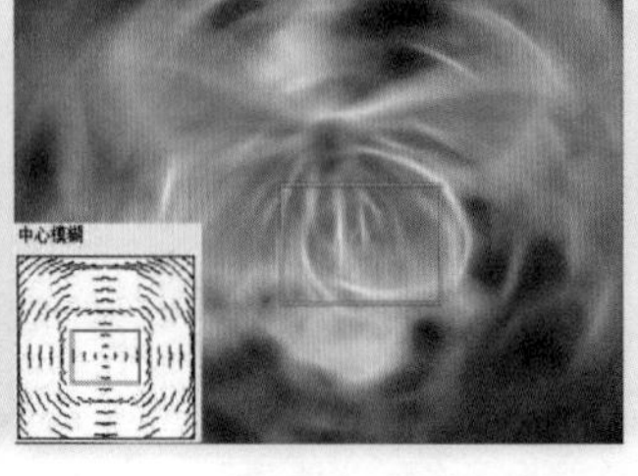

图 15-187

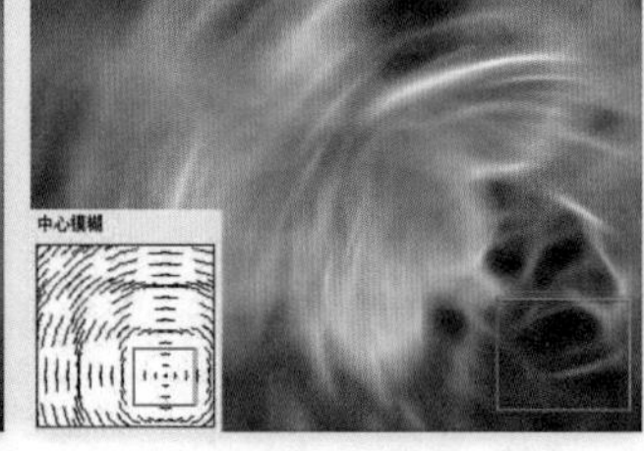

图 15-188

- 品质：用来设置模糊效果的质量。“草图”的处理速度较快，但会产生颗粒效果；“好”和“最好”的处理速度较慢，但是生成的效果比较平滑。

15.4.10 镜头模糊

- 技术速查：使用“镜头模糊”滤镜可以向图像中添加模糊，模糊效果取决于模糊的“源”设置。

如果图像中存在Alpha通道或图层蒙版，则可以为图像中的特定对象创建景深效果，使该对象在焦点内，而使另外的区域变得模糊。例如，如图15-189所示是一张普通人物照片，图像中没有景深效果。如果要模糊背景区域，就可以将该区域存储为选区蒙版或Alpha通道，如图15-190和图15-191所示。这样在应用“镜头模糊”滤镜时，将“源”设置为“图层蒙版”或Alpha1通道，就可以模糊选区中的图像，即模糊背景区域，如图15-192所示。

图 15—189

图 15—190

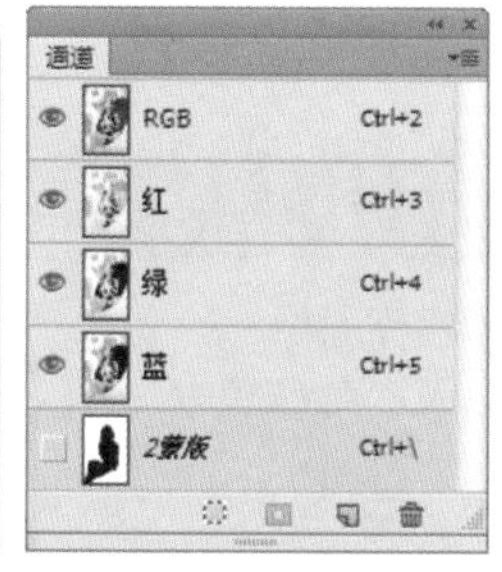

图 15—191

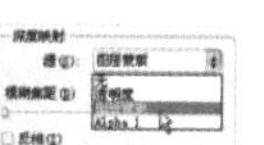
图 15—192

执行“滤镜>模糊>镜头模糊”命令，可以打开“镜头模糊”对话框，如图15-193所示。

图 15—193

- 预览：用来设置预览模糊效果的方式。选中“更快”单选按钮，可以提高预览速度；选中“更加准确”单选按钮，可以查看模糊的最终效果，但生成的预览时间更长。
- 深度映射：从“源”下拉列表框中可以选择使用Alpha通道或图层蒙版来创建景深效果（前提是图像中存在Alpha通道或图层蒙版），其中通道或蒙版中的白色区域将被模糊，而黑色区域则保持原样；“模糊焦距”选项用来设置位于角点内的像素的深度；“反相”选项用来反转Alpha通道或图层蒙版。
- 光圈：该选项组用来设置模糊的显示方式。“形状”选项用来选择光圈的形状；“半径”选项用来设置模糊的数量；“叶片弯度”选项用来设置对光圈边缘进行平滑处理的程度；“旋转”选项用来旋转光圈。
- 镜面高光：该选项组用来设置镜面高光的范围。“亮度”选项用来设置高光的亮度；“阈值”选项用来设置亮度的停止点，比停止点值亮的所有像素都被视为镜面高光。
- 杂色：“数量”选项用来在图像中添加或减少杂色；“分布”选项用来设置杂色的分布方式，包括“平均”和“高斯分布”两种；如果选中“单色”复选框，则添加的杂色为单一颜色。

15.4.11 模糊

- 技术速查：“模糊”滤镜用于在图像中有显著颜色变化的地方消除杂色。

“模糊”滤镜可以通过平衡已定义的线条和遮蔽区域清晰边缘旁边的像素来使图像变得柔和（该滤镜没有参数设置对话框）。如图15-194所示为原始图像，如图15-195所示为应用“模糊”滤镜以后的效果。

图 15—194

图 15—195

技巧提示

“模糊”滤镜与“进一步模糊”滤镜都属于轻微模糊滤镜。相比于“进一步模糊”滤镜，“模糊”滤镜的模糊效果要低3～4倍。

15.4.12 平均

技术速查：“平均”滤镜可以查找图像或选区的平均颜色，并使用该颜色填充图像或选区，以创建平滑的外观效果。

如图15-196所示为原始图像，框选其中一部分区域，执行“滤镜>模糊>平均”命令，该区域变为平均色效果，如图15-197所示。

图 15—196

图 15—197

15.4.13 特殊模糊

技术速查：“特殊模糊”滤镜可以精确地模糊图像。

如图15-198和图15-199所示为原始图像以及“特殊模糊”对话框。

- 半径：用来设置要应用模糊的范围。
- 阈值：用来设置像素具有多大差异才会被模糊处理。
- 品质：设置模糊效果的质量，包括“低”、“中等”和“高”3种。
- 模式：选择“正常”选项，不会在图像中添加任何特殊效果，如图15-200所示；选择“仅限边缘”选项，将以黑色显示图像，以白色描绘出图像边缘像素亮度值变化强烈的区域，如图15-201所示；选择“叠加边缘”选项，将以白色描绘出图像边缘像素亮度值变化强烈的区域，如图15-202所示。

图 15—198

图 15—199

图 15—200

图 15—201

图 15—202

15.4.14 形状模糊

技术速查：“形状模糊”滤镜可以用设置的形状来创建特殊的模糊效果。

如图15-203和图15-204所示为原始图像以及“形状模糊”对话框。

- 半径：用来调整形状的大小。数值越大，模糊效果越好。
- 形状列表：在形状列表中选择一个形状，可以使用该形状来模糊图像。单击形状列表右侧的三角形图标，可以载入预设的形状或外部的形状。

图 15—203

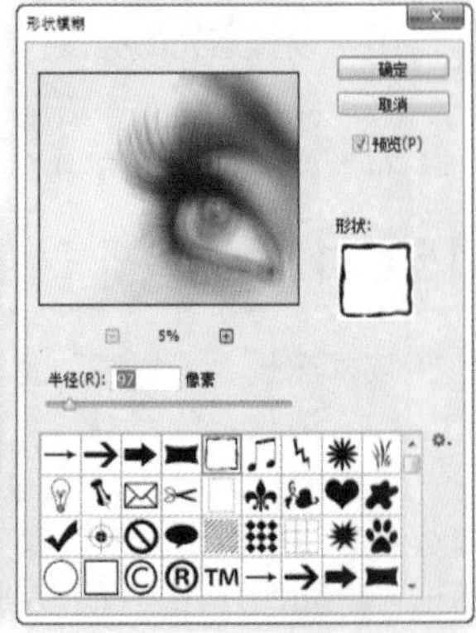

图 15—204

15.5 “扭曲”滤镜组

视频精讲：Photoshop CS6自学视频教程\100.扭曲滤镜组.flv

15.5.1 波浪

技术速查：“波浪”滤镜可以在图像上创建类似于波浪起伏的效果。

如图15-205和图15-206所示为原始图像以及“波浪”对话框。

图 15-205

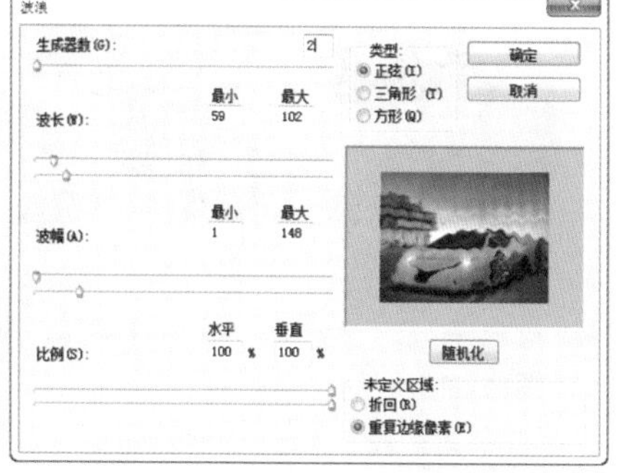

图 15-206

- 生成器数：用来设置波浪的强度。
- 波长：用来设置相邻两个波峰之间的水平距离，包括“最小”和“最大”两个选项，其中“最小”数值不能超过“最大”数值。
- 波幅：设置波浪的宽度（最小）和高度（最大）。
- 比例：设置波浪在水平方向和垂直方向上的波动幅度。
- 类型：选择波浪的形态，包括“正弦”、“三角形”和“方形”3种形态，如图15-207～图15-209所示。

图 15-207

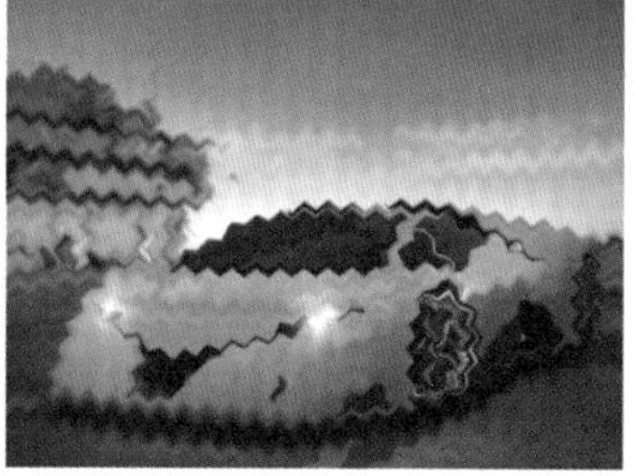

图 15-208

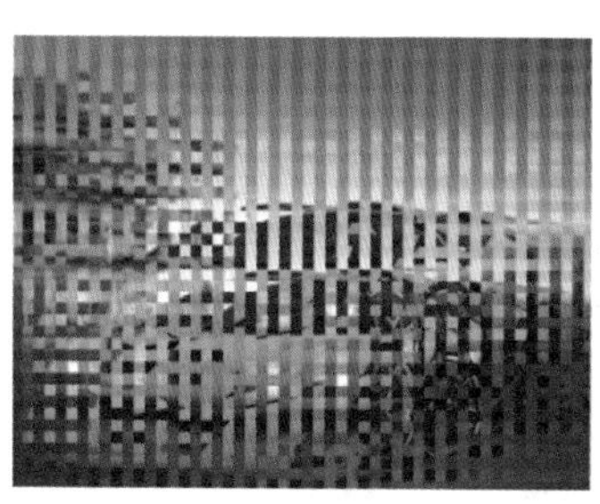

图 15-209

- 随机化：如果对波浪效果不满意，可以单击该按钮，以重新生成波浪效果。
- 未定义区域：用来设置空白区域的填充方式。选中“折回”单选按钮，可以在空白区域填充溢出的内容；选中“重复边缘像素”单选按钮，可以填充扭曲边缘的像素颜色。

15.5.2 波纹

技术速查：“波纹”滤镜与“波浪”滤镜类似，但只能控制波纹的数量和大小。

如图15-210和图15-211所示为原始图像以及“波纹”对话框。

图 15-210

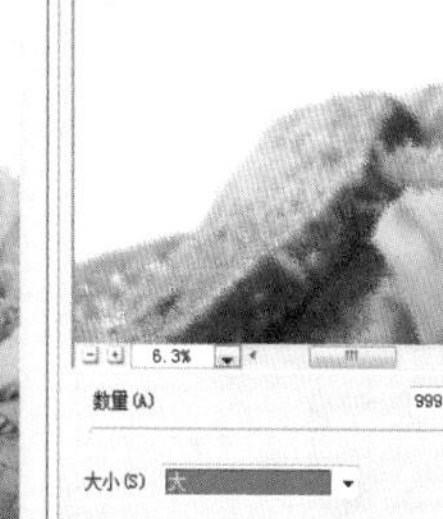

图 15-211

- 数量：用于设置产生波纹的数量。
- 大小：选择所产生的波纹的大小。

15.5.3 极坐标

技术速查：“极坐标”滤镜可以将图像从平面坐标转换到极坐标，或从极坐标转换到平面坐标。

如图15-212和图15-213所示为原始图像以及“极坐标”对话框。

- 平面坐标到极坐标：使矩形图像变为圆形图像，如图15-214所示。

图 15-212

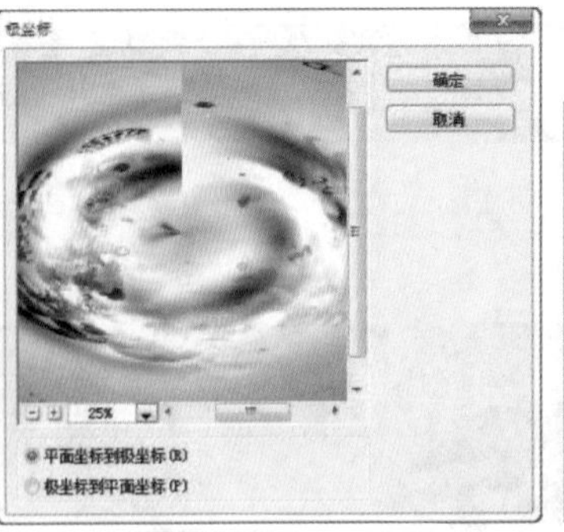

图 15-213

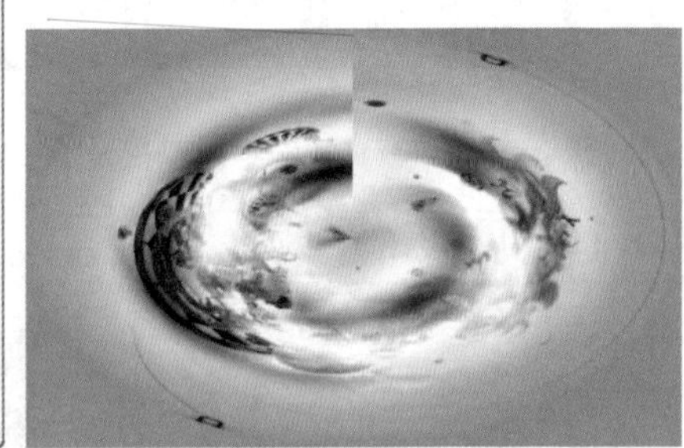

图 15-214

- 极坐标到平面坐标：使圆形图像变为矩形图像，如图15-215所示。

图 15-215

★ 案例实战——极坐标滤镜制作极地星球

案例文件	案例文件\第15章\极坐标滤镜制作极地星球.psd
视频教学	视频文件\第15章\极坐标滤镜制作极地星球.flv
难易指数	★★★★★
知识掌握	掌握“极坐标”滤镜的使用方法

案例效果

本例通过对宽幅全景图使用“极坐标”滤镜，将其转换为鱼眼镜头拍摄的极地星球效果，如图15-216所示。

操作步骤

01 打开素材文件，按住Alt键双击背景图层，将其转换为普通图层，如图15-217所示。

图 15-216

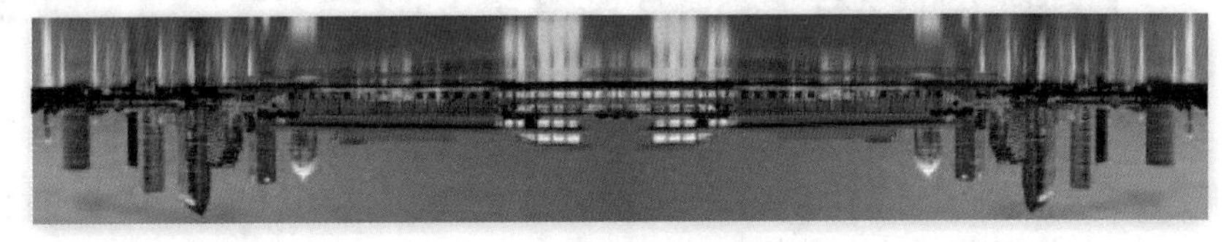

图 15-217

02 执行“滤镜>扭曲>极坐标”命令，在弹出的“极坐标”对话框中选中“平面坐标到极坐标”单选按钮，单击“确定”按钮结束操作，如图15-218所示。效果如图15-219所示。

03 使用“自由变换”快捷键Ctrl+T，将当前图层进行横向缩放，按Ctrl+Enter组合键结束操作。最终效果如图15-220所示。

图 15-218

图 15-219

图 15-220

15.5.4 挤压

技术速查："挤压"滤镜可以将选区内的图像或整个图像向外或向内挤压。

如图15-221和图15-222所示为原始图像以及"挤压"对话框。

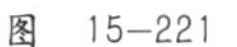

图 15-221

数量：用来控制挤压图像的程度。当数值为负值时，图像会向外挤压，如图15-223所示；当数值为正值时，图像会向内挤压，如图15-224所示。

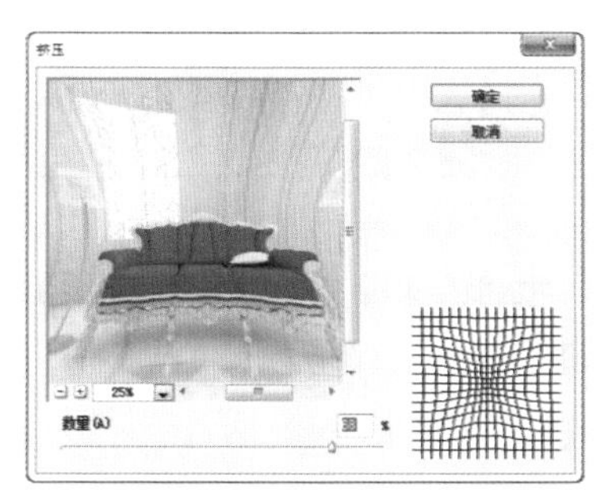

图 15-222

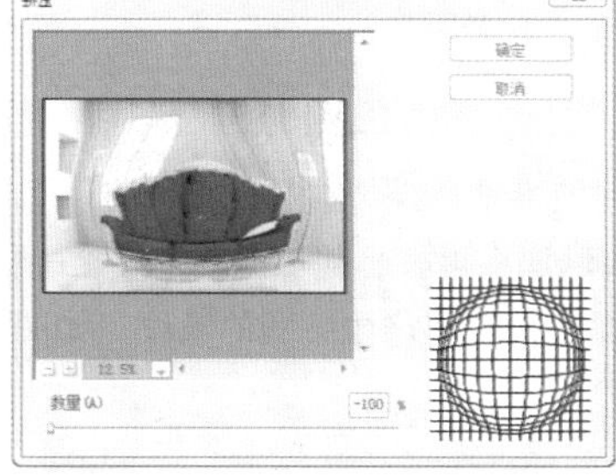

图 15-223

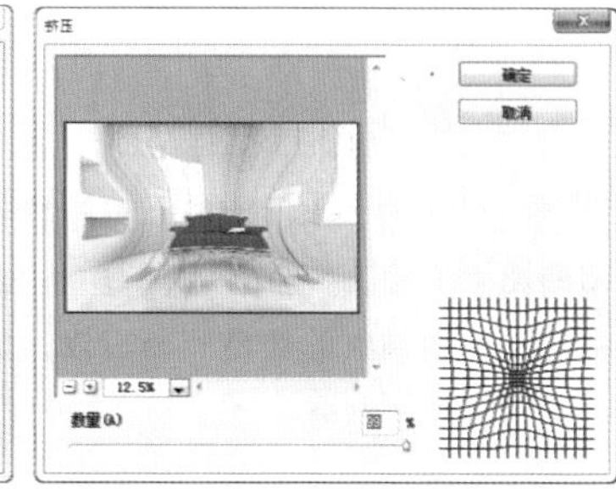

图 15-224

15.5.5 切变

技术速查："切变"滤镜可以沿一条曲线扭曲图像，通过拖曳调整框中的曲线可以应用相应的扭曲效果。

如图15-225和图15-226所示为原始图像以及"切变"对话框。

曲线调整框：可以通过控制曲线的弧度来控制图像的变形效果，如图15-227和图15-228所示为不同的变形效果。

图 15-225

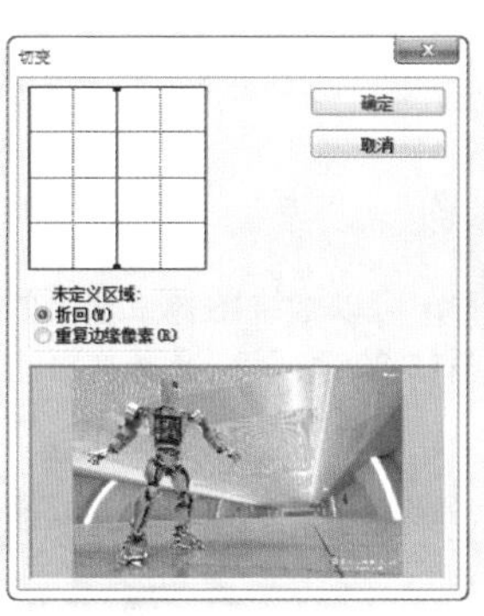

图 15-226

图 15-227

图 15-228

折回：在图像的空白区域中填充溢出图像之外的图像内容。

重复边缘像素：在图像边界不完整的空白区域填充扭曲边缘的像素颜色。

15.5.6 球面化

技术速查："球面化"滤镜可以将选区内的图像或整个图像扭曲为球形。

如图15-229和图15-230所示为原始图像以及"球面化"对话框。

数量：用来设置图像球面化的程度。当设置为正值时，图像会向外凸起，如图15-231所示；当设置为负值时，图像会向内收缩，如图15-232所示。

模式：用来选择图像的挤压方式，包括"正常"、"水平优先"和"垂直优先"3种方式。

图 15-229

图 15-230

图 15-231

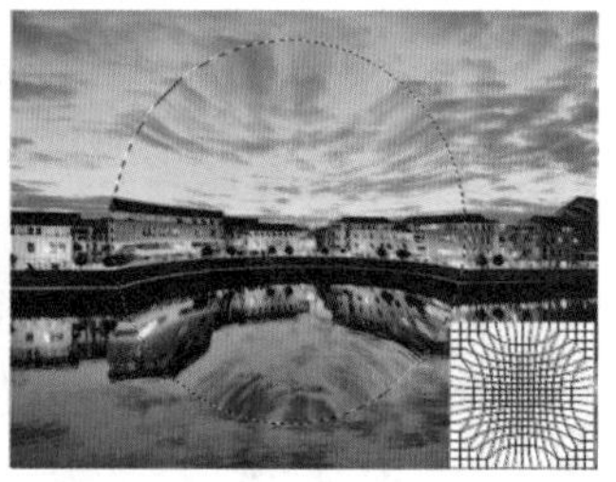

图 15-232

15.5.7 水波

技术速查："水波"滤镜可以使图像产生真实的水波波纹效果。

为原图创建一个选区，如图15-233所示。执行"滤镜>扭曲>水波"命令，打开"水波"对话框，如图15-234所示。

数量：用来设置波纹的数量。当设置为负值时，将产生下凹的波纹，如图15-235所示；当设置为正值时，将产生上凸的波纹，如图15-236所示。

图 15-233

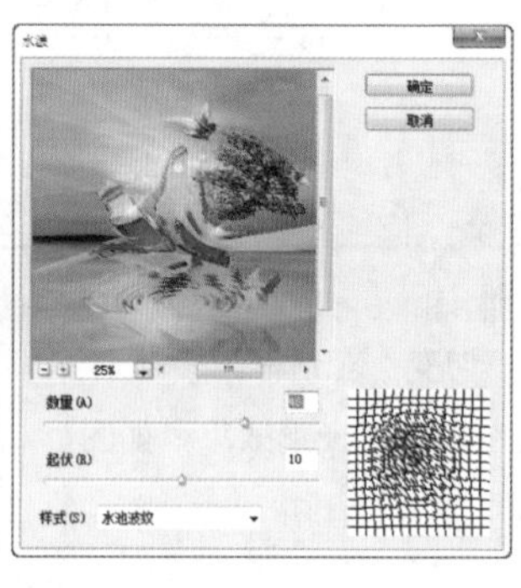

图 15-234

图 15-235

起伏：用来设置波纹的数量。数值越大，波纹越多。

样式：用来选择生成波纹的方式。选择"围绕中心"选项时，可以围绕图像或选区的中心产生波纹，如图15-237所示；选择"从中心向外"选项时，波纹将从中心向外扩散，如图15-238所示；选择"水池波纹"选项时，可以产生同心圆形状的波纹，如图15-239所示。

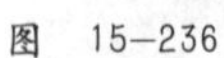

图 15-236

图 15-237

图 15-238

图 15-239

15.5.8 旋转扭曲

技术速查："旋转扭曲"滤镜可以沿顺时针或逆时针旋转图像，旋转会围绕图像的中心进行处理。

如图15-240所示为原始图像，如图15-241所示为"旋转扭曲"对话框。

角度：用来设置旋转扭曲的方向。当设置为正值时，会沿顺时针方向进行扭曲，如图15-242所示；当设置为负值时，会沿逆时针方向进行扭曲，如图15-243所示。

图 15-240

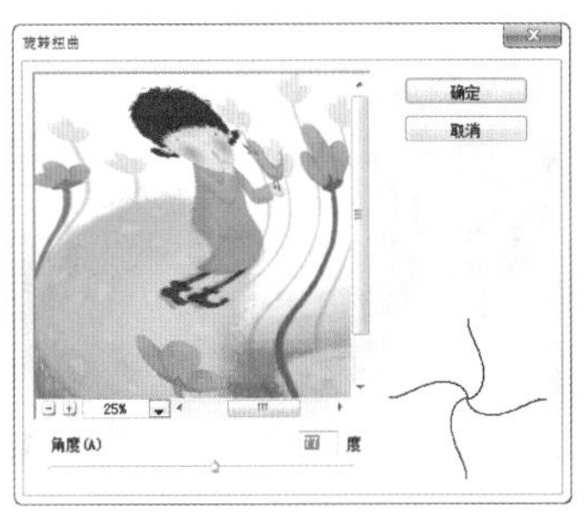

图 15-241

图 15-242

图 15-243

15.5.9 置换

技术速查：“置换”滤镜可以用另外一张图像（必须为PSD文件）的亮度值使当前图像的像素重新排列，并产生位移效果。

打开一个素材文件，如图15-244所示。执行“滤镜>扭曲>置换”命令，弹出“置换”对话框，如图15-245所示。在对话框中设置合适的参数，单击“确定”按钮后选择用于置换的PSD格式的文件，如图15-246所示。通过Photoshop的自动运算即可得到置换效果，如图15-247所示。

图 15-244

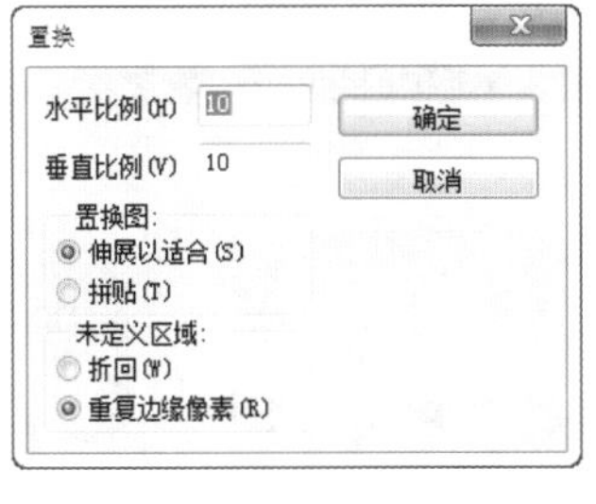

图 15-245

图 15-246

图 15-247

- 水平比例/垂直比例：可以用来设置水平方向和垂直方向所移动的距离。单击“确定”按钮可以载入PSD文件，然后用该文件扭曲图像。
- 置换图：用来设置置换图像的方式，包括“伸展以适合”和“拼贴”两种方式。

15.6 “锐化”滤镜组

视频精讲：Photoshop CS6自学视频教程\98.模糊滤镜与锐化滤镜.flv

“锐化”滤镜组可以通过增强相邻像素之间的对比度来聚集模糊的图像。“锐化”滤镜组包括5种滤镜：“USM锐化”、“进一步锐化”、“锐化”、“锐化边缘”和“智能锐化”滤镜。

15.6.1 USM锐化

技术速查：“USM锐化”滤镜可以查找图像颜色发生明显变化的区域，然后将其锐化。

如图15-248和图15-249所示为原始图像以及“USM锐化”对话框。

- 数量：用来设置锐化效果的精细程度。
- 半径：用来设置图像锐化的半径范围大小。
- 阈值：只有相邻像素之间的差值达到所设置的“阈值”数值时才会被锐化。该值越大，被锐化的像素就越少。

图 15-248

图 15-249

15.6.2　进一步锐化

- 技术速查："进一步锐化"滤镜可以通过增加像素之间的对比度使图像变得清晰，但锐化效果不是很明显（该滤镜没有参数设置对话框）。

如图15-250和图15-251所示为原始图像与应用两次"进一步锐化"滤镜以后的效果。

图　15-250

图　15-251

15.6.3　锐化

- 技术速查："锐化"滤镜与"进一步锐化"滤镜一样，都可以通过增加像素之间的对比度使图像变得清晰（该滤镜也没有参数设置对话框）。

"锐化"滤镜的锐化效果没有"进一步锐化"滤镜的锐化效果明显，应用一次"进一步锐化"滤镜，相当于应用了3次"锐化"滤镜。

15.6.4　锐化边缘

- 技术速查："锐化边缘"滤镜只锐化图像的边缘，同时会保留图像整体的平滑度（该滤镜没有参数设置对话框）。

如图15-252和图15-253所示为原始图像及应用"锐化边缘"滤镜以后的效果。

图　15-252　　图　15-253

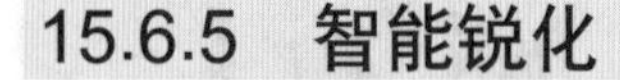

15.6.5　智能锐化

- 技术速查："智能锐化"滤镜的功能比较强大，它具有独特的锐化选项，可以设置锐化算法、控制阴影和高光区域的锐化量。

如图15-254和图15-255所示为原始图像以及"智能锐化"对话框。

图　15-254

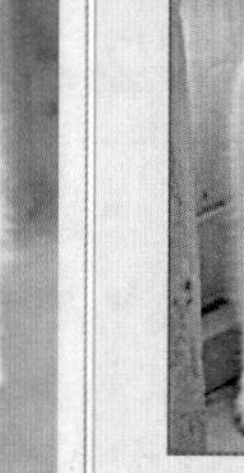

图　15-255

设置基本选项

在"智能锐化"对话框中选中"基本"单选按钮，可以设置"智能锐化"滤镜的基本锐化功能。

- 设置：单击"存储当前设置的拷贝"按钮，可以将当前设置的锐化参数存储为预设参数；单击"删除当前设置"按钮，可以删除当前选择的自定义锐化配置。
- 数量：用来设置锐化的精细程度。数值越大，越能强化边缘之间的对比度。如图15-256和图15-257所示分别是设置"数量"为100%和500%时的锐化效果。
- 半径：用来设置受锐化影响的边缘像素的数量。数值越大，受影响的边缘就越宽，锐化的效果也越明显。如图15-258和图15-259所示分别是设置"半径"为3像素和6像素时的锐化效果。

图　15-256

图　15-257

图　15-258

图　15-259

- 移去：选择锐化图像的算法。选择"高斯模糊"选项，可以使用"USM锐化"滤镜的方法锐化图像；选择"镜头模糊"选项，可以查找图像中的边缘和细节，并对细节进行更加精细的锐化，以减少锐化的光晕；选择"动感模糊"选项，可以激活下面的"角度"选项，通过设置"角度"值可以减弱由于相机或对象移动而产生的模糊效果。
- 更加准确：选中该复选框，可以使锐化效果更加精确。

设置高级选项

在“智能锐化”对话框中选中“高级”单选按钮，可以设置“智能锐化”滤镜的高级锐化功能。高级锐化功能包含“锐化”、“阴影”和“高光”3个选项卡，如图15-260～图15-262所示，其中“锐化”选项卡中的参数与基本锐化选项完全相同。

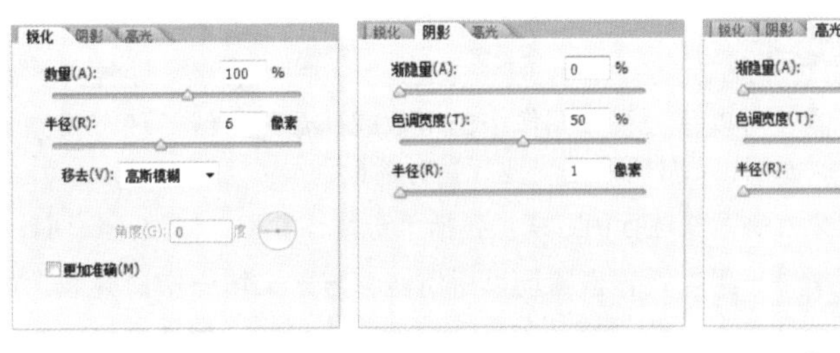

图　15-260　　图　15-261 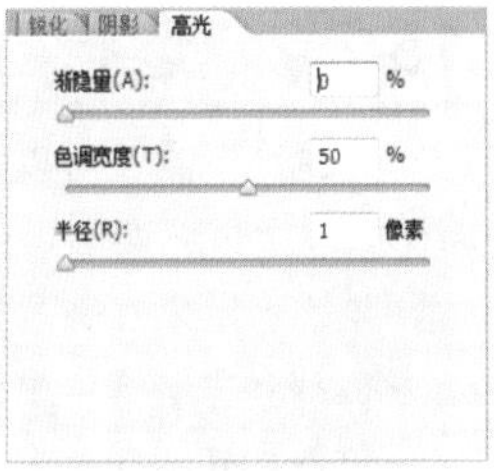　　图　15-262

- 渐隐量：用于设置阴影或高光中的锐化程度。
- 色调宽度：用于设置阴影或高光中色调的修改范围。
- 半径：用于设置每个像素周围阴影或高光区域的大小。

★ 案例实战——智能锐化打造质感HDR人像

案例文件	案例文件\第15章\智能锐化打造质感HDR人像.psd
视频教学	视频文件\第15章\智能锐化打造质感HDR人像.flv
难易指数	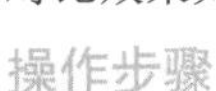
技术要点	“智能锐化”滤镜

案例效果

本例主要是通过使用“智能锐化”滤镜打造质感HDR人像，对比效果如图15-263和图15-264所示。

图　15-263 　　图　15-264

操作步骤

01 打开素材文件1.jpg，如图15-265所示。

02 执行“滤镜>锐化>智能锐化”命令，设置“数量”为40%，“半径”为10像素，如图15-266所示。效果如图15-267所示。

03 执行“图层>新建调整图层>曲线”命令，调整RGB曲线的形状，如图15-268所示。效果如图15-269所示。

图　15-265

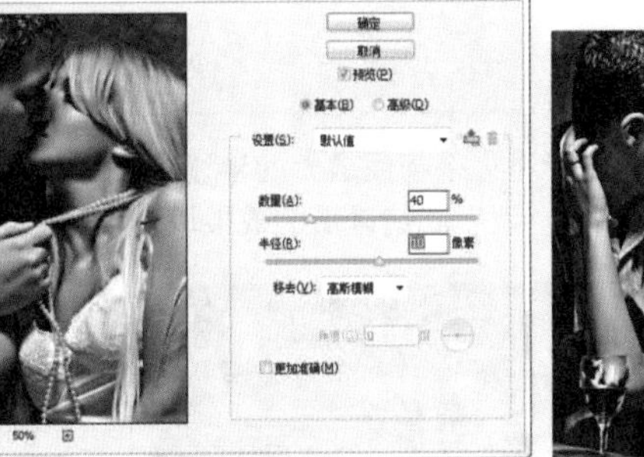

图　15-266

图　15-267

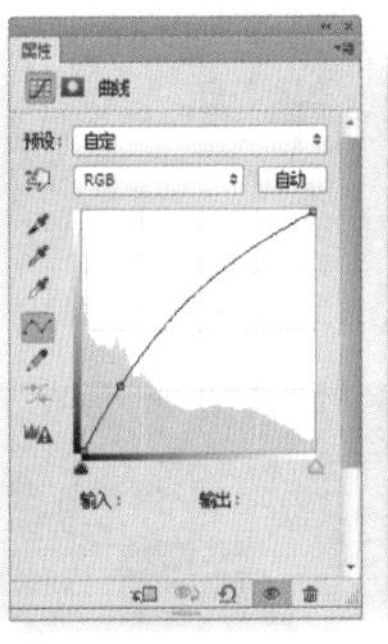

图　15-268

图　15-269

15.7 “视频”滤镜组

“视频”滤镜组包含两种滤镜：“NTSC颜色”和“逐行”滤镜，如图15-270所示。这两个滤镜可以处理从以隔行扫描方式的设备中提取的图像。

NTSC 颜色
逐行...

图　15-270

15.7.1　NTSC颜色

“NTSC颜色”滤镜可以将色域限制在电视机重现可接受的范围内，以防止过饱和颜色渗到电视扫描行中。

15.7.2 逐行

“逐行”滤镜可以移去视频图像中的奇数或偶数隔行线，使在视频上捕捉的运动图像变得平滑。如图15-271所示是“逐行”对话框。

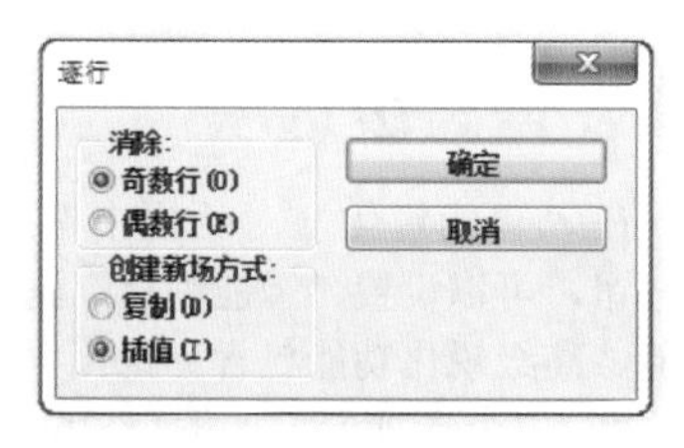

图 15-271

- 消除：用来控制消除逐行的方式，包括“奇数行”和“偶数行”两种。
- 创建新场方式：用来设置消除场以后用何种方式来填充空白区域。选中“复制”单选按钮，可以复制被删除部分周围的像素来填充空白区域；选中“插值”单选按钮，可以利用被删除部分周围的像素，通过插值的方法进行填充。

15.8 “像素化”滤镜组

- 视频精讲：Photoshop CS6自学视频教程\101.像素化滤镜组.flv

“像素化”滤镜组可以将图像进行分块或平面化处理。“像素化”滤镜组包含7种滤镜：“彩块化”、“彩色半调”、“点状化”、“晶格化”、“马赛克”、“碎片”和“铜版雕刻”滤镜，如图15-272所示。

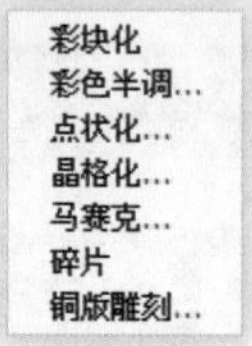

彩块化
彩色半调...
点状化...
晶格化...
马赛克...
碎片
铜版雕刻...

图 15-272

15.8.1 彩块化

- 技术速查：“彩块化”滤镜可以将纯色或相近色的像素结成相近颜色的像素块（该滤镜没有参数设置对话框）。

“彩块化”滤镜常用来制作手绘图像、抽象派绘画等艺术效果，如图15-273和图15-274所示为原始图像以及应用“彩块化”滤镜以后的效果。

图 15-273

图 15-274

15.8.2 彩色半调

- 技术速查：“彩色半调”滤镜可以模拟在图像的每个通道上使用放大的半调网屏的效果。

如图15-275～图15-277所示为原始图像、应用“彩色半调”滤镜以后的效果以及“彩色半调”对话框。

图 15-275

图 15-276

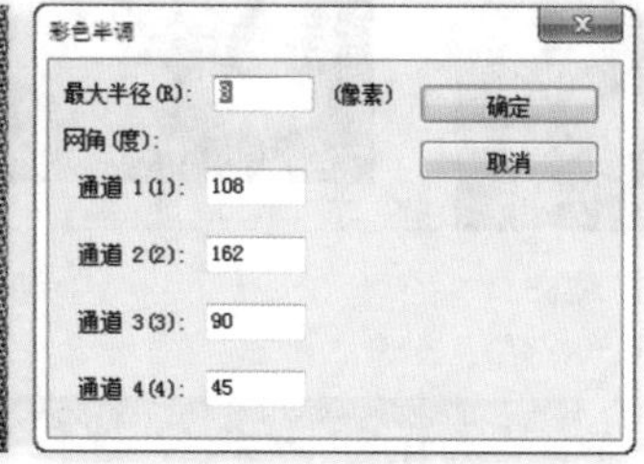

图 15-277

- 最大半径：用来设置生成的最大网点的半径。
- 网角（度）：用来设置图像各个原色通道的网点角度。

15.8.3 点状化

- 技术速查：“点状化”滤镜可以将图像中的颜色分解成随机分布的网点，并使用背景色作为网点之间的画布区域。

如图15-278～图15-280所示为原始图像、应用“点状化”滤镜以后的效果以及“点状化”对话框。

图　15—278

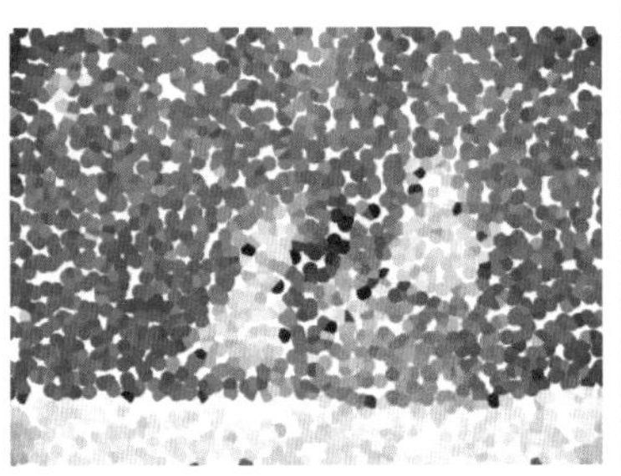

图　15—279

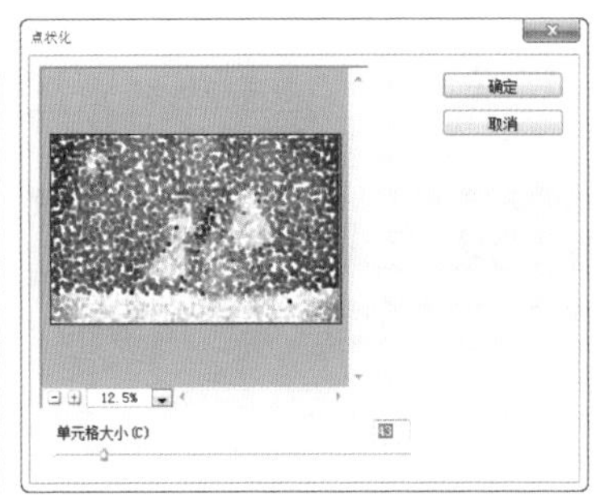

图　15—280

单元格大小：用来设置每个多边形色块的大小。

15.8.4　晶格化

技术速查："晶格化"滤镜可以使图像中颜色相近的像素结块形成多边形纯色。

如图15-281和图15-282所示为原始图像以及"晶格化"对话框。

图　15—281

图　15—282

单元格大小：用来设置每个多边形色块的大小。

15.8.5　马赛克

技术速查："马赛克"滤镜可以使像素结为方形色块，创建出类似于马赛克的效果。

如图15-283和图15-284所示为原始图像以及"马赛克"对话框。

图　15—283

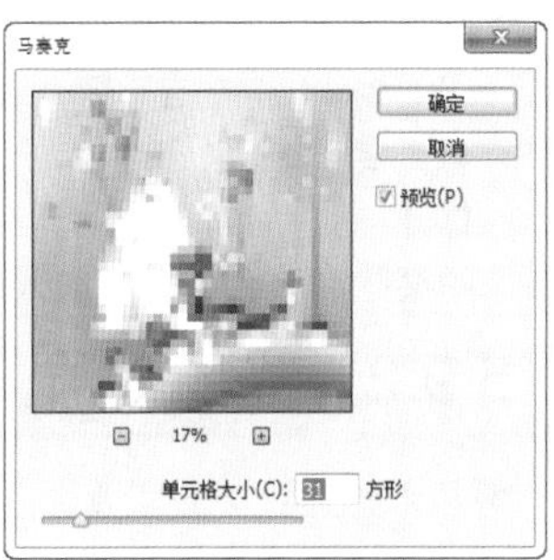

图　15—284

单元格大小：用来设置方形色块的大小。

15.8.6　碎片

技术速查："碎片"滤镜可以将图像中的像素复制4次，然后将复制的像素平均分布，并使其相互偏移（该滤镜没有参数设置对话框）。

如图15-285和图15-286所示为原始图像以及应用"碎片"滤镜以后的效果。

图　15—285　　图　15—286

15.8.7　铜版雕刻

技术速查："铜版雕刻"滤镜可以将图像转换为黑白区域的随机图案或彩色图像中完全饱和颜色的随机图案。

如图15-287和图15-288所示为原始图像以及"铜版雕刻"对话框。

类型：选择铜版雕刻的类型，包括"精细点"、"中等点"、"粒状点"、"粗网点"、"短直线"、"中长直线"、"长直线"、"短描边"、"中长描边"和"长描边"10种类型。

图　15—287

图　15—288

思维点拨：铜版雕刻概述

铜版雕刻是雕、刻、塑3种创制方法的总称，指用各种可塑材料（如石膏、树脂、粘土等）或可雕、可刻的硬质材料（如木材、石头、金属、玉块、玛瑙等）创造出具有一定空间的可视、可触的艺术形象，借以反映社会生活，表达艺术家的审美感受、审美情感、审美理想的艺术。雕、刻通过减少可雕性物质材料，塑则通过堆增可塑性物质材料来达到艺术创造的目的。

15.9 “渲染”滤镜组

视频精讲：Photoshop CS6自学视频教程\102.渲染滤镜组.flv

“渲染”滤镜组包含“分层云彩”、“光照效果”、“镜头光晕”、“纤维”和“云彩”几种滤镜，使用这些滤镜可以模拟发光以及云朵等效果。

15.9.1 分层云彩

技术速查：“分层云彩”滤镜可以将云彩数据与现有的像素以“差值”方式进行混合（该滤镜没有参数设置对话框）。

打开一张图片，如图15-289所示。首次应用该滤镜时，图像的某些部分会被反相成云彩图案，如图15-290所示。

图 15-289

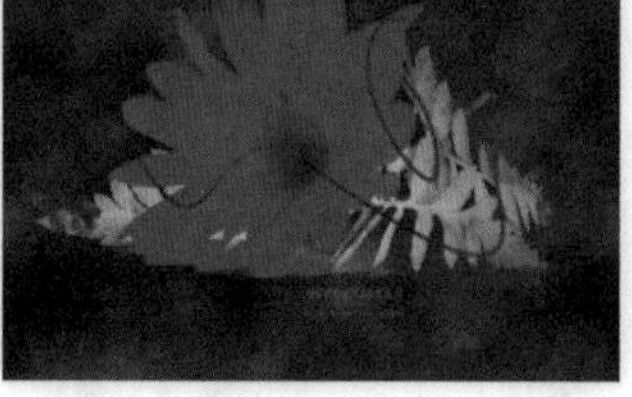

图 15-290

15.9.2 光照效果

技术速查：“光照效果”滤镜的功能相当强大，不仅可以在RGB图像上产生多种光照效果，也可以使用灰度文件的凹凸纹理图产生类似3D的效果，并存储为自定样式，以在其他图像中使用。

执行“滤镜>渲染>光照效果”命令，打开“光照效果”对话框，如图15-291所示。

在选项栏的“预设”下拉列表中包含多种预设的光照效果，如图15-292所示。选中某一项即可更改当前画面效果，如图15-293所示。

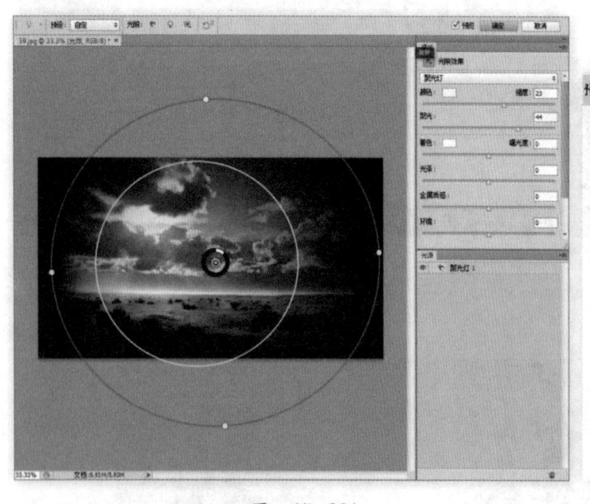

图 15-291

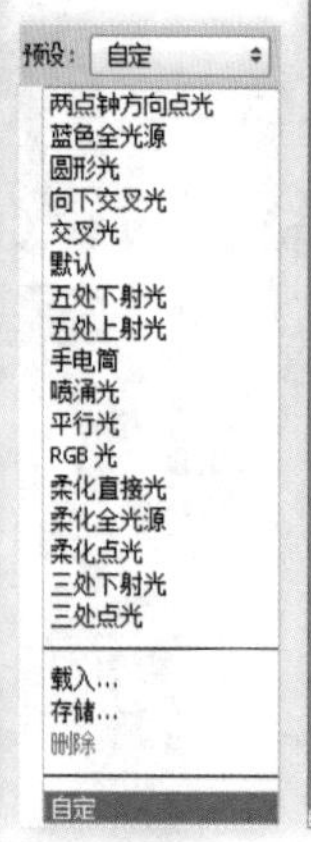

图 15-292

图 15-293

存储：若要存储预设，则选择“存储”选项，在弹出的对话框中选择存储位置并命名该样式，然后单击“确定”按钮。存储的预设包含每种光照的所有设置，并且无论何时打开图像，存储的预设都会出现在“样式”菜单中。

- 载入：若要载入预设，需要选择“载入”选项，在弹出的对话框中选择文件并单击“确定”按钮即可。
- 删除：若要删除预设，需要选择“删除”选项。
- 自定：若要创建光照预设，需要选择“自定”选项，然后单击“光照”图标以添加点光、点测光和无限光。按需要重复，最多可获得 16 种光照。

在选项栏中单击“光照”右侧的按钮即可快速在画面中添加光源，单击“重置当前光照”按钮即可对当前光源进行重置。如图15-294～图15-296所示分别为3种光源的对比效果。

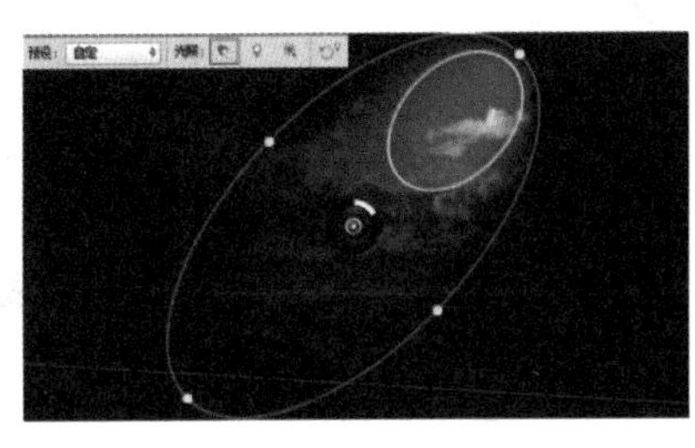

图 15—294

图 15—295

图 15—296

- 聚光灯：投射一束椭圆形的光柱。预览窗口中的线条定义光照方向和角度，而手柄定义椭圆边缘。若要移动光源，需要在外部椭圆内拖动光源；若要旋转光源，需要在外部椭圆外拖动光源；若要更改聚光角度，需要拖动内部椭圆的边缘；若要扩展或收缩椭圆，需要拖动4个外部手柄中的一个，按住Shift键并拖动，可使角度保持不变而只更改椭圆的大小。按住 Ctrl 键并拖动可保持大小不变并更改点光的角度或方向；若要更改椭圆中光源填充的强度，可拖动中心部位强度环的白色部分。
- 点光：像灯泡一样使光在图像正上方的各个方向照射。若要移动光源，将光源拖动到画布上的任何地方即可；若要更改光的分布（通过移动光源使其更近或更远来反射光），需要拖动中心部位强度环的白色部分。
- 无限光：像太阳一样使光照射在整个平面上。若要更改方向，需要拖动线段末端的手柄；若要更改亮度，需要拖动光照控件中心部位强度环的白色部分。

创建光源后，在“属性”面板中即可对该光源进行光源类型和参数的设置，如图15-297所示。

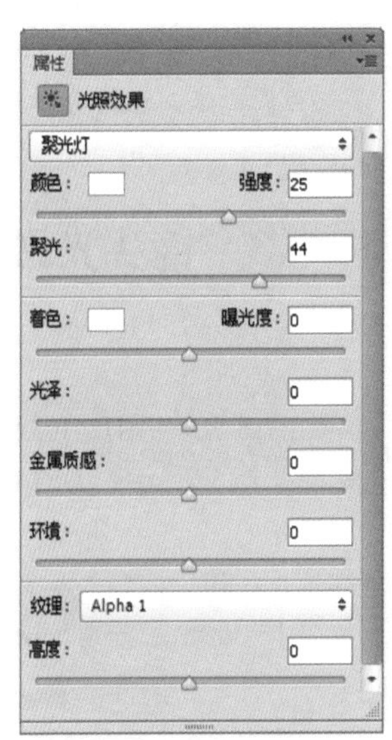

图 15—297

- 强度：用来设置灯光的光照大小。
- 颜色：单击后面的颜色图标，可以在弹出的“选择光照颜色”对话框中设置灯光的颜色。
- 聚光：用来控制灯光的光照范围。该选项只能用于聚光灯。
- 着色：单击以填充整体光照。
- 曝光度：用来控制光照的曝光效果。数值为负值时，可以减少光照；数值为正值时，可以增加光照。
- 光泽：用来设置灯光的反射强度。
- 金属质感：用来控制光照与光照投射到的对象哪个反射率更高。
- 环境：漫射光，使该光照如同与室内的其他光照（如日光或荧光）相结合一样。设置为100表示只使用此光源；设置为-100可以移去此光源。
- 纹理：在下拉列表中选择通道，为图像应用纹理通道。
- 高度：启用“纹理”后，该选项才可用。用于控制应用纹理后凸起的高度，拖动“高度”滑块，可将纹理从平滑（0）改变为凸起（100）。

“光源”面板中显示了当前场景中包含的光源，如果需要删除某个灯光，单击“光源”面板右下角的“回收站”图标即可，如图15-298所示。

在“光照效果”工作区中，使用纹理通道可以将Alpha 通道添加到图像中的灰度图像（称作凹凸图）来控制光照效果。向图像中添加Alpha通道，从“属性”面板的“纹理”下拉列表中选择一种通道，拖动“高度”滑块即可观察到画面将以纹理所选通道的黑白关系发生从平滑（0）到凸起（100）的变化，如图15-299～图15-301所示。

图 15-298

图 15-299

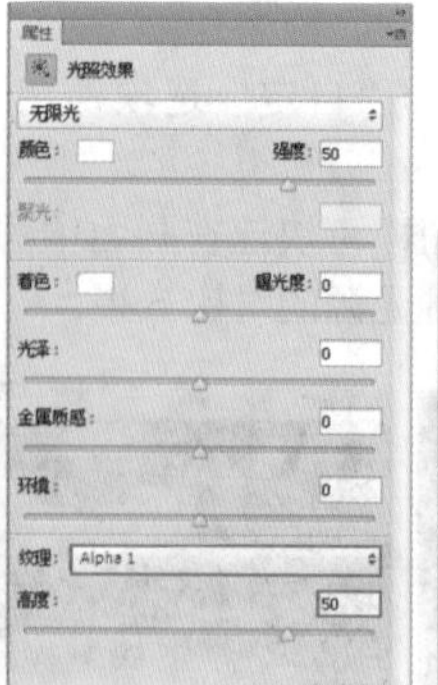

图 15-300

图 15-301

思维点拨：光与色

我们生活在一个多彩的世界里。白天，在阳光的照耀下，各种色彩争奇斗艳，并随着照射光的改变而变化无穷。但是，每当黄昏，大地上的景物无论颜色多么鲜艳，都将被夜幕缓缓吞没。在漆黑的夜晚，我们不但看不见物体的颜色，甚至连物体的外形也分辨不清。同样，在暗室里，我们什么色彩也感觉不到。这些事实告诉我们，没有光就没有色，光是人们感知色彩的必要条件，色来源于光。所以说，光是色的源泉，色是光的表现，如图15-302和图15-303所示。

图 15-302

图 15-303

15.9.3 镜头光晕

- 技术速查：“镜头光晕”滤镜可以模拟亮光照射到相机镜头所产生的折射效果。

如图15-304和图15-305所示为原始图像以及“镜头光晕”对话框。

- 预览窗口：在该窗口中可以通过拖曳十字线来调节光晕的位置，如图15-306所示。
- 亮度：用来控制镜头光晕的亮度，其取值范围为10%～300%。如图15-307和图15-308所示分别是设置“亮度”为100%和200%时的效果。

图 15-304

图 15-305

图 15-306

图 15-307

图 15-308

- 镜头类型：用来选择镜头光晕的类型，包括“50-300毫米变焦”、“35毫米聚焦”、“105毫米聚焦”和“电影镜头”4种类型，如图15-309～图15-312所示。

图 15-309

图 15-310

图 15-311

图 15-312

★ 案例实战——制作镜头光晕效果

案例文件	案例文件\第15章\制作镜头光晕效果.psd
视频教学	视频文件\第15章\制作镜头光晕效果.flv
难易指数	★★★★★
知识掌握	掌握"镜头光晕"滤镜的使用方法

案例效果

本例主要使用"镜头光晕"滤镜制作阳光下的效果，如图15-313所示。

操作步骤

01 打开素材文件，如图15-314所示。

02 新建图层并填充为黑色，执行"滤镜>渲染>镜头光晕"命令，如图15-315所示。设置合适的光晕位置，调整"亮度"为130%，选择"镜头类型"为"50-300毫米变焦"，单击"确定"按钮结束操作，如图15-316所示。

图 15-313

图 15-314

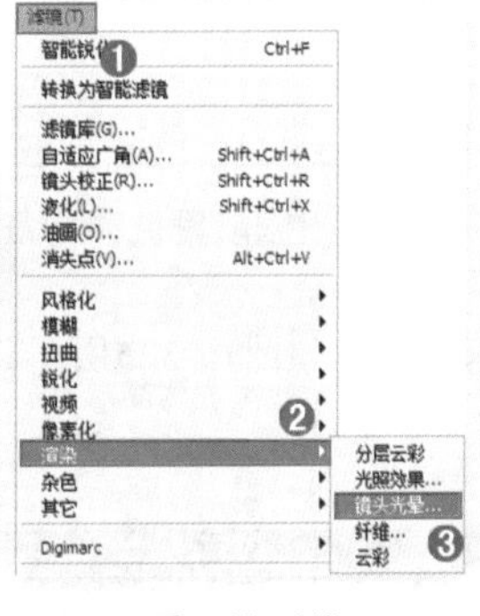

图 15-315

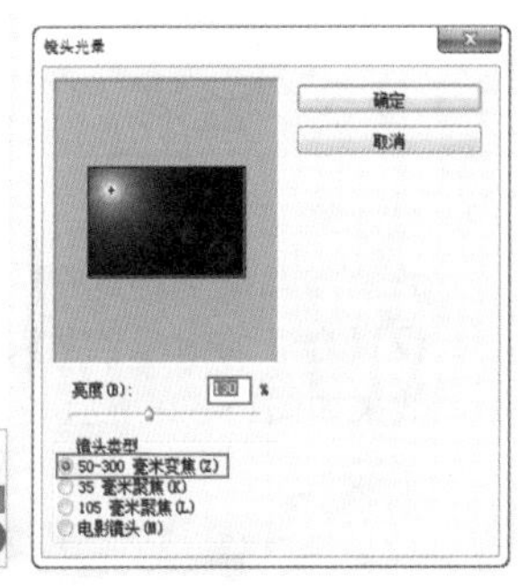

图 15-316

答疑解惑——为什么要新建黑色图层?

"镜头光晕"滤镜会直接在所选图层上添加光效，所以完成滤镜操作之后不能方便地修改光效的位置或亮度等属性。但是，如果新建空白图层又不能够进行"镜头光晕"滤镜操作。所以需要新建黑色图层，并通过调整混合模式来滤去黑色部分。

03 在"图层"面板中设置其混合模式为"滤色"，如图15-317所示。效果如图15-318所示。

04 导入前景素材文件，最终效果如图15-319所示。

图 15-317

图 15-318

图 15-319

15.9.4 纤维

技术速查："纤维"滤镜可以根据前景色和背景色来创建类似编织的纤维效果。

如图15-320所示为当前前/背景色，如图15-321所示为应用"纤维"滤镜以后的效果，如图15-322所示为"纤维"对话框。

- 差异：用来设置颜色变化的方式。较小的数值可以生成较长的颜色条纹，如图15-323所示；较大的数值可以生成较短且颜色分布变化更大的纤维，如图15-324所示。

图 15-320　图 15-321

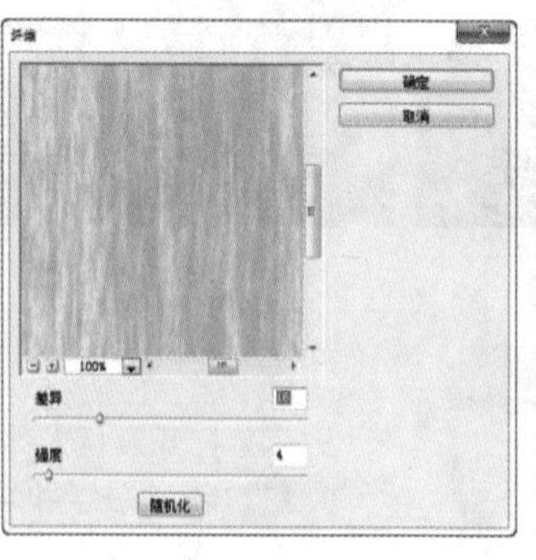

图 15-322

图 15-323

图 15-324

- 强度：用来设置纤维外观的明显程度。
- 随机化：单击该按钮，可以随机生成新的纤维。

15.9.5 云彩

- 技术速查："云彩"滤镜可以根据前景色和背景色随机生成云彩图案（该滤镜没有参数设置对话框）。

设置合适的前景色与背景色，如图15-325所示。执行"滤镜>渲染>云彩"命令，效果如图15-326所示。

图 15-325　图 15-326

15.10 "杂色"滤镜组

- 视频精讲：Photoshop CS6自学视频教程\103.杂色滤镜组.flv

"杂色"滤镜组中的滤镜可以添加或移去图像中的杂色，这样有助于将选择的像素混合到周围的像素中。"杂色"滤镜组包含5种滤镜："减少杂色"、"蒙尘与划痕"、"去斑"、"添加杂色"和"中间值"滤镜。

15.10.1 减少杂色

- 技术速查："减少杂色"滤镜可以基于影响整个图像或各个通道的参数设置来保留边缘并减少图像中的杂色。

执行"滤镜>杂色>减少杂色"命令，可以打开"减少杂色"对话框，如图15-327所示。

图 15-327

设置基本选项

在"减少杂色"对话框中选中"基本"单选按钮，可以设置"减少杂色"滤镜的基本参数。

- 强度：用来设置应用于所有图像通道的明亮度杂色的减少量。
- 保留细节：用来控制保留图像的边缘和细节（如头发）的程度。数值为100%时，可以保留图像的大部分细节，但是会将明亮度杂色减到最低。
- 减少杂色：移去随机的颜色像素。数值越大，减少的颜色杂色越多。
- 锐化细节：用来设置移去图像杂色时锐化图像的程度。
- 移去JPEG不自然感：选中该复选框，可以移去因JPEG压缩而产生的不自然块。

设置高级选项

在“减少杂色”对话框中选中“高级”单选按钮，可以设置“减少杂色”滤镜的高级参数。其中“整体”选项卡与基本参数完全相同，如图15-328所示；“每通道”选项卡可以基于红、绿、蓝通道来减少通道中的杂色，如图15-329～图15-331所示。

图 15—328

图 15—329

图 15—330

图 15—331

15.10.2 蒙尘与划痕

技术速查：“蒙尘与划痕”滤镜可以通过修改具有差异化的像素来减少杂色，可以有效地去除图像中的杂点和划痕。

如图15-332和图15-333所示为原始图像以及“蒙尘与划痕”对话框。

- 半径：用来设置柔化图像边缘的范围。
- 阈值：用来定义像素的差异有多大才被视为杂点。数值越大，消除杂点的能力越弱。

图 15—332

图 15—333

15.10.3 去斑

技术速查：“去斑”滤镜可以检测图像的边缘（颜色发生显著变化的区域），并模糊边缘外的所有区域，同时会保留图像的细节（该滤镜没有参数设置对话框）。

如图15-334和图15-335所示为原始图像以及应用“去斑”滤镜以后的效果。

图 15—334

图 15—335

15.10.4 添加杂色

技术速查：“添加杂色”滤镜可以在图像中添加随机像素，也可以用来修缮图像中经过重大编辑的区域。

如图15-336和图15-337所示为原始图像以及“添加杂色”对话框。

- 数量：用来设置添加到图像中的杂点的数量。
- 分布：选中“平均分布”单选按钮，可以随机向图像中添加杂点，杂点效果比较柔和；选中“高斯分布”单选按钮，可以沿一条钟形曲线分布杂色的颜色值，以获得斑点状的杂点效果。

图 15—336

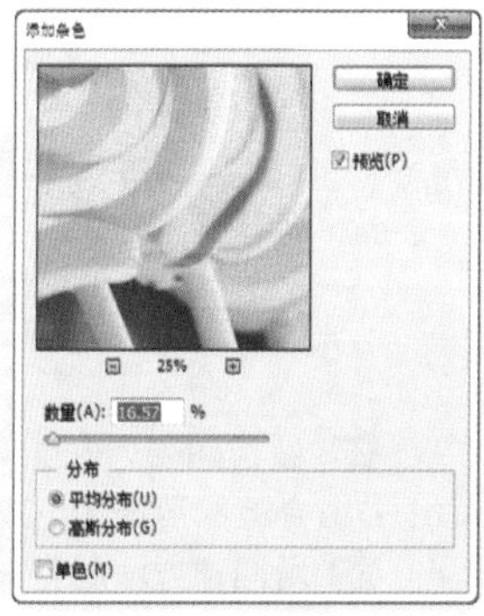

图 15—337

- 单色：选中该复选框，杂点只影响原有像素的亮度，并且像素的颜色不会发生改变。

★ 案例实战——使用杂色滤镜制作怀旧老电影效果

案例文件	案例文件\第15章\使用杂色滤镜制作怀旧老电影效果.psd
视频教学	视频文件\第15章\使用杂色滤镜制作怀旧老电影效果.flv
难易指数	★★★★★
技术要点	杂色滤镜、调整图层

案例效果

本例主要是通过使用“添加杂色”滤镜以及调整图层制作怀旧老电影，如图15-338所示。

操作步骤

01 打开素材文件1.jpg，如图15-339所示。

图 15—338

图 15—339

02 复制背景图层，对其执行“滤镜>杂色>添加杂色”命令，设置“数量”为10%，选中“高斯分布”单选按钮和“单色”复选框，如图15-340所示。效果如图15-341所示。

03 执行“图层>新建调整图层>照片滤镜”命令，选中“颜色”单选按钮，设置颜色为黄色，设置“浓度”为90%，选中“保留明度”复选框，如图15-342所示。效果如图15-343所示。

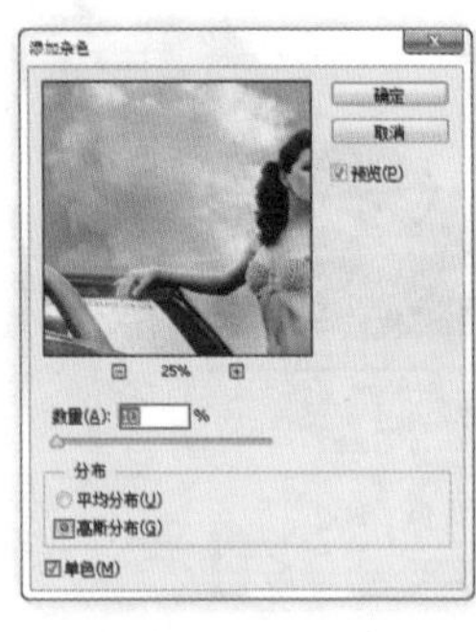

图 15—340

图 15—341

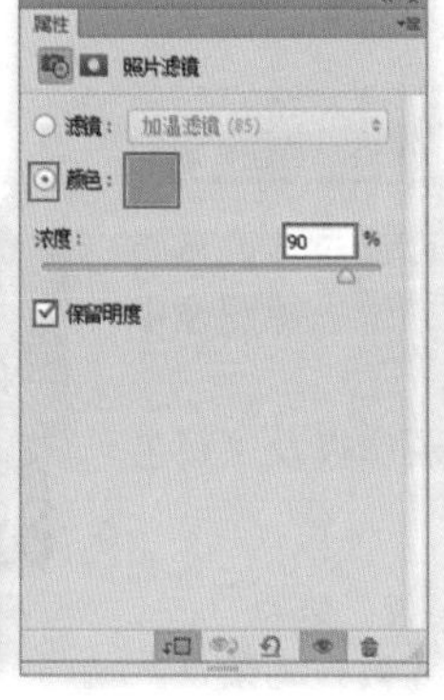

图 15—342

图 15—343

04 执行“图层>新建调整图层>色相/饱和度”命令，设置“色相”为-6，“饱和度”为-94，如图15-344所示。效果如图15-345所示。

05 继续执行“图层>新建调整图层>曲线”命令，设置通道为“蓝”，调整曲线的形状，如图15-346所示。回到RGB通道，调整曲线形状，如图15-347所示。效果如图15-348所示。

图 15—344

图 15—345

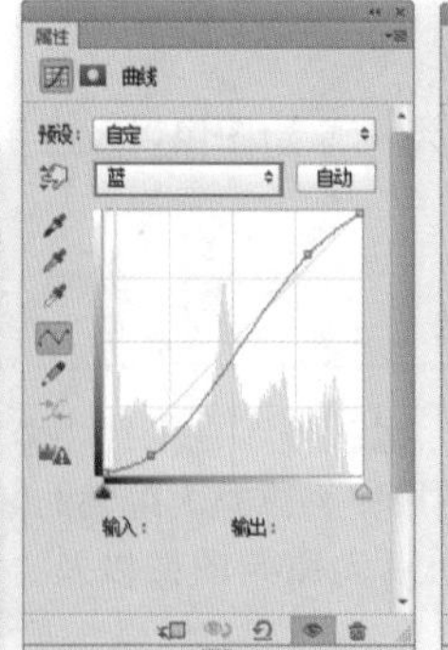

图 15—346

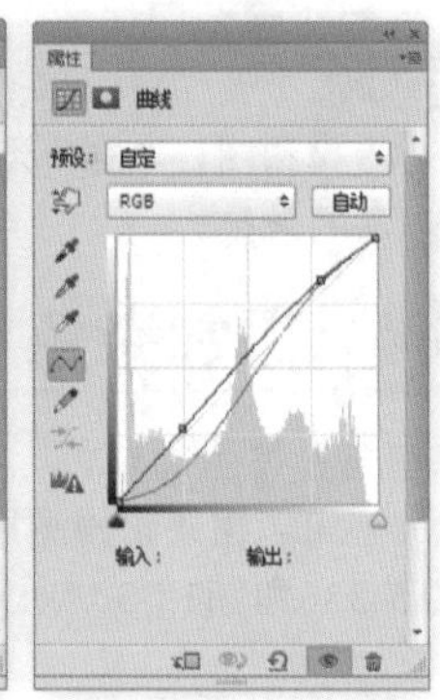

图 15—347

06 新建图层，在工具箱中选择“单列选框工具”，在画面中单击绘制选框，为其填充白色，如图15-349所示。按Ctrl+D组合键取消选区，效果如图15-350所示。

07 用同样方法制作其他的白色矩形，如图15-351所示。

08 设置“图层1”图层的“不透明度”为40%，如图15-352所示。效果如图15-353所示。

图 15—348

图 15—349

图 15—350

图 15—351

09 使用“矩形选框工具”在画面中绘制上部的矩形，按住Shift键加选下部的矩形选框，按Delete键删除选区内的部分，如图15-354所示。按Ctrl+D组合键取消选区，使用“横排文字工具”在画面中合适的位置输入文字，如图15-355所示。

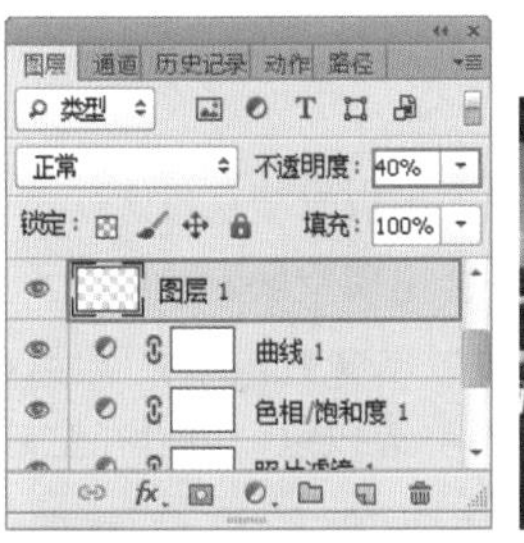

图 15—352

图 15—353

图 15—354

图 15—355

15.10.5 中间值

技术速查：“中间值”滤镜可以混合选区中像素的亮度来减少图像的杂色。

“中间值”滤镜会搜索像素选区的半径范围以查找亮度相近的像素，并且会扔掉与相邻像素差异太大的像素，然后用搜索到的像素的中间亮度值来替换中心像素。如图15-356和图15-357所示为原始图像以及“中间值”对话框。

半径：用于设置搜索像素选区的半径范围。

图 15—356

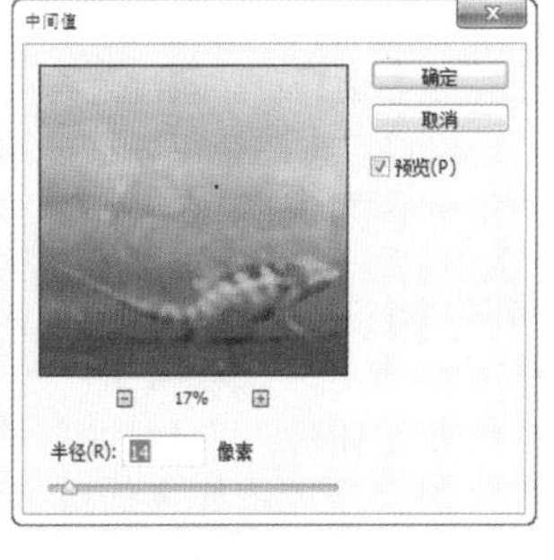

图 15—357

15.11 “其他”滤镜组

视频精讲：Photoshop CS6自学视频教程\104.其他滤镜组.flv

“其他”滤镜组中有些滤镜可以允许用户自定义滤镜效果，有些滤镜可以修改蒙版、在图像中使选区发生位移和快速调整图像颜色。“其他”滤镜组包含5种滤镜：“高反差保留”、“位移”、“自定”、“最大值”和“最小值”滤镜。

15.11.1 高反差保留

技术速查：“高反差保留”滤镜可以在具有强烈颜色变化的地方按指定的半径来保留边缘细节，并且不显示图像的其余部分。

如图15-358和图15-359所示为原始图像以及“高反差保留”对话框。

半径：用来设置滤镜分析处理图像像素的范围。数值越大，所保留的原始像素就越多；当数值为0.1像素时，仅保留图像边缘的像素。

图 15—358

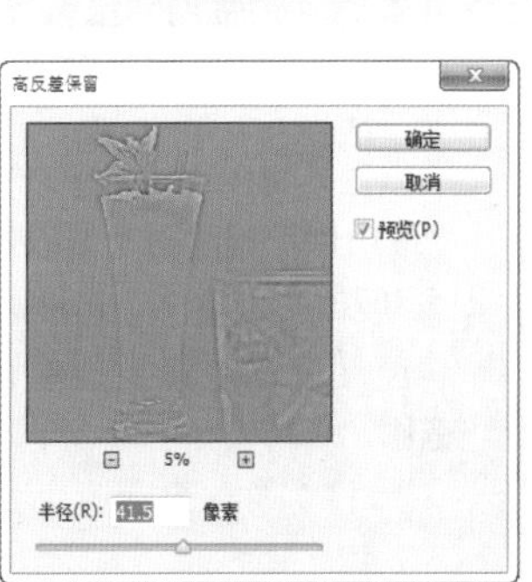

图 15—359

15.11.2 位移

技术速查："位移"滤镜可以在水平或垂直方向上偏移图像。

如图15-360～图15-362所示分别为原始图像、应用"位移"滤镜的效果以及"位移"对话框。

图 15-360

图 15-361

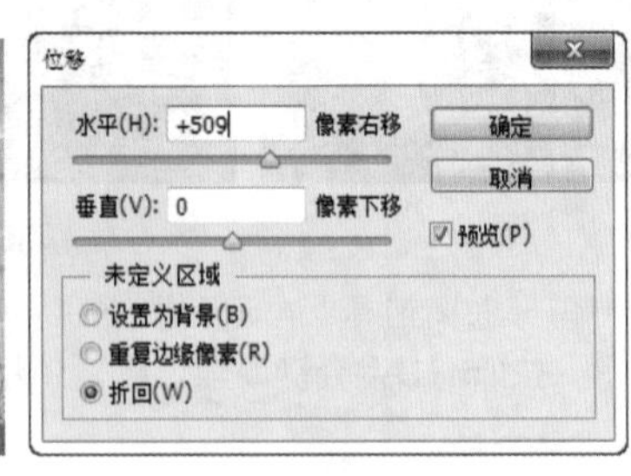

图 15-362

- 水平：用来设置图像像素在水平方向上的偏移距离。数值为正值时，图像会向右偏移，同时左侧会出现空缺。
- 垂直：用来设置图像像素在垂直方向上的偏移距离。数值为正值时，图像会向下偏移，同时上方会出现空缺。
- 未定义区域：用来选择图像发生偏移后填充空白区域的方式。选中"设置为背景"单选按钮，可以用背景色填充空缺区域；选中"重复边缘像素"单选按钮，可以在空缺区域填充扭曲边缘的像素颜色；选中"折回"单选按钮，可以在空缺区域填充溢出图像之外的图像内容。

15.11.3 自定

技术速查："自定"滤镜可以设计用户自己的滤镜效果。

"自定"滤镜可以根据预定义的卷积数学运算来更改图像中每个像素的亮度值，如图15-363所示为"自定"对话框。

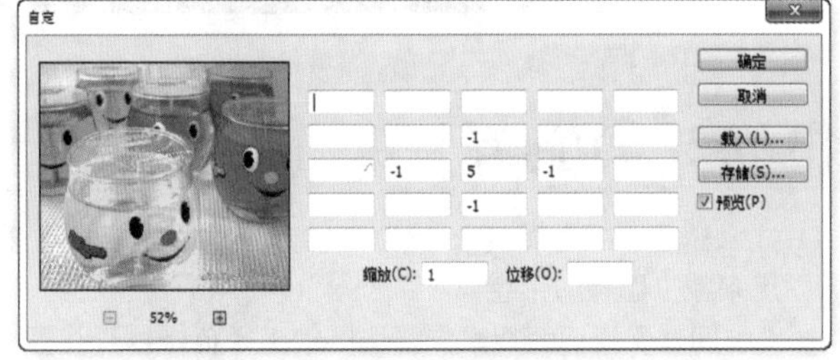

图 15-363

15.11.4 最大值

技术速查："最大值"滤镜可以在指定的半径范围内，用周围像素的最高亮度值替换当前像素的亮度值。

"最大值"滤镜对于修改蒙版非常有用。"最大值"滤镜具有阻塞功能，可以展开白色区域，而阻塞黑色区域。如图15-364和图15-365所示为原始图像以及"最大值"对话框。

- 半径：设置用周围像素的最高亮度值来替换当前像素的亮度值的范围。

图 15-364

图 15-365

15.11.5 最小值

技术速查："最小值"滤镜具有伸展功能，可以扩展黑色区域，而收缩白色区域。

"最小值"滤镜对于修改蒙版非常有用。如图15-366和图15-367所示为原始图像以及"最小值"对话框。

- 半径：设置滤镜扩展黑色区域、收缩白色区域的范围。

图 15-366

图 15-367

15.12 Digimarc滤镜组

Digimarc滤镜组可以在图像中添加数字水印，使图像的版权通过Digimarc ImageBridge技术的数字水印受到保护。Digimarc滤镜组包含“读取水印”和“嵌入水印”滤镜，如图15-368所示。

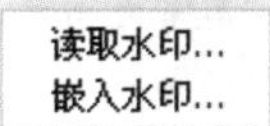

读取水印...
嵌入水印...

图 15-368

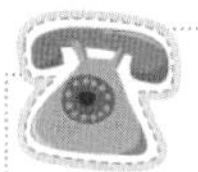

答疑解惑——水印是什么?

“水印”是一种以杂色方式嵌入到图像中的数字代码，通过肉眼是观察不到的。嵌入数字水印以后，无论对图像进行何种操作，水印都不会丢失。

15.12.1 嵌入水印

技术速查：“嵌入水印”滤镜可以在图像中添加版权信息。

在嵌入水印之前，必须先在Digimarc公司进行注册，以获得一个Digimarc标识号，然后将该标识号同著作版权信息一并嵌入到图像中（注意，该操作需要支付一定的费用）。如图15-369所示为“嵌入水印”对话框。

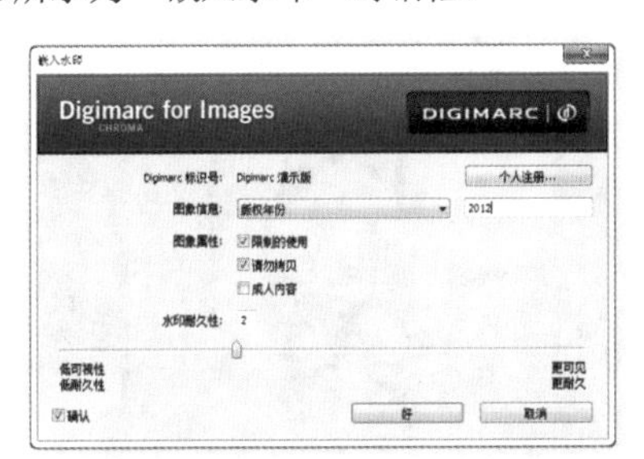

图 15-369

15.12.2 读取水印

技术速查：“读取水印”滤镜主要用来读取图像中的数字水印内容。

当一个图像中含有数字水印信息时，在状态栏和图像文档窗口的最左侧会显示一个字母C。“水印信息”对话框如图15-370所示。

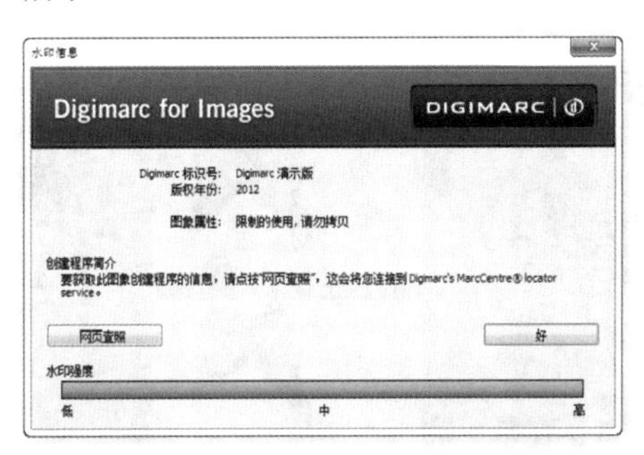

图 15-370

15.13 使用外挂滤镜

外挂滤镜也就是通常所说的第三方滤镜，是由第三方厂商或个人开发的一类增效工具。外挂滤镜以其种类繁多、效果明显而备受Photoshop用户的喜爱。

15.13.1 动手学：安装外挂滤镜

外挂滤镜与内置滤镜不同，它需要用户自己手动安装，根据外挂滤镜的类型不同，可以选用不同方法进行安装。

如果是封装的外挂滤镜，可以直接按正常方法进行安装，如图15-371所示。

如果是普通的外挂滤镜，需要将文件安装到Photoshop安装文件的Plug-in目录下，如图15-372所示。

安装完外挂滤镜后，在“滤镜”菜单的最底部就可以观察到外挂滤镜，如图15-373所示。

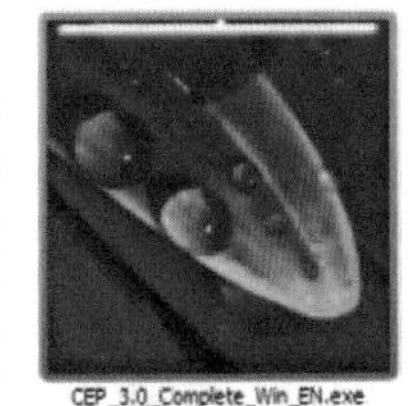

图 15-371

图 15-372

图 15-373

技巧提示

本章选用目前运用比较广泛的Nik Color Efex Pro 3.0、Imagenomic Portraiture、KPT 7.0、Eye Candy 4000和Alien Skin Xenofex滤镜进行介绍。

15.13.2 专业调色滤镜——Nik Color Efex Pro 3.0

Nik Color Efex Pro 3.0是美国nik multimedia公司出品的基于Photoshop的一套滤镜插件，其complete版本包含75个不同效果的滤镜。使用Nik Color Efex Pro 3.0滤镜可以很轻松地制作出彩色转黑白效果、反转负冲效果以及各种暖调镜、颜色渐变镜、天空镜、日出日落镜等特殊效果，如图15-374所示。

如果要使用Nik Color Efex Pro 3.0滤镜制作各种特殊效果，只需在其左侧内置的滤镜库中选择相应的滤镜即可。同时，每一个滤镜都具有很强的可控性，可以任意调节方向、角度、强度、位置，从而得到更精确的效果，如图15-375所示。

从细微的图像修正到颠覆性的视觉效果，Nik Color Efex Pro 3.0滤镜都提供了一套相当完整的插件。Nik Color Efex Pro 3.0滤镜允许用户为照片加上原来所没有的东西，如“岱赭”滤镜可以将白天拍摄的照片变成夜晚背景，如图15-376所示。

图 15-374

图 15-375

图 15-376

技巧提示

Nik Color Efex Pro 3.0包含的滤镜种类非常多，并且大部分滤镜都包含多个预设效果，这里不再进行过多介绍。如图15-377所示是“油墨”滤镜的所有预设效果。

图 15-377

★ 案例实战——使用Nik Color Efex Pro 3.0

案例文件	案例文件\第15章\使用Nik Color Efex Pro 3.0.psd
视频教学	视频文件\第15章\使用Nik Color Efex Pro 3.0.flv
难易指数	★★★★★
知识掌握	掌握Nik Color Efex Pro 3.0的使用方法

案例效果

本例主要是针对Nik Color Efex Pro 3.0滤镜的使用方法进行练习，效果如图15-378所示。

操作步骤

01 打开本书配套光盘中的素材文件，如图15-379所示。执行“滤镜>Nik Software>Color Efex Pro 3.0 Complete”命令，打开Color Efex Pro 3.0对话框，如图15-380所示。

图 15—378

图 15—379

图 15—380

02 在对话框左侧的滤镜组中选择“交叉冲印”滤镜，然后在右侧的“方法”下拉列表中选择负片正冲为T04，如图15-381所示。最终效果如图15-382所示。

图 15—381

图 15—382

15.13.3 智能磨皮滤镜——Imagenomic Portraiture

Portraiture 是一款Photoshop 的插件，用于人像图片润色，可减少人工选择图像区域的重复劳动。它能智能地对图像中的皮肤、头发、眉毛、睫毛等部位进行平滑和减少疵点处理。在Photoshop中打开图像后，在“滤镜”菜单底部找到Imagenomic Portraiture滤镜，打开滤镜窗口，默认情况下滤镜会自动识别皮肤区域并进行自动的磨皮操作。当然也可以使用“吸管工具”，在画面中单击取样，滤镜也会自动计算选区并进行磨皮，如图15-383所示。

图 15—383

15.13.4 位图特效滤镜——KPT 7.0

KPT滤镜的全称为Kai's Power Tools，由Metacreations公司开发。作为Photoshop第三方滤镜中的佼佼者，KPT系列滤镜一直备受广大用户的青睐。KPT系列滤镜经历了KPT 3.0、KPT 5.0、KPT 6.0等几个版本的升级，如今的最新版为KPT 7.0。成功安装KPT 7.0滤镜之后，在“滤镜”菜单的底部能够找到KPT effects滤镜组，如图15-384所示。

图 15-384

图 15-385

- KPT Channel Surfing：该滤镜允许用户单独对图像中的各个通道进行处理（如模糊或锐化所选中的通道），也可以调整色彩的对比度、色彩数、透明度等属性。如图15-385所示为原始图像，如图15-386所示为KPT Channel Surfing滤镜效果。
- KPT Fluid：该滤镜可以在图像中加入模拟液体流动的效果，如扭曲变形等，如图15-387所示。
- KPT FraxFlame II：该滤镜能够捕捉并修改图像中不规则的几何形状，并且能够改变选中的几何形状的颜色、对比度、扭曲等，如图15-388所示。

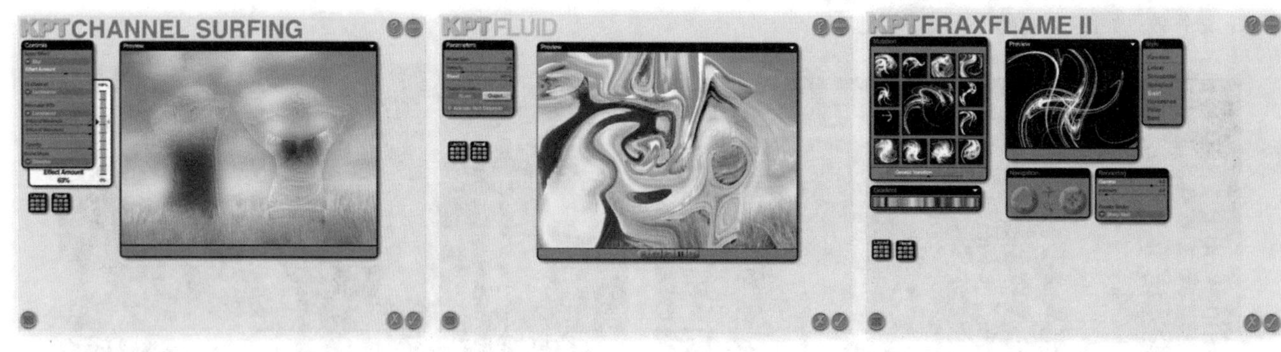

图 15-386　　图 15-387　　图 15-388

- KPT Gradient Lab：使用该滤镜可以创建不同形状、不同水平高度、不同透明度的复杂的色彩组合并运用在图像中，如图15-389所示。
- KPT Hyper Tiling：该滤镜可以制作出类似于瓷砖贴墙的效果，将相似或相同的图像元素组合成一个可供反复调用的对象，如图15-390所示。
- KPT Ink Dropper：该滤镜可以在图像中绘制出墨水滴入静水中的效果，如图15-391所示。

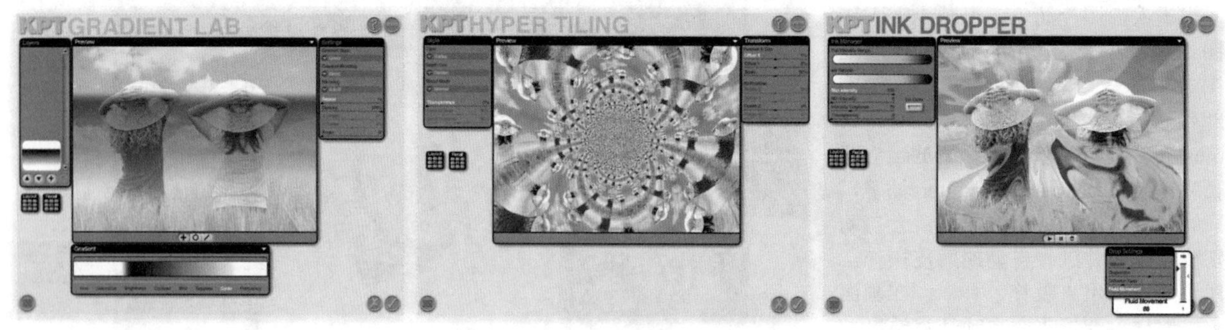

图 15-389　　图 15-390　　图 15-391

- KPT Lightning：该滤镜可以通过简单的设置在图像中创建出维妙维肖的闪电效果，如图15-392所示。
- KPT Pyramid Paint：该滤镜可以将图像转换为手绘感较强的绘画效果，如图15-393所示。
- KPT Scatter：该滤镜可以去除图像表面的污点或在图像中创建各种微粒运动的效果，同时还可以控制每一个质点的具体位置、颜色、阴影等，如图15-394所示。

图　15—392　　　图　15—393　　　图　15—394

15.13.5　位图特效滤镜——Eye Candy 4000

Eye Candy 4000是Alien Skin公司出品的一组极为强大的经典的Photoshop外挂滤镜。Eye Candy 4000滤镜的功能千变万化，拥有极为丰富的特效。它包含23种滤镜，可以模拟出反相、铬合金、闪耀、发光、阴影、HSB 噪点、水滴、水迹、挖剪、玻璃、斜面、烟幕、漩涡、毛发、木纹、编织、星星、斜视、大理石、摇动、运动痕迹、溶化、火焰等效果，如图15-395～图15-398所示为部分滤镜效果。

图　15—395

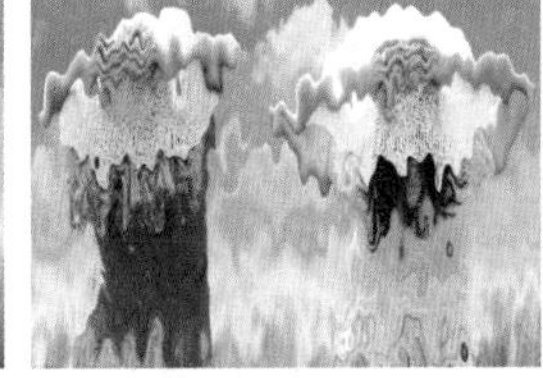

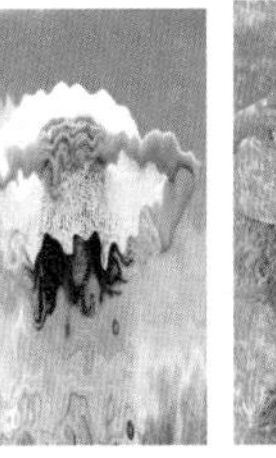

图　15—396

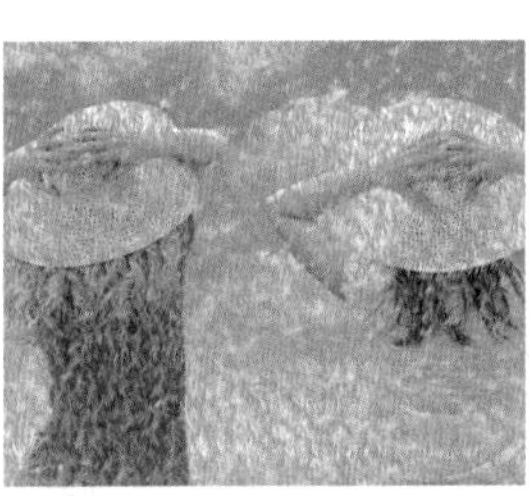

图　15—397

图　15—398

15.13.6　位图特效滤镜——Alien Skin Xenofex

Xenofex是Alien Skin公司的最新滤镜套件之一，具有操作简单、效果精彩的优势。其内含的滤镜套件多达16种，包括Baked Earth（龟裂）、Constellation（星化）、Crumple（捏绉）、Distress（挤压）、Electrify（电花）、Flag（旗飘）、Lightning（闪电）、Little Fluffy Clouds（云霭）、Origami（结晶）、Puzzle（拼图）、Rounded Rectangle（圆角）、Shatter（爆炸）、Shower Door（毛玻璃）、Stain（上釉）、Stamper（邮图）、Television（电视）特效滤镜，如图15-399～图15-401所示为部分滤镜效果。

图　15—399

图　15—400

图　15—401

技术拓展：其他外挂滤镜

Photoshop的外挂滤镜多达千余种，下面再介绍另外几种比较常用的外挂滤镜。

- BladePro滤镜：BladePro滤镜是一个套用材质处理图像的滤镜。该滤镜可以将木材、纸张等质料叠加在另一张图片上，使原来普通的图像变成具有各种质感的特殊效果。
- FeatherGIF滤镜：在网页设计中，经常会遇到将背景透明的GIF图片嵌入到网页上，或者将图片边缘修剪得比较自然、好看的情况，这时一般会用到淡入淡出、边缘羽化、边缘颗粒等方法，虽然这些操作并不难，但比较繁琐。使用FeatherGIF滤镜则可以使操作变得轻松、快捷。
- Four Seasons滤镜：Four Seasons滤镜可以模拟出一年四季中的任何效果，以及日出日落、天空、阳光等大自然效果。
- Photo Graphics滤镜：使用Photo Graphics滤镜可以很轻松地绘制出复杂的几何图形，或制作按曲线排列文字等效果。

★ 综合实战——使用滤镜库制作插画效果

案例文件	案例文件\第15章\使用滤镜库制作插画效果.psd
视频教学	视频文件\第15章\使用滤镜库制作插画效果.flv
难易指数	★★★★★
技术要点	“海报边缘”滤镜、混合模式

案例效果

本例主要是通过使用“海报边缘”滤镜以及设置混合模式制作插画效果，如图15-402所示。

操作步骤

01 打开素材文件1.jpg，如图15-403所示。

02 执行“滤镜>滤镜库”命令，打开“艺术效果”列表，选择“海报边缘”滤镜，设置“边缘厚度”为0，“边缘强度”为1，“海报化”为0，如图15-404所示。效果如图15-405所示。

图 15-402　　图 15-403　　图 15-404

03 导入纸张素材2.jpg，并设置其混合模式为“正片叠底”，如图15-406所示。最终效果如图15-407所示。

图 15-405

图 15-406

图 15-407

课后练习

【课后练习——利用查找边缘滤镜制作彩色速写】

思路解析：本案例通过对数码照片添加“查找边缘”滤镜并与源图像进行混合，模拟出彩色速写效果。

本章小结

Photoshop中的滤镜可以用来实现各种各样的特殊效果，而且操作方法非常简单，效果明显。但是想要真正发挥滤镜的强大功能，需要混合使用多种滤镜，并且配合图层、通道、蒙版等操作。

第16章

创建与编辑3D对象

本章内容简介：

从Photoshop CS3开始，Photoshop开始分为两个版本——标准版和扩展版（Extended），在扩展版中包含了3D功能。Adobe Photoshop CS6 Extended可以打开多种三维对象，如3ds Max、Maya、Alias等创建的模型。

本章学习要点：

- 掌握如何创建多种3D对象
- 掌握3D对象的编辑方法
- 掌握3D纹理以及灯光的编辑方法

16.1 掌握3D工具的使用方法

在Photoshop中打开3D文件时，文件原有的纹理、渲染以及光照信息都会被保留，并且可以通过移动3D模型、对其制作动画、更改渲染模式、编辑或添加光照、将多个3D模型合并为一个3D场景等操作编辑3D文件。

在Photoshop中导入或创建3D模型后，都会在“图层”面板出现相应的3D图层，并且模型的纹理显示在3D图层下的条目中，用户可以将纹理作为独立的2D文件打开并编辑，或使用 Photoshop绘图工具和调整工具直接在模型上编辑纹理，如图16-1和图16-2所示。

在Photoshop CS6中打开3D文件后，在选项栏中可以看到一组3D工具，如图16-3所示。使用3D工具可以对3D对象进行旋转、滚动、平移、滑动和缩放的操作，相机视图保持固定。

图 16-1　　图 16-2

图 16-3

思维点拨：什么是3D

3D是Three Dimensions的简称，指三维、三个维度、三个坐标，即有长、宽、高，换句话说，就是立体的，是相对于只有长和宽的平面（2D）而言的。

16.1.1 使用3D对象工具

在3D面板中选中3D对象时，选项栏中会显示出3D对象工具，包括“3D对象旋转工具”、“3D对象滚动工具”、“3D对象平移工具”、“3D对象滑动工具”和“3D对象缩放工具”。使用这些工具对3D模型进行调整时，发生改变的只有模型本身，场景不会发生变化。导入3D模型文件，如图16-4所示。选项栏如图16-5所示。

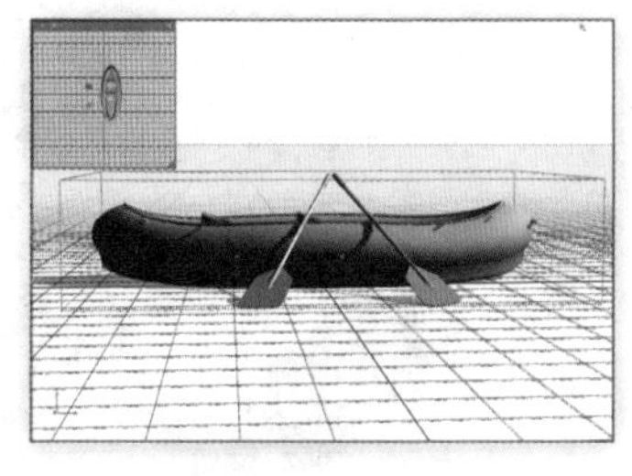

图 16-4

图 16-5

- “3D对象旋转工具”：使用该工具上下拖曳光标，可以围绕X轴旋转模型；在两侧拖曳光标，可以围绕Y轴旋转模型；如果按住Alt键的同时拖曳光标，可以滚动模型。如图16-6和图16-7所示分别为围绕X轴、Y轴旋转模型的效果。
- “3D对象滚动工具”：使用该工具在两侧拖曳光标，可以围绕Z轴旋转模型，如图16-8所示。

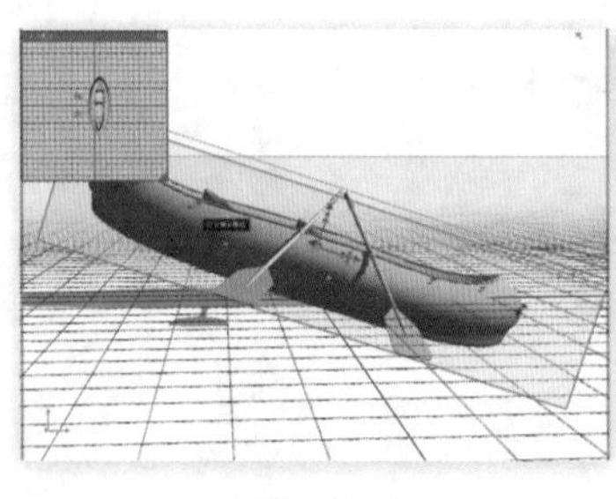

图 16-6

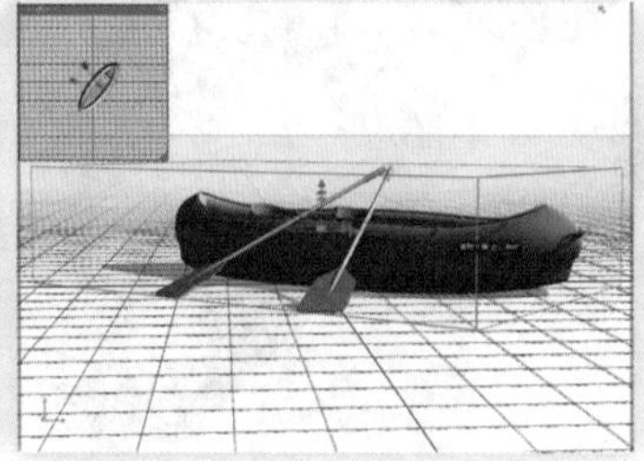

图 16-7

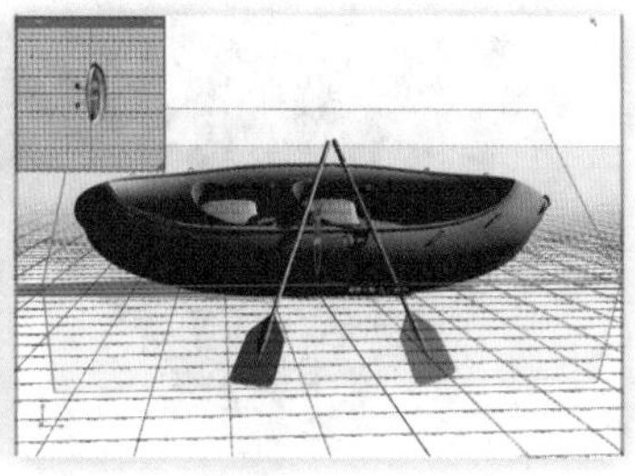

图 16-8

- “3D对象平移工具”：使用该工具在两侧拖曳光标，可以在水平方向移动模型；上下拖曳光标，可以在垂直方向移动模型；如果按住Alt键的同时拖曳光标，可以沿X/Z方向移动模型。如图16-9和图16-10所示分别为在水平方向与垂直方向移动模型的效果。

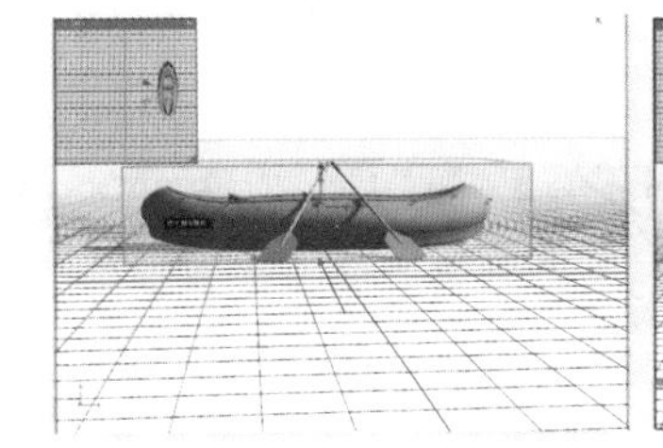
图 16-9

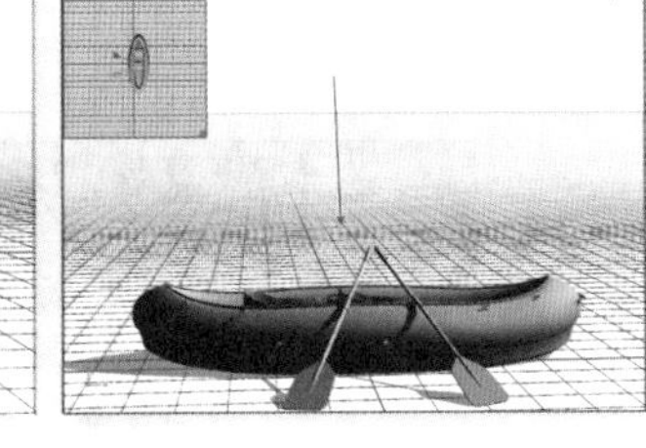
图 16-10

- “3D对象滑动工具”：使用该工具在两侧拖曳光标，可以在水平方向移动模型；上下拖曳光标，可以将模型移近或移远；如果按住Alt键的同时拖曳光标，可以沿X/Y方向移动模型，如图16-11和图16-12所示。
- “3D对象缩放工具”：使用该工具上下拖曳光标，可以放大或缩小模型；如果按住Alt键的同时拖曳光标，可以沿Z轴方向缩放模型。如图16-13和图16-14所示分别为等比例缩放与沿Z轴缩放模型的效果。

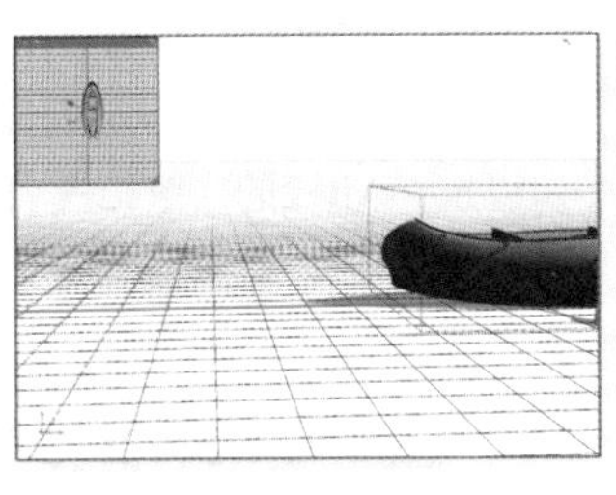
图 16-11

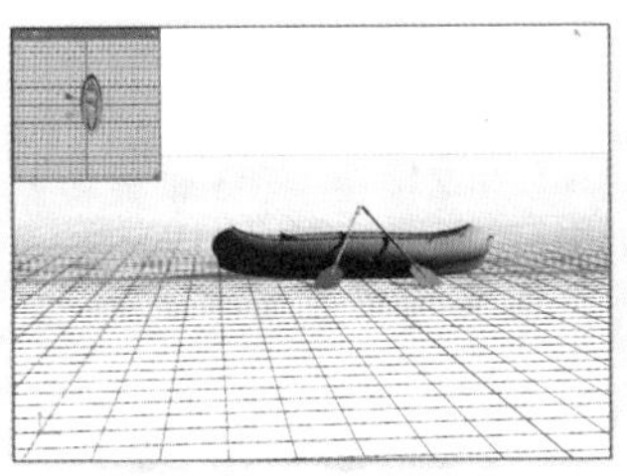
图 16-12

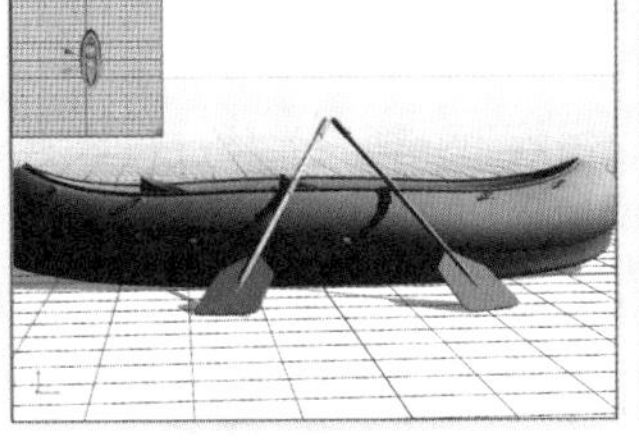
图 16-13

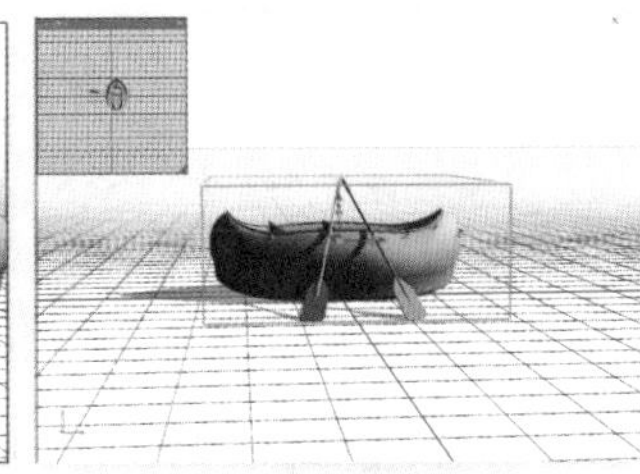
图 16-14

技术拓展：认识3D轴

当选择任意3D对象时，都会显示出3D轴，可以通过3D轴以另一种操作方式控制选定对象。将光标放置在任意轴的锥尖上，单击并向相应方向拖动即可沿X/Y/Z轴移动对象；单击轴间内弯曲的旋转线框，在出现的旋转平面的黄色圆环上单击并拖动即可旋转对象；单击并向上或向下拖动3D轴中央的立方块即可等比例调整对象大小，如图16-15所示。

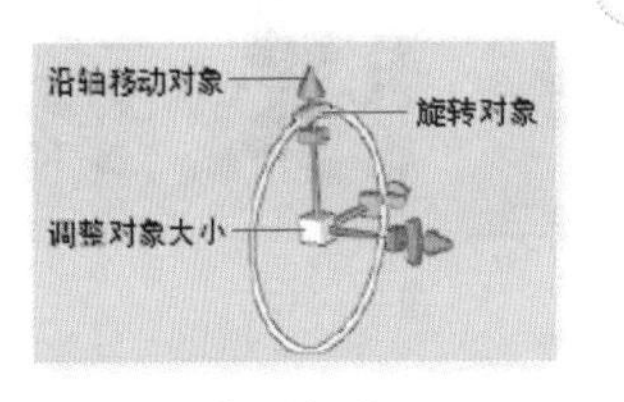

图 16-15

16.1.2 使用3D相机工具

- 技术速查：使用3D相机工具可以改变相机视图。

在3D面板中选中“当前视图”，如图16-16所示，选项栏中会显示出3D相机工具，包括“3D旋转相机工具”、“3D滚动相机工具”、“3D平移相机工具”、“3D移动相机工具”和“3D缩放相机工具”，使用3D相机工具操作3D视图时，3D对象的位置保持固定不变，如图16-17所示。

- “3D旋转相机工具”：使用该工具拖曳光标，可以沿X或Y轴方向环绕移动相机；如果按住Alt键的同时拖曳光标，可以滚动相机，如图16-18和图16-19所示。

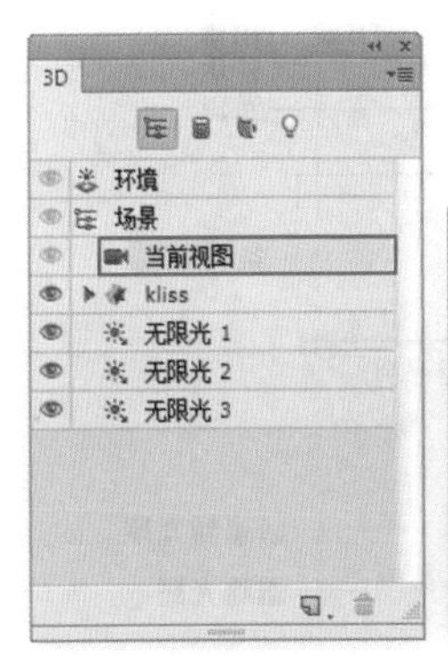

图 16-16

图 16-17

图 16-18

图 16-19

- “3D滚动相机工具”：使用该工具拖曳光标，可以滚动相机，如图16-20所示。
- “3D平移相机工具”：使用该工具拖曳光标，可以沿X或Y方向平移相机；如果按住Alt键的同时拖曳光标，可以沿X或Z方向平移相机，如图16-21和图16-22所示。

图 16-20

图 16-21

图 16-22

- “3D移动相机工具”：使用该工具拖曳光标，可以步进相机（Z轴转换和Y轴旋转）；如果按住Alt键的同时拖曳光标，可以沿Z/X方向步览（Z轴平移和X轴旋转），如图16-23和图16-24所示。
- “3D缩放相机工具”：使用该工具拖曳光标，可以更改3D相机的视角（最大视角为180°），如图16-25和图16-26所示。

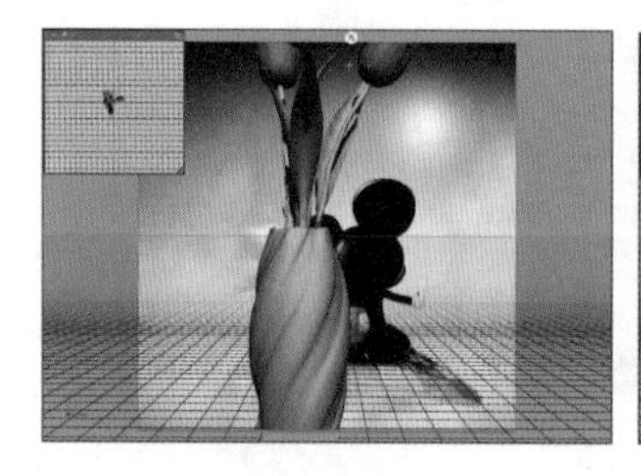
图 16-23

图 16-24

图 16-25

图 16-26

16.2 使用3D面板

执行“视图>3D”命令，打开3D面板。在“图层”面板中选择3D图层后，3D面板会显示与之关联的组件。在3D面板的顶部可以切换“场景”、“网格”、“材质”和“光源”组件的显示，如图16-27所示。

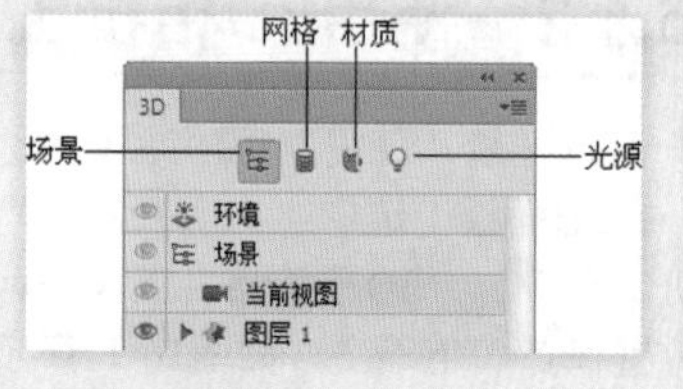

图 16-27

技巧提示

使用3D功能时经常会使用到“属性”面板，执行“窗口>属性”命令可以打开“属性”面板。

16.2.1 3D场景设置

- 技术速查：单击“场景”按钮即可切换到3D场景面板。

使用3D场景设置可以更改渲染模式、选择要在其上绘制的纹理或创建横截面等，如图16-28所示。

- 条目：选择条目中的选项，可以在“属性”面板中进行相关的设置。

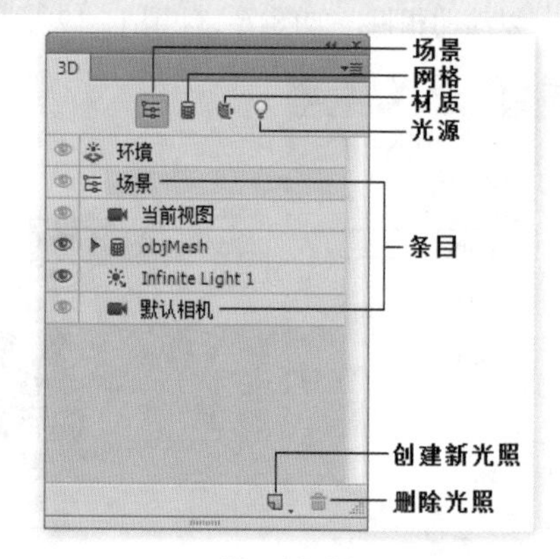

图 16-28

- “创建新光照”按钮：单击该按钮，在弹出的下拉菜单中执行相关命令，即可创建相应的光照。
- “删除光照”按钮：选择光照选项，单击该按钮，即可将选中的光照删除。

16.2.2 相机视图

选择3D面板中的“当前视图”，如图16-29所示。调整3D相机时，在“属性”面板的“视图”下拉列表中选择相应选项，可以以不同的视角来观察模型，如图16-30和图16-31所示。

单击“属性”面板中的“透视”按钮，调整“景深”参数，如图16-32所示，可以使一部分对象处于焦点范围内，从而变得清晰。其他对象处于焦点范围外，从而变得模糊。

单击“属性”面板中的“正交”按钮，调整“缩放”参数，如图16-33所示，可以调整模型，使其远离或靠近观察者。

图 16-29

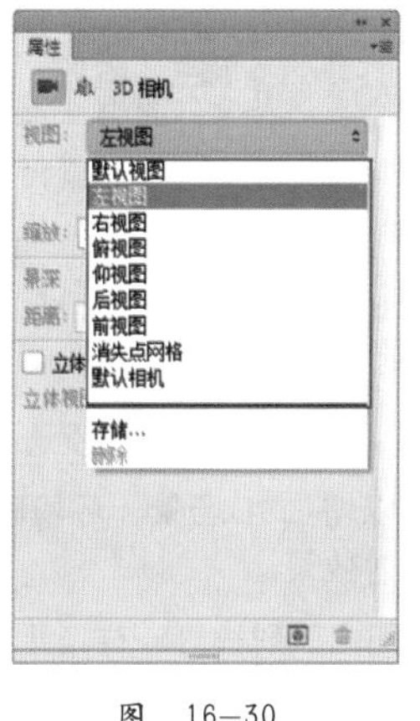

图 16-30

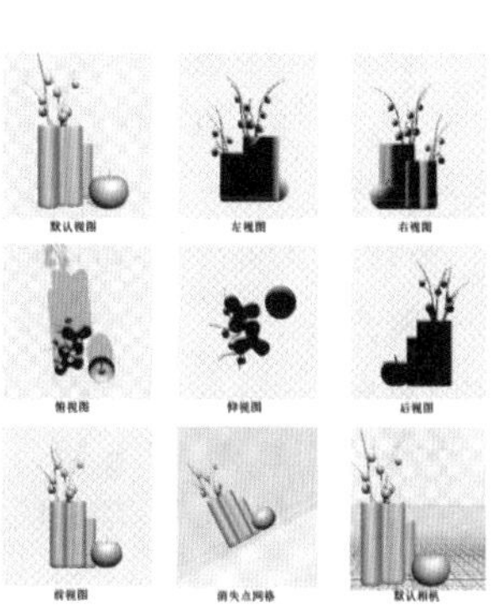
图 16-31

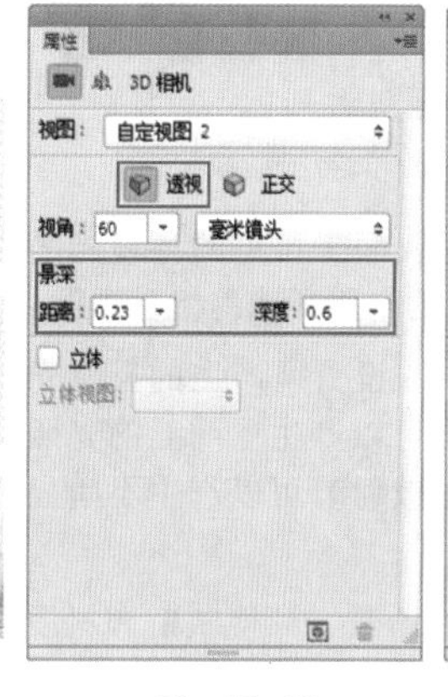

图 16-32

图 16-33

16.2.3 3D网格设置

单击3D面板顶部的“网格”按钮，可以切换到3D网格面板，如图16-34所示。可以在“属性”面板中进行相关的设置，如图16-35所示。

- 捕捉阴影：控制选定的网格是否在其表面上显示其他网格所产生的阴影。
- 投影：控制选定的网格是否投影到其他网格表面上。
- 不可见：选中该复选框，可以隐藏网格，但是会显示其表面的所有阴影。

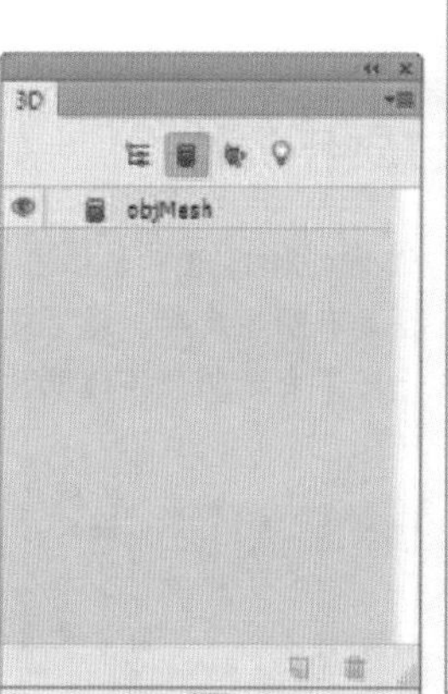

图 16-34

图 16-35

16.2.4 3D材质设置

- 技术速查：3D材质的调整主要是从材质本身的物理属性出发进行分析。

单击3D面板顶部的“材质”按钮，可以切换到3D材质面板，在材质面板中列出了当前3D文件中使用的材质，如图16-36所示。可以在“属性”面板中更改漫射、不透明度、凹凸、反射、发光等相关属性来调整材质效果。当然，3D材质面板还包含多个预设材质可供编辑使用，单击材质缩览图右侧的下拉按钮，可以打开预设的材质类型，如图16-37所示。

- 纹理映射下拉菜单：单击按钮，可以弹出一个下拉菜单，在该菜单中可以创建、载入、打开、移去以及编辑纹理映射的相关属性，如图16-38和图16-39所示。
- 漫射：设置材质的颜色。漫射映射可以是实色，也可以是任意2D内容。
- 镜像：设置镜面高光的颜色。
- 发光：设置不依赖于光照即可显示的颜色，即创建从内部照亮3D对象的效果。

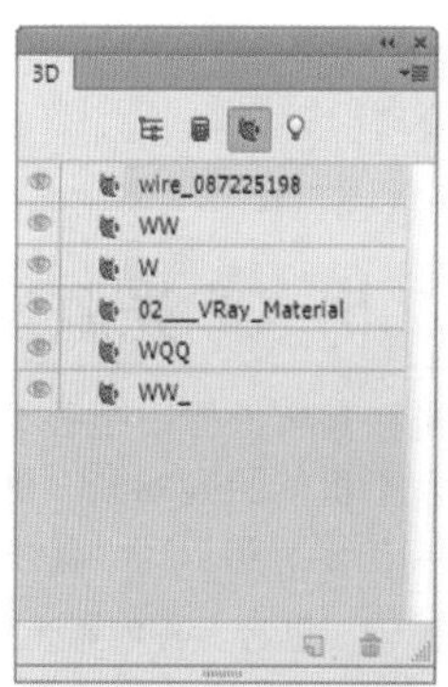
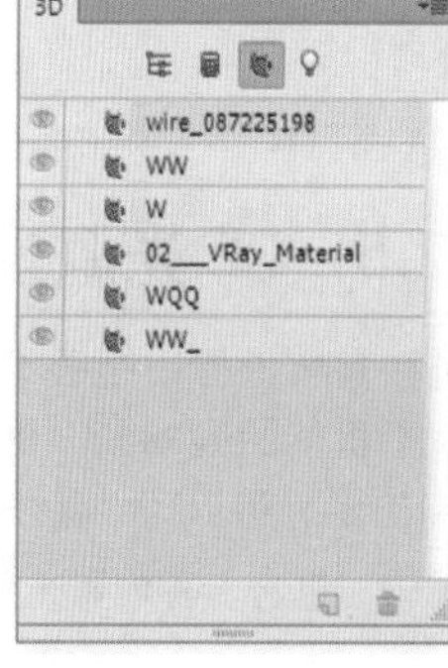

图 16-36

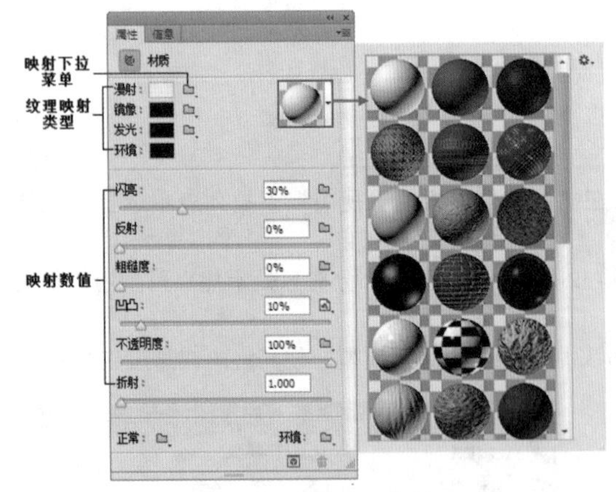

图　16—37

图　16—38

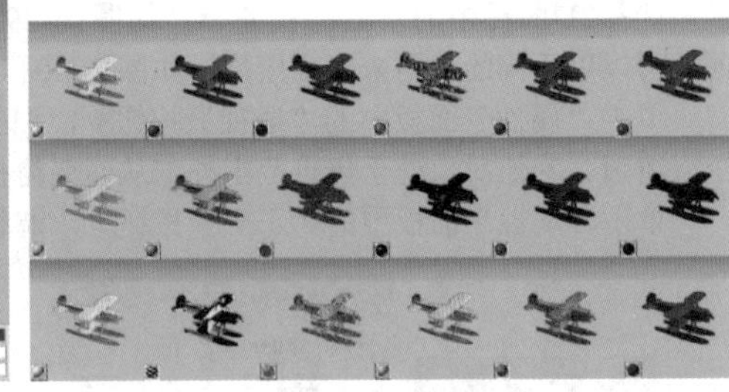

图　16—39

- 环境：设置在反射表面上可见的环境光的颜色。该颜色与用于整个场景的全局环境色相互作用。
- 闪亮：定义"光泽"设置所产生的反射光的散射。低反光度（高散射）可以产生更明显的光照，而焦点不足；高反光度（低散射）可以产生不明显、更亮、更耀眼的高光。
- 反射：可以增加3D场景、环境映射和材质表面上其他对象的反射效果。
- 粗糙度：设置材质表面的粗糙程度。
- 凹凸：通过灰度图像在材质表面创建凹凸效果，而并不修改网格。凹凸映射是一种灰度图像，其中较亮的值可以创建比较突出的表面区域，较暗的值可以创建平坦的表面区域。
- 不透明度：用来设置材质的不透明度。
- 折射：可以增加3D场景、环境映射和材质表面上其他对象的折射效果。
- 正常：与凹凸映射纹理一样，正常映射会增加模型表面的细节。
- 环境：存储3D模型周围环境的图像。环境映射会作为球面全景来应用。

思维点拨：材质与贴图

3D材质的制作可能与惯常的2D思维不太相同，常见的物理属性包括物体本身固有的属性（如颜色、花纹等）、物体是否透明、是否凹凸、是否具有明显反射、是否是发光物体等。以木桌材质为例，首先想到的一定是木纹的表面（漫射属性）；既然是木质，那么一定不会透明（不透明度属性）；木质表面应该会有些许的木纹凹凸效果（凹凸属性）；剖光的木桌也会有一些反射现象（反射属性）等。经过这样的分析，比对3D材质面板的参数设置，能很容易地模拟出相应的材质。如图16—40所示为部分常见物体的属性分析。

图　16—40

16.2.5　3D光源设置

光在真实世界中是必不可少的，物体因光的存在才能够被肉眼观察到。在3D软件中，灯光也是必不可少的一个组成部分，不仅能照亮场景，更能够起到装饰点缀的作用。单击3D面板顶部的"光源"按钮，可以切换到3D光源面板，如图16-41所示。可以在"属性"面板中进行相关的设置，如图16-42所示。

- 预设：包含多种内置光照效果，切换即可预览效果。如图16-43～图16-45所示分别是"白光"、"翠绿"和"红光"效果。

图 16-41

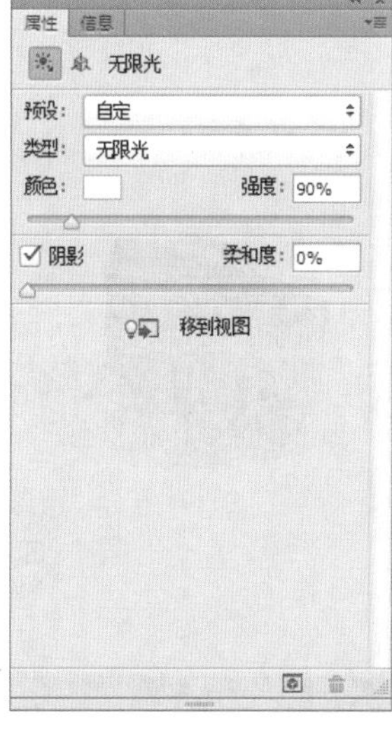

图 16-42

图 16-43

图 16-44

- 类型：设置光照的类型，包括“点光”、“聚光灯”、“无限光”和“基于图像”4种。如图16-46～图16-48所示分别是“点光”、“聚光灯”和“无限光”效果。

图 16-45

图 16-46

图 16-47

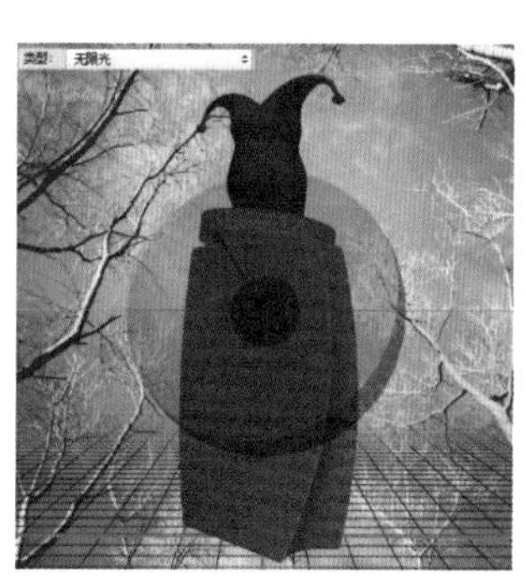

图 16-48

- 强度：用来设置光照的强度。数值越大，灯光越亮。如图16-49和图16-50所示分别是“强度”为47%和150%时的对比效果。
- 颜色：用来设置光源的颜色。单击“颜色”选项右侧的色块可以打开“选择光照颜色”对话框，在该对话框中可以自定义光照的颜色。如图16-51和图16-52所示分别是光照颜色为红色和绿色时的对比效果。

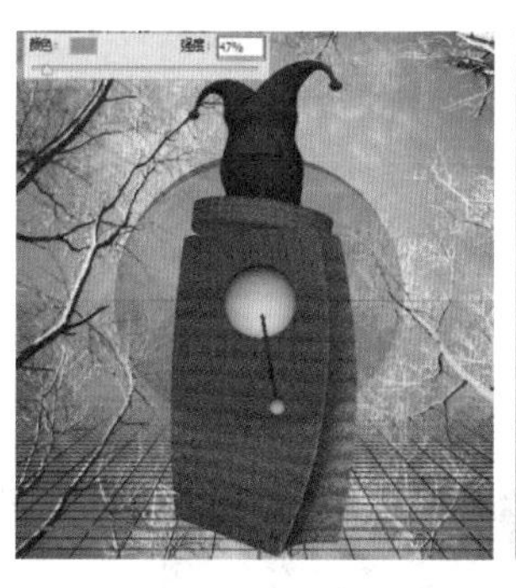

图 16-49

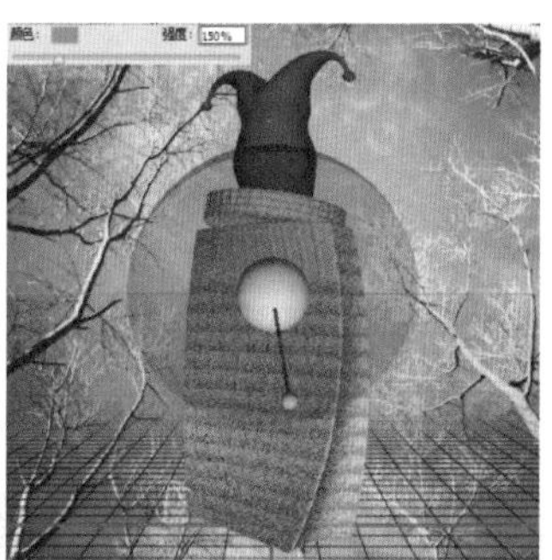

图 16-50

图 16-51

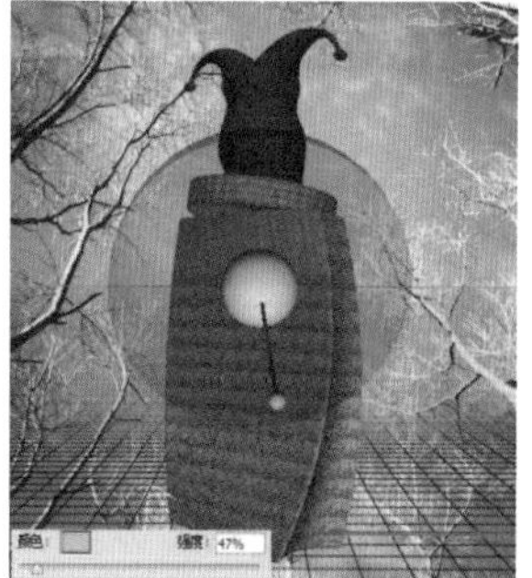

图 16-52

- 阴影：选中该复选框，可以从前景表面到背景表面、从单一网格到其自身或从一个网格到另一个网格产生投影。
- 柔和度：对阴影边缘进行模糊，使其产生衰减效果。

思维点拨：光源与漫射

能自动发光的物体叫做光源，分为天然光源和人造光源，常见的光源有太阳、萤火虫、篝火、火把、油灯、燃烧的蜡烛、电灯、激光灯等。

当一束平行的入射光线射到粗糙的表面时，因表面凹凸不平，所以虽然入射光线互相平行，但由于每个点的法线方向不一致，造成反射光线向不同的方向无规则地反射，这种反射称为漫反射或漫射，这种反射的光称为漫射光。很多物体，如植物、墙壁、衣服等，其表面粗看几乎是平滑的，但用放大镜仔细观察，就会看到其表面是凹凸不平的，所以本来是平行的太阳光被这些表面反射后，会射向不同方向，如图16-53所示。

图 16-53

16.3 创建3D对象

16.3.1 动手学：从文件新建3D图层

执行“3D>从文件新建3D图层”命令，在弹出的“打开”对话框中选择要打开的文件即可打开3D文件，打开的3D文件作为3D图层出现在“图层”面板中，如图16-54～图16-56所示。

图 16-54

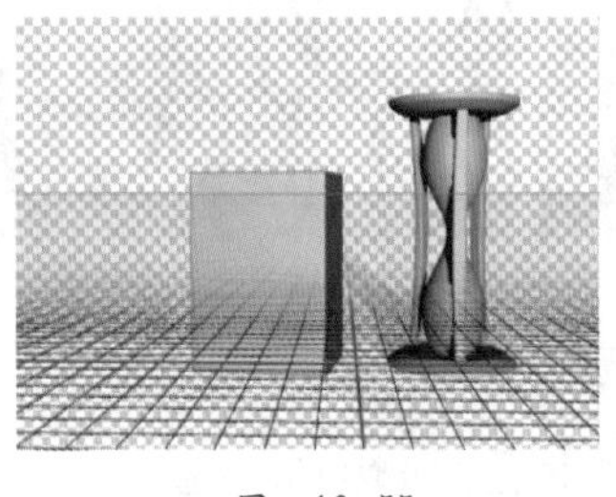

图 16-55

图 16-56

技巧提示

执行“文件>打开”命令或将3D文件拖曳到Photoshop中也可以作为3D对象打开。

答疑解惑——Photoshop CS6可以打开哪些格式的3D文件？

使用Photoshop CS6可以打开和处理由 Adobe Acrobat 3D Version 8、3D Studio Max、Alias、Maya以及Google Earth等软件创建的3D文件，支持的3D文件格式包括U3D、3DS、OBJ、KMZ和DAE。

16.3.2 动手学：从所选图层新建3D凸出

- 技术速查：使用“从所选图层新建3D凸出”命令能够快速地将普通图层、智能对象图层、文字图层、形状图层、填充图层转换为3D凸出。

（1）选中某个图层，如图16-57所示。执行“3D>从所选图层新建3D凸出”命令，此时所选图层出现3D凸出效果，如图16-58所示。

图 16-57

图 16-58

（2）在“属性”面板中可以对其参数进行调整。单击“网格”属性面板按钮，可以在“形状预设”中选择一种凸出效果，并设置变形轴、修改“凸出深度”数值等，单击“编辑源”按钮，还可以将凸出之前的对象以独立文件的形式打开并进行编辑，如图16-59所示。在“变形”属性面板中可以对“凸出深度”、“扭转”以及“锥度”数值进行设置，从而调整凸出的效果，如图16-60所示。在“盖子”属性面板中可以对3D图形的前面、背面进行设置，如图16-61所示。在“坐标”属性面板中可以对3D图形的位置以及缩放程度进行设置，如图16-62所示。

图 16-59

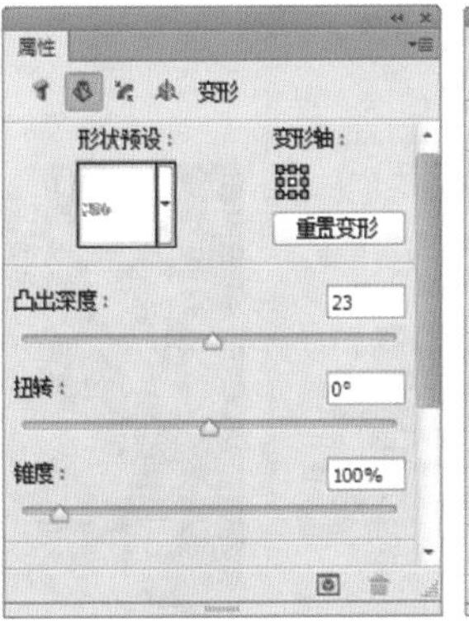

图 16-60

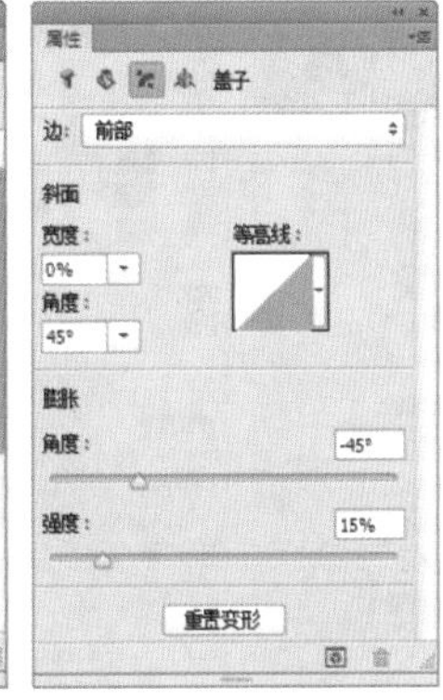

图 16-61

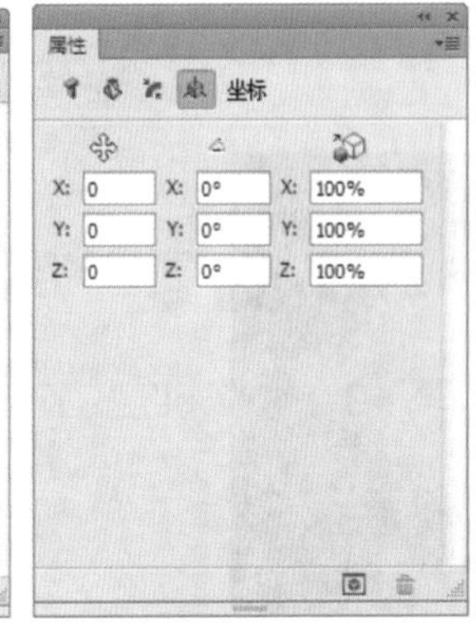

图 16-62

★ 案例实战——制作3D立体感文字

案例文件	案例文件\第16章\制作3D立体感文字.psd
视频教学	视频文件\第16章\制作3D立体感文字.flv
难易指数	★★★★★
技术要点	从所选图层创建3D凸出、3D对象纹理的编辑

案例效果

本例主要是使用3D命令制作出立体文字，并赋予其图层样式，制作出具有丝绸质感的立体文字效果，如图16-63所示。

操作步骤

01 打开背景素材1.jpg，如图16-64所示。

02 使用“横排文字工具”，设置合适的字体以及字号，分层输入字母，如图16-65所示。效果如图16-66所示。

图 16-63

图 16-64

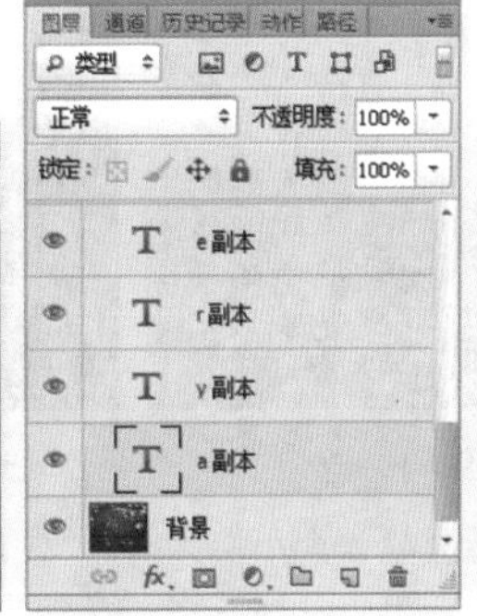

图 16-65

图 16-66

03 选中字母R所在图层，执行“3D>从所选图层新建3D凸出”命令，如图16-67所示。执行“窗口>3D”命令，在3D面板中单击文字条目，如图16-88所示。执行“窗口>属性”命令，在“属性”面板中单击“变形”按钮，设置“凸出深度”为-148，“锥度”为100%，如图16-69所示。效果如图16-70所示。

04 在3D面板中双击“r 凸出材质”条目，如图16-71所示。在“属性”面板中单击“漫射”的映射下拉菜单按钮，执行“新建纹理”命令，如图16-72所示。

图 16-67

图 16-68

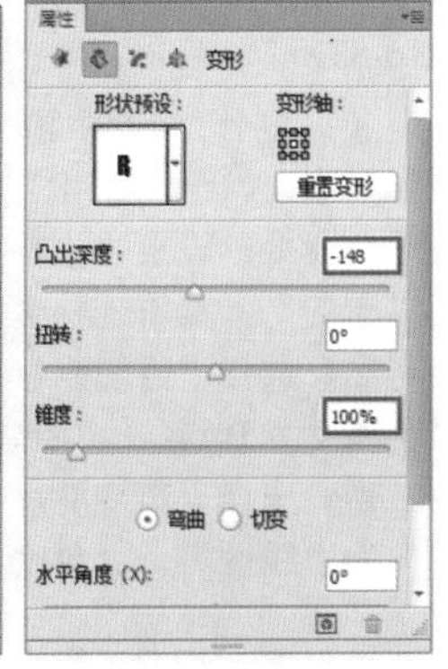

图 16-69

05 在弹出的“新建”面板中自左向右绘制黄色系的渐变，如图16-73所示。再回到3D图层，文字正面自动生成渐变效果。

06 用同样的方法制作“r前膨胀材质”条目。双击3D面板中的“r前膨胀材质”条目，如图16-74所示。在“属性”面板中单击“漫射”的映射下拉菜单按钮，执行“新建纹理”命令，如图16-75所示。同样绘制黄色的渐变，如图16-76所示。文字效果如图16-77所示。

图 16-70

图 16-71

图 16-72

图 16-73

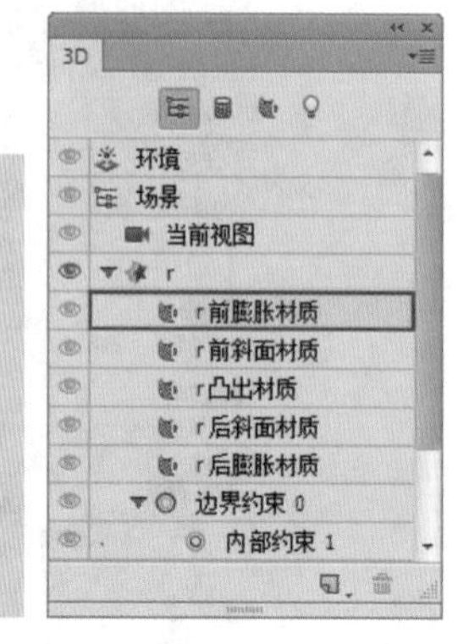

图 16-74

07 用同样的方法制作其他文字，并摆放在合适的位置，如图16-78所示。

08 复制栅格化字母A图层，将其放置在一个新图层组中并命名为a，然后缩放到合适大小，如图16-79所示。

图 16-75

图 16-76

图 16-77

图 16-78

图 16-79

09 选择“画笔工具”，设置画笔“大小”为5，“硬度”为100，如图16-80所示。新建图层，设置合适的前景色，使用“钢笔工具”沿字母边缘绘制路径，单击鼠标右键，在弹出的快捷菜单中执行“描边路径”命令，如图16-81所示。设置“工具”为“画笔”，选中“模拟压力”复选框，单击“确定”按钮，如图16-82所示。效果如图16-83所示。

图 16-80

10 制作字母表面的丝绸材质。使用“多边形套索工具”绘制出字母的正面形状选区，按Ctrl+J组合键复制正面部分，并为其添加图层样式，执行“图层>图层样式>描边”命令，设置“大小”为3像素，“位置”为“内部”，“混合模式”为“正常”，“不透明度”为100，“填充类型”为“渐变”，编辑一种金色系的渐变，设置“样式”为“线性”，“角度”为141度，如图16-84所示。

11 选择“内阴影”选项，设置“混合模式”为“正片叠底”，颜色为黑色，“不透明度”为47%，“角度”为-63度，“距离”为5像素，“阻塞”为0%，“大小”为29像素，如图16-85所示。

12 选择“渐变叠加”选项，设置“混合模式”为“正常”，“不透明度”为100%，编辑一种金色系的渐变，设置“样式”为“线性”，“角度”为90度，单击“确定”按钮，如图16-86所示。效果如图16-87所示。

图 16—81

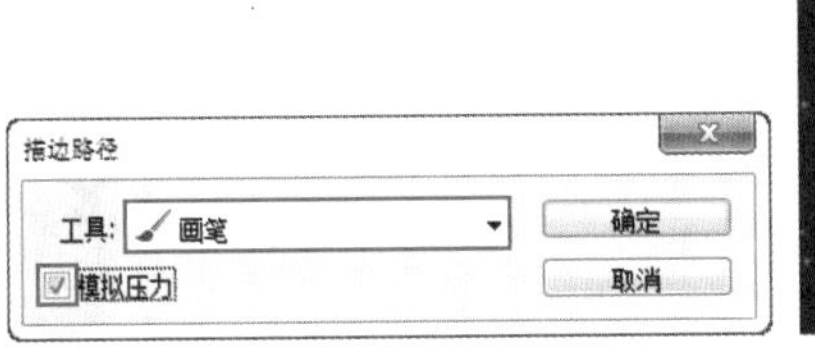

图 16—82

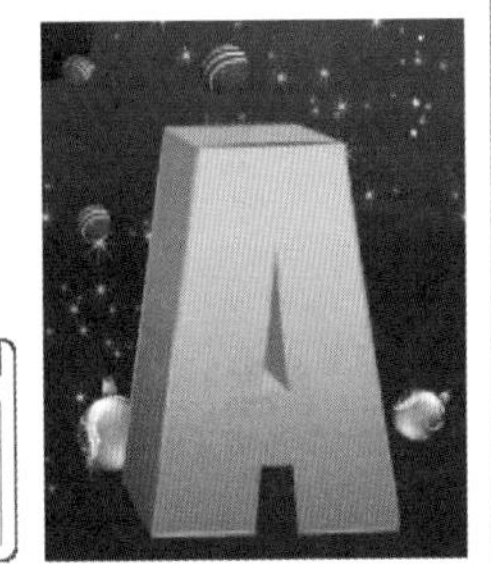

图 16—83

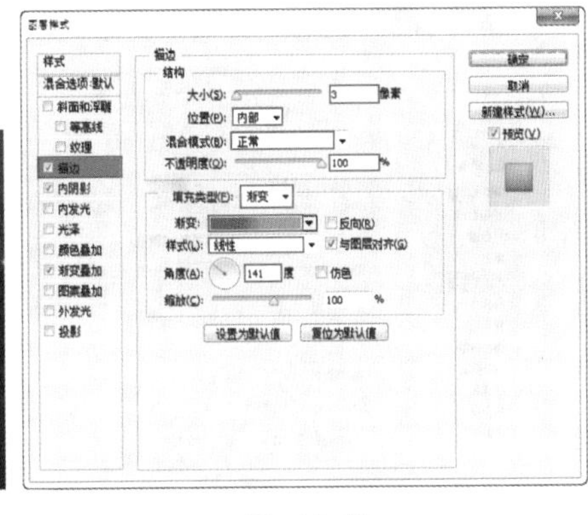

图 16—84

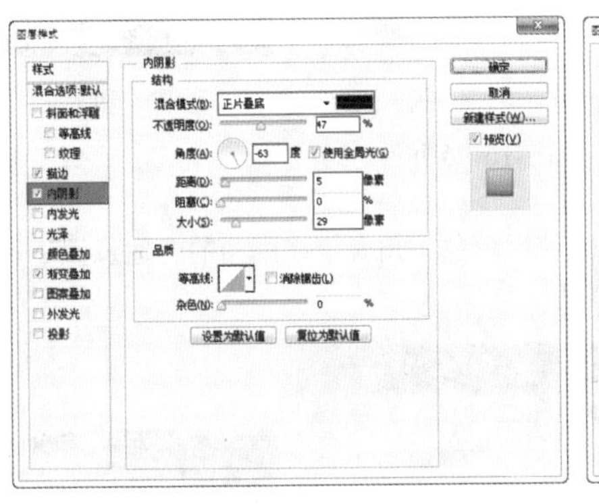

图 16—85

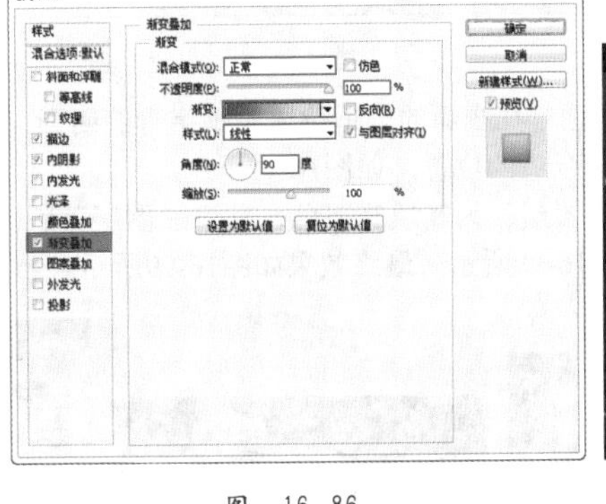

图 16—86

图 16—87

13 再次选择字母A，用同样的方法复制出A里部部分，并为其添加图层样式。选择“内阴影”选项，设置“混合模式”为“正片叠底”，颜色为黑色，“不透明度”为49%，“角度”为-63度，“距离”为5像素，“阻塞”为0%，“大小”为43像素，如图16-88所示。

14 执行“图层>新建调整图层>色相/饱和度”命令，创建“色相/饱和度”调整图层，设置“色相”为-17，“饱和度”为100，“明度”为-53，如图16-89所示。单击鼠标右键，在弹出的快捷菜单中执行“创建剪贴蒙版”命令，如图16-90所示。效果如图16-91所示。

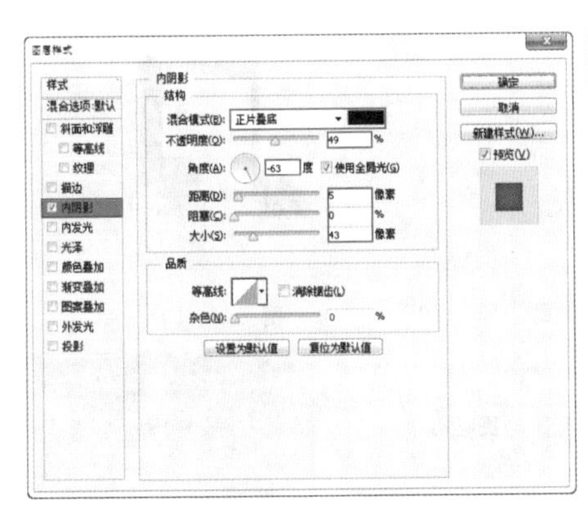

图 16—88

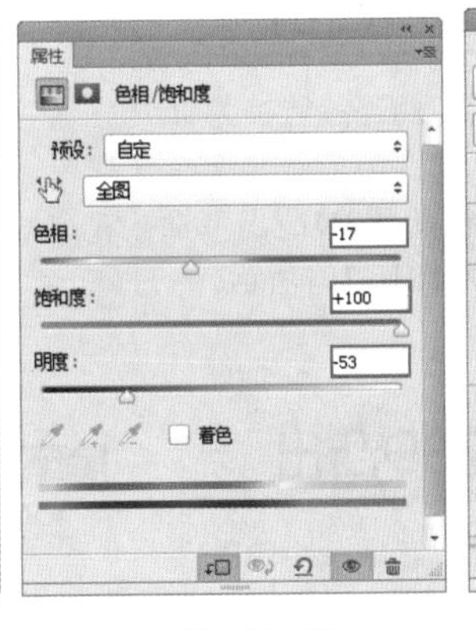

图 16—89

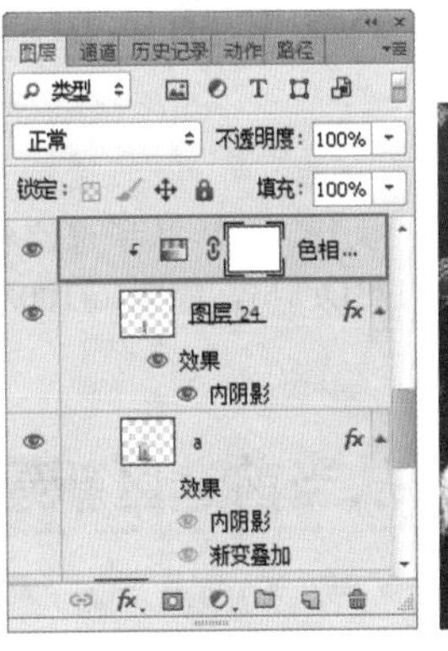

图 16—90

图 16—91

15 选中底部的栅格化字母A图层，执行“图层>图层样式>内阴影”命令，为其添加图层样式。选择“内阴影”选项，设置“混合模式”为“正片叠底”，颜色为黑色，“不透明度”为49%，“角度”为-63度，“距离”为5像素，“阻塞”为0%，“大小”为43像素，如图16-92所示。

16 选择“渐变叠加”选项，设置“混合模式”为“正常”，“不透明度”为100%，编辑一种金色系的渐变，“样式”为“线性”，“角度”为85度，如图16-93所示。效果如图16-94所示。

17 用同样的方法制作其他字母，如图16-95所示。

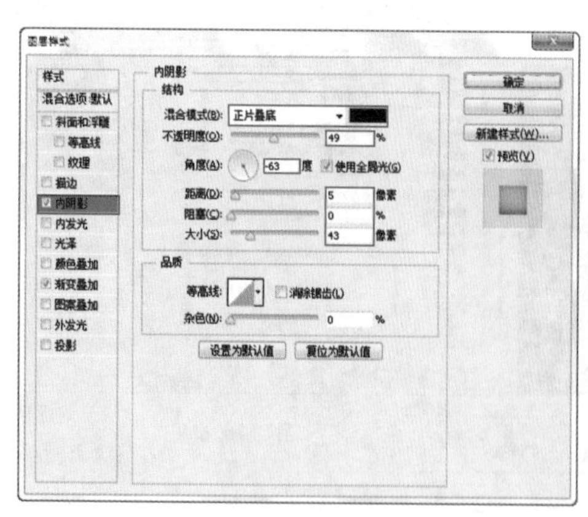

图 16—92

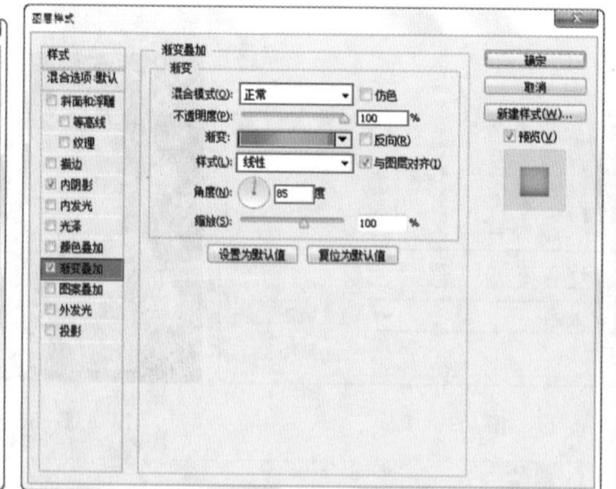

图 16—93

图 16—94

18 新建图层，使用黑色柔角画笔在画面的合适位置绘制字母的阴影，如图16-96所示。

19 导入前景素材2.png，置于合适的位置，如图16-97所示。

20 在“图层”面板顶部新建图层，为其填充黑色，并添加图层蒙版。使用黑色柔角画笔在画面的合适位置进行绘制，制作出压暗画面四角的效果，如图16-98所示。最终效果如图16-99所示。

图 16—95

图 16—96

图 16—97

图 16—98

图 16—99

16.3.3 动手学：从所选路径新建3D凸出

● 技术速查：“从所选路径新建3D凸出”命令可以将路径转换为3D对象。

当文档中包含路径时，执行“3D>从所选路径新建3D凸出”命令，即可以当前所选路径创建3D凸出，如图16-100和图16-101所示。

图 16—100 图 16—101

16.3.4 动手学：从当前选区新建3D凸出

● 技术速查：“从当前选区新建3D凸出”命令可以将选区中的2D对象转换到3D网格中，在3D空间中可以精确地进行凸出、膨胀和调整操作。

创建一个像素选区，然后执行“3D>从当前选区新建3D凸出”命令，如图16-102所示，打开3D面板，选择相关的选项，可在“属性”面板中进行相应的设置，如图16-103所示。

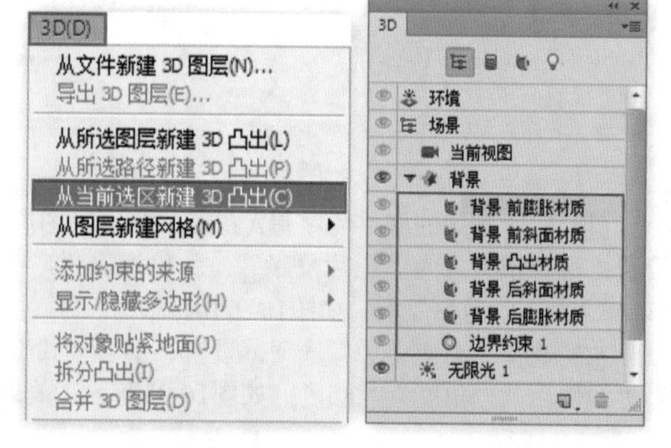

图 16—102 图 16—103

16.3.5 动手学：创建3D明信片

技术速查：创建3D明信片是指将一张2D图像转换为3D对象，并可以以三维的模式对该图像进行调整。

执行“3D>从图层新建网格>明信片”命令，可将一张普通图像创建3D明信片。创建3D明信片以后，原始的2D图层会作为3D明信片对象的“漫射”纹理映射在“图层”面板中。另外，使用选项栏中的“旋转3D对象工具”可以对3D明信片进行旋转操作，以从不同的角度观察，如图16-104和图16-105所示。

图 16—104

图 16—105

16.3.6 创建内置3D形状

技术速查：通过“网格预设”命令，可以将当前3D图像转换为所选的3D模型。

打开一张素材图像，如图16-106所示。执行“3D>从图层新建网格>网格预设”命令，选择一个形状后，2D图像转换为3D图层并且得到一个3D模型。该模型可以包含一个或多个网格，如图16-107所示为菜单命令中的模型效果。

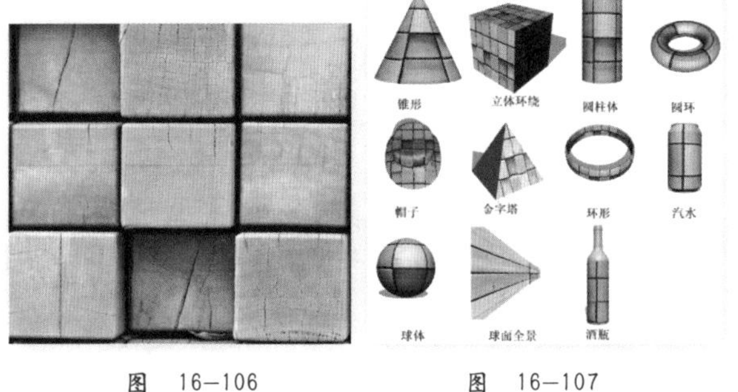

图 16—106　　图 16—107

★ 案例实战——使用网格预设制作易拉罐城市

案例文件	案例文件\第16章\使用网格预设制作易拉罐城市.psd
视频教学	视频文件\第16章\使用网格预设制作易拉罐城市.flv
难易指数	★★★★★
技术要点	“网格预设”命令

案例效果

本例主要使用“网格预设”命令制作易拉罐城市，如图16-108所示。

操作步骤

01 打开背景素材文件1.jpg，效果如图16-109所示。

02 新建图层，执行“3D>从图层新建网格>网格预设>汽水”命令，如图16-110所示。创建3D易拉罐，如图16-111所示。

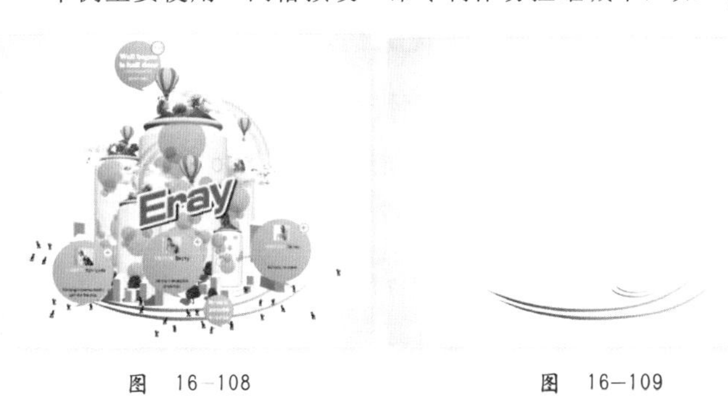

图 16—108　　图 16—109

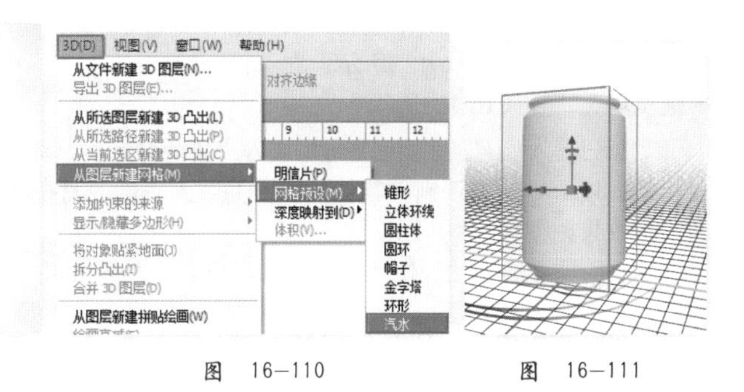

图 16—110　　图 16—111

03 回到“图层”面板中，栅格化3D图层，按Ctrl+M组合键调整曲线的形状，如图16-112所示。饮料瓶变亮了一些，效果如图16-113所示。使用“磁性套索工具”绘制合适的选区，如图16-114所示，然后将其剪切、粘贴到新图层中。

04 选中底部的易拉罐图层，执行“图层>新建调整图层>曲线”命令，调整曲线的形状，如图16-115所示。在“图层”面板中选中曲线调整图层，单击鼠标右键，在弹出的快捷菜单中执行“创建剪贴蒙版”命令，如图16-116所示。效果如图16-117所示。

05 用同样的方法制作其他易拉罐，同样对其执行“图层>新建调整图层>曲线”命令，调整曲线的形状，如图16-118所示。同样为其创建剪贴蒙版，如图16-119所示。效果如图16-120所示。

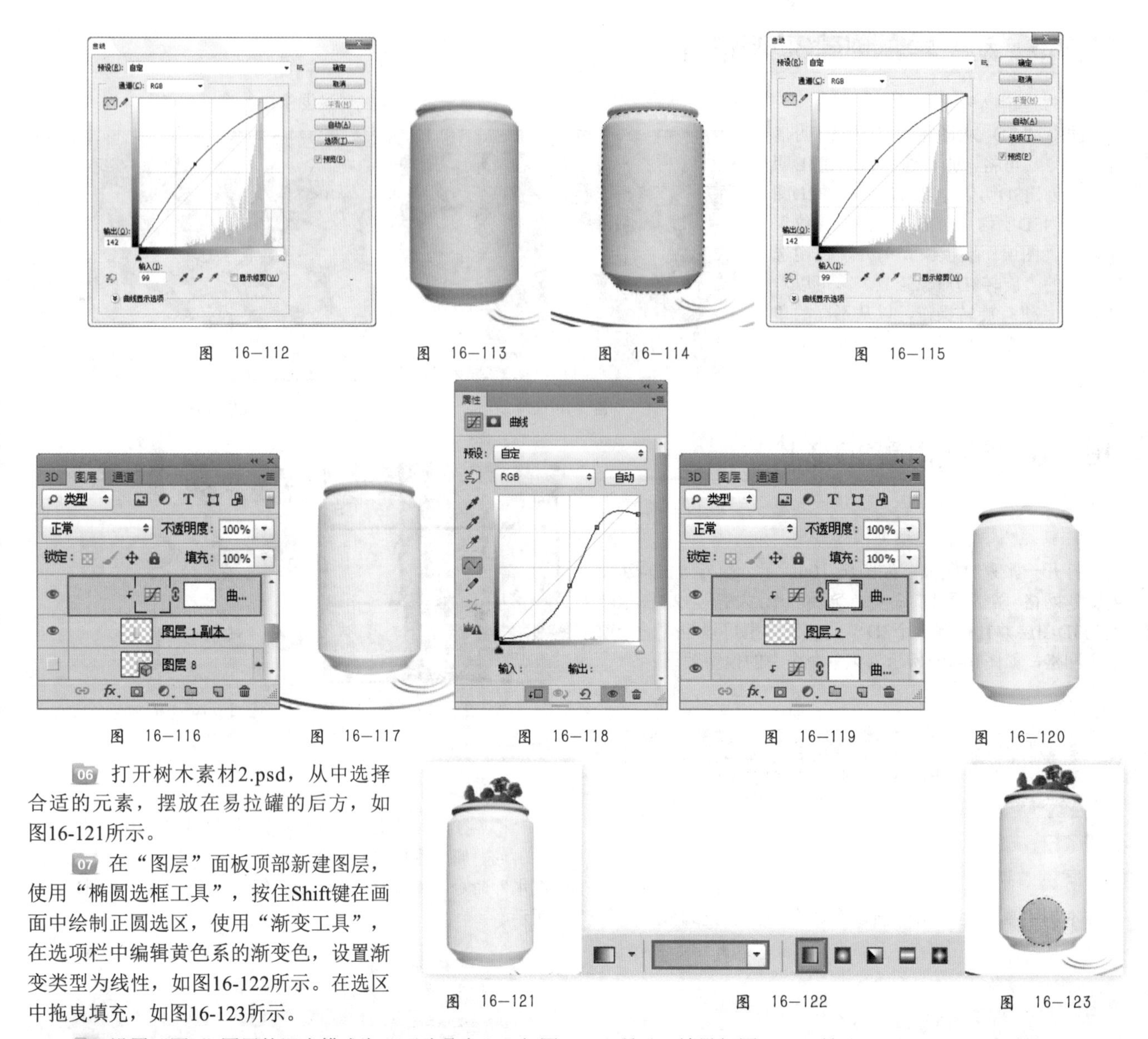

图 16-112　图 16-113　图 16-114　图 16-115

图 16-116　图 16-117　图 16-118　图 16-119　图 16-120

06 打开树木素材2.psd，从中选择合适的元素，摆放在易拉罐的后方，如图16-121所示。

07 在“图层”面板顶部新建图层，使用“椭圆选框工具”，按住Shift键在画面中绘制正圆选区，使用“渐变工具”，在选项栏中编辑黄色系的渐变色，设置渐变类型为线性，如图16-122所示。在选区中拖曳填充，如图16-123所示。

图 16-121　图 16-122　图 16-123

08 设置“圆1”图层的混合模式为“正片叠底”，如图16-124所示，效果如图16-125所示。

09 用同样的方法制作其他的圆，并载入底部的易拉罐选区，按Shift+Ctrl+I组合键进行反选，按Delete键删除选区内的部分，效果如图16-126所示。

10 用同样的方法制作其他的汽水易拉罐，并导入树木前景素材1.psd，摆放在合适的位置，如图16-127所示。

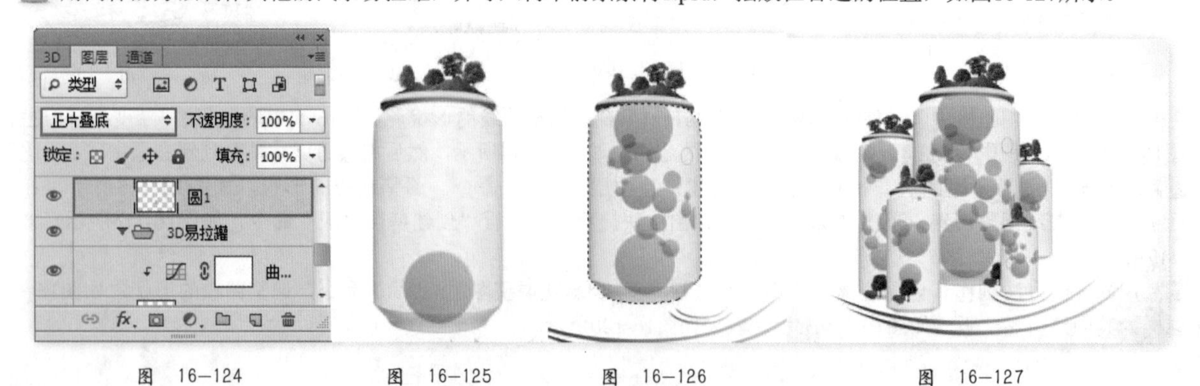

图 16-124　图 16-125　图 16-126　图 16-127

11 新建图层，执行“3D>从图层新建网格>网格预设>立体环绕”命令，如图16-128所示。在画面中创建立方体，如图16-129所示。

12 单击3D面板中的“显示所有光照”按钮，如图16-130所示。在“属性”面板中设置“强度”为500%，“柔和度”为0%，如图16-131所示。此时效果如图16-132所示。

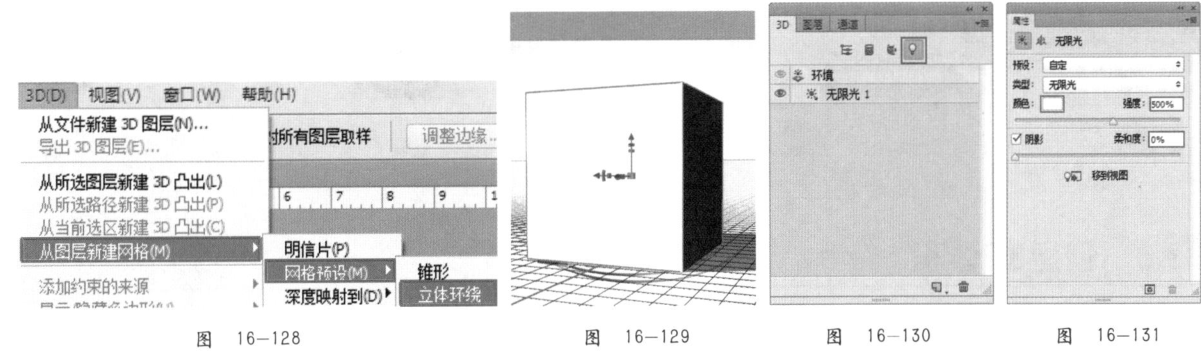

图 16—128　图 16—129　图 16—130　图 16—131

13 回到“图层”面板，栅格化3D图层，按Ctrl+T组合键执行“自由变换”命令，将其缩放到合适的大小，单击鼠标右键，在弹出的快捷菜单中执行“水平翻转”命令，如图16-133所示。按Enter键完成自由变换，按Ctrl+U组合键，设置“明度”为-30，如图16-134所示。效果如图16-135所示。

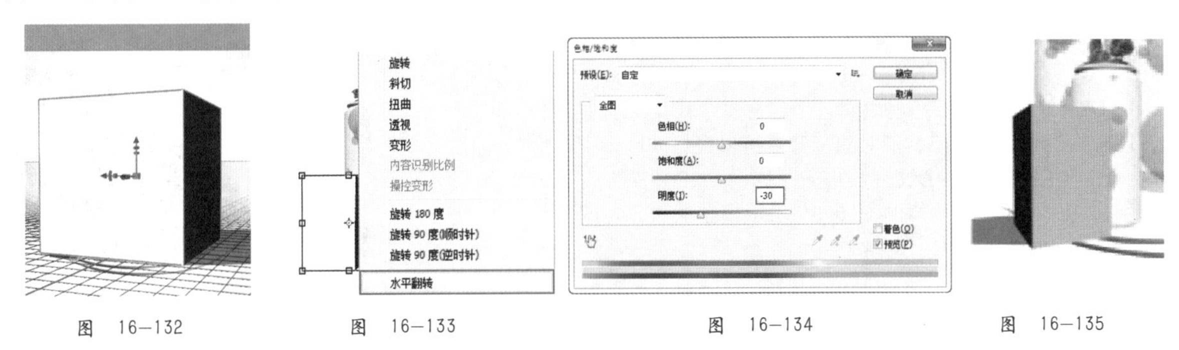

图 16—132　图 16—133　图 16—134　图 16—135

14 使用“魔棒工具”选择立方体的正面，按Ctrl+U组合键，设置“明度”为35，如图16-136所示。使用同样的方法制作立方体的侧面，效果如图16-137所示。

15 用同样的方法制作其他的立方体，如图16-138所示。导入前景素材3.png，置于画面中合适的位置。最终效果如图16-139所示。

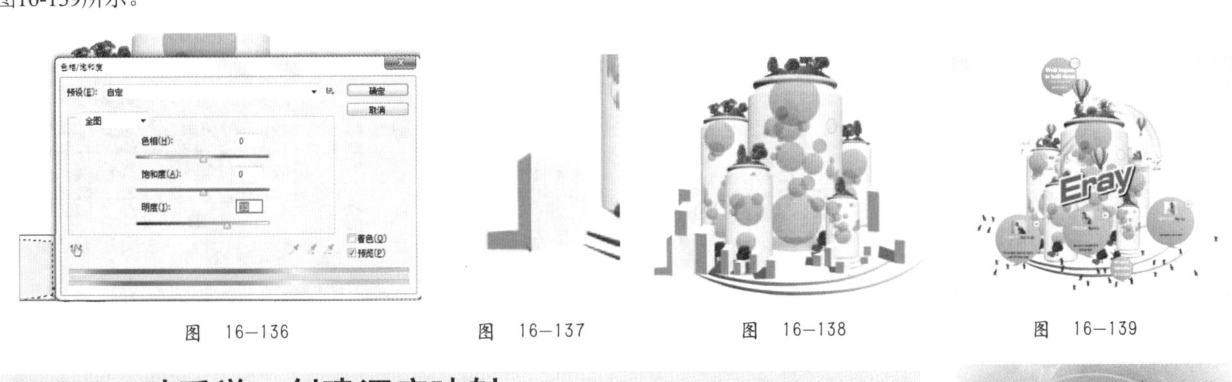

图 16—136　图 16—137　图 16—138　图 16—139

16.3.7 动手学：创建深度映射

技术速查：“深度映射到”命令是将原有图像的灰度转换为深度映射，将明度值转换为较亮的值，生成表面上凸起的区域，较暗的值则生成凹下的区域，从而制作出深浅不一的表面效果。

打开一张图像，如图16-140所示，执行“3D>从图层新建网格>深度映射到”菜单下的命令，如图16-141所示。各命令执行效果如图16-142所示。

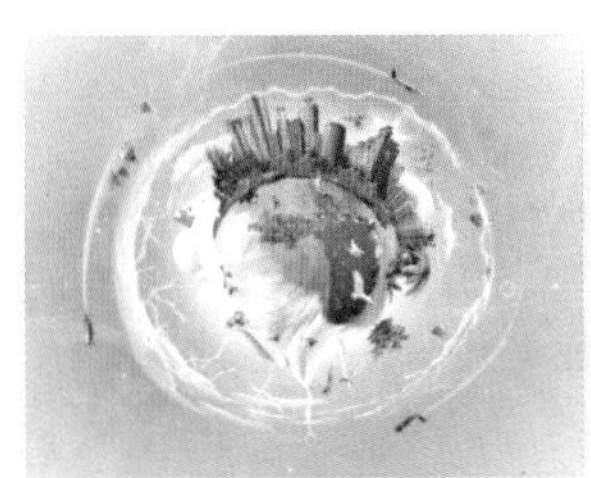

图 16—140

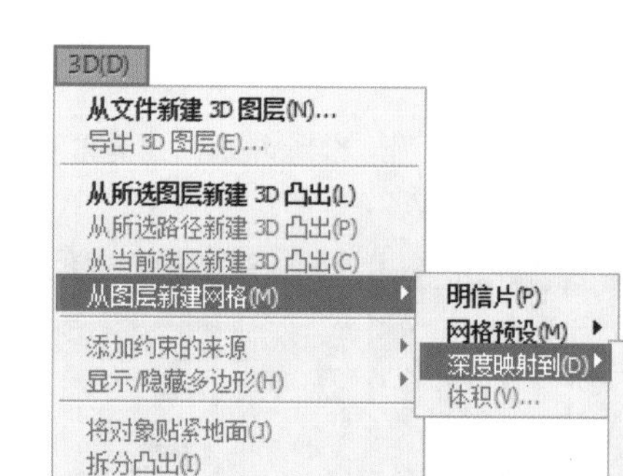

图 16-141

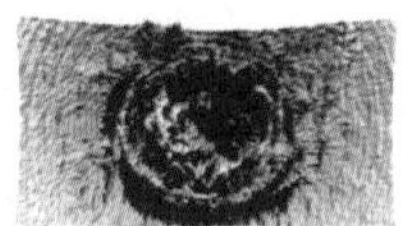

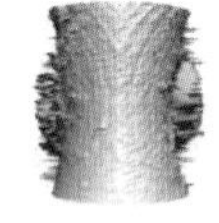

图 16-142

16.3.8 创建3D体积

Photoshop可以对医学中使用的DICOM图像（扩展名为.dc3、.dcm、.dic或无扩展名）文件进行处理。打开DICOM文件，Photoshop会读取文件中的所有帧，并将其转换为图层。对其执行“3D>从图层新建网格>体积”命令，即可创建DICOM帧的3D体积。

16.4 3D对象的编辑与操作

对于3D对象也可以进行多种编辑，例如将多个3D对象合并为一个、将3D图层转换为普通图层或智能对象，甚至可以根据动画知识制作简单的3D动画。当然也可以为3D文件添加一个或多个2D图层作为装饰，以创建复合效果。例如，可以修改图16-143所示模型的颜色，或为其添加一个背景图像，如图16-144所示。

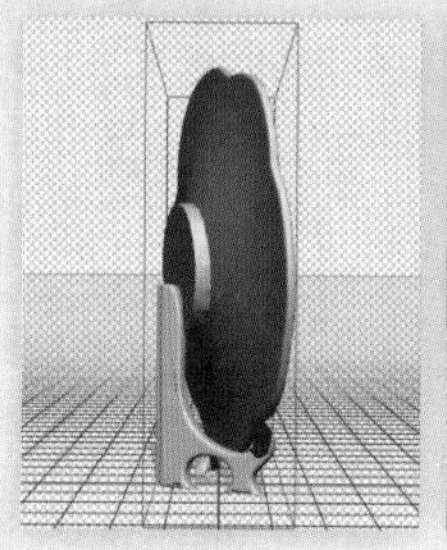

图 16-143

图 16-144

16.4.1 动手学：合并3D对象

● 技术速查：“合并3D图层”命令可以将所选3D图层合并为一个3D图层。

选择多个3D图层后，执行“3D>合并3D图层”命令，可将图层合并，每个3D文件的所有网格和材质都包含在合并后的图层中，如图16-145～图16-147所示。

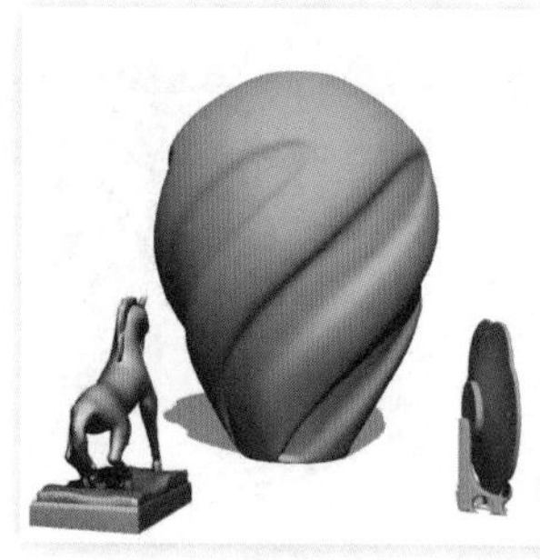

图 16-145

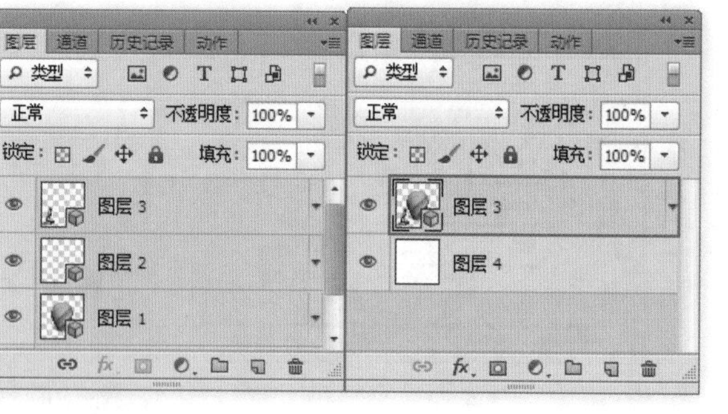

图 16-146

图 16-147

技巧提示

3D对象合并后可能会出现位置移动的情况，合并后的每部分都显示在3D面板网格中，可以使用其中的3D工具选择并重新调整各个网格的位置。

16.4.2 动手学：拆分凸出

技术速查：执行“3D>拆分凸出”命令可以将3D对象拆分为多个独立的部分，非常便于从图层、路径或选区创建的3D对象的单独编辑。

如图16-148所示为一组3D文字对象，在3D面板中可以看到5个字母为一个整体，如图16-149所示。执行“3D>拆分凸出”命令后，5个字母被拆分为独立的个体，在3D面板中可以隐藏其中某些部分，选中某个对象即可对其进行独立的编辑，如图16-150和图16-151所示。

图 16—148

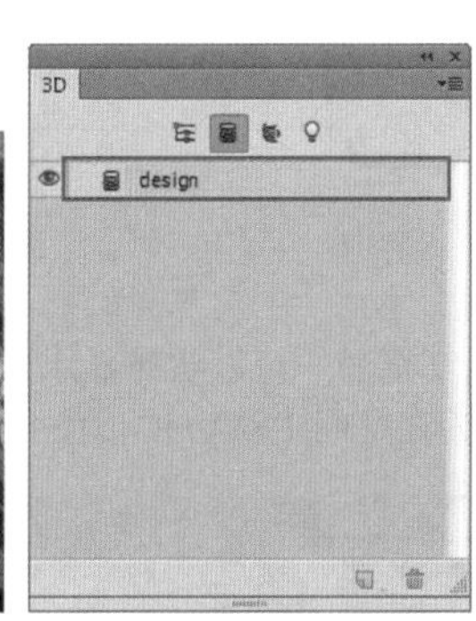

图 16—149

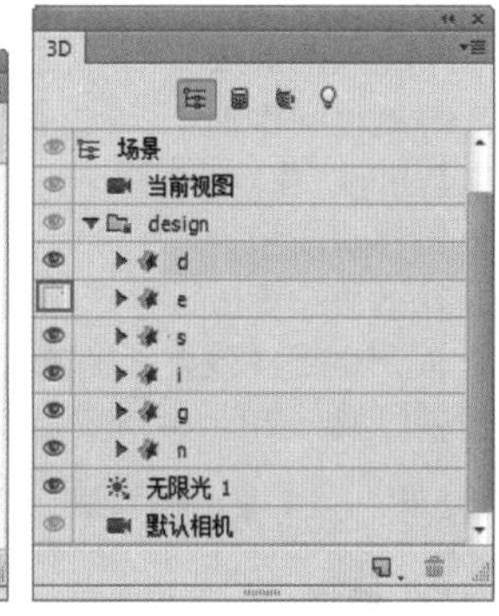

图 16—150

图 16—151

16.4.3 动手学：将3D图层转换为2D图层

技术速查：“栅格化3D”命令可以将3D图层转换为普通的2D图层。

选择一个3D图层，在其图层名称上单击鼠标右键，在弹出的快捷菜单中执行“栅格化3D”命令，如图16-152所示，可以将3D内容在当前状态下进行栅格化，如图16-153所示。

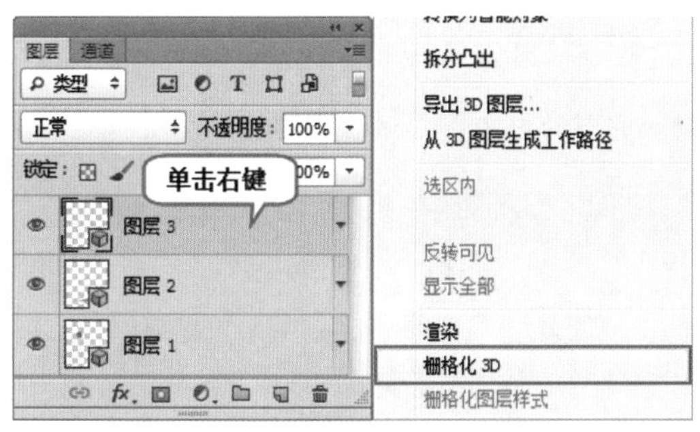

图 16—152

图 16—153

技巧提示

将3D图层转换为2D图层以后，就不能够再次编辑3D模型的位置、渲染模式、纹理以及光源。栅格化的图像会保留3D场景的外观，但会变成平面化的 2D 格式的普通图层。

16.4.4 动手学：将3D图层转换为智能对象

技术速查：将3D图层转换为智能对象以后，可以将变换或智能滤镜等其他调整应用于智能对象。

双击图层缩览图，可以重新打开智能对象图层，以编辑原始3D场景，应用于智能对象的任何变换或调整会随之应用于3D内容。在3D图层上单击鼠标右键，在弹出的快捷菜单中执行“转换为智能对象”命令，如图16-154所示，可以将3D图层转换为智能对象，这样可以保留包含在3D图层中的3D信息，如图16-155所示。

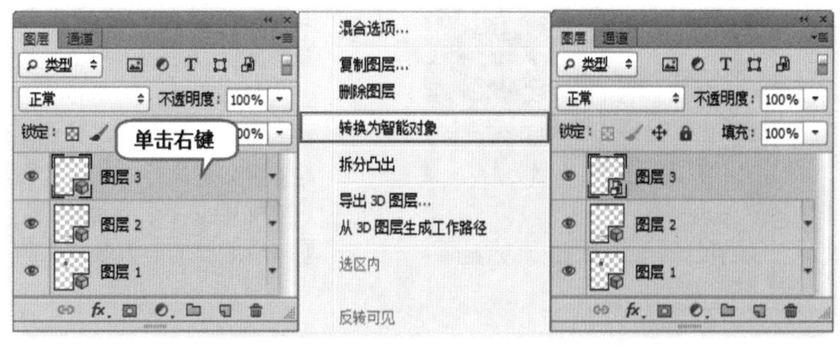

图 16—154　　图 16—155

16.4.5 动手学：从3D图层生成工作路径

选择3D图层，执行“3D>从图层生成工作路径”命令，即可以当前对象生成工作路径，如图16-156～图16-158所示。

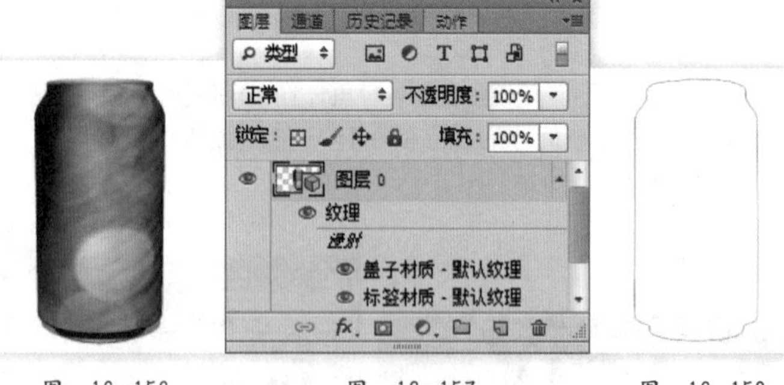

图 16—156　　图 16—157　　图 16—158

16.4.6 动手学：创建3D动画

在Photoshop中使用“时间轴”动画面板同样可以对3D对象创建动画。在3D图层中，可以对3D对象或相机位置、3D渲染设置、3D横截面等属性制作动画效果。例如，使用3D对象或相机工具可以实时移动模型或3D相机，Photoshop可以在位置移动或相机移动之间创建帧过渡，以创建平滑的运动效果；更改渲染模式，从而可以在某些渲染模式之间产生过渡效果；旋转相交平面，可以实时显示更改的横截面；更改帧之间的横截面设置，可以在动画中高亮显示不同的模型区域。如图16-159所示为在空间中移动3D模型并实时改变其显示方式的动画效果。

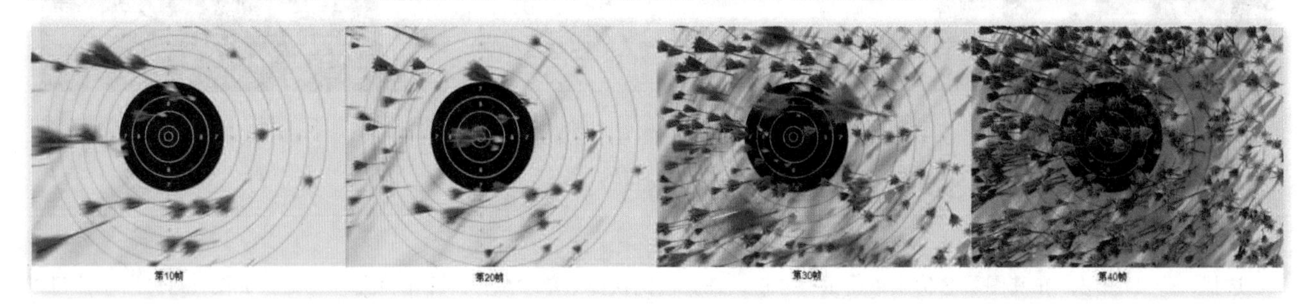

图 16—159

技巧提示

3D动画的制作思路和方法与平面动画相同，具体的制作方法可以参考动画章节的内容。

☆ 视频课堂——制作立体文字海岛

案例文件\第16章\视频课堂——制作立体文字海岛.psd
视频文件\第16章\视频课堂——制作立体文字海岛.flv
思路解析：

01 导入素材文件，并在画面中输入文字。
02 对文字执行“从所选图层新建3D凸出”命令，使文字变为3D效果。
03 将3D文字进行栅格化，并对文字正面以及侧面进行质感调整。
04 最后添加前景装饰素材。

16.5 3D纹理的绘制

在Photoshop中打开3D文件时，纹理将作为2D文件与3D模型一起导入到Photoshop中。这些纹理会显示在3D图层的下方，并按照漫射、凹凸和光泽度等类型编组显示。也可以使用绘画工具和调整工具对纹理进行编辑，或者创建新的纹理。

16.5.1 动手学：编辑2D格式的纹理

在“属性”面板中选择包含纹理的材质，然后单击“漫射”选项后面的“编辑漫射纹理”按钮，在弹出的菜单中执行“编辑纹理”命令，纹理可以作为智能对象在独立的文档窗口中打开，这样就可以在纹理上绘画或进行编辑，如图16-160和图16-161所示。

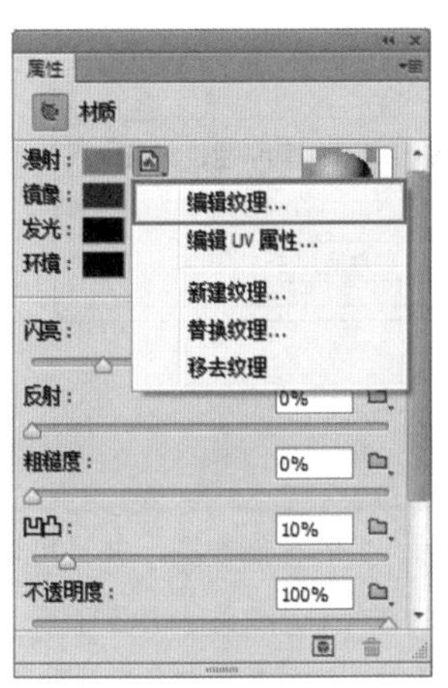

图 16-160

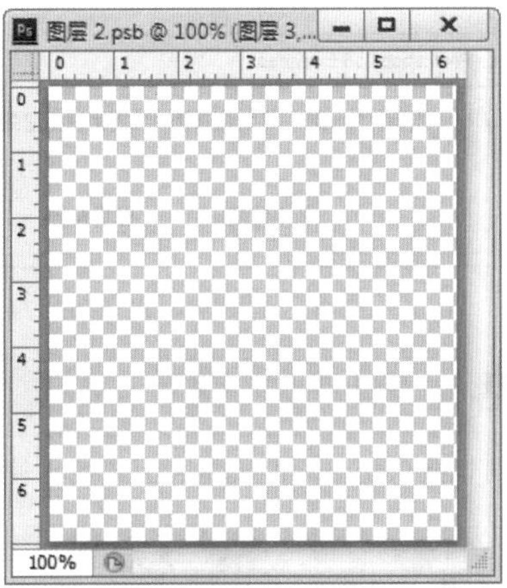

图 16-161

技巧提示

在“图层”面板中双击纹理，可以快速地将纹理作为智能对象在独立的文档窗口中打开，如图16-162所示。

图 16-162

16.5.2 显示或隐藏纹理

在“图层”面板中单击“纹理”左侧的图标，可以控制纹理的显示与隐藏，如图16-163和图16-164所示。

图 16-163

图 16-164

16.5.3 创建绘图叠加

“UV映射”是指将2D纹理映射中的坐标与3D模型上的特定坐标相匹配，使2D纹理正确地绘制在3D模型上。双击“图层”面板中的纹理条目，可以在单独的文档窗口中打开纹理文件，如图16-165和图16-166所示。执行“3D>创建绘图叠加”菜单下的命令，UV叠加将作为附加图层添加到纹理的“图层”面板中，如图16-167所示。

- 线框：显示UV映射的边缘数据。
- 着色：显示使用实色渲染模式的模型区域。
- 正常：显示转换为RGB值的几何常值。

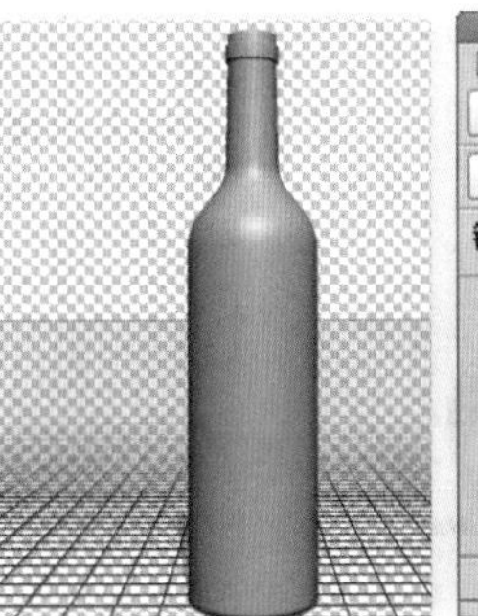

图 16-165

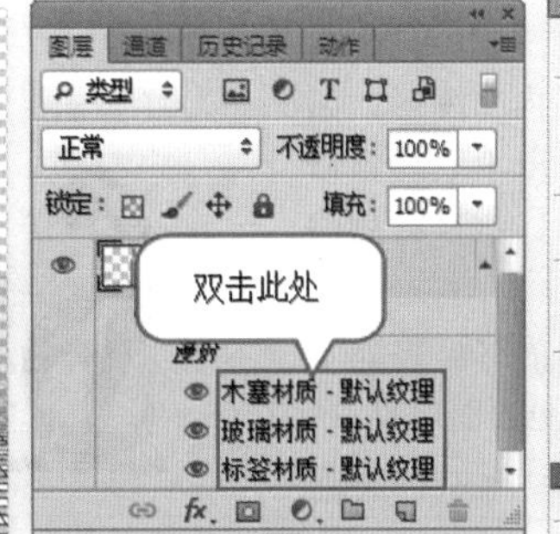

图 16-166

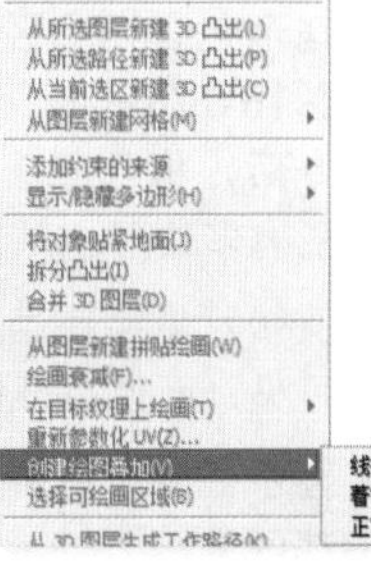

图 16-167

16.5.4 动手学：重新参数化纹理映射

- 技术速查：执行“3D>重新参数化UV”命令，可以将纹理重新映射到模型，以校正扭曲并创建更有效的表面覆盖。

（1）打开3D文件时，有时会出现模型表面纹理产生多余的接缝、图案拉伸或区域挤压等扭曲的情况，这是因为3D文件的纹理没有正确映射到网格，如图16-168和图16-169所示。

图 16-168　　图 16-169

（2）执行“重新参数化UV”命令后弹出提示对话框，如图16-170所示。单击“确定”按钮后会再弹出一个对话框，如图16-171所示。单击“低扭曲度”按钮，可以使纹理图案保持不变，但是会在模型表面产生较多接缝；单击“较少接缝”选项，可以使模型上出现的接缝数量最小化，但是会产生更多的纹理拉伸或挤压。

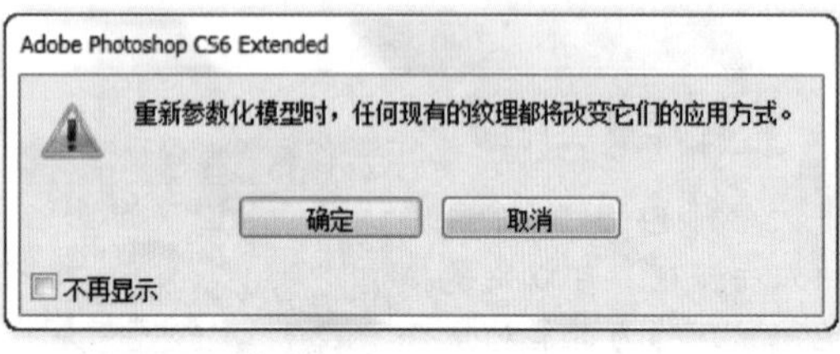

图 16-170

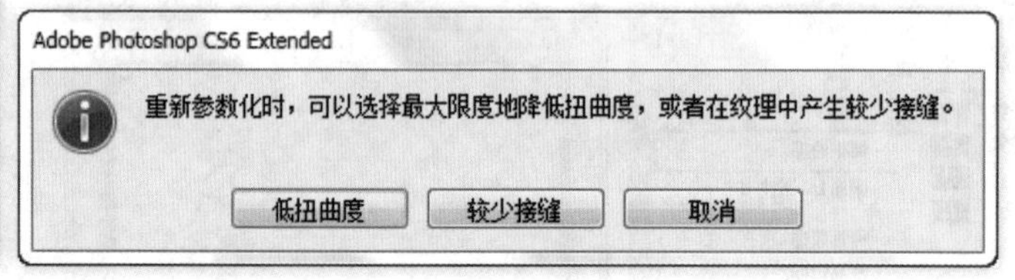

图 16-171

16.5.5 动手学：创建重复纹理的拼贴

重复纹理是由网格图案中完全相同的拼贴构成的，它可以提供更逼真的模型表面覆盖，使用更少的存储空间，并且可以提高渲染性能。可以将任意的2D文件转换成拼贴绘画，在预览多个拼贴如何在绘画中相互作用之后，可以存储一个拼贴以作为重复纹理。

选择一个图层，执行“3D>从图层新建拼贴绘画”命令，即可创建包含9个完全相同图像的拼贴图案，如图16-172所示。将该图案应用于3D模型的效果如图16-173所示。

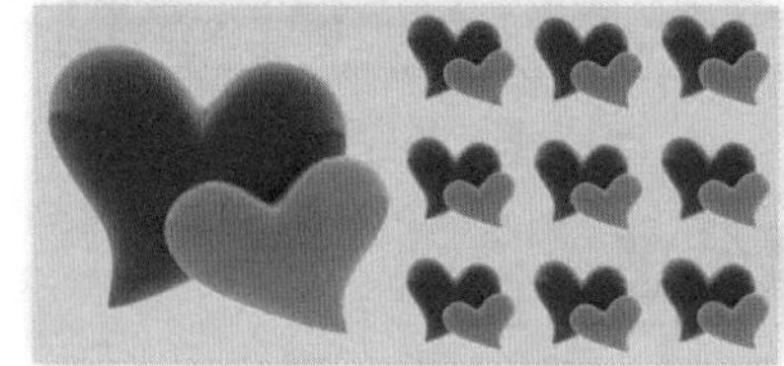

图 16-172

图 16-173

16.5.6 在3D模型上绘制纹理

在Photoshop中，可以像绘制2D图像一样使用绘画工具直接在3D模型上进行绘制，并且若使用选区工具选择特定的模型区域，可以在选定区域内绘制。

选择绘画表面

在包含隐藏区域的模型上绘画时，可以使用选区工具在3D模型上制作一个选区，以限定要绘画的区域，然后执行3D菜单下相应的命令，将部分模型进行隐藏，如图16-174和图16-175所示。

- 选区内：执行该命令，只影响完全包含在选区内的图形，如图16-176所示。取消选择该命令后，将隐藏选区所接触到的所有多边形。
- 反转可见：使当前可见表面不可见，而使不可见表面可见。
- 显示全部：使所有隐藏的表面都可见。

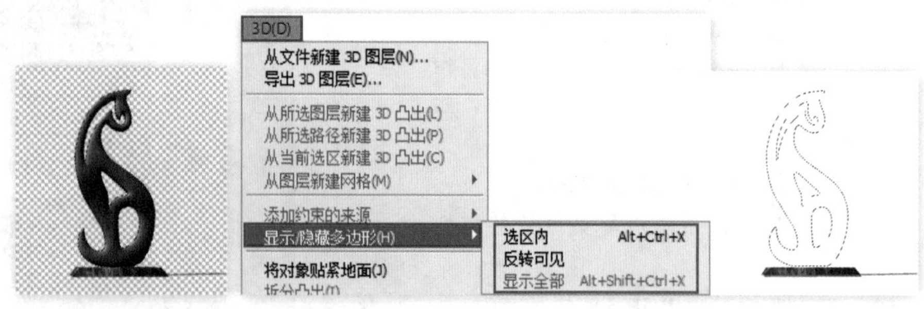

图 16-174　　图 16-175　　图 16-176

设置绘画衰减角度

在模型上绘画时，绘画衰减角度控制着表面在偏离正面视图弯曲时的油彩使用量。衰减角度是根据正常或朝向用户的模型表面突出部分的直线来计算的，如图16-177所示。执行“3D>绘画衰减”命令，打开“3D绘画衰减”对话框，如图16-178所示。

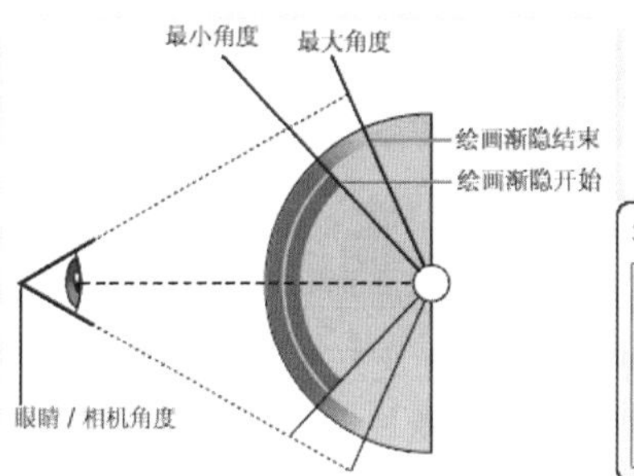

图 16-177

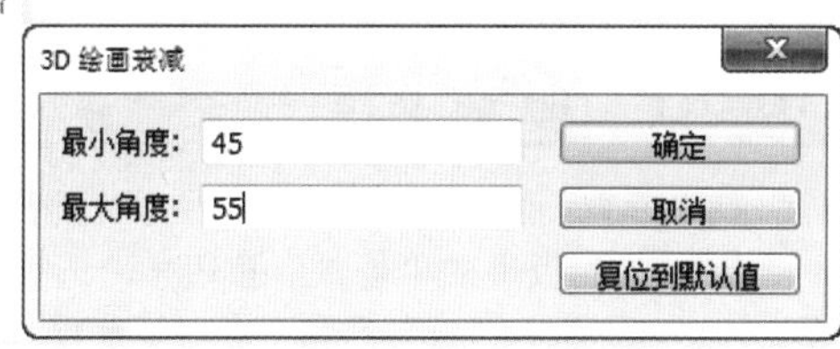

图 16-178

- 最小角度：设置绘画随着接近最大衰减角度而渐隐的范围。例如，如果最大衰减角度是45°，最小衰减角度是30°，那么在30°和45°的衰减角度之间，绘画不透明度将会从100减少到0。
- 最大角度：最大绘画衰减角度在0°~90°之间。设置为0°时，绘画仅应用于正对前方的表面，没有减弱角度；设置为90°时，绘画可以沿着弯曲的表面（如球面）延伸至其可见边缘；设置为45°时，绘画区域限制在未弯曲到大于45°的球面区域。

标识可绘画区域

因为模型视图不能提供与2D纹理之间的一一对应，所以直接在模型上绘画与直接在2D纹理映射上绘画是不同的，这就可能导致无法明确判断是否可以成功地在某些区域绘画。执行“3D>选择可绘画区域”命令，即可方便地选择模型上可以绘画的最佳区域。

16.5.7 动手学：使用3D材质吸管工具

（1）在Photoshop中打开一个3D模型素材文件，如图16-179所示。

（2）单击工具箱中的“材质吸管工具”按钮，将光标移至中间的足球上，单击材质进行取样，如图16-180所示。此时在“属性”面板中显示出所选材质，从而可以进行相关编辑，如图16-181所示。

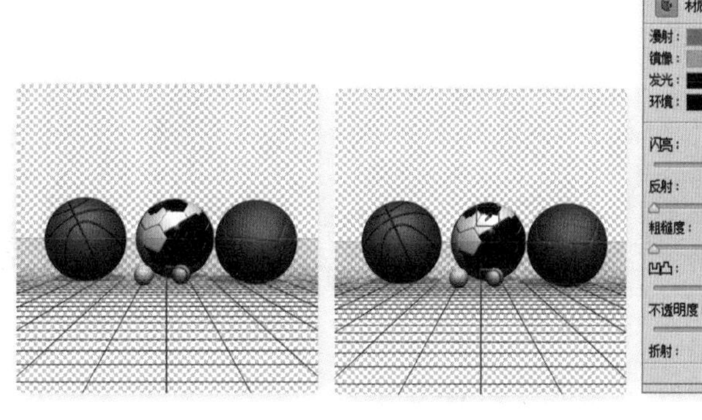

图 16-179　图 16-180　图 16-181

16.5.8 动手学：使用3D材质拖放工具

（1）在Photoshop中打开一个3D模型素材文件，如图16-182所示。

（2）单击工具箱中的“材质拖放工具”按钮，在选项栏中打开材质下拉列表，选择一种材质，如图16-183所示。将光标移至模型上，如图16-184所示。单击即可将选中的材质应用到模型中，如图16-185所示。

图 16-182

图 16-183

图 16-184

图 16-185

16.6 3D对象的渲染

16.6.1 渲染设置

技术速查：渲染需要在完成模型、光照、材质的设置之后进行，在3D渲染设置面板中可以指定如何绘制3D模型。

单击3D面板中的“场景”按钮，选择“场景”条目，如图16-186所示。在“属性”面板中可对“预设”、“横截面”、“表面”、“线条”和“点”等参数进行设置，如图16-187所示。

预设

在“预设”下拉列表框中包括多种渲染方式，默认为“实色”方式，即显示模型的可见表面，而“线框”和“顶点”方式只显示底层结构。如图16-188所示是各种预设的渲染效果。

横截面

“横截面”选项的使用可以创建角度与模型相交的平面截面，方便用户切入到模型内部进行内容的查看，如图16-189所示。

图 16—186

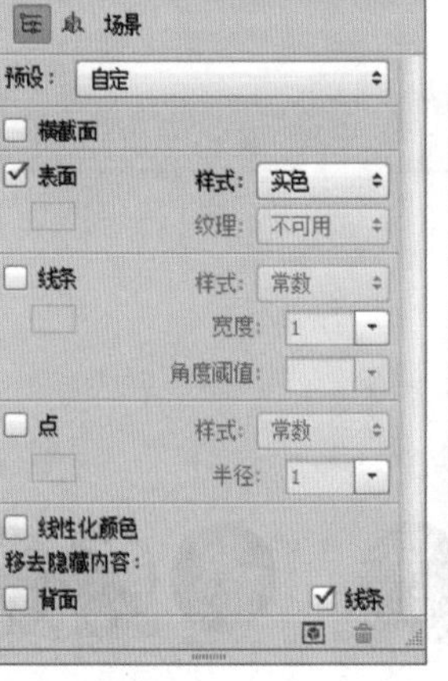

图 16—187

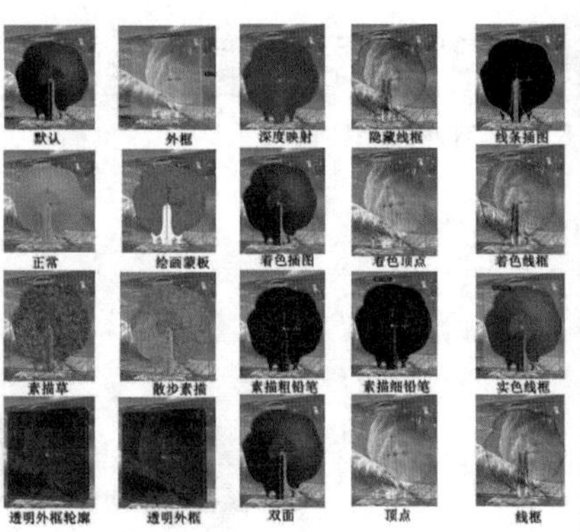

图 16—188

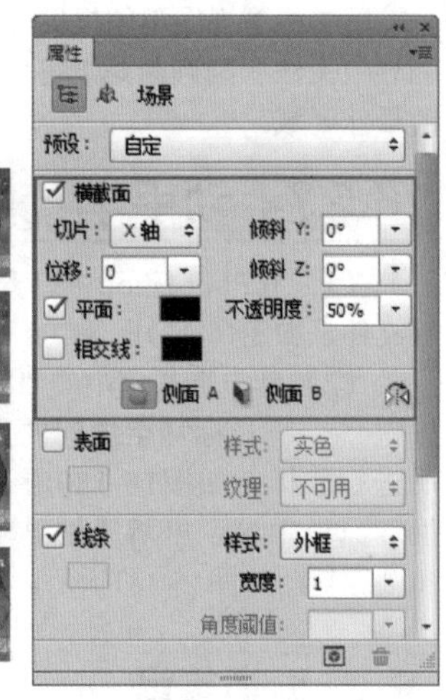

图 16—189

- 切片：可以选择沿X、Y、Z轴向来创建切片。
- 倾斜：可以将平面朝向任意可能的倾斜方向旋转至360°。
- 位移：可以沿平面的轴进行平面的移动，从而不改变平面的角度。
- 平面：选中该复选框可以显示创建横截面的相交平面，同时可以设置平面的颜色。
- 不透明度：可以对平面的不透明度进行相应的设置。
- 相交线：选中该复选框，会以高亮显示与横截面平面相交的模型区域，同时可以设置相交线的颜色。
- 侧面A/B：单击“侧面A”按钮或“侧面B”按钮，可以显示横截面A侧或横截面B侧。
- “互换横截面侧面”按钮：单击该按钮，可以将模型的显示区更改为相交平面的反面。

表面

选中“属性”面板中的“表面”复选框，可以通过改变“样式”设置模型表面的显示方式，如图16-190所示。在“纹理”下拉列表框中可以对模型进行指定的纹理映射。11种样式的对比效果如图16-191所示。

线条

选中“属性”面板中的“线条”复选框，可以在“样式”下拉列表框中选择显示方式，并且可以对颜色、“宽度”和“角度阈值”进行调整，如图16-192所示。4种样式的对比效果如图16-193所示。

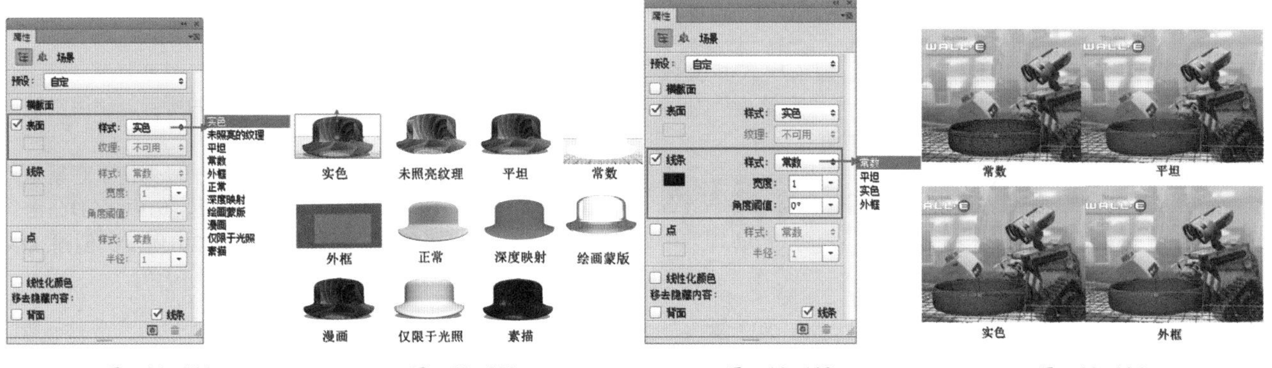
图 16-190　图 16-191　图 16-192　图 16-193

点

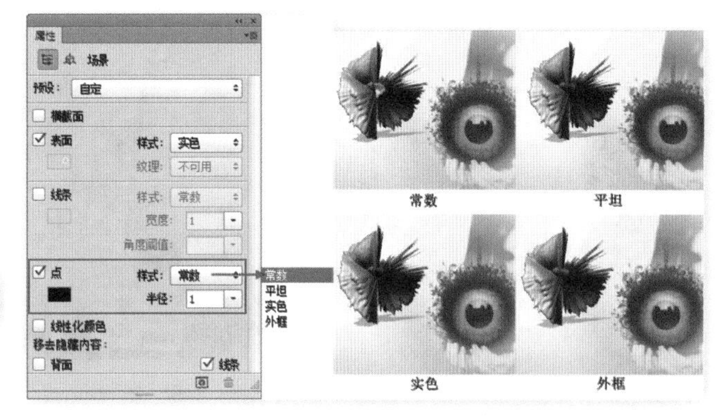
图 16-194　图 16-195

选中“属性”面板中的“点”复选框，可以在“样式”下拉列表框中选择显示方式，并且可以对颜色和“半径”进行调整，如图16-194所示。4种样式的对比效果如图16-195所示。

16.6.2　动手学：渲染3D模型

技术速查：“渲染”是使用三维软件制图的最后一个步骤，是指将制作的3D内容制作成最终精细的2D图像的过程。

执行“3D>渲染”命令或按Shift+Ctrl+Alt+R组合键可以对画面进行渲染，若不包含任何选区，将渲染整个画面。

通常在渲染最终效果之前会对画面进行测试渲染，测试渲染时只需渲染场景中的一小部分即可判断整个模型的最终渲染效果。使用选区工具在模型上制作一个选区，如图16-196所示，然后执行“渲染”操作即可渲染选中的区域，如图16-197所示。

图 16-196　图 16-197

技术拓展：终止与重新渲染

在渲染3D选区或整个模型时，如果进行了其他操作，Photoshop会终止渲染操作。执行“3D>恢复渲染”命令即可重新渲染3D模型。

16.7 存储和导出3D文件

制作完成的3D文件可以像普通文件一样进行存储，也可以将3D图层导出为特定格式的3D文件。

16.7.1　导出3D图层

如果要导出3D图层，可以在“图层”面板中选择相应的3D图层，然后执行“3D>导出3D图层”命令，打开“存储为”对话框，在“格式”下拉列表框中可以选择将3D图层导出为Collada DAE、Wavefront/OBJ、U3D或Google Earth 4 KMZ格式的文件。

16.7.2 存储3D文件

如果要保留3D模型的位置、光源、渲染模式和横截面，可以执行“文件>存储为”命令，打开“存储为”对话框，然后选择PSD、PSB、TIFF或PDF格式进行保存。

★ 综合实战——制作混凝土质感立体文字

案例文件	案例文件\第16章\制作混凝土质感立体文字.psd
视频教学	视频文件\第16章\制作混凝土质感立体文字.flv
难易指数	★★★★★
技术要点	创建3D凸出、3D对象纹理的编辑

案例效果

本例主要是使用创建3D凸出的命令制作出混凝土质感立体文字，如图16-198所示。

操作步骤

01 打开背景素材1.jpg，如图16-199所示。使用“横排文字工具”输入合适的文字，如图16-200所示。

02 复制字母图层并栅格化副本图层，为便于观察隐藏除副本外的其他图层。单击进入3D面板，选中“3D凸出”单选按钮，单击“创建”按钮，如图16-201所示。创建3D文字，效果如图16-202所示。

图 16-198

图 16-199

图 16-200

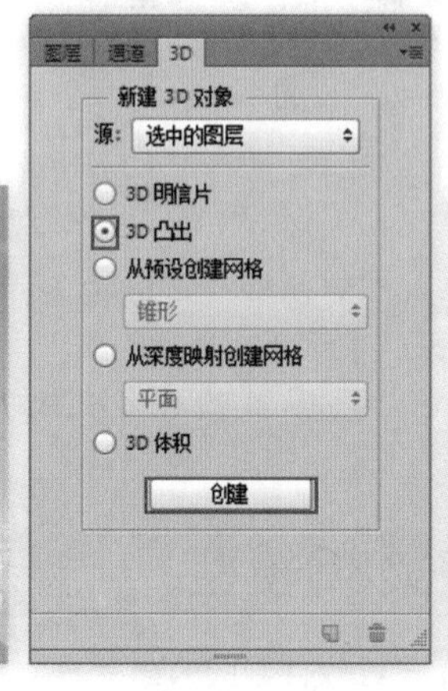

图 16-201

图 16-202

03 在“属性”面板中单击“变形”按钮，设置“凸出深度”为-338，“锥度”为100%，选中“弯曲”单选按钮，如图16-203所示。效果如图16-204所示。

04 打开3D面板，单击3D面板中的“ebT副本 凸出材质”条目，在“属性”面板中单击“漫射”的下拉菜单按钮，执行“新建纹理”命令，如图16-205和图16-206所示。

图 16-203

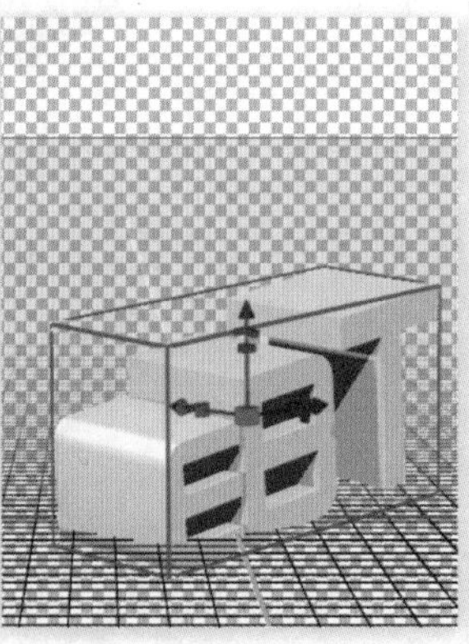

图 16-204

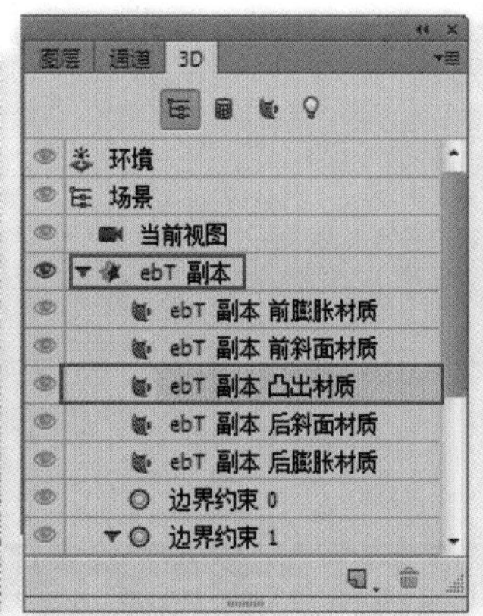

图 16-205

图 16-206

05 进入新文档后导入石纹素材2.png，如图16-207所示。回到3D编辑中，效果如图16-208所示。

06 用同样的方法赋予其他面以相同的材质，如图16-209所示。取消选择工具箱中的“移动工具”后，网格自动消除，文字效果如图16-210所示。

07 新建图层，使用“钢笔工具”，在画面中绘制合适的路径形状，如图16-211所示。按Ctrl+Enter组合键将路径快速转换为选区，并为其填充灰白色，如图16-212所示。

08 对灰白填充图层执行“图层>图层样式>描边”命令，设置“大小”为1像素，“位置”为“外部”，“填充类型”为“颜色”，“颜色”为白色，如图16-213所示。设置其混合模式为“变暗”，如图16-214所示。效果如图16-215所示。

图 16—207

图 16—208

图 16—209

图 16—210

图 16—211

图 16—212

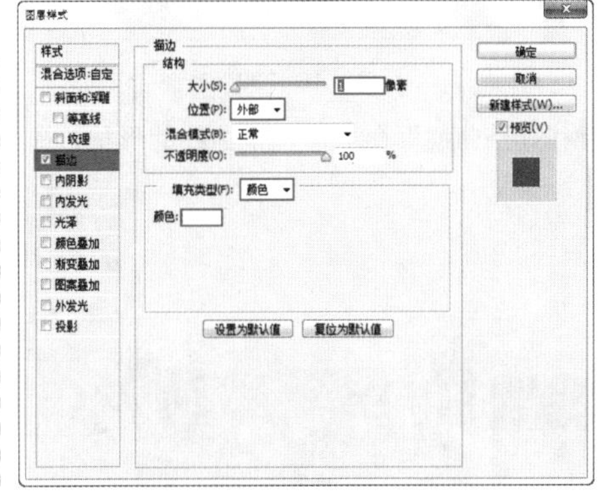
图 16—213

图 16—214

09 用同样的方法制作字母M，并设置顶部填充图层的混合模式为“正片叠底”，如图16-216所示。效果如图16-217所示。

10 用同样的方法制作其他字母的效果，并显示背景图层，如图16-218所示。

图 16—215

图 16—216

图 16—217

图 16—218

11 导入喷溅素材3.png，置于画面中合适的位置，设置其混合模式为“浅色”，如图16-219所示。效果如图16-220所示。

12 新建图层，设置合适的前景色，使用柔角画笔在画面中绘制合适的光效，如图16-221所示。设置其混合模式为“柔光”，“不透明度”为50%，如图16-222所示。效果如图16-223所示。

读书笔记

图 16—219

图 16—220

13 导入人像素材4.png，如图16-224所示。继续导入光效素材5.png，置于画面中合适的位置，并设置其混合模式为“滤色”，如图16-225所示。效果如图16-226所示。

图 16-221

图 16-222

图 16-223

图 16-224

14 执行“图层>新建调整图层>曲线”命令，调整曲线的形状，提亮画面，如图16-227所示。最终效果如图16-228所示。

图 16-225

图 16-226

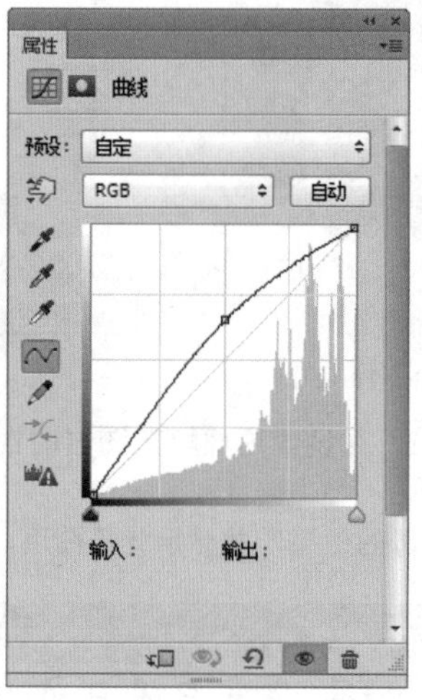

图 16-227

图 16-228

课后练习

【课后练习——3D炫彩立体文字】

思路解析：本案例通过对文字对象使用3D功能制作出立体的文字效果，并在将3D对象栅格化后进行进一步的质感模拟。

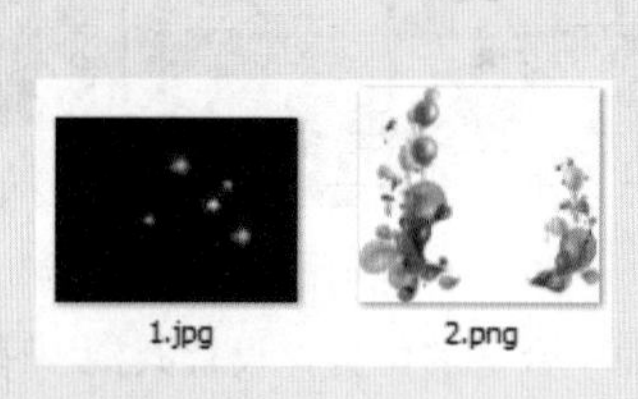

本章小结

在设计海报或创意插画时，经常需要在画面中添加一些立体的3D元素，在Photoshop较早的版本中制作或模拟3D效果非常麻烦。随着Photoshop版本的不断更新，3D功能从无到有，而且从技术到性能都有所提升，用户在设计中添加3D元素也更加简便。

第17章

视频与动态文件处理

本章内容简介：

本章主要讲解如何使用Photoshop进行视频动态文档的处理。在Photoshop中，可以通过帧动画和时间轴动画两种方式进行视频文件的处理。需要注意的是，在Photoshop CS6 Extended（扩展版）中才能够完整地使用视频编辑功能，而在Photoshop CS6（标准版）中则不能以时间轴动画的方式进行视频编辑。

本章学习要点：

- 掌握动态素材的导入与输出
- 掌握时间轴动画的创建方法
- 掌握帧动画的创建方法

17.1 视频文件的基本操作

动画是在一段时间内显示的一系列图像或帧，每一帧较前一帧都有轻微的变化，当连续、快速地浏览这些帧时，就会产生运动或发生其他变化。在Photoshop CS6 Extended中可以导入视频文件或者序列图像，并对其使用绘制工具、添加蒙版、应用滤镜、变化、图层样式和混合模式等进行修饰编辑。另外，还可以通过修改图像图层来产生运动和变化，创建基于帧的动画，或创建基于时间轴的动画。

17.1.1 动手学：创建视频文档

与创建普通文档相同，需要执行“文件>新建”命令，打开“新建”对话框，然后在“预设”下拉列表框中选择“胶片和视频”选项，如图17-1所示。新建的文档带有非打印参考线，可以划分出图像的动作安全区域和标题安全区域，如图17-2所示。

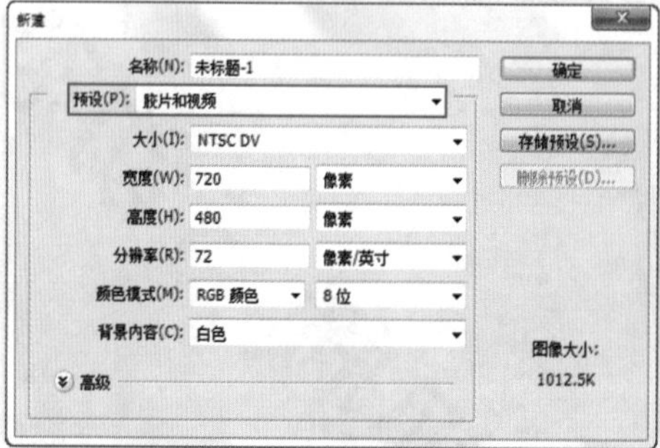

图 17-1

图 17-2

创建“胶片和视频”类型文档时，可在“大小”下拉列表框中选择适合的、特定视频的预设大小，如NTSC、PAL、HDTV，如图17-3所示。

NTSC DV	HDV/HDTV 720p/29.97
NTSC DV 宽银幕	HDV 1080p/29.97
NTSC D1	DVCPRO HD 720p/29.97
NTSC D1 宽银幕	DVCPRO HD 1080p/29.97
NTSC D1 方形像素	HDTV 1080p/29.97
NTSC D1 宽银幕方形像素	
PAL D1/DV	Cineon 半量
PAL D1/DV 宽银幕	Cineon 全量
PAL D1/DV 方形像素	胶片 (2K)
PAL D1/DV 宽银幕方形像素	胶片 (4K)

图 17-3

17.1.2 动手学：打开视频文件

在Photoshop CS6 Extended中可以像打开图片文件一样直接打开视频文件，执行“文件>打开”命令，如图17-4所示，在打开的“打开”对话框中选择一个Photoshop支持的视频文件即可，如图17-5所示。

此时打开的文件中会自动生成一个视频图层，如图17-6所示。另外，还可以从 Bridge 直接打开视频。在Bridge中选择视频文件以后，执行“文件>打开方式>Adobe Photoshop CS6”命令，即可在Photoshop CS6 Extended中打开该视频文件。

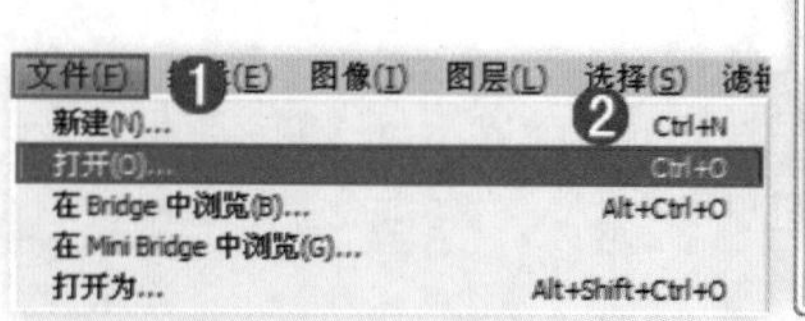

图 17-4

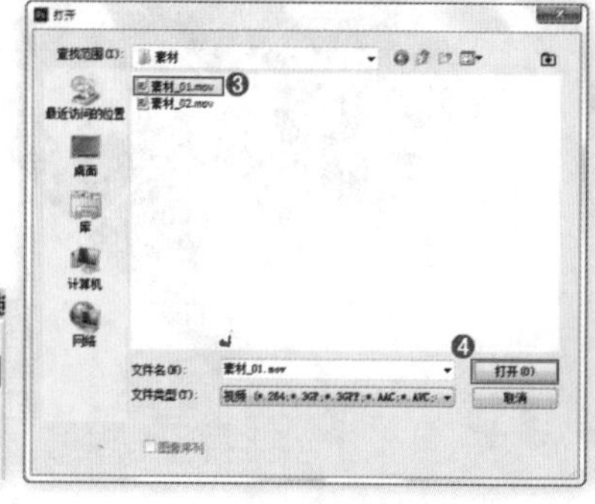

图 17-5

图 17-6

技术拓展：Photoshop可以打开的视频格式

在通常情况下，Photoshop CS6 Extended可以打开多种QuickTime视频格式的视频文件和图像序列，如MPEG－1（.mpg或.mpeg）、MPEG－4（.mp4或.m4v）、MOV、AVI等。如果计算机中安装了MPEG－2编码器，还支持MPEG－2格式。注意，在QuickTime版本过低或者没有安装QuickTime的情况下会出现视频文件无法打开的现象。

17.1.3　动手学：新建空白视频图层

- 技术速查：视频图层与普通图层相似，也可在“图层”面板中显示缩览图，区别在于视频图层缩览图的右下角带有▇图标。

执行“图层>视频图层>新建空白视频图层”命令，如图17-7所示，可以新建一个空白的视频图层，如图17-8所示。

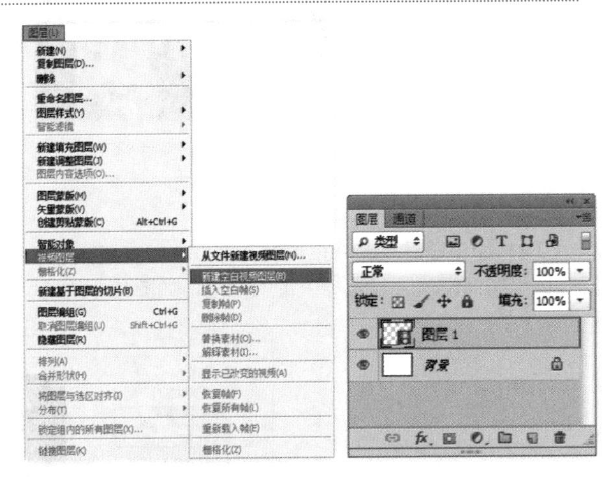

图　17-7　　图　17-8

17.1.4　动手学：从文件新建视频图层

打开一个动态视频文件或图像序列文件，Photoshop会自动创建视频图层。可以像编辑普通图层一样使用画笔、仿制图章等工具在视频图层各个帧上绘制和修饰，也可以在视频图层上创建选区或应用蒙版，如图17-9所示。效果如图17-10所示。

执行“图层>视频图层>从文件新建视频图层”命令，如图17-11所示，可以将视频文件或图像序列以视频图层的形式导入到打开的文档中，如图17-12所示。

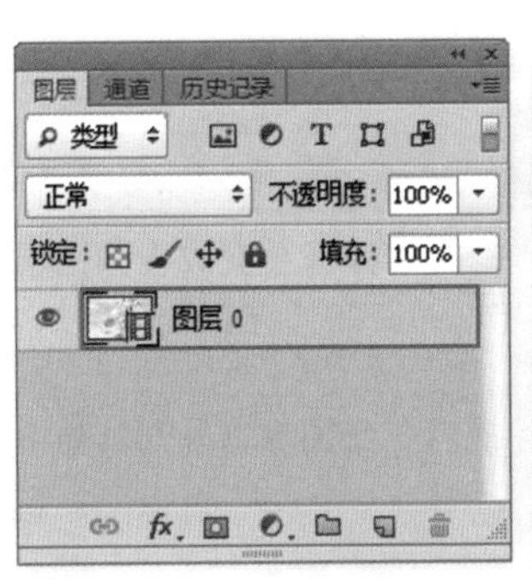

图　17-9

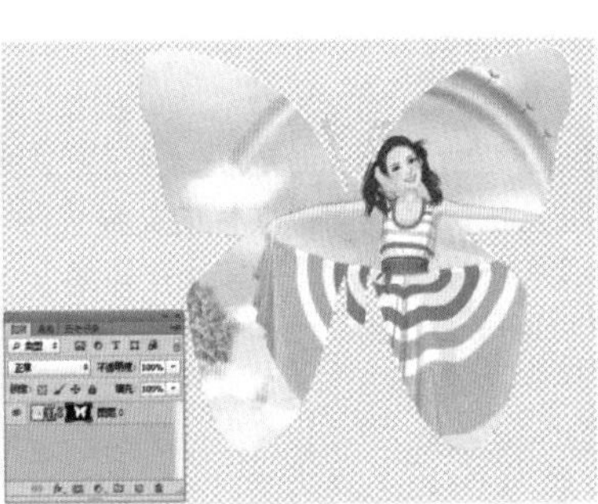

图　17-10

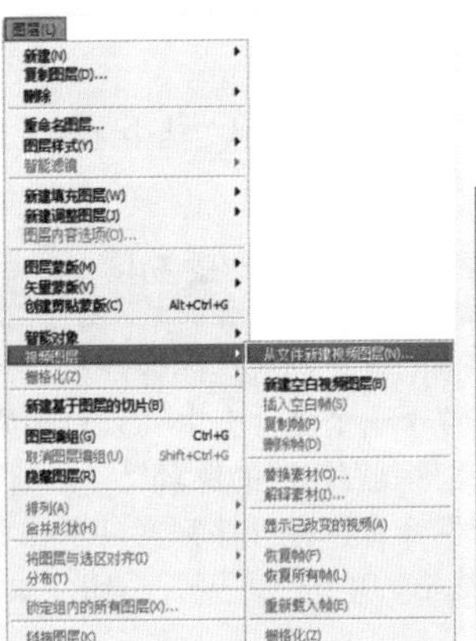

图　17-11

图　17-12

17.1.5　动手学：导入视频文件

在 Photoshop CS6 Extended中，可以直接打开视频文件，也可以将视频文件导入到已有文件中。导入的视频文件将作为图像帧序列的模式显示。

（1）打开已有文件，执行“文件>导入>视频帧到图层”命令，然后在弹出的“打开”对话框中选择动态视频素材，如图17-13所示。

（2）单击“打开”按钮，此时Photoshop会弹出“将视频导入图层”对话框，如图17-14所示。

（3）如果要导入所有的视频帧，可以在“将视频导入图层”对话框中选中“从开始到结束”单选按钮，效果如图17-15所示。

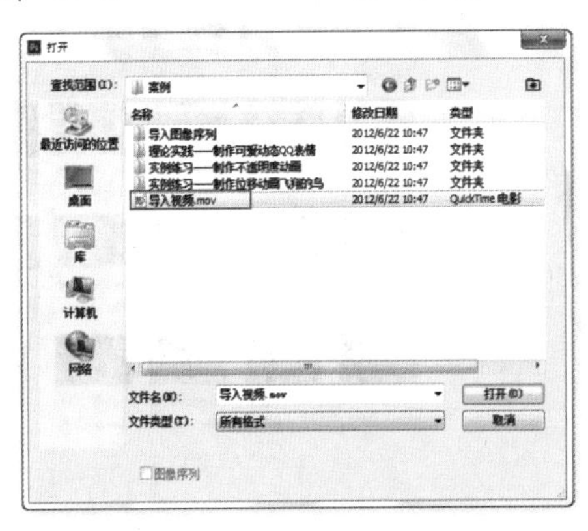

图　17-13

图 17—14

图 17—15

（4）如果要导入部分视频帧，可以在“将视频导入图层”对话框中选中“仅限所选范围”单选按钮，然后按住Shift键的同时拖曳时间滑块，设置导入的帧范围，如图17-16所示。

图 17—16

（5）将视频文件作为视频图层导入到文档中之后，可以对视频图层的位置、不透明度、样式进行调整，并且可以通过调整这些属性的数值来制作关键帧动画。

17.1.6 动手学：导入图像序列

动态素材的另外一种常见的存在形式是图像序列，当导入包含序列图像文件的文件夹时，每个图像都会变成视频图层中的帧。序列图像文件应该位于一个文件夹中（只包含要用作帧的图像），并按顺序命名（如filename001、filename002、filename003等）。如果所有文件具有相同的像素尺寸，则有可能成功创建动画，如图17-17所示。

（1）执行“文件>打开”命令，打开序列文件所在文件夹，接着在该文件夹中选择一张除最后一张图像以外的其他图像，并选中“图像序列”复选框，单击“打开”按钮，如图17-18所示。

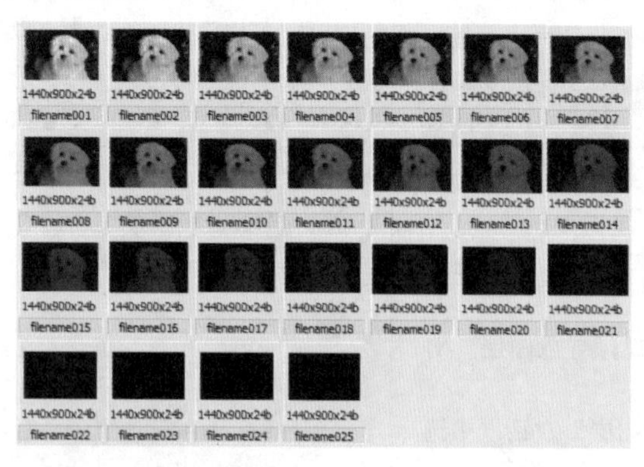

图 17—17

图 17—18

（2）Photoshop会弹出“帧速率”对话框，在该对话框中设置动画的帧速率为25，单击“确定”按钮，如图17-19所示。

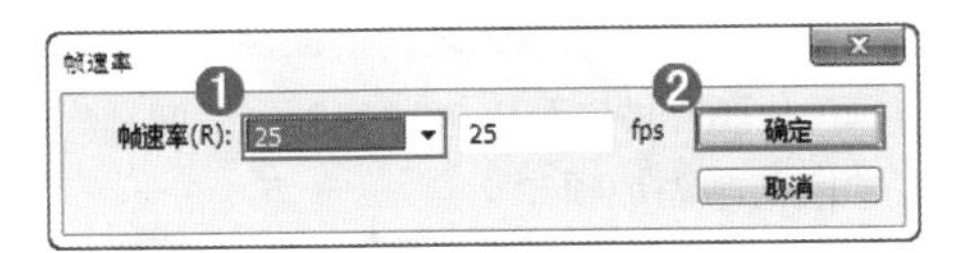

图 17-19

技巧提示

帧速率也称为FPS（Frames Per Second，帧每秒），是指每秒钟刷新的图片的帧数，也可以理解为图形处理器每秒钟能够刷新几次。对影片内容而言，帧速率指每秒所显示的静止帧格数。要生成平滑连贯的动画效果，帧速率一般不小于8fps；而电影的帧速率为24fps。捕捉动态视频内容时，此数值越高越好。

（3）此时Photoshop会自动生成一个视频图层。另外，在“时间轴”面板中单击▶按钮，可观察到导入的图像序列的动态效果，如图17-20所示。

图 17-20

技巧提示

如果要观看图像序列的动画效果，可以在“时间轴”面板中拖曳“当前时间指示器”。

17.1.7 校正像素长宽比

像素长宽比用于描述帧中单一像素的宽度与高度的比例，不同的视频标准使用不同的像素长宽比。计算机显示器上的图像是由方形像素组成的，而视频编码设备是由非方形像素组成的，这就会导致它们在交换图像时造成图像扭曲。如果要校正像素的长宽比，可以执行“视图>像素长宽比校正”命令，这样就可以在显示器上准确地查看DV和D1视频格式的文件。如图17-21和图17-22所示分别为发生扭曲的图像和校正像素长宽比后的图像。

图 17-21

图 17-22

技术拓展：像素长宽比和帧长宽比的区别

像素长宽比用于描述帧中单一像素的宽度与高度的比例；帧长宽比用于描述图像宽度与高度的比例。例如，DV NTSC的帧长宽比为4:3，而典型的宽银幕的帧长宽比为16:9。

17.2 创建与编辑帧动画

17.2.1 认识动画帧面板

● 技术速查：动画帧面板显示动画中的每个帧的缩览图。使用面板底部的工具可浏览各个帧、设置循环选项、添加和删除帧以及预览动画等。

在Photoshop标准版中，“时间轴”面板以帧模式出现，而在Photoshop CS6 Extended中，则是以时间轴模式显示，此时可以单击“转换为时间轴动画”按钮切换到时间轴模式“时间轴”面板，如图17-23所示。

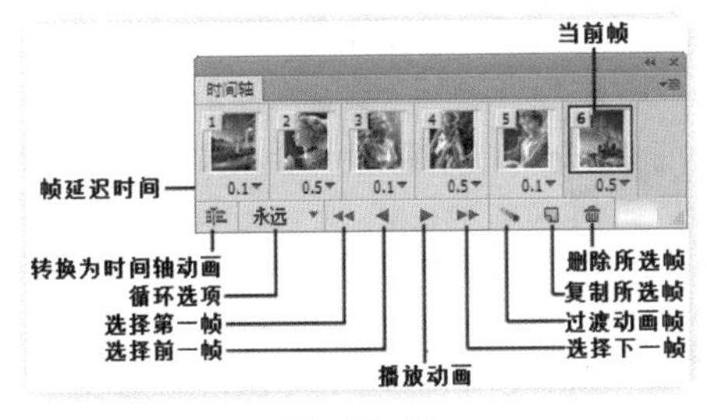

图 17-23

- 当前帧：当前选择的帧。
- 帧延迟时间：设置帧在回放过程中的持续时间。
- 循环选项：设置动画在作为动画GIF文件导出时的播放次数。
- “选择第一帧”按钮：单击该按钮，可以选择序列中的第1帧作为当前帧。
- “选择上一帧”按钮：单击该按钮，可以选择当前帧的前一帧。
- “播放”按钮：单击该按钮，可以在文档窗口中播放动画。如果要停止播放，可以再次单击该按钮。
- “选择下一帧”按钮：单击该按钮，可以选择当前帧的下一帧。
- “过渡动画帧”按钮：在两个现有帧之间添加一系列帧，通过插值方法使新帧之间的图层属性均匀。
- “复制所选帧”按钮：通过复制“时间轴”面板中的选定帧向动画添加帧。
- “删除所选帧”按钮：将所选择的帧删除。
- “转换为时间轴动画”按钮：将帧模式“时间轴”面板切换到时间轴模式“时间轴”面板。

17.2.2 动手学：创建帧动画

在帧模式下，可以在“时间轴”面板中创建帧动画，每个帧表示一个图层配置。

（1）首先依次在Photoshop中打开6张尺寸相同的素材图像，如图17-24所示。创建同等尺寸的文件，并将全部图像放置在其中，如图17-25所示。

（2）摆放好后，在“图层”面板最顶部创建新的空白图层。使用“圆角矩形工具”绘制圆角半径为10px的圆角矩形，并按Ctrl+Enter组合键建立选区，如图17-26和图17-27所示。单击鼠标右键，在弹出的快捷菜单中执行“选择反相”命令，设置前景色为白色，按Alt+Delete组合键为当前选区填充前景色，如图17-28所示。

图 17-24

图 17-25

图 17-26

图 17-27

图 17-28

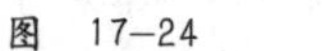

技巧提示

此图层作为边框图层置于顶部，不需要制作动态效果。

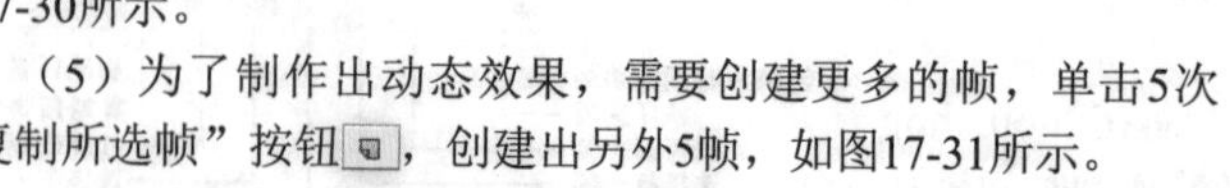

（3）下面执行“窗口>时间轴”命令，打开“时间轴”动画面板，单击左下角的“转换为帧动画”按钮将面板转换为“动画帧”面板，如图17-29所示。

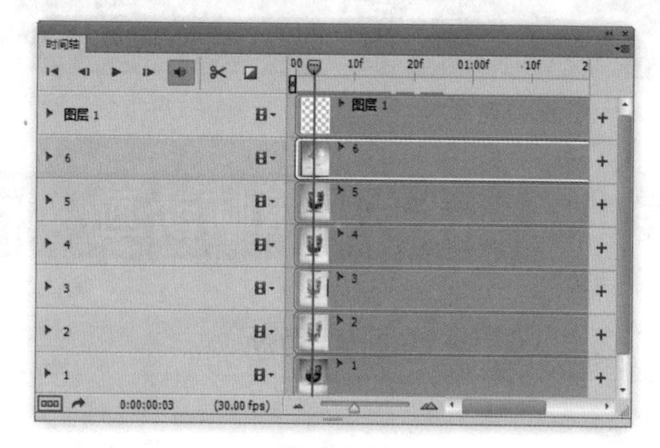

图 17-29

（4）此时在“动画帧”面板中只能够看到一帧，下面将该帧的帧延迟时间设置为0.1秒，并设置循环模式为“永远”，如图17-30所示。

（5）为了制作出动态效果，需要创建更多的帧，单击5次“复制所选帧”按钮，创建出另外5帧，如图17-31所示。

（6）下面在“时间轴”面板中选择第2帧，回到“图层”面板中，将图层6隐藏起来，如图17-32所示。此时可以看到画面显示的是图层5的效果，如图17-33所示。并且在“时间轴”面板中第2帧的缩览图也发生了变化，如图17-34所示。

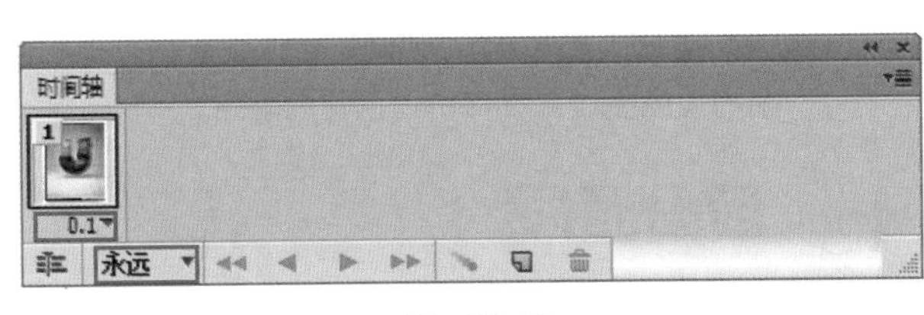

图 17-30

图 17-31

（7）继续在“时间轴”面板中选择第3帧，回到“图层”面板中，隐藏图层6和图层5，如图17-35所示。此时可以看到画面显示的是图层4的效果，如图17-36所示。并且在“时间轴”面板中第3帧的缩览图也发生了变化，如图17-37所示。

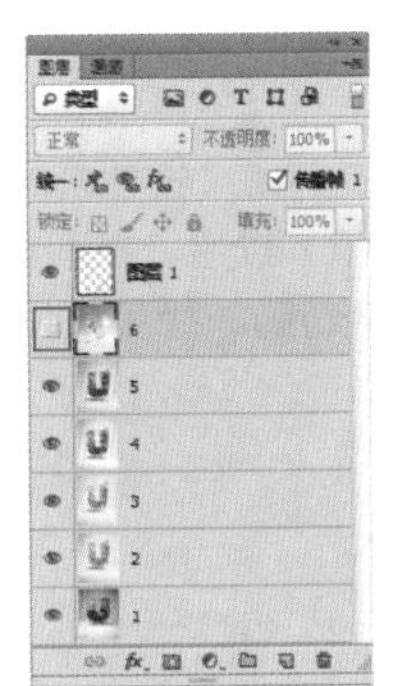

图 17-32

图 17-33

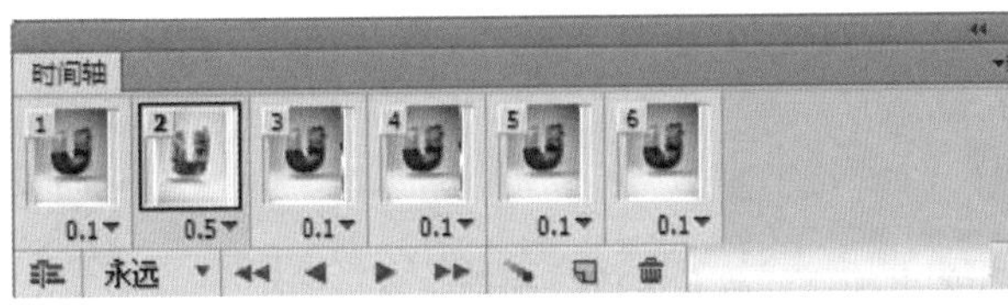

图 17-34

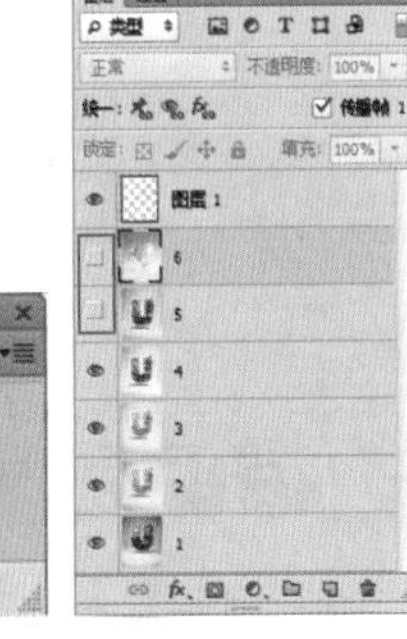

图 17-35

（8）依次类推，在第4帧上隐藏图层6、5、4，显示图层3；在第5帧上隐藏图层6、5、4、3，显示图层2；在第6帧上隐藏图层6、5、4、3、2，显示图层1。这样，在“时间轴”面板中能够看到每帧都显示了不同的缩览图，此时可以单击底部的“播放”按钮预览当前效果，如图17-38所示。

（9）单击底部的“停止”按钮停止播放，如图17-39所示。如果需要更改某一帧的延迟时间，可以单击该帧缩览图下方的帧延迟时间下拉箭头，例如可将其设置为0.5，如图17-40所示。

图 17-36

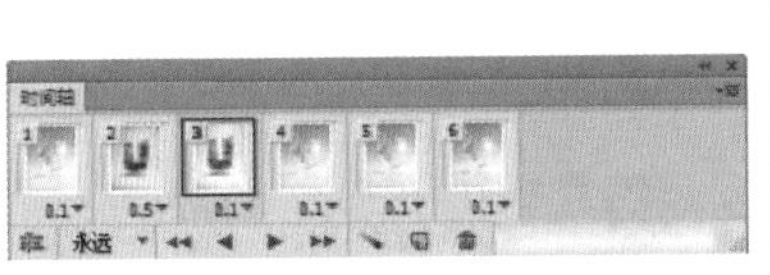

图 17-37

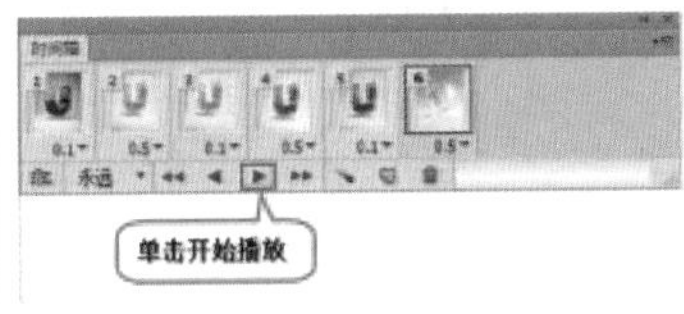

图 17-38

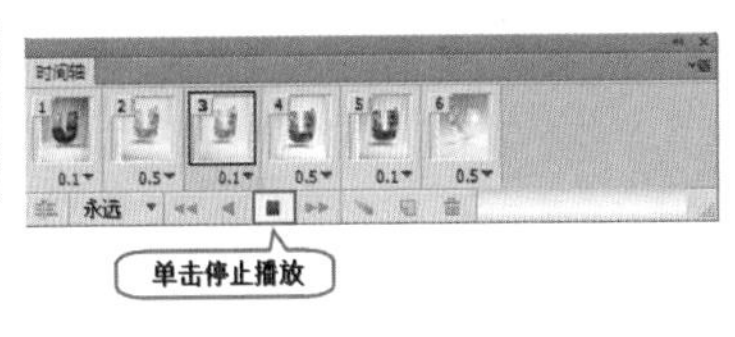

图 17-39

（10）动画设置完成，下面执行“文件>存储为Web所用格式”命令，将制作的动态图像进行输出，如图17-41所示。

（11）在弹出的“存储为Web所用格式”窗口中设置格式为GIF，“颜色”为256，“仿色”为100%，单击底部的“存储”按钮，并选择输出路径即可，如图17-42所示。

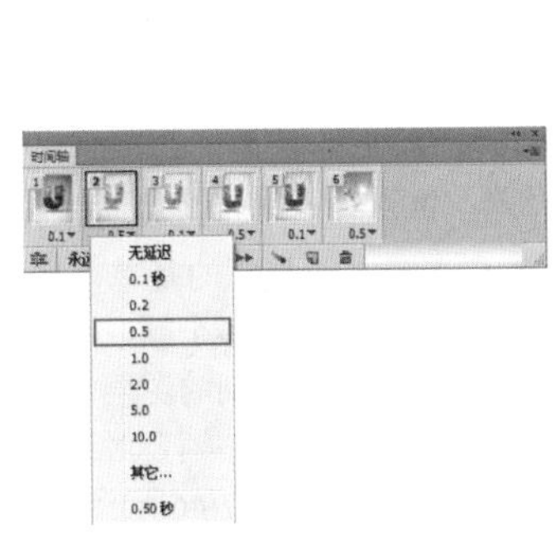

图 17-40

图 17-41

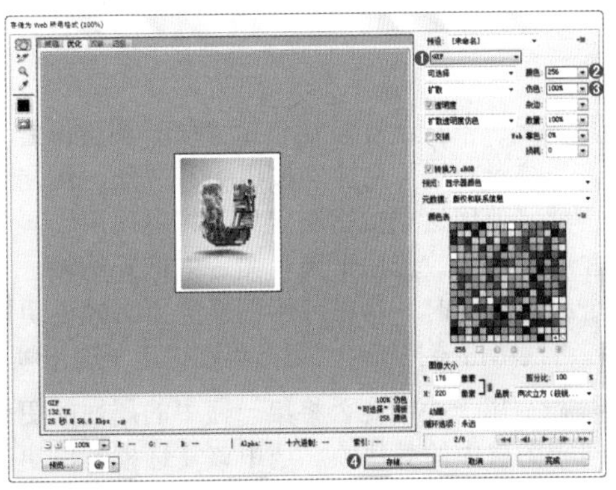

图 17-42

17.2.3 更改动画中图层的属性

打开“时间轴”面板后，“图层”面板发生了一些变化，出现了“统一”按钮以及“传播帧1”复选框，如图17-43所示。

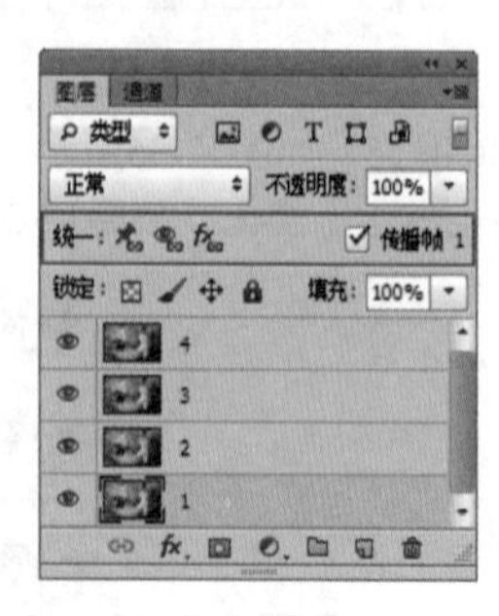

图 17-43

技巧提示

在“图层”面板菜单中执行“动画选项”命令，在这里可以对“统一”按钮和“传播帧1”复选框的显示与隐藏进行控制，如图17-44所示。

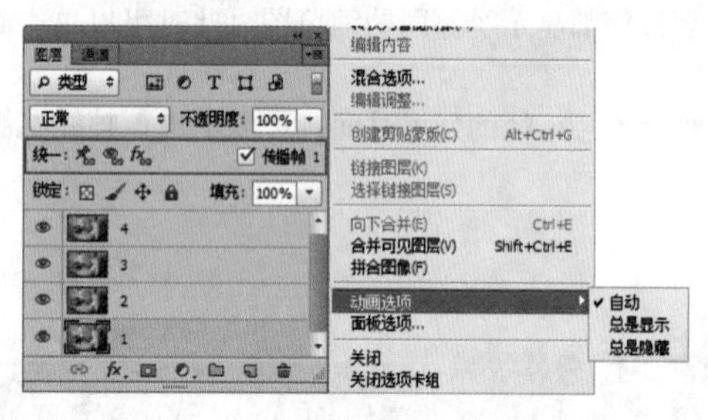

图 17-44

- 自动：在“时间轴”面板打开时显示统一图层按钮。
- 总是显示：无论是在打开还是关闭“时间轴”面板时都显示统一图层按钮。
- 总是隐藏：无论是在打开还是关闭“时间轴”面板时都隐藏统一图层按钮。

- 统一：“统一”按钮包括“统一图层位置”按钮、“统一图层可见性”按钮和“统一图层样式”按钮。使用这些按钮决定如何将对现用动画帧中的属性所做的更改应用于同一图层中的其他帧。当激活某个统一按钮时，将在现用图层的所有帧中更改该属性；再次单击该按钮时，更改将仅应用于现用帧。
- 传播帧1：用于控制是否将第一帧中的属性的更改应用于同一图层中的其他帧。选中该复选框，以更改第一帧中的属性，现用图层中的所有后续帧都会发生与第一帧相关的更改，并保留已创建的动画。

技巧提示

按住Shift键并选择图层中任何连续的帧组，然后更改任何选定帧的某个属性也可以达到“传播帧”的目的。

17.2.4 编辑动画帧

在“时间轴”面板中选择一个或多个帧（按住Shift键或Ctrl键可以选择多个连续或非连续的帧）以后，在面板菜单中可以执行新建帧、删除单帧、删除动画、拷贝/粘贴单帧、反向帧等操作，如图17-45所示。

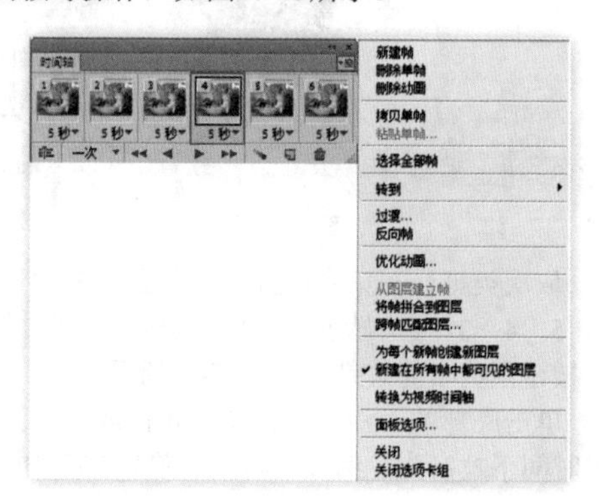

图 17-45

- 新建帧：创建新的帧，功能与单击按钮相同。
- 删除单帧/删除多帧：删除当前所选的帧，如果当前选择的是多帧，则此命令为“删除多帧”。

技巧提示

在“时间轴”面板中，按住Ctrl键可以选择任意多个帧；按住Shift键可以选择连续的帧。

- 删除动画：删除全部动画帧。
- 拷贝单帧/拷贝多帧：复制当前所选的帧。如果当前选择的是多帧，则此命令为“拷贝多帧”。拷贝帧与拷贝图层不同，可以将帧理解为具有给定图层配置的图像副本。在拷贝帧时，拷贝的是图层的配置（包括每一图层的可见性设置、位置和其他属性）。
- 粘贴单帧/粘贴多帧：若之前复制的是单个帧，此处为“粘贴单帧”；若之前复制的是多个帧，此处则为“粘贴多帧”。粘贴帧就是将之前复制的图层的配置应用到目标帧。执行此命令后弹出“粘贴帧”对话框，在这里可以对粘贴方式进行设置，如图17-46所示。

- 选择全部帧：执行该命令可一次性选中所有帧。
- 转到：快速转到下一帧、上一帧、第一帧或最后一帧，如图17-47所示。
- 过渡：在两个现有帧之间添加一系列帧，通过插值方法使新帧之间的图层属性均匀。选中需要过渡的帧，单击“过渡动画帧”按钮或执行“过渡”命令，设置合适的参数，如图17-48所示。效果如图17-49所示。

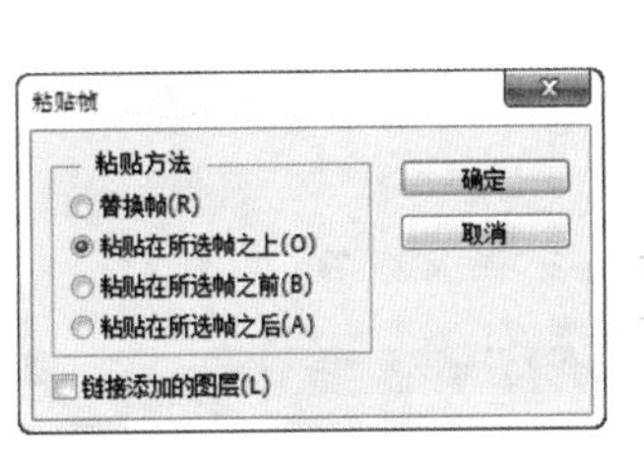

图 17-46

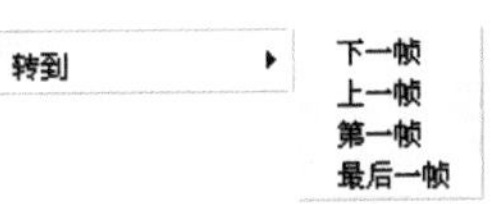

图 17-47

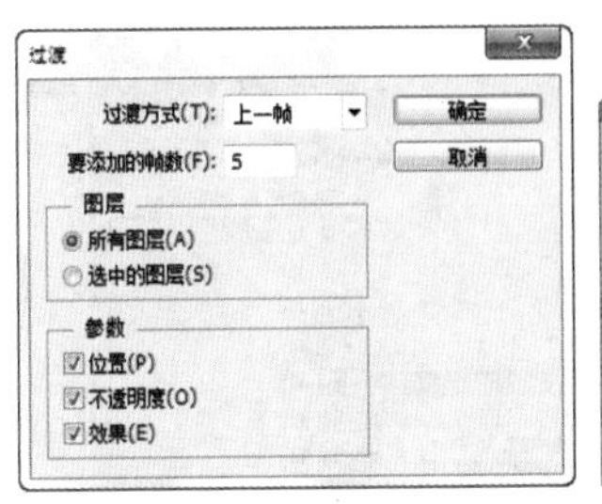

图 17-48

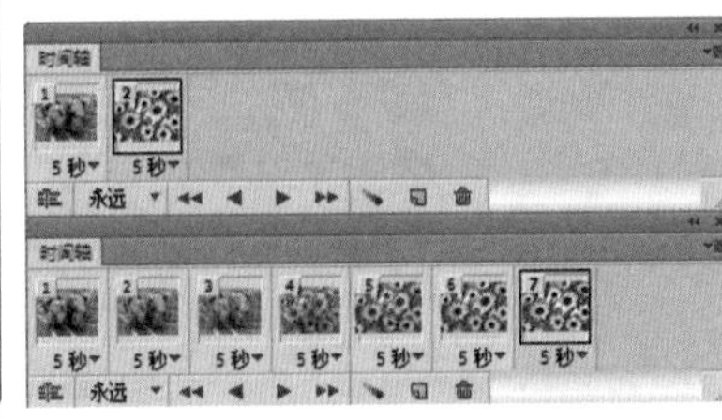

图 17-49

- 反向帧：将当前所有帧的播放顺序翻转。
- 优化动画：完成动画后，应优化动画以便快速下载到Web浏览器。

技术拓展：“优化动画”对话框详解

“优化动画”对话框如图17-50所示。

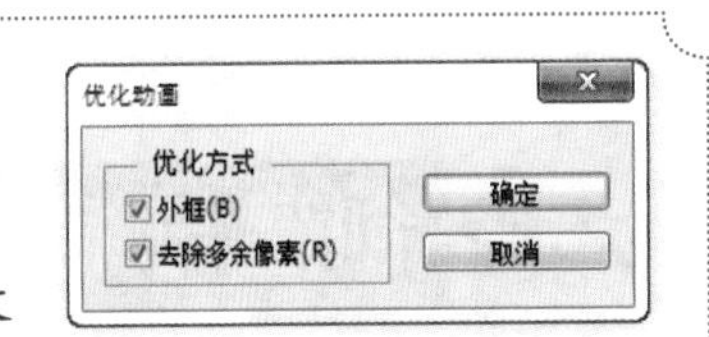

图 17-50

- 外框：将每一帧裁剪到相对于上一帧发生了变化的区域。使用该选项创建的动画文件比较小，但是与不支持该选项的GIF编辑器不兼容。
- 去除多余像素：使帧中与前一帧保持相同的所有像素变为透明的。为了有效去除多余像素，必须选择“优化”面板中的“透明度”选项。使用“去除多余像素”功能时，需要将帧处理方法设置为“自动”。

- 从图层建立帧：在包含多个图层并且只有一帧的文件中，执行该命令可以创建与图层数量相等的帧，并且每一帧所显示的内容均为单一图层效果，如图17-51和图17-52所示。

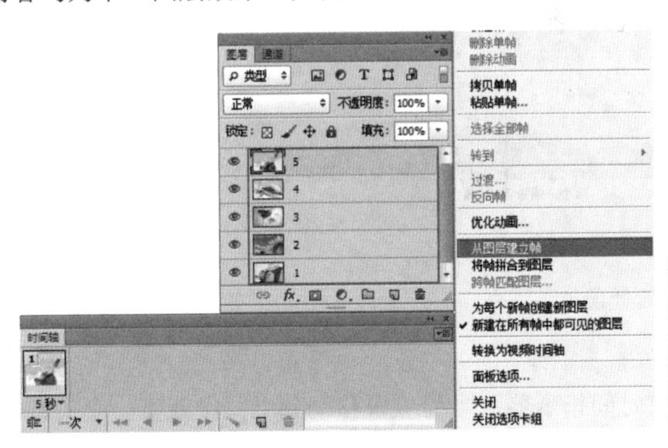

图 17-51

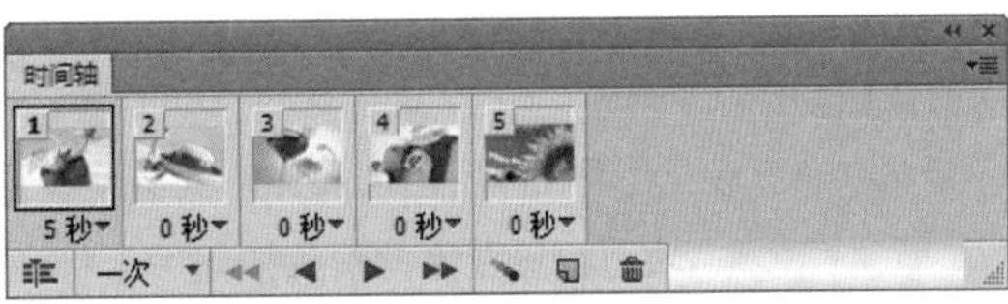

图 17-52

- 将帧拼合到图层：使用该命令会以当前视频图层中的每个帧的效果创建单一图层。在需要将视频帧作为单独的图像文件导出，或在图像堆栈中需要使用静态对象时都可以使用该命令，如图17-53和图17-54所示。
- 跨帧匹配图层：在多个帧之间匹配各个图层的位置、可视性、图层样式等属性，这些帧既可以是相邻的，也可以是不相邻（即跨帧）的。
- 为每个新帧创建新图层：每次创建帧时使用该命令自动将新图层添加到图像中。新图层在新帧中是可见的，但在其他帧中是隐藏的。如果创建的动画要求将新的可视图素添加到每一帧，可使用该命令，以节省时间。

- 新建在所有帧中都可见的图层：选择该命令，新建图层自动在所有帧上显示；取消选择该命令，新建图层只在当前帧显示。
- 转换为视频时间轴：执行该命令，即可转换为时间轴动画面板。
- 面板选项：执行该命令，打开“动画面板选项”对话框，可以对动画帧面板的缩览图显示方式进行设置，如图17-55和图17-56所示。

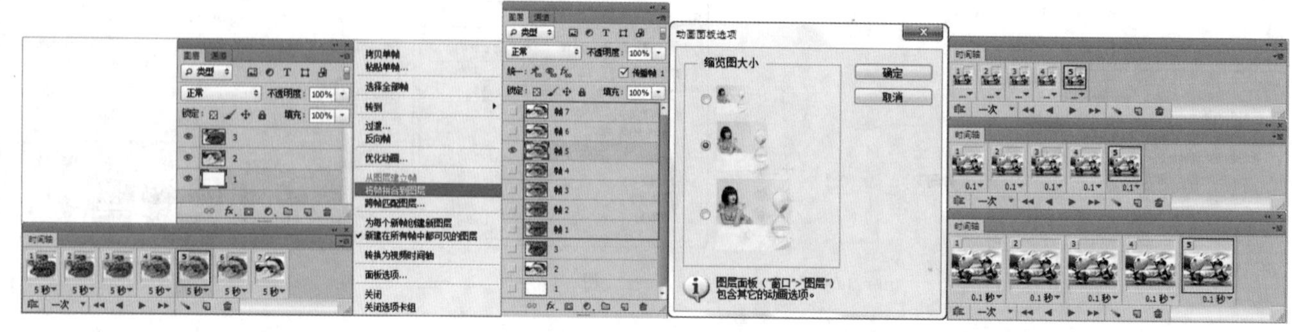

图 17—53　　图 17—54　　图 17—55　　图 17—56

- 关闭：关闭“时间轴”面板。
- 关闭选项卡组：关闭“时间轴”面板所在选项卡组。

17.3 创建与编辑时间轴动画

17.3.1 认识时间轴动画面板

- **技术速查**：时间轴模式下的“时间轴”面板显示了文档图层的帧持续时间和动画属性。

在Photoshop CS6 Extended默认情况下显示的是时间轴动画面板。执行“窗口>时间轴”命令，打开“时间轴”面板。单击“转换为帧动画”按钮可切换到帧模式的“时间轴”面板，如图17-57所示。

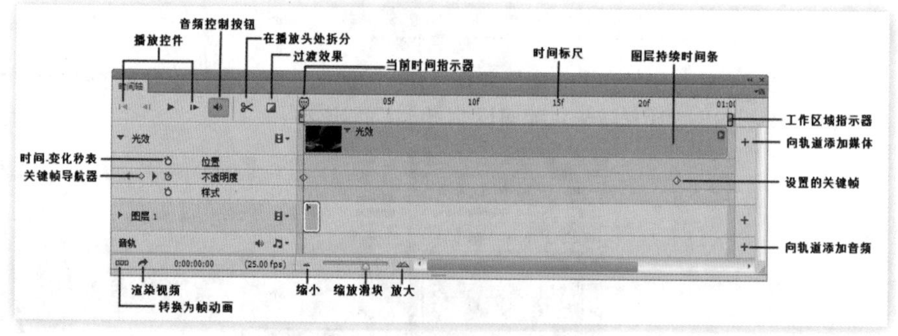

图 17—57

- 播放控件：其中包括“转到第一帧”按钮、“转到上一帧”按钮、“播放”按钮和“转到下一帧”按钮，是用于控制视频播放的按钮。
- “时间-变化秒表”：启用或停用图层属性的关键帧设置。
- 关键帧导航器◀ ◇ ▶：轨道标签左侧的箭头按钮用于将当前时间指示器从当前位置移动到上一个或下一个关键帧。单击中间的按钮可添加或删除当前时间的关键帧。
- “音频控制”按钮：关闭或启用音频的播放。
- “在播放头处拆分”按钮：可以在时间指示器所在位置拆分视频或音频。
- “过渡效果”按钮：单击该按钮并执行下拉菜单中的相应命令，可以为视频添加过渡效果，创建专业的淡化和交叉淡化效果。
- “当前时间指示器”：拖曳“当前时间指示器”可以浏览帧或更改当前时间或帧。
- 时间标尺：根据当前文档的持续时间和帧速率，水平测量持续时间或帧计数。

- 图层持续时间条：指定图层在视频或动画中的时间位置。
- 工作区域指示器：拖曳位于顶部轨道任一端的蓝色标签，可以标记要预览或导出的动画或视频的特定部分。
- “向轨道添加媒体/音频”按钮+：单击该按钮，可以打开一个对话框，将视频或音频添加到轨道中。
- “转换为帧动画”按钮：单击该按钮，可以将“时间轴”面板切换到帧模式。

思维点拨：时间轴是什么

时间轴是制作网页动画的基本工具，是按照时间顺序来控制动作执行的过程。其工作原理就是定义一系列的小时间段——帧。这些帧随时间变化，在每一个帧均可以改变网页元素的各种属性，以此实现动画效果。

“时间轴”面板主要用于组织和控制影片中图层和帧的内容，使这些内容随着时间的推移而发生相应的变化。

17.3.2 编辑视频

在 Photoshop CS6 Extended中可以对打开的视频文件进行多种方式的编辑，如对视频文件应用滤镜、蒙版、变换、图层样式和混合模式等，如图17-58所示。

图 17-58

技巧提示

有些操作虽然可以对打开的视频文件起作用，但是很多时候只针对当前帧而不是整个视频。例如想要对视频文件进行颜色调整，对当前视频文件执行“图像>调整>色相/饱和度”命令调整了颜色，但是切换到另一帧时又回到之前的状态。这时，在该视频图层上方创建“色相/饱和度”调整图层即可解决这个问题，如图17-59～图17-62所示。

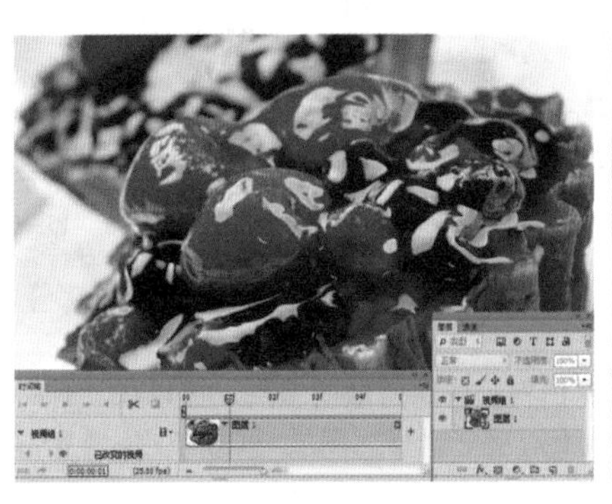

图 17-59

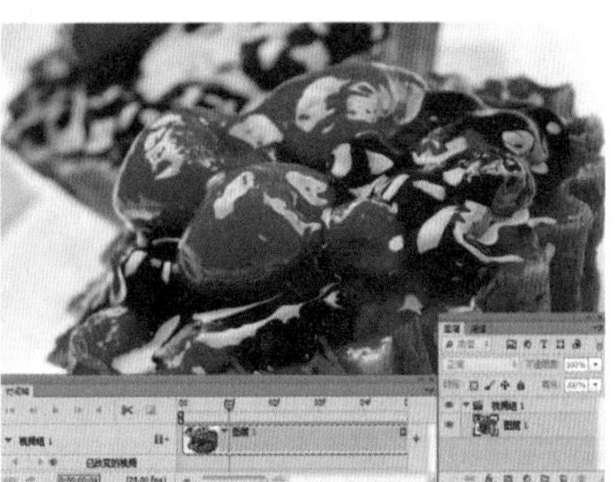

图 17-60

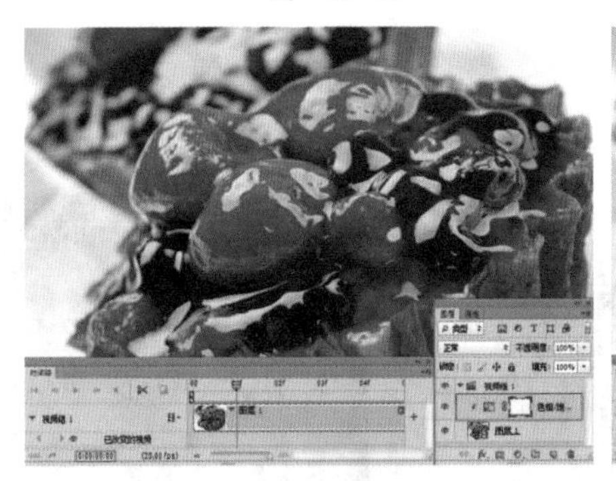

图 17-61

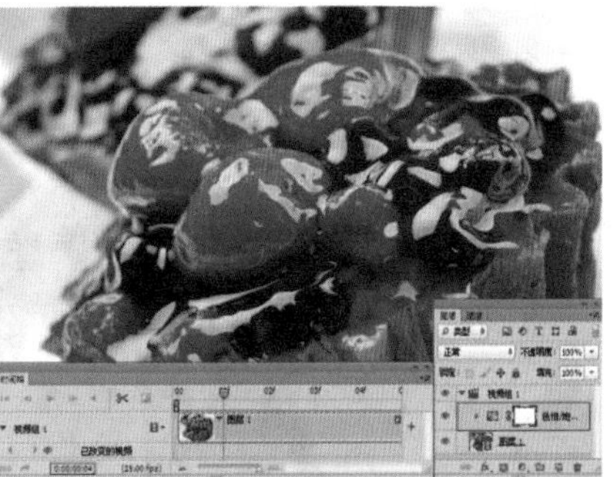

图 17-62

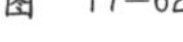

17.3.3 插入、复制和删除空白视频帧

在空白视频图层中可以添加、删除或复制空白视频帧。在“时间轴”面板中选择空白视频图层，然后将当前时间指示器拖曳到所需帧位置。执行“图层>视频图层”菜单下的“插入空白帧”、“删除帧”、“复制帧”命令，可以分别在当前时间位置插入一个空白帧、删除当前时间处的视频帧、添加一个处于当前时间的视频帧的副本，如图17-63所示。

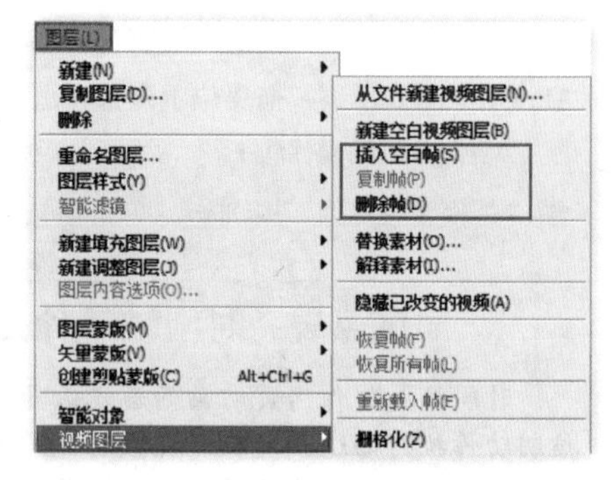

图 17-63

17.3.4 动手学：替换和解释素材

在Photoshop CS6 Extended中，即使移动或重命名源素材也会保持视频图层和源文件之间的链接。如果链接由于某种原因断开，“图层”面板中的图层上会出现警告图标。要重新建立视频图层与源文件之间的链接，需要使用“替换素材”命令。“替换素材”命令还可以将视频图层中的视频帧或图像序列帧替换为不同的视频或图像序列源中的帧。如需要重新链接到源文件或替换视频图层的内容，可以选中该图层，如图17-64所示。然后执行“图层>视频图层>替换素材”命令，如图17-65所示。再选择相应的视频或图像序列文件即可，如图17-66所示。

如果使用了包含Alpha通道的视频，则需要在Photoshop CS6 Extended中指定如何解释视频中的Alpha通道和帧速率。在“时间轴”面板或“图层”面板中选择视频图层，执行“图层>视频图层>解释素材”命令，在弹出的对话框中进行设置即可，如图17-67所示。

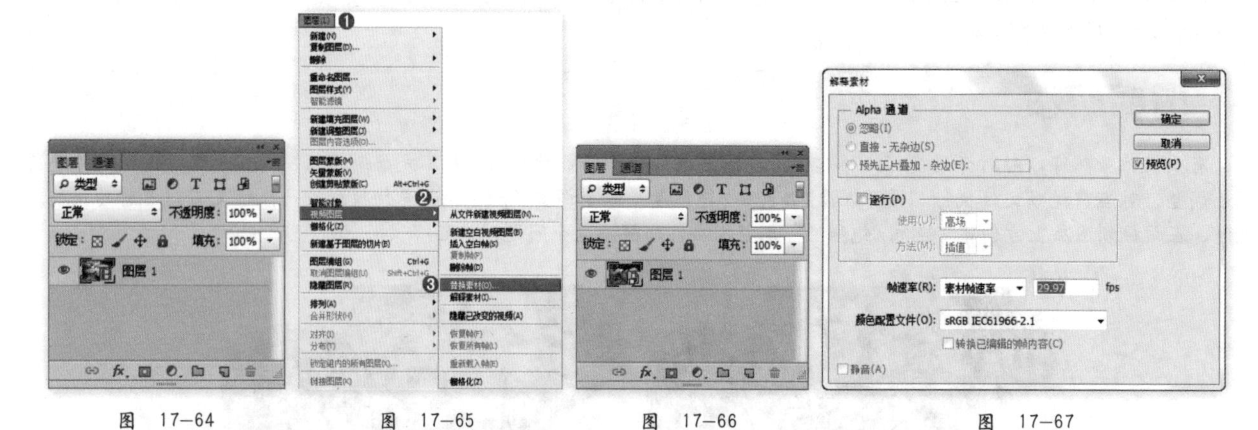

图 17-64　　图 17-65　　图 17-66　　图 17-67

17.3.5 恢复视频帧

在Photoshop CS6 Extended中，如果要放弃对帧视频图层和空白视频图层所做的编辑，可以在“时间轴”面板中选择该视频图层，然后将“当前时间指示器”拖曳到该视频帧的特定帧上，接着执行“图层>视频图层>恢复帧”命令。如果要恢复视频图层或空白视频图层中的所有帧，可以执行“图层>视频图层>恢复所有帧”命令。

★ 案例实战——制作不透明度动画

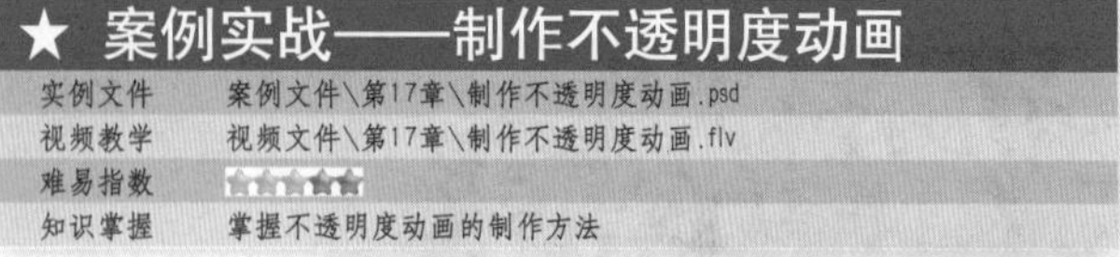

实例文件	案例文件\第17章\制作不透明度动画.psd
视频教学	视频文件\第17章\制作不透明度动画.flv
难易指数	★★★★★
知识掌握	掌握不透明度动画的制作方法

案例效果

本例主要是针对不透明度动画的制作方法进行练习，如图17-68所示。

图 17-68

操作步骤

01 按Ctrl+O组合键，在弹出的“打开”对话框中打开人像素材序列的文件夹，在该文件夹中选择第1张图像，然后选中“图像序列”复选框，如图17-69所示。接着在弹出的“帧速率”对话框中设置“帧速率”为25，如图17-70所示。

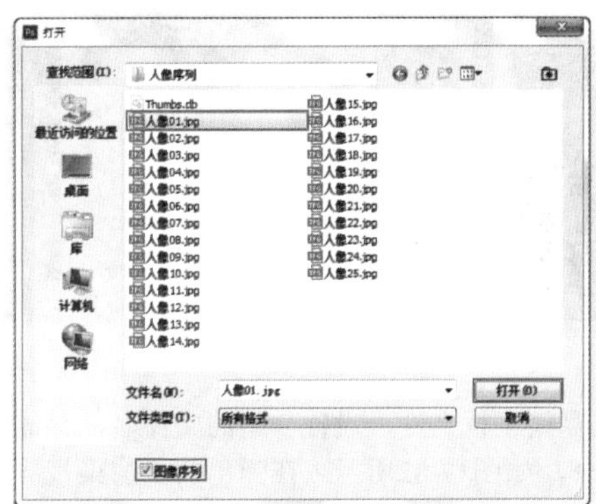

图 17-69

图 17-70

02 导入光效素材，然后将其放置在视频图层的上一层，并设置其混合模式为“滤色”，如图17-71和图17-72所示。效果如图17-73所示。

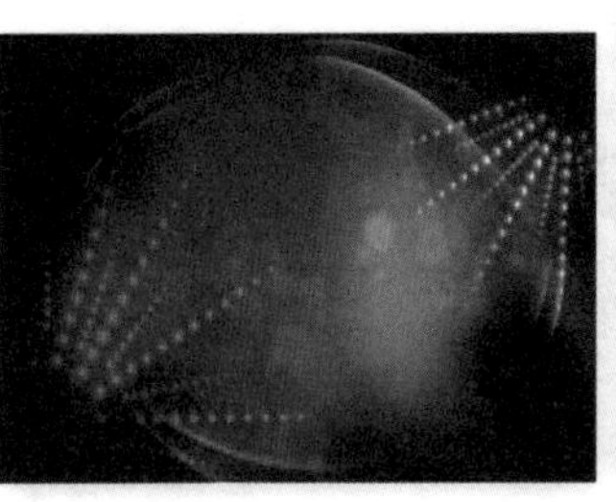

图 17-71

图 17-72

图 17-73

03 设置“光效”图层的“不透明度”为0%，如图17-74所示。然后在“时间轴”面板中选择“光效”图层，单击该图层前面的▶图标，展开其属性列表，接着将“当前时间指示器”拖曳到第0:00:00:00帧位置，最后单击“不透明度”属性前面的“时间-变化秒表”图标，为其设置一个关键帧，如图17-75所示。

图 17-74

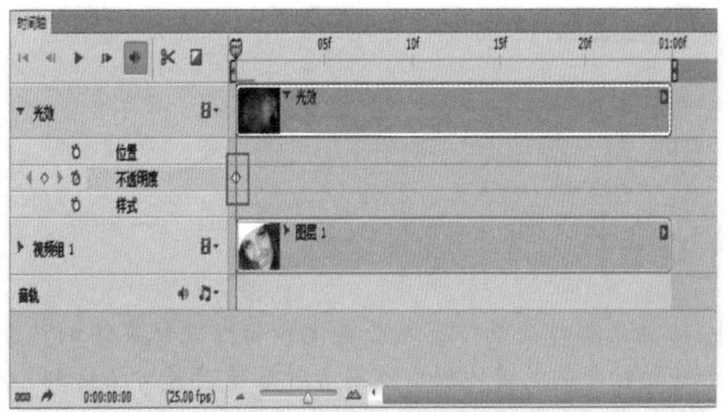

图 17-75

04 将“当前时间指示器”拖曳到第0:00:00:22帧位置，然后在“图层”面板中设置“光效”图层的“不透明度”为100%，如图17-76所示。此时“时间轴”面板中会自动生成一个关键帧，如图17-77所示。

图 17-76

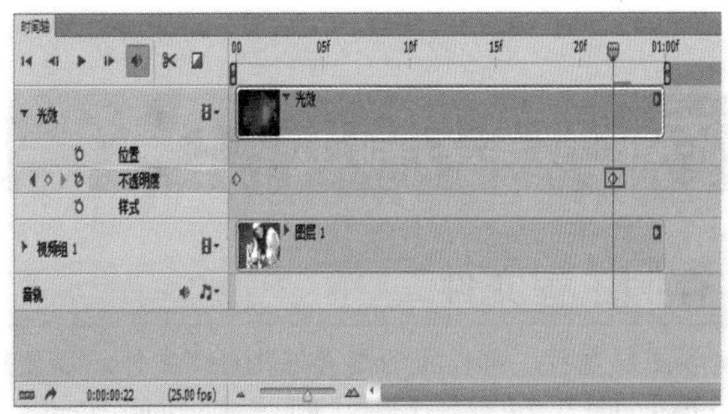

图 17-77

05 单击“播放”按钮▶，可以观察到人像的移动光效越来越明显，如图17-78～图17-80所示。

图　17—78

图　17—79

图　17—80

06 执行“文件>存储为”命令，首先存储工程文件，设置合适的文件名，存储为PSD格式，如图17-81所示。

07 执行“文件>导出>渲染视频”命令，如图17-82所示。在弹出的“渲染视频”对话框中设置输出的文件名以及存储路径；在文件选项组中选择QuickTime导出，设置“大小”为“文档大小”；继续在“范围”选项组中选中“所有帧”单选按钮；最后单击“确定”按钮开始输出，如图17-83所示。最终得到一个名为“渲染.mov”的视频文件，如图17-84所示。

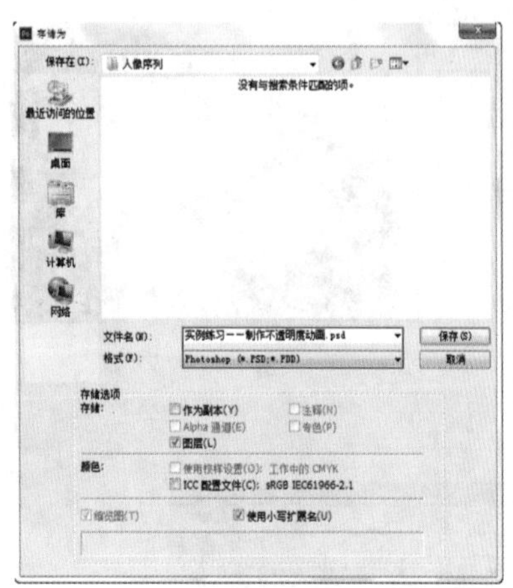

图　17—81

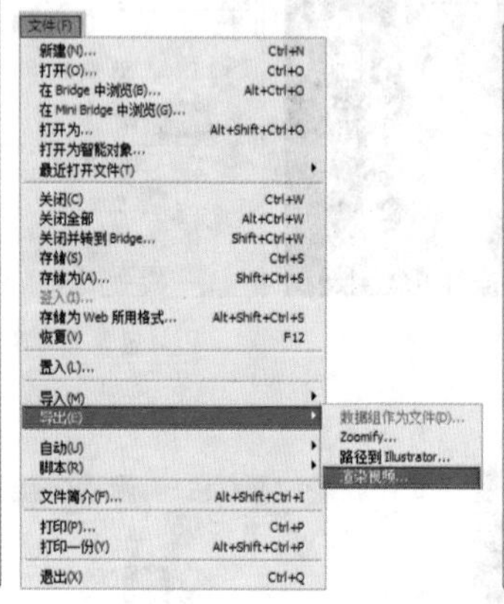

图　17—82

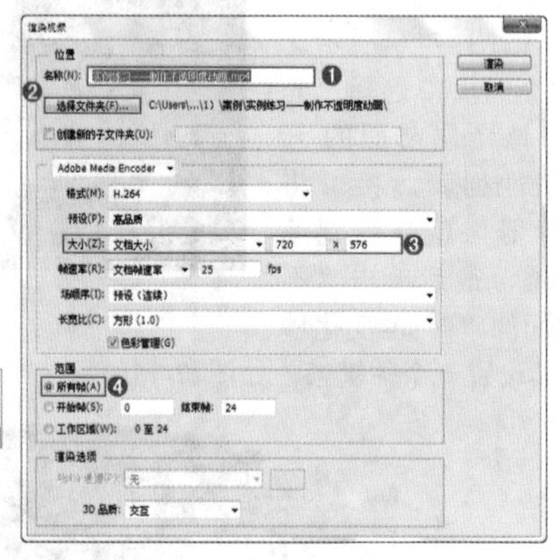

图　17—83

图　17—84

思维点拨：什么是关键帧

关键帧动画是制作场景中有运动变化和属性变化实体的动画的方法，其原理是记录序列中较为关键的动画帧的物理形态，两个关键帧之间的其他帧可以用各种插值计算方法得到，从而达到比较流畅的效果。

关键帧的概念来源于传统的卡通制作。早在迪士尼的工作室中，熟练的动画师就开始设计卡通片中的关键画面，然后由助理画师设计中间的画面。在三维计算机动画中，中间的画面由计算机生成，插值计算代替了中间动画师的工作。中间动画师设置的动画即中间帧，而关键画面就是关键帧，所有影响动画的参数都可以被设置成关键帧的参数，如位移、旋转、缩放等。

17.4 存储预览与输出

17.4.1　存储工程文件

编辑完视频图层之后，可以将动画存储为GIF文件，以便在Web上观看。在Photoshop CS6 Extended中，可以将视频和动画存储为QuickTime影片或PSD文件。如果未将工程文件渲染输出为视频，则最好将工程文件存储为PSD文件，以保留之前所做的编辑操作。执行“文件>存储”或者“文件>存储为”命令均可存储为PSD格式文件，如图17-85所示。

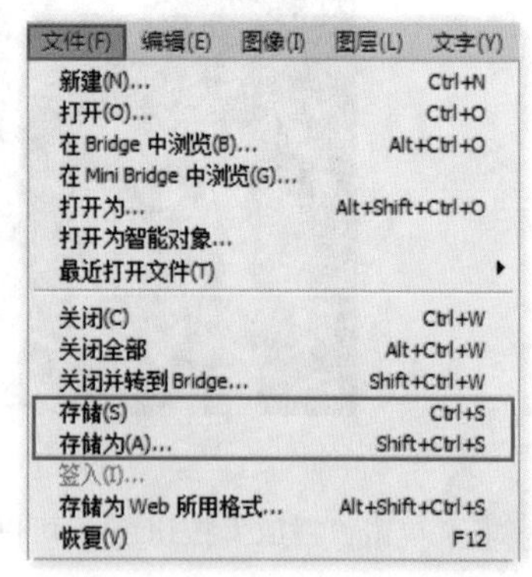

图　17—85

17.4.2 预览视频

在Photoshop CS6 Extended中，可以在文档窗口中预览视频或动画，Photoshop会使用RAM在编辑会话期间预览视频或动画。当播放帧或拖曳“当前时间指示器”预览帧时，Photoshop会自动对这些帧进行高速缓存，以便在下一次播放时能够更快地回放，如图17-86所示。如果要预览视频效果，可以在“时间轴”面板中单击“播放”按钮或按Space键（即空格键）来播放或停止播放视频，如图17-87所示。

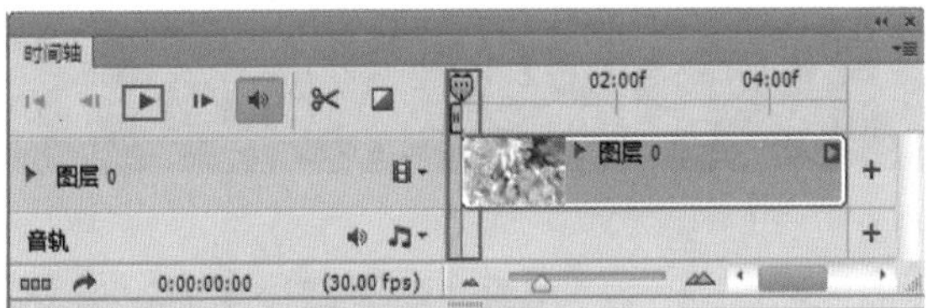

图 17–86

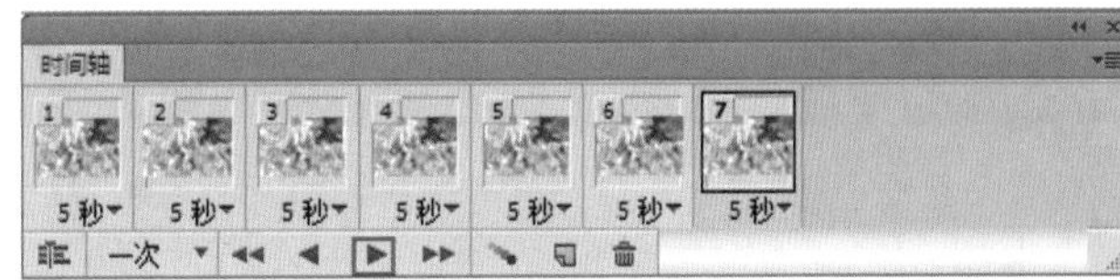

图 17–87

打开“存储为Web所用格式”对话框，单击左下角的“预览”按钮，可以在Web浏览器中预览该动画。在这里可以更准确地查看为Web创建的预览效果，如图17–88和图17–89所示。

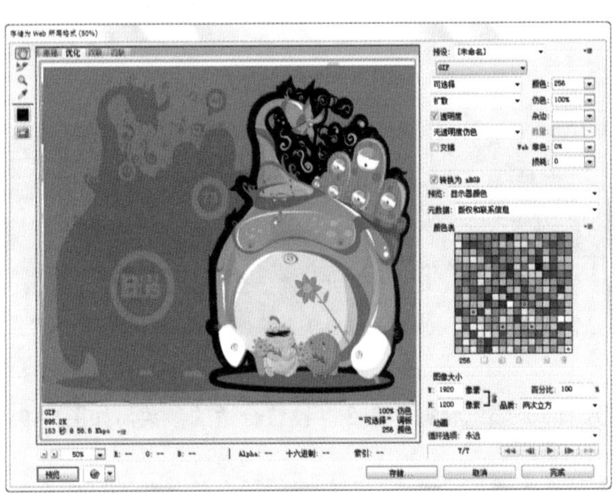

图 17–88

图 17–89

17.4.3 渲染输出

在Photoshop CS6 Extended中，可以将时间轴动画与视频图层一起导出。执行“文件>导出>渲染视频”命令，可以将视频导出为QuickTime影片或图像序列，如图17-90所示。

- 位置：在“位置”选项组下可以设置文件的名称和位置。
- 文件选项：在文件选项组中可以对渲染的类型进行设置，在下拉列表中选择Adobe Media Encoder，可以将文件输出为动态影片；选择“Photoshop图像序列”，则可以将文件输出为图像序列。选择任何一种类型的输出模式都可以进行相应尺寸、质量等参数的调整。
- 范围：在“范围”选项组下可以设置要渲染的帧范围，包括“所有帧”和“当前所选帧”两种方式。
- 渲染选项：在“渲染选项”选项组下可以设置Alpha通道的渲染方式以及视频的帧速率。

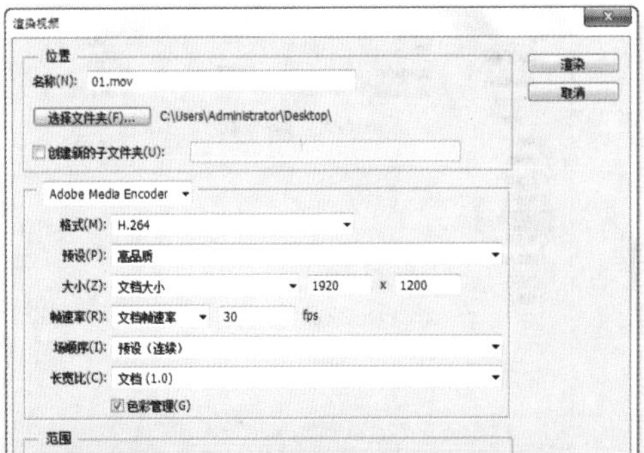

图 17–90

★ 综合实战——制作娱乐节目包装动画

实例文件	案例文件\第17章\制作娱乐节目包装动画.psd
视频教学	视频文件\第17章\制作娱乐节目包装动画.flv
难易指数	★★★★★
知识掌握	掌握位移动画、透明度动画、样式动画的制作方法

案例效果

本例主要是针对位置动画的制作方法进行练习，如图17-91所示。

图 17—91

操作步骤

01 打开PSD素材文件，如图17-92所示。

图 17—92

02 暂时隐藏顶部添加样式的图层，将光标移至图层持续时间条的右侧，按住鼠标左键并拖曳，将时间条拖动至0:00:00:30，如图17-93所示。在“时间轴”面板中展开“MIX娱乐派”图层的属性，然后将“当前时间指示器”拖曳到0:00:00:00位置，接着单击“样式”属性前面的图标，为其设置一个关键帧，如图17-94所示。

图 17—93

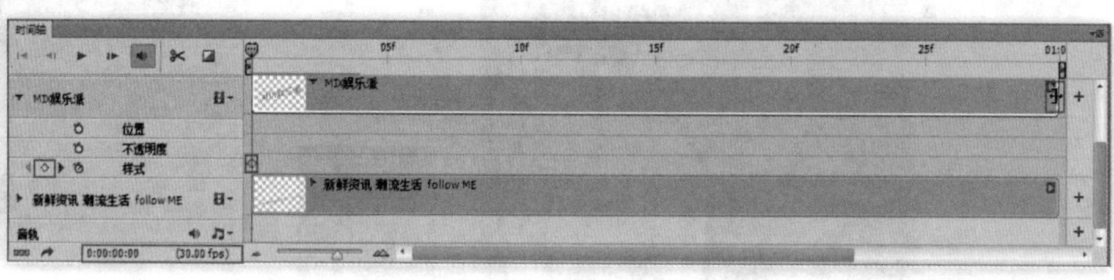

图 17—94

03 为蓝色的大标题添加图层样式，执行“图层>图层样式>颜色叠加”命令，设置合适的参数，如图17-95所示。效果如图17-96所示。

04 在“时间轴”面板中展开“MIX娱乐派”图层的属性，然后将“当前时间指示器”拖曳到0:00:00:01位置，接着单击“样式”属性前的图标，为其设置一个关键帧，如图17-97所示。更改样式的颜色，如图17-98所示。

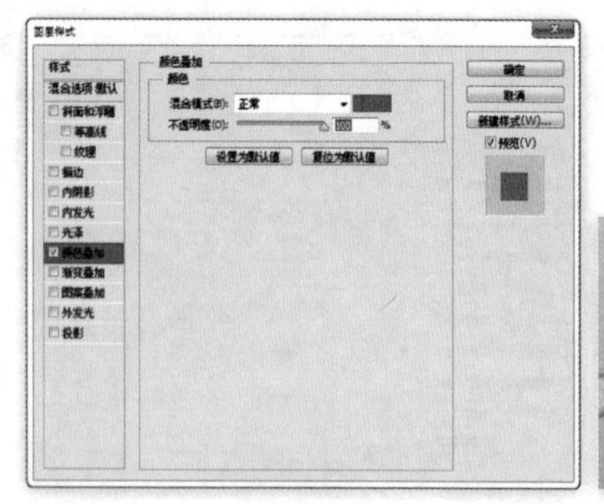

图 17—95

图 17—96

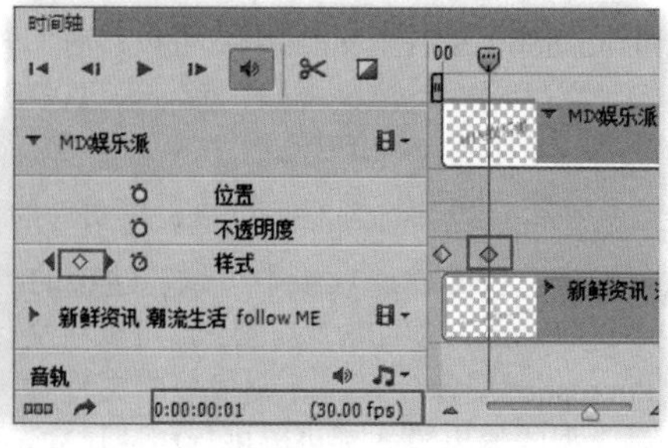

图 17—97

05 将“当前时间指示器”拖曳到0:00:00:5位置，然后将“MIX娱乐派”图层拖曳到如图17-99所示的位置，此时在“时间轴”面板中会生成第3个位置关键帧。同样更改其图层样式的叠加颜色，效果如图17-100所示。

06 将“当前时间指示器”拖曳到0:00:00:11位置，然后将“MIX娱乐派”图层拖曳到如图17-101所示的位置，此时在“时间轴”面板中会生成第4个位置关键帧，如图17-102所示。

图 17-98

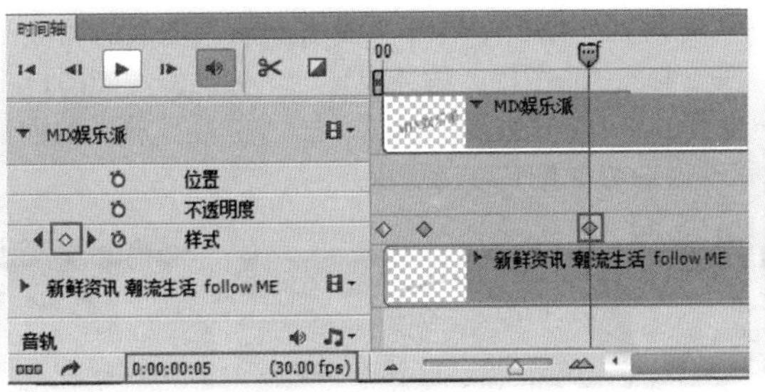

图 17-99

图 17-100

图 17-101

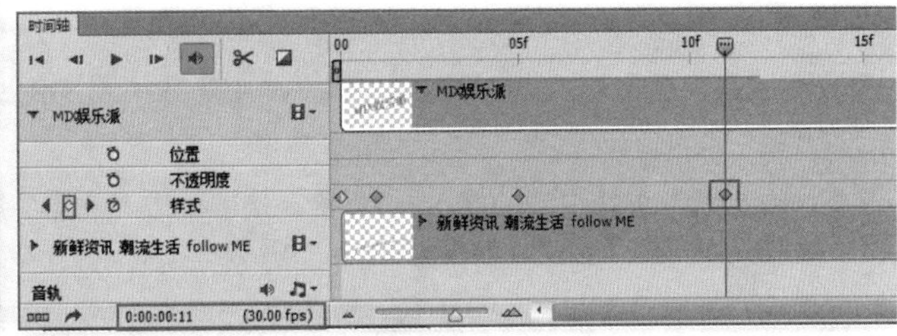

图 17-102

07 将“当前时间指示器”拖曳到0:00:00:17位置，然后将“MIX娱乐派”图层拖曳到如图17-103所示的位置，此时在“时间轴”面板中会生成第5个位置关键帧，如图17-104所示。

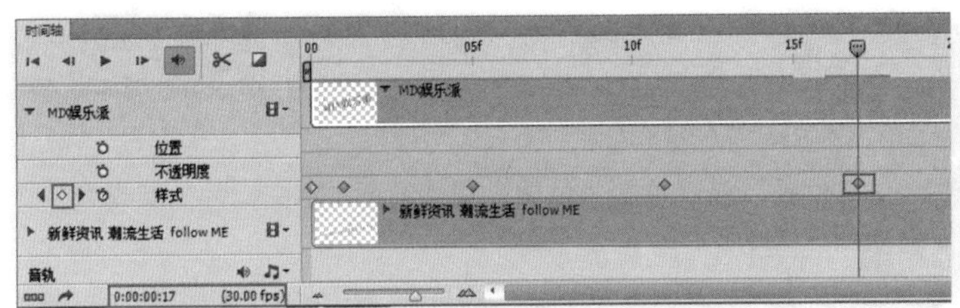

图 17-103

图 17-104

08 将“当前时间指示器”拖曳到0:00:00:23位置，然后单击“样式”属性前面的图标，为其设置一个关键帧，如图17-105所示。效果如图17-106所示。

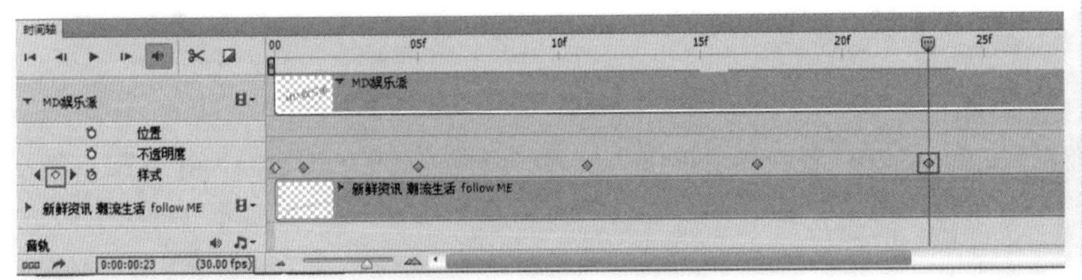

图 17-105

图 17-106

09 将“当前时间指示器”拖曳到0:00:00:28位置，然后在“图层”面板中设置“MIX娱乐派”的“不透明度”为0%，如图17-107所示。效果如图17-108所示。

图 17-107

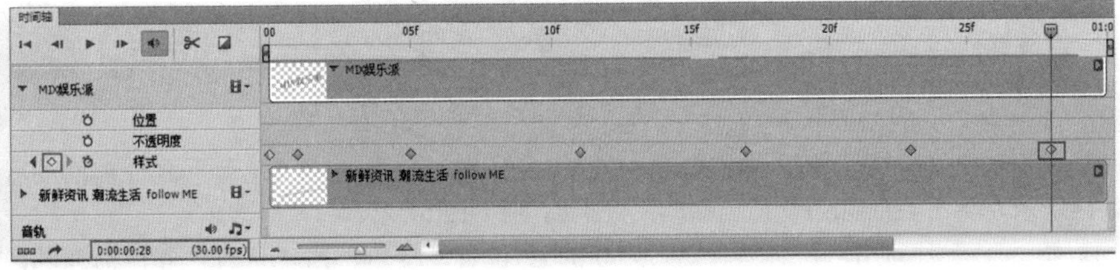

图 17-108

10 打开“我的super”图层，在“时间轴”面板中展开“我的super”图层的属性，然后将“当前时间指示器”拖曳到0:00:00:00位置，接着单击“位置”属性前面的图标，为其设置一个关键帧，如图17-109所示。效果如图17-110所示。

11 将“当前时间指示器”拖曳到0:00:00:05位置，接着单击“位置”属性前面的图标，为其设置一个关键帧，如图17-111所示。将“我的super”适当移动，效果如图17-112所示。

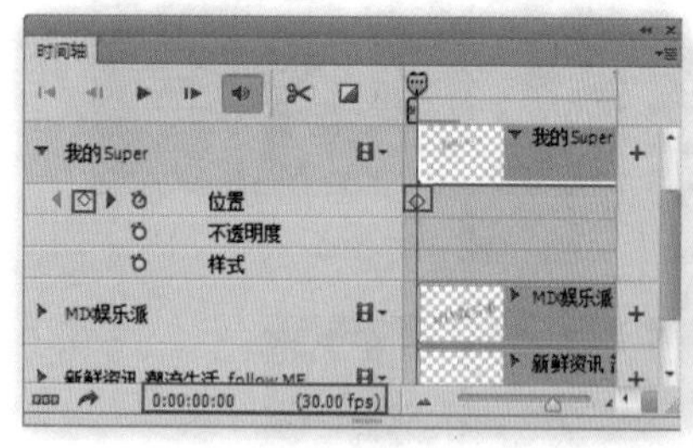

图 17-109

图 17-110

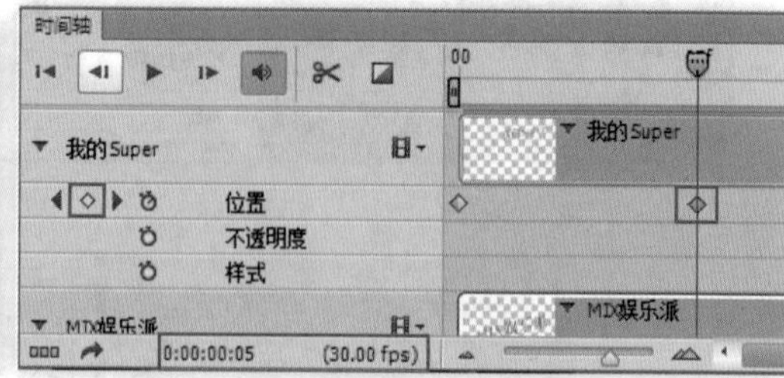

图 17-111

12 将“当前时间指示器”拖曳到0:00:00:10位置，接着单击“位置”属性前面的图标，为其设置一个关键帧，如图17-113所示。将“我的super”适当移动，效果如图17-114所示。

图 17-112

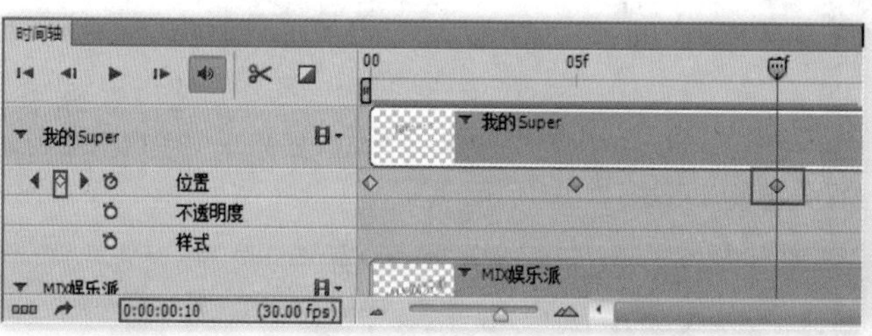

图 17-113

图 17-114

13 将“当前时间指示器”拖曳到0:00:00:15位置，接着单击“位置”属性前面的图标，为其设置一个关键帧，如图17-115所示。将“我的super”适当移动，效果如图17-116所示。

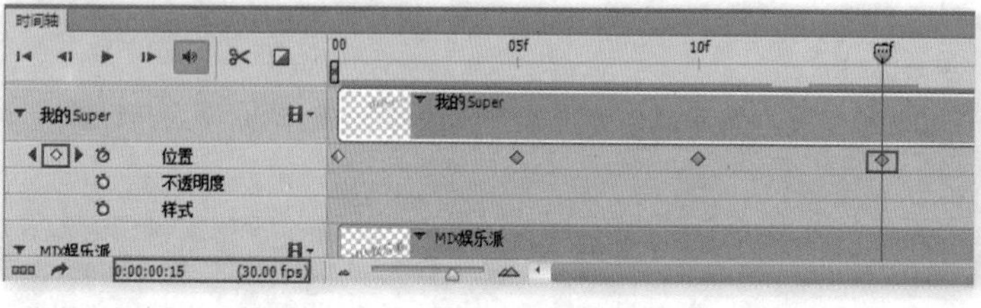

图 17-115

图 17-116

14 将“当前时间指示器”拖曳到0:00:00:20位置，接着单击“位置”属性前面的图标，为其设置一个关键帧，如图17-117所示。将“我的super”适当移动，效果如图17-118所示。

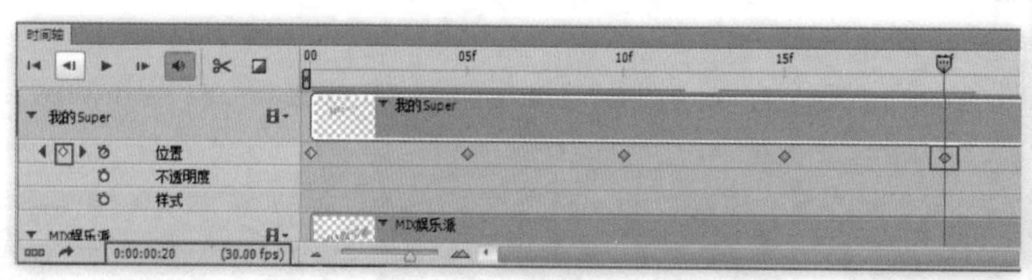

图 17-117

图 17-118

15 将“当前时间指示器”拖曳到0:00:00:25位置，接着单击“位置”属性前面的图标，为其设置一个关键帧，如图17-119所示。将“我的super”适当移动，效果如图17-120所示。

16 将“当前时间指示器”拖曳到0:00:00:29位置，接着单击“位置”属性前面的图标，为其设置一个关键帧，如图17-121所示。将“我的super”适当移动，效果如图17-122所示。

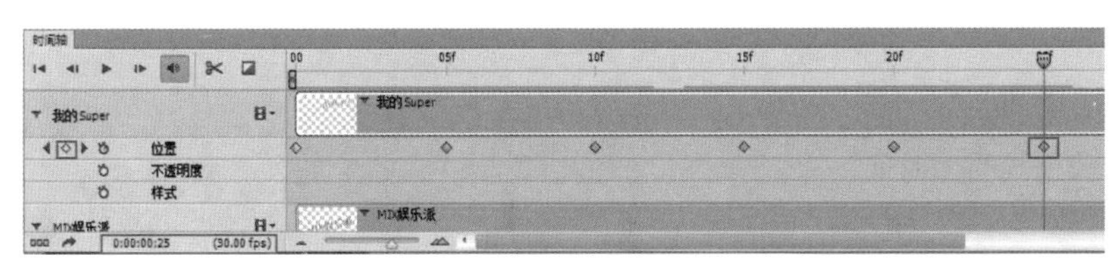

图 17-119

图 17-120

17 用同样方法制作Top图层效果，如图17-123所示。

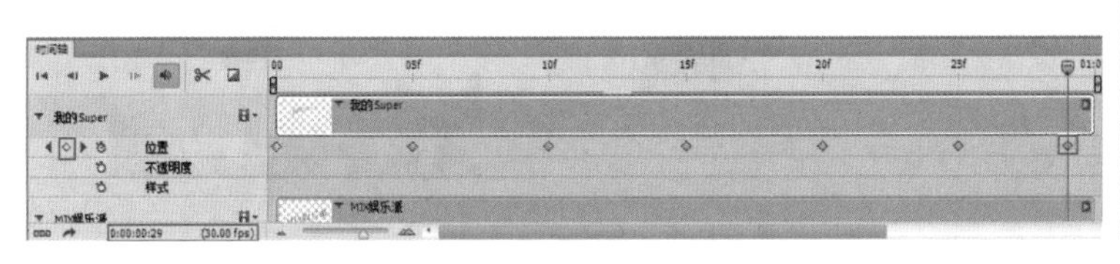

图 17-121

图 17-122

图 17-123

18 单击“播放”按钮▶，观察动画，效果如图17-124所示。

图 17-124

19 执行“文件>存储为”命令，首先存储工程文件，设置合适的文件名，存储为PSD格式，如图17-125所示。

20 下面需要将制作好的动画输出为图像序列文件。执行“文件>导出>渲染视频”命令，如图17-126所示。在弹出的“渲染视频”对话框中设置输出的文件名以及存储路径；在文件选项组中选择“Photoshop图像序列”，设置“起始编号”为1，“位数”为2，“大小”为“文档大小”；在“范围”选项组中选中“所有帧”单选按钮；最后单击“渲染”按钮开始输出，如图17-127所示。最终得到图像序列文件，如图17-128所示。

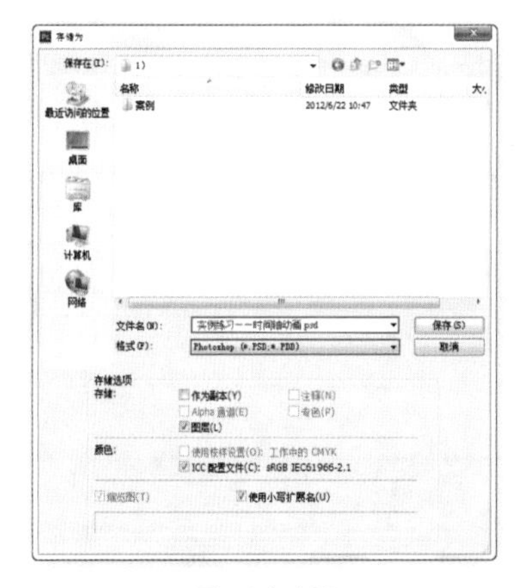

图 17-125

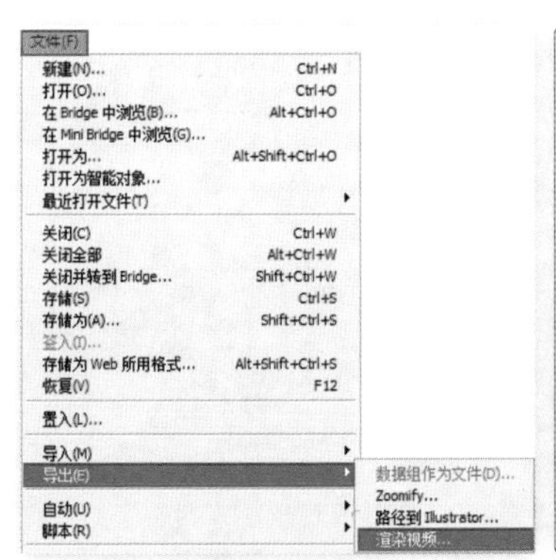

图 17-126

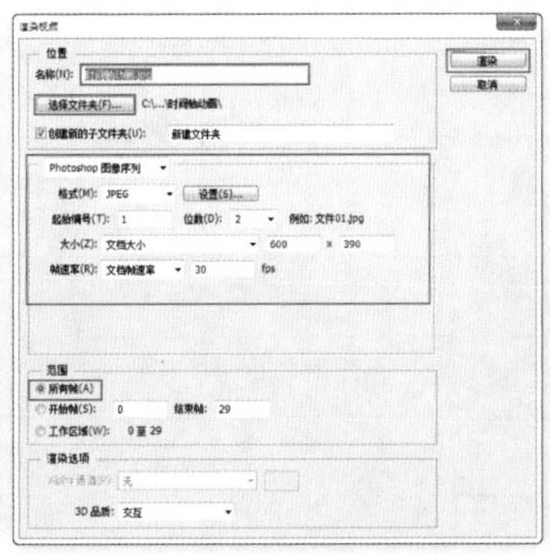

图 17-127

图 17-128

课后练习

【课后练习——制作鱼儿帧动画】

思路解析：本案例主要使用动画帧模式的“时间轴”面板制作动态的鱼儿动画效果。

本章小结

视频与动态文件处理功能是Photoshop较新版本中新增的功能，使Photoshop从最初的平面图像处理软件逐渐过渡为兼容视频非编以及影视后期的多功能软件，并且与Adobe公司旗下的After Effects、Premiere实现了更加紧密的结合，大大方便了影视后期的制作。

读书笔记

第18章 网页图形处理

本章内容简介：

Photoshop在网页制作中是必不可少的工具，不仅可以制作页面广告、边框、装饰等，还能够通过Web进行设计和优化Web图形或页面元素，以及制作交互式按钮图形和Web照片画廊。

本章学习要点：

- 了解Web安全色
- 掌握切片工具的使用方法
- 掌握创建、编辑切片的方法
- 掌握Web图形的优化和输出

18.1 使用Web安全色

由于网页会在不同的操作系统下或在不同的显示器中浏览，而不同操作系统的颜色都有一些细微的差别，不同的浏览器对颜色的编码显示也不同，确保制作出的网页颜色能够在所有显示器中显示相同的效果是非常重要的，所以在制作网页时就需要使用Web安全色。Web安全色是指能在不同操作系统和不同浏览器之中同时正常显示的颜色，如图18-1所示。

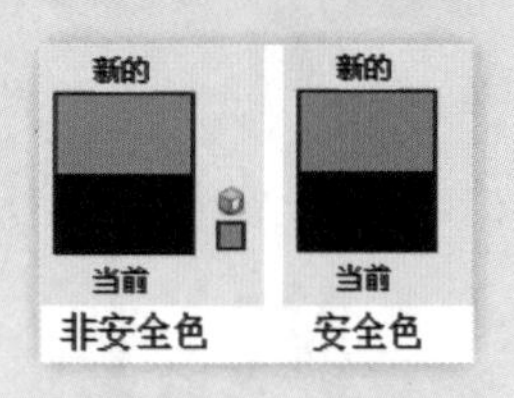

图 18—1

18.1.1 动手学：将非安全色转换为安全色

在“拾色器”对话框中选择颜色时，在所选颜色右侧出现警告图标，就说明当前选择的颜色不是Web安全色，如图18-2所示。单击该图标，即可将当前颜色替换为与其最接近的Web安全色，如图18-3所示。

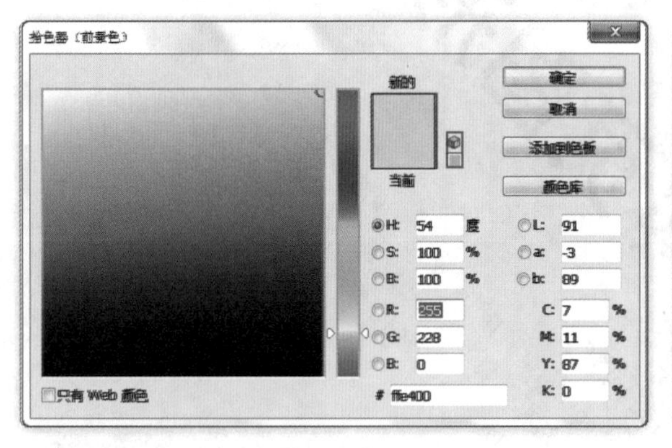

图 18—2　　图 18—3

18.1.2 动手学：在安全色状态下工作

（1）在“拾色器”对话框中选择颜色时，可以选中底部的“只有Web颜色”复选框，这样可以始终在Web安全色下工作，如图18-4所示。

（2）在使用“颜色”面板设置颜色时，可以在其菜单中执行“Web颜色滑块”命令，如图18-5和图18-6所示。“颜色”面板会自动切换为“Web颜色滑块”模式，并且可选颜色数量明显减少，如图18-7所示。

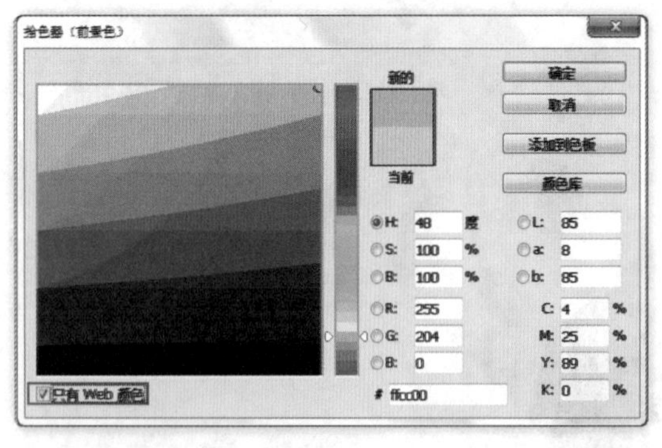

图 18—4

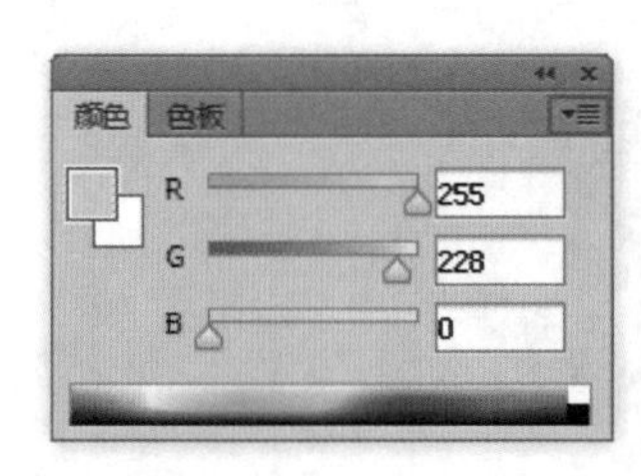

图 18—5

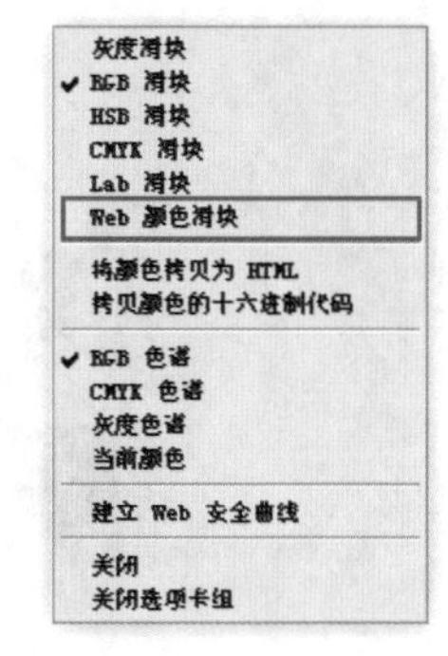

图 18—6

也可以在其菜单中执行“建立Web安全曲线”命令，如图18-8和图18-9所示。执行命令之后能够发现底部的四色曲线图出现明显的“阶梯”效果，并且可选颜色数量同样减少了很多，如图18-10所示。

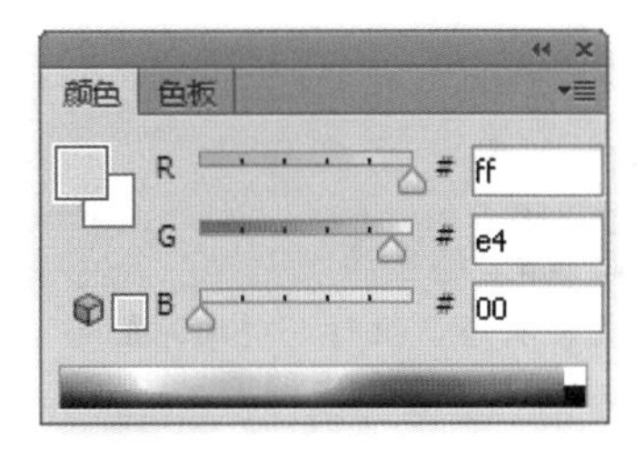

图 18-7

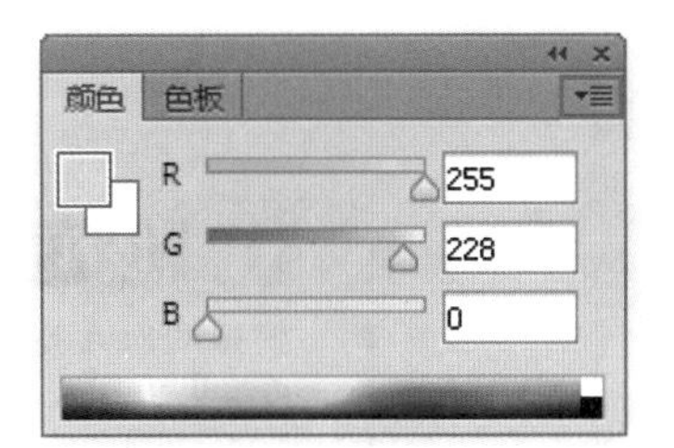

图 18-8

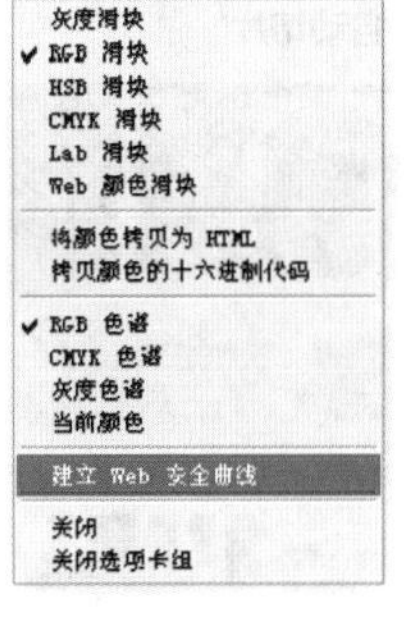

图 18-9

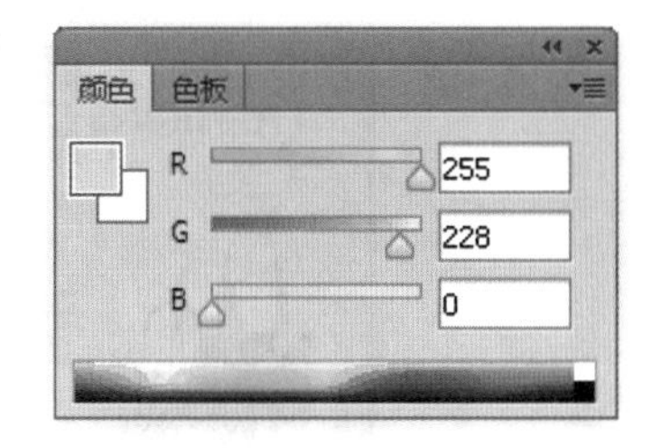

图 18-10

18.2 创建网页切片

18.2.1 为什么要进行切片操作

为了使网页浏览更流畅，在网页制作中往往不会直接使用整张大尺寸的图像。通常情况下会将整张图像“分割”为多个部分，这就需要使用到切片技术。切片技术就是将一整张图像切割成若干小块，并以表格的形式加以定位和保存，如图18-11和图18-12所示。

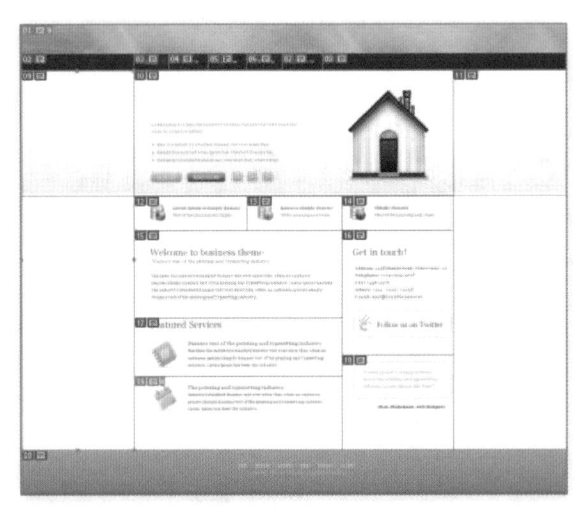

图 18-11

图 18-12

思维点拨：切片的方法

(1) 原则是先横向切割成几行，每一行再细分切割成几块。

(2) 切片首先保证切出网页中需要多少修改的区域，例如文字区域。

(3) 切片的图片大小尽量保证小的数据量（便于网络传输）。

18.2.2 认识Photoshop中的切片

在Photoshop中存在两种切片，分别是用户切片和基于图层的切片。用户切片是使用“切片工具”创建的切片；而基于图层的切片是通过图层创建的切片。创建新的切片时会生成附加的自动切片来占据图像的区域，自动切片可以填充图像中用户切片或基于图层的切片未定义的空间。每一次添加或编辑切片时，都会重新生成自动切片。用户切片和基于图层的切片由实线定义，而自动切片则由虚线定义，如图18-13所示。

图 18-13

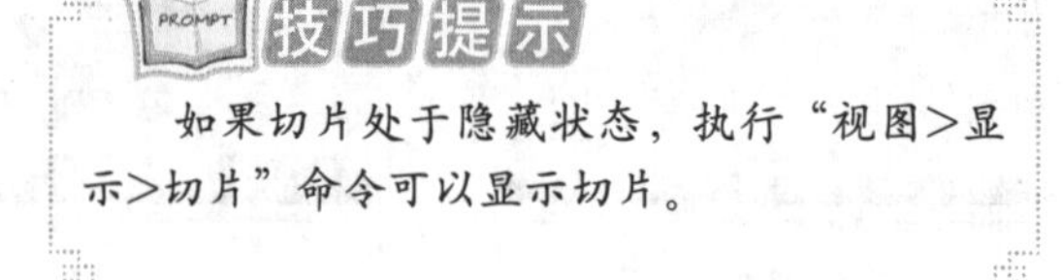

技巧提示

如果切片处于隐藏状态，执行“视图>显示>切片”命令可以显示切片。

18.2.3 认识“切片工具”

使用“切片工具”创建切片时，可以在其选项栏中设置切片的创建样式，如图18-14～图18-16所示。

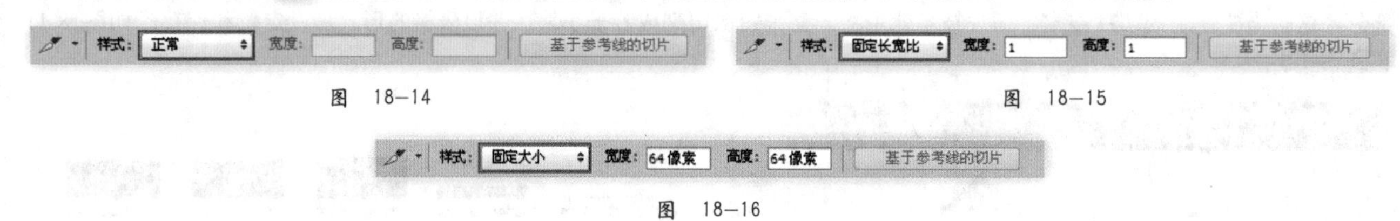

图 18-14

图 18-15

图 18-16

- 正常：可以通过拖曳鼠标来确定切片的大小。
- 固定长宽比：可以在后面的“宽度”和“高度”文本框中设置切片的宽高比。
- 固定大小：可以在后面的“宽度”和“高度”文本框中设置切片的固定大小。
- 基于参考线的切片：创建参考线以后，单击该按钮可以从参考线创建切片。

思维点拨：切片的重要性

切片在网页制作过程中占有很重要的地位，切片成功与否直接决定日后网页制作的进度和网站运行速度，只有通过大量的练习才能体会切片的含义。

切片是将图片转换成可编辑网页的中间环节，通过切片才可以将普通图片变成Dreamweaver可以编辑的网页格式。切片后的图片可以更快地在网络上传播。

18.2.4 动手学：利用“切片工具”创建切片

（1）打开素材文件，如图18-17所示。使用“切片工具”，然后在选项栏中设置“样式”为“正常”，如图18-18所示。

图 18-17

图 18-18

（2）与绘制选区相似，在图像中单击并拖曳鼠标创建一个矩形选框，如图18-19所示。释放鼠标以后，就可以创建一个用户切片，而用户切片以外的部分将生成自动切片，如图18-20所示。

图 18—19

图 18—20

技巧提示

“切片工具”与“矩形选框工具”有很多相似之处，例如使用“切片工具”创建切片时，按住Shift键可以创建正方形切片，如图18—21所示；按住Alt键可以从中心向外创建矩形切片，如图18—22所示；按住Shift+Alt组合键，可以从中心向外创建正方形切片，如图18—23所示。

图 18—21

图 18—22

图 18—23

18.2.5　动手学：基于参考线创建切片

（1）在包含参考线的文件中可以创建基于参考线的切片。打开素材文件，按Ctrl+R组合键显示出标尺，然后分别从水平标尺和垂直标尺上拖曳出参考线，以定义切片的范围，如图18-24所示。

（2）单击工具箱中的“切片工具”按钮，然后在选项栏中单击按钮，即可基于参考线的划分方式创建出切片，如图18-25所示。

（3）切片效果如图18-26所示。

图 18—24

图 18—25

图 18—26

18.2.6　动手学：基于图层创建切片

（1）打开背景素材文件，然后将牛奶盒子置入到背景文件中作为“图层1”，如图18-27所示。效果图18-28所示。

（2）选择“图层1”，执行“图层>新建基于图层的切片”命令，就可以创建包含该图层所有像素的切片，如图18-29所示。

（3）基于图层创建切片以后，当对图层进行移动、缩放、变形等操作时，切片会跟随该图层进行自动调整，如图18-30所示为移动和缩放图层后切片的变化效果。

图 18—27

图 18—28

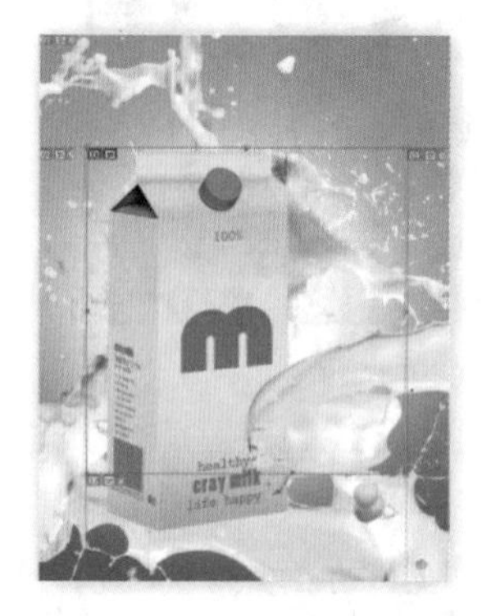

图 18—29

图 18—30

18.3 编辑网页切片

18.3.1 认识“切片选择工具”

使用“切片选择工具”可以对切片进行选择、调整堆叠顺序、对齐与分布等操作，在工具箱中单击“切片选择工具”按钮，其选项栏如图18-31所示。

图 18—31

- 调整切片堆叠顺序：创建切片以后，最后创建的切片处于堆叠顺序中的最顶层。如果要调整切片的堆叠顺序，可以利用“置为顶层”按钮、“前移一层”按钮、“后移一层”按钮和“置为底层”按钮来完成。
- 提升：单击该按钮，可以将所选的自动切片或图层切片提升为用户切片。
- 划分：单击该按钮，可以打开“划分切片”对话框，在该对话框中可以对所选切片进行划分。
- 对齐与分布切片：选择多个切片后，可以单击相应的按钮来对齐或分布切片。
- 隐藏自动切片：单击该按钮，可以隐藏自动切片。
- “为当前切片设置选项”按钮：单击该按钮，可在弹出的“切片选项”对话框中设置切片的名称、类型、URL地址等，如图18-32所示。

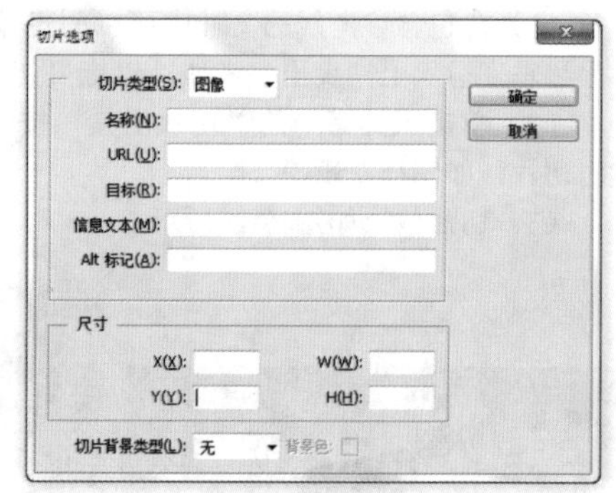

图 18—32

18.3.2 动手学：选择、移动与调整切片

（1）使用“切片工具”在图像上创建两个用户切片，如图18-33和图18-34所示。

（2）单击工具箱中的“切片选择工具”按钮，在图像中单击选中一个切片，如图18-35所示。

（3）按住Shift键的同时单击其他切片进行加选，如图18-36所示。

图 18—33

图 18—34

图 18—35

图 18—36

（4）如果要移动切片，可以先选择切片，然后拖曳鼠标即可，如图18-37所示。

（5）如果要调整切片的大小，可以拖曳切片定界点进行调整，如图18-38所示。

技巧提示

如果在移动切片时按住Shift键，可以在水平、垂直或45°角方向进行移动。

（6）如果要复制切片，可以按住Alt键的同时拖曳切片进行复制，如图18-39所示。

图 18—37

图 18—38

图 18—39

18.3.3 动手学：删除切片

（1）执行“视图>清除切片”命令，可以删除所有的用户切片和基于图层的切片。

（2）选择切片以后，单击鼠标右键，在弹出的快捷菜单中执行“删除切片”命令也可以删除切片，如图18-40所示。

（3）若要删除单个或多个切片，可以使用“切片选择工具”选择一个或多个切片，然后按Delete键或Backspace键删除。

图 18—40

技巧提示

删除用户切片或基于图层的切片后，将会重新生成自动切片，以填充文档区域。

删除基于图层的切片并不会删除相关图层，但是删除与基于图层的切片相关的图层会删除该基于图层的切片（无法删除自动切片）。

如果删除一个图像中的所有用户切片和基于图层的切片，将会保留一个包含整个图像的自动切片。

18.3.4 锁定切片

执行“视图>锁定切片”命令，可以锁定所有的用户切片和基于图层的切片。锁定切片以后，将无法对切片进行移动、缩放或其他更改。再次执行“视图>锁定切片”命令即可取消锁定，如图18-41所示。

图 18—41

18.3.5 动手学：转换为用户切片

要为自动切片设置不同的优化设置，必须将其转换为用户切片，如图18-42所示。用“切片选择工具”选择需要转换的自动切片，在选项栏中单击 提升 按钮即可将其转换为用户切片，如图18-43所示。

图 18—42

图 18—43

18.3.6 划分切片

使用“划分切片”命令可以沿水平、垂直或同时沿这两个方向划分切片。不论原始切片是用户切片还是自动切片，划分后的切片总是用户切片。在“切片选择工具”的选项栏中单击 划分... 按钮，可打开“划分切片”对话框，如图18-44所示。

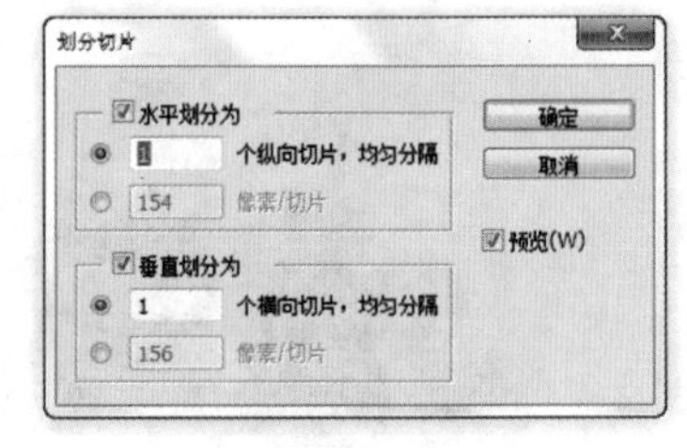

图 18—44

- 水平划分为：选中该复选框，可以在水平方向上划分切片。
- 垂直划分为：选中该复选框，可以在垂直方向上划分切片。
- 预览：选中该复选框，可以在画面中预览切片的划分结果。

18.3.7 切片选项的设置

切片选项设置主要包括对切片名称、尺寸、URL、目标等属性的设置。在使用“切片工具”状态下双击某一切片或选择某一切片并在选项栏中单击“为当前切片设置选项”按钮，可以打开“切片选项”对话框，如图18-45所示。

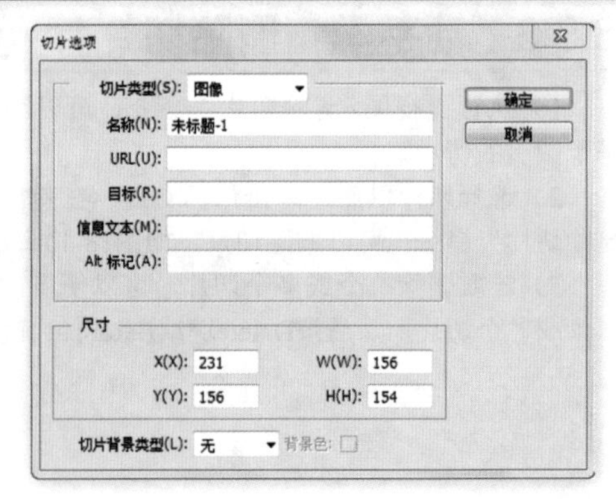

图 18—45

- 切片类型：设置切片输出的类型，即在与HTML文件一起导出时，切片数据在Web中的显示方式。选择“图像”选项时，切片包含图像数据；选择“无图像”选项时，可以在切片中输入HTML文本，但无法导出图像，也无法在Web中浏览；选择“表”选项时，切片导出时将作为嵌套表写入到HTML文件中。
- 名称：用来设置切片的名称。
- URL：设置切片链接的Web地址（只能用于“图像”切片）。在浏览器中单击切片图像时，即可链接到这里设置的网址和目标框架。
- 目标：设置目标框架的名称。
- 信息文本：设置哪些信息出现在浏览器中。
- Alt标记：设置选定切片的Alt标记。Alt文本在图像下载过程中取代图像，并在某些浏览器中作为工具提示出现。
- 尺寸：X、Y选项用于设置切片的位置，W、H选项用于设置切片的大小。
- 切片背景类型：选择一种背景色来填充透明区域（用于“图像”切片）或整个区域（用于“无图像”切片）。

18.3.8 动手学：组合切片

使用“组合切片”命令，会通过连接组合切片的外边缘创建的矩形来确定所生成切片的尺寸和位置，将多个切片组合成一个单独的切片。使用“切片选择工具”选择多个切片，单击鼠标右键，在弹出的快捷菜单中执行“组合切片”命令，如图18-46所示，所选的切片即可组合为一个切片，如图18-47所示。

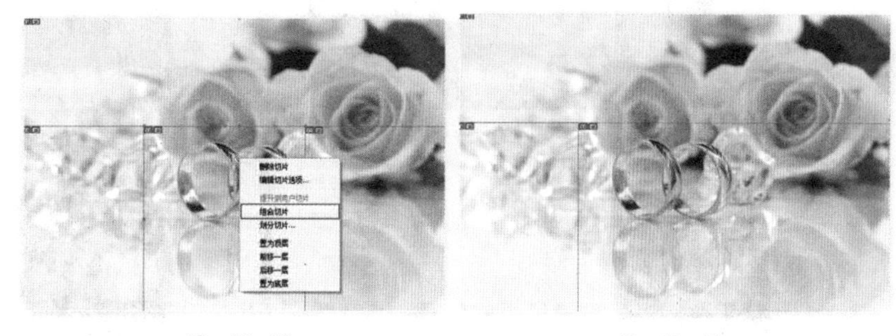

图 18—46　　图 18—47

组合切片时，如果切片不相邻或者比例、对齐方式不同，则新组合的切片可能会与其他切片重叠。组合切片将采用选定的切片系列中的第1个切片的优化设置，并且始终为用户切片，而与原始切片是否包含自动切片无关。

18.3.9 动手学：导出切片

使用“存储为Web所用格式”命令可以导出和优化切片图像。该命令会将每个切片存储为单独的文件并生成显示切片所需的HTML或CSS代码。执行“文件>存储为Web所用格式”命令，设置参数并单击“存储”按钮，选择存储位置及类型即可，如图18-48和图18-49所示。

图 18—48

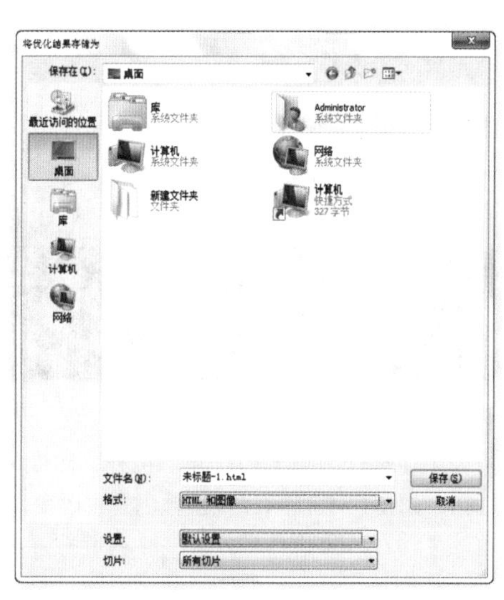

图 18—49

18.4 网页翻转按钮

在网页中按钮的使用非常常见，并且按钮“按下”、“弹起”或将光标放在按钮上都会出现不同的效果，这就是翻转。要创建翻转按钮，至少需要两个图像，一个用于表示处于正常状态的图像，如图18-50所示；另一个用于表示处于更改状态的图像，如图18-51所示。

图 18—50

图 18—51

★ 案例实战——创建网页翻转按钮

案例文件	案例文件\第18章\创建网页翻转按钮.psd
视频教学	视频文件\第18章\创建网页翻转按钮.flv
难易指数	★★★★★
知识掌握	掌握如何创建网页翻转按钮

案例效果

本例主要学习如何制作网页翻转按钮，如图18-52和图18-53所示。

操作步骤

01 常见的按钮翻转效果有很多，如改变按钮颜色、改变按钮方向、改变按钮内容等。打开素材文件1.psd，如图18-54和图18-55所示。

图 18—52

图 18—53

图 18—54

02 为了使翻转效果更加直观，执行“图像>调整>色相/饱和度”命令，在弹出的“色相/饱和度”对话框中设置“色相”为-180，如图18-56所示。按钮颜色发生改变，如图18-57所示。

图 18—55

图 18—56

图 18—57

18.5 Web图形输出

18.5.1 存储为Web所用格式

创建切片后对图像进行优化可以减小图像的大小，而较小的图像可以使Web服务器更加高效地存储、传输和下载图像。执行“文件>存储为Web所用格式”命令，打开“存储为Web所用格式”对话框，在该对话框中可以对图像进行优化和输出，如图18-58所示。

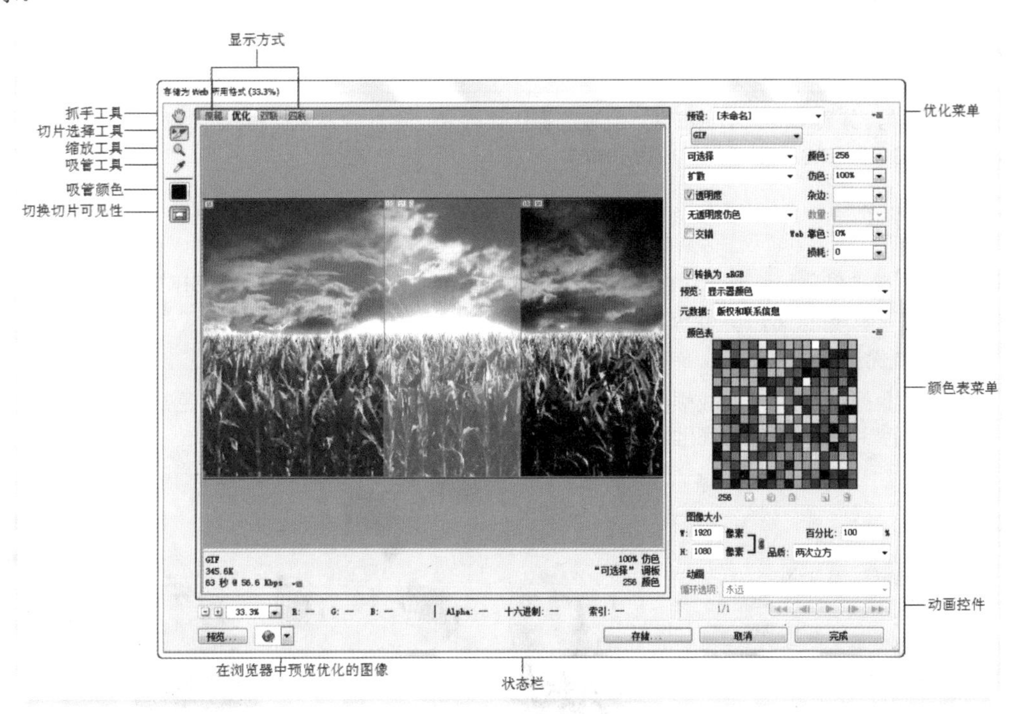

图 18-58

- 显示方式：选择“原稿”选项卡，窗口只显示没有优化的图像；选择“优化”选项卡，窗口只显示优化的图像；选择“双联”选项卡，窗口会显示优化前和优化后的图像；选择“四联”选项卡，窗口会显示图像的4个版本，除了原稿以外的3个图像可以进行不同的优化。
- “抓手工具”/“缩放工具”：使用“抓手工具”可以移动查看图像；使用“缩放工具”可以放大图像窗口，按住Alt键单击窗口则会缩小显示比例。
- “切片选择工具”：当一张图像上包含多个切片时，可以使用该工具选择相应的切片，以进行优化。
- “吸管工具”/“吸管颜色”：使用“吸管工具”在图像上单击，可以拾取单击处的颜色，并显示在“吸管颜色”图标中。
- “切换切片可见性”按钮：激活该按钮，在窗口中才能显示出切片。
- 优化菜单：在该菜单中可以存储优化设置、设置优化文件大小等。
- 颜色表：将图像优化为GIF、PNG-8、WBMP格式时，可以在“颜色表”选项组中对图像的颜色进行优化设置。
- 颜色表菜单：该菜单下包含与颜色表相关的一些命令，可以删除颜色、新建颜色、锁定颜色或对颜色进行排序等。
- 图像大小：将图像大小设置为指定的像素尺寸或原稿大小的百分比。
- 状态栏：显示光标所在位置图像的颜色值等信息。
- 在浏览器中预览优化的图像：单击按钮，可以在Web浏览器中预览优化后的图像。

思维点拨：关于Web

Web非常流行的一个很重要的原因就在于它具有在一页上同时显示色彩丰富的图形和文本的性能。在Web之前，Internet上的信息只有文本形式。而Web可以将图形、音频、视频信息集合于一体。同时，Web是非常易于导航的，只需要从一个链接跳到另一个链接，即可在各页、各站点之间进行浏览。

大量的图形、音频和视频信息会占用相当大的磁盘空间，我们甚至无法预知信息量。对于Web，没有必要把所有信息都放在一起，信息可以放在不同的站点上，只需要在浏览器中指明该站点即可。这就使在物理上并不一定在一个站点的信息在逻辑上一体化，从用户来看这些信息是一体的。

18.5.2 Web图形优化格式详解

不同格式的图像文件，其质量与大小也不同，合理选择优化格式，可以有效地控制图形的质量。可供选择的Web图形的优化格式包括GIF、JPEG、PNG-8、PNG-24和WBMP格式。

优化为GIF格式

GIF是用于压缩具有单调颜色和清晰细节的图像的标准格式，是一种无损的压缩格式。GIF文件支持8位颜色，因此它可以显示多达256种颜色，如图18-59所示是GIF格式的设置选项。

- 设置文件格式：设置优化图像的格式。
- 减低颜色深度算法/颜色：设置用于生成颜色查找表的方法以及在颜色查找表中使用的颜色数量。如图18-60和图18-61所示分别是设置“颜色”为8和128时的优化效果。

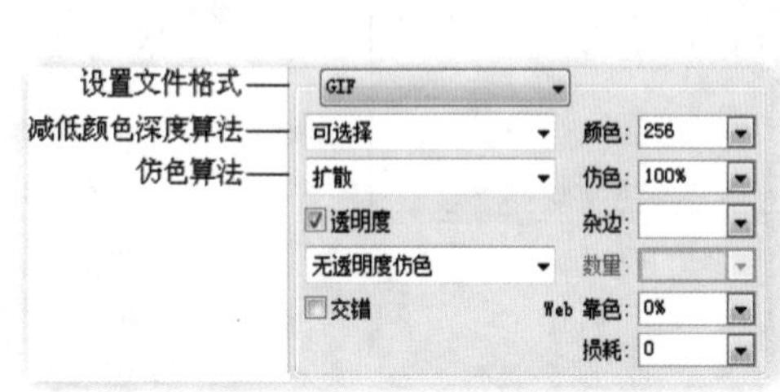

图 18-59

图 18-60

图 18-61

- 仿色算法/仿色：“仿色”是指通过模拟计算机的颜色来显示提供的颜色的方法。较高的仿色百分比可以使图像生成更多的颜色和细节，但是会增加文件的大小。
- 透明度/杂边：设置图像中透明像素的优化方式。如图18-62所示分别为选中“透明度”复选框，并设置“杂边”颜色为橘黄色；选中“透明度”复选框，但没有设置“杂边”颜色以及取消选中“透明度”复选框，并设置“杂边”颜色为橘黄色时的背景透明图像效果。

图 18-62

- 交错：选中该复选框，当下载图像文件时，在浏览器中显示图像的低分辨率版本。
- Web靠色：设置将颜色转换为最接近Web面板等效颜色的容差级别。数值越大，转换的颜色越多，如图18-63所示是分别设置“Web靠色”为80%和20%时的图像效果。
- 损耗：扔掉一些数据来减小文件的大小，通常可以将文件减小5%～40%。设置“损耗”为5～10不会对图像产生太大的影响；设置“损耗”大于10，文件虽然会变小，但是图像的质量会下降。如图18-64所示是分别设置“损耗”值为10和60时的图像效果。

图 18-63　　图 18-64

思维点拨：关于GIF格式

GIF是由CompuServe公司开发的图形文件格式。GIF图像是基于颜色列表的（存储的数据是该点的颜色对应于颜色列表的索引值），最多只支持8位（256色）。GIF文件内部分成许多存储块，用来存储多幅图像或者决定图像表现行为的控制块，以实现动画和交互式应用。GIF文件还通过LZW压缩算法压缩图像数据来减小图像尺寸。

优化为JPEG格式

JPEG格式是用于压缩连续色调图像的标准格式。将图像优化为JPEG格式的过程中，会丢失图像的一些数据，如图18-65所示是JPEG格式的参数选项。

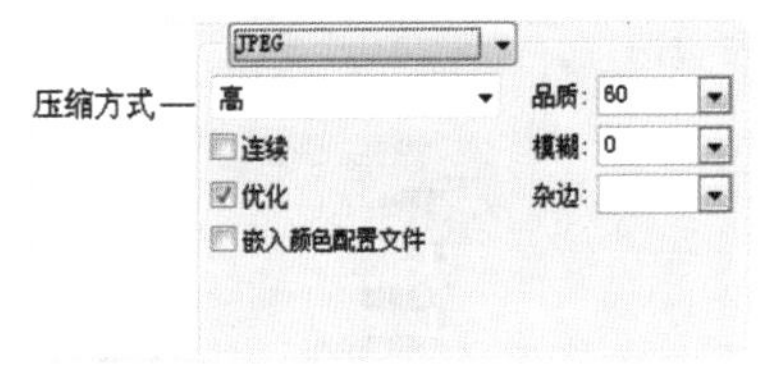

图 18-65

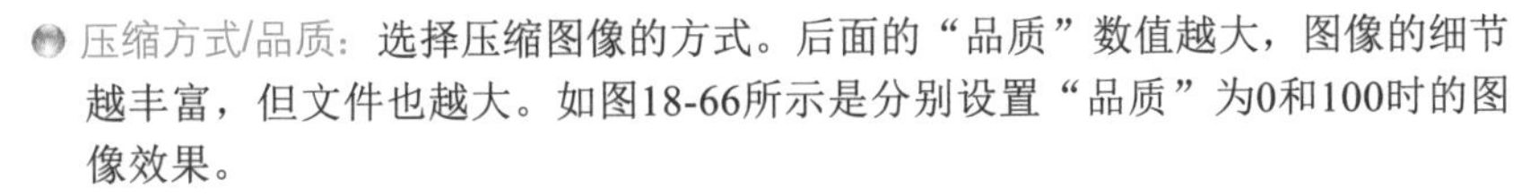

- 压缩方式/品质：选择压缩图像的方式。后面的“品质”数值越大，图像的细节越丰富，但文件也越大。如图18-66所示是分别设置“品质”为0和100时的图像效果。
- 连续：在Web浏览器中以渐进的方式显示图像。
- 优化：创建更小但兼容性更低的文件。
- 嵌入颜色配置文件：在优化文件中存储颜色配置文件。
- 模糊：创建类似于“高斯模糊”滤镜的图像效果。数值越大，模糊效果越明显，但会减小图像的大小。在实际工作中，“模糊”值最好不要超过0.5。如图18-67所示是分别设置“模糊”为1和6时的图像效果。

图 18-66

图 18-67

- 杂边：为原始图像的透明像素设置一个填充颜色。

思维点拨：JPEG概述

JPEG图像储存格式是一个比较成熟的图像有损压缩格式，虽然一张图片转换为JPEG格式图像后会丢失一些数据，但是人眼是很不容易分辨出这种差别的。也就是说，JPEG图像存储格式既满足了人眼对色彩和分辨率的要求，又适当地去除了图像中很难被人眼所分辨的色彩，在图像的清晰与大小中找到了一个很好的平衡点，如图18-68和图18-69所示。

图 18—68

图 18—69

优化为PNG-8格式

PNG-8格式与GIF格式一样，可以有效地压缩纯色区域，同时保留清晰的细节。PNG-8格式也支持8位颜色，因此它可以显示多达256种颜色。如图18-70所示是PNG-8格式的参数选项。

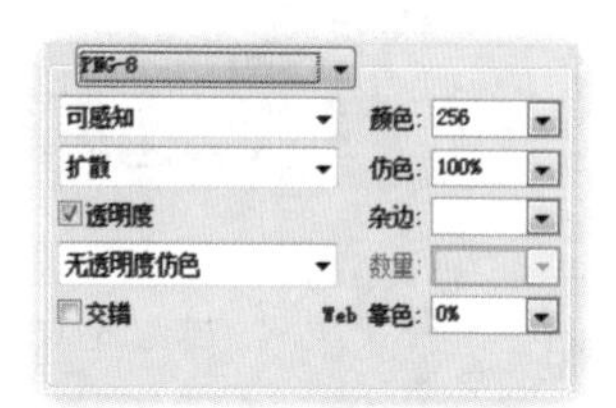

图 18—70

优化为PNG-24格式

PNG-24格式可以在图像中保留多达256个透明度级别，适合于压缩连续色调图像，但它所生成的文件比JPEG格式文件要大得多，其参数选项如图18-71所示。

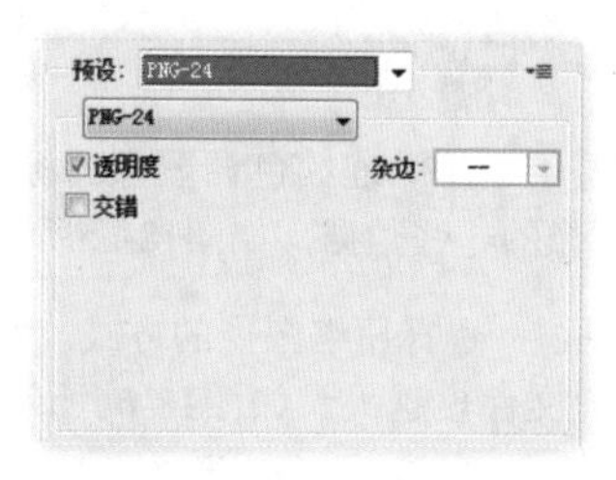

图 18—71

优化为WBMP格式

WBMP格式是用于优化移动设备图像的标准格式，其参数选项如图18-72所示。WBMP格式只支持1位颜色，即WBMP图像只包含黑色和白色像素，如图18-73和图18-74所示分别为原始图像和WBMP图像。

图 18—72

图 18—73

图 18—74

18.5.3 Web图形输出设置

在“存储为Web所用格式”对话框右上角的优化菜单中选择“编辑输出设置”命令，可以打开“输出设置”对话框，在

这里可以对Web图形进行输出设置。直接在“输出设置”对话框中单击“确定”按钮可以使用默认的输出设置，也可以在其中选择其他预设进行输出，如图18-75和图18-76所示。

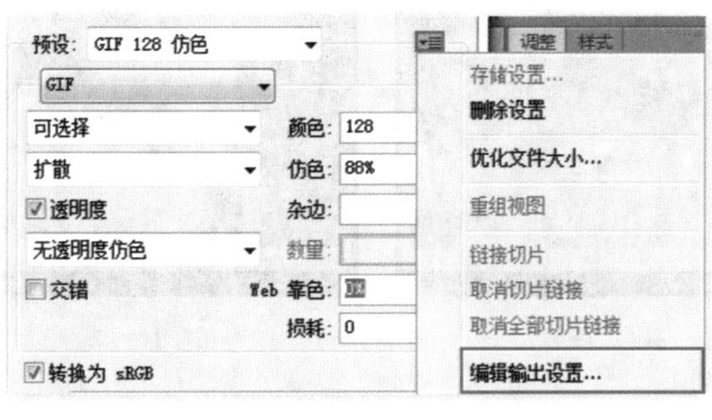

图 18—75

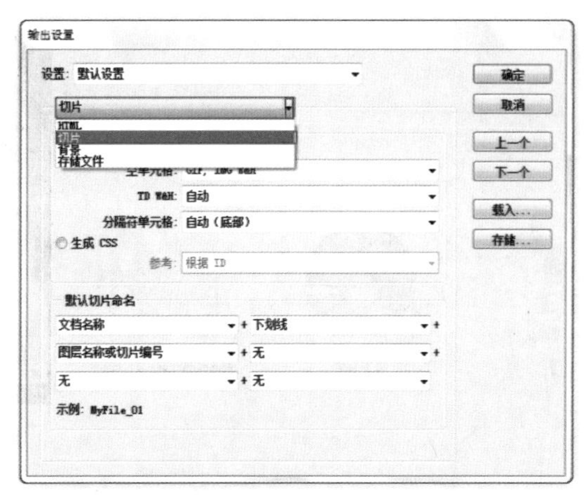

图 18—76

导出为Zoomify

18.6.1 Zoomify导出设置

Photoshop可以导出高分辨的JPEG和HTML文件，然后可以将这些文件上载到Web服务器，以便查看者平移和缩放该图像的更多细节，如图18-77所示。

- 模板：设置在浏览器中查看图像的背景和导航。
- 输出位置：指定文件的位置和名称。
- 图像拼贴选项：设置图像的品质。
- 浏览器选项：设置基本图像在查看者的浏览器中的像素宽度和高度。

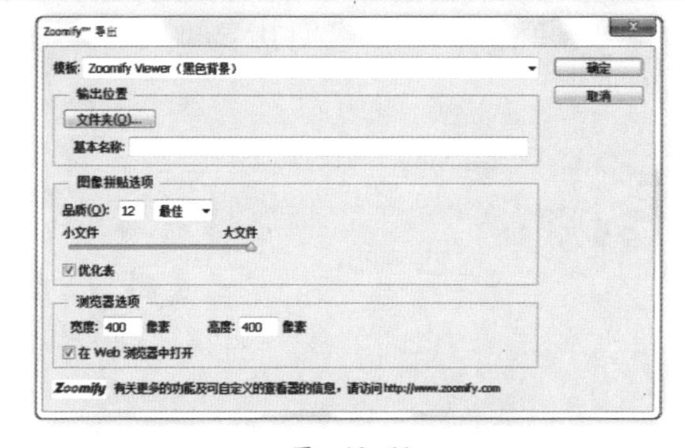

图 18—77

18.6.2 动手学：导出为Zoomify

（1）打开一张图片，如图18-78所示。执行“文件>导出>Zoomify”命令，可以打开“Zoomify™导出”对话框，在该对话框中可以设置导出图像和文件的相关选项，如图18-79所示。

图 18—78

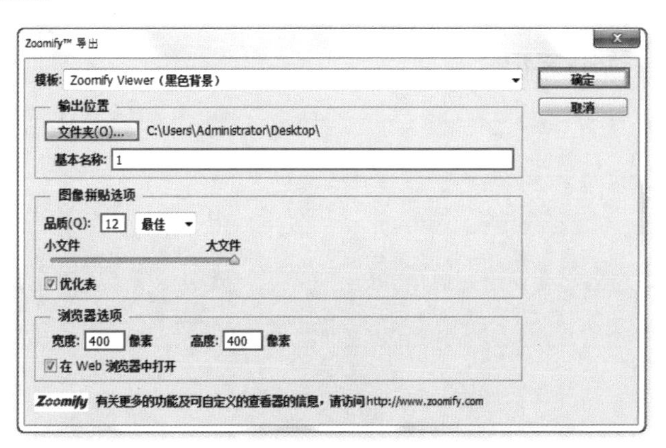

图 18—79

（2）单击“确定”按钮完成当前操作，得到如图18-80所示的文件。打开1.html文件即可在浏览器中预览效果，如图18-81所示。通过调整底部比例滑块，可调整显示比例，如图18-82所示。

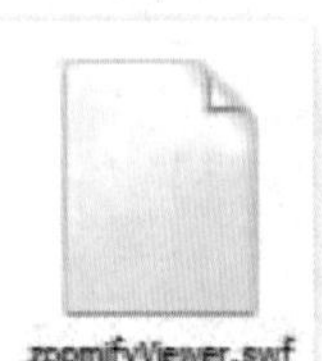

图 18—80

图 18—81

图 18—82

课 后 练 习

【课后练习——为网站划分切片】

思路解析：本案例主要通过使用“切片工具”划分网站页面，并通过“存储为Web所用格式”命令将网页切片导出。

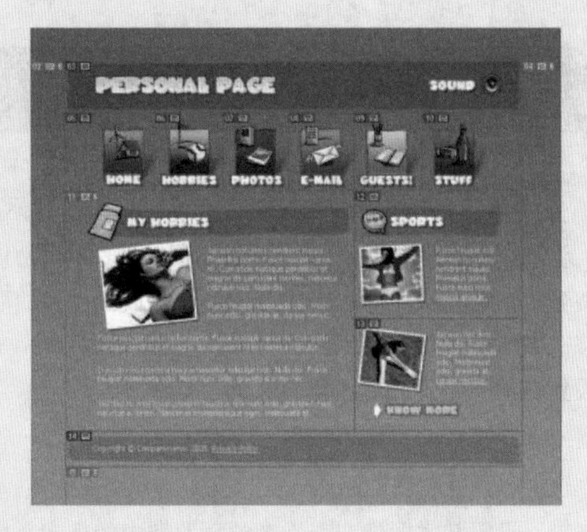

本 章 小 结

通过本章的学习，读者可以对Photoshop中的Web功能进行一定的了解，从而在网站页面的制作中进行更合理、规范的设计。

读书笔记

第19章 动作与任务自动化

本章内容简介：

本章主要讲解了动作、批处理、图像处理器、脚本和数据驱动图形等几项功能，这些功能在处理大量重复操作时能够大大提高工作效率，并且保证处理结果的统一性。

本章学习要点：

- 掌握如何使用动作实现自动化操作
- 掌握批处理文件的方法
- 了解脚本和数据驱动图形功能

19.1 使用“动作”面板

Photoshop中的“动作”用于对一个或多个文件执行一系列命令的操作。使用其相关功能可以记录下使用过的操作，然后快速地对某个文件进行指定操作或者对一批文件进行同样处理。使用“动作”进行自动化处理，不仅能够确保操作结果的一致性，而且可以避免重复的操作步骤，从而节省处理大量文件的时间。

19.1.1 认识“动作”面板

- 技术速查：“动作”面板是进行文件自动化处理的核心工具之一，在“动作”面板中可以进行动作的记录、播放、编辑、删除、管理等操作。

执行“窗口>动作”命令或按Alt+F9组合键，可以打开“动作”面板。单击“动作”面板右上角的图标，可以打开“动作”面板的菜单。在“动作”面板的菜单中，可以执行切换动作的显示状态、记录/插入动作、加载预设动作等操作，如图19-1所示。

图 19-1

- 切换项目开/关：如果动作组、动作和命令前显示该图标，代表该动作组、动作和命令可以执行；如果没有该图标，代表不可以执行。
- 切换对话开/关：如果命令前显示该图标，表示动作执行到该命令时会暂停，并打开相应命令的对话框，此时可以修改命令的参数，单击“确定”按钮可以继续执行后面的动作；如果动作组和动作前出现该图标，并显示为红色，则表示该动作中有部分命令设置了暂停。
- 动作组/动作/命令：动作组是一系列动作的集合，而动作是一系列操作命令的集合。
- “停止播放/记录”按钮：用来停止播放动作和记录动作。
- “开始记录”按钮：单击该按钮，可以开始录制动作。
- “播放选定的动作”按钮：选择一个动作后，单击该按钮可以播放该动作。
- “创建新组”按钮：单击该按钮，可以创建一个新的动作组，以保存新建的动作。
- “创建新动作”按钮：单击该按钮，可以创建一个新的动作。
- “删除”按钮：选择动作组、动作和命令后单击该按钮，可以将其删除。

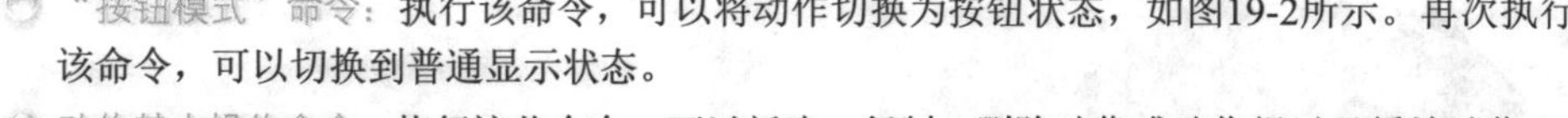

- “按钮模式”命令：执行该命令，可以将动作切换为按钮状态，如图19-2所示。再次执行该命令，可以切换到普通显示状态。

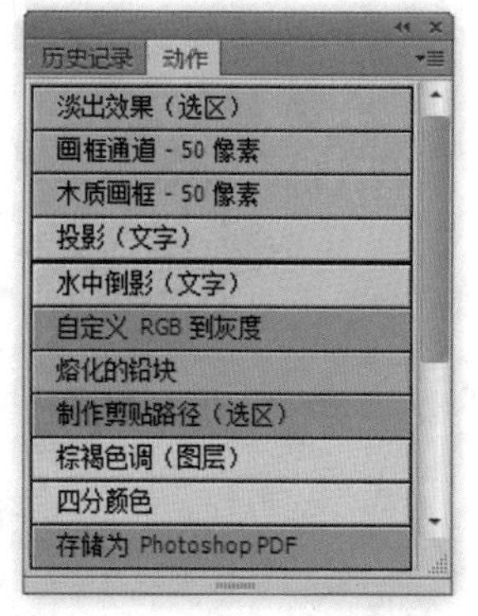

图 19-2

- 动作基本操作命令：执行这些命令，可以新建、复制、删除动作或动作组以及播放动作。
- 记录、插入操作命令：执行这些命令，可以记录动作、插入菜单项目、插入停止以及插入路径。
- 选项设置命令：设置动作和回放的相关选项。
- “清除全部动作”、“复位动作”、“载入动作”、“替换动作”、“存储动作”命令：执行这些命令，可以清除全部动作、复位动作、载入动作、替换和存储动作。
- 预设动作组命令：执行这些命令，可以将预设的动作组添加到“动作”面板中。

19.1.2 动手学：记录动作

在Photoshop中，并不是所有工具和命令操作都能够被直接记录下来，使用选框、套索、魔棒、裁剪、切片、魔术橡皮擦、渐变、油漆桶、文字、形状、注释、吸管和颜色取样器等工具进行操作时，操作可以被记录下来；“历史记录”面板、“色板”面板、“颜色”面板、“路径”面板、“通道”面板、“图层”面板和“样式”面板中的操作也可以记录为动作。

(1) 打开素材文件，执行“窗口>动作”命令或按Alt+F9组合键，打开“动作”面板。在“动作”面板中单击“创建新组”按钮，如图19-3所示。在弹出的“新建组”对话框中设置“名称”为“新动作”，如图19-4所示。

（2）在“动作”面板中单击“创建新动作”按钮，如图19-5所示。在弹出的“新建动作”对话框中设置“名称”为“曲线调整”，为了便于查找，可以将“颜色”设置为“蓝色”，最后单击 记录 按钮，开始记录操作，如图19-6所示。

图 19-3

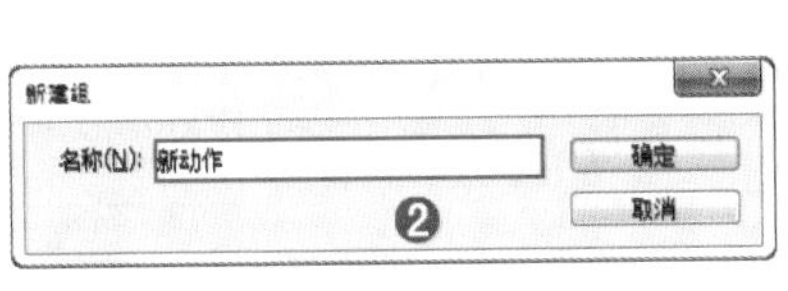

图 19-4

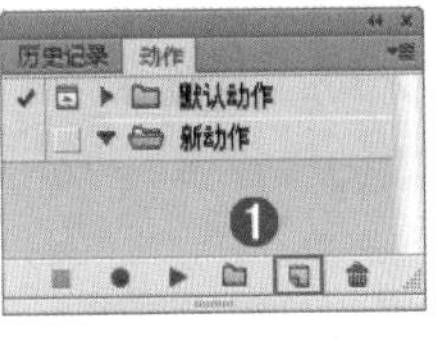

图 19-5

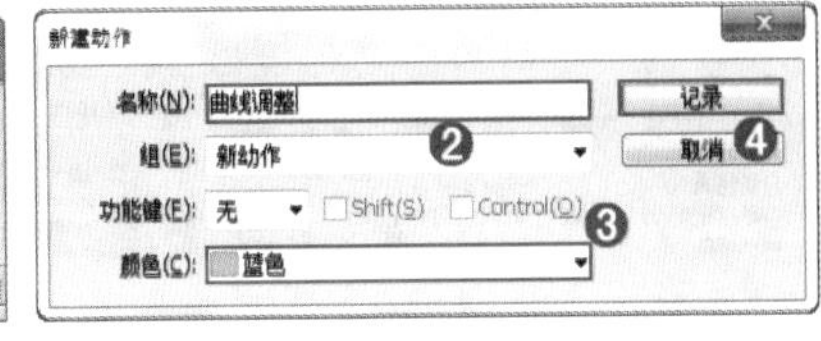

图 19-6

（3）按Ctrl+M组合键打开“曲线”对话框，然后在“预设”下拉列表框中选择“反冲”效果，此时在“动作”面板中会自动记录当前进行的曲线动作，如图19-7和图19-8所示。

（4）按Ctrl+U组合键打开“色相/饱和度”对话框，选择“全图”选项，设置“色相”为-19，“饱和度”为22，如图19-9所示。然后选择“青色”选项，设置“色相”为111，“饱和度”为-40，如图19-10所示。

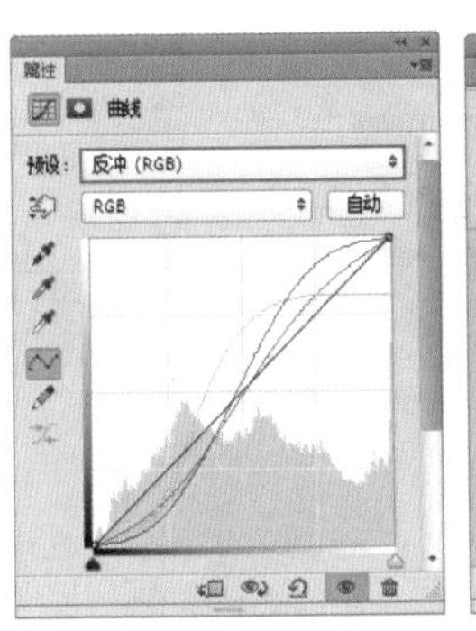

图 19-7

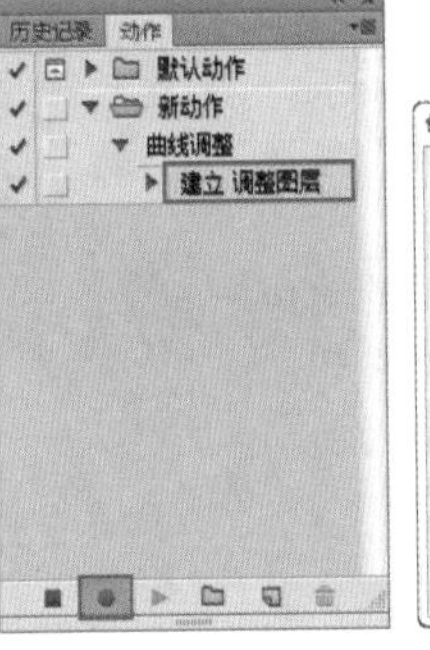

图 19-8

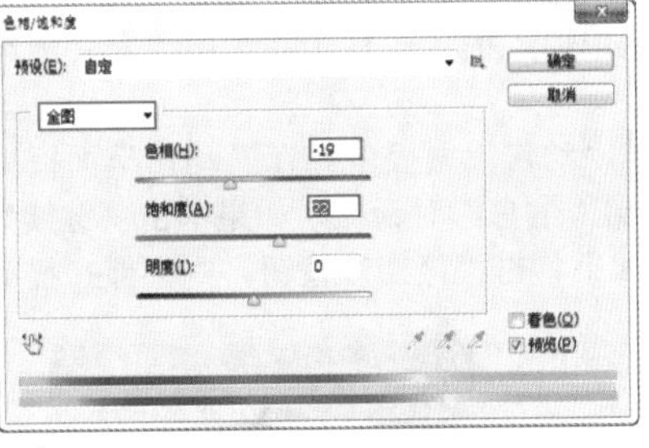

图 19-9

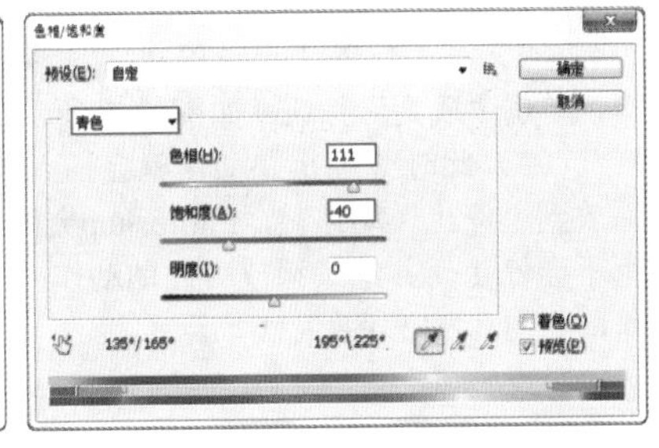

图 19-10

（5）按Shift+Ctrl+S组合键存储文件，在“动作”面板中单击“停止播放/记录”按钮■，停止记录，如图19-11所示。

（6）关闭当前文档，然后打开照片素材文件。在“动作”面板中选择曲线动作，并单击“播放”按钮▶，即可对打开的素材执行动作，如图19-12所示。

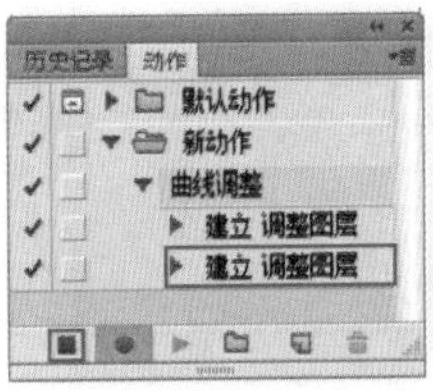

图 19-11

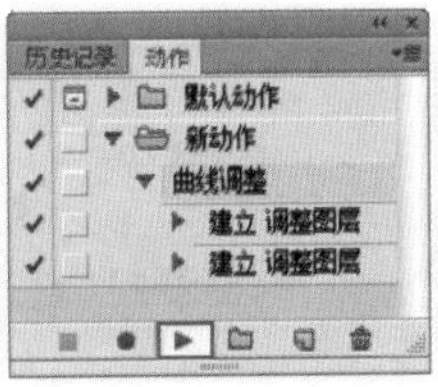

图 19-12

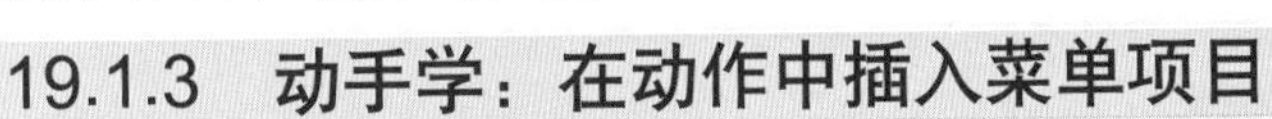

19.1.3 动手学：在动作中插入菜单项目

技术速查：插入菜单项目是指在动作中插入菜单中的命令，这样可以将很多不能录制的命令插入到动作中。

（1）例如要在“建立调整图层”命令后面插入“曝光度”命令，可以选择该命令，然后在面板菜单中执行“插入菜单项目”命令，如图19-13所示。

（2）打开“插入菜单项目”对话框，如图19-14所示。

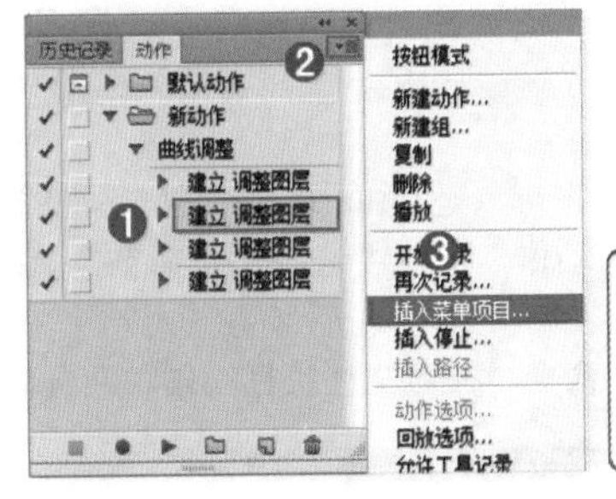

图 19-13

图 19-14

（3）执行“图像>调整>曝光度”命令，如图19-15所示。最后在“插入菜单项目”对话框中单击“确定”按钮，这样就可以将“曝光”命令插入到相应命令的后面，如图19-16所示。

（4）添加新的菜单命令之后，可以通过在“动作”面板中双击新添加的菜单命令，在弹出的对话框中设置参数，如图19-17和图19-18所示。

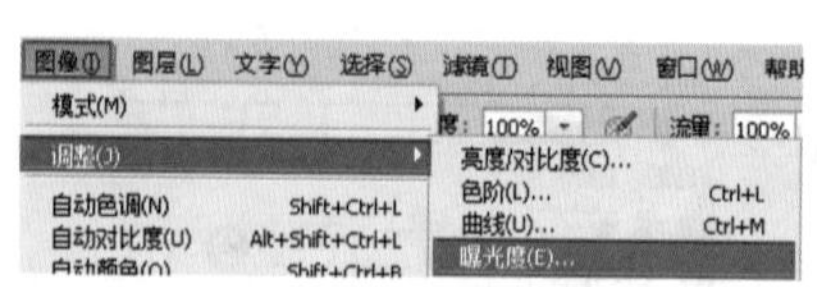

图 19-15

图 19-16

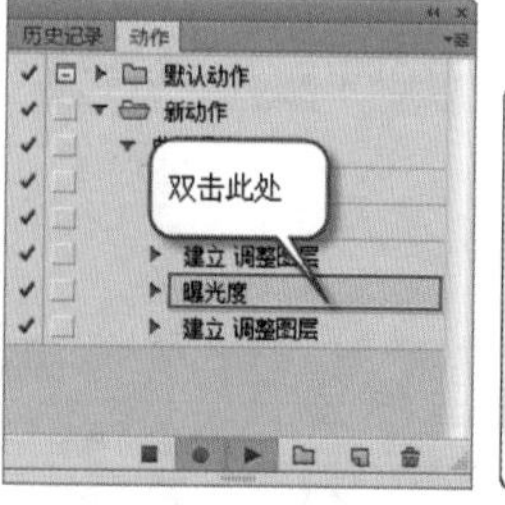

图 19-17

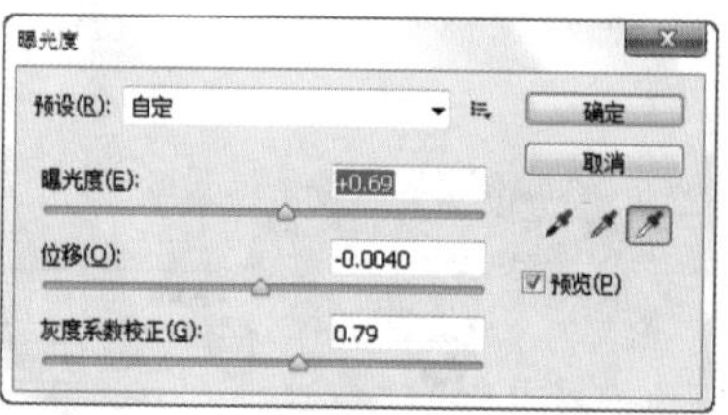

图 19-18

19.1.4 动手学：在动作中插入停止

技术速查：插入停止是指让动作播放到某一个步骤时自动停止，并弹出提示对话框。这样就可以手动执行无法记录为动作的操作，如使用画笔、加深减淡、锐化模糊等工具进行的操作。

前面提到过并不是所有的操作都能够被记录下来，这时就需要使用“插入停止”命令。

（1）选择一个命令，然后在面板菜单中执行“插入停止”命令，如图19-19所示。

（2）在弹出的“记录停止”对话框中输入提示信息，并选中“允许继续”复选框，单击“确定”按钮，如图19-20所示。

（3）此时“停止”动作就会插入到“动作”面板中。在“动作”面板中的动作播放到“停止”动作时，Photoshop会弹出“信息”对话框，如果单击“继续”按钮，则不会停止，并继续播放后面的动作；如果单击“停止”按钮，则会停止播放当前动作，如图19-21和图19-22所示。

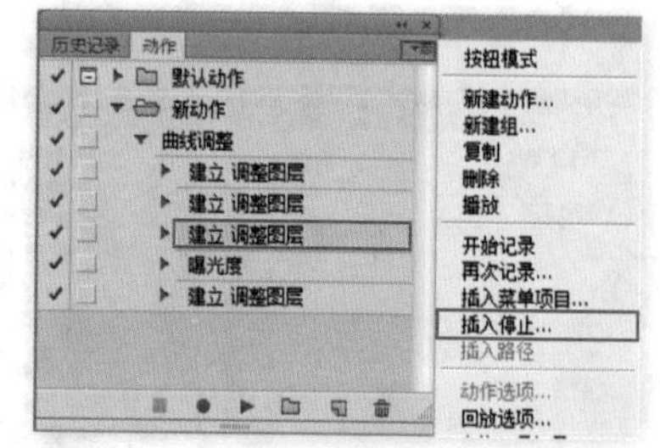

图 19-19

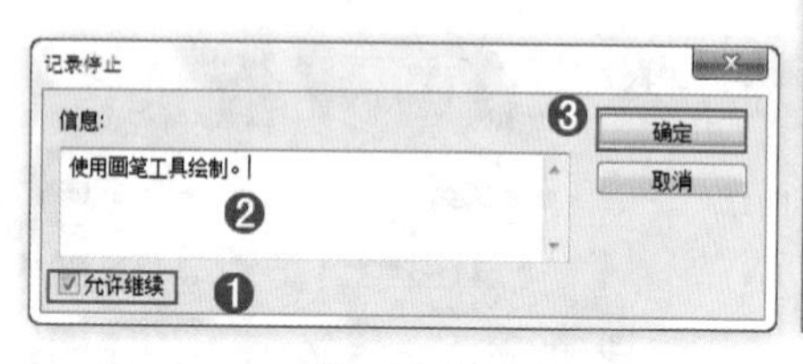

图 19-20

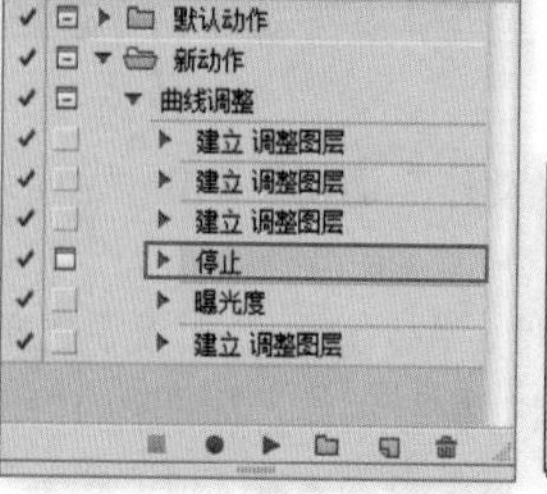

图 19-21

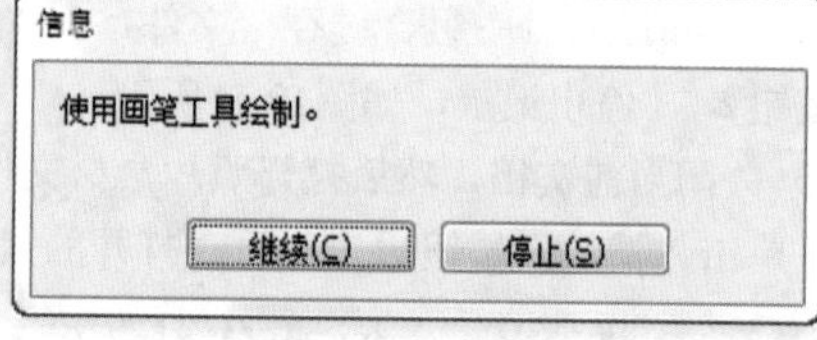

图 19-22

19.1.5 动手学：在动作中插入路径

技术速查：由于在自动记录时，路径形状是不能够被记录的，使用“插入路径”命令可以将路径作为动作的一部分包含在动作中。

插入的路径可以是钢笔和形状工具创建的路径，也可以是从Illustrator中粘贴的路径。

（1）在文件中绘制需要使用的路径，然后在“动作”面板中选择一个命令，执行面板菜单中的“插入路径”命令，如图19-23和图19-24所示。

（2）在“动作”面板中出现“设置 工作路径”命令，在对文件执行动作时会自动添加该路径，如图19-25所示。

图 19-23

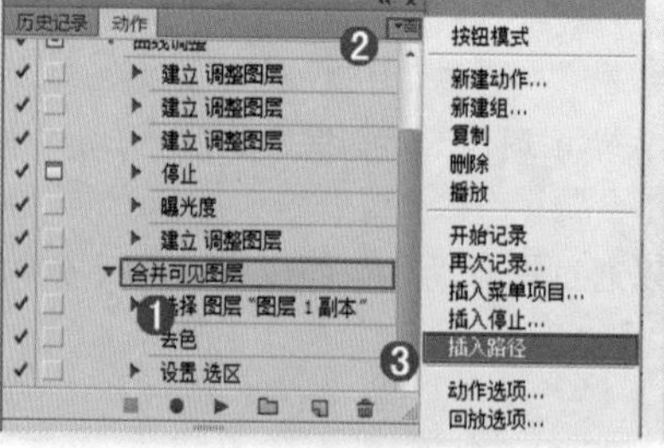

图 19-24

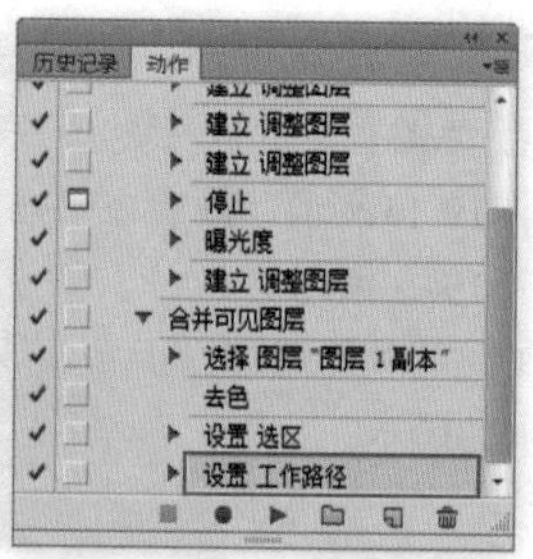

图 19-25

技巧提示

如果记录的一个动作会被用于不同大小的画布，为了确保所有的命令和画笔描边能够按相关的画布大小比例而不是基于特定的像素坐标记录，可以在标尺上单击鼠标右键，在弹出的快捷菜单中选择"百分比"命令，将标尺单位转变为百分比，如图19-26和图19-27所示。

图 19-26

图 19-27

19.1.6 动手学：播放动作

播放动作就是对图像应用所选动作或者动作中的一部分。如果要对文件播放整个动作，可以选择该动作的名称，然后在"动作"面板中单击"播放选定的动作"按钮▶，或从面板菜单中执行"播放"命令。如果为动作指定了快捷键，则可以按该快捷键自动播放动作，如图19-28所示。

如果要对文件播放动作的一部分，可以选择要开始播放的命令，然后在"动作"面板中单击"播放选定的动作"按钮▶，或从面板菜单中执行"播放"命令，如图19-29所示。

如果要对文件播放单个命令，可以选择该命令，然后按住Ctrl键的同时在"动作"面板中单击"播放选定的动作"按钮▶，或按住Ctrl键双击该命令。

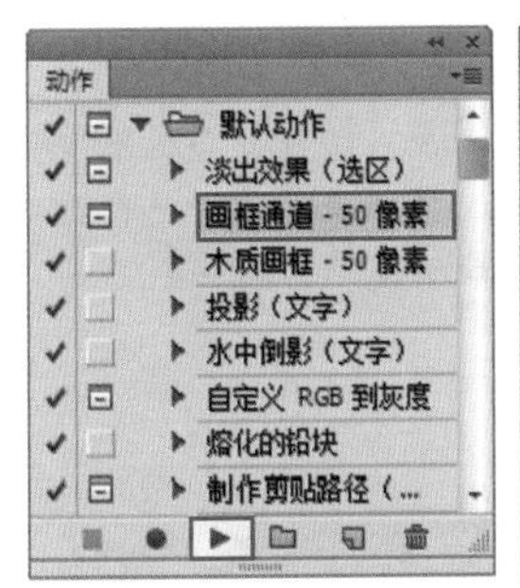

图 19-28

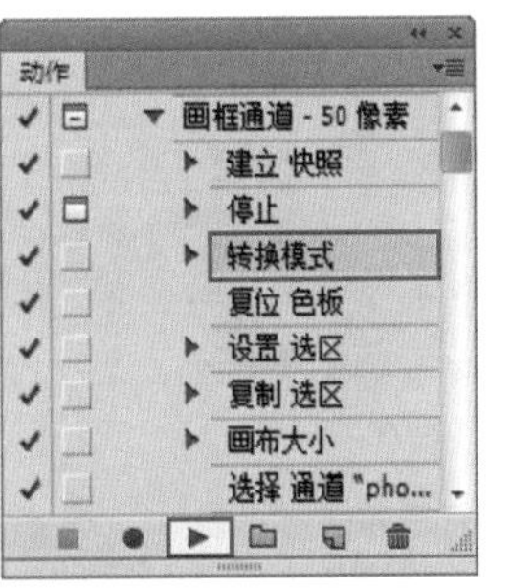

图 19-29

技巧提示

为了避免使用动作后得到不满意的结果而多次撤销，可以在运行一个动作之前打开"历史记录"面板，创建一个当前效果的快照。如果需要撤销操作，只需要单击之前创建的快照即可快速还原使用动作之前的效果。

19.1.7 指定回放速度

技术速查：在"回放选项"对话框中，可以设置动作的播放速度，也可以将其暂停，以便对动作进行调试。

在"动作"面板的菜单中执行"回放选项"命令，可以打开"回放选项"对话框，如图19-30和图19-31所示。

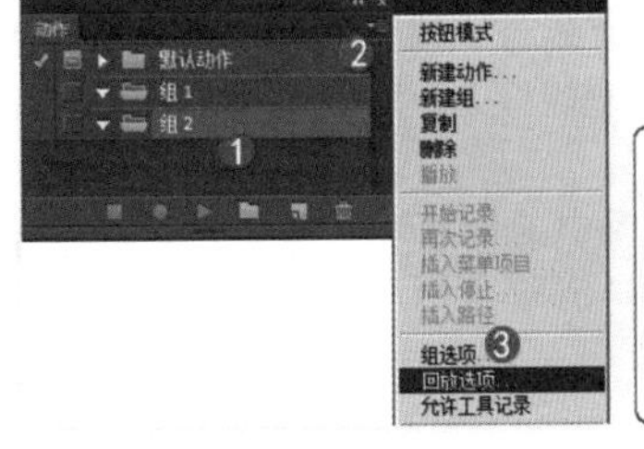

图 19-30

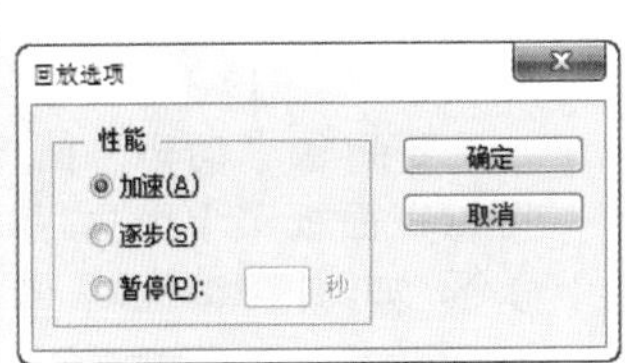

图 19-31

- 加速：以正常的速度播放动作。在加速播放动作时，计算机屏幕可能不会在动作执行的过程中更新（即不出现应用动作的过程，而直接显示结果）。
- 逐步：显示每个命令的处理结果，然后执行动作中的下一个命令。
- 暂停：选中该单选按钮，并在后面设置时间以后，可以指定播放动作时各个命令的间隔时间。

19.2 管理动作和动作组

"动作"面板的布局与"图层"面板相似，同样可以对动作进行重新排列、复制、删除、重命名、分类管理等操作。

技巧提示

在“动作”面板中也可以配合使用Shift键来选择连续的动作步骤，或者使用Ctrl键来将非连续的动作步骤列入选择范围，接着可以对选中动作进行移动、复制、删除等操作。需要注意的是，选择多个步骤仅能在一个动作中实现。

19.2.1 调整动作排列顺序

选中动作或动作组并将其拖曳到合适的位置，释放鼠标即可改变动作排列顺序，如图19-32和图19-33所示。

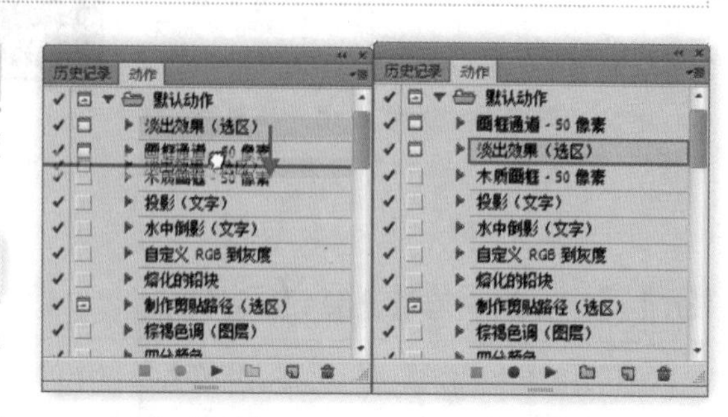

图 19-32　　图 19-33

19.2.2 动手学：复制动作

将动作或命令拖曳到“动作”面板下面的“创建新动作”按钮上即可复制动作或命令，如图19-34所示。

如果要复制动作组，可以将动作组拖曳到“动作”面板下面的“创建新组”按钮上，如图19-35所示。

另外，还可以通过在面板菜单中执行“复制”命令来复制动作、动作组和命令，如图19-36所示。

图 19-34

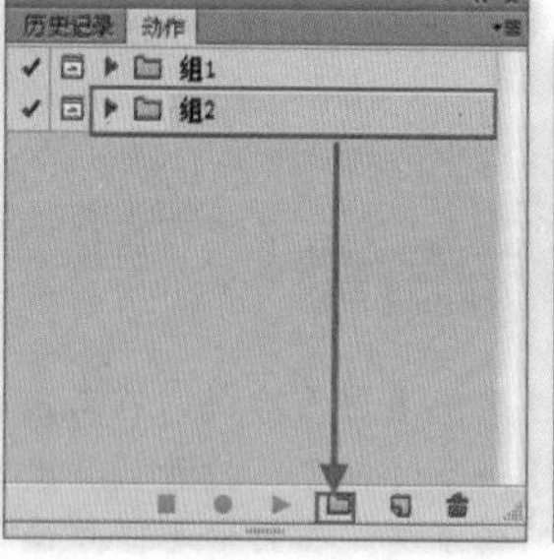

图 19-35

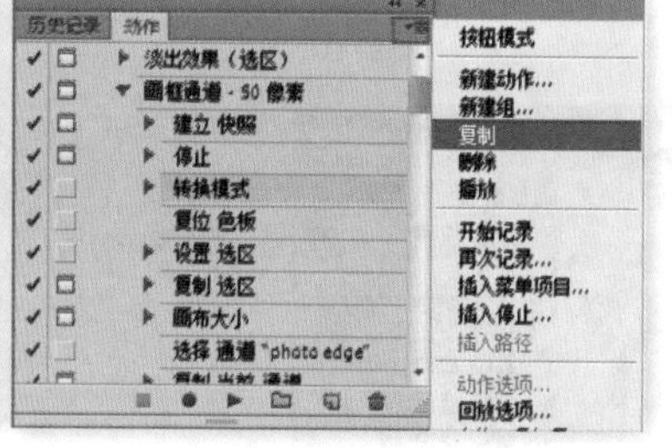

图 19-36

技巧提示

在“动作”面板中按Alt键选择一个动作并进行拖动也能够复制该动作。

19.2.3 动手学：删除动作

选中要删除的动作、动作组或命令，将其拖曳到“动作”面板下面的“删除”按钮上，或在面板菜单中执行“删除”命令即可将其删除，如图19-37所示。

如果要删除“动作”面板中的所有动作，可以在面板菜单中执行“清除全部动作”命令，如图19-38所示。

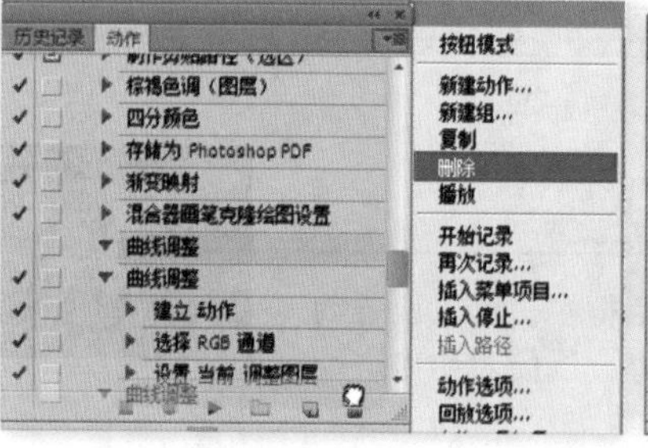

图 19-37

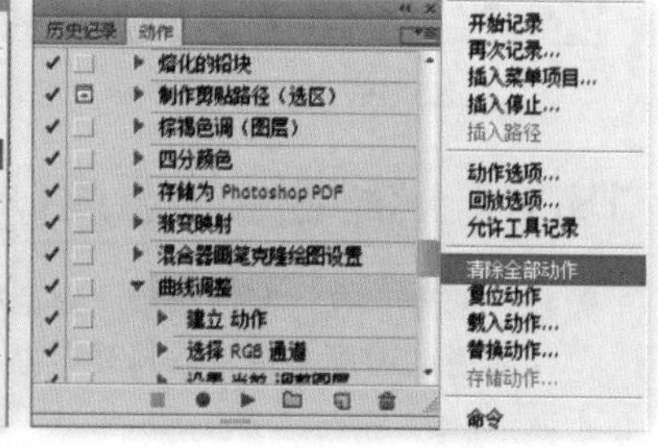

图 19-38

19.2.4 动手学：重命名动作

如果要重命名某个动作或动作组，可以双击该动作或动作组的名称，然后重新输入名称即可，如图19-39所示。

还可以在面板菜单中执行“动作选项”或“组选项”命令来重命名，如图19-40～图19-42所示。

图 19-39

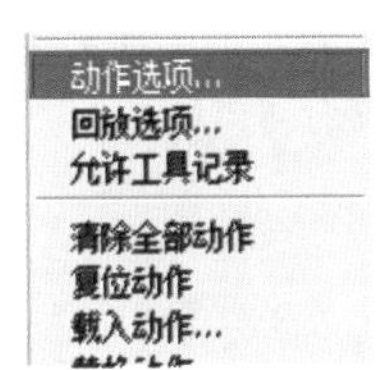

图 19-40

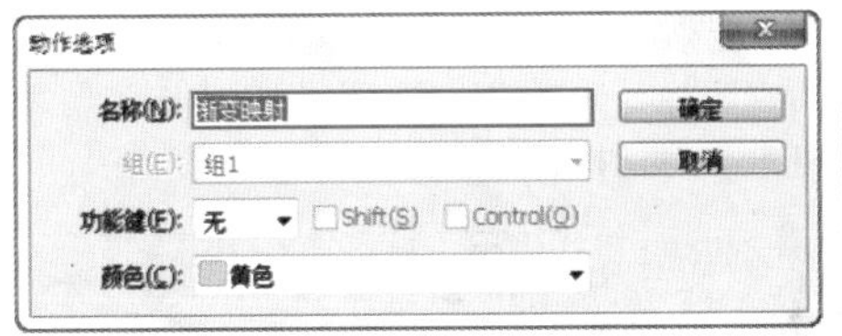

图 19-41

图 19-42

19.2.5 存储动作组

如果要将记录的动作存储起来，可以在面板菜单中执行“存储动作”命令，如图19-43所示，然后将动作组存储为ATN格式的文件，如图19-44所示。

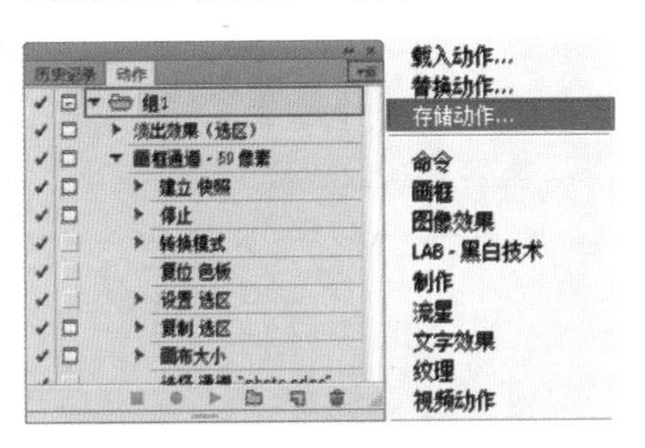

图 19-43

图 19-44

> **技巧提示**
>
> 按住Ctrl+Alt组合键的同时执行“存储动作”命令，可以将动作存储为TXT文本，在该文本中可以查看动作的相关内容，但是不能载入到Photoshop中。

19.2.6 载入动作组

为了快速地制作某些特殊效果，可以在网站上下载相应的动作库，下载完毕后需要将其载入到Photoshop中。在面板菜单中执行“载入动作”命令，然后选择硬盘中的动作组文件即可，如图19-45所示。

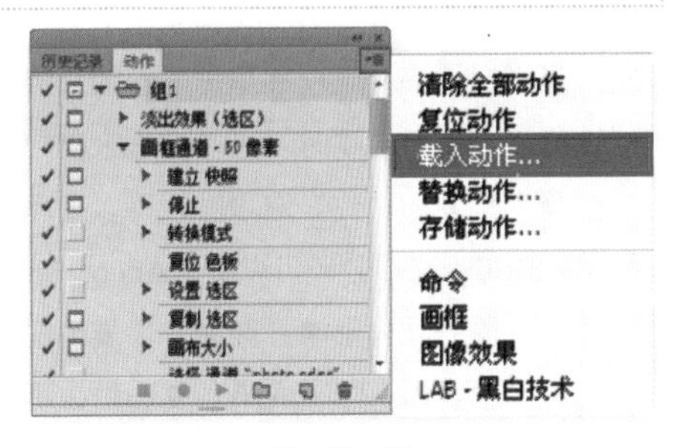

图 19-45

19.2.7 复位动作

在面板菜单中执行“复位动作”命令，可以将“动作”面板中的动作恢复到默认的状态，如图19-46所示。

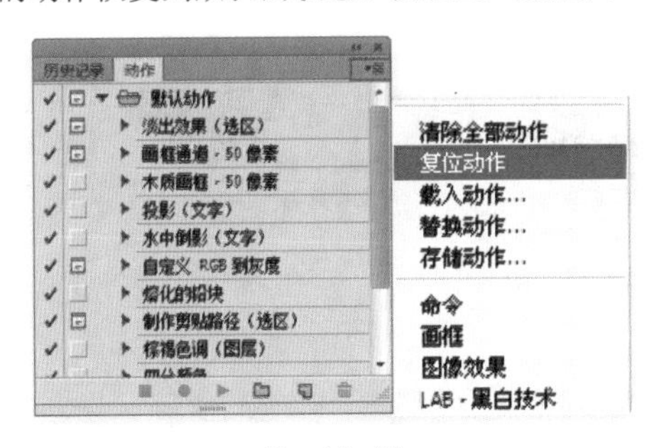

图 19-46

19.2.8 替换动作

在面板菜单中执行“替换动作”命令，可以将“动作”面板中的所有动作替换为硬盘中的其他动作，如图19-47所示。

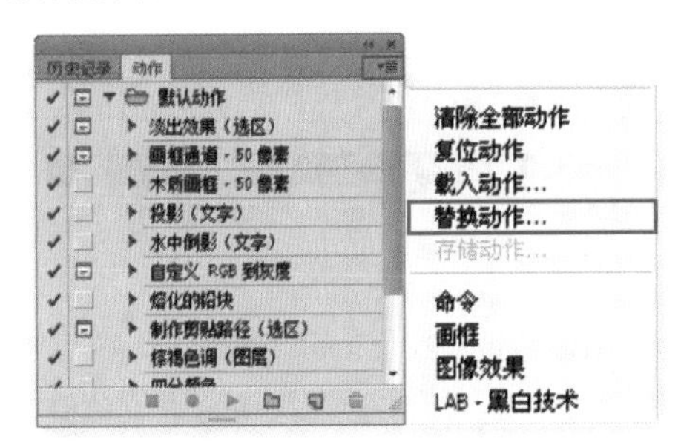

图 19-47

19.3 自动化处理大量文件

19.3.1 批处理

技术速查：“批处理”命令可以对一个文件夹中的所有文件运行动作。

在实际操作中，很多时候会需要对大量的图像进行同样的处理，如调整多张数码照片的尺寸、统一调整色调、制作大量

的证件照等。这时就可以通过使用Photoshop中的批处理功能来完成大量重复的操作，提高工作效率并实现图像处理的自动化。例如可以使用“批处理”命令处理一个文件夹下的所有照片，为其应用相同的调色方案，使之成为同一色系，如图19-48所示。执行“文件>自动>批处理”命令，可以打开“批处理”对话框，如图19-49所示。

图 19—48　　　　图 19—49

- 播放：在该选项组中选择要用来处理文件的动作，如图19-50所示。
- 源：在该选项组中选择要处理的文件，如图19-51所示。
  - 选择“文件夹”选项并单击下面的“选择”按钮时，可以在弹出的对话框中选择一个文件夹。
  - 选择“导入”选项时，可以处理来自扫描仪、数码相机、PDF文档的图像。
  - 选择“打开的文件”选项时，可以处理当前所有打开的文件。
  - 选择Bridge选项时，可以处理Adobe Bridge中选定的文件。
  - 选中“覆盖动作中的打开命令”复选框，在批处理时可以忽略动作中记录的“打开”命令。
  - 选中“包含所有子文件夹”复选框，可以将批处理应用到所选文件夹中的子文件夹。
  - 选中“禁止显示文件打开选项对话框”复选框，在批处理时不会打开文件选项对话框。
  - 选中“禁止颜色配置文件警告”复选框，在批处理时会关闭颜色方案信息的显示。
- 目标：在该选项组中设置完成批处理以后文件的保存位置，如图19-52所示。

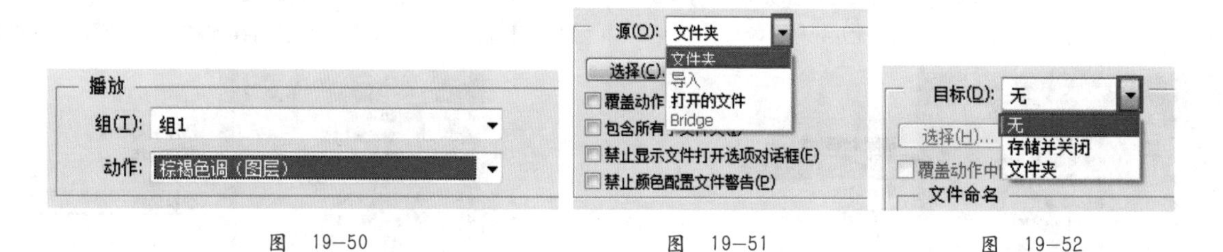

图 19—50　　　　图 19—51　　　　图 19—52

- 选择“无”选项时，表示不保存文件，文件仍处于打开状态。
- 选择“存储并关闭”选项时，可以将文件保存在原始文件夹中，并覆盖原始文件。
- 选择“文件夹”选项并单击下面的“选择”按钮时，可以指定用于保存文件的文件夹。

技巧提示

当设置“目标”为“文件夹”时，下面的“覆盖动作中的‘存储为’命令”复选框可用。如果动作中包含“存储为”命令，则应该选中该复选框，这样在批处理时，动作中的“存储为”命令将引用批处理的文件，而不是动作中指定的文件名和位置。

- 文件命名：当设置“目标”为“文件夹”时，可以在该选项组下设置文件的命名格式以及文件的兼容性（Windows、Mac OS和UNIX），如图19-53所示。

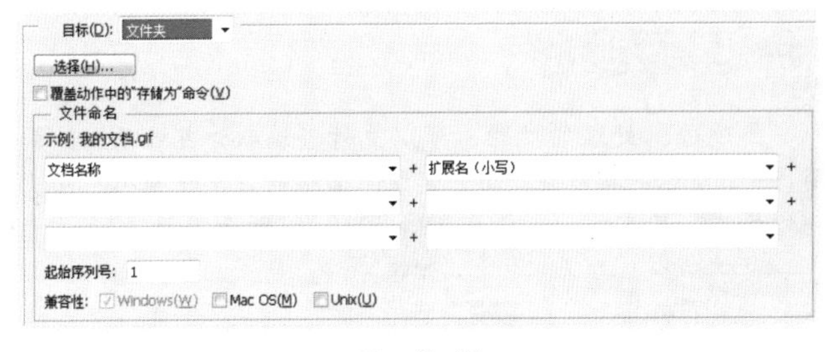

图 19-53

19.3.2 动手学：批处理图像文件

下面将对4张图像进行批处理。对多个图像文件进行批处理，首先需要创建或载入相关动作，然后执行“文件>自动>批处理”命令进行相应设置即可，效果如图19-54和图19-55所示。

（1）无须打开素材图像，但是需要载入已有的动作素材，在“动作”面板的菜单中执行“载入动作”命令，如图19-56所示。然后在弹出的“载入”对话框中选择已有的动作素材文件，完成后可以看到载入的样式出现在“动作”面板中，如图19-57所示。

图 19-54

图 19-55

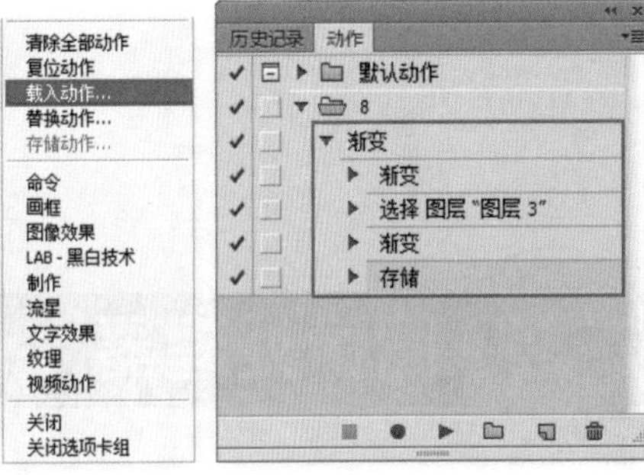

图 19-56　　图 19-57

（2）执行“文件>自动>批处理”命令，打开“批处理”对话框，然后在“播放”选项组下选择上一步载入的“渐变”动作，并设置“源”为“文件夹”，接着单击下面的 选择(C)... 按钮，在弹出的对话框中选择本书配套光盘中的系列照文件夹，如图19-58所示。

图 19-58

（3）设置“目标”为“文件夹”，然后单击下面的 选择(C)... 按钮，设置好文件的保存路径，最后选中“覆盖动作中的‘存储为’命令”复选框，如图19-59所示。

（4）在“批处理”对话框中单击 确定 按钮，Photoshop会自动处理文件夹中的图像，并将其保存到设置好的文件夹中，如图19-60所示。

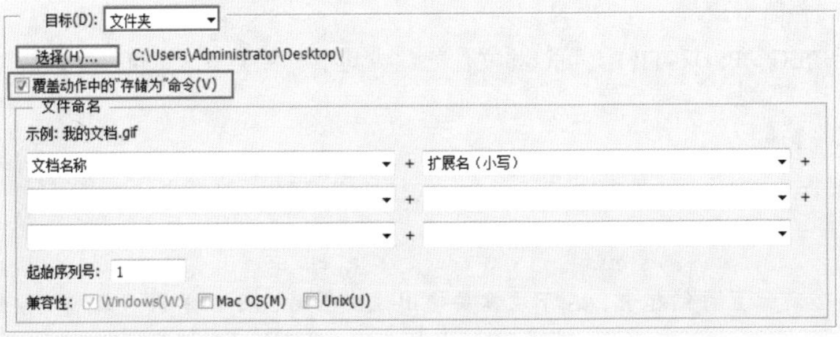

图 19-59

图 19-60

技巧提示

要改进批处理的性能，可以执行“编辑>首选项>性能”命令，在打开的对话框中减少历史记录状态的数目，如图19-61所示。接着在“历史记录”面板的菜单中执行“历史记录选项”命令，在打开的对话框中取消选中“自动创建第一幅快照”复选框，如图19-62和图19-63所示。

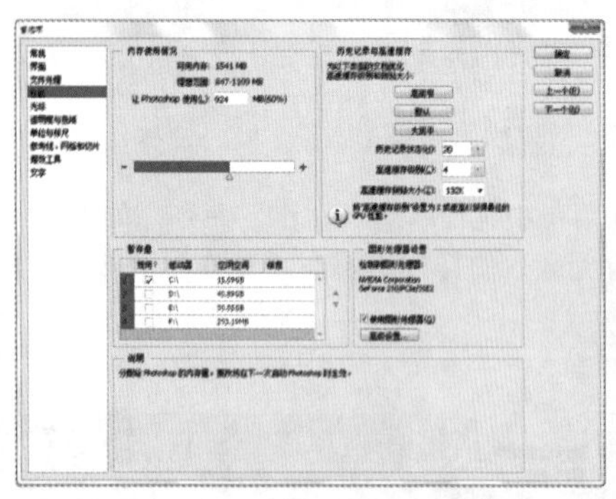
图 19-61

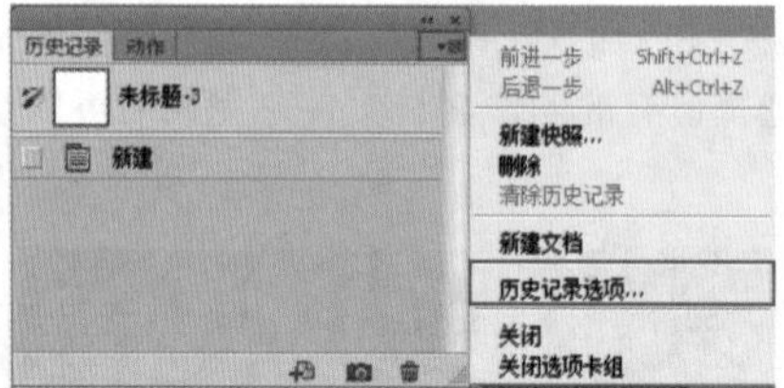

图 19-62

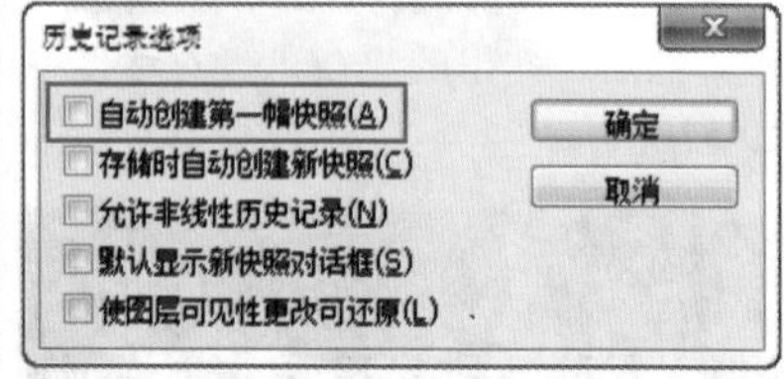

图 19-63

19.4 图像处理器

技术速查：使用“图像处理器”命令可以方便并且批量地转换图像文件格式、调整文件大小和质量。

执行“文件>脚本>图像处理器”命令，打开“图像处理器”对话框，可以将一组文件转换为JPEG、PSD或TIFF文件中的一种，或者将文件同时转换为这3种格式，如图19-64所示。

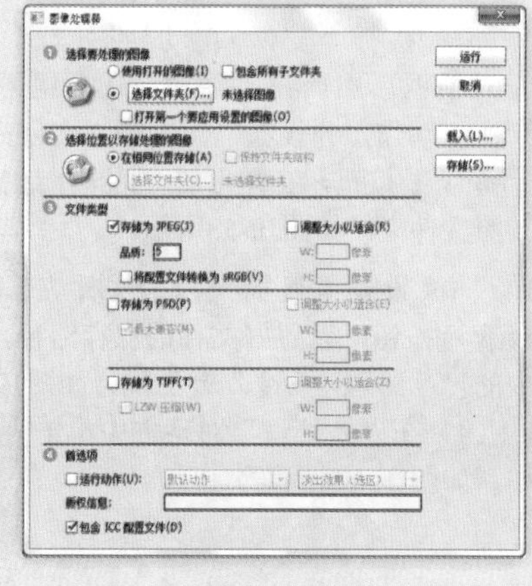
图 19-64

- 选择要处理的图像：选择需要处理的文件，也可以选择一个文件夹中的文件。如果选中“打开第一个要应用设置的图像”复选框，将对所有图像应用相同的设置。

技巧提示

通过图像处理器应用的设置是临时性的，只能在图像处理器中使用。如果未在图像处理器中更改图像当前的Camera Raw设置，则会使用这些设置来处理图像。

- 选择位置以存储处理的图像：选择处理后文件的存储路径。
- 文件类型：设置将文件处理成何种类型，包括JPEG、PSD和TIFF。可以将文件处理成其中一种类型，也可以处理成两种或3种类型。
- 首选项：在该选项组下可以选择动作来运用处理程序。

技巧提示

设置好参数后，可以单击“存储”按钮，将当前配置存储起来。在下次需要使用该配置时，可以单击“载入”按钮来载入保存的参数配置。

19.5 脚本

Photoshop 提供了很多默认事件，这些事件集中在“文件>脚本”菜单下，如图19-65所示。可以使用事件（如在Photoshop中打开、存储或导出文件）来触发JavaScript或Photoshop动作。另外，也可以使用任何可编写脚本的Photoshop事件来触发脚本或动作。Photoshop可以通过脚本来支持外部自动化。在Windows中，可以使用支持COM自动化的脚本语言，如VB Script；在Mac OS中，可以使用允许发送Apple事件的语言，如AppleScript。这些语言不是跨平台的，但可以控制多个应用程序，如Photoshop、Illustrator和Microsoft Office。

脚本(R)
文件简介(F)... Alt+Shift+Ctrl+I
打印(P)... Ctrl+P
打印一份(Y) Alt+Shift+Ctrl+P
退出(X) Ctrl+Q
图像处理器...
删除所有空图层
拼合所有蒙版
拼合所有图层效果
将图层复合导出到 PDF...
图层复合导出到 WPG...
图层复合导出到文件...
将图层导出到文件...
脚本事件管理器...
将文件载入堆栈...
浏览(B)...

图 19-65

19.6 数据驱动图形

技术速查：利用数据驱动图形，可以快速、准确地生成图像的多个版本，以用于印刷项目或Web项目。

可以通过从Photoshop中导出来生成图形，也可以创建在Adobe GoLive或Adobe Graphics Server等其他程序中使用的模板。

19.6.1 定义变量

技术速查：变量是指用来定义模板中将发生变化的元素。

在Photoshop中可以定义3种类型的变量，分别是可见性变量、像素替换变量和文本替换变量，如图19-66所示。执行“图像>变量>定义”命令，可以打开“变量”对话框，如图19-67所示。

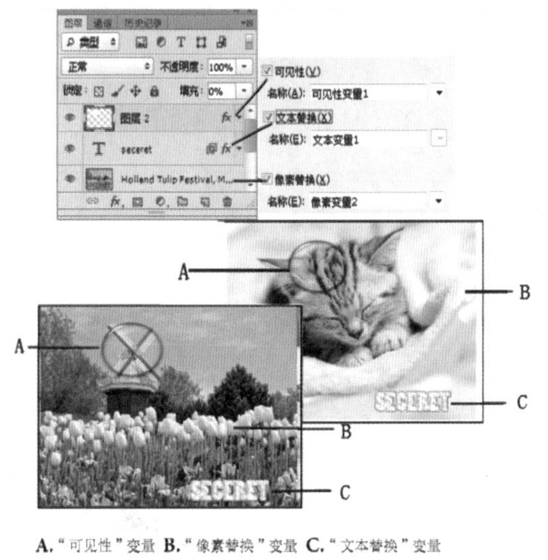

A.“可见性”变量 B.“像素替换”变量 C.“文本替换”变量

图 19-66

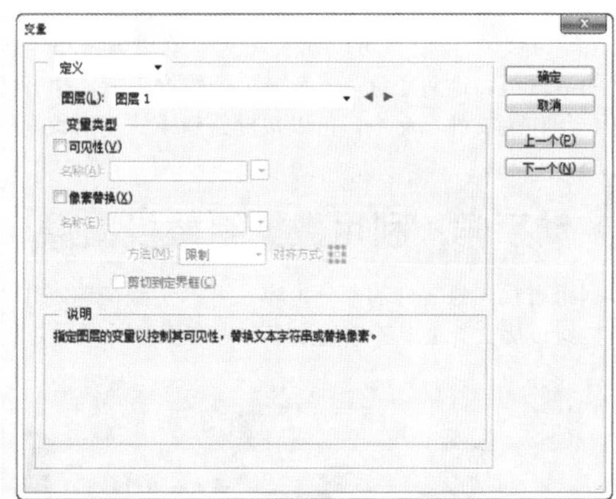

图 19-67

图层：选择用于定义变量的图层，“背景”图层不能定义变量。

变量类型：设置需要定义的变量类型。“可见性”表示显示或隐藏图层的内容；“像素替换”表示使用其他图像文件中的像素来替换当前图层中的像素；“文本替换”表示替换文字图层中的文本字符串。

19.6.2 定义数据组

技术速查：数据组是指变量及其相关数据的集合。

执行“图像>变量>数据组”命令，打开“变量”对话框，在该对话框中可以设置数据组的相关选项，如图19-68所示。

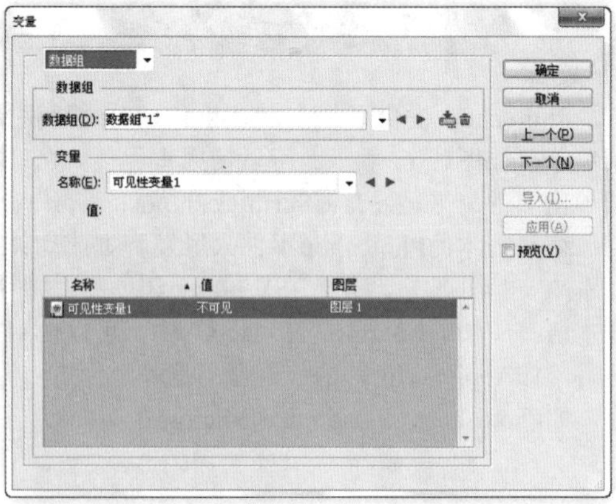

图 19-68

数据组：在该选项组中可以对数据组进行相关操作。

- 单击“转到上一个数据组”按钮◂可以切换到前一个数据组。
- 单击“转到下一个数据组”按钮▸可以切换到后一个数据组。
- 单击“基于当前数据组创建新数据组”按钮可以创建一个新数据组。
- 单击“删除此数据组”按钮可以删除选定的数据组。

变量：在该选项组下可以调整变量的数据。

- 对于可见性变量，选择“可见”选项，可以显示图层的内容。
- 对于像素替换变量，单击“选择文件”按钮，可以选择需要替换的图像文件。
- 对于文本替换变量T，可以在“值”文本框中输入一个文本字符串。

19.6.3 动手学：预览和应用数据组

（1）创建模板图像和数据组以后，执行“图像>应用数据组”命令，打开“应用数据组”对话框，如图19-69所示。

（2）从列表中选择数据组，然后选中“预览”复选框，可以在文档窗口中预览图像。

（3）单击“应用”按钮，可以将数据组的内容应用于基本图像，同时所有变量和数据组保持不变。

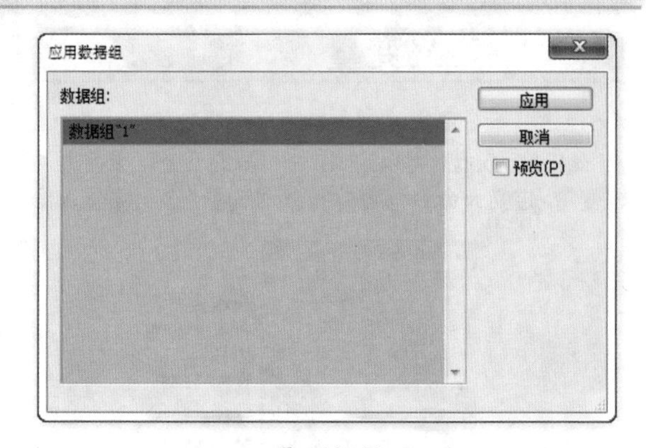

图 19-69

19.6.4 导入与导出数据组

执行“文件>导入>变量数据组”命令或在数据组的“变量”对话框中单击“导入”按钮，可以导入在文本编辑器或电子表格程序中创建的数据组。定义变量及一个或多个数据组后，执行“文件>导出>数据组作为文件”命令，可以按批处理模式使用数据组将图像导出为PSD文件。

19.6.5 动手学：利用数据组替换图像

使用数据组替换图像文件的部分内容，可以达到快速制作大量版式相同但内容不同的图像的目的。使用本案例的思路能够快速制作类似日历、员工卡等数量众多、内容繁杂的项目，如图19-70所示。

图 19-70

（1）首先需要制作好模板文件。为了便于操作，可以将非变量图层合并为一个背景图层，从文件中可以看到需要更改个人资料的文字和照片部分，如图19-71和图19-72所示。

（2）下面开始为图像定义变量，也就是在Photoshop中指定哪些内容是需要改变的。执行“图像>变量>定义”命令，如图19-73所示。

（3）在弹出的“变量”对话框中，首先需要在“图层”下拉列表框中选择一个变量文字图层，如“布兰妮”，然后选中“文本替换”复选框，并在“名称”文本框中输入“姓名”，如图19-74所示。

图 19—71　　图 19—72

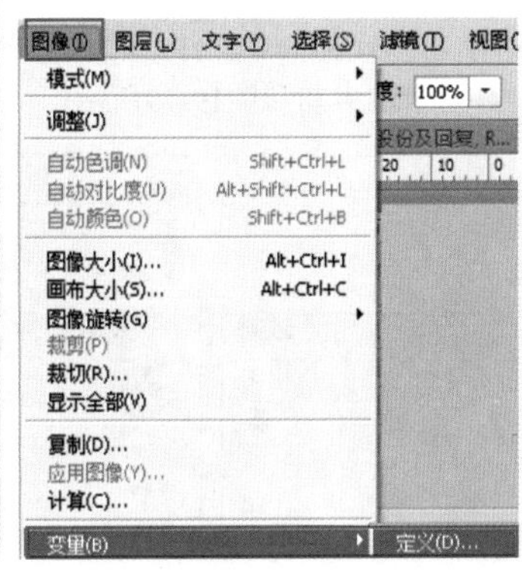

图 19—73

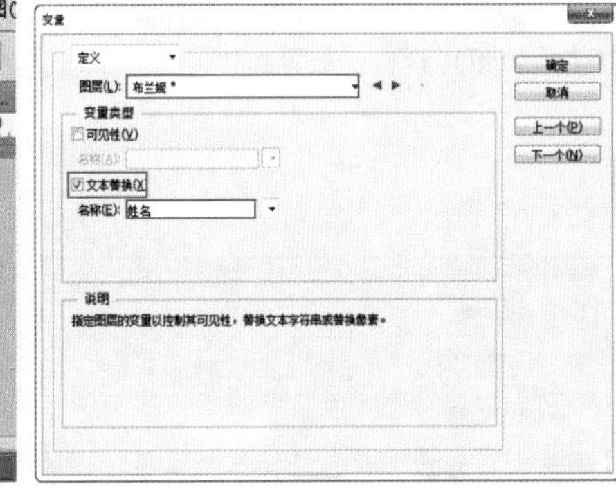

图 19—74

定义过变量的图层名称后会显示“*”。

（4）用同样的方法定义列表中的其他文字变量图层。为“购物”定义变量类型为“文本替换”，“名称”为“爱好；为“歌手”定义变量类型为“文本替换”，“名称”为“职业”；为1981定义变量类型为“文本替换”，“名称”为“年份”。最后选择“照片”图层，由于该图层为人像照片，所以需要设置变量类型为“像素替换”，并设置名称为“照片”，“方法”为“限制”，如图19-75所示。

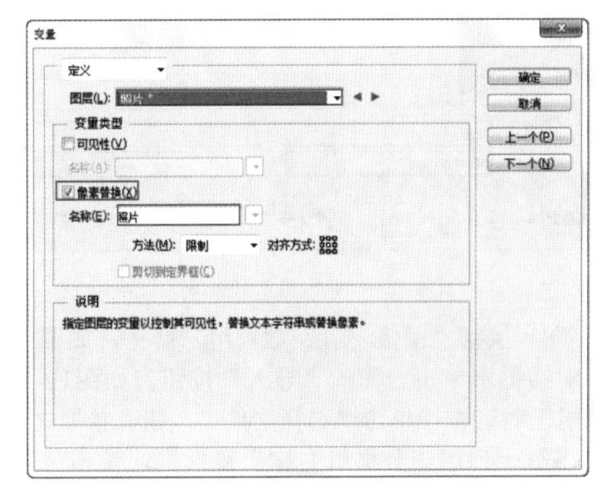

图 19—75

（5）此时在“图层”下拉列表框中可以看到所有的变量均被定义完毕，如图19-76所示。

（6）变量定义完成后需要制作数据组，数据组需要在“记事本”中进行制作，创建空白记事本文件，命名为“变量”，并输入所需内容，如图19-77所示。

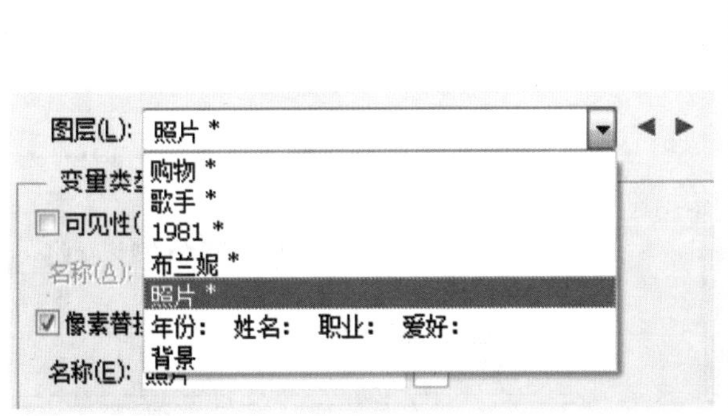

图 19—76

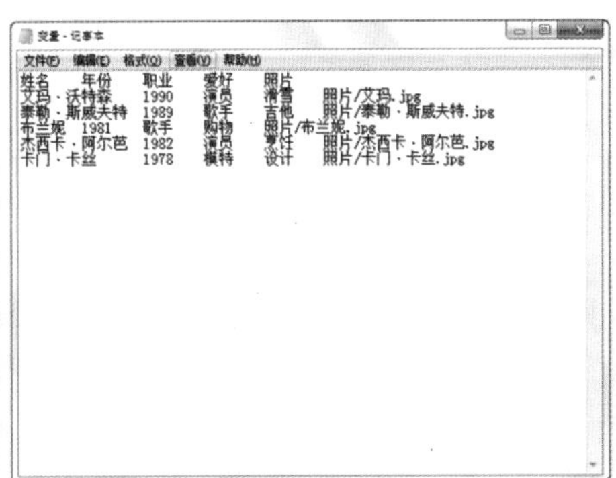

图 19—77

技巧提示

在“变量”记事本文件中，第一行为变量项目，以下所有行为变量值；第一行中的项目名称必须与在“变量”对话框中为每个图层定义的变量名称完全一致；文件中的项目用制表符隔开而不是空格（按Tab建即可输入制表符）；像素替换变量一般是用一个外部图像替换，变量值应该是一个图像的相对路径或绝对路径，如果图像与数据组文件保存在同一目录下，使用相对路径即可。

（7）数据组文本完成之后需要将文本储存为*.txt或*.csv文件。*.txt格式的数据组文件最好用ANSI编码存储。准备好需要使用的照片素材，放置在“照片”文件夹内，如图19-78和图19-79所示。

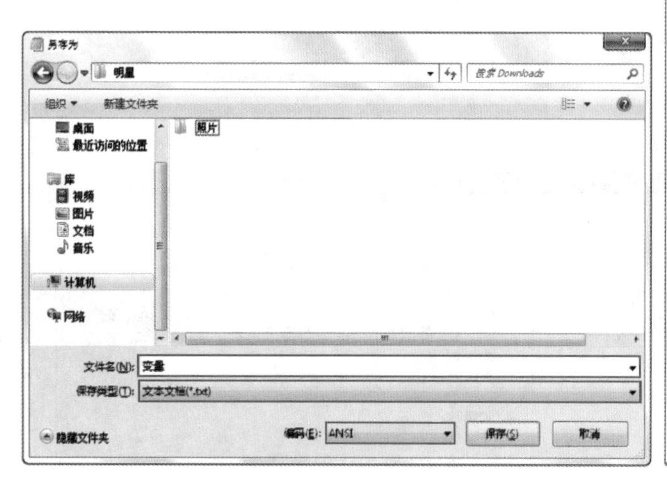

图 19—78

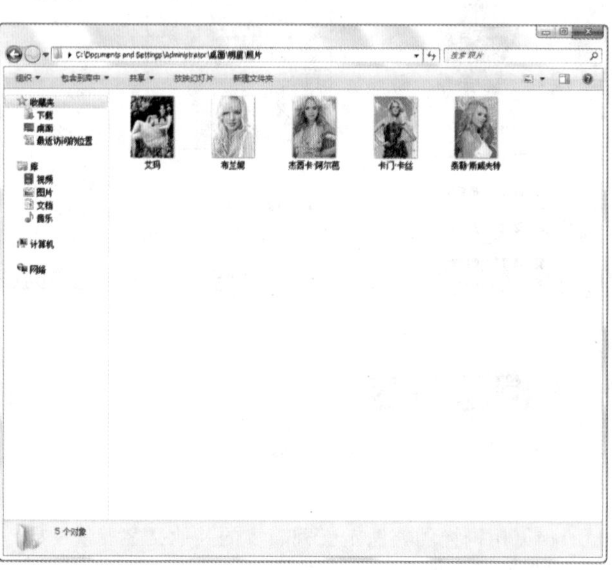

图 19—79

（8）执行“图像>变量>数据组”命令，如图19-80所示。在弹出的“变量”对话框中单击右侧的“导入”按钮，如图19-81所示。在弹出的“导入数据组”对话框中单击“选择文件”按钮，拾取之前创建的数据组文本，选中“将第一列用作数据组名称”复选框，单击“确定”按钮完成操作，如图19-82所示。

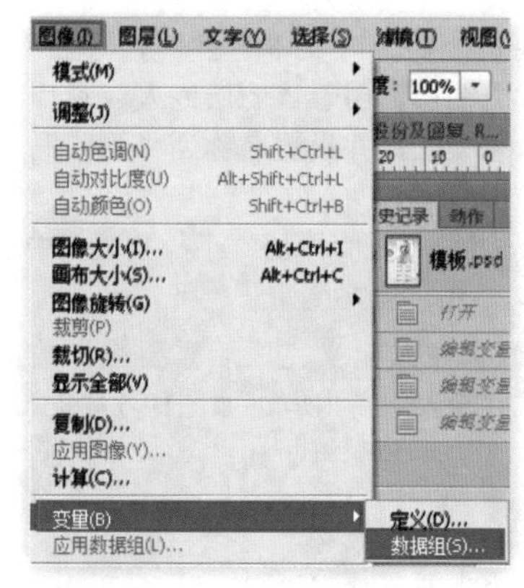

图 19—80

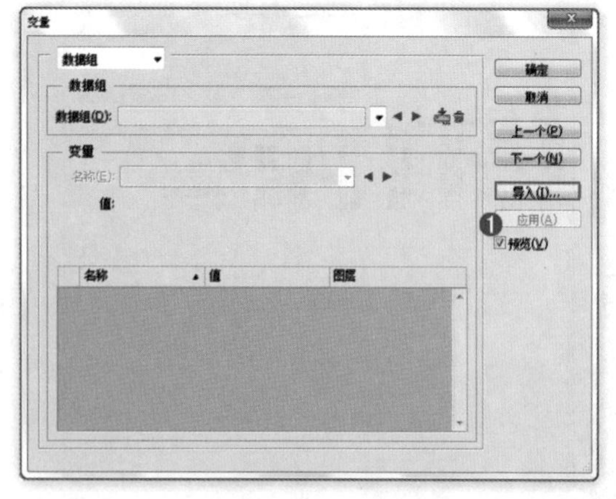

图 19—81

图 19—82

（9）数据组导入成功后选中“变量”对话框右边的“预览”复选框，然后在“数据组”下拉列表框中选择一个数据组即可预览该数据的结果图像，单击“确定”按钮完成当前操作，如图19-83所示。

（10）执行“图像>应用数据组”命令，如图19-84所示。观察预览结果，正确后单击“应用”按钮将数据应用到文件，如图19-85所示。

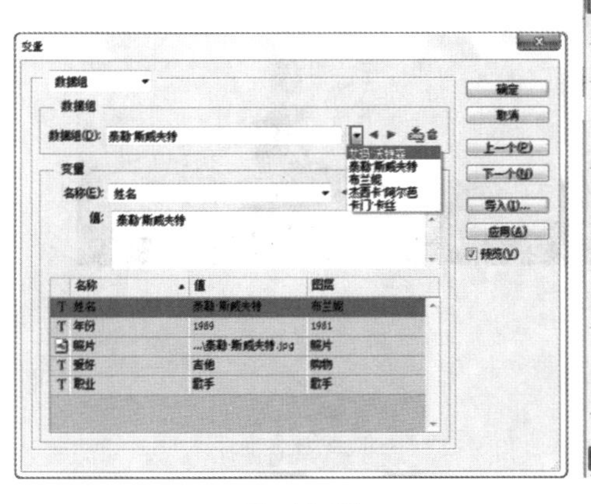

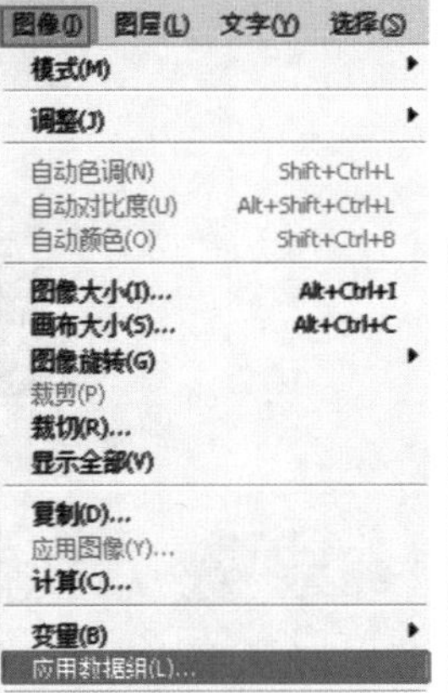

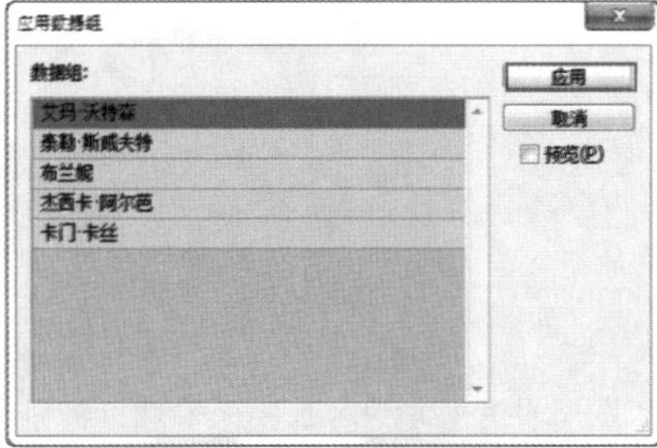

图　19—83　　　　图　19—84　　　　图　19—85

（11）执行“文件>导出>数据组作为文件”命令，如图19-86所示。在弹出的“将数据组作为文件导出”对话框中选择输出文件存储的位置，并选择所有数据组，单击“确定”按钮开始导出，如图19-87所示。

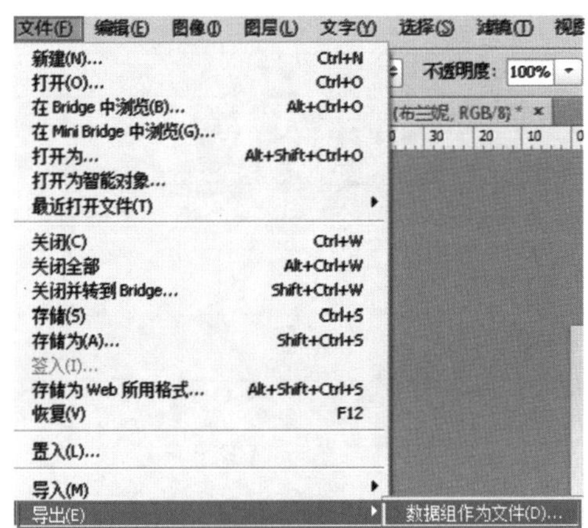

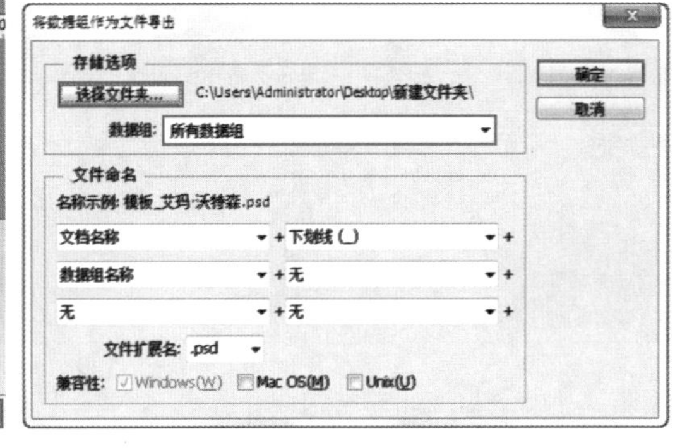

图　19—86　　　　图　19—87

（12）Photoshop将开始自动创建PSD文件，最终效果如图19-88所示。

图　19—88

课 后 练 习

【课后练习——录制与应用动作】

思路解析：本案例通过“动作”面板的使用创建并录制新的动作，然后通过对新文件应用动作，达到快速处理图像的目的。

本 章 小 结

本章所讲解的知识多是用于快速、批量地处理文件。熟练掌握“动作”与“批处理”操作的使用方法，可以在实际设计过程中节省大量的时间。

读书笔记

第20章

数码照片处理

★ 20.1 写真精修——打造金发美人

案例文件	案例文件\第20章\写真精修——打造金发美人.psd
视频教学	视频文件\第20章\写真精修——打造金发美人.flv
难易指数	★★★★★
技术要点	调整图层、混合模式、图层蒙版

案例效果

本例是通过使用调整图层、混合模式和图层蒙版等工具打造金发美人，对比效果如图20-1和图20-2所示。

操作步骤

01 执行“文件>打开”命令，打开素材图片1.jpg，如图20-3所示。

02 执行“图层>新建调整图层>曲线”命令，调整曲线的形状，如图20-4所示。效果如图20-5所示。

图 20-1

图 20-2

图 20-3

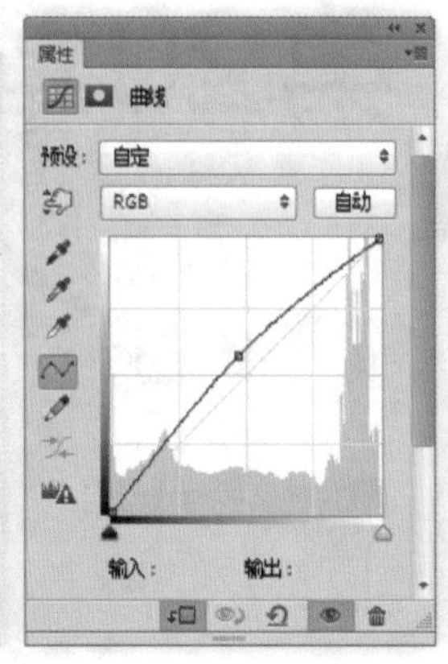

图 20-4

图 20-5

03 执行“图层>新建调整图层>色相/饱和度”命令，设置“饱和度”为-11，“明度”为36，如图20-6所示。使用黑色画笔在调整图层蒙版中绘制人物皮肤以外的部分，如图20-7所示。皮肤部分变亮，如图20-8所示。

04 执行“图层>新建调整图层>可选颜色”命令，设置“颜色”为“红色”，“青色”为-46%，“洋红”为17%，“黄色”为-27%，“黑色”为-29%，如图20-9所示。使用黑色画笔在调整图层蒙版中绘制皮肤以外的部分，如图20-10所示。效果如图20-11所示。

05 载入之前调整图层的选区，并执行“图层>新建调整图层>曲线”命令，调整曲线的形状，如图20-12所示。效果如图20-13所示。

图 20-6

图 20-7

图 20-8

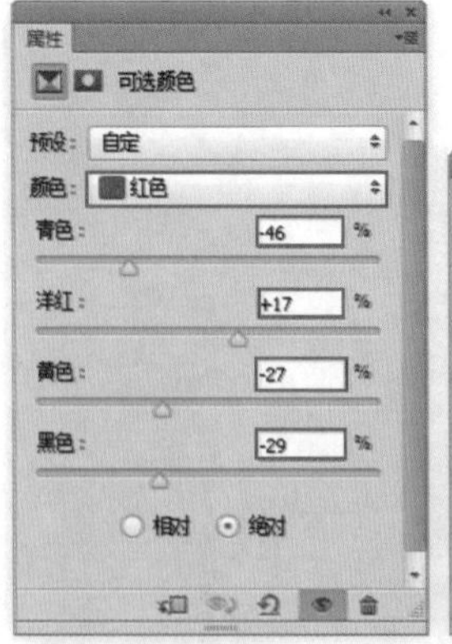

图 20-9

图 20-10

图 20-11

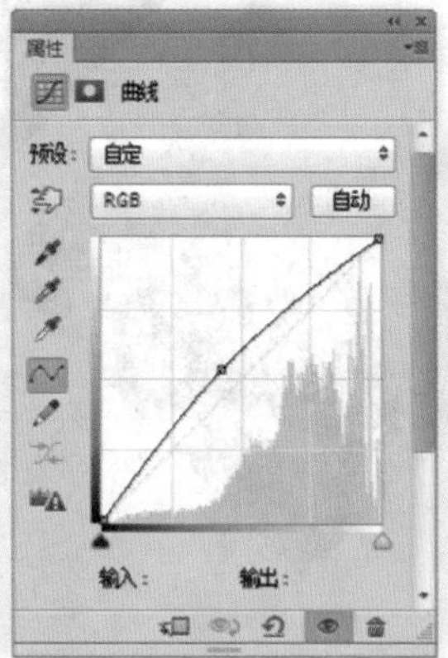

图 20-12

图 20-13

06 下面需要为人像进行适当的磨皮操作。盖印当前画面效果，执行“滤镜>模糊>高斯模糊”命令，设置“半径”为3像素，如图20-14所示。为复制的人像图层添加图层蒙版，使用黑色画笔在调整蒙版中绘制人物头发以及衣服部分，如图20-15所示。效果如图20-16所示。

图 20-14

图 20-15

图 20-16

盖印当前效果的快捷键为Shift+Ctrl+Alt+E。

07 新建图层，设置前景色为棕色，使用“画笔工具”绘制头发的形状，如图20-17所示。设置图层的混合模式为“柔光”，如图20-18所示。此时头发的颜色发生了变化，效果如图20-19所示。

图 20-17

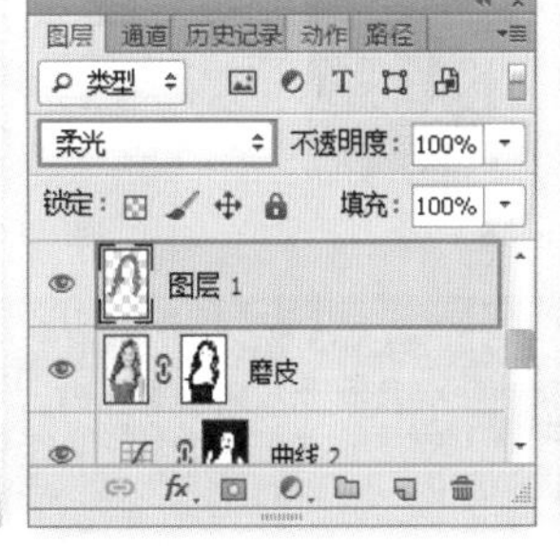

图 20-18

图 20-19

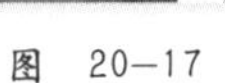

思维点拨：发色

与服饰色彩搭配不同，发色搭配是一种以色调和亮度为主的理论。基于这个原理，最合理的发色亮度一般为瞳孔亮度±2度。人们往往会无意识地被明亮、浓烈的色彩所吸引。当头发为金色或色彩饱和度很高的颜色时，发色的印象就会得到突出。如果本人的气质与发色之间有很好的平衡，那么就能获得颇具个性的表现效果，如图20-20和图20-21所示。

图 20-20

图 20-21

08 按Shift+Ctrl+Alt+E组合键盖印所有图层，如图20-22所示。

09 新建图层，设置前景色为深蓝色，使用“画笔工具”绘制眼睛部分，如图20-23所示。设置眼睛图层的混合模式为“色相”，如图20-24所示。效果如图20-25所示。

图 20-22

图 20-23

图 20-24

图 20-25

10 新建图层，设置前景色为粉红色，使用“画笔工具”在画面中绘制人物嘴唇的部分，如图20-26所示。设置图层的混合模式为“柔光”，如图20-27所示。此时嘴唇的颜色也发生了变化，效果如图20-28所示。

11 最终效果如图20-29所示。

图 20-26

图 20-27

图 20-28

图 20-29

★ 20.2 妆面设计——炫彩动感妆容

案例文件	案例文件\第20章\妆面设计——炫彩动感妆容.psd
视频教学	视频文件\第20章\妆面设计——炫彩动感妆容.flv
难易指数	★★★★★
技术要点	混合模式

案例效果

本例是通过使用混合模式制作炫彩动感妆容，效果如图20-30所示。

操作步骤

01 打开背景素材文件1.jpg，如图20-31所示。

02 为了增强肌肤的通透感，按Ctrl+J组合键复制背景图层，并设置其混合模式为“柔光”，如图20-32和图20-33所示。

图 20-30

图 20-31

图 20-32

图 20-33

03 执行“图层>新建调整图层>自然饱和度”命令，创建一个“自然饱和度”调整图层，设置“自然饱和度”为-30，如图20-34所示。此时肌肤颜色更加透亮，如图20-35所示。

04 使用“矩形工具”，在选项栏中设置绘制模式为“像素”，设置不同的颜色在画面中绘制三色的矩形，如图20-36所示。将其旋转到合适的角度，如图20-37所示。

图 20-34

图 20-35

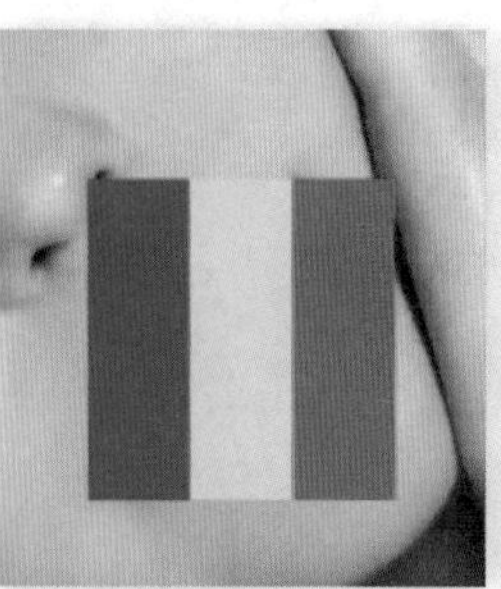

图 20-36

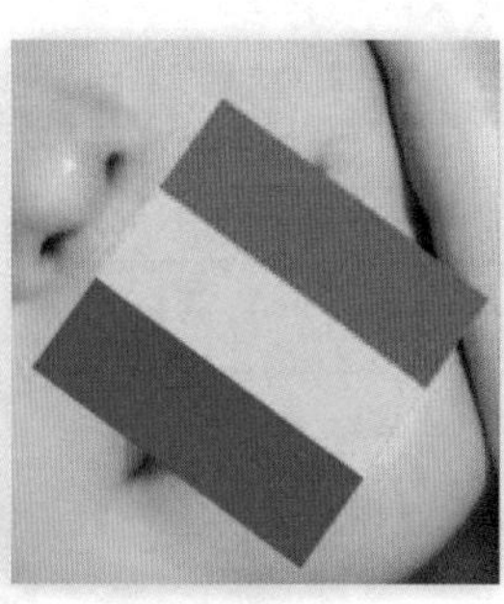

图 20-37

05 设置矩形图层的混合模式为“柔光”，如图20-38所示。效果如图20-39所示。

06 对其执行“滤镜>模糊>高斯模糊”命令，设置“半径”为“20像素”，如图20-40所示。效果如图20-41所示。

图 20-38

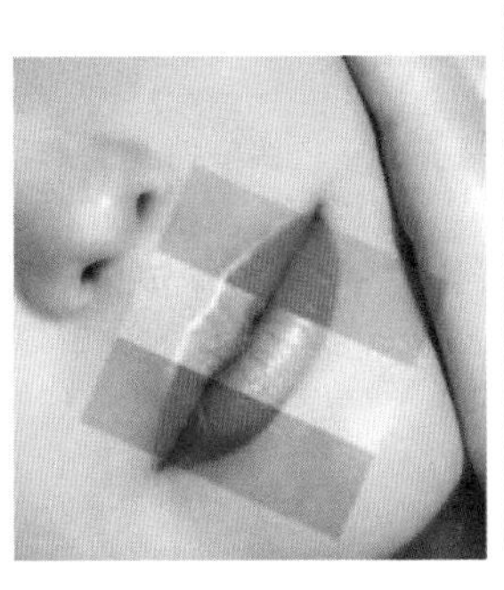
图 20-39

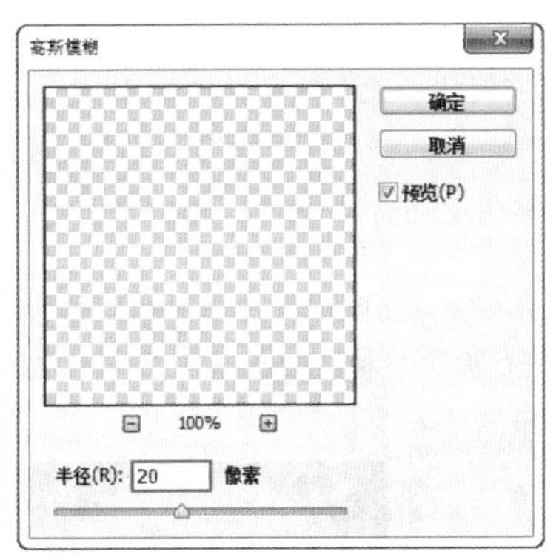
图 20-40

图 20-41

07 单击“图层”面板底部的“添加图层蒙版”按钮，为其添加图层蒙版，使用黑色画笔在蒙版中绘制嘴唇外的部分，如图20-42所示。效果如图20-43所示。

08 新建图层“彩妆”，设置合适的前景色，使用“画笔工具”在画面中绘制眼影效果，如图20-44所示。设置其混合模式为“叠加”，如图20-45所示。效果如图20-46所示。

09 最后导入花纹素材2.png，置于画面中合适的位置。最终效果如图20-47所示。

图 20-42

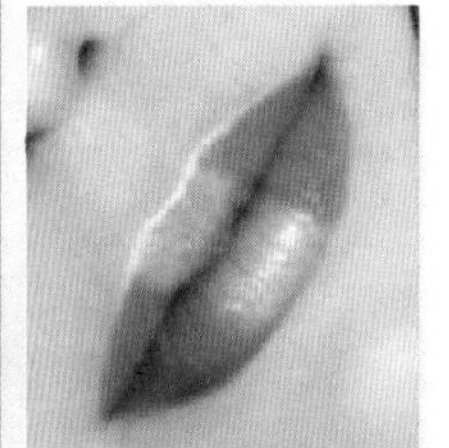
图 20-43

图 20-44

图 20-45

图 20-46

图 20-47

★ 20.3 人像精修——老年人像还原年轻态

案例文件	案例文件\第20章\人像精修——老年人像还原年轻态.psd
视频教学	视频文件\第20章\人像精修——老年人像还原年轻态.flv
难易指数	★★★★★
技术要点	调整图层、色彩范围、混合模式、修补工具、仿制图章、“液化”滤镜

案例效果

本例主要是使用调整图层、色彩范围、混合模式、修补工具、仿制图章、“液化”滤镜将老年人像还原为年轻态，如图20-48所示。

操作步骤

01 打开背景素材文件1.jpg，如图20-49所示。新建图层组，复制人像图层，将其置于调整图层组中，单击“图层”面板底部的“添加图层蒙版”按钮，为调整图层组添加图层蒙版，使用“矩形选框工具”在蒙版中绘制矩形选框，并为其填充黑色，如图20-50所示。

图 20-48

图 20-49

图 20-50

技巧提示

在这里将人像精修的图层放置在一个图层组中，并为其添加图层蒙版，使其只显示出左半部分。这样可以随时与右半边没有进行修饰的照片进行对比，便于观察对比效果。

02 执行“图层>新建调整图层>曲线”命令，创建“曲线”调整图层，调整曲线的形状，如图20-51所示。画面提亮，如图20-52所示。

03 按Shift+Ctrl+Alt+E组合键盖印图层，使用“仿制图章工具”，在画面中按住Alt键在较光滑的皮肤处单击设置取样点，松开Alt键在皱纹的部分进行涂抹绘制，如图20-53所示。效果如图20-54所示。

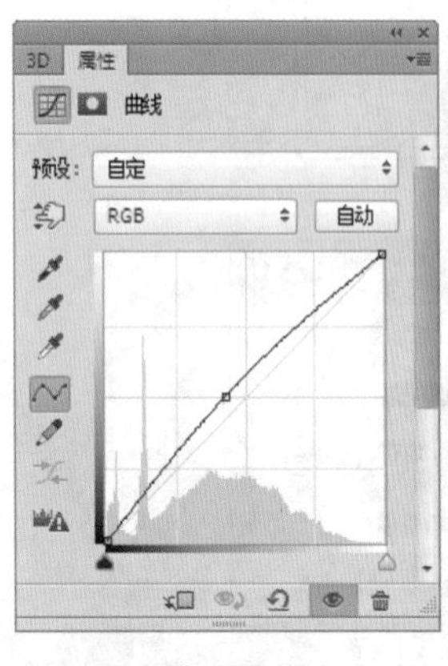

图 20-51

图 20-52

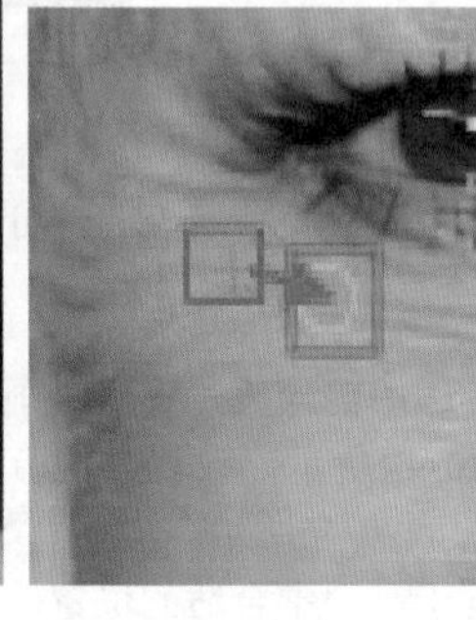

图 20-53

图 20-54

04 使用外挂滤镜对人像进行磨皮，使用“吸管工具”在面部单击，单击OK按钮完成操作，如图20-55所示。为其添加图层蒙版，使用黑色画笔涂抹，去除人像皮肤以外的影响，如图20-56所示。

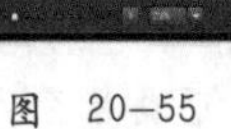

图 20-55

图 20-56

技巧提示

在这里使用的是一款智能磨皮滤镜Imagenomic Portraiture。关于外挂滤镜的使用方法在第15章进行过讲解，相关内容可以参阅15.13.3节。

05 执行“滤镜>液化”命令，使用“向前变形工具”，设置“画笔大小”为240，在画面中调整面部的形状以及眼部形态，如图20-57所示。单击“确定”按钮结束操作，效果如图20-58所示。

06 下面需要对人像的肤色进行调整。再次盖印图层，执行“选择>色彩范围”命令，使用“吸管工具”，单击人像颧骨下方偏暗的区域，然后设置“颜色容差”为40，如图20-59所示。单击“确定”按钮得到面部偏暗的选区，如图20-60所示。

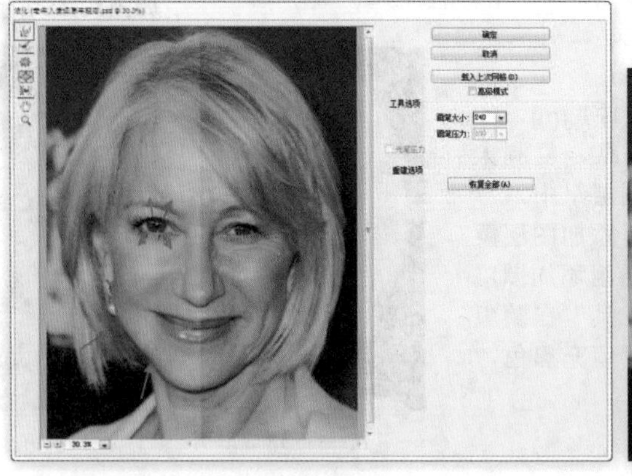

图 20-57

图 20-58

07 创建“曲线”调整图层，调整曲线的形状，如图20-61所示。将选区以内部分提亮，效果如图20-62所示。

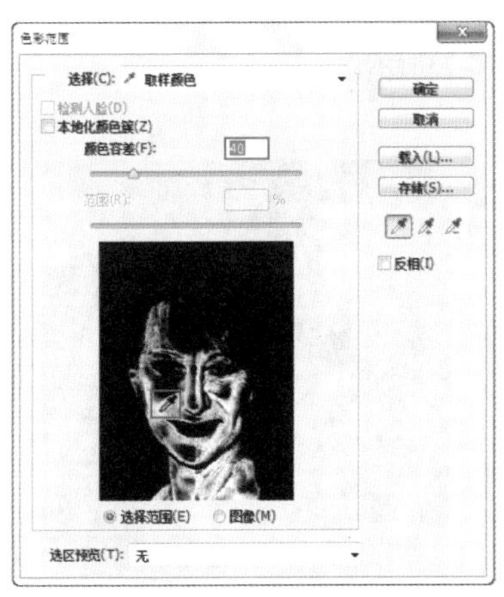

图 20-59

图 20-60

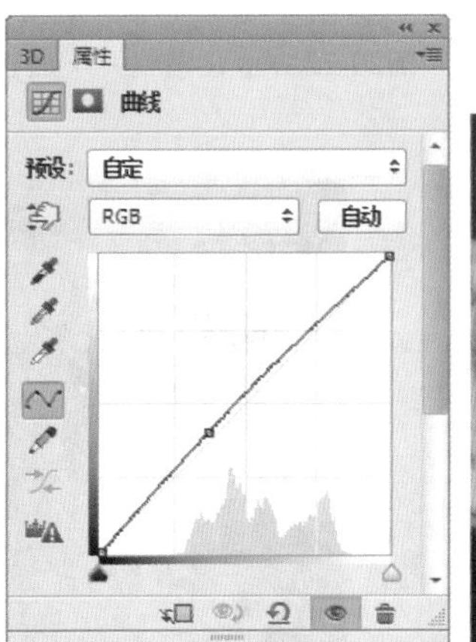

图 20-61

图 20-62

08 选中调整图层蒙版，执行“滤镜>模糊>高斯模糊”命令，设置“半径”为30像素，如图20-63所示。单击“确定”按钮结束操作，使调整的边缘处尽量柔和一些，如图20-64所示。

09 下面需要使用“修补工具”，在画面中绘制刘海部分选区，在画面中向光滑的部分拖曳，如图20-65所示。效果如图20-66所示。使用同样的方法调整其他部分的皱纹，效果如图20-67所示。

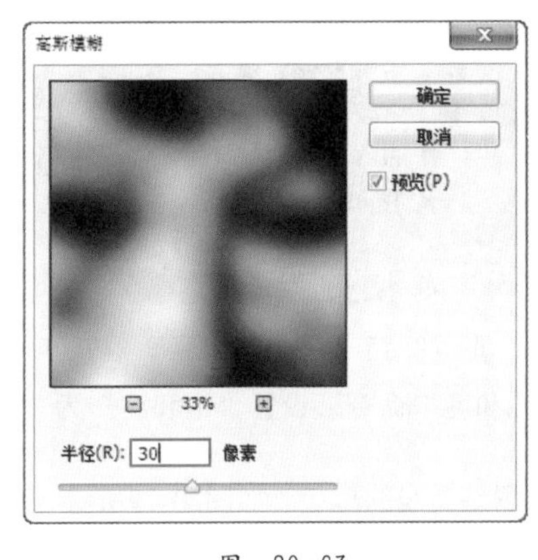

图 20-63

图 20-64

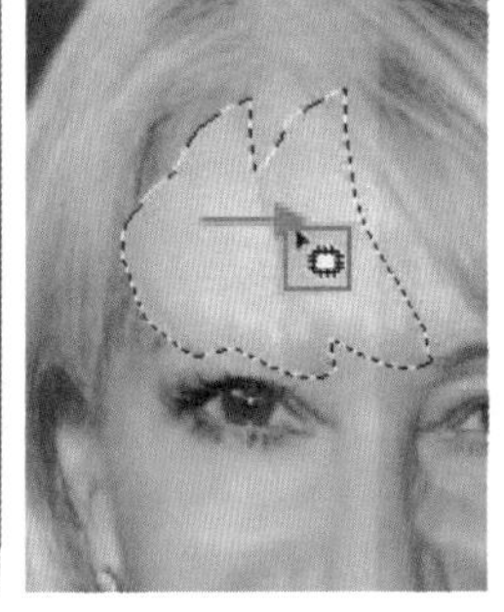

图 20-65

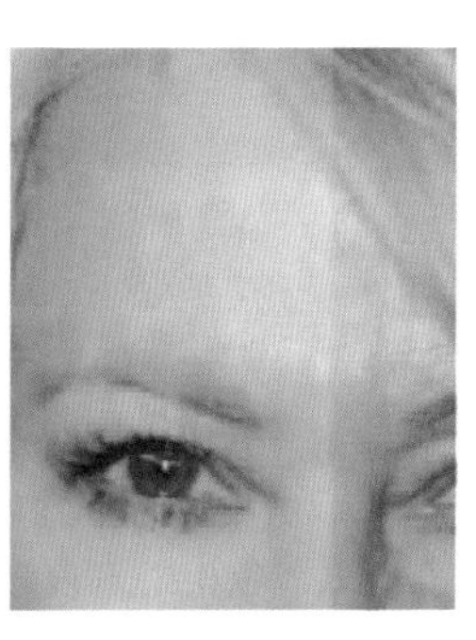

图 20-66

10 使用“矩形选框工具”，框选眼睛的部分，并将其复制到新图层，并继续使用“仿制图章工具”去除下眼睑处的细纹，如图20-68所示。

11 执行“编辑>预设>预设管理器”命令，单击“载入”按钮，在弹出的对话框中选择睫毛笔刷素材文件2.abr，单击“载入”按钮，返回“预设管理器”窗口单击“完成”按钮，如图20-69所示。

图 20-67

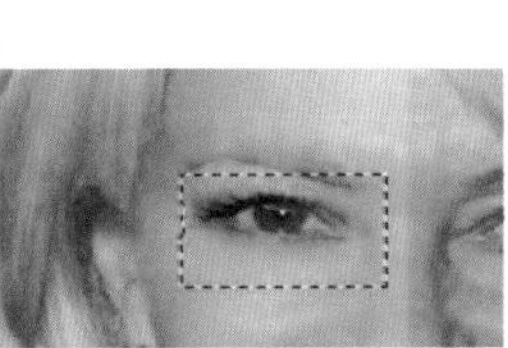

图 20-68

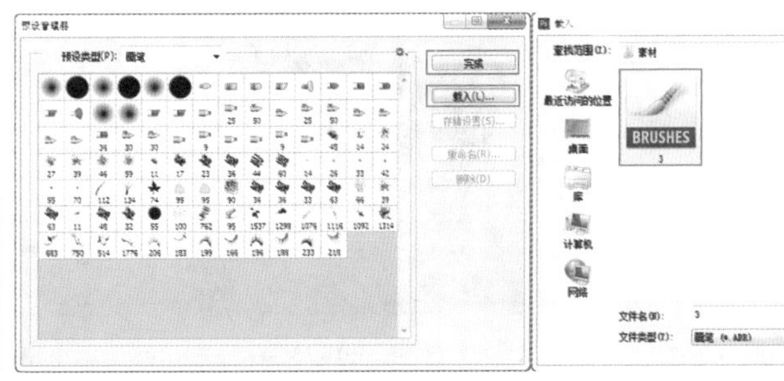

图 20-69

12 单击工具箱中的“画笔工具”按钮，在选项栏中选择合适的睫毛笔刷，如图20-70所示。设置前景色为黑色，使用画

笔在画面中单击绘制睫毛，如图20-71所示。

13 按Ctrl+T组合键执行“自由变换”命令，单击鼠标右键，在弹出的快捷菜单中执行“变形”命令，调整睫毛的形状，使其与眼睛形状吻合，如图20-72所示。调整完毕后按Enter键，完成调整，效果如图20-73所示。

图 20-70

图 20-71

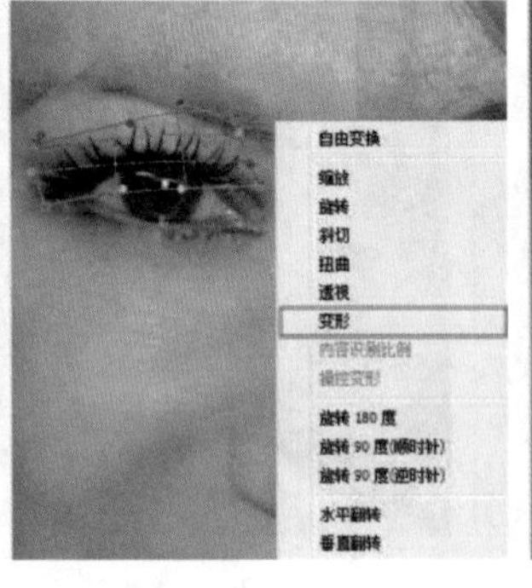

图 20-72

图 20-73

14 执行“图层>图层样式>颜色叠加”命令，设置颜色为棕色，“不透明度”为42%，如图20-74所示。单击“确定”按钮结束操作，如事图20-75所示。用同样的方法制作底部的睫毛效果，如图20-76所示。

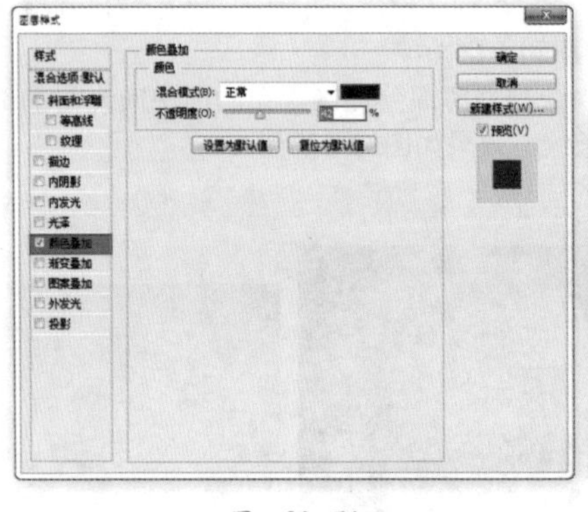

图 20-74

图 20-75

图 20-76

15 使用“套索工具”绘制眼白的选区。执行“图层>新建调整图层>色相/饱和度”命令，设置“饱和度”为-59，如图20-77所示。效果如图20-78所示。

16 载入“色相/饱和度”调整图层蒙版选区，继续创建“曲线”调整图层，调整曲线的形状，如图20-79所示。将眼白部分提亮，效果如图20-80所示。

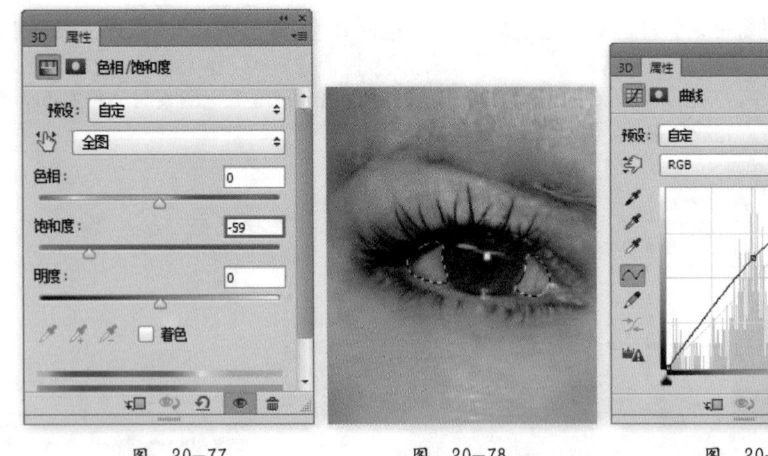

图 20-77　　图 20-78

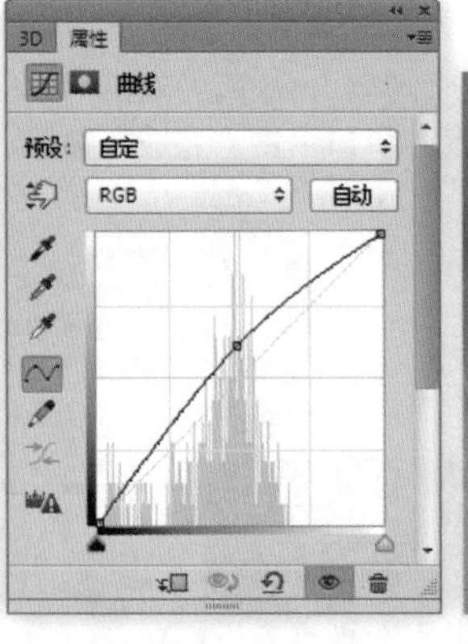

图 20-79

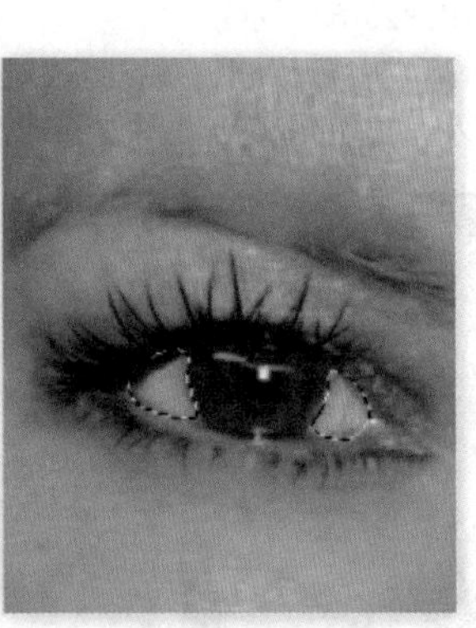

图 20-80

17 新建图层，设置前景色为蓝色，绘制瞳孔形状，如图20-81所示。设置其混合模式为“柔光”，“不透明度”为65%，如图20-82所示。

18 创建“可选颜色”调整图层，设置“颜色”为“红色”，“黄色”为-34%，如图20-83所示。使用黑色画笔在可选颜色调整图层蒙版中绘制嘴部以及眼睛部分，如图20-84所示。

图 20-81

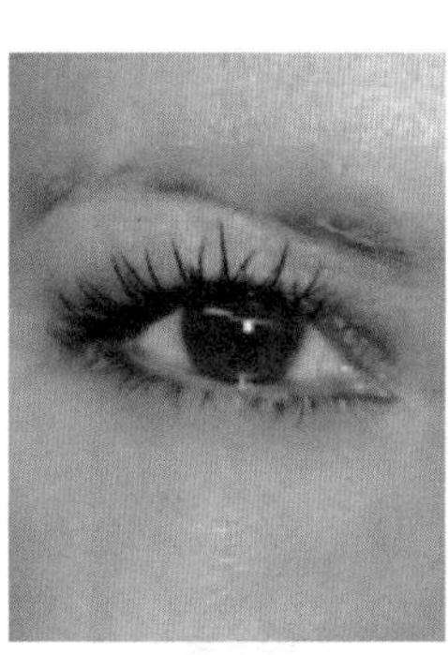

图 20-82

图 20-83

图 20-84

19 创建“曲线”调整图层，调整曲线形状，如图20-85所示。将画面提亮，效果如图20-86所示。

20 导入嘴部素材3.png，置于画面中合适的位置，如图20-87所示。为其添加图层蒙版，使用黑色画笔擦除多余的部分，如图20-88所示。

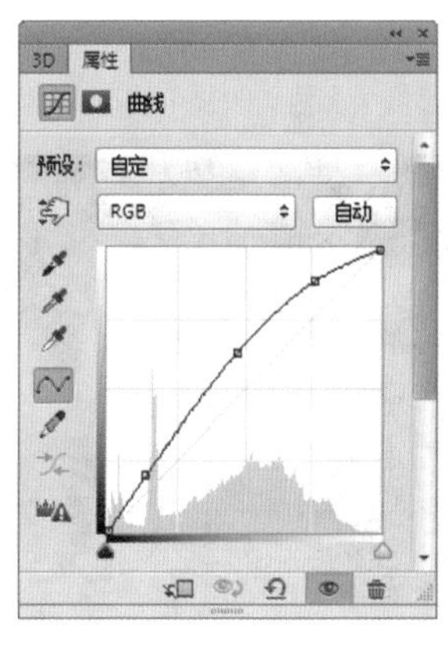

图 20-85

图 20-86

图 20-87

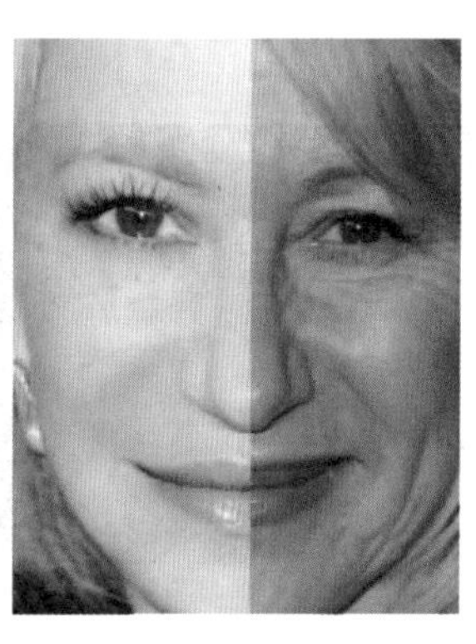

图 20-88

21 创建“色相/饱和度”调整图层，设置“色相”为-10，如图20-89所示。使嘴唇颜色与之前的颜色相似，效果如图20-90所示。

22 导入眉毛素材4.png并使用同样的方法进行处理，效果如图20-91所示。最终效果如图20-92所示。

图 20-89

图 20-90

图 20-91

图 20-92

★ 20.4 人像造型设计——花仙子

案例文件	案例文件\第20章\人像造型设计——花仙子.psd
视频教学	视频文件\第20章\人像造型设计——花仙子.flv
难易指数	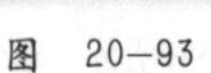
技术要点	图层蒙版、图层样式、调整图层、钢笔工具、画笔工具

案例效果

本例是通过使用图层蒙版、图层样式、调整图层、钢笔工具、画笔工具制作花仙子的效果，如图20-93所示。

操作步骤

01 打开背景素材文件1.jpg，如图20-94所示。

02 导入人像照片素材2.jpg，使用“磁性钢笔工具”在人像边缘绘制闭合的路径，如图20-95所示。按Ctrl+Enter组合键将路径快速转换为选区，并按Shift+Ctrl+I组合键选择反向选区，按Delete键删除选区内的部分，如图20-96所示。

图 20-93

图 20-94

图 20-95

03 导入翅膀素材3.png，置于人像图层下方，并对其执行“图层>图层样式>外发光”命令，设置颜色为白色，“方法”为“柔和”，“大小”为106像素，如图20-97所示。效果如图20-98所示。

图 20-96

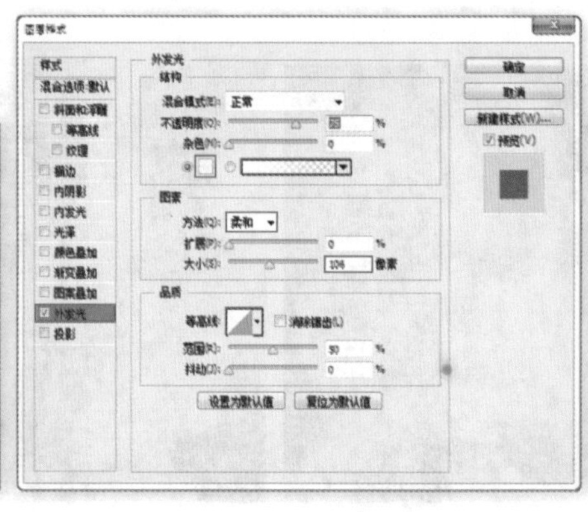

图 20-97

图 20-98

04 在“图层”面板顶部创建“曲线”调整图层，执行“图层>新建调整图层>曲线”命令，调整曲线的形状，如图20-99所示。在“图层”面板中选择“曲线”调整图层，单击鼠标右键，在弹出的快捷菜单中执行“创建剪贴蒙版”命令，如图20-100所示。使曲线只对人像图层起作用，效果如图20-101所示。

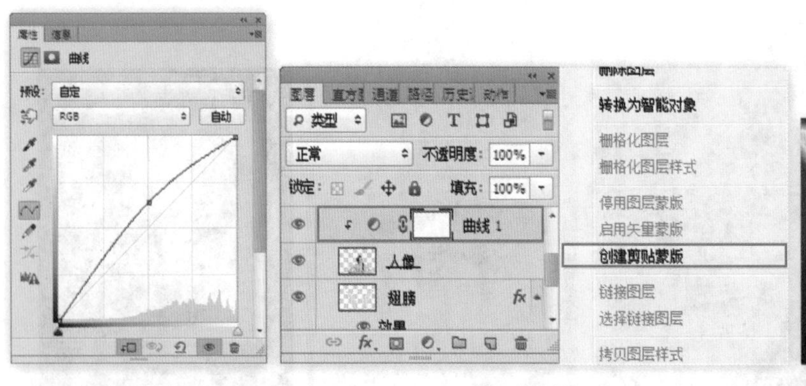

图 20-99　　图 20-100

图 20-101

05 导入花朵素材4.png，置于人像的头部作为帽子，如图20-102所示。继续导入花朵素材并将其变换到合适的大小，摆放在画面中合适的位置，如图20-103所示。

读书笔记

图 20-102

图 20-103

思维点拨：色彩的运用

本案例画面主要以红色为主，搭配相近色和白色进行画面结构的设计。红色的识别性强、感觉华丽，它与纯度高的类似色搭配，可展现出更华丽、更有动感的效果。使用补色和对照色，可以制造出鲜明刺激的效果。这种华丽的颜色常在陶瓷中使用，使釉色中闪烁出红宝石一样的色泽，也充满了富贵的感觉，如图20—104和图20—105所示。

图 20—104

图 20—105

06 在工具箱中选择“钢笔工具”，在选项栏中设置绘制模式为“形状”，“填充”为无，“描边”颜色为绿色，描边数值为1.5点，样式为直线，如图20-106所示。在画面中合适的位置绘制曲线，如图20-107所示。

形状 填充： 描边： 1.5点 W: 205.63 H: 512.97

图 20—106

07 继续使用“钢笔工具”，绘制其他的曲线形状，如图20-108所示。

08 导入花朵素材，将其置于“图层”面板顶部，如图20-109所示。为其添加图层蒙版，使用黑色画笔在蒙版中绘制手臂外的部分，并设置其混合模式为“线性加深”，如图20-110所示。效果如图20-111所示。

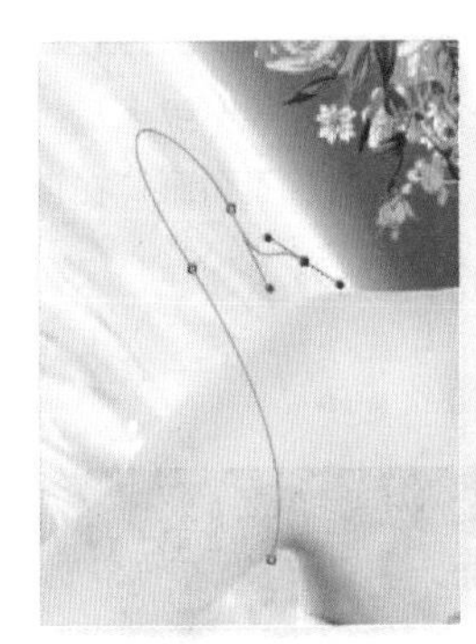

图 20—107

图 20—108

图 20—109

图 20—110

09 下面需要为人像制作妆容部分。新建图层，使用半透明的画笔在人像眼睛处进行绘制涂抹，作为人像的眼影，如图20-112所示。

10 执行“编辑>预设>预设管理器”命令，在弹出的窗口中单击“载入”按钮，在弹出的“载入”对话框中选择笔刷素材，单击“载入”按钮，可以看到睫毛笔刷成功导入到预设管理器中，如图20-113所示。使用“画笔工具”，在选项栏中选择载入的笔刷，如图20-114所示。

图　20-111

图　20-112

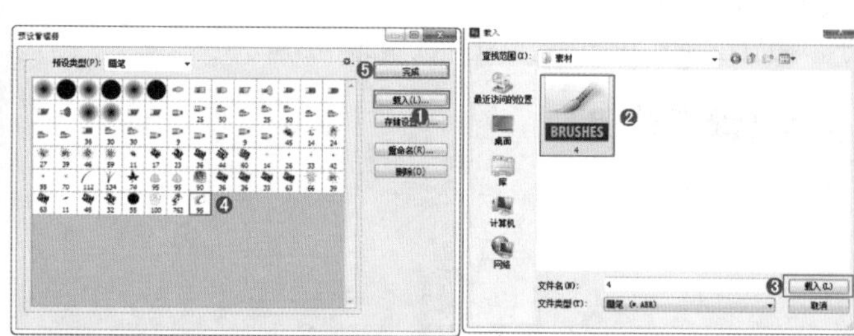

图　20-113

11 设置前景色为黑色，新建图层，使用“画笔工具”在画面中绘制出睫毛效果，如图20-115所示。复制左侧的睫毛，并将其水平翻转到右侧，摆放在人物的右眼上，效果如图20-116所示。

12 使用圆角画笔配合涂抹工具制作出眼线部分，效果如图20-117所示。

13 继续在“图层”面板顶部创建“曲线”调整图层，调整曲线形状，如图20-118所示。使用黑色画笔在调整图层蒙版中绘制嘴唇以外的部分，使其只对嘴唇部分起作用，如图20-119所示。

14 导入前景装饰素材6.png，设置其混合模式为“滤色”，如图20-120所示。效果如图20-121所示。

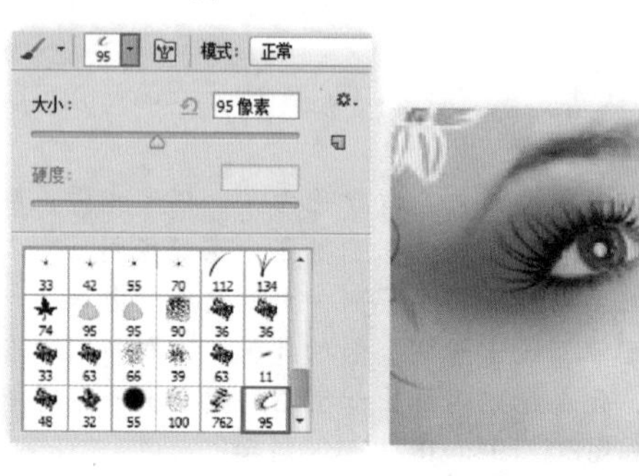

图　20-114　　图　20-115

图　20-116

图　20-117

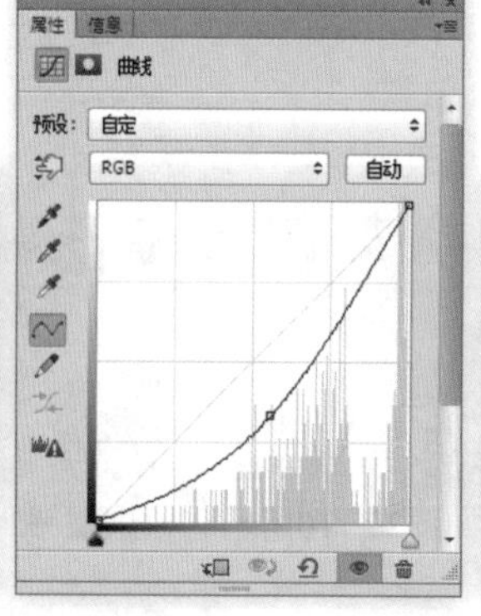

图　20-118

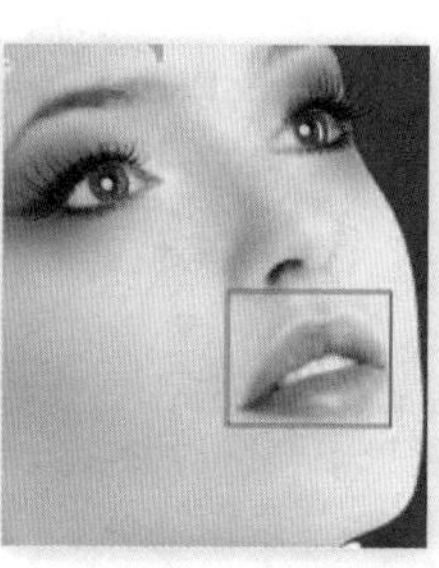

图　20-119

图　20-120

15 执行“图层>新建调整图层>曲线”命令，调整曲线的形状，如图20-122所示。压暗画面，使用黑色柔角画笔在调整图层蒙版中绘制画面中心部分，如图20-123所示。制作出压暗画面四角的部分，如图20-124所示。

图　20-121

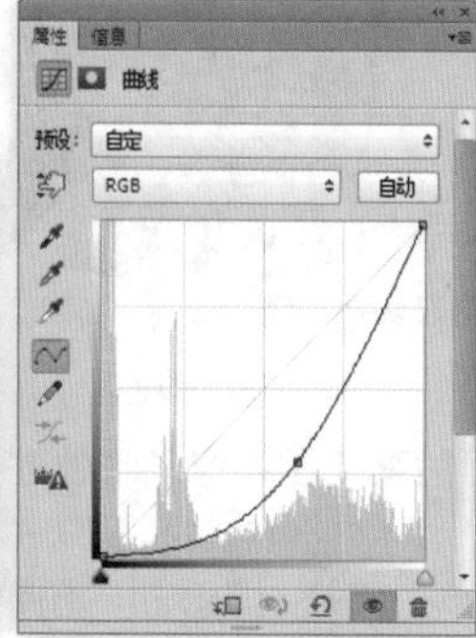

图　20-122

图　20-123

图　20-124

★ 20.5 婚纱照处理——梦幻国度

案例文件	案例文件\第20章\婚纱照处理——梦幻国度.psd
视频教学	视频文件\第20章\婚纱照处理——梦幻国度.flv
难易指数	★★★★★
技术要点	调整图层、图层蒙版、混合模式

案例效果

本例是通过使用调整图层、图层蒙版和混合模式等制作梦幻国度婚纱照效果，如图20-125和图20-126所示。

操作步骤

01 打开背景素材1.jpg，如图20-127所示。

02 复制背景图层，对其执行“滤镜>模糊>特殊模糊”命令，设置“半径”为5像素，“阈值”为15色阶，如图20-128所示。效果如图20-129所示。

图 20-125

图 20-126

图 20-127

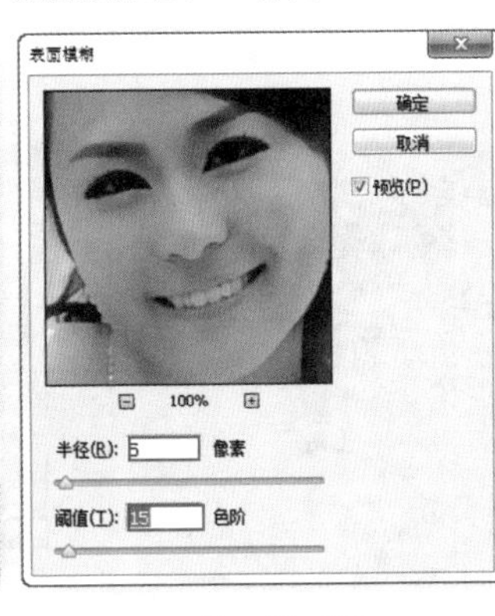

图 20-128

图 20-129

03 为表面模糊图层添加图层蒙版，使用黑色画笔在蒙版中绘制皮肤以外的部分，如图20-130所示。效果如图20-131所示。

04 导入素材风景2.jpg，如图20-132所示。同样为其添加图层蒙版，使用黑色画笔绘制天空以外的部分，如图20-133所示。效果如图20-134所示。

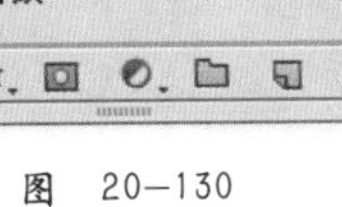

图 20-130

图 20-131

图 20-132

图 20-133

05 选择“渐变工具”，在选项栏中设置渐变类型为线性，如图20-135所示，在渐变编辑器中编辑一种彩色渐变，如图20-136所示。新建图层，在画面中拖曳填充，如图20-137所示。

图 20-134

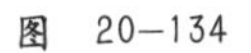

图 20-135

图 20-136

图 20-137

06 为渐变图层添加图层蒙版，使用黑色画笔在蒙版中绘制人物皮肤部分，设置混合模式为“色相”，“不透明度”为55%，如图20-138所示。效果如图20-139所示。

07 新建图层，再次绘制渐变色，设置混合模式为“色相”，“不透明度”为65%，如图20-140所示。增强画面色彩感，效果如图20-141所示。

08 执行“图层>新建调整图层>曲线”命令，调整曲线的形状，如图20-142所示。使用黑色画笔在“曲线”调整图层蒙版中绘制人物皮肤以外的部分，如图20-143所示。效果如图20-144所示。

图 20-138　　图 20-139

图 20-140　　图 20-141

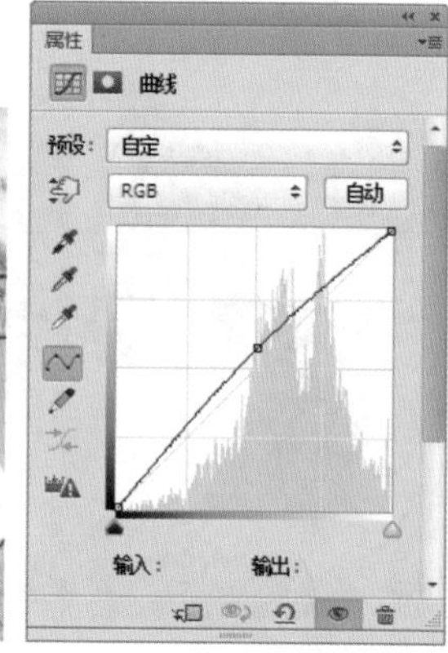

图 20-142

09 执行“图层>新建调整图层>可选颜色”命令，设置“颜色”为“红色”，“洋红”为20%，“黄色”为-20%，如图20-145所示。设置“颜色”为“绿色”，“青色”为-30%，“洋红”为79%，“黄色”为-30%，如图20-146所示。使用黑色画笔在调整图层蒙版中绘制皮肤以外的部分，如图20-147所示。效果如图20-148所示。

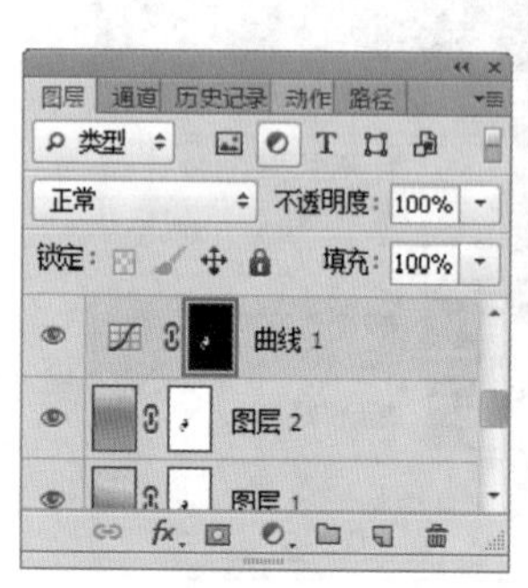

图 20-143

图 20-144

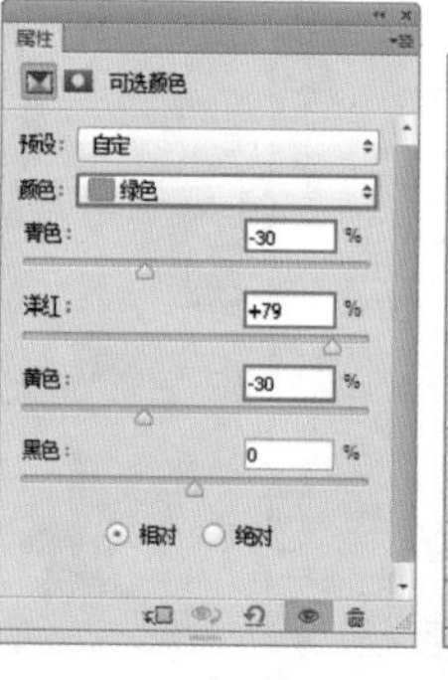

图 20-145

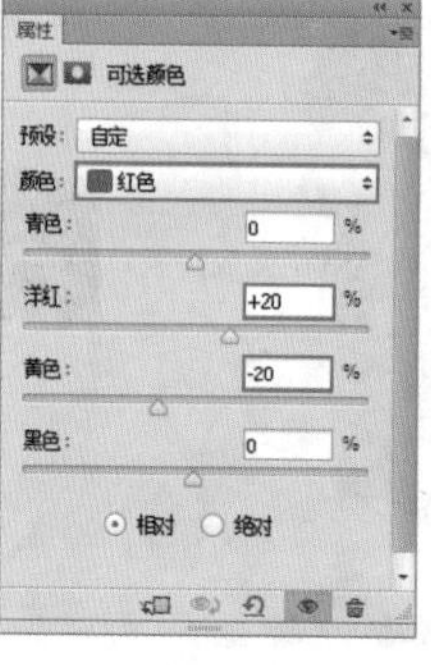

图 20-146

图 20-147

10 使用“横排文字工具”，设置合适的字体以及字号，在画面中输入白色文字，如图20-149所示。执行“图层>图层样式>外发光”命令，设置“混合模式”为“滤色”，颜色为白色，“方法”为柔和，“大小”为139像素，如图20-150所示。最后导入花纹素材3.png，置于画面中合适的位置，效果如图20-151所示。

图 20-148

图 20-149

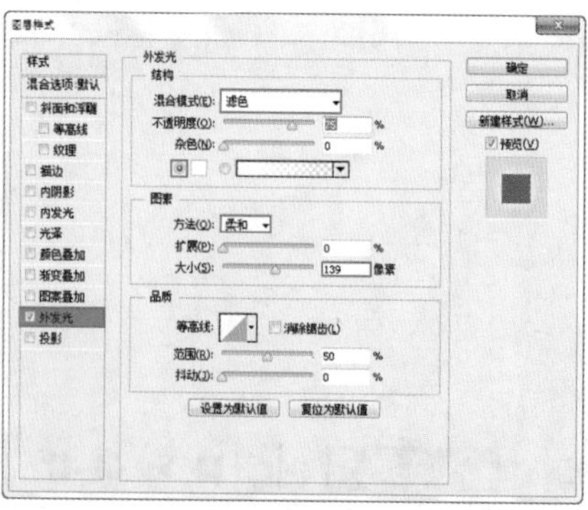

图 20-150

图 20-151

★ 20.6 风景特效——怀旧质感画卷

案例文件	案例文件\第20章\风景特效——怀旧质感画卷.psd
视频教学	视频教学\第20章\风景特效——怀旧质感画卷.flv
难易指数	★★★★★
技术要点	混合模式、图层蒙版、调整图层

案例效果

本案例主要是使用图层蒙版、混合模式、调整图层制作怀旧质感画卷，效果如图20-152所示。

操作步骤

01 打开本书配套光盘中的素材文件1.jpg，如图20-153所示。导入前景照片素材2.jpg，置于画面中合适的位置，如图20-154所示。

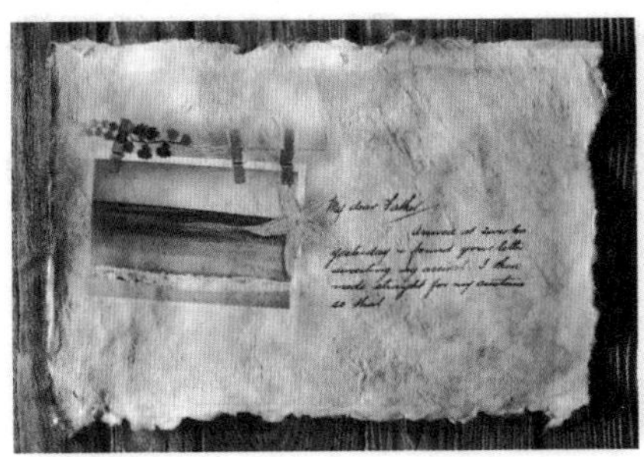

图 20-152

图 20-153

图 20-154

02 单击“图层”面板底部的“添加图层蒙版”按钮，为照片图层添加图层蒙版，使用黑色柔角画笔在蒙版中绘制合适的部分，并设置其混合模式为“正片叠底”，如图20-155所示。制作出照片溶于背景的效果，如图20-156所示。

03 执行“图层>新建调整图层>色相/饱和度”命令，选中“着色”复选框，设置“色相”为41，“饱和度”为25，如图20-157所示。效果如图20-158所示。

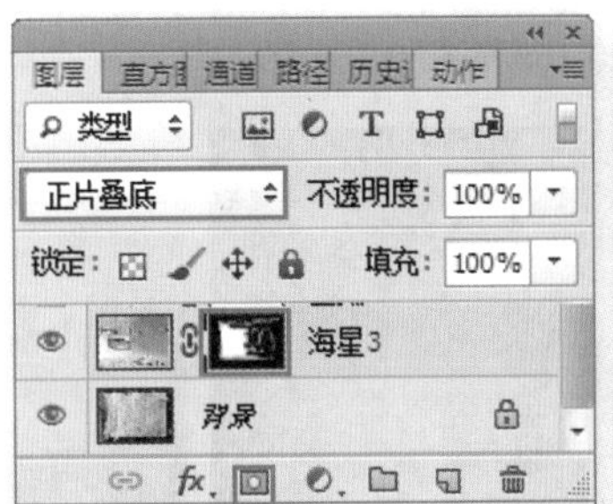

图 20-155

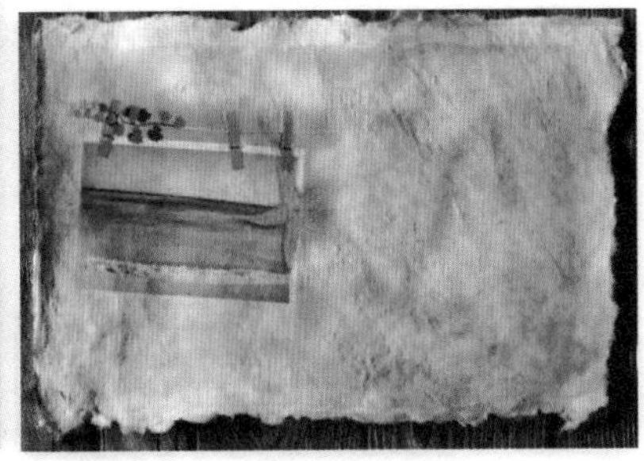

图 20-156

04 执行“图层>新建调整图层>曲线”命令，调整曲线的形状，如图20-159所示。增大画面的对比度，如图20-160所示。

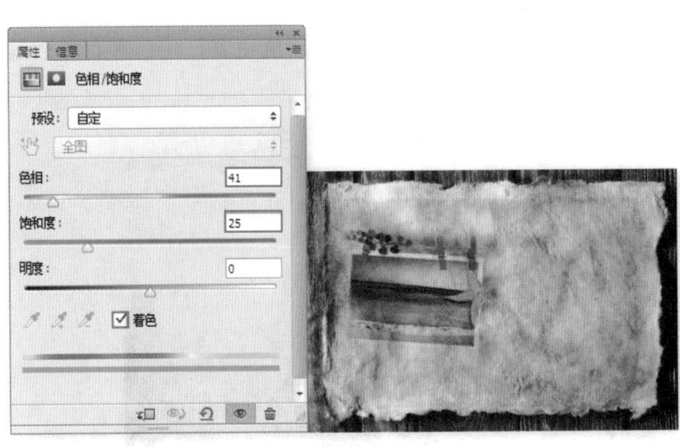

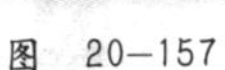

图 20-157　　图 20-158

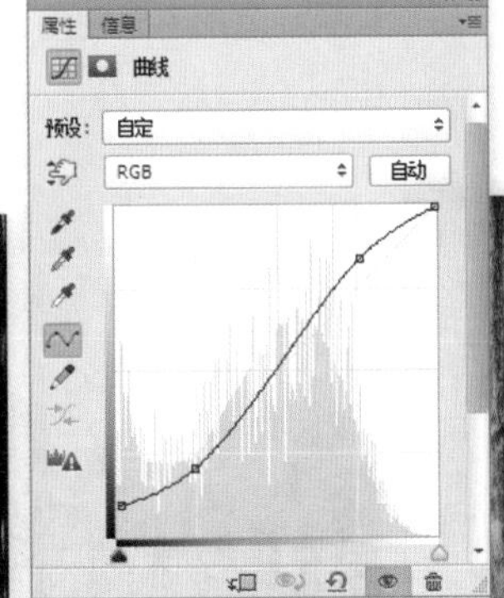

图 20-159

图 20-160

05 在“图层”面板中选中两个调整图层，单击鼠标右键，在弹出的快捷菜单中执行“创建剪贴蒙版”命令，如图20-161所示。此时两个调整图层只针对风景照片起作用，如图20-162所示。

06 最后导入前景艺术字素材3.png，置于画面中合适的位置。最终效果如图20-163所示。

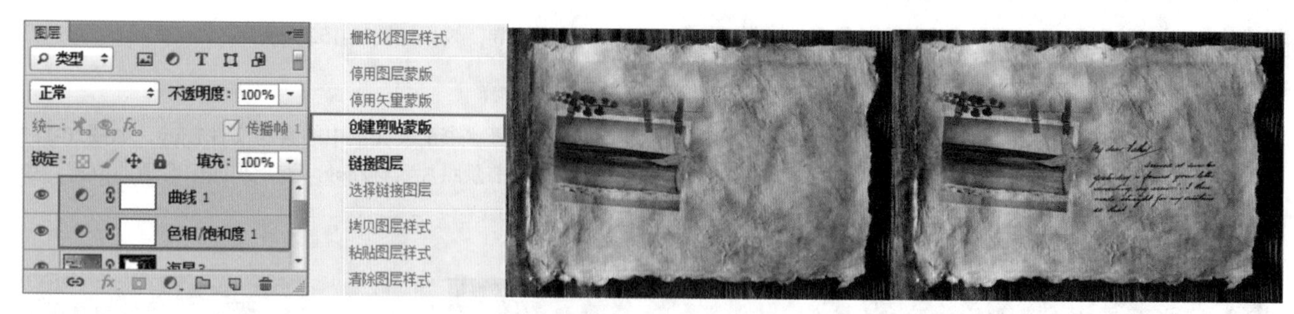

图 20-161　　图 20-162　　图 20-163

★ 20.7 风景照片处理——意境山水

案例文件	案例文件\第20章\风景照片处理——意境山水.psd
视频教学	视频教学\第20章\风景照片处理——意境山水.flv
难易指数	★★★★★
技术要点	画笔工具、图层蒙版、调整图层

案例效果

本案例主要是使用画笔工具、图层蒙版和调整图层等制作很有意境的山水照片，对比效果如图20-164和图20-165所示。

操作步骤

01 执行“文件>新建”命令创建新文件，然后导入素材文件1.jpg，如图20-166所示。

02 导入第2张素材图片2.jpg，作为右半面风景，如图20-167所示。单击“图层”面板底部的“添加图层蒙版”按钮 ，使用黑色画笔擦掉多余部分，如图20-168和图20-169所示。

图 20-164

图 20-165

图 20-166

图 20-167

03 导入天空素材文件图片3.png，调整至合适大小并放置在画面上侧，使天空部分细节更加丰富，如图20-170所示。

04 创建新组，命名为“雾”，适当设置画笔的不透明度，使用白色柔边圆画笔绘制山间的层层白雾，使白雾有种远近层次分明的效果，如图20-171所示。

图 20-168

图 20-169

图 20-170

图 20-171

05 下面需要对画面进行颜色调整。单击“图层”面板中的“创建调整图层”按钮 ，创建“可选颜色”调整图层，在“属性”面板中分别对“红色”、“黄色”、“白色”和“中性色”参数进行调整，如图20-172～图20-175所示。使画面的整体效果偏蓝，如图20-176所示。

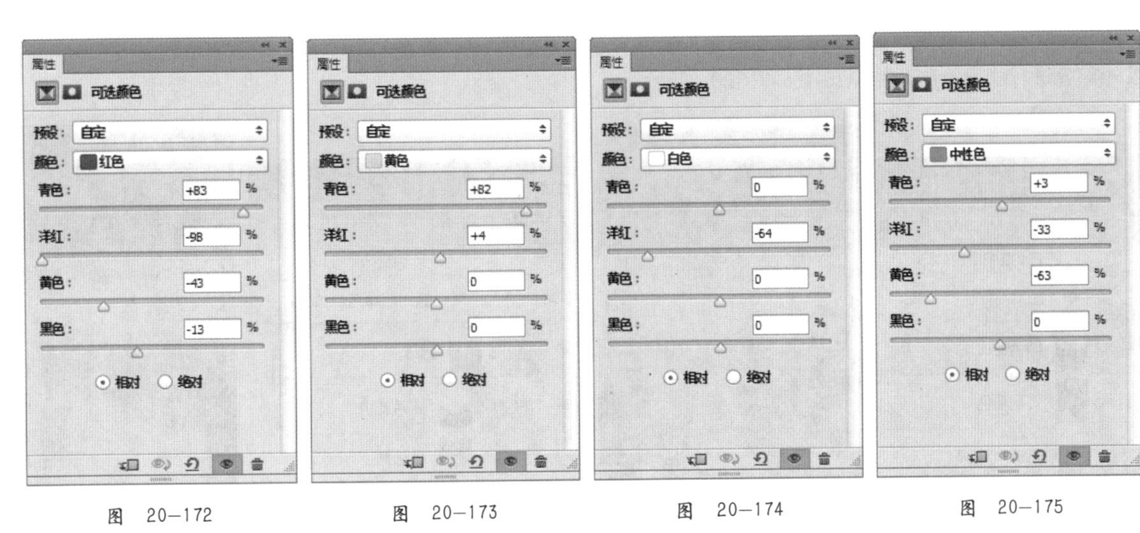

图 20-172　　图 20-173　　图 20-174　　图 20-175

06 创建“色相/饱和度”调整图层，调整“饱和度”为-59，如图20-177所示，效果图20-178所示。

07 创建“可选颜色”调整图层，在“属性”面板中分别对“青色”、“白色”和“中性色”参数进行调整，如图20-179～图20-181所示。单击“可选颜色”图层蒙版，将蒙版填充为黑色，使用白色画笔在水面和山间进行涂抹，如图20-182所示。

图 20-176　　图 20-177　　图 20-178　　图 20-179

08 创建“照片滤镜”调整图层，在面板中调整颜色参数，如图20-183所示。单击“照片滤镜”图层蒙版，使用黑色画笔在天空以外部分进行涂抹绘制，如图20-184和图20-185所示。

图 20-180　　图 20-181　　图 20-182　　图 20-183

09 创建新图层，命名为“遮罩”。将其填充为蓝灰色，设置图层混合模式为“柔光”，添加图层蒙版，使用黑色画笔在天空以外部分进行涂抹绘制，如图20-186和图20-187所示。

图 20-184

图 20-185

图 20-186

图 20-187

10 创建“曲线”调整图层，调整曲线形状，如图20-188所示。单击调整图层蒙版，使用黑色画笔在蒙版中心绘制，制作画面的暗角效果，如图20-189和图20-190所示。

读书笔记

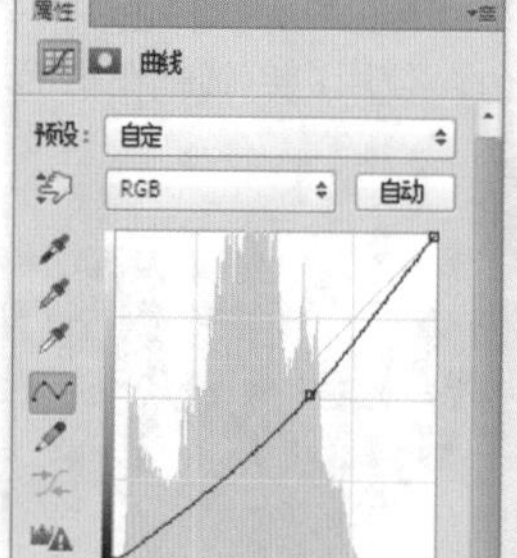

图 20-188

图 20-189

图 20-190

11 再次创建“曲线”调整图层，调整曲线形状，如图20-191所示。使用黑色画笔在蒙版中心绘制，加深画面的暗角效果，如图20-192所示。最终效果如图20-193所示。

读书笔记

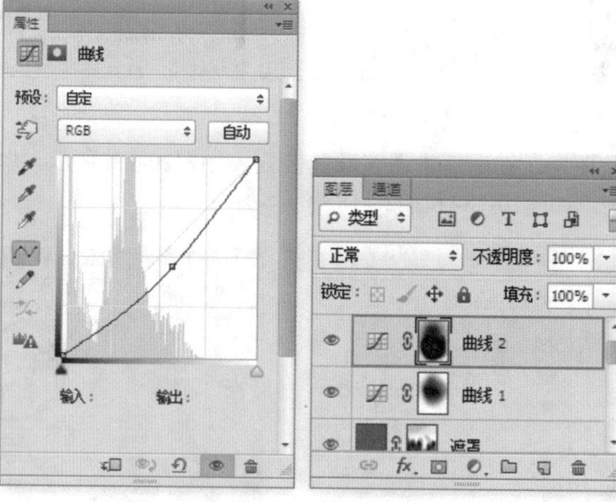

图 20-191

图 20-192

图 20-193

★ 20.8 创意风景合成——照片中的风景

案例文件	案例文件\第20章\创意风景合成——照片中的风景.psd
视频教学	视频教学\第20章\创意风景合成——照片中的风景.flv
难易指数	★★★★★
技术要点	图层蒙版、调整图层、混合模式

案例效果

本案例主要是使用图层蒙版、调整图层、混合模式制作照片中的风景，如图20-194所示。

操作步骤

01 打开本书配套光盘中的素材文件1.jpg，如图20-195所示。

02 执行“图层>图层样式>自然饱和度”命令，设置“自然饱和度”为91，如图20-196所示。效果如图20-197所示。

03 执行“图层>新建调整图层>曲线”命令，调整曲线的形状，如图20-198所示。效果如图20-199所示。

图 20-194

图 20-195

图 20-196

图 20-197

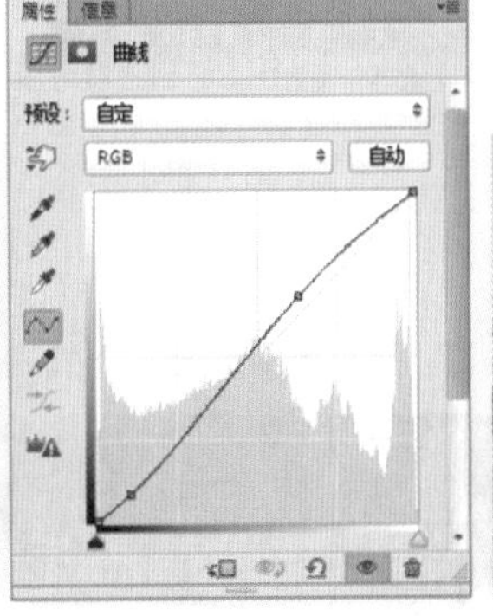

图 20-198

图 20-199

04 导入手的照片素材2.jpg，置于画面中合适的位置，使用“魔棒工具”，在选项栏中取消选中“连续”复选框，如图20-200所示。在白色背景部分单击，得到选区，如图20-201所示。按Delete键删除选区内的部分，如图20-202所示。

图 20-200

05 导入旧纸张素材3.jpg，置于画面中合适的位置。单击“图层”面板底部的“添加图层蒙版”按钮，为其添加图层蒙版，使用黑色画笔在蒙版中绘制大拇指的形状，如图20-203和图20-204所示。

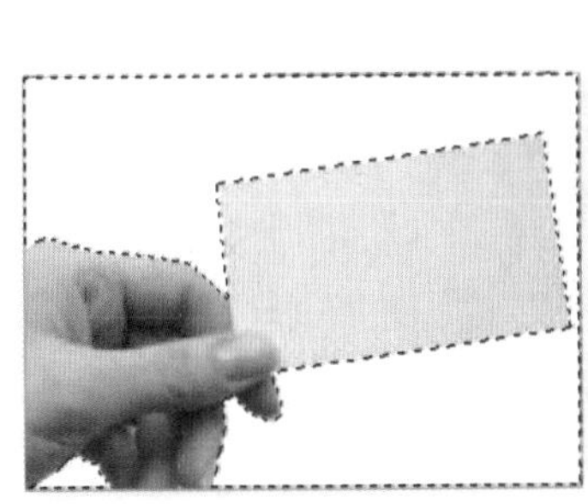

图 20-201

图 20-202

图 20-203

图 20-204

06 复制背景图层置于“图层”面板顶部，按Shift+Ctrl+U组合键为其去色，效果如图20-205所示。

07 按住Ctrl键单击“旧纸张”图层缩览图，载入旧纸张的选区。选择去色图层，单击“图层”面板底部的“添加图层蒙版”按钮，为其添加图层蒙版，并设置其混合模式为“正片叠底”，如图20-206所示。效果如图20-207所示。

08 最后导入签名素材4.png，置于画面中合适的位置。最终效果如图20-208所示。

图 20-205

图 20-206

图 20-207

图 20-208

★ 20.9 影楼版式——古典中式写真

案例文件	案例文件\第20章\影楼版式——古典中式写真.psd
视频教学	视频教学\第20章\影楼版式——古典中式写真.flv
难易指数	★★★★★
技术要点	图层蒙版、图层样式

案例效果

本案例是通过使用图层蒙版和图层样式等制作古典中式写真，效果如图20-209所示。

操作步骤

01 打开本书配套光盘中的素材文件1.jpg，如图20-210所示。

02 导入素材2.png，如图20-211所示。设置其图层的“不透明度”为50%，如图20-212所示。

图 20-209

图 20-210

图 20-211

03 导入素材3.png，如图20-213所示。执行“图层>新建调整图层>照片滤镜”命令，创建“照片滤镜”调整图层，选中“颜色”单选按钮，设置颜色为黄色，“浓度”为100%。如图20-214所示。效果如图20-215所示。

图 20-212

图 20-213

图 20-214

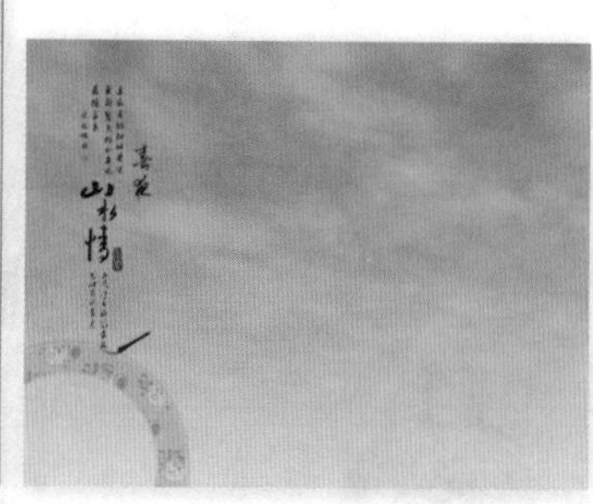
图 20-215

04 使用“椭圆选框工具”，按住Shift键绘制一个正圆选区并填充黄色，如图20-216所示。执行“图层>图层样式>描边”命令，设置“大小”为27像素，“位置”为“内部”，“描边类型”为“颜色”，“颜色”为黄色，如图20-217所示。

05 选择“图案叠加”选项，设置“混合模式”为“柔光”，“不透明度”为23%，并设置合适的图案，如图20-218所示。选择“外发光”选项，设置“混合模式”为“正常”，“不透明度”为75%，设置合适的颜色，设置“方法”为“柔和”，“扩展”为0%，“大小”为5像素，如图20-219所示。

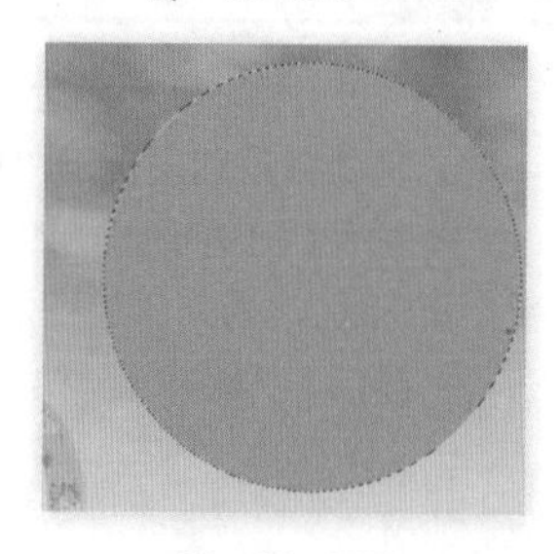
图 20-216

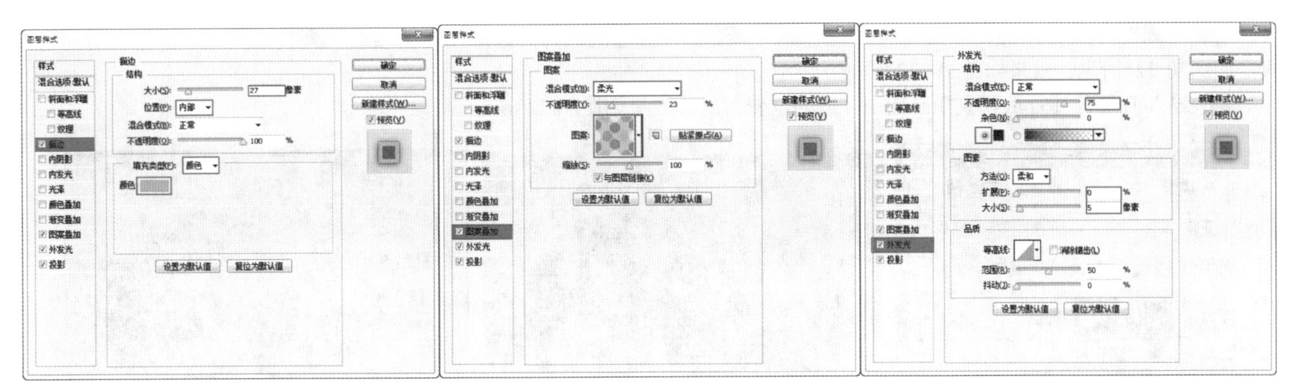

图 20—217　　图 20—218　　图 20—219

如果Photoshop中没有合适的图案，可以执行“编辑>预设>预设管理器”命令，设置预设类型为“图案”，单击“载入”按钮，载入素材文件夹中的7.pat文件。

06 选择“投影”选项，设置“混合模式”为“正片叠底”，颜色为黑色，“不透明度”为75%，“角度”为30度，“距离”为6像素，“扩展”为0%，“大小”为46像素，单击“确定”按钮，如图20-220所示。效果如图20-221所示。

07 导入花朵素材4.png，置于画面中合适的位置，并为其创建剪贴蒙版，如图20-222所示。效果如图20-223所示。

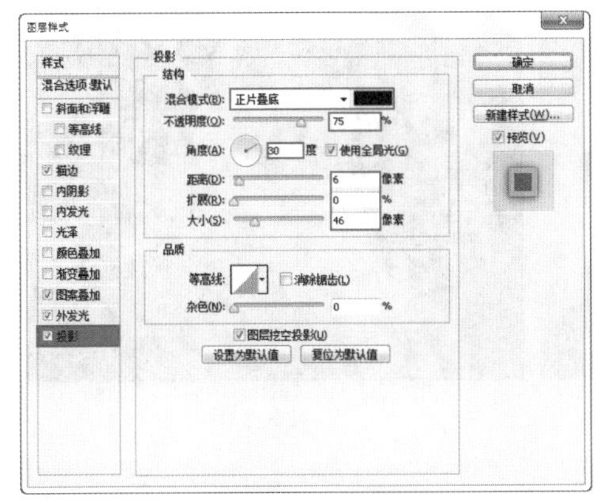

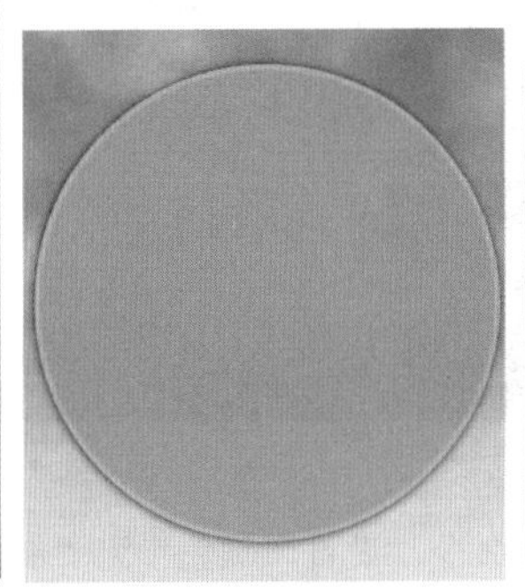

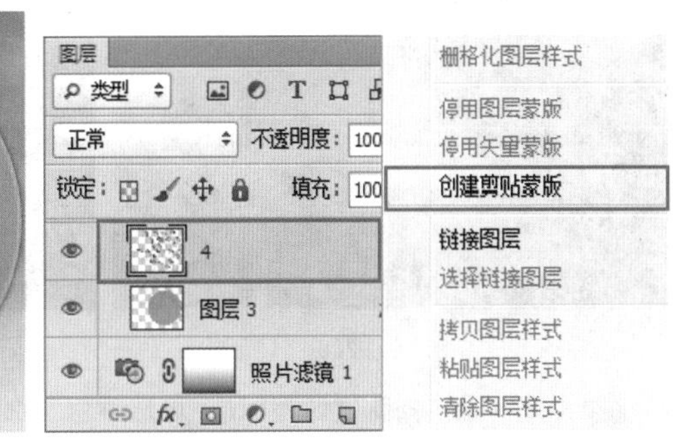

图 20—220　　图 20—221　　图 20—222

08 按住Ctrl键单击花朵图层，载入选区，执行“图层>新建调整图层>可选颜色”命令，设置“颜色”为“红色”，“青色”为10%，“洋红”为4%，“黄色”为31%，“黑色”为20%。如图20-224所示。同样为其创建剪贴蒙版，效果如图20-225所示。

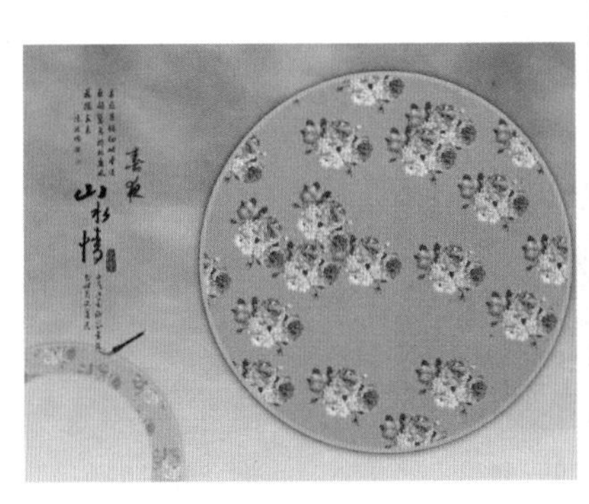

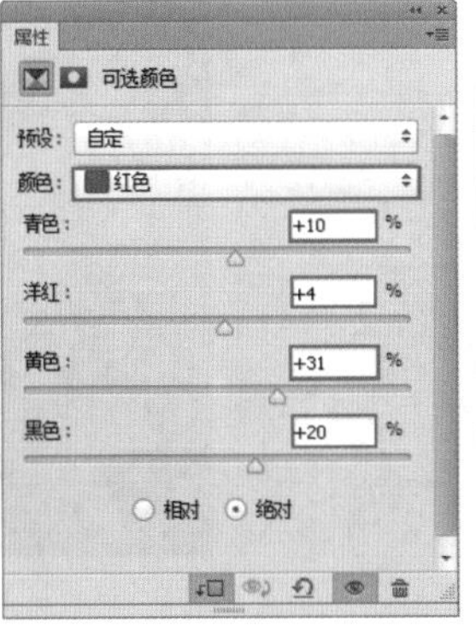

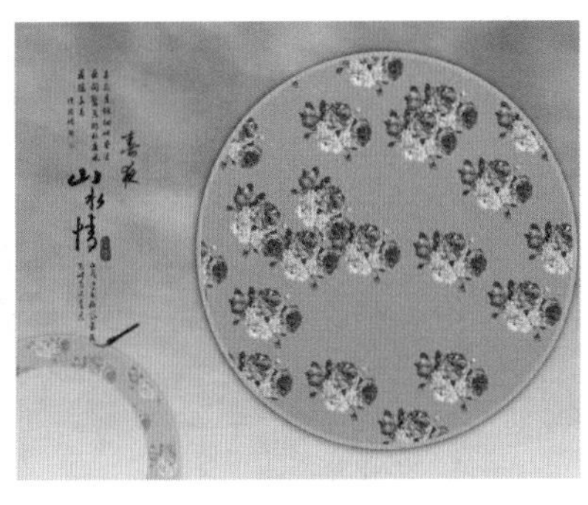

图 20—223　　图 20—224　　图 20—225

09 导入照片素材5.jpg，使用“椭圆选框工具”绘制正圆选区，为其添加图层蒙版，并为其添加与上面相同的描边样式，如图20-226所示。效果如图20-227所示。

10 导入前景素材6.png，置于画面中合适的位置。最终效果如图20-228所示。

图 20-226

图 20-227

图 20-228

★ 20.10 创意人像合成——精灵女王

案例文件	案例文件\第20章\创意人像合成——精灵女王.psd
视频教学	视频文件\第20章\创意人像合成——精灵女王.flv
难易指数	★★★★★
技术要点	混合模式、调整图层、定义画笔预设

案例效果

本案例主要是使用混合模式、调整图层、定义画笔预设命令绘制精灵光斑人物，效果如图20-229所示。

操作步骤

01 打开背景素材文件1.jpg，如图20-230所示。导入前景人像素材2.png，置于画面右侧，如图20-231所示。

图 20-229

图 20-230

图 20-231

02 执行“图层>新建调整图层>可选颜色”命令，设置“颜色”为“红色”，“青色”为57%，“洋红”为49%，“黄色”为-100%，如图20-232所示。设置“颜色”为“中性色”，“黄色”为-22%，如图20-233所示。

03 使用黑色画笔在调整图层蒙版中涂抹人物的皮肤部分，如图20-234所示。继续创建“可选颜色”调整图层，设置“颜色”为“红色”，“洋红”为19%，“黄色”为43%，“黑色”为-33%，如图20-235所示。

图 20-232

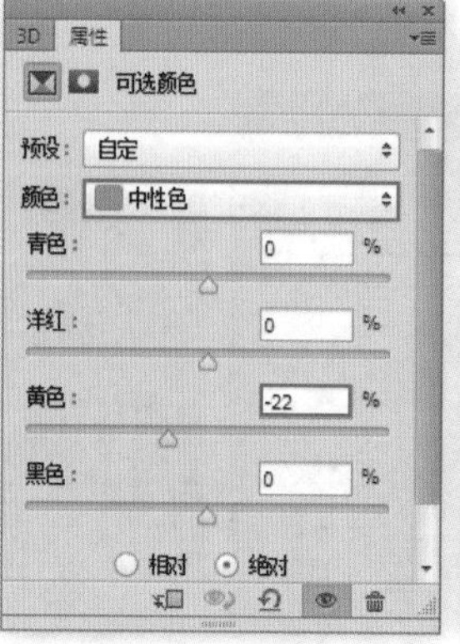

图 20-233

图 20-234

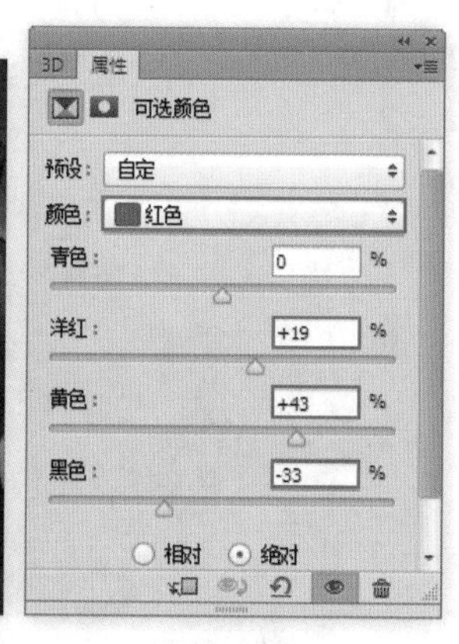

图 20-235

04 设置“颜色”为“黄色”，“青色”为-20%，“黄色”为15%，“黑色”为-40%，如图20-236所示。继续使用黑色画笔涂抹人像皮肤以外的部分，如图20-237所示。

05 执行“图层>新建调整图层>色相饱和度”命令，调整“色相”为-5，如图20-238所示。效果如图20-239所示。

图 20-236

图 20-237

图 20-238

图 20-239

06 执行“图层>新建调整图层>曲线”命令，调整曲线的形状，如图20-240所示。使用黑色画笔在调整图层蒙版中绘制人像暗部以外的区域，效果如图20-241所示。

07 继续创建“曲线”调整图层，调整曲线的形状，如图20-242所示。使用黑色画笔在蒙版中绘制选区以外的部分，如图20-243所示。

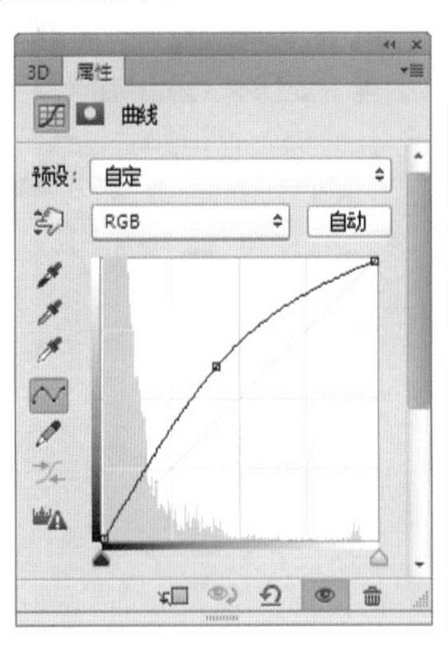

图 20-240

图 20-241

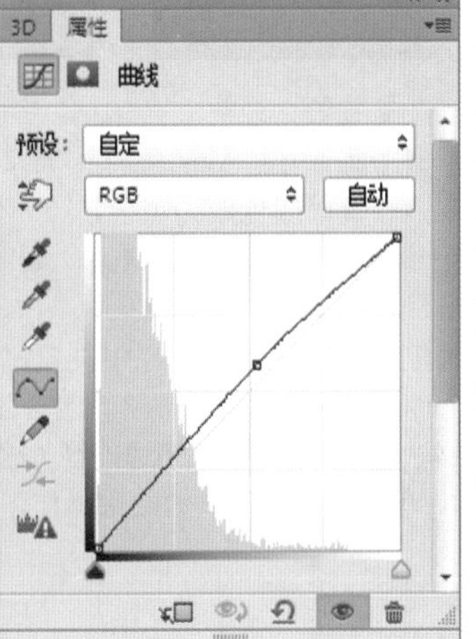

图 20-242

图 20-243

08 再次创建“曲线”调整图层，调整曲线的形状，如图20-244所示。提亮如图20-245所示的选区部分。

09 选中所有调整图层，单击鼠标右键，在弹出的快捷菜单中执行“创建剪贴蒙版”命令，如图20-246所示。使其只对人像起作用，如图20-247所示。

10 导入发丝素材3.png，置于画面中合适的位置，如图20-248所示。导入瞳孔素材4.png，置于人像瞳孔处，设置其混合模式为“叠加”，为其添加图层蒙版，隐藏眼睛以外的部分，如图20-249所示。

11 复制瞳孔图层置于其上方，设置其“不透明度”为75%，如图20-250所示。使用同样的方法制作右眼的瞳孔效果，如图20-251所示。

12 新建图层，设置合适的前景色，使用“画笔工具”绘制唇彩效果，设置其混合模式为“正片叠底”，如图20-252所示。

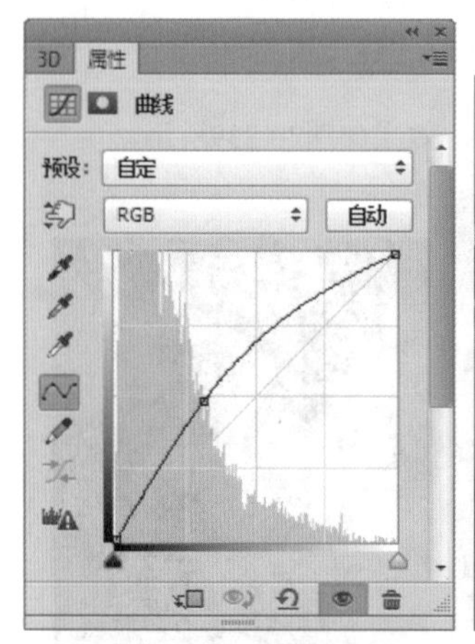

图 20-244

图 20-245

图 20-246

图 20-247

图 20-248

图 20-249

图 20-250

图 20-251

图 20-252

13 导入前景装饰素材，置于画面中合适的位置。为了增加立体感，执行“图层>图层样式>投影”命令，设置“颜色”为黑色，“不透明度”为100%，“角度”为30度，“距离”为1像素，“大小”为1像素，如图20-253所示。效果如 图20-254所示。

14 新建图层，选择“画笔工具”，在选项栏中设置圆形硬角画笔，设置“大小”为10像素，使用“钢笔工具”，在画面中绘制闭合路径，如图20-255所示。单击鼠标右键，在弹出的快捷菜单中执行“描边路径”命令，设置“工具”为“画笔”，如图20-256所示。单击“确定”按钮结束操作，如图20-257所示。

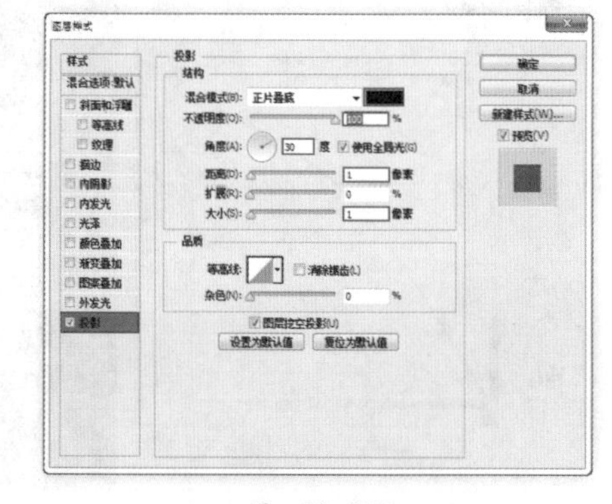

图 20-253

图 20-254

图 20-255

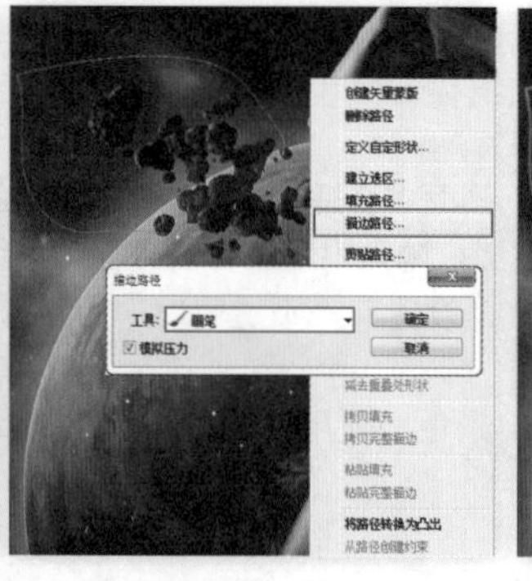

图 20-256

图 20-257

15 按Ctrl+Enter组合键将路径快速转换为选区，使用“渐变工具”，在选项栏中设置由蓝色到透明的渐变，设置绘制模式为线性，如图20-258所示。在选区内拖曳蓝色系渐变，如图20-259所示。

图　20—258

16 为其添加图层蒙版，使用黑色画笔在蒙版中涂抹多余的部分，效果如图20-260所示。执行“图层>图层样式>颜色叠加”命令，设置“颜色”为蓝色，如图20-261所示。效果如图20-262所示。

图　20—259

图　20—260

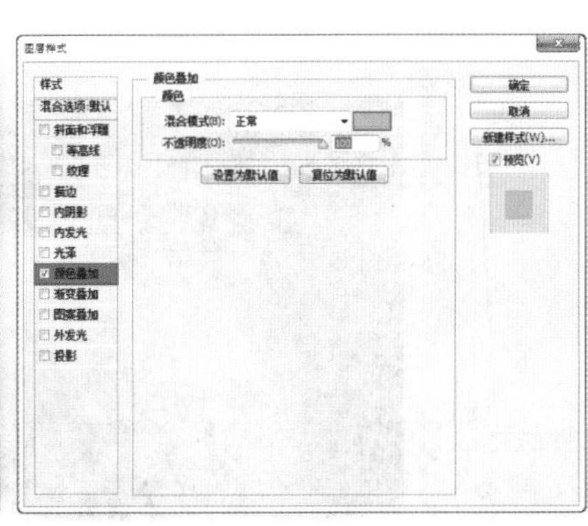

图　20—261

图　20—262

17 选择“投影”选项，设置颜色为紫色，隐藏除画笔绘制以外的图层，如图20-263所示。执行“编辑>定义画笔预设”命令，在“画笔名称”对话框中单击“确定”按钮，如图20-264所示。使用“画笔工具”，在选项栏中选择定义的画笔，设置合适的前景色，在画面中绘制，如图20-265所示。

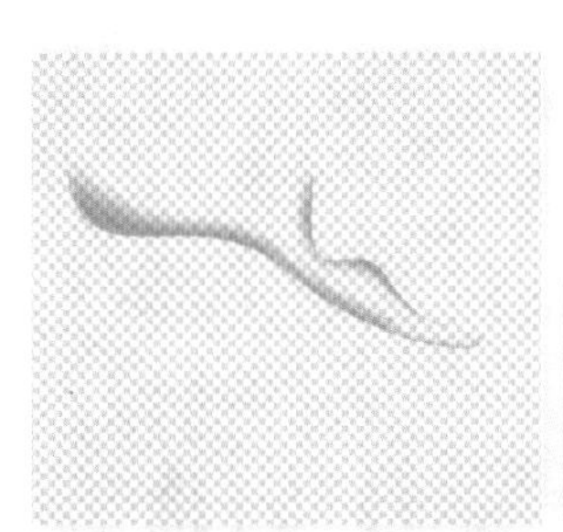

图　20—263

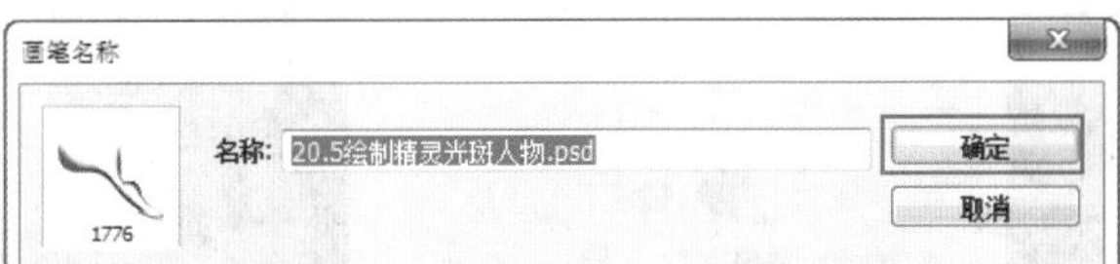

图　20—264

图　20—265

18 新建图层，设置前景色为白色，使用较小的圆形硬角画笔工具在画面中绘制光效，如图20-266所示。对其执行“图层>图层样式>外发光”命令，设置“混合模式”为“叠加”，“不透明度”为100%，“颜色”为橘黄色，“方法”为“柔和”，“大小”为4像素，如图20-267所示。效果如图20-268所示。

图　20—266

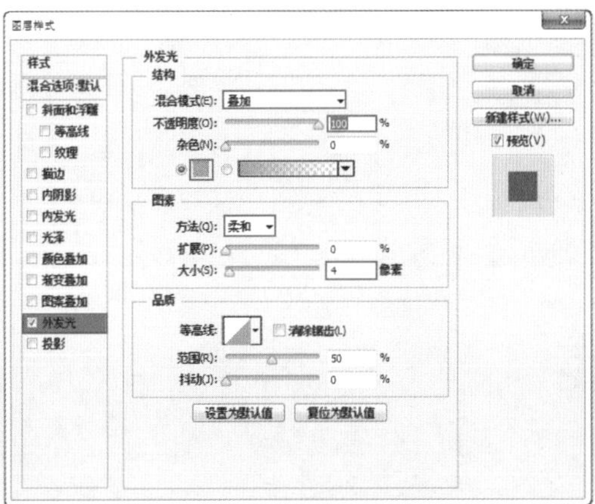

图　20—267

图　20—268

19 执行“图层>新建调整图层>曲线”命令，调整曲线的形状，如图20-269所示。使用黑色画笔在调整图层蒙版中涂抹画面中心的部分，制作暗角效果，如图20-270所示。

20 继续创建“曲线”调整图层，调整RGB通道以及蓝通道曲线形状，如图20-271所示。效果如图20-272所示。

图 20-269

图 20-270

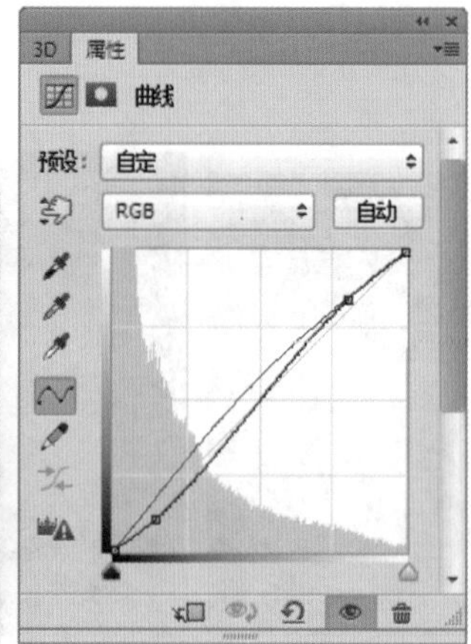

图 20-271

21 导入光效素材3.png，置于画面中合适的位置，并设置其混合模式为“滤色”，如图20-273所示。最终效果如图20-274所示。

图 20-272

图 20-273

图 20-274

读书笔记

第21章 平面设计

★ 21.1 创意运动鞋招贴

案例文件	案例文件\第21章\创意运动鞋招贴.psd
视频教学	视频文件\第21章\创意运动鞋招贴.flv
难易指数	★★★★★
技术要点	钢笔工具、混合模式、图层蒙版

案例效果

本案例主要通过使用“钢笔工具”、“混合模式”和“图层蒙版”等命令制作创意运动鞋招贴，如图21-1所示。

操作步骤

01 打开背景素材1.jpg，如图21-2所示。导入鞋子素材2.jpg，执行“编辑>自由变换”命令，将鞋子素材旋转至合适角度，并调整其大小，如图21-3所示。

02 单击工具箱中的“钢笔工具”按钮，沿着鞋子边界绘制鞋子的闭合路径，如图21-4所示。右击，在弹出的快捷菜单中执行“建立选区”命令，将路径转换为选区，如图21-5所示。

图 21-1

图 21-2

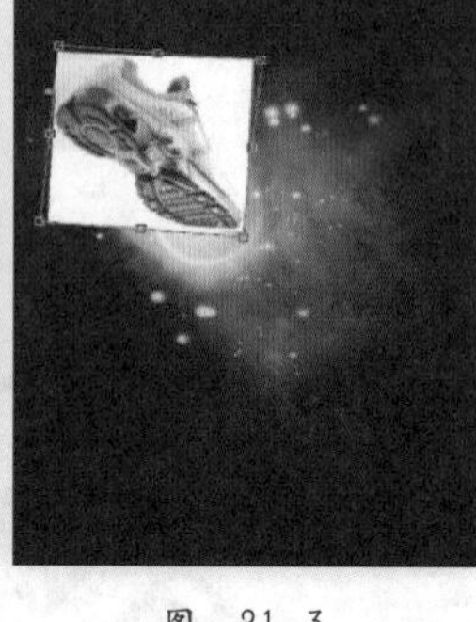

图 21-3

图 21-4

图 21-5

03 单击“图层”面板中的“添加图层蒙版”按钮，隐藏白色背景部分，如图21-6所示。单击工具箱中的“画笔工具”按钮，设置前景色为紫色，新建图层，使用柔角画笔在鞋上合适的位置进行绘制，如图21-7所示。

04 设置紫色图层的混合模式为“叠加”，如图 21-8所示。设置前景色为黄色，新建图层，使用柔角画笔在鞋跟位置进行绘制，如图 21-9所示。

图 21-6

图 21-7

图 21-8

图 21-9

05 设置黄色图层的混合模式为“颜色加深”，如图21-10所示。设置前景色为蓝色，新建图层，使用柔角画笔在鞋侧面位置进行绘制，如图21-11所示。

06 设置蓝色图层的混合模式为“叠加”，如图21-12所示。设置前景色为绿色，新建图层，使用柔角画笔在鞋尖位置进行绘制，如图21-13所示。

07 设置绿色图层的混合模式为“正片叠底”，“不透明度”为80%，如图21-14所示。

图 21-10

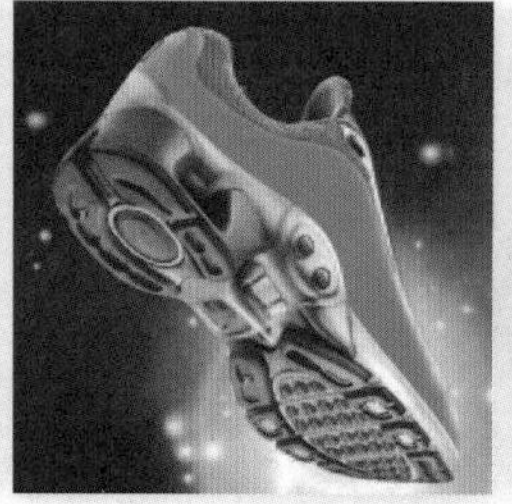

图 21-11

图 21-12

图 21-13

图 21-14

08 导入人像素材3.jpg，使用“钢笔工具”沿着人像绘制一个闭合路径，如图21-15所示。右击，在弹出的快捷菜单中执行“转换为选区”命令，添加图层蒙版，隐藏背景多余部分，如图21-16所示。

09 单击“图层”面板中的“添加调整图层”按钮，执行“曲线”命令，调整曲线形状，如图21-17所示。在“图层”面板上选择曲线图层，右击，在弹出的快捷菜单中执行“创建剪贴蒙版”命令，使其只对人像起作用，如图21-18所示。

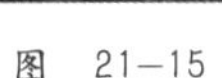

图 21-15

图 21-16

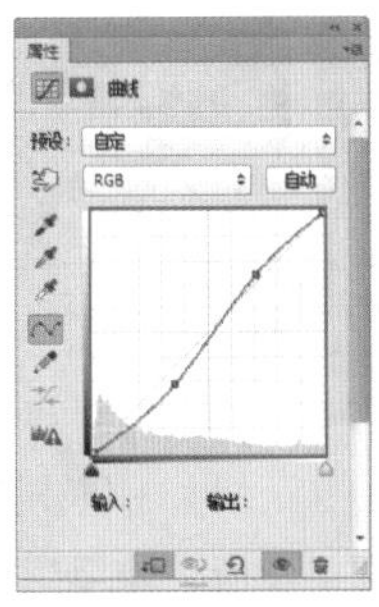

图 21-17

图 21-18

10 复制鞋子素材，放置在人物胸部位置，将该图层放置在最顶层，设置混合模式为“柔光”，“不透明度”为60%，如图21-19所示。复制该图层，设置混合模式为“颜色减淡”，“不透明度”为64%，如图21-20所示。

11 导入光效素材4.jpg，设置混合模式为“滤色”，如图21-21所示。导入前景素材5.png，如图21-22所示。

图 21-19

图 21-20

图 21-21

图 21-22

★ 21.2 清爽汽车宣传招贴

案例文件	案例文件\第21章\清爽汽车宣传招贴.psd
视频教学	视频文件\第21章\清爽汽车宣传招贴.flv
难易指数	★★★★★
技术要点	图层样式、创建剪贴蒙版、钢笔工具、椭圆选框工具

案例效果

本案例主要通过使用“图层样式”、“创建剪贴蒙版”命令和“钢笔工具”、“椭圆选框工具”等制作汽车招贴海报，效果如图21-23所示。

操作步骤

01 执行“文件>新建”命令，设置“宽度”为3500像素，“高度”为1970像素，如图21-24所示。

02 单击工具箱中的“渐变工具”按钮，在选项栏中单击“径向渐变”按钮，打开渐变编辑器，在编辑器中编辑一种蓝色系渐变，如图21-25所示。在画面中拖曳填充，如图21-26所示。

图 21-23

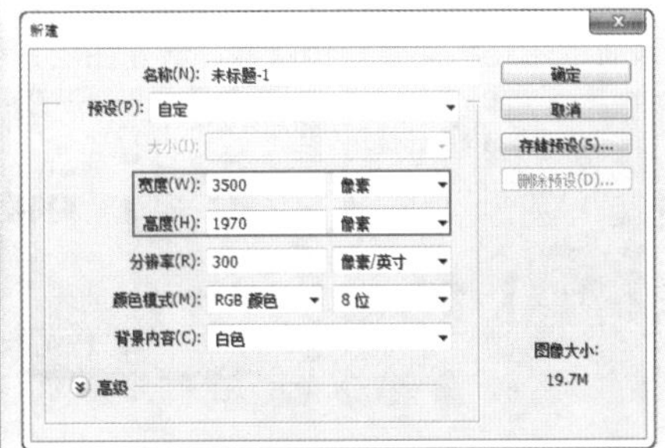

图 21-24

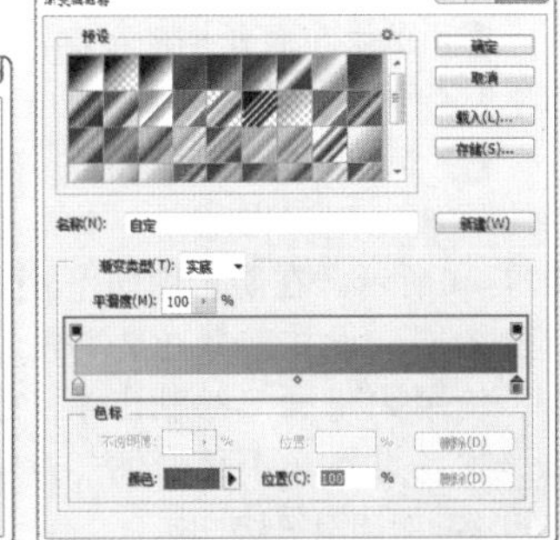

图 21-25

03 导入云彩素材1.jpg，调整至合适大小并将其放置在画面中间位置，如图21-27所示。单击“图层”面板中的“添加图层蒙版”按钮，使用黑色柔角画笔在四周进行涂抹，使云彩与背景融合得更加自然，如图21-28所示。

04 设置前景色为绿色，使用柔角画笔在天空上绘制一个半圆形，如图21-29所示。设置其混合模式为“柔光”，“不透明度”为65%，如图21-30所示。

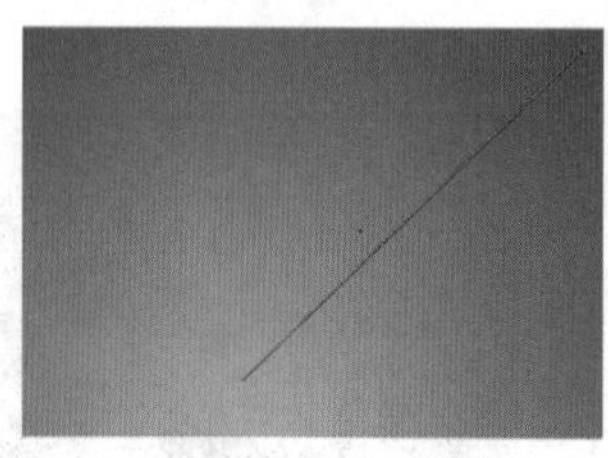
图 21-26

图 21-27

图 21-28

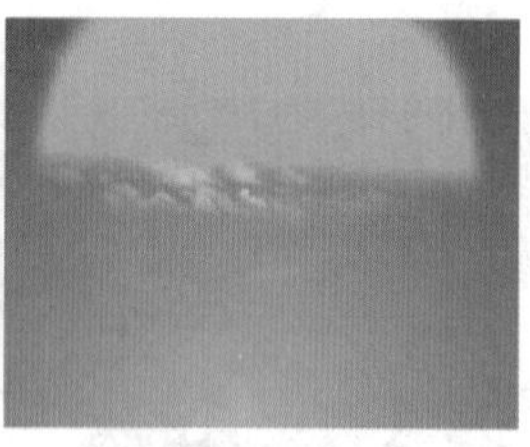
图 21-29

05 为绿色半圆添加一个图层蒙版，使用黑色柔角画笔在圆边缘涂抹，使其更加融合，如图21-31所示。导入楼房素材2.png，调整至合适大小及位置，如图21-32所示。

06 单击工具箱中的“钢笔工具”按钮，在画面中绘制一个矩形的闭合路径，如图21-33所示。右击，在弹出的快捷菜单中执行“转换为选区”命令，新建图层并填充为蓝色，如图21-34所示。

图 21-30

图 21-31

图 21-32

图 21-33

07 执行“图层>图层样式>内发光”命令，设置“混合模式”为“正常”，“不透明度”为10%，调整颜色为黑色，“大小”为21像素，如图21-35所示。选择“渐变叠加”选项，设置“不透明度”为20%，调整一种从黑色到白色的渐变，如图21-36所示。效果如图21-37所示。

图 21-34

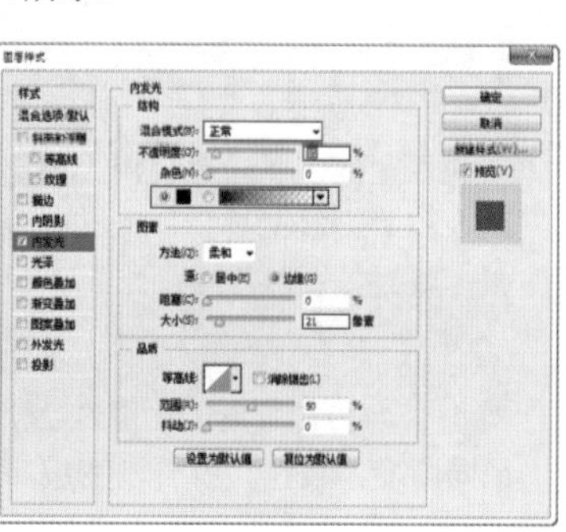
图 21-35

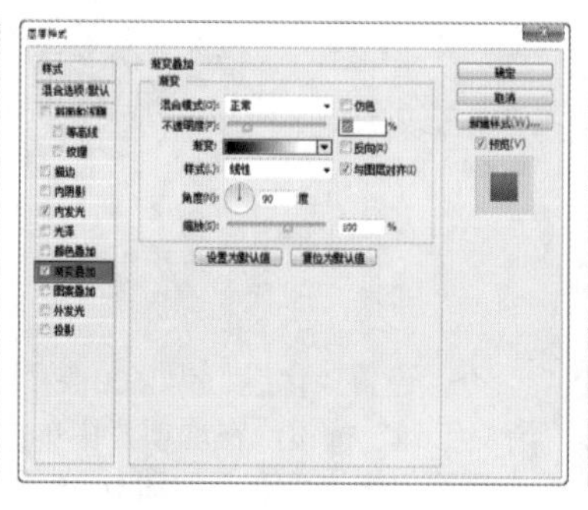
图 21-36

图 21-37

08 单击工具箱中的“椭圆工具”按钮，在矩形下方绘制一个合适大小的椭圆，如图21-38所示。执行“选择>修改>羽化”命令，在弹出的对话框中设置“羽化半径”为10像素，新建图层并填充为黑色，如图21-39所示。

09 适当调整大小，将阴影图层放在矩形图层下，如图21-40所示。在阴影图层下新建图层，设置前景色为绿色，使用柔角画笔绘制出半圆形状，设置“不透明度”为50%，如图21-41所示。

图 21-38

图 21-39

图 21-40

图 21-41

思维点拨：蓝色的特质

纯净的蓝色能够表现出一种美丽、冷静、理智、安详与广阔的意境。由于蓝色具有沉稳的特性，理智、准确的意象，在商业设计中，强调科技、效率的商品或企业形象，大多选用蓝色作为标准色或企业色，如电脑、汽车、影印机、摄影器材广告等，如图21—42和图21—43所示。

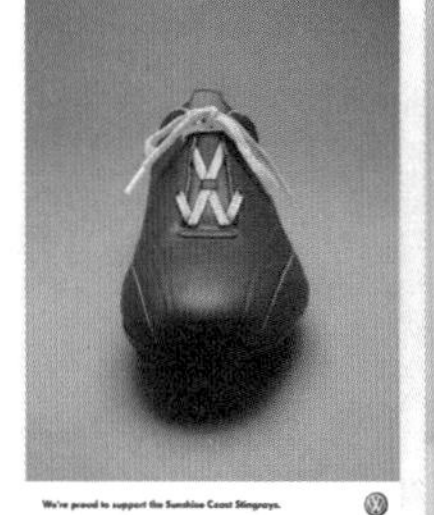

图 21—42

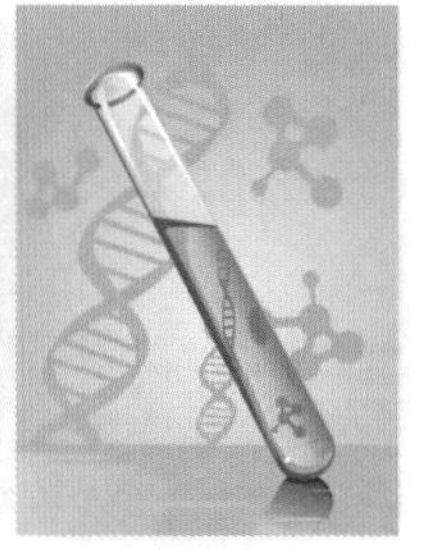

图 21—43

10 在顶层新建图层，使用“钢笔工具”绘制一个合适大小的圆角矩形形状，建立选区并填充为白色，如图21-44所示。执行“图层>图层样式>外发光”命令，设置“不透明度”为80%，调整颜色为黑色，“大小”为15像素，如图21-45和图21-46所示。

图 21—44

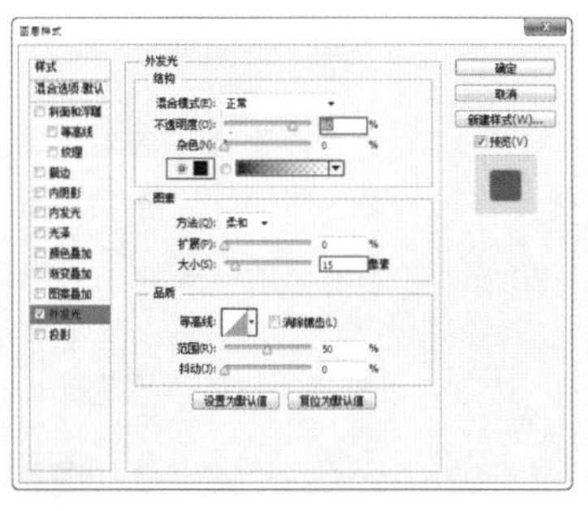

图 21—45

图 21—46

11 导入素材3.jpg，调整大小及位置，如图21-47所示。选择素材图层，右击，在弹出的快捷菜单中执行“创建剪贴蒙版”命令，如图21-48所示。

12 导入树素材4.png，调整大小及位置，如图21-49所示。同样使用“椭圆选框工具”和“羽化”命令制作阴影部分，如图21-50所示。

图 21—47

图 21—48

图 21—49

图 21—50

13 导入车素材文件5.png，调整至合适大小，放置在画面右侧，如图21-51所示。使用“多边形套索工具”在车子下绘制合适的选区，进行适当的羽化，制作阴影效果，如图21-52所示。

14 单击工具箱中的“文字工具”按钮T，设置合适字体及大小，输入文字，如图21-53所示。执行“图层>图层样式>渐变叠加”命令，设置一种灰色系渐变，如图21-54所示。

图 21—51

图 21—52

图 21—53

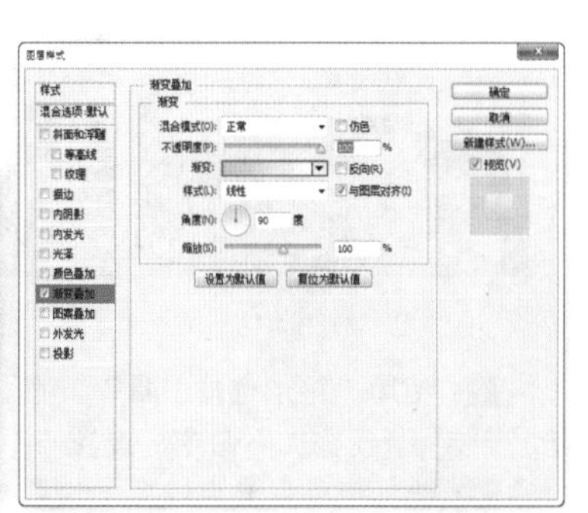

图 21—54

15 选择“外发光”选项，设置“不透明度”为20%，调整颜色为黑色，“大小”为5像素，如图21-55和图21-56所示。使用画笔工具绘制文字阴影效果，如图21-57所示。

16 使用工具箱中的“仿制图章工具”，按Alt键单击路标下面的草进行取样，如图21-58所示。在文字附近区域涂抹，绘制出文字上的草，如图21-59所示。

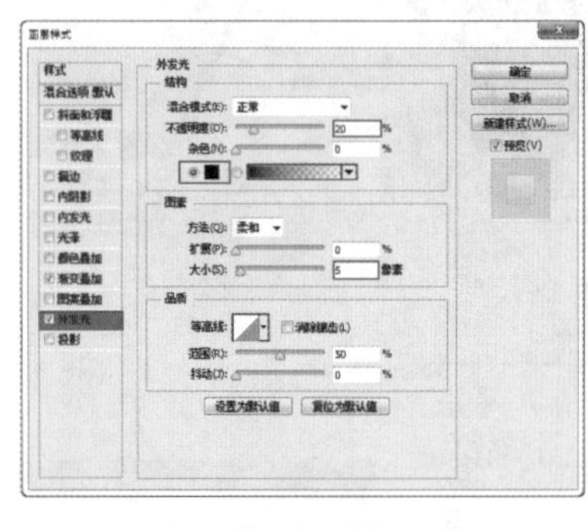
图 21-55

图 21-56

图 21-57

图 21-58

17 使用“钢笔工具”在画面左上角绘制一个牌子的形状，转换为选区并填充任意颜色，如图21-60所示。

18 执行“图层>图层样式>颜色叠加”命令，设置“混合模式”为“正常”，颜色为黑色，“不透明度”为15%，如图21-61所示。选择“外发光”选项，设置“不透明度”为60%，调整颜色为黑色，“大小”为15像素，如图21-62和图21-63所示。

图 21-59

图 21-60

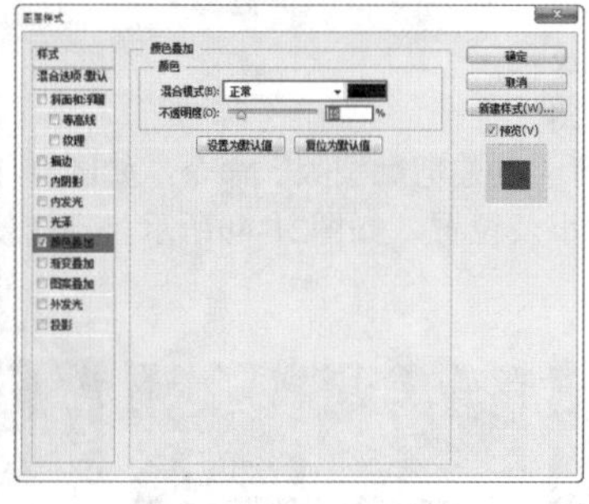
图 21-61

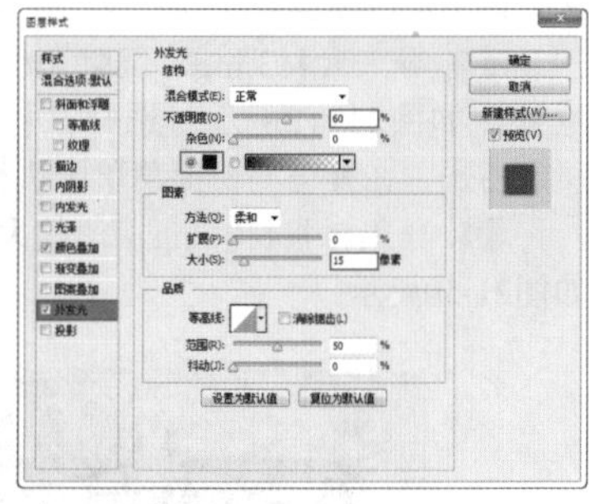
图 21-62

19 导入木板素材6.jpg，放置在牌子图层的上方，如图21-64所示。右击，在弹出的快捷菜单中执行“创建剪贴蒙版”命令，使其只对牌子形状产生影响，如图21-65所示。

20 在木板上输入合适大小的文字，执行“图层>图层样式>渐变叠加”命令，设置一种灰色系渐变，如图21-66所示。选择“外发光”选项，设置“不透明度”为40%，颜色为黑色，“大小”为5像素，如图21-67和图21-68所示。

图 21-63

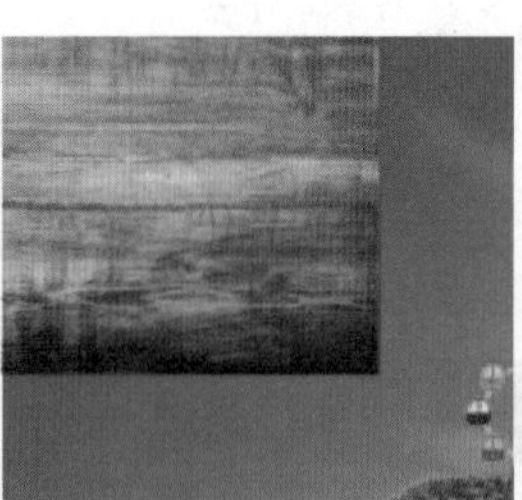
图 21-64

图 21-65

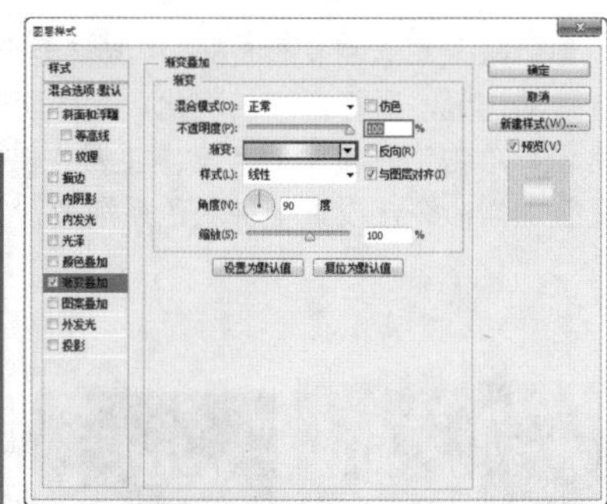
图 21-66

21 使用“矩形选框工具”，在画面右上角绘制一个合适大小的矩形选区，为其填充红色，如图21-69所示。执行“图层>图层样式>渐变叠加”命令，设置“不透明度”为15%，调整从黑色到白色的渐变颜色，如图21-70所示。

22 选择“外发光”选项，设置颜色为黑色，“大小”为21像素，如图21-71和图21-72所示。

23 使用文字工具在红色矩形上输入合适文字，复制左侧文字的图层样式，并粘贴给当前文字，如图21-73所示。使用

“椭圆选框工具”绘制合适大小的椭圆，如图21-74所示。

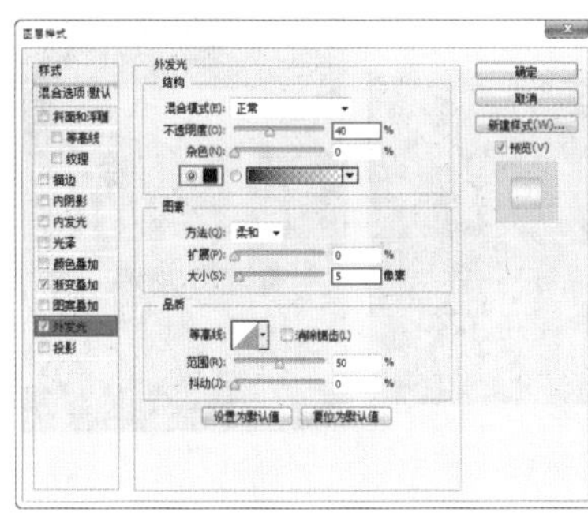
图 21-67

图 21-68

图 21-69

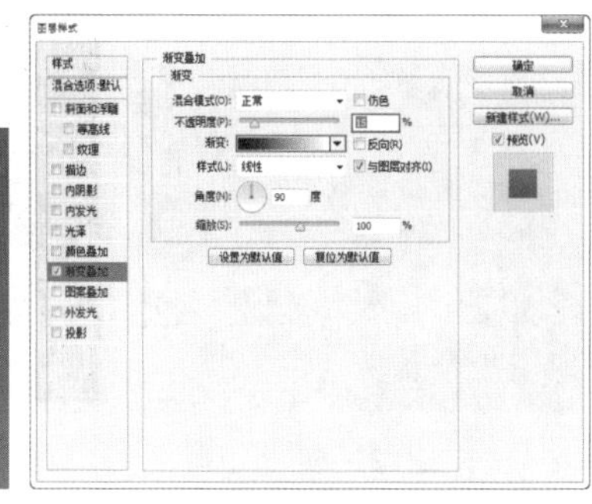
图 21-70

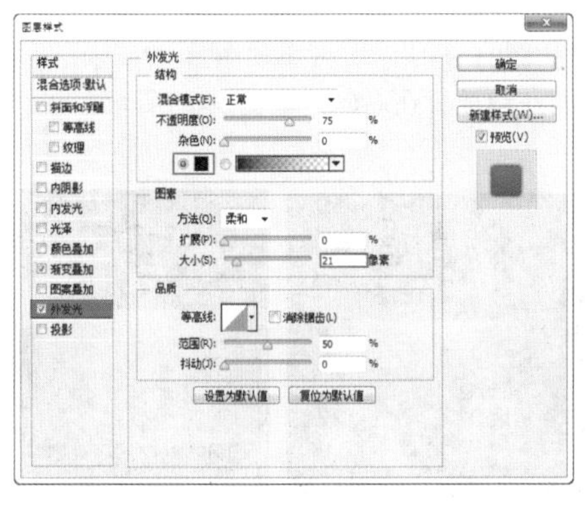
图 21-71

图 21-72

图 21-73

图 21-74

24 单击选项栏中的“从选区减去”按钮，绘制一个小一点的椭圆，如图21-75所示。填充任意颜色，按Ctrl+D组合键取消选区，如图21-76所示。

25 复制文字上的图层样式，粘贴到圆环图层上。最终效果如图21-77所示。

图 21-75

图 21-76

图 21-77

★ 21.3 房地产宣传四折页

案例文件	案例文件\第21章\房地产宣传四折页.psd
视频教学	视频文件\第21章\房地产宣传四折页.flv
难易指数	★★★★★
技术要点	渐变工具、图层蒙版、椭圆工具等

案例效果

本例主要是通过使用“渐变工具”、“图层蒙版”、“椭圆工具”等制作房地产宣传四折页，效果如图21-78所示。

操作步骤

01 新建文件，单击工具箱中的“渐变工具”按钮，在选项栏中设置渐变类型为线性，单击打开“渐变编辑器”窗口，在其中编辑一种蓝色系的渐变色，如图21-79所示。在画面中拖曳填充渐变，如图21-80所示。

图 21-78

图 21-79

02 单击工具箱中的“矩形选框工具”按钮，绘制合适的矩形，新建图层，填充合适的颜色，如图21-81所示。

03 导入素材1.png，设置混合模式为“滤色”，“不透明度”为22%，如图21-82所示。效果如图21-83所示。

04 导入素材文件2.jpg，置于画面中合适的位置，如图21-84所示。

图 21-80

图 21-81

图 21-82

图 21-83

图 21-84

05 设置前景色为白色，使用“画笔工具”，在选项栏中选择圆形硬角笔尖，设置“大小”为12像素，使用“钢笔工具”在画面中绘制直线路径，右击，在弹出的快捷菜单中执行“描边路径”命令，如图21-85所示。

06 在弹出的对话框中设置“工具”为“画笔”，选中“模拟压力”复选框，如图21-86所示。效果如图21-87所示。

07 导入素材花纹3.png，置于画面中合适的位置，如图21-88所示。复制左侧的花边放置在右侧，如图21-89所示。

图 21-85

图 21-86

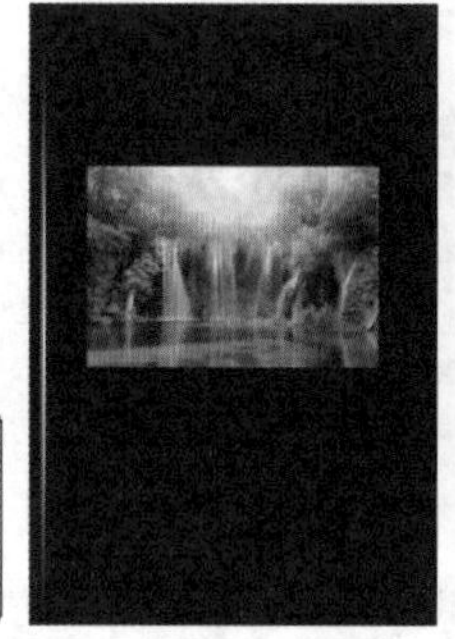

图 21-87

图 21-88

图 21-89

08 导入皇冠素材4.png，使用“横排文字工具”在画面中输入文字，如图21-90所示。

09 设置合适的前景色，使用“画笔工具”在选项栏中选择圆形硬角笔尖形状，设置“大小”为3像素，“硬度”为100%。新建图层，在文字两端按住Shift键绘制水平直线，如图21-91所示。

10 使用“横排文字工具”设置合适的字号以及字体，在画面中输入白色文字，如图21-92所示。导入黄金素材5.jpg，置于文字上方，如图21-93所示。载入文字图层选区，为黄金图层添加图层蒙版，如图21-94所示。

11 设置相应的前景色，使用“横排文字工具”，在选项栏中设置合适的字体以及字号，在画面中输入文字，如图21-95所示。使用同样的方法制作其他页面的平面图，如图21-96～图21-98所示。

图 21-90

图 21-91

图 21-92

图 21-93

图 21-94

图 21-95

12 分别将4个页面的平面图图层合并，按Ctrl+T组合键执行“自由变换”命令，将其斜切变换到合适大小，并旋转到合适角度，按Enter键完成自由变换，如图21-99所示。使用同样的方法制作其他的平面，效果如图21-100所示。

图 21-96

图 21-97

图 21-98

图 21-99

图 21-100

思维点拨：宣传折页的封面设计

一张合适大小的宣传折页不但优雅迷人，而且携带方便，是宣传产品的利器。画册的封面设计是画册内容、形式、开本、装订、印刷后期的综合体现，同时封面设计更注重对企业形象的高度提炼，要给人以过目不忘的感觉。这对设计者来说是一种考验，只有处理好各个元素之间的关系，才能赋予其以小胜大的力量。

13 使用“多边形套索工具”在画面中绘制阴影选区，在封面图层下方新建图层，为其填充黑色，如图21-101所示。对其执行“滤镜>模糊>高斯模糊”命令，设置“半径”为7像素，如图21-102所示。单击“确定”按钮，效果如图21-103所示。

14 设置阴影图层的“不透明度”为49%，如图21-104所示。单击工具箱中的“渐变工具”按钮，在选项栏中设置渐变类型为线性，单击打开渐变编辑器，在其中编辑一种由黑色到透明的渐变色。载入绿色平面选区，新建图层，在选区中填充渐变，如图21-105所示。

图 21-101

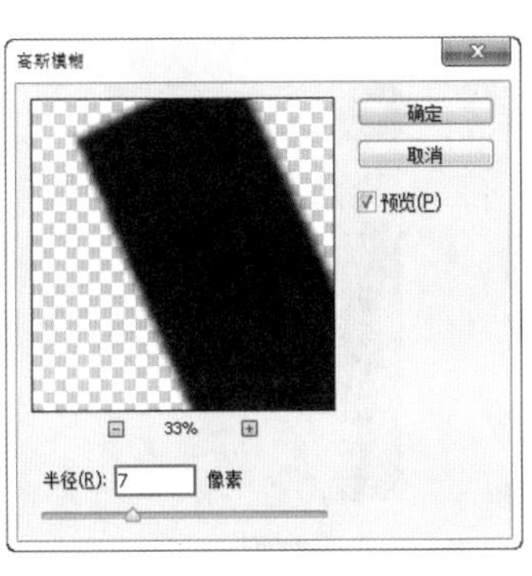

图 21-102

图 21-103

图 21-104

图 21-105

15 为渐变图层添加图层蒙版，使用黑色柔角画笔在蒙版中进行适当的涂抹，设置图层的“不透明度”为15%，如图21-106所示。使用同样的方法制作其他页面的阴影效果，如图21-107所示。

16 复制所有平面图层，如图21-108所示。按Ctrl+E组合键合并所有复制出的平面图层，得到“面 副本2”图层，如图21-109所示。

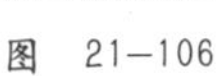

图 21-106

图 21-107

图 21-108

图 21-109

17 对合并图层使用快捷键Ctrl+U，进行色相/饱和度的调整，设置“明度”为-100，如图21-110所示。效果如图21-111所示。

18 执行“图层>新建调整图层>曲线”命令，调整曲线的形状，如图21-112所示。提亮画面，最终效果如图21-113所示。

图 21-110　　图 21-111　　图 21-112　　图 21-113

★ 21.4 书籍装帧设计

案例文件	案例文件\第21章\书籍装帧设计.psd
视频教学	视频文件\第21章\书籍装帧设计.flv
难易指数	★★★★★
技术要点	矩形选框工具、圆角矩形工具、钢笔工具

案例效果

本案例主要是通过使用“矩形选框工具”、“钢笔工具”、“圆角矩形工具”等进行书籍装帧设计，如图21-114所示。

操作步骤

01 打开背景素材1.jpg，如图21-115所示。

02 制作书脊部分。使用“矩形选框工具”，在画面中绘制合适的矩形选区。新建图层，填充橙色，如图21-116所示。用同样的方法在橙色的下半部分绘制白色的矩形，如图21-117所示。

图 21-114

图 21-115

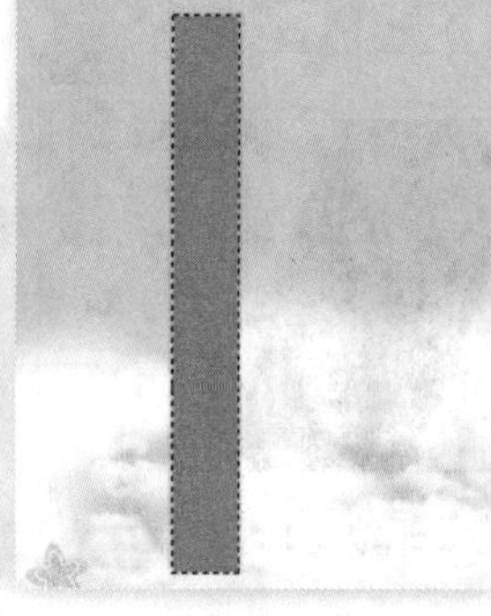

图 21-116

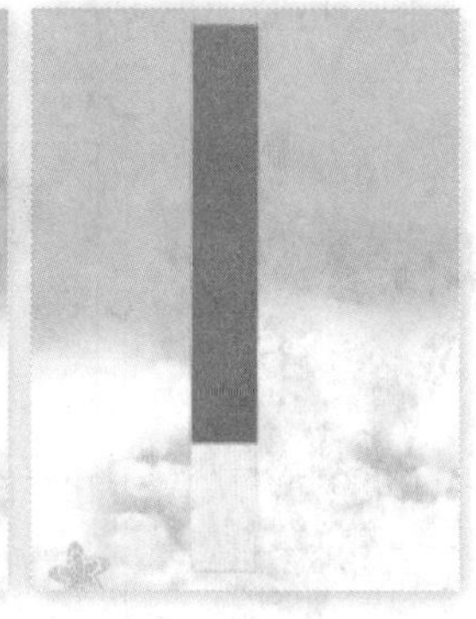

图 21-117

03 使用“直排文字工具”在画面中输入文字，单击选项栏中的“创建文字变形”按钮，设置“样式”为“波浪”，选中“垂直”单选按钮，设置“弯曲”为88%，“水平扭曲”为2%，“垂直扭曲”为-2%，如图21-118所示。效果如图21-119所示。

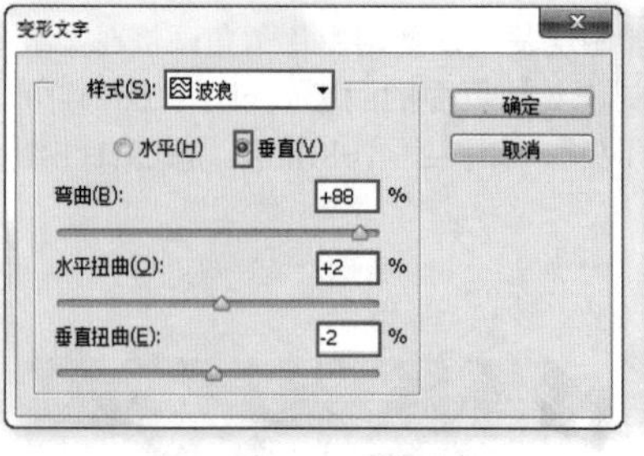

图 21-118

图 21-119

04 选择文字图层，执行“图层>图层样式>描边”命令，设置描边“大小”为5像素，“位置”为“外部”，“填充类型”为“颜色”，“颜色”为黄色，如图21-120所示。选择“渐变叠加”选项，编辑合适的渐变颜色，设置“样式”为“线性”，如图21-121所示。效果如图21-122所示。

05 导入卡通云素材2.png，置于画面中合适的位置，继续使用“直排文字工具”在画面中输入文字，如图21-123所示。

06 新建图层，继续使用“矩形选框工具”在画面中绘制合适的矩形，为其填充黄色，如图21-124所示。新建图层，用同样的方法制作白色的矩形，如图21-125所示。

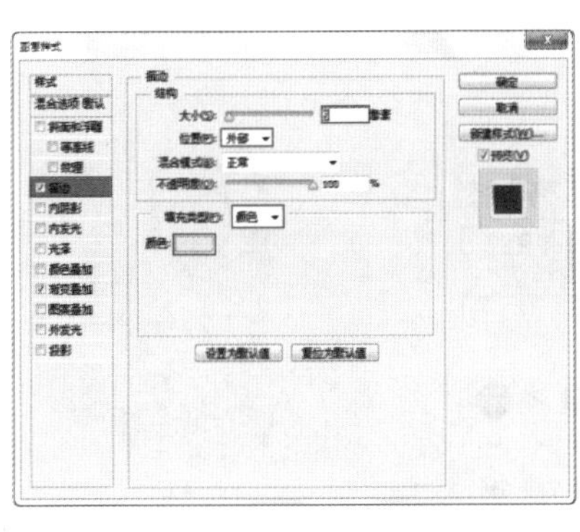

图 21-120

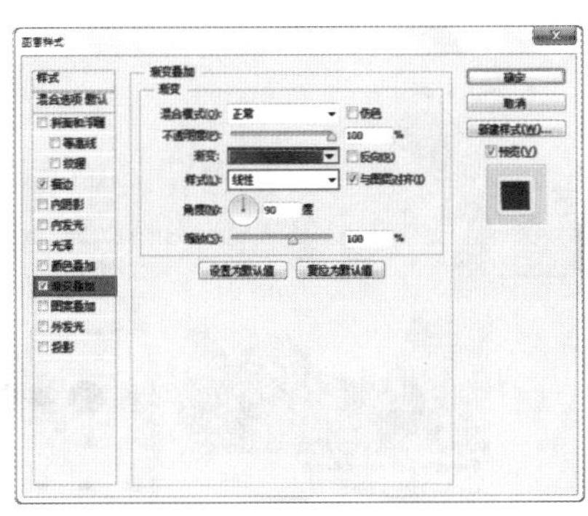

图 21-121

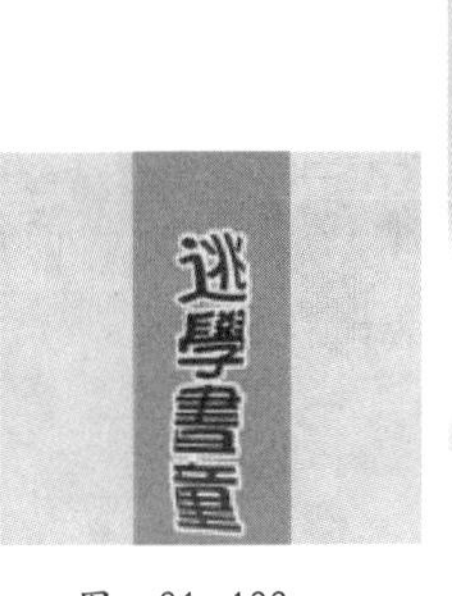

图 21-122

图 21-123

07 使用“钢笔工具”，在选项栏中设置绘制模式为“形状”，“填充”为无，“描边”颜色为黑色，大小为“3.8点”，描边类型为直线，如图21-126所示。在画面中合适的位置进行绘制，如图21-127所示。

图 21-124　图 21-125

图 21-126

图 21-127

08 使用“钢笔工具”，在选项栏中设置绘制模式为“形状”，“填充”为无，“描边”颜色为黑色，大小为“6.11点”，描边类型为“圆点”，如图21-128所示。效果如图21-129所示。

09 用同样的方法制作其他的直线效果，如图21-130所示。

图 21-128

图 21-129

图 21-130

10 新建图层，使用“圆角矩形工具”，在选项栏中设置绘制模式为“像素”，“半径”为“20像素”，如图21-131所示。在合适的位置绘制一个粉色圆角矩形，如图21-132所示。

11 使用“横排文字工具”，设置相应的前景色，设置合适的字号以及字体，在画面中输入文字，如图21-133所示。

图 21-131　图 21-132　图 21-133

12 导入卡通云彩素材3.png。新建图层，设置前景色为黄色，使用“画笔工具”，设置画笔“大小”为“70像素”，“硬度”为100%，“不透明度”为100%，“流量”为100%，如图21-134所示。在画面中涂抹绘制，如图21-135所示。

13 新建图层，继续使用“画笔工具”，设置画笔“大小”为“3像素”，“硬度”为100%，如图21-136所示。在画面中绘制线条，如图21-137所示。

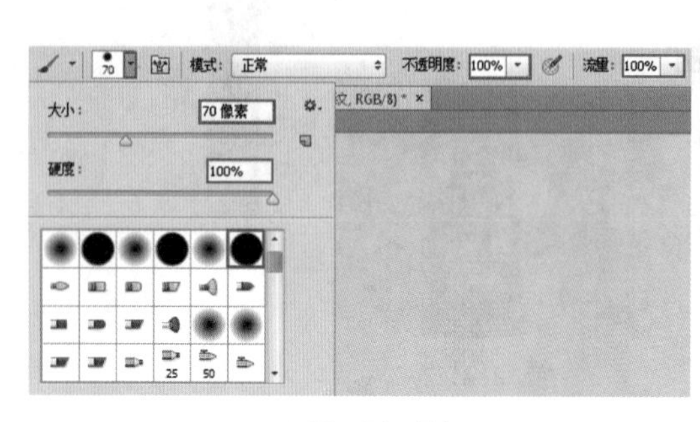

图 21-134

图 21-135

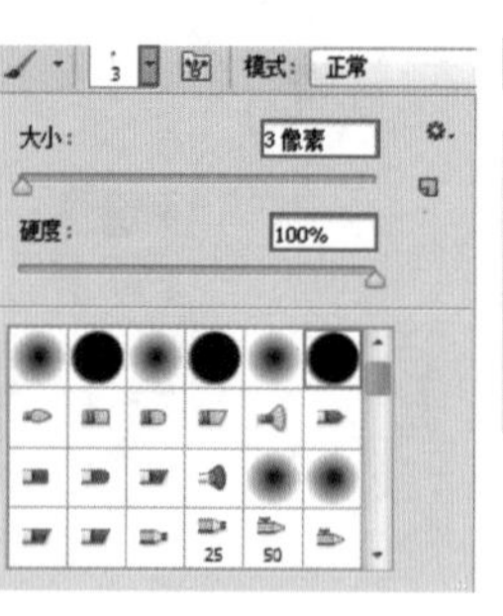

图 21-136

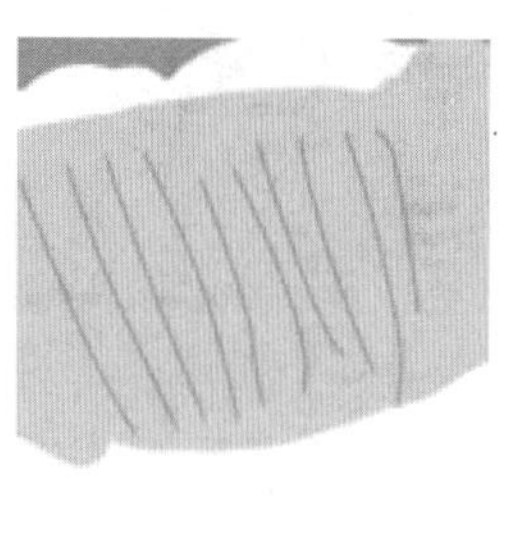

图 21-137

14 用同样的方法绘制其他线条，使这一部分呈现出手绘的书卷效果，如图21-138所示。

15 继续导入前景素材3.png，置于画面中合适位置，并使用同样的方法制作其他的文字，效果如图21-139和图21-140所示。

16 合并所有正面图层，按Ctrl+T组合键，对其执行“自由变换”命令。右击，在弹出的快捷菜单中执行“斜切”命令，如图21-141所示。将其适当旋转后，按Enter键结束操作，如图21-142所示。

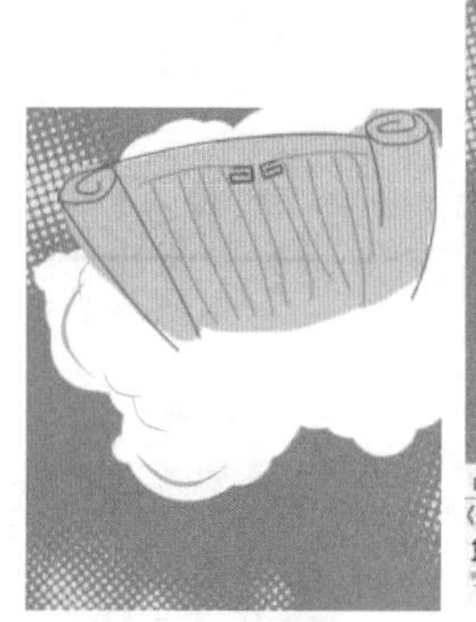

图 21-138

图 21-139

图 21-140

图 21-141

图 21-142

17 使用同样的方法制作书籍的侧面部分，如图21-143所示。

18 选择书籍正面部分，使用“减淡工具”，在选项栏中选择圆角画笔，设置“范围”为“高光”，“曝光度”为50%，如图21-144所示。在书籍正面左上角进行涂抹，制造书籍的高光效果，如图21-145所示。

19 使用“加深工具”，在选项栏中设置柔角画笔，“范围”为“中间调”，“曝光度”为50%，如图21-146所示。在书脊上涂抹，制作侧面阴影效果，如图21-147所示。

图 21-143

图 21-144

图 21-145

图 21-146

20 新建图层，载入侧面书籍的选区，使用黑色柔角画笔在选区中进行适当涂抹，制作出立体效果，如图21-148所示。使用黑色柔角画笔在书籍底部绘制阴影效果，如图21-149所示。

21 最后导入前景素材5.png，置于画面中的合适位置。最终效果如图21-150所示。

图 21-147

图 21-148

图 21-149

图 21-150

思维点拨：颜色的搭配

本案例中背景与主体颜色采取冷暖对比的颜色搭配。冷色系与暖色系搭配作为背景，拉伸空间，使画面具有强烈的层次感。画面以前面凸出的暖色系为主色调，与蓝色系搭配，产生强烈的明快感，更加突显了欢乐的感觉，使人印象深刻。其他冷暖色系搭配使用的作品如图21-151和图21-152所示。

图 21-151

图 21-152

★ 21.5 盒装牛奶包装设计

案例文件	案例文件\第21章\盒装牛奶包装设计.psd
视频教学	视频文件\第21章\盒装牛奶包装设计.flv
难易指数	★★★★★
技术要点	钢笔工具、变形文字、自定形状工具、图层样式等

案例效果

本案例主要是通过使用“钢笔工具”、“变形文字”、“自定形状工具”、“图层样式”等制作盒装牛奶包装设计，如图21-153所示。

操作步骤

01 打开背景素材1.jpg，如图21-154所示。通过观察可以看到背景的饱和度过高，执行“图层>新建调整图层>可选颜色”命令，设置“颜色”为“绿色”，“青色”为15%，“洋红”为-61%，“黄色”为-25%，如图21-155所示。

02 设置“颜色”为“青色”，“青色”为8%，“洋红”为-10%，“黄色”为-71%，“黑色”为-14%，如图21-156所示。设置“颜色”为“蓝色”，“青色”为-33%，“洋红”为-60%，“黄色”为-69%，如图21-157所示。设置“颜色”为“白色”，“青色”为-1%，“黄色”为-58%，“黑色”为-7%，如图21-158所示。效果如图21-159所示。

图 21-153

图 21-154

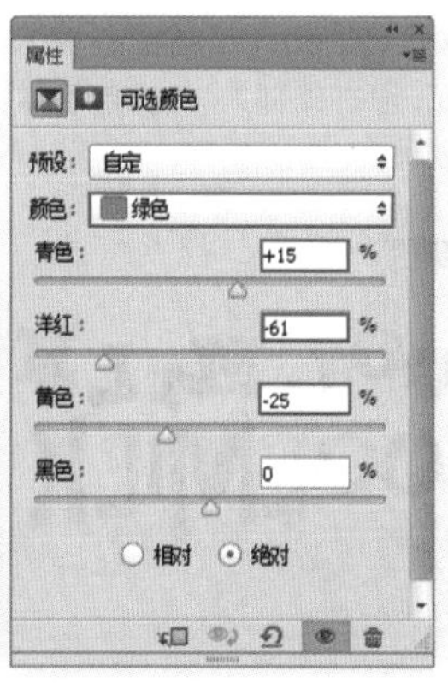

图 21-155

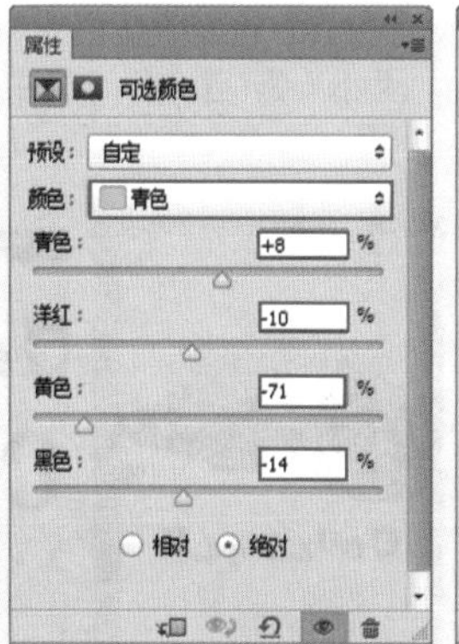

图 21-156

图 21-157

03 新建图层，使用“矩形选框工具”在画面中绘制合适的矩形选区，并为其填充白色，如图21-160所示。

04 导入素材2.jpg，如图21-161所示。为其添加图层蒙版，隐藏多余部分，如图21-162所示。执行“图层>新建调整图层

>色相/饱和度”命令，设置“饱和度”为24，如图21-163所示。选择调整图层，右击，在弹出的快捷菜单中执行“创建剪贴蒙版”命令，如图21-164所示。

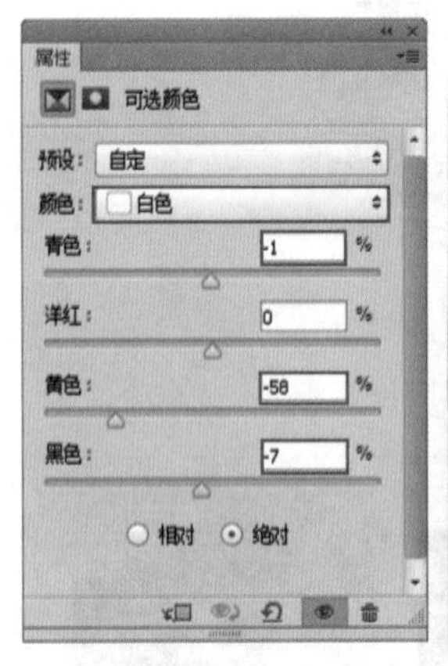

图　21-158

图　21-159

图　21-160

图　21-161

图　21-162

05 使用“钢笔工具”在画面中绘制合适的形状，如图21-165所示。新建图层，按Ctrl+Enter组合键将路径转换为选区，为其填充棕色，如图21-166所示。

图　21-163

图　21-164

图　21-165

图　21-166

06 使用同样的方法制作上部的形状，如图21-167所示。使用“横排文字工具”设置合适的字号以及字体，分层输入文字，并调整角度，如图21-168所示。

07 再次使用“横排文字工具”设置合适的字号以及字体，在画面中输入文字，如图21-169所示。对其执行“图层>图层样式>描边”命令，设置描边“大小”为6像素，“位置”为“外部”，“填充类型”为“颜色”，“颜色”为咖啡色，如图21-170所示。

图　21-167　　图　21-168　　图　21-169　　图　21-170

08 选择“渐变叠加”选项，编辑一种咖啡色系的渐变，设置“样式”为“线性”，如图21-171所示。选择“投影”选项，设置“混合模式”为“正片叠底”，“角度”为120度，“距离”为12像素，“大小”为3像素，如图21-172所示。效果如图21-173所示。

09 设置前景色为咖啡色，新建图层，单击工具箱中的“画笔工具”按钮，在选项栏中设置画笔“大小”为3像素，“硬度”为100%，选择圆形硬角笔尖形状，如图21-174所示。在画面中进行绘制，如图21-175所示。

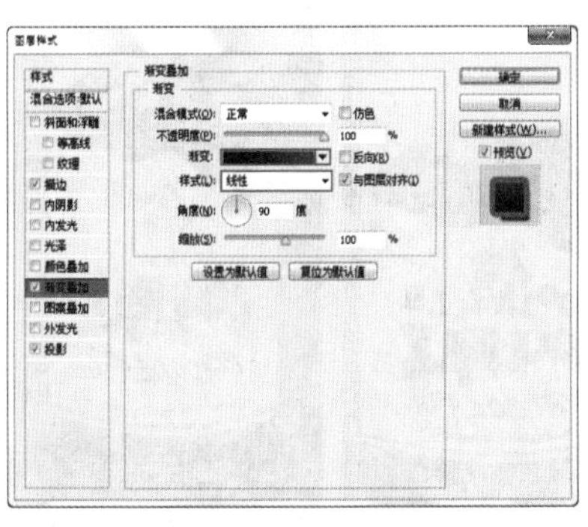

图 21-171

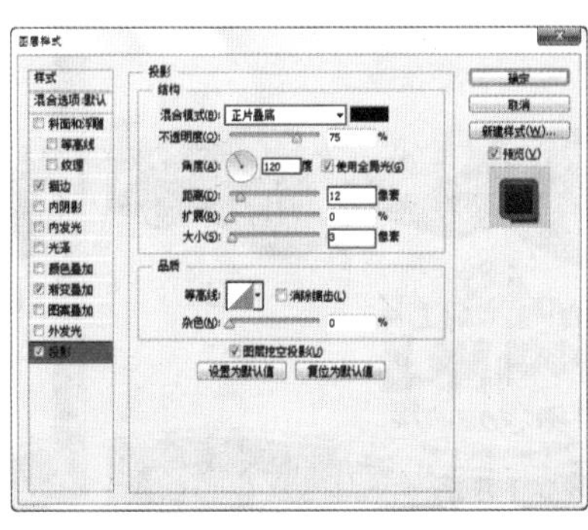

图 21-172

图 21-173

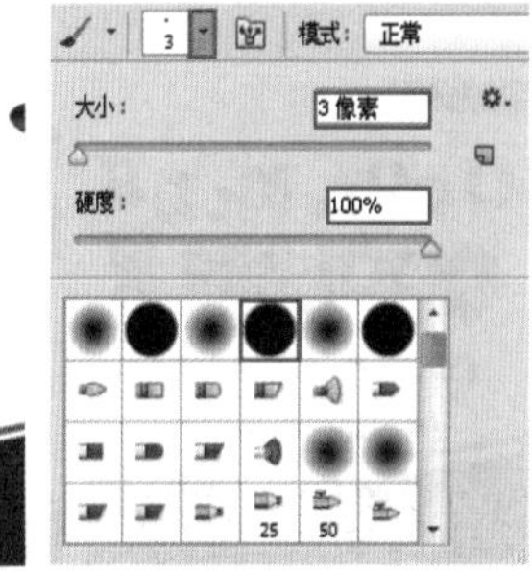

图 21-174

10 使用“横排文字工具”设置合适的字体以及字号，在画面中输入文字，如图21-176所示。单击选项栏中的“创建文字变形”按钮，设置“样式”为“扇形”，选中“水平”单选按钮，设置“弯曲”为-15%，如图21-177所示。效果如图21-178所示。

图 21-175

图 21-176

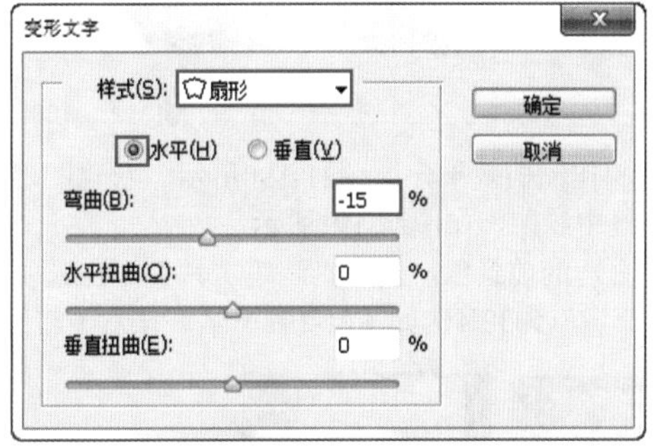

图 21-177

图 21-178

11 对扇形文字图层执行“图层>图层样式>渐变叠加”命令，编辑一种咖啡色系的渐变，设置“样式”为“线性”，如图21-179所示。效果如图21-180所示。

12 设置前景色为黑色，使用“横排文字工具”设置合适的字体以及字号，在画面中输入文字，如图21-181所示。单击选项栏中的“创建文字变形”按钮，设置“样式”为“扇形”，选中“水平”单选按钮，设置“弯曲”为-13%，如图21-182所示。效果如图21-183所示。

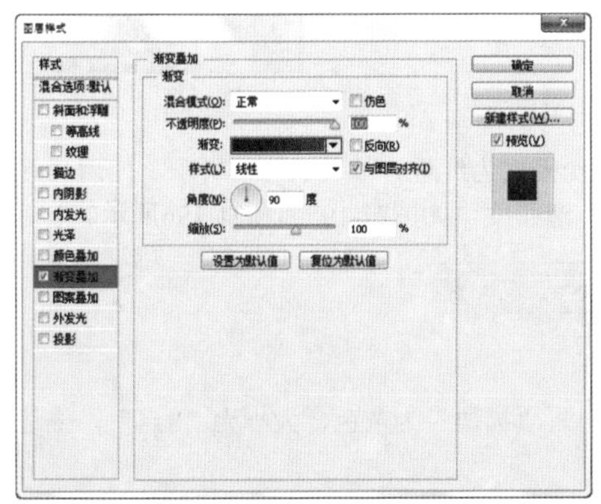

图 21-179

图 21-180

图 21-181

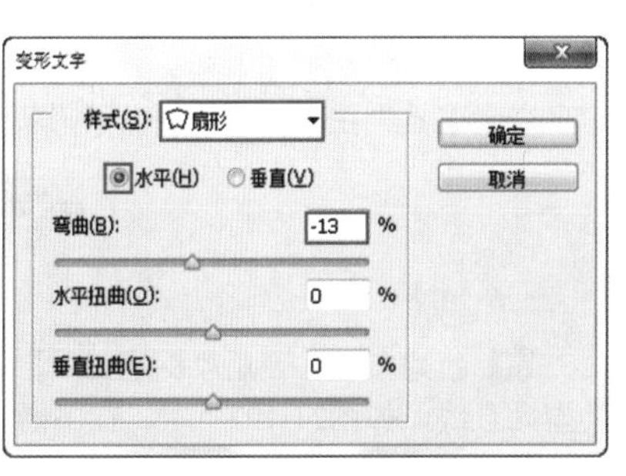

图 21-182

13 再次使用“横排文字工具”在画面中输入文字，并导入商标素材3.png，效果如图21-184所示。使用同样的方法制作侧面平面图置于画面中合适位置，如图21-185所示。

14 合并正面图层组，按Ctrl+T组合键，右击，在弹出的快捷菜单中执行“变形”命令，如图21-186所示。将其变形到合适形状后按Enter键，效果如图21-187所示。

图 21-183　图 21-184　图 21-185　图 21-186　图 21-187

15 设置前景色为白色，使用“圆角矩形工具”，在选项栏中设置绘制模式为“像素”，“半径”为“4像素”，如图21-188所示。在画面中绘制盒盖效果，如图21-189所示。

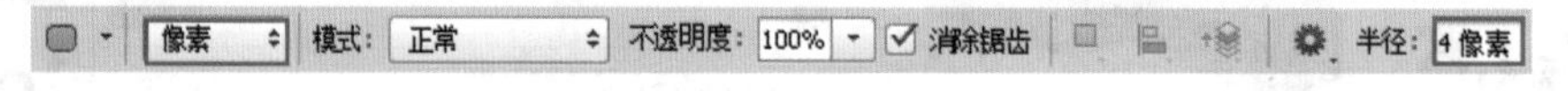

图 21-188

16 使用同样的方法制作侧面效果，如图21-190所示。新建图层，使用“多边形套索工具”在画面中绘制侧面的选区，使用黑色半透明画笔在选区中绘制，如图21-191所示。

17 新建图层，设置合适的前景色，使用“画笔工具”，在选项栏中设置画笔“大小”为“30像素”，“硬度”为0%，“不透明度”为30%，“流量”为30%，如图21-192所示。在盒子转折处进行绘制，如图21-193所示。

图 21-189　图 21-190　图 21-191　图 21-192　图 21-193

18 使用“渐变工具”，在选项栏中编辑一种由灰色到透明的渐变，设置渐变模式为线性，如图21-194所示。使用“多边形套索工具”在画面中绘制盖子形状选区，在选区绘制渐变，适当降低图层的不透明度，如图21-195和图21-196所示。

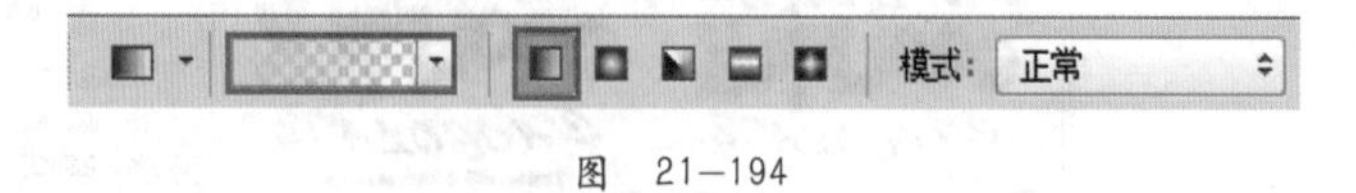

图 21-194

19 新建图层，使用“钢笔工具”，设置绘制模式为“形状”，“填充”为无，“描边”为灰色，大小为“3点”，描边类型为直线，如图21-197所示。在牛奶盒盖上进行绘制，如图21-198所示。

20 新建图层，设置前景色为咖啡色，使用“自定形状工具”，在选项栏中设置绘制模式为“像素”，选择合适的形

状，如图21-199所示。在画面中绘制，效果如图21-200所示。

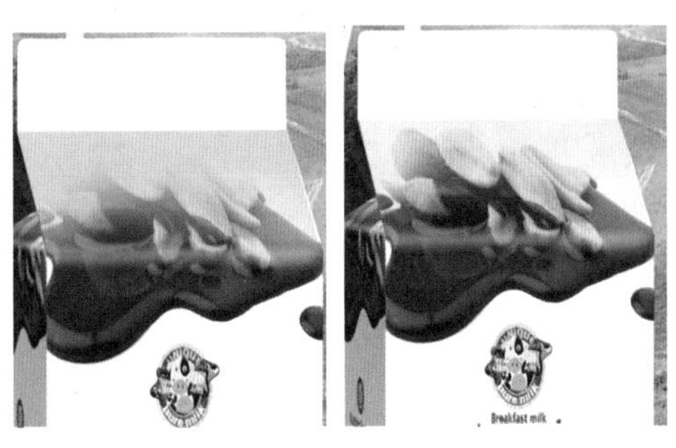

图 21—195　　图 21—196

图 21—197

图 21—198

21 执行“图层>图层样式>描边”命令，设置“大小”为3像素，“位置”为“外部”，“颜色”为咖啡色，如图21-201所示。效果如图21-202所示。

图 21—199

图 21—200

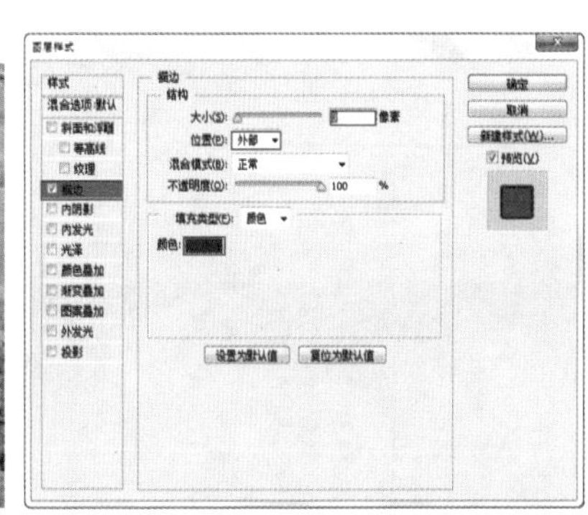

图 21—201

22 用同样的方法制作左侧的箭头，如图21-203所示。在盒子图层底部新建图层，使用黑色柔角画笔绘制盒子的投影，如图21-204所示。

23 使用同样的方法制作远处的包装盒子，如图21-205所示。最后导入前景素材4.png，进行装饰。最终效果如图21-206所示。

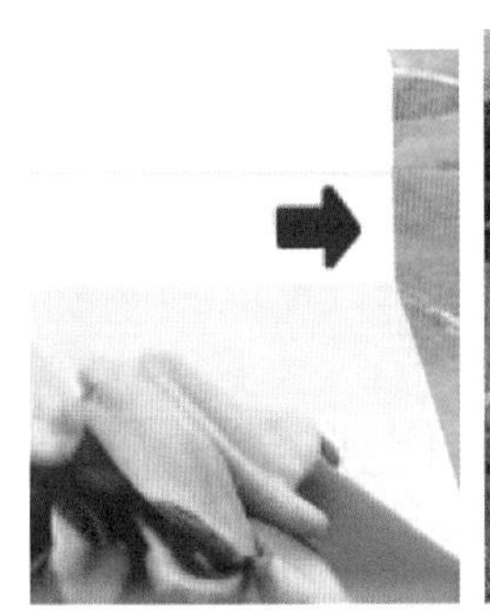

图 21—202

图 21—203

图 21—204

图 21—205

图 21—206

★ 21.6　冰爽啤酒广告

案例文件	案例文件\第21章\冰爽啤酒广告.psd
视频教学	视频文件\第21章\冰爽啤酒广告.flv
难易指数	★★★★★
技术要点	渐变工具、笔刷工具、混合模式

案例效果

本案例主要通过使用“渐变工具”、“笔刷工具”和“混合模式”命令等来制作冰爽啤酒广告海报，效果如图21-207所示。

操作步骤

01 执行“文件>新建”命令，设置“宽度”为3000像素，“高度”为2050像素，如图21-208所示。

02 单击工具箱中的“渐变工具”按钮，单击选项栏中的渐变编辑器，在编辑器中编辑一种蓝色系渐变，如图21-209所示。在画面中由上到下进行渐变填充，如图21-210所示。

图 21-207

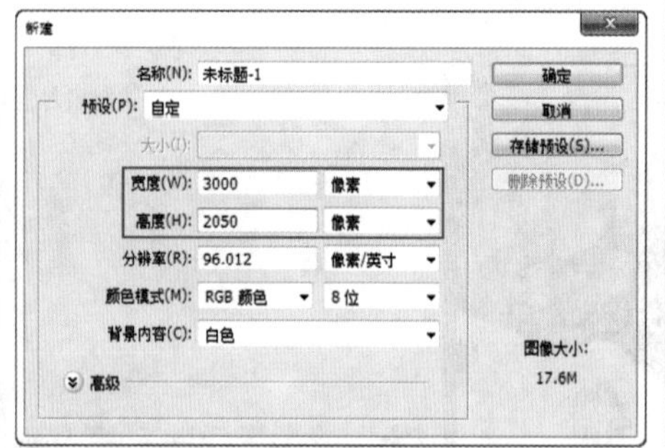

图 21-208

图 21-209

03 导入云朵素材1.png，设置云朵图层的“不透明度”为55%，如图21-211所示。

04 使用“渐变工具”，编辑一种从白色到蓝色的渐变，如图21-212所示。单击选项栏中的“径向渐变”按钮，新建图层，在画面中由中心向四周进行拖曳填充，如图21-213所示。设置混合模式为“正片叠底”，“不透明度”为60%，效果如图21-214所示。

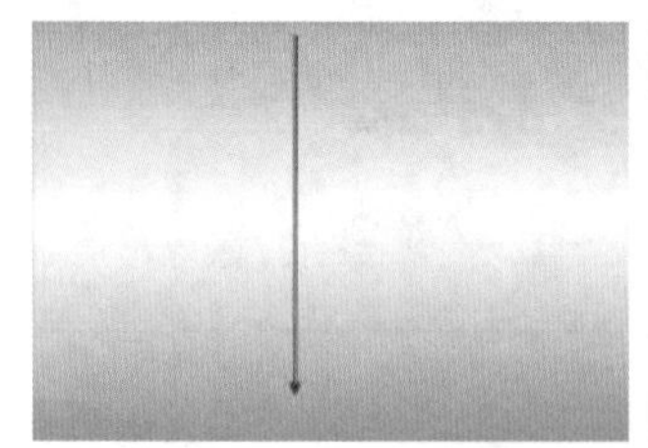

图 21-210

图 21-211

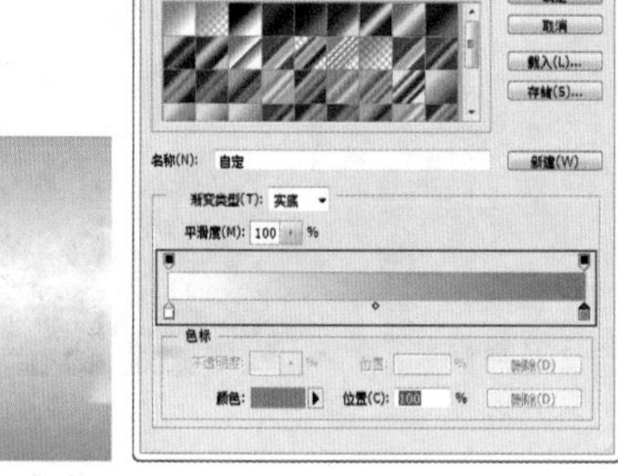

图 21-212

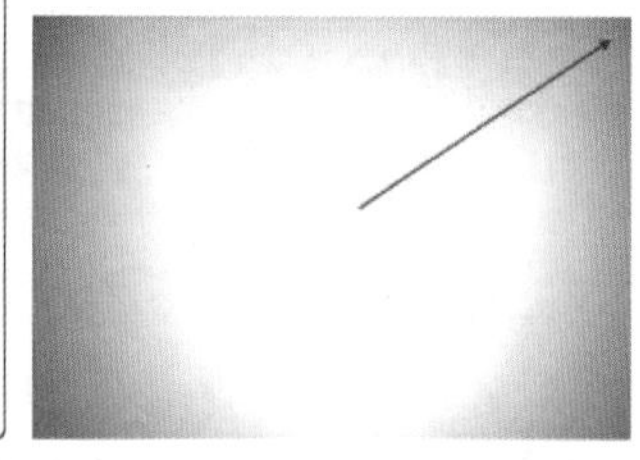

图 21-213

05 导入土地素材2.jpg，将其放置在画面下方，如图21-215所示。设置混合模式为“线性光”，“不透明度”为65%，效果如图21-216所示。

图 21-214

图 21-215

图 21-216

06 单击“图层”面板中的“添加图层蒙版”按钮，使用黑色柔角画笔，在蒙版四周进行涂抹，如图21-217所示。再次导入土地素材，执行“图像>调整>去色”命令，如图21-218所示。

07 设置混合模式为“柔光”，如图21-219所示。添加图层蒙版，使用黑色柔角画笔在边界上进行涂抹，使其更加融合，如图21-220所示。

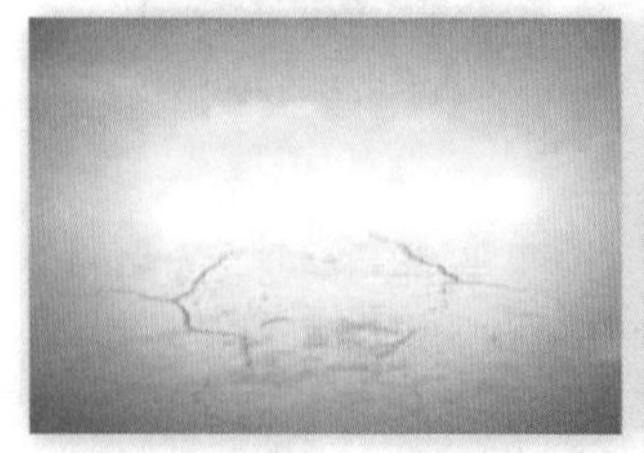

图 21-217

图 21-218

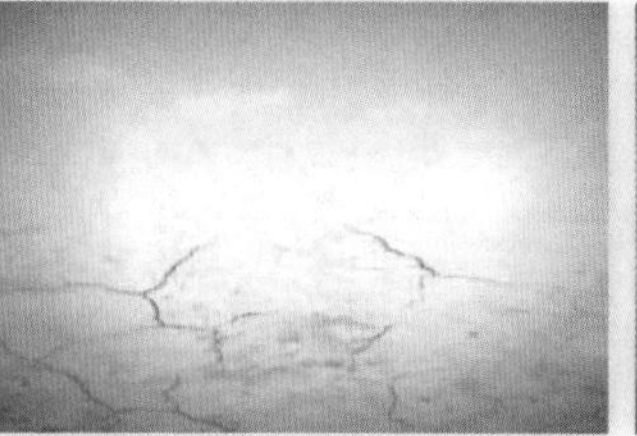

图 21-219

图 21-220

08 载入裂痕画笔素材3.abr，新建图层，使用“画笔工具”，选择合适的裂痕笔刷，在画面中绘制出裂痕效果，如图21-221

所示。多次单击并绘制裂痕效果，如图21-222所示。

09 导入前景素材4.png，调整至合适大小，如图21-223所示。导入酒瓶素材5.png，调整至合适大小及位置，如图21-224所示。

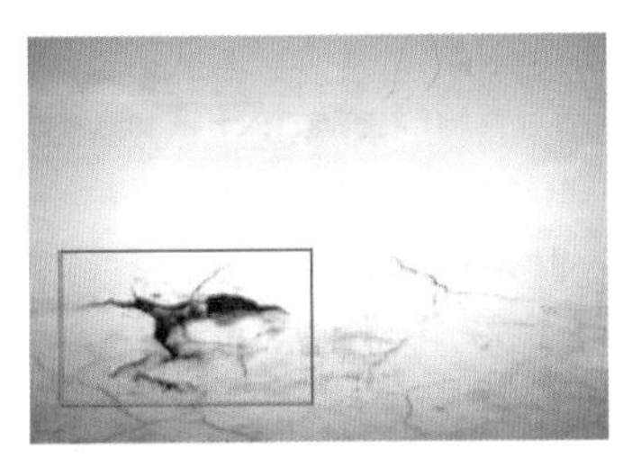
图 21-221

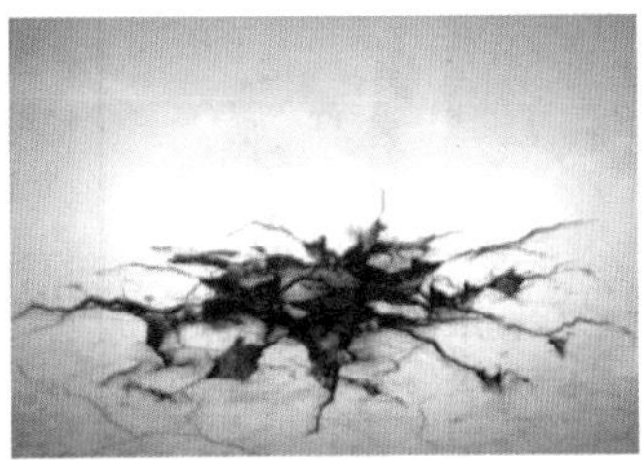
图 21-222

图 21-223

图 21-224

10 执行“图层>新建填充图层>纯色”命令，在弹出的对话框中单击“确定”按钮，如图21-225所示。在拾色器中设置RGB数值分别为35、137和223，单击“确定”按钮结束操作，如图21-226所示。

11 设置该图层的混合模式为“浅色”，“不透明度”为8%，如图21-227所示。执行“图层>新建调整图层>曲线”命令，调整曲线形状，如图21-228所示。

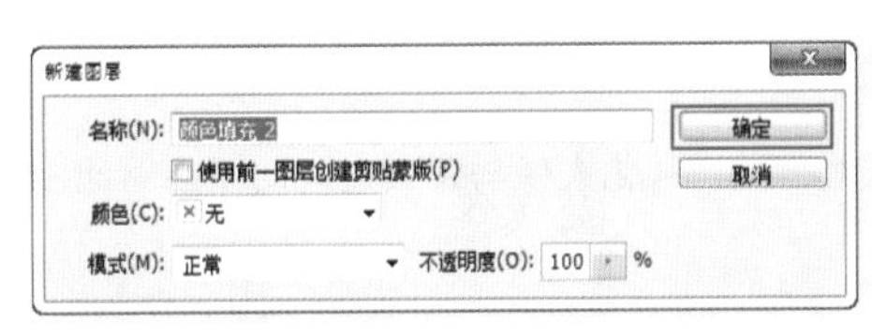

图 21-225

图 21-226

12 使用柔角画笔工具在图层蒙版四周进行涂抹，如图21-229所示。提亮画面中心位置，最终效果如图21-230所示。

图 21-227

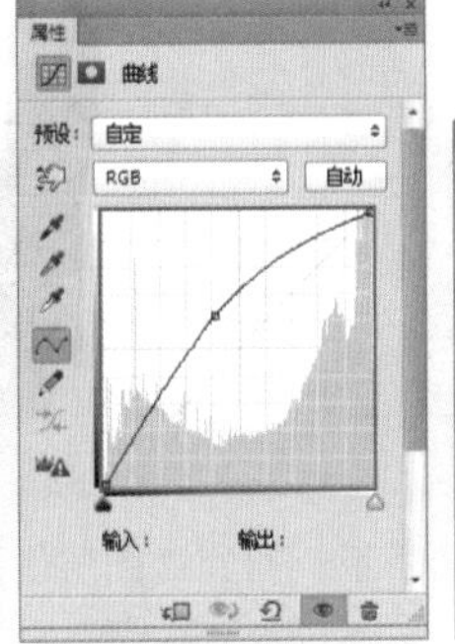

图 21-228

图 21-229

图 21-230

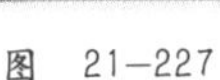

思维点拨：青蓝色的使用

青蓝色搭配少量的醒目色彩，给人耳目一新的感觉，具有很强的宣传力。青蓝色的背景更能突显出主体物，充分展现产品的重要性，如图21-231和图21-232所示。

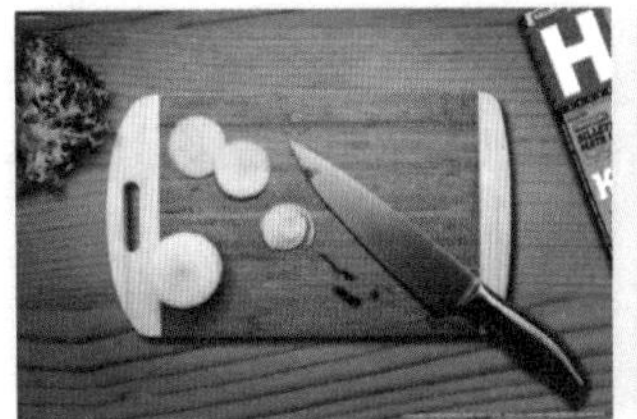

图 21-231

图 21-232

★ 21.7 炫光手机广告

案例文件	案例文件\第21章\炫光手机广告.psd
视频教学	视频文件\第21章\炫光手机广告.flv
难易指数	★★★★★
技术要点	通道抠图、径向模糊、混合模式、图层蒙版

案例效果

本案例主要通过使用通道抠图法将人像从背景中分离出来，并配合滤镜、混合模式、图层样式的使用制作炫光手机广告，如图21-233所示。

操作步骤

01 打开背景素材1.jpg，导入人物素材2.jpg，并命名为“人物”，如图21-234所示，隐藏“背景”图层，如图21-235所示。

图 21-233

图 21-234

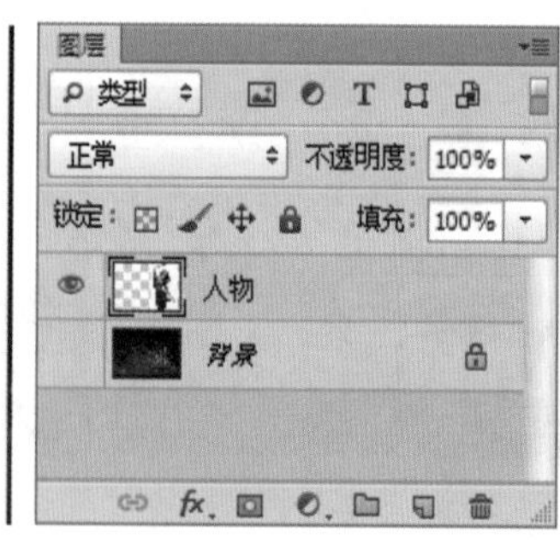

图 21-235

02 选择“人物”图层，进入“通道”面板，选择“蓝”通道，右击，在弹出的快捷菜单中执行“复制通道”命令，复制“蓝”通道，如图21-236所示。按Ctrl+L组合键调出“色阶”对话框，将滑块向中间滑动，增加图像的明暗对比度，单击“确定”按钮，如图21-237所示。

03 使用“加深工具”与“减淡工具”强化人像与背景之间的黑白对比，如图21-238所示。按Ctrl+I组合键进行反相，如图21-239所示。

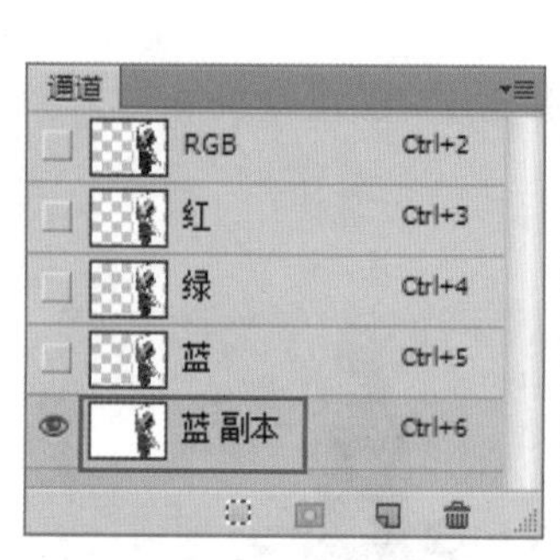

图 21-236

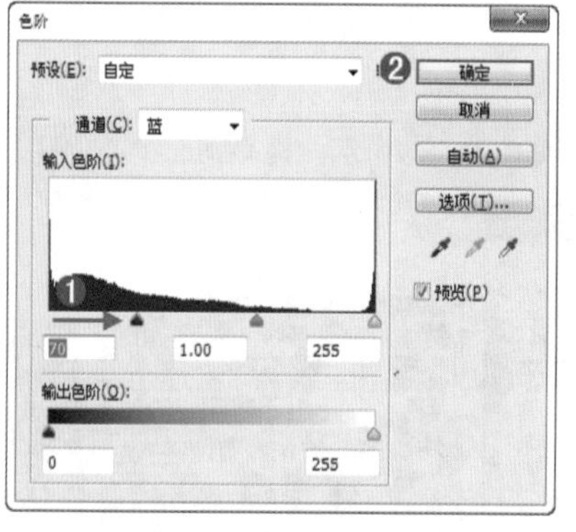

图 21-237

图 21-238

图 21-239

04 按住Ctrl键单击通道缩览图，得到人物选区，如图21-240所示。回到“图层”面板，单击下方的“添加图层蒙版”按钮，为人物图层添加图层蒙版，使背景隐藏，如图21-241所示。

05 显示背景图层，选择“人物”图层，按Ctrl+J组合键将人物图层复制，并命名为“径向模糊1”，将其调整到“人物”图层下方，如图21-242所示。选择“径向模糊1”图层，在图层蒙版缩览图上右击，在弹出的快捷菜单中执行“应用图层蒙版”命令，应用图层蒙版，如图21-243所示。

图 21-240

图 21-241

图 21-242

图 21-243

06 选择“径向模糊1”图层，执行“滤镜>模糊>径向模糊”命令，在“径向模糊”对话框中设置“数量”为15，选中

"旋转"和"好"单选按钮，单击"确定"按钮，如图21-244所示。效果如图21-245所示。

07 将"径向模糊1"图层复制，再次执行"滤镜>模糊>径向模糊"命令，在"径向模糊"对话框中设置"数量"为100，选中"缩放"和"好"单选按钮，单击"确定"按钮，如图21-246所示。设置该图层的不透明度为25%，效果如图21-247所示。

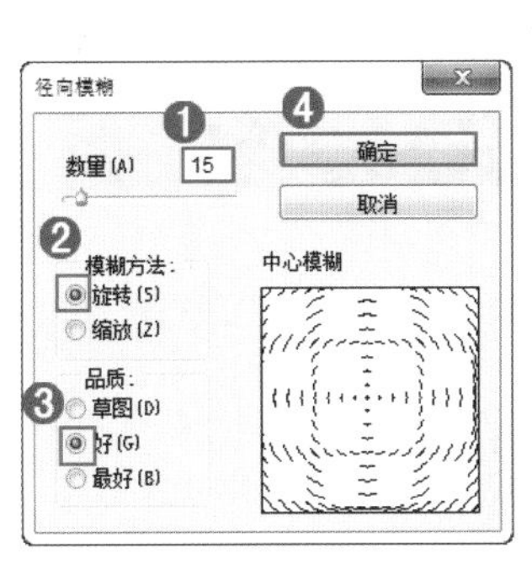

图 21-244

图 21-245

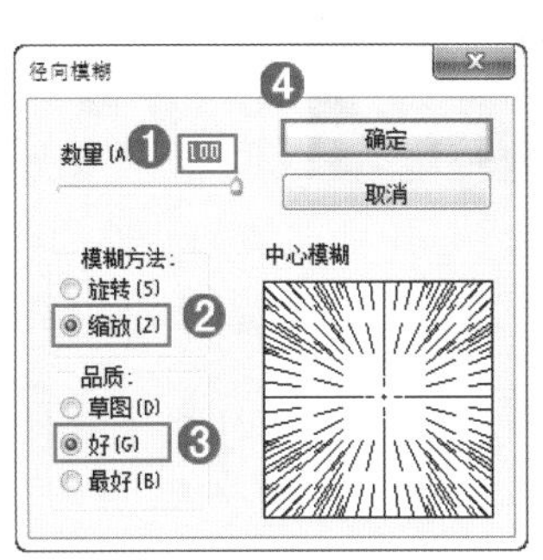

图 21-246

图 21-247

08 执行"图层>新建调整图层>曲线"命令，调整RGB通道曲线形状，增加人物的亮度，如图21-248所示。调整"绿"通道曲线形状，如图21-249所示。调整"蓝"通道曲线形状，如图21-250所示。

09 在曲线调整图层蒙版中使用黑色画笔涂抹人像以外的区域，如图21-251所示。效果如图21-252所示。

10 导入素材3.jpg，适当旋转并缩放，摆放到合适位置，如图21-253所示。为其添加外发光的图层样式，执行"图层>图层样式>外发光"命令，设置颜色为紫色，"混合模式"为"滤色"，"不透明度"为75%，"大小"为40像素，如图21-254所示。效果如图21-255所示。

11 用同样的方法打开素材4.psd，如图21-256所示。导入其他照片素材，并依次摆放在合适位置上，如图21-257所示。

12 导入光效素材5.jpg，设置该图层的混合模式为"滤色"，如图21-258所示。将手机素材6.png导入到文件中，摆放到相应的位置，如图21-259所示。

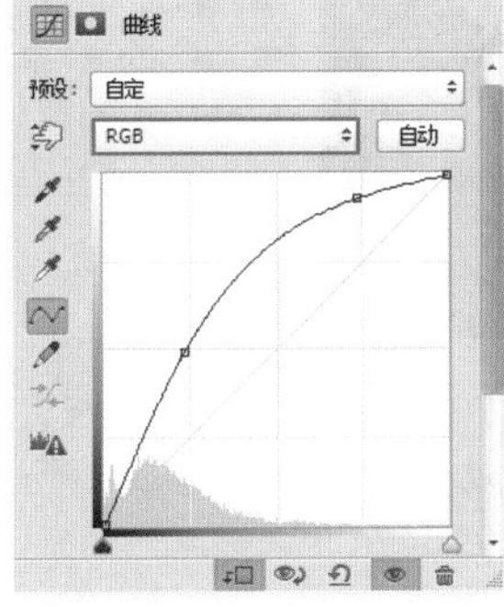

图 21-248

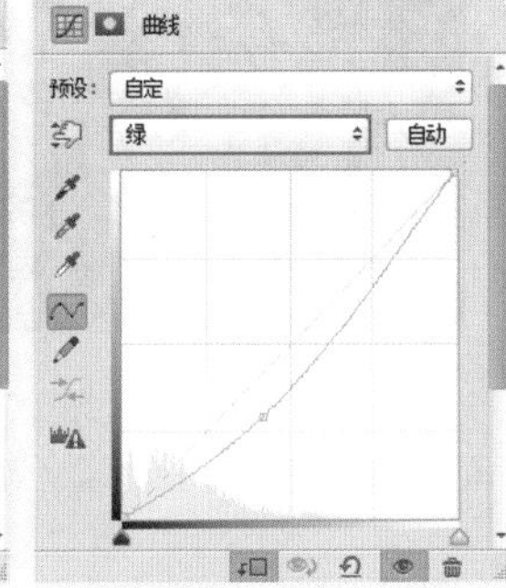

图 21-249

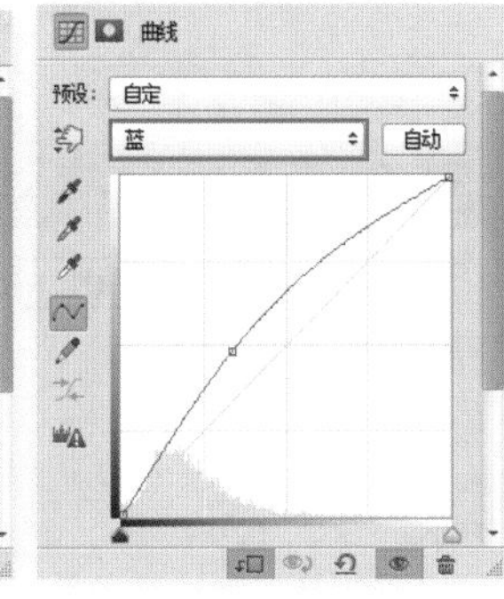

图 21-250

图 21-251

图 21-252

图 21-253

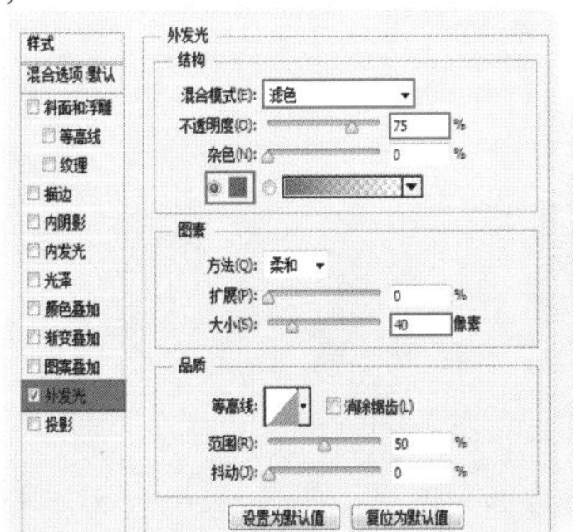

图 21-254

图 21-255

图 21-256

图 21-257

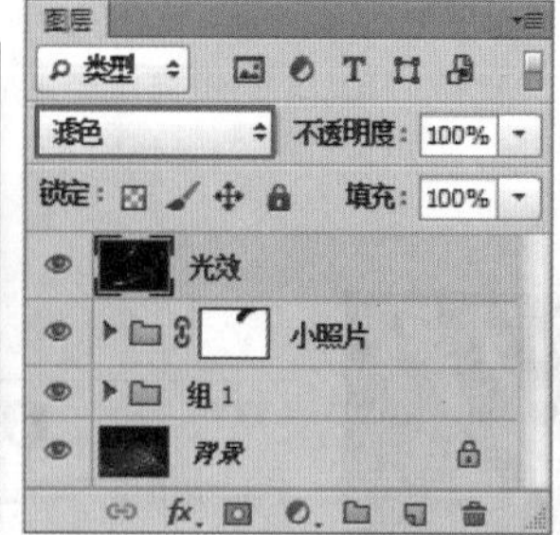

图 21-258

图 21-259

13 单击工具箱中的“横排文字工具”按钮，设置前景色为白色，参数设置如图21-260所示。在适当位置输入文字，如图21-261所示。

14 执行“窗口>样式”命令，打开“样式”面板，在面板菜单中执行“载入样式”命令，如图21-262所示。在“载入”窗口中选择素材7.asl，单击“确定”按钮。可以观察到“样式”面板最下方新添加的样式，如图21-263所示。

图 21-260

图 21-261

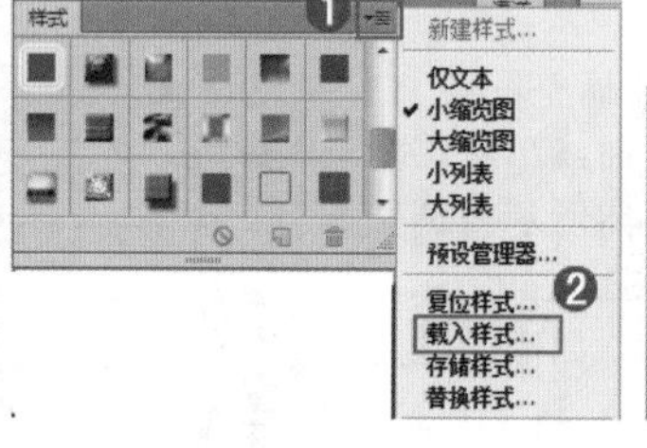

图 21-262

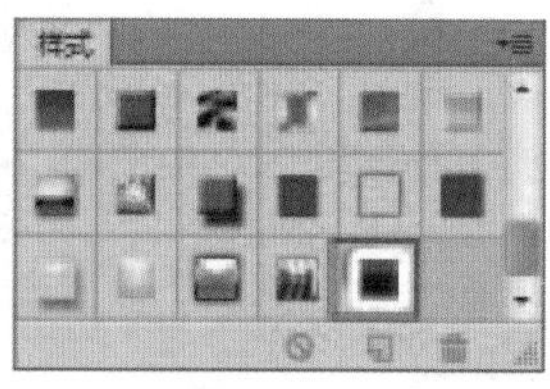

图 21-263

15 选择文字图层，单击新载入的样式，为文字添加样式，如图21-264所示。用同样的方法输入其他文字，如图21-265所示。

16 最后制作暗角效果。新建图层，设置前景色为黑色。单击工具箱中的“画笔工具”按钮，选择一个柔角画笔，增大画笔笔尖大小。在页面左下角、右下角涂抹，效果如图21-266所示。

图 21-264

图 21-265

图 21-266

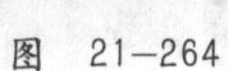

读书笔记

第22章 创意合成

★ 22.1　棋子创意海报

案例文件	案例文件\第22章\棋子创意海报.psd
视频教学	视频教学\第22章\棋子创意海报.flv
难易指数	★★★★★
技术要点	外挂笔刷、图层蒙版、混合模式

案例效果

本案例主要是通过使用外挂笔刷、图层蒙版以及混合模式制作出逼真的合成效果，如图22-1所示。

操作步骤

01 新建空白文件，导入本书配套光盘中的素材文件1.jpg，如图22-2所示。

图　22-1

图　22-2

02 导入素材2.png，如图22-3所示。为其添加图层蒙版，使用黑色柔角画笔绘制多余部分，如图22-4所示。设置图层的“不透明度”为73%。为了使过渡更加自然，在草地图层下新建图层，使用“仿制图章工具”按住Alt键单击吸取草地上的颜色，在画面中合适的位置进行绘制，如图22-5所示。

图　22-3

图　22-4

图　22-5

03 执行“编辑>预设>预设管理器”命令，单击“载入(L)...”按钮，载入外挂裂痕笔刷3.abr，如图22-6所示。新建图层，选择“画笔工具”，选中刚刚载入的裂痕笔刷，设置前景色为黑色，在画面中进行绘制，如图22-7所示。

04 导入纸张素材3.jpg置于画面中，如图22-8所示。新建图层蒙版，使用黑色柔角画笔工具在蒙版中进行涂抹，设置图层的混合模式为“叠加”，“不透明度”为35%，如图22-9所示。效果如图22-10所示。

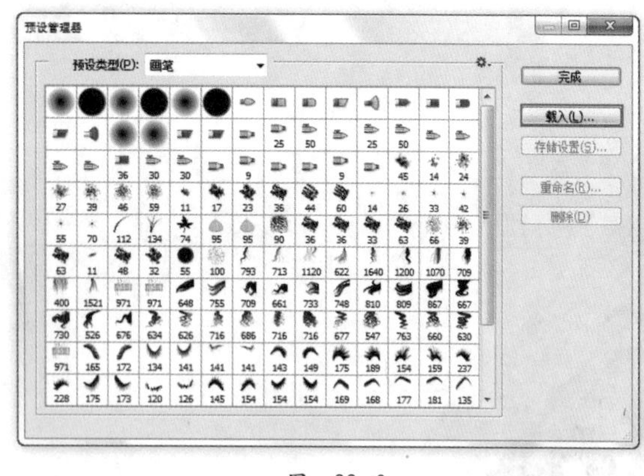

图　22-6

图　22-7

图　22-8

05 导入棋子素材4.png，置于画面中合适的位置，如图22-11所示。使用快速选择工具制作棋子部分的选区，并为其添加图层蒙版，隐藏背景部分，如图22-12所示。

06 为了增强棋子真实感，在棋子图层下方新建图层，使用黑色柔角画笔绘制棋子的投影效果，如图22-13所示。导入皇冠素材5.png，置于棋子的顶部，如图22-14所示。

07 新建图层，为其填充黑色，执行“滤镜>渲染>镜头光晕”命令，设置“亮度”为109%，单击“确定”按钮，如图22-15所示。设置该图层的混合模式为“滤色”，如图22-16所示。

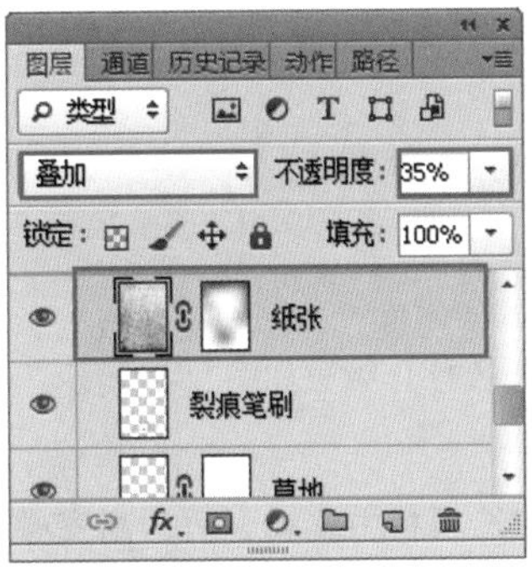

图 22-9

图 22-10

图 22-11

图 22-12

图 22-13

08 执行“图层>新建调整图层>曲线”命令，创建“曲线”调整图层，调整曲线形状，如图22-17所示。效果如图22-18所示。

图 22-14

图 22-15

图 22-16

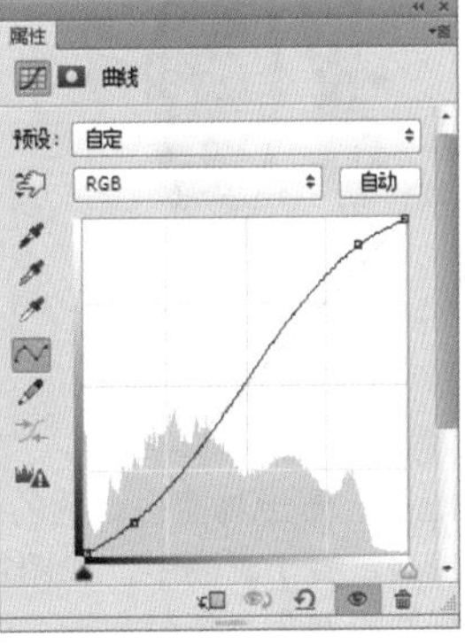

图 22-17

图 22-18

09 再次创建“曲线”调整图层，调整曲线形状，如图22-19所示。使用黑色柔角画笔在调整蒙版中进行适当涂抹，如图22-20所示。制作出压暗画面四角的效果，如图22-21所示。

10 使用“横排文字工具”，设置合适的前景色、字体以及字号，在画面中输入文字，如图22-22所示。

11 将除背景外的所有图层置于同一图层组中，并为其添加蒙版，如图22-23所示。在蒙版中使用不规则黑色画笔涂抹画面四周，如图22-24所示。最终效果如图22-25所示。

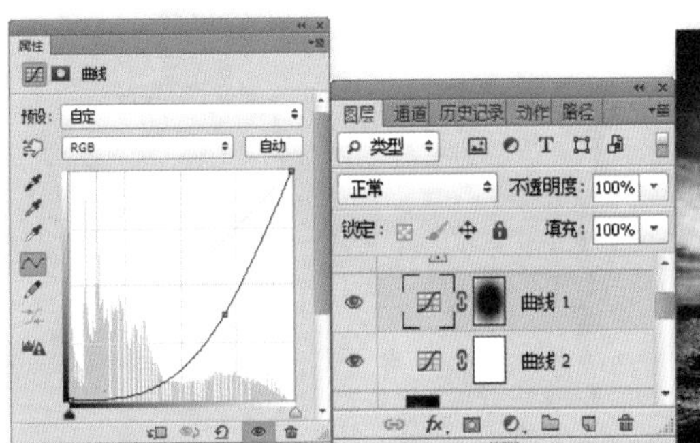

图 22-19　　图 22-20

图 22-21

图 22-22

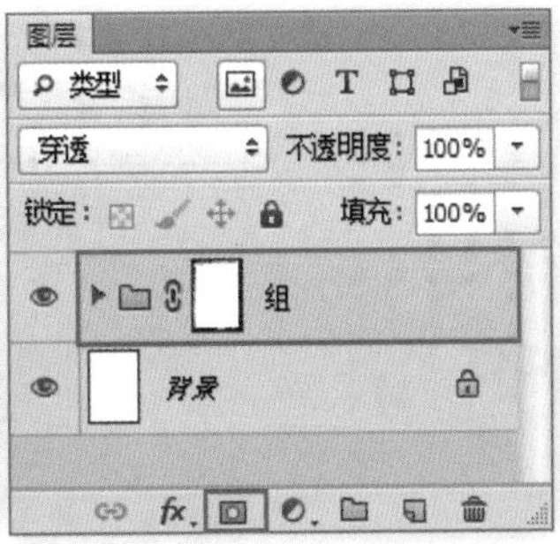

图 22-23

图 22-24

图 22-25

思维点拨：巧用比例

如果想制作特殊画面效果，那么一定不要忘了巧用比例。超大的球鞋、超小的海洋，都为画面增强了对比感，打破常规、善用比例，会让观者过目不忘，这不仅仅是科幻电影中常用的技巧，也广泛应用于广告中，如图22-26和图22-27所示。

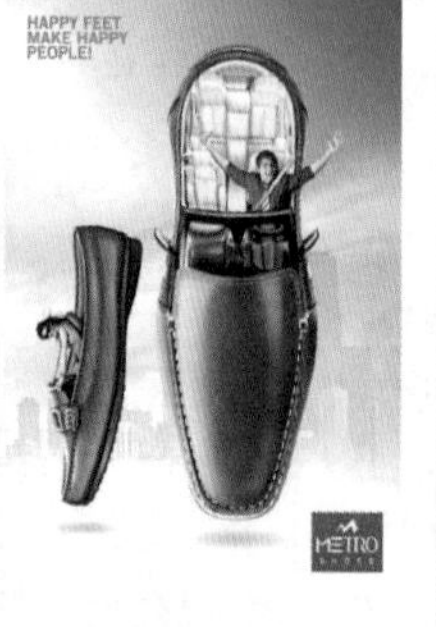

图 22-26　　图 22-27

★ 22.2　绚丽的3D喷溅文字

案例文件	案例文件\第22章\绚丽的3D喷溅文字.psd
视频教学	视频教学\第22章\绚丽的3D喷溅文字.flv
难易指数	★★★★★
技术要点	调整图层、不透明度、图层蒙版、画笔工具、3D

案例效果

本案例主要通过使用“调整图层”、“不透明度”、“图层蒙版”、“画笔工具”、3D技术等来制作绚丽的3D喷溅文字，效果如图22-28所示。

操作步骤

01 新建文件，使用“渐变工具”，在选项栏中编辑合适的渐变颜色，设置绘制模式为径向，如图22-29所示。在画面中拖曳绘制径向渐变，如图22-30所示。

图 22-28　　图 22-29　　图 22-30

02 导入云朵素材1.png，置于画面中合适的位置，如图22-31所示。

03 导入瓶子素材2.jpg，置于画面中，如图22-32所示。单击“图层”面板底部的“添加图层蒙版”按钮，使用黑色画笔在图层蒙版中涂抹瓶子以外的部分，隐藏背景，如图22-33所示。

图 22-31　　图 22-32　　图 22-33

技巧提示

为了制作出半透明效果，可以使用灰色画笔在蒙版中的玻璃区域部分进行涂抹。

04 新建图层，设置前景色为淡粉色，使用半透明的柔角画笔，在瓶子上绘制出淡粉色的雾状效果，制作瓶身反射出背景色的效果，如图22-34所示。导入泡泡素材3.png，置于画面上部，如图22-35所示。

05 执行“编辑>预设>预设管理器”命令，在弹出的窗口中设置“预设类型”为“画笔”，单击“载入”按钮，如图22-36所示。选择笔刷素材4.abr，单击“载入”按钮，然后单击“完成”按钮，载入裂痕笔刷，如图22-37所示。

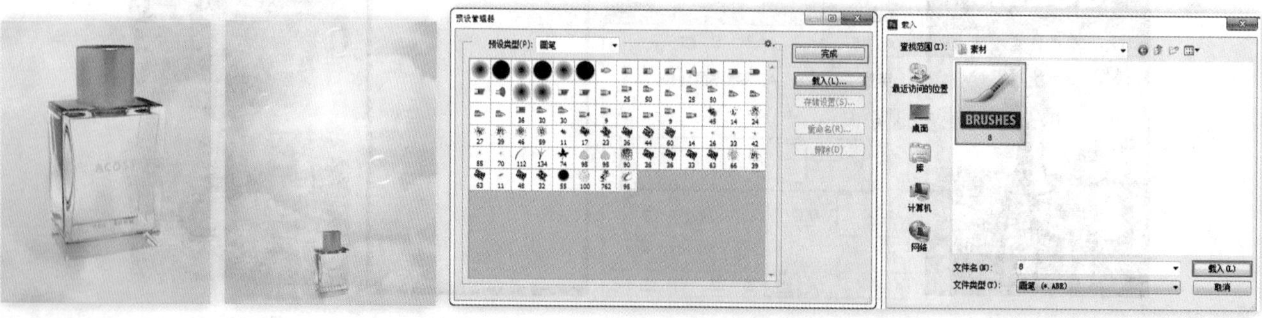

图 22-34　　图 22-35　　图 22-36　　图 22-37

06 新建图层，设置前景色为黑色，使用“画笔工具”，在选项栏中选择新载入的裂痕笔刷，如图22-38所示。在瓶身上单击绘制裂痕效果，如图22-39所示。

07 用同样的方法制作其他的裂痕效果，如图22-40所示。导入喷溅素材5.png，置于画面中合适的位置，如图22-41所示。

08 新建图层，使用“多边形套索工具”在画面中绘制多边形选区，为其填充灰色，如图22-42所示。新建图层，载入多边形选区，将选区向右上移动，如图22-43所示。

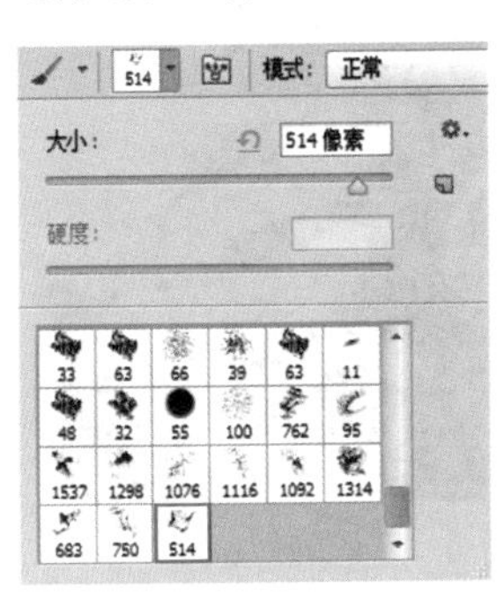

图 22-38

图 22-39

图 22-40

图 22-41

图 22-42

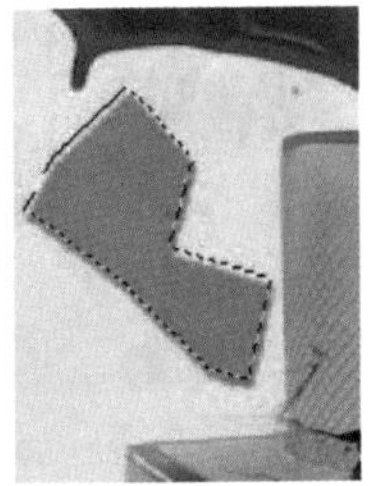
图 22-43

09 使用“渐变工具”，在选项栏中编辑合适的渐变颜色，设置绘制模式为线性，如图22-44所示。在选区中单击绘制渐变，如图22-45所示。

图 22-44

10 使用同样的方法制作其他的破碎效果，如图22-46所示。导入水果素材6.png，放置在画面中合适的位置，如图22-47所示。

11 使用“横排文字工具”，设置合适的字号以及字体，在画面中输入字母，如图22-48所示。对其执行“3D>从所选图层新建3D凸出”命令，如图22-49所示。

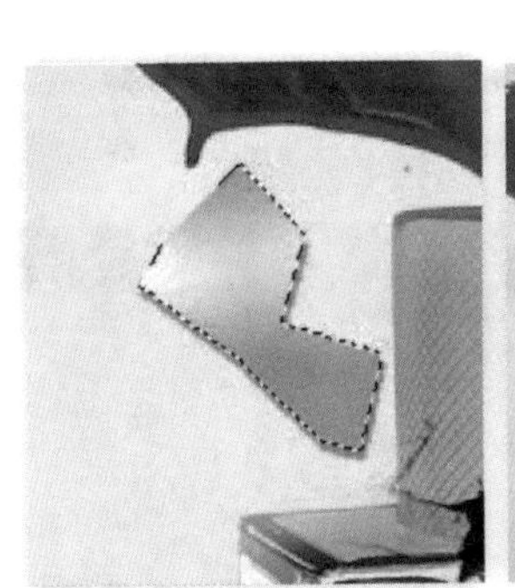
图 22-45

图 22-46

图 22-47

图 22-48

3D(D) 视图(V) 窗口(W) 帮助
从文件新建 3D 图层(N)...
导出 3D 图层(E)...
从所选图层新建 3D 凸出(L)
从所选路径新建 3D 凸出(P)
从当前选区新建 3D 凸出(C)
从图层新建网格(M)
添加约束的来源
显示/隐藏多边形(H)
将对象贴紧地面(J)
拆分凸出(I)
合并 3D 图层(D)

图 22-49

技巧提示

如果用户使用的是Adobe Photoshop CS6（标准版）而非Adobe Photoshop CS6 Extended（扩展版），则无法使用3D功能，在菜单栏中也没有3D菜单。

12 在选项栏中单击“旋转3D对象”按钮，将其适当旋转，如图22-50所示。打开3D面板，单击3D面板中该文字的“S凸出材质”条目，如图22-51所示。

13 在“属性”面板中单击“漫射”的下拉菜单按钮，执行“新建纹理”命令，如图22-52所示。在新建文档中拖曳绘制灰色系的径向渐变，如图22-53所示。回到3D编辑文件中，效果如图22-54所示。

14 用同样的方法编辑“s后膨胀材质”，如图22-55所示。在新文档中载入文字选区，绘制渐变，如图22-56所示。效果如图22-57所示。

15 用同样的方法制作其他的文字效果，如图22-58所示。最后导入前景装饰素材7.png，置于画面中合适的位置。最终效果如图22-59所示。

图 22-50

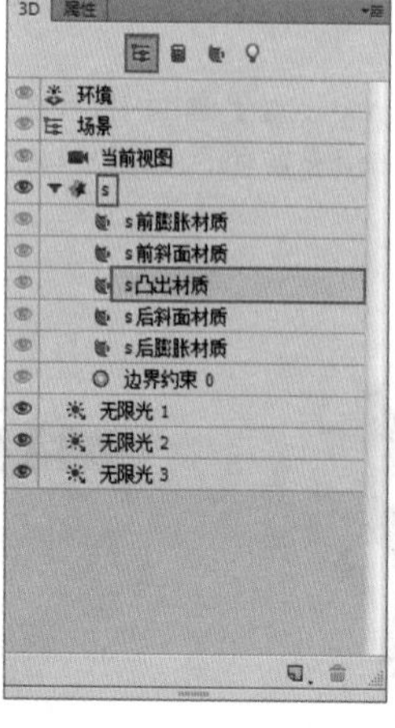

图 22-51

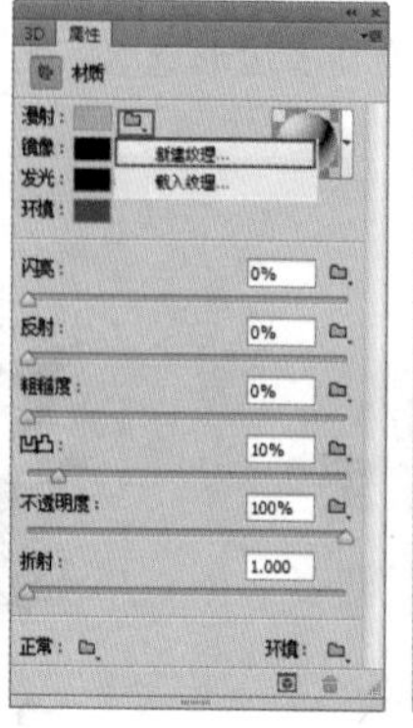

图 22-52

图 22-53

图 22-54

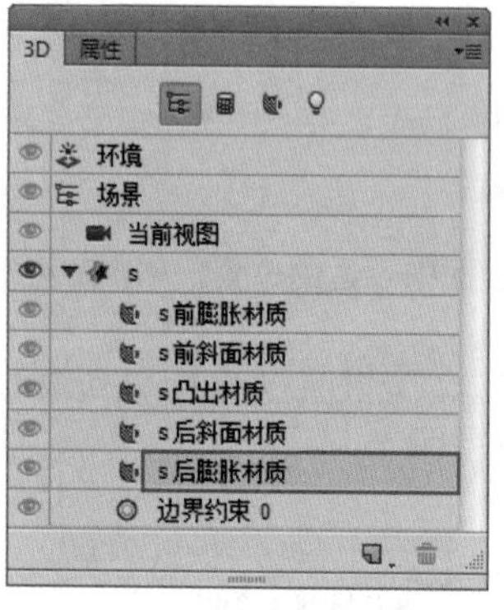

图 22-55

图 22-56

图 22-57

图 22-58

图 22-59

思维点拨：浅珊瑚红色的使用

本案例中的浅珊瑚红色背景是女性用品广告中常用的颜色，可以展现女性温柔的感觉。透彻明晰的色彩流露出含蓄的美感，华丽而不失典雅，如图22-60和图22-61所示。

图 22-60

图 22-61

★ 22.3 创意动感海报

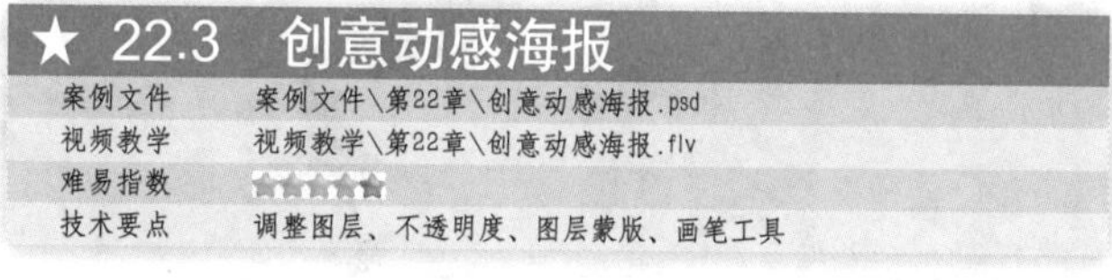

案例文件	案例文件\第22章\创意动感海报.psd
视频教学	视频教学\第22章\创意动感海报.flv
难易指数	★★★★★
技术要点	调整图层、不透明度、图层蒙版、画笔工具

案例效果

本案例主要通过使用“调整图层”、“不透明度”、“图层蒙版”、“画笔工具”等来制作海浪海报，效果如图22-62所示。

图 22-62

操作步骤

01 执行“文件>新建”命令，设置“宽度”为2830像素，“高度”为1960像素，如图22-63所示。

02 导入纸张素材文件1.jpg，如图22-64所示。设置该图层的“不透明度”为90%，单击“图层”面板中的“添加图层蒙版”按钮，使用黑色柔角画笔在画面四角进行涂抹，如图22-65所示。

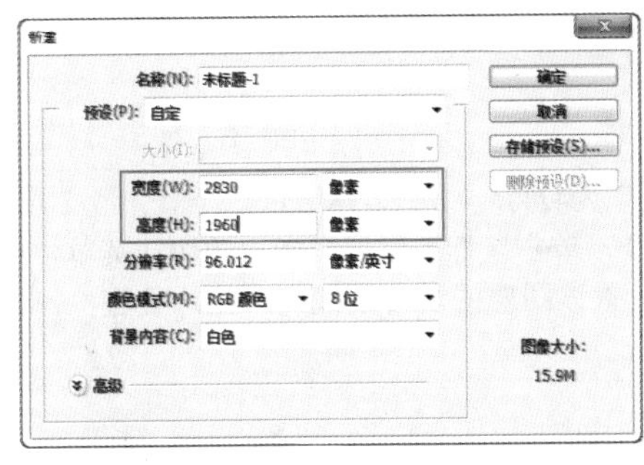

图 22-63

图 22-64

图 22-65

03 执行“图像>调整>色相/饱和度”命令，设置“色相”为147，“饱和度”为-91，如图22-66所示。执行“图像>调整>曲线”命令，调整曲线形状，如图22-67所示。背景制作完成。

04 导入水彩素材2.png，调整至合适大小及位置，如图22-68所示。

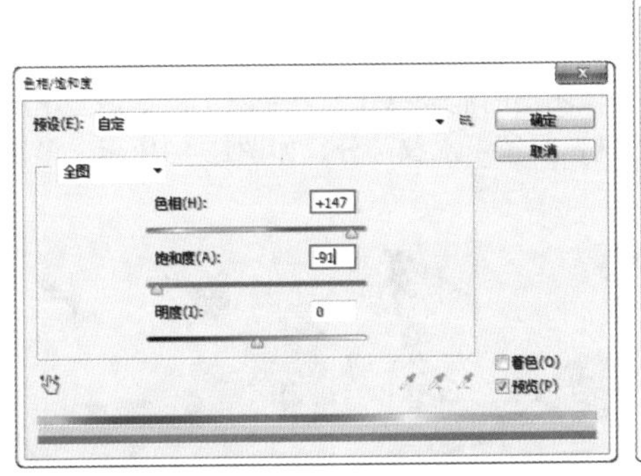

图 22-66

图 22-67

图 22-68

05 导入光效素材3.jpg，执行“编辑>自由变换”命令，调整至合适大小及角度，如图22-69所示。设置该图层的混合模式为“滤色”，如图22-70所示。

06 单击“图层”面板中的“添加图层蒙版”按钮，使用黑色柔角画笔在边界处进行涂抹，如图22-71所示。复制光效图层，调整至合适大小及角度，如图22-72所示。

图 22-69

图 22-70

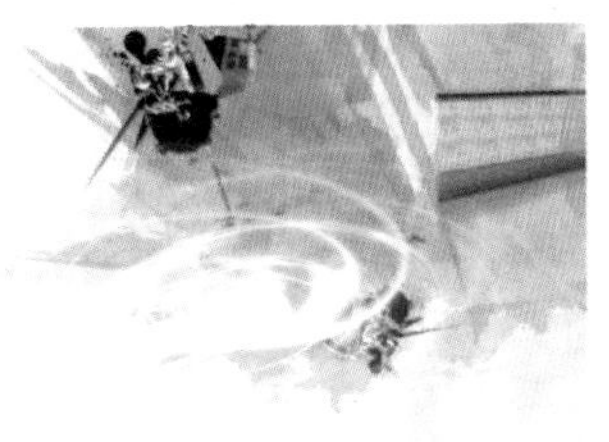

图 22-71

图 22-72

07 设置混合模式为“滤色”，“不透明度”为69%。创建图层蒙版，使用黑色柔角画笔在边界处进行涂抹，如图22-73所示。复制光效图层，调整至合适大小及角度，如图22-74所示。

08 设置混合模式为“滤色”，“不透明度”为37%。创建图层蒙版，使用黑色柔角画笔在边界处进行涂抹，如图22-75所示。导入人像素材4.png，调整至合适大小及位置，如图22-76所示。

图 22-73

图 22-74

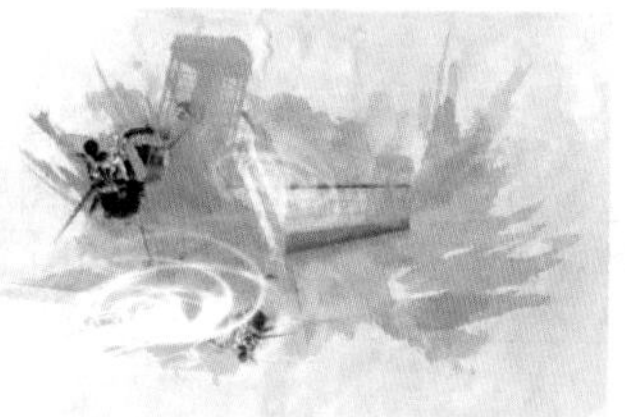
图 22-75

图 22-76

09 导入水花素材5.png，调整至合适大小，如图22-77所示。设置“不透明度”为42%，如图22-78所示。

10 复制水花素材，调整“不透明度”为70%，执行“编辑>自由变换”命令，单击鼠标右键，在弹出的快捷菜单中执行“垂直翻转”命令，调整位置，如图22-79所示。导入海鸥素材文件6.png，设置该图层的混合模式为“正片叠底”，如图22-80所示。

图 22-77

图 22-78

图 22-79

图 22-80

11 导入船素材7.png，调整至合适大小及位置，如图22-81所示。设置该图层的混合模式为“变暗”，如图22-82所示。

12 复制船图层，创建图层蒙版，使用黑色柔角画笔在蒙版中进行涂抹，只留下水纹部分，如图22-83所示。多次复制水花素材，调整至合适大小及位置，如图22-84所示。

图 22-81

图 22-82

图 22-83

图 22-84

13 导入冰素材文件8.png，如图22-85所示。添加图层蒙版，使用黑色柔角画笔进行适当涂抹，设置“不透明度”为80%，如图22-86所示。

14 多次复制冰素材，调整至合适大小及位置，适当调整各个图层的不透明度，如图22-87所示。导入桥素材9.png，调整其大小及位置，如图22-88所示。

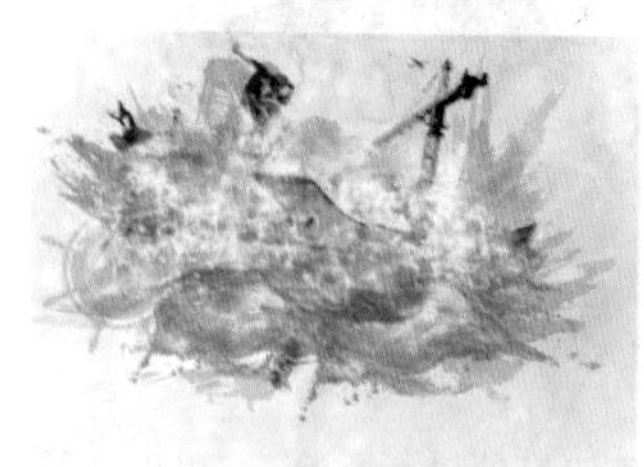
图 22-85

图 22-86

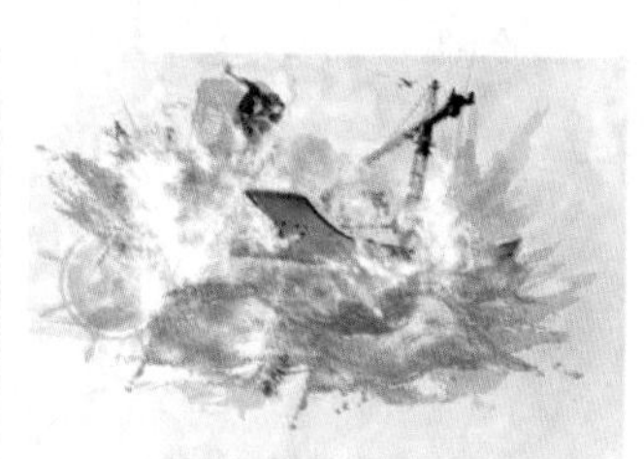
图 22-87

图 22-88

15 复制水花素材，调整至合适大小及位置，如图22-89所示。设置其混合模式为“变亮”，如图22-90所示。

16 用同样的方法制作另外两组水花，适当调整不透明度，如图22-91所示。导入人像素材10.jpg，如图22-92所示。

图 22-89

图 22-90

图 22-91

图 22-92

17 单击工具箱中的“魔棒工具”按钮，在背景上单击，按Delete键删除白色背景，如图22-93所示。创建图层蒙版，使用黑色柔角画笔在人像下涂抹，隐藏多余部分，如图22-94所示。

18 单击图层蒙版上的“调整图层”按钮，执行“可选颜色”命令，设置“颜色”为“绿色”，调整“青色”为100%，“洋红”为42%，“黄色”为-40%，如图22-95所示。设置“颜色”为“青色”，调整“青色”为100%，如图22-96所示。

图 22-93　　图 22-94

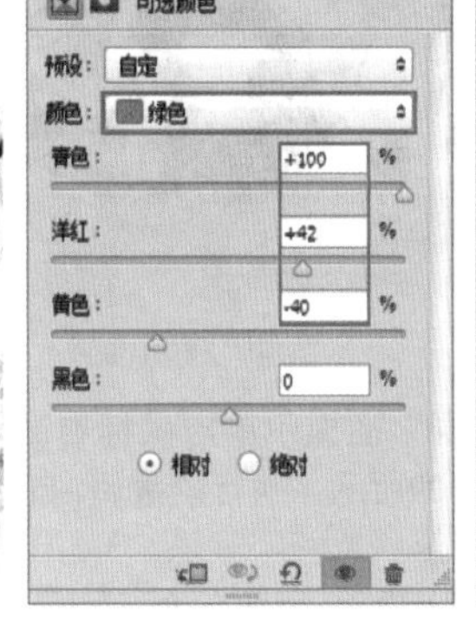

图 22-95

图 22-96

19 选择“可选颜色”调整图层，在“图层”面板中单击鼠标右键，在弹出的快捷菜单中执行“创建剪贴蒙版”命令，使其只对人像起作用，如图22-97所示。创建“曲线”调整图层，调整曲线形状，如图22-98所示。

20 单击鼠标右键，在弹出的快捷菜单中执行“创建剪贴蒙版”命令，使其只对人像起作用，如图22-99所示。使用“画笔工具”，适当调整画笔流量，设置前景色为浅蓝色，新建图层，在人像腰带部分进行涂抹，如图22-100所示。

图 22-97

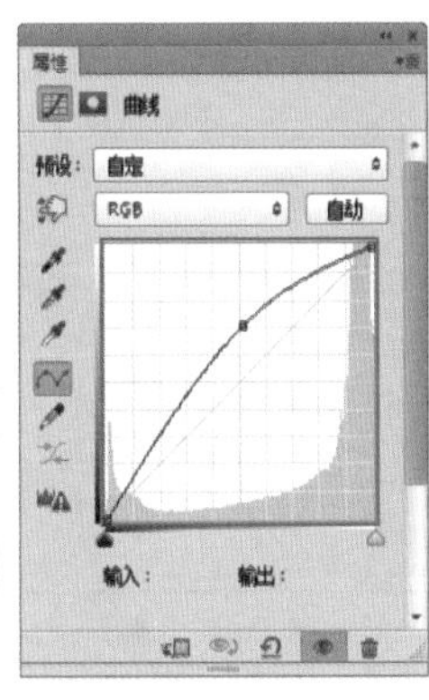

图 22-98

图 22-99

图 22-100

21 复制冰素材，调整大小后将其摆放在人像合适位置上，如图22-101所示。使用黑色硬角边画笔在人像左手绘制流淌部分，如图22-102所示。

22 单击工具箱中的“减淡工具”按钮，在黑色图层上进行适当涂抹，制作高光效果，如图22-103所示。创建图层蒙版，使用黑色柔角画笔进行涂抹，隐藏多余部分，如图22-104所示。

图 22-101

图 22-102

图 22-103

图 22-104

23 用同样的方法制作出其他流淌效果，如图22-105所示。设置前景色为蓝色，适当调整画笔的流量数值，新建图层，在人像合适位置绘制，如图22-106所示。

24 设置前景色为白色，调整流量数值，新建图层，在人像上进行涂抹，如图22-107所示。单击工具箱中的"文字工具"按钮T，调整合适字体及大小，在画面下方输入文字，如图22-108所示。

图 22-105

图 22-106

图 22-107

图 22-108

25 选择文字图层，在"图层"面板中单击鼠标右键，在弹出的快捷菜单中执行"栅格化图层"命令，使用"画笔工具"在文字上绘制线条，如图22-109所示。执行"编辑>自由变换"命令，单击鼠标右键，在弹出的快捷菜单中执行"透视"命令，调整控制点，如图22-110所示。

26 按Enter键结束操作，执行"窗口>样式"命令，在"样式"面板中单击为文字添加一种合适的样式，如图22-111所示。

图 22-109

图 22-110

图 22-111

> PROMPT 技巧提示
>
> 执行"编辑>预设>预设管理器"命令，设置类型为"样式"，单击"载入"按钮载入样式素材11.asl即可。

27 用同样的方法制作另外一组文字，调整合适角度及样式，如图22-112所示。盖印当前画面效果，执行"图像>调整>色阶"命令，设置合适的色阶数值，如图22-113所示。

28 执行"图像>调整>色相/饱和度"命令，设置"饱和度"为6，如图22-114所示。最终效果如图22-115所示。

图 22-112

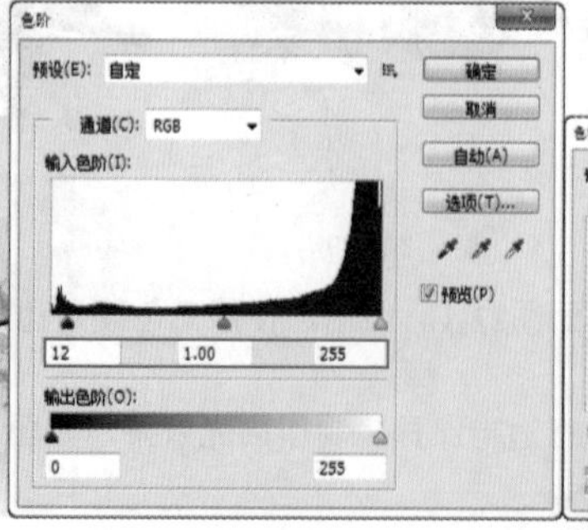

图 22-113

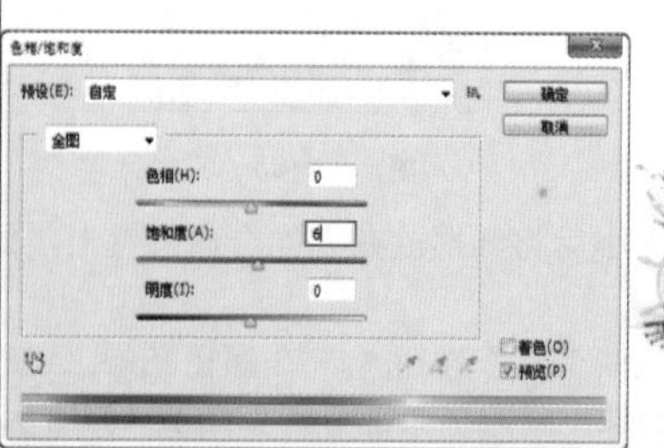

图 22-114

图 22-115

★ 22.4 炙热的火焰人像

案例文件	案例文件\第22章\炙热的火焰人像.psd
视频教学	视频教学\第22章\炙热的火焰人像.flv
难易指数	★★★★★
技术要点	自由变换、曲线调整、图层蒙版

案例效果

本案例主要通过使用"自由变换"、"曲线调整"、"图层蒙版"、"混合模式"等命令来完成炙热的火焰人像，效果如图22-116所示。

操作步骤

01 打开背景素材1.jpg，如图22-117所示。

02 导入火素材2.jpg，置于画面中合适的位置，设置其混合模式为"滤色"，"不透明度"为45%，如图22-118所示。按Ctrl+T组合键执行"自由变换"命令，将图像旋转到合适的角度，如图22-119所示。按Enter键完成变换，效果如图22-120所示。

图 22-116

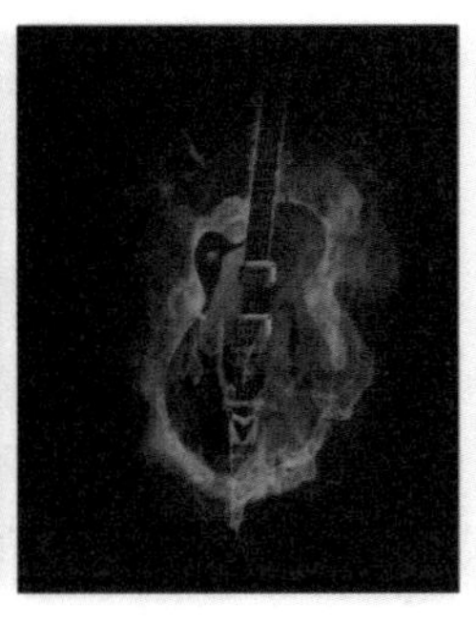

图 22-117

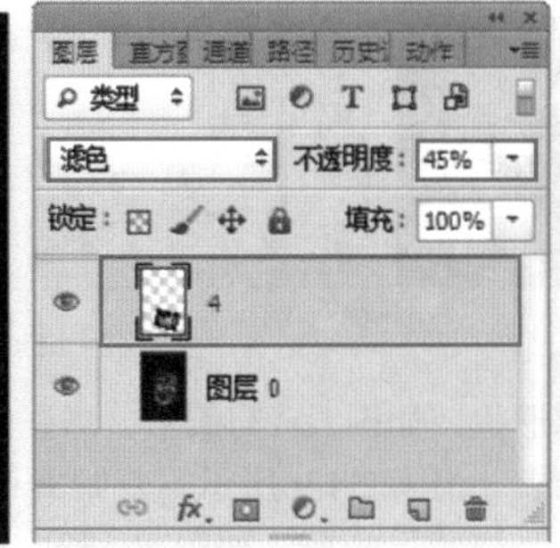

图 22-118

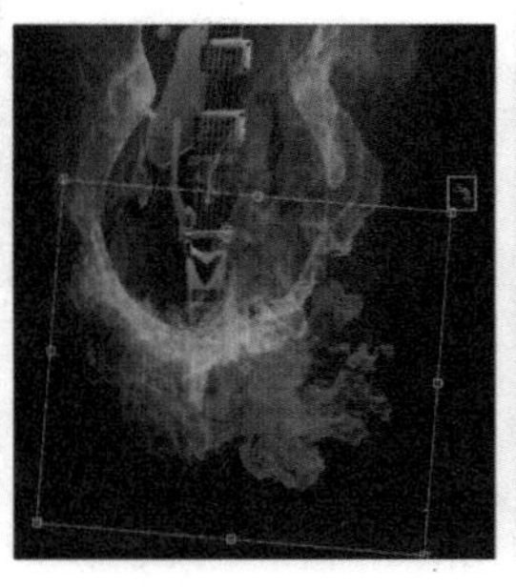

图 22-119

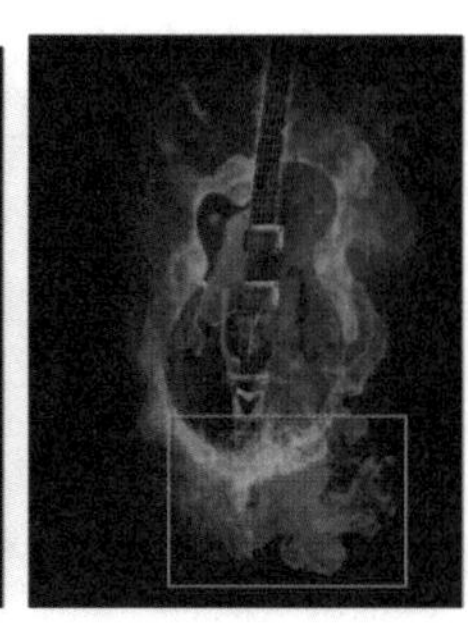

图 22-120

03 复制火素材，使用同样的方法将其分别旋转到合适的角度，如图22-121所示。

04 复制背景图层，将其置于"图层"面板顶部、使用"橡皮擦工具"擦除合适的部分，并将其旋转到合适的角度，如图22-122所示。

05 导入人物素材3.jpg，置于画面中合适的位置，如图22-123所示。为其添加图层蒙版，在蒙版中使用黑色画笔涂抹背景部分使之隐藏，如图22-124所示。

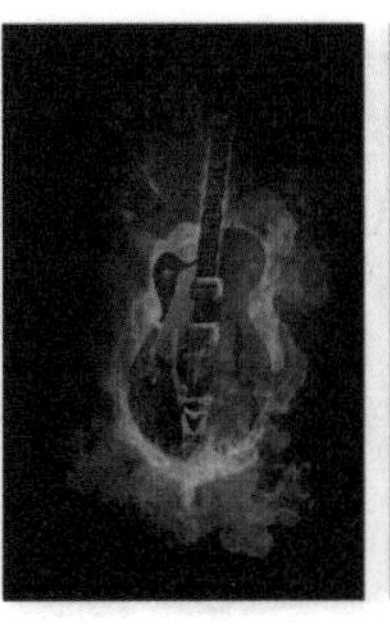

图 22-121

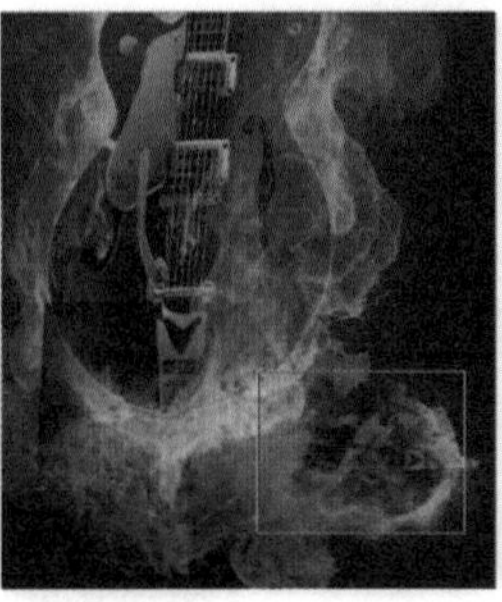

图 22-122

图 22-123

图 22-124

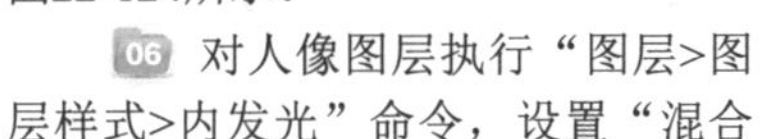

06 对人像图层执行"图层>图层样式>内发光"命令，设置"混合模式"为"滤色"，"不透明度"为12%，颜色为黄色，"方法"为"柔和"，"源"为"边缘"，"大小"为35像素，如图22-125所示。选择"外发光"选项，设置"混合模式"为"滤色"，"不透明度"为12%，颜色为黄色，"方法"为"柔和"，"大小"为215像素，如图22-126所示。效果如图22-127所示。

07 新建图层，使用柔角画笔，在人像服饰上涂抹绘制橙色，如图22-128所示。设置其混合模式为"柔光"，"不透明度"为25%，如图22-129所示。效果如图22-130所示。

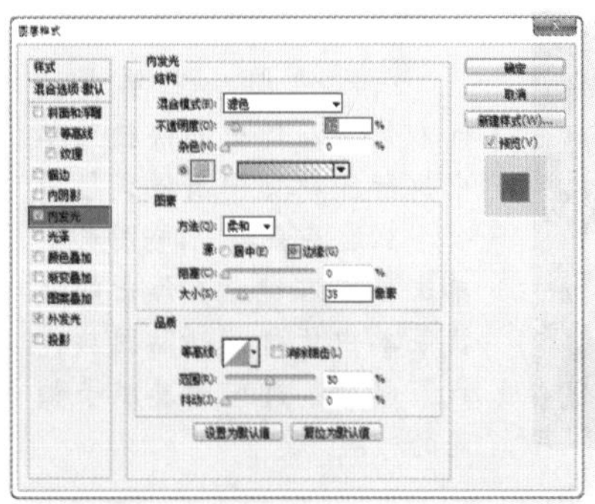

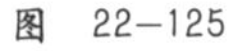

图 22-125

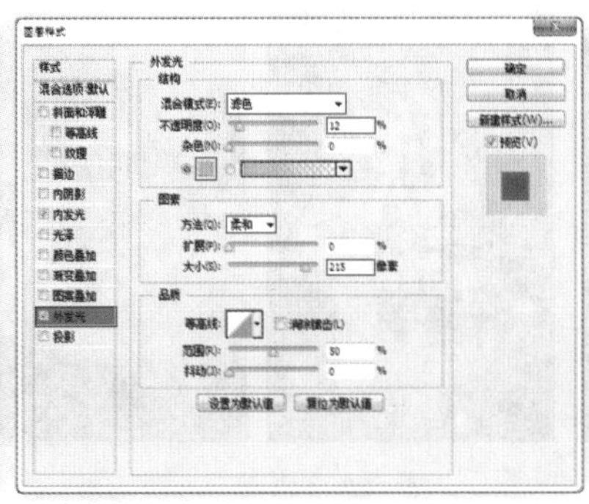

图 22-126

图 22-127

图 22-128

08 执行“图层>新建调整图层>曲线”命令，调整曲线的形状，如图22-131所示。使用黑色画笔在蒙版中绘制人物的头发边缘以外部分，如图22-132所示。效果如图22-133所示。

图 22-129

图 22-130

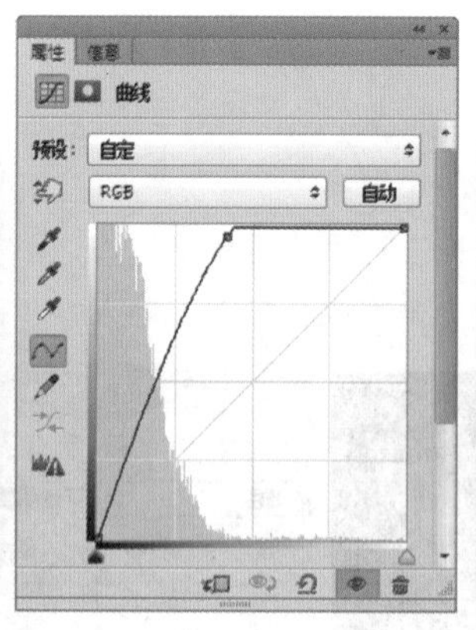

图 22-131

图 22-132

09 继续创建“曲线”调整图层，调整曲线的形状，如图22-134所示。增强画面的对比度，效果如图22-135所示。

10 导入火素材4.png，置于画面中合适的位置，如图22-136所示。复制素材后按Ctrl+T组合键对其执行“自由变换”命令，单击鼠标右键，在弹出的快捷菜单中执行“水平翻转”命令，如图22-137所示。

图 22-133

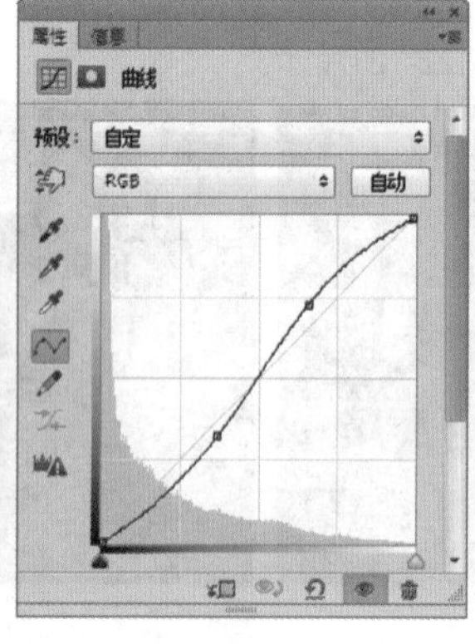

图 22-134

图 22-135

图 22-136

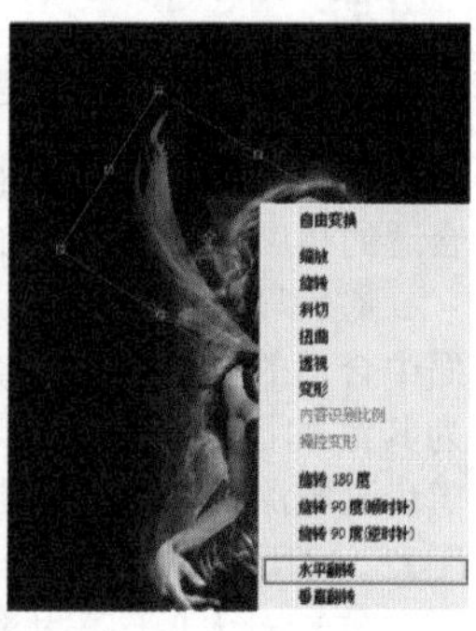

图 22-137

11 单击鼠标右键，在弹出的快捷菜单中执行“变形”命令，对其进行适当的变形，如图22-138所示。按Enter键完成变换，单击“图层”面板底部的“添加图层蒙版”按钮，为其添加图层蒙版，使用黑色画笔在蒙版中绘制遮挡住人像的部分，如图22-139所示。

12 使用同样的方法制作其他的火焰效果，如图22-140所示。导入素材5.png，置于画面中合适的位置，并为其添加与人像图层相同的图层样式，如图22-141所示。

图 22-138

图 22-139

图 22-140

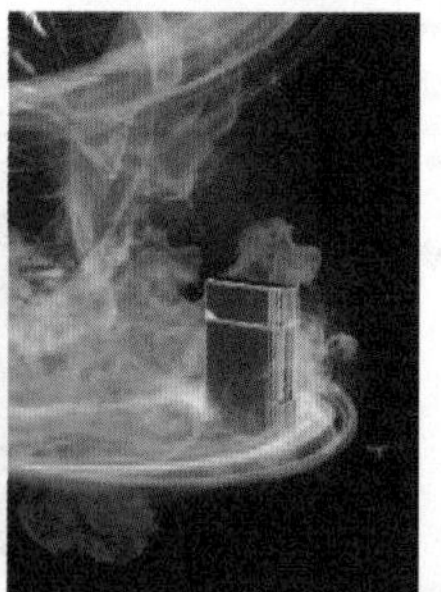

图 22-141

技巧提示

在人像图层上单击鼠标右键，在弹出的快捷菜单中执行“拷贝图层样式”命令，然后在素材5.png图层上单击鼠标右键，在弹出的快捷菜单中执行“粘贴图层样式”命令，即可为其赋予相同的样式。

13 导入前景字母素材6.jpg，在“图层”面板中设置其混合模式为“滤色”，效果如图22-142所示。

14 执行“图层>新建调整图层>曲线”命令，调整曲线的形状，如图22-143所示。提亮画面，最终效果如图22-144所示。

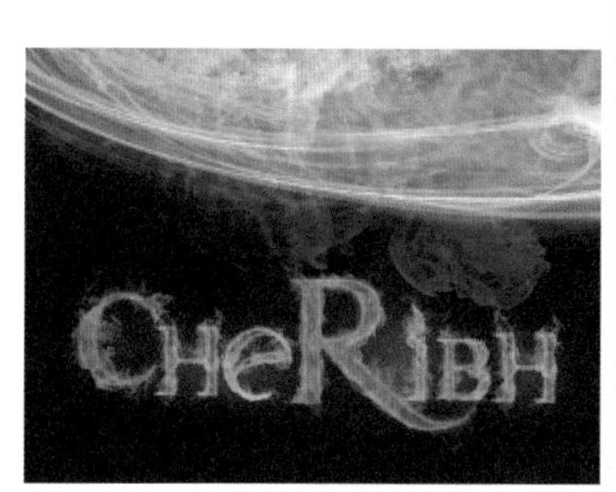

图 22-142

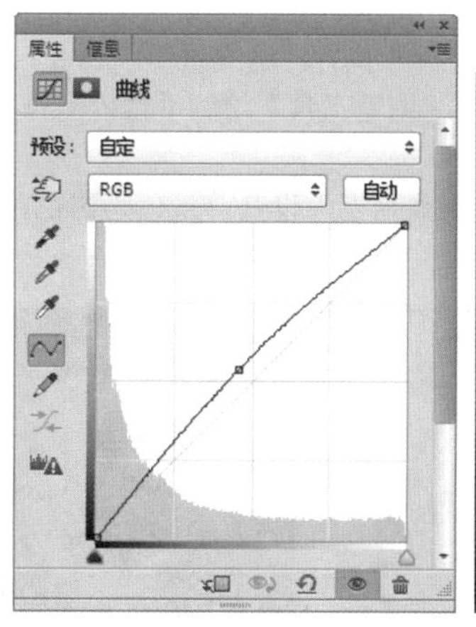

图 22-143

图 22-144

★ 22.5 裂开的人像

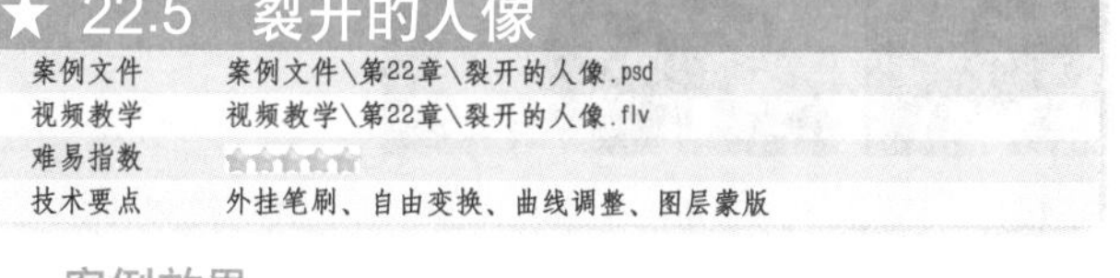

案例文件	案例文件\第22章\裂开的人像.psd
视频教学	视频教学\第22章\裂开的人像.flv
难易指数	★★★★★
技术要点	外挂笔刷、自由变换、曲线调整、图层蒙版

案例效果

本案例主要通过使用外挂笔刷和“自由变换”、“曲线调整”、“图层蒙版”等命令来完成人像的合成制作，效果如图22-145所示。

操作步骤

01 打开背景素材1.jpg，如图22-146所示。单击工具箱中的“画笔工具”按钮，适当调整前景色，新建图层，使用柔角画笔进行适当涂抹，如图22-147所示。在“图层”面板中设置涂抹图层的混合模式为“柔光”，如图22-148所示。

02 导入点素材2.png，调整至合适大小后放置在画面右上角，如图22-149所示。设置该图层的混合模式为“正片叠底”，如图22-150所示。

图 22-145

图 22-146

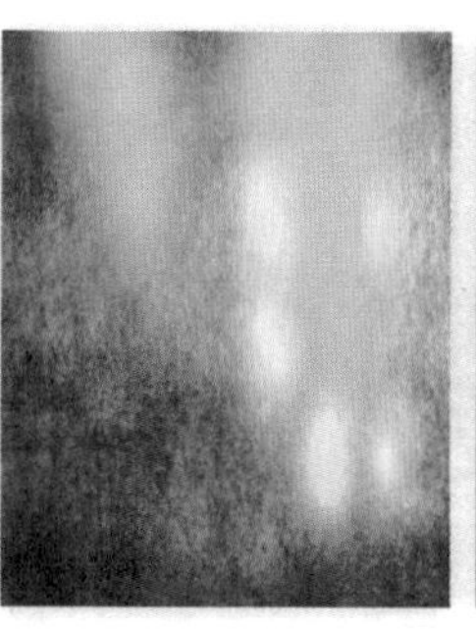

图 22-147

图 22-148

图 22-149

03 导入水滴素材3.png，调整至合适的大小及位置，如图22-151所示。选择水滴素材，按Ctrl键并单击水滴图层，载入该图层选区。新建图层并填充为白色，调整大小及位置，隐藏水滴图层，如图22-152所示。

04 导入花纹素材4.png，将其放置在右上角，并设置混合模式为“柔光”，如图22-153所示。导入人像素材5.jpg，调整至合适大小及位置，如图22-154所示。

图 22-150

图 22-151

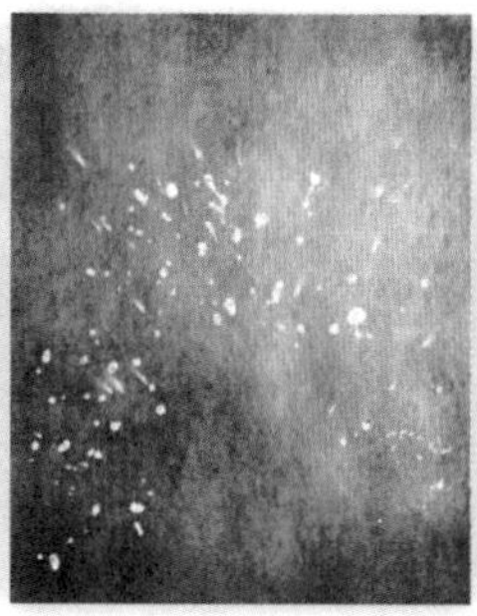

图 22-152

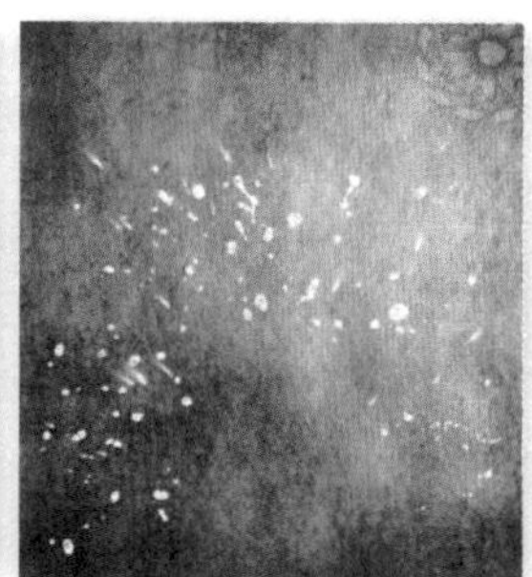

图 22-153

图 22-154

05 单击工具箱中的“自由钢笔工具”按钮，在选项栏中选中“磁性的”复选框，在人像右臂肘部绘制路径，如图22-155所示。沿着人像绘制闭合路径，如图22-156所示。

06 单击鼠标右键，在弹出的快捷菜单中执行“建立选区”命令，单击“图层”面板中的“添加图层蒙版”按钮，隐藏背景部分，如图22-157所示。继续使用“钢笔工具”绘制手臂内侧背景，转换为选区，在图层蒙版中填充黑色，如图22-158所示。

07 使用“画笔工具”，设置一种裂痕画笔，设置前景色为黑色，在人像图层蒙版上进行适当涂抹，如图22-159所示。挖空人像腹部位置，如图22-160所示。

图 22-155

图 22-156

图 22-157

图 22-158

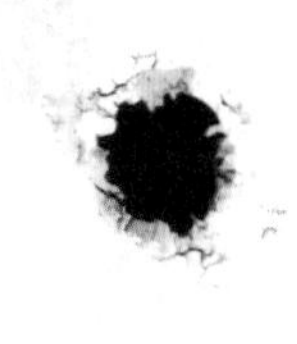

图 22-159

08 执行“图层>图层样式>斜面和浮雕”命令，设置“深度”为154%，“大小”为5像素，“角度”为-122度，“高光模式”为“滤色”，颜色为肉粉色，“阴影模式”为“正片叠底”，颜色为深棕色，如图22-161所示。人像效果如图22-162所示。

09 导入底部素材6.png，放置在人像图层的下方，如图22-163所示。

图 22-160

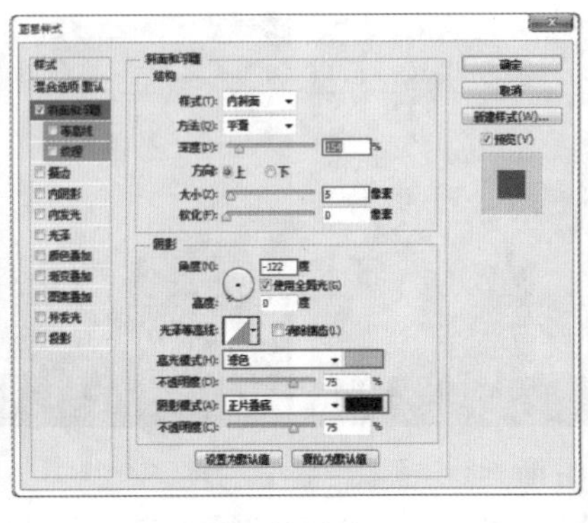

图 22-161

图 22-162

图 22-163

10 复制背景上的白色水滴图层，执行“编辑>自由变换”命令，调整其大小和位置。单击鼠标右键，在弹出的快捷菜单中执行“透视”命令，调整控制点，如图22-164所示。按Enter键结束变换操作，如图22-165所示。

11 导入人像左臂的圆点素材7.png，并调整大小及位置。载入人像图层选区，为圆点素材图层添加图层蒙版，隐藏人像以外的部分，如图22-166所示。

12 导入水花素材8.jpg，调整大小及角度后，放置在人像左侧，如图22-167所示。添加图层蒙版，使用黑色画笔在蒙版上进行涂抹，隐藏多余部分，如图22-168所示。

13 设置水花图层的混合模式为“颜色减淡”，调整“不透明度”为67%，如图22-169所示。用同样的方法制作右臂上的水花效果，如图22-170所示。

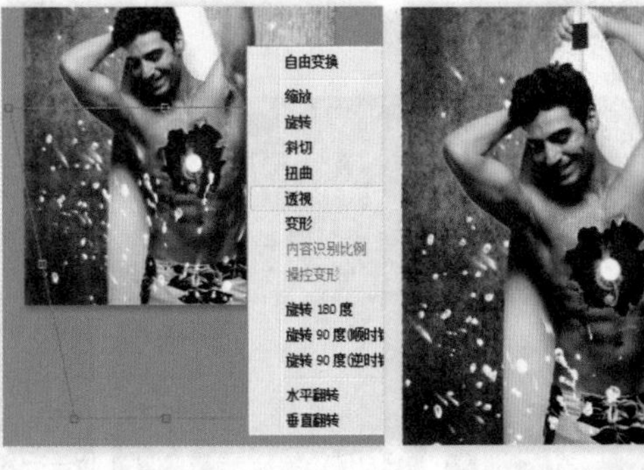

图 22-164　　图 22-165

图 22-166

图 22-167

图 22-168

图 22-169

图 22-170

14 导入花纹素材9.png，执行“编辑>自由变换”命令，单击鼠标右键，在弹出的快捷菜单中执行“变形”命令，调整控制点，如图22-171所示。多次复制，调整素材形状及大小，并放置在合适的位置，如图22-172所示。

15 导入喷溅粒子素材10.png，如图22-173所示。新建图层，使用黑色画笔在四角处绘制，制作暗角效果。最终效果如图22-174所示。

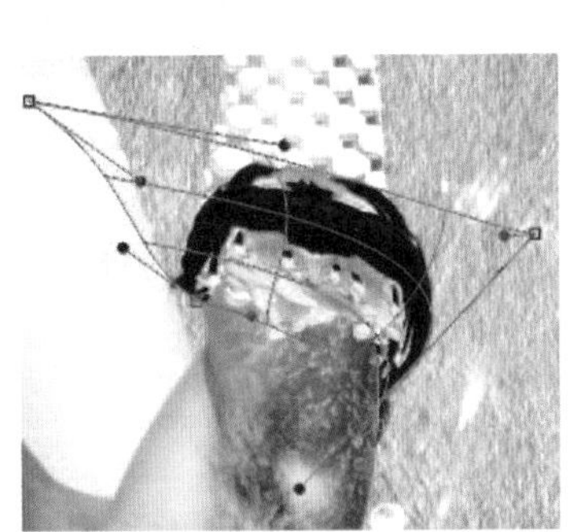

图 22-171

图 22-172

图 22-173

图 22-174

★ 22.6 绚丽红酒招贴

案例文件	案例文件\第22章\绚丽红酒招贴.psd
视频教学	视频教学\第22章\绚丽红酒招贴.flv
难易指数	★★★★★
技术要点	图层样式、混合模式

案例效果

本案例主要使用“图层样式”、“混合模式”等命令制作绚丽红酒招贴，效果如图22-175所示。

操作步骤

01 打开背景素材1.jpg，如图22-176所示。导入前景瓶子素材2.png，置于画面中合适的位置，如图22-177所示。

02 执行“图层>新建调整图层>亮度/对比度”命令，在瓶子图层上方创建调整图层，设置“对比度”为88，如图22-178所示。选择调整图层，单击鼠标右键，在弹出的快捷菜单中执行“创建剪贴蒙版”命令，如图22-179所示。使其只对瓶子素材起作用，如图22-180所示。

图 22-175

图 22-176

图 22-177

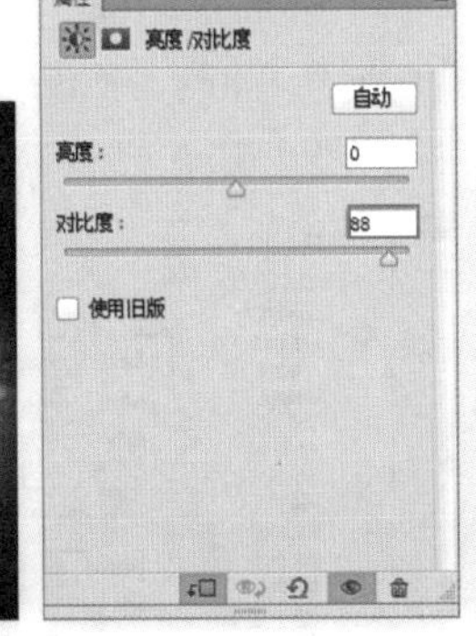

图 22-178

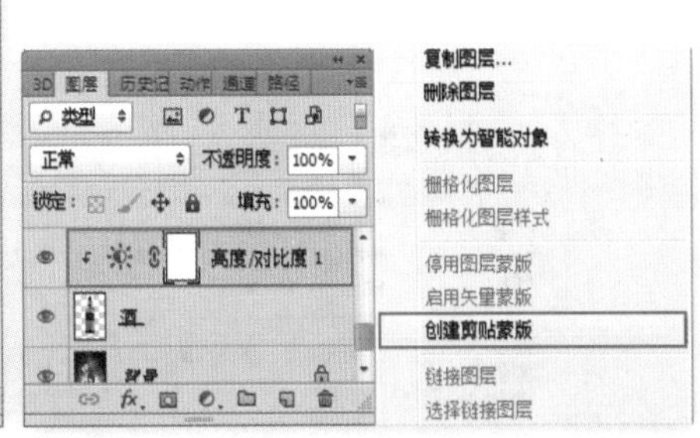

图 22-179

03 执行“图层>新建调整图层>可选颜色”命令，设置“颜色”为“黄色”，“青色”为42%，“洋红”为16%，“黄色”为25%，“黑色”为-24%，如图22-181所示。设置“颜色”为“绿色”，“青色”为-45%，“洋红”为-97%，“黄色”为11%，“黑色”为9%，如图22-182所示。

04 设置“颜色”为“中性色”，“青色”为12%，“洋红”为-1%，“黄色”为1%，“黑色”为-23%，如图22-183所示。在“图层”面板上选择调整图层，单击鼠标右键，在弹出的快捷菜单中执行“创建剪贴蒙版”命令，效果如图22-184所示。使用“横排文字工具”，设置合适的字号以及字体，在画面右下角输入文字，如图22-185所示。

图 22-180

图 22-181

图 22-182

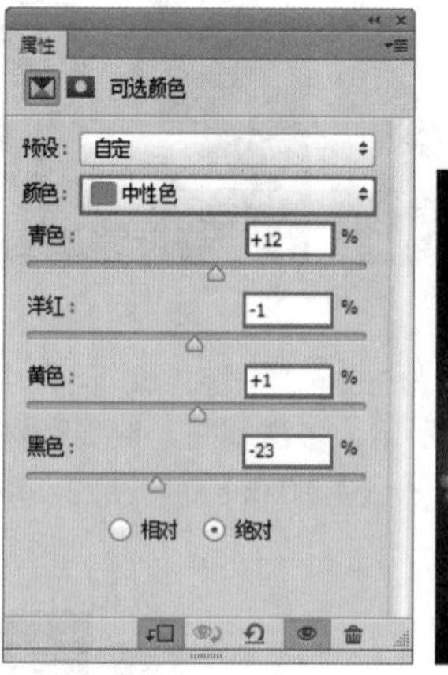

图 22-183

图 22-184

05 对文字图层执行“图层>图层样式>斜面和浮雕”命令，设置“深度”为351%，“方向”为“上”，“大小”为17像素，“软化”为0像素，“角度”为90度，“高度”为30度，设置合适的等高线形状，设置“高光模式”为“颜色减淡”，“不透明度”为50%，“阴影模式”为“颜色减淡”，“不透明度”为80%，并设置合适的阴影颜色，如图22-186所示。

06 选择“光泽”选项，设置“混合模式”为“颜色减淡”，“不透明度”为30%，“距离”为5像素，“大小”为5像素，设置合适的等高线形状，如图22-187所示。选择“渐变叠加”选项，编辑金色系的渐变颜色，设置“样式”为“线性”，如图22-188所示。

图 22-185

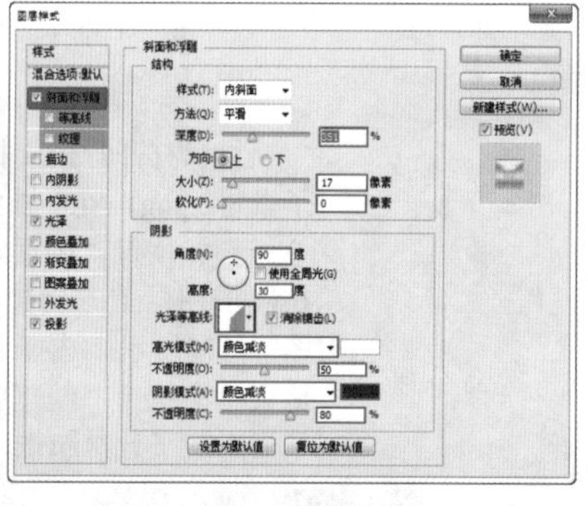

图 22-186

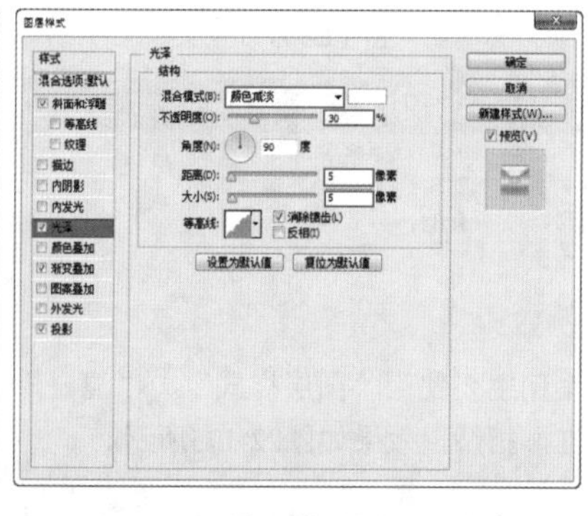

图 22-187

07 继续选择“投影”选项，设置“不透明度”为40%，“角度”为-80度，“距离”为1像素，“扩展”为60%，“大小”为2像素，如图22-189所示。文字效果如图22-190所示。

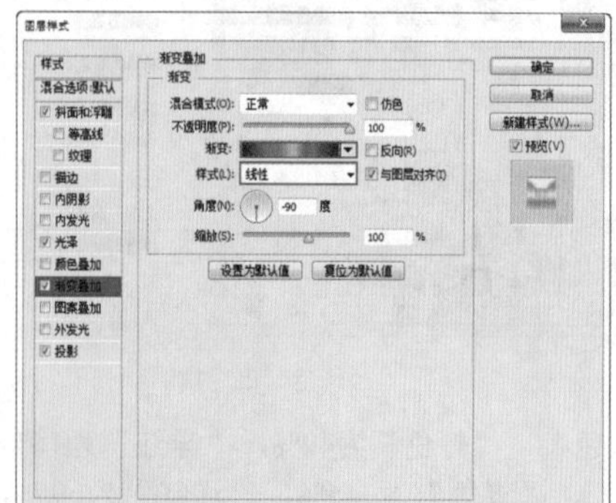

图 22-188

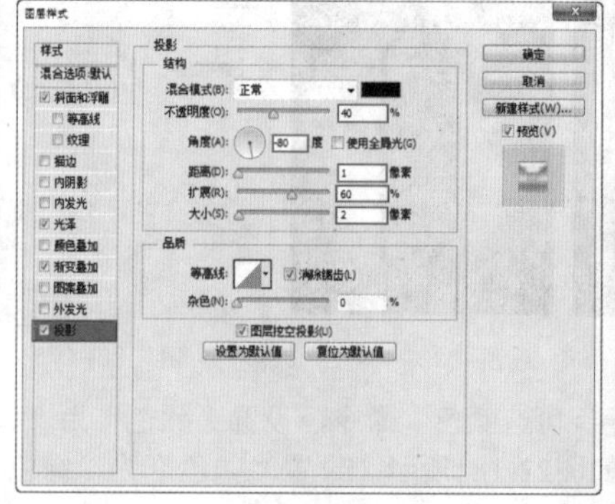

图 22-189

图 22-190

08 导入logo素材3.png，置于文字前方，在“图层”面板上选择文字图层，单击鼠标右键，在弹出的快捷菜单中执行“拷贝图层样式”命令，如图22-191所示。选择素材图层，单击鼠标右键，在弹出的快捷菜单中执行“粘贴图层样式”命令，如图22-192所示。效果如图22-193所示。

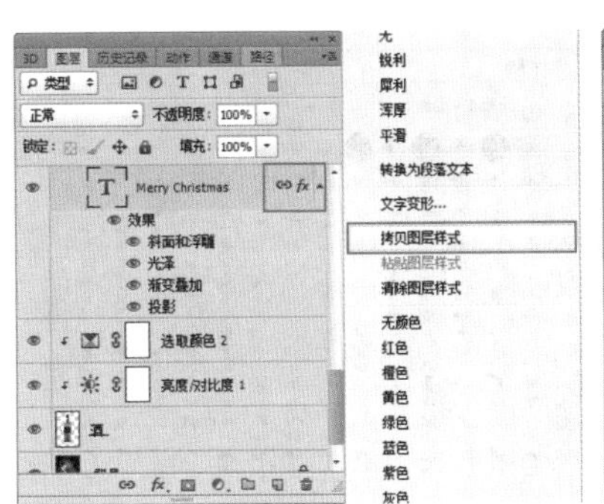

图 22-191

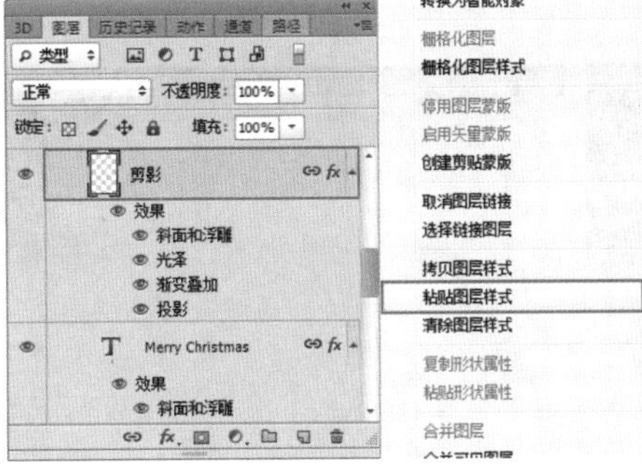

图 22-192

图 22-193

09 再次使用文字工具在画面中输入合适的文字，打开“样式”面板，在面板菜单中执行“载入样式”命令，如图22-194所示。在弹出的对话框中选择样式素材4.asl，单击“载入”按钮，如图22-195所示。在“样式”面板中单击刚载入的样式，为文字添加样式，如图22-196所示。

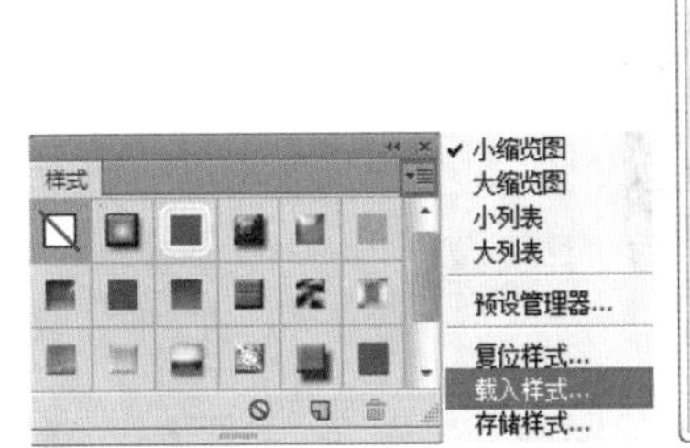

图 22-194

图 22-195

图 22-196

10 复制文字以及标志，将其自由变换到合适大小并摆放在合适位置，如图22-197所示。导入玫瑰素材5.png，放置在瓶颈上，设置其混合模式为“变亮”，如图22-198所示。

11 导入前景丝带素材6.png，置于画面中合适的位置，如图22-199所示。单击“图层”面板底部的“添加图层蒙版”按钮，为其添加图层蒙版，使用黑色画笔在蒙版中绘制，遮挡住瓶子的部分，如图22-200所示。

12 继续导入前景花朵素材7.png，置于画面中合适的位置，如图22-201所示。导入光效素材文件8.jpg，设置其混合模式为“变亮”。最终效果如图22-202所示。

图 22-197

图 22-198

图 22-199

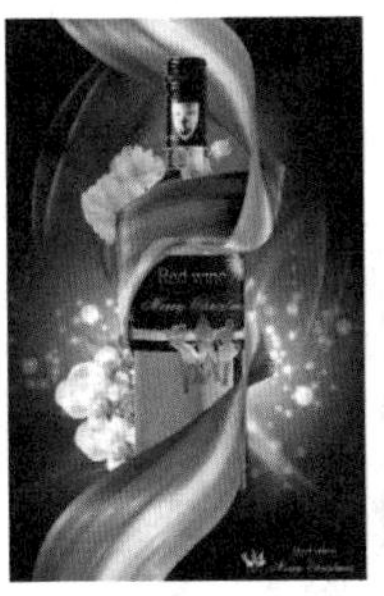

图 22-200

图 22-201

图 22-202

★ 22.7 唯美的古典手绘效果

案例文件	案例文件\第22章\唯美的古典手绘效果.psd
视频教学	视频教学\第22章\唯美的古典手绘效果.flv
难易指数	★★★★★
技术要点	特殊模糊滤镜、涂抹工具、外挂画笔、描边路径、调整图层

案例效果

本案例主要是通过使用“模糊”滤镜去除人像照片的细节，并通过“画笔工具”、“涂抹工具”等强化古典绘画感的效果，如图22-203所示。

操作步骤

01 打开本书配套光盘中的素材文件1.jpg，如图22-204所示。执行“编辑>预设>预设管理器”命令，在打开的“预设管理器”窗口中载入素材笔刷2.abr，如图22-205所示。用同样的方法载入其他笔刷，效果如图22-206所示。

图 22-203

图 22-204

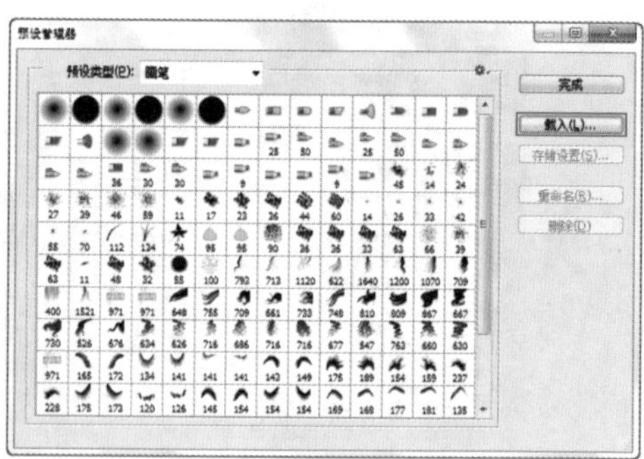

图 22-205

02 导入人像素材5.png，置于画面中的合适位置，如图22-207所示。复制人像图层，执行“滤镜>模糊>特殊模糊”命令，设置“半径”为5，“阈值”为7，如图22-208所示。

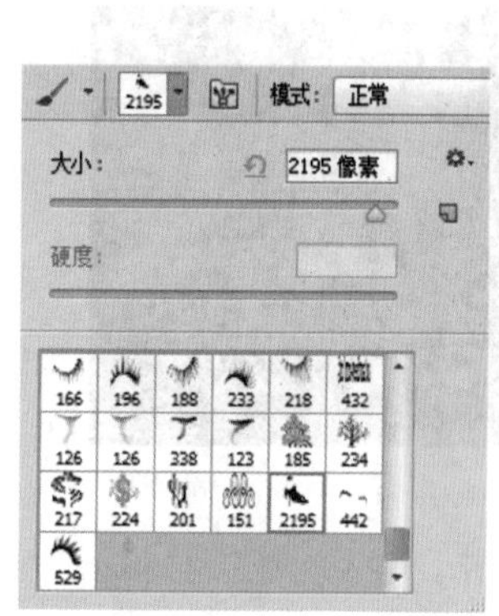

图 22-206

图 22-207

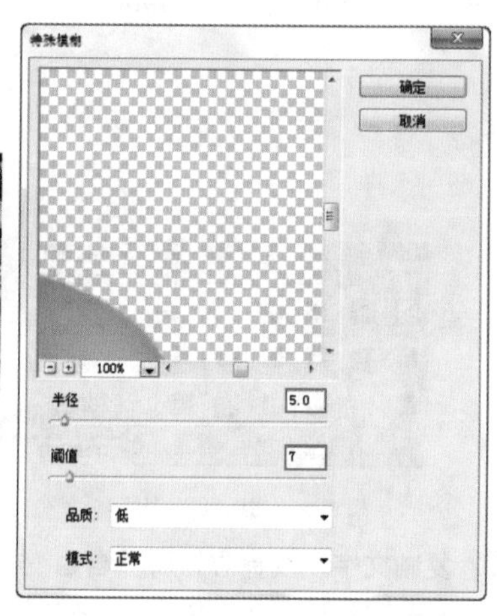

图 22-208

03 在“历史记录”面板中标记“特殊模糊”步骤，并回到上一步的操作状态，如图22-209所示。使用历史记录画笔涂抹皮肤和花朵部分，使画面细节减少，如图22-210所示。

04 单击工具箱中的“涂抹工具”按钮，设置合适的画笔大小，调整人像面部结构。首先在发际线处涂抹，制作出圆润的发际线，然后适当涂抹眉毛和嘴唇部分，调整五官形态，如图22-211所示。

05 下面需要强化人像面部的立体感，这里主要使用“加深工具”和“减淡工具”。设置范围为“中间调”，调整合适的画笔大小，设置画笔硬度为零。在面部涂抹，减淡额头、两颊以及下颌，加深鼻翼两侧，如图22-212所示。

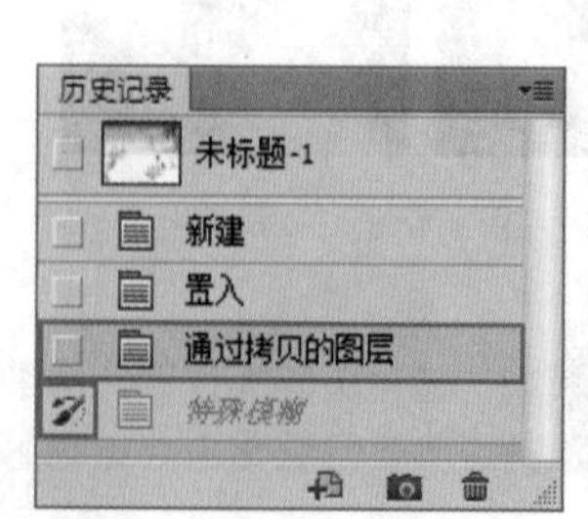

图 22-209

图 22-210

图 22-211

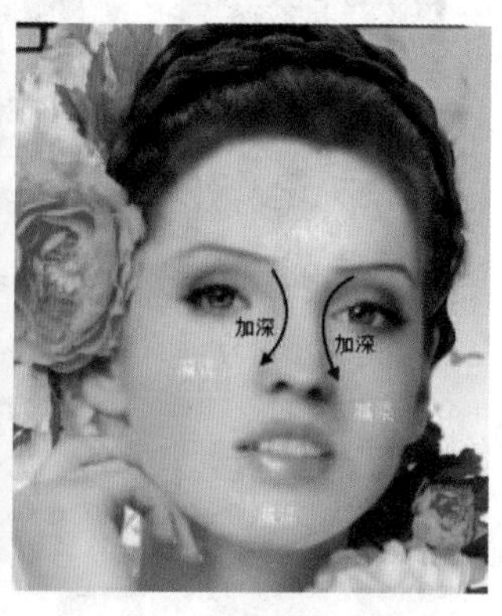

图 22-212

06 导入素材6.png，如图22-123所示。为其添加图层蒙版，使用黑色柔角画笔绘制多余部分，设置图层的混合模式为“正片叠底”，“不透明度”为46%，如图22-214所示。

07 执行“图层>新建调整图层>曲线”命令，调整曲线形状，如图22-215所示。使用黑色画笔工具在调整图层蒙版中绘制人物衣服以外的部分，使其只提亮衣服部分，如图22-216所示。

图 22-213

图 22-214

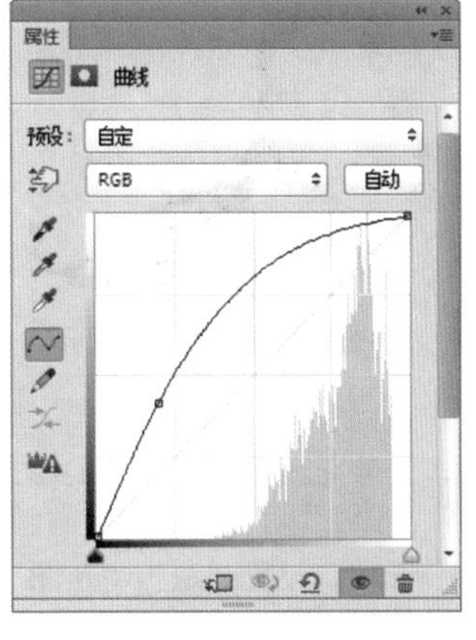

图 22-215

图 22-216

08 使用“套索工具”，在选项栏中设置羽化半径为10px，在头顶处绘制头发选区，如图22-217所示。执行“图层>新建调整图层>黑白”命令，创建黑白图层，使这部分区域变为黑白效果，如图22-218所示。

09 新建图层，使用“吸管工具”吸取头发上较亮部分的颜色，在“画笔”面板中设置画笔为较小的直径，并在“形状动态”面板中选择“钢笔压力”选项，如图22-219所示。

图 22-217

图 22-218

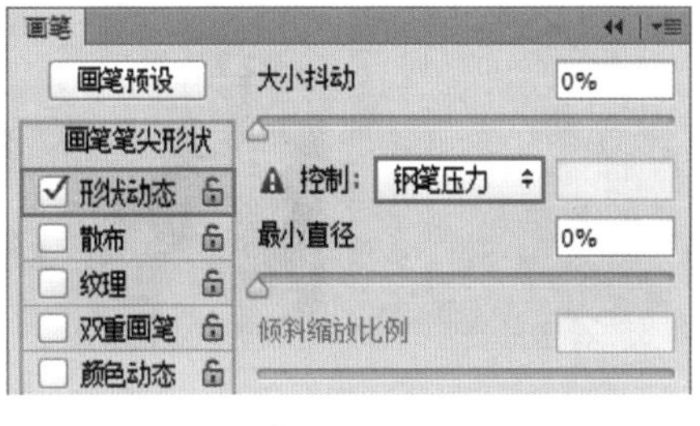

图 22-219

10 使用“钢笔工具”沿着头发的走向绘制路径，绘制完毕后单击鼠标右键，在弹出的快捷菜单中执行“描边路径”命令，如图22-220所示。设置“工具”为“画笔”，选中“模拟压力”复选框，单击“确定”按钮后画笔即可以当前路径进行描边，如图22-221所示。用同样的方法绘制其他发丝，效果如图22-222所示。

图 22-220

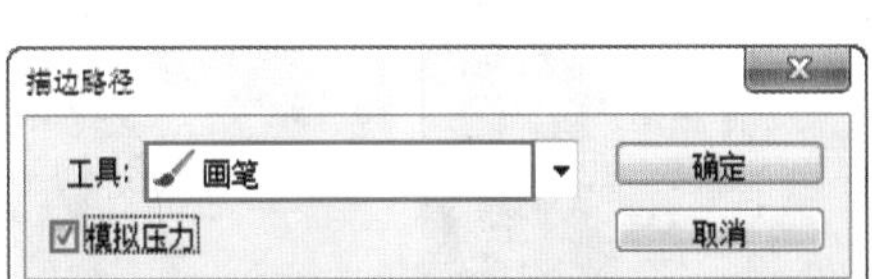

图 22-221

图 22-222

11 在人像底部新建图层，单击工具箱中的“画笔工具”按钮，在画笔预设选取器中选择头发外挂笔刷，如图22-223所示。在画面中合适的位置绘制，并自由变换到合适的形状，如图22-224所示。继续在顶部新建图层，再次绘制头发，效果如

图22-225所示。

12 新建图层，设置前景色为棕色，选择眉毛笔刷，在眉毛部分进行绘制，如图22-226所示。

图 22-223

图 22-224

图 22-225

图 22-226

13 创建“曲线”调整图层，调整曲线形状，如图22-227所示。使用黑色柔角画笔在调整图层蒙版中涂抹眼睛以外区域，如图22-228所示。

14 创建“色相/饱和度”调整图层，设置通道为“全图”，“色相”为-39，如图22-229所示。设置通道为“红色”，“色相”为0，“饱和度”为2，“明度”为9，如图22-230所示。使用黑色填充蒙版，并使用白色画笔工具在调整图层蒙版中绘制眼睛部分，如图22-231所示。

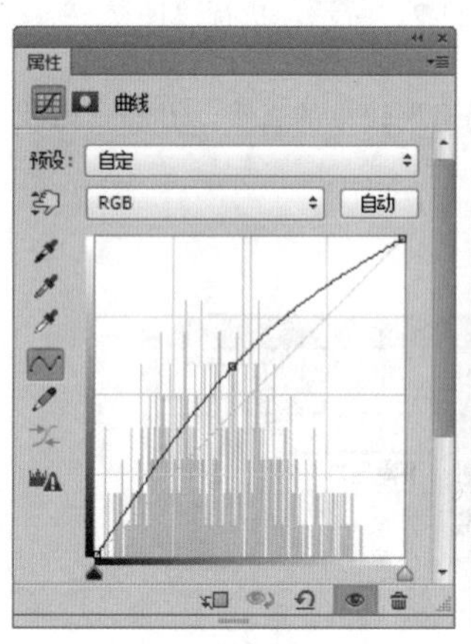

图 22-227

图 22-228

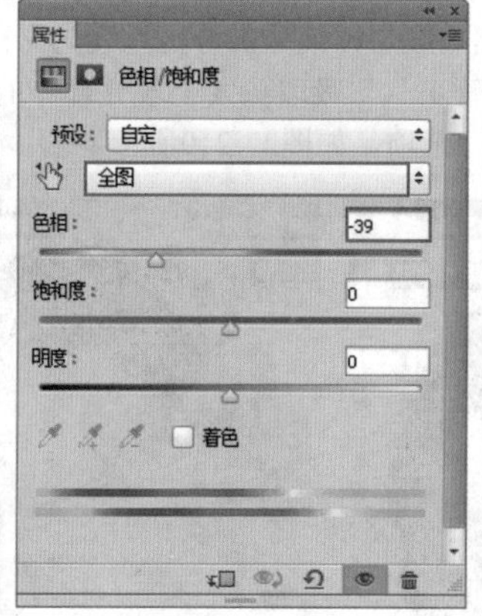

图 22-229

图 22-230

15 使用“套索工具”绘制眼睛部分选区并为其填充灰白色，如图22-232所示。使用黑色柔角画笔绘制眼睛的黑色阴影，如图22-233所示。

16 设置画笔“大小”为2，“硬度”为100，设置前景色为白色，使用“钢笔工具”绘制眼睛的白色眼线路径，如图22-234所示。单击鼠标右键，在弹出的快捷菜单中执行“描边路径”命令，在弹出的对话框中设置“工具”为“画笔”，选中“模拟压力”复选框，如图22-235所示。效果如图22-236所示。

图 22-231

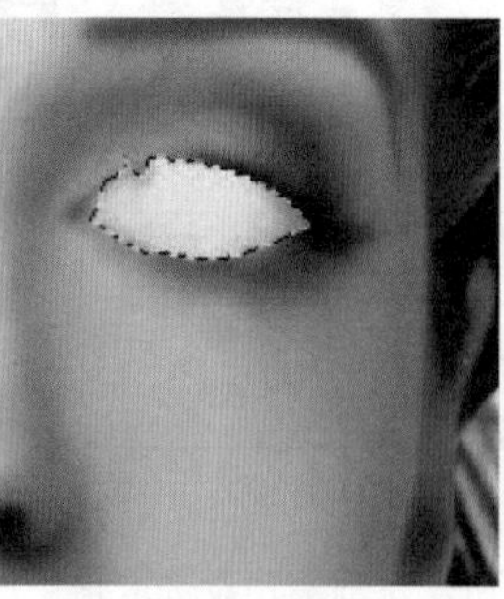

图 22-232

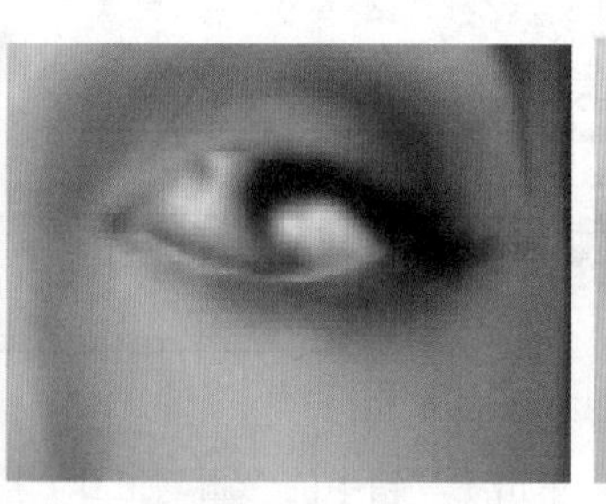

图 22-233

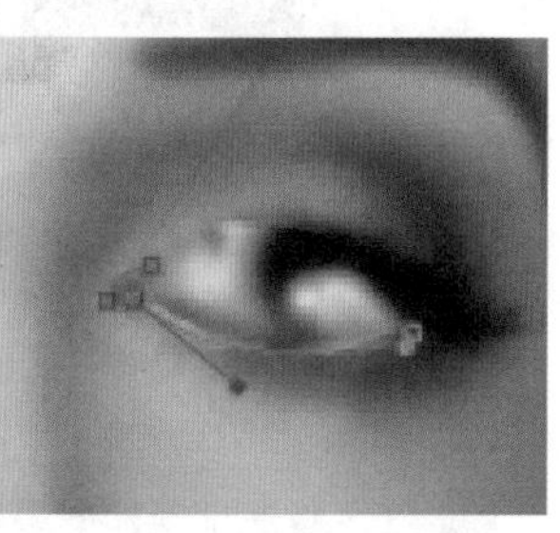

图 22-234

17 新建图层，设置合适的前景色，使用“画笔工具”绘制瞳孔的底色，如图22-237所示。新建图层，使用画笔工具，设置合适的前景色，绘制瞳孔的细节，如图22-238所示。

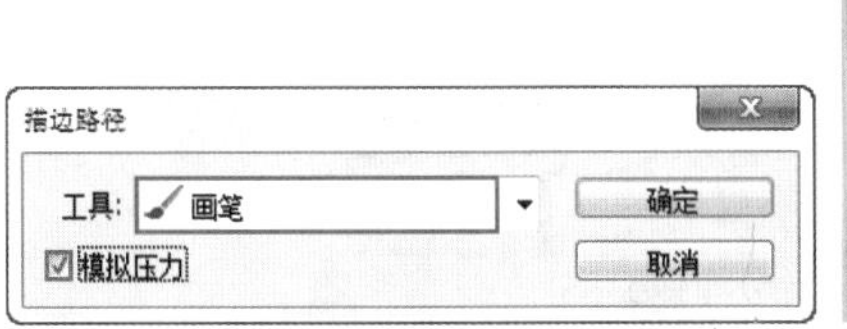

图 22-235

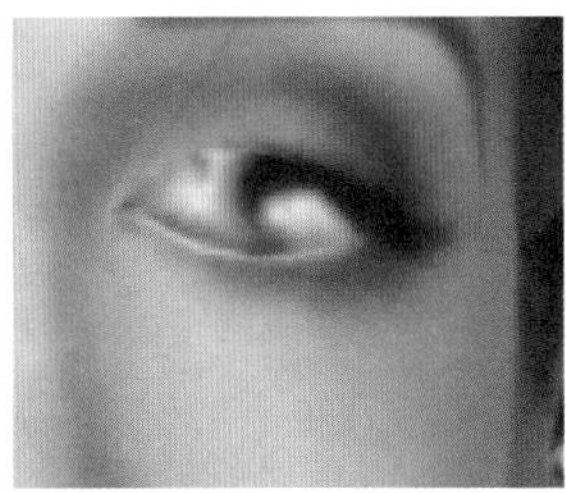

图 22-236

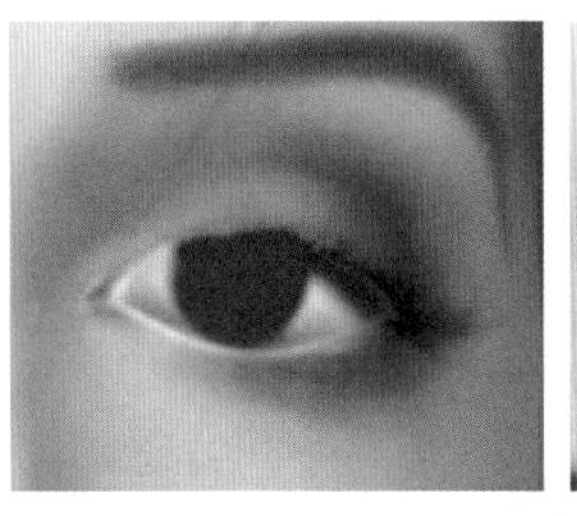

图 22-237

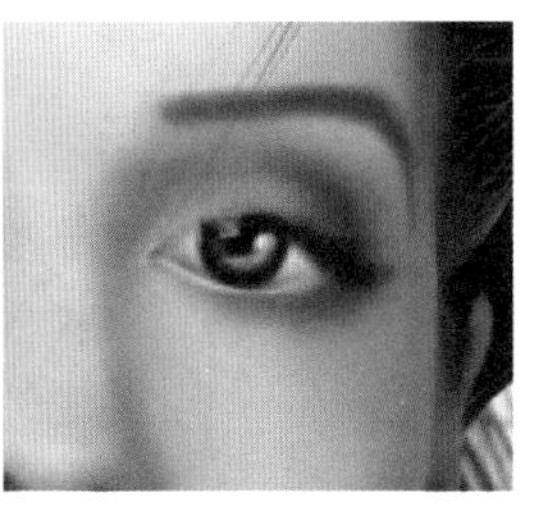

图 22-238

18 新建图层，使用黑色画笔工具绘制黑色的眼线部分，如图22-239所示。新建图层，载入睫毛画笔笔刷，在画面中绘制睫毛，并变形到合适形状，摆放在合适的位置，如图22-240所示。

19 用同样的方法制作人物的另一只眼睛，如图22-241所示。复制人物嘴部，置于“图层”面板顶部，使用“液化工具”调整嘴部形状，如图22-242所示。

图 22-239

图 22-240

图 22-241

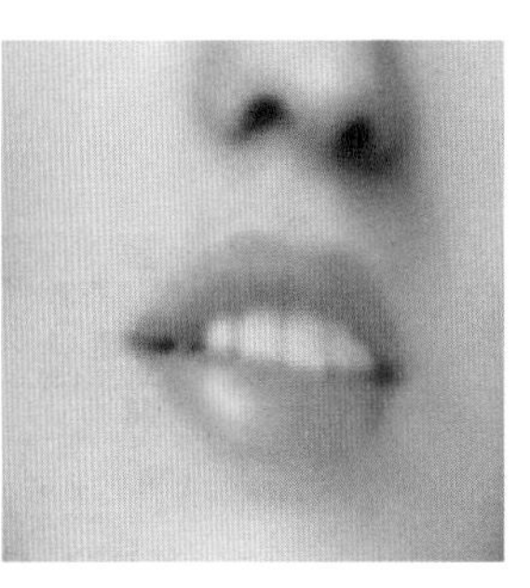

图 22-242

20 创建“色相/饱和度”调整图层，设置“色相”为-17，“饱和度”为30，“明度”为0，如图22-243所示。为嘴部图层创建剪贴蒙版，如图22-244所示。

21 设置前景色为白色，使用柔角画笔工具绘制唇部高光，如图22-245所示。新建图层，结合使用“画笔工具”与“涂抹工具”绘制人物的唇线部分，如图22-246所示。

图 22-243

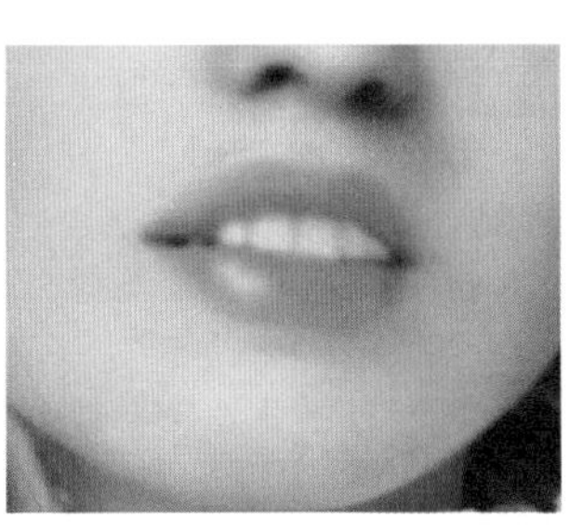

图 22-244

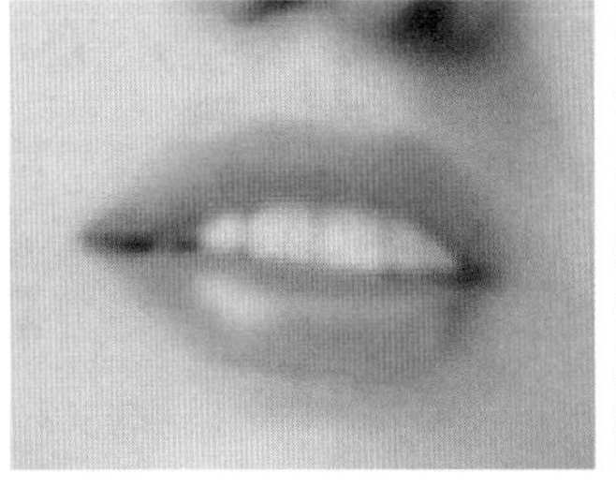

图 22-245

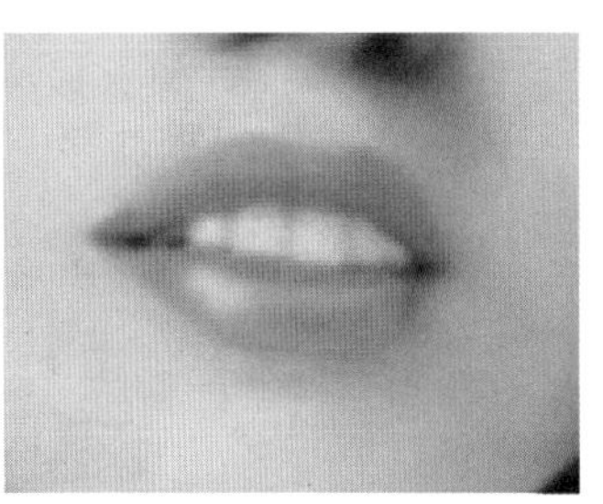

图 22-246

22 下面进行花朵部分的颜色调整。使用“套索工具”绘制花朵图案的选区，并将其复制，置于“图层”面板的顶层，如图22-247所示。创建“曲线”调整图层，调整曲线形状，如图22-248所示。创建剪贴蒙版，使其只对花朵图层起作用，如图22-249所示。

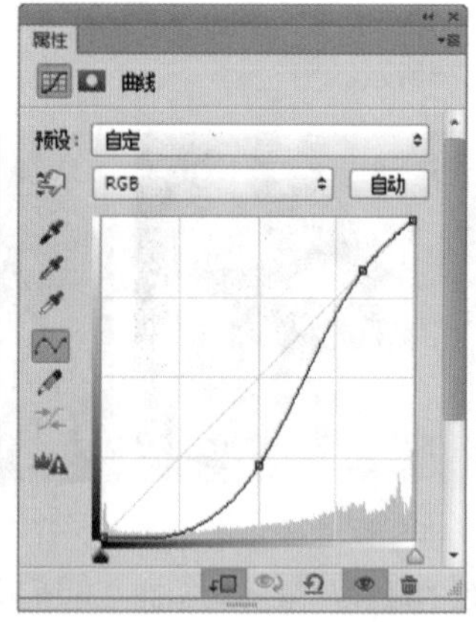

图 22—247　　图 22—248　　图 22—249

23 新建图层，设置颜色为粉色，使用柔角画笔在画面中绘制花朵的形状。设置图层的混合模式为“色相”，同样为其创建剪贴蒙版，如图22-250所示。效果如图22-251所示。

24 创建“色相/饱和度”调整图层，设置通道为“红色”，“色相”为0，“饱和度”为-32，“明度”为0，如图22-252所示。同样为其创建剪贴蒙版，如图22-253所示。

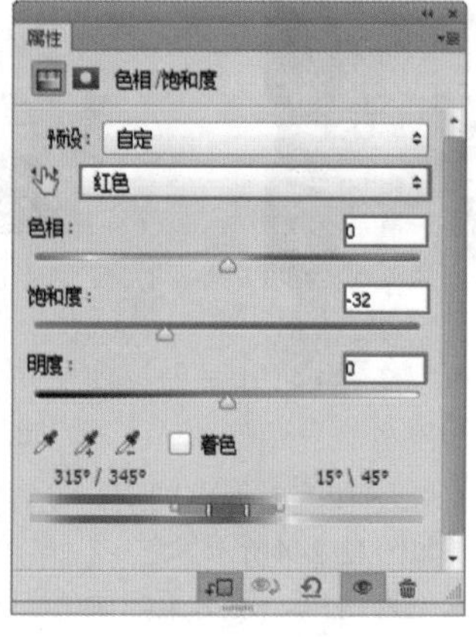

图 22—250　　图 22—251　　图 22—252

25 新建图层，设置前景色为绿色，使用柔角画笔工具绘制出叶子的形状，同样为其创建剪贴蒙版，设置图层的混合模式为“色相”，如图22-254所示。创建“自然饱和度”调整图层，设置“自然饱和度”为-42，如图22-255所示。

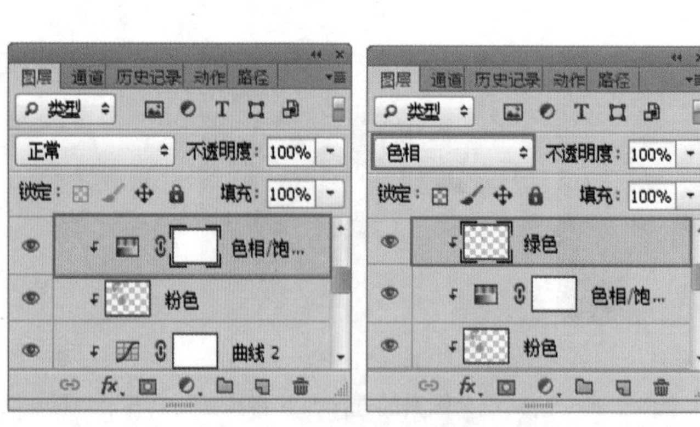

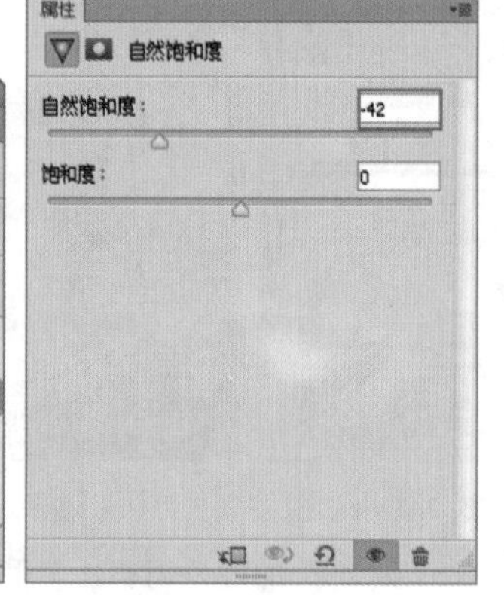

图 22—253　　图 22—254　　图 22—255

26 创建“曲线”调整图层，调整曲线形状，如图22-256所示。使用黑色柔角画笔在曲线调整图层蒙版上绘制人物皮肤以外的区域，提亮肤色，如图22-257所示。

27 导入栏杆素材8.png，置于画面底部。然后导入白纱素材7.png，置于合适位置，作为人物的衣服，设置图层的混合模式为"滤色"。最终效果如图22-258所示。

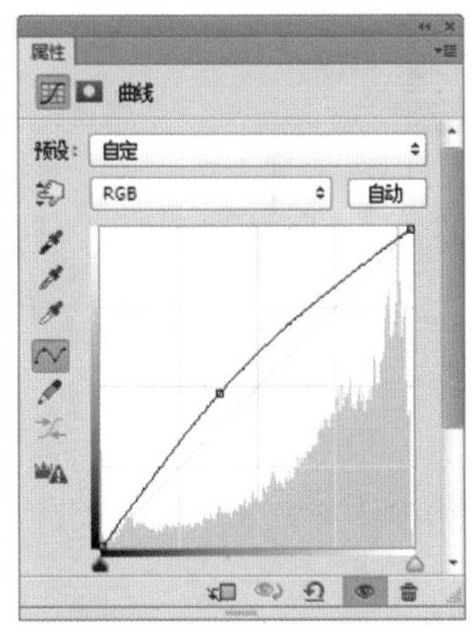

图 22-256

图 22-257

图 22-258

★ 22.8 自然主题人像合成

案例文件	案例文件\第21章\自然主题人像合成.psd
视频教学	视频文件\第21章\自然主题人像合成.flv
难易指数	★★★★★
技术要点	混合模式、外挂笔刷、操控变形、图层蒙版、镜头光晕

案例效果

本案例通过多次使用混合模式将草地、树皮素材融合到人像上，并通过使用操控变形，调整树藤的素材，将树藤缠绕在人像上，制作出自然主题的人像合成作品，如图22-259所示。

操作步骤

01 打开背景素材1.jpg，如图22-260所示。导入人物素材2.jpg，单击工具箱中的"快速选择工具"按钮，调整合适的笔刷大小，在人物上单击并拖曳，得到人物的选区，如图22-261所示。

02 选择"人物"图层，单击"图层"面板底部的"添加图层蒙版"按钮，为该图层添加图层蒙版，使背景部分隐藏，如图22-262和图22-263所示。

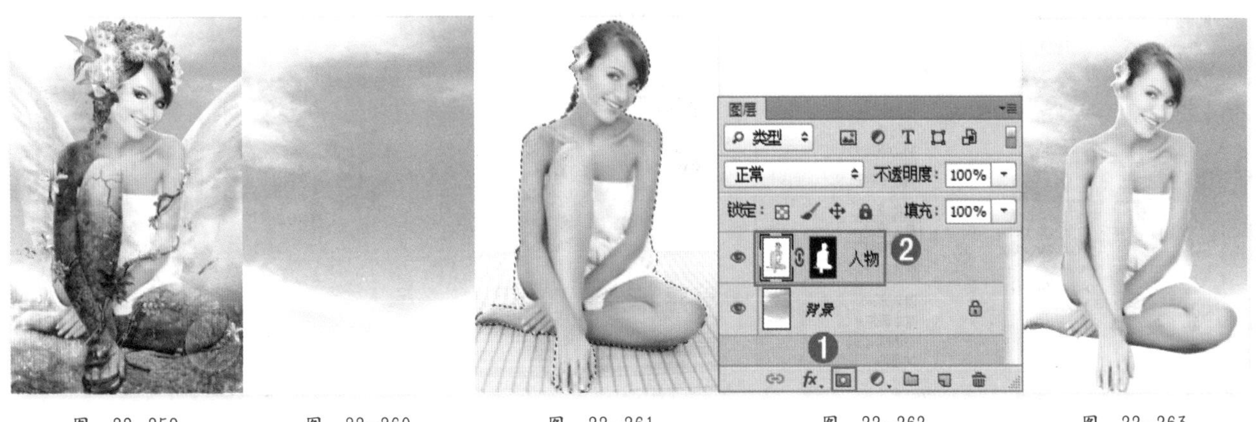

图 22-259　图 22-260　图 22-261　图 22-262　图 22-263

03 导入翅膀素材3.png，摆放在"人物"图层的下方，如图22-264所示。效果如图22-265所示。

04 在"翅膀"图层上方新建图层，并命名为"阴影"，如图22-266所示。单击工具箱中的"画笔工具"按钮，在选项栏中设置笔尖"大小"为200像素，"硬度"为0，"不透明度"为60%，在人物腿的下方绘制出投影的效果，如图22-267所示。

05 导入眼妆素材4.jpg，调整位置和角度后摆放到人物右眼的位置，设置该图层的混合模式为"强光"，如图22-268所示。为该图层添加图层蒙版，并使用黑色柔角画笔在图层蒙版中涂抹，隐藏多余部分，效果如图22-269所示。

图 22-264

图 22-265

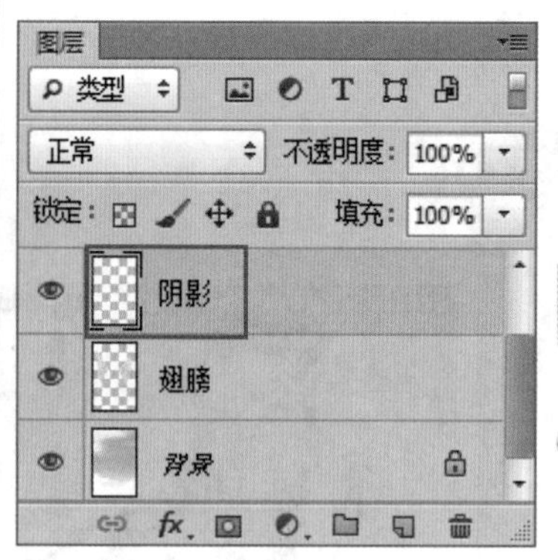

图 22-266

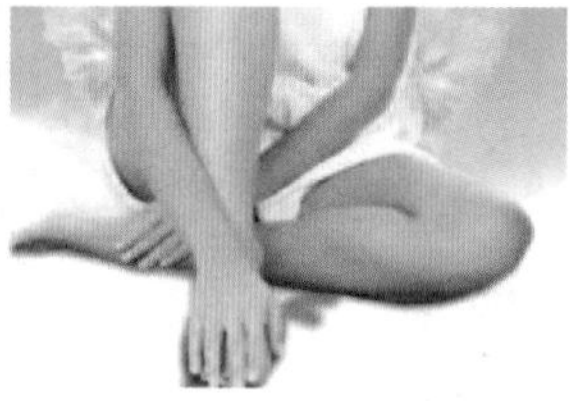

图 22-267

06 新建图层，单击工具箱中的“画笔工具”按钮，设置前景色为绿色，将笔尖调整到合适大小，在头发区域进行涂抹，如图22-270所示。设置该图层的混合模式为“正片叠底”，效果如图22-271所示。

图 22-268　　图 22-269　　图 22-270　　图 22-271

07 设置前景色为黑色，单击工具箱中的“画笔工具”按钮，在页面中单击鼠标右键，打开画笔预设管理器，单击菜单按钮，执行“载入画笔”命令，如图22-272所示。载入睫毛笔刷素材5.abr，在画笔预设管理器中选择“睫毛”笔刷，设置合适的画笔大小，在画面中单击绘制出睫毛，适当旋转并将睫毛摆放在右眼处，如图22-273所示。

08 使用同样的方法制作另一只眼睛的睫毛和彩妆，如图22-274所示。

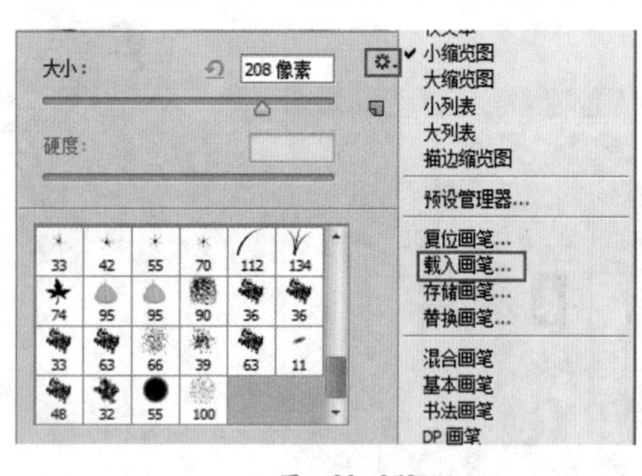

图 22-272

图 22-273

图 22-274

09 导入素材6.jpg，摆放在人物左腿的位置，设置该图层的混合模式为“强光”，如图22-275所示。效果如图22-276所示。

10 选择“树皮”图层，单击“图层”面板底部的“添加图层蒙版”按钮，如图22-277所示。使用黑色画笔工具在图层蒙版中涂抹，将多余部分隐藏，效果如图22-278所示。

11 用同样的方式制作其他皮肤及地面部分，效果如图22-279所示。导入草坪素材7.png，摆放到画面右下方的合适位置，效果如图22-280所示。

12 将草地素材8.jpg导入到文件中，并摆放到右臂处，设置该图层的混合模式为“叠加”，如图22-281所示。同样为该图层添加图层蒙版，设置前景色为黑色，设置合适的画笔大小，在蒙版中涂抹，将多余部分隐藏，效果如图22-282所示。

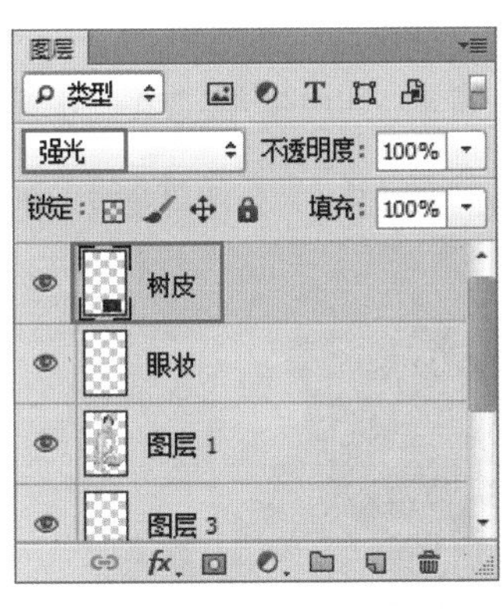

图 22-275

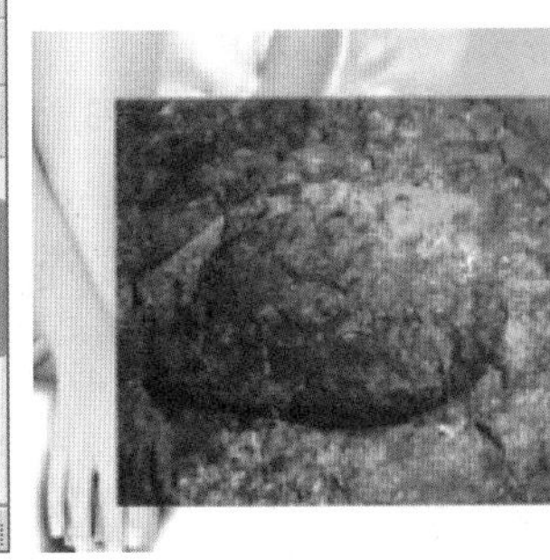

图 22-276

图 22-277

图 22-278

图 22-279

图 22-280

图 22-281

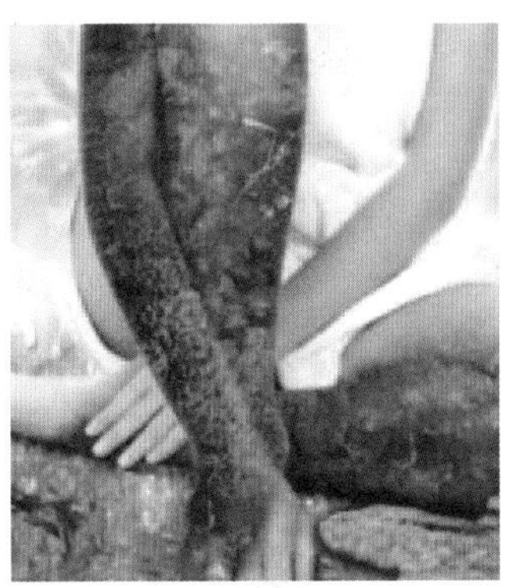

图 22-282

13 导入蝴蝶素材9.png，摆放在人物眼睛部分，如图22-283所示。设置该图层的混合模式为“颜色减淡”，为该图层添加图层蒙版，将多余的部分隐藏，如图22-284所示。效果如图22-285所示。

14 导入裂痕笔刷素材10.abr，设置前景色为黑色，单击工具箱中的“画笔工具”按钮，在页面中单击鼠标右键，在画笔预设管理器中选择合适的裂痕笔刷，设置笔尖“大小”为“1100像素”，如图22-286所示。在左腿处绘制出裂痕，如图22-287所示。

图 22-283

图 22-284

图 22-285

15 设置“裂痕”图层的混合模式为“柔光”，并为该图层添加图层蒙版，使用黑色画笔工具在蒙版中涂抹，将多余部分隐藏，如图22-288所示。效果如图22-289所示。

图 22-286

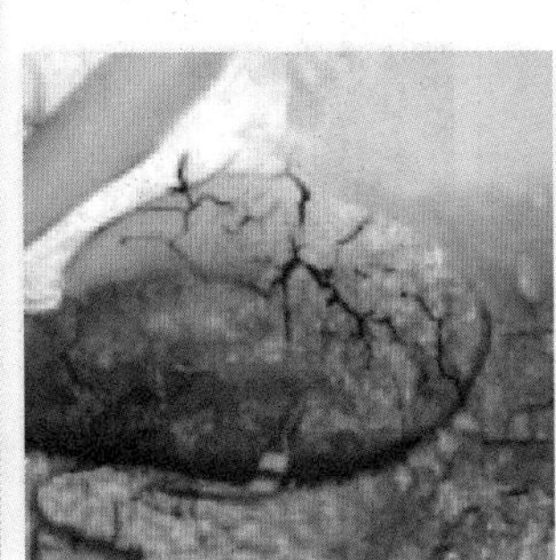

图 22-287

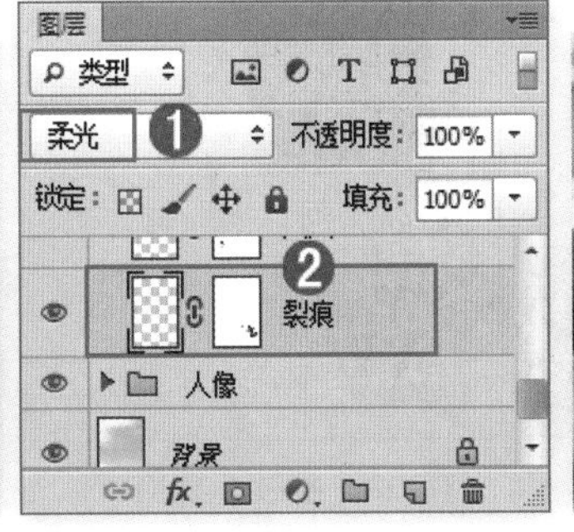

图 22-288

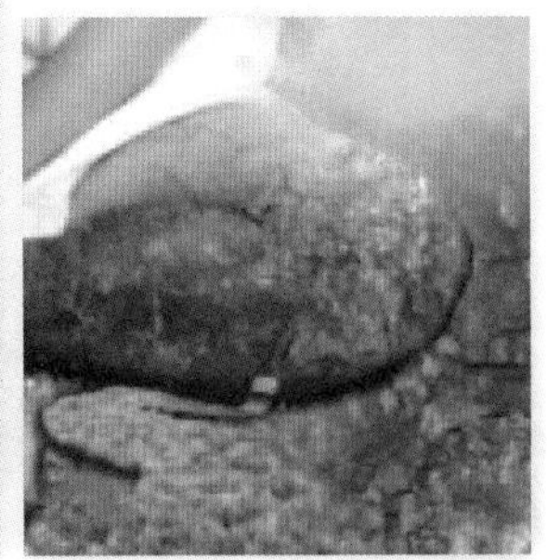

图 22-289

16 使用同样的方法制作其他裂痕效果，如图22-290所示。

17 打开树藤素材11.png，提取一部分树藤，摆放在右臂的位置，执行“编辑>操控变形”命令，如图22-291所示。在树藤上单击添加“图钉”，单击并拖曳“图钉”，即可改变树藤的形状，如图22-292所示。

18 继续插入“图钉”并拖曳，改变树藤形状，按Enter键完成变形操作，如图22-293所示。为该图层添加图层蒙版，使用黑色柔角画笔在蒙版中涂抹，制作出树藤缠绕的效果，如图22-294所示。

图 22-290

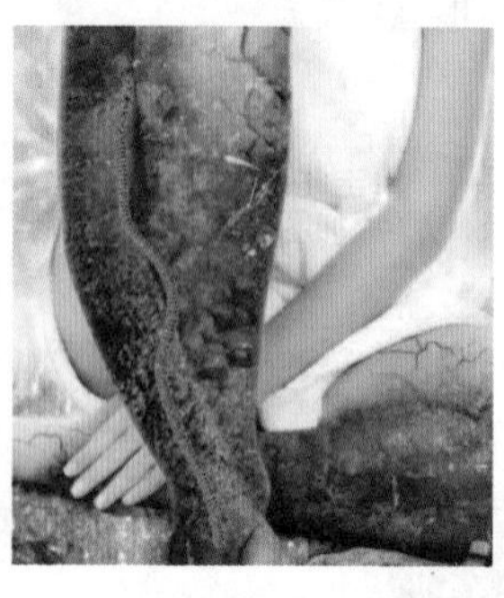
图 22-291

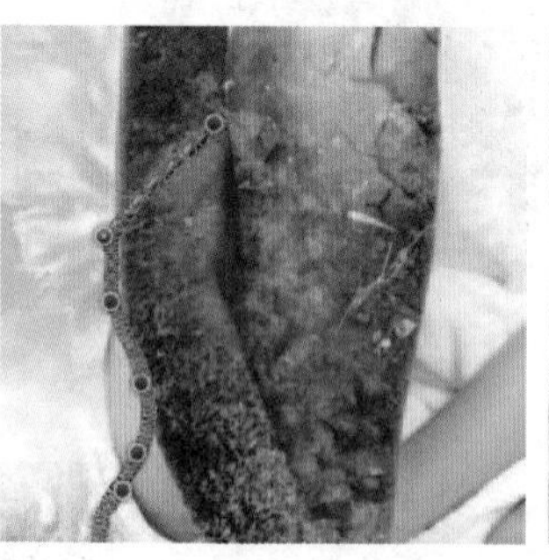
图 22-292

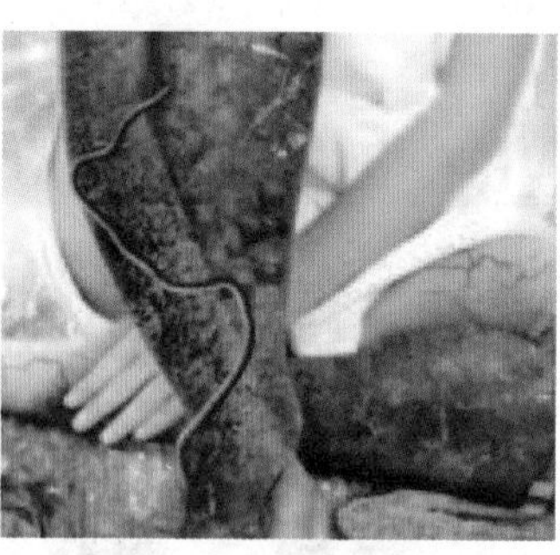
图 22-293

19 使用“画笔工具”，设置合适的画笔大小，降低画笔的不透明度，为树藤绘制阴影，效果如图22-295所示。继续制作其他部分，效果如图22-296所示。

20 导入装饰素材12.png，如图22-297所示。导入云朵素材13.png，摆放到相应位置，如图22-298所示。

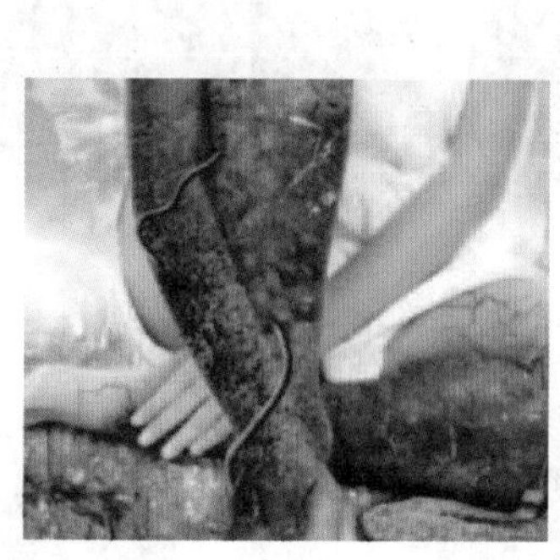
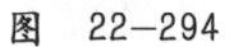
图 22-294

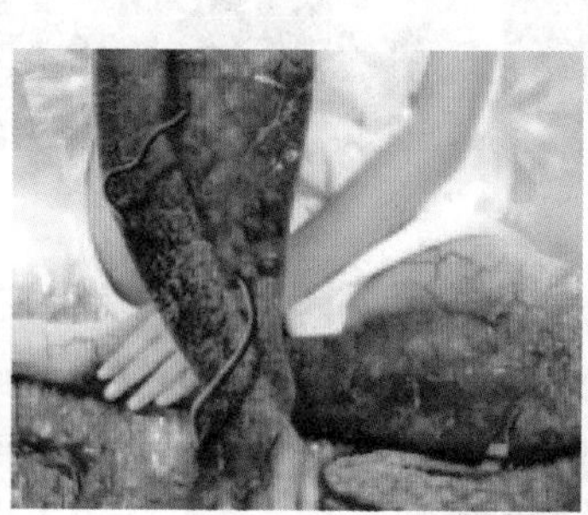
图 22-295

图 22-296

图 22-297

21 新建图层，填充黑色。执行“滤镜>渲染>镜头光晕”命令，打开“镜头光晕”对话框，在缩览图中将镜头光晕调整到合适位置，设置“亮度”为100%，选中“50-300毫米变焦”单选按钮，单击“确定”按钮，如图22-299所示。效果如图22-300所示。

22 设置光晕图层的混合模式为“滤色”，完成本案的制作。最终效果如图22-301所示。

图 22-298

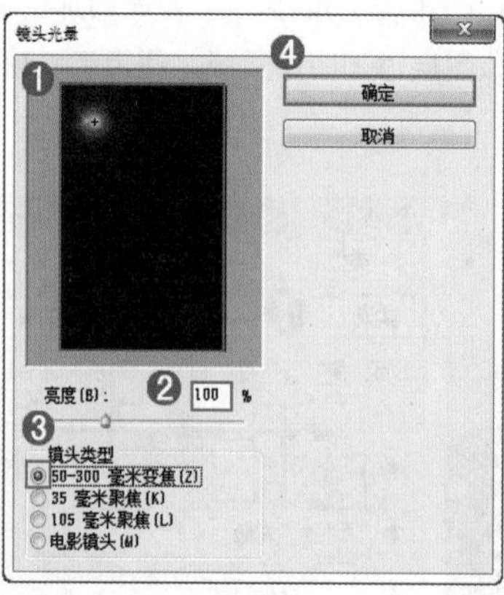

图 22-299

图 22-300

图 22-301

Photoshop常用快捷键速查

工具快捷键

移动工具	V
矩形选框工具	M
椭圆选框工具	M
套索工具	L
多边形套索工具	L
磁性套索工具	L
快速选择工具	W
魔棒工具	W
吸管工具	I
颜色取样器工具	I
标尺工具	I
注释工具	I
裁剪工具	C
透视裁剪工具	C
切片工具	C
切片选择工具	C
污点修复画笔工具	J
修复画笔工具	J
修补工具	J
内容感知移动工具	J
红眼工具	J
画笔工具	B
铅笔工具	B
颜色替换工具	B
混合器画笔工具	B
仿制图章工具	S
图案图章工具	S
历史记录画笔工具	Y
历史记录艺术画笔工具	Y
橡皮擦工具	E
背景橡皮擦工具	E
魔术橡皮擦工具	E
渐变工具	G
油漆桶工具	G
减淡工具	O
加深工具	O
海绵工具	O
钢笔工具	P
自由钢笔工具	P
横排文字工具	T
直排文字工具	T
横排文字蒙版工具	T
直排文字蒙版工具	T
路径选择工具	A
直接选择工具	A
矩形工具	U
圆角矩形工具	U
椭圆工具	U
多边形工具	U
直线工具	U
自定形状工具	U
抓手工具	H
旋转视图工具	R
缩放工具	Z
默认前景色/背景色	D
前景色/背景色互换	X
切换标准/快速蒙版模式	Q
切换屏幕模式	F
切换保留透明区域	/
减小画笔大小	[
增加画笔大小	]
减小画笔硬度	{
增加画笔硬度	}

应用程序菜单快捷键

“文件”菜单	
新建	Ctrl+N
打开	Ctrl+O
在 Bridge 中浏览	Alt+Ctrl+O
打开为	Alt+Shift+Ctrl+O
关闭	Ctrl+W
关闭全部	Alt+Ctrl+W
关闭并转到 Bridge	Shift+Ctrl+W
存储	Ctrl+S
存储为	Shift+Ctrl+S
存储为 Web 所用格式	Alt+Shift+Ctrl+S
恢复	F12
文件简介	Alt+Shift+Ctrl+I
打印	Ctrl+P
打印一份	Alt+Shift+Ctrl+P
退出	Ctrl+Q
“编辑”菜单	
还原/重做	Ctrl+Z
前进一步	Shift+Ctrl+Z
后退一步	Alt+Ctrl+Z
渐隐	Shift+Ctrl+F
剪切	Ctrl+X
拷贝	Ctrl+C
合并拷贝	Shift+Ctrl+C
粘贴	Ctrl+V
原位粘贴	Shift+Ctrl+V
贴入	Alt+Shift+Ctrl+V
填充	Shift+F5
内容识别比例	Alt+Shift+Ctrl+C
自由变换	Ctrl+T
再次变换	Shift+Ctrl+T
颜色设置	Shift+Ctrl+K
键盘快捷键	Alt+Shift+Ctrl+K
菜单	Alt+Shift+Ctrl+M
首选项>常规	Ctrl+K
“图像”菜单	
调整>色阶	Ctrl+L
调整>曲线	Ctrl+M
调整>色相/饱和度	Ctrl+U
调整>色彩平衡	Ctrl+B
调整>黑白	Alt+Shift+Ctrl+B
调整>反相	Ctrl+I
调整>去色	Shift+Ctrl+U
自动色调	Shift+Ctrl+L
自动对比度	Alt+Shift+Ctrl+L
自动颜色	Shift+Ctrl+B
图像大小	Alt+Ctrl+I
画布大小	Alt+Ctrl+C
“图层”菜单	
新建>图层	Shift+Ctrl+N
新建>通过拷贝的图层	Ctrl+J
新建>通过剪切的图层	Shift+Ctrl+J
创建/释放剪贴蒙版	Alt+Ctrl+G
图层编组	Ctrl+G
取消图层编组	Shift+Ctrl+G
排列>置为顶层	Shift+Ctrl+]
排列>前移一层	Ctrl+]
排列>后移一层	Ctrl+[
排列>置为底层	Shift+Ctrl+[
合并图层	Ctrl+E
合并可见图层	Shift+Ctrl+E
“选择”菜单	
全部	Ctrl+A

续表

取消选择	Ctrl+D
重新选择	Shift+Ctrl+D
反向	Shift+Ctrl+I
所有图层	Alt+Ctrl+A
查找图层	Alt+Shift+Ctrl+F
调整边缘	Alt+Ctrl+R
修改>羽化	Shift+F6
“滤镜”菜单	
上次滤镜操作	Ctrl+F
自适应广角	Shift+Ctrl+A
镜头校正	Shift+Ctrl+R
液化	Shift+Ctrl+X
消失点	Alt+Ctrl+V
“视图”菜单	
校样颜色	Ctrl+Y
色域警告	Shift+Ctrl+Y
放大	Ctrl++
缩小	Ctrl+-
按屏幕大小缩放	Ctrl+0
实际像素	Ctrl+1
显示额外内容	Ctrl+H
显示>目标路径	Shift+Ctrl+H
显示>网格	Ctrl+'
显示>参考线	Ctrl+;
标尺	Ctrl+R
对齐	Shift+Ctrl+;
锁定参考线	Alt+Ctrl+;
“窗口”菜单	
动作	F9
画笔	F5
图层	F7
信息	F8
颜色	F6
“帮助”菜单	
Photoshop 帮助	F1

面板菜单快捷键

“3D”面板	
渲染	Alt+Shift+Ctrl+R
“历史记录”面板	
前进一步	Shift+Ctrl+Z
后退一步	Alt+Ctrl+Z
“图层”面板	
新建图层	Shift+Ctrl+N
创建/释放剪贴蒙版	Alt+Ctrl+G
合并图层	Ctrl+E
合并可见图层	Shift+Ctrl+E

精品图书 推荐阅读

"CAD/CAM/CAE 技术视频大讲堂"丛书系清华社"视频大讲堂"重点大系的子系列之一，由国家一级注册建筑师组织编写，继承和创新了清华社"视频大讲堂"大系的编写模式、写作风格和优良品质。本系列图书集软件功能、技巧技法、应用案例、专业经验于一体，可以说超细、超全、超好学、超实用！具体表现在以下几个方面：

- 大型高清同步视频演示讲解，可反复观摩，让学习更快捷、更高效
- 大量中小精彩实例，通过实例学习更深入，更有趣
- 每本书均配有不同类型的设计图集及配套的视频文件，积累项目经验

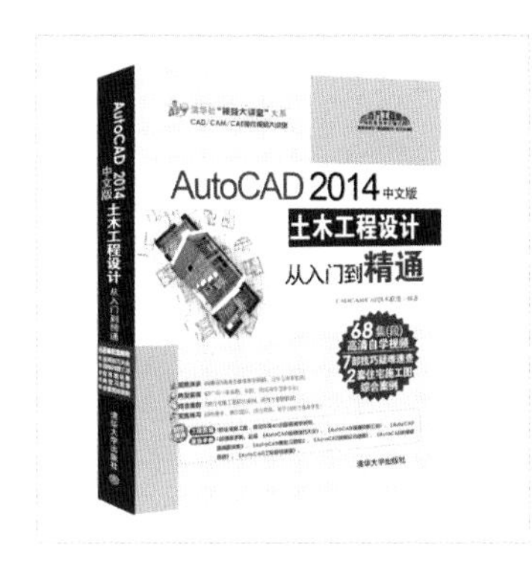

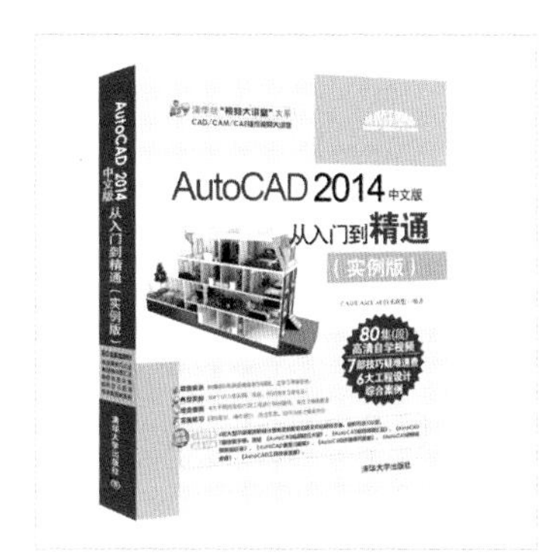

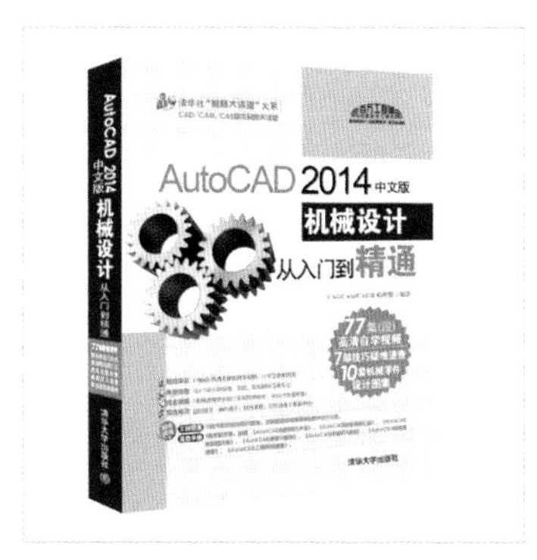

（本系列图书在各地新华书店、书城及当当网、亚马逊、京东商城等网店有售）

精品图书 推荐阅读

“善于工作讲方法，提高效率有捷径。”清华大学出版社“高效随身查”系列就是一套致力于提高职场人员工作效率的“口袋书”。全系列包括11个品种，含图像处理与绘图、办公自动化及操作系统等多个方向，适合于设计人员、行政管理人员、文秘、网管等读者使用。

一两个技巧，也许能解除您一天的烦恼，让您少走很多弯路；一本小册子，也可能让您从职场中脱颖而出。“高效随身查”系列图书，教你以一当十的“绝活”，教你不加班的秘诀。

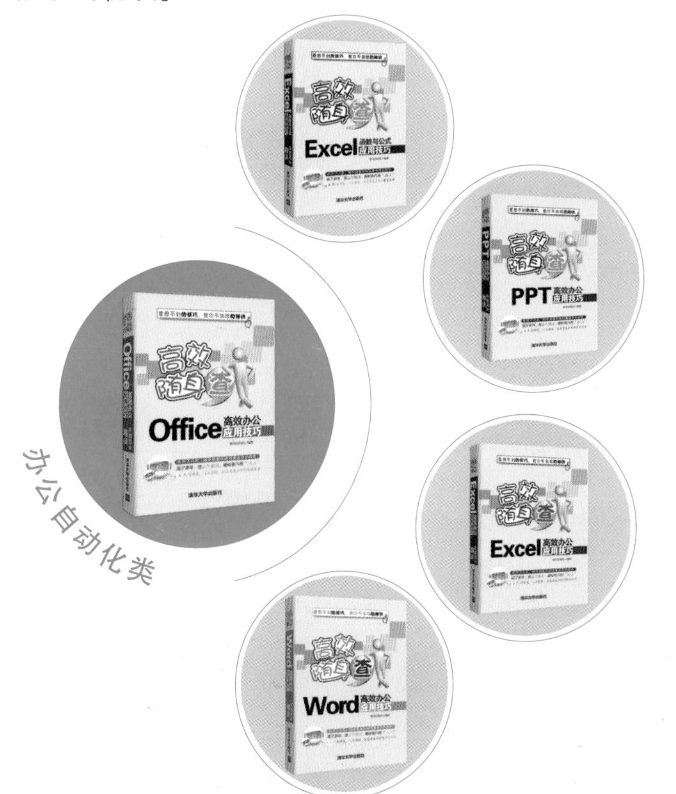

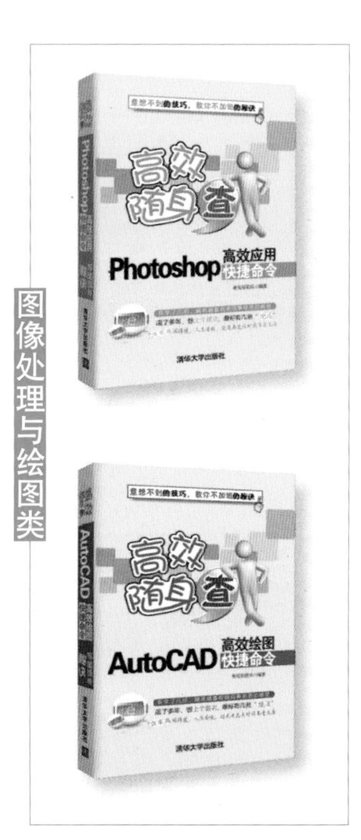

（本系列图书在各地新华书店、书城及当当网、亚马逊、京东商城等网店有售）

精品图书 推荐阅读

如果给你足够的时间，你可以学会任何东西，但是很多情况下，东西尚未学会，人却老了。时间就是财富、效率就是竞争力，谁能够快速学习，谁就能增强竞争力。

以下图书为艺术设计专业讲师和专职设计师联合编写，采用“视频 + 实例 + 专题 + 案例 + 实例素材”的形式，致力于让读者在最短时间内掌握最有用的技能。以下图书含图像处理、平面设计、数码照片处理、3ds Max 和 VRay 效果图制作等多个方向，适合想学习相关内容的入门类读者使用。

个别实例效果展示

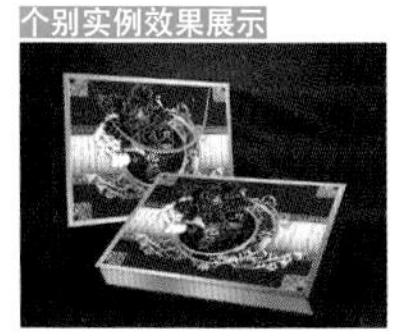

（以上图书在各地新华书店、书城及当当网、亚马逊、京东商城等网店有售）

精品图书 推荐阅读

“高效办公视频大讲堂”系列图书为清华社“视频大讲堂”大系中的子系列，是一套旨在帮助职场人士高效办公的从入门到精通类丛书。全系列包括 8 个品种，含行政办公、数据处理、财务分析、项目管理、商务演示等多个方向，适合行政、文秘、财务及管理人员使用。全系列均配有高清同步视频讲解，可帮助读者快速入门，在成就精英之路上助你一臂之力。

另外，本系列丛书还有如下特点：

1. 职场案例 + 拓展练习，让学习和实践无缝衔接
2. 应用技巧 + 疑难解答，有问有答让你少走弯路
3. 海量办公模板，让你工作事半功倍
4. 常用实用资源随书送，随看随用，真方便

（本系列图书在各地新华书店、书城及当当网、亚马逊、京东商城等网店有售）